# GEOPONICA

SIVE

# CASSIANI BASSI

## SCHOLASTICI
## DE RE RVSTICA ECLOGAE

RECENSVIT

HENRICVS BECKH

EDITIO STEREOTYPA
EDITIONIS PRIMAE (MDCCCXCV)

STVTGARDIAE ET LIPSIAE
IN AEDIBVS B.G. TEVBNERI MCMXCIV

Die Deutsche Bibliothek — CIP-Einheitsaufnahme

Geoponica sive Cassiani Bassi Scholastici
De re rustica eclogae / rec. Henricus Beckh. —
Ed. stereotypa ed. 1. (1895). —
Stutgardiae ; Lipsiae : Teubner, 1994
(Bibliotheca scriptorum Graecorum et Romanorum Teubneriana)
ISBN 3-519-01387-8
NE: Cassianus ⟨Bassus⟩



Printed in Germany
Druck: Druckhaus Köthen GmbH
Buchbinderei: Verlagsbuchbinderei D. Mikolai, Berlin

# IWANO DE MUELLER

S.

# PRAEFATIO.

Cassiani Bassi Scholastici De Re Rustica Eclogae vulgo Geoponica appellatae ter Graece editae sunt: a Brassicano Basileae 1539, a Needhamio Cantabrigiae 1704, a Niclasio Lipsiae 1781. Materiam ab hoc collatam valde auxit A. Gemoll, Untersuchungen über die Quellen, den Verfasser und die Abfassungszeit der Geoponica, Berlin 1883. Huc accedunt Geoponicon (aut potius Vindanioni) in sermonem Syriacum versorum quae supersunt ed. P. Lagardius Lipsiae 1860 cum eiusdem adnotationibus in Gesammelte Abhandlungen Leipzig 1866 p. 120 sq.

De codicibus ipse iam fusius disputavi in Actorum Seminarii Erlangensis vol. IV Erl. 1886 p. 261—346: itaque liceat mihi paucis hic absolvere. Ex archetypo communi deperdito, qui nequaquam vacabat vitiis, tres manarunt codicum stirpes, quarum stirpium principes sunt codicum integrorum parens Florentinus LIX 32, mutili cuiusdam codicis apographum Marcianus 524, excerpta Laurentiano XXVIII 23 servata. Ex his unusquisque interdum solus recta tradit, cum reliqui duo congruant vitiis; ex quo nullum sociis auctoritate antecedere patet. Praeterea singulis locis L saepe, M haud raro, interdum etiam F deficit. His igitur locis omnibus multum interest scire, utrum codicum FLM lectiones eis communes sint cum aliis eiusdem stirpis codicibus, an illi alia tradant. Itaque codici F Cottonianum mutilum (= Harl. 1868) et Harleianum 5604, codici M Palatinum 207 adiunxi ita, ut cum ex FLM omnia, etiam librariorum errores manifestos, notarem, ex CHP praeter paucos locos ad ipsorum naturam cognoscendam idoneos eos tantum afferrem, quibus non solum CH vel P cum F vel M discreparent, sed etiam aut FLM inter se differrent aut unus ex iis deficeret. Quodsi locis dubiis CHP non inveneris notatos, ibi aut deficiunt aut cum cognatis FM congruunt.

Ob hanc codicum diversitatem atque inconstantiam saepe eadem quae illis auctoritas vindicanda est versioni Syriacae Vindanioni, e cuius opere magna pars ad verbum a Cassiano recepta est. Cuius libri si nonnulli loci graves me fugerint aut si in aliis quos adhibui locis interpretandis interdum erraverim, veniam dent lectores literarum Semiticarum tironi, qui linguam Hebraicam post gymnasii tempora neglexerim, ad Syriacam nunquam accessissem nisi editione Geoponicorum suscepta coactus. Quamquam haud pauci loci dubii aut apud interpretem ipsum corrupti sunt aut ab eo omittuntur, aut tam diversa traduntur, ut Syrum suo Marte emendasse appareat: unde efficitur, ut nobis, qui Cassiani opus restituere conemur, nequaquam liceat tales locos nimis emendare, quippe quos iam a Vindanioni librariis corruptos Cassianus, sicut invenit in exemplari suo, excerpserit. Velut I 7 dierum numeros corruptos omnes ad rationem mathematicam a Bilfingero in Fleckeis. Jahrbb. 1884 VII p. 488 expositam corrigere vetamur omnium Cassiani codicum cum S III 15 concentu. Ex his locis eos, quos inter varietatem lectionis exponere longum est, hic tractabo.

V 26, 2. *Ἐκροίας τὰς ὁδοὺς* CH, *ἐκ ῥοιᾶς τ. ὁ* F; L deficit, M omittit, quare Needhamius eicere voluit; verum etiam Syrum aliquid tale apud Vindanionium legisse colligo ex eius verbis sine dubio ipsis corruptis VI 15 ܐܝܠܝܢ ܕܝܢ ܕܒܠܘ̈ܪܝܬܐ. ܡܫܚܐ ܠܗܘܢ. ܒܪ ܬܪ̈ܝܢ ܠܗܘܢ ܠܥܝܢܐ ܠܗ ܚܘܪܐ.

Ibid. 48, 1. Quae dicit Niclasius, ut defendat genitivum *τοῦ μέρους*, probare non possum, nec tollitur difficultas lectione M *τοῦ μέσου*. Sane hoc facile corrumpi potuit ex *τῷ μέσῳ*; sed vitium altius sedere suspicor e Syri verbis VII 11 *Καὶ οἱ σκώληκες δὲ διαφθείρονται· οἱ ἐνοχλοῦντες τῇ ἀμπέλῳ· οἱ καλούμενοι ἵπποι* (! *ἶπες*?)*· ἐάν τις βολβίτους καπνίσῃ κατὰ ἄνεμον.*

VI 14 totum exstat S VIII 30. Sed interpres om. vocabulum dubium *στέφανον*, ad *καλαμίνθης* addit *ποταμίας*, post *περίθες* inserit *ἔξω περὶ τὰ χείλη αὐτῶν*. Quae tum sequuntur ܘܒܗܘܢ ܒܒ̈ܪܐ ܒܦ̈ ܦܘܩܣܗܘܢ propter variam vocis ܒ̈ܪܐ vim ad explendam codicis Marciani lacunam mihi non sufficiunt; denique pro verbis *καθέξει* — *μάλιστα* duo tradit *κάλλιστα ποιεῖ*. Hoc unum videtur constare et Syri exemplar Vindanioni et nostrorum codicum archetypum hoc loco fuisse vitiosum. Ac *στέφανον* quidem et *τινὲς δὲ τά*, quae facile corrumpi poterant in *τέφραν* et *εἶτα*, in archetypo fuisse testimonio probatur communi stirpium FL; iidem cur ambo omiserint *τῇ . . . — ἔνδοθεν τὰ χείλη* et in M et in S servata, explicare nequeo, nisi in margine archetypi adscripta fuerunt; eadem de causa *ἄλλοι* et *τοῦτο μάλιστα* in FL omissa, *τῶν πίθων* in M alieno loco inserta esse censeo.

VII 24, 1 praeter S VIII 10 servavit etiam Pallad. XI 14, 7. Pro *πίτυος καρπίμου κόμης* Hofmann, die Getränke der Griechen und Römer vom hygienischen Standpunkt (Archiv f. Geschichte d. Medizin u. med. Geographie VI 1883 p. 283) *κόμμεως*, nomen a Cassiano nusquam usurpatum, vult non minus temere quam Schneiderus Niclasium secutus gumen a Palladio saepius adhibitum in comam mutavit. Sic enim S: ܘܡܢ ܓܪܦܬܐ ܕܩܘܡܐ ܦܐܪܐ. ܘܡܪܒܐ, ut in suis eum appareat legisse *κράμβης* aut *κράμβην*. Quare hoc praeceptum iam in Vindanioni exemplaribus corruptum fuisse et Palladio gumen, Cassiano *κόμης* relinquendum esse censeo.

IX 5, 4. Niclasius *ἐν οὖν μέτρῳ παχεῖ*, ut mihi quidem videtur, frustra defendere conatus est; magis placeret *ἐν συμμέτρῳ πάχει*, quamquam tres tantum locos similes afferre possum: *γενόμενα ἐν σχήματι στεφάνου* X 87, 1. *ἐν* (om. FM) *ἑκάστῳ χρώματι τοιαῦτα κρίνα γενέσθαι* XI 20, 7. *ἐν* (om. FM) *τούτῳ τῷ σχήματι περιελθοῦσα* XII 8, 6; sed obstant verba S XI 7 ܘܠܐ ܕܝܢ ܠܡܣܩܠ ܢܪܓܐ ܡܢ ܐܢܫܐ ܕܢܣܒܘܢ ܦܐܪܐ ܒܟܡ ܡܫܘܚܬܐ, quae quidem ipsa corrupta esse censeo; si enim premis verba, ܒܟܡ referri debet ad ܦܐܪܐ; quid vero hic sibi volunt *καρποὶ παχεῖς ἐν μέτρῳ*?

Exspectes ܘܒܟܡ aut ܕܒܟܡ: *ἀπὸ ἐλαιῶν* (*νέων* deest!) *εὐφόρων ἐν μέτρῳ παχειῶν*, ex cuius literis *ῶν* in margine suppletis nostrum *οὖν* corruptum esse dicas; verum etiam tum non omnia quadrant. Neque enim de arborum, sed de plantarum crassitudine agitur; cf. Geop. IX 7 *φυτὰ . . . πάχος ἔχοντα στελέχους ἢ παχύτερα* et Colum. V 9, 2 ramos . . . quos comprehensos manus possit circumvenire, hoc est manubrii crassitudine; cum autem nomen crassi formam pluralem apud Syrum habeat, apud Cassianum propter vocabulum sequens *ἐκπεφυκότα* accipere debeat, nomen plantae in utroque praecedit forma singulari; accedit, quod similibus locis certam mensuram tradi modo vidimus. Itaque codicum lectionem quamvis suspectam retinui.

X 37, 1. *Τὸ κατώτερον* mutarem in *τοῦ κατώτερον*, nisi vetaret S IX 18. Haec enim videtur legisse interpres in suo Vindanioni exemplari: *ἡσύχως κατάγομεν αὐτὸ* (*τὸ στέλεχος*) *ἐπὶ τὴν γῆν οὐδὲν ἀποκόπτοντες τῆς ἄνω κεφαλῆς αὐτοῦ, ἀλλὰ τὸ κατώτερον τῆς ἁρμογῆς, καθ' ἣν ἐνεφυλλίσαμεν, ἐκτυφλοῦμεν* (vel — *οῦντες*? ܦܣܩܝܢ) *ἵνα μὴ βλαβῇ τὸ ἐγκεντρισθὲν ἐν αὐτῷ· καὶ οὕτω πᾶν αὐτὸ χώννυμεν κτλ.* Itaque haud scio an illud *τὸ* sit indicium maioris corruptelae.

Ibid. 38, 8. Verbis *ἕξουσι διαπαντὸς εἰ* insertis M locum nequaquam sanavit. Magis placeret *βουλόμενοι*; verum etiam hic verba S IV 7 *Ροιὰς ὥσπερ ἐπὶ τῶν δένδρων εἰσὶ· δεῖ ἐκλέγεσθαι* suspicionem movent iam Vindanioni locum corruptum et ab interprete suo Marte mutatum esse.

XIII 5, 2. Verba suspecta *μετ' ἀλφίτων — ἐλλεβόρου* om. L; sed servari videntur S VII 24. Ibi enim post 'Apollonii' consilium haec legimus: *ἄμεινον δὲ* . ܒܠܒ ܩ̈ܛܐ . ܘܙܪܘܙܐ . ܐܘ ܒܩܪܘܗ . *καὶ 'ἐλλεβόρον' λευκὸν· τρίψον εἰς τὸ αὐτὸ μετ' ἀλφίτων· καὶ φύρασον ἐλαίῳ· καὶ κατάχεε κατὰ τῶν ὀπῶν αὐτῶν· παραχρῆμα γὰρ γευσάμενοι ἀπολοῦνται. οἱ δὲ κατὰ Βιθυνίαν — διαφθείρονται* . ܩܠܩܢܬܘܣ (Löw Aramäische Pflanzennamen, Leipz. 1881 p. 340: *καλάκανθος* cf. Geop. XIII 4, 2) *πάλιν ἐὰν θυμιάσῃς, ἀποθανοῦνται·* ܐܘ ܒܪܘܩܝܢ (*ἄρκευθον*? cf. Löw p. 56 et 63)· *ἢ ἄλφιτα* ܒܠܫܠܫ̈ܐ ܕܠܫܝܢ (*μάζας ποιήσας*? Payne-Smith s. v. ܠܫܠܫ̈ܐ: quid sit nescio) *μετὰ σικύων ἀγρίων* (aut *κολοκυνθῶν*? ܩ̈ܛܐ ܕܒܪܐ cf. Löw p. 332). *παραχρῆμα γὰρ γευσάμενοι ἀπολοῦνται.* fin. Nomine quidem *καλακάνθου* et verbo *θυμιάσῃς* referimur ad prius receptum 4, 2, ipsum a Syro in c. 26, ubi reliquam paragraphum tradit, omissum; sed cum polenta et cucumis agrestis tum verba *παραχρ. γὰρ γευσ. ἀπολοῦνται* repetita suspicionem movent haec duo praecepta apud Cassianum in unum coaluisse et ab eius librariis corrupta esse. Ille vero ipse quae scripserit, dicere nequeo, praesertim cum iam apud Vindanionium multa corrupta fuisse appareat. Namque tertius eius testis Palladius I 35, 9—11[a] reliqua quae S VIII 23—26 leguntur praecepta omnia (sunt autem Geop. 4, 9; 1? 5, 1; 3. 7. 4, 2[b]) eodem ordine refert talpis interpositis misere turbato, ea sola quae Geop. 5, 2 videntur tradi, omittit, scilicet quoniam ipse in suo exemplari nimis invenit corrupta.

XIV 17, 2. L coniunctionem ἢ inter μήλων et κυδωνίων per nefas omisisse, post πιεῖν alterum διδοὺς recte addidisse docet S XIII 60. In fine reliqui καὶ τὰ ὀπτὰ δὲ ὠφελεῖ, quia ὀπταῖ δὲ ταῦτα L sensu caret; quamquam haec haud scio an sint pristinae lectionis rudera, nisi forte dicis librarium L unam corruptelam ὀπταῖ commisisse, ταῦτα iam in exemplari suo invenisse; nam utrumque eidem deberi non est verisimile. Huc accedit, quod Syrum apud Vindanionium non τὰ ὀπτὰ sed κοιλίαν aut aliquid tale legisse elucet ex eius lectione ܠܟܪ̈ܣܬܗܘܢ.

Ibid. 22, 7. Recepi ex M ὕδατι et S XIII 62 et Pallad. I 30, 4 servatum; etenim ὕδωρ a Cassiano nusquam omittitur praeter unum locum XIII 14, 11, ubi antecedit ὕδατος ψυχροῦ. Alterum μερῶν bene omittit P nec habet Palladius, sed delere non ausus sum, quod S cum reliquis codicibus facit. In fine paragraphi codd.: ἐσθίουσι δὲ τρίτον τῆς ἡμέρας καὶ περὶ μέσην νύκτα· πίνουσι δὲ δαψιλῶς. S: ἐσθιόντων δὲ τρ. τῆς ἡμ. καὶ πινόντων ἐν μεσημβρίᾳ καὶ ἐν νυκτί. Pallad.: tribus per diem vicibus potu adiuvant, media quoque nocte aquam ministrant. Media igitur nocte Vindanionium non cibum, sed potum ministravisse uterque testis confirmat; quod S addit ἐν μεσημβρίᾳ rationi repugnat. cf. Varro III 10, 7 secundum cibum large ut bibant faciunt potestatem Colum. VIII 14, 11 dummodo large bibendi potestas fiat, nostrum πίνουσι δὲ δαψιλῶς. His locis cum magis respondeant Palladii verba, Vindanionium *ποτίζουσι δὲ τρίτον τῆς ἡμ.* scripsisse, sed et Cassianum et Syrum in suis exemplaribus iam *ἐσθίουσι* legisse censeo; qui dum loco depravato mederi student, etiam magis corruperunt.

Ibid. § 8. *Μετὰ δὲ ⟨τριάκοντα ἡμέρας εἰ βούλει τὰ ἥπατα αὐτῶν⟩ μεγάλα ποιῆσαι* correxi ex S *μετὰ δὲ τρεῖς ἡμ.* (ܬܠܬ corruptum pro ܬܠܬܝܢ) *εἰ θέλεις ποιῆσαι τὰ ἥπατα αὐτῶν* (ܟ̈ܒܕܘܗܝ corr. pro ܟܒܪܘܗܝ cf. Payne-Smith s. v. ܟܒܐ) *μεγάλα* et Pallad. peractis vero XXX diebus si ut iecur his tenerescat optabis. Item in fine verbum *πίνειν* haud scio, an corruptum sit cf. S *δίδου φαγεῖν*, Pallad. in offas volutabis exiguas, ipsius huius capitis § 11 *διὰ τοῦ στόματος διδότω ἐπὶ ἡμέρας κ'*, ubi tamen F *δίδου*, P iterum *διδότω πίνειν ἡμ. κ'*, L om. *καὶ φυράσας — στόματος*. Etiam quae sequuntur *ἢ τὸ γοῦν ἔλαττον ιζ' ἐντιθέτω* mihi suspecta sunt. An huc aberraverunt ex § 10? cf. Varr. III 10, 3 ad incubandum supponunt plerumque IX aut XI, qui hoc minus VII, qui hoc plus XV. Colum. VIII 14, 6 anseribus paucissima VII, plurima XV. Aut ex § 13—15? ubi turundarum dierumque numeri inter se irretiti sunt nodis Herculeis. In tanta dubitatione illud *πίνειν* § 8 non mutare constitui. Reliquis verbis § 8 et 11 ad literam congruunt, sed cum et S et Pallad. hoc praeceptum in fine capitis tradant cum § 7 coniunctum, § 8 utique retinenda est. Neque vero § 11 tollere licet. Etenim inde a § 9 novus ab ovo incipit rerum ordo; hinc scilicet Cassianus Vindanioni caput, quod integrum tradidit primis octo paragraphis = S XIII 62, supplevit e Quintiliis aut quibuslibet aliis auctoribus: in quo opere fieri potuisse, ut praeceptum iam e priore fonte haustum iterum traderet, quis neget? cf. quod infra ad XV 7 ex ipso S attuli exemplum.

Ceterum quae abundant in § 8 et 11, deficiunt in § 13. Neque enim quidquam audimus de materia, ex qua constant turundae; accedit etiam illud, quod participium *προσφέρων* discrepat ab imperativo *ἐσθιέτω*. Itaque post *ἡμέρας κε'*, cuius *ε'* ipsum M omittit, lacunam statui.

XV 2, 12 *ῥοιᾶς τοῦ καρποῦ τὴν σκέπην κτλ. σήσαντα . . . μετὰ μέλιτος καὶ οἴνου αὐστηροῦ φυράσαντα. Παρατιθέναι* quod post *σήσαντα* inserit M, orationis duritiam non tollit, sed auget; attamen hic aliquid simile excidisse apparet ex S XIII 1 (p. 99 l. 7) *αὐτάς τε ἰάσῃ καρπῷ ῥοιᾶς· ἐὰν κοπῇ καὶ σησθῇ καὶ παρατεθῇ πρὸ αὐτῶν· ἢ κηκίδας μετὰ μέλιτος καὶ οἴνου· αὐστηροῦ φυραθέντος παράθες αὐταῖς.* Gallas repperi Verg. Georg. IV 267. Contra Colum. IX 13, 5 et Pallad. IV 15, 1 praeter mali Punici grana uvam passam cum rore Syriaco adhibent.

Ibid. § 18 S l. l. (p. 99 l. 22) ita tradit: *καὶ πάντα τὰ θηρία τὰ ἐπιβουλεύοντα αὐταῖς διαφθερεῖς· εἰσὶ δὲ* (ܐܝܟ ܕܝ lego pro ܐܠ ܕܝ) *σφῆκες καὶ 'αἰγίθαλοι'* ܡܢ ܕܒ̈ܪ ܕܐܬܠܘܗܘܢ *ἢ 'μέροπες'* ܙܪܘܪܐ ܕܐܬܠܘܗܘܢ· *ἢ ἐὰν ἴδῃς χελιδόνα, ἀποσόβει καὶ ἀναίρει.* Cassiani codd. *οὕτω διαφθερεῖς*, ut post inimicorum nomina praecipi exspectes, quomodo pellantur; eodem loco S om. *κροκόδειλοι· σαῦραι· καὶ — φθείροντα*, inserit ἢ ἐὰν ἴδῃς. Inde conicio iam in Vindanioni exemplaribus lacunam fuisse.

Ibid. 4, 4. S l. l. (p. 100 l. 2) ἐν σκάφαις, ἐν αἷς ἐστιν 'οινόμελι'· ἢ φύλλα θύμβρων (θύμου? ܙܠܪ̈ܐ cf. Löw Aram. Pflanzenn. p. 325) καὶ βοτανῶν ἄλλων ἀφθόνως, ut talia fere auctor communis scripsisse videatur: ἐν σκάφαις οἰνόμελι ἐχούσαις καὶ φύλλα θύμβρων ἢ ἄλλων πολυανθῶν. Quamquam Cassiano verba ut Niclasius constituit reliqui, unum καὶ uncis circumdedi. Nam interpres, qui καὶ et ἢ commutatis loci sententiam miserrime corruperit, mihi testis est parum locuples.

Ibid. 6, 2. πυρὶ βόλιτον quamquam sine dubio scripsit princeps huius praecepti auctor, non sine cunctatione recepi; etenim hoc caput iam in Syri exemplari Graeco vitiatum fuisse colligo ex eius verbis decurtatis XIV 2 καὶ ἔπειτα θυμίασον καπνὸν ἀπὸ χύτρας καὶ ἄφες εἰσκρίνεσθαι ἀπὸ τῆς χύτρας ἐφ' ἡμιώριον· καὶ πάλιν ἄφες τὸν καπνὸν περισσεύειν (? ܘܬܪ) πρὸς τοῖς ἀγγείοις καὶ περὶ αὐτά. οὕτως ποιοῦ προσμίξας ὀλίγον ἄλευρον φακοῦ. Eam ob causam etiam diffido lectioni ὀλίγον; facile enim potuit corrumpi ex βολβίτῳ, quod coniecit Cornarius. Itaque hic codicum lectionem retinui, etsi neque ὅλῳ neque τῷ ὅλῳ de una re apte dici concedo.

Ibid. 7, 1. Hoc caput bis occurrit apud Syrum: primum XIII 3 sub titulo περὶ μέλιτος καὶ θεραπείας αὐτοῦ leguntur § 1. 2. 4ᵇ. 5. 6 quibus adduntur 4, 1. 5, 5; 6 (aut 10?). 8, 1, iterum XIV 1, ubi rubrica abest, post quaedam de hortis Cassiani opere non recepta habes § 1—6. Atque hic cernere licet sive interpretis Syri sive Vindanioni licentiam. Ut enim XIII 3 neglexit § 3; 4ª *πολλῷ δὲ τῷ χρόνῳ — ἔσθιε ὠμόν*, ita XIV 1 nil refert nisi loca, ubi optimum mel conficitur, singulorum generum nominibus omissis. Tantae inconstantiae testi cave, ne nimium fidas. Retinui igitur *ἀκραμανμώριον*, quamquam ex S XIII 3 ܐܩܪܡܘܢ suspicor in archetypo fuisse *ἀκραμανιον* (superscript: *μων*). Princeps quidem huius capitis auctor quin scripserit *'Ακροσαμώνιον*, ut iam Wesselingius voluit, vix dubium est. Item iure editores in verbis *τοῦ Κώου τὸ Καλύμνιον* haeserunt; at quid facias Syri verbis XIII 3 ܡܢ ܚܘܪܐ ܗܘ ܕܩܠܘܡܪܐ ܩܘܠܘܡܣ et XIV 1 ܘܡܢ ܛܘܪܗ ܗܘ ܕܩܘܪܐܣܐ?

Ibid. § 2. S XIII 3 nihil habet praeter *τῷ δὲ εἴδει καλὸν τὸ ὑπόξανθον· καὶ ἀψαμένῳ λεῖον· καὶ ἕλκοντί σοι συναφές· ἢ βραδέως κοπτόμενον* (? ܐܘ ܡܣܝܪ ܡܬܦܣܩ), plura XIV 1: *καὶ μετὰ τοῦτο τὸ διαυγές· καὶ ἀψαμένῳ σοι λεῖον· ἀλλὰ καὶ μετέωρον ἄραντος ἐὰν κατίῃ ἄνευ* ܩܘܪ̈ܒܢܐ. *κἀκεῖνο δὲ τὸ παχὺ καὶ βραδὺ ἀποσπώμενον ἀναφέρεσθαι* (ܘܡܬܢܓܕ ? ܕܢܣܩ ܠܥܠ) *καί ἐστιν αὐτῷ εὐωδία.* Cum his consentiunt, quae e nostris codd. tradit M; sed quomodo inde ortum sit *ἀπωσμένῳ*, ego conicere nequeo. Atqui haec in archetypo communi fuisse communi FL efficitur testimonio; quare M suo Marte correxisse diceres, nisi FL omitterent etiam *παχὺ* a S servatum. Itaque suspicor archetypi librarium neutro *ἐλθὸν* perductum *ἀποσπασθὲν παχὺ ἀναφερέσθω* scripsisse, in margine vel supra versum addidisse (*ἀποσπ*)*ωμένῳ* et *σοι ἀναφαιρέσθω*, quam correcturam M neglexit, FL male intellexerunt.

Ibid. 8, 1. L, qui totum caput ad finem libri reiecit, *ὤμου* omittit; et turbatum fuisse locum iam in Vindanioni exemplaribus apparet e S XIV 3 *ὁπλὴν ὄνου δεξιὰν ἢ μέλανος ἢ λευκοῦ*; *ὤμου* vero retinendum esse apparet e S XIII 3 fin., ubi huius capitis initium ipsum traditur his verbis: *καὶ ὥστε μὴ φαρμακοῦσθαι μελίσσας* ܡܟܒܐ ܡܢ ܟܘܣܐ (*ἐκ καταμηνίων* corruptum ex *σμήνη*?)· *ἀλλὰ καὶ μήτε πόλεις μήτε οἰκίας ὁπλὴν ὄνου ποδὸς δεξιοῦ χῶσον ὅπου βούλει.* Contra *ἄπυρον* mutare non dubitavi; ut enim *ὑγράνας πυρί* L loci rationi repugnat, ita post *ὑγρὰν* FM aliquid tale excidisse probat S ܢܘܪܐ ܡܢ ܩܘܡ ܠܐ ܡܩܪܒ ܠܗ. Ceterum hic duo in unum confusa esse praecepta conicio cum e duobus verbis *ἐπίχεε* et *τίθει* tum e Syri interpunctione perversa: *ἐν τῇ λίμνῃ Ζακύνθου γίνεται· καὶ ἀναφέρεται ἐξ αὐτῆς ὡς ἡ ἄσφαλτος· καὶ ἐξ Ἀπολλωνίας τῆς κατὰ Δυῤῥάχιον ἥκει ἐξ ἧς ἀναβάλλεται ἅλας· καὶ μίξον ὀρίγανον.* Commissuram statueres, ubi in nostris res desinunt particula *καὶ* coniungi, nisi hanc L omitteret iam inde ab *Ἡρακλεωτικόν*, FM demum a *καρδάμωμον*. Ego interpunxi post *κύμινον*, quod loco corrupto punctum facillime poterat neglegi. Et deinceps complures veteres latere corruptelas cum ex nostrorum codicum dissensione tum e S apparet, qui pro *κύμινον* repetit vocabulum ܩܘܪܝܢܐ modo pro *ὀρίγανον* positum, addit *καὶ πίσσαν*, tum pergit: *καὶ ψωμοὺς ἄρτου καὶ σκίλλαν* (ܣܩܠܐ) *καὶ ἔριον λευκὸν* ܕܚܘܪܬܐ *καὶ ἄγνον ἥ ἐστιν ἱερὰ βοτάνη· καὶ θεῖον· καὶ δαδία πεύκινα· καὶ ἔριον* (*ῥάκος*? ܥܡܪܐ ut supra) *ἀμιάντου ταῦτα κατὰ μῆνα τίθει κτλ.* Unde *ψωμοὺς* in textum recepi: ex codicibus restitui *σκίλλης*, etsi genitivus partitivus inter tot accusativos suspicionem movet; ⟨*ἣ*⟩, ne sententiam a Needhamio restitutam denuo turbarem, retinui contra codicum et Syri auctoritatem, quamquam iam in Vindanioni exemplaribus defuisse verisimile est. Cetera satis erit notavisse.

XVI 4, 1. Huius libri praeter Syrum alter nobis exsistit testis Hippiatricorum opus; verum etiam hic interdum nihil certi statuere licet nisi inveteratae corruptelae indicia. Atque hoc quidem loco quod S XIII 33 *φλεβός* cum *τραχήλου* coniungit, damnari videtur codicum cum Hippiatr. p. 7 consensu, etsi aliquam suspicionem movet *τοῦ στήθους* M.

Ibid. § 4 vero *βρύοις τε* om. S statim eicerem, nisi in Hipp. quoque esset *βρύοις δέ.* Etenim equos alga vesci nunquam audivi. Nisi nomen est corruptum, hic sicut XX 30, 1 sisymbrium esse conicio, quod sedare epiphoras Philinus quidam tradit apud Plin. N. H. XX 22. Verum etiam cetera suspecta sunt: *χλόῃ ἄνευ κριθῆς* codd., *χλόῃ ἐὰν ᾖ μετὰ κριθῶν* Hipp., *χλόην* ܣܥܪ̈ܘܗܝ ܕܙܪܥ *δοτέον φαγεῖν* S; qui ut nostris similia legisse ita non plane videtur intellexisse.

Ibid. § 5 denique codd. infundunt *κολιάνδρου χυλὸν ἢ ὀπὸν χυλισθέντα* optime; at nil nisi *κοριάνου ὀπὸν διηθηθέντα* Hipp., cum S in suo exemplari haec videatur legisse: *ἐὰν δὲ ἐαρινὸν ᾖ* (ܗܘ ܕܠܕܝܐ; corruptum e *διὰ ῥινῶν*!) *ἀφαίρει αἷμα καὶ χρίετε αὐτὸν ὀπῷ κοριάνου.* Aut igitur Cassianus Vindanioni exemplari integriore usus est quam S Hipp., aut hoc caput ab alio auctore mutuatus est, qui ipse e fonte pleniore hausit quam Vindanionius.

XVI 5, 1. *Λιβανωτοῦ ἄρρενος· ἐν ἄλλῳ δὲ ἀρνείου μυελοῦ* ex Hipp. p. 47 S XIII 34, ubi pro *ἐν ἄλλῳ δὲ* est *ἀμύλου*, cum Gemollio (Untersuchungen p. 48) corrigere non audeo. Neque enim Vindanionium aut quivis hoc composuit praeceptum neque Cassianum sic scripsisse suspicor, sed *ἀρνείου μυελοῦ*, quod pro remedio alibi non inveni, ipsum ex *ἄρρενος· ἀμύλου* natum esse censeo. Quare cum in aliquo Vindanioni codice ad veram lectionem *ἄρρενος· ἀμύλου* adnotatum esset: *ἐν ἄλλῳ ἀρνείου μυελοῦ*, in eo quod Cassianus excerpsit exemplari haec verba integra in textum irrepserant pro correctura vocabuli *ἀμύλου*. Cautius qui Hippiatricorum et Syri conscripserunt exemplaria, *ἀμύλου* retinuerunt, *ἐν ἄλλῳ* non ad textum pertinens neglexerunt, quod idem fecit e nostris librariis L. Ne reliqua quidem vacant corruptelae vestigiis. Eodem enim loco omittunt HL Hipp. *κρόκου — δραχμὴν μίαν*, M *δραχμὴν μίαν ἐλαίου*, S *σηπίας ὀστέα* post *δραχ. α'* reicit, quo ceteri tradunt loco, habet *μέτρον*; tum pro *δραχ. ι'* codd. in Hipp. est *γο̄* (*οὐγκίαν*), in S *ἑκάστου δραχ. α'*, pro codd. numero ovorum *δ'* S tradit *δέκα*, Hipp. nihil.

XVI 9, 3; 4. *Μέτρον* M et *καταρραίνεται* L receptis vitium nequaquam tollitur; quid enim sibi vult *τὸ ἴσον* post *σελίνου σπέρμα καὶ σικύου*, nisi simul adhibentur? atqui statim iubemur voce *ἑκάτερον* dare singula. Quare totum locum, sicut videtur fuisse in archetypo, reliqui; nam vitium iam insedisse in Vindanioni codicibus colligo ex S XIII 38 *ὠφελεῖ καὶ σπέρμα σικύων· καὶ σίκυα ὁμοίως ἑκάτερον* (ܦܪ ܟܢܦ) *μετὰ οἴνου καὶ μέλιτος διδόμενον ἐν μέτρῳ· καὶ πινόμενον· ἢ σπέρμα καρδάμου* (ܕܠܒܐ) *τετριμμένον καὶ διδόμενον ἐν ὕδατι· ἢ ἐν τῇ μηδικῇ* (ܦܣܦܣܛܐ corruptum pro ܒܐܣܦܣܛܐ? cf. Löw, Aram. Pflanzenn. p. 95)· *ὡς ἀπὸ κριθῶν* (ܐܝܟ ܕܡܢ ܣܥܪ̈ܐ) collatis Hippiatr. p. 148 (*Ἱπποκράτους·*) *τροφήν τε παράβαλλε σέλινα ἱκανά, ἐὰν ᾖ* et *ἢ καρδάμου σπέρμα τετριμμένον μετὰ ὕδατος ἐγχυμάτιζε διὰ τοῦ ἀριστεροῦ μυκτῆρος περιβλήμασί τε περίστελλε καὶ τροφὴν δίδου τὴν λεγομένην μηδικὴν πόαν· εἶτα ἀποξύσματα τῶν ἐμπροσθίων ὀνύχων τρίψας κτλ.* Ibid. p. 149 totum caput traditur Anatolii nomine, sed §§ 3—5 omittuntur.

XVI 14, 1. *Ὀλίγῳ οἴνῳ* LM restitui; cum enim (*καὶ*) *ὀλίγου οἴνου* FH Hipp. p. 144 suo Marte emendasse iam inde cognoscas, quod F vocem *καί* ipse omisit, S XIII 46 legimus *καὶ στέαρ ἐλάφειον μιχθὲν ὀλίγον* (!) *οἴνῳ· ἐπὶ ἡμ. γ΄ διὰ τοῦ στόματος ἔγχεε.*

Ibid. § 2. Restitui e codd. *κυάθους*; cum enim et Hipp. et S tradant *ἐγχυμάτιζε*, difficile sit iudicatu, utrum hoc an *κοτύλη* et *ἐγχείσθω* corruptum sit.

Ibid. c. 19. *Μιγὲν* ex M recepi; quamquam in Vindanioni exemplaribus num omnia sana fuerint, dubito; nam et S, qui XIII 43 caput usque ad *ἐγχυτέον* habet, om. *μιγὲν μετὰ οἴνου*, et in Hipp.

p. 222 Apsyrtus nihil iubet nisi *ἐγχεῖν ἔλαιον διὰ κέρατος*.

Ibid. 20, 1. *Βοείᾳ* codd. S XIII 44 testantur contra *χοιρείᾳ* Hipp. p. 217; neque quisquam mutabit *κοπείσῃ*, quod in Hipp. est *κόψας*, in S ܕܘܦ ܘܩܘܦ. Gravius est, quod et S et Hipp. pro *ὑοσκυάμου σπέρματι ὑοσκύαμον* ipsum habent, pro *ἁλσὶ φρυκτοῖς* in Hipp. est *ἅλας ὀρυκτόν*, in S ܡܠܚܐ ܚܪܝܦܬܐ, quod ipsum corruptum est ex ܚܦܝܪܬܐ = *ὀρυκτόν*, etsi *ἅλες φρυκτοί* in Geoponicis passim, *ὀρυκτοί* nusquam occurrunt et scorpionum . percussus sales frixi . . . curavere apud Theod. Priscianum I 22. Denique *λινοσπέρματος ὀπῷ ἢ στυπτηρίᾳ* codd., *σπέρμα λίνου· ἢ ὄπιον· ἢ στυπτηρίαν* (ܙܪܥܐ ܕܟܬܢܐ. ܐܘ ܙܦܐ) S, *λινουσπέρμα· ἢ ὀπτὴν στυπτηρίαν* Hipp. *Ὀπῷ* suspectum est; neque enim solum et Dioscor. V 125 (126) et Theoph. Nonnus c. 268 et Plin. XXXI 9 ipso utuntur lini semine, sed etiam ex eo, quod sciam, oleum, non sucus aridus conficitur; at utrum testem sequamur? Neque enim opium neque alumen in praeceptis similibus repperi. Quamquam ego Gemollio assentior qui (Untersuchungen p. 75) omnino in hoc capite mutari quidquam vetat; ubi enim totiens alius alia excerpsit ex suo Vindanioni exemplari, ne duorum testium consensus quidem semper satis est ad tertii lectionem variam condemnandam.

Ibid. 21, 1. Hipp. p. 56. (*Ἀνατολίου·*) *Ὄνους εἰς ὀχείαν ἐπιτηδείους τούτους ἐπιλεξόμεθα, οὓς σὺν τοῖς ἵπποις ἀνεθρέψαμεν*; sed Cassiani verba nostris codicibus recte servari docet S XIII 31, ubi plane eadem traduntur, nisi quod pro *ἐπιλεξώμεθα* legimus ܣܬܟܠܢ.

Ibid. § 2. *Δή* post *ἅτε* omnes omittunt codices; quare delevi, quamquam habent Hipp.; S ܡܠܠ ܗ̇ܘ ܕܠܐ ܫܘܚܠܦ. Idem post *ἡμεροῦσιν* add. *καὶ ποιοῦσιν αὐτοὺς ἐπιβάτας*. Etiam *ἀφέτων* (*ἀφετῶν* FL) suspectum est: Hipp. *ἀφέντων*, S *ἀλλά εἰσιν ἐν ἀέρι ἀγαθῷ*.

Ibid. § 3. *Σφόδρα* errore librarii repetitum non dubium est, quin fuerit in archetypo communi. L utrum suo Marte omiserit, an quod in illo expunctum invenit, non liquet. *Ἡμερωθείς* quoque male aptum est post *ἀγρίους* et *ζῷον*, etsi talis neglegentiae non desunt exempla. cf. XII 13, 11. 22, 9. XIII 2, 1 alios locos. S Hipp. §§ 3; 4. omittunt, seu quod in ipsorum exemplaribus erant nimis corruptae, seu quod Cassianus ex alio auctore excerpsit.

Ibid. § 8. *Ἐτῶν* in omnibus codicibus repetitum haud scio an sit alicuius corruptelae indicium; certe et Hipp. *ἀπὸ τριῶν ἕως δέκα ἐτῶν ἔστωσαν. ἔσται καὶ τὰ γεννώμενα* et S *ἀπὸ τριετῶν καὶ ἕως δέκα· καὶ οὕτως ἔσται καλὸν τὸ γεννώμενον ἐξ αὐτῶν*, quae intercedunt, omiserunt.

Ibid. § 9. *Δὲ* om. FM. Saepius FM neglegunt particulas in L traditas, ut illum suo Marte addidisse dixeris; verum hic et Hipp. *τινὲς δὲ φιλοκαλώτερον* et S ܐ̈ܢܫܐ ܕܝܢ ܡܫܚ ܡܢ ܗܘܐ ܚܒܝܒ ܫܦܝܪܘܬܐ; quare etiam ubi testes desunt, quoad eius facere poteram, Laurentiani particulas retinui.

XVII 12, 1. L post *ἡμέρας ε'* addit *διδοῖς*, S XIII 10 *καὶ οὕτως παραβαλεῖς ἐπὶ ἡμέρας πέντε*. Item

§ 2 formae ܬܪܣܐ S magis videtur respondere *εἰ — τρέφοις* L, quare etiam recepi *παρέξεις* et *ἂν* L, ubi S lacuna laborans deficit.

Ibid. § 2. *ἀλεκτρυόνων* FM *ἀλεκτρυόνος* L, cui favet S XIII 10 *ἐπειδὴ πρῶτον ἔκραγεν ὁ ἀλεκτρυών.* Conicio literas *αν*, quibus archetypi librarius corrigere voluerat *ὥρας*, a L librario neglectas, a FM librariis male intellectas esse.

Ibid. § 3. Pro *μεσημβρίας* M recepi lectionem aptiorem *περὶ ὥραν τρίτην* L; in F vocabulum dubium excidit, S omnia inde a *δίδως· τὸ δὲ λοιπὸν* (§ 2) usque ad *καὶ πάλιν ποτιεῖς* omisit. Rursus *θερμοτέρῳ ὕδατι* et *χλιαρῷ* FM etiam servari videtur verbis *καὶ οὕτως ποτὸν δίδου· ποτίζων αὐτοὺς χειμῶνος ὕδασι θερμοῖς· καὶ θέρους ὕδασι χλιαροῖς* S. Id vero si tenere volumus, aut etiam *ποτιεῖς· δίδου δὲ αὐτοῖς* ad S corrigere debemus, id quod vetamur codicum consensu, Syri neglegentia, qua hoc ipso loco a *δίδως* ad *δίδου* aberravit; aut Cassianus locum ineptum, quem tam facile emendare poterat, sicut invenit opere suo recepit, quod ut statuamus opus sit testimoniis gravioribus.

Ibid. 16, 1. *Περιπλασθέντα* e codd. restitui, quo magis appareret corruptela insanabilis. Et S XIII 14 et Hippiatr. p. 130 sq. pro § 1 et 2 unum tradunt praeceptum, de malis punicis tacent; at commendantur a Cassiano XVI 8, 2. En testimonia ipsa: *φύλλα* '*ῥάμνου*' ܣܒܒܐ ܘܗܘܠܐ· *κοπέντα καὶ πίσσῃ μιχθέντα δίδου αὐτῷ φαγεῖν· ἄλλοι δὲ πίσσης ἥμισυ λίτρας μεμιγμένης ἀλεύρῳ καὶ ἥμισυ ὕδωρ· καὶ διδόασιν* S, ῥάμνου φύλλα τρίβειν μετὰ ἀλφίτων καὶ ψωμοὺς ποιοῦντα διδόναι· (Ἀψύρτου) Hipp. p. 130. καὶ ῥάμνου φ. τρίβων καὶ μετὰ πυρίνων ἀλεύρων μασσῶν διὰ ὕδατος καὶ ποιῶν κολλύρας καὶ ὀξυκράτου διδούς· (Θεομνήστου) ibid. ῥ. φ. ἑψήσας μετὰ οἴνου αὐστηροῦ (Ἱπποκράτους) ibid. p. 131.

XVIII 2, 3. Ἑκάστοτε — μεταγέσθω in FM interiisse formarum ἀγέσθω et μεταγέσθω similitudine apparet. S XIII 48 nil nisi καὶ ὅταν ὁ ἥλιος ὀξὺς ᾖ, μεταγέσθωσαν ὑπὸ σκιάν· καὶ ἐν τῷ χειμῶνι εἰς τὴν θερμότητα. Πρὸς δὲ τὸ μὴ ἕρπειν κτλ. (§ 4), unde iam Syri exemplar simili vitio laboravisse colligo.

Ibid. 3, 3. Admissionis tempus excidisse post νέας Niclasius probavit e Varr. II 2, 13 tempus optimum ad admittendum . . . ad aquilae occasum, quod quae postea concipiunt, fiunt vegrandes atque imbecillae. Plin. N. H. VIII 47. Coitus omnibus . . . ad aquilae occasum in X. kal. Aug. . . . postea concepti invalidi. Colum. VII 3, 11 esse admissurae tempus . . . circa Iulium mensem. Pallad. VIII 4, 4 admittendi sunt mense Iulio, ut nati ante hiemem convalescant. Sed locum iam in suo exemplari corruptum invenit S XIII 49 εἰδέναι δὲ χρή· ὡς οἱ κριοὶ τὰς πρεσβυτέρας μᾶλλον διώκουσι· τὰς δὲ ὀχευομένας· μὴ μελλόντων ὀχεύειν· ὅπως μὴ βλάπτωνται.

Ibid. 17, 1. Pro οἷα FM μόνα L; an glossema adiectivi οἷα? Magis placeret coniectura ὅλα a Niclasio memorata, nisi S XIII 53 haec traderet: Ἐὰν ἥλιος κτλ. — ἐσθίῃ ܕܐܣܦܪܓܘܣ ܒܪܐ ἢ σεύτλου ἀγρίου ἑψητεόν καὶ ἐγχυματιστέον τῷ χυλῷ αὐτοῦ· καὶ *ἀναγκαστέον αὐτὰ* ܡܣܠܬܐ ܗܘ ܕܐܦ *ἐσθίειν*; ut ipse *οἷα* aut *αὐτὰ* legisse videatur. Etiam ܐܦܣܘܪܘܣ iam in Vindanioni exemplaribus corruptum esse dicas; sic enim facillime explicatur, quod Cassianus hoc nomen neglexit.

Ibid. § 3 vix dubitare licet, quin iam pridem corrupta sit. Post *ἀμυγδαλάς* enim, ubi exspectas certum modum amygdalorum indicari, S inserit *ἐκθλιπτέον*, contra *καὶ οἴνου κυάθοις τρισὶ μιχθεῖσι*, quae in ipsis FM coniunctione carent, omisit.

Ibid. § 7. *Καὶ ὅσα ἐπὶ τῶν βοῶν καὶ τῶν λοιπῶν προείπομεν ποιητέον καὶ παραβλητέον* FM, item sed *προεῖπον* L, *καὶ τὰ λοιπὰ ἃ εἴρηται περὶ βοῶν καὶ περὶ ἵππων παραβλητέον αὐτῷ* S. Ego conicio Vindanioni librarium corrigendi causa in margine aut pro *λοιπῶν*: *ἵππων* aut pro *εἴρηται*: *εἶπον* addidisse; quod cum aut excerptor Cassianus aut Syrus interpres perverse legisset, etiam pravo loco substituit.

Pro § 8 S statim 18, 1 adiungit his verbis: *οὕτω καὶ ταῖς αἰξὶ γενέσθω· ἐν τῇ τροφῇ καὶ ἐν τῷ ποτῷ καὶ ἐν τῇ νόσῳ ὥσπερ ἐπὶ τῶν προβάτων ποιοῦμεν*; tum sic finit caput: *καὶ τοῖς χοίροις καρκίνους* (ܩܪܩܝܢܐ; sic legendum pro ܩܪܩܟܢܐ cf. Payne-Smith s. v. ″ܩ) *ποταμίους δὸς φαγεῖν*. En omnia, quae de subus habet Syrus dicere; neque enim ullo alio capite earum meminit!

Haec tanta testium discrepantia atque corruptio eo magis obstat editori, quod Cassianus, ut est excerptor Byzantinus, certo sermone non utitur. Interdum quidem secutus est auctorem excerptum. Velut post X 11 περὶ φυτείας πιστακίων. Διοφάνους. legimus c. 12. ἕτερον περὶ φυτείας ψιττακίων. Δαμηγέροντος. Item l. XV capiti 2 περὶ μελισσῶν. Φλωρεντίνου. additur c. 3. περὶ μελιττῶν. Διδύμου. Quamquam in ipsius capitis 2 § 38 μέλιτται FLM corrigere non licet, etsi in reliquo capite undecies legimus σσ, nusquam ττ; quis enim probet καὶ ἄνθεσιν — δημιουργοῖς S XIII 2 omissa a Cassiano non ex alio auctore addita esse? aut unde scimus Cassianum, qui argum. l. XV ipse scripsit μέλιτται, hic non auctoris formam mutavisse sive neglegentia sive variandi causa? Quippe qui talem sermonis inconstantiam haud raro de industria quaesivisse videatur; cf. IX 11, 7 ζωοποιεῖ θᾶττον καὶ καρποφορεῖ τάχιον, XII 39, 4 εἰς χυλὸν ῥόδων ἢ κρίνων . . ἢ ἄλλῳ τινὶ εὐώδει βρέξας, XIII 12, 1 μετὰ γάλακτος . . . . βραχεῖσα ἢ ἐν ὕδατι, XII 39, 5 διαβεβαιοῦνται . . ὅτι — δώσουσι καὶ διὰ τοῦτο δύνασθαι, XII 19, 12 πλῆσον — καὶ φύτευε, VII 12, 6 εἰ κοπείη καὶ μιχθῇ, VIII 37, 2 ἐὰν — ἐπιβάλῃς . . καὶ — ἀπόθοιο, XI 4 διττὸν — κυπάρισσοι — ἐξελιττόμεναι, XV argum. μελιττῶν — πλήττεσθαι — μελισσῶν. Quare, ubicunque non vetabat singularis loci ratio, codicum auctoritatem secutus non solum ubique γλίχων, ῥιτίνη, Ἰαννουάριος restitui, verum etiam modo ἀρούρας, μάραθον, κορίανον, χύτρα, θάλαττα, ὀρύττω, modo ἀρούρης, μάραθρον, κολίανδρον, κύθρα, θάλασσα, ὀρύσσω scripsi.

Quam auctoritatem utinam possem certo cuidam codici vindicare! Verum ne in his quidem literarum minutiis cuiquam ex iis fidem habere licet. Ut enim taceam de codice L, in quo non solum ει et η et ι, *λ* et *λλ*, alia, sed etiam *ο* et *ω* totiens miserrime confunduntur; ut praeteream HP recentiores, quorum alterius librarius *τήλλεως*, *Κεντιλλίων* monstra peperit, alterius excerptor verba temere mutasse sescenties coarguitur omnium reliquorum testimonio: ipsum librarium codicis F, quem omnium ut vetustissimum ita accuratissime conscriptum esse inde iudices, quod interdum vocabulis accentus dubios addere non audet velut XII 1, 4 *ῥιγιτανου*; 5 *ῥιγιτανον*; 10 *κωμοδιανον*· 19, 8 *κολοκυνται*· XV 6, 3 *νεοσσιας*· XX 7, 1 *ἀεπτὴν κωβι|ων*· *γρυτην*· 12 t. *κυρτων γρυτην*, tamen ubi certam vocabulorum scriptionem tenet, non sequi archetypum sed rationem ab ipso constitutam inde colligo, quod interdum hanc rationem inter scribendum mutat. Velut usque ad X 88 constanter scripsit *κυντιλίων*, inde a XI 3 *κυϊντιλίων*. Item initio ter legimus *σκόροδον*; tum X 80, 1 primum *σκόρδον*, deinde *σκόροδον*; XI 18, 1 *σκόροδον*; a XII 8, 8 deinceps viginti tribus locis reliquis *σκόρδον*. Item III 1, 8 et 3, 13 *κύτισος*; tum inde a X 3, 8 constanter *κύτισσος*. Similiter librarius M IV 15, 4 *ἐμφυλλίζειν*, tum a § 7 usque ad X 75, 4 decies deinceps *ἐμφυλίζειν*, inde a § 19 usque ad finem *ἐμφυλλίζειν* constanter. Itaque lectiones F iis tantum locis praetuli, quibus aut reliqui testes ipsi discrepabant inter se aut praeter unum deficiebant. Contra *σφίκες*, *δαμασκινά*, *ἀπριλίων*, alia F communi reliquorum codicum testimonio cedere iussi.

Indices capitum Cassianus ipse librorum argumentis addidit; cf. II arg. *κατὰ τὰ ὑποτεταγμένα κεφάλαια* et XIV a. *κατὰ τὴν ὑποτεταγμένην τῶν κεφαλαίων* γνῶσιν. Hanc ob causam eos suo loco edere constitui, etsi praeter mensium nomina Aegyptia l. III. tituli ad verbum repetuntur in textu ante singula capita. Numeros capitum Graecos textui HM addunt in margine, FLP neglegunt; nam quos in L margine legimus numeros, aliam secuti rationem totum excerptum CL comprehendunt capitibus. Eodem loco in archetypo communi fuerunt auctorum nomina. Ubi nostri codices alio loco tradunt, notavi; ego priores editores secutus post titulos in ipso textu addidi. Et tituli et nomina a reliquis verbis in F literis maiusculis distinguuntur, in L rubro. Eiusdem librarius intra capita literas initiales rubro scripsit iis plerumque locis, quibus editores paragraphos novas incipiunt; quare in paragraphis discribendis quod facere poteram hunc secutus sum ducem ita, ut ubi ille rubro usus est, ego novam notarem paragraphum, ubi ille etiam novum versum incipit, ego uterer litera maiuscula. Contra eas, quas ille inde a XII 23 crebro exaravit atramento literas maiusculas, ego neglexi.

Hactenus cum praefatio fixa esset literis, e novo catalogo bibliothecae regiae Berolinensis (cat. codd. Graecorum Phillippicorum edd. Studemund et Cohn Berol. 1892) cognovi ex eis qui a. 1884 Cheltenhami erant Cassiani codicibus unum me fugisse. Est numero 150 (1564 Phillips), chartaceus s. XVI. Ipsos literarum ductus plerumque elegantes, interdum neglegentiores si respicis, totum librum crederes scriptum esse manu eadem. Atqui in fol. 71$^{v}$ lin. 9 inde ab altera parte verbi συνε|ψηθέντι atramentum incipit colore fulvo, cum correcturae hic illic in margine additae eundem colorem atrum quem prior textus pars retineant: rursus quae in parte priore adnotantur, itemque literae initiales sparsim suppletae, quia rubricator solam partem posteriorem pinxit, eodem quo pars posterior atramento videntur conscriptae esse. Itaque haud scio, an codicem duo librarii exaraverint ita, ut alter alterius opus corrigeret notisque instrueret. Ceterum hae notae, e quibus una fol. 83$^r$ ad XV 2, 5 Cornarium, duae fol. 68$^v$ ad XI 11 et fol. 71$^r$ ad XII 12 Ruellium laudant, utrum omnes ab ipsis librariis an partim m. rec. additae sint, decernere non ausim; certe eadem, qua textus exaratus est, manu in margine addita sunt ad vocem corruptam σκαφθεῖσαι (II 23, 3): γρ(άφεται) καὶ | στραφεῖσαι et ad vocem falsam θρανσθῇ (VI 3, 2): γρ. καὶ τραπῇ. Unde apparet codicem B(erolinensem) e compluribus libris esse contaminatum.

In eorum numero fuit aliquis codici L affinis. XVIII 2, 3 enim et XVI 21, 10 verba ceteris codicibus omissa servantur. Praeterea in hoc capite uterque sicut passim om. καὶ ἔστιν (§ 2) — ἐοικότα (4), B inter § 9 et 10, qua finitur liber, inserit XVII 6, 2 ἐὰν δὲ βουληθῇς — δεξιόν, quod quidem caput L ipse totum in fine l. XVI. addit, uterque suo loco neglegit. Item X 75, 2 et 7 iisdem quibus in L$^{83}$ verbis coniunguntur, inde a voce ἐχέτω § 7 usque ad finem libri eaedem quae ibi partes omittuntur. Quamquam in eadem illa § 7 a voce ἀφελεῖν usque ad βάσει excerptor B cum familia F, voce μονόκλωνα cum familia M facit. Atque cum hac quidem praeterea nusquam eum congruere animadverti, nisi quod II 10, 1 tradit καταρρηγνύοιτο, 44, 2 ἀναπαύλας, V 33, 7 ὅμως, ἐὰν ἐν κ. φ. δορᾶ (!) περιτεθῇ τρηθεῖσα· τοῦ τε σπ. διὰ τοῦ κ. τούτου διηθ. καὶ ἐπισπειρομένου γῇ, VI 8, 1 κελτικῆς, IX 14, 3 ἐβε|λίβα (!), XVII 12, 3 περὶ μεσημβρίαν, 20 πυρέττοντος et πυρετταίνων, 29, 2 ταύτην. Ex contrario lectiones F saepissime occurrunt, cf. I 8, 3 βορρᾶ ἄνεμος, 6, 1 ἀλλὰ γὰρ | αὐξομένης = F, ἄλλη = H, VI 5, 2 λαμπρὰ λάμπουσα, IX 6, 2 ἔνια τὸ etc.

In ipsa quibus usus est excerptor B exemplaria singula parum proficit inquirere; nimirum cum multa alia omisit, tum plerumque locis in reliquis libris corruptis deficit, velut I 15. II 19, 1. V 26, 2. VII 13, 1. IX 5, 4. XI 29. XII 41. XIII 15, 8. XIV 6, 6. 9. 18, 8. 22. XV 1, 30. 2, 38. XX 43. Locos vero, unde codicem B ex meliore quam omnes ceteri fonte manasse appareat, ego non repperi. Ut enim non desunt loci, quos B aliter tradat ac ceteri omnes, ita tantam ibi saepe prae se fert neglegentiam atque licentiam, ut etiam ceteris locis huic testi non possimus non diffidere.

Velut totus liber 1. m. inscriptus est hoc titulo: Ἤ(correctum ex X?)ρωνος φιλοσόφου συλλογὴ ἐκ διαφόρων βίβλων ἐρανισθεῖσα· ὃ δὴ βιβλίον ἀπάνθισμα (! cf. Prooem. 11) κατωνόμασται. συνείλεκται δὲ, ἔκ τε φλω̄ρεντίνου φιλοσόφου καὶ δημοκρίτου· ἔτι δὲ, ἰου̅ινδανίου· ἀ̅νατ.· βη̅ρ.· διο̅φ.· λεοντίου· ἀπου̅ηλίου· (!) βάρω̅νος· ζω̅ρ.· φρόντ.· νε̅βροῦ· πα̅λαμήδους· καὶ τῶν καντηλίων· καὶ ἑτέρων φιλοσόφων.· Βίβλος α̅ῃ'· περὶ ἐνιαυτοῦ· καὶ ἡλίου· καὶ σελήνης· καὶ ἀστέρων· καὶ ἀέρος. ἐν ᾗ κεφάλαια ι̅β': et sic deinceps usque ad fin. fol. 1: ⟨Β⟩ίβλος κ̅. περὶ ἰχθύων θήρας καὶ ἀνατροφῆς ἐναλίων τε καὶ ποταμίων: κεφ. $\bar{\vartheta}$: Περὶ Τοῦ κρόκου: 1|2 Ἀρξώμεθα τοίνυν ἀκολούθως τὰ περὶ τοῦ κ.· πρῶτοι (ι in ras.) μὲν οὖν ἐκάλεσαν αὐτον, ὤχραν ἀττικήν· ἕτεροι, σινώπιον ποντικόν· ἄλλοι, νίτρον θεῖον· ἕτεροι χθονὸς ὄπτησιν· ἄλλοι ἀρμενιακὸν κρόκον· ἕτεροι, κιλίκιον· ἄλλοι, ἐλύδριον. Tum similia traduntur περὶ τοῦ λευκοῦ ὕδατος, περὶ ὀστράκου, περὶ ξανθῶν ὑδάτων. In fine paginae addita est quatuor elementorum significatio. A fol. 2$^{\text{v}}$ denique librarius redit ad Geoponica nostra his verbis: Βίβλος, $\bar{\alpha}$. κεφάλαια, $\bar{\iota\beta}$: | βίβλος διακρίσεως καὶ συγκρίσεως τῶν γεωπονικῶν ἐκλογῶν, | $\bar{\alpha}^{\eta'}$: | κε. α. (hoc mg.) Ἐκ διαφόρων βίβλων παλαιῶν περί τε = p. 3 lin. 5 huius editionis; sed εἰρημένα et τὸ om., pro Φλωρεντίνου — Κυντιλίων legimus εἰρημένων ὀνομαστὶ φιλοσόφων ἐν τῷ πίνακι·, ante προειδέναι add. τῷ βίῳ, ante ἀντιποιουμένους: μάλιστα, ante τὰ περὶ: ἤτοι, pro εὐδινῶν fertur εὐδιεινῶν, verba ἐν τῇδε τῇ πρ. β. συνέγραψα et index capitum om.

In ipso textu haec mihi occurrerunt graviora, quae notabo secundum paginas versusque huius editionis: p. 4, 19 mg.: β ‖ διαιρέσεως om. ‖ 20 Φλωρ. Ρωμαίου p. t. ‖ 25 | ὡς οἱ πλεῖστοι ‖ 26 ῥωμαῖος ‖ 5, 1 ὡς et καὶ om. ‖ 5 νεομαῖας (!) ‖ 6, 2 δύσις — fin. om. ‖ 16 εὐδίαν — 7, 1 δηλοῖ om. ‖ 2 ἀναδύνη ‖ 8, 3 ἐκ βορρᾶ ἄνεμος ‖ 5 ἔτι δὲ — 9, 7 μάλιστα δὲ om. ‖ 20 ⟨Κ⟩αλὸν τὸ προγινώσκειν· (sic) πλείονι γὰρ (!) ‖ 11, 4 ἀλλὰ γὰρ | αὔξομ. φυτ.· ἄλλη ‖ 5 ἕως $\bar{\iota\eta}^{\text{v}}$ προσήκειν φυτ. ‖ 21, 16 διαπίπτοντες καὶ ἄττ(corruptum ex ἄλλ)οντες ὅ ἐστι πηδῶντες ‖ 28, 15 mg.: ια ‖ 17 mg.: ιβ ‖ ἀνθρώποις. ⟨Ὅ⟩τι πολὺ τῷ ἀγρῷ ὠφέλιμος, ἡ τοῦ δεσπότου *παρου|σία: | Βίβλος, β̄. ἐν ᾗ κεφ. λα'. Περιέχουσα ⟨Ὅ⟩σα ⟨Τ⟩οῖς ἀγροῖς ⟨Σ⟩υμβάλλεται Γεννήματα ⟨Σ⟩ῖτος ⟨Κ⟩αὶ κριθὴ ⟨Κ⟩αὶ λοιπῶν φρυγ. Καρπῶν· Καὶ περὶ οἰκοδομῆς οἴκων: Νικάνδρου: | Οἱ παραθαλάσσιοι* = p. 35, 6, quae intercedunt, om. || 36, 16 *ὄρυσσε* *‸ (haec signa add. corrector, neque tamen omissa supplet) *καὶ εὑρήσεις ὕδωρ· ἀλλὰ καὶ ἔνθα* = p. 37, 23 || 50, 1 *καταρρηγνύοιτο* || 55, 10 *ἐπικαμφθέντα* || 64, 1 *οὐ δικέλλαις* — fin. cap. om. || 69, 5 *δέκα μο, ἐπι|βάλλειν* || 76 2 *ἀήρ: ⟨Ὅ⟩τι ἀναιρετικοὶ ⟨Ἑ⟩λμίνθων: ⟨Λ⟩ειωθέντες | δὲ οὗτοι καὶ ἐπιτιθέμενοι* = 14 || 80, 6 *ἀναπαύλας* || 85, 10 *ἀρκεῖ* || 88, 18 *σπειρεινῦν, ἀρόσσοιτοδίς* (sic) || 97, 21 *μόνας* — 98, 2 *τοὺς* om. || 102, 15 *βιβλίον δ'. ἐν ᾧ περὶ μεταφυτεύσεως φυτῶν. Περί τε μυρσίνης σταφ.* || 21 *πῶς εἰς τοὺς αὐτοῦς βότρυας* (!) | 22 *ἑτέρων χρησίμων: ἐν ᾧ κεφ. ῑ:* — | *⟨Π⟩ερί τε μυρσινίτιδος στ.* = 19 iterum! || mg: *α* || 21 *βότρυα* || 22 *ἑτέρων πολλῶν, ἐντεῦθεν ἀρξάμενοι: ⟨Π⟩ῶς ἐστιν ⟨Ε⟩ὐμαρῶς* = p. 106, 18 || 107, 9 *ὀφθαλμῶν: Ταράντου* (!) = 109, 1 112, 1 *ἐξυδαροῦται* ut ed. || 121, 2 *ταῦτα δὲ | μόνα ἐπὶ σταφυλῆς ἁρμόζει καὶ μήλων.* || 3 *Ἀράτου· ⟨Β⟩ιβλίον ε̄. ⟨Π⟩εριέχον ⟨Σ⟩ύνταξιν ⟨Φ⟩υτείας,* || 9 *⟨Ο⟩ἰνάνθου. ⟨Ἐ⟩ν ᾧ | ⟨Κ⟩εφ. μᾱ:* — *⟨Κ⟩εφ. α. ⟨Ἐ⟩ν ᾧ περὶ φυτείας καὶ ⟨Ἐ⟩νεργείας* (!) *ἀμπέλων | ⟨Κ⟩αὶ πότε χρή:·* (!) *Ἀράτου:* $^{18|19}$ *⟨Ἐ⟩πιτηδεία ἀμπέλοις* = p. 123, 24 || 125, 2 *ταῖς λευκαῖς* || *δυστροφωτέραν.* § 4 — fin. c. om. || 129, 1 *θαλασσίων* || 132, 11 *πρός, ἐχουσῶν* || 20 *προσφύεται* || 143, 15 |$^{22}$ *⟨Τ⟩οῦ αὐτοῦ· ⟨Π⟩ερὶ ⟨Τ⟩ρόπου ⟨Ἐ⟩ργασίας ⟨Ἀ⟩μπελίων: ιβ̄.* || 148, 7 *ιδ̄ | τοῦ αὐτοῦ· περὶ ⟨Ὑ⟩γείας ⟨Γ⟩λυκυρίζης· ⟨Ὅ⟩τι πρὸς εὐφορίαν ἀμπέλων καὶ καλλιοινίαν, ἡ γλυκύριζα* *βοτάνη· εἰς μέσον φυτευομένη, ἁρμόδιόν ἐστιν.* rel. caput om. ‖ 153, 1 *παραχρίειν, ἐν οἷς τὰς ἀμπέλους τέμν*(haec in ras.)*ουσι,* | *μηδενὸς εἰδότος· καὶ οὔτε* ‖ 155, 17 *ὅμως* ‖ *ἐὰν ἐν κ. φ. δορᾷ περιτεθῇ* ‖ 18 *τοῦ κοσκ. τούτου* ‖ 19 *ἐπισπειρομένου γῇ* ‖ 156, 2 *Οὐϊνδάνιος* (*ιος* in ras.) *φησὶν ὡς ὅταν* ‖ 16 *Οὐινδανιουνίου περὶ διαφόρων ἀ. ἐπιμελείας καὶ θεραπείας* ‖ 158, 11 *Ἀετίωνος* ‖ 169, 4. 170, 7 *ἐλαιοτρίβου* ‖ 23 *τοῦ αὐτοῦ περὶ ὑποληνίου.* ‖ 171, 9 *<Π>ερὶ ἐλαιοτρίβου: <Τ>ὸ δὲ ἐλαιοτριβεῖον,* ‖ 175, 7 *ῥυτείαν* | *λαμπρὰ λάμπουσα βελτίων* ‖ 10 *λεπτὸν ἂν φ.* ‖ 176, 2 *σποδιᾶς κλ. καὶ ἀλκιμωτάτης πίσσης* ‖ 178, 21 *κελτικῆς* ‖ 179, 4. 181, 4 ut ed. ‖ 183, 6 om. *τινὲς — βοείῳ* et *τοῦτο μάλιστα* ‖ 186, 1 *<Β>ιβλίον ζ. <Κ>εφ. λα. <Α>ὕτη βίβλος <Π>εριέχει, σύνταξιν* = 4 ‖ 188, 7 ut ed. ‖ 209, 8 *ἀνοίξας εὑρήσεις τοῦτον ὥσπερ παλαιόν. ἀναλωθέντος* ‖ 234, 16 = L ‖ 238, 2 *ἔνια τὸ* ‖ 247, 1 *πρῷα* ‖ *ἐβε λίβᾳ* ‖ 249, 16 *δύναται* ‖ 18 *τῷ μύλῳ* ‖ 256, 7 *Σύνθ. καλλ. πρὸς τὸ ποιῆσαι μελιτάτας ἐλαίας.* ‖ 269, 1 *ἐρᾷ καὶ ἐρᾶται, οἶδεν· οὗτινος δὲ ἐρᾷ, ἀγνοεῖ. διὸ* ‖ 289, 15 *ἐπιλεξάμενοι — βλάστησιν* = 290, 3 om. ‖ 296, 10 *<Σ>υκῆν κοιλιωτικὰ ἤτοι γαστρὸς ὑπακτικὰ σύκα καὶ πρώϊμα φέρειν. Τοῦ αὐτοῦ.* ‖ 14 *γαστρὸς ὑπακτικά.* ‖ 297, 15 ut ed. ‖ 306, 1 *λούσπ̄ου:* (pro *τοῦ αὐτοῦ*? cf. c. 65, quod om.) *πῶς κάρυα* ‖ 7 *φυτεύσεις,* (corr. ex *-ης*) *ἀκέλυφα ἕξεις κάρυα:·* | *τὸ αὐτό φησι φλ. καὶ ἐπὶ ἀμ.· σποδὸν τῷ* = 10 ‖ 11 *περιχέουσι, καὶ* | *τῶν λοιπῶν* | *ἀκροδρύων* | (haec tria verba in mg. suppl.) *τῶν, ἐχόντων* = 9 ‖ 310, 9 *ἐγκεντρίζειν. χρὴ δὲ καὶ τὰ ἐγκεντρίσματα καὶ τὰ ἐνθ. ἐξ* = 311, 3 ‖ 7 *πρὸς τῇ β. μονόκλωνα: — Πότε δεῖ τὰ δ. καθαίρεσθαι.* = p. 317, 10 ‖ 319, 16 ἐγγυητοῦ τοῦ μέλλοντος ἔσεσθαι καρποῦ, σχῆμα δεῖξον πείθεσθαι τούτῳ καὶ τὴν ἀξίνην ἔασον· καὶ τ. λ. εὐφ. 322, 11 καρκῖνος αὐτῇ περιαφθείη· ἢ ἐὰν τὴν ῥίζαν = 15 ‖ 19 λίθον τοῦ σκληροῦ χάλικος: ⟨Ὁ⟩ δὲ διδ. ἐν τ. γ. αὐτοῦ φ. ἔχειν τινὰ συμπάθειαν ἡ λίθος (!) πρὸς τοὺς καρποὺς | εὑρισκομένη τετριμμένη αὐτοφυῶς καὶ ἐν κλάδῳ δένδρου ἐμβαλλομένη. τὸ αὐτὸ πόλιον ἐναιωρούμενον, ἡ βοτάνη· καὶ ἐάν τις γράψας προσδήσῃ τῷ δ. ταῦτα, καὶ ἔσται ὡς τὸ ξύλον, ἕως τοῦ, (!) οὐκ ἀπορρυήσεται. ⟨Φ⟩υσικὰ Δημοκρίτου = p. 324, 1 ‖ 9 ἐνέργειαν. ἢ κυνεία ‖ 10 ῥαντιζομένη, τὰ αὐτὰ δρᾷ. ‖ 19 ἀβλαβὲς τὸ ἀπὸ σκ. διαφ.· ἢ ταυρείαν χολὴν περιχρίσῃς τὰς ῥίζας· ἢ ἐὰν γυμνώσῃς αὐτὰς π. κόπρον κύκλῳ χρίσεις. ‖ 329, 16 ἀνδρομήκης ‖ 334,4 tit. ut ed. cett. = F ‖ 389,3 μύες· ἢ ῥοδοδάφνης φύλλα εἰς τὰς ὀπὰς ἐμφράξαντες. cett. om. ‖ 416, 2 ψωμ. τὰ πολλὰ ἔμβ. εἰς κ. | καὶ ἐπανάγαγε τῇ ὄρνιθι· καὶ πάντα συνάξει ὁμοίως. ‖ 417, 2 c. 9. 10 om. ‖ 421, 10 ut ed. ‖ 432 c. 1 om. ‖ 437, 15 νομῇ δὲ ὁμοῦ ‖ 439, 1 τιθύμαλον et mg.: ἄσβεστον ‖ 3 πεφυκότα ῥοιᾶς τὸ κέλυφος κόψας καὶ σείσας διὰ λ. κ. μετὰ μ. καὶ οἴνου αὐστηροῦ φυράσας, θές ‖ 440, 2 ταῦτα om. ‖ 3 σαῦραι· χρὴ γὰρ ταῦτα πάντα ἀποσοβεῖν καὶ ἀναιρεῖν. ‖ 13 § 21 — fin. c. om. ‖ 447, 9 ἀναψύξας πυρεκβόλιον ‖ 14 προσμίξας φακοῦ ἀλεύρῳ ‖ 448, 5 ἴ|λαιον, | et supra β a. m. ‖ 6 ἀκρα|μαμόριον ‖ κυπρικοῦ τὸ χύτρειον ‖ 9 · ἄραντος δὲ ἠσ. ἀπ. εἰς ‖ 11 ἀποσμένῳ et πω supra add. 1. m. συνάψας ἀφαιρείσθω καὶ προσενούσθω τῷ εὐώδει. πολλῷ ‖ 12 πάντως ξηραινόμενον ‖ 14 ἕψειν ἄμεινον· τὸ δὲ ἄ. ἐσθίειν. ‖ 16 ἀλλὰ καὶ τὰς αἰσθήσεις π. ἐρρ. διατηρεῖ. cett. et c. 8. 9 om. ‖ 459, 7 ἐμφυσσητέον εἰς τοὺς ὀφθ. αὐτοῦ, ἕως οὗ ἀπολεπτύνη καὶ μίξη | τῇ δρ. τὰ λευκώματα. ‖ 460, 4 mg.: ϑ ‖ Πρὸς ἵππον Καὶ πᾶν κτῆνος:˙ | Ἐὰν εἰς τὰς τροφὰς αὐτῶν ἐνώσης ῥίζας λείας ἐψυγμένας ἀγρίου σικύου˙ κύαμοι ἑψηϑέντες καὶ μετὰ στέατος ἀρκείου ἢ χοιρείου˙ καὶ νάρδου παλαιοῦ ἀρτυϑέντ(ες? in ras. per comp.), ἐν ταύτη τῇ νυκτὶ ἐξαστρηϑέντ(ες? p. c.)˙ καὶ τὸ (!) πρωῒ τὰ φλοιὰ (!) τῶν κυάμων ῥιφέντ(α? p. c.)˙ καὶ τὸ ἐντὸς μετ' οἴνου παλαιοῦ καλοῦ μιγέντ(ος? p. c.) καὶ ποτισϑέντ(ος? p. c.):˙ | Περὶ ἀδήλου νόσου:˙ = 462, 5 ‖ 10 σιτείσϑω ‖ 11 διηϑέντων ‖ 463, 3 φλοιῶν ξηρανϑέντων ‖ 464 capita traduntur hoc ordine: 16 (mg.: ιδ), 17 (numero caret), 20 (ιε), 19 (ιϛ'); c. 18 om. ‖ 465, 6 ὄψεως αὐτῶν, ἢ ϑαλάσσας, (ϑα in ras.) παροσφραινέσϑω˙ ἢ γὰρ ‖ 9 καὶ ἐπὶ βουσὶν | ἢ καὶ ἄλλοις ζώοις. ‖ 466, 12 καὶ ἔστιν — ἐοικότα = 17 om. ‖ 467, 11 ὄνον ἢ ἵππον ἱματίῳ ‖ 15 ἔσται:˙ | Ἐὰν δὲ βουληϑῇς = p. 473, 2 ‖ 4 δεξιόν. τοὺς δὲ χωλαίνοντας = 467, 15 ‖ 21 ἔστ' ἂν ἰαϑῇ:˙ | βίβλος ιζ'. ‖ c. 20 om. ‖ 472, 15 c. 6 hic totum om., § 2 inter XVI 19, 9 et 10 inserit ‖ 474, 5 Πῶς β. ἐργ. μὴ κ.˙ | Δάφνης καρπὸν = 475, 3; quae intercedunt, om. ‖ 14 ἀλεκτρυόνων ὥραν τρέφων ‖ 17 = FM ‖ 18 μεσημβρίαν ‖ 476, 1 ποτιεῖς˙ λούουσι δὲ αὐτοὺς˙ καὶ δίδου πίνειν αὐτοῖς ‖ 2 ϑερμοτέρῳ ὕδατι ‖ χλιαρῷ. ‖ 477, 4 ἐλελίσφακον ‖ 478, 1 pro καὶ ἀσφάλτῳ: ἅμα ἀλφίτοις ‖ 479, 3 ὕδατι διαβραχέντας ‖ 15 πυρέττοντος ‖ 16 πυρετταίνων ‖ 482, 5 ἐπιϑετέον. Περὶ σκόλοπος:˙ (mg.: ιϑ) Ὀριγάνου κλῶνας τρυφεροὺς μετὰ κηροῦ μίξας βάλε εἰς τὴν πληγὴν καὶ ἔκβαλε τὴν ἄκανϑαν μετὰ (? p. c.) | βελο^Η· ἢ καρ' βενεδίκτου ῥίζαν καὶ φύλλ(α) κόψας, βάλε ῥυτίν(ην) καὶ τὸ λευκὸν τοῦ ὠοῦ κοπανίσας, κατάπλαττε˙ ἢ πιτύας *λαγωοῦ ἄλειψον· καὶ ἐν ἑτέρᾳ λῦσον ἡμέρα: πρὸς ψώραν καὶ ἐξανθήματα:·* 482, 6 ‖ 16 *Ἐγχυματιστέον οἴνῳ μέλανι· ὕδατι* = 483, 2 ‖ *ἀναιροῦσι γὰρ τοὺς σκώληκας.* ‖ 11 *ταύτην* ‖ 486, 5 *καταστρωτέον· τακτέον δὲ καὶ τὸ* ‖ 12 ut ed. ‖ 13 *μεταγέσθω· [ἑκάστοτε δὲ ἐκ]* (haec 1. m. deleta) *οὐ μὴν* ‖ 20 ut ed. ‖ 488, 14 *ἵππων* ‖ 492, 1 *περὶ λοιμώδους νόσου ταῖς αἶξὶ καὶ προβ. Πελαργοῦ κ. λ. ὕδ. ἐγχυμάτισον ἓν | ἕκαστον, ἀνὰ κοχλιαρίου ἑνός:·* c. 12—16 om. ‖ 495, 15 *ἐγχυματιστέον:· Πρὸς δύσπνοιαν· | Ἐὰν δὲ* ‖ *τμητέον· | Περὶ βηχός:· | Ἐὰν δὲ β. ἀμύγδαλα καθαρθέντα καὶ κοπέντα οἴνου* ‖ 496, 14 *τῷ καλ. ὀδαγῷ ἤτοι ἐν τῷ κώδωνι περιάψ:·* c. 18—21 om. ‖ 500, 1 *Βίβλος ιθ: Περιέχουσα σύνταξιν, Περὶ θήρας λύκων Καὶ ὀχείας | κυνῶν· | Καὶ θεραπείας αὐτῶν. Καὶ λοιπῆς ἐπιμελείας: Βλέννοι* (= XVIII 14 p. 493, 8) *γένος ἐστὶ θαλάσσιον μικρὸν μέλαν τῇ χροιᾷ | γλίσχρον τῇ ἁφῇ· πετρῶδες μάλιστα καὶ τρώγλαις χαῖρον· τούτους ἔνιοι καλοῦσι λύκους· οὗτοι* ‖ 10 *λύκων τρόπῳ | τοιούτῳ·* ‖ 11 *ἀλ. εἰ δυνατὸν πλείστους | ἐντριψάτω* ‖ 13 *ἐν ᾧ ὄρει οἱ λύκοι διάγουσιν* ‖ 15 *ἐπιτιθέτω τῇ πυρᾷ· καὶ ἐκ τοῦ ἰχῶρος αὐτῶν ἀλεί|ψας καὶ ἀναμίξας καλῶς ἐν κρέασι προβάτων εἰς λεπτὰ κατακρεματισθεῖσι καὶ συνεπιβληθεῖσι πᾶσι τοῖς τῶν ἰχθύων μέρεσιν, ὑποχωρησάτω τοῦ τόπου· τῆς γὰρ πυρᾶς βαρεῖαν κνίσσαν ὑπὸ τῶν ἰχθύων ποιησάσης, οἱ ἐπιχώριοι πάντες συναχθ. λ. καὶ τῶν κρεῶν μετασχόντες καὶ τῆς ἐξ αὐτῶν ὀδμῆς ἐμφορηθ(έντες?* per comp.), *ὑπνώσουσιν ὥσπερ ναρκήσαντες, οὓς εὑρὼν ἀναιρήσ(εις?* p. c.)*:· | Περὶ κυνῶν ἐν τῇ ποίμνῃ* = 500, 11 ‖ 502, 1 c. 2 om. ‖ 504, 12 *Θεραπεία λυσσῶντος κυνός. | Τοὺς λυττῶντας Κῦνας* (!), *κατακλ.* ‖ 18 *ἅλμη* διακλύσας αὐτούς· ἔπειτα καὶ ἀλ. ‖ 20 σικύου ῥίζαν μεθ. ὕδ. ἢ ἀμόργην ἀλείφειν· τοῦτο κρεῖττον, ἐπεὶ ψωρ. ἰᾶται. ‖ c. 4—6 et 7—9 om. ‖ 511, 1 Βίβλος κ. Περιέχουσα ἰχθ. τρ. καὶ συναγωγὴν ἐκ δ. τ. εἰς ἓν ‖ 5 σύνθεσιν ‖ 7 θαλασσίων. Ἐν ἧ κεφ. θ'· Ταραντίνου. Ἐν τῇ μεσογείῳ = 512, 21 ‖ 513, 18. 19 διδύμου πρὸς τὸ ἰχθῦς ‖ 514, 4 καὶ εἰς τὸν τόπον om. ‖ 6 libri XX fragmenta hoc ordine traduntur: c. 1. 2, 1; 3. 4 (tit.: Δημοκρ. πρὸς πάντας ἰχθῦς). 5, 1 (τοῦ αὐτοῦ. tit. om.). 2, 2 (τοῦ αὐτοῦ εἰς τὸ αὐτὸ.). 3 (τοῦ αὐτοῦ ποταμίων ἰχθ. θηρευτικόν.). 8 (ταρ. δέλεαρ ἁλιευτικόν, ἰχθύων μεγάλων πυρῶν. ‖ mg.: ή). 7, 2—4 = p. 518, 2 tit. δελέατα πρὸς πάντα καιρὸν ἐπιτήδ(εια): ‖ mg. α; quo numero quamquam a. m. iure deleto (cf. quae supra notavi ad p. 511, 7) factum est, ut in catalogo Berolinensi fragmenta Cassiani capite 8 finiri videantur. ‖ πρὸς τοὺς μεγ. ἰχθῦς· ἴουλοι· φάγροι· καὶ ἐκ τῶν λευκῶν (!), πρὸς τὴν λεπτὴν γρύτην· τοῦτο γὰρ = 4 ‖ 5 ἄγγιστρον, εὐλαβούμενοι οἱ μ. ἰχθῦς τὴν τῶν μεγ. ἐπιδρ. ὑποχωροῦσι· οἱ δὲ μεγάλοι, τῇ ‖ 9 ἐξερχόμενοι | ἄλλεταί (!) τε καὶ ἐφήδεται ὡς ἀπὸ σταδίων ἐὰν ἢ δύο, παίζοντ(α? per comp.)· καὶ πρ. ἄλληλα μάχεται ‖ 11 ὥστε μ. σπείρειν (αι a. m. supra) μ. τὴν ὁρμὴν κόπτειν, ἐπεισπίπτουσι τοῖς δελέασιν:· | Νικάνδρου περὶ σησάμου. (mg.: β, sed a. m. del.) Τὰ σήσαμα σπείρεται — καὶ ἐργάζῃ βρώσιμον: | ⟨Τ⟩έλος: ‖

Quae ut omnia compilatori deberi non possum probare, ita in Cassiani textum recipere ne capita illa quidem πρὸς ἵππον et περὶ σκόλοπος quisquam audebit, immo vero verbum κοπανίζω apud Galenum usitatum nos reicit ad caput περὶ σησάμων, ubi illa vox a

Nicandri poëtae fragmentis non minus aliena quam a Cassiani eclogis bis usurpatur. Ad cod. L vero corrigendum B plane inutilis est; quippe qui, ubi ab eo discrepat, ex aliis putandus sit hausisse.

Contra in libris XIX. XX. iis locis, quibus CLM deficiunt, ubi FH inter se discrepant, quasi arbitrum addidi M(arcianum) 294, id quod supra oblitus sum commemorare.

Denique dum hanc editionem absolvere studeo, de Cassiani fontibus ingeniose disputaverunt Oderus ('Beiträge zur Geschichte d. Landwirtschaft bei d. Griechen' in Mus. Rhen. vol. XLV p. 58 et 202 ss. XLVIII p. 1 ss.) et Baumstarkius ('Lucubrationes Syrograecae' in Ann. Philol. suppl. XXI p. 359 ss.); at illam de qua hic primus copiosius disserit Vindanioni aut, ut vult uterque Photium secutus, Vindani versionem Arabicam mihi rudi in litteris Arabicis in usum operis mei convertere per tempus non licet.

Scribebam Onoldi mense Septembri a. 1895.

# INDEX NOTARUM.

C = cod. Cottonianus Needhami = Harleianus 1868; F = cod. Florentinus (Laurentianus) LIX 32; F i. c. = index capitum hoc codice traditus; H = cod. Harleianus 5604; L = cod. Laurentianus XXVIII 23; M = cod. Marcianus 524; M i. c. = indices capitum hoc codice traditi; P = cod. Palatinus 207; contulit E. Mau. S = Vindanioni versio Syriaca. a. t. = ante titulum; p. t. = post titulum; p. c. = per compendium; p = passim; s = saepe; v. c. = versu continuo. * editionum verba a me mutata praeter codicum auctoritatem; ⟨ ⟩ verba codicibus omissa; [ ] verba interpolata.

# ΚΑΣΣΙΑΝΟΥ ΒΑΣΣΟΥ ΣΧΟΛΑΣΤΙΚΟΥ ΠΕΡΙ ΓΕΩΡΓΙΑΣ ΕΚΛΟΓΑΙ.

## ΠΡΟΟΙΜΙΟΝ.

1 *Πολλοῖς μὲν καὶ ἄλλοις βασιλεῦσι χρηστοῖς ἡ μεγαλόπολις αὕτη ἐκαλλωπίσατο, καὶ τὰ τούτων κατορθώματα καὶ τὰς ἀρετὰς ὥσπερ τινὰ πολυτάλαντα κειμήλια ἐκολπώσατο. Σοῦ δὲ οὐκ ἄν ποτε βελτίονα σχεῖν ἀνομολογήσειεν· οὐδὲ μείζονα τῆς σῆς βασιλείας κατορθώματα δείξειεν.* 2 *Σὺ γὰρ μικρὰ τὰ τῶν ἄλλων βασιλέων σπουδάσματα λογισάμενος πρὸς μόνον ἐκεῖνον ἡμιλλήθης τὸν πρῶτον Χριστιανῶν βασιλέα, Κωνσταντῖνόν φημι τὸν ταύτης οἰκιστήν τε καὶ πολιοῦχον, ὃν καὶ πολλῷ τῷ μέσῳ παρήλασας ἔργοις παλλίστοις καὶ τροπαίοις καὶ νίκαις καὶ τοῖς λοιποῖς ἀριστεύμασιν·* 3 *Ὅσα μὲν οὖν ἢ τοὺς ὑπηκόους εὐεργετῶν ἢ τοὺς ἐναντίους ἀποσοβῶν διαπέπραξαι, μακρὸν ἂν εἴη διεξελθεῖν καὶ χρόνου πολλοῦ καὶ λόγου πλείστου δεόμενον. ἀλλ' οἷα περὶ τὰ βιωφελῆ ταῦτα, καὶ πᾶσιν ἑξῆς τοῖς εἰς βίον ἐληλυθόσιν ἁρμόζοντα ἐκπονεῖς.* 4 *Πρῶτα μὲν γὰρ φιλοσοφίαν τε καὶ ῥητορικὴν ἤδη παρεῤῥυηκυίας*

---

4 Hoc prooemium traditur solo cod. F(lorentino LIX 32) eiusque apographis.

καὶ πρὸς ἀχανῆ βυθὸν τῆς λήθης καταδεδυκυίας εὐμηχάνως καὶ συνετῶς ἀνειλκύσω, τὴν κραταιάν σου χεῖρα ταύταις προσεπιδούς. 5 Ἔπειτα δὲ καὶ πᾶσαν ἄλλην ἐπιστήμην τε καὶ τέχνην πρὸς καινισμὸν ἐπανήγαγες. 6 Μετὰ ταῦτα τοίνυν εἰδὼς εἰς τρία ταῦτα τὴν πολιτείαν διῃρημένην, στρατείαν τέ φημι καὶ ἱερωσύνην καὶ γεωργίαν, οὐκ ἐλαχίστην σπουδὴν περὶ τοῦτο τὸ μέρος εἰσήνεγκας, ὃ μάλιστα τὴν ἀνθρωπίνην ζωὴν συγκρατεῖν ἐξεπίσταται. 7 Ὅθεν τὰ διαφόροις τῶν παλαιῶν μετὰ πάσης ἐπιμελείας καὶ πείρας ἐξευρεθέντα περί τε γεωργίας καὶ φυτοκομίας, καιροῦ τε καὶ τρόπου καὶ τόπου τοῦ ἑκάστοις ἁρμόζοντος· ἔτι γε μὴν ὑδροφαντικῆς οἰκημάτων τε κατασκευῆς, καὶ ἐν οἷς προσῆκε ταῦτα ποιεῖσθαι, ὅποι τε νεύοντα, καὶ ὅπως, καὶ ἕτερα πολλὰ καὶ μεγάλα, μεγέθει φύσεως καὶ βάθει φρενῶν εἰς ἓν συλλεξάμενος, κοινωφελὲς ἔργον τοῖς πᾶσι προτέθεικας. 8 Αὐτίκα γὰρ ὁ τοῖσδέ σου τοῖς σπουδάσμασι προστυχών, τὰ τὴν αὐτοῦ συνιστῶντα ζωὴν ἀκριβῶς κατοπτεύσειε, καὶ τὰ χρειώδη καὶ ἀναγκαῖα, καὶ ἐξ ὧν ὁ ἀνθρώπινος βίος συνέστηκε, καὶ ἐν οἷς τὴν ἅπασαν ἔχει σπουδήν, μετὰ παντὸς κόσμου καὶ τάξεως ἐπισκέψαιτο. 9 Οὐ μόνον δὲ τὰ ἀναγκαῖα, ἀλλὰ καὶ αὐτὰ τὰ περιττά, καὶ εἰς τέρψιν μόνην ὀφθαλμῶν καὶ ὀσφρήσεως συντελοῦντα θεάσαιτο. 10 Σὺ γὰρ φιλόκαλος ὤν, μᾶλλον δ' εἰ χρὴ τἀληθὲς εἰπεῖν, φιλάνθρωπος, παντὶ τρόπῳ καὶ πάσῃ σπουδῇ συνάγεις τὰ χρήσιμα, τοῖς ὑπηκόοις τὸ συνοῖσον ἀεὶ προνοούμενος. 11 Ἀλλ' εὐτυχοίης, ὦ δικαιότατε δέσποτα Κωνσταντῖνε, τὸ τερπνὸν τῆς πορφύρας

---

2 ἀνειλκύσωι F.

*ἀπάνθισμα, καὶ κατευοδοῖο παρὰ θεοῦ, καὶ τῶν ἐχθρῶν κρατήσαις διαπαντός, ἡμῖν τοῖς ὑπὸ τὴν σὴν ἐξουσίαν ἀεὶ τὰ βέλτιστα προμηθούμενος.*

# ΒΙΒΛΙΟΝ Α.

*Τὰ διαφόροις τῶν παλαιῶν περί τε γεωργίας καὶ ἐπιμελείας φυτῶν καὶ σπορίμων καὶ ἑτέρων πολλῶν χρησίμων εἰρημένα συλλέξας εἰς ἕν, τουτὶ τὸ βιβλίον συντέθεικα. συνείλεκται δὲ ἐκ τῶν Φλωρεντίνου καὶ Οὐϊνδανιωνίου καὶ Ἀνατολίου καὶ Βηρυτίου καὶ Διοφάνους καὶ Λεοντίου καὶ Ταραντίνου καὶ Δημοκρίτου καὶ Ἀφρικανοῦ παραδόξων καὶ Παμφίλου καὶ Ἀπουληΐου καὶ Βάρωνος καὶ Ζωροάστρου καὶ Φρόντωνος καὶ Παξάμου καὶ Δαμηγέροντος καὶ Διδύμου καὶ Σωτίωνος καὶ τῶν Κυντιλίων. Ἀναγκαῖον οὖν ἅμα καὶ ἀκόλουθον ἡγησάμην, τὰ πρῶτα τῇ τάξει τυγχάνοντα, καὶ ἅπερ χρήσιμόν ἐστι προειδέναι τοὺς γεωργίας ἀντιποιουμένους, προτάξαι τοῦ παντὸς συγγράμματος. Τὰ περὶ προγνώσεως εὐδινῶν καὶ χειμερινῶν ἀέρων, καὶ περὶ ἐπιτολῆς καὶ δύσεως φανερῶν ἀστέρων, καὶ περὶ ἀποτελεσμάτων ἐκ τοῦ περιέχοντος συμβαινόντων ἐν τῇδε τῇ πρώτῃ βίβλῳ συνέγραψα.*

*α΄. περὶ διαιρέσεως ἐνιαυτοῦ καὶ τῆς τῶν τροπῶν*

---

4 H(arleian. 5604) fol. $20^{v}$ sic incipit: *βιβλίον πρῶτον:·* | *Τὰ διαφόροις* ‖ 6 *φυτῶν σπορίμων* H ‖ 13 *δαμιγέροντος* H ‖ 14 M(arcian. 524) p. 190. sic incipit: *Ἀρχὴ σὺν θεῷ τῶν περὶ γεωργίας ἐκλογῶν: κασσιανοῦ βάσσου σχολαστικοῦ:* | *ἀκόλουθον ἅμα καὶ ἀναγκαῖον ἡγησάμενος τὰ* ‖ 16 *ἅπερ αναγκαῖον* (sic per comp.) *ἐστὶ* M ‖ 17 *παντόσ μου συγγρ.* M ‖ 18 *εὐδιεινῶν* M ‖ 19 *ἐπιτολῆς φάνσεως* | *φανερῶν* (omnia per comp.) M ‖ 22 hic index capitum l. I traditur uno F, ubi cum reliquorum librorum indicibus coniunctus prooemium praecedit sub hoc titulo: *πίναξ τῶν γεοπονικῶν* | *βιβλίον α΄.*

αὐτοῦ διαιρέσεως. β΄. προγνωστικὰ εὐδιεινοῦ ἀέρος. γ΄. προγνωστικὰ χειμερινοῦ ἀέρος καὶ ἐκ ποίων τεκμηρίων ὄμβρους χρὴ προσδοκᾶν. δ΄. προγνωστικὰ μακροτέρου χειμῶνος [καὶ]. ⟨ε΄. προγνωστικά,⟩ πότερον πρώϊμον ἢ ὄψιμον ἔσται τὸ ἔτος. ⟨ς΄.⟩ [ε΄.] περὶ μηνὸς τοῦ κατὰ σελήνην. ⟨ζ΄.⟩ [ς΄.] ὅτι ἀναγκαῖόν ἐστιν εἰδέναι, πότε ἡ σελήνη γίνεται ὑπὲρ γῆν, πότε δὲ ὑπὸ γῆν. ⟨η΄.⟩ [ζ΄.] περὶ τῆς τοῦ κυνὸς ἐπιτολῆς καὶ τῆς προγνώσεως τῶν ἐξ αὐτῆς συμβαινόντων. ⟨θ΄.⟩ [η΄.] ἐπιτολὴ καὶ δύσις φανερῶν ἀστέρων. ⟨ι΄.⟩ [θ΄.] σημείωσις τῶν ἀποτελουμένων ἐκ τῆς πρώτης βροντῆς καθ' ἕκαστον ἔτος μετὰ τὴν τοῦ κυνὸς ἐπιτολήν. ⟨ια΄.⟩ [ι΄.] περὶ τῆς προσηγορίας τῶν ἀνέμων καὶ πόσοι εἰσὶ καὶ πόθεν ἕκαστος πνεῖ. ⟨ιβ΄.⟩ [ια΄.] δωδεκαετηρὶς τοῦ Διὸς καὶ ὅσα ἀποτελεῖ περιπολεύων τοὺς ιβ΄ οἴκους τοῦ ζωδιακοῦ κύκλου. ⟨ιγ΄.⟩ [ιβ΄.] περὶ ἡλίου καὶ σελήνης. ⟨ιδ΄.⟩ [ιγ΄.] περὶ χαλάζης. ⟨ιε΄.⟩ [ιδ΄.] ἄλλο περὶ χαλάζης. ⟨ις΄.⟩ [ιε΄.] περὶ κεραυνοῦ.

Cap. 1. *Περὶ διαιρέσεως ἐνιαυτοῦ, καὶ τῆς τῶν τροπῶν αὐτοῦ διαιρέσεως. Φλωρεντίνου.*

1 Τὸν ἐφεστῶτα τῇ τοῦ ἀγροῦ οἰκονομίᾳ ἀναγκαῖόν ἐστι καὶ τοὺς καιροὺς καὶ τὰς τῶν τροπῶν μεταβολὰς γινώσκειν. οὕτως γὰρ ἂν πρὸς τὴν ἁρμόζουσαν ἑκάστῳ καιρῷ ἐργασίαν τοὺς ἀγροίκους ἐφοδιάζων, πλεῖστα τὸν ἀγρὸν ὠφελήσειεν. 2 Οἱ τοίνυν πλεῖστοι, καὶ πρό γε πάντων Βάρων ὁ Ῥωμαϊκὸς ἀρχὴν ἔαρος εἶπεν,

---

1 εὐδιηνοῦ F ‖ 4 [καὶ]. ⟨ε΄. προγν.⟩ corr. e textu ‖ 5 εστετο ἔτος F ‖ 10 σημείων ἐκ τῶν ἀπ. F ‖ 19 c. 1 om M ‖ 20 Φλωρ. mg. adscr. F et sic deinceps omnia auctorum nomina, ubicunque nihil notatur ‖ 26 βάρων mg. rep. F βάρωνος ῥωμαίου

ὅταν ὡς ἐπὶ τὸ πλεῖστον καὶ ὁ ζέφυρος ἄρχηται πνεῖν, ὅπερ ἐστὶ τῇ πρὸ ἑπτὰ εἰδῶν Φεβρουαρίων, ἡλίου ἐν ὑδροχόῳ ὄντος καὶ τριῶν ἢ πέντε μοιρῶν γενομένου, τουτέστι, τρεῖς ἢ πέντε ἡμέρας ἐν τῷ ζωδίῳ ἔχοντος. συμπληροῦσθαι δὲ τὸ ἔαρ εἰς νόννας Μαΐας. 3 θέρος δὲ ἄρχεσθαι ἀπὸ τῆς πρὸ ὀκτὼ εἰδῶν Μαΐων, τοῦ ἡλίου ἐν ταύρῳ ὄντος· πληροῦσθαι δὲ εἰς τὴν πρὸ ἑπτὰ εἰδῶν Αὐγούστων. 4 ἔτι δὲ μετόπωρον ἄρχεσθαι, ἀπὸ τῆς πρὸ ἓξ εἰδῶν Αὐγούστων, ἡλίου ὄντος ἐν λέοντι· πληροῦσθαι δὲ εἰς τὴν πρὸ πέντε εἰδῶν Νοεμβρίων. 5 χειμῶνα δὲ ἄρχεσθαι ἀπὸ τῆς πρὸ τεσσάρων εἰδῶν Νοεμβρίων, ἡλίου ὄντος ἐν σκορπίῳ· πληροῦσθαι δὲ εἰς τὴν πρὸ ὀκτὼ εἰδῶν Φεβρουαρίων. 6 τῶν δὲ τροπῶν ἡ μὲν χειμερινή ⟨ἐστι τῇ πρὸ ὀκτὼ καλανδῶν Ἰαννουαρίων· ἡ δὲ θερινή⟩ ἐστι, τῇ πρὸ ὀκτὼ καλανδῶν Ἰουλίων, κἂν τινες αὐτὴν πρὸ ἓξ νόννων εἶναι βούλωνται. 7 καὶ τῶν ἰσημερινῶν ἡ μὲν ἐαρινή ἐστι τῇ πρὸ ὀκτὼ καλανδῶν Ἀπριλλίων· τινὲς δὲ τῇ πρὸ ἐννέα. ἡ δὲ μετοπωρινὴ τῇ πρὸ ὀκτὼ καλανδῶν Ὀκτωβρίων, ἤτοι πρὸ ἕξ. 8 Πλειάδων δὲ ἐπιτολὴ τότε

---

mg. add. H ‖ 1 *καὶ* om H ‖ 2 *τῆς* F *τῆσ προ ἰδῶν* (sic!) *φε̣υρ.*, sed *εβ* m. 1 supra add., praeterea *τῇ κᾶ τοῦ φεβρουαρίου* (per comp.) mg. add. H ‖ 3 *ὑδριχόωι* F *ὑδροχόω* H ‖ *μυρῶν* F ‖ 5 *τῶ ἔαρ* H ‖ *νόνας* | per comp. H ‖ 6 *ἰδῶν* H ‖ *τῇ βγ´ μαίου* mg. H ‖ 8 *ξ̃ ἰδῶν αὐγούστο̣υ̣* et *ων* supra add. m. 1 H ‖ *ἐπὶ δὲ* (per comp.) H ‖ *τροπῇ* (? per comp.) *χειμερϊνῇ* | *τῇ κ̄δ αὐγούστου* mg. H ‖ 9 *ἰδῶν νοεμβρίων* | (del. 1. m.) *αὐγούστων* H ‖ 10 *προϊδῶν* et 1. m. supra add.: *ε̄´* H ‖ *τῇ κε̄ νοεμβρίου* (p. comp.) mg. H ‖ 12 *τροπὴ θερινή* | (p. comp.) *τῇ κῆ τοῦ αὐτοῦ* mg. H ‖ 14 ⟨*ἐστι — θερινή*⟩* om. F ‖ 15 *τῆς* F ‖ 16 *νόνων* H ‖ 17 *βούλονται* F *βούλωνται* H ‖ 18 *ἀπριλίων* F semper *ἀπριλλίων· ἤγουν τῇ κᾶ* (aut *κδ*?) *τοῦ σεπτευρί* [*νου· τῇ* del. et *ου* supra add. 1. m.] | *τινὲς δὲ* H ‖ 19 *θ̄* H ‖ 20 *τροπὴ ἐαριν* (*ῶν*? p. c.) | *μετοπωριν* (*ῶν*?) mg. H.

ἄρχεται γίγνεσθαι· ἀπὸ τῆς πρὸ τεσσάρων εἰδῶν Ἰουνίων. δύσις δέ· ἀπὸ τῆς πρὸ τεσσάρων νόννων Νοεμβρίων. 9 ἡ δὲ τῶν Βρούμων ἑορτή ἐστι τῇ πρὸ ὀκτὼ καλανδῶν Δεκεμβρίων.

Cap. 2. *Προγνωστικὰ εὐδιεινοῦ ἀέρος. Ἀράτου.*

**1** Τριταία καὶ τεταρταίαοὖ σα ἡ σελήνη, καὶ λεπτὴ καὶ καθαρὰ φαινομένη εὐδίαν δηλοῖ. καὶ πανσέληνος δὲ οὖσα ἐὰν καθαρὰ φανῇ, εὐδίαν σημαίνει. καὶ ἐὰν διχόμηνος οὖσα καθαρὰ φανῇ, εὐδίαν προμηνύει. ἐρυθροτέρα δὲ οὖσα ἄνεμον σημαίνει. ἐάν τι μελαινόμενον αὐτῆς φανῇ, ὑετὸν δηλοῖ. **2** καὶ ὁ ἥλιος καθαρὸς ἀνατέλλων, εὐδίαν σημαίνει. καὶ ὀλίγου νέφους πρὸ τοῦ ἀνατεῖλαι αὐτὸν φαινομένου, εὐδία ἔσται, καὶ δύνοντος δὲ αὐτοῦ, ἐὰν νέφη περιεσπασμένα περὶ αὐτὸν ὦσιν, ἀνομβρίαν σημαίνουσι. **3** δυόμενος δὲ δίχα νεφῶν καθαρὸς καὶ τὴν ἐπιοῦσαν ἡμέραν εὐδίαν σημαίνει. **4** καὶ ἀνατέλλοντι δὲ καὶ δυομένῳ εἰ συστελλόμεναι φαίνονται ἀκτῖνες καὶ νέφη πεπιεσμένα περὶ αὐτόν, εὐδίαν δηλοῖ· ἔτι δὲ καὶ ἀερώδους νεφέλης ὄρει περιτεταμένης καθαρᾶς τῆς ἄκρας ὑπερφαινομένης τοῦ ὄρους, εὐδίαν δηλοῖ· καὶ ὑπὲρ θαλάσσης νεφέλη

---

3 *ἐστιν* F *ἐστι* H ‖ *δικεβρίων* (*μ* supra add. 1. m.) *ἤγουν τῇ κβ τοῦ* | *νοεμβρίου* ·:· H ‖ 5 P(alatinus 207) postquam i. c. l. II usque ad c. 28 tradidit, in fol. 2ᵛ sic incipit: *ἐκ τῶν περὶ γεωργίας ἐκλογῶν κασσιανοῦ βάσσου σχολαστικοῦ· ἐκ τοῦ πρώτου βιβλίου προγνωστικὰ κτλ.* Etiam M ab argum. continuo transit ad c. 2 omisso indice capitum l. I et capite 1 ‖ tit. om. H ‖ *ἀράτου* post tit. M om. P ‖ 6 *οὖσα* om. M ‖ 11 *ὁ* om. F *δηλοῖ. προγνωστικὰ εὐδιεινοῦ ἀέρος ἐπὶ ἡλίου: ὁ ἥλιος ἀνατέλλων καθαρός,* M ‖ 15 *σημαίνουσιν* F *-σι* H ‖ 17 *καὶ ἀνατέλλοντι — χειμῶνα δηλοῖ* om. F ‖ 19 *ἔτι δὲ καὶ — χειμῶνα δηλοῖ* om. P.

*φαινομένη, παύσασθαι χειμῶνα δηλοῖ· ἐὰν δὲ δίχα νέφους ὁ ἥλιος δύνῃ, τὰ δὲ νέφη ὕστερον πλησίον ἐπιστῇ ἐρυθρότερα, οὔτε τῇ νυκτὶ οὔτε τῇ ἐπιούσῃ ἡμέρᾳ ὕσει.* 5 *νέφη ἐρυθρότερα διεσπασμένα περὶ δυσμάς, ἀνομβρίαν δηλοῦσι.* 6 *καὶ γλαὺξ ᾄδουσα συνεχῶς ἐν νυκτί, καὶ κορώνη πραέως ἐν ἡμέρᾳ κρώζουσα, καὶ κόρακες πλείονες ἀγεληδὸν ὥσπερ χαίροντες καὶ κρώζοντες ἀνομβρίαν δηλοῦσιν.*

Cap. 3. *Προγνωστικὰ χειμερινοῦ ἀέρος, καὶ ἐκ ποίων τεκμηρίων ὄμβρους χρὴ προσδοκᾶν. Τοῦ αὐτοῦ.*

**1** *Τριταία καὶ τεταρταία οὖσα ἡ σελήνη, ἀμβλείας ἔχουσα τὰς κεραίας καὶ ἀχλυώδεις ὄμβρον προσημαίνει. καὶ ἐρυθρὸς δὲ ὁ κύκλος αὐτῆς φαινόμενος ἢ πυρώδης χειμῶνα σημαίνει. πανσελήνου δὲ οὔσης, ἄν τι περὶ αὐτὴν μελαινόμενον ὀφθῇ, ὄμβρον δηλοῖ. ἐὰν δὲ περὶ πᾶσαν τὴν σελήνην ἅλωνες δύο ἢ τρεῖς ὦσι, μέγιστον χειμῶνα ἔσεσθαι δηλοῦσι, καὶ μάλιστα εἰ μελαινότεραι ὑπάρχουσι.* **2** *καὶ ὁ ἥλιος δὲ ἐρυθρὸς ἀνατέλλων καὶ μελαινόμενος ὄμβρους δηλοῖ. καὶ ἀνατέλλοντος δὲ τοῦ ἡλίου, ἂν παρὰ τὰς ἀκτῖνας σκοτεινὸν νέφος φανῇ, ὄμβρον δηλοῖ. δυόμενος δὲ ὁ ἥλιος, ἐὰν κατὰ τὸ ἀριστερὸν μέρος νέφος μέλαν ἔχῃ πλησίον, εὐθέως ὄμβρον χρὴ προσδοκᾶν.* **3** *βρονταὶ*

---

2 *ἀναδύνῃ* F ‖ *δὲ* om. H ‖ 5 ad *γλαὺξ* mg.: *κουκουβάϊα* H ‖ 7 *κράζουσα* HM § 6 om. P ‖ 8 *κράζοντες* HM ‖ 10 *τοῦ αὐτοῦ* a. t. M *τοῦ αὐτοῦ ἀράτου* H ‖ 17 *β΄. ἢ γ΄.* M ‖ 18 *μέγιστον* om. M ‖ 19 *μελαινότεραι ὑπάρχουσιν. καὶ* F *μελαινό|μεναι ὑπάρχουσιν:· Καὶ* H *μελανώτεραι ὑπάρχουσι· προγνωστικὰ χειμερινοῦ | ἀέρος ἐπὶ ἡλίου: καὶ* M *μελανώτεραί εἰσι.* rel. — lib. II. om. P.

δὲ καὶ ἀστραπαὶ ὅθεν ἐὰν γίγνωνται, ἐκεῖθεν τὸν χειμῶνα δηλοῦσιν. ἐὰν δὲ ποτὲ μὲν ἐκ νότου, ποτὲ δὲ ἐκ βορέου ἢ εὔρου ἀστραπαὶ φέρωνται, προορατέον ὅτι ἐκεῖθεν μὲν ὄμβρος, ἔνθεν δὲ ἄνεμος ἐπενεχθήσεται. **4** ἔτι δὲ καὶ αἱ ὄρνις αἱ λιμναῖαι καὶ αἱ θαλάττιαι ἐπὶ ὕδατος συνεχῶς λουόμεναι χειμῶνα δηλοῦσιν. **5** Ἶρις δὲ διπλῆ φανεῖσα, ὄμβρους δηλοῖ. **6** εἰ δὲ καὶ εἰς χύτραν ἢ χαλκεῖον σπινθῆρες γίγνοιντο, ὄμβρους δηλοῦσι. **7** καὶ κορώνη ἐπ᾽ αἰγιαλοῦ τὴν κεφαλὴν διαβρέχουσα ἢ πᾶσα νηχομένη, καὶ νυκτὸς σφοδρότερον κρώζουσα ὄμβρους προμηνύει. **8** καὶ αἱ κατοικίδιαι ὄρνις πυκνῶς κονιώμεναι καὶ κρώζουσαι, καὶ κόρακες καὶ κολοιοὶ ἀθρόως ἐπιφαινόμενοι καὶ κρώζοντες, καὶ χελιδόνες λίμναις ἢ δεξαμεναῖς ἢ ποταμοῖς περιπετόμεναι μετὰ βοῆς ὄμβρον σημαίνουσι. **9** καὶ μυῖαι ἐπὶ πλέον δάκνουσαι, καὶ χῆνες μετὰ κλαγγῆς ἐπειγόμεναι πρὸς τροφήν, καὶ ἀράχνια μὴ ὄντος ἀνέμου καταφερόμενα, καὶ λύχνου φλόγες μελαινόμεναι, καὶ ποίμνια σκιρτῶντα χειμῶνα ἐσόμενον δηλοῦσι. **10** καὶ βόες πρὸς μεσημβρίαν ὁρῶσαι, ἢ τὰς χηλὰς περιλειχόμεναι, καὶ μετὰ μυκηθμῶν ἐπὶ τὴν βουστασίαν ἐρχόμεναι ὄμβρους δηλοῦσιν. **11** ὁμοίως καὶ λύκος πλησίον τῶν οἰκημάτων θρασυνόμενος, καὶ

---

1 ἐὰν FM ἂν H ‖ 2 δηλοῦσι·: ἐὰν ποτὲ H δηλοῦσιν· ἐὰν ποτὲ F ‖ 3 βορρᾶ ἄνεμος ἐπενεχθ. rel. om. F βορρᾶ ἐξακούωνται αἱ βρονταὶ καὶ αἱ (hoc 1. m. supra add.) ἀστραπαὶ γίνωνται, ἄνεμος ἐπεν. H ‖ 5 ὄρνις H ‖ 7 ἔτι δὲ F ‖ 8 γινόμενοι F γιγνόμενοι H ‖ 11 κρώζουσα F, sed ω in ras., et H κρά¦ζουσα M ‖ αἱ om. F ‖ 12 ὄρνεις H ‖ κονϊόμεναι M ‖ κρώζουσαι F, sed ω in ras., κράζουσαι HM ‖ 13 ἐπιφαινόμεναι per comp. M ‖ 14 κρώ. in ras. F κράζοντες HM ‖ ποταμοῦ M ‖ 15 σημαίνουσιν. F -σι. H ‖ 16 μῦαι F μυῖαι H ‖ 17 κραυγῆς M ‖ 21 καὶ om. M ‖ 23 τῶν βοσκημάτων M.

κύνες ὀρύσσοντες τὴν γῆν χειμῶνα δηλοῦσι· καὶ ὀλολυγὼν τρύζουσα ἑωθινὸν καὶ τὰ ὄρνεα εἰς τὰ πρὸς πέλαγος μέρη φεύγοντα χειμῶνα προδηλοῦσι. **12** γέρανοι θᾶσσον ἐρχόμεναι χειμῶνα εὐθέως ἔσεσθαι δηλοῦσι. **13** καὶ μύες τετριγότες χειμῶνα σημαίνουσιν. **14** Ὅταν δὲ ἅμα πλείω σημεῖα ἐπὶ τὸ αὐτὸ συντρέχῃ, βεβαιότερα τὰ ἐλπιζόμενα. **15** μάλιστα δὲ παραφυλάττειν χρὴ αὐξούσης καὶ φθινούσης τῆς σελήνης τὰς τετράδας, τὴν τοῦ ἀέρος κίνησιν τρεπούσας.

Cap. 4. *Προγνωστικὰ μακροτέρου χειμῶνος. Τοῦ αὐτοῦ.*

**1** Πρῖνοι καὶ δρύες τὸν καρπὸν πολὺν φέρουσαι, ἐπὶ πλεῖον ἔσεσθαι τὸν χειμῶνα δηλοῦσι. **2** καὶ αἶγες καὶ οἶες ὀχευθεῖσαι, καὶ πάλιν ὀχεύεσθαι βουλόμεναι μακρότερον σημαίνουσι χειμῶνα. **3** καὶ ἐὰν τὰ βοσκήματα τὴν γῆν κατορύσσῃ, καὶ τὰς κεφαλὰς πρὸς βοῤῥᾶν τείνῃ, χειμῶνα μέγαν προαγορεύουσιν.

Cap. 5. *Προγνωστικά, πότερον πρώϊμον ἢ ὄψιμον ἔσται τὸ ἔτος. Διδύμου.*

**1** Κάλλιον προγινώσκειν, πότερον πρώϊμον τὸ ἔτος ἢ ὄψιμον γενήσεται. πλείονι γὰρ τῷ σπόρῳ ἄμεινον

1 *χειμῶνα δηλοῦσι* om. H, post *ἑωθινὸν* reiecit F ‖ *ὀλολυγὸν* FH ‖ 2 *τρίζοντες* H ‖ 3 *προδηλοῦσιν·* F ‖ 4 *δηλοῦσιν·* F ‖ 6 |Ὅταν H ‖ *ἐπιτοαυτὸ* F *ἐπὶ τὸ αὐτὸ* HM ‖ 10 Hic incipit L(aurentianus 28, 23) his verbis rubro exaratis: *προγνωστικὰ μακροτέρου χ.* ‖ 11 *τοῦ αὐτοῦ* p. t. L om. M ‖ 12 *πρῖνοι* M ‖ 13 *τὸν* om. M ‖ *δηλοῦσιν* F -*σι* H ‖ *καικῖcιc·* (versu continuo) m. rec? restit. ex *καὶ αἶγες*, quod macula obliteratum erat L ‖ 15 *καὶ ἐὰν* versu continuo L ‖ 16 *κατοῤῥύσῃ* corr. 1. m. ex -*οι* H *ὀρύσσῃ* LM ‖ 17 *προαγορεύουσι.* LM; tum *προγνωστικὰ εὐδιεινοῦ ἀέρος* (c. 2) — *διεσπασμένα* (§ 5) repet. sed statim obliteravit M ‖ 18 *προγνωστικὸν* M ‖ 19 *διδύμου* om. LM.

χρῆσθαι, ὀψίμου φαινομένου τοῦ ἐνιαυτοῦ, διὰ τό τινα τῶν σπερμάτων ἐν τῷ μεταξὺ φθείρεσθαι. 2 ἐὰν οὖν μετὰ τρυγητὸν ὄμβρος γένηται πρὸ δύσεως Πλειάδων, πρώϊμον τὸ ἔτος ἔσται. ἐὰν δὲ ἅμα τῷ δύεσθαι τὰς Πλειάδας ὄμβρος γένηται, μέσον. ἐὰν δὲ μετὰ τὴν δύσιν τῶν Πλειάδων ὄμβρος ἄρξηται, ὄψιμον τὸ ἔτος. 3 Δημόκριτος δὲ καὶ Ἀπουλήϊός φασι, τοιοῦτον χρὴ προσδοκᾶν ἔσεσθαι τὸν χειμῶνα, ὁποία ἔσται ἡ ἡμέρα τῆς ἑορτῆς, ἣν οἱ Ῥωμαῖοι Βροῦμα καλοῦσι, τουτέστιν ἡ τετάρτη εἰκὰς τοῦ Δίου μηνὸς ἤτοι Νοεμβρίου. 4 Ἕτεροι δέ τινες βούλονται ἐκ παρατηρήσεώς τινος, καθ' ὁμοιότητα τῆς τετάρτης εἰκάδος τοῦ εἰρημένου Δίου ἤτοι Νοεμβρίου μηνός, καθ' ἣν τὰ Βροῦμα γίνεται, ἔσεσθαι τὸν ἐφεξῆς Δεκέμβριον μῆνα. καθ' ὁμοιότητα δὲ τῆς πέμπτης εἰκάδος τοῦ αὐτοῦ Νοεμβρίου μηνὸς τὸν Ἰαννουάριον μῆνα. καθ' ὁμοιότητα δὲ τῆς ἕκτης εἰκάδος τοῦ αὐτοῦ Νοεμβρίου μηνὸς τὸν Φευρουάριον μῆνα. τοῦτο δὲ ποτὲ μὲν συμβαίνειν εἴωθε, ποτὲ δὲ οὐδαμῶς. 5 Κἀκεῖνο δὲ ἐκ παρατηρήσεώς τινές φασιν, ὅτι ἀπὸ τῆς ἑβδόμης τοῦ Μαρτίου μηνός, ἕως τῆς ιδ' τοῦ αὐτοῦ μηνός, εἴωθεν ἐπὶ τὸ ψυχρότερον τρέπεσθαι ὁ ἀήρ. κατ' ἐκείνας γὰρ τὰς ἡμέρας οἱ μ' μάρτυρες τοῖς πάγοις παραδοθέντες ἐμαρτύρησαν.

---

1 χρεῖσθαι H χρᾶσθαι: (corr. ex χράσθαι) ἐὰν οὖν (v. c.) L ‖ ὀψίμου — φθείρεσθαι om. L ‖ 7 δημ. καὶ ἀπ. mg. rep. F | δημ. δὲ καὶ ἀπ̄οάκιοσ L ‖ 9 καλοῦσιν F, ν om. H ‖ 10 ἕτεροι versu continuo L ‖ 11 καθομοιότιτα L ‖ 13 γίνονται M ‖ 14 δεκέβριον HL ‖ 15 τῆς ε' M ‖ 16 ἰανουάριον H semper ‖ τῆς ς' M τῆς ἑκάστης F τῆς ἑκάστης et mg.: ·:· δηλοῖ τῆς | ἕκτης:· H ‖ 17 φεβρ. H ‖ 18 εἴωθεν FL ‖ 21 τῆς τεσσαρεσκαιδεκάτης τοῦ αὐτοῦ μηνός, H ‖ 23 τεσσαράκοντα H.

Cap. 6. *Περὶ μηνὸς τοῦ κατὰ σελήνην.*
*Διοφάνους.*

**1** *Τινὲς δοκιμάζουσι μηδὲν φθινούσης τῆς σελήνης, ἀλλὰ πάντα αὐξανομένης φυτύειν. ἄλλοι δὲ ἀπὸ τεταρταίας αὐτῆς ἕως ὀκτωκαιδεκάτης φυτεύειν συμβουλεύουσι.* **2** *τινὲς ταῖς προσελήνοις μόναις, τουτέστι ταῖς πρώταις τρισὶν ἡμέραις γεννηθείσης αὐτῆς φυτεύειν συγχωροῦσιν.* **3** *ἄλλοι παραιτοῦνται ἀπὸ δεκάτης μέχρι εἰκοστῆς φυτεύειν τι, ὅπως μὴ τὸ φῶς αὐτῆς συγκαταχωσθῇ τοῖς φυτοῖς.* **4** *Ἡ δὲ ἀκριβὴς διδασκαλία τῶν προειρημένων παρατηρήσεων καὶ καλλίων αὕτη· τὸ φυτεύειν μὲν προσήκειν, ὑπὸ γῆν οὔσης σελήνης. τέμνειν δὲ ξύλα, ὑπὲρ γῆν οὔσης αὐτῆς.*

Cap. 7. *Ὅτι ἀναγκαῖόν ἐστιν εἰδέναι, πότε ἡ σελήνη γίνεται ὑπὲρ γῆν, πότε δὲ ὑπὸ γῆν.*
*Ζωροάστρου.*

**1** *Ἐπειδὴ πολλὰ ἔργα τῆς γεωργίας ποτὲ μὲν ὑπεργείου, ποτὲ δὲ ὑπογείου τῆς σελήνης οὔσης, προβαίνειν ἀναγκαῖόν ἐστι, δεῖν ῥᾴθην ἀπὸ τῆς νεομηνίας*

---

1 c. 6 om. M ‖ 2 *διοφ.* p. t. L ‖ 3 *τινὲς δοκιμάζουσιν* F *Τινὲς δὲ δοκιμάζουσι* H ‖ 4 *ἀλλ' αὐξ.* H *ἀλλὰ γὰρ αὐξομένησ* et *αν* 1. m. supra add. F ‖ *ἄλλοι* corr. 1. m. ex *ἄλλη* H ‖ 5 *προσήκειν* ante *φυτεύειν* add. F, om. HL ‖ *συμβουλεύουσιν* F ‖ 6 *τινὲς* v. c. L ‖ *προσελήνης* L item sed *οις* supra add. 1. m. H ‖ 7 *ταῖς πρὸ ταῖς* H ‖ 8 *ἄλλοι* v. c. L ‖ *παρετοῦνται* L ‖ 9 *μέχρις* L ‖ 12 *τὸ φυτεύειν μὲν* om. F serv. H ‖ *προσήκειν* om. FL serv. H ‖ 13 *τῆς σελ.* H ‖ 15 *ὑπὸ γῆν — ὑπὲρ γῆν* L ‖ *γῆν, καὶ πότε ὑπὸ* F ‖ *γῆν, πότε,* | ‖ *ὑπὸ* (sic!) H ut ed. F i. c. ‖ 16 *ζωρ.* mg. H ante tit. L p. t. M om. F ‖ 17 *ὑπογείου — ὑπεργείου* M *ὑπὲρ γείου* H *ὑπὲρ γείου τῆς σελ. οὔσης, ποτὲ δὲ ὑπογείου* L ‖ 18 *δὲ* 1 m. supra add. H ‖ 19 *ἀναγκαῖον ἐστὶν* FL ut ed. HM.

τῆς σελήνης ἕως τῆς τριακοστῆς, καθ' ἑκάστην ἡμέραν σημᾶναι, ἀπὸ ποίας ὥρας νυκτερινῆς καὶ ἀπὸ ποίας ὥρας ἡμερινῆς ὑπόγειος ἢ ὑπέργειος γίνεται ἡ σελήνη. 2 Τῇ νεομηνίᾳ ἄρχεται ὑπὸ γῆν εἶναι ἡ σελήνη, ἀπὸ ἡμίσους ὥρας νυκτερινῆς, ἕως ἡμίσους ὥρας ἡμερινῆς. 3 Τῇ δευτέρᾳ, ἀπὸ μιᾶς ἡμίσους ὥρας νυκτερινῆς, ἕως μιᾶς ἡμίσους ὥρας ἡμερινῆς. 4 Τῇ τρίτῃ, ἀπὸ δύο ὡρῶν καὶ δς' μορίων τῆς ὥρας τῆς νυκτερινῆς, ἕως δευτέρας καὶ δς' μορίων τῆς ὥρας τῆς ἡμερινῆς. 5 Τῇ τετάρτῃ, ἀπὸ τρίτης καὶ δύο μορίων ὥρας νυκτερινῆς, ἕως τρίτης καὶ δύο μορίων ὥρας ἡμερινῆς. 6 Τῇ πέμπτῃ, ἀπὸ ὥρας τρίτης καὶ ιας' μορίων ὥρας νυκτερινῆς, μέχρι τῶν αὐτῶν ἡμερινῆς. 7 Τῇ ἕκτῃ, ἀπὸ ὥρας τετάρτης καὶ ἐννέα μορίων ὥρας νυκτερινῆς, ἕως τῶν αὐτῶν ἡμερινῆς. 8 Τῇ ἑβδόμῃ, ἀπὸ ὥρας πέμπτης καὶ ϛς' μορίων νυκτερινῆς, ἕως τῶν αὐτῶν ἡμε-

1 ἕως τῆς λ̄ H ἕως λ' καθεκάστην M ‖ 2 νυκτερινῆς — ὥρας om. FM serv. HL ‖ 3 α' et sic deinceps omnes dierum numeros in mg. add. FM ‖ 4 ἡμίσου L ‖ 5 νυκτερινῆς — ὥρας om. L νυκτερινῆς ἕως ἡμίσους ὥρας μιᾶς (καὶ supra add.) ἡμερινῆς. (haec omnia obliterata) ἡμερινῆς· τῆ β' M τῇ δευτέρᾳ om. F ‖ 6 ἕως μιᾶς ἡμίσους HM ἡμίσεοσ F — εωσ L ‖ 7 τῇ τρίτῃ om. F τῆ γ' M ‖ 8 δς'* τεταρτημορίου LM et (η in ras.) H, τεταρτομ. F; numeros horarum inter se differre dodrante et semuncia horae probavit Bilfinger Fleckeis. Jahrbb. 1884 VII p. 488; ad quam rationem correxi omnes dies praeter 1. 2. 14. 16. 29. quorum numeros corruptos mutare vetat omnium codicum cum S III 15 congruentia ‖ 9 δς'* corr. Bilf. τεταρτομορίου F τεταρτημ. LM τεταρτομ. ὥρας ἡμ. H ‖ τῆ δ' M om. F ‖ 10 δύο* Bilf. τριτομορίου F τεταρτομορίου H τριτημ. LM ‖ 11 δύο* Bilf. τρίτου καὶ τριτομορίου F τρίτης καὶ τριτομ. H τριτημ. LM ‖ τῆ ε' M om. F ‖ 12 ιας'* Bilf. ὥρας γ' καὶ ϛ μορίου M ϛ' μορίων L ἑκκαίδεκα μ. F ιϛ' μ. H ‖ 13 ἡμερινῆς edd. ἡμερινῶν codd. ‖ τῆ ϛ' M om. F ‖ 14 τετάρτης HLM δ' F ‖ ϑ' HM ‖ μορίου M ‖ 15 ἡμερινῆς edd. ἡμερινῶν codd. ‖ τῆ ζ' M om. F ‖ ε' FM ‖ 16 μορίου M ‖ ἡμερινῶν L et per comp. M.

ϱινῆς. 9 Τῇ ὀγδόῃ, ἀπὸ ὥρας ἕκτης καὶ τεσσάρων μορίων ὥρας νυκτερινῆς, ἕως τῶν αὐτῶν ἡμερινῆς. 10 Τῇ ἐννάτῃ, ἀπὸ ὥρας ζ′ καὶ αϛ′ μορίων ὥρας νυκτερινῆς, ἕως τῶν αὐτῶν ἡμερινῆς. 11 Τῇ δεκάτῃ, ἀπὸ ὥρας ζ′ καὶ ια′ μορίων ὥρας νυκτερινῆς, ἕως τῶν αὐτῶν ἡμερινῆς. 12 Τῇ ἑνδεκάτῃ, ἀπὸ ὥρας η′ καὶ ηϛ′ μορίων ὥρας νυκτερινῆς, ἕως τῶν αὐτῶν ἡμερινῆς. 13 Τῇ δωδεκάτῃ, ἀπὸ ὥρας ϑϛ′ νυκτερινῆς, ἕως τῶν αὐτῶν ἡμερινῆς. 14 Τῇ τρισκαιδεκάτῃ, ἀπὸ ὥρας ι′ καὶ γϛ′ μορίων ὥρας νυκτερινῆς, ἕως τῶν αὐτῶν ἡμερινῆς. 15 Τῇ τεσσαρεσκαιδεκάτῃ, ἀπὸ ὥρας ἑνδεκάτης καὶ τριῶν μορίων ὥρας νυκτερινῆς, ἕως τῶν αὐτῶν ἡμερινῆς. 16 Τῇ πεντεκαιδεκάτῃ, ἀπὸ ἀνατολῆς ἡλίου μέχρι δύσεως τετελείωται· καλλίστη δὲ αὕτη, ἐπειδὴ δι' ὅλης ἡμέρας τὰ ἔργα καλλίω ποιήσομεν. 17 Τῇ ἑκκαιδεκάτῃ, ἀπὸ ἡμισείας ὥρας ἡμερινῆς, ἕως τῆς αὐτῆς νυκτερινῆς. 18 Τῇ ἑπτακαιδεκάτῃ, ἀπὸ

---

1 τῇ ὀγδόῃ om. FM η′ mg. de more F τῇ η′ mg. M ‖ 2 δχ μορίων H ϛ′ καὶ τεταρτημορίου M ‖ τῶν αυτῶν (!) ὥρας ἡμερινῆσ: — L ἡμερινῶν M ‖ 3 τῇ ἐννάτῃ om. FM ϑ′ mg. F τῇ ϑ′ mg. M ‖ καὶ om. L ‖ αϛ′* Bilf. ιαϛ′ codd. ‖ μορίου M ‖ 4 ἡμερινῶν per comp. M ‖ τῇ δεκάτῃ om. FM ι′ mg. F τῇ ι′ mg. M ‖ 6 ἡμερινῶν p. comp. M ‖ τῇ ἑνδεκάτῃ om. FM ια′ mg. F τῇ ια′ mg. M ‖ 7 μορίων (per comp. HM) νυκτερινῆς FM et corr. 1. m. ex νυκτερινῶν H ‖ 8 τῇ δωδεκάτῃ om. FM ιβ′ mg. F τῇ ιβ′ mg. M ‖ ἀπὸ τῆς ϑϛ′ ὥρας $\overset{ς}{ϱ}$ ἕως L ὥρας ϑ′ καὶ ϑϛ′ μορίου ὥρας νυκτ. ἕως M ‖ 9 ἡμερινῶν L ‖ τῇ τρισκ. om. FM ιγ′ mg. F τῇ ιγ′ mg. M ‖ 10 γϛ′* Bilf. ιϛ′ codd. ‖ μορίου M ‖ 11 ἡμερινῶν p. comp. L νυκτερινῆς M ‖ τῇ τεσσαρεσκ. om. FM ιδ′ mg. F τῇ ιδ′ mg. M ‖ 12 ια′ καὶ γ μο(ρίου? per comp.) M α′ μορίου Bilf. ‖ νυκτερινῆς FM ϱ̂, (= νυκτερινῶν?) L ‖ 13 ἡμερινῶν M ‖ τῇ πεντεκ. om. FM ιε′ mg. F τῇ ιε′ mg. M ‖ 14 ἡλίου FM ☉ L ‖ τετελείωται om. FL ‖ δὲ αὕτη om. F ‖ 15 δι' ὅλης om. F ‖ κάλλιον F ‖ 16 τῇ ιϛ′ M om. F ‖ 17 νυκτ. FM ϱ̂ L ‖ τῇ ιζ′ M om. F.

ὥρας πρώτης καὶ ζ΄ μορίων ὥρας ἡμερινῆς, ἕως τῶν αὐτῶν νυκτερινῆς. **19** Τῇ ὀκτωκαιδεκάτῃ, ἀπὸ ὥρας δευτέρας καὶ δς΄ μορίων ὥρας ἡμερινῆς, ἕως τῶν αὐτῶν νυκτερινῆς. **20** Τῇ ἐννεακαιδεκάτῃ, ἀπὸ ὥρας τρίτης καὶ β΄ μορίων ὥρας ἡμερινῆς, ἕως τῶν αὐτῶν νυκτερινῆς. **21** Τῇ εἰκοστῇ, ἀπὸ ὥρας τρίτης καὶ ιας΄ μορίων ὥρας ἡμερινῆς, ἕως τῶν αὐτῶν νυκτερινῆς. **22** Τῇ εἰκοστῇ καὶ πρώτῃ, ἀπὸ ὥρας τετάρτης καὶ ἐννέα μορίων ὥρας ἡμερινῆς, ἕως τῶν αὐτῶν νυκτερινῆς. **23** Τῇ εἰκοστῇ καὶ δευτέρᾳ, ἀπὸ ὥρας ε΄ καὶ ϛς΄ μορίων ὥρας ἡμερινῆς, ἕως τῶν αὐτῶν νυκτερινῆς. **24** Τῇ εἰκοστῇ καὶ τρίτῃ, ἀπὸ ὥρας ἕκτης καὶ τεσσάρων μορίων ὥρας ἡμερινῆς, ἕως τῶν αὐτῶν νυκτερινῆς. **25** Τῇ εἰκοστῇ καὶ τετάρτῃ, ἀπὸ ὥρας ἑβδόμης καὶ ας΄ μορίων ὥρας ἡμερινῆς, ἕως τῶν αὐτῶν νυκτερινῆς. **26** Τῇ εἰκοστῇ καὶ πέμπτῃ,

1 ζ΄* Bilf. et S III 15 ιζ΄ codd. μορίου M ‖ ἡμερινῆς FM σ΄ L ‖ 2 νυκτερινῶν per comp. M ϱ̂ L ‖ τῇ ιη΄ M om. F ‖ 3 δευτέρας om. M ‖ τεσσάρων ἥμισυ H ‖ μορίου M ‖ ἡμερινῆς FM σ̂ L ‖ 4 νυκτερινῆς FM ϱ̂ L ‖ τῇ ιθ΄ M om. F ‖ 5 β΄* Bilf. τριῶν codd. ‖ ἡμερινῆς FM σ̂ L ‖ 6 νυκτερινῆς F et per comp. M ἡμερινῆς H ϱ̂ L ‖ τῇ κ΄ M om. F ‖ 7 ιας΄* Bilf. δεκαέξ codd. ‖ 8 νυκτερινῆς F et per comp. M ϱ̂ L ‖ τῇ κα΄ M om. F ‖ 9 μορίου M ‖ νυκτ(ερινῆς?) p. comp. H τῶν τῶν αὐτῶν ϱ̂ L ‖ 10 τῇ κβ΄ M om. F ‖ 11 πεμπέμπτησ (!) καὶ ϛ̄ μοριν(ων? ex corr. 2. m.) ὥρασ ς σ̂ L μορίων ὡρῶν ἡμερινῶν F μορίων ἡμερινῶν H μορίου ὥρων (corr. 1. m. ex μορίων ὥρας) | ἡμερας (per comp.) M ‖ 12 νυκτερινῶν F νυκτερινῆς? per comp. M ὥρας ςϱ̂ L ‖ τῇ κγ΄ M om. F ‖ 13 ἕκτης FM et per comp. HL ‖ τεσσάρων F et per comp. H δ΄ aut B L δμορίου M ‖ ὡρῶν ἡμερινῶν F et per comp. H ὡρῶν ἡμέρας p. comp. M ‖ 14 νυκτερινῶν F ςϱ̂ L ‖ τῇ κδ΄ M om. F ‖ 15 ἑβδόμης FML ζ΄ H ‖ ας΄* Bilf. ἕνδεκα καὶ ἥμισυ FM ιας΄ H ἕνδεκα L ‖ μορίου M ‖ ὡρῶν F et p. comp. M ‖ ἡμερινῶν F et per comp. H ἡμερας p. c. M ς σ̂ L ‖ 16 νυκτεριν(ῆς?) p. c. M -ῶν F ἕωσ αὐτῶν, ὥρασ νυκτερινῆσ L ‖ τῇ κε΄ M om. F.

*ἀπὸ ὥρας ἑβδόμης καὶ ἕνδεκα μορίων ὥρας ἡμερινῆς, ἕως τῶν αὐτῶν νυκτερινῆς.* **27** *Τῇ εἰκοστῇ καὶ ἕκτῃ, ἀπὸ ὥρας η′ καὶ ηϛ′ μορίων ὥρας ἡμερινῆς, ἕως τῶν αὐτῶν νυκτερινῆς.* **28** *Τῇ εἰκοστῇ καὶ ἑβδόμῃ, ἀπὸ ὥρας ἐννάτης καὶ ϛ′ μορίων ὥρας ἡμερινῆς, ἕως τῶν αὐτῶν νυκτερινῆς.* **29** *Τῇ εἰκοστῇ καὶ ὀγδόῃ, ἀπὸ ὥρας δεκάτης καὶ γϛ′ μορίων ὥρας ἡμερινῆς, ἕως τῶν αὐτῶν νυκτερινῆς.* **30** *Τῇ εἰκοστῇ καὶ ἐννάτῃ, ἀπὸ ὥρας ἑνδεκάτης καὶ τριῶν μορίων ὥρας ἡμερινῆς, ἕως τῶν αὐτῶν νυκτερινῆς.* **31** *Τῇ τριακοστῇ, ἀπὸ δύσεως ἡλίου ἕως ἀνατολῆς αὐτοῦ.*

## Cap. 8. *Περὶ τῆς τοῦ κυνὸς ἐπιτολῆς καὶ τῆς προγνώσεως τῶν ἐξ αὐτῆς συμβαινόντων. Τοῦ αὐτοῦ.*

**1** *Ἡ τοῦ κυνὸς ἐπιτολὴ γίνεται, διαφαινούσης εἰκοστῆς τοῦ Ἰουλίου μηνός. χρὴ δὲ παρατηρεῖν, ἐν*

---

1 *ἑβδόμης — νυκτερινῆς* om. 1½ versus spatio relicto L *ζ καὶ ια′* H ‖ *μορίου* M ‖ *ὡρῶν* F et p. c. HM ‖ *ἡμερινῶν* F *ἡμέρας* p. c. M ‖ 2 *νυκτερινῶν* F et p. c. H *νυκτεριν*(*ῆς*?) p. c. M ‖ *τῇ κϛ′* M, om., sed mg. *κϛ′* F, plane om. H ‖ 3 *η′* om. M ‖ ϛ̄͂ L ‖ *μορίου* M ‖ *ὡρῶν* F et per comp. M ‖ *ἡμερινῶν* F et per comp. H *ἡμέρας* p. c. M ‖ *ἕως αυτῶν* (!) *ὥρασ νυκτ.* L ‖ 4 *νυκτερινῶν* F et p. c. H *νυκτεριν*(*ῆς*?) p. c. M ‖ *τῇ κζ′* M, om. sed mg. *κζ′* F, om., mg. nihil H ‖ 5 *ἐνάτης* L *ϑ′* H ‖ ϛ′* Bilf. *ἐννέα καὶ ἥμισυ* FM *ϑϛ′* H *ἐννέα* L ‖ *μορίου* M ‖ *ὡρῶν* FH et p. c. M ‖ *ἡμερινῶν* F et p. c. H *ἡμέρας* p. c. M ‖ 6 *νυκτερινῶν* FM ‖ *τῇ κη′* M *κη′* mg. F plane om. H ‖ 7 *ι′* F ‖ *γϛ′** Bilf. *ιϛ′* FM ᾱ͂ L ‖ *μορίου* M ‖ *ὡρῶν* F et p. c. M ‖ *ἡμερινῶν* F et p. c. H *ἡμέρας* p. c. M ‖ 8 *νυκτερινῶν* FM ‖ *τῇ κϑ′* M *κϑ′* mg. F om. H ‖ 9 *ια′* (ϛ′ supra) H *ϑ′* F ‖ *τριῶν* HL *γ′* F *γμορίου* M *α′ μορίου* Bilf. ‖ *ὡρῶν* F et p. c. M ‖ *ἡμερινῶν* F *ἡμέρας* p. c. M ‖ 10 *νυκτερινῶν* F *νυκτεριν*(*ῆς*?) p. c. M ‖ *τῇ λ′* M *λ′* mg. F om. H ‖ *ἀπὸ ὡρῶν δ. ἡλ. ἕως ἀνατ. αὐτοῦ* F ‖ 12 *τῆς* post *καὶ* om. L ‖ 13 *τοῦ αὐτοῦ* de more mg. H om. FLM ‖ 15 *διαφανούσης* F.

ποίῳ οἴκῳ οὔσης τῆς σελήνης ἡ τούτου γίνεται ἀνατολή. 2 ἐν λέοντι οὔσης τῆς σελήνης, ἐὰν ἀνατολὴ γένηται τοῦ κυνός, σίτου φορὰ πολλὴ καὶ ἐλαίου καὶ οἴνου ἔσται, καὶ τῶν ἄλλων πάντων εὐωνία. θόρυβος δὲ καὶ σφαγαὶ καὶ βασιλέως ἐπιφάνεια καὶ ἀπαλία τοῦ ἀέρος καὶ ἐπιδρομὴ ἔθνους ἐφ' ἕτερον ἔθνος, καὶ ἔσονται σεισμοὶ καὶ κλύδωνες. 3 ἐν παρθένῳ δὲ οὔσης αὐτῆς, πολυομβρίαι, εὐφρασίαι καὶ τικτουσῶν φθορά, σωμάτων καὶ τετραπόδων εὐωνία. 4 ἐν ζυγῷ οὔσης αὐτῆς, βασιλέως κίνησις καὶ τετραπόδων ὄνησις καὶ ἐν τοῖς ὄχλοις θόρυβος, ἐλαίου σπάνις, σίτου φθορά, οἴνου δὲ καὶ ἀκροδρύων εὐφορία. 5 ἐν σκορπίῳ οὔσης αὐτῆς, ἱερέων θόρυβοι, καὶ μελιττῶν φθορά, καὶ λοιμικὴ κατάστασις. 6 ἐν τοξότῃ οὔσης αὐτῆς, εὐετηρία καὶ πολυομβρία, καὶ σίτου εὐθηνία, καὶ εὐφροσύνη ἐν τοῖς ἀνθρώποις· θρεμμάτων δὲ φθορά· τῶν δὲ πτηνῶν πολλὴ φορά. 7 ἐὰν ἐν αἰγοκέρωτι οὔσης αὐτῆς ἡ ἐπιτολὴ γένηται, στρατοπέδων κίνησις καὶ πολυομβρία καὶ σίτου καὶ οἴνου καὶ ἐλαίου πολλὴ φορὰ καὶ πάντων εὐωνία. 8 ἐὰν ἐν ὑδροχόῳ οὔσης αὐτῆς ἡ ἐπιτολὴ γένηται, βασιλέως λύσις, σίτου φθορά, καὶ ἀκρίδων ἔφοδος, καὶ σπάνις

---

2 Ἐὰν ἐν v. c. L ‖ τῆς σελήνης — κυνὸς om. L ‖ 3 γίνεται H ‖ πολλὴ om. L ‖ signa XII siderum cum numero suo loco mg. add. 1. m. M ‖ 4 θόριβος L ‖ 6 ἐπὶ ἔθνοσ. M ‖ 7 δὲ om. F ‖ αὐτῆς: αὐτῶ L, τῆς σελήνης M ‖ 8 ἐφρασίαι L ‖ 9 αὐτῶ L, αὐτῆς ἤγουν τῆς σελήνης H ‖ 10 ἐν om. H ‖ 11 σπᾶνησ. L ‖ 12 οὔσης αὐτοῦ L ‖ 14 αὐτῆς: αὐτῶ L ‖ 15 καὶ σίτου εὐθυνία 1 m. in mg. suppl. H ‖ ἐν om. M ‖ 16 πολλὴ φθορά H ‖ 17 ἐὰν om. L ‖ ἐν om. M ‖ αἰγοκέρω αὐτῆς οὔσης H ‖ αὐτῆς — γένηται om. L ‖ εἰ ἐπιτολὴ M ‖ 18 πολυομβρία, σίτου καὶ F ‖ 19 φθορὰ H ‖ ἐὰν om. LM ‖ 20 ὑδροχόω HM ὑδριχόωι F ὑδριχόω L ‖ αὐτῆς — γένηται om. L εἰ ἐπιτολὴ M ἡ ἐπιτ. τοῦ κυνὸς γέν., βασιλέων (per comp.) H ‖ 21 καὶ om. M ‖ ἀκρίδος FM.

ὄμβρων, καὶ λοιμοί. 9 ἐν ἰχθύσιν οὔσης αὐτῆς, ἐὰν γένηται ἡ ἐπιτολή, πολυομβρία ἔσται, καὶ τῶν πτηνῶν φορά, καὶ οἴνου καὶ σίτου εὐφορία, νόσος δὲ περὶ τοὺς ἀνθρώπους. 10 ἐὰν δὲ ἐν κριῷ οὔσης αὐτῆς ἡ ἀνατολὴ γένηται τοῦ κυνός, τῶν ζώων τῶν νεμομένων ἔσται πολλὴ φορά, καὶ πολυομβρία, καὶ σίτου ἐλαχίστη φορά· ἐλαίου εὐφορία. 11 ἐὰν δὲ ἐν ταύρῳ, πολυομβρίαι, καὶ χάλαζαι, καὶ ἐρυσίβη, καὶ τιμωρίαι πολλαί. 12 ἐὰν δὲ ἐν διδύμοις, σίτου καὶ οἴνου εὐφορία πολλὴ σφόδρα, καὶ παντὸς καρποῦ, καὶ βασιλέως ἔκλειψις, καὶ ἀνθρώπων φθορά, καὶ στρατοπέδων κίνησις. 13 ἐὰν δὲ ἐν καρκίνῳ, ξηρασίαι, καὶ λιμός.

Cap. 9. Ἐπιτολὴ καὶ δύσις φανερῶν ἀστέρων.
Τῶν Κυντιλίων.

1 Ἐπειδὴ ἀναγκαῖόν ἐστιν εἰδέναι τοὺς γεωργοὺς φανερῶν ἀστέρων τὰς ἐπιτολὰς καὶ τὰς δύσεις, οὕτω τὰ περὶ τούτων συνέγραψα, ὥστε καὶ τοὺς παντελῶς ἀγραμμάτους ἀκούοντας ῥαδίως νοεῖν τοὺς καιροὺς τῆς τούτων ἐπιτολῆς τε καὶ δύσεως. 2 τῇ νεομηνίᾳ

---

1 αὐτῆς — ἐπιτολὴ om. L ‖ 2 ἔστι L ‖ 3 φορὰ FM φθορὰ HL ‖ 4 αὐτῆς — κυνὸς om. L ‖ 5 τῶν ζώων νεμομένων L ‖ 6 φθορὰ L φορὰ — ἐλαχίστη om. M ‖ 7 ἐλαχίστ(η?) per comp. L ἐλαχίστου H ‖ ἐὰν δὲ om. L ‖ 8 πολυομβρία L ‖ 9 δὲ om. L ‖ οἴνου πολλὴ φορὰ· καὶ F ‖ 11 ἀνῶν φορὰ F ut ed. H ‖ 12 ἐὰν δὲ om. L ‖ λϊμός ex λοιμός corr. 1. m. HM; tum hoc caput add. M: ἀνατολὴ ἡ τοῦ ζωδίου παντὸς· καθότι ἡ τοῦ ἡλίου ἐπιφάνεια. | ἐπιτολὴ δὲ τὸ ὑπὸ ζώδιον· ὅτε συνανατέλλει ἐπί τινι. ὡς τό, πλειάδων ἐπιτελλομινάων· αἱ γὰρ πλειάδες ἐπὶ τὴν τοῦ ταύρου εἰσὶ τομήν· αἵ τινες τῷ κριῷ ἐπιτέλλονται. | ὅτε ὁ ἥλιος ἐν κριῷ ἐστι. καὶ ὅτε γίνεται θερισμοῦ ἀρχή· ὅτε πρῶτον τὰς κριθὰς θερίζουσιν ‖ 13 c. 9. om. L num. om. H ‖ 19 Τῇ νεομ. et sic deinceps, quotiescunque novus dies incipit, H.

τοῦ Ἰαννουαρίου μηνὸς δελφὶς ἐπιτέλλει. **3** τῇ κϛʹ τοῦ Φευρουαρίου ἀρκτοῦρος ἑσπέριος ἐπιτέλλει. **4** τῇ νεομηνίᾳ τοῦ Ἀπριλλίου, πλειάδες ἀκρόνυχοι κρύπτονται. τῇ ιϛʹ τοῦ Ἀπριλλίου, πλειάδες ἑσπέριοι κρύπτονται. τῇ κγʹ τοῦ Ἀπριλλίου, πλειάδες ἅμα ἡλίου ἀνατολῇ ἐπιτέλλουσι. τῇ κθʹ τοῦ Ἀπριλλίου, ὠρίων ἑσπέριος κρύπτεται. τῇ λʹ τοῦ Ἀπριλλίου, ὑάδες ἅμα ἡλίου ἀνατολῇ ἀνατέλλουσι. **5** τῇ ζʹ τοῦ Μαΐου, πλειάδες ἑωθινοὶ φαίνονται. τῇ ιθʹ τοῦ Μαΐου, ὑάδες ἑωθινοὶ φαίνονται. **6** τῇ ἑβδόμῃ τοῦ Ἰουνίου, ἀρκτοῦρος ἑῷος δύνει. τῇ κγʹ τοῦ Ἰουνίου, ὠρίων ἄρχεται ἐπιτέλλειν. **7** τῇ δεκάτῃ τοῦ Ἰουλίου, ὠρίων ἑῷος ἐπιτέλλει. τῇ ιγʹ τοῦ Ἰουλίου, προκύων ἑῷος ἐπιτέλλει. τῇ κδʹ κύων ἑῷος ἐπιτέλλει. τῇ κϛʹ τοῦ Ἰουλίου, οἱ ἐτησίαι ἄνεμοι ἄρχονται πνέειν. τῇ λʹ τοῦ Ἰουλίου, ὁ λαμπρὸς ἀστὴρ ὁ ἐν τῷ στήθει τοῦ λέοντος ἐπιτέλλει. **8** τῇ κεʹ τοῦ Αὐγούστου, ὀϊστὸς δύνει. **9** τῇ ιεʹ τοῦ Σεπτεμβρίου, ἀρκτοῦρος ἐπιτέλλει. **10** τῇ τετάρτῃ τοῦ Ὀκτωβρίου, στέφανος ἑῷος ἐπιτέλλει. τῇ κδʹ τοῦ Ὀκτωβρίου πλειάδες ἅμα ἡλίου ἀνατολῇ δύνουσι. **11** τῇ ιαʹ τοῦ Νοεμβρίου, πλειάδες ἑῷοι δύνουσι, καὶ ὠρίων ἄρχεται δύνειν. τῇ κβʹ τοῦ Νοεμβρίου, κύων ἑῷος δύνει.

---

1 *ἰανουαρίου* semper H ‖ 2 *φεβρ.* H ‖ 3 et 4 *ἀπριλίου* F *λλ* H ‖ 5 *τοῦ* om. M ‖ 6 *τοῦ* om. M ‖ *ἐπιτέλλουσιν* F ‖ *ἀπριλίου* F *λλ* H *τοῦ ἀπρ. ὠρίων — τῇ ζʹ* om. M ‖ *ὡρίων* H ‖ 7 *ἀπριλίου* F *λλ* H ‖ 8 *ἀνατέλλουσιν* F ‖ *μαΐου μηνὸς* H ‖ 9 *ἑωθιναὶ* F ‖ 10 *ἑωθιναὶ* F ‖ *τῇ ζʹ* HM ‖ *τοῦ τοῦ* M ‖ 11 *ὡρίων* F ‖ 12 *τῇ δʹ* H ‖ *ὡρίων* F ‖ 14 hinc omnia deinceps versu continuo H ‖ 15 *οἱ* et *ἄνεμοι* om. F *ἄρχονται ἄνεμοι* M ‖ 16 *ἀστὴρ ἐν* M ‖ 17 *δϊστὸσ* (¨ 2. m.?) F *ὁ ἰστὸς* H ‖ 18 *δέκατη πέμπτη* H ‖ 19 *ὀκτωμβρίου* H ‖ 20 *δύνουσιν* F *ν* om. H ‖ 21 *ιαʹ* MH *πρώτῃ* F cf. II 14, 3 ‖ *δύνουσιν·* F *ν* om. H.

## Cap. 10. Σημείωσις τῶν ἀποτελουμένων ἐκ τῆς πρώτης βροντῆς καθ' ἕκαστον ἔτος, μετὰ τὴν τοῦ κυνὸς ἐπιτολήν. Ζωροάστρου.

**1** Ἐκείνην χρὴ πρώτην βροντὴν ἡγεῖσθαι καθ' ἕκαστον ἐνιαυτόν, τὴν μετὰ τὴν ἀνατολὴν τοῦ κυνὸς γινομένην. δεῖ οὖν παρατηρεῖσθαι ἐν ποίῳ οἴκῳ τοῦ ζωδιακοῦ κύκλου τῆς σελήνης οὔσης ἡ βροντὴ ἡ πρώτη γίνεται. **2** ἐπὰν ἐν κριῷ τῆς σελήνης οὔσης ἡ βροντὴ ἡ πρώτη γένηται, σημαίνει πτοηθῆναί τινας κατὰ τὴν χώραν, καὶ γενέσθαι ἀγωνίαν καὶ φυγὴν ἀνθρώπων, ὕστερον δὲ κατάστασιν. **3** ἐν ταύρῳ τῆς σελήνης οὔσης ἐὰν βροντήσῃ, φθορὰν σίτου καὶ κριθῆς σημαίνει, καὶ ἀκρίδων ἔφοδον. ἐν δὲ βασιλικῇ αὐλῇ χαράν· τοῖς δὲ πρὸς ἀνατολὰς θλίψιν καὶ λιμόν. **4** ἐν διδύμοις ἐὰν βροντήσῃ, ταραχὴν καὶ νόσον δηλοῖ, καὶ σίτου φθοράν, καὶ Ἀράβων ἀπώλειαν. **5** ἐν καρκίνῳ, κριθῆς φθοράν, καὶ ἀνομβρίαν, καὶ βοῶν θάνατον· περὶ δὲ Μάρτιον καὶ Ἀπρίλλιον πολυομβρίαν. **6** ἐν λέοντι, σίτου καὶ κριθῆς φθορὰν ἐν τῇ ὀρεινῇ, καὶ κνησμοὺς καὶ λειχῆνας. **7** ἐν παρθένῳ,

---

1 inter *δύνει* et *σημειώσεις* (!), quo verbo inc. fol. 194, quaedam *εἰς εἰκόνα τοῦ ἁγίου θεοδοσίου κοινοβιάρχου* ead. m. perscripta exhibet M ‖ 3 *τοῦ* om. M ‖ *ζωροάστρου* p. t. M ‖ *κε. ς* mg. L ‖ 4 *ἡγεῖσθαι τοῦ καθ'* F *ἡγ. τοῦ καθεκάστου* (!) *ἐνιαυτοῦ*, | H ‖ 6 *γενομένην* L ‖ 8 *γίγνεται* H, *γέγονε* L ‖ *ἐπ' ἀν* F *Ἐὰν* H | *Ἐπὰν* (*Ἐπ*? corr. m. rec.) L *ἐπ' ἂν* M ‖ *οὔσης βρ. γέν.* F *οὔσης βρ. γίνεται, σημαίναι* L *οὔσης ἡ βρ. ἡ πρώτη* | *γί(νεται), σι(μαίνει)* per comp. M ‖ 11 *Ἐν τῶ τῆς σελ.* (*οὔσὴσ ἐν ταυρω* m. rec. in ras.) *ἐὰν* L ‖ 13 *βασικῇ αὐλῇ ἀχωρὰν·* L ‖ 15 *διδ. οὔσησ ἐὰν* L ‖ *δηλῇ* L ‖ 16 *ἀρράβων* M ‖ *ἀπόλ(ειαν)* per comp. L ‖ 18 post *θάνατον* add. *κακὸσῆσ λαού εστέ*: —| (= *κάκωσις λαοῦ ἔσται*) ex corr. m. rec. L ‖ *ἀπρίλιον* F *ἀπρίλλιον* HL *ἀ* . . . . | 4 literarum spatio servato M ‖ 20 *κνησμοὺσ* corr. m. rec. e *κλησμοὺσ* L ‖ *ληχῆνας* L.

*βασιλέως ἀπώλειαν, καὶ ἄλλον βασιλεύειν τῆς χώρας· τοῖς ναυτιλλομένοις κίνδυνον, περὶ δὲ τὰ σπόριμα ἐρυσίβην.* **8** *ἐν ζυγῷ, πολέμους καὶ πληγῶν πλησμονὰς καὶ καρπῶν φθοράν.* **9** *ἐν σκορπίῳ, λιμὸς ἔσται, τὰ δὲ πετεινὰ πληθυνθήσονται.* **10** *ἐν τοξότῃ, σάλον ἐν τῇ χώρᾳ· ἐν τῇ ὀρεινῇ σίτου εὐφορίαν· ἐν τῇ πεδιάδι φθοράν.* **11** *ἐν αἰγοκέρωτι, ὄμβρον ἔσεσθαι σημαίνει ἐπὶ ἡμέρας πεντήκοντα, καὶ βασιλέων δόλον, καὶ ψόγον, καὶ ἀπρεπῆ λαλιάν, καὶ ἐπιφάνειαν ἄλλου βασιλέως ἀπ' ἀνατολῆς, ὃς ἐπικρατήσει πάσης τῆς οἰκουμένης. εὐκαρπία δὲ ἔσται, καὶ ἐνδόξων ἀνδρῶν θάνατος, καὶ προβάτων γονή.* **12** *ἐν ὑδροχόῳ, πολέμους ἰσχυροὺς ἐν τῇ παράλῳ· καρπῶν δὲ τῶν ἄλλων φθοράν, ὀσπρίων δὲ ἀπώλειαν.* **13** *ἐν ἰχθύσι, σίτου φθορὰν ὀλίγην, καὶ θάνατον ἀνδρὸς δυνατοῦ.*

Cap. 11. *Περὶ τῆς προσηγορίας τῶν ἀνέμων, καὶ πόσοι εἰσί, καὶ πόθεν ἕκαστος πνέει. Διονυσίου.*

**1** *Ἀπὸ τῶν τεσσάρων κλιμάτων τέσσαρες αὐθεντικοὶ πνέουσιν ἄνεμοι. ὁ ἀπηλιώτης καὶ ὁ ζέφυρος καὶ ὁ βορέας καὶ ὁ νότος.* **2** *ὁ μὲν οὖν ἀπηλιώτης ἀπὸ τοῦ ἀνατολικοῦ κέντρου φερόμενος, ἔχει παραπνέοντας*

---

3 Ἐ*Ν ζυΓῶ* $\overline{Δ}$, (= *δὲ*) rubro, tituli loco L ‖ 4 *λιμός ἐστι* L ‖ 5 *δὲ* om. M ‖ *πληθυνθήσεται* L ‖ 7 *πεδιάδοι* L ‖ *αἰγοκέρω* LH ‖ *ὄμβροσ* L ‖ 8 *ἡμᾶς* corr. L ‖ *καὶ κατὰ βασιλέων* L ‖ 9 *λαληὰν* L ‖ 10 *ἀπὸ* LH ‖ *ἀνατολῶν· ἢ ἐπικρ.* L ‖ 11 *οὐκουμ.* L ‖ *ἐνδόξων δὲ ἀνδρῶν* L ‖ 12 Ἐ*ΝυΔροχόω*: rubro tit. loco L; F *ὑδριχόωι* ‖ 14 *ἀπώλεια* L ‖ Ἐ*Νἰχ*$Θ^{ώ}$*ι* rubr. in mg. L ‖ *Ὄινου φθορὰν* L ‖ 16 *περὶ τῶν ἀνέμων προσιγορίας* | (haec omnia rubro) T(r.)*ῶν ἀνέμων· καὶ* L ‖ *κε. ζ'* mg. L ‖ 17 *πνεῖ: διονυσίου.* rubro L *διονυσίου* (per comp.) *ια'*:- post tit. M ‖ 18 *κλημάτων* L ‖ 19 post *ἀπηλιώτης* om. *καὶ* H om. *ὁ* L ‖ 20 *βορρέας* H.

καὶ μεσάζοντας αὐτὸν τὸν εὖρον καὶ τὸν καικίαν. 3 ὁ δὲ ζέφυρος ἐκ τοῦ δυτικοῦ κέντρου πνέων, ἔχει μεσάζοντας αὐτὸν ἰάπυγα καὶ λίβα. 4 ὁ δὲ βορέας ἐκ τοῦ ἀρκτικοῦ κέντρου καταπνέων, ἔχει μεσάζοντας αὐτὸν θρασκίαν καὶ τὸν ἀπαρκτίαν. 5 ὁ δὲ νότος ἀπὸ τῆς μεσημβρίας φερόμενος, ἔχει μεσάζοντας αὐτόν, τὸν λιβόνοτον καὶ εὐρόνοτον, ὡς εἶναι τοὺς πάντας ἀνέμους ιβ'. 6 τὸν δὲ ζέφυρον συνεργὸν εἶναι τῇ γεωργίᾳ μᾶλλον τῶν ἄλλων πάντων ἀνέμων, καὶ ὁ Φλωρεντῖνός φησι, καὶ ἡμεῖς συνομολογοῦμεν. 7 ἄνεμον δὲ προμηνύει θάλασσα κυμαίνουσα καὶ ἐπὶ τοῖς αἰγιαλοῖς μεγάλα ἠχοῦσα. καὶ τῶν ὀρῶν αἱ ἄκραι καθαραὶ οὖσαι. καὶ ἄκανθαι καὶ ξηρὰ φύλλα ἐναντία ὑπὸ τῶν ἀνέμων εἰλούμενα. 8 βρονταὶ καὶ ἀστραπαὶ θέρους ὅθεν φέρονται, ἐκεῖθεν ἄνεμον προσδόκα. 9 ἀστέρες διαπίπτοντες ὅπου τρέπονται, ἐκεῖ χρὴ τὸ πνεῦμα προσδέχεσθαι.

Cap. 12. *Δωδεκαετηρὶς τοῦ Διός, καὶ ὅσα ἀποτελεῖ περιπολεύων τοὺς δώδεκα οἴκους τοῦ ζωδιακοῦ κύκλου. Ζωροάστρου.*

1 Ὁ ζωδιακὸς κύκλος τέτμηται εἰς δώδεκα οἴκους· ἐαρινοὺς μὲν τρεῖς, κριόν, ταῦρον, διδύμους. εἰς δὲ

---

1 καὶ μεσάζοντας om. F ἔχει πνέοντας καὶ μεσάζονας per comp. M ‖ 2 μεσάζονας per comp. M ‖ 3 ἰάπυγα — 4. αὐτὸν om. H ‖ 4 μεπάζοντας L μεσάζονας p. c. M ‖ 5 τὸν om. L ‖ 6 μεσάζονας p. c. M ‖ τὸν om. L ‖ 7 εἶναι om. M ‖ 8 δώδεκα F ‖ τὸν δὲ versu continuo L ‖ 9 Φλωρεντῖνος mg. rep. F ‖ 10 ἄνεμον v. c. L ‖ 12 αἱ om. HM ὀρῶν — 14 τῶν om. L ‖ 13 ἀκανθῶν τὰ ξηρὰ M ‖ 14 εἰλούμενα M ‖ βρονταὶ v. c. L ‖ 15 ἀστέρες v. c. L ‖ 16 τρέπεται L ‖ 18 c. 12. om. L ‖ 20 ζωρόαστρος: mg. H ‖ 22 singulorum astrorum signa supra nomina add. M ‖ δὲ om. M.

θερινοὺς οἴκους τρεῖς, καρκίνον, λέοντα, παρθένον. εἰς δὲ φθινοπωρινοὺς τρεῖς, ζυγόν, σκορπίον, τοξότην. αἰγοκέρωτα δὲ καὶ ὑδροχόον καὶ ἰχθύας, χειμερινούς. 2 ἐν ἑκάστῳ οὖν οἴκῳ τοῦ Διὸς ἀστὴρ γινόμενος ἀποτελεῖ τὰ ὑπογεγραμμένα. 3 Ἐπὰν ἐπιστῇ τῷ κριῷ ὁ τοῦ Διὸς ἀστήρ, οἴκῳ ὄντι Ἄρεος, ὅλον μὲν ἔσται βόρειον τὸ ἔτος, ἐπικοινωνοῦν καὶ τῷ εὔρῳ ἀνέμῳ· ὁ δὲ χειμὼν κατεψυγμένος καὶ χιονώδης, ὄμβροι δὲ ἔσονται συνεχεῖς καὶ ποταμοὶ μεγάλοι. 4 μετὰ δὲ τὴν ἐαρινὴν ἰσημερίαν μεταβάλλει ὁ ἀὴρ εἰς ὕδατα μαλακὰ καὶ πυκνά. τὸ δὲ θέρος εὔκρατον ἔσται καὶ ὑγιεινόν· τὸ φθινόπωρον καυματῶδες. ἔσονται δὲ ἐν αὐτῷ νοσήματα, καὶ μάλιστα ἀπὸ κεφαλῆς, καὶ κατάῤῥοι, καὶ βῆχες. τῶν δὲ τόπων τὰ πεδινὰ μᾶλλον οἴσει καρπόν· εὔχεσθαι δὲ δεῖ, ἵνα μὴ πόλεμοι γένωνται. 5 Ὁ δὲ Δημόκριτος λέγει, τὸν οἶνον χρηστὸν καὶ παράμονον εἶναι, εὔθετον δὲ εἶναι τὸ ἔτος πρὸς μόνην ἀμπέλων φυτείαν. 6 ἀσφαλίζεσθαι δὲ δεῖ τὸν σῖτον ἐν ταῖς ἅλωσι διὰ τοὺς ὄμβρους· γενέσθαι δὲ ὀρνέων σπάνιν, καλὸν δὲ καὶ κήπους κατασκευάζειν. 7 Ὅτε δὲ ἐν ταύρῳ γένηται ἐν οἴκῳ τῆς Ἀφροδίτης, ὁ χειμὼν ἀρχόμενος μὲν εὔκρατος ἔσται καὶ ἔπομβρος, μεσάζων δὲ νιφετώδης, καὶ λήγων ψυχρός. 8 μάλιστα δ' εἰ χειμάσει ἀπὸ μέσου χειμῶνος ἕως ἰσημερίας ἐαρινῆς, τὸ ἔαρ εὔκρατον ἔσται καὶ κάθυγρον ἕως κυνὸς ἐπιτολῆς. .9 τὸ θέρος καυματῶδες, τὸ φθινόπωρον

---

3 εἰς δὲ χειμ. | τρεῖς· αἰγοκ. ὑδροχ. καὶ ἰχθύας M ‖ ὑδριχόον F ὑδροχ. HM ‖ 6 ἄρεος HM ἄρεως F ‖ 12 νοσήματα ἐν αὐτῷ. M ‖ 13 κεφαλῆς κατάῤῥοι H ‖ 16 δημ. mg. rep. F nihil mg. H ‖ 17 εἶναι om. M ‖ 18 δὲ om. H ‖ 19 ἅλωσι HM ἅλωσιν F ‖ 21 δὲ ταύρω F δὲ ἐν τ. HM ‖ 22 μὲν FM καὶ H ‖ 24 δ' εἰ χ. F δὲ (per comp.) εἰ χ. H δὲ χειμ. M ‖ 25 ἔστι M.

παγῶδες καὶ ἐπίνοσον, μάλιστα τοῖς νέοις. ἔσονται δὲ ὀφθαλμίαι. 10 οἱ πεδινοὶ τόποι μᾶλλον τῶν ὀρεινῶν εὐφορήσουσιν, ὁ οἶνος ἀδικηθήσεται, διὸ χρὴ τὴν ἄμπελον ὀψὲ τρυγᾶν. ἔσται δὲ καὶ τῶν καρπῶν τῶν ξυλικῶν εὐφορία, ὀρνίθων σπάνις. τοῖς δὲ πλέουσι τὸ ἔτος ἀνεπιτήδειον. ἐν τούτῳ τῷ ἔτει περιλαμπὴς ἀνὴρ τελευτήσει. 11 ὁ δὲ Δημόκριτός φησιν, ἐν τούτῳ τῷ ἔτει χάλαζαν πολλὴν γίνεσθαι, καὶ χιόνας. τοὺς δὲ ἐτησίας μὴ ὁμοίως πνεῖν. εὔχεσθαι δὲ δεῖ, μὴ γενέσθαι σεισμούς, καὶ στρατείας κίνησιν. 12 Ὅτε δὲ ἐν διδύμοις ἐν οἴκῳ Ἑρμοῦ ὁ Ζεὺς γένηται, τὸ ὅλον ἔτος ἕξει πνεῦμα νότιον καὶ λιβυκόν. 13 ὁ δὲ χειμὼν ἀρχόμενος μὲν ἔσται ἀνεμώδης, εὔκρατος δὲ μεσάζων, καὶ λήγων παγώδης καὶ ἀνεμώδης· 14 τὸ ἔαρ εὔκρατον καὶ λεπτὰ ἔχον ὕδατα, ἔσται δὲ σῖτος πολύς· 15 τὸ θέρος εὔκρατον, διὰ τὸ τοὺς ἐτησίας ἀνέμους λαμπροὺς ἐπιπνεῦσαι ἐπὶ πολὺν χρόνον. ἐν δὲ ταῖς ἅλωσιν οἱ καρποὶ διαψεύσονται, μάλιστα δὲ ἐν Συρίᾳ. 16 ἔσται δὲ περὶ τὸ φθινόπωρον νόσος, καὶ μάλιστα τοῖς νέοις καὶ μεσήλιξι καὶ γυναιξίν. ἔσονται δὲ καὶ ὀφθαλμίαι, τοῦ φθινοπώρου καυματώδους ὄντος. ἔσται καὶ γυναικῶν θάνατος. τῶν ξυλικῶν ὁ καρπὸς εὐφορήσει. λείψουσι δὲ καὶ αἱ πηγαὶ τῶν ὑδάτων. ἄμεινον δὲ καρποὺς ἀποθέσθαι, διὰ τὴν ἐν τῷ ἐρχομένῳ ἔτει ἐσομένην ἀφορίαν. 17 Δημόκριτος δέ φησι, χαλάζης γίνεσθαι βλάβην. εὔχεσθαι δὲ δεῖ, ἵνα μὴ λοιμικὰ πάθη γένηται. 18 Ἐν οἴκῳ δὲ Σελήνης καρκίνῳ γενομένου τοῦ Διός, ὁ χειμὼν τὰ

7 δημ. mg. rep. F ‖ 10 στρατΐας | M ‖ 12 νότιον om. H ‖ 17 ἐν ταῖς M ‖ 21 δὲ ὀφθ. M ‖ 25 δημ. mg. rep. F ‖ 27 δεῖ edd. om. codd.

πλεῖστα ἀπὸ τῶν ἀνατολικῶν ἔσται ψυχρός τε καὶ χαλαζώδης καὶ γνοφώδης, ἔχων καὶ ποταμοὺς μεγάλους. περὶ δὲ τροπὰς χειμερινὰς ἀνοχὴ ὑδάτων ἔσται. μετὰ δὲ τὴν ἐαρινὴν ἰσημερίαν, συνεχεῖς ἔσονται χάλαζαι. οἱ δὲ τραχεῖς τόποι μᾶλλον οἴσουσι καρπόν. ὁ δὲ ἐνιαυτὸς ἔσται ὑγιεινός, πλὴν τοῦ φθινοπώρου. **19** Δημόκριτος δέ φησιν, ἐν τῷ φθινοπώρῳ ἐκζέματα γίνεσθαι περὶ τὰ στόματα, διὸ χρὴ πρὸς τὸ ἔαρ λαχάνων ἅπτεσθαι, κοιλίαν τε λύειν, καὶ μάλιστα τοὺς νέους, ἀκράτῳ δὲ χρῆσθαι. ἡ δὲ ἐλαία εὐφορήσει. **20** Γενομένου δὲ τοῦ Διὸς ἐν λέοντι τῷ οἴκῳ τοῦ Ἡλίου, ὁ χειμὼν ἔσται ἀρχόμενος μὲν ψυχρὸς καὶ ὑδατώδης μετὰ μεγάλων πνευμάτων, ὡς καὶ δένδρα καταπεσεῖν· μεσάζων δὲ εὔκρατος, καὶ λήγων κατάψυχρος. **21** τὸ ἔαρ ὕπομβρον, τὸ θέρος ἔαρι ὅμοιον· καὶ λείψουσιν ἐν αὐτῷ αἱ πηγαὶ τῶν ὑδάτων, λείψει δὲ καὶ βοσκὴ τοῖς ἀλόγοις. **22** τὸ φθινόπωρον καυματῶδες καὶ ἐπίνοσον ἀπὸ κατάῤῥου καὶ βηχός· διὸ χρὴ ἄρτῳ ὀλίγῳ χρῆσθαι, οἴνῳ δὲ πλείονι. ὁ σῖτος ἔσται σύμμετρος. ἡ ἄμπελος καὶ ἡ ἐλαία εὐφορήσει. εὔθετον τὸ ἔτος πρὸς ἐνοφθαλμισμόν, οὐ μὴν πρὸς φυτείαν. τῶν μεγάλων βοσκημάτων ἔσται φθορά, τῶν δὲ ἀγρίων πολυπλήθεια. ἀνὴρ ἐπίσημος τελευτήσει. εὔχεσθαι δὲ δεῖ, ἵνα μὴ γένωνται σεισμοὶ καὶ πόλεμοι. **23** Γενομένου δὲ τοῦ Διὸς ἐν παρθένῳ ἐν οἴκῳ τοῦ Ἑρμοῦ, ὁ χειμὼν ἀρχόμενος μὲν ἔσται ψυχρός, εὔκρατος δὲ μεσάζων, καὶ λήγων χειμεριώδης, πάγους

3 ἀρχὴ M ‖ ἔσται om. M ‖ 7 δημ. mg. rep. F ‖ φησιν HM φησι· F ‖ ἐκζέματος M ‖ 9 τοῖς νέοις (hoc per comp.) M ‖ 20 καὶ ἐλαία M ‖ 21 ὀφθαλμὸν. (ὸν supra add. m. 1.) M ‖ 25 ἐν παρθένω, οἴκω H.

ἔχων πολλοὺς καὶ ὄμβρους, καὶ ποταμοὺς μεγάλους, ὡς πολλοὺς θαλασσωθῆναι τόπους. 24 τὸ ἔαρ κάτομβρον καὶ τοῖς δένδρεσι χαλεπόν. λήγοντος δὲ τοῦ ἔαρος, χάλαζαι κατὰ τόπους ἔσονται. τὸ θέρος ἔπομβρον, καὶ γνοφῶδες. 25 καὶ χρὴ τὴν συγκομιδὴν τῶν σιτικῶν καρπῶν συντόμως γενέσθαι, ἵνα μὴ ὑπ' ὄμβρων φθαρῶσι. 26 τὸ φθινόπωρον ἀνεμῶδες καὶ ὑγιεινόν. ἡ ἄμπελος εὐφορήσει. ἐπιτήδειον τὸ ἔτος πρὸς ἀμπέλων φυτείαν. ὁ σῖτος εὔφθαρτος ἔσται. ὑγιεινὸν ὅλον τὸ ἔτος, μηδεμίαν ἔχον νόσον. εὔχεσθαι δὲ δεῖ περὶ τῶν καρπῶν. 27 Ἐν δὲ τῷ οἴκῳ τῆς Ἀφροδίτης <τῷ ζυγῷ> γενομένου τοῦ Διός, ὁ χειμὼν ἀρχόμενος μὲν ἔσται ὑδατώδης, εὔκρατος <μεσάζων> καὶ ἀνεμώδης, λήγων δὲ κάθυγρος καὶ παχνώδης. τὸ ἔαρ εὔκρατον, ἔχον ἀσθενήματα ἀπὸ κεφαλῆς. τοῦ δὲ θέρους ἡ ἀρχὴ ἔαρι ἔσται ὁμοία. ταῖς ἐγκύοις γυναιξὶν ἐπικίνδυνον ἔσται τὸ ἔτος. 28 Δημόκριτος δέ φησιν, ἐν τούτῳ τῷ ἔτει μήτε ποταμοὺς ἔσεσθαι μεγάλους, μήτε χάλαζαν πολλήν· τὸ δὲ φθινόπωρον ἔνυδρον εἶναι. 29 Ὅτε δὲ ἐν οἴκῳ Ἄρεως τῷ σκορπίῳ γένηται ὁ Ζεύς, ὁ χειμὼν ἀρχόμενος ἔσται μετὰ χαλάζης ψυχρός, καὶ μεσάζων δὲ θερμός, λήγων δὲ πραΰς. τὸ ἔαρ ἔσται χειμερινὸν ἕως τροπῶν θερινῶν, ὄμβρων καὶ βροντῶν γινομένων· λείψουσιν αἱ πηγαὶ τῶν ὑδάτων· σῖτος μέσος, ἡ ἄμπελος καὶ ἡ ἐλαία εὐφορήσει,

---

6 ὑπὸ ὄμβρων M ‖ 7 φθαρῶσιν F ‖ 9 πρὸς (per comp.) ἀμητὸν καὶ (p. c.) | φυτείαν M ‖ 12 <τῷ ζυγῷ> edd. et supra add. m. rec. F om. HM ‖ 13 μὲν ἐστῖν M ‖ <μεσάζων> edd. om. codd. ‖ 17 δημ. mg. rep. F ‖ 18 μίτε ποταμοὺς M ‖ 19 πολὴν H ‖ δὲ om. H ‖ 20 ἄρεος per comp. M ἄρεως F ‖ 21 χαλαζῶν M ‖ 22 καὶ om. M ‖ 23 χειμεριῶδες M ‖ 25 δὲ καὶ M.

τῶν βοῶν ἔσται φθορά. Δημόκριτος δέ φησι, ποταμοὺς μεγάλους ἔσεσθαι, καὶ νόσους περὶ τὸ φθινόπωρον. **30** διὸ εὔχεσθαι δεῖ, ἵνα μὴ λοιμικὰ γένηται πάθη. χρή, φησί, βρώμασι μὲν ὀλίγοις, ποτῷ δὲ πλείονι χρῆσθαι. **31** Ὅταν ἐν τῷ ἰδίῳ οἴκῳ ὁ Ζεὺς γένηται τῷ τοξότῃ, ἕξει χειμῶνα εὔκρατον καὶ ἔνυδρον, οὔτε θερμὸν οὔτε ψυχρόν. οἱ ποταμοὶ μεγάλοι ἔσονται. παυομένου δὲ τοῦ χειμῶνος, ψύχη καὶ ἄνεμοι ἔσονται. τὸ ἔαρ νότιον καὶ ἔπομβρον. τὸ δὲ θέρος εὔκρατον, καὶ μᾶλλον χειμερινόν. δεῖ δὲ ἀσφαλίζεσθαι τὰς ἅλωνας διὰ τοὺς ὄμβρους. τὸ φθινόπωρον ἀσφαλές, διὰ τὸ τοὺς ἐτησίας πνέειν. **32** οἱ πρώϊμοι καρποὶ καὶ οἱ ὄψιμοι ἔσονται καλοί, οἱ δὲ μέσοι φαῦλοι, εὐφορήσει σῖτον καὶ τὰ πεδινὰ καὶ τὰ τραχέα. ὁ οἶνος ἔσται παράμονος ὀψιαίτερον τρυγώμενος. εὐφορήσει πάντα τὰ δένδρα. ἐπιτήδειον τὸ ἔτος πρὸς φυτείαν, καὶ πρὸς τὰ ἄλλα πάντα. τῶν μεγάλων ζώων πολυπλήθεια, κυνῶν δὲ φθορὰ ἔσται· καὶ θάλασσα χειμέριος, καὶ ἄνεμοι μεγάλοι ὄψιμοι. ἀνὴρ δὲ περίβλεπτος τελευτήσει. **33** Ἐὰν ὁ Ζεὺς ἐν αἰγοκέρωτι ἐν τῷ οἴκῳ τοῦ Κρόνου γένηται, ὁ χειμὼν ἀρχόμενος μὲν εὔκρατος ἔσται, μεσάζων δὲ κάθυγρος καὶ κατάψυχρος, λήγων δὲ ἀνεμώδης. τὰ δὲ γινόμενα ὕδατα ἔσται καὶ τῷ σπόρῳ καὶ τοῖς ἄλλοις ἔργοις βλαβερά. ἀθρόοι δὲ ἔσονται ἐπιτάσεις ὕδασί τε καὶ ψύξεσι καὶ χιόσι. **34** τὸ θέρος πρὸ μὲν ἀνατολῆς τοῦ κυνὸς

---

1 δημ. mg. rep. F ‖ φησι HM φησιν F ‖ 4 φησὶ HM φησιν F ‖ βρώματασϊ H βρώματα p. comp. M ‖ 7 οὔτε δὲ θ.· οὔτε δὲ | ψ. M ‖ 15 ἐσεῖται M ‖ 18 πολϋπληθία H ‖ 19 μεγάλοι καὶ ὄψιμοι M ‖ 20 ζεὺς αἰγοκέρωτι ἐν FH ‖ 21 κρόνου edd. κριοῦ codd. et ὅρα mg. 1. m. M ‖ 23 γιγνόμενα H ‖ 26 χίοσιν F χιόσιν H.

φαῦλον, μετὰ δὲ ταῦτα καυσῶδες καὶ ἐπίνοσον. πνεύσουσι δὲ καὶ ἐτησίαι λαμπρῶς, γίνονται καὶ σεισμοί. τὰ δὲ πεδινὰ μᾶλλον οἴσει καρπόν. ὁ οἶνος φθινήσει ὑπὸ πάχνης· τῶν ξυλικῶν καρπῶν εὐθηνία. τοῖς μικροῖς ζώοις εὔθετον τὸ ἔτος, τοῖς δὲ μεγάλοις ἀσύμφορον, μάλιστα δὲ βουσί. τῷ δὲ φθινοπώρῳ ἔσται νοσήματα ἀπὸ κεφαλαλγίας καὶ ὀφθαλμίας καὶ κνησμονῆς. εὔχεσθαι δὲ δεῖ, ἵνα μὴ οἱ καρποὶ ὑπὸ πάγων καὶ ἀνέμων βλαβῶσιν. **35** Ἡνίκα ὁ Ζεὺς ἐν τῷ ὑδροχόῳ γένηται τῷ οἴκῳ τοῦ Κρόνου, ἄνεμοι ἔσονται πολλοὶ σύμφοροι τῷ σιτικῷ καρπῷ, καὶ μάλιστα τῷ ξυλικῷ. **36** ἔσται δὲ ὁ χειμὼν ἀρχόμενος μὲν κατάψυχρος, λήγων δὲ ἀνεμώδης. τὸ ἔαρ ἔνυδρον καὶ μᾶλλον χειμερινὸν καὶ παχνῶδες. τὸ δὲ θέρος ἔμπνουν, διὰ τὸ σφοδρὸν τῶν ἐτησίων ἀνέμων. ἔσονται δὲ καὶ ὄμβροι ἐν τῷ θέρει, ὥστε καὶ ἐπικλυσθῆναι τὸν Δημητριακὸν καρπὸν ἐκ μέρους. τῷ φθινοπώρῳ γίνεται πνεύματα ὑδατώδη καὶ τοῖς καρποῖς βλαβερά. **37** ἔσονται δὲ καὶ πάθη ὀξέα ἐξ ὑγρᾶς αἰτίας τοῖς νέοις, καὶ τοῖς μεσήλιξιν. ἔσται δὲ πάχνη, καὶ βλάψει τὰς σταφυλὰς ἐν πολλοῖς τόποις. τὰ δὲ σπόριμα ἔσται κάλλιστα, καὶ τὰ πρώϊμα καὶ τὰ ὄψιμα. ἔσται δὲ ὀρνέων φθορά, καὶ θηρίων ἀγρίων. ἔσται καὶ ναυάγια πλεῖστα. ἀνὴρ δὲ πάνυ ἐπίσημος τελευτήσει. εὔχεσθαι δὲ δεῖ, ἵνα μὴ γένηται λοιμικὰ πάθη, καὶ σεισμοὶ καὶ κεραυνοί. **38** Τοῦ Διὸς ἐν τοῖς ἰχθύσιν ἐν τῷ οἴκῳ τῷ ἰδίῳ γενομένου, ὁ χειμὼν ἄρχεται μὲν ὑδατώδης,

---

1 πνέουσι M ‖ 4 εὐθυνία H ‖ 10 ὑδροχόω HM ὑδριχ. F ὑδροχόος | οἶκος κρόνου mg. add. m. 1. M ‖ 15 εὔπνουν F ‖ 17 καρπὸν H om. FM ‖ 18 γίνεται (per comp.) τὰ πνεύματα M ‖ 25 λοιμϊκὸν πάθος per comp. M ‖ 27 μὲν ἄρχεται M.

μεσάζων δὲ ἀνεμώδης, καὶ λήγων χαλαζώδης καὶ χιονώδης. ἐν τῷ ἔαρι πνέουσιν ἄνεμοι ζέφυροι λαμπροί. τὸ δὲ θέρος ἔσται καυματῶδες, τὸ φθινόπωρον πυρῶδες, μάλιστα γυναιξὶ καὶ παρθένοις. **39** ἐπιπνέουσι δὲ καὶ πνεύματα μοχθηρά, ὥστε τὸν ξυλικὸν καρπὸν ἐπικαυθῆναι. οἱ σπόροι ἔσονται καλοί. τὰς ἅλωνας ἀσφαλίζεσθαι χρὴ διὰ τοὺς ὄμβρους· ταῖς ἐγκύοις γυναιξὶν ἐπικίνδυνον τὸ ἔτος· **40** Δημόκριτος δέ φησι, τὴν ἄμπελον καὶ τὴν ἐλαίαν εὐφορήσειν. εὔχεσθαι δὲ δεῖ, μὴ γενέσθαι σεισμούς.

### Cap. 13. *Περὶ Ἡλίου καὶ Σελήνης. Πτολεμαίου.*

**1** Ὁ ἥλιος τῇ ξηρότητι τοῦ οἰκείου πυρὸς ἀνιμᾶται τὴν ὑγρὰν οὐσίαν. ἡ δὲ σελήνη δι' ἑαυτῆς καθυγραίνουσα κατάλληλον μίξιν καὶ κρᾶσιν ἐργάζεται. **2** Σωτίων δὲ ἀσελήνους ἡμέρας καλεῖ τὰς ἀπὸ κθ' σελήνης ἕως β', ἐν αἷς ὑπὸ τὰς ἀκτῖνας τοῦ ἡλίου ἡ σελήνη κρύπτεται, καὶ οὐ φαίνεται τοῖς ἀνθρώποις.

### Cap. 14. *Περὶ χαλάζης. Ἀφρικανοῦ.*

**1** Γυνὴ ἔμμηνος δειξάτω τὰ αἰδοῖα αὐτῆς χαλάζῃ, καὶ ἀποστρέφει· ὁμοίως δὲ τὴν τοιαύτην θέαν καὶ πᾶν θηρίον φεύγει. **2** Καὶ παρθένου ῥάκος τὸ πρῶτον λαβών, ἀνὰ μέσον τοῦ χωρίου χῶσον, καὶ

---

2 *ἀερὶ* M ‖ 8 *δημ.* mg. rep. F ‖ *φησιν* F *ν* om. H ‖ 10 *γίνεσθαι* H ‖ 11 *περὶ* in ras.? M *ια'* mg. H ‖ *πτολεμαίου* p. t. LM ‖ 12 *Ὁ* eras. M verba *Ὁ ἥλιος — οἰκείου* post *ἐργάζεται* repet. sed expunxit H ‖ 15 *σωτίων* mg. rep. F ‖ *εἰκοστῆς ἐνάτης σελήνην,* L ‖ 18 c. 14. atramento oblitum m. rec. M *κε. η'* mg. L ‖ *ἀφρικανοῦ* p. t. L om. FM ‖ 19 verba *γυνή — ἀδικηθήσεται* erasa F serv. H ‖ *αἰδεία* L ‖ 20 *ἀποστρέφεται* L ‖ *τὴν τῇ αὐτην* (!) L.

οὔτε ἡ ἄμπελος, οὔτε τὰ σπέρματα ὑπὸ χαλάζης ἀδικηθήσεται. 3 Καὶ ἀπὸ δέρματος φώκης ἱμάντος ἀπαρτηθέντος ἐκ μιᾶς τῆς περιφανοῦς ἀμπέλου, οὐ γίνεται βλάβη ἀπὸ χαλάζης, ὡς ἱστορεῖ Φιλόστρατος ἐν τῷ ἱστορικῷ. 4 Φασὶ δέ τινες, ὅτι κάτοπτρον ἐὰν ἐπιδείξῃς τῷ ἐπικειμένῳ νέφει, παρελεύσεται ἡ χάλαζα. 5 Πάλιν ἐὰν ἐν τῷ χωρίῳ περιαγάγῃς ὑαίνης ἢ κροκοδείλου ἢ φώκης δέρμα, καὶ τοῦτο πρὸ πυλῶν τῆς οἰκήσεως ἀναρτήσῃς, οὐ πεσεῖται χάλαζα. 6 Εἰ δὲ καὶ κλειδία πολλὰ διαφόρων οἰκημάτων κύκλῳ τοῦ χωρίου ἐν σχοινίοις ἀπαρτήσεις, παρελεύσεται ἡ χάλαζα. 7 Κἂν ταύρους ἀναστήσῃς ἐπὶ τῶν δωμάτων ξυλίνους, ὠφελήσεις σφόδρα. 8 Καὶ χελώνην δὲ τὴν ἐν τοῖς ἕλεσιν εὑρισκομένην ἐὰν εἰς τὴν δεξιὰν χεῖρα θῇς ὑπτίαν, περικομισάτω εἰς τὸν ἀμπελῶνα πάντα· ἐπειδὰν δὲ περιέλθῃς, τότε εἰς μέσον τοῦ ἀμπελῶνος πορευθείς, θέτω ὑπτίαν ζῶσαν, ὀλίγην γῆν περιαμησάμενος αὐτῆς, ὅπως μὴ δυνηθῇ στρέψασα ἑαυτὴν ἀποπορευθῆναι· (οὐ δυνήσεται δέ, τῆς ὑπὸ τοὺς πόδας γῆς κοιλοτέρας γενομένης, οὐκ ἔχουσα γὰρ ἀντίληψιν, μένει ἐν τῷ τόπῳ) καὶ εἰς ἄρουραν δὲ καὶ πάντα τόπον οὐκ ἂν πέσοι χάλαζα, τούτου γινομένου. 9 εἰσὶ δέ τινες καὶ οἵ φάσκοντες, ἕκτῃ ὥρᾳ ἡμέρας ἢ νυκτὸς δεῖν γίνεσθαι τὴν περικομιδὴν καὶ κατάθεσιν τῆς χελώνης. 10 Ἀπουλήϊος δὲ ὁ Ῥωμαϊκός φησι, σταφυλὴν πίνακι ζωγρα-

4 φιλόστρ. mg. rep. F ‖ 8 πρὸ τῶν πυλῶν L ‖ 13 ἔλεσιν L ‖ 14 ἐὰν om. M ‖ θεὶς M ‖ ὑπίαν sed τ m. rec. supra add. L ‖ 15 περικομισάτω — ὑπτίαν ζῶσαν om. FL ‖ εἰς* τις (?) per comp. M ‖ 17 γῆν om. L ‖ 20 μένη L ‖ 22 πέση HM ‖ γενομένου L ‖ |Εἰσὶ L ‖ καὶ om. L ‖ 23 ἐν ἕκτη L ‖ δεῖν γίνεσθαι post χελώνης rei. L ‖ 24 ἀπουληΐου mg. add. F ‖ 25 ῥωμαῖος L ‖ ἐν πίνακι L.

φήσαντα καθιεροῦν ἐν τῷ ἀμπελῶνι δυνούσης τῆς λύρας, καὶ ἀβλαβῆ διαμένειν τὸν καρπόν. ἄρχεται δὲ δύνειν ἡ λύρα τῇ πρὸ δέκα καλανδῶν Δεκεμβρίων. τελείως δὲ δύνει τῇ πρώτῃ νόννων Φεβρουαρίων. **11** Ταῦτα μὲν εἴρηται τοῖς ἀρχαίοις. ἐγὼ δὲ ἔνια τῶν εἰρημένων ἀπρεπῆ λίαν ἡγοῦμαι καὶ φευκτά, καὶ πᾶσι παραινῶ μηδ' ὅλως τούτοις προσέχειν τὸν νοῦν. τούτου γὰρ χάριν αὐτὰ συνέγραψα, ἵνα μὴ δόξω τι παραλιμπάνειν τῶν τοῖς ἀρχαίοις εἰρημένων. **12** Καὶ ἵππου ποταμίου τῆς δορᾶς ἀποτμήματα, καθ' ἑκάστου τῶν τερμόνων τεθέντα, τὴν τῆς χαλάζης ἵστησιν ἀπειλήν.

## Cap. 15. Ἄλλο περὶ Χαλάζης. Ἀφρικανοῦ.

Ξύλα δαφνήσας παρθένου κνήμας ἀλληωρῆσαι· τῆς δὲ ἕκαστον καθ' ἕκαστον κλῆμα χρὴ εἶναί τε καὶ χῶσαι.

## Cap. 16. Περὶ Κεραυνοῦ. Ἀφρικανοῦ.

Ἱπποποτάμου δέρμα κατόρυξον ἐντὸς τοῦ χωρίου, καὶ οὐ πεσεῖται κεραυνὸς ἐκεῖσε.

---

1 ἐμπετώ (in ras. ex ῶ)νι L ‖ 2 ῎Ερχεται L ‖ 3 τῇ πρωῒ καλανδῶν L τῇ πρὸ δεκάτῃ καλανδῶν (1. m. corr. ex καλανδρον) H ‖ 4 νόνων L ‖ φευρουαρίων sed β 1. m. supra add. H ‖ 6 φευτὰ L ‖ 11 τερμένων L ‖ 13 c. 15 om. LM ‖ Ἀφρικανοῦ om. F serv. H ‖ 14 ἀλλιορίσαν· H ‖ 17 tit. om. M κε. θ' mg. L ‖ ἀφρ. p. t. L om. FM ‖ 19 ἐκεῖ M.

# ΒΙΒΛΙΟΝ Β.

*Τάδε ἔνεστιν ἐν τῇδε τῇ βίβλῳ, δευτέρα μὲν οὔσῃ τῶν περὶ γεωργίας ἐκλογῶν, περιεχούσῃ δέ, ὁπόσα τοῖς ἀγροῖς συμβάλλεται, καὶ περὶ διαφόρων γενημάτων, σίτου φημὶ καὶ κριθῶν καὶ τῶν λοιπῶν φρυγανωδῶν λεγομένων καρπῶν, κατὰ τὰ ὑποτεταγμένα κεφάλαια. Δεῖ τοίνυν ὃ πρῶτόν ἐστι κεφαλαιωδέστερον, τουτὶ προτάξαι.*

*α΄. ὅτι πολὺ τῷ ἀγρῷ ὠφέλιμος ἡ τοῦ δεσπότου παρουσία. β΄. ὅτι μάλιστα παῖδες πρὸς τὴν γεωργίαν ἐπιτήδειοι καὶ ὅτι πρὸς τὴν ποιότητα τῶν ἔργων τὰ σώματα τῶν ἐργαζομένων ἐπιλέγεσθαι προσήκει, καὶ ἑκάστῳ ἔργῳ τὸν ἁρμόζοντα ἀφορίζειν. γ΄. ἐν ποίοις τόποις καὶ κλίμασι χρὴ τὰς οἰκήσεις ποιεῖσθαι καὶ πρὸς ποῖον ἄστρον ἀποβλεπούσας καὶ περὶ βαλανείων. δ΄. ὑδροσκοπικόν. ε΄. ἄλλο περὶ ὑδροσκοπίας. ϛ΄. Δημοκρίτου ὑδροσκοπικόν. ζ΄. περὶ ὑδάτων καὶ πῶς δεῖ τὸ ὄμβριον ὕδωρ συνάγειν. η΄. ὅτι δεῖ ἐν τοῖς μεγάλοις ἀγροῖς δασέα εἶναι ὄρη καὶ πῶς ἂν φυτευθείη. θ΄. ποία καλλίων γῆ. ι΄. περὶ δοκιμασίας γῆς. ια΄. ἄλλο περὶ δοκιμασίας γῆς. ιβ΄. ποῖα σπέρματα ἐν τῇ βαθυγείῳ γῇ, ποῖα δὲ ἐν τῇ μέσως ἐχούσῃ, ποῖα δὲ ἐν τῇ λεπτοτέρᾳ χρὴ σπείρειν. ιγ΄. ποῖα τῶν σπερμάτων*

---

1 *βιβλίον δεύτερον* H *βιβλίον δεύτερον περιέχον τάδε· ὅτι* (i. c.), om. argum. M ‖ 2 *Τάδε ἐστιν* L ‖ 6 *καρπὸν* L ‖ 7 *Δεῖ — προτάξαι* om. L ‖ 8 *προτάξαι* edd. *προστάξαι* codd. ‖ 9 index capitum l. II. in F traditur post i. c. l. I sub titulo *βιβλίον β΄*, in M, ubi locum tenet argumenti l. II., *βιβλίον δεύτερον περιέχον τάδε* antecedit, item in P tituli capitum 1—28 librum primum antecedunt cum hoc titulo: *ἐκ τῶν περιγεωργίας ἐκλογῶν κασσιανοῦ βάσσου σχολαστικοῦ β. δεύτ. περιέχον τάδε* ‖ 14 *ποιῆσθαι* F ‖ 18 *δὴ* F ‖ *ἐν τοῖς ἀγροῖς μεγάλα εἶναι* M.

καθύγρου οὔσης τῆς γῆς, ποῖα δὲ ἐγκαταξήρου χρὴ σπείρειν. ιδʹ. περὶ καιροῦ σπόρου σίτου καὶ κριθῆς. ιεʹ. προγνωστικὰ ὥστε εἰδέναι, ποῖα τῶν σπειρομένων γενήσονται εὐθαλῆ. ιϛʹ. περὶ σπερμάτων ἐκλογῆς καὶ ποῖα εἶναι δεῖ τὰ καταβαλλόμενα σπέρματα καὶ πόσου χρόνου. ιζʹ. ὅτι ἐκ τῶν ἐναντίων τόπων εἰς τοὺς ἐναντίους τόπους χρὴ τὰ σπέρματα καταβάλλειν. ιηʹ. ὥστε τὰ μέλλοντα σπείρεσθαι γενήματα κατὰ μηδένα τρόπον μετὰ τὸν σπόρον ἀδικεῖσθαι. ιθʹ. τί χρὴ ποιεῖν καὶ τί χρὴ μὴ ποιεῖν εἰς τὸ εὐφορεῖν τὰ σπέρματα. κʹ. πῶς δεῖ καταλαμβάνειν, εἰ τὰ σπαρέντα ἔχει τὴν συμμετρίαν. καʹ. περὶ κόπρου. κβʹ. κατασκευὴ κόπρου. κγʹ. ποίῳ καιρῷ ἑκάστην γῆν ἐξημεροῦν χρή. κδʹ. περὶ τῆς μετὰ τὸν σπόρον σκαλείας καὶ βοτανισμοῦ. κεʹ. πότε χρὴ θερίζειν. κϛʹ. περὶ ἅλωνος κατασκευῆς. κζʹ. περὶ σιτοβολίου ἤτοι ὡρείου καὶ διαμονῆς σίτου. κηʹ. ὥστε αὔξησιν λαμβάνειν τὰ ἀποκείμενα ἐν τοῖς ὡρείοις σπέρματα. κθʹ. ὥστε μύρμηκας μὴ ἅπτεσθαι σωροῦ γενημάτων. λʹ. περὶ διαμονῆς κριθῶν [καὶ] ὥστε ταύτας ὑγιεῖς ἐν τοῖς ὡρείοις φυλάττεσθαι ἐπὶ πλεῖστον χρόνον. λαʹ. περὶ διαμονῆς ἀλεύρου. λβʹ. περὶ σίτου δοκιμασίας καὶ πῶς χρὴ τὸ ἐξάγιον τῶν ἄρτων ποιεῖσθαι. λγʹ. πῶς ἔστιν ἄρτον ἡδύτατον καὶ δίχα ζύμης ποιῆσαι. λδʹ. περὶ πτισανῶν. λεʹ. περὶ κυάμων. λϛʹ. περὶ ἐρεβίνθων. λζʹ. περὶ φακῆς. ληʹ. περὶ κέγχρου. λθʹ. περὶ θέρμων. μʹ. περὶ πάντων

---

2 σπείρῃν F ‖ 5 σπέρματα om. M ‖ 7 τοὺς ἐναντίους τόπους* corr. e textu. τὸν ἐναντίον τόπον FM ‖ 8 σπέρματα M ‖ 11 c. 20 om. M ‖ 14 κατὰ σπόρον M κ. σπόρου P ‖ σκαλίας F ‖ 16 σιτοβολείου F ‖ 18 ὁρίοις F ‖ 20 καὶ deest in textu ‖ τῷ ὡρείῳ M ‖ 25 ἐρενβίνθων M ‖ 26 παντοίων M.

ὀσπρίων καὶ καννάβεως καὶ λίνου. μα΄. ὥστε ῥαδίως ἑψεῖσθαι τὰ μέλλοντα σπείρεσθαι ὄσπρια. μβ΄. περὶ λέοντος βοτάνης, ἣν καὶ ὀροβάκχην καλοῦσιν. μγ΄. ποῖα γενήματα ὑπὸ ποίας βοτάνης ἀδικεῖται. μδ΄. περὶ τοῦ ἐν τῷ ἀγρῷ ἐπιτρόπου ἢ οἰκονόμου. με΄. ὅτι δεῖ τὸν ἐφεστῶτα ἐφημερίδα τῶν ἔργων ἔχειν καὶ πῶς αὐτὸν προσήκει τάξεις τῶν ἐργατῶν ποιεῖσθαι. μς΄. περὶ μέτρου ἐργασίας. μζ΄. περὶ τῆς τῶν γεωργῶν ὑγιείας. μη΄. ὅτι οὔτε γεωργοὺς οὔτε φυτὰ προσήκει ἀπὸ καλλιόνων τόπων εἰς ἐλάττους μεταφέρειν. μθ΄. ὅτι χαλκέας καὶ τέκτονας καὶ κεραμέας ἐν τοῖς ἀγροῖς ἔχειν δεῖ ἢ πλησίον.

## Cap. 1. Ὅτι πολὺ τῷ ἀγρῷ ὠφέλιμος ἡ τοῦ δεσπότου παρουσία.

Πολλῷ τὸν ἀγρὸν ἀμείνω ποιεῖ δεσπότου συνεχὴς παρουσία. πάντας γὰρ ἐπὶ τὴν τῶν ἔργων προτρέπεται ἐπιμέλειαν, καὶ τὰ ἐλλιπῆ ὑπομιμνήσκων πληροῦσθαι ποιεῖ, καὶ τοὺς μὲν ἐπὶ ἔργον προθύμους ἐπαινῶν, τοὺς δὲ ῥαθυμοῦντας αἰτιώμενος, ἕνα σκοπὸν πᾶσι σπουδῆς τε καὶ φιλοκαλίας ἀπεργάζεται.

---

6 ἔχειν τῶν ἔργων M ‖ 11 τοῖς ἀγροῖς corr. e textu τῷ ἀγρῷ FM ‖ 13 tit. atram. scr. L ‖ 15 Ὅτι πολλῶ L K', (= Καὶ) πολλῶ P ‖ συνεχὴς om. M supra add. 1. m. H ‖ 16 πάνυ γὰρ M ‖ 18 ποιεῖ om. M ποιεῖν L ‖ 20 σπουδῇ L.

Cap. 2. Ὅτι μάλιστα παῖδες πρὸς γεωργίαν ἐπιτήδειοι, καὶ ὅτι πρὸς τὴν ποιότητα τῶν ἔργων τὰ σώματα τῶν ἐργαζομένων ἐπιλέγεσθαι προσήκει, καὶ ἑκάστῳ ἔργῳ τὸν ἁρμόζοντα ἀφορίζειν. Βάρωνος.

1 Ἑκάστη μὲν οὖν ἡλικία πρὸς γεωργίαν ἔχει τὴν ἑαυτῆς ἐπιτηδειότητα. 2 ἐξαιρέτως δὲ οἱ παῖδες ἁρμόζουσι τῇ ἡλικίᾳ, ἀνατρεφόμενοι πρὸς ἐργασίαν, καὶ ὑπουργοῦντες, καὶ ἑκάστῳ τῶν γινομένων ἀκριβῶς παρακολουθοῦντες, εὐκόλως τε ἐπικάμπτεσθαι δυνάμενοι, πρὸς τὸ τὴν ἄγρωστιν ἀνασπᾶν, καὶ τὴν φυλλίδα ἀποτίλλειν, καὶ τὴν φύσιν τῆς γῆς, πείρᾳ τε καὶ ἐργασίᾳ καὶ μελέτῃ παρὰ τῶν πρεσβυτέρων ἐκμανθάνοντες. 3 Τὸν δὲ ἀροῦντα χρὴ μακρότερον ἔχειν τὸ σῶμα. ὁ γὰρ τοιοῦτος ἰσχυρῶς ἐπικείμενος τῇ ἐχέτλῃ, τὴν ὅλην ὕνιν βαρύνει, ὡς μὴ ἐπιπολῆς εἶναι τὴν αὔλακα, καὶ καταφερόμεναι ἀπὸ ὕψους πληγαί, μᾶλλον καθάπτονται τῶν βοῶν. 4 Τοὺς δὲ ἀμπέλους ἐργαζομένους οὐχ οὕτως ὑψηλοὺς εἶναι χρή, τετραγωνιαίους δέ. ὁ γὰρ τοιοῦτος, πρὸς τὴν ἐργασίαν τῆς ἀμπέλου οὐ μακρόθεν καταφερόμενος, ἀλλὰ πρόσγειος ὤν, ἀπονητὶ ἐργάσεται. 5 Τοὺς βουκόλους ἰσχυροὺς καὶ μακρούς, καὶ τῇ φωνῇ τραχυτέρους ἐπιστήσομεν, ὅπως μὴ μικροὺς ὄντας, καλύπτωσιν οἱ βόες προϊόντες, δύνωνται δὲ ἐφορᾶν τὰ ἔμπροσθεν, καὶ ἵνα τῇ τραχύτητι τῆς φωνῆς καταπτοῶσι τοὺς βόας. 6 Τοὺς αἰ-

1 c. 2 om. L ‖ 5 Βάρωνος om. F, serv. HM ‖ 11 τὸ om. F, serv. MH ‖ 16 ὕνιν P ‖ 17 καὶ — βοῶν om. M ‖ 19 οὕτω F οὕτως HM ‖ 22 ἐργάζεται H ‖ 23 ἐπιστήσο. (in ras. ex ω)μεν F ἐπιστήσωμεν HM.

πόλους ἐλαφροὺς εἶναι δεῖ καὶ ποδώκεις, ἵνα τῇ ὀξύτητι τῶν αἰγῶν παρακολουθῶσιν.

Cap. 3. Ἐν ποίοις τόποις καὶ κλίμασι χρὴ τὰς οἰκήσεις ποιεῖσθαι, καὶ πρὸς ποῖον ἄστρον ἀποβλεπούσας, καὶ περὶ βαλανείων. Διδύμου.

1 Οἱ παραθαλάσσιοι τόποι εἰσὶν ὡς ἐπὶ τὸ πολὺ ὑγιεινότεροι, καὶ οἱ ἐν τοῖς ὄρεσι, καὶ οἱ ἐν τοῖς ἀνακεκλιμένοις τόποις πρὸς βοῤῥᾶν νεύοντες. 2 οἱ δὲ πλησίον ἑλῶν καὶ λιμνῶν, ἢ ἐν κοίλοις τόποις, ἢ πρὸς νότον ἄνεμον, ἢ πρὸς δυσμὰς κεκλιμένοι, νοσώδεις. 3 χρὴ οὖν τὰς οἰκήσεις οἰκοδομεῖσθαι ἐπὶ τῶν ὑψηλοτέρων τόπων. εἴς τε γὰρ ὑγίειαν καὶ ἄποψιν καὶ κατασκοπὴν τοῦ χωρίου οὗτος ὁ τόπος ἐπιτηδειότατός ἐστι. 4 τὸ δὲ πᾶν σχῆμα τῆς οἰκίας πρὸς ἀνατολὴν ποιητέον, καὶ τὰς θύρας. οἱ γὰρ ἀπὸ τῶν ἀνατολῶν ἄνεμοι πνέοντες ὑγιεινότατοι, ἥ τε τοῦ ἡλίου θερμότης τάχιον εἰσβάλλουσα λεπτύνει καὶ διασκορπίζει τὸ παχὺ καὶ ἀχλυῶδες τοῦ ἀέρος. 5 Δεῖ δὲ τὰς οἰκήσεις μὴ ταπεινὰς μηδὲ πνιγηρὰς ποιεῖν, ἀλλ' ἀνειμένας καὶ πλατείας καὶ ὑψηλάς. 6 Τινὲς δὲ καὶ πρὸς μεσημβρίαν συμβουλεύουσι τὰς οἰκήσεις ποιεῖσθαι, ἅ τε δὴ τὸν ἥλιον ἐπὶ πλεῖστον ἐχούσας. ἐγὼ δὲ τὴν πρὸς ἀνατολὴν οἴκησιν ἀμείνονά φημι, διὰ τὸ τὸν νότον ἀπὸ μεσημβρίας πνέοντα ὑγρὸν καὶ ἀνώμαλον καὶ νοσερώτατον εἶναι. 7 Τὰ δὲ βαλανεῖα τοὐναντίον δεῖ ποιεῖν οὐ

---

8 οἱ δὲ versu continuo L ‖ 9 ἡλῶν L ‖ 11 χρὴ v. c. L ‖ γοῦν LM οὖν FHP ‖ ποιεῖσθαι M ‖ 12 ὑγίαν L ὑγείας per comp. M ὑγείαν P ‖ 13 κατασκοπεῖν L ‖ 14 ἔστιν F ν om. H ‖ τὸ δὲ v. c. L ‖ ἀνατολὰς F ‖ 19 πνηγηρὰς L στυγ. F πνιγ. HM ‖ 20 τινὲς versu continuo L ‖ 22 ἀνατολὰς L.

πρὸς βοῤῥᾶν καὶ πρὸς ἄρκτον τὴν ἀπόβλεψιν ἔχοντα, ἀλλὰ πρὸς δύσιν χειμερινήν, ἢ πρὸς μεσημβρίαν. 8 ἔστωσαν δὲ ταῦτα εὔροα, καὶ τὸν ἀέρα καθαρὸν εἰσδεχόμενα, βορβορώδους γὰρ τόπου καὶ δυσώδους μὴ πλησιάζοντος, καθαρὸς ἀὴρ ἐπεισέρχεται. 9 τούτων δὲ τὰ καμίνια ὀφείλουσιν ἐπίπεδα εἶναι, καὶ ἔνδον βλέποντα, κεκλιμένα, κατωφερῆ, ἵνα τὰ βαλλόμενα ἐν αὐτοῖς ξύλα ἔνδον χωροῦντα, μὴ ἔχῃ ἔξοδον, ἀλλ' ἡ φλὸξ ἐνδομυχοῦσα, πολλὴν τὴν θερμασίαν ἐν τῷ σκεύει ποιῆται.

## Cap. 4. Ὑδροσκοπικόν. *Παξάμου.*

1 Ἔνθα πεφύκασι λύγοι αἱ ὑπό τινων λεγόμεναι ἄγνοι, ἢ κόνυζα, ἢ ὄθλεις, ἢ κάλαμοι, ἢ κολύμβατος καθ' ἑαυτήν, ἢ ὁ καλούμενος τρίφυλλος, ἢ ποταμογείτων, ἢ ἔνθα σχοῖνος καθ' ἑαυτὴν φαίνεται, ἐκεῖσε ὄρυσσε. 2 εὐχερεστέρα δὲ δοκιμασία, εἰ εὑρίσκεται ὕδωρ, γίνεται οὕτως. ἐν ᾧ ἂν βούληταί τις τόπῳ, ὀρυξάτω βόθρον βάθει πηχῶν τριῶν, καὶ ποιησάτω ἀγγεῖον μολιβοῦν ὡς ἡμισφαίριον, ἢ κύθραν· καὶ δύνοντος ἡλίου, ἐλαίῳ διαχρισάτω ἓν τῶν εἰρημένων. καὶ λαβὼν ἔριον πεπλυμένον, ξηρόν, καθαρόν, ὡς παλαιστιαῖον, δησάτω κατὰ μέσον τοῦ ἐρίου μικρὸν

3 ἕστωσαν v. c. L ‖ εὔρυα F εὔροια H ‖ 4 βορβορώδους — δυσώδους om. unius versus spatio servato L ‖ 5 ἀὴρ FL αεὶ M ‖ ἐπισέρχεται. τούτων v. c. L ‖ 9 θέρμην L ‖ 10 ποιεῖται F ποιῆσαι H ‖ 11 *Παξάμου* post tit. M ‖ κε. ια' mg. L ‖ 13 ἄγνοι HLM ἅγνοι FP ‖ κόνιζα L ‖ ἔθλησ et α ead. m. supra add. L ‖ κολύμματος H ‖ 14 ἡ καλούμενος H ἢ ἡ καλουμένη L ‖ τρύφαλλος M ‖ 15 σχῖνος LP ‖ 16 ὄρυσσε· καὶ εὑρήσεις ὕδωρ· ἀλλὰ καὶ ἔνθα ἐστὶ γῆ ἀργιλ(λ)ώδης (= c. 5, 2). 4, 2—5 et 5, 1 om. L ‖ 18 πηχῶν τριῶν βάθος M ‖ 19 μολυβοῦν M μολυβδοῦν P βολυβοῦν sed μ 1. m. supra add. H.

λιθάριον, καὶ προσκολλησάτω ἔσω τοῦ ἀγγείου τὸ ἔριον κηρῷ, ὥστε μὴ ἐκπεσεῖν· εἶτα καταστρεψάτω τὸ ἀγγεῖον κατὰ τοῦ βόθρου, προορώμενος, ὥστε, ἐπειδὰν κατανεύσῃ τὸ ἀγγεῖον, ἐγκρεμασθῆναι τὸ ἔριον μέχρι ἡμίσεος τοῦ ἀγγείου, καὶ περισκεπασάτω ὅλον τὸ ἀγγεῖον ἐπὶ πηχυαῖον ὕψος, καὶ ἐασάτω τὴν νύκτα. 3 ὑπὸ δὲ τὸν ὄρθρον πρὶν τὸν ἥλιον ἀνασχεῖν ἀφελὼν τὰ ἐπιτεθειμένα, μεταστρεψάτω τὸ ἀγγεῖον, καὶ ἐὰν ὁ τόπος ὕδωρ ἔχῃ, εὑρήσει καὶ ἐν τῷ ἀγγείῳ πομφόλυγας, καὶ τὸ ἔριον πεπληρωμένον ὕδατος. 4 καὶ εἰ μὲν πολλή ἐστιν ἡ νοτίς, ὥστε καὶ δάκρυον φέρειν, ἐγγύς ἐστι τὸ ὕδωρ. εἰ δὲ νοτὶς ἁπλῶς φανῇ, ἔστι μὲν ὕδωρ, ἀλλὰ βαθύ. 5 ἐὰν δὲ μηδὲν τούτων φανῇ σημεῖον, χρὴ τὸ αὐτὸ ποιεῖν ἐν ἄλλῳ καὶ ἐν ἄλλῳ τόπῳ, ἐπινοοῦντα καὶ αὐτὸν ὡς ἄνθρωπον τοὺς ἐλπίδας ἔχοντας ὕδατος τόπους.

### Cap. 5. Ἄλλο περὶ ὑδροσκοπίας.

1 Τὰ ὑψηλὰ ὄρη καὶ πλείονας ἔχοντα κορυφὰς ἔνυδρα εἴη, καὶ μάλιστα ⟨τὰ⟩ πρὸς βορρᾶν καὶ ἄρκτον ὑποκείμενα μέρη τῶν ὀρέων· καὶ ἡ μέλαινα δὲ καὶ λιπαρὰ γῆ, ἢ καὶ πετρώδης. ἐὰν δὲ μάλιστα τὰς πέτρας μελαίνας ἔχῃ καὶ πυροειδεῖς, εὔυδρος εἴη. 2 Ἐν δὲ τοῖς πεδίοις ἔνθα ἐστὶ γῆ ἀργιλλώδης, ψηφίδας καὶ κισσήρας ἔχουσα καὶ τὴν ὄψιν αὐχμηρὰν καὶ ψιλήν,

---

4 καταπνεύσῃ F ‖ 5 ἡμίσεος F et ex corr. 1. m. P ἡμίσεως H, sed o 1. m. supra add., et M ‖ 6 πηχιαῖον M υ P ‖ 10 πομφόλυγγας M, ut ed. et mg. add. φούσκας P ‖ 17 5,1 om. L ‖ 19 ⟨τὰ⟩* om. codd. ‖ 22 ἔνυδρος F εὔυδρ. HM ‖ § 2 om. F ‖ 23 ὄρυσσε· (c. 4, 1) καὶ εὑρήσεις ὕδωρ. ἀλλὰ καὶ ἔνθα L ‖ ἀργιλώδης L ‖ 24 κισσήρεις L ‖ ἀχμ. L.

τουτέστι κατάξηρον καὶ γεγυμνωμένην, ἄνυδρος εἴη. 3 Ὁμοίως δὲ καὶ ἡ κεραμῖτις γῆ, καὶ ὅση ἀποκρούεται καὶ ἀπωθεῖται ὄμβρους καὶ χειμῶνας. ὅση δὲ κατέχεται ὑετὸν καὶ καταπίνει, ὑγροτέρα ἐστίν. 4 ὕδατα δὲ ὑπόκεινται, ἔνθα φύεται ἄγρωστις, ἀρνόγλωσσον, ἡλιοτρόπιον, βούτομον, βάτοι, ἵππουρις, καλαμίνθη, κάλαμοι λεπτοὶ καὶ ἁπαλοί, καλλίτριχος ἢ καὶ ἀδίαντος, μελίλωτος, ὀξυλάπαθος, πενταδάκτυλος, πολύγονος ἡ πλατύφυλλος, σχοῖνος, στρύφνος, στρατιῶτις, χαμαιλεύκη, χαμαιλέων. 5 πλειόνων δὲ οὐσῶν καὶ δασειῶν, καὶ χλωρῶν, καὶ ἀνθηρῶν βοτανῶν, πλείονα ἔσονται καὶ τὰ ὕδατα. 6 Καρκῖνοι χρήσιμοι τοῖς ὕδασιν εἶεν, τὰς γὰρ φλέβας διανοίγουσι, τὰς δὲ βδέλλας διαφθείρουσι. 7 τὰ δὲ μελάγγεια καὶ βαθύγεια ἐπιμονώτερον ἔχει τὰ ὕδατα καὶ τραχύτερα· τούτων δὲ τὰ λίαν ἔμπηλα ὑδρηλότερα, καὶ ἔτι μᾶλλον τούτων τὰ γλυκάζοντα. 8 ἐὰν δὲ ἔν τινι ἀραιᾷ γῇ φαίνοιτο ὕδατα, τοῖς φαινομένοις ἀρκεῖσθαι χρή, καὶ μὴ ζητεῖν πλείονα, ἵνα μὴ καὶ τοῖς οὖσιν ἀπώλεια γένηται. 9 τὰ μὲν τῶν ὑδάτων κάτωθεν ἀναβλύζει, τὰ δὲ ἐκ πλαγίων ἔρχεται, καὶ τὰ μὲν ἀναβλύζοντα μονιμώτερά εἰσι. χρὴ οὖν ὀρύσσειν εἰς βάθος, ἕως οὗ ἡ ῥίζα τοῦ νάματος καταληφθῇ, ὅπως ἡ ῥοὴ διηνεκὴς εἴη καὶ μονίμη. ὅσα δὲ ἐκ πλαγίων φέρεται, ὀλιγοχρονιώτερα τῶν

---

1 τουτέστι κατάξ. καὶ γεγ. om. M, habet P ‖ ἄνυδρος ἂν εἴη L ‖ 3 ἀπωθεῖται HM ἀποθεῖται FL ‖ 4 κατέχει L ‖ ὕδατα v. c. L ‖ 6 ἡλιοτρόπιν F ἡλιοτρόπιον HM item et mg. add. ἄλλο (ἁγιο?)ϊωαννοβότανον P ‖ βούτουμον L ‖ 7 δίαντος F ἀδέαντος L ‖ 9 ἢ πλατ. M ‖ σχῖνος LP ‖ στρύχνος edd. ‖ στρατιώτησ. L τριβόλις mg. add. P ‖ 10 χωμαιλέων L ‖ πλειόνων v. c. L ‖ 12 § 6—16 om. L ‖ 13 καὶ τὰς βδέλλας M ‖ 14 δὲ post τὰ om. M § 7. 8. om. P ‖ ἐπιπονώτερον M.

ἄλλων εἰσίν. ἀπὸ γὰρ χειμῶνος καὶ τῶν ἐν ἔαρι ὄμβρων πεφύκασι. **10** Πρὸς δὲ τὸ ἐπιγνῶναι γῆν εἰ ὕδωρ ἔχει, τινὲς καὶ τοῦτο ποιοῦσι. βόθρον ὀρύξαντες πλάτος μὲν πῆχυν ἕνα, βάθος δὲ πήχεις τρεῖς, ἐντιθέασι τῷ ὀρύγματι κατὰ μεσημβρίαν σπόγγον ξηρὸν ἐπὶ ὥρας τρεῖς, καὶ καλύπτουσι κόμῃ καλάμων χλωρῶν ἢ ἄλλῃ τινὶ πόᾳ ἁπαλῇ. κἂν μὲν ἔχῃ ὑγρασίαν, ἔσται ὕδωρ· ξηροῦ δὲ ὄντος οὐδαμῶς. **11** Ἐφ' ὑψηλοτέρου δὲ τόπου ἀνελθόντα ἐφορᾶν δεῖ καὶ τὴν τοῦ ἡλίου πρώτην ἀκτῖνα, πρὶν τὸν ἀέρα λευκᾶναι, καὶ εἰ ὁμιχλῶδές τι εἰς αὐτὸν ἀνελκόμενον, πρὶν ἀραιωθῆναι, φανεῖται, ὕδατος ἔσται προσδοκία. **12** Συντήρει δὲ ἐν τῇ πρώτῃ τοῦ ἡλίου λάμψει κωνώπια, ἀναπετόμενα εἰς ὄρθρον ἄνω καὶ συστρεφόμενα ὥσπερ δοκίδα· καὶ γὰρ ταῦτα ὕδατος δηλωτικά. **13** Δέον δὲ ἐξ ὑψηλοτέρου τόπου σκοπεῖν· τῷ μὲν θέρει ἐν ταῖς μεσημβρίαις, ὅτε ἀὴρ καθαρὸς καὶ ἡ γῆ ξηροτάτη εἴη· τότε γὰρ ἐν τοῖς ἐνύδροις ἀτμὸς ἀναδίδοται, καὶ ὡς νέφος μικρὸν ὁρᾶται. χειμῶνος δὲ ἀτμίδα ὁ τοιοῦτος ἀνίησι τόπος ὁμοίαν ταῖς ἐκ τῶν ποταμῶν καὶ λιμνῶν καὶ φρεάτων ἀναφερομέναις· κἀκεῖναι μὲν πολλαὶ καὶ νεφελώδεις, αὗται δὲ ἰσχναὶ καὶ ἀερώδεις. **14** εἰ δὲ πικρὰ εἴη τὰ ὕδατα, κοράλλιον κόψαντες ἐμβαλοῦμεν. ἢ κριθὰς κόψαντες καὶ εἰς ῥάκος ἐνδήσαντες, καταθώμεθα ἐν τοῖς ὕδασι. **15** τὰς δὲ βδέλλας διαφθείρουσιν ἐγχέλεις καὶ καρκῖνοι ποταμίσιοι τοῖς ὕδασι βληθέντες.

---

2 πεφύκασιν HP ‖ § 10—16 om. P ‖ 8 ὑψιλ. M ‖ 13 ἀναπετώμενα ἐς F ἀναπετόμ. ἐς H ‖ 18 ἀτμὶς M ‖ 19 τόπος ἀνίησιν M ‖ 21 νεφώδεις M ‖ 24 ἐνδύσαντες F ‖ 25 ὕδασιν F ν om. H ‖ 26 ποταμίσιοι F ποταμΐσϊον H ποτάμϊ: (οι suprascr.) M.

**16** *ὑδρογονικὰ δὲ σημεῖα γλυκέων ὑδάτων, σχοῖνος, κάλαμος, λωτὸς καὶ βάτος.*

## Cap. 6. *Δημοκρίτου ὑδροσκοπικόν.*

**1** *Περὶ δὲ τῆς ὑδροφαντικῆς, ὑπὸ δέ τινων ὑδρομαστευτικῆς λεγομένης, νῦν ἐροῦμεν. Ἀποφαίνονται γὰρ οἱ περὶ τῶν ὑδροφαντικῶν τὴν ἐμπειρίαν εἰληφότες, τὰ μὲν πεδία ἄνυδρα ὑπάρχειν ὡς ἐπὶ τὸ πολύ, καὶ τὰ μείζονα μᾶλλον τῶν ἐλασσόνων. τῶν δὲ ὀρέων ἔνυδρα τὰ πλεῖστα, καὶ τὰς ὑπωρείας καθυγροτέρας τῶν ἀκρωρειῶν ὑπάρχειν, καὶ τὰ δασέα καὶ κατάδενδρα τῶν ψιλῶν.* **2** *τὰ δὲ ἐν τοῖς πεδίοις εὑρισκόμενα τῶν ὑδάτων ἁλμυρὰ ὡς ἐπὶ τὸ πολύ. τὰ δὲ ἐν τοῖς ὄρεσι καὶ ταῖς ὑπωρείαις γλυκέα, ἐὰν μή τινων ἡ γεῦσις φθείρηται διὰ τὴν τῶν ἐπικειμένων ὑδάτων ἰδιότητα, ὠμῶν ἢ ἁλμυρῶν ὑπαρχόντων, ἢ νιτρωδῶν, ἢ στυπτηρίαν ἐχόντων, ἢ θεῖον, ἢ ἄλλο τι τῶν τοιούτων.* **3** *Φυσικὰς δὲ τοῖς εἰρημένοις αἰτίας τοιάσδε προσάπτουσιν, ἀπὸ τῶν ὑδάτων τὸ λεπτομερέστατον ἀεὶ καὶ ἐλαφρότατον ἕλκειν τὸν ἥλιον.* **4** *τὰ μὲν οὖν πεδία δι' ὅλης ἐπέχοντα τῆς ἡμέρας τὸν ἥλιον, ἐξαμέλγειν τὸ ὑγρὸν καὶ ἐξατμίζειν, ὅθεν τὰ μὲν τελέως ἄνυδρα ὑπάρχει, ἐν οἷς δὲ καταλείπεταί τινα τῶν ὑδάτων, ἁλμυρὰ εὑρίσκεται πάντως, τοῦ ἐλαφροῦ καὶ γλυκέος ἐξ αὐτῶν ἀναλισκομένου, καθάπερ καὶ τὴν θάλασσαν συμβέβηκε.* **5** *τὰ δὲ ἐν τοῖς ὄρεσιν ὄντα*

---

3 c. 6. om. LP ‖ 4 *ὑδροστευτικῆς* H ‖ 6 *γὰρ* FM *δὲ* H ‖ 9 *ταῖς ὑπωρείαις* H ‖ 10 *καὶ τὰ κατάδ.* HM ‖ 17 *τῆς εἰρημένης* H ‖ 19 *τὰ μὲν — ἥλιον* mg. suppl. 1. m. H ‖ 21 *τελέως τὰ μὲν* M ‖ 22 *ὑπάρχειν* F *-ει* HM ‖ 24 *καθάπερ γὰρ καὶ* H ‖ 25 *θάλατταν* H ‖ *συμβέβηκεν* F.

τῶν ὑδάτων μὴ τὸ αὐτὸ πάσχειν, διὰ τὸ μὴ δι' ὅλης τῆς ἡμέρας ἐκπυροῦσθαι τῇ ἀκτῖνι, καὶ κεκλιμένην αὐτοῖς καὶ μὴ βιαίαν προσπίπτειν. ὅθεν τὰ πρὸς ἄρκτον ἔχοντα τὰς κλίσεις ἐνυδρότερα τῶν πρὸς μεσημβρίαν κεκλιμένων ἀποφαίνονται, καὶ τὰ πρὸς ἀνατολὰς καὶ δυσμάς, ἧσσον μὲν τῶν πρὸς ἄρκτον, πλεῖον δὲ τῶν πρὸς μεσημβρίαν κεκλιμένων, καὶ τὰ δασέα τῶν ψιλῶν, διὰ τὸ σκιάζεσθαι. 6 τὰς δὲ ὑπωρείας μᾶλλον καθύγρους εἶναι, διὰ τὸ τὴν φορὰν εἰς τὸ κάτω μέρος τοῖς ὕδασιν εἶναι, καὶ συνάγεσθαι τὰ ἀπὸ τῶν ὑψηλῶν εἰς τὸ ταπεινὸν καὶ ὑπὸ τὰς ῥίζας τῶν ὀρέων. 7 ὅθεν καὶ τὰς πλείστας πηγὰς καὶ μεγίστας ἐν τοῖς τοιούτοις τόποις ὑπάρχειν, ἐν οἷς ὑπερκείμενά ἐστιν ὄρη μεγάλα καὶ ὑψηλὰ καὶ δασέα, ἔχοντα κοίλους καὶ φαραγγώδεις τόπους. ἐν γὰρ τοῖς τοιούτοις τοὺς κατ' ἔτος συναγομένους ὄμβρους καὶ διηθουμένους κατὰ γῆς τὰς πηγὰς αὔξειν. 8 τινὰ δὲ τῶν ὑδάτων παρὰ ταύτας μὲν τὰς ὑπωρείας μὴ ἐκφανῆ γίνεσθαι, ποιησάμενα δὲ ἕως τινὸς ὑποφορὰν κατὰ γῆς οὕτως εἰς τὸ φανερὸν ἐκθλίβεσθαι. τὸ δὲ σύνολον, διὰ τὸν ἀνάγοντα τόπον ἕως θαλάττης φανέντα ἐξωθεῖσθαι. 9 Τινὰ δὲ καὶ ἐπὶ τὴν θάλατταν διὰ τῆς γῆς ἐπὶ πολὺν τόπον ἐν ταῖς φλεψὶν ἐνεχθέντα οὕτως ἀναβλύζει, καθάπερ ἐστὶ τὸ ἐν Ἀράδῳ ὕδρευμα, καὶ τὸ ἐν Ἡρακλείᾳ τοῦ Πόντου. 10 Τὰς δὲ ἀφ' ὑψηλῶν τόπων πηγὰς φερομένας λέγουσι, διὰ τοὺς ὑπερκει-

---

2 ἀκτίδϊ H ‖ 4 εὐυδρότερα F ἐνυδρ. HM ‖ 5 ἀποφαίνονται — κεκλιμένων om. M ‖ 6 ἧσσον* auctore Cornario iam probavit Niclas. ἴσον F ἶσον HM edd. ‖ πλεῖον* Cornar. πλείονα codd. ‖ 9 καθύδρους F καθύγρ. HM ‖ 12 μεγίστας* ex coni. Niclasii μεριστὰς codd. ‖ 19 φορὰν M ‖ 23 ἀναβλύει F ‖ 24 ἔστϊ M ἐστὶν ἐν F.

μένους τόπους, παρακειμένου τοῦ λεγομένου Σαώκους, καὶ ἔχοντος οὐ μακρὰν τῆς κορυφῆς τόπους τραχεῖς καὶ φαραγγώδεις, καὶ δυναμένους τὰ πλεῖστα τῶν οὐρανίων ὑδάτων δέχεσθαι. **11** τὰς μὲν οὖν ἐπιῤῥύτους πηγὰς ὑπάρχειν ἀποφαίνονται, διὰ τὰς δεδηλωμένας αἰτίας. εἶναι δὲ καὶ ἐν τοῖς πλείστοις μέρεσι τῆς γῆς φλέβας ἐχούσας ὕδωρ. **12** καθάπερ γάρ, φασί, καὶ ἐπὶ τῶν ἐμψύχων σωμάτων συμβαίνει τὸ ὅλον σῶμα φλεψὶ καὶ ἀρτηρίαις διειλῆφθαι συνεχέσιν, οὕτω καὶ ἐν τῇ γῇ τόπους τε ἀραιοὺς ὑπάρχειν, ἀέρος πλήρεις ὄντας, καὶ φλέβας ὕδωρ ἐχούσας, καὶ ἔν τισι μὲν πάνυ πυκνὰς εἶναι καὶ δι' ἀλλήλων πεπλεγμένας· ἔν τισι δὲ ἀραιοτέρας, αἷς ἐπιτυγχάνειν ῥαδίως τοὺς τὰ φρέατα ὀρύσσοντας διὰ τὸ πλῆθος καὶ τὴν πυκνότητα. **13** πηγὰς οὖν ὁμοίως καλεῖσθαι, καὶ τὰς ἀναπτυχθείσας τῶν φλεβῶν, διὰ τὸ παραμονίμους εἶναι μακρόθεν φερομένας καὶ δι' ἀλλήλων τὸ ὕδωρ δεχομένας. **14** Λιβάδας δὲ καλεῖσθαι τὰ ἀπὸ τῶν ὀμβρίων ὑδάτων διηθούμενα καὶ κατὰ γῆς ἐν στεγνοῖς καὶ σκιεροῖς τόποις συνεστηκότα, καθάπερ ἐν ἀγγείοις, μὴ φλεβῶν ἀποῤῥοίας οὔσας· ὅθεν οὔτε διαμένειν τὰς λιβάδας, ἀλλὰ πάνυ συντόμως ἐκλείπειν, ἐὰν μὴ σφόδρα μεγάλας αὐτὰς εἶναι συμβῇ. **15** Τὰς δὲ πηγὰς αὔξεσθαί τε καὶ λήγειν κατὰ τὴν τοῦ ἀέρος περίστασιν. **16** αὐχμῶν μὲν γὰρ γινομένων καὶ τὰς πηγὰς λήγειν· ἐπόμβρου δὲ τοῦ ἔτους ὄντος ἐπαύξεσθαι. τροφὴν γὰρ λαμβάνειν, ὡς καὶ ἀνωτέρω ἐῤῥήθη, τὰ κατ' αὐτὰς ὕδατα

---

1 σαώκου H ‖ 7 ἐχούσας et η supra add. 1. m. H ‖ 9 συνεχέσι· H ‖ 15 πηγὰς mg. rep. H ‖ 17 novum versum inc. et λιβάδας mg. rep. H ‖ 18 ὑδάτων om. H ‖ 20 μὴ edd. ἢ codd. ‖ 25 γι|γνομένων H ‖ 27 αὐτὰς edd. αὐτῆς F et per comp. M.

διὰ τῶν οὐρανίων ὑδάτων· 17 διὸ καὶ μάλιστα αὔξεσθαι τὰς πηγὰς περὶ χειμερινὰς τροπάς, τοῦ μὲν ἡλίου μὴ ὁμοίως ἀκμάζοντος, τῶν δὲ ὄμβρων προστιθέντων, ὑπὸ δὲ τὰς θερινὰς καὶ τοῦ κυνὸς τὴν ἐπιτολὴν τοὐναντίον πάσχειν. 18 διαγινώσκεσθαι δὲ τὰς εὑρισκομένας πηγὰς καὶ τὰς λιβάδας τοιούτῳ τινὶ τρόπῳ. 19 τὴν μὲν γὰρ εὑρεθεῖσαν πηγὴν ἀπὸ φλεβὸς εὐγενοῦς πρᾳέως τε ἀρξαμένην ῥέειν, ἐπίδοσίν τε κατὰ μικρὸν ποιεῖσθαι, καὶ ἕως τινὸς αὐξηθεῖσαν διαμένειν ὁμοίως, ἢ τὴν αὐτὴν ἔχειν δι' ὅλου ῥύσιν τῇ ἐξ ἀρχῆς εὑρεθείσῃ, ἂν μήτι ἐλλίπῃ διὰ τὴν τοῦ ἀέρος περίστασιν ἢ ἐπιθῇ. 20 τὰς λιβάδας δὲ οὔ φασι τὸ ὅμοιον ποιεῖν, ἀλλ' ἐν ἀρχῇ μὲν λάβρον καὶ πολὺ προΐεσθαι τὸ ῥεῦμα, μετ' οὐ πολὺν δὲ χρόνον λήγειν. 21 οὐκ ἐῶσιν οὖν τῇ τοιαύτῃ ῥεύσει πιστεύειν, τοὺς δὲ ζητοῦντας τὰ ὕδατα, πρῶτα μὲν κελεύουσι τοὺς τόπους, ἐν οἷς ἂν ἐπιβάλλωνται ζητεῖν, ἐπιθεωρῆσαι, πῶς ἔχουσι τοῖς κλίμασι, καὶ ποῖοί τινες ὄντες τυγχάνουσι, σημείοις χρωμένους τοῖς δεδηλωμένοις. 22 καὶ ἐὰν ὦσι πόροι πρὸς ἐξίχνευσιν, καὶ τὰ ἄλλα σημεῖα τὰ διὰ τῶν ἐδαφῶν καὶ τῶν φυομένων. 23 σχοίνους τε γὰρ φυομένας ⟨ἃς⟩ τινες ὁλοσχοίνους καλοῦσι, καὶ βούτομον, καὶ βάτους, καὶ κύπειρον, ἥν τινες ζέρναν καλοῦσιν· ἔτι δὲ καὶ ἄγρωστιν πολλὴν καὶ εὔτροφον, καλάμους τε τοὺς καλουμένους Ἰνδικούς, ὑπό τινων

---

8 πρ. τε* δὲ codd. ‖ 11 ἐλλείπῃ F ἐλλίπῃ HM ‖ 12 φησι F ‖ 14 μετ' οὐ πολὺν H μετὰ πολὺν FM ‖ 17 ἐπιβάλλονται H ἐπιβάλωνται M ‖ 21 ἐδαφῶν H ἐδάφων FM ‖ 22 φυομένας corr. 1. m. ex -ους M ‖ ⟨ἃς⟩* om. codd. ‖ ὁλοσχοίνους* emend. Cornarii probaverunt Needh. Nicl. ἀλλισχοίνους FM edd. | ἄλλοι, σχοίνουσ H.

δὲ μεστοκαλάμους, ὑπ' ἐνίων βαλίτας, καὶ σύριγγας δασεῖς καὶ ἁπαλοὺς σημαίνειν φασίν, ὡς ὕδωρ ἔχοντος τοῦ τόπου. 24 καὶ ὁμοίως κισσὸν τὸν θάλλοντα, ὅν τινες μαλακόκισσον προσαγορεύουσι, καὶ συκῆν ἀγρίαν, καὶ οἴσακα, καὶ πτελέαν ἀγρίαν, ἔτι τε ἵππουριν, ⟨καὶ⟩ τὴν λεγομένην πεντάφυλλον, βατράχιόν τε, ἣν καὶ χρυσάνθεμον καλοῦσι. 25 καθόλου δὲ ὅσα ἐὰν ᾖ πεφυκότα, μὴ φυτευθέντα ὑπάρχοντα, ἀλλὰ αὐτοφυῆ χλωρὰ καὶ εὐερνῆ καὶ δασέα, σημαίνει ἀφ' ὕδατος αὐτοῖς τὴν τροφὴν ἀναδίδοσθαι. 26 διὸ καὶ δεῖ πιστεύοντας τοῖς τοιούτοις σημείοις ὀρύσσειν, ἀποβάντας ἀπὸ τῶν σημείων κατώτερον, ἐὰν ἔχῃ κλίμα ὁ τόπος, ὅθεν ὑπερδεξιοὺς τὰς πηγὰς λαμβάνεις. 27 Ἡ ἵππουρις ἐκ τοῦ ἐτύμου τὸ ὄνομα ἔσπασεν. ἔστι γὰρ ὁμοία τῇ τοῦ ἵππου οὐρᾷ, ἔχουσα τὰ φύλλα ταῖς θριξὶν ὅμοια, καὶ αὐτὸν τὸν καυλὸν ἀγόμενον ἀπὸ τῆς ῥίζης ὡς ἐπὶ τὸ ἄκρον λεπτότερον. αὐτὸς δὲ ὁ καυλός ἐστι κενός, ὡς ὁ κάλαμος, ἔχων τὰ ἄρθρα διῃρημένα, ἐξ ὧν ἄρθρων αἱ τριχώδεις φυλλάδες πέφυκαν. ἐκ τοῦ δὲ εἶναι, αὐτὸ σαλπίγγιον προσαγορεύεται. 28 Βούτομον γίνεται ἐν τοῖς ἕλεσι, φύλλα δὲ ὅμοια φέρει λειρίοις, οἵ βόες αὐτὰ ἡδέως βόσκονται, καὶ ἐκβράσσουσι δὲ ἐκ μιᾶς ῥίζης οὐ καθ' ἓν ἀλλ' ὡς θάμνοι. 29 Πεντάφυλλον ἐκ μιᾶς ῥίζης πολλὰ ἀναφέρει κλωνία καρφοειδῆ, σπιθαμιαῖα, ἐφ' ὧν ὁ καρ-

1 δὲ (p. c.) τοὺς μεστ. ὑπ' ἐνίων δὲ (p. c.) βαλ. H ‖ σύραγγας M ‖ 3 κυσσὸν M ‖ 4 συκὴν F ‖ 5 οἴσακαν (αν supra add.) M ‖ ⟨καὶ⟩* om. codd. ‖ 6 καὶ post καλοῦσι· rei. F ‖ 12 κλῆμα F κλίμακα H ‖ 13 ὑπὲρ δεξιοῦ FH ὑπερδεξιοῦ M ‖ |Ὁποῖον ἕκαστον τῶν φυομένων ἔχει τὸ εἶδος: †|Ἡ ἵππουρις H ‖ 14 ἑτοίμου H ‖ 16 ἀγόμενος F ‖ 19 πεφύκασιν per comp. M ‖ 22 λειρίοις edd. ἀειρίοις codd. ‖ 25 ἐξ F ἐφ' HM.

πός. φύλλα δὲ ἔχει ἐοικότα ἡδυόσμῳ, πέντε καθ' ἕκαστον μίσχον, σπανίως δέ που πλείονα, κυκλόθεν ἐσχισμένα πριονοειδῶς· ἄνθος δὲ ὠχρόν. 30 Βατράχιον ἢ χρυσάνθεμον φύλλα φέρει ὅμοια σελίνῳ, μείζονα δέ, ἄνθος χρυσίζον· ὅλη δὲ ἡ βοτάνη οὐ μείζων γίνεται δύο παλαιστῶν. 31 Μαλακόκισσος ὅμοιόν ἐστι κισσῷ, ἁπαλὸν δέ ἐστι τοῖς φύλλοις καὶ τῷ καυλῷ περιπλεκόμενον ὅπου ἂν τύχῃ, διὰ τὸ μὴ δύνασθαι ἑαυτὸ βαστάζειν. γεννᾶται δὲ μάλιστα ἐν τοῖς καλαμοκοπίοις καὶ γεώδεσι τόποις. 32 Κύπειρον, ἥν τινες ζέρναν καλοῦσι, φύλλα ἔχει ὅμοια κάρτῳ ἀρτιφυῆ, ἰσχνά, καὶ καυλίον ὥσπερ σχοίνου, ἰσχνότερον, ἐπ' ἄκρου δὲ σπέρμα ὡς κέγχρου· ῥίζαν ὡς ὀστᾶ ἐλαίας μέλαιναν, ἀρωματίζουσαν τὴν γεῦσιν. 33 Τούτων δὲ τῶν καρφέων καὶ βοτανῶν πάντων τῶν προειρημένων σημείοις καταφρονοῦντες οὕτως χρησόμεθα ἐν τόποις τοῖς μὴ ἔχουσιν ὕδωρ, μήτε ἐπίῤῥυτον, μήτε πηγαῖον, μήτε φρεάτιον. ὅπου γὰρ ἂν αὗται αἱ βοτάναι φαίνωνται, ὕδωρ ὑπόγειον εἶναι σημαίνουσι. 34 καὶ ἐν τῇ θεωρίᾳ, ὅσῳ ἂν μᾶλλον μεμαρασμένα φαίνωνται, ἔγγιον εἶναι τοῦ ἐδάφους τὰ ὕδατα σημαίνουσιν, ἀδύνατα καὶ μὴ παραμόνιμα. ὅσῳ δὲ μᾶλλον βρίθοντα καὶ χλωρότερα, ὑποκεῖσθαι τὰ ὕδατα βαθύτατα καὶ παραμόνιμα δηλοῦσιν ἀεί. 35 Δεῖ δὲ καὶ τῶν ἐδαφῶν τὰ γένη συνθεωρεῖν· τὰ μὲν ἀργιλλώδη καὶ κισ-

2 κύκλωθεν H ‖ 4 φέρει F ἔχει M ‖ 8 περιτρεπόμενον M ‖ 9 ἑαυτὸν? p. c. M ‖ καλαμοκοπίοις* καλαμοκόποις codd. ‖ 14 μέλαιναν* μέλανα FM μέλαινα et α 1. m. supra add. H ‖ ἀρωματίζουσαν* ἀρωματίζοντα codd. ‖ καλὸν δλ|(ως?) mg. F nihil mg. H ‖ 18 ἂν om. M ‖ φαίνωνται edd. φαίνονται codd. ‖ 19 σημαίνουσιν F ν om. H ‖ 20 φαίνονται ἔγγειον H ‖ 24 ἐδαφῶν H ἐδάφων FM ‖ 25 ἀργι.λώδη uno λ eraso et mg. ἄργιλος

σηρώδη τῷ γένει καὶ αὐχμηρὰ τῇ φύσει ὑπάρχοντα, παντάπασιν ἄνυδρά φασιν ὑπάρχειν, **36** τὰ δὲ γληνώδη καὶ πυρώδη καὶ πηλώδη, καὶ μελάγγειά τε λιπαρὰ ὄντα, ψηφιδώδεις τε διαφύσεις ἔχοντα, μὴ ἀπογινώσκειν. **37** δεῖ δὲ τὰ ψηφιδώδη μὴ ἀνατεταραγμένα εἶναι ἐν τῇ γῇ, ἀλλὰ κατὰ πλάτος ἐμπεφυκότα, καὶ καθόλου τὰ ἑτεροχρωματοῦντα τῆς γῆς ἀεὶ πλακώδεις ἔχειν δεῖ τὰς συμφύσεις καὶ πυκνάς. μάλιστα δὲ ἔχουσιν αἱ σύνοδοι τῆς γῆς ἀνομοίας τὰς συμφύσεις. **38** δεῖ δὲ καὶ τὰς πέτρας εἶναι ὑπομελανιζούσας, τὰς περιεχούσας τοὺς δοκοῦντας ὕδωρ ἔχειν τόπους, μὴ κατὰ ἰόνθους, ἀλλὰ ἐχούσας τι πορῶδες. **39** καὶ ὅσαι δὲ λευκήπειροι, κείμεναι δέ εἰσιν ἐπὶ τῆς γῆς οἵας εἰρήκαμεν, ἔχουσιν ὑπὸ ταῖς πτέρναις ταῖς ἐν τοῖς ἐδάφεσιν ἐμπεφυκυίαις ὕδατα. σημαίνοι δὲ ἄν τι περὶ τὰς τοιαύτας καὶ τῶν εἰρημένων πεφυκός. **40** Καὶ συμφύσεις δὲ αἱ ἀνόμοιοι τῶν πετρῶν ἔχουσιν ὕδατα, κἂν ὦσιν ἐν τοῖς εἰρημένοις κλίμασι κείμεναι. **41** ἐν μὲν οὖν τῇ ψηφιδώδει γῇ καὶ μελαίνῃ καὶ πυκνῇ καὶ ὁμοίως γληνώδει λιβάδας δεῖ πολλὰς καὶ ἐπιπολαίους εἶναι. διὸ συμφέρει ἐν ταύταις τοὺς ὑπονόμους ὀρύσσειν, ἑπόμενον ταῖς

---

ἡ σμικτικὴ γῆ | ἡ λευκόγειος H ‖ 1 φύσει* coni. Niclasius ῥύσει codd. ‖ 2 ἔνυδρα F ‖ ad γληνώδη mg. add. υαλλώδη H ‖ 3 μελάγγεια τὰ λ. H ‖ 4 ad διαφύσεις mg. add. διαιρέσεις κατατομάς: H ‖ 8 καὶ πυκνὰς — συμφύσεις om. H ‖ 10 ὑποπελανιζούσας et mg. add. πέλανος· οἱ μὲν ἐπὶ τοῦ κηρίου τιθέασι λέγεται (corr. ex — σθαι) δὲ καὶ ὁ ἐκπεπηγὼς τῷ στόματι ἀφρός· ὡς εὐριπίδ(ου? p. c.) ὀρέστη:· H ‖ 11 ad ἰόνθους mg. add. οἷον ἐμφύματα σκληρά· οἱ δὲ ἴονθον τὴν ἀκμαίαν γῆν· οἱ δὲ τὰς δάσεις (!) καὶ πυκνὰς ἀπὸ τῶν τριχῶν· τὰς γὰρ τῶν τριχῶν ῥίζας, ἰόνθους ἔλεγον:— H ‖ 12 πωρῶδες H, πυρῶδες M ‖ 14 τῶν πτερνῶν M ‖ 15 σημαίνει M ‖ ἄν* ἐάν codd. ‖ τι edd. τις codd. ‖ 16 πεφυκός edd. πεφυκώς codd. ‖ 17 πτερνῶν M ‖ 18 ψηφώδει M ‖ 19 υηνώδει· λιβάδας δὲ δεῖ H.

λιβάσιν. οὕτω γὰρ ἂν πλεῖστον ὕδωρ συνάγοιτο. ἐν δὲ τοῖς ἀραιοῖς καὶ πετρώδεσι τόποις, κἂν ὁπωσοῦν εὑρεθῶσι πηγαί, ταῖς εὑρεθείσαις ἀρκεῖσθαι. **42** δεῖ δὲ σκοποῦντας καὶ ὑδροσκοπεῖσθαι τοιούτῳ τινὶ τρόπῳ. κατεσκευασμένον ἔχειν μολιβοῦν ἀγγεῖον καθάπερ ἡμισφαίριον, χωροῦν ὅσον χοέα, καὶ λαβόντα ἐρίου μαλλοὺς δύο ἢ τρεῖς πεπλυμένους διαξάναντα καλῶς, δῆσαι μέσους λίνῳ, τὸ δὲ λίνον προσκολλῆσαι κηρῷ πρὸς τὸν πυθμένα, ἔσωθεν τοῦ ἀγγείου. **43** διακεχρίσθω δὲ καὶ ἐλαίῳ τὸ ἀγγεῖον, καὶ ἐν τῷ τόπῳ ἐν ᾧ διαλάβοι τις ὕδωρ ὑπάρχειν, δεῖ στοχαζομένους τοῖς δεδηλωμένοις σημείοις ὀρύσσειν φρεατίαν, ὅσον ἐπὶ πήχεις τρεῖς, καὶ καταστρέψαντα τὸ ἀγγεῖον ἐν τῇ φρεατίᾳ θεῖναι, καὶ περιθέντα καλάμων φύλλα χλωρῶν, ἢ ἄλλην τινὰ βοτάνην, πάλιν ἐπιχῶσαι τῆς γῆς ὅσον ἐπὶ πῆχυν. **44** τοῦτο δὲ ποιεῖν δύνοντος τοῦ ἡλίου, καὶ ὄρθρου πάλιν ἀπαμήσαντα τὴν γῆν, καὶ τῶν βοτανῶν ἀφελόντα πρᾳέως, ἀναστρέψαι τὸ ἀγγεῖον καὶ κατανοεῖν. **45** ἐὰν γὰρ ὦσι πηγαί, τό τε ἔριον εὑρήσεις πλῆρες ὕδατος, καὶ τὸ ἀγγεῖον μεστὸν πομφολύγων· συνήσεις δὲ καὶ ποῖόν τι τὸ ὕδωρ ὑπάρχει, τοῦ ἀποπιεσθέντος ἐκ τοῦ μαλλοῦ γευσάμενος. **46** εὑρήσεις μέντοι τὸ ἀποπιεσθὲν ἐκ τοῦ μαλλοῦ, γλυκύτερον τῆς πηγῆς διὰ τὸ ⟨τὸ⟩ λεπτομερέστατον καὶ ἐλαφρότατον ἀναθυμιᾶσθαι. **47** καὶ περὶ μὲν οὖν ὑδροσκοπικῆς αὐτάρκως εἴρηται.

---

1 ὕδωρ om. H ‖ 6 μαλοὺς per comp. M ‖ 21 πομφολύγγων M ‖ 22 γευσάμενος — μαλλοῦ om. M. ‖ 24 ⟨τὸ⟩* alterum om. codd. ‖ 25 οὖν om. M.

## Cap. 7. *Περὶ ὑδάτων, καὶ πῶς δεῖ τὸ ὄμβριον ὕδωρ συνάγειν. Διοφάνους.*

1 Ὑδάτων δὲ πρὸ πάντων φροντιστέον, οὐ διὰ τὴν τοῦ ὕδατος μόνον ἀπόλαυσιν, ἀλλ' ὅτι καὶ εὐκρατότατον ἐν τοῖς αὐχμοῖς τὸν ἀέρα ποιεῖ. 2 εὐτυχὲς μὲν οὖν σφόδρα τὸ ἔχειν ἀπὸ πηγῆς ὕδωρ. εἰ δὲ μή, τὰ ὄμβρια συναγέσθω, τὰ εἰς ἡμετέραν καὶ πάσης τῆς φαμιλίας ἐξαρκοῦντα χρείαν· οὐχ' ὥσπερ εἰώθασί τινες ἀπὸ τῶν ἐπαύλεων, ὅπου πρόβατα καὶ ἄλλα ζῶα τυγχάνει κόπρου πληροῦντα τὰς ἐπαύλεις, ἀλλὰ διὰ τῶν δωμάτων, καὶ αὐτὰ ἐπιμελῶς καθαίρειν καὶ συνεχῶς χρή· ξυλίνοις δὲ ἀγωγοῖς καθαρὸν τὸ ὕδωρ εἰς τὰ φρέατα συνάγειν. 3 Ἀφρικανοῦ. Ὑγιεινὸν δὲ τὸ ὕδωρ ποιεῖ δάφνη τούτῳ ἐμβρεχομένη. 4 τὸ δὲ φαῦλον ὕδωρ θεραπεύσομεν οὕτως. ἐμβαλλέσθω εἰς κεράμια, καὶ ἐν ὑπαίθρῳ ἐάσθω, ἕως ἂν καταστῇ, καὶ μεταχεέσθω ἠρέμα εἰς ἄλλα σκεύη δίχα τῆς ὑφιζανούσης ὑποστάθμης.

## Cap. 8. *Ὅτι δεῖ ἐν τοῖς μεγάλοις ἀγροῖς δασέα εἶναι ὄρη, καὶ πῶς ἂν φυτευθείη. Ἀπουληΐου.*

1 Καλὸν μὲν αὐτομάτου ὄρους ἀμφιλάφειαν ἔχειν ἐν τῷ ἀγρῷ, εἰ δὲ μὴ ὑπάρχοι τοῦτό σοι, οὐ δυσχερὲς καὶ ὄρη ὑλώδη καταφυτεῦσαι. καὶ γὰρ τῶν ἀγρίων δένδρων σπέρματά ἐστιν, ἃ κατασπαρέντα ὕλην ἂν

---

1 tit. et § 1. 2. om. L ‖ 2 *διονυσίου* mg. p. comp. M ‖ 3 *δὲ* FL *καὶ* M ‖ 4 *εὐκρατώτ.* FM ‖ 8 *φαμελίας* H *φαμηλίας* M ‖ 13 *ἀφρικανοῦ* mg. F tituli loco L om. M ‖ 14 § 4. om. L ‖ 15 *ἐμβαλέσθω* HM ‖ 19 post tit. atram. perscriptum *ἀπουλ.* rubro L ‖ 20 *ὅπως* L ‖ 22 *ὑπάρχῃ* L ‖ *δεισχερὲς* L.

ποιήσοι, πλὴν ἐν τοῖς ξηροῖς τόποις οὐ σφόδρα. 2 ἰτέαι γὰρ καὶ μυρίκαι καὶ λεῦκαι καὶ ἐλάται καὶ μελίαι καὶ πτελέαι καὶ πάντα τὰ ὁμοιογενῆ τοῖς καθύγροις χαίρει τόποις· πίτυς δὲ καὶ ἐν ἀμμώδεσι θάλλει. 3 μόνας δὲ ῥοιὰς καὶ ἐλαίας καὶ ἐν τοῖς ξηροτέροις τόποις σφόδρα εὐθαλεῖς γίνεσθαι ἡ πεῖρα ἐδίδαξε. 4 δρύες δὲ καὶ καστανέαι, αἱ Διὸς βάλανοι καλούμεναι, ἐν τοῖς συνεχῶς κατομβριζομένοις τόποις κατατιθέσθωσαν.

Cap. 9. *Ποία καλλίων γῆ. Βηρυτίου.*

1 *Ἀρίστη γῆ ἡ μελάγγειος ὑπερεπαινουμένη παρὰ πᾶσιν, ὅτι καὶ ὄμβρον φέρει καὶ αὐχμόν.* 2 ἑξῆς ἡ πυῤῥὰ καὶ ἡ ποταμόχωστος, ἣν ἰλυώδη προσαγορεύουσι, καὶ ἡ γλυκεῖα καὶ ἡ θερμή, αὗται γὰρ πρὸς ἀμπέλους καὶ πρὸς δένδρα καὶ πρὸς σπόριμα ἐπιτηδείως ἔχουσαι ὤφθησαν. 3 καὶ ἡ βαθύγειος δὲ ἐπαινεῖται, ἐὰν μάλιστα εὔθρυπτος ᾖ καὶ μὴ δυσεργής, οὐ μόνον δὲ πρὸς δενδροφορίαν ἐπιτηδεία. 4 ἀλλὰ καὶ ἡ ἐρυθρὰ καλλίστη πρὸς τὰ λοιπά, πρὸς μέντοι δενδροφορίαν ἀνεπιτηδείως ἔχουσα.

Cap. 10. *Περὶ δοκιμασίας γῆς. Ἀνατολίου.*

1 *Δοκιμασία τῆς ἀρίστης γῆς γένοιτο μὲν ἂν καὶ ἀπὸ τῆς ὄψεως, τουτέστιν, εἰ ἐν αὐχμῷ μὴ σφόδρα*

---

1 *ποιήσοι* FP *-σῃ* HM *-σεις* L ‖ totum caput versu continuo sine rubrica L ‖ 2 *μυρίκαι* FLP *μυρῖκαι* M ‖ 6 *ἐδίδαξεν* FL ‖ 9 *ποία καλλίων γῆ* capiti 8. atram. add. L ‖ *βυρῖτιοῦ*: rubro pro tit. L om. HM ‖ *κε. ιβʹ* mg. L ‖ 11 totum caput v. c. L ‖ 12 *πυρὰ* L item sed altero ρ supra add. m. 1. H *ποταμόχ . . τ* (ο supra) M *ἡ ἰλυώδης* P ‖ *προσαγορεύουσιν* FL *-σι* HM ‖ 16 *ἐὰν* om. L ‖ 18 *δενδροφορίας* L ‖ 20 c. 10 om. P ‖ *ἀνατ.* p. t. LM ‖ 22 *τοῦτέστιν* FL.

καταῤῥήγνυτο, μήτε ὄμβρων ῥαγδαίων κατενεχθέντων τελματώδης εἴη, ἀλλ' ἐκδέχοιτο εἰς τὴν λαγόνα πᾶν τὸ ἐκ τῶν ὄμβρων ὕδωρ· καὶ εἰ μή, κρύους ὄντος, ὀστρακώδη τὰ περὶ τὰ νῶτα αὐτῆς ὑποφαίνοι· αὕτη γὰρ ὡς ἐπὶ τὸ πολὺ ἀγαθὴ ἂν δοκιμασθείη. 2 Κάλλιστον δὲ καὶ ἕτερον δοκιμασίας τρόπον εὕραντο οἱ παλαιοί, ταῖς ὄψεσιν ὑποπίπτοντα. ἐὰν γὰρ μεγάλα καὶ ὑλώδη ὑπάρχῃ τὰ ἐν αὐτῇ φυόμενα ἄγρια δένδρα, τελειοτάτην ἀποφαίνεσθαι δυνατόν. εἰ δὲ μέτρια, μέσην. ἡ δὲ ἀκάνθας ἔχουσα, καὶ φρύγανα λεπτὰ καὶ πόαν βραχεῖαν, ἀσθενὴς αὕτη καὶ οὐ πολλοῦ ἀξία. 3 Ἄλλοι δὲ οὐκ ἀρκούμενοι τῇ τῆς ὄψεως κρίσει, καὶ τὴν ἐκ γεύσεως δοκιμασίαν ἐξεῦρον τοιαύτην. 4 σκάψαντες εἰς βάθος ἐκεῖθέν τι τῆς γῆς ἀνασπῶσι, καὶ ἀπὸ μὲν τῆς ὀσφρήσεως τὴν καλλίω δοκιμάζουσιν. οὐκ ἀρκεσθέντες δὲ τούτῳ τῷ τρόπῳ, ἐμβάλλοντες αὐτὴν εἰς σκεῦος καὶ καταχέαντες πότιμον ὕδωρ, καὶ τῇ γεύσει τὴν πεῖραν παραδιδόασιν. ὁποῖον γὰρ ἂν τὸ ὕδωρ τῇ γεύσει φανῇ μετὰ τὴν μίξιν, τοιαύτη καὶ ἡ γῆ ἔσται. 5 δεῖ οὖν ἐπὶ μὲν τῶν σπορίμων, ποδιαίῳ ἀρκεῖσθαι βάθει, ἐπὶ δὲ τῶν ἀμπέλων, τριῶν ποδῶν, ἐπὶ δὲ τῶν δένδρων, τεσσάρων. 6 ἔνιοι γλυκεῖαν τεκμαίρονται τὴν γῆν καὶ ἀπὸ τῶν φυομένων ἐν αὐτῇ

---

1 καταρρήγνυται L καταρρηγνύοιτο M ‖ μήτι ὄμβρον L ‖ 2 εἰς τὸν (supra add. per comp. 1. m.) λαγόνα | M ‖ 5 κάλλιστον v. c. L ‖ 6 δοκιμασίαν L ‖ τρόπον — παλαιοὶ om. ½ versus spatio serv. L ‖ εὕροντο H ‖ 7 μεγάλω L ‖ 10 βραχίαν L ‖ 11 ἄλλοι v. c. L ‖ 13 περὶ εὐρέ|σεως ὕ|δατος:· mg. sed σκάψαντες v. c. L ‖ 16 κε. ιγ' mg. rubro m. rec. de more L ‖ Ἐμβάλλοντες (Ἐ rubro ead. m. rec.) L ἐμβαλόντες αὐτὸν ἐσκεῦος M ‖ 17 κα|ταχέοντες (τα m. 2. in mg.) L ‖ 20 δεῖ v. c. L ‖ 21 Τριῶν ποδῶν· Ἐπὶ L ‖ 22 ἔνιοι δὲ γλ. M.

ὁλοσχοίνων ἢ καλάμου ἢ λωτοῦ ἢ βάτου. τούτοις γὰρ ἔθος καὶ τοὺς ὑδρογνώμονας πιστεύειν. 7 Τὸ δὲ ἀκριβέστερον δοκίμιον ἡ γεῦσίς ἐστι. τὴν δὲ ἁλμυρὰν γῆν φευκτέον, ὡς τοῖς ἀρχαίοις δοκεῖ. 8 ὅταν γὰρ ἐν τῇ κόπρῳ τοὺς ἅλας φεύγωμεν, καὶ τὴν γινομένην ἀμόργην ἐκ τῶν μὴ ἁλσὶ πεπασμένων ἐλαιῶν οἱ ἔμπειροι παραγγέλλωσι ταῖς ῥίζαις ἐπιχέειν τῶν δένδρων, καὶ τὰ κοπροθέσια γλυκεῖ καὶ οὐχ ἁλμυρῷ ὕδατι βρέχειν, δῆλόν ἐστιν, ὅτι τὴν ἁλμυρὰν γῆν ἐκφαυλίζουσι, πρὸς πάντα ἀνεπιτηδείως ἔχουσαν πλὴν τῶν φοινίκων, οὓς καλλίστους καὶ πολυκάρπους φέρει. 9 διὰ τοῦτο γὰρ καὶ ἐν τοῖς ἡμετέροις τόποις μόνος ὁ φοῖνιξ εὐκαρπεῖ, ἐπειδὴ πάντες οὗτοι ἁλμυρώδεις εἰσί. χρὴ οὖν εἰς τὴν ἁλμυρὰν γῆν φοίνικας μόνους καταφυτεύειν, ἢ παραιτεῖσθαι, ἢ κατὰ τὸ δυνατὸν θεραπεύειν, ὥσπερ κόπρῳ χρωμένους τῇ μίξει τῆς γλυκείας γῆς. 10 Τὴν δὲ δυσώδη γῆν πάντῃ φευκτέον ἐν πᾶσιν οὖσαν ἄχρηστον.

Cap. 11. Ἄλλο περὶ δοκιμασίας γῆς. Διοφάνους.

Ἕτεροι δὲ δοκιμάζουσι τὴν ἀρίστην γῆν οὕτως. βόθρον ποιήσαντες καὶ φανερὸν μέρος τῆς γῆς ἀφελόμενοι, μετὰ ταῦτα πάλιν ἐπιβάλλουσι τὴν γῆν εἰς τὸν

---

1 ὁλοσχίνων L ἀλισχοίνων F ἀλλϊσχοίνων H ἀλϊσχοίνων M ‖ καλάμου πλωτοῦ FL ‖ 3 ἐστίν· F ἐστῒν. H ‖ 4 ὅταν v. c. L ‖ 5 γιγνομένην H ‖ ἀμοργὴν M ‖ 6 πεπλασμένων L ‖ ἔμποροι L ‖ 7 παραγγέλωσι FL λλ HM ‖ 9 ἐκφαυλίζουσιν· F -σι HLM ‖ 10 φοινίκων τοὺς κλάδους καὶ τοὺς καρποὺς φέρει L ‖ 11 διὰ v. c. L ‖ 13 ἐπιδὴ L ‖ οὕτω M ‖ εἰσίν F ν om. H ‖ εἰς om. FM ‖ 14 μόνον HL ‖ 16 κόπρα (α supra add. m. 1.) L ‖ 17 πάντι L ‖ 19 c. 11 om. L ἄλλο περὶ γῆς δοκιμασίας FM ἄλλως π. γ. δ. H ἕτερον περὶ δοκιμασία (!) γῆς P, ut ed. F i. c. M i. c. ἕτερον solum P i. c. ‖ διοφ. p. t. M.

βόθρον· καὶ εἰ μὲν ἡ ἐπιβληθεῖσα γῆ ἀναπληρώσει τὸν βόθρον, ἢ καὶ περιττεύσει, καλλίστην δοκιμάζουσι τὴν γῆν. εἰ δὲ τῆς γῆς ἐπιβληθείσης μὴ πληρωθείη ὁ βόθρος, οὐ καλὴν εἶναι τὴν γῆν ἀποφαίνονται.

### Cap. 12. *Ποῖα σπέρματα ἐν τῇ βαθυγείῳ γῇ, ποῖα δὲ ἐν τῇ μέσως ἐχούσῃ, ποῖα δὲ ἐν τῇ λεπτοτέρᾳ χρὴ σπείρειν. Ταραντίνου.*

**1** Τὸν μὲν σῖτον ἐν τῇ βαθυγείῳ καὶ τῇ πεδιάδι ἄμεινον σπείρειν· τὰς δὲ κριθὰς ἐν τῇ μέσως ἐχούσῃ· τὰ δὲ ὄσπρια ἐν τῇ λεπτοτέρᾳ. **2** δυνατὸν δὲ καὶ ἐν τῇ πεδιάδι σπείρειν τὰ ὄσπρια μετὰ τὴν τοῦ σίτου συλλογὴν τῷ ἐπιόντι καιρῷ. σπαρέντα γὰρ ἀναπαύει τὴν γῆν, καὶ κουφίζει, λεπτόριζα ὄντα, πλὴν τῶν ἐρεβίνθων.

### Cap. 13. *Ποῖα τῶν σπερμάτων καθύγρου οὔσης τῆς γῆς, ποῖα δὲ ἐγκαταξήρου χρὴ σπείρειν. Λεοντίου.*

**1** Τὰς μὲν κριθὰς δεῖ σπείρειν τῆς χώρας μὴ καθύγρου, ἀλλὰ περιξήρου μᾶλλον ὑπαρχούσης. **2** τὸν δὲ σῖτον εἰς τὴν πηλώδη καὶ κάθυγρον γῆν σπαρτέον, αὔξει γὰρ ἐν τῇ τοιαύτῃ μᾶλλον· δεῖ δὲ περὶ τὴν σπορὰν τοῦ σίτου μὴ καθυστερίζειν. **3** τοὺς δὲ κυάμους

5 tit. atram. scr. L ‖ 7 *λεπτωτέρα* L ‖ *ταραντίνου* ante tit. M p. t. L om. P ‖ 10 *λεπτοτάτη* L ‖ *δυνατὸν* v. c. L ‖ 13 *λεπτόριζα* FLP *ρρ* M ‖ 15 tit. atram. scr. L ‖ *καθυγρούσησ* L ‖ 16 *καταξήρου:* L *ἐν καταξήρου* P ‖ *χρὴ σπείρειν* om. L ‖ *κε. ιε′* mg. L ‖ 17 *λεοντίνου* F om. H *λεοντίου* a. t. M p. t. LP ‖ 19 *καθῦγρου* et *περὶ ξήρου* F ut ed. H ‖ totum caput v. c. L ‖ 20 *κάθηγρον* L ‖ 21 *τῇ* om. L ‖ 22 *τοὺς γὰρ* L.

καὶ τὸν πισσὸν σπαρτέον πηλώδους οὔσης τῆς γῆς. εἰς γὰρ κατάξηρον γῆν κόπτονται πρὶν φῦναι, καὶ διαφθείρονται· οἱ δὲ μὴ κοπέντες δυσγενεῖς φύονται. 4 τὰ δὲ λοιπὰ ὄσπρια ἀνέχονται μὲν καὶ εἰς τὴν κατάξηρον σπειρόμενα· βελτίονα δὲ καὶ αὐτὰ γίνονται καὶ εὐγενέστερα εἰς τὴν διάβροχον γῆν σπειρόμενα.

Cap. 14. *Περὶ καιροῦ σπόρου σίτου καὶ κριθῆς.*
*Διδύμου.*

1 *Τῶν σπόρων ὁ πρωϊμώτερος πάντων καλλίων· μάλιστα δὲ τὴν βαθύγειον προλαμβάνειν χρή, εἰ ὀλίγου ἀέρος ἐπόμβρου εἴη τετυχηκυῖα.* 2 *Ἀπὸ μετοπώρου τοίνυν τισὶ δοκεῖ καλῶς ἔχειν σπείρειν διὰ παντὸς τοῦ χειμῶνος, ἐν τοῖς ψυχροτέροις τόποις μέχρις εἰδῶν Μαρτίων· καὶ μέχρι δὲ ἐαρινῆς ἰσημερίας, τουτέστι τῇ πρὸ ὀκτὼ καλανδῶν Ἀπριλλίων.* 3 *Τινὲς δὲ ἐπιμελέστεροι ποιοῦντες τοὺς χρόνους τοῦ σπόρου οὕτως διεῖλον, ὡς τὰς μὲν κριθὰς ἄρχεσθαι σπείρειν προσῆκον ἀπὸ ἰσημερίας φθινοπωρινῆς, ἥτις ἐστὶ πρὸ δύο καλανδῶν Ὀκτωβρίων· τὸν δὲ σῖτον ἀπὸ πλειάδων δύσεως, ἥτις ἐστὶ τῇ πρὸ τριῶν εἰδῶν Νοεμβρίων· τοῦτο δὲ καὶ ὁ Οὐιργίλιος συναινεῖ· παύσασθαι δὲ*

---

1 *πίστον* L ‖ 2 *φῆναι* M, *φῦναι* PLF ‖ 5 *βελτίονα — σπειρόμενα* om. L ‖ *γίνεται* F *γίγνονται* H *βελτίω δὲ καὶ εὐγεν. καὶ αὐτὰ γίνεται* P *βελτίονα δὲ καὶ αὐτ^α^ γί(νεται?* per comp.) *καὶ εὐγ.* M ‖ 8 *διδύμου* p. t. LM in mg. H om. F ‖ 11 *τετοχηκυῖα. ἀπὸ* v. c. L ‖ 12 *διαπαντὸς* F ‖ 14 *ἀερινῆς ἰσ. τοῦτεστι τῆς πρὸ ὀ. κωλανδῶν* L ‖ 15 *ἀπριλίων* F *λλ* et mg. *μαΐου κα′* (!) H ‖ *τινὲς* v. c. L ‖ 16 *σπόρου δὴ. ὡς τὰσ* L ‖ *οὕτω* P ‖ 18 *φθηνοπωρινῆς* L ‖ *πρὸ δύω* et mg. *σεπτεβρίου* (!) *κδ′* (!) H ‖ 19 |*Τὸν δὲ* L ‖ 21 *ὁ οὐτίλλιος* F *οὐϊτϊλλϊος* H *ὁ οὐϊ|τϊλλι^ο^* M *ὁ οὐιντίλιος* P *ὁ οὐτίλιος* L ‖ *παραινεῖ* L ‖ *παύσασθε* F *-σθαι* H.

*ἀμφοτέρων τῶν σπόρων ταῖς τροπαῖς ταῖς χειμεριναῖς, αἵ εἰσι τῇ πρὸ θ' καλανδῶν Ἰαννουαρίων.* 4 *Δημόκριτος δὲ φυσικήν τινα παρατήρησιν παραδιδοὺς περὶ τὴν τοῦ στεφάνου μάλιστα δύσιν σπείρειν συμβουλεύει· τότε γὰρ οὐ μόνον ὄμβροι ἐκπέμπεσθαι πολλοὶ εἰώθασιν, ἀλλὰ καὶ ἡ γῆ φυσικήν τινα καὶ δεκτικὴν κίνησιν ἔχει πρὸς τὸ γονιμώτερα ἀπεργάζεσθαι τὰ τότε σπαρέντα.* 5 *ἄρχεται δὲ ὡς ἐπὶ τὸ πολὺ ἡ τοῦ στεφάνου δύσις ἐν τοῖς κατὰ Φοινίκην τόποις, τῇ πρὸ ἑπτὰ καλανδῶν Δεκεμβρίων.* 6 *δεῖ δὲ τὸν σπείροντα τὰς μὲν βορείους ἡμέρας καὶ σφόδρα ψυχρὰ πνεύματα ἐχούσας παραιτεῖσθαι. τὴν γὰρ γῆν τότε μεμυκυῖαν καὶ ὥσπερ φρίσσουσαν μὴ προσδέχεσθαι τὰ σπέρματα, δῆλόν ἐστιν· ἐν δὲ ταῖς εὐδιειναῖς ἡμέραις, τουτέστι ταῖς νοτίοις ἢ ἄλλως θερμαῖς, ἀνιεμένην εὐθέως τε καταδέχεσθαι τὰ σπέρματα, καὶ εἰς τὴν ῥίζωσιν ὁρμᾶν, καὶ ἁδροὺς τοὺς καρποὺς ποιεῖν.* 7 *Ἔνιοι δὲ τὸν σπόρον αὐξανομένης τῆς σελήνης ἀπὸ τετράδος μέχρι διχομήνης, τουτέστι πεντεκαιδεκαταίας, ποιεῖσθαι συμβουλεύουσι.* 8 *Τινὲς δέ ὥσπερ ἀσφαλέστερον διανοούμενοι οὐ πάντα τὸν σπόρον πρώϊμον ποιοῦσιν· ἀλλὰ καὶ δεύτερον καὶ τρίτον καὶ τέταρτον καιρὸν διαιροῦσι, τὸ ἄδηλον τοῦ μέλλοντος φυλαττόμενοι.*

---

2 *τῇ** *τῆς* FM *αἴτηπριοθᾶ καλανδῶν* L ‖ *δημόκριτος* rubro L mg. rep. F ‖ 4 *σπείρας συμβουλεύειν* L ‖ 5 *γὰρ ὁ*, m. rec. in *ὃ* corr. L ‖ *ἐκπεσθαι* L ‖ 8 *ἄρχεται* v. c. L ‖ *ἐπιτοπολὺ* L ‖ 10 *δεῖ* v. c. L ‖ 14 *τοῖς εὐδιειναῖς* L ‖ 17 *ἔνιοι* v. c. L ‖ 18 *τῆς* om. MH ‖ 19 *διχομήνου* L *διχομένου* P ‖ *συμβουλεύουσιν* F *-σι* H ‖ 20 *δὲ* om. FM ‖ *ἀφελέστερον* M ‖ 22 *διαιροῦσιν* F ‖ 23 *μέλοντος* L.

Cap. 15. *Προγνωστικόν, ὥστε εἰδέναι, ποῖα τῶν σπειρομένων γενήσονται εὐθαλῆ. Ζωροάστρου.*

1 *Τινὲς οὖν τὰ μέλλοντα εὐθαλῆ γίνεσθαι οὕτω προμανθάνουσι. Πρὸ ὀλίγων ἡμερῶν τῆς ἐπιτολῆς τοῦ κυνὸς ἔν τινι τόπῳ ἀπὸ ἑκάστου σπέρματος πρὸς ὀλίγον μέρος δοκιμασίας ἕνεκεν σπείρουσιν.* 2 *ὅταν οὖν ἐπιτέλλῃ ὁ κύων, τινὰ μὲν τῶν σπαρέντων, ὡς εἰκός, βλάπτει, τινὰ δὲ οὐδαμῶς. τοῦτο οὖν σημεῖον ποιούμενοι, τὰ ἀβλαβῆ μείναντα ἐν τῇ ἐπιτολῇ σπείρουσι, παραλιμπάνουσι δὲ τὰ ἐπικαυθέντα.* 3 *Ἔστι δὲ ἡ ἐπιτολὴ τοῦ κυνὸς τῇ ιθʹ τοῦ Ἰουλίου μηνός. δεῖ οὖν πρὸ κʹ ἢ λʹ ἡμερῶν, τὰ δοκιμασίας ἕνεκα σπαρέντα ἄρδειν, εἰς τὸ φῦναι ταῦτα.*

Cap. 16. *Περὶ σπερμάτων ἐκλογῆς, καὶ ποῖα εἶναι δεῖ τὰ καταβαλλόμενα σπέρματα, καὶ πόσου χρόνου. Οὐϊνδανιωνίου.*

1 *Ἐπιλεκτέον τὸν σπειρόμενον σῖτον εὐγενῆ καὶ ἁδρὸν καὶ στερεὸν καὶ λεῖον, τῷ δὲ χρώματι χρυσίζοντα, καὶ νοστιμώτατον· τοῦτο δὲ ἐκ τῆς ἀρτοποιΐας δοκιμάζεται. φεύγειν δὲ χρὴ τὸν κεκομμένον καὶ ῥυσόν.* 2 *τὰς δὲ κριθάς, πλήρεις καὶ ἁδράς, προσφάτους τε καὶ λευκάς, καὶ βαρυτάτας, καὶ μὴ κεκομμένας. καὶ*

---

2 *ζωροάστρου* p. t. L ‖ 3 *μέλλοντα* |||||| *εὐθαλῆ* (ras.) F *μέλλοντα ἐυθ.* H ‖ 4 *πρ̊ὸ μανθάνουσι* L ‖ 6 *δοκιμασίαν* L ‖ 6 omnia v. c. L ‖ 7 *ἐπιτέλει* L ‖ 10 *ἐπικαμφθέντα* FM *ἐπικαθέντα* L *ἐπικαυθέντα* H ‖ 12 *τὰς δοκιμασίας* M ‖ 13 *φῦναι ταύτῃ τῶν σπερμάτων ἐκλογῆς — χρόνου* atram. versu continuo L ‖ 16 *οὐινδανιωνίου* rubro pro tit. L *οὐϊνδανῖου*: mg. M ‖ 18 *ἀνδρὸν* L ‖ 19 *ἀρτοποιρίας* L ‖ 20 *χρὴ* om. H *δεῖ* P ‖ *ῥυσσόν* M ‖ 21 |*Τὰς δὲ* L.

τὰ ἄλλα πάντα ὄσπρια ὅμοια εἶναι χρὴ τοῖς εἰρημένοις. 3 Τινὲς δὲ τοὺς ἁδροτέρους στάχυας ἐπιλέγονται, τοὺς ἔχοντας κόκκους πλήρεις καὶ τελείους, καὶ εἰς σπόρον τηροῦσι καλλίονα τὸν ἐκ τούτων καρπὸν κομιζόμενοι. 4 σπέρμα δὲ κάλλιστον τὸ ἐνιαυσιαῖον· τὸ δὲ διετὲς ἔλασσον· τὸ δὲ τριετὲς κάκιστον. τὸ δὲ παλαιότερον ἄκαρπον.

Cap. 17. Ὅτι ἐκ τῶν ἐναντίων τόπων εἰς τοὺς ἐναντίους τόπους χρὴ τὰ σπέρματα καταβάλλειν. Διδύμου.

1 Φασί τινες εἰς πολυκαρπίαν συντελεῖν τὸ τὰ σπέρματα εἰς τοὺς ἐναντίους τόπους σπείρειν· οἷον τὰ ἐκ τῶν ὀρεινῶν εἰς τὰ πεδία, ἐκ τῶν νοτερῶν εἰς τὰ αὐχμώδη, καὶ ἔμπαλιν· εἶναι γὰρ τὴν τῶν ἐναντίων ἐπιθυμίαν ἴσως καὶ ἐν τοῖς σπέρμασι καὶ ἐν τῇ γῇ. 2 οὕτω μέντοι, ὥστε ἐκ τῶν ἡττόνων χωρίων εἰς τὰ κρείσσω μεταφέρειν, οὐκ ἐκ τῶν καλλιόνων εἰς τὰ χείρονα.

Cap. 18. Ὥστε τὰ μέλλοντα σπείρεσθαι γενήματα κατὰ μηδένα τρόπον μετὰ τὸν σπόρον ἀδικεῖσθαι. Ἀφρικανοῦ.

1 Εἰς χυλὸν ἀειζώου βοτάνης βρέξας τὰ γενήματα σπεῖρον· οὕτω γὰρ οὔτε ὑπὸ ὀρνέων ἢ μυῶν ἢ μυρμήκων βλαβήσεται, ἀλλὰ καὶ βελτίονα τὰ φυτευόμενα γίνεται. 2 ἐὰν

---

2 ἐπιλέγοντες FL ‖ 3 πλήρεις κόκκους καὶ HP ‖ τελείους εἰς L ‖ 5 σπέρμα v. c. L ‖ 8 c. 17. om. L ‖ 13 ἐς τὰ H ‖ 15 ἐν om. M, serv P ‖ 19 tit. atram. scr. L ‖ 21 Ἀφρικανοῦ post tit. L ‖ 22 τὰς M τὰ P ‖ 23 οὕτως F οὕτω H ‖ 24 γενήσεται L ‖ novum versum inc., mg. add ιθ' H §§ 2–9 om. L.

δὲ ὀλίγον σῖτον ἐλλεβόρῳ μίξας ἔξωθεν κύκλῳ σπείρῃς, οὐκ ἀδικηθήσεται ὑπὸ ὀρνέων τὰ σπειρόμενα. 3 εἰ δὲ καρκίνους ποταμίους, τουτέστι παγούρους, εἰς ὕδωρ βαλὼν ἐάσεις ἡμέρας ὀκτώ, καὶ ἐκ τούτου τοῦ ὕδατος ἔξωθεν τὸν σπόριμον καταρρανεῖς, οὐκ ἀδικηθήσεται τὰ σπέρματα, οὐδὲ τὰ φυτὰ ὑπὸ πτηνῶν. 4 εἰ δὲ φύλλα κυπαρίσσων κόψας ἀναμίξεις τοῖς σπέρμασιν, ἄβρωτα ταῦτα φυλαχθήσεται. 5 ἔνιοι δὲ ἐλαφίου κέρας ἢ ἐλέφαντος ῥινήσαντες, οἱ μὲν ξηρόν, οἱ δὲ ὕδατι καταβρέξαντες, καταῤῥαίνουσι τὰ σπέρματα. 6 Ἀπουλήϊος δέ φησι, τὰ οἴνῳ ἐπιῤῥανθέντα σπέρματα ἔλαττον νοσήσειν. 7 καὶ ὕδατι καὶ ἀμόργῃ ἐπιψεκάσας αὐτὰ μάλιστα ὠφελήσεις. 8 κάλλιον δὲ καὶ τοῖς φυσικοῖς χρᾶσθαι. ἐὰν γὰρ ἐν τῷ μέτρῳ, ἐν ᾧ τὸ σπέρμα μετρεῖται, βληθέντων τῶν σπειρομένων περικαλυφθείη ὑαίνης δέρματι ἐπὶ ἡμέρας τινάς, μεταλαμβάνοντα τῆς ἀπὸ τοῦ ζώου φυσικῆς δυνάμεως καὶ ὀσμῆς, ὑπὸ οὐδενὸς ῥαδίως βλαβήσεται. 9 ἐὰν δὲ μετὰ τὸ σπαρῆναι καὶ ἐπιχωσθῆναι τὰ σπέρματα ὀλίγον σῖτον ἐλλεβόρῳ ἀναμίξας σπείρῃς πλησίον, ὅσα τῶν ὀρνέων γεύσεται, ἀποθανεῖται. ταῦτα τοίνυν λαβὼν τὰ τεθνηκότα ὄρνεα καὶ καλάμους πήξας κρέμασον τῶν ποδῶν, καὶ ἀδύνατον τοῦ λοιποῦ ὄρνεον εἰσελθεῖν. 10 Ἐὰν δὲ τὰς ῥίζας τοῦ ἀγρίου σικύου

1 ἐλεβ. F ‖ 4 ἐάσῃς F ἐάσεις HM ‖ 5 καταράνῃς H καταρράνῃς M καὶ ἐκ τούτου — καταρανεῖς om. P ‖ 6 ὑπὸ τῶν πτηνῶν M ‖ 7 ἀναμίξας H ‖ τὰ σπέρματα M ‖ 8 ἐλάφου M §§ 5–11 om. P ‖ 9 ῥινήσαντες* corr. ex S II 5; ῥάναντες F ἐλέφαντες οἱ μὲν M ‖ 11 ἀπουλ. mg. rep. F nihil mg. praeter numerum κ H ‖ φησιν F -σι H ‖ 12 νοσήσει H ‖ 13 ὠφελήσει M ‖ 16 περικαλυφθῇ H ‖ μεταλαμβάνοντες per comp. M ‖ 20 ἐλεβόρωι (sic saepe dativos; contra in ceteris formis i subscriptum semper neglegit) F ἐλεβόρῳ H ‖ 24 totum caput v. c. L.

συνθλάσας καὶ βρέξας ὅλην τὴν ἡμέραν καὶ νύκτα, συνεχῶς ἐπιψεκάσῃς τὸ ὕδωρ τοῖς μέλλουσι σπείρεσθαι, εἶτα σκεπάσας ἱματίῳ τῇ ἐπιούσῃ ἡμέρᾳ σπείρῃς, οὐ βλαβήσεται τὰ σπαρέντα, ἀλλὰ καὶ βελτίονα ἔσται. **11** τὰ δὲ βίκια σπειρόμενα οὐ βρωθήσεται, ἐὰν ὀλίγον σπέρμα τίλεως συμμίξῃς σπειρομένοις αὐτοῖς. **12** Βιργίλιος δὲ ἐπαινεῖ νίτρῳ καὶ ὕδατι ἐπιψεκάζειν τὰ σπειρόμενα. **13** ἄβρωτα δὲ μένει καὶ τὰ ἐν διχομηνίᾳ σπειρόμενα. **14** Ἀπουλήϊος δέ φησι, πρὶν σκαφῆναι τὴν ἄρουραν, φρῦνον, τουτέστι βάτραχον χερσαῖον, νυκτὸς περὶ αὐτὴν περιενεγκόντα κατακλεῖσαι ἐν σκεύει κεραμιαίῳ, καὶ ἐν μέσῳ καταχῶσαι τῆς ἀρούρας· κατὰ δὲ τὸν καιρὸν τοῦ σπόρου ἀνορύξαι τὸ σκεῦος, καὶ ἐκβαλεῖν τῆς ἀρούρας, ἵνα μὴ πικρὸς ὁ καρπὸς γένηται. **15** ὁ αὐτὸς δὲ Ἀπουλήϊός φησι, τοῖς σπειρομένοις χρῆναι παραμιγνύναι ὀλίγην φακῆν· φύσει γὰρ ἀντιστατεῖ πρὸς τὸ χαλεπὸν τῶν ἀνέμων. **16** καὶ οὔρῳ δὲ παλαιῷ καὶ κόπρῳ κυνῶν, λύσας καὶ καταβρέξας τοὺς καρποὺς ἢ τὰ δένδρα ἢ τὰς ἀμπέλους, ἀβλαβῆ πάντα φυλάξεις.

---

1 τὴν om. L ‖ 2 μέλουσι L ‖ 3 ἐπίου(σει supra add. 2. m.) ἡμέρα L ‖ 4 σπέρματα L ‖ 5 βίκια om. spatio serv. L ‖ βλαβήσεται L ‖ ὀλίγου M ‖ 6 τίλεως semper per ι aut υ L, semper per ι praeter VIII 14 i. c. τηλήτης F τήλεως semper per η CHMP ‖ βιργ. mg. rep. F βιργίλλιος δὲ sed mg. add. βιργίλιος δὲ H §§ 12—16 om. L ‖ 9 ἀπουλ. mg. rep. F nihil mg. add. H §§ 14—16 om. P ‖ φησιν F -σι H ‖ σκαφθῆναι M ‖ 11 αὐγὴν H ‖ κατακλεῖσαι edd. κατακλείσας codd. ‖ κεραμείω H ‖ 15 φησὶν F -σι H ‖ 19 ἀβλαβεῖς M.

Cap. 19. *Τί χρὴ ποιεῖν, καὶ τί χρὴ μὴ ποιεῖν εἰς τὸ εὐφορεῖν τὰ σπέρματα. Σωτίωνος.*

**1** *Ἐπίγραψον ἐν τῷ ἀρότρῳ φρυήλ, καὶ ἐν τῷ νεάζειν καὶ ἐν τῷ σπείρειν τὴν γῆν, καὶ εὐθαλήσει ἡ χώρα.* **2** *Φασὶ δέ, εἰς πολυκαρπίαν συντελεῖν τὸ τὰ σπέρματα εἰς τοὺς ἐναντίους τόπους σπείρειν. οἷον ἐκ τῶν ὀρεινῶν εἰς τὰ πεδία, καὶ ἔμπαλιν.* **3** *Τινὲς δὲ τὴν τῶν ὀρνίθων κόπρον, μάλιστα δὲ τὴν τῶν περιστερῶν, ἀναμίξαντες εὐφορίας ἕνεκεν σπείρουσιν. ἐν δὲ τοῖς αὐχμηροῖς τόποις τοῦτο παραιτεῖσθαι χρή, ἵνα μὴ καίηται τὰ σπέρματα.* **4** *Δεῖ δὲ τὸν σπείροντα παραφυλάττειν, ἵνα μὴ ἐμπέσῃ τῷ κέρατι τοῦ βοὸς τὰ σπέρματα. ταῦτα γὰρ κερασβόλα καλοῦσί τινες, καὶ ἄφορα καὶ ἀτελῆ τὰ τοιαῦτά φασι γίνεσθαι, ὥστε μηδὲ ὑπὸ τῆς τοῦ πυρὸς τήκεσθαι δυνάμεως.* **5** *πολύχυτον δὲ ἔσται τὸ σπέρμα, ἐὰν τὸ κόσκινον ἐκ λυκείου δέρματος εἴη, ἔχον τρήσεις λʹ, ὥστε δάκτυλον ἐμβαίνειν.*

Cap. 20. *Πῶς δεῖ καταλαμβάνειν, εἰ τὰ σπαρέντα ἔχει τὴν συμμετρίαν. Παμφίλου.*

**1** *Διαστήσας τοὺς δακτύλους τῆς χειρὸς ἐντύπωσον εἰς τὴν γῆν· εἶτα ἄρας τὴν χεῖρά σου σκέπτου τὸ πλῆθος τῶν ἐν τῷ τύπῳ σπερμάτων.* **2** *εἶναι μὲν γὰρ χρὴ ἐπὶ μὲν τοῦ σίτου ἀριθμὸν τὸν μὲν πλεῖστον ζʹ, τὸν δὲ ἐλάττονα εʹ· ἐπὶ δὲ τῆς κριθῆς θʹ καὶ ζʹ, ἐπὶ*

---

1 num. om. H ‖ 2 *σωτίωνος* p. t. L om. H ‖ 3 *ῥαφαὴλ* m. rec. in ras. F, *φρυὴλ* HL, *φ*.΄.|.*λ* eras. M c. 19. om. P ‖ 5 *φασὶ* v. c. L, novum versum inc. *σωτίωνος* et *ναʹ* (!) mg. add. H ‖ 13 *κεραίβολα* FM ‖ 15 *πολύχυτον* v. c. L ‖ 17 *τριάκοντα* H ‖ 18 c. 20 om. L ‖ 24 *τὸν δὲ ἐλάττονα* P *τὸ δὲ ἔλαττον* FM.

δὲ τῶν κυάμων ϛʹ καὶ δʹ. τὰ δὲ μεταξὺ τούτων δῆλον ὡς ἕξει τὴν συμμετρίαν. 3 εἰς δὲ τὴν συνεχῶς χιονιζομένην γῆν, διὰ τὸ φθείρεσθαι τοῖς πάγοις τινὰ τῶν σπερμάτων, μικρὸν πυκνότερον σπαρτέον.

## Cap. 21. *Περὶ κόπρου. Τῶν Κυντιλίων.*

1 Τὴν ἀγαθὴν γῆν ἡ κόπρος καλλίονα ποιεῖ, τῇ δὲ φαύλῃ πλέον βοηθήσει. ἡ μὲν οὖν εὔγειος οὐ δεῖται πολλῆς κόπρου· ἡ δὲ μέση, ὀλίγῳ πλείονος· ἡ δὲ λεπτόγειος καὶ ἀσθενής, πολλῆς. 2 μὴ ἀθρόως δέ, ἀλλὰ πυκνότερον κοπριζέσθω. γῆ δὲ μὴ κοπριζομένη ῥιγοῖ. πλέον δὲ κοπριζομένη καίεται. 3 Χρὴ δὲ τὸν τὰ φυτὰ κοπρίζοντα μὴ ταῖς ῥίζαις εὐθὺς ἐπιῤῥίπτειν τὴν κόπρον, ἀλλὰ πρῶτον βάλλειν γῆν αὐτάρκη καὶ ἐπίλεπτον, εἶτα τὴν κόπρον, εἶτα πάλιν ταύτην καλύπτειν γῇ. οὕτω γὰρ οὔτε καυθήσεται τὰ φυτά, ἐπιτεθείσης αὐτοῖς τῆς κόπρου· οὔτε ἡ θερμότης αὐτοῖς ἀποπνεύσει, μὴ καλυφθεῖσα ὑπὸ τῆς γῆς. 4 Ἔστι δὲ κόπρος μὲν καλὴ ἡ τῶν πτηνῶν ἁπάντων, πλὴν τῶν χηνῶν καὶ τῶν ἐνύδρων ὀρνέων, διὰ τὴν ὑγρότητα· καὶ αὕτη δὲ ταῖς ἄλλαις μιχθεῖσα χρησίμη ἔσται. 5 πολὺ δὲ καλλίων ἡ τῶν περιστερῶν, πολὺ τὸ θερμὸν ἔχουσα. διό τινες μὴ σκευάζοντες αὐτήν, ἀλλ' ὁποία ἐστὶν ἐῶντες, σὺν τῷ σπόρῳ ἐπιῤῥίπτουσιν ἀραιοτέραν. ὠφέλιμος γὰρ γίνεται τῇ ἀδυνατούσῃ χώρᾳ, τρέφουσά τε

5 *τῶν κεντιλίων* p. t. L, *τῶν κυϊντιλλίων* a. t. P ‖ 7 *πλοίον* L ‖ *ὁ μὲν* L ‖ 8 *ὀλή|γω* L ‖ *λεπτόγειες* L ‖ 9 *μὴ* v. c. L ‖ 10 *πυκνότερον σκορπιζέσθω καὶ κοπριζέσθω* P ‖ 13 *βάλλει* L ‖ 16 *ἡ θέρμη* L ‖ 17 §§ 4—12 om. L ‖ 19 *καὶ αὐτὴ δὲ* M ‖ 21 *ἔχουσα· ἐν μέντοι τοῖς αὐχμηροῖς τόποις ταύτην παραιτεῖσθαι χρή· τρέφει δὲ τὴν ἀδυνατοῦσαν χώραν καὶ δυνατωτέραν ποιεῖ εἰς τὴν* P.

*αὐτήν, καὶ δυνατωτέραν ποιοῦσα εἰς τὴν τῶν καρπῶν ἔκφυσιν καὶ τροφήν, καὶ τὴν ἄγρωστιν δὲ αὐτάρκως λυμαίνεται.* 6 *Μετὰ δὲ τὴν τῶν περιστερῶν ἐστιν ἡ ἀνθρωπεία, προσομοιάζουσά πως ταύτῃ, καὶ ἰδικῶς ἐστι πασῶν τῶν βοτανῶν φθαρτική. σκευάζουσι δὲ αὐτὴν ἐν Ἀραβίᾳ οὕτως· ξηράναντες αὐτάρκως, ὕστερον ὕδατι βρέχουσι, καὶ πάλιν ξηραίνουσι. ταῖς γὰρ ἀμπέλοις ἐπιτηδειοτάτην ταύτην εἶναι διαβεβαιοῦνται. κάλλιον δὲ διὰ τὸ μυσαρὸν τοῦ πράγματος τῇ πρὸς τὰς ἄλλας γοῦν κόπρους μίξει παραμυθεῖσθαι.* 7 *τρίτη ἡ ὀνεία, γονιμωτάτη τῇ φύσει οὖσα, καὶ πᾶσι τοῖς φυτοῖς μάλιστα χρησιμωτέρα.* 8 *τετάρτη ἡ τῶν αἰγῶν, δριμυτάτη οὖσα. καὶ ἡ τῶν προβάτων ἑξῆς, ἠπιωτέρα ὑπάρχουσα. μετὰ δὲ ταύτας ἡ βοεία. καλλίων δὲ τούτων οὖσα ἡ ὑεία κόπρος ἀνεπιτήδειός ἐστι τοῖς σπορίμοις διὰ τὴν πολλὴν αὐτῆς θερμότητα· καίει γὰρ εὐθέως τὰ σπόριμα.* 9 *εὐτελεστάτη δέ, καὶ πασῶν ἐλάττων ἐστὶν ἡ τῶν ἵππων καὶ ἡ τῶν ἡμιόνων μόνη οὖσα· μιγνυμένη δὲ ταῖς δριμυτέραις, χρήσιμος γίνεται.* 10 *πρὸ δέ γε πάντων ἐκεῖνο παραφυλάττειν προσήκει, ὅπως μὴ αὐτενιαύτῳ κόπρῳ χρήσωνται οἱ γεωργοί.* 11 *αὕτη γὰρ ὠφελεῖ μὲν οὐδέν, πρὸς οἷς δὲ καὶ βλάπτει, καὶ θηρία πλεῖστα γεννᾷ. ἡ δὲ τριετής, καὶ τετραετὴς σφόδρα καλή. ἐν γὰρ τῷ πλείονι*

---

4 *προσομοιάζουσά πως ταύτῃ* om. P ‖ *ἀνθρωπεία· καὶ γὰρ ἰδικῶς*, cett. om. P ‖ 5 *φθαρτική· καὶ τοῖς ἀμπέλοις ἐπιτηδειοτάτην εἶναί φασι· διὰ δὲ τὸ μυσαρὸν* P ‖ 6 *ἀρραβία* M ‖ 7 *βρέχουσιν* F -*σι* H ‖ 9 *μυσερὸν* F ‖ 10 *κόπρους* om. P ‖ *παραμυθεῖσθαι κάλλιον. τρίτη* P ‖ 11 *ὀρνεία* P ‖ 12 *μάλιϛα γονιμωτέρα* M ‖ 14 *ταύτην* M ‖ *βοεία· ἡ δὲ ὑεία διὰ τὴν* P ‖ 18 *ἐλάττω* F ‖ *καὶ ἡ τῶν* HM *ἡ* om. F *ἡ τῶν* om. P ‖ 19 *γίνεται* FM *ἔσται* H ‖ 23 *καὶ* om. M ‖ *γενᾷ* H ‖ 24 *σφόδρα* bis M, recte P.

*χρόνῳ πᾶν ὅπερ ἂν δυσῶδες ἦν διέπνευσε, καὶ εἴτι δὲ σκληρὸν, ἐμαλακύνθη.* 12 *Ὅτι δὲ σελήνης αὐξανούσης οὐ χρὴ κοπρίζειν, ὅπως μὴ συνεργῇ πρὸς πολλὴν ἔκφυσιν τῆς βοτάνης, καὶ ἀλλαχοῦ αὐτάρκως ἐδιδάξαμεν.*

Cap. 22. *Κατασκευὴ κόπρου. Φλωρεντίνου.*

1 *Τινὲς τάφρον ὀρύξαντες βαθεῖαν πᾶσαν ἐκεῖ κόπρον καταφέρουσι, τήν τε κρείττω καὶ τὴν χείρω, καὶ σήπουσι. καὶ τέφραν δὲ τὴν ἀπὸ κλιβάνων, καὶ βόρβορον, καὶ τὴν πάντων τῶν ζώων κόπρον, καὶ πρό γε πασῶν τὴν ἀνθρωπείαν, καὶ ὃ μέγιστόν ἐστι, καὶ καθ' ἑαυτὸ μεῖζον ὠφελοῦν πάντα τὰ φυτά, καὶ προηγουμένως τὰς ἀμπέλους, τὸ οὖρον τὸ ἀνθρώπειον ἐπιβάλλουσιν. ἀλλὰ καὶ τὴν τῶν σκυτοδεψῶν ἀκαθαρσίαν ἐπιῤῥίπτουσι.* 2 *πολλοὶ δὲ καὶ τὴν καλάμην μετὰ τὸ θερίσαι ἐκτίλαντες, ὑπέστρωσαν τοῖς θρέμμασιν, ἵνα συμπατηθεῖσα, καὶ τῷ οὔρῳ συσσαπεῖσα, κόπρος γένηται· καὶ ἅμα τοῖς προειρημένοις πᾶσιν εἰς τὰς τάφρους ἐμβάλλουσι. καὶ εἴ τις εἴη βορβορώδης ἀκαθαρσία, ἢ καὶ ἐξ ἀχύρων, ἢ ἀκανθῶν, ἢ ξύλων, ἢ φρυγάνων τέφρα εἴη, καὶ ταύτην ἐπιῤῥίπτουσι. καὶ τὰ ἐκ τῆς θαλάσσης δὲ ἐκβρασσόμενα βρυώδη, ὕδατι γλυκεῖ ἐπιμελῶς ἀποπλύναντες, προσμιγνύουσι. καὶ μετὰ πᾶσαν τὴν τῶν προειρημένων ἐν ταῖς τάφροις*

---

2 *σκληρὸν ἦν ἐμαλακύνθη* P ‖ 6 c. 22 om. L ‖ *Φλωρεντίνου* p. t. M, a. t. P ‖ 8 *καταφέρουσιν* F -*σι* H ‖ 10 *βορβόρων* F ‖ 11 *ἐστιν* F *ἐστι* H ‖ 12 *προηγουμένων* F -*ως* H ‖ 14 *τῶν* om. M ‖ 19 *ἐμβάλλουσιν* F ‖ 21 *ἐπιρρίπτουσιν* F -*σι* H ‖ 22 *εἰςβρασσόμενα* F ‖ 23 *προσμιγνύουσιν* F *προςμίγνυσϊ* H ‖ 24 *ἐν τοῖς τάφροις* M.

μίξιν, ὕδωρ γλυκὺ ἐπιβάλλουσιν, ἵνα θᾶττον πάντα συσσαπῇ. καὶ μετὰ ταῦτα ταῖς ἅμαις ἕως τοσούτου κινοῦσιν, ἕως οὗ πᾶσα συμμιγεῖσα καὶ ἑνωθεῖσα, ἡ κόπρος χυλώδης γένηται. 3 μάλιστα δὲ μέγα ὠφελεῖ, τοὺς ἀπὸ τῶν ὄμβρων ῥύακας ἐκ τῶν ὁδῶν εἰς τὸ κοπροθέσιον εἰ μετοχετεύσαιμεν· τοῦτο γὰρ τὸ ὕδωρ ἰλυῶδες ὂν καὶ θολερὸν αὔξει εἰς τὴν ἐγκειμένην κόπρον, καὶ συσσήψει πολλῇ καλοποιήσει.

Cap. 23. *Ποίῳ καιρῷ ἑκάστην γῆν ἐξημεροῦν χρή. Βάρωνος.*

1 *Οὐχ ἡ αὐτὴ πάσης τῆς γῆς ἐξημέρωσις, ἀλλ' ἡ μὲν πυκνὴ καὶ τὰς ῥίζας ἔχουσα πλείους καὶ θάμνους εἰς βάθος σκάπτεται ἐπιχωρίοις ἐργαλείοις, σφοδρῶν ὄντων αὐχμῶν. 2 ψαφαρωτέρα γὰρ γίνεται ἡ γῆ, καὶ αἱ ῥίζαι ἀπὸ τῆς σφοδρότητος τοῦ ἡλίου ἐκκαίονται, ὡς μὴ δύνασθαι ῥιζῶσαι. 3 Καὶ ἡ βαθύγειος δὲ γῆ, καὶ ἡ στερεὰ καὶ ἡ βαρεῖα καὶ ἡ λιπαρὰ ὁμοίως ἐν αὐχμῷ στραφεῖσαι οὐκ ἔλαττον ὠφελοῦνται. 4 ἡ δὲ λεπτόγειος ὑπὸ τοῦ ἡλίου ἐκκαιομένη τεφροῦται, καὶ πᾶν τὸ ἐν αὐτῇ λιπαρὸν ἀπόλλυσιν ὑπὸ τῆς καύσεως διαπνεομένη. 5 διὸ ταύτην περὶ τὴν μετοπωρινὴν*

---

2 ἅμαις F ἄμμαις H ἄμαις per comp. et mg. add. ταῖς δικέλλαις p. c. M ἅμαις et mg. add. σκεπάναις P ‖ 6 μετοχεύσαμεν per comp., ετ et αι supra, μετοχετεύσαιμεν mg. add. H μετοχεύσαιμεν P ‖ 8 πολλῶν per comp. M πολλῶ P ‖ καλλοποιήσει H ‖ 9 κε. ιη' mg. L ‖ 10 βάρωνος p. t. LM ‖ 11 *Οὐ* χρὴ αὐτῇ L ‖ ἐξημέρωσησ L ‖ 12 ϱάμνουσ, sine spiritu L ‖ 13 ἀργαλείοις F ut ed. H ‖ 14 ψαφ. v. c. L ‖ γίγνεται H ‖ 17 ἡ στερὰ H ἡ γερεὰ M ἡ γεραιὰ P ὑστερεὰ καὶ ἡ βαθεία L ‖ 17 ἐν αὐχμῶ τραφεῖσαι F ἂν αὐχμῶ στραφεῖσα (αι supra) H ‖ 18 ἡ δὲ v. c. L.

ἰσημερίαν ἐξημεροῦν χρή, οὐ δικέλλαις, οὐδὲ ἄμαις, ἀλλὰ ἀρότρῳ, καὶ εὐθέως ἐπικοπρίζειν. 6 ταύτῃ γὰρ μάλιστα ἡ πολλὴ κόπρος συνεργεῖ. ἐν μέντοι τῇ Ἀραβίᾳ τὴν λεπτόγειον νεοῦν παραιτοῦνται, ὡς ὀλίγον τὸ ἰσχυρὸν ἔχουσαν, καὶ ἐκ τοῦ νεασμοῦ ἀραιωθεῖσαν, στερίσκεσθαι τῆς ἰκμάδος. 7 πρὶν οὖν νεάσαι σπείροντες κριθὰς ἐν τῷ γορδάτῳ οὕτω καλουμένῳ πολλάκις ηὐφόρησαν, πλειόνων ὄμβρων μάλιστα γενομένων. 8 ὁμοίως δὲ τῇ λεπτογείῳ καὶ τὴν πυῤῥάν, καὶ τὴν ἐρυθράν, καὶ ἀμμώδη, καὶ μέλαιναν, καὶ τὴν λευκήν, καὶ τὴν ξηράν, καὶ τὴν κούφην, καὶ τὴν λευκάργιλλον, καὶ τὴν ἐν τοῖς γηλόφοις ἐργάσῃ διὰ τοῦ χειμῶνος. 9 τὴν δὲ ἁλμυρὰν ἐν ἀρχῇ χειμῶνος ὑετοῦ προγενομένου κινήσας ἀρότροις μικροῖς ἀχύροις διαπάσεις, κάλλιον μὲν κυαμίνοις· ταῦτα γάρ ἐστι καλλίω τὰ ἄχυρα· δεύτερα δὲ κριθίνοις καὶ σιτίνοις. **10** τῇ γὰρ τούτων συσσήψει ἡμερωθεῖσα ἡ ἁλμυρὰ γῆ καὶ γλυκανθεῖσα, οὐκέτι διὰ τοῦ ἀέρος, ὡς εἴωθεν, ἀνίησιν ἁλμυρὰν νοτίδα. **11** εἶτα ἐάσας διὰ παντὸς τοῦ ἐνιαυτοῦ τῷ φθινοπώρῳ κοπρίσεις αὐτὴν κόπρῳ βοείᾳ καὶ ἱππείᾳ γλυκυτέραις οὔσαις. ἔπειτα σπερεῖς κριθάς, καὶ ὄσπρια τὰ μὴ βαθύριζα. 12 τὴν δὲ ἐν τοῖς ὀρεινοῖς καὶ δυσχειμέροις καὶ πολυσκίοις καὶ προσβορείοις διὰ τοῦ θέρους καὶ ἐν τοῖς καύμασιν ἐργάζου ὁμοίως τῇ βαθυγείῳ, ἣν δικέλλαις σκάπτεσθαι κάλλιον εἶναι προειρήκαμεν. **13** εἰ δὲ μὴ συντρέχοι ἡ διὰ τῶν

1 οὐ δικέλλαις — ἐπικοπρίζειν om. L ‖ ἄμμαις H ἅμαις M ‖ 2 §§ 6—14 om. L ‖ 5 ἀῤῥαβΐα M, def. P ‖ 9 δὲ καὶ τῇ H ‖ 11 λευκάργϊλον M ‖ 13 ἀργῇ M ἀρχῇ P ‖ 14 κινῆσαι F -σας H ‖ 17 ἡ γῆ ἁλμυρά M ἡ γῆ ἡ ἁλμ. P ‖ 18 ἔαρος M ἀέρος P ‖ 21 γλυκείαις M ‖ 22 βαθύριζα FHP βαθύῤῥιζα M ‖ 26 συντρέχει F -οι HM -η in ras. m. 2. P.

δικελλῶν ἐργασία, πρὸς τὸ μέγεθος τῆς μελλούσης σπείρεσθαι γῆς, καὶ ἀροῦν αὐτὴν διὰ θέρους δυνατόν, ἀφ' ἑσπέρας ἀρχομένους διὰ πάσης νυκτὸς μέχρις ἀνατολῆς ἡλίου, ὅπως τὸ νοτερὸν καὶ λιπαρὸν σκιαζόμενον ὑπὸ τῆς βώλου ἐμμένῃ, καὶ οἱ βόες μὴ ὑπὸ τοῦ ἡλίου καιόμενοι νοσοῖεν, καὶ εὐχερῶς ἐργάζοιντο, ὀλίγον τι ἀπαλυνομένης τῆς γῆς ἐκ τῆς νυκτερινῆς ἐργασίας. 14 ἀροῦντα δὲ οὐ δύο, τέσσαρας δὲ βόας ὑποζευγνύναι χρή, καὶ ποιεῖν τὴν καλουμένην διζυγίαν· δευτεροῦν δὲ καὶ τριτοῦν, ὕνει τε χρῆσθαι βαρυτέρᾳ, ἵν' οὕτως τὸ λιπαρὸν τῆς γῆς βαρυεργηθῇ καὶ βωλοστροφηθῇ.

Cap. 24. *Περὶ τῆς μετὰ τὸν σπόρον σκαλείας καὶ βοτανισμοῦ. Λεοντίνου.*

1 *Τὰ σπαρέντα τὸ μὲν κάλλιστον δι' ἀνθρώπων ἐπισκάπτεσθαι, ἵνα πάντα καταχωσθῇ· εἰ δὲ μή, κἂν διὰ βοῶν σκαλλέσθω.* 2 *ὅταν δὲ ἤδη τὸν βῶλον κρύβειν ἄρχηται, σκαλλέσθω, ἵνα ἥ τε ἀγρία ὕλη ἀφανισθῇ, καὶ αἱ ἀπὸ τῶν ὑδάτων γεγυμνωμέναι ῥίζαι προσχωσθῶσι. καὶ δὶς δὲ ἐὰν σκάλληται, δὶς ἔσται καλά.* 3 *ὅταν δὲ ἀποσταχύῃ, βοτανιζέσθω. οὕτω γὰρ οἱ καρποὶ καθαροὶ καὶ πολυωφελεῖς τελειωθήσονται, [οὐκ] ἀραιωθείσης τῆς γῆς ⟨ὥς⟩ ἐκείνους εὐτροφῆσαι.*

---

5 τοῦ βώλου P ‖ ὑπὸ τοῦ ἡλίου μὴ P ‖ 10 δευτεροῦν καὶ H δευτεροῦν τε καὶ P ‖ ὕνη F ὕνει H ‖ βαρυτάτη M ‖ 11 οὕτω P ‖ βαρὺ ἐργασθῇ καὶ βωλοστροφωθῇ H ‖ 13 c. 24 om. L ‖ καλείας F καλιᾶς H ‖ 17 δὲ ἴδη M ‖ κρύπτειν M ‖ 18 ἀγρία ὕλη HM ἀγριαύλη F ‖ 19 αἱ P om. FM ‖ γεννώμεναι per comp. M γενόμεναι P ‖ 20 προσχωσθῶσιν F -σι H ‖ 21 οὕτω FP οὕτως per comp. M ‖ 22 πολυοφελεῖς P ‖ 23 ἀραιωθείσης* τ. γ. ⟨ὡς⟩* ἐκ.

## Cap. 25. *Πότε χρὴ θερίζειν. Φλωρεντίνου.*

1 Ὅταν ἄρχηται μέρη τινὰ τοῦ λη̈ίου ξανθίζειν, πάντα τὰ γενήματα θέριζε, καὶ μάλιστα τὰς κριθάς· πολὺ δὲ θᾶττον χρὴ θερίζειν τὰ ὄσπρια, εὐεψητότερα γάρ, καὶ ἡδίω ἔσται. οὐ δεῖ οὖν περιμένειν, ἕως ἂν πάντα ἀκμάσῃ. εἰ γὰρ περιμένοι τις, τὸ πρῶτον ξηρανθὲν ἀπολέσει, πεσεῖται γὰρ θεριζόμενον. 2 Μονιμώτερος μὲν οὖν ὁ ξηρότερος, τῷ δὲ πλήθει ἐλάττων. ὁ δὲ ξανθίζων καὶ εἰς τὸ φαγεῖν ἡδίων, καὶ τὰ ἐκ τούτου ἄχυρα ἡδίω τοῖς κτήνεσι. 3 Σπουδαιότερον δὲ χρὴ ὑπὸ τὸν ὄρθρον ἔτι δεδροσισμένα συνάγειν πάντα τὰ γενήματα. 4 Τὸν δὲ λικμηθέντα σῖτον, ἤτοι κριθήν, ἐατέον ἐπὶ τῆς ἅλω μίαν καὶ δευτέραν ἡμέραν, ἢ πάντως νύκτα μίαν, καὶ ἀποκομίζειν χρὴ πρὶν ἥλιον ἀνασχεῖν, ἵνα ἔτι κατεψυγμένος ὁ καρπὸς εἰς τὸν σιτοβολῶνα ἀποτεθῇ, πολὺ γὰρ τοῦτο πρὸς διαμονὴν συμβάλλεται.

## Cap. 26. *Περὶ ἅλωνος κατασκευῆς. Διδύμου.*

1 Τὴν ἅλω ἐφ' ὑψηλοῦ τόπου κατασκευάζειν χρή, ἵνα ἑτοίμως τὸν ἄνεμον ὑποδέχηται. καὶ πρὸ πάντων παραφυλάττεσθαι δεῖ, μὴ κατὰ ἄνεμον τῶν οἰκημάτων

---

εὐτρ. Sic intellego verba ܡܬܦܣܩܐ ܠܗ܂ ܐܢܐ ܗܘܝܘ ܗܪܟ ܕܘ ܩ̈ܛܠܐ S. II 18. οὐκ ἐρώσης τ. γ. ἐκ. εὐτρ. F οὐκ ἐώσης τ. γ. ἐ. εὐτρ. M ‖ 1 φλωρ. a. t. P φλορ. p. t. L ‖ κε. ιθ' mg. L ‖ 2 ἄρχη M ut ed. P ‖ ξηρα|νείζειν, πάντ(α per comp.) L ‖ 3 θερίζεται· L ‖ 4 εὐεψητότερα* corr. Lobeck paral. p. 40 εὐεψότερα FM ὄσπια· εὐεψήτερα L ‖ 6 ἐκμάσῃ L ‖ 10 κτήνεσιν F ‖ 12 ἢ τὴν L ἢ κριθὴν P ‖ 15 σιτοβῶλα H ‖ 16 τούτω L ‖ 18 διδύμου p. t. M, a. t. P ‖ 20 ὑποδέχεται L ‖ 21 χρή, μὴ M.

ἢ τῶν παραδείσων τάττειν τὴν ἅλω. 2 οἱ γὰρ ἄνεμοι τὴν ἄχνην, τουτέστι τὰ λεπτὰ τῶν ἀχύρων, ἐπιφέροντες λεληθότως τοῖς ὀφθαλμοῖς τῶν ἀνθρώπων, διακαίουσι τὰς κόρας, ὡς πολλοὺς ἐντεῦθεν ἑνὸς ὀφθαλμοῦ, ἑτέρους δὲ τῶν δύο στερηθῆναι. 3 βλάπτει δὲ τὰ ἄχυρα καὶ τὴν ὀπώραν, καὶ μάλιστα τὰς ἀμπέλους. ὥσπερ γὰρ ἡ κόπρος, οὕτω καὶ τὰ ἄχυρα ταῖς μὲν ῥίζαις συμβάλλεται, τοῖς δὲ κλάδοις καὶ τοῖς φύλλοις βλαβερώτατά ἐστι. 4 βλάπτει δὲ οὐδὲν ἧττον καὶ τὰ λάχανα· προσκαθεζόμενα γὰρ τρυπᾷ τὰ φύλλα, καὶ εὐθέως ταῦτα καίεται τρυπηθέντα. 5 Χρὴ δὲ συνεχῶς καταβρέχειν τὴν ἅλω ἀμόργῃ, καὶ ἐπιλεαίνειν τῷ κυλίνδρῳ· οὕτω γὰρ οἱ μύρμηκες οὐκ ἀδικήσουσι. καὶ ὅταν πάντα ἀλοηθῇ, καὶ τότε δεῖ βρέχειν τὴν ἅλω τῇ ἀμόργῃ, ἵνα καθαρὰ διαμείνῃ χωρὶς ὕλης. 6 Τὰ δὲ τιθέμενα ἐπὶ τῆς ἅλω γενήματα τὴν τομὴν ἐχέτω πρὸς μεσημβρίαν. ἔσται γὰρ πληρέστερα, καὶ εὐμαρέστερον ἀλοηθήσεται.

## Cap. 27. *Περὶ σιτοβολίου ἤτοι ὡρείου, καὶ διαμονῆς σίτου. Ταραντίνου.*

1 *Καλῶς ἀποκλείεται σῖτος ἐν ἀνωγέοις, τὸ φῶς ἀπὸ ἀνατολῆς ἔχουσι· προσπνείσθω δὲ ὁ τόπος με-*

1 omnia usque ad § 5 v. c. L ‖ 2 ἄχλην L ‖ ἀχείρων L ‖ 3 λεληθότες H ‖ 5 στερρηθῆναι F ‖ 8 ταῖς δὲ L ‖ 8 φίλλοις βλαβερώτερα L φύλλοις ἡμερότατά H βλαβερωτάτη P ‖ 9 εἰσι FLM ἐστὶ P ‖ 12 τὴν ἅλα, ἀμόργην, καὶ ἐπιλεών τῶ κυλίνδρω L ‖ μόργη· καὶ ἐπιλεπαίνει H τῆ ἀμόργη P ‖ 13 ἀδικήσουσιν F -σι H ‖ 14 καὶ ὅταν — ὕλης om. FL ‖ 19 σιτοβολείου F -ίου H ‖ 20 ταραντ. a. t. LM, p. t. P ‖ 21 ἀνωγαίοις (αι' in ras.) H ἀναγαίοις M ἀγαίοις P ‖ 22 ἔχουσιν F ‖ προσπνείσθαι L ‖

*τρίως ἀπὸ βοῤῥᾶ καὶ ζεφύρου, καὶ ἀπεστράφθω νότου καὶ τῶν τοιούτων ἀνέμων.* 2 *ἐχέτω δὲ πυκνοὺς σωλῆνας, δι' ὧν ἥ τε θερμὴ ἀτμὶς ἐκπνέει, καὶ αὖρα ψύχουσα εἰσπνέει. μὴ ἐχέτω δὲ νοτίδα, ἢ δυσωδίαν τινά, ἢ ἀναθυμίασιν ἀηδῆ. μάλιστα δὲ ἱπποστασίων καὶ βουστασίων καὶ τῶν τοιούτων, καὶ πάσης θέρμης πόῤῥω ἔστω.* 3 *Χριέσθωσαν δὲ οἱ τοῖχοι πηλῷ μιχθέντι θριξὶν ἀντὶ ἀχύρων, ἔπειτα τῇ λεγομένῃ λευκαργίλλῳ γῇ ἔσωθεν καὶ ἔξωθεν.* 4 *μετὰ δὲ ταῦτα σικύου ἀγρίου τὰς ῥίζας καὶ τὰ φύλλα ἀποβρέξας εἰς ὕδωρ ἡμέρας δύο, καὶ φυράσας τῷ ὕδατι τὴν καλουμένην ἀμμοκονίαν, ἐπιμελῶς τὰ ἔνδον χρίε.* 5 *Τινὲς δὲ εἰς τὴν κονίασιν καὶ κτηνῶν οὖρον μιγνύουσιν, ὡς φθοροποιὸν ὑπάρχον τῶν ζώων. καὶ τὴν ὀστρακοκονίαν δὲ τὴν ἐπὶ τοῦ ἐδάφους χριομένην τῷ οὔρῳ βρέχουσι.* 6 *Τινὲς τέφραν κληματίδων δρυὸς ἐμπάσσουσι τῷ σίτῳ, ἄλλοι δὲ βόλβιτον ξηρόν, τινὲς ἀψινθίου ἢ ἀβροτόνου ξηρὰ κλωνία ἐντιθέασιν, ἔτι γε μὴν καὶ φύλλα ξηρὰ τῆς ἀειζώου βοτάνης.* 7 *κάλλιον δὲ τὴν ἀμμοκονίαν ἀμόργῃ βρέχειν. αὕτη γὰρ καὶ πάντα τὰ θηρία διαφθείρει, καὶ τὸν σῖτον στερεώτερον καὶ πυκνότερον ποιεῖ. διό τινες ἐφ' ἡμισείας τὴν ἀμόργην ἑψήσαντες καταῤῥαίνουσι τοὺς τοίχους, εἶτα ἐάσαντες ξηρανθῆναι ἀποτίθενται τοὺς καρπούς.* 8 *Πάντων δὲ κάλλιον γῆν προετοιμάζειν ἐψυγμένην ἀργιλλώδη,*

---

1 *καὶ ζεφ.* om. P ‖ *νότο· καὶ* L ‖ 2 *ἐ|χετο* L ‖ 5 *δὲ καὶ ἱπποστ.. ἢ βουστ.* M ‖ 8 *λευκαργίλω* L ‖ 9 *μετὰ* v. c. L ‖ 11 *λεγομένην* L ‖ 12 §§ 5—7 om. P ‖ 13 *δὲ καὶ τὴν* L ‖ 15 *τῶ οἴνω* M ‖ 16 *βρέχουσιν* F ‖ 17 ad *βόλβιτον* mg.: *βοείαν κόπρον*: M |*Τινὲσ, ἀψιθίου* L ‖ 18 *ἐν τῇ θεάσιν* L ‖ 19 *κάλλιον* v. c. L ‖ 22 *ἐφ' ἡμίσει* L ‖ 25 *κάλλιον τῶν προειρημένων· γῆν* L ‖ *ἀργιλώδη* L.

ἢ ῥοιῶν φύλλα ξηρὰ καὶ σεσησμένα· καὶ ὅταν ὁ σῖτος ἀποτεθῇ, εἰς ἕκαστον σίτου μέδιμνον ἐμπάσσειν χοίνικα τῆς ἀργιλλώδους γῆς ἢ τῶν φύλλων. 9 Χρησιμώτατον δὲ κόνυζαν ἡμιψυγῆ τῷ ἐδάφει ὑποστρωννύειν τοῦ σίτου, καὶ μετὰ δέκα πάλιν μεδίμνους σίτου ἐπιβάλλειν τὴν κόνυζαν, καὶ πάλιν σῖτον ἕως ἂν ἅπας ἀποτεθῇ. ὁ γὰρ οὕτως ἀποτεθεὶς οὐ μόνον εἰς πολλὰ ἔτη ἄσηπτος διαμένει, ἀλλὰ καὶ ἀποσώσει τὸν αὐτὸν σταθμὸν ἐπὶ τῇ ἀρτοποιΐᾳ. 10 φύσει δὲ ὁ σῖτος παλαιούμενος σφόδρα μελαίνεται, καὶ πικρὸς γίνεται, ὅθεν δεῖται τῆς προειρημένης ἐπιμελείας.

## Cap. 28. Ὥστε καὶ αὔξησιν λαμβάνειν τὰ ἀποκείμενα ἐν τοῖς ὡρείοις σπέρματα. Ἀφρικανοῦ.

Ὁ σῖτος ἐπίμετρον ποιήσει οὕτως· νίτρον καὶ ἀφρόνιτρον λειώσας καὶ ἀναμίξας γῇ λεπτῇ, ἐπίβαλλε τοῖς σωροῖς. φυλάξει δὲ αὐτοὺς καὶ ἀκόπους τὸ τοιοῦτον.

---

2 σίτου μόδιον, ἐμπάσσει χοινιὲ τῆς ἀργιλώδους L ‖ 3 χρησιμώτατον — ἀποτεθῇ om. P ‖ 5 πάλιν μεδίμνους σίτου om. FL ‖ 6 καὶ πάμν σῖτον· Οὐ μόνον εἰς πολλὰ ἔστη ἄσιπος διαμένει, ἀ|λλὼ καὶ L ‖ 8 ἄσηπος P ‖ ἀποδώσει P ‖ 9 φύσει v. c. L ‖ 12 tit. atram. scr. L c. 28. om. P ‖ καὶ om. F serv. H ‖ 14 ἀφρικανοῦ p. t. LM ‖ 16 ἀφρόνιτρον edd. ἀφόνιτρον codd. ‖ ἐπίβαλε L ‖ 17 φυλάσσει M.

Cap. 29. Ὥστε μύρμηκας μὴ ἅπτεσθαι σωροῦ γενημάτων. Σωτίωνος.

Μύρμηκες σωροῦ γενήματος οὐχ ἅπτονται, ἐὰν τὸν σωρὸν γῇ λευκῇ περιγράψῃς, ἢ ἄγριον ὀρίγανον περιθῇς.

Cap. 30. Περὶ διαμονῆς κριθῶν, ὥστε ταύτας ὑγιεῖς ἐν τοῖς ὡρείοις φυλάττεσθαι ἐπὶ πλεῖστον χρόνον. Δαμηγέροντος.

1 Τηρήσει τὰς κριθὰς ἀβλαβεῖς δάφνης καρποφόρου φύλλα ξηρά, καὶ πᾶσα τέφρα, μάλιστα δὲ ἡ ἀπὸ τῶν ξύλων τῆς δάφνης, ἐντιθεμένη. 2 ὁμοίως δὲ τὰς κριθὰς καὶ ἡ ἀείζωος βοτάνη ξηραινομένη, καὶ μετὰ καλαμίνθης σὺν γύψῳ ἀναμιγνυμένη ταῖς κριθαῖς. 3 ἔνιοι δὲ ὄξους ἀγγεῖον πληρώσαντες καὶ πωμάσαντες, ἐν μέσῳ τιθέασι τῶν κριθῶν. 4 εἰδέναι δὲ χρή, ὅτι αἱ κριθαὶ παλαιούμεναι πικραὶ γίνονται.

Cap. 31. Περὶ διαμονῆς ἀλεύρου. Τοῦ αὐτοῦ.

1 Τὰ ἄλευρα ἀβλαβῆ διαμένει ἐπὶ χρόνον, δᾳδίων λιπαρῶν συγκοπέντων καὶ ἐμβληθέντων εἰς αὐτά. 2 Τινὲς δὲ κύμινον καὶ ἅλας ἐξ ἴσου τρίψαντες, καὶ μάζας ποιήσαντες ξηράς, ἐντιθέασιν εἰς τὰ ἄλευρα.

---

1 σωροῦ γεν. ὥστε μύρμ. μὴ ἅπτ. σωτ. M σωτ., σωροῦ γεν., ὥστε μύρμ. μὴ ἅπτ. P ‖ μήρμυκας F μύρμηκας H ‖ 2 σωτ. om. H ‖ 3 γενη (superscr. μτ′) M γενημάτων P ‖ 6 καὶ ὥστε P ‖ 8 δαμηγ. et in mg. et post tit. M δαμογ. LH om. P ‖ 10 πᾶσαν τέφραν L ‖ 11 ἀνατιθεμένη L ‖ ὁμοίως v. c. L ‖ τὰς κριθὰς om. P ‖ 13 καλαμίθης συνάψω L ‖ 14 §§ 3 et 4 om. L ‖ 17 διαμινῆς L ‖ τοῦ αὐτοῦ p. t. L, a. t. P ‖ κε. κγ′ mg. L ‖ 18 τὰ ἄλευρα om. M.

## Cap. 32. *Περὶ σίτου δοκιμασίας, καὶ πῶς χρὴ τὸ ἐξάγιον τῶν ἄρτων ποιεῖσθαι. Φλωρεντίνου.*

1 *Τὸν ἄφθαρτον σῖτον ἐπιμελῶς καθαρίσας καὶ σήσας στάθμισον, καὶ εἰ εὕρῃς ἔχοντα τὸν μόδιον μ´ λίτρας, τὰς αὐτὰς λίτρας ἀπαίτει τοῦ ἄρτου· ὅσον γὰρ ἀπὸ τῆς τῶν πιτύρων ἀφαιρέσεως μειωθήσεται, τοσοῦτον τὸ ἐν τῇ ἀλέσει καὶ λοιπῇ ἐργασίᾳ καταρρανθὲν ὕδωρ ἀποσώσει.* 2 *Ἡ δὲ τοῦ ἄρτου ὄπτησις τοῦ σταθμοῦ ἀφαιρεῖται τὸ δέκατον καὶ εἰκοστόν, ὥστε ἐν τῇ ὀπτήσει ἐλαττοῦσθαι ἐν ταῖς δέκα λίτραν μίαν ἥμισυ.* 3 *τὸν αὐτὸν δὲ σταθμόν, διὰ τὴν ὄπτησιν ἀφαιρεῖν χρὴ καὶ ἐπὶ τῶν καθαρῶν καὶ ἐπὶ τῶν δευτερείων ἄρτων.*

## Cap. 33. *Πῶς ἔστιν ἄρτον ἡδύτατον καὶ δίχα ζύμης ποιῆσαι. Διδύμου.*

1 *Ἄρτον ποιοῦσί τινες ἄνευ ζύμης νίτρον ἐμβάλλοντες. τὸ γὰρ νίτρον ψαθυρωτέρους ποιεῖ τοὺς ἄρτους, ὥσπερ καὶ τὸ κρέας.* 2 *Ἄλλοι δὲ ἀρτοποιοῦσι δίχα ζύμης, οὕτως· σταφυλὰς πρὸ μιᾶς ἡμέρας τοῦ ἀρτοποιεῖν βαλόντες εἰς ὕδωρ, τῇ ἑξῆς τὰς ἐπιπλεούσας ἄραντες συμπιέζουσι, καὶ τῇ ῥυείσῃ νοτίδι ἀντὶ ζύμης χρῶνται, καὶ ποιοῦσι τοὺς ἄρτους ἡδίους καὶ*

---

1 c. 32 om. L ‖ 2 φλωρ. a. t. P ‖ 5 σείσας (sed η 1. m. supra add.) στάθ|μησον M στάθμισον P ‖ εὕροις F εὕρῃς HM ‖ τεσσαράκοντα P λίτρας μ´ H ‖ 8 καταρραθὲν F, ν 1. m. supra add. H ‖ 10 τὸν δέκατον M ‖ 11 ταῖς δεκάταις λίτραις μίαν ς´´ τὸν αὐτὸν P ‖ 13 δευτερίων H ‖ 15 c. 33 om. L ‖ 16 διδύμου a. t. P ‖ 20 οὕτω P ‖ 21 βάλλοντες M πρὸ μιᾶς ἡμ. τοῦ ἀρτοπ. σταφ. εἰς ὕδωρ ἐμβάλλοντες P.

λαμπροτέρους. **3** εἰ δὲ θέλεις εἰς ἔτος ὅλον εἶναι ζύμην, ὅταν ἐν τοῖς πίθοις τὸ γλεῦκος ἀναζέσῃ, λαβὼν τὸ ἀναζέον ἀφρῶδες, φύρασον μετὰ ἀλεύρου κέγχρου, καὶ τρίψας ἐπιμελῶς καὶ ποιήσας μάζας, ξήρανον ἡλίῳ καὶ ἀπόθου ἐν νοτερῷ τόπῳ, καὶ ἐξ αὐτοῦ λάμβανε τὸ ἀρκοῦν, καὶ χρῶ ἀντὶ ζύμης. **4** Πάντες δὲ οἱ ἄρτοι οἱ ἄνευ ζύμης γινόμενοι ἐνεργητικώτατοί εἰσι πρὸς τὰ ἀφροδίσια. **5** ὁ δὲ Φλωρεντῖνός φησι, τὸν κλιβανίτην ἄρτον ἰσχνῶς πεπλασμένον καὶ ἐν ἡλίῳ ἐξηραμμένον, εὔπεπτον εἶναι· τὸν δὲ ἐν τοῖς ἰπνοῖς ἡψημένον, βαρυτέραν τὴν πέψιν ποιεῖν.

### Cap. 34. *Περὶ πτισανῶν.* [*Διδύμου.*]

**1** *Τὴν κριθὴν πτίσας*, ξήρανον ἐν ἡλίῳ, καὶ αὖθις πτίσας ξήρανον ἐν ἡλίῳ. ἀποτιθέμενος δὲ αὐτήν, παρέμπαττε αὐτῇ τὸ γενόμενον ἐξ αὐτῆς λεπτὸν ἐν ταῖς πτίσεσι, διατηρήσει γὰρ αὐτήν. **2** ὅτι ἡ πτισάνη ὑγροτέρα λαμβανομένη τροφιμωτάτη ἐστίν, εἴρηται τῷ Φλωρεντίνῳ.

### Cap. 35. *Περὶ κυάμων. Τοῦ αὐτοῦ.*

**1** *Σπέρμα κυάμου* φυλάττου τιθέναι παρὰ ῥίζαν δένδρου, ἵνα μὴ ξηρανθῇ τὸ δένδρον. δεῖ δὲ τοὺς

1 *θέλης* H ‖ 5 *λάμβανε ἀρκοῦν* M ‖ §§ 3 et 4 om. P ‖ 8 *φλωρ.* in mg. repet. F nihil mg. H ‖ 10 *ἐξηραμμένον* F *ἐξηραμένον* H et per comp. M; item, sed *ε* in ras. P ‖ *τὸν* FP *τὸ* M ‖ *ἰπνοῖς* P om. spatio serv., mg. add. *ζήτει* F *ἴπνοις* et mg. add. *φούρνοις* H *ἴπνοις* M ‖ 11 *ἑψημένον* P ‖ *ποιεῖ* HM ‖ 12 c. 34 om. LP ‖ [*διδύμου*] om. H neque hic locum habet, quoniam eidem iam vindicatur c. 33 ‖ 13 *πτήσασ ξήρανον* (corr. ex *ξάνον*) initium cod. C(ottoniani = Harleian. 1868) ‖ 15 *τὸ γινόμενον* M ‖ 19 *τοῦ αὐτοῦ* p. t. LMP, a. t. C ‖ 21 *τὸ* om. L ‖ *Δεῖ* L.

κυάμους ὀψίμους φυτεύειν, χαίρουσι γὰρ τῇ πηλώδει γῇ. 2 ἵνα καλοὶ πρὸς τὴν ἕψησιν ὦσι, πρὸ μιᾶς ἡμέρας τοῦ σπείρειν, βρέχε αὐτοὺς ὕδατι μετὰ νίτρου. 3 Οἱ δὲ φυσικοί φασι τοὺς κυάμους ἀμβλύνειν τὰς καρδίας τῶν ἐσθιόντων αὐτούς. 4 διὸ καὶ ἐμποδίζειν ταῖς εὐθυονειρίαις νομίζονται, εἰσὶ γὰρ πνευματώδεις. 5 φασὶ δὲ καὶ τὰς κατοικιδίους ὄρνις συνεχῶς αὐτοὺς ἐσθιούσας ἀτόκους γίνεσθαι. 6 Τοὺς δὲ κυάμους ὁ Πυθαγόρας φησὶ μὴ χρῆναι ἐσθίειν, διὰ τὸ καὶ ἐν τῷ ἄνθει αὐτῶν εὑρίσκεσθαι πένθιμα γράμματα. 7 Φασὶ δὲ τὸν κύαμον ἐκβρωθέντα ἀναπληροῦσθαι πάλιν τῆς σελήνης αὐξομένης. τοῦτον δὲ ἐν ἁλμυρῷ ὕδατι μηδέποτε ἑψεῖσθαι, ὅθεν οὐδὲ ἐν θαλαττίῳ. 8 Πρῶτος δὲ ἀπέσχετο κυάμων Ἀμφιάραος, διὰ τὴν δι' ὀνείρων μαντείαν. φέρεται δὲ καὶ Ὀρφέως τοιάδε ἔπη· Δειλοί, κυάμων ἄπο χεῖρας ἔχεσθε, καὶ· Ἰσόν τοι κυάμους φαγέειν, κεφαλάς τε τοκήων. 9 Οἱ δὲ κύαμοι θαλαττίῳ ὕδατι καταῤῥανθέντες, ἄκοποι ἔσονται· ὁμοίως δὲ καὶ μαγοδάρεως ἀποβρέγματι.

---

1 *χαίρουσι δὲ τῇ πηλώδῃ* L *χαίρουσι — γῇ* om. CH || 2 *ἵνα δὲ κο·πρὸσ* sed rubro *ο* in α mut. et *λοὶ* infra versum add. L || *ἕψησιν* FP *ἕψησιν* L *ἕψιν* M || *ὦσιν·* FH *-σι* C || |*Πρὸ μιᾶσ* L || 4 §§ 3—8 om. P || *οἱ δὲ* versu continuo L || mg. add. *πυθαγόρειοι* F *πυθαγόρ*(*ου*? per comp.) M nihil CHL || 6 *εὐθυρονίαις* L || *εἰσὴ γὰρ* L || 7 |*Φυσὶ δὲ* L || *ὄρνεις* HM || 12 *αὐξουμένης* F || |*Τοῦτον* L || 13 *ἑψεῖσθαι* CHM *ἐψεῖσθαι* F *ἑψῖσθαι* L || 15 |*Φέρεται* L || *ὄρφεωσ* mg. rep. F *ὀρφέως* mg. non rep. CH || 16 *δηλοῖ* H || *ἀπὸ* CHM || *ἔχεσθαι* CH *ἔχεσθο* (?) L || *ἴσον* CL || 17 *τοῦ κυάμου* FM || 19 *δὲ* om. L.

## Cap. 36. *Περὶ ἐρεβίνθων. Φλωρεντίνου.*

1 *Ἐὰν πρὸ μιᾶς ἡμέρας τῆς σπορᾶς ὕδατι χλιαρῷ βρέξῃς τοὺς ἐρεβίνθους, μείζονες φύονται.* 2 *τινὲς δὲ περιεργότερον ποιοῦντες, πολλῷ μείζους εἶναι τοὺς ἐρεβίνθους βουλόμενοι, σὺν τοῖς κελύφοις αὐτοὺς ὁμοίως προβραχέντας μετὰ νίτρου σπείρουσιν.* 3 *εἰ δὲ βούλει πρωΐμους αὐτοὺς ποιῆσαι, σπεῖρον αὐτοὺς κατὰ τὸν καιρὸν τῶν κριθῶν.* 4 *ἵνα δὲ ἀκμάζοντας μηδεὶς δύνηται φαγεῖν, σικύου ἀγρίου καὶ ἀψινθίου σπέρμασι λειωθεῖσι μεθ' ὕδατος, κατὰ πέντε ἡμέρας ὄρθρου ἐπίῤῥαινε. ἡ γὰρ δρόσος ἐκπλύνει τὴν πικρότητα δι' ἡμερῶν πάλιν πέντε.*

## Cap. 37. *Περὶ φακῆς. Τοῦ αὐτοῦ.*

1 *Φακοὶ βολβίτοις ξηροῖς, τουτέστι βοείᾳ κόπρῳ, πρὸ τοῦ σπόρου περιπλασθέντες, καλλίονες καὶ ταχύτερον φυήσονται. μείζων γίνεται ἡ φακῆ ἐν ταῖς θήκαις, προβραχεῖσα χλιαρῷ ὕδατι μετὰ νίτρου σπειρομένη. ἄσηπτος δὲ διαμένει, ὄξει ὀπὸν ἔχοντι ἐπιῤῥανθεῖσα.* 2 *Ἡ δὲ Αἰγυπτία φακῆ εὐθυμίαν παρέχει τοῖς ἐσθίουσιν.*

---

1 *φλωρ.* p. t. M *φλορεντίνου* p. t. L *φλορεντίν* a. t. C, om. HP ‖ 2 *πρὸς μιᾶς* L ‖ 3 §§ 2 et 3 om. L ‖ 8 *ἵνα* v. c. L ‖ 9 *δύναται* L ‖ 10 *σπέρματι λειωθεῖσιν* F ‖ 13 *φακῆς* per comp. L *φακοῦ* P ‖ *τοῦ αὐτοῦ* p. t. LM, a. t. C ‖ 15 *πρὸσ τοῦ* L ‖ *περιπλακέντες* M ‖ 16 *ἡ φακὴ* H ‖ 18 *ἄσιπτος* L *ἄσηπος* P ‖ *ἐπιρρανθῆ* (α, σ supra) L ‖ 19 *αἰγυπτιακή, εὐθ.* L *αἰγυπτία φακὴ* CH ‖ 20 *ἐσθίουσιν αὐτήν:-* L.

## Cap. 38. *Περὶ κέγχρου. Τοῦ αὐτοῦ.*

1 Ἡ κέγχρος χαίρει γῇ ἰλυώδει καὶ νοτερᾷ, καὶ ἀμμώδει δέ, ἐὰν ἀρδεύηται πυκνότερον. ὀλίγον δὲ αὐτῆς σπέρμα ἅπαν πληροῖ τὸ χωρίον. σκάλλεσθαι δὲ καὶ βοτανίζεσθαι συνεχῶς βούλεται. 2 σπείρεται δὲ ἀπὸ ἰσημερίας ἐαρινῆς, ἥτις ἐστὶ πρὸ θ' καλανδῶν Ἀπριλλίων. ἐὰν δὲ συμβῇ πυκνότερον σπαρῆναι, βλάψει. τὸ γὰρ πλέθρον πλέον χειροπλήθους οὐκ ἂν δέξηται. ἐν τῷ σκάλλειν οὖν χρὴ παρατίλλεσθαι. οὕτω γὰρ ἐπιμεληθὲν τὸ πλέθρον ἐνέγκοι μοδίους ἀναμφισβητήτως τεσσαράκοντα.

## Cap. 39. *Περὶ θέρμων. Τοῦ αὐτοῦ.*

1 Θέρμους σπείρειν χρὴ πρὸ τῶν ἄλλων μετὰ ἰσημερίαν μετοπωρινήν, μὴ ἀναμένοντας ὄμβρους. 2 πρὸ δὲ τοῦ ἀνθεῖν εἰσέλαυνε τὰς βοῦς, καταβοσκηθήσονται γὰρ πᾶσαν τὴν ἄλλην βοτάνην, αὐτῶν δὲ οὐχ ἅψονται ὡς πικρῶν. 3 Ἀπουλήϊος δέ φησιν, ὅτι ἑκάστῃ ἡμέρᾳ συμπεριάγονται τῷ ἡλίῳ, καὶ τὰς ὥρας τοῖς

---

1 M hoc ordine habet cc: *περὶ θέρμων* (39, sed mg. *λη'*): *περὶ παντοίων ὀσπρίων κτλ.* (40, mg. *λθ'*): *ὥστε ῥαδίως κτλ.* (41, mg. *μ'*): *περὶ κέγχρου* (38, sed mg. *μα'*) ‖ *περὶ κέχρου* L ‖ *τοῦ αὐτοῦ* om. P, a. t. C, p. t. L *φλωρεντίνου* M ‖ 3 *ἄρδηται* L ‖ |*Ὀλίγον* L ‖ 4 *σκάλλεσθαι — βούλεται* om. L ‖ 5 § 2 om. L ‖ 6 *ἐαρινῆς* om. F ‖ 7 *ἀπριλίων* F *λλ* CHM ‖ *βλάψει* om. M ‖ 8 *πλείονος* P et per comp. M ‖ 9 *σκάλλει* FH *-ειν* C ‖ *παρατῆλλεσθαι* M *-τίλλ.* P ‖ 10 *ἀναμφισβήτως* CM ‖ 12 *τοῦ αὐτοῦ* a. t. C, p. t. L, om. H, om. et mg. *λη'* M, c. 39 om. P ‖ 13 *χρὴ σπείρειν* M ‖ *ἄλων* L ‖ 14 *μὴ* . . . . (5 literarum spatio om.) *νον τὰς* H *μὴ ἀναμένον τὰς* C ‖ *πρὸ* v. c. L *πρὸς δὲ τοῦ ἀ.* F *πρὸ τοῦ ἀ. δὲ* H *πρὸ δὲ τοῦ ἀ.* C ‖ 16 *ἄλην* M ‖ 17 *πικρόν* (per comp.). |*πουλήιος* L *ἀπουλ.* in mg. rep. F ‖ 18 *ὦρας δὶς τοῖς* L.

ἀγροίκοις τῆς ἡμέρας δηλοῦσι, κἂν συννεφής ἐστιν ὁ ἀήρ. 4 γλυκίζονται δὲ οἱ θέρμοι ἀποβρεχόμενοι θαλαττίῳ ὕδατι ἢ ποταμίῳ ἐπὶ ἡμέρας τρεῖς· ἀρξάμενοι δὲ γλυκεῖς γίνεσθαι, ξηραινόμενοι καὶ ἀποτιθέμενοι, τοῖς κτήνεσι μετὰ ἀχύρων δίδονται εἰς τροφήν. 5 εἰς δὲ τὰς ἀρτοποιΐας κριθίνου ἀλεύρου ἢ σιτίνου μιγνυμένου, ἄρτοι γίνονται ἐπιτήδειοι. 6 Θέρμους εἰς τὴν ἀσθενῆ γῆν σπαρτέον, καὶ οὐ δέονται κόπρου, αὐτοὶ γὰρ γίνονται αὐτῆς κοπρισμός. πᾶσαν γὰρ ἄτονον γῆν κοπρίζουσι, καὶ ποιοῦσιν αὐτὴν εἰς τὸ μέλλον εὐφορεῖν. 7 Ἀνθοῦσι δὲ τρίτον. δεῖ δὲ αὐτοὺς θερίζειν μετὰ βροχὴν, ξηραινόμενοι γὰρ ἐκ τῶν θηκῶν ἐκπηδῶντες ἀπόλλυνται. 8 Τοῖς ὀμφαλοῖς λειωθέντες καὶ ἐπιτιθέμενοι τοὺς ἕλμινθας ἐκβάλλουσι. 9 Σπειρέσθωσαν δὲ μὴ εἰς βάθος, καὶ ἀμελούμενοι θάλλουσιν, ὥσπερ ἡ κάππαρις. φεύγουσι δέ, ἐάν τινα αἴσθωνται ἐργαζόμενον τὴν χώραν.

Cap. 40. *Περὶ πάντων ὀσπρίων καὶ καννάβεως καὶ λίνου. Τῶν Κυντιλίων.*

1 Τὰ ὄσπρια χαίρει ἐν καταξήρῳ γῇ σπείρεσθαι, πλὴν κυάμων· οὗτοι γὰρ καθύγροις καὶ ἰκμάδα ἔχουσι

1 δηλοῦσιν FL -σι CH ‖ συννεφής edd. συνεφής FLM συνεφῆς C ‖ ὁ om. FM ‖ 2 §§ 4—7 om. L ‖ 3 ἢ* corr. ex S II 26; καὶ codd. ‖ 7 ἄρτον ποιοῦσιν ἐπιτήδειον M πρὸς δὲ τὸ ποιεῖν ἄρτον ἐξ αὐτῶν. πτισσέσθωσαν καὶ σὺν ἀλεύρῳ κριθίνῳ ἄρτος γινέσθωσαν S ‖ 8 οὐ om. H ‖ 9 αὐτοῖς H ‖ 10 κοπρίζουσιν F -σι CH ‖ 13 ὀφθαλμοῖς FH ὀμφ. C ὀμφάλοις οἱ ῥηθέντες ἐπιτιθ. L λειωθέντες — ἕλμινθας om. H ‖ 14 τοὺς .῞μ . . θας ἐκβαλοῦσι (ελ et ιν vermes absumpserunt) C τὰς ἕλμινθας L τοὺς ἑλμίνθους M ‖ 16 κάπρισ sed α alterum supra add. m. 1 L ‖ 18 c. 40 om. L λθ´ mg. M ‖ παντοίων M πάντων S ‖ 19 κυντ. p. t. C κεντιμωλίων H om. P.

*τόποις χαίρουσι. 2 Κάνναβις δὲ κοίλοις τόποις χαίρει, καὶ διαπαντὸς ἐνίκμοις. σπείρεται δὲ ἀπὸ ἀρκτούρου ἐπιτολῆς, ἥτις ἐστὶ πρὸ τεσσάρων καλανδῶν Μαρτίων, ἕως ἐαρινῆς ἰσημερίας, ἥτις ἐστὶ πρὸ θ' καλανδῶν Ἀπριλλίων. 3 καὶ λῖνος δὲ ὁμοίως τοῖς ἰλυώδεσι χαίρει τόποις, σπείρεται δὲ ἀπὸ ἰσημερίας μετοπωρινῆς ἕως ἀετοῦ ἐπιτολῆς, ἥτις ἐστὶ πρὸ μιᾶς νόννων Ἰαννουαρίων.*

Cap. 41. *Ὥστε ῥαδίως ἑψεῖσθαι τὰ μέλλοντα σπείρεσθαι ὄσπρια. Δημοκρίτου.*

*1 Ἐν τῷ σπείρειν σὺν τῇ κόπρῳ καὶ νίτρον μικτέον· οὕτω γὰρ ἕτοιμα πρὸς τὴν ἕψησιν αὐτὰ ποιήσεις. 2 εἰ δὲ μὴ ἔτυχες τοῦτο πεποιηκώς, βούλει δὲ τὰ ὄσπρια συντόμως ἑψηθῆναι, ἔμβαλε εἰς τὴν χύτραν ὀλίγον σίνηπι, καὶ εὐθέως λυθήσεται τὰ ἑψόμενα, εἴτε κρέας, εἴτε ὄσπρια εἴη. ἐὰν δὲ ἐπὶ πλεῖον σίνηπι βάλῃς, παντελῶς λυόμενα ἀφανισθήσεται.*

---

3 *ἐστὶν πρὸ δ' καλ. ἀπριλίων* eis quae intercedunt om. F ut ed. H *ἔστιν προ δ'* (sic!) C *δ^ων* P ‖ 4 *ἐαρινῆς ἕως* M ‖ *ἐστῖν προ θ'* (!) C *ἐννέα* P ‖ 7 *ἀετοῦ** corr. ex S II 12 et Col. II 10, 17 *ἀρκτούρου* codd. ‖ 9 tit. atram. scr. L *μ'* mg. M ‖ 10 *δημόκριτος* mg. H om. CM *διμοκρίτ(ου)* per comp. rubro mg. L ‖ 13 *εἰ δὲ* v. c. L ‖ 14 *ἔμβαλλε* L et (?) M *ἔμβαλε* P ‖ 15 *σίνιπι* L *σίνηπϊ*, sed *ϊ* 1. m. supra *η* add. H ‖ *λυθήσονται* F ut ed. CH ‖ *ἐψούμενα* FC *ἑψούμενα* H ‖ 16 *εἴη εἴτε ὄσπρια* M *εἴη* plane om., post *ὄσπρια* add. *συντόμως* | *λυθήσονται* C ‖ *δὲ ἐπιπλεῖον σίνιπι* C *δὲ πλέον σίνιπι* L ‖ 17 *βάλλης* per comp. M ut ed. P.

Cap. 42. *Περὶ λέοντος βοτάνης, ἣν καὶ ὀροβάκχην καλοῦσιν. Σωτίωνος.*

**1** Ὁ ὀσπρολέων, ὅν τινες ὀροβάκχην καλοῦσιν, οὐκ ἀνελεύσεται ἐν ταῖς ἀρούραις, εἰ ἐν ταῖς γωνίαις ταῖς τέσσαρσι καὶ ἐν μέσῳ τῆς ἀρούρης ἐμπήξειας ῥοδοδάφνης κλάδους. τοῦτο δὲ πάντα τὰ ὄσπρια ἀσινῆ φυλάξει. **2** Εἰ δὲ θέλεις μηδ' ὅλως φανῆναι ταύτην τὴν βοτάνην, λαβὼν πέντε ὄστρακα, ζωγράφησον ἐν αὐτοῖς ἀπὸ κριταρίου ἢ ἀπὸ ἄλλου τινὸς λευκοῦ τὸν Ἡρακλέα πνίγοντα λέοντα, καὶ ἀπόθου ἐν ταῖς γωνίαις καὶ κατὰ μέσου. **3** Θεραπεία οὖν εὑρίσκεται ἑτέρα φυσικὴ καὶ ἀντιπαθής, ἣ καὶ Δημόκριτος μαρτυρεῖ· παρθένος ὥραν ἔχουσα γάμου, ἀνυπόδετος γυμνή, μηδὲν καθόλου περικειμένη, λελυμένη τὰς τρίχας, ἀλεκτρυόνα ἐν ταῖς χερσὶν ἔχουσα, περιελθέτω τὸ χωρίον, καὶ εὐθέως χωρίζεται μὲν ἡ λεόντειος πόα, τὰ δὲ ὄσπρια κρείττονα γίνεται, ἴσως καὶ τῆς βοτάνης ταύτης τοῦ λέοντος τὸν ἀλεκτρυόνα φοβουμένης. **4** Τινὲς πείρᾳ παραλαβόντες, βούλονται αἵματι ἀλεκτρυόνος καταῤῥαίνειν τὰ μέλλοντα σπείρεσθαι, καὶ οὐ βλαβήσεται ὑπὸ λεοντείας βοτάνης. **5** Τινὲς δὲ ζωγραφοῦσιν Ἰαβῶ,

---

1 c. 42 om. L cc. 41 et 42 dirimuntur capite 38 M ‖ *μβ'* mg. M ‖ *ὀροβάγχην* P ‖ 2 *σωτίωνος* p. t. CM ‖ 3 *ὀροβάκχην* sed *κ* ex corr.? P ‖ *οὐκ ἂν ἐλεύσεται* CP ‖ 4 *εἰ ἐν ταῖς — ἀρούρης* om. C ‖ 7 *φυλάττει* M ‖ §§ 2—6 om. P ‖ 10 *γωνίαις κατὰ* M ‖ 12 *φυσικὸν Δημοκρίτου*:| mg. F ‖ 13 *παρθένος — κρείττονα γίνεται ἴσως καὶ* om. M *παρθένος — περιελθέτω* m. rec. in rasura F, servant m. 1. HC et S II 13 ‖ *αἷμα ἔχουσα γάμου* ..... (ras.) *οὔσησ γυμνῆσ* F ‖ *γϋνὴ* H ‖ 14 *περικειμενησ* F ‖ *λελυμένας* CH ‖ 16 *λεόντιος* CH ‖ 17 *γίγνεται* FH *γίνεται* C ‖ 18 *φοβουμένης.* | *ἀλεκτρυόνος αἵματι δεῖ καταρραίνειν* M ‖ *πεῖραν λαβόντες* H ‖ 19 *καταραίνειν* FC ‖ 21 *λεοντίας* CH ‖ *ζωγραφοῦσιν* .... (ras.)· *καὶ* F *ἰακῶ* H *ἰαβῷ*ˣ (1. m. corr.) C.

καὶ καταχωννύουσι τὸ ὄστρακον μέσον τῆς ἀρούρης. 6 Παραφυλάττειν δὲ χρή, ἵνα μὴ τὰ σπειρόμενα ὄσπρια τῷ κέρατι τοῦ βοὸς ἐπιψαύσῃ. ἄφορα γὰρ καὶ εὐτελῆ τὰ τοιαῦτα γίνεται.

## Cap. 43. Ποῖα γενήματα ὑπὸ ποίας βοτάνης ἀδικεῖται. Παξάμου.

Ἡ ὀροβάκχη φθείρει τοὺς κυάμους καὶ τοὺς ἐρεβίνθους περιπλεκομένη. τὸ ζιζάνιον, τὸ λεγόμενον αἶρα, φθείρει τὸν σῖτον, ἄρτοις δὲ μιγνυμένη σκοτοῖ τοὺς ἐσθίοντας. τὰς δὲ κριθὰς βλάπτει αἰγίλωψ, φακῆν ἡ πελεκῖνος καλουμένη βοτάνη.

## Cap. 44. Περὶ τοῦ ἐν τῷ ἀγρῷ ἐπιτρόπου ἢ οἰκονόμου. Φλωρεντίνου.

1 Χρὴ τὸν ἐμπεπιστευμένον τὴν τοῦ ἀγροῦ ἐπιμέλειαν, ὑπόδειγμα εἶναι τῶν ἐν τῷ ἀγρῷ πάντων, ἵνα πρὸς ἐκεῖνον, καὶ πρὸς τὸν ἐκείνου βίον καὶ τρόπον ἀποβλέποντες, αἰδῶνται μᾶλλον ἢ φοβῶνται. 2 ἔστω δὲ σεμνός, εὐπρόσιτος, οἴνου κατὰ τὸ δυνατὸν ἀπεχόμενος, (λήθην γὰρ ἐμποιεῖ ἡ πλείων τοῦ οἴνου πόσις) μὴ αἰσχροκερδής, μηδὲ περὶ τοὺς τόκους ἄπληστος, ἀλλ' ὀλίγοις ἀρκούμενος, καὶ πάντοτε τοῖς ἐπιτηδείων δεομένοις ἐπαρκῶν, ἐγρηγορώς, καὶ πρὸ τῶν ἄλλων

---

1 καταχωννύουσιν F -σι CH ‖ 5 c. 43 om. L ‖ 6 παξάμου p. t. M, om. P ‖ 10 φακὴν CH φακὸν ἡ πελεκίνου P πελεκίνου M ‖ 12 περὶ τῶ ἀγρῶ L περὶ τοῦ ἀγρῶ C ‖ ἢ οἰκ. et Φλωρ. om. M ‖ 13 φλορεντίνου CL ‖ 15 τοῖς ἐν τῶ ἀγρῶ πᾶσιν L ‖ 17 αἰδοῦνται F αἰδῶνται CH ‖ φοβοῦνται F -ῶνται CH ‖ totum caput v. c. L ‖ 21 τοῖς τῶν ἐπιτ. L ‖ 22 ἐγρήγορος L ‖ πρὸ πάντων ἐξ M.

*ἐξ ὕπνου ἀνιστάμενος· ψεύδεσθαι καὶ μάλιστα ἐπιορκεῖν φυλαττόμενος, θεοσεβής, τὰς συνήθεις θρησκείας φυλάττων, μὴ δένδρα καθιερωμένα ἢ ἄλλο τι τοιοῦτον ἐνυβρίζων, ἀλλὰ πάντας πρὸς εὐσέβειαν παρασκευάζων· καὶ τῷ καιρῷ μὲν τῆς ἐργασίας ἐπιστρεφής, τῷ δὲ καιρῷ τῆς ἀναπαύλης κοινὸς καὶ προετικός, τὰς ἀργίας κατὰ ἑβδομάδα γίνεσθαι συγχωρῶν, καὶ μηδέν τι τότε ἐπαχθὲς πράττειν ἐπιτρέπων, ἀλλὰ σχολάζειν ἀναγκάζων, καὶ μάλιστα ἐν ταῖς μηνιαίαις ἢ ἐνιαυσιαίαις ἑορταῖς.* **3** *ἀλλοτρίους λόγους μὴ μισθούσθω, μηδὲ ἐργασίαν γῆς δεσποτικῆς ἀναδεχέσθω, μηδὲ δανειζέτω πᾶσιν ἐκ δεσποτικοῦ λόγου, ταῖς τοῦ δεσπότου ἐντολαῖς ἀρκείσθω.* **4** *κἄν τι εὕρῃ κρεῖττον, ἀναφερέτω πρότερον ἐπὶ τὸν δεσπότην, πλὴν εἰ μὴ πάνυ οὕτως κατεπείγοι τὸ χρήσιμον τοῦ πράγματος, ὡς μὴ ἐκδέχεσθαι τὴν τοῦ δεσπότου κέλευσιν.*

Cap. 45. *Ὅτι δεῖ τὸν ἐφεστῶτα ἐφημερίδα τῶν ἔργων ἔχειν, καὶ πῶς αὐτὸν προσήκει τάξεις τῶν ἐργατῶν ποιεῖσθαι. Τοῦ αὐτοῦ.*

**1** *Ἐχέτω ὁ ἐφεστὼς ἐφημερίδα κοινῇ γνώμῃ τῶν ἐν τῷ ἀγρῷ ἐμπείρων συγκειμένην ἀκριβῶς, καὶ καθ' ἕκαστον μῆνα πασῶν τῶν ἡμερῶν, ἵν' ἐντεῦθεν καὶ γινώσκειν ἔχῃ καὶ ὑπομιμνήσκειν ὡς χρὴ ἐργάζεσθαι,*

---

4 *παρα* (eras.) *παρασκευάζων* F *παρασκευάζων* CH ‖ 6 *ἀναπαύλας* p. comp. M *ἀναπαύλης* P *ἀναπαύσεως* C ‖ *προαιρετικὸς* HP *προαίρετικὸς* L *προετἴκὸς* (sed *ρε* rubr. supra add.) C ‖ *ἁγίας* L ‖ 8 *τι* om. LM, serv. P *τῒ τῶν ἐπ.* C ‖ 10 *πόνους* P ‖ 11 *ἐργασίαν — μηδὲ* om. CH ‖ *γῆς πλὴν τοὺς τῆς δεσποτικῆς, ἀναδέχεσθαι·* L ‖ 15 *οὕτως* FL et per comp. M *οὕτω* P ‖ *κατεπείγει* LP ‖ 17 c. 45 om. L ‖ 19 *τοῦ αὐτοῦ* p. t. M, om. P ‖ 21 *συγκείμενος* M *συγκειμένων* CH.

οὐδένα καιρὸν παραλείπων. 2 εἰ γὰρ μίαν γοῦν ἡμέραν παραλείψειεν, ἀνατρέψει τὴν τῆς ἐργασίας τάξιν, καὶ οὐ μόνον τοὺς παρόντας καρποὺς βλάψει, ἀλλὰ καὶ αὐτὴν τὴν γῆν χείρω καταστήσει. 3 Ἐὰν δὲ πολλοὶ ὦσιν ἐργάται, οὐ δεῖ πάντας ὁμοῦ ἐργάζεσθαι, εὐκόλως γὰρ ῥαδιουργήσουσιν· οὔτε πάλιν ἀνὰ δύο ἢ τρεῖς, πολλῶν γὰρ δεήσονται τῶν ἐπιστατούντων. μήτε οὖν ὁμοῦ πάντες, μήτε ὀλίγοι ἐργαζέσθωσαν, ἀλλὰ πρὸς τὸ πλῆθος καὶ τοὺς ἐφεστῶτας διακρίνειν προσήκει. 4 κάλλιστον μὲν οὖν, ἐὰν πολλοὶ ὦσιν, εἰς δεκάδας τάσσειν τοὺς ἐργαζομένους· ἐὰν δὲ ὀλίγοι, εἰς ἑξάδας, καὶ οὐ πεντάδας. 5 ἰσαρίθμων γὰρ σκαπτόντων, ἡ ἀκολουθία ὑπὸ τῆς αὐτῆς ἰσότητος διασωθήσεται, καὶ οἱ ἀργότεροι ὑπὸ μίαν ἄρσιν καὶ θέσιν ἀνατείνοντες καὶ κατατιθέμενοι, ἀναγκάζονται ὅμοιοι εἶναι τοῖς γοργοτέροις.

Cap. 46. *Περὶ μέτρου ἐργασίας. Τοῦ αὐτοῦ.*

1 Τινὲς παρετήρησαν, εἴτε εἰς ἀμπέλους εἴτε εἰς ῥοδωνιὰν εἴτε εἰς κῆπον εἴτε εἰς ὁτιδηποτοῦν παρασκευαζομένων πρὸς φυτείαν τόπων, καὶ ἕως τριῶν ποδῶν βάθους σκαπτομένων, καθ' ἕκαστον πλέθρον ἐργασίας ἀρκεῖν ἑπτά, ἐν δὲ τῇ πάνυ σκληρᾷ ὀκτώ. 2 καὶ τὸ πλέθρον δὲ τῶν παλαιῶν ἀμπέλων, ἐν τῇ εὐέργῳ, καὶ βοτάνας μὴ ἐχούσῃ, καὶ πλαγίᾳ γῇ ὑπὸ τριῶν πολλάκις ἐργάζεσθαι, ἐν δὲ τῇ σκληροτέρᾳ καὶ βοτανώδει ε'. αἱ δὲ νεόφυτοι ἕως τῆς πρώτης πεν-

12 εἰς ἀριθμὸν F ‖ 17 c. 46 om. L ‖ τοῦ αὐτοῦ om. P ‖ 19 ῥοδωνιὰς M ‖ 22 ἐργάτας M ‖ ζ' H ‖ σκληρᾷ γῇ, η' H ‖ 25 σκληροτάτῃ καὶ ἀμμώδει γῇ, cett. — πενταετίας om. M, item sed ἀμμώδη P ‖ 26 πέντε H.

ταετίας ὑπὸ τριῶν πολλάκις εἰργάσθησαν. 3 πλέον δὲ τῶν ἀμπέλων εὐκολώτερον ἀμίννιος ἐργάζεται, ἡ δὲ Συρεντῖνος τοὐναντίον· πλειόνων γὰρ αὕτη δεῖται τῶν ἐργαζομένων. 4 γυροῦσθαι δὲ τὸ πλέθρον ὑπὸ τεσσάρων ἐργατῶν δύνασθαι, διαβεβαιοῦνται οἱ πείρᾳ παραλαβόντες, τῆς γυρώσεως γινομένης τὸ μὲν πλάτος ἐπὶ δύο ἥμισυ πόδας, τὸ δὲ βάθος ἄχρι ποδός· τοῦτο γὰρ αὐτῆς τὸ κάλλιστον εἶναι μέτρον παρατετήρηται. 5 κλαδεύεσθαι δὲ τὸ πλέθρον ὑπὸ τεσσάρων δύνασθαι παραπεφύλακται. βλαστολογεῖσθαι δὲ τὴν πρώτην βλαστολογίαν ὑπὸ ἑνὸς ἐργάτου, καὶ πολλῷ ἔλαττον τὴν δευτέραν. 6 ἔτι δὲ τῷ σφόδρα χρησίμῳ ἀμπελουργῷ πλέον ὀκτὼ πλέθρων ἀμπέλου ἐργάζεσθαι οὐ δυνατόν, οὐδὲ ὅλως συγχωρητέον πάντες οἱ παλαιοὶ συγγραφεῖς μαρτυροῦσιν.

## Cap. 47. *Περὶ τῆς τῶν γεωργῶν ὑγιείας· Φλωρεντίνου.*

1 Καλὸν μέν, εἰ καὶ ἰατρὸν ἐν τῷ ἀγρῷ καταστήσειας· εἰ δὲ μή, τὰ προσπίπτοντα νοσήματα τοῖς ἀνθρώποις θεραπεύσεις παρὰ τῶν ὁμοίως νενοσηκότων μαθών. 2 Τὴν γὰρ αὐτὴν κατοικοῦντες χώραν καὶ τῆς αὐτῆς διαίτης σχεδὸν μεταλαμβάνοντες, εἰ τοῖς αὐτοῖς νοσήμασι περιπέσοιεν, τοῖς αὐτοῖς καὶ θεραπευθήσονται ἰάμασι. 3 κάλλιον δὲ τὰ τῶν ἐργατῶν νοσήματα προλαμβάνειν καὶ προθεραπεύειν κατὰ τὸ

---

1 ἐργάθησαν M ut ed. P ‖ 2 ἀμινιὸς HM αμινϊὸσ C ‖ § 3 om. P ‖ 5 πεῖραν παραλ. HM πεῖρα λαβόντες C πεῖραν λαβόντες P ‖ 8 αὐτῇ M ‖ 9 κλαδευέσθω τὸ F κλαδεύεσθαι τὸ M κλαδεύεσθαι δὲ τὸ CH ‖ 16 c. 47 om. LP ‖ 17 φλεντίνου H φλωρ. p. t. M.

*δυνατόν.* 4 *Ἐπειδὴ δὲ τῶν ἐν ἡλίῳ ἐργαζομένων φλέγων ὁ ἥλιος βλάπτει τὰ σώματα καὶ τὰς φλέβας, μὴ ἀντέχοντα πρὸς τὴν τοσαύτην καῦσιν, δεῖ τὰς τροφὰς αὐτῶν αἴρειν, ἵνα μὴ ἅπαξ, μηδὲ δεύτερον, ἀλλὰ κατὰ βραχὺ πολλάκις ἐσθίωσιν· ἔστι γὰρ τοῦτο σωτήριον, καὶ πρὸς πέψιν ἐπιτηδειότατον.* 5 *Ἄλλοι πήγανον καὶ μαλάχην ἀγρίαν ἀφεψήσαντες καὶ κεράσαντες οἴνῳ παρατραπέντι ὑδαρέστερον, ἐν μέσαις ταῖς τροφαῖς διδόασιν.* 6 *Ἄλλοι δὲ γάλακτος καὶ ὕδατος μίξαντες καὶ ἐπιχέαντες ὀλίγον οἴνου παρατραπέντος, πρίν γε φαγεῖν διδόασι. καὶ τοῦτο ποιοῦσιν ἀπ' ἀρχῆς ἔαρος μέχρι τοῦ φθινοπώρου.* 7 *Ἄλλοι οἴνου ἀψινθίτου διδόασι· δύναται δὲ οὗτος οὐ μόνον πρὸ τροφῆς, ἀλλὰ καὶ μετὰ τροφήν, καὶ ἐν αὐτῇ δὲ τῇ τροφῇ λαμβάνεσθαι. ἐὰν δὲ μὴ ἔχωμεν ἀψινθίτην, ἀψίνθιον δώσομεν, ὕδατι θερμοτάτῳ ἐμβαλόντες καὶ ζέσαντες.* 8 *Τὸ αὐτὸ ποιεῖ καὶ ὁ διὰ σκίλλης οἶνος. παρασκευάζουσι δὲ καὶ τὸ σκιλλιτικὸν ὄξος, καὶ εἰ μὲν τοῦ οἴνου μέλλεις διδόναι τοῦ σκιλλιτικοῦ, πρὸ τοῦ φαγεῖν δώσεις· εἰ δὲ τοῦ ὄξους, μετὰ δεῖπνον.* 9 *Καὶ ὁ ἕλιος δὲ οἶνος (τουτέστιν ὁ ἐν τοῖς ἕλεσι γιγνόμενος) σφόδρα ἐστὶν ὑγιεινός, ἐν ὑγείᾳ τοὺς χρωμένους διαφυλάττων.* 10 *Καὶ ἡ πτισάνη δὲ τροφιμωτάτη καὶ σωτήριός ἐστι. καὶ ὁ κλιβανίτης δὲ ἄρτος, ἰσχυῶς πεπλασμένος, καὶ ἐν ἡλίῳ ξηρανθείς, χρησιμώτατος πρὸς ὑγείαν ὑπάρχει. ὁ γὰρ ἐν τοῖς ἄλλοις τοῖς*

---

2 *φλεύων* (' rubr.) C *φλεβῶν* FH ‖ 5 *τοῦτο σ͡ριον* F *σωτήριον τοῦτο* H *σωματήριον τοῦτο* C ‖ 11 *γε* om. FH *πρὸσ φαγεῖν* C ‖ *διδόασιν* FC *-σι* H ‖ 20 *τοῦ ὄξους* edd. *τοῦ δι' ὄξους* codd. ‖ 21 *τουτέστιν ἐν* CM ‖ *γινόμενος* M ‖ 23 ad *πτισάνη* mg. add. *τῆς κριθῆς* | *ὁ ζωμὸς* M.

καλουμένοις φούρνοις ὀπτώμενος ἄρτος βαρυτέραν τὴν πέψιν ποιεῖ. **11** Ἐὰν δὲ καὶ τὸ ὕδωρ μὴ καλὸν ᾖ, μηδὲ πότιμον, ἀλλὰ νοσερόν, ἑψείσθω ἕως ἂν τὸ δέκατον αὐτοῦ ἀναλωθῇ, εἶτα διαψυχέσθω, καὶ οὕτως ἀβλαβὲς ἔσται. οὕτω γὰρ καὶ τὸ θαλάττιον ὕδωρ ἑψόμενον γλυκὺ γίνεται. **12** Ἐπειδὴ δὲ συνεχῶς τοῖς γεωργοῖς τὰ ἰοβόλα ἐνοχλεῖ θηρία, ἔχιδναι καὶ φαλάγγια καὶ ὄφεις καὶ μυγάλαι ἰοβολοῦσαι, καὶ σκορπίοι, κἂν ἐνοικίδιοι ὦσι, πεπεῖσθαι χρὴ τοὺς γεωργοὺς τὴν θηριακὴν ἄμπελον πρὸς τὰ πάντα τῶν θηρίων τούτων δήγματα αὐτάρκη τὴν θεραπείαν παρέχειν. **13** οὐ γὰρ μόνον ὁ οἶνος ὁ τῆς θηριακῆς ἀμπέλου τὸν δηχθέντα παύσει τῆς ὀδύνης, ἀλλὰ καὶ τὸ ἀπ' αὐτῆς ὄξος, καὶ ἡ σταφυλή, καὶ ἡ σταφίς. καὶ τῶν φύλλων δὲ καὶ τῶν κλημάτων καυθέντων ἐπιτεθεῖσα σποδιὰ τῷ δήγματι, παύσει τὴν ὀδύνην καὶ σώσει τὸν ἄνθρωπον. **14** οὕτω δέ ἐστιν ἡ δύναμις τῆς σποδιᾶς τῆς ἐκ παντὸς κλήματος ἀμπέλου, ὡς καὶ κυνὸς δήγματα θεραπεύειν, πολλάκις δὲ καὶ λυσσῶντος. **15** προστεθείσης οὖν καὶ τῆς θηριακῆς δυνάμεως, πολυπλασίονα τὴν ἐνέργειαν τῆς θέρμης ἀποδείκνυσι. **16** Πῶς δὲ ἡ θηριακὴ ἄμπελος γένοιτο, ἢ οἶνος ἀψινθίτης, ἢ σκιλλίτης, ἐν τοῖς οἰκείοις τόποις αὐτάρκως διδαχθήσεται.

---

1 τὴν om. CH ‖ 3 νοσερὸν corr. Needh. νοτερὸν codd. ‖ 9 δεῖ M ‖ 20 τῆς ἰατρικῆς δυνάμεως M.

Cap. 48. Ὅτι οὔτε γεωργοὺς οὔτε φυτὰ προσήκει ἀπὸ καλλιόνων τόπων εἰς ἐλάττους μεταφέρειν. Διδύμου.

1 Συμβουλεύουσί τινες μὴ ἐξ ὑγιεινῶν τόπων εἰς τοὺς νοσώδεις μεταφέρειν τὰ φυτά, καὶ τοὺς γεωργούς, ἀλλὰ μᾶλλον ἐκ χειρόνων εἰς τοὺς κρείττους, ἢ ὁμοίους, ἢ εἰς τοὺς μὴ πολλῷ ἐλάττους. 2 ξενίζει γὰρ καὶ ταράττει ἡ ἐπὶ τὸ χεῖρον μεταβολὴ τοὺς μεθισταμένους. 3 οὐ μόνον δὲ ἐπὶ τῶν ἀνθρώπων, ἀλλὰ καὶ ἐπὶ τῶν φυτῶν παρατηρεῖν τοῦτο τοῖς σοφωτάτοις δοκεῖ.

Cap. 49. Ὅτι χαλκέας καὶ τέκτονας, καὶ κεραμέας, ἐν τοῖς ἀγροῖς ἔχειν δεῖ, ἢ πλησίον. Βάρωνος.

1 Τὸ εἰς τὰς πόλεις τῆς κατασκευῆς ἕνεκα τῶν ἐργαλείων τοὺς γεωργοὺς ἔρχεσθαι, ἀσύμφορον. ἥ τε γὰρ τῶν ἐργαλείων χρεία συνεχῶς ὑπερτεθεῖσα ἐμποδίσει τοῖς γεωργοῖς· ἥ τε εἰς τὴν πόλιν συνεχὴς ἐπιδημία ἀργότερον ποιεῖ. 2 διὸ χρὴ χαλκέας καὶ τέκτονας ἢ ἐν αὐτοῖς ἔχειν τοῖς ἀγροῖς, ἢ πλησίον. 3 ἀναγκαιότατον δὲ καὶ κεραμέας ἔχειν πάντων ἕνεκα, πεπεισμένον ὅτι ἐν πάσῃ τῇ γῇ ἔστιν εὑρεῖν κεραμι-

1 c. 48 om. P ‖ 2 ἐλάττονα L ‖ 4 Συμβουλεύουσει L ‖ εἰς τὸν (supra add. per comp. m. 1.) νοσώδ(ή? per comp.) M ‖ 7 ξενίζει et 9 οὐ v. c. L ‖ 10 ἀρκεῖ F ἀρέσκει CH ‖ 11 c. 49 om. P tit. atram. scr. L ‖ 13 βάρωνος p. t. LM, om. C ‖ μθ' et post tit. et in mg. add. M ‖ 15 ἥ τε γὰρ ἡ τῶν L ‖ 18 ἀργότερον τὸ ἔργον ποιήσει L ‖ διὸ et 20 ἀναγκ. v. c. L ‖ 21 πάσῃ γῇ L ‖ κεραμεικὴν M.

*κὴν γῆν. ἢ γὰρ ἐπιπόλαιον, ἢ ἐν βάθει, ἢ ἐν ἀποκεκρυμμένοις μέρεσι καὶ τόποις τοῦ χωρίου ἐπιτηδείαν γῆν πρὸς κατασκευὴν κεράμων εὑρήσεις.*

## ΒΙΒΛΙΟΝ Γ.

*Τάδε ἔνεστιν ἐν τῇδε τῇ βίβλῳ, τρίτῃ μὲν οὔσῃ τῶν περὶ γεωργίας ἐκλογῶν, περιεχούσῃ δὲ τὴν προσήκουσαν ἑκάστῳ μηνὶ ἐργασίαν.*

*α΄. ἐφημερὶς καὶ τί χρὴ καθ' ἕκαστον μῆνα ἐργάζεσθαι.* [β΄.] *μὴν Ἰαννουάριος: Τυβί.* ⟨β΄.⟩ [γ΄.] *Φευρουάριος: Μεχίρ.* ⟨γ΄.⟩ [δ΄.] *Μάρτιος: Φαμενώθ.* ⟨δ΄.⟩ [ε΄.] *Ἀπρίλλιος: Φαρμουθί.* ⟨ε΄.⟩ [ϛ΄.] *Μάϊος: Παχών.* ⟨ϛ΄.⟩ [ζ΄] *Ἰούνιος: Παϋνί.* ⟨ζ΄.⟩ [η΄.] *χόνδρου ποίησις.* ⟨η΄.⟩ [θ΄.] *τράγου ποίησις.* ⟨θ΄.⟩ [ι΄.] *πτισάνης ποίησις.* ⟨ι΄.⟩ [ια΄.] *Ἰούλιος: Ἐπιφί.* ⟨ια΄.⟩ [ιβ΄.] *Αὔγουστος: Μεσωρί.* ⟨ιβ΄.⟩ [ιγ΄.] *Σεπτέμβριος: Θώθ.* ⟨ιγ΄.⟩ [ιδ΄.] *Ὀκτώβριος: Φαοφί.* ⟨ιδ΄.⟩ [ιε΄.] *Νοέμβριος: Ἀθύρ.* ⟨ιε΄.⟩ [ιϛ΄.] *Δεκέμβριος: Χυάκ.*

---

4 *β. τρίτον*: H *Τοῦ αὐτοῦ ἐκ τοῦ τρίτου β. τῶν περὶ γ. ἐκλογῶν.* | *Ἐφημ.*, cet. om. P ‖ 8 index capitum l. III in F sequitur indicem capitum l. II. sub titulo *βιβλίον γ΄*; in M sicut omnium deinceps librorum sequitur argumentum ‖ 9 [β΄.] numeros correxi e textu ‖ 10 *μεχά* M ‖ 11 *ἀπρίλιος* F ‖ *φαρμουθι* sine acc. F *φαρμού* M ‖ *παχῶν* F ‖ 15 *μεσσορί* F ‖ *θωθύ* M ‖ 16 *φλοφι* s. a. F ‖ 17 *χυακ* s. a. F.

## Cap. 1. *Ἐφημερίς, καὶ τί χρὴ καθ' ἕκαστον μῆνα ἐργάζεσθαι. Ἐκ τῶν Βάρωνος καὶ τῶν Κυντιλίων. Μηνὶ Ἰαννουαρίῳ.*

*1 Τῷ Ἰαννουαρίῳ μηνὶ χρὴ τὰς ἀναδενδράδας κλαδεύειν, φυλαττομένους τὰς ἑωθινὰς καὶ δείλης ὀψίας ὥρας. 2 Τῷ αὐτῷ μηνὶ χρὴ τὰ πρὸς οἰκοδομὴν καὶ ἐργασίαν ξύλα τέμνειν, σελήνης ἐν συνόδῳ οὔσης καὶ ὑπὸ γῆν. τὸ γὰρ τῆς σελήνης φῶς μαλακώτερα τὰ ξύλα ποιεῖ. τὰ δὲ τότε τεμνόμενα ξύλα ἄσηπτα διαμένει. 3 Τῷ αὐτῷ μηνὶ κοπρίζειν χρὴ τὰ καρποφοροῦντα δένδρα, τὴν δὲ κόπρον μὴ ἅπτεσθαι τῶν ῥιζῶν. 4 Τῷ αὐτῷ μηνὶ ἐγκεντρίσεις ὅσα πρῶτα ἀνθεῖ, οἷον δωράκινα, δαμασκηνά, βερικόκκια, ἀμυγδαλέας, κερασέας. 5 Τῷ αὐτῷ μηνὶ κλαδεύειν χρὴ καὶ τὴν χαμῖτιν ἄμπελον, ὀξυτάτοις δρεπάνοις, φυλαττομένους ἡμέρας καὶ ὥρας εὐδινάς. 6 Χρὴ φυτεύειν τὰς ἀμπέλους, καὶ τὰ λοιπὰ δένδρα ἀπὸ εἰδῶν Ἰαννουαρίων, ἕως ἂν ἡ τῶν τόπων ἐπιτηδειότης τὴν φυτείαν καταδέχηται. 7 Τῷ αὐτῷ μηνὶ σπείρειν οὐ χρή, διερὰ γὰρ καὶ βαρεῖα οὖσα ἡ γῆ, ἀτμώδης γίνεται, καὶ ἔοικεν ἐρίοις ἐξαμμένοις κακῶς. 8 Τὴν Μηδικὴν κοπρίσαι, κύτισον θερίσαι χλωρόν. 9 Τὴν ξηρὰν καὶ τὴν κούφην καὶ*

---

1 (Ἐ rubr. om.) *φημερὶς* etc. atram. L ‖ *κε. κϛ´* mg. L ‖ 2 *ἐκ τῶν β. καὶ τῶν κ.* rubro tit. loco, *μηνὶ ἰανν.* om. L *ἐκ τῶν β. καὶ τῶν κυντιλίων* (*καντ.* H) mg. de more F, post *μηνὶ ἰανν.* M, utrumque om., *Ἰαννουάριος* mg. add. P ‖ 6 *τῷ αὐτῷ μηνὶ* rubro pro titulo, et sic semper L ‖ 8 *μαλακώτερα ξύλα* M ‖ 10 *αὐτῷ μηνὶ* F *τῷ αὐτῷ μ.* CH ‖ 13 *δαμασκινὰ* F *δαμασκηνὰ* CH ‖ *βερίκοκα* CH *βερϊ(ο)κόκϊα(ηνα)* (*ο* et *ηνα* supra add. 1. m.) M *βερικοκκίας* P ‖ 14 §§ 5—10 om. L ‖ *χαμίτην* CHP ‖ 16 *εὐδιηνάς* CH *εὐδι . .*(ras.?)*νάσ* M *εὐδιεινάς* P ‖ 19 *διερὰ** emend. ex Theophr. C. P. III 23, 2 *ἀραιὰ* codd. ‖ *γὰρ* om. CH ‖ 21 §§ 8—10 om. P.

*λευκὴν καὶ γήλοφον, λεπτόγειόν τε καὶ ἀμμώδη γῆν, καὶ τὴν ῥιζῶν καὶ θαμνώδους πόας ἀνάπλεων, ἣν μὴ τῷ Ὀκτωβρίῳ ἐννεῶσαι μηνί, νῦν πρὸ τοῦ κοπρίσαι ἀρόσαι βραχέσι τοῖς ἀρότροις, καὶ εὐθέως κοπρίσαι.* **10** *Τὴν ἁλμυρίδα γῆν ἀνακινῆσαι μικροῖς ἀρότροις, ἀχύροις τε διαπάσαι κυαμίνοις, εἰ δὲ μή, σιτίνοις καὶ κριθίνοις.*

## Cap. 2. *Μηνὶ Φεβρουαρίῳ.*

**1** *Τῷ Φεβρουαρίῳ μηνὶ μεταθήσομεν ἀπὸ τοῦ φυτωρίου τὰς ἐνρίζους ἀμπέλους διετεῖς ἢ τριετεῖς, ἐνιαυσιαίας δὲ οὐδαμῶς, ἀσθενέστεραι γάρ εἰσιν. ἡ δὲ μεταφύτευσις τῶν ἀμπέλων καὶ πολὺν καρπὸν φέρει καὶ καλὸν ποιεῖ τὸν οἶνον.* **2** *Τούτῳ τῷ μηνὶ φυτεύομεν τοὺς καλάμους, πρὶν ἄρξασθαι βλαστάνειν.* **3** *Τούτῳ τῷ μηνί, καὶ ἄμπελον, καὶ πᾶν δένδρον, καὶ ῥόδα, καὶ κρίνα φυτεύειν χρή, τῆς σελήνης αὐξούσης.* **4** *Τῷ αὐτῷ μηνὶ σῖτον σπείρειν τριμηναῖον, σησάμην καὶ κάνναβιν· τὴν δὲ γῆν, ἐν ᾗ τὴν Μηδικὴν σπείρειν, νῦν ἀρόσαι τὸ δεύτερον.*

---

1 *καὶ* post *τε* om. FM serv. CH ‖ 2 *ἣν μὴ* M ‖ 4 *ἀρόσαι* corr. Needh. *ἀρόσει* codd. ‖ 8. 9 *φευρουαρίω* M ‖ 10 *ἐρριζούσασ* C *ἐῤ-ῥίζους* H *ἐρρίζουσ* L *εὐρίζους* M *εὐρρίζους* P ‖ *δι¦ετίδας ἢ τριετίδασ* L ‖ 12 *μετὰφυτευσεισ* (!) L ‖ 13 |*Τούτω τῶ μηνὶ* (*Τ* rubro, cetera atram., et sic deinceps plerumque) L ‖ 15 *τοῦτο τὸ μη*(*νὶ* per comp.) versu continuo L ‖ 16 *χρὴ* FM *δεῖ* L ‖ 17 |. *ῶ αὐτῶ μ.* L ‖ *σησάμιν* F ut ed. CH ‖ *σησάμην — σπείρειν* om. L ‖ 18 *τὴν δὲ γῆν — δεύτερον* om. P ‖ *σπείρειν* C *σπεί-ρει* FHM ‖ 19 *ἀρόσαι* corr. Needh. *ἀρόσει* FM *ἀρόσεισ* L.

## Cap. 3. *Μηνὶ Μαρτίῳ.*

1 *Τῷ Μαρτίῳ μηνὶ τὰ κλήματα πρὸς εγκεντρισμὸν ληψόμεθα, καὶ αὐτὸν τὸν ἐγκεντρισμὸν τῶν τε ἀμπέλων καὶ τῶν ἄλλων δένδρων ποιησόμεθα.* 2 *Τούτῳ τῷ μηνὶ καλάμους φυτευτέον πρὸ τῆς ἰσημερίας.* 3 *Τούτῳ τῷ μηνὶ θεραπεύσομεν τὰς ἰάσεως δεομένας ἐλαίας.* 4 *Τούτῳ τῷ μηνὶ ταῖς ῥίζαις τῶν ἀμυγδαλῶν κόπρον χοιρείαν ἐπιθήσομεν, τάς τε γὰρ πικρὰς γλυκείας ποιεῖ, καὶ μείζους καὶ τρυφεράς, ὡς Ἀριστοτέλης φησί· Θεόφραστος δὲ οὖρον ταῖς ῥίζαις ἐπιχέειν φησί.* 5 *Τούτῳ τῷ μηνὶ φυτεύσομεν πᾶν δένδρον καὶ κάστανον ἀπὸ πασσάλου, μάλιστα ἐν τοῖς ψυχροτέροις καὶ ὑγροτέροις τόποις.* 6 *Τούτω τῷ μηνὶ περισκάπτειν χρὴ τὰς ἀμπέλους καὶ τὰ λοιπὰ δένδρα· τὰ γὰρ τότε περισκαπτόμενα καὶ πολυκαρπεῖ καὶ καλλικαρπεῖ.* 7 *Τούτῳ τῷ μηνὶ βλαστολογεῖν χρὴ τὰς τριετεῖς ἀμπέλους, ἔτι ἁπαλῶν ὄντων τῶν βλαστῶν. τινὲς δὲ ταῖς χερσὶ βλαστολογοῦσι, τοῖς γὰρ ἀρχαίοις δοκεῖ ἕως τριετοῦς μὴ προσάγειν σίδηρον ταῖς ἀμπέλοις.* 8 *Καὶ ἡ καταστόρεσις δὲ τῶν ἀμπέλων τῶν τριετῶν τούτῳ τῷ μηνὶ ἐπιτηδειότερον γίνεται.* 9 *Δεῖ τούτῳ τῷ μηνὶ ἐγκεν-*

---

2 *ἐγκεντρεισμὸν* L ‖ 3 *ληψώμεθα* (ω ex o corr.) F *-όμεθα* H *ληψόμεθα — ἐγκεντρισμὸν* om. C ‖ 4 *ποιησώμεθα* (ω ex o corr.) F *ποιησάμεθα* CH ‖ § 2. om. LCH ‖ 6 *τοῦτο τῶ μηνὶ* versu continuo L ‖ *θεραπεύσωμεν* (ω ex o corr.) F *-σωμεν* C *-σομεν* H ‖ 7 *ἐλαίας. Καὶ* (*K* rubr.) *ταῖς ῥίζαις* L ‖ 8 *ἐπιθήσωμεν* CH ‖ 9 *ποιεῖν* L ‖ *Ἀριστοτέλης* in mg. rep. F non rep. CH ‖ 10 *φασίν* per comp. L ‖ *Θεόφρ.* rubr. L ‖ *φησίν·* F *φησί·* H *Θεόφ. — φησί* om. C ‖ 11 §§ 5—9 om. L ‖ *φυτεύσωμεν* (ω ex o corr. F)FCH ‖ 13 *τόποις* om. M ‖ 14 *τὰς* om. CH ‖ 15 *καλικαρπεῖ* F *καλῦκ.* C *καλλικ.* H ‖ 21 *δεῖ* sine rubr. L.

*τρίζοντας πάντα πρὸ τῆς βλάστης ἐγκεντρίζειν, ὅτε πλέον τὸ δάκρυον ἔχειν δοκεῖ τὰ δένδρα, καὶ παραφυλάττεσθαι, ἵνα τῶν μήλων καὶ τῶν ἀππίων τὰ εἰς ἐγκεντρισμὸν ἐνθέματα λαμβανόμενα, πεφυλαγμένως καὶ ἀκριβῶς ὀξυτάτῳ δρεπάνῳ λαμβάνηται· πάνυ γάρ ἐστι ταῦτα τὰ δένδρα λεπτόφλοια, διό τινες αὐτὰ ταῖς χερσὶν ἀφαιροῦσι μᾶλλον, ἢ δρεπάνῳ τέμνουσι.* **10** *Καὶ ἀροτριᾶν δὲ εἰς νεασμὸν προσήκει τοὺς παρασκευάζοντας εἰς σπορὰν τὴν γῆν. τότε γὰρ στραφεῖσα οὔτε πολλὰς βοτάνας θρέψει καὶ ψαθυρωτέρα γενήσεται. οὐκ ἀρκεῖ δὲ τοῦτο ἅπαξ ποιεῖν, ἀλλὰ καὶ δεύτερον, εἴθε δὲ καὶ τρίτον.* **11** *Σπείρειν δὲ προσήκει σῖτον λευκόν, τὸν σιτάνιον ἐπικαλούμενον, καὶ τὸν μελαναθέρα, καὶ τὸν ἐπιμήκη τὸν Ἀλεξανδρῖνον λεγόμενον, εἰς τὴν ἐλαφρόγειον καὶ τὴν εὐήλιον, ὀρεινήν τε καὶ λακκώδη, καὶ ψαμμώδη καὶ ἄνυδρον γῆν, μέχρι τῆς πρὸ θ´ καλανδῶν Ἀπριλλίων.* **12** *κριθὰς σπείρειν τὰς λεπτίτιδας καλουμένας εἰς τὴν ἀπὸ τοῦ σίτου γῆν. σπείρειν δὲ ἐν τοῖς οἰκείοις τόποις σησάμην, τίφας, ζειάς, κέγχρον, καὶ καννάβιον.* **13** *ὅταν δὲ ἀποσταχύῃ τὰ σπαρέντα, βοτανίσαι αὐτά· οὕτω γὰρ οἱ καρποὶ*

---

1 *ἐγκεντρίζοντες* L *-ζοντες* (*ας* supra) H ‖ *ὅτι* CP ‖ 2 *δάκρυ* L ‖ 3 *ἀπίων* L *τὸν ἀππίων* F *τῶν ἀ.* CH ‖ 4 *ἐνθέματα λαμβανόμεθα λαμβανόμενα* M *ἐνθέματα λαμβανόμενα* P ‖ 5 *ὀξυτάτη δρεπάνη* P *ὀξυτάτω δρεπάνη* M ‖ *γάρ εἰσι ταῦτα* L ‖ 7 *τέμνουσιν* F *-σι* CH ‖ §§ 10—13 om. L ‖ 8 *δὲ καὶ νεασμὸν* F ‖ 10 *γένηται* F *γένῆται* et mg.: *γ̄ρ́ γενήσεται* H *γενήσεται* C ‖ 11 *δὲ* om. F ‖ 14 *ἀλεξάνδρινον* F ‖ 15 *τε* om. M ‖ 16 *μέχρι* om. C *μέχρι* — fin. cap. om. sed inserit *περὶ φυτείας καὶ καθαρισμοῦ ἐλαιῶν καὶ λοιπῶν φυτῶν:* P ‖ 17 *ἀπριλίων* F *λλ* CHM ‖ 17 et 19 *σπείρειν* CH *σπείρει* FM ‖ 19 *σησάμην* CM *σησάμιν* FH ‖ *τῆφας* M ‖ 20 *κανάβιον* C *καννaβιν* sine acc. per comp. M ‖ 21 *βοτανίσαι* Needh. *βοτανίσει* codd.

καθαροὶ καὶ εὐθαλεῖς ἔσονται. καὶ κύτισον δὲ θερίσαι χλωρόν.

## Cap. 4. *Μηνὶ Ἀπριλλίῳ.*

1 Τῷ Ἀπριλλίῳ μηνὶ δυνατὸν ἔτι ἐλαίας φυτεύειν· χρὴ δὲ αὐτὰς τότε μάλιστα καθαίρειν, διακαθαιρόμεναι γὰρ τὸν καρπὸν κρείττω ποιοῦσι. 2 Θεόφραστος δέ φησι, τούτῳ τῷ μηνὶ ἐλαίας καὶ ῥοιὰς καὶ μυρσίνας εἰς πασσάλους κόψαντας, δύνασθαι φυτεύειν ἐν τοῖς ὑγροῖς τόποις καὶ ἀρδομένοις. 3 Τούτῳ τῷ μηνὶ ἐγκεντρίσομεν καὶ ἐνοφθαλμίσομεν τὰς ἐλαίας, καὶ τὰ λοιπὰ δένδρα εὐκαίρως. 4 Ἔτι ἐνοφθαλμίζεσθαι ἄρχεται τούτῳ τῷ καιρῷ συκῆ, καὶ καστανέα, καὶ κερασέα. 5 ἀλλὰ καὶ ὁ δεύτερος σκάφος τῶν νέων ἀμπέλων τούτῳ τῷ μηνὶ πεπληρῶσθαι ὀφείλει, καὶ τὰς νέας ἀμπέλους ἀποτέμνειν προσήκει· λειοτέρα γὰρ αὐτῶν ἡ τομὴ ἔσται νῦν γενομένη· κἂν τισι δοκῇ, μᾶλλον δὲ πᾶσι τοῖς ἀρχαίοις, ἕως τριετοῦς χρόνου τῇ ἀμπέλῳ μὴ προσάγειν σίδηρον. 6 τούτῳ δὲ τῷ μηνί, καὶ τὸ τῆς πτελέας σπέρμα συλλέξαντα, εὐθέως σπείρειν προσήκει· ἀλλὰ καὶ συκέας ἐνρίζους νῦν μεταφυτεῦσαι δυνατόν, κἂν ἤδη ὦσι βλαστήσασαι.

---

1 θερίσει F ‖ 3 μηνὶ ἀπριλλίω: περὶ φυτείας καὶ καθαρισμοῦ ἐλαιῶν καὶ λοιπῶν φυτῶν:~ τῶ ἀ. μ. M; item, sed μηνὶ om. ἀπρ. mg. add. P ἀπριλίωι de more F λλ de more CH ‖ 5 διακαθαιρόμενα M -αι P ‖ 6 Θεόφρ. mg. rep. F ‖ 7 φησιν F φησι CH ‖ 8 πασάλους LH § 2. om. P ‖ κόψαντες F ‖ 9 ἢ ἀρδομένοις L ‖ §§ 3—6. om. L ‖ 10 ἐγκεντρίσωμεν καὶ ἐνοφθαλμίσωμεν CH ω ex ο corr. (?) F ‖ 16 δοκεῖ FC δοκῇ in ras. H κἂν τισι -σπείρειν προσήκει om. P ‖ 20 ἐρρίζους H εὐρίζους M εὐρρίζους P ἐν ταῖς ῥίζαις αὐτῶν S III 7 ‖ 21 ὦσιν FH ὦσι C.

## Cap. 5. *Μηνὶ Μαΐῳ.*

1 Τῷ Μαΐῳ μηνὶ ἐγκεντρίζειν ἄμπελον πάνυ ἐπιτηδειότατον εἶναι δοκεῖ, πρὶν βλαστῆσαι. ἔνιοι δὲ μετὰ τὸν τρυγητὸν ἐγκεντρίζουσιν αὐτήν. 2 Τούτῳ τῷ μηνὶ τὰς ἐλαίας καθαριοῦμεν. Τούτῳ τῷ μηνὶ τοὺς οἴνους μεταγγίσομεν. τὸ δὲ κεράμιον πεπληρῶσθαι χρὴ ἕως κατωτέρω μικρὸν τοῦ τραχήλου, ἵνα μὴ πνίγηται, ἀλλ ὥστε ἔχειν τινὰ ἀναπνοήν. 3 Τούτῳ τῷ μηνί, ὡς προείρηται, δυνατὸν ἐγκεντρίζειν ἄμπελον. καὶ ἀρχομένου φύειν τοῦ στελέχους, τὸ γὰρ δάκρυον ἰξῶδες γίνεται. τὰ δὲ ἐνθέματα, δηλονότι πρὸ πολλοῦ καὶ πρὶν βλαστάνειν λαβόντες, καὶ ὑπὸ γῆν ἢ ἐν κεράμῳ ἐπιμελῶς ἀποκρυψάμενοι, φυλάξομεν, ὡς μὴ βλαστῆσαι. 4 Τούτῳ τῷ μηνὶ σκάπτειν χρὴ τὰς ἀμπέλους, καὶ μάλιστα ἀνομβρίας γενομένης· παραμυθεῖται γὰρ ὁ σκάφος τὴν διψῶσαν ἄμπελον, διαπνεῖσθαι γὰρ αὐτὴν ποιεῖ, καὶ ἡ γῆ ἐπανισταμένη, ἀναψύχει τὴν διψῶσαν ἄμπελον. καὶ τὰ φυτώρια δὲ σκάπτειν ἀναγκαῖόν ἐστιν. (ἔστι δὲ φυτώρια, ἀφ' ὧν λαμβανόμενα τὰ φυτὰ εἰς ἑτέρους τόπους μετὰ β' ἔτη ἢ γ' μεταφυτεύομεν.) 5 τούτῳ τῷ μηνὶ τὰ ἐγκεντρισθέντα δένδρα διαπαντὸς ἑσπέρας ὕδατι ἐν σπογγίῳ ἐπιῤῥαίνειν προσήκει. 6 Τινὲς καὶ τούτῳ τῷ μηνὶ φυτεύουσιν, ἐν τοῖς χειμερινοῖς δηλονότι καὶ ψυχροτάτοις καὶ

---

4 *τρυγητὸν:· τοῦ αὐτοῦ μη(νὸς*? per comp.) *τρυγητὸν ἐγκ.* L | 5 *καθαιροῦμεν* sed *α* supra *αι* add. m. 1. H *τούτῳ — καθαριοῦμεν* om. C *καθαριοῦμεν. τούτῳ* versu continuo L *καθαροῦμεν· καὶ τοὺς οἴνους* M ‖ 6 *μεταγγίσωμεν* C et corr. ex *ο* F *-ζομεν* H ‖ 7 *κατωτέρα* L ‖ 8 §§ 3—7 om. L ‖ 9 *ἐγκεντρίσαι* M ‖ 11 *γίγνεται* H ‖ 13 *φυλάξωμεν* CH *ω* ex *ο* corr. (?) F ‖ 19 *λαμβάνομεν* F ‖ 20 *δύο* PC ut ed. HM *ἔτη β'* F ‖ *τρία* M ‖ 23 *καὶ* om. M.

ὑγροτάτοις τόποις, ἢ ἄλλως ἀρδεύεσθαι δυναμένοις. καὶ οὐ μόνον διὰ παντὸς τοῦ μηνὸς τοῦτο ποιοῦσιν, ἀλλὰ καὶ ἕως εἰδῶν Ἰουνίων, δήλου ὄντος, ὡς πᾶν φυτὸν πρὶν ἐξοιδῆσαι πρὸς βλάστην, δεκτικόν ἐστιν εἰς φυτείαν. οὐδὲν γὰρ βλαστῆσαν ἅπαξ δυνήσεται φύεσθαι, πλὴν συκῆς μόνης, κἂν τινες τὰς ἀμπέλους βλαστησάσας φυτεύωσιν. 7 Ἔτι τούτῳ τῷ μηνὶ σκάπτειν τοὺς θέρμους προσήκει, τοὺς ἕνεκεν τοῦ κοπρίσαι ἢ καθᾶραι τὴν γῆν σπαρέντας· εἶτα πρὸ τῶν εἰδῶν τέμνειν, πρὶν ἀνθεῖν τὴν σταφυλήν, ἔτι ὑγροὺς ὄντας, καὶ ἐᾶν θερισθέντας ὀλίγον σαπῆναι. καὶ μετὰ ταῦτα ἀροτριᾶν, ἕως ἐπιχωσθῆναι τὰ ἀποκοπέντα τῶν θέρμων, καὶ οὕτως αἱ ῥίζαι πᾶσαι διαφθείρονται. 8 τῷ αὐτῷ δὲ μηνὶ καὶ τὴν γῆν στρέψομεν τὴν ὑπὸ πολλῆς ἀγρώστεως ὀχλουμένην, πᾶσάν τε τὴν ἐκριζωθεῖσαν ἄγρωστιν ξηρανθῆναι ἐάσομεν. καὶ σελήνης ἑκκαιδεκαταίας γεγενημένης, πᾶσαν ἀθρόως αὐτὴν ἐκφορήσομεν τοῦ χωρίου, τῆς ἀντιπαθείας συμβαλλομένης πρὸς τὸ μηκέτι αὐτὴν ἀναβιοῦν. 9 τὰ ἀγγεῖα δέ, εἰς ἃ ἐκ τῶν πίθων ὁ οἶνος μεταφέρεται, σπάρτῳ χρὴ τρίβειν καὶ καθαίρειν, οὔτε γὰρ τρὺξ πολλὴ ἔσται, οὔτε γενομένη ξηρανθήσεται, ὃ μάλιστα τοὺς οἴνους βλάπτει.

---

2 διὰ παντὸς P διαπαντὸς FM ‖ 3 ἰδῶν semper CH ‖ 11 ἑανὸν F ἑανῶν C εὐανῶν H ἐὰν P ‖ 12 ἐπιχωσθῇ καὶ τὰ M ‖ 13 Τῷ αὐτῷ μηνὶ versu continuo L ‖ 14 στρέψωμεν C et ω ex ο corr. (?) F στρέφομεν M ‖ 15 ὀχλουμένην καὶ ξηρανθῆναι L ‖ ἐάσωμεν CH et ω ex ο corr. (?) F ‖ 16 ἑκκαιδεκατείας P ἑκκαιδεκάτης FM ἑκκεδεκάτης H ‖ 17 ἐκφορήσωμεν FC ut ed. H ‖ 19 τὰ v. c.; ἀγγεία (!) δὲ bis L.

## Cap. 6. *Μηνὶ Ἰουνίῳ.*

*1 Τῷ Ἰουνίῳ μηνὶ τὰς ἐγκεντρισθείσας ἀμπέλους δεῖ περισκάπτειν πρὸ εἰδῶν, εἰ δυνατόν, ἐκ δευτέρου καὶ τρίτου, ἀρξαμένους πρὸ εἰδῶν Μαΐων. καὶ ἡ βλαστολογία δὲ πᾶσα τούτῳ τῷ μηνὶ πεπληρώσθω. 2 Νυνὶ δὲ καὶ τοὺς προκύπτοντας βλαστοὺς τῶν νέων ἀμπέλων ἀφαιρετέον, κἄν τι ἐν τοῖς ἄνω μέρεσι παραβλαστάνῃ, ἑνὶ γὰρ βλαστῷ τὴν νέαν ἄμπελον ἀρκεῖσθαι προσήκει. 3 Τούτῳ τῷ μηνὶ τοὺς κλάδους τῶν τελείων ἀναδενδράδων τοὺς ἀπῃωρημένους, καὶ μὴ ἔχοντας καρπόν, ἀποτεμεῖν χρή. 4 Τούτῳ τῷ μηνὶ ἐν ταῖς συκαῖς τοὺς ὀλύνθους καὶ τὰ ἐρινεὰ κρεμάσομεν. 5 Τούτῳ τῷ μηνὶ ἐγκεντρίσομεν καὶ ἐνοφθαλμίσομεν πᾶν δένδρον, ἕως εἰδῶν Ἰουλίου μηνός, τὴν δὲ συκῆν καὶ μετὰ ταῦτα. Τῷ αὐτῷ δὲ μηνὶ καὶ τὰ δένδρα τὰ περισκαφέντα καὶ ἐαθέντα προσχῶσαι προσήκει. 6 Πρὸ μέντοι εἰδῶν καὶ τοὺς καλαμῶνας, καὶ τοὺς ἰτεῶνας περισκάπτειν δυνατόν. ἔτι ἐν τοῖς κήποις σέλινα καὶ ἀμάραντον, καὶ ἀλθαίαν τεθῆναι καιρός. 7 Τῷ αὐτῷ δὲ μηνὶ τὴν καλουμένην βικίαν τέμνειν, χόρτον τε χλωρὸν ὄντα, καὶ ξηραίνειν τερσάνῃ αὐτὸν ἐν σκιᾷ, οὕτως γὰρ ἂν γλυκὺς ἔσται. καὶ μετὰ τὴν τμῆσιν ἀρδεῦσαι τὸ χορτοκόπιον εὐθέως, καὶ εἰς νειὸν ἀρόσαι.*

---

3 *πρὸ εἰδῶν* om. M *πρὸ εἰδῶν εἰ δυνατὸν* om. S III 9 ‖ 4 *πρὸ εἰδῶν μάλλων* L *ἀπὸ εἰκοστῆς καὶ πέμπτης τοῦ Ἀπριλίου* (nisan) S ‖ 6 § 2. om. L ‖ 11 *ἀπὸ τέμνειν* L ‖ *χρή· κἂν ταῖς συκαῖς* M ‖ § 4. om. L ‖ 12 *κρεμάσομεν καὶ ἐγκεντρίσομεν* M *κρεμάσωμεν* FC *-σομεν* H ‖ 13 *ἐγκεντρίσωμεν* F ‖ *ἐνοφθαλμίσωμεν* FCL *-μήσωμεν* H ‖ 16 §§ 6–8. om. L ‖ 18 *ἔτι ἐν — βικίαν* om. *τέμνειν* ante *χλωρὸν* inserit P ‖ 21 *τέρσανῃ* om. P ‖ 22 *οὕτως* FC et per comp. M *οὕτω* HP ‖ 23 *ἀρδεῦσαι* Needh. *ἀρδεύσει* codd. ‖ *καὶ* C, om. FHM ‖ *ἀρόσαι* Needh. *ἀρόσει* FHM *ναὸν ἀρώσει* C.

8 Ἀπὸ τῆς πρὸ θ' καλανδῶν Ἰουλίων ἀλοῆσαι, οὔτε γὰρ ὄμβροι, οὔτε δρόσοι ἐν ταύταις γίνονται ταῖς ἡμέραις.

## Cap. 7. Χόνδρου ποίησις.

1 Ζειὰς πτιστέον καὶ βραστέον καὶ ἐμβλητέον εἰς ζεστὸν ὕδωρ, καὶ συνεκπιαστέον. ἔπειτα γύψον λευκὴν κοπτέον καὶ εἰς λεπτὸν σηστέον, ἄμμου τε τῆς λευκοτάτης καὶ λεπτοτάτης τὸ τέταρτον σὺν γύψου μέρει κατ' ὀλίγον μικτέον ἐπιπτισσομένῃ τῇ ζειᾷ αὖθις. σκευαζέσθω δὲ ἐν ταῖς ὑπὸ κύνα ἡμέραις, ἵνα μὴ ὀξίσῃ. ἐπὰν δ' ἅπασα ἐπιπτισθῇ, κοσκίνῳ κοσκινευέσθω ἁδροτέρῳ. 2 κάλλιστος ὁ πρῶτος σησθεὶς γίνεται χόνδρος· δεύτερος ὁ ἐπὶ τούτῳ· καὶ ἐλάττων ὁ τρίτος.

## Cap. 8. Τράγου ποίησις.

Τὸν Ἀλεξανδρῖνον σῖτον λεγόμενον βρεκτέον καὶ πτιστέον καὶ ξηραντέον ἐν ἡλίῳ θερμῷ· εἶτ' αὖθις τὰ αὐτὰ ποιητέον, ἄχρις οὗ οἵ τε ὑμένες τοῦ σίτου καὶ τὸ ἰνῶδες ἀποπέσῃ. Οὕτω τε ξηραντέον καὶ ἀποθετέον τὸν τράγον ἐκ τῆς εὐγενοῦς ὀλύρας.

---

1 ἐννέα P ‖ ἀλοῆσαι Needh. ἀλοήσει CFM ἀλωήσει H ‖ 2 ὄμβρος corr. ex ι P ‖ δρόσος P ‖ γίνεται P ‖ 4 c. 7. om. LP ‖ 5 πιστέον CH ‖ 8 σὺν ψύχου μέρει M ‖ 9 ἐπιπτισομένη F ἐπιπασσομένη CH ‖ 10 δὲ om. CH ‖ 11 ἐπὰν δ' ἅπασα F ἐπὰν δ' ἂν ἅπ. CH ἐπὰν δὲ ἅπ. M ‖ 15 c. 8. om. LP ‖ 16 ἀλεξάνδρινον CH ‖ 17 πιστέον CH.

## Cap. 9. *Πτισάνης ποίησις.*

*Κριθὴ βραχεῖσα πτίσσεται καὶ ἡλίῳ ξηραίνεται, εἶτ' ἀποτίθεται οὕτω. παρεμπάττεται δ' αὐτῇ τὸ λεπτὸν αὐτῆς, τηρεῖ γὰρ αὐτήν. ἔστω δὲ τὸ ὕδωρ δέκατον τοῦ τῶν κριθῶν μέρους. κόπτεται δὲ ἁλῶν ἀτρίπτων εἰς αὐτὴν ἐμπαττομένων. γίνεται καὶ ἐκ τοῦ σίτου πτισάνη ὁμοίως.*

## Cap. 10. *Μηνὶ Ἰουλίῳ.*

**1** *Τῷ Ἰουλίῳ μηνὶ τὰς ἀμπέλους χρὴ σκάπτειν ἕως δευτέρας ὥρας καὶ δείλης ἕως ὀψίας, οὐκ εἰς βάθος, καὶ τὰς βοτάνας ἐκλέγειν, μάλιστα δὲ τὴν ἄγρωστιν. δεῖ δὲ καὶ γῆν καταρρηγνυμένην ὁμαλίζειν καὶ ἑνοῦν, ἵνα μὴ ὁ ἥλιος φλέγῃ τὰ ἐν βάθει.* **2** *δεῖ δὲ καὶ τὴν τελείαν ἄμπελον ἐπισκάπτειν, μάλιστα πεπαίνει γὰρ καὶ μεγεθύνει ὁ κονιορτὸς τὴν σταφυλήν.* **3** *τούτῳ τῷ μηνὶ πᾶσαν ἀγρίαν βοτάνην καὶ ἀκάνθας ἐκτέμνειν προσήκει.* **4** *τούτῳ τῷ μηνὶ καὶ ξύλα, ἐὰν ἡ χρεία κατεπείγῃ, τέμνειν δυνατόν, ληγούσης δηλονότι τῆς σελήνης, καὶ ὑπὸ γῆν οὔσης.* **5** *ἔτι καὶ τὴν γῆν ἀροτριᾶν προσήκει, ἀφ' ἧς κύαμοι ἢ λάθυροι ἐθερίσθησαν. εὐθέως γὰρ πᾶσαν γῆν δεῖ ἀροτριᾶν μετὰ τὸν θερισμόν, πρὶν ξηρὰν γενέσθαι.* **6** *ἔτι καὶ φυλλάδας εἰς*

---

1 c. 9. om. LP ‖ 2 *πτίσεται* H *πίσε(ται)* per comp. et corr. ex *πίσσ.* C ‖ 6 *ἐκ σίτου* M ‖ 8 *μη(νὶ) ἰλίω: τῶ αὐτ(ῶ) μηνὶ ἰου-λ(ίω)* per comp. omnia rubro L ‖ 12 *γῆν* Needh. *τὴν* codd. ‖ *κατερρηγμένην* L ‖ 15 §§ 3—9. om. L *τούτῳ τῷ — βοτάνην* om. M ‖ 17 *τούτω τῶ μηνὶ καὶ πᾶσαν ἀγρίαν βοτάνην καὶ ξύλα* M om. § 4 P ‖ 19 *ὑπὲρ* FM *δηλονότι λήγοντος τοῦ ἡλίου* (sic!) *καὶ ὄντος ὑπὸ γῆν* S III 10 ‖ 21 *μάλιστα τῶν θερμῶν* C *μά-λιστα τὸν θέρμον* H.

τὴν τῶν βοσκημάτων ἀνατροφὴν τέμνειν χρήσιμον καὶ ἀποτίθεσθαι. 7 Ἔτι δὲ περὶ τὰς εἰδοὺς τοῦ αὐτοῦ μηνὸς πτέριν καὶ βούτομον καὶ σχοῖνον καὶ κάλαμον ἐκριζώσει τις· καὶ θέρμους ἀνθοῦντας κωνείῳ τρίψας, καταχύσει ἐπὶ τὴν τομὴν τῆς περιλειφθείσης ἐν τῇ γῇ ῥίζης· ξηρανεῖ γὰρ αὐτήν. 8 Εἰ δὲ πολύῤῥιζος εἴη ἡ γῆ, θέρμους σπερεῖ ἐν αὐτῇ, καὶ τούτους ἀνθοῦντας τεμὼν ἀρόσει, ὡς ἐγχῶσαι τὰ ἀποκεκομμένα, καὶ λεπτὴν κόπρον ἐπιπάσας ἐάσει. 9 μετὰ δὲ ἡμέρας ιβʹ ἀρόσει δίς, καὶ σπερεῖ τὰ τῇ γῇ πρόσφορα, μιγνὺς τῷ σπέρματι καὶ φακῆς μέρος ὀλίγον.

## Cap. 11. *Μηνὶ Αὐγούστῳ.*

1 *Τῷ Αὐγούστῳ μηνὶ τὰς πεπανθείσας σταφυλὰς ἐν τοῖς θερμοτέροις τόποις τρυγᾶσθαι προσήκει, τὰς μέντοι μηδέπω πεπανθείσας μετρίως περισκάπτειν, καὶ τοὺς ἐλαιῶνας δὲ ὁμοίως· καὶ τοὺς βώλους διαλύειν, ὥστε ἐπεγείρειν τὸν κονιορτόν· ἐμπεσὼν γὰρ οὗτος τῷ καρπῷ, θᾶττον αὐτὸν πεπαίνει. 2 διὰ τοῦτο καὶ αἱ παρὰ τὴν ὁδὸν ἐλαῖαί τε καὶ ἄμπελοι εὐτραφέστεραι τῷ καρπῷ, διὰ τὴν ἐπανισταμένην ἐκ τῶν ὁδευόντων κόνιν. μόνας δὲ ἐκείνας τὰς ἀμπέλους οὐ δεῖ σκάπτειν, λοιπὸν ξηρανθείσης τῆς γῆς, τὰς ἐν τῇ λεπτόγεῳ οὔσας· εὐθέως γὰρ ξηραίνονται, τὰς ῥίζας ἐπιπολαίους ἔχουσαι διὰ τὴν λεπτότητα. Τῷ αὐτῷ μηνὶ τὰ ἐγκεν-*

---

3 *πτέρην* F *πτέριν* CH ‖ 4 *τρίχας* CH ‖ 6 *πολύριζος* FP item sed altero ϱ m. 1. supra add. H ut ed. CM ‖ 7 *σπαίρειν* CH ‖ 8 *λέπτινον κόπρον* CH ‖ 9 *ἀρόσεις* C ‖ 12 *μηνὶ αὐγ. τῷ αὐγ. μ.* omnia rubro L ‖ 13 *τὰς* om. M serv. P ‖ 15 *μηδέπο πεπανθήσας* L ‖ 18 *μᾶλλον* L ‖ *διὰ* v. c. L ‖ 19 *περὶ τὴν ὁδὸν* M *διὰ τοῦτο — κόνιν* om. P ‖ 19 *τε* om. HL ‖ 21 *μόνας — λεπτότητα* om. L ‖ 22 *λεπτογέῳ* CH *λεπτογείῳ* P.

*τρισθέντα δεῖ σπόγγῳ ἐπιῤῥαίνειν ὕδατι, δύνοντος τοῦ ἡλίου.* **3** *Τῷ αὐτῷ μηνὶ τοὺς πίθους ξηραίνειν χρὴ ἐν ἡλίῳ, καὶ πρὸ κ′ ἡμερῶν τοῦ μέλλειν τὸν οἶνον δέξασθαι, πισσοῦν.* **4** *τῷ αὐτῷ μηνὶ τὴν ὄψιμον σταφυλὴν βλαστολογεῖν χρή, αὕτη γὰρ ἡ βλαστολογία τὸν καρπὸν αὐξῆσαι ποιεῖ καὶ καλλίονα, καὶ τάχιον πεπαίνει.* **5** *ἐν δὲ ταῖς νέαις καὶ πολυφόροις ἀμπέλοις, καὶ τοῦ καρποῦ προσαφαιρεῖν τι χρή, ἵνα μὴ καὶ τὰ κλήματα λεπτότερα, καὶ ὁ καρπὸς ἄχρηστος γένηται. ἔτι χρὴ τὴν πρὸς τὸ διαμένειν λαμβανομένην σταφυλὴν ἀκμαίαν λαμβάνειν.* **6** *Καιρὸς δὲ καὶ τὰ ξηραινόμενα σῦκα ἐν τοῖς θερμοτέροις ἤδη λαμβάνειν, ἔτι καὶ τοὺς βόθρους παρασκευάζειν, ἐν οἷς κατὰ τὸ φθινόπωρον φυτεύσομεν ἐλαίας, ἢ καὶ ἄλλο τι δένδρον.* **7** *τῷ δὲ αὐτῷ μηνὶ καὶ τὰ εἰωθότα χορτοφόρα χωρία ἀρδεύεσθαι ἀρδεύσομεν, καὶ ἐκ δευτέρου τεμοῦμεν πτέριν, καὶ σχοῖνον, καὶ κάλαμον, καὶ βούτομον.* **8** *Εἰς νειὸν δὲ ἀρόσομεν τὴν στερεὰν καὶ βαρεῖαν καὶ πίειραν γῆν· καὶ τὴν ὀρεινὴν καὶ δυσχείμερον καὶ πάνσκιον, καὶ πρὸς βοῤῥᾶν, βαθέσιν ἐργασόμεθα τοῖς ἀρότροις, ἢ δικέλλαις.* **9** *Ἕως δὲ τῆς πρὸ θ′ καλανδῶν Σεπτεμβρίων ἀλοήσομεν, οὐ γὰρ ὄμβροι οὐδὲ δρόσοι οὐδ' ἐν ταύταις γίνονται ταῖς ἡμέραις.*

---

1 *τοῦ* om. CH ‖ 2 *ξηραίνει δεῖ* P ‖ 3 *εἴκοσι* CH *εἴκοσιν* P *δύο* L ‖ *μέλειν* L ‖ 4 *πισοῦν* CH ‖ *τῶ αὐτῶ* et 7 *ἐν* v. c. L ‖ 6 *ποιεῖ* om. M ‖ 7 *νίαις* L ‖ 9 *ἔτι — λαμβάνειν* om. L ‖ 11 §§ 6—9 om. L ‖ 13 *φυτεύσωμεν* C ‖ 15 *ἀρδεύσωμεν* CH et ex corr. F ‖ 16 *τεμοῦμεν* ex *τέμομεν* m. 2. P *τέμωμεν* FHM *τέμομεν* C ‖ *πτέρην* F *ι* CH ‖ 17 *ναὸν ἀρόσωμεν* C *ἀρόσωμεν* etiam H et ex corr.? F ‖ 20 *ἐργασώμεθα* F *ο* CH ‖ 21 *ἐννέα* P ‖ *σεπτεβρίων* CP ‖ 22 *ἀλοήσῳμεν* F *ἀλοήσομεν* HM *ἀλωήσομεν* C ‖ *οὐδὲν* CH *οὐδ'* om. P.

## Cap. 12. *Μηνὶ Σεπτεμβρίῳ.*

1 *Τῷ Σεπτεμβρίῳ μηνὶ σημειοῦσθαι χρὴ τάς τε πολυφόρους ἀμπέλους, καὶ τὰς ἀφόρους, ἵνα τὰς μὲν ἐκτέμωμεν, τὰς δὲ ἐγκεντρίσωμεν· γινέσθω δὲ ἡ σημείωσις μίλτῳ μετὰ ἐλαίου καὶ πίσσης μεμιγμένη.* 2 *Τούτῳ τῷ μηνὶ τὰ ἄχυρα καὶ τῶν πλατάνων τὰ φύλλα, οἷς μέλλομεν θησαυρίζειν τὰς σταφυλάς, ἡλιάζειν καὶ ξηραίνειν χρή.* 3 *Ἔτι καὶ τὰ κάρυα νῦν ἐκτινάσσειν προσήκει, καὶ ξηραινόμενα ἀποτίθεσθαι.* 4 *ἄχρι δὲ τῆς πρὸ ς´ καλανδῶν Ὀκτωβρίων τὸ σπείρειν ἐπισφαλές. ἂν γὰρ αὐχμοὶ ἐπακολουθήσωσι, διαφθείρεται τὰ σπέρματα.* 5 *ἀπὸ δὲ τῆς πρὸ πέντε καλανδῶν Ὀκτωβρίων θέρμον σπείρειν, οὗτος γὰρ ὑετὸν οὐκ ἐκδέχεται.* 6 *Τὴν λεπτόγειον γῆν, καὶ ἀνάπλεων ῥιζῶν καὶ θαμνώδους πόας, μετὰ τὰς εἰδοὺς τὰς Σεπτεμβρίας ὄμβρων ἐπιγενομένων, πρὸ τοῦ κοπρίζειν ἀροῦν εὐθέως καὶ κοπρίζειν.*

## Cap. 13. *Μηνὶ Ὀκτωβρίῳ.*

1 *Καὶ τῷ Ὀκτωβρίῳ μηνὶ τρυγᾶν καλόν· ὁ μὲν γὰρ πρῶτος τρυγηθείς, πλείονα οἶνον ποιεῖ, κρείττονα δὲ ὁ δεύτερος, μᾶλλον δὲ ἡδὺν ὁ τρίτος.* 2 *Τούτῳ δὲ τῷ μηνὶ μετὰ τὴν ἰσημερίαν καὶ τοὺς πρώτους ὄμβρους, τινὲς φυτεύουσι μέχρι τῆς τῶν πλειάδων*

---

1 *σεπτέβρι(ος)* semper CP ‖ 2 *τε* om. M ‖ 4 *γενέσθω* M ‖ 5 *μίλτῳ** *μία* codd. ܒܣܪܩܐ S III 12 ‖ *μεμιγμένων* L ‖ 6 §§ 2—6 om. L ‖ 8 alterum *καὶ* post *κάρυα* inserit M ‖ 10 ἐξ P ‖ *ὀκτωμβρίων*, et sic semper H ‖ 12 *τῆς ε´* C *τῆς πέμπτης* H *τῆς πρὸ ζ´* M *τῆς πρὸ ἑπτὰ* P ‖ 16 *ἐπιγιν.* P ‖ 19 *τῷ* om. CH *Τούτω τῶ μηνὶ* P ‖ 21 *δὲ καὶ ἡδὺν* FC ut ed. H ܘܛܒ ܝܬܝܪ ܘܒܣܝܡ S III 13.

*δύσεως· ἄρχονται δὲ δύεσθαι ὡς ἀπὸ τῆς ζʹ τοῦ Νοεμβρίου μηνός.* 3 *Τῷ αὐτῷ μηνὶ γυροῦν τὰς ἀμπέλους καλόν, καὶ περὶ τὰς ῥίζας στακτήν, ἢ κόνιν, ἢ τέφραν ξηράν, ἢ οὖρον ἀνθρώπειον παλαιόν, ἢ τρύγα οἴνου, ἢ ἄχυρα περιτιθέναι.* 4 *Τούτῳ τῷ μηνὶ ἐγκεντριστέον ἀμυγδαλέας, κερασέας, συκέας. δυνατὸν δὲ καὶ ἐν τοῖς παραδείσοις φυτεῦσαι ἐλαίαν, ἀμυγδαλῆν, κερασέαν, καὶ πάντα τὰ ὀπωροφόρα δένδρα, καὶ πτελέαν καὶ λεύκην καὶ μελίαν καὶ πίτυν καὶ ἐλάτην· συκῆν δὲ μηδαμῶς νῦν. ἔτι καὶ τὰ πάντων τῶν δένδρων σπέρματα σπείρειν χρήσιμον.* 5 *Τῷ αὐτῷ δὲ μηνὶ καὶ τὸ ὀμφάκινον ἔλαιον κατασκευάζειν ἀρχόμεθα, συλλέγοντες τὰς ὀμφακιζούσας ἐλαίας.* 6 *Τῷ αὐτῷ μηνὶ τὰς κιτρέας σκεπάσομεν, ἅστινας ἐν χειμερινοῖς τόποις ἔχομεν. τὰ δὲ πρέμνα αὐτῶν, τοῖς φύλλοις τῆς κολοκύνθης ἀμφιάσομεν, καὶ τέφραν τὴν ἀπὸ τῶν κολοκυνθῶν καυθεῖσαν ταῖς ῥίζαις περιβαλοῦμεν.* 7 *Τούτῳ τῷ μηνὶ τῆς κλαδείας ἄρχεσθαι κάλλιον, καὶ μετὰ τὸν τρυγητὸν σκάπτειν τὴν γῆν, ἵνα ἡ συμπατηθεῖσα ὑπὸ τῶν τρυγώντων, ἀραιωθεῖσα ἀκωλύτως ἄχρι ῥιζῶν τοὺς μετοπωρινοὺς ὄμβρους δέχηται. ἀλλὰ καὶ ἡ βοτάνη διὰ τοῦ ἀέρος ἐλάσσων ἔσται, τῶν ῥιζῶν πασῶν πρὸ καιροῦ ἐκκοπεισῶν, καὶ ὑπὸ τοῦ πάγους διαφθαρεισῶν.* 8 *Καὶ τὰ μῆλα δὲ τὰ εἰς τὸν χειμῶνα θησαυριζόμενα δρέπεσθαι χρὴ καὶ ἀποτιθέναι εἰς ξύλων πρίσματα*

---

1 *ὡς* om. L *δύεσθαι ἀπὸ τῆς* | *ἀπὸ τῆς* P ‖ *ἑβδόμης* HP ‖ 2 *τῷ αὐτῷ* v. c. L ‖ 5 § 4. om. L ‖ 6 *συκέας κερασέας* M ‖ 11 post *σπείρειν* *νῦν* add. P ‖ *τῷ αὐτῷ* v. c. L ‖ *δὲ* om. HL § 5. om. C ‖ 12 *ἀρχώμεθα* ex corr. F *ο* CH ‖ 14 *σκεπάσωμεν* CH et ex corr. F ‖ 15 *αὐτῶν ἐν τοῖς φ.* L ‖ 16 *ἀμφιάσωμεν* F ‖ 17 *κασθεῖσαν* L ‖ §§ 7. 8. om. L ‖ 21 *ἐλάσσων τε ἔσται* CH ‖ 22 *πάγους* F et per comp. M? *πάγου* P ‖ 23 *τὸν* om. M ‖ 24 *ἀποτίθεσθαι* P.

εὐωδεστέρων· καὶ τὰς λοιπὰς δὲ ὀπώρας ὁμοίως. ἔτι δὲ καὶ ἀσπάραγον τὸν ἕλιον νῦν καθαίρειν. 9 Τούτῳ τῷ μηνὶ καὶ σπόρου πολλοὶ ἄρχονται. ἐὰν δὲ μετὰ ιδ' ἡμέραν βρέξῃ, εὔφορα ἔσται πάνυ τὰ σπαρέντα· κἂν μὴ βρέξῃ δέ, οὐ βλαβήσεται τὰ σπέρματα. 10 Πρὸ μέντοι καλανδῶν Ὀκτωβρίων σπείρειν οὐ προσήκει. παρατηρητέον δὲ τὴν τοῦ στεφάνου ἐπιτολὴν καὶ δύσιν. τὰ γὰρ ταύταις ταῖς ἡμέραις σπαρέντα χρήσιμα ἔσται πάνυ.

## Cap. 14. Μηνὶ Νοεμβρίῳ.

Τῷ Νοεμβρίῳ μηνὶ μετὰ τοὺς πρώτους ὄμβρους δεῖ φυτεύειν τὰς ἀμπέλους ἐν τοῖς θερμοτέροις ἢ ἀνύδροις τόποις. τινὲς δὲ τότε κλαδεύουσιν ἐν τοῖς θερμοτέροις τόποις. καθόλου δὲ ἡ μετοπωρινὴ κλαδεία τὰς ῥίζας καὶ τὸ κλῆμα γενναιότερον ποιεῖ, ἡ δὲ ἐαρινὴ καρπὸν πλείονα παρέχει.

## Cap. 15. Μηνὶ Δεκεμβρίῳ.

1 Τῷ Δεκεμβρίῳ μηνὶ ὁμοίως δυνατὸν φυτεύειν ἄμπελον. 2 Τῷ Νοεμβρίῳ καὶ τῷ Δεκεμβρίῳ τὸ γλεῦκος μετὰ τὸ παύσασθαι ζέειν καθαίρειν χρή, καὶ τὸν ἔνδοθεν τὸν περὶ τοὺς τραχήλους τῶν πίθων ῥύπον καὶ ἀφρὸν ἀπομάττειν χόρτῳ τίλεως, ἢ ταῖς χερσὶ κα-

---

1 καὶ ἀποτιθέναι (hoc del. 1. m.) τὰς λ. M ut ed. P || 2 ἔλιον F ἔλειον CH || 3 Τῷ αὐτῷ μηνὶ L || δεκάτην τετάρτην H τεσσαρεσκαιδεκάτην L τεσσαρεσκεδεκάτην C τέσσαρες καὶ δεκάτην P || 5 πρὸ v. c. L || 7 παρατηριτέον L || 10 μηνὶ ν. τῷ ν. μ. μετὰ om. C || 11 μετὰ — τότε om. L || 17 δεκεβρίῳ sed postea recte L δεκεβρίῳ semper P || 18 τῷ δεκεμβρίῳ καὶ τῷ νοεμβρίῳ v. c. L || 22 ἀπομύττειν L ἀπομάττειν χρὴ χόρτω M || τήλεως CHM || ταῖς om. L.

θαραῖς. 3 Τῷ Δεκεμβρίῳ καὶ τῷ Νοεμβρίῳ μηνὶ τὰ μοσχεύματα πάντων τῶν δένδρων, ὅσα τάχιον ἀνθεῖ, καλὸν φυτεύειν καὶ ἐγκεντρίζειν, καὶ τὰ πρὸς οἰκοδομὴν ξύλα τέμνειν, ληγούσης καὶ ὑπὸ γῆν οὔσης τῆς σελήνης. 4 Ἔτι τε τὰς νέας ἀμπέλους καὶ τὰς τελείας περισκάπτειν χρή, καὶ κοπρίζειν δὲ τὰς τελείας, ταῖς γὰρ νέαις οὐκ ἀναγκαῖον κόπρον ἐπιβάλλειν. 5 Ἔτι καὶ τὰς ἐλαίας μετὰ τὸ ἀποθέσθαι τὸν καρπὸν κλαδεύειν εὔκαιρον, πλείων γὰρ ἕξεισιν ὁ καρπὸς κατὰ τῶν νέων ὀρπήκων. 6 Ἀλλὰ καὶ περισκάπτειν καὶ αὐτάς, καὶ τὰ ἄλλα δένδρα εὔκαιρον, καὶ τοῖς ἀδυνάτοις δένδροις κόπρου αἰγείας ἐπιβάλλειν τὸ ἀρκοῦν, ἢ ἀμόργης κʹ κοτύλας. 7 ἔτι τε καστανεῶνας φυτεύειν ἐπιτήδειον, ἀλλὰ καὶ κύαμον σπείρειν εὔκαιρον.

## ΒΙΒΛΙΟΝ Δ.

*Τάδε ἔνεστιν ἐν τῇδε τῇ βίβλῳ, τετάρτῃ μὲν οὔσῃ τῶν περὶ γεωργίας ἐκλογῶν, περιεχούσῃ δὲ περὶ φυτείας καὶ ἐργασίας ἀναδενδράδων, καὶ περὶ μεταφυτεύσεως αὐτῶν, περί τε μυρσινίτιδος σταφυλῆς, καὶ τῆς θηριακῆς λεγομένης, καὶ περὶ διαφόρου ἐγκεντρισμοῦ, καὶ πῶς ἔστι τὸν αὐτὸν βότρυν διαφόρους ἔχειν ῥάγας, καὶ περὶ διαμονῆς σταφυλῶν, καὶ ἕτερα πολλὰ χρήσιμα.*

---

1 τῶ νο. καὶ τῶ δεκεβρίω μηνὶ P  τῶ νοεμβρίω τῶ μηνὶ C τῶ δεκ. — ἐγκεντρίζειν καὶ om. L ‖ 3 |Τὰ L ‖ 5 omnia deinceps v. c. L ‖ 7 νίαισ L ‖ ἐπιβάλλει L ‖ 13 εἴκοσι HP ‖ κατὰ νεῶνας L ‖ 14 ἐπιτήδιον L ‖ 15 βιβλίον δʹ τῶν περὶ γεωργίας ἐκλογῶν περιέχον τάδε· M  ἐκ τοῦ τετάρτου βιβλίου τῶν περὶ γεωργίας ἐκλογῶν· P, argum. omittunt ‖ 16 Τά, ἔστιν ἐν L ‖ 17 περὶ Ἐ| ἐπιμελείασ ἀναδένδρων L ‖ 20 λεπτομένης L.

## Cap. 1. *Περὶ ἀναδενδράδων. Φλωρεντίνου.*

**1** *Αἱ* ἀναδενδράδες τοῖς πᾶσι χρησιμώτεραι. καὶ γὰρ καλλίονα τὸν οἶνον, καὶ μονιμώτερον καὶ γλυκύτερον ἀποτελοῦσι, καὶ ἐκ διαστημάτων δὲ τεθεῖσαι, συγχωροῦσι τὴν ἐν αὐταῖς γῆν παρὰ δύο ἔτη σπείρεσθαι. 2 *Δεῖ* δὲ ταῖς ἀναδενδράσι μὴ πάντα ὑποβάλλειν τὰ δένδρα, ἀλλ' ὅσα μονόριζά ἐστιν, ὡς ἡ λεύκη, ἢ ὅσα τὰς ῥίζας ἔχουσιν ἐσταλμένας, καὶ τὴν κόμην μὴ σφόδρα βαθεῖαν, ἵνα μὴ πάντῃ ἐπισκιάζῃ τὴν ἄμπελον· εἰσὶ δὲ αἱ τοιαῦται πτελέαι, αἴγειροι,

---

1 indicem capitum om. CHLP ‖ 2 *εὐρίζους* M ‖ 4 *προϊμου* sine acc. F ‖ 5 *ἀγυγάρτου* M ‖ 6 *θηρακῆς* M ‖ *μῦροσταφῦλῆσ* M 8 *ἄλησ* M ‖ *ὀπόρας* F ‖ *πώσ εστ(ιν)* p. c. F ‖ 9 *παραμήναι* F 11 *διατρυπήσεως* uno verbo FM ‖ 12 *τοῦ|τ' ἐστι* F ‖ 13 *πυρρουσ* sine acc. F ‖ 15 c. 1 om. L ‖ *φλωρ.* om. M ‖ 16 *καὶ γὰρ καὶ* F ut ed. H ‖ 18 *ἀποτελοῦσιν* F -*σι* CH ‖ 19 *περὶ δύο* M ‖ 20 *δὲ καὶ ταῖς* M ‖ 21 *μονό|ρριζά* M ut ed. P.

μελίαι, σφένδαμος. 3 Ἐχέτω δὲ ὕψος ὡς ποδῶν τρισκαίδεκα. καὶ ἐν τοῖς τῆς Βιθυνίας χωρίοις τοῖς Ταρσηνοῖς καὶ Βοανοῖς, καὶ ἕως ποδῶν ἑξκαίδεκαι ἐκτεινόμενα τὰ φυτά, καθ' ὧν ἡ ἄμπελος φέρεται, οὐ βλάπτει, ἀλλὰ καὶ καλλίονα τὸν οἶνον ποιεῖ, καὶ μάλιστα τὸν ἀμιναῖον. 4 ἐν μὲν οὖν τῇ εὐγείῳ συγχωρεῖν δεῖ ὑψοῦσθαι, καθὼς προείρηται, τὰ τοιαῦτα δένδρα· ἐν δὲ τῇ λεπτογείῳ ἀπὸ ποδῶν η' ἐκκόπτειν, ἵνα μὴ πᾶσα ἡ δύναμις τῆς γῆς εἰς τὰ δένδρα ἀναλίσκηται. 5 Ἀνατετάσθωσαν δὲ οἱ κλάδοι κατὰ τὸ δυνατὸν εἰς ἀνατολὰς καὶ δύσιν. δεῖ δὲ ταῦτα τὰ δένδρα ὁμοίως τῇ ἀμπέλῳ περισκάπτειν καὶ κοπρίζειν μετρίως. 6 Προσήκει δὲ τὰς τοιαύτας ἀμπέλους εὐμήκεις εἶναι καὶ ἰσχυράς, ἐνρίζους τε ταύτας μάλιστα φυτευτέον. καὶ οἱ μὲν ἀπὸ τῶν φυτωρίων ἔνριζα φυτὰ μετακομίζοντες ἔθεσαν, οἱ δὲ ἄλλοι τελείαν ἐγγὺς ἤδη ἄμπελον εὐθαλῆ διακαθάραντες καὶ ἐκριζώσαντες μετὰ τῆς οἰκείας γῆς εἰς τὸν παρακείμενον τῷ δένδρῳ βόθρον ἐντιθέασιν. 7 Ἀποτίθεται δὲ ἡ ἄμπελος οὕτως. ἀπὸ διαστήματος τοῦ δένδρου πηχῶν τριῶν φύτευσον· εἶτα ἐπειδὰν καλῶς κατάσχῃ, ὡς ἱκανὴν γενέσθαι προσενωθῆναι τῷ δένδρῳ (τοῦτο δὲ ἐκ τῆς παχύτητος δείκνυται), καταστορέσας ἅπασαν καὶ ἐγχώσας πρόσαγε τῷ δένδρῳ, ἐκ διαστήματος ποδὸς τῆς τοῦ δένδρου ῥίζης ἐάσας τὸ κλῆμα λοιπὸν ἐλεύ-

---

1 σφένδανος F ut ed. CHM ‖ 2 τρισκαίδεκα* emend. ex Plin. N. H. XVII 23, 35 et Col. V 7, 1 τριάκοντα καὶ δέκα FM λ' καὶ δέκα CH ‖ καὶ — ἀμιναῖον om. P ‖ τοῖς βιθυνίας M τοῖσ τησ βϊθυνίοισ C ‖ 3 ταρσϊανοῖς καὶ βϊθϋανοῖς (β 1. m. ex aliis litteris corr.) M ταρσινοῖς C ‖ 3 ἑξκαίδεκα* ξ' codd. ‖ 8 ὀκτὼ CHP ‖ 14 ἐῤῥίζους H εὐρρίζους P ‖ 15 ἔρριζα CH ἔνριζα τὰ φυτὰ P ‖ 16 ἐγγὺς om. P ‖ 22 ἱκανὸν FM ἱκανὴν P.

θερον, καὶ ὅσους δυνατὸν ὀφθαλμοὺς περιλειφθῆναι, οὓς πάντας τῷ ὄνυχι ἀφαιρῶν τύφλου, ἵνα ὁ ἐν τῷ ἄκρῳ βλαστὸς εἷς ἢ δεύτερος περιλειφθεὶς εὐθαλέστερος αὐξήσῃ, αὐξήσαντα δὲ τοῦτον λοιπὸν ἠρέμα τῷ δένδρῳ προσάγειν, καὶ πρὸς ἀνάπαυσιν προσήκει. 8 Παρατηρεῖν δὲ δεῖ, ὅπως ἐκεῖνο τὸ μέρος τοῦ δένδρου ἐπιμελῶς κλαδεύηται, καὶ πᾶν ἀφαιρῆται τὸ κατὰ τῆς ῥίζης, ἵνα μηδὲν ἐπισκέπῃ τὴν ῥίζαν. 9 Μεμνῆσθαι δὲ χρὴ τὰς τοιαύτας ἀμπέλους, τουτέστι τὰς δενδρίτιδας, ἐν τῇ κλαδείᾳ μακροτομεῖν, ὡς καταλιμπάνεσθαι τὰ κλήματα οὐκ ἔλαττον πηχῶν δύο. 10 Οὕτω δὲ διατίθεσθαι τὰ κλήματα κατὰ τῶν κλάδων τοῦ δένδρου προσήκει, ὡς τὰ καρποφοροῦντα μέρη μετεωρίζεσθαι, καὶ ὑπὸ τῶν ἀνέμων δονεῖσθαι. 11 Ἐχέτωσαν δὲ οἱ στίχοι διαστήματος πήχεις ιε΄. οὕτω γὰρ καὶ καλλίων ὁ οἶνος ἔσται, καὶ πλείων. 12 Καὶ δένδρα δὲ μεταξὺ καρποφοροῦντα ὀλιγόριζα δέχεσθαι δύναται, τουτέστι ῥοιάς, μηλέας, κυδωνέας. καὶ ἐλαίαν δὲ ἐκ διαστημάτων φυτεύειν δυνατόν, κἂν τισι μὴ δοκῇ. 13 Τινὲς δὲ καὶ συκῆν ταῖς ἀμπέλοις διαβεβαιοῦνται εἶναι κατάλληλον, ὅπερ οὐχ οὕτως ἔχειν ἡ πεῖρα ἐδίδαξε, διὸ κάλλιον τὰς συκᾶς ἔξωθεν κύκλῳ περιφυτεύειν. 14 Ἔγνωμεν δὲ ἐν Βιθυνίᾳ τὴν δενδρῖτιν ἄμπελον τῇ κερασέᾳ χαίρειν, καὶ μάλιστα τὴν ὀπωρικήν· ἀλλὰ μὴν καὶ τὴν ἀμίννιον, ὡς αἰτίαν καὶ πολυκαρπίας καὶ πολυοινίας. 15 Καὶ σπείρειν δὲ ταύτην τὴν γῆν, ὡς προείρηται, παρὰ δύο ἔτη δυνα-

---

3 εὐθαλέστερον M -ος P ‖ 4 αὐξήσαντος M ‖ 11 ἐλάττω M ‖ 16 ὁ οἶνος mg. suppl. F serv. CH ‖ 17 ὀλόρριζα M ὀλόριζα P ‖ 22 ἐδίδαξεν FH -ξε C ‖ 24 cap. inde a καὶ μάλιστα om. P ‖ 25 ἀμμίνιον H.

*τόν. οὐ γὰρ μόνον οὐ βλαβήσεσθαι ἐκ τῆς τούτου τοῦ σπόρου ἐνοχλήσεως οἱ ἔμπειροι ὄντες διαβεβαιοῦνται, ἀλλὰ καὶ καλλίονα τὸν οἶνον τὸν ἐκ τούτου ἔσεσθαι ἐπαγγέλλονται.* **16** *Ἐπειδὴ δὲ συμβαίνει τὴν ἄμπελον κύκλῳ περικειμένην τῷ στελέχει, καὶ οὕτως ἀναβιβαζομένην ἐπὶ τὸ ὕψος, τῷ χρόνῳ θλιβομένην τρόπον τινὰ συνέχεσθαι καὶ ἀποπνίγεσθαι τῇ πρὸς τὸ στέλεχος ἑνώσει· πολλοὶ τῶν ἐν Βιθυνίᾳ μεταξὺ τῆς ἀμπέλου καὶ τοῦ δένδρου σφῆνα ἐμβάλλουσιν, οὕτω δὲ διαστήσαντες ἐκ τοῦ δένδρου τὴν ἄμπελον, χώρημα αὐτὴν ἔχειν ποιοῦσι πρὸς ἀνάπαυσιν.*

Cap. 2. *Ἄλλο περὶ ἀναδενδράδων. Ἀφρικανοῦ.*

*Αἰγὸς κέρατα τρία τῇ ἀναδενδράδι περίπηξον ὀρθά, τὸ ὀξὺ κάτω, καὶ τὸ ἄλλο ἄνω, καὶ πρόσχωσον, ὥστε ὀλίγον τῆς γῆς προκύπτειν τὸ ἄκρον τῶν κεράτων, ἵνα ἡ βροχὴ κατιοῦσα ἐμβρέχῃ τὰ κέρατα· καὶ ἔσται ἡ ἄμπελος πολυφόρος σφόδρα.*

Cap. 3. *Πῶς ἔστιν εὐμαρῶς καὶ ταχέως ἐνρίζους ἀμπέλους μεταφυτευθῆναι. Διδύμου.*

**1** *Ἐπειδὰν τὰς μεγάλας ἀμπέλους ἅπαξ καὶ δεύτερον γυροῦν, τουτέστι περισκάπτειν ἀρξώμεθα, ἐκ τῆς πολλῆς ἐπιμελείας μέγα κέρδος ἔσται.* **2** *Ἀπὸ ἀκμαίας οὖν ἀμπέλου, τουτέστιν ἀπὸ δεκαετοῦς καὶ*

---

10 *οὕτως* per comp. M ‖ 12 *ἄλλως· π. ἀ.* H *ἄλλο* om. L *περὶ ἀναδ. ἄλλο* M c. 2 om. P ‖ *ἀφρικανοῦ* om. L ‖ 13 *ταῖς ἀναδενδράσι* L ‖ 14 *τὸ δὲ ἄλλο* L ‖ *ἄνωι* F *ἄνω* CH ‖ 16 *κατοιοῦσα* L ‖ 18 tit. atram. scr. L ‖ *εὐρίζους* M *εὐρρίζους* P *ἐρρίζους* LH ‖ 19 *διδύμου* rubro p. t. L a. t. P ‖ 21 *ἀρξόμεθα* CH ‖ 23 *ἐκμαίας* L ‖ *δεκαετίδος* L.

ἑξῆς, κλῆμα μακρότατον καὶ γενναιότατον ἐπιλεξάμενος ἐκ τῶν κατωτέρων μερῶν, τουτέστιν ἕως ποδιαίου ὕψους ἀπὸ τῆς γῆς, καταστορέσας κατάχωσον εἰς τάφρον ὀρυγεῖσαν ποδιαῖον βάθος, μῆκος δὲ τοσοῦτον ὅσον ὀφθαλμοὺς τέσσαρας δέξασθαι, τοσούτους γὰρ ἐπιχωσθῆναι προσήκει. οὕτω μέντοι, ἵνα μετὰ τὴν κατάχωσιν τῶν τεσσάρων ὀφθαλμῶν οἱ ἐν τῷ ἄκρῳ ὑπάρχοντες καὶ περισσεύοντες μὴ ὦσι πλείους δύο ἢ τριῶν ὀφθαλμῶν. 3 Εἰ δὲ μεῖζον εἴη πάνυ τὸ κλῆμα, ὡς καὶ δευτέραν κατάχωσιν ὑποστῆναι, ποιήσεις ἐκ μιᾶς δύο ἐνρίζους, τὸν αὐτὸν τρόπον κατὰ τὴν προειρημένην συμμετρίαν καὶ τὸ δεύτερον τοῦ κλήματος μέρος ἐγκαταχώσας. 4 Τὸ δὲ μετὰ τὰς δύο καταθέσεις, ἀφ' ὧν δύο ἔνριζοι γίνονται ἄμπελοι, περιττεῦον κλῆμα περιαιρεῖν προσήκει, ὡς ἐπὶ τὸ πολὺ ἄχρηστον ὄν. 5 Παρατηρεῖν δὲ δεῖ καὶ ἐπιμελῶς φυλάττειν, ὅπως μὴ τὸ μεταξὺ τῆς ἑνώσεως τῆς πρὸς τὴν παλαιὰν ἄμπελον καὶ τοῦ ἐπιχωσθέντος μέρους βλαστήσῃ. συμβαίνει γὰρ τοὺς μεταξὺ ὄντας ὀφθαλμοὺς β' ἢ γ' πρὸς βλάστην ἐπειγομένους, ἐμποδίζειν τῇ ῥιζώσει τοῦ κατατεθέντος κλήματος. 6 Δεῖ τοίνυν τοῦτο φυλαττομένους ἀφαιρεῖν τῷ ὄνυχι οὕτω τοὺς ὀφθαλμούς, ὡς μὴ συγχωρεῖν βλαστάνειν, καὶ εἰ νεόποδες εἶεν ἐκφύντες, καὶ τούτους καθαιρεῖν χρή. 7 Δύο δὲ ἢ τριῶν ὀφθαλμῶν ὄντων, οὓς καταλειφθῆναι προσήκειν

---

1 μακρότερον καὶ γενναιώτερον L ‖ ἐπιλέξασθαι L ‖ 2 κατωτέρῳ (= ρω?) M κατωτέρων P ‖ 8 καὶ περισσεύοντες om. CH ‖ 9 §§ 3—11 om. L ‖ μείζονα F μείζων H μεῖζον C ‖ 11 ἐνρίζους (ex εὐ corr.?) M ἐνρίζους P ἐῤῥίζους CH ‖ καὶ κατὰ τὴν M ‖ 12 κατὰ τὸ F καὶ τὸ CH ‖ 17 τὸ om. FC serv. H ‖ 20 βλάςησιν C ‖ 23 καὶ οἱ νεόποδες FH καὶ εἰ ν. C κἂν οἱ νεόποδες M.

*ἐδιδάξαμεν ἐν τῷ ἄκρῳ τῆς ἐμβροχάδος (τοῦτο γὰρ ὀνομάζουσιν), ἀκόλουθόν ἐστιν ἑνὸς μόνου ὀφθαλμοῦ τὸν βλαστὸν καταλιπεῖν τὸν ἐπιτηδειότερον.* 8 *Παραπηγνύναι δὲ τῷ καταλιμπανομένῳ βλαστῷ ῥάβδον λεπτὴν ἢ κάλαμον, ἵνα ὁ βλαστὸς ἁπαλὸς ὢν προσαναπαύοιτο τῇ συναφείᾳ τοῦ καλάμου, καὶ μὴ στρεβλοῖτο, μηδὲ ἐκχέοιτο.* 9 *Ἰσχυρότεραι δὲ αἱ ῥίζαι γίνονται, δευτέρῳ ἔτει ἀποτεμνομένου τοῦ κλήματος, δηλονότι ἀπὸ τῆς ἀμπέλου, ἵνα μὴ βλάψῃ τὴν μητέρα ἐπὶ πολὺ προσκείμενον τὸ φυτόν, καὶ εἰς ἑαυτὸ τὴν τῆς μητρὸς δύναμιν ἐφελκόμενον.* 10 *Οἱ δὲ ἐν Βιθυνίᾳ πληρωθέντος τοῦ ἐνιαυτοῦ πληγὴν μόνην ἐπενεγκόντες τῷ προειρημένῳ κλήματι, οὔτε πάντῃ τῆς μητρὸς χωρίζουσι τὸ φυτόν, μηδέπω τελείως ῥιζῶσαν, οὔτε ἐνοχλεῖν τῇ μητρὶ τοσοῦτον συγχωροῦσιν, ἀλλὰ τῇ τομῇ τὴν αὐτάρκειαν ἀμφοτέροις φυλάττουσι, τὸ τέλειον ἀποκόπτοντες, ὅτε καὶ μεταφυτεύειν καιρός, τουτέστιν ἀρχομένῳ τρίτῳ ἔτει.* 11 *Διὸ καλλίονα εἶναι δοκεῖ τὰ ἔνριζα φυτὰ ἐν τοῖς φυτωρίοις τρεφόμενα, καὶ πολὺ μᾶλλον τὰ τέλεια κλήματα διὰ σκυταλίδων κατατιθέμενα, καὶ ἐνίοτε μεταφυτευόμενα. ταῦτα γὰρ καὶ παιδοτροφηθῆναι εὐφυῶς δύναται, ἄνευ τοῦ μητρὶ ἐνοχλῆσαι, καὶ τάχιον παραφυῆναι τῇ γῇ, καὶ καθ' ἑαυτὰ εἶναι ἄμπελος.*

---

3 *παραμιγνύναι* F *παραπηγνύναι* CH ‖ 5 *ἵν' ὁ* M ‖ 6 *στρεβλῆτο* M *στρεβλοῖτο* P ‖ 10 *προκείμενον* M ‖ 15 *συγχωροῦσιν** *συγχωροῦντες* codd. ‖ 18 *καλλίονα* Needh. *κάλλιον* codd.

## Cap. 4. Περὶ τῆς ἀπὸ μυρσίνης σταφυλῆς. Ταραντίνου.

Ἡ μυρτομιγὴς σταφυλὴ ἔχει ⟨κατὰ⟩ τὰ κάτω πυθμένια μύρτα. γίνεται δὲ μυρτομιγής, ἐὰν εἰς μυρσίνην κλήματα ἀμπέλων ἐγκεντρίσῃς.

## Cap. 5. Περὶ πρωΐμου σταφυλῆς. Τοῦ Αὐτοῦ.

**1** Μέλαιναν σταφυλὴν ἐὰν ἐγκεντρίσῃς εἰς κερασέαν, καὶ ἐν τῷ ἔαρι ἕξεις σταφυλήν. τῷ γὰρ καιρῷ οἴσει ἡ ἄμπελος τὰς σταφυλάς, ἐν ᾧ ἡ κερασέα τὸν οἰκεῖον φέρει καρπόν. **2** Ταχέως δὲ βλαστήσει ἡ ἄμπελος, ἐὰν νίτρον λεῖον μίξας ὕδατι, καὶ ποιήσας πάχος μέλιτος, μετὰ τὴν κλάδευσιν εὐθέως τοὺς ὀφθαλμοὺς ἐπιχρίσῃς δαψιλῶς· δι' ἡμερῶν γὰρ ὀκτὼ βλαστήσει. **3** Πρωΐμους δὲ ποιήσεις σταφυλάς, συνεπιβάλλων τοῖς φυτοῖς αὐτάρκη γίγαρτα τὰ γλυκέα, τουτέστι μὴ ἤδη τραπέντα. κάλλιον δὲ ποιήσεις, ἐὰν προσβάλῃς τῷ φυτῷ τῷ φυτευομένῳ τὰ προειρημένα γίγαρτα.

## Cap. 6. Περὶ ὀψίμου σταφυλῆς. Τοῦ Αὐτοῦ.

**1** Τοὺς ἐν ἀρχῇ φυέντας βότρυας ἀφαιρεῖν χρή, πάλιν γὰρ ἀντ' αὐτῶν ἕτεροι φυήσονται· καὶ τοῦ φυτοῦ πλείονα ἐπιμέλειαν ποιοῦ, καὶ δεύτερον βό-

---

1 μυρσίμης per comp. L ‖ 2 ταραντίνου p. t. LM om. P ‖ 3 ⟨κατὰ⟩* ex coni. Niclasii ἐν τῷ κάτω πυθμένι L ‖ 4 μυρτομεγὴσ, L ‖ 8 ἕξης F ἕξεις CH ἕξει i. ras. m. 1. P ‖ σταφυλήν, καθ' ὃν καιρὸν ἡ κερασέα· P σταφυλήν· τῷ γὰρ αὐτῷ καιρῷ οἴσει καὶ ἡ ἄ. L ‖ 13 δαψηλῶς L ‖ 15 γήγαρτα L ‖ 16 μὴ ἴδη L ‖ προσβάλλῃς CH § 3 om. P ‖ 18 c. 6 om. LP ‖ τοῦ αὐτοῦ p. t. M ‖ 19 φϋομένους M.

τρυας ἐκφύσει, οὗτοι δὲ πεπανθέντες ὄψιμοι γενήσονται. 2 Καὶ λαβὼν τούτους εἰς ἀγγεῖα κεράμεα τετρημένα κάτωθεν ἐπιτίθει τοὺς βότρυας, καὶ σκέπασον τὸ ἄνωθεν μέρος ἐπιμελῶς, [καὶ] καταδήσας πρὸς τῇ ἀμπέλῳ τὰ ἀγγεῖα, ὥστε ἀκίνητα εἶναι διὰ τοὺς ἀνέμους.

## Cap. 7. *Περὶ ἀγιγάρτου σταφυλῆς.* *Δημοκρίτου.*

1 Ἀγίγαρτον σταφυλήν τινες οὕτω ποιοῦσι. τοῦ κλήματος μέλλοντος φυτεύεσθαι, τοσοῦτον μέρος ὅσον εἰς τὴν γῆν μέλλουσι καταχωννύναι, τοσοῦτον ἠρέμα ἐξ ἴσου σχίσαντες αὐτό, ὠτογλυφίδι τὴν ἐντεριώνην λαμβάνουσιν, εἶτα παπυρίῳ ὑγρῷ περιδήσαντες κατατίθενται. 2 κάλλιον δέ, εἰ ὅλον τὸ μέρος τοῦ κλήματος τὸ ἐπὶ τῆς γῆς κατατιθέμενον, σκίλλης ἐμβληθείσης κατατεθείη, πρὸς γὰρ τῇ φύσει καὶ τῇ ἑνώσει ἡ σκίλλα συμβάλλεται. 3 Ἄλλοι δὲ αὐτὰς τὰς ἀμπέλους τὰς ἤδη καρποφορούσας τέμνουσι, καὶ ὠτογλυφίδι τοῦ καρποφοροῦντος κλήματος τὴν ἐντεριώνην λαμβάνουσιν, ὅσον δύνανται ἐκ βάθους, οὐ διασχίσαντες τὸ κλῆμα, ὡς προδεδήλωται, ἀλλὰ ἀκέραιον ἐάσαντες, καὶ ὀπὸν Κυρηναϊκὸν ἀνέντες ὕδατι καὶ εἰς πάχος ἑψήματος ποιήσαντες ἐγχυματίζουσι, καὶ ἀνορθώσαντες τὰ κλήματα πρὸς χάρακας ἀναδεσμοῦσιν,

---

2 κεραμέα CH ‖ 7 ἀγιγάρτων M σταφ. ἀγιγάρτου P ‖ 8 δημ. p. t. L a. t. P ‖ 9 Ἀγιγαρτὴν L ‖ ποιοῦσιν· FL -σι. CHM ‖ 10 μέλλοντο L ‖ 11 τοσοῦτον — ἴσου om. L ‖ 12 αὐτὸ om. L ‖ 16 τῇ ἐκφύσει καὶ τῇ ἑνώ ἡ L ‖ 17 συβάλλεται. L ‖ §§ 3 et 4 om. P ‖ 19 ἐντεριόνην LM ‖ 20 λαμβάνου L ‖ δύνονται F δύνανται CH ‖ 21 ὡς δεδήλωται L ‖ 22 c. 7 inde a καὶ ὀπὸν om. L.

ἵνα μὴ ὁ ὀπὸς ἐκρυῇ. κατὰ δὲ ὀκτὼ ἡμέρας τῷ ὀπῷ ἐγχυματίζουσι τὸ κλῆμα, ἕως ἂν βλαστήσῃ. 4 τὸ δὲ αὐτὸ ποιήσεις καὶ ἐπὶ ῥοιᾶς καὶ κερασέας, εἰ βούλει ἀγίγαρτον ποιῆσαι.

Cap. 8. *Περὶ τῆς θηριακῆς καὶ καθαρτικῆς ἀμπέλου. Φλωρεντίνου.*

1 Ὅτι εἰς πολλὰ συμβάλλεται ἡ θηριακὴ ἄμπελος, δῆλον, καὶ μάλιστα πρὸς τὰς τῶν ἑρπετῶν πληγάς. τὸν δὲ τρόπον, καθ' ὃν σκευάζεται, νυνὶ λεκτέον. 2 Τοῦ κλάδου τῆς ἀμπέλου, ὃν φυτεύειν μέλλομεν, τὸ κατώτερον μέρος σχίσαντες, ὅσον δακτύλων τριῶν ἢ τεσσάρων μέτρον, καὶ τῆς ἐντεριώνης ἐξελόντες, ἐμβάλλομεν εἰς τὸ κλῆμα τῆς ἀντιδότου, εἶτα παπύρῳ περιελίξαντες τὸ σχισθὲν μέρος φυτεύομεν. 3 Οἱ δὲ ἐπιμελέστερον ποιοῦντες, καὶ τὴν ἀντίδοτον ἐκχέουσιν εἰς τὰς ῥίζας. 4 Ὁμοίως δὲ καὶ τὴν καθαρτικὴν ἄμπελον τούτῳ τῷ τρόπῳ ποιοῦμεν, σχίζοντες τὸ κλῆμα καὶ ἐλλέβορον ὑποτιθέντες. 5 Εἰδέναι δὲ χρή, ὅτι ἀπὸ τῆς θηριακῆς ἀμπέλου κλῆμα ληφθὲν εἰς

---

3 *κερασέας καὶ ῥοιᾶς* M *ἐπὶ καρύας καὶ κερασέας* FC *καὶ ἐπὶ καρύας καὶ ἐπὶ κερασέας* H *τὸ αὐτὸ καὶ ἐπὶ ῥοιῶν, εἰ βούλει ἀγίγαρτον, φυλάττειν χρή, πάλιν καὶ ἐπὶ κερασέων* S IX 6. Et in granatis malis fieri hoc posse firmatur a Graecis, et in cerasis Pallad. III 29, 3 || 5 c. 8 tradit post c. 14 P || 6 *φλωρεντίνου* p. t. M a. t. P *φλορεντίνου* C || 7 *συμβάλεται* L || 10 *τοῦ* om. L || *ἀμπέλου, ἧσ φυτεύειν* L || 11 *κατώρον* (*τε* supra, *τε* atram. pallido m. 2?) L || 12 *τεττάρων* M *τεσσάρων* P || *ἐντεριόνης* LM *ἐντεριώνης* P || 13 *ἐμβάλλονμεν* (hoc per comp.) M *ἐμβάλλομεν* P || 14 *σχιθὲν* C *σχεθὲν* M *σχισθὲν* P || *φυτευόμενον* L || 17 *σχίζοντες* bis M recte P || 18 *ἐλέβορον* FM *λλ* LP.

*φυτείαν οὐ τὴν αὐτὴν ἔχει δύναμιν. ἐξυδαροῦται γὰρ μεταφυτευόμενον ἢ μετεγκεντριζόμενον, τῆς ἀντιδότου διαπνεομένης τῷ χρόνῳ· διὸ προσήκει κατὰ καιρὸν τῆς ἀντιδότου ἐπιχρίειν ταῖς ῥίζαις.* 6 *Πρὸς δὲ τὰς πληγὰς τῶν ἑρπετῶν ὠφελεῖ πινόμενος ὁ οἶνος, καὶ τὸ ἐξ αὐτοῦ ὄξος, καὶ αὐτὴ ἡ σταφυλή, καὶ αἱ σταφίδες ἐσθιόμεναι. τούτων δὲ μὴ ὄντων, τὰ φύλλα τῆς ἀμπέλου λειούμενα καὶ ἐπιτιθέμενα.* 7 *Ἐν ἀπορίᾳ δὲ πάντων, κλημάτων καυθέντων ἐκ τῆς θηριακῆς ἡ σποδιὰ ἐπιτιθεμένη σώσει τὸν ἄνθρωπον.* 8 *Καὶ γὰρ δίχα τῆς θηριακῆς κλῆμα οἱασδήποτε ἀμπέλου κυνὸς δῆγμα ὠφελεῖ, μήτι γε καὶ τοῦ λυττῶντος. ταῦτα ὁ Φλωρεντῖνός φησιν ἐν τῷ α′ καὶ β′ τῶν γεωργικῶν αὐτοῦ.*

## Cap. 9. *Περὶ μυροσταφύλου. Παξάμου.*

*Εἰ βούλει τὸ χωρίον εὐωδίας πληρῶσαι, σχίσας τὰς φυτευομένας κληματίδας, ἔμβαλλε ἐν ταύταις μύρον, ὡς προείρηται. κάλλιον δὲ ποιήσεις, ⟨εἰ⟩ ἔνυγρα τὰ κλήματα βρέχων μύρῳ, οὕτως ἐγκεντρίσεις, ἢ φυτεύσεις.*

---

1 *ἐξαδροῦται* F *ἐξυδατοῦται* et mg. m. rec. *ἐξαδροῦται* P ‖ 9 *ἡ σποδιὰ — δίχα τῆς θηριακῆς* om. L ‖ 12 *μήτηγε* L ‖ *ταῦτα — αὐτοῦ* om. P ‖ *πρώτω καὶ δευτέρω* CH ‖ 15 c. 9 om. L habet post c. 7 P ‖ *παξάμου* p. t. M ‖ 17 *ἔμβαλε* CHP ‖ 18 ⟨*εἰ*⟩ Niclas.

Cap. 10. *Ὥστε σφῆκας μὴ ἅπτεσθαι ἀμπέλων, ἢ σταφυλῆς, ἢ ἄλλης ὀπώρας. Δημοκρίτου.*

Ἔλαιον ῥοφήσας, πρόσρανον ὥσπερ ἐμφυσῶν ταῖς ἀμπέλοις καὶ ταῖς σταφυλαῖς καὶ ταῖς ἄλλαις ὀπώραις.

Cap. 11. *Πῶς ἔστι σταφυλὴν παραμεῖναι ἐν τῇ ἀμπέλῳ ἕως τοῦ ἔαρος ἀκμάζουσαν. Βηρυτίου.*

Παρὰ τὰς ἀμπέλους ἐν πάνυ σκιερῷ τόπῳ ὀρύξας τάφρον ἐπὶ πήχεις βάθους δύο, καὶ ἄμμον ἐπιβαλὼν χάρακας κατάπηξον, καὶ τὰ κλήματα λυγίζων ἐπίστρεψον ἅπαξ ἢ δίς, σὺν τοῖς βότρυσιν ἐπιμελῶς τρέπων· καὶ ἀποδήσας ἀπὸ τῶν χαράκων ἐπισκέπασον, ἵνα μὴ βρέχωνται, μηδὲ ἁπτέσθωσαν τοῦ ἐδάφους οἱ βότρυες.

Cap. 12. *Περὶ ἐγκεντρισμοῦ ἀμπέλων. Φλωρεντίνου.*

**1** Δεῖ τὸν ἐγκεντρίζοντα ἄμπελον ἐπιλέξασθαι παχὺ πρέμνον, δυνάμενον ὑποδέξασθαι ἓν ἢ δεύτερον κλῆμα. **2** Τινὲς μὲν οὖν ἐν τῇ γῇ ἐγκεντρίζουσι κατιόντες ἡμιπόδιον βάθος, καὶ ἐν τῷ πυθμένι σχεδὸν τῆς ἀμπέλου τὸν ἐγκεντρισμὸν ποιοῦνται. **3** Τινὲς

---

1 c. 10 habet post c. 11 P ‖ *σφίκας* F *σφῆκας* CH ‖ *ἅπτεσθαι τῶν ὀπωρῶν* P ‖ 2 *ἢ σταφυλῆς* om. L ‖ *δημοκρίτου* p. t. L om. P ‖ 6 c. 11 om. L habet post c. 15 P ‖ 7 *ἀκμάζουσαν* et *Βηρυτίου* om. P ‖ *βηρυτίου* p. t. M ‖ 15 c. 12 habet post c. 13 P ‖ *ἀμπελῶνος*? per comp. L *ἀμπέλων* om. P ‖ 16 *Φλωρεντίνου* om. L p. t. M ‖ 19 *ἐγκεντρίζουσιν* C -*σι* FH ‖ 20 *ἡμιποδιαῖον* L ‖ *πυθμένη* sed *ϊ* 1. m. supra add. L.

δὲ ἐν τῷ ἰσοπέδῳ ἐγκεντρίζουσιν, ὃ καὶ κάλλιόν ἐστι. τὸ δὲ ἐν ὑψηλῷ ἐγκεντριζόμενον δυσκόλως συμφύεται, τινασσόμενον ὑπὸ τῶν ἀνέμων. 4 Εἰ δὲ ἀνάγκη γένοιτο ἐν τῷ ὕψει ἐγκεντρίζειν, διὰ τὸ ἐν βάθει εἶναι λειότητα, προπαρασκευάσας χάρακα, πρόσδησον τούτῳ τὸ ἐν ὕψει ἐγκεντριζόμενον, διὰ τοὺς ἀνέμους. τινὲς δὲ καὶ τοὺς ὤμους αὐτοῦ ἐγκεντρίζουσιν. 5 Ἐὰν δὲ ἄμπελον εἰς κέρασον ἐγκεντρίσῃς, πρωΐμους πάνυ ἕξεις σταφυλάς· τῷ γὰρ καιρῷ καθ' ὃν εἴωθεν ἡ κέρασος φέρειν τὸν οἰκεῖον καρπόν, τῷ αὐτῷ καιρῷ δώσει τὰς σταφυλάς, τουτέστι τῷ ἔαρι. 6 Ὥρα δὲ τοῦ ἐγκεντρισμοῦ τῷ ἔαρι, τῶν κρυστάλλων ἤδη πάνυ πεπαυμένων, ὅτε τεμνομένης τῆς ἀμπέλου τὸ ὑγρὸν οὔτε πολύ, οὔτε ὑδατῶδες, ἀλλὰ παχὺ καὶ κολλῶδές ἐστι. 7 Κλήματα δὲ ληπτέον εἰς τὸν ἐγκεντρισμὸν στρογγύλα, στερεά, πυκνόφθαλμα, ἐκ τῶν βραχιόνων δὲ μάλιστα. ἐξαρκοῦσι δὲ τῷ κλήματι δύο ἢ τρεῖς ὀφθαλμοί, εἰ δὲ τῇ γῇ περιχώννυται, τρεῖς ἢ τέσσαρες. 8 Ἀπὸ δὲ ἑνὸς κλήματος ὑπὲρ δύο ἐπίπηγας τέμνειν εἰς ἐγκεντρισμὸν οὐ προσήκει. τὸ γὰρ μετὰ τοὺς πρώτους ἑπτὰ ὀφθαλμούς, ἄγονον καὶ ἀχρεῖον. 9 Βεβαιότερον δὲ συμφυήσεται τὰ νέα κλήματα ἔχοντα περυσινοῦ κλήματος μέρος. 10 Οὐχ ἅμα δὲ τῷ ἀφαιρεθῆναι τῆς ἀμπέλου τὰ κλήματα ἐγκεντρίσομεν, ἀλλὰ μετὰ τὴν τομὴν καλύψαντες τὰς τομάς, καὶ ἐν πίθῳ ἀποθέμενοι ὥστε μὴ διαπνευσθῆναι, πρὶν ἄρξασθαι βλαστάνειν ἔτι δὲ μεμυκότα ἐγκεντρίσομεν. 11 Τὰ

---

1 καὶ om. L ‖ 3 τινὰς ὀ|σσόμενον L ‖ §§ 4—21 om. L ‖ 6 τῶι ἐν ὕψει ἐγκεντριζομένωι F τὸ -ον CH ‖ 12 πάνυ om. F serv. CH ‖ 19 ad ἐπίπηγας mg. add. ἐγκεντρίσματα M nihil in mg. P ‖ 21 ζ' CH om. M ‖ 27 ἐγκεντρίσωμεν H.

*μὲν οὖν πρὸς τῇ γῇ πρὸς τῷ πυθμένι τῆς ἀμπέλου βεβαιότερον ἐγκεντρισθήσεται, συναιρομένης τῆς γῆς τῇ τούτων ἀνατροφῇ, βραδύτερον δὲ καρπὸν ἀποδώσει, ὡς τὰ ἄλλα τὰ ἐν τῇ γῇ φυτευόμενα κλήματα.* **12** *Τὰ δὲ ἐν ὑψηλοτέρῳ ἐγκεντριζόμενα δυσκόλως συμφυήσεται, τινασσόμενα ὑπὸ τῶν ἀνέμων, θᾶττον δὲ τὸν καρπὸν δώσει.* **13** *Δεῖ δὲ τὰ ἐν ὕψει ἐγκεντριζόμενα εἶναι λεῖα καὶ ὁμαλά, πάχος ἔχοντα ἀντίχειρος δακτύλου· καὶ τὴν ἀπὸ τοῦ πρίονος τραχύτητα χρὴ ὀξεῖ δρεπάνῳ λειαίνειν.* **14** *Τὸ δὲ ἐντιθέμενον κλῆμα, μέχρι μήκους δύο ἥμισυ δακτύλων, ἐκ τοῦ ἑνὸς μέρους ξέειν χρή, ὥσπερ δρῶμεν τοὺς γλυφομένους καλάμους ἐν οἷς γράφομεν· ὥστε ἀπὸ ἑνὸς μέρους, τὴν ἐντεριώνην φαίνεσθαι ἀσινῆ, κατὰ δὲ τὸ ἕτερον, τὸν φλοιόν.* **15** *Καταθετέον δὲ τὸ κλῆμα μέχρι παντὸς τοῦ ἐξεσμένου, ὥστε μὴ διαχαίνειν τὸ μεταξὺ τοῦ πρέμνου καὶ τοῦ κλήματος, πληρωτέον τε κονίᾳ ἢ ἀργίλλῳ, κωλύσει γὰρ ἰκμάδα γενέσθαι, καὶ τὸ ὑγρὸν ἐν αὐτῷ φυλάξει.* **16** *Τὸ δὲ πρὸς τῇ τομῇ μέρος τοῦ πρέμνου δετέον δεσμῷ, ἁπαλῷ μέν, ἀῤῥαγεῖ δέ, εἶτα ἐπιχρίειν πηλῷ κολλώδει. τινὲς δὲ καὶ βολβίτου μιγνύουσι τῷ πηλῷ.* **17** *Τῶν δὲ ἐγκεντρισθέντων τοῦ θέρους ἀκμάζοντος δείλης ὀψίας ὕδατι τὸν δεσμὸν διὰ σπόγγου ῥαίνομεν.* **18** *Ὅταν δὲ τὸ βλαστῆσαν δακτύλων τεσσάρων γένηται, προσπαρα-*

---

3 *τούτων* edd. *τούτου* codd. ‖ 6 *συμφυήσεται** *συμφυήσονται* CFM *συμφύσονται* H ‖ 7 *ἀποδώσει* M ‖ 9 *τραχύτητος* M -*τα* P ‖ 17 ad *πρέμνου* mg.: :/ *τοῦ κορμοῦ* P ‖ 18 *δὲ* M ‖ 19 *δὲ* om. M *τὸ γὰρ πρὸς* P, in quo § 16 inter §§ 19 et 20; *τὸ δὲ πρὸς τῇ τομῇ τὸ μέρος* CH ‖ 20 *πρέμνου* mg.: :· *τοῦ κορμοῦ* M nihil P ‖ 24 *ῥαίνωμεν* M *ῥαίνομεν* P.

*πηγνύναι χρὴ χάρακας καὶ προσδεσμεῖν, διὰ τοὺς ἀνέμους.* 19 *Ὅταν δὲ αὐξηθῇ τὸ βλάστημα, τὸν δεσμὸν δρεπάνῳ χρὴ τέμνειν, ἵνα τῆς θλίψεως παύσηται, καὶ τὸ ἐκ τοῦ πρέμνου ὑγρὸν εἰς τὸ κλῆμα διαδιδῶται.* 20 *Ληγούσης δὲ τῆς σελήνης, χρὴ τέμνειν τὰ κλήματα πρὸς ἐγκεντρισμόν, οὕτω γὰρ ἰσχυρότερα ἔσται τὰ ἐγκεντριζόμενα.* 21 *Τινὲς δὲ οὐ μόνον τῷ ἔαρι, ἀλλὰ καὶ μετὰ τὸν τρυγητὸν ἐγκεντρίζουσι· τότε γὰρ ἡ ἄμπελος πυκνότερον ἔχει τὸν χυμόν.*

## Cap. 13. *Περὶ ἐγκεντρισμοῦ διὰ τρυπήσεως. Διδύμου.*

1 *Ἐμοὶ δοκεῖ κάλλιστος εἶναι ὁ διὰ τρυπήσεως ἐγκεντρισμός· οὔτε γὰρ ἀργεῖ ἐν τῷ μεταξὺ ἡ ἐγκεντριζομένη ἄμπελος, ἀλλ' ὁμοίως φέρει τὸν καρπόν, καὶ τὸ κλῆμα συναύξει συμφυὲς γινόμενον, μηδὲν βλαπτομένης τῆς ἀμπέλου ἀπὸ τοῦ τρυπηθῆναι, οὔτε ταῖς σφίγξεσι θλιβομένης.* 2 *Γίνεται δὲ ὁ διὰ τρυπήσεως ἐγκεντρισμὸς οὕτως. τρυπήσας τῆς ἀμπέλου τὸ πρέμνον τερέτρῳ τῷ καλουμένῳ Γαλλίκῳ, καὶ τῆς καλλίονος ἀμπέλου τῆς παρακειμένης κλάδον ἐφελκυσάμενος ἔμβαλλε εἰς τὴν τρυμαλιάν, μὴ ἀποτεμὼν ἀπὸ τῆς παλαιᾶς μητρὸς τὸν κλάδον, καὶ οὕτω διαζῇ τὸ κλῆμα, ὑπό τε τῆς παλαιᾶς μητρὸς τρεφόμενον,*

1 *δεῖ* M ‖ *χάρακα* FP *χάρακας* CHM ‖ 4 *διαδιδῶται** *διαδίδοται* FP *διαδίδωται* M ‖ 9 *χυμὸν* CHM *θυμὸν* F ‖ 10 c. 13 habet post c. 5 P ‖ *διατρυπήσεως* MC *διὰ τρ.* P ‖ 15 *γενόμενον* CM ‖ 16 *μήτε* L ‖ 17 *θλιβομένης* Needh. *θλιβομένη* codd. ‖ *γίνεται — οὕτως* rubro pro tit. L ‖ *δὲ* om. F 1. m. supra add. per comp. H serv. C ‖ 18 *οὕτως* per comp. M *οὕτω* P ‖ 19 *τὸ πρέμνω τὸ καλου|καλουμένω γαλίκω* L *καλλίκω* M ‖ 20 *καλλίωνοσ* L *καλλίνος* P ‖ 21 *ἔμβαλε* CHLP.

*καὶ τῇ ὑποδεξαμένῃ αὐτὸ ἀμπέλῳ σύντροφον καὶ συμφυὲς γινόμενον.* 3 *Εἴσω δὲ δύο ἐτῶν ἑνωθήσεται τὸ ἐντεθὲν κλῆμα.* 4 *Τότε οὖν μετὰ τὴν συνούλωσιν ἀποτέμνειν χρὴ τὸ κλῆμα, τὸ κατεχόμενον ὑπὸ τῆς παλαιᾶς μητρός, καὶ τὸ πρέμνον τῆς ἐγκεντρισθείσης ἀμπέλου, τὸ ὑπὲρ τὸ τρύπημα, πρίονι τέμνειν. καὶ λοιπὸν ἔστω τὸ ἐγκεντρισθὲν κλῆμα ἡγεμονικώτατον τῆς ἀμπέλου.*

Cap. 14. *Ὥστε τὸν αὐτὸν βότρυν ἔχειν διαφόρους ῥάγας, (τουτέστι κόκκους), τοὺς μὲν λευκούς, τοὺς δὲ μέλανας ἢ πυῤῥούς. Τοῦ Αὐτοῦ.*

1 *Δεῖ λαβεῖν δύο διάφορα κλήματα ἑτερογενῆ, καὶ ταῦτα κατὰ μέσου σχίσαι, φυλάττεσθαι δὲ μὴ κατὰ τῶν ὀφθαλμῶν ἐλθεῖν τὸ σχίσμα, μηδέ τι τῆς ἐντεριώνης ἐκπεσεῖν. καὶ τοῖς ἑτέροις τὰ ἕτερα γένη χρὴ παρατιθέναι καὶ κολλίζειν, ὥστε συμπεσεῖν τοὺς ὀφθαλμοὺς κατὰ τὸ ἐγχωροῦν κατ' ἀλλήλων, καὶ γενέσθαι τοὺς δύο ὀφθαλμοὺς ὡς ἕνα.* 2 *Σφίγξαι τε τὰ κλήματα εὐτόνως ἐν παπύρῳ, καὶ περιπλάσαι σκίλλῃ ἢ γῇ κολλωδεστάτῃ, καὶ οὕτω φυτεῦσαι, καὶ παρ' ἡμέρας γ' ἢ ε' ἐπιῤῥαίνειν, ἕως ἂν ἐκβλαστήσῃ.*

---

2 *γιγνόμενον* FC *γιν.* H ‖ §§ 3. 4 om. L ‖ 3 *ἐντεῦθεν* M ‖ 9 c. 14 habet post c. 9 P ‖ 10 *νάγας τοῦτέστιν* L ‖ 11 *πυρούς* LCH ‖ *τοῦ αὐτοῦ* rubr. p. t. L om. M ‖ 12 *διαφόρους* L ‖ *κλημάτων* L ‖ 13 *σχίσας φυλ. δὲ μὴ* F *σχίσας φυλ. μὴ* C *σχίσας φυλάττεσθαι* Ͻ̈` (= *δὲ*) *δεῖ* (corr. ex *δὲ*) *μὴ* H *σχίσαι φυλάττεσθαι μὴ* M *σχῖσαι· δεῖ* | *δὲ φυλ., μὴ* P ‖ 14 *ἐντεριόνης* LH *ἐντεριώνης* (corr. ex *-όνης*) C ‖ 15 *ἑτερογενῆ* L ‖ 16 *κολᾶν* L ‖ 19 *ἐν παραπύρῳ* L *σὺν παπύρῳ* P ‖ 20 *πόρ' ἡμέρας* L.

## Cap. 15. *Περὶ διαμονῆς σταφυλῶν.*

**1** Σταφυλάς, τὰς εἰς ἀπόθεσιν τοῦ χειμῶνος συναγομένας, μετὰ πανσέληνον ἀποτέμνειν χρή, εὐδιεινοῦ ὄντος τοῦ ἀέρος, περὶ τετάρτην ὥραν τῆς ἡμέρας, ἤδη ἀνεψυγμένων τῶν δρόσων. **2** ἐπιμελητέον δὲ τοῦ πάσας τὰς ῥάγας (τουτέστι τοὺς κόκκους) ὑγιεῖς εἶναι, διά τε τοῦτο καὶ ὀξύτατον δρέπανον τὸν τέμνοντα ἔχειν χρή, ὥστε ῥαδίως τὴν τομὴν γίνεσθαι, καὶ μὴ βιαίαν. **3** δεῖ δὲ ἀκμαζούσας τέμνειν τὰς σταφυλάς, καὶ μήτε ὠμοτέρας, μήτε πρὸς βραχὺ παρηβηκυίας. **4** Τινὲς μὲν οὖν ἰδιαζόντως αὐτοὺς τοὺς βότρυας τέμνουσιν, ἄλλοι δὲ τὰς ὤσχας ἐμφύλλους, τουτέστι τὰς κληματίδας, μετὰ τῶν βοτρύων τέμνοντες, παραχρῆμα τὰς διασεσηπυίας καὶ ξηρὰς καὶ ὀμφακώδεις τῶν ῥαγῶν, εἴ τινες ἄρα εἶεν, ἐκτέμνουσι ψαλίδι, ἵνα μὴ συσσήψωσι τὰς πλησίον· δεῖ δὲ ἑκάστου βότρυος κληματίδος τὴν τομὴν εἰς πίσσαν διαλυθεῖσαν πυρὶ ἐμβάπτειν. **5** τοὺς μὲν οὖν βότρυας κατὰ τοῦ ἐδάφους ἕκαστον κεχωρισμένως χρὴ ἐκτείνειν, μὴ ἁπτομένου τοῦ ἑτέρου, προϋποστρωθέντων ἀχύρων, εἰ μὲν ἐγχωρεῖ θέρμων, σκληρότερα γὰρ ταῦτα καὶ ξηρότερα, καὶ εἴργειν δύνανται τοὺς μύας· εἰ δὲ μὴ εἴη θέρμων ἄχυρα, δεύτερα ἂν εἴη τὰ τῶν κυάμων καὶ τῶν ὀρόβων καὶ τῶν λοιπῶν ὀσπρίων. τῶν δὲ σιτίνων, τὰ κρίθινα αἱρετώτερα. **6** εἰ δὲ μηδὲν εἴη τούτων, χόρτον ξηρότερον κατακόψας εἰς λεπτὰ ὑποστρώννυε. **7** τὰς δὲ ἐμφύλλους

---

1 c. 15 post c. 8 tradit P ‖ §§ 1—11 om. L ‖ 3 εὐδινοῦ F εὐδιηνοῦ CH ‖ 6 ῥάγας ἤτοι τοὺς κ. M τουτέστι τοὺς κόκκους om. P ‖ 12 ὤχας CH τοὺς ὤχους M ‖ 15 συσήψωσι M συσσ. P ‖ 16 κληματίδας P ‖ 19 δεῖ M ‖ 24 σιτίων F.

*ὤσχας κατὰ τοῦ ἐδάφους ὁμοίως ἐκτείνειν χρή, ἢ ἀποκρεμαννύναι.* 8 *Τινὲς δὲ εἰς σίραιον, τουτέστιν εἰς ἕψημα, πρὸς ὀλίγον κατατίθενται τοὺς βότρυας.* 9 *Οἱ δὲ ἐν γλωσσοκόμοις πεπισσωμένοις ἀποτίθενται μετὰ πρίσματος ξηροῦ ἀπὸ πεύκης ἢ ἐλάτης ἢ αἰγείρου, ἢ μετὰ ἀλεύρων ἀπὸ κέγχρου.* **10** *Ἄλλοι εἰς θαλάσσιον ὕδωρ ζέον, μὴ οὔσης δὲ θαλάσσης, εἰς ἅλμην μιγέντος οἴνου τοὺς βότρυας ἀποβρέξαντες καὶ ψύξαντες, ἀποτίθενται ἐν ἀχύροις κριθίνοις.* **11** *Τινὲς δὲ τέφραν συκίνην ἢ ἀμπελίνην ὕδατι ζέσαντες, καὶ τοὺς βότρυας βρέξαντες καὶ ψύξαντες, ἀποτίθενται ἐν τοῖς προειρημένοις ἀχύροις.* **12** *Φυλάττονται δὲ αἱ σταφυλαὶ ἐπὶ πλεῖστον χρόνον καὶ ἐν ταῖς ἀποθήκαις τοῦ σίτου κρεμαννύμεναι, καὶ μάλιστα ἐὰν ὁ σῖτος ἀνακινῆται. ὁ γὰρ ἀνιστάμενος ἀπ' αὐτοῦ κονιορτός, προσιζάνων αὐταῖς πολύ τι συμβάλλεται πρὸς διαμονήν.* **13** *Φυλάξεις τὰς σταφυλὰς καὶ οὕτως· ἑψήσας ὄμβριον ὕδωρ, ὥστε τὸ τρίτον ὑπολειφθῆναι, ἐξαιθριάσας, τουτέστι διαψύξας, ἔμβαλε εἰς ἀγγεῖον κεκονημένον· εἶτα τῆς πεπανθείσης σταφυλῆς λαβὼν βότρυας στερεωτέρας τὰς ῥάγας ἔχοντας, διακαθάρας αὐτῶν τοὺς ὄμφακας καὶ τὰς σαπρὰς ῥάγας ἔμβαλε,*

---

1 *ὤχας* CH *τοὺς δὲ ἐμφύλους ὤσ(?)χους* M §§ 6—8 om. P ‖ 2 *εἰς σίρεον* FC *εἰσήρεον* H *εἰς σείρεον* M ‖ 5 ad *αἰγείρου* mg.: ·/· *κερατέας* M nihil P ‖ 8 *καὶ ψύξαντες* om. FL serv. S IV 2 ‖ 9 § 11 om. P ‖ 11 *καὶ ψύξαντες* om. CH S IV 2 ‖ 12 *δὲ ἐσταφυλαὶ* L ‖ 13 *ἐπὶ* om. L ‖ *χρόνον* om. CH ‖ *καὶ* om. L ‖ 16 *συβάλλεται* L ‖ 17 *ἄλλως* pro tit. inserit idemque in mg. add. M §§ 13—19 om. P §§ 13—15 om. L ‖ 18 *ὄμβρινον* F *ὄμβριον* corr. ex *ὄμβρον* C *ὄμβριον* H ‖ 18 *ἐξαιθριάσας* edd. *ἐξαιθρίας* F *ἐξαιθρίσας* M ‖ 19 *ἔμβαλλε* M ‖ *κεκωνημένον* M ‖ 21 *στερεωτέρους* F ‖ 22 *ἔμβαλλε* M.

ὡς ὑπερέχειν τῶν βοτρύων τὸ ὕδωρ, καὶ πωμάσας ἐπιμελῶς καὶ γυψώσας, ἀπόθου εἰς τόπον ψυχρὸν καὶ ἀνήλιον, ἔνθα πῦρ οὐ καυθήσεται. **14** Τούτων καὶ τὸ ὕδωρ εὑρίσκεται οἰνῶδες, καὶ εὔχρηστον πρὸς ἀπάτην ἀῤῥώστων, καὶ οἱ βότρυες ἀκέραιοι φυλάττονται. **15** Παραινοῦσί τινες οὐκ ἐκ τοῦ ἄνωθεν μέρους, ὅθεν ἡ ἀποτομὴ γίνεται τῶν βοτρύων, ἀλλ' ἐκ τοῦ κάτωθεν μέρους τοῦ βότρυος δήσαντας, κρεμνᾶν ἐν ὑπερῴῳ, ἵνα μᾶλλον διαπνέωσιν, ἀραιουμένων κατὰ τὴν ἀνάκλασιν τῶν ῥαγῶν. **16** καλὸν δὲ καὶ εἰς πίθον γλεύκους κρεμνᾶν, μὴ ἁπτομένους μήτε τοῦ γλεύκους, μήτε ἀλλήλων· διαμένουσι γὰρ οἷοι ἀπὸ τῆς ἀμπέλου ἀφῃρέθησαν. **17** Φυλάξεις δὲ τοὺς βότρυας, ἐὰν εὐθὺς τρυγήσας ἐμβαλὼν αὐτοὺς ἀσινεῖς καὶ ἀθραύστους εἰς κεράμιον, χρίσῃς ἐπιμελῶς τὸ στόμα τοῦ κεραμίου, καὶ γυψώσῃς. **18** Ὁμοίως δὲ καὶ εἰς πηλὸν κεραμεικὸν τεταραγμένον, ὡς ἔχειν πάχος μέλιτος, ἐμβαπτόμενα καὶ κρεμώμενα φυλάττονται, εἰς δὲ τὴν χρῆσιν ἀποπλύνεται. **19** Ὁμοίως δὲ καὶ ἀνδράχνης χυλῷ χρισθέντα καὶ κρεμασθέντα φυλάττεται. τινὲς φυλάττουσιν ἐν οἴνῳ ὕδατι κεκραμένῳ. **20** Ἐπὶ ὁλόκληρον δὲ μένει τὸν ἐνιαυτὸν ἡ σταφυλή, ἐὰν ὀλίγον ταχύτερον τρυγηθεῖσαν ὕδατι θερμῷ ἔχοντι στυπτηρίαν ἐμβρέξας, εὐθέως αὐτὴν

---

8 δήσαντες F ‖ 9 διαπνέωσι F -σιν CH ‖ 10 καλὸν δὲ v. c. L ‖ 11 γλεύκους τοὺς βότρυας κρεμνᾶν L κρεμᾶν M ‖ 14 τρυπήσας F ‖ 16 κεράμου M ‖ 17 εἰς om. FM ‖ κεραμικὸν L πηλῶ κεραεικῶ τεταραγμένω M ‖ 18 ἐμβαπτόμεναι καὶ κρεμάμεναι L κρεμόμενα C ‖ 19 ἀποπλύνεται L ‖ δὲ καὶ om. M ‖ 20 ἀδράχνης M δράχνης σπέρ|μα sed ἀν 1. m. supra add. H ‖ χρισθεῖσαι κεκρεμασθεῖσαι φυλάττεται. Τινὲσ L ‖ 21 φυλάσσουσιν M ‖ 23 τραχύτερον P ‖ 24 ad στυπτηρίαν mg. add. ἀρσενικὸν ἀληθινὸν M nihil P.

ἁρπάσῃς. 21 Φυλάττεται ἡ σταφυλὴ καὶ εἰς μέλι. 22 Ὅσα περὶ σταφυλῆς εἴρηται, ἁρμόττει καὶ ἐπὶ μήλων.

# ΒΙΒΛΙΟΝ Ε.

Τάδε ἔνεστιν ἐν τῇδε τῇ βίβλῳ, πέμπτῃ μὲν οὔσῃ τῶν περὶ γεωργίας ἐκλογῶν, περιεχούσῃ δὲ σύνταξιν τὴν περὶ φυτείας καὶ ἐργασίας ἀμπέλων, καὶ πότε χρὴ ταύτας τρυγᾶν, καὶ περὶ ἀποτροπῆς τῶν λυμαινομένων ταύτας θηρίων, καὶ περὶ σκευασίας οἰνάνθης, καὶ σταφιδοποιΐας, καὶ περὶ φυτείας καλάμων.

α΄. περὶ γῆς ἐπιτηδείας ἀμπέλοις. β΄. ποῖα γένη ἀμπέλων εἰς ποίαν φυτευτέον γῆν καὶ ποῖαι θέσεις πρὸς ἄμπελον ἐπιτήδειαι. γ΄. περὶ φυτωρίου. δ΄. περὶ κλιμάτων. ε΄. περὶ θαλασσίων καὶ ποταμίων χωρίων. ϛ΄. περὶ καιροῦ φυτείας ἀμπέλων. ζ΄. ὅτι χρὴ προειδέναι, ὁποῖον οἶνον ἀποδώσει ἡ μέλλουσα φυτεύεσθαι χώρα. η΄. ὁποῖα εἶναι δεῖ τὰ φυτευόμενα κλήματα, καὶ ἀπὸ ποίου μέρους τῆς ἀμπέλου, καὶ πότερον ἀπὸ νέων ἢ γεγηρακυιῶν ἀμπέλων χρὴ τὰ κλήματα φυτεύειν. θ΄. πῶς δεῖ φυτεύειν τὰς ἀμπέλους, καὶ τί δεῖ ποιεῖν πρὸς ταχεῖαν τούτων ῥίζωσιν, καὶ πότερον ὀρθὸν ἢ πλάγιον τὸ κλῆμα φυτευτέον. ι΄. πόστῃ κατὰ

---

1 καὶ om. M serv. P ‖ 2 ἥρηται L ‖ ἁρμόζει M ‖ 3 post μήλων c. 11 add. M ‖ 5 μὲν om. FM argum. om. P ‖ 9 καὶ σταφιδοποιΐας — καλάμων om. L ‖ 11 indicem capitum om. CHLP ‖ 12 γὴν et sic saepe acc. perverse posuit aut omisit F ‖ 14 κλιμάτων* correxi e textu κλημάτων FM ‖ θαλασσίων corr. e textu τῶν θαλ. M παραθαλασσίων F ‖ 16 αποδώσιν αμπ(ελος p. c.) ὲ H μέλλουσα (!) F ‖ 22 φυτεύειν M.

σελήνην καὶ πότερον ὑπεργείου οὔσης χρὴ τὰς ἀμπέλους φυτεύειν ἢ ὑπογείου. ιαʹ. τί δυνατὸν ἐν τοῖς ἀμπελῶσι σπείρειν. ιβʹ. περὶ βάθους φυτείας ἀμπέλων. ιγʹ. πότερον δύο κλήματα ἢ μόνον ἓν ἀναγκαῖον ἐν τῷ βόθρῳ φυτεύειν. ιδʹ. περὶ διαφορᾶς τῶν ἐνρίζων φυτῶν καὶ τῶν ἀπὸ κλήματος. ιεʹ. ὅτι οὐ δεῖ τὰ γένη τῶν ἀμπέλων μεμιγμένα φυτεύειν, καὶ μάλιστα τὰς λευκὰς μετὰ τῶν μελαινῶν σταφυλῶν. ιϛʹ. ὅτι συμφέρει μὴ μονοειδῆ τὴν ἄμπελον, ἀλλὰ διάφορα γένη κεχωρισμένως φυτεύειν. ιζʹ. περὶ διαφορᾶς γένους ἀμπέλων. ιηʹ. πῶς δεῖ τὴν ἀπώρυγα κληματίδα φυτεύειν. ιθʹ. περὶ τρόπου ἐργασίας. κʹ. περὶ γυρώσεως. καʹ. περὶ τῆς τῶν ἀμπέλων ἐπιμελείας. κβʹ. πόσα κλήματα καταλιμπάνειν χρὴ τῇ τετραετεῖ ἀμπέλῳ, καὶ ποταποῖς χάραξι προσδεσμεῖν. κγʹ. περὶ κλαδείας. κδʹ. πρὸς εὐφορίαν ἀμπέλων καὶ καλλιοινίαν. κεʹ. πότε δεῖ σκάπτειν τὰς τελείας ἀμπέλους, καὶ ποία τοῦ σκάφου ὠφέλεια. κϛʹ. πῶς δεῖ ἐν τῷ καιρῷ τῆς γυρώσεως κοπρίζειν. κζʹ. περὶ χαρακώσεως. κηʹ. περὶ βλαστολογίας. κθʹ. περὶ δευτέρας βλαστολογίας. λʹ. ὥστε ἄμπελον φθεῖρας ἢ κάμπας μὴ ποιεῖν μηδὲ ὑπὸ παγετοῦ ἀδικεῖσθαι. λαʹ. ὥστε ὑπὸ πάχνης ἢ ἐρυσίβης μὴ ἀδικεῖσθαι τὰς ἀμπέλους. λβʹ. ἄλλο περὶ πάχνης. λγʹ. περὶ ἐρυσίβης. λδʹ. θεραπεία ἀμπέλων ξηραινουσῶν τὸν καρπόν. λεʹ. περὶ ἀφόρων ἀμπέλων. λϛʹ. περὶ ἀστροπλήγων ἀμπέλων. λζʹ. περὶ

4 βʹ M ‖ κλημάτων F ‖ 5 ἐνρίζων F εὐρίζων M ‖ 8 τῶν om. M σταφυλ(ας) p. c. μετατῶν μελανῶν:- F ‖ 10 κεχωρισμέν(ως) p. c. M κεχωρισμέν° F ‖ 11 δει τὴν ἀ. κληματιδεῖ (εῖ in ras.) F ‖ 15 ποταπ(οῖς) p. c. χάραξι δεσμεῖν M ‖ 20 δευτέρας om. F ‖ 22 ἀδικησθ(αι) F.

## Cap. 1. *Περὶ γῆς ἐπιτηδείας ἀμπέλοις.* *Φλωρεντίνου.*

**1** Ἐπιτηδεία ἀμπέλοις γῆ ἡ μελάγγειος, μὴ οὖσα πυκνή, καὶ ἐν τῷ βάθει συμμέτρως ὕδωρ γλυκὺ ἔχουσα. **2** ἡ γὰρ τοιαύτη δεχομένη τὸν ὄμβρον, οὔτε

1 δακρυῤῥοσουσ(ῶν p. c.) F ‖ 3 ἀμπέλων τῶν καρπ(όν):- F ‖ 5 ἀμπέλων om. F ‖ 21 νγ΄ numerum in initio paginae om. M ‖ 22 περὶ τῆσ ἐπιτηδείας L ‖ 23 φλωρ. a. t. M φλορ. mg. CL.

πάνυ αὐτὸν κάτω πέμπουσα ἀπόλλυσιν, οὔτε ὑπὲρ αὐτῆς ἐπιπόλαιον τὰ ὕδατα κατέχει, ἄνωθεν γὰρ κατεχόμενον τὸ ὕδωρ σήπει τὰ φυτά. 3 Δεῖ οὖν ἐκ βάθους τὴν γῆν ἐρευνᾶν, πολλάκις γὰρ εὕρομεν ἄνωθεν μὲν μελάγγειον, κάτωθεν δὲ ἀργιλλώδη γῆν, καὶ πάλιν τοὐναντίον. 4 καλλίστη δὲ γῆ καὶ ἡ ὑπὸ τῶν ῥεόντων ποταμῶν χωσθεῖσα, ὅθεν καὶ τὴν Αἴγυπτον ἐπαινοῦμεν. 5 συντόμως δὲ εἰπεῖν, πᾶσα μελάγγειος ἡ μὴ λίαν πυκνὴ μηδὲ κολλώδης, ἰκμάδα δὲ ἔχουσα, ἐπιτηδειοτέρα πρὸς ἄμπελον.

Cap. 2. *Ποῖα γένη ἀμπέλων εἰς ποίαν φυτευτέον γῆν, καὶ ποῖαι θέσεις πρὸς ἄμπελον ἐπιτήδειαι. Τοῦ Αὐτοῦ.*

1 Ἐν τῇ προειρημένῃ μελαγγείῳ καὶ ἰκμάδα ἐχούσῃ καὶ καθύγρῳ γῇ, τὰ λευκὰ τῶν γενῶν φυτευτέον, πλείονος γὰρ ταῦτα τῆς ἀπὸ τῆς γῆς δεῖται τροφῆς, στερεὰ ὄντα καὶ πυκνὰ καὶ δύστροφα. 2 Καὶ ἀργιλλώδης δὲ γῆ, εἰ μὴ πάνυ εἴη λεπτή, μηδὲ εἰς ῥαγάδας χαυνουμένη, δέχεται τὰς λευκοφόρους ἀμπέλους. 3 τῇ μέντοι ξηρᾷ γῇ καὶ λεπτογείῳ καὶ ψαμμώδει αἱ τοιαῦται ἄμπελοι οὐχ ἁρμόζουσιν, ἀλλ᾽ ὅσαι πυκνὰς ἔχουσι τὰς ῥάγας καὶ λεπτὴν τὴν ἐντεριώνην· ὡς ἐπιπολὺ δὲ ἡ μέλαινα σταφυλὴ τοιαύτη ἐστί, χρηστὸν καὶ

---

2 κατέχοι L ‖ κατερχόμενον FL ‖ 5 ἀργιλώδη L ‖ 6 δὲ om. L ‖ καὶ om. L ‖ ἐπιρρεόντων ποταμὸν L ‖ 7 χωσθῆναι L ‖ 8 μελάγγεως L ‖ 9 μὴ δὲ P et per comp. M ‖ ἐκμάδα τὲ L ‖ 11 tit. atram. scr. L ‖ 12 ποῖα θέσεις L ‖ ἐπιτηδεία L ἐπιτήδειοι MP sed ἐπιτήδειαι M i. c. ‖ 13 τοῦ αὐτοῦ a. t. MC om. H ‖ 14 ἔχουσα L ‖ 16 ταῦτης (!) per comp. L ‖ 17 ἀργυλώδης L ‖ 18 εἰ μὲν πάνυ L ‖ 19 χωννυμένη L ‖ 22 λευκὴν FL ‖ ἐντεριόνην L ‖ ἐπὶ πολὺ L ‖ 23 τῇ | αὔτη L.

*πολὺν καὶ βέβαιον ποιοῦσα τὸν οἶνον, ἐναντίως ἔχουσα ταῖς λευκαῖς, τουτέστι τὴν φύσιν δυστροφωτέροις.* **4** *μόνη μέντοι ἡ Ψιθία καὶ ἡ Κερκυραία, καὶ ἡ καλουμένη χλωρίς, λευκαὶ οὖσαι, χαίρουσι ταῖς λεπτογείοις, διὰ τὸ εἶναι λιπαρώτεραι.* **5** *χρὴ γὰρ τὰς μὲν φύσει ὑγροτέρας ἐν τοῖς αὐχμώδεσι καὶ ξηροτέροις τόποις φυτεύειν, τὰς δὲ ξηροτέρας ἐν τοῖς ψυχροῖς καὶ ὑγροῖς· οὕτω γὰρ ἂν τὸ τοῖς φυτοῖς λεῖπον ἐκ τῆς κατὰ τὴν γῆν φύσεως πληροῖτο.* **6** *Καθόλου οὖν εἰς τὴν λιπαρωτέραν γῆν μὴ τὰ εὔτροφα τῶν ἀμπέλων γένη, ἀλλὰ τὰ ἐναντίως ἔχοντα τιθέναι προσήκει, εἰς δὲ τὴν μελάγγειον τὰ εὐθαλῆ καὶ δυνάμενα πᾶσαν ἐπισπάσασθαι τὴν ἀπὸ τῆς γῆς τροφήν.* **7** *τεθέντα γὰρ τὰ εὐτραφῆ ἐν τῇ λιπαρᾷ γῇ, οὐ φθάνει πεπᾶναι τοὺς καρπούς, ἀλλὰ καὶ εἰς πλῆθος φύλλων ἐξανθοῦσι· τὰ δὲ ἀσθενῆ ἐν τοῖς ξηροτέροις τόποις ἀσθενεστέρους καὶ τοὺς καρποὺς οἴσει.* **8** *Διὸ χρὴ τὴν γνῶσιν καὶ τὴν διάκρισιν τῶν φυτῶν καὶ τῆς γῆς, ὡς προδεδήλωται, ποιεῖσθαι, καὶ οὕτως τὴν κρᾶσιν ἐργάζεσθαι.* **9** *διὰ τοῦτο γάρ καί τινες ἐκ τῶν ὀρεινῶν φυτὰ εἰς τὰς πεδιάδας μετακομίζουσι, καὶ τὰ ἐκ τῶν πεδίων εἰς τὰ ὀρεινά· χαίρειν γὰρ τῇ ἀντιπαθείᾳ τὴν γῆν φάσκουσι.* **10** *Πασῶν δὲ τῶν ἀμπέλων ἡ καλουμένη μερσίτης καλλίων· αὔτη γάρ ἐστιν ἡ ἐν Βιθυνίᾳ τὸν*

---

2 *ταῖς λευκαῖς* edd. *τοῖς λευκοῖς* FLM ‖ *τοῦτέστιν τοῖς φύσιν* L ‖ *δυστροφοτέροις* F *δυστροφωτέροις* LM ‖ 3 §§ 4—19 om. L ‖ *κορκυραία* F *κερκ.* CH ‖ 4 *τοῖς λεπτογείοις* M ‖ 6 *αὐχμώδεσι καὶ ψυχροῖς καὶ ξηροτέροις τόποις* FH *αὐχμ. καὶ ψυχρ. καὶ ξηροτερας* (corr. ex *-οις*) *ἐν τοῖς ὑγροῖς* C *αὐχμώδεσι καὶ ξηροτέροις καὶ ψυχροῖς τόποις* M *αὐχμώδεσι καὶ ψυχροῖς τόποις* P ‖ 8 *οὔτωσ* C et per comp. M ut ed. P ‖ 19 *οὕτως* per comp. M *οὕτω* P ‖ 20 *εἰς τὰς πεδ. κομίζουσι φυτὰ* M *μετακομίζουσιν* F *-σι* CH ‖ 23 *φάσκουσιν* F ‖ 24 *μερσῖτϊς* per comp. M ut ed. P.

*καλούμενον δενδρογάληνον οἶνον ποιοῦσα, πάλιν ἐν ἑτέροις αὐτῆς χωρίοις τὸν Τιαρηνόν· ἐν δὲ Τίῳ τῆς Παφλαγονίας τὸν Τιανόν, καὶ ἐν Ἡρακλείᾳ τοῦ Πόντου τὸν ἐπισημότατον οἶνον· καὶ ὅλως ὅπου δ' ἂν φυτευθῇ τὸ τούτου τοῦ οἴνου φυτόν, τῶν ἄλλων πολὺ καλλίονα οἴσει τὸν καρπόν· οὕτω γὰρ καὶ ἡ σταφυλὴ αὐτῆς πρὸς βρῶσιν ἡδίστη καὶ νεκταρώδης ἐστίν, ὡς καὶ τὰς μελίσσας ἐπινέμεσθαι πρὸς τὴν ταύτης τροφήν.* **11** *Ἔστι δὲ καὶ πολυφόρος σφόδρα, ὡς κατὰ παντὸς τοῦ στελέχους βότρυας φέρειν, καὶ αὐτοὺς στρογγυλοειδεῖς, τὰς δὲ ῥάγας διειδεῖς, ὡς διαφαίνεσθαι ἐναργῶς τὰ γίγαρτα καὶ τοὺς ὑμένας· τοὺς δὲ κρεμαστῆρας, τοὺς μετεωρίζοντας τὸν βότρυν, ὡς ἐπὶ τὸ πολὺ σκληροὺς καὶ ξυλώδεις ἔχουσα.* **12** *χαίρει δὲ μάλιστα τοῖς δένδροις καὶ τῷ τούτων ὕψει, καὶ τῷ συνεχῶς φυλλίζεσθαι. καὶ ὁ ἐκ τούτων δὲ οἶνος χαίρει τῷ συνεχῶς ἐκτρυγίζεσθαι.* **13** *Οἶνος δὲ κάλλιστός ἐστιν ὁ ἐν ξηροῖς καὶ κεκλιμένοις τόποις, καὶ πρὸς ἀνατολὰς ἢ μεσημβρίαν βλέπουσι φυτευθεισῶν ἀμπέλων. τὰς δὲ δενδρίτιδας ἀμπέλους ἐν τῇ πεδιάδι καὶ κοίλῃ καὶ ὁμαλῇ, ἐπιτηδειότερον φυτεύειν.* **14** *μεμνῆσθαι γὰρ πανταχοῦ, καὶ ἰδικῶς παρατηρεῖν δεῖ, ὅτι γῆ πρὸς φυτείαν χαμαιζήλοις μὲν ἀμπέλοις ἐκείνη ἐστὶν ἐπιτηδειοτέρα, ἡ ἐν τοῖς πλαγίοις καὶ ἠρέμα ἀνακεκλιμένοις καὶ ὑψηλοτέροις καὶ ξηροτέροις τόποις, αὕτη γὰρ τὸ θέρος εὐμαρέστερον ἕξει, διαπνεομένη καλῶς.* **15** *καὶ ἡ ἐν τοῖς γηλόφοις δὲ τό-*

---

2 *τιάρηνον* C *τϊάρϊνον* H ‖ 13 *τοὺς βότρυς ὡς ἐπὶ πολὺ ξηροὺς* P *ἐπιτοπολὺ* CM ‖ 19 *βλέπουσιν* F *-σι* HC ‖ 21 *ἐπιτηδειότατον* M ‖ 22 *τετμῆσθαι* | *ἣσ* (*τὸ*?) *πανταχοῦ* M om. P ‖ 23 *ἐκείνη ἀμπέλοις* M.

ποις ἀνηπλωμένη, καὶ ἐν ταῖς ὑπωρείαις, ἁρμόζει ταῖς χαμαιζήλοις καὶ χαμαιπετέσιν ἀμπέλοις. **16** ἐν γὰρ τοῖς τοιούτοις χωρίοις πᾶν τὸ ἐν τοῖς ὑψηλοῖς γεῶδες καὶ τραφερὸν καὶ γόνιμον ἐπιρρεῖ κατὰ βραχὺ λανθάνον ὑπὸ τῶν καταφερομένων ὄμβρων. **17** Ἐν δὲ ταῖς κορυφαῖς τῶν ὀρέων οὐ δεῖ φυτεύειν ἀμπέλους, ἡ γὰρ ἀπὸ τούτων ὑγρασία μετὰ τοῦ γεώδους κατασυρομένη γυμνὰς καὶ ἀτρόφους τὰς ῥίζας καταλείπει. **18** ἐν δὲ τῇ πεδιάδι καὶ ὁμαλῇ καὶ ἰκμάδα ἐχούσῃ τὰς δενδρίτιδας δεῖ φυτεύειν, καὶ μάλιστα ἐν τοῖς θερμοτέροις τόποις, ὅπου μὴ πάνυ ὄντες οἱ ἄνεμοι σφοδροί, ἐπὶ τῶν δένδρων αἰωρουμένας αὐτὰς ἠρέμα διαπνέοντες τρέφουσιν. ἐν γὰρ τοῖς ψυχεινοῖς τόποις σφοδροὶ ὄντες τὰς δενδρίτιδας βλάπτουσιν. **19** Εἰς ἡδυοινίαν δὲ πασῶν ἀδηρίτως καλλίων ἡ θηριακή, ᾗ Δημόκριτος καὶ τῷ ὑγιεινῷ καὶ τῇ καλλιοινίᾳ μαρτυρεῖ. ἔχει δὲ τὸ κλῆμα φύσει λεπτὸν καὶ ἀσθενές.

## Cap. 3. *Περὶ φυτωρίου. Διδύμου.*

**1** Φυτώριον καλεῖται, ἐν ᾧ τὰ φυτὰ μεταφυτεύεσθαι μέλλοντα κατατίθεται, καί, ὡς οἱ Βιθυνοὶ λέγουσι, προσιτεύεται. **2** τιθέσθω δὲ ἐν τῷ φυτωρίῳ τὰ φυτὰ εἰς βάθος μὴ ἔλαττον ποδός, οὕτω γὰρ τὸ φυτὸν εὐκόλως τῇ δικέλλῃ ἀνορυγήσεται, καὶ μᾶλλον ὑπὸ τοῦ ἡλίου διαπαντὸς θερμανθήσεται. **3** τὰς δὲ καλου-

---

3 ταῖς ὑψηλαῖς FP et per comp. M ‖ 7 καταφερομένη F κατασυρομένη HC ‖ 13 ψυχφνοῖς et ϊ m. 2. suprascr. F ψυχεινοῖς HC ψυχροῖς M ‖ 16 δημόκριτος in mg. repet. F ἧς δημόκρ. M ᾗ δημ. — μαρτυρεῖ om. P ‖ 17 ἔστι δὲ M ‖ 18 c. 3 om. L ‖ διδύμου p. t. P ‖ 20 οἱ P om. FM καὶ βιθανοὶ et ῡ 1. m. supra add. H.

μένας προοφθαλμίδας, καὶ τὸ περισσὸν τοῦ αὐξηθέντος ἀφαιρείσθω, ἵνα εἰς πάχος τὴν αὔξησιν λάβῃ. 4 τῇ δὲ χειρὶ τὴν ἀφαίρεσιν χρὴ ποιεῖσθαι, μὴ σιδήρῳ, ναρκᾶν γὰρ τὴν νεαρὰν ἄμπελον ποιεῖ ἡ τοῦ σιδήρου θίξις. 5 Τινὲς δὲ τῷ δευτέρῳ ἔτει ἢ τῷ τρίτῳ μεταφυτεύουσιν, ἔσται γὰρ γενναιότερα τὰ φυτὰ τριετῆ μεταφυτευθέντα. 6 οὐ χρὴ δὲ ἀρδεύειν τὰ φυτώρια, εἰ μὴ μέλλομεν καὶ τοὺς ἀμπελῶνας ἀρδεύειν. πάντα γὰρ ὅσα ἐν τῷ φυτωρίῳ γίνεται, ταῦτα καὶ ἐν τῷ ἀμπελῶνι χρὴ πράττειν.

## Cap. 4. Περὶ κλιμάτων. Δημοκρίτου.

1 Δεῖ πρὸς τὴν τῶν τόπων ἁρμόζεσθαι φύσιν ἀεί. ἐὰν γὰρ θερμὸς ὁ τόπος ᾖ, τὰ πρὸς ἄρκτον νεύοντα φυτεύσομεν, ἐὰν δὲ ψυχρότερος, τὰ πρὸς μεσημβρίαν, ἐὰν δὲ μέσος καὶ εὐκραής, τὰ ἀνατολικὰ καὶ δυτικὰ κάλλιον· μᾶλλον μέντοι τὰ ἀνατολικά, εἰ μὴ ἐνοχλοῖτο ὑπὸ τοῦ εὔρου. 2 ἐνίοτε δὲ τὰ δυτικὰ ἔσται αἱρετώτερα μᾶλλον, ὅταν μακρὰν ὄντα τῆς θαλάσσης ἐπιπνέοντα ἔχῃ τὸν ζέφυρον. καθόλου δὲ τοῖς μὲν χλιαρωτέροις τόποις, οἱ ἀρκτῷοι ἄνεμοι ἐπιτήδειοι, τοῖς δὲ ψυχεινοῖς, οἱ νότιοι.

---

2 λάβοι F ‖ 3 δεῖ P ‖ 4 ἡ τοῦ σιτήρου ποιεῖ M ἡ τοῦ σιδ. π. P ‖ 10 ἐν om. M serv. P ‖ 11 κλημάτων MC ‖ δημοκρίτου a. t. L p. t. P ‖ 12 τόπον L ‖ 15 δισικὰ L ‖ 18 θαλάττης P ‖ 21 ψυχεινοῖς F sed ϊ 2. m. supra add. et CHP, ψϋχϊνοῖς per comp. M.

## Cap. 5. *Περὶ παραθαλασσίων καὶ ποταμίων χωρίων. Τοῦ Αὐτοῦ.*

**1** *Οἱ παραθαλάσσιοι τόποι σφόδρα εἰσὶν ἐπιτήδειοι πρὸς ἄμπελον, διά τε τὴν θερμότητα, καὶ διὰ τὸ λεληθότως τὴν ὑγρασίαν ἀνατρέχουσαν ἐκ τῆς θαλάσσης τρέφειν τὰ φυτά. καὶ οἱ θαλάσσιοι δὲ ἄνεμοι ταῖς ἀμπέλοις εἰσὶ χρησιμώτατοι.* **2** *δοκεῖ δὲ τοῖς πολλοῖς ποταμὸν γείτονα, καὶ μᾶλλον ἑλώδη μὴ ἔχειν, διά τε τὴν ἀχλὺν καὶ τὴν ψυχρὰν αὖραν, ἀναπνέουσι γὰρ ἐντεῦθεν συνεχῶς· καὶ συνεπανίστανται ἐρυσίβαι, τὴν ἄμπελον καὶ τὰ σπόριμα καταβλάπτουσαι, καὶ βλαβερὸν τὸν ἀέρα ποιοῦσαι. διὸ δεῖ ἐπιμελῶς τὰ ἕλη, κατὰ τὸ δυνατόν, περιαιρεῖν.* **3** *Εἰδέναι δὲ χρή, ὅτι ὅσαι βλάπτεσθαι εἰώθασιν ἄμπελοι ὑπὸ ἀνέμων τοιούτων, ἢ ὁμίχλης, ἢ ἐρυσίβης, δένδροις ἐπιτεθεῖσαι οὐ βλαβήσονται, τουτέστι δενδρίτιδες γενόμεναι.*

## Cap. 6. *Περὶ καιροῦ φυτείας ἀμπέλων. Κασιανοῦ.*

**1** *Τινὲς συμβουλεύουσιν ἔαρος ἀρχομένου, ζεφύρου μέντοι πνέοντος, τὰ κλήματα λαμβάνειν, καὶ παραχρῆμα φυτεύειν. τινὲς δὲ οὐκ εὐθὺς ἐν ἀρχῇ τοῦ ἔαρος, ἀλλ' ὅταν μέλλῃ πρὸς βλάστησιν ὁρᾶν τὰ φυτά, παραινοῦσι τὰ κλήματα λαμβάνειν καὶ φυτεύειν.* **2** *Διάφοροι μὲν οὖν εἰσιν οἱ καιροὶ τῆς τῶν ἀμπέλων*

---

1 *περὶ θαλασσίων* CHM *περὶ τῶν θαλ.* M i. c. ‖ 2 *τοῦ αὐτοῦ* a. t. P p. t. LM ‖ *κε. κθ'* mg. L ‖ 5 *θαλάττης* P ‖ 6 *τρέφει* L ‖ 8 *καὶ* om. L ‖ 9 *ἀχλῦν* L *ἀχλὴν* CH ‖ 13 *Οἰδέναι* L ‖ 15 *τούτοις ἐπιτεθεῖσαι* FM *ἐπϊτὰθεῖσαι* C ‖ 16 *τουτέστιν* L ‖ 17 c. 6 om. L ‖ 18 *κασιανοῦ* p. t. M *κασσιανοῦ* p. t. P.

φυτεύσεως. τινὲς μὲν γὰρ μετὰ τὸν τρυγητὸν φυτεύουσιν, ὅταν τὰ φύλλα ἀποῤῥυῇ τῶν ἀμπέλων· τινὲς δὲ τοῦ ἔαρος ἀρχομένου. 3 Ἐγὼ δὲ πείρᾳ παραλαβὼν συμβουλεύω, ἐν τοῖς μὴ ἀρδομένοις τόποις τῷ φθινοπώρῳ μᾶλλον φυτεύειν πᾶσαν φυτείαν, μάλιστα δὲ τὴν ἄμπελον. 4 τότε γὰρ τὰ κλήματα μετὰ τὸν τρυγητὸν τοῦ ἀχθοφορεῖν καὶ τοῦ βάρους τῶν βοτρύων ἀπαλλαγέντα, ἀναῤῥωσθέντα τε καὶ τὴν οἰκείαν ἀναλαβόντα δύναμιν, καὶ ὑπὸ τῶν κρυστάλλων οὔπω κακωθέντα, θᾶττον προσφυήσεται τῇ γῇ, καὶ μάλιστα τῆς φύσεως τηνικαῦτα τὰς ῥίζας μᾶλλον τρεφούσης. 5 Δεῖ οὖν, ὡς εἴρηται, ἐν τοῖς μὴ ἀρδομένοις τόποις ἐν τῷ φθινοπώρῳ φυτεύειν, ἵνα τὴν χρείαν τῆς ἀρδείας δι' ὅλου τοῦ χειμῶνος γινόμενος ὄμβρος ἀναπληρώσῃ. 6 τοῦτο φαίνομαι πεποιηκὼς ἔν τε τῷ Μαρατωνύμῳ χωρίῳ, ὅθεν ὁρμῶμαι, καὶ ἐν ἑτέροις οἷς κέκτημαι ἀγροῖς· καὶ καταρχὰς μὲν οἱ ὁρῶντες καὶ ἀκούοντες ἀπεδοκίμαζον τὸ γινόμενον, τέλος δὲ τῇ θέᾳ παρειληφότες τὸ ἐντεῦθεν ἄγαν χρήσιμον, ἀρεσθέντες ἠκολούθησαν τῇ παρ' ἐμοῦ διδασκαλίᾳ, καὶ ἄχρι τοῦ παρόντος τοῦτο κρατεῖ παρ' ἡμῖν. 7 ἐκεῖνο μέντοι δῆλον, ὅτι μετὰ ἰσημερίαν ἐαρινὴν οὐ χρὴ φυτεύειν ἄμπελον.

---

3 ἀρχομένου om. M ‖ 10 προσφυήσεται Needh. προσρυήσεται FM πρὸσρυήσεται C προσρρυήσεται H ‖ 14 ὁ δι' ὅλου P ‖ 17 καταρχ(ἁς?) per comp. M κατ' ἀρχὰς P.

## Cap. 7. Ὅτι χρὴ προειδέναι, ὁποῖον οἶνον ἀποδώσει ἡ μέλλουσα φυτεύεσθαι χώρα.

### Διοφάνους.

**1** Ἀναγκαιότατον ἡγοῦμαι πρό γε πάντων τὸν ἀμπελουργὸν προγινώσκειν, ποταπὸς ἔσται ὁ ἐκ τῆς μελλούσης φυτεύεσθαι γῆς ἐσόμενος οἶνος. ἡ δὲ περὶ τούτου δοκιμασία γίνεται τοῦτον τὸν τρόπον. **2** Βόθρον ὀρύξας ἐν τῇ μελλούσῃ φυτεύεσθαι γῇ ἐπὶ δύο πόδας, λαβὼν βῶλον ἐκ τῆς ἀνορυγείσης γῆς βάλε εἰς ἀγγεῖον ὑελοῦν μετὰ ὀμβρίου ὕδατος καθαροῦ, καὶ μίξας καὶ θολώσας τὸ ὕδωρ, ἔασον καταστῆναι τελείως, τότε δὲ διὰ τῆς τοῦ ὑέλου διαφανείας γενήσεταί σοι φανερόν, καὶ ἐπειδὰν εἰς τέλεον καταστῇ, γεῦσαι τοῦ ὕδατος· ὁποία γὰρ ἔσται ἡ γεῦσις, τοιοῦτον καὶ τὸν οἶνον ἔσεσθαι προσδόκα. **3** εἰ μὲν οὖν εὕρῃς τὴν ὄσφρησιν δυσώδη, ἢ τὴν γεῦσιν πικράν, ἢ ἁλμυράν, ἢ ἀσφαλτώδη, ἢ ἄλλως οὐκ ἀγαθήν, φεῦγε τὴν ταύτης φυτείαν. εἰ δὲ εὐώδη, καὶ ἡδεῖαν καὶ γλυκεῖαν, καὶ κατὰ πάντα ἀγαθήν, θαῤῥῶν καταφύτευε ταύτην.

---

1 tit. atram. L ‖ 3 διοφ. p. t. LM a. t. P ‖ 4 ἀναγκαιότερον L ‖ πάντων, τῶν ἀμπ. L ‖ 5 ἔ|στε ἡ ἐκ τῆς L ‖ 7 τὸν τρόπον τοῦτον· M ‖ περϊδοκϊμασίασ γ(ῆς per comp. m. rec?) rubro add. L ‖ κε. λ′ mg. add. L ‖ 9 ἀνοιγείσης M ‖ βάλλε M βάλε corr. ex βάλλε P ‖ 10 καλοῦ L ‖ 13 τέλειον L τέλος P ‖ 14 τὸ ὕδωρ L ‖ ἔσται om. L ἔσεται P ‖ 16 εὕρεισ C ‖ καὶ τὴν γεῦσιν M ‖ 18 τὴν τοιαύτην φυτ. M.

Cap. 8. *Ὁποῖα εἶναι δεῖ τὰ φυτευόμενα κλήματα, καὶ ἀπὸ ποίου μέρους τῆς ἀμπέλου, καὶ πότερον ἀπὸ νέων ἢ γεγηρακυιῶν ἀμπέλων χρὴ τὰ κλήματα φυτεύειν. Τῶν Κυντιλίων.*

**1** Ἡνίκα αἱ ἄμπελοι εἰς τέλειον ἀποδώσουσι τὸν καρπόν, ἐπιθεωρεῖν δεῖ τὰς εὐκάρπους, καὶ πολυφόρους καὶ πολυοφθάλμους, καὶ μηδὲν σῖνος ἐχούσας, καὶ ταύτας σημειοῦσθαι, καὶ ἐκ τούτων τῷ καιρῷ τῆς φυτείας λαμβάνειν τὰ φυτά, μήτε ἐκ νεοφύτων ἀμπέλων, ἀσθενῆ γάρ, μήτε ἐκ γεγηρακυιῶν, ἄκαρπα γάρ, ἀλλ' ἐκ τῶν ἀκμαιοτάτων, ἢ μικρόν τι προεχουσῶν. **2** τὰ δὲ κλήματα ληπτέον μήτε ἐκ τῶν ἄκρων, μήτε ἐκ τῶν κάτω μερῶν, ἀλλ' ἐκ τοῦ μέσου τῆς ἀμπέλου. καὶ τὸ μὲν τραχὺ κλῆμα καὶ πλατύτερον καὶ ναρθηκῶδες καὶ ἀραιόφθαλμον καὶ μυουρίζον ἀποῤῥιπτέον· ληπτέον δὲ τὰ κλήματα τὰ στρογγύλα καὶ λεῖα καὶ στιβαρὰ καὶ πυκνόφθαλμα καὶ τοὺς νεόποδας πλείστους ἔχοντα. **3** Τὰ δὲ λαμβανόμενα κλήματα ἐχέτω καὶ τοῦ περυσινοῦ κλήματος μέρος, καὶ παραχρῆμα ἀφαιρεθέντα φυτευέσθω, προσφύεται γὰρ τῇ γῇ τάχιον τὸ πρασφάτως τμηθέν, ὡς ἀδιάπνευστον τυγχάνον. **4** εἰ δὲ μικρᾶς ὑπερθέσεως τὰ τῆς φυτείας χρῄζει, ἅμα τῷ ἀφαιρεθῆναι τὰ κλήματα, χρὴ ταῦτα κατορύττειν εἰς γῆν, ἢ λελυμένα ἢ χαλαρῶς δεδε-

---

1 tit. atram. scr. L ‖ 4 *κυϊν|τηλίων* L *κεντϊλλίων* H om. CP ‖ 6 *ἐπητηρειῖν* L ‖ 8 *πάντας* F *πάσας* CHM ‖ 10 *μίτε ἐκ γεγ.* L ‖ 11 *ἀκμαιοτέρων* M ‖ *προσεχουσῶν* F ut ed. CH ‖ 14 *παχὺ* L ‖ 15 *ἀρεόφθαλμον* L ‖ *μὴ οὐρίζον* L *μϋουρΐζον* (*ο* in ras. ex *ρ*?) H ‖ 18 *ἔχετο* L ‖ 19 *περσηνοῦ* M *περυσινοῦ* P ‖ 20 *φυτευέσθωσαν* L ‖ *προσρύεται* FM ‖ 21 *προσφάτοσ* L ‖ ante *ὡς*: ^ supra rasuram L ‖ 22 *ἰδὲ μικρᾶς* L ‖ 23 *ἅμα τὸ* L.

μένα, ἵνα πάντα τῆς γῆς ἀπολαύῃ, τῆς δὲ μήτε ξηρᾶς μήτε ὑγρᾶς ἄγαν, κάλλιον δὲ τῆς οἰκείας ὅθεν ἐξῃρέθη. 5 Ἐὰν δὲ ἐπὶ πλέον ἡ τήρησις τῶν φυτῶν ἀναγκαία τυγχάνῃ, ἐν πίθῳ μὴ ἔχοντι ἰκμάδα τιθέσθω τὰ φυτά, προϋποστρωννυμένης γῆς, καὶ πάλιν ἐπιβαλλομένης, ἵνα πανταχόθεν τῆς γῆς ἀπολαύῃ. 6 δεῖ δὲ ἐπιμελῶς πωμάζειν τὸν πίθον πηλῷ, ἵνα μὴ ἄνεμος ἢ ἀὴρ εἰσπνέειν δυνηθῇ· οὕτως γὰρ καὶ ἐπὶ δύο μῆνας μένει ἀσινῆ τὰ φυτά. 7 Τὰ δὲ ἐκ πολλοῦ διαστήματος κομιζόμενα κλήματα τινὲς εἰς σκίλλαν ἐνθέντες ἢ εἰς βολβούς, οὓς ἐσθίομεν, χλωρὰ διεφύλαξαν. 8 τὰ δὲ χρόνῳ βλαβέντα καὶ ξηρότερα γενόμενα ἐμβαλὼν εἰς ὕδωρ νυχθήμερον, φύτευε. εἰ δὲ ξηροτέρα εἴη ἡ γῆ, καὶ τὰ ὑγιαίνοντα κλήματα βρέχειν κάλλιον, καὶ οὕτω φυτεύειν. 9 Τὰ δὲ φυτευόμενα κλήματα προσέχειν δεῖ μὴ βλαστήσῃ πρὸ τῆς φυτείας, διαφθαρήσεται γὰρ τὰ τοιαῦτα. 10 ἀπὸ δὲ ἑνὸς κλήματος ἐκεῖνο κρεῖσσόν ἐστι τὸ μέρος εἰς φυτείαν, τὸ ἐξευγμένον τῷ ἑνὶ μέχρις ζʹ ὀφθαλμῶν. 11 καλὸν οὖν τὸ κλῆμα καὶ εἰς φυτείαν ἐπιτήδειον τὸ ἀπὸ τοῦ ἑνός, τουτέστι τοῦ περυσινοῦ, μέχρις ἑπτὰ ὀφθαλμῶν· τὸ δὲ ἄλλο ἄχρηστον. 12 οὐ καλῶς οὖν ποιοῦσί τινες, μακρότερα κλήματα εἰς δύο καὶ τρία μέρη τέμνοντες καὶ φυτεύοντες.

---

1 ἀπολαύοι M ἀπολαύῃ P ἀπολάβῃ CH ‖ τῆς δὲ — ἐξῃρέθη om. L τῆς γε CH τῆς δε P ‖ 3 §§ 5—12 om. L ‖ ἐπιπλέον CH ‖ 5 προϋπὸστρωμένης C προϋποστρουμ. HM ‖ 6 ἀπολάυη C ‖ 8 οὕτως per comp. M οὕτω HP ‖ 20 καλὸν — ὀφθαλμῶν om. M ‖ ἑπτὰ C ‖ 21 περισυνοῦ C.

Cap. 9. *Πῶς δεῖ φυτεύειν τὰς ἀμπέλους, καὶ τί δεῖ ποιεῖν πρὸς ταχεῖαν τούτων ῥίζωσιν, καὶ πότερον ὀρθὸν ἢ πλάγιον τὸ κλῆμα φυτευτέον. Φλωρεντίνου.*

1 *Μεμνῆσθαι δεῖ τοὺς φυτεύοντας ἄμπελον, ἀεὶ προχρίειν τὰς ῥίζας καὶ τὰ ἄκρα τῶν κλημάτων ὑγρῷ βολβίτῳ· φασὶ γάρ, τὰ ἑρπετὰ καὶ τοὺς σκώληκας ὀσφραινόμενα μὴ προσιέναι.* 2 *χρὴ δὲ ἐμπάσσειν τοῖς φυτοῖς δρυΐνης βαλάνου συγκεκομμένης εἰς κυάμου μέγεθος· καὶ ὀρόβους καταῤῥηγνύντας καὶ ἀλέσαντας ἅπαξ, ὡς συνθλάσαι μόνον καὶ διελεῖν, μιγνύναι ταῖς βαλάνοις, καὶ διαπάσσειν τοὺς τόπους τῶν φυτῶν.* 3 *ταῦτα γὰρ καὶ πρὸς ῥίζωσιν καὶ πρὸς παλαίωσιν τῶν οἴνων, καὶ πρὸς πολυκαρπίαν συμβάλλεται.* 4 *Τινὲς δὲ τὰ τῶν ὀσπρίων ἄχυρα, μάλιστα δὲ τὰ τῶν κυάμων, συμβάλλουσι τοῖς φυτοῖς, καὶ γὰρ θερμαίνει διὰ τοῦ χειμῶνος τὰ τοιαῦτα, καὶ τὴν ἐκ τῶν θηρίων βλάβην κωλύει. τινὲς δὲ οὖρον ἐμβάλλουσι.* 5 *Συμβάλλειν δὲ χρὴ δράκα γιγάρτων πεφρυγμένων εἰς ἕκαστον βόθρον, εἰς μὲν τὰ μέλανα γένη γίγαρτα λευκῶν σταφυλῶν, εἰς δὲ τὰ λευκὰ μελαινῶν.* 6 *Δυνατὸν δὲ καὶ ὄρθιον φυτεύειν τὸ κλῆμα, βέλτιον δὲ τὸ πλάγιον, ῥιζοῦνται γὰρ θᾶττον.* 7 *εἴτε δὲ ὀρθῷ, εἴτε πλαγίῳ τεθέντι τῷ φυτῷ, περιθετέον λίθους γʹ ἢ δʹ χειροπλήθεις, εἶτα ἐπιχωστέον τῷ παρακειμένῳ*

3 *καὶ πότερον — φυτευτέον* om. L ‖ *κλῆμα φυτεύειν* H *κλῆμα μεταφυτεύειν* C ‖ 4 *φλορεντίνου* L ‖ 8 *ἐν πᾶσιν* F *ἐμπάσσειν* CH ‖ 9 *δρυίνου* L ‖ *συγκεκομ*, | (*ης* supra add. m. 1. fin. fol. 21) *μέγεθος* L ‖ 12 *διαπ*|*σιν* (ᾶσ supra) L ‖ 15 §§ 4—12 om. L ‖ 20 *μέλαινα* C ‖ 21 *μελανῶν* F ‖ 24 *τρεῖς* CHP ‖ *τέσσαρας* CP *τέτταρας* H.

χώματι μετὰ κόπρου συμπατοῦντας χρησίμως καὶ παραφυλαττομένους, μή τινα τῶν κατὰ γῆς ὀφθαλμῶν τυφλώσωσιν, εἶτα ἑτέρους ἐπιθετέον λίθους τῷ συμπατηθέντι τοῖς μεγέθεσιν ἴσους. 8 ἡ μὲν οὖν κόπρος συμβαλλομένη θάλπει καὶ στερεοῖ τὸ φυτόν· τὸ δὲ γίγαρτον ῥιζοβολεῖν ποιεῖ θᾶττον· οἱ δὲ λίθοι κωλύουσιν ἐμπεσεῖν τὴν εὐρυχωρίαν, ἐν δὲ τῷ θέρει καταψύχουσι τὰς ῥίζας. 9 Σωτίων δὲ παραινεῖ, καὶ κεδρίᾳ ἐλαχίστῃ τὰ ἄκρα τῆς ἕδρας τοῦ φυτοῦ χρίειν, οὐκ ἐᾷ γὰρ σήπεσθαι, καὶ τὰ ἑρπετὰ κωλύει ὀσφραινόμενα εἰσελθεῖν. 10 τινὲς μὲν οὖν οὐ μεταβάλλοντες τὴν γῆν ἀλλ' ἁπλῶς πάτταλον καθιέντες, ἐμβάλλουσι τὰ φυτά. 11 ἐμοὶ δὲ σφόδρα τοῦτο ἀπαρέσκει, καλλίων γὰρ ἡ διὰ πανσκαφίας φυτεία τῆς διὰ παττάλου φυτείας. 12 ἐκεῖ μὲν γὰρ οἱ ὀφθαλμοὶ τυφλοῦνται, καὶ τὸ κλῆμα λυγίζεται· ἐνταῦθα δὲ ἀκέραιον καὶ ἀσινὲς ἐντίθεται.

Cap. 10. *Πόστῃ κατὰ σελήνην, καὶ πότερον ὑπεργείου οὔσης χρὴ τὰς ἀμπέλους φυτεύειν, ἢ ὑπογείου. Ἀνατολίου.*

1 Πολλοὶ τῶν ἀρχαίων διαβεβαιοῦνται, ἀπὸ πρώτης σελήνης μέχρι τετράδος τὰς ἀμπέλους φυτεύειν, ἔνιοι δὲ ἐν πάσαις ταῖς ἡμέραις αὐξανομένης αὐτῆς συμβουλεύουσι φυτεύειν, ὥσπερ ληγούσης κλαδεύειν.

---

1 *χρὴ ὁμοίως καὶ παραφ.* FH *χρὴ ὁμοίως παραφ.* C || 3 ante *εἶτα* m. rec.: † F post *εἶτα*: *ἐπὶ ἑτ.* H || 8 *σωτίων* in mg. repet. F || 14 *διαπαν σκαφίασ* F *διαπανσκαφίας* CH || 18 *πῶς τῆι* F *πόστη* CH || 20 *ἀνατολίου* om. L p. t. M || 21 *ἀρχαιοτέρων* M || 24 *Ὥσπερ* (i. e. *ὥ* rubro) L.

ἕτεροι αὐξανομένης αὐτῆς φυτεύειν παραιτοῦνται. 2 τοῦτο δὲ ὁμολογούμενόν ἐστιν, ὅτι χρὴ καὶ τὰς ἀμπέλους κατατιθέναι ὑπὸ γῆν οὔσης τῆς σελήνης, καὶ τέμνειν ξύλα ὁμοίως ὑπὸ γῆν οὔσης αὐτῆς. 3 Σωτίων δέ φησιν ἐν ταῖς ἀσελήνοις ἡμέραις, τουτέστι τῇ πρώτῃ καὶ δευτέρᾳ ἡμέρᾳ, φυτεύειν τὰς ἀμπέλους, καὶ τὰ λοιπὰ δένδρα, πρὶν τὴν σελήνην φανῆναι τοῖς ἀνθρώποις, τὰ γὰρ ἐν ταύταις ταῖς ἡμέραις φυτευόμενα, πάντα εὐσύλληπτά φησι γίνεσθαι. ἐγὼ δὲ καὶ ληγούσης τῆς σελήνης πολλάκις φυτεύσας οὐ μετεμελήθην. 4 Σωτίων δὲ ἐν ταῖς ἀσελήνοις καὶ τὴν κθ' καὶ λ' τάττει. χρὴ μέντοι τὰ κλήματα ληγούσης τῆς σελήνης λαμβάνειν, καὶ τὰ πρὸς φυτείαν, καὶ τὰ πρὸς ἐγκεντρισμόν.

## Cap. 11. *Τί δυνατὸν ἐν τοῖς ἀμπελῶσι σπείρειν. Βηρυτίου·*

1 *Τινὲς κυάμους καὶ ὀρόβους σπείρουσιν ἐν τοῖς ἀμπελῶσιν, ἀβλαβῆ τὰ φυτὰ φυλάξαι δυναμένους, τινὲς δὲ κολοκύνθας καὶ σικύους σπείρουσιν.* 2 *ἡ δὲ πεῖρα ἐδίδαξε, χρήσιμον εἶναι μηδὲν σπείρειν ἐν τοῖς ἀμπελῶσι. παραιρεῖται γὰρ τὴν τροφὴν τῶν ἀμπέλων τὰ σπειρόμενα, καὶ ἡ σκιὰ βλάπτει.* 3 *Παραιτοῦ δὲ μάλιστα κράμβην, ὡς φύσει ξηράν, καὶ ἀντιπάθειαν ἔχουσαν φυσικὴν πρὸς τὴν ἄμπελον, ἀμέλει ἐάν τις*

---

1 Ἕτεροι L ‖ παρετοῦνται L ‖ 2 ταῦτα FM ‖ ἔστι L ‖ 5 σωτίων in mg. repet. F §§ 3. 4 om. L ‖ 11 σωτίων in mg. repet. F ‖ ἐν ὰ (?) ταῖς καὶ (per comp.) τὴν et supra add. per comp. 1. m.: ἀσελήνοις M ‖ 15 c. 11 om. L ‖ 16 Βηρυτίου p. t. M ‖ 20 ἐδίδαξεν F -ξε H -ξαι C ‖ 21 παραιρεῖται FP παραιτεῖται MH παραιτῆται C ‖ 24 φυσικὴν ἔχουσαν M.

*ἑψομένης κράμβης οἴνου ἐλαχίστου ἐπιψεκάσῃ, οὔτε ἕψεται, καὶ ἡ χροιὰ διαφθαρήσεται· καὶ οἱ βουλόμενοι πολὺν οἶνον πίνειν, καὶ μὴ μεθύσκεσθαι, προεσθίουσιν ὠμὴν κράμβην.* **4** *Εἰ δὲ καὶ συμβῇ προπεφυτεῦσθαι ἐκ τοῦ πλησίον ἄμπελον καὶ κράμβην, αὐξανομένη ἡ ἄμπελος, ἐπειδὰν πλησιάζειν μέλλῃ τῇ κράμβῃ, οὐκέτι ἐπ' εὐθείας χωρεῖ, ἀλλ' ὑποστρέφει ἀντιπαθῶς ἔχουσα πρὸς τὴν κράμβην.* **5** *καὶ Ταραντῖνός φησι μηδὲν παντελῶς σπείρειν μεταξὺ τῶν ἀμπέλων, ὅπερ κἀγὼ συμβουλεύω, τὴν πεῖραν ἔχων διδάσκαλον.*

## Cap. 12. *Περὶ βάθους φυτείας ἀμπέλων.* *Φλωρεντίνου.*

**1** *Ἐμοὶ δοκεῖ, μὴ ἧττον τεσσάρων ποδῶν ποιεῖν τοὺς βόθρους τῶν ἀμπέλων. αἱ γὰρ ἐπιπολαίως φυτευθεῖσαι γηρῶσι τάχιον, καὶ τὸν καρπὸν φθείρουσιν, ὀλίγης τροφῆς ἐν ὀλίγῃ τῇ γῇ μεταλαμβάνουσαι, καὶ τῷ θέρει καίονται.* **2** *Χρὴ δέ, ὅσον ἡ θερμότης τοῦ ἡλίου κάτεισι, τοσοῦτον ὀρύττειν καὶ φυτεύειν, πλέον δὲ τοῦ προειρημένου μέτρου μὴ κατιέναι τὴν θερμότητα τοῦ ἡλίου βεβαιοῦνται, ἐὰν μὴ ἡ γῆ ῥαγάδας ἔχοι.* **3** *εἰ δὲ ἔλαττον τοῦ βάθους τοῦ προδηλωθέντος φυτεύσειας, ἀχρήστους ἕξεις τὰς ἀμπέλους, καὶ τάχιον γηρώσας.* **4** *τὴν ἕως οὖν τῶν τεσσάρων πο-*

---

1 *ἑψομ.* F *ἐψομ.* CH ‖ *ἐπιψεκάσει* M *ἐπιψεκάσειεν* P ‖ 2 *ἕψεται* F *ἔψεται* CH ‖ 6 *μέλλει* et *η* supra add. 1. m. M *μέλλη* P *μέλλη* ex *ει* corr. H *μέλλει* C ‖ 8 *ταρ.* in mg. rep. F ‖ 16 *γηρῶσιν* L ‖ 17 *ὀλίγης τροφῆς ἐν* bis L ‖ 18 *θερμώτης* L ‖ 19 *ἡλίου* [*βεβαιοῦνται*] (1. m. deletum) *κάτεισι* M *ἡλίου κάτεισι* PL *κάτεισιν* F ‖ 22 *ἔχη* M *ἐὰν μὴ* — fin. cap. om. C.

δῶν γῆν φυτοτρόφον εἶναι νόμιζε, τὴν δὲ κατωτέρω, ἄγονον. **5** οὐκ ἔστι δὲ φαύλη καὶ ἕως τριῶν ποδῶν βάθους γινομένη φυτεία.

## Cap. 13. *Πότερον δύο κλήματα, ἢ μόνον ἓν ἀναγκαῖον ἐν τῷ βόθρῳ φυτεύειν. Τοῦ Αὐτοῦ.*

**1** Ἐμοὶ δοκεῖ ἀναγκαῖον εἶναι, ἐν μὲν τοῖς ἀμπελῶσι δύο ὁμοῦ κλήματα ἀντὶ ἑνὸς τιθέναι. εἰ γὰρ τὸ ἕτερον διαμάρτῃ, τὸ ἕτερον ζωοφορήσει. **2** ἴσως δὲ ἐπὶ τῶν φυτωρίων οὐκ ἐπιτήδειον δύο κλήματα τιθέναι, ἅτε δὴ καὶ πυκνῶν τιθεμένων τῶν κλημάτων. ἐγχωρεῖ μὲν γὰρ καὶ ἐνταῦθα δύο τιθέναι, ἵνα τὸ ἰσχυρότερον ἐάσωμεν. **3** Δύο δὲ κλημάτων φυτευθέντων ἐν τοῖς ἀμπελῶσι καὶ ἰσχυρῶν γενομένων, τὸ μὲν ἀσθενέστερον ἀναιρετέον, τὸ δὲ λειπόμενον προσδετέον χάραξιν, ὅπερ ἢ ἐν τῷ οἰκείῳ τόπῳ ἐατέον ἢ μεταφυτευτέον. **4** δύο γὰρ κλημάτων ἐν ἑνὶ βόθρῳ ἐαθέντων, καὶ αἱ ῥίζαι στενοχωροῦνται, καὶ αὐτὰ ἱκανῆς οὐ μεταλαμβάνει τροφῆς, ὥσπερ οὐδὲ δύο βρέφη ὑπὸ τροφοῦ μιᾶς ἐκτρεφόμενα.

## Cap. 14. *Περὶ διαφορᾶς τῶν ἐνοίζων φυτῶν καὶ τῶν ἀπὸ κλήματος. Διδύμου.*

**1** Τὰ ἔνριζα φυτὰ τῶν ἀμπέλων κατὰ τοῦτο διαφέρειν δοκεῖ τῶν ἀπὸ κλήματος, ὅτι τὰ μὲν ἔνριζα

---

2 *ἥως* L ‖ 3 *γενομένη* M ‖ 4 c. 13 om. LC ‖ 6 *τοῦ αὐτοῦ* a. t. P ‖ 7 *ἀμπελῶσιν* H ‖ 9 *ἄλλον* M ‖ 12 *β′* P ‖ 13 *ἰσχυρώτερον* M *ὁ* P ‖ 18 *ἐαθέντων — αὐτὰ* om. H ‖ 21 c. 14 om. CL ‖ *ἐρρίζων* H ‖ 22 *διδύμου* om. P ‖ 23 *ἔρριζα* H.

ὁμολογουμένην ἔχει τὴν αὔξησιν, ὡς ἅπαξ ἐῤῥιζωμένα, τὰ δὲ προσδοκᾷ τὴν ῥίζωσιν. 2 ἀλλὰ καὶ καλλίονα ἡ μεταφύτευσις τὸν καρπὸν ποιεῖ. καὶ τὰ μὲν ἔνριζα τῷ δευτέρῳ ἔτει, ἢ καὶ θᾶττον τὸν καρπὸν ἀποδίδωσι· τὰ δὲ ἀπὸ κλήματος, μόλις τῷ τρίτῳ ἢ τετάρτῳ ἔτει. 3 Οὐ καλῶς δὲ ποιοῦσί τινες, τὰ μακρότερα κλήματα εἰς δύο καὶ τρία μέρη τέμνοντες, καὶ φυτεύοντες. 4 τὸ γὰρ ἀπὸ τοῦ ἑνὸς [μέρους] μέχρις ζʹ ὀφθαλμῶν, μόνον ἐστὶ χρήσιμον, τὸ δὲ ἀνώτερον μέρος ἄχρηστον, ὡς Φλωρεντίνῳ καὶ τοῖς Κυντιλίοις δοκεῖ.

Cap. 15. *Ὅτι οὐ δεῖ τὰ γένη τῶν ἀμπέλων μεμιγμένα φυτεύειν, καὶ μάλιστα τὰς λευκὰς μετὰ τῶν μελαινῶν σταφυλῶν. Φρόντωνος.*

1 Οὐ τῆς αὐτῆς φύσεως, οὔτε τοῦ αὐτοῦ καιροῦ πᾶσά ἐστιν ἄμπελος, ἀλλ' ἡ μὲν ταχέως ἕψεται, ἡ δὲ οὔ. 2 καὶ ὁ καρπὸς δὲ διάφορος, ὁ μὲν ξανθός, ὁ δὲ μέλας, ὁ δὲ λευκός, ὁ μὲν γλυκύς, ὁ δὲ αὐστηρός, καὶ ὁ μὲν κοῦφος, ὁ δὲ βαρύς, καὶ ὁ μὲν μόνιμος, ὁ δὲ οὔ· καὶ ὁ μὲν παλαιούμενος καλλίων, ὁ δὲ αὐτόθεν πινόμενος, καὶ ἄλλη ἄλλου καὶ φύσις καὶ θεραπεία. 3 δεῖ τοίνυν τὴν τούτων μίξιν παραιτεῖσθαι, ὡς μὴ μιγνύμενον τὸ κρεῖττον ὑπὸ τοῦ χείρονος βλάπτηται. 4 οὐδὲν δὲ οὕτως τὸν οἶνον βλάπτει, ὡς

---

2 προσδοκᾶν M ‖ 4 ἀποδίδωσιν H ‖ 6 §§ 3. 4 om. P ‖ 8 μέρους om. H ‖ ἑπτὰ H ‖ 10 Φλωρεντῖνος mg. add. F nihil H ‖ 12 c. 15 om. C ‖ tit. atram. scr. Ὅ a rubricatore om. L ‖ 14 μελαινῶν MH μελανῶν F μελῶν L ‖ σταφυλῶν om. P ‖ Φρόντωνος p. t. LP ‖ 16 ὄψεται L ‖ 21 θεραπείας L ‖ 22 μείξιν L ‖ 23 μιγνυμένων L ‖ βλάπτεται M βλάπτηται P ‖ 24 οὕτω P.

ὅταν πρώϊμοι σταφυλαὶ σὺν ταῖς ὀψιμωτέραις τρυγῶνται. 5 πάντων δὲ μάλιστα ἀκριβέστερον ἐκεῖνο παρατηρητέον, ἵνα μὴ αἱ λευκαὶ ταῖς μελαίναις συμπατῶνται. 6 πολὺ δὲ κάλλιον, ἐὰν μηδὲ συμφυτεύωνται. ἔχουσι γάρ τινα πρὸς ἑαυτὰς φυσικὴν ἀντιπάθειαν.

Cap. 16. Ὅτι συμφέρει μὴ μονοειδῆ τὴν ἄμπελον, ἀλλὰ διάφορα γένη κεχωρισμένως φυτεύειν. Σωτίωνος.

1 Εὐβουλότατα ποιοῦσιν, ὅσοι τρία ἢ τέσσαρα γένη ἀμπέλων κεχωρισμένως ἐν τῷ ἀμπελῶνι φυτεύουσιν. 2 ἢ γὰρ εὐφορήσει σύμπαντα, ἢ οὐ πάντα ὁμοῦ ἀποτυγχάνει, τὸ γὰρ ἐπὶ μιᾶς ὁρμεῖν σφαλερόν. 3 διὰ τοῦτο δὲ οὐ χρὴ χύδην, ἀλλὰ κατὰ γένος κεχωρισμένως φυτεύειν, ἐπειδὴ πλείστη ἐστὶν ἐν ταῖς ἀμπέλοις διαφορά, οὐ μόνον περὶ τὰ χρώματα, ἀλλὰ καὶ τὴν ποιότητα. 4 καὶ ὁ ἐκ διαφόρων δὲ ἀμπέλων γινόμενος οἶνος, πλείστην ἔχει διαφοράν.

Cap. 17. Περὶ διαφορᾶς γένους ἀμπέλων. Φλωρεντίνου.

1 Οὐ πᾶσα μὲν ἄμπελος ἐν παντὶ τόπῳ τὸν αὐτὸν οἶνον ποιεῖ. πολὺ γάρ τι καὶ ἡ τῶν ἀέρων ποιότης πρὸς καλλιοινίαν συμβάλλεται, καὶ τοὐναντίον

1 πρώϊμαι H ‖ τοῖς LP ‖ ὀψιμωτέροις L ὀψίμοις M ‖ 5 ἑαυτοὺς L ‖ 6 tit. atram. scr. L om. C ‖ 7 κεχωρισμένοσ L κεχωρισμένα φυτευτέον M ‖ 8 σωτιώνος a. t. P p. t. L om. C ‖ 9 τέτταρα H γ´ ἢ δ´ C ‖ 10 κεχωρισμένω L ‖ 12 ad μιᾶς mg. 2. m.: ἀγκύρας δηλ(ονότι per comp.) P ‖ ὁρμᾶν HP ‖ 13 κεχωρισμένα (p. c.), φυτεύη· L ‖ 17 ἔχειν M ἔχει P ‖ 18 c. 17 om. L ‖ 19 φλωρ. p. t. P φλορ. C.

βλάπτει. 2 ἡ μέντοι ἀμίννιος ὡς ἐπὶ τὸ πολὺ πανταχοῦ ἐπιτηδειότερον φέρει, ἐξαιρέτως δὲ ἐν τοῖς πλαγίοις χωρίοις καὶ αὐχμηροῖς ἢ καὶ καθύγροις, καὶ μάλιστα εἰ ἐπὶ τῶν δένδρων τρέφοιτο. 3 ἡδὺν δὲ ὁμοίως τὸν οἶνον φέρει καὶ ἡ παραπλησία αὐτῇ τῇ ἀμιννίῳ ἄμπελος, ἡ μικροὺς ἔχουσα τοὺς βότρυας καὶ πυκνὰς τὰς ῥάγας, ἡ καλουμένη παρὰ τοῖς Βιθυνοῖς δρόσαλλις, ἣν καὶ συντρυγῶσί τινες τῇ ἀμιννίῳ. 4 Καὶ ἡ λευκὴ δέ, ἡ μείζους τοὺς βότρυας ἔχουσα, ἐν τοῖς αὐτοῖς αὐχμηροῖς χωρίοις κατὰ τῶν δένδρων φερομένη, κάλλιστον τὸν οἶνον ποιεῖ καὶ πολύν, λέγεται δὲ ἐν Βιθυνίᾳ λευκοθρακία· ἔχει δὲ ἐπιμήκεις τοὺς βότρυας, καὶ ἰσοπαχεῖς τὰς ῥάγας τροχοειδεῖς καὶ λιπαράς, τῷ δὲ καιρῷ τῆς πεπάνσεως ὑπερύθρους· καὶ αὐτὰ δὲ τὰ κλήματα ἐρυθρὰ ἔχει. 5 Ἔστι δὲ ἄμπελος ἐν τῇ Βιθυνίᾳ ἡ καλουμένη βωληνή, τάχιον πεπαινομένη καὶ πρώϊμος πάνυ, μέγαν τὸν βότρυν καὶ σχεδὸν πηχυαῖον φέρουσα, καὶ τὰς ῥάγας ἁδρὰς καὶ λευκάς, καὶ διαυγεῖς καὶ στρογγύλους, τοὺς κρεμαστῆρας τῶν βοτρύων σφόδρα ἔχουσα ἐπιμήκεις· καί, ὃ μόνης αὐτῆς ἐστιν ἰδιάζον, μόνη ἀπὸ ἑκάστου ὀφθαλμοῦ τρία ἐκβάλλει, τῶν ἄλλων μόλις δύο καθ' ἕκαστον ὀφθαλμὸν χορηγουσῶν. 6 διὸ προσήκει αὐτὴν σφόδρα σιμοτομεῖν ἐν τῇ κλαδείᾳ, ἵνα μὴ πολυφόρος οὖσα ταχέως ἀποκάμνῃ. 7 καὶ ἡ ἄμπελος αὐτὴ σφόδρα μέγεθος ἔχει, καὶ οὐ ταχέως γηρᾷ, οὔτε ὑπὸ

---

1 βλάπτει· ἡ μέντοι| (hoc 1. m. deletum) ἐπϊτηδειότερον (per comp.) δὲ φέρει ἐξαιρέτως ἐν M βλάπτει· ἐπιτηδ. δὲ φέρει ἐξ. ἐν P ‖ 7 τοῖς om. F ‖ 16 βωληνή CHM βωλινὴ F βολωνή P ‖ 19 στρογγύλας? ut ed. codd. ‖ 24 μὴ om. M serv. P | 25 αὐτὴ Needh. αὐτῆς codd.

τοῦ περιέχοντος βλάπτεται, ποικίλους δὲ ἀέρας ὑπομένει. 8 ποιεῖ δὲ τὸν οἶνον αὐτάρκως μὲν χρηστόν, ἴσως διὰ τὸ ἐπὶ τῶν δένδρων αὐτὴν φέρεσθαι, οὐ μέντοι μόνιμον διὰ τὴν φύσιν τὴν ἑαυτῆς. 9 Οὐκ ἔλαττον δὲ τούτων ἐστὶ πολυφόρος καὶ ἡ προειρημένη ἀμίννιος, διὰ τοῦτο ταύτην πασῶν μάλιστα προκρίνειν χρή. καὶ γὰρ Βάρων διϊσχυρίζεται, ὅτι ἕκαστον πλέθρον τῆς ἀμιννίας ἀμπέλου τριακοσίους ἀμφορέας ἤνεγκε. 10 δυνατὸν δὲ πλείω κλήματα ἐάσαντα τῆς αὐτῆς ἀμπέλου, πλείονα τὸν οἶνον ποιῆσαι. ἐν γὰρ τῇ κλαδείᾳ χαίρει τῷ μακροτομεῖσθαι, καὶ πλείω δ' αὐτῇ κλήματα συγχωρεῖσθαι. 11 διὸ δεῖ πανταχοῦ τὴν ἄμπελον τὴν ἀμίννιον μάλιστα μὲν φυτεύειν· ἂν δ' ἑτέρων ἀμπέλων φυτείᾳ ἡ γῆ προείληπται, ἐπικεντρίζειν δυνατόν. οὐ γὰρ ἐλάττων ἐστὶν ὁ ἐγκεντρισμὸς τῆς φυτείας, καὶ μάλιστα τῆς ἐγκεντριζομένης ἀμπέλου τῷ δευτέρῳ ἔτει καταστρωννυμένης. 12 Τὴν μέντοι εὔφορον, οὐχὶ ἀπὸ πρώτου καὶ δευτέρου ἔτους δοκιμάζομεν, ἀλλὰ [τὴν] ἀπὸ πολλῶν ἐτῶν. πολλάκις γὰρ οἱ κλαδεύοντες, πολλὰ κλήματα καταλιπόντες, πολυοινίας αἴτιοί εἰσι πρὸς ἕνα ἢ δεύτερον ἐνιαυτόν. 13 Εὔφορος δέ ἐστιν ἄμπελος, ἡ συμμέτρων κλημάτων καταλειφθέντων ἀεὶ ὁμοίως φέρουσα. καθόλου δὲ πολυφόρον νομιστέον οὐ τὴν καθ' ἕκαστον κλῆμα ἕνα βότρυν φέρουσαν, ἀλλὰ τὴν καθ' ἕκαστον ὀφθαλμὸν πλείω κλήματα καὶ βότρυας ἀφ' ἑκάστου.

1 *ὑπὸ μενεῖ* C *ὑπομενεῖ* H ‖ 5 *ἐστὶν* F *ἐστὶ* CH ‖ 7 *Βάρων* in mg. rep. F ‖ 8 *ἀφορέας ἤνεγκεν* F ut ed. CH ‖ 12 *δεῖ* 2. m. corr. ex *δὴ* F ut ed. CH.

Cap. 18. *Πῶς δεῖ τὴν ἀπώρυγα κληματίδα φυτεύειν. Ἀνατολίου.*

1 Τὴν καλουμένην ἀπώρυγα κληματίδα φυτεύσομεν οὕτως. ὀρύξαντες βόθρον ποδιαῖον τὸ βάθος, ἐπικλίναντες ἀπὸ τῆς ἀμπέλου τὸ κλῆμα, οὐ κόπτοντες, ἀλλὰ κάμπτοντες, ἐντιθέαμεν εἰς τὸν βόθρον, καὶ ἐπιφέρομεν τὸν χοῦν, ἐάσαντες φανερὸν μέρος τοῦ κλήματος ὑπερέχειν τῆς γῆς, ἵνα τὸ μέν τι αὐτοῦ συνημμένον τῇ ἀμπέλῳ, ὥσπερ ἀπὸ μαστοῦ ἕλκῃ τὴν τροφήν, τὸ δὲ ἄλλο ἐντρέφηται τῇ γῇ· καὶ ῥιζοῖ ὑπὸ δύο μητέρων τιθηνούμενον. 2 Τὰ δὲ οὕτως φυτευθέντα, καὶ καρπὸν φέρει ῥαδίως, καὶ εὔτροφα ἔσται, ἅτε μητρῴαις καὶ οἰκείαις ῥίζαις ἀνατρεφόμενα, ἅτινα τριετῆ γενόμενα καλῶς μεταφυτεύεται.

Cap. 19. *Περὶ τρόπου ἐργασίας. Σωτίωνος.*

1 Τὸ φυτευθησόμενον χωρίον ἀπὸ πάσης ὕλης καθαρτέον, οὐ σκάπτοντας μόνον ἀλλὰ καὶ ἀρότροις νεοῦντας πολλάκις, οὐ τὰς ῥίζας μόνον ἐξαιροῦντας, ἀλλὰ καὶ τοὺς λίθους ἐκφοροῦντας, καὶ μάλιστα τοὺς μείζους. 2 πάντες γὰρ οἱ λίθοι ὄντες ἄνωθεν, καὶ διὰ τοῦ θέρους τὰ στελέχη προσκαίουσι, θερμαινόμενοι ὑπὸ τοῦ ἡλίου, διὰ τὸ ἐμμένειν ἐν στερεῷ σώματι τὴν θερμότητα, καὶ πάλιν διὰ τοῦ χειμῶνος ψυχροὶ οἱ λίθοι γινόμενοι, καὶ μάλιστα οἱ μικροί,

---

1 c. 18 om. L ‖ 2 *ἀνατολίου* p. t. M ‖ 3 *φυτεύσωμεν* CH ‖ 5 *κύπτοντες* FM *κόπτοντες* H ‖ 8 *μέντοι* HP ‖ 9 *ἕλκει* CH ‖ 11 *οὕτως* per comp. M *οὕτω* P ‖ 13 *ἀνατρειφόμ*, et *ον* 1. m. supra add. M ut ed. P ‖ 15 *σωτίωνος* om. M *σωκράτου*: (!) p. t. C *τοῦ αὐτοῦ* L ‖ 20 *μίζους* L.

*παρεστηκότες τοῖς στελέχεσι βλάπτουσιν, ὥσπερ τοὐναντίον οἱ ἐν βάθει ὄντες· καύματος γὰρ ὥρᾳ οὗτοι τὰς ῥίζας ἀναψύχουσι.* **3** *Τὴν δὲ γῆν σκάπτεσθαι δεῖ οὕτως, ὡς τὴν ἄνω οὖσαν εἰς βάθος χωρεῖν, καὶ τὴν κάτωθεν ἄνω φέρεσθαι. οὕτω γὰρ ἡ μὲν ξηρὰ οὖσα, τῆς ἄνω νοτίδος ἀπολαύει, ἡ δὲ ἔνυγρος καὶ πεπυκνωμένη, τῆς ἄνω θέρμης καὶ ἀνέσεως ἕξει.* **4** *σπουδάζειν δὲ δεῖ, ὅπως τὰς κοιλάδας κατὰ τὸ δυνατὸν ὁμαλίζωμεν, καὶ μὴ συγχωρῶμεν ἐν τοῖς ἀμπελῶσι κοίλους εἶναι τόπους.* **5** *περισκάπτων δὲ τὰς ἀμπέλους μετὰ τὸ τῷ πρώτῳ ἔτει κατασχεῖν, τῷ ἑξῆς τὰς ῥίζας τὰς ἐπιπολαίους ὀξυτάτῳ δρεπάνῳ ἀφαιρεῖν. πανταχόθεν γὰρ ῥιζοῦν εἰωθυίας ἐμποδίζουσι τὴν εἰς τὸ βάθος ῥίζωσιν.*

## Cap. 20. *Περὶ γυρώσεως. Τοῦ Αὐτοῦ.*

**1** *Γυρώσομεν δέ, τουτέστι περισκάψομεν, διετεῖς ἤδη γενομένας, εἰς βάθος δύο ποδῶν, πλάτος δὲ τριῶν.* **2** *ἐπὶ δὲ τῶν δενδριτίδων ἀμπέλων καὶ τὰς ῥίζας τὰς εἰσδυομένας τῶν δένδρων ἐκτεμοῦμεν· ἐπειδὴ ἔτι ἁπαλὰ ὄντα τὰ φυτὰ τῶν ἀμπέλων, ἐὰν μείζοσι καὶ ἰσχυροτέραις προσβάλῃ ῥίζαις, θλίβεται καὶ ἐνοχλεῖται· διὸ δεῖ μεταξὺ εἶναι διάστημα πολὺ τῶν φυτῶν τῆς ἀμπέλου καὶ τῶν δένδρων.*

---

1 *προσεστηκότες* L ‖ 3 *ἀναψύχουσιν* F -*σι* CH ‖ §§ 3—5 om. L ‖ 5 *ξὰ* et *ηρ* 2. m. supra add. F ut ed. CH ‖ 9 *ταῖς* F et per comp. M *τοῖς* P ‖ *ἀμπελῶσι* Needh. *ἀμπέλοις* codd. ‖ 11 *τὸ* om. FH serv. C ‖ *τῷ* om. M ‖ 12 *ἀφαιρεῖν* codd *ἀφαίρει* coni. Casaubonus ‖ 13 *εἰωθ(υί)ας* ex corr. 2. m. P item ex corr. et per comp. M *εἰωθυῖα* F ‖ *ἐμποδίζουσι** emend. ex S VI 4 *ἐμποδίζει* codd. ‖ 15 c. 20 om. L ‖ *τοῦ αὐτοῦ* a. t. P p. t. M ‖ 16 *γυρώσωμεν* et *περισκάψωμεν* CH ‖ 17 *γινομένας* M.

## Cap. 21. *Περὶ τῆς τῶν ἀμπέλων ἐπιμελείας. Δαμηγέροντος.*

1 Τῶν ἄρτι φυτευθεισῶν ἀμπέλων τὸ περιττεῦον ἀποτέμνειν δεῖ, οὐ λοξῇ τομῇ, οὐδὲ πλησίον τοῦ ὀφθαλμοῦ, ἀλλὰ ἀπέχουσαν πλέον δακτύλων δύο, μὴ πρὸς βοῤῥᾶν, ἀλλὰ πρὸς μεσημβρίαν, ὄπισθεν τοῦ ὀφθαλμοῦ τὴν τομὴν γινομένην, ἵνα μὴ τὸ καταῤῥέον ἐξ αὐτῆς δάκρυον βλάπτῃ τὸν ὑποκείμενον ὀφθαλμόν. 2 ἐὰν δὲ τὸ ὑγρὸν τοῦτο ἐνοχλῇ, χρίε τὴν τομὴν ἀμόργῃ ἑφθῇ ἀνάλῳ. τοὺς δὲ ὀφθαλμοὺς γυρωτέον δεύτερον, εἴθε δὲ καὶ τρίτον. τινὲς δὲ καὶ κόπρον προσεμβάλλουσι. 3 τῷ δευτέρῳ ἔτει τοῖς ἓξ μησὶ κατὰ μῆνα σκαπτέον. τριετεῖς δὲ ἀρχομένας γίνεσθαι τὸ ἐπιπολῆς περιττὸν πρίζοντα ἐπιμελῶς περιαιρεῖν χρή, καὶ μετὰ τὸ μετόπωρον κοπρίζειν διὰ βάθους ποδός. 4 Τὰς μέντοι ἐν τοῖς ὑγροτέροις τόποις ἀμπέλους γυρώσομεν, καὶ τὰς ἐπιπολαίους ῥίζας ἐάσομεν, ἵν' ἐπειδὴ διὰ τὴν πολλὴν ὑγρότητα εἰς βάθος διαμένειν οὐ δύνανται αἱ ῥίζαι ἐπικλυζόμεναι, εἰς πλάτος γοῦν χωροῦσαι διαρκέσαι δυνηθῶσι, τὴν τῆς γῆς δύναμιν μὴ ἐν τῷ βάθει ἔχουσαι, ἐκ πλάτους δὲ ἀνασώζουσαι.

---

1 c. 21 om. L ‖ 2 *δημογέροντος* M *δαμιγ.* H om. tit. C ‖ 5 *ἀλλ' ἀπέχουσαν* M ‖ 11 *δὲ* om. CH ‖ *καὶ* per comp. supra add. 1. m. M ut ed. P ‖ *καὶ* om. M ‖ *προσβάλλουσι* M ‖ 12 *μησὶν·* FH *μησὶ* C ‖ 16 *γυρώσωμεν* CH ‖ 17 *ἐάσωμεν* CH ‖ 19 *αἱ ῥίζαι οὐ δύνανται* M ‖ 20 *δυνηθῶσιν* FH -*σι* C.

Cap. 22. *Πόσα κλήματα καταλιμπάνειν χρὴ τῇ τετραετεῖ ἀμπέλῳ, καὶ ποταποῖς χάραξι προσδεσμεῖν. Τοῦ Αὐτοῦ.*

**1** Τῷ τετάρτῳ ἔτει τῶν νεοφύτων ἱκανὰ τρέφειν δύο κλήματα, οἷς οὐ χρὴ πλεῖον ὀφθαλμῶν δ', καὶ τοὺς μὲν πρὸς τῷ στελέχει β' ἐκτυφλοῦν, ἀποξέοντα τῷ δρεπάνῳ, καὶ κωλύοντα τὴν βλάστησιν, τοὺς δὲ ἀνωτέρω δύο ἀπολιπεῖν εἰς αὔξησιν τοῦ φυτοῦ. **2** Ἔαρος δὲ ἀρχομένου κλαδεύσαντα παραπηγνύναι χάρακα χρὴ ἰσχυράν, ὀρθήν, μῆκος ἀπὸ πέντε ἕως ζ' ποδῶν. ἔστω δὲ μὴ λεπτοτέρα καλάμου τοῦ γενναιοτάτου, ὅπως μήτε βαρύνοι μήτε σκιάζοι τὸ φυτόν. **3** καλλίων δὲ χάραξ ἡ μὴ ἔχουσα φλοιόν, εἰς γὰρ τὴν ἔχουσαν κανθαρίδες, καὶ ὅσα εἴωθε λυμαίνεσθαι τὴν ἄμπελον, εἰσδύονται καὶ κατακρύπτονται. παρεκτείναντα δὲ τὸ φυτὸν χρὴ προσδεσμεῖν τῇ χάρακι. **4** αὐτῇ δὲ τῇ τελείᾳ ἀμπέλῳ ἑξαετεῖ γενομένῃ τὴν κλαδείαν εἰς ὤμους γ' ἢ δ' κατὰ τὴν δύναμιν τοῦ φυτοῦ προσακτέον, καὶ ἑκάστῳ κλήματι καὶ ὠμοχάρακα παραστατέον, τὴν δυναμένην φέρειν ὁμοῦ τοῖς κλήμασι καὶ τοὺς βότρυας.

---

1 c. 22 om. L ‖ 2 *ποταποῖς* FHP *ποταπαῖς* C *ποταμοῖς* per comp. M ‖ 3 *τοῦ αὐτοῦ* om. CH ‖ 4 *τρέφειν* | finis fol. 81; in mg. inf. rubro add. m. rec.? *περὶ τούτου τοῦ πράγματος, ἀμέλει* F nihil add. CH ‖ 5 *πλὴν* F *πλεῖον* CH ‖ *ὀφθαλμῶν δε·* M *ὀφθ. δ$^{ων}$* P *τεσσάρων* CH ‖ 6 *δύο* CHP ‖ 8 *ἀνώτερ(ον?)* per comp. M ut ed. P *τοὺς δὲ — φυτοῦ* om. CH ‖ 10 *ε'* C ‖ *ἑπτὰ* HP ‖ 16 *προδεσμεῖν* M ut ed. P ‖ 17 *τῇ τελ$^{α}$εί ἀμπέλου* M -ω P ‖ 18 *τρεῖς ἢ τέσσαρας* CP.

## Cap. 23. *Περὶ κλαδείας. Παμφίλου.*

1 Ἄρχεσθαι δεῖ τῆς κλαδείας ἀπὸ μηνὸς Φεβρουαρίου, ἢ Μαρτίου, ἀπὸ ιε' Φεβρουαρίου ἕως Μαρτίου κ'. 2 ἔνιοι δὲ μετὰ τρυγητὸν εὐθὺς κλαδεύουσι, τῇ ἀποθέσει τῶν κλημάτων κουφίζεσθαι τὴν ἄμπελον λέγοντες, καὶ οὐχ ὥσπερ ἐπὶ τοῦ ἔαρος, δακρύουσαν τὴν τροφὴν ἀπολλύειν. 3 Ὅμως δὲ αἱ ἐν τῷ φθινοπώρῳ κλαδευθεῖσαι θᾶττον ἐν τῷ ἔαρι βλαστάνουσι, κἂν γένηται τὸ ἔαρ ψυχρόν, καὶ πάχνη ἐπιπέσῃ, καυθήσονται. 4 διὸ κάλλιον ἐν τοῖς ψυχροτέροις τόποις προτέμνειν μᾶλλον, καὶ μὴ τελείως κλαδεύειν, τουτέστι συγχωρεῖν φανεροὺς ὀφθαλμοὺς καὶ κλήματα, ἃ ἂν πάλιν τῷ ἔαρι κλαδεύειν ἀναγκαῖον. 5 Ἄρχεσθαι δὲ δεῖ τῆς κλαδείας οὐ πρωΐ, ἀλλ' ὅταν ὑπὸ τοῦ ἡλίου ἥ τε πάχνη διαλυθῇ, καὶ τὸ κλῆμα χλιανθῇ. δεῖ δὲ τὰ πρὸς τὴν κλαδείαν δρέπανα ὀξύτατα καὶ τομώτατα εἶναι.

## Cap. 24. *Πρὸς εὐφορίαν ἀμπέλων καὶ καλλιοινίαν. Ἀφρικανοῦ.*

1 Εὐφορήσει ἡ ἄμπελος, τοῦ κλαδεύοντος αὐτὴν κισσῷ στεφομένου. εἰ δὲ καὶ δρυΐνης βαλάνου συγκε-

---

1 *περὶ κλαδείας καιροῦ:* L ‖ *παμφίλου* p. t. CLM tituli loco, quem om. P ‖ *λγ'* mg. L ‖ 2 *Φευρουαρίου* HLM ‖ 3 *δεκαπέντε* C *πεντεκαιδεκάτης* P ‖ *φευρουαρίου* M ‖ 4 *εἴκοσιν* M ‖ 6 *ἀέρος* L ‖ 8 *βλαστάνουσιν* L ‖ 10 *κάλλοιον* L ‖ 12 *κλήματα· ἀνάπαλιν* FL ‖ 13 *Ἄρχεται δὲ δεῖ τοῖσ κλαδείας* L ‖ 14 *ὥταν* per comp. L ‖ 15 *χληανθῇ*; tum *δεῖ — εἶναι* rubro scr. quasi partem tituli insequentis L ‖ 18 *κλαδοινίαν* M *πρὸς εὐφορίαν καὶ καλλιοινίαν* P ‖ 19 *ἀφρικανοῦ* p. t. LM a. t. P ‖ 21 *κισσοῦ* L ‖ *εἰ δὲ — § 2 καλλιοινίαν συμβάλλεται* om. L § 2 Εὐφορεῖν — *φυτεύων* primo loco habet, tum *πρὸς καλλικαρπίαν*

κομμένης εἰς κυάμου μέγεθος, καὶ ὀρόβους ἀλέσας ἅπαξ, ὡς συνθλάσαι μόνον καὶ διελεῖν, ἐμβαλεῖς εἰς τόπους τῶν φυτῶν, καὶ πρὸς κράτησιν τῶν οἴνων, καὶ πρὸς πολυκαρπίαν συμβάλλεται. 2 Καὶ τὰ πυκνόφθαλμα κλήματα πολυφόρον ποιεῖ τὴν ἄμπελον, καὶ ἡ μεταφύτευσις τῶν ἀμπέλων πρὸς πολυκαρπίαν καὶ καλλιοινίαν συμβάλλεται. 3 Εὐφορεῖν ποιήσεις ἄμπελον, γλυκύριζαν εἰς μέσον φυτεύων.

## Cap. 25. Πότε δεῖ σκάπτειν τὰς τελείας ἀμπέλους, καὶ ποία τοῦ σκάφου ὠφέλεια. Ἀνατολίου.

1 Σκάπτειν δὲ χρὴ πρὸ βλαστοῦ προβολῆς, ὁμοῦ γὰρ τῇ πρώτῃ γεννήσει τῶν βοτρύων καὶ τῆς βλάστης φυομένης, ὁ μετὰ τὴν ἐκβλάστησιν σκάπτων πολὺ ἐκσείει καὶ ἀποβάλλει τοῦ καρποῦ τῇ κινήσει, διόπερ θᾶττον σκάπτειν ἄμεινον. 2 ὁ δὲ πολὺς σκάφος, καὶ ἡ τῆς γῆς πλείων διάχυσις βίου καὶ τροφῆς τῇ ἀμπέλῳ καὶ πολυκαρπίας αἴτιος. 3 οὗτος ἐὰν μὴ φθάσῃ ἐξαρκεῖν προβαλλουσῶν τὴν βλάστην, κάλλιον ἐπισχεῖν τὸν σκάφον, καὶ ἰσχυρᾶς γενομένης τῆς βλάστης οὕτως τὰ ὑπολειφθέντα ἐργάζεσθαι. 4 παρα-

---

συμβάλλεται et § 2 καὶ τὰ πυκνόφθαλμα — συμβάλλεται tradit, reliqua § 1 verba om. P ‖ 1 ἀλεύσας M ‖ 2 ἐμβάλεισ 1. m. corr. ex ησ F ἐμβάλης CH ἐμβάλλ·ησ M ‖ 4 πνυκνόφθ. M ut ed. P ‖ 6 πρὸς καλλικαρπίαν συμβ. P πολυκαρπ. καὶ πολυοινίαν H 7 τὴν ἄμπ. M ‖ 8 γλυκύριζον M γλυκύρριζαν εἰσ μέ (!) φυτ. L ‖ 9 |Τότε δεῖ (tit. praeter T atram.) L ‖ 10 σκάφου F i. c. et per comp. M i. c. σκάφους FLP et per comp. M ‖ 14 ἐκβλάστην L ‖ 18 αἴτιορ· Ἐὰν δέ τις μὴ φθάσῃ σκάψαι τὸ ὅλον, προβαλλουσῶν L ‖ 20 σκάφνον per comp. M σκάφον P ‖ 21 οὕτως p. c. M οὕτω P ‖ ἀπολειφθέντα L.

τηρεῖν δὲ δεῖ, ὅπως μὴ σκάπτοντες τῇ δικέλλῃ τὸ στέλεχος τρώσαντες ἢ νύξαντες βλάψωσιν. ἡ γὰρ τραυματισθεῖσα νοσεῖ, καὶ ἀκαρπεῖ.

### Cap. 26. *Πῶς δεῖ ἐν τῷ καιρῷ τῆς γυρώσεως κοπρίζειν. Τοῦ Αὐτοῦ.*

1 *Οἱ κατὰ τὴν Λιβύην καὶ Ἀνατολὴν τὰς ἀμπέλους γυρώσαντες οὐκ εὐθέως συγχωννύουσιν, ἀλλ᾽ ἐῶσι τοὺς γυροὺς δι᾽ ὅλου χειμῶνος. 2 οἱ δὲ ἐν τοῖς ἐπόμβροις τόποις, θᾶττον αὐτὰς ἐπισυγχωννύουσιν, ἀποκλείοντες τῇ γῇ τὰς ῥίζας, ἐκροίας τὰς ὁδούς. καὶ οἱ μὲν βαθύτερον γυρὸν ποιοῦσιν, οἱ δὲ ποδιαῖον βάθος. 3 τὰς δὲ τελείας πρὸς τῷ γυρῷ κοπρίζουσι κόπρῳ βοῶν, ἢ προβάτων, ἢ χοίρων, ἢ ἄλλων θρεμμάτων. ἡ δὲ τῶν περιστερῶν θερμοτάτη οὖσα, πρὸς μὲν τὸ ταχέως βλαστάνειν τὰς ἀμπέλους ἐπιτηδεία ἐστί, πρὸς δὲ καλλιοινίαν ἀνεπιτηδεία. 4 Δεῖ δὲ ἑκάστῃ τῶν ἀμπέλων ὁποιασδήποτε κόπρου ἐκ τῶν προειρημένων δ′ κοτύλας ἐπιῤῥίπτειν. 5 οὐ χρὴ μέντοι αὐτῷ τῷ πρέμνῳ τῆς ἀμπέλου ἐπιβάλλειν τὴν κόπρον, ἀλλ᾽ ὀλίγον μακροτέρω, ἵνα καὶ αἱ πόῤῥωθεν ῥίζαι μεταλαμβάνωσι τῆς θερμότητος, καὶ μὴ ἀθρόως ἐπιβληθεῖσα ἡ κόπρος γυμναῖς ταῖς ῥίζαις, κατακαύσῃ αὐτάς. 6 εἰ δὲ μὴ εὐποροίης κόπρου, ἄχυρα γοῦν τὰ τῶν κυάμων, καὶ τὰ τῶν ἄλλων ὀσπρίων ἀντὶ κόπρου ἀρκέσει. ταῦτα γὰρ καὶ πρὸς τοὺς πάγους ὠφελεῖ τὰς ἀμπέλους, καὶ ἀντίκεινται

4 c. 26 om. L ‖ 5 τοῦ αὐτοῦ p. t. M a. t. P om. C ‖ 6 τὴν om. M ‖ 9 συγχωνν. F ‖ 10 ἐκροίας CH ἐκ ῥοιᾶς F ἐκρ. τὰς ὁδοὺς om. M cf. praef. p. VII ‖ 16 ἐστίν· FH ἐστὶ C ‖ 18 τέσσαρας CP ‖ 20 μακροτέρωι F μακροτέρῳ CH ‖ 26 ἀντίκειται M.

τοῖς φθοροποιοῖς ἑρπετοῖς. 7 καὶ γίγαρτα δὲ κόπρον ποιεῖ, πολλῷ δὲ κάλλιον οὖρον παλαιόν. 8 Τὰς μέντοι ἐνιαυσιαίας μετρίως καὶ γυροῦσι καὶ κοπρίζουσι, καὶ διετεῖς δὲ ὁμοίως γενομένας μέχρι πενταετίας, κατ' αὔξησιν δηλονότι γινομένην. 9 ἐν μέντοι τοῖς δυσχειμέροις τόποις παρ' ἐνιαυτὸν τοῦτο ποιεῖν ἐπὶ τῶν νέων χρησιμώτερον. εἰ δὲ καὶ κρύσταλλος ἐν τοῖς τόποις ἐκείνοις πήγνυτο, καὶ κορυφοῦν τὴν περὶ τὰ πρέμνα γῆν προσήκει. 10 Φιλοκαλώτερον δὲ ἄν τις κοπρίσειεν, εἰ ἐν μὲν τῇ ψαμμώδει γῇ κόπρῳ χρήσαιτο προβατείᾳ ἢ αἰγείᾳ (εἶναι γὰρ ταύτας ἁπαλὰς δῆλόν ἐστιν), εἴς τε τὴν λευκάργιλλον βοείᾳ κόπρῳ· φύσει γὰρ αὐτὴν οὖσαν ἀσθενῆ τὸ γλυκίζον τῆς κόπρου καὶ λιπαρὸν αὐτάρκως παραμυθεῖται.

## Cap. 27. *Περὶ χαρακώσεως. Διδύμου.*

1 Τέμνουσί τινες χάρακας, οἱ μὲν Δεκεμβρίῳ καὶ Ἰαννουαρίῳ μηνί, οἱ δὲ Ἰουλίῳ καὶ Αὐγούστῳ, καὶ οἱ μὲν ταπεινότερον, οἱ δὲ ὑψηλότερον χαρακοῦσι. 2 τὰς μὲν οὖν ἀμιννίους ὑψηλότερον τῶν ἄλλων δεῖ χαρακοῦν ποδὶ ἑνί, οὐ πλέον δὲ ἓξ ποδῶν. 3 ἐν δὲ τῇ λεπτογείῳ καὶ ξηρᾷ καὶ ἀμμώδει, καὶ ὑπὸ σφοδρῶν ἀνέμων ἐνοχλουμένῃ, ταπεινότερον χρὴ τὸ φυτὸν ποιεῖν, οὐ μὴν ἔλαττον τεσσάρων ποδῶν. 4 Τοὺς δὲ

---

4 ὁμοίως* emend. Cornar. ὅμως codd. ‖ 5 αὔξησιν* ἀνάλογον codd. ܠܡܣܟܢܘ ܠܬܘܣܦܬܗ ܦܘܫܠ [ܦܘܫܠ] ܠܡܣܟܢܘܬܐ S VI 15 ‖ 8 πήγνοιτο H πήγνυται M ‖ 9 Φϊλοκαλώτερον· (per comp.) Φιλο | (hoc del. 1. m.) κ (?) ἄν (ʹ corr. ex ʽ) τις M ‖ 15 c. 27 om. L ‖ διδύμου p. t. M om. P τοῦ αὐτοῦ C ‖ 16 ἐν δεκεβρίω καὶ ἰουννουαρίω μ. P ἰανουαρίω de more CH ‖ 18 χαρακοῦσιν F -σι CH ‖ χαρακοῦσι — ὑψηλότερον om. M ‖ 19 χρὴ χαρακοῦν M.

χάρακας ἑκατέρωθεν ὀξύνειν χρή, ζεούσῃ δὲ πίσσῃ τὰ ἄνωθεν μόνα μέρη, μὴ μέντοι τὰ εἰς τὴν γῆν πηγνύμενα, ἀλείφειν. 5 ἑστηκέτωσαν δὲ αἱ χάρακες ὀρθαί, μηδὲ συγκαμπτέσθωσαν, ἵνα μὴ τὰς ἀμπέλους ὁμοίας ἑαυταῖς ποιήσωσιν.

## Cap. 28. *Περὶ βλαστολογίας. Σωτίωνος.*

1 *Τὰς περισσὰς βλάστας ἔτι ἁπαλὰς οὔσας ἀφαιρεῖν χρή, πολλὴν γὰρ τῇ ἀμπέλῳ διάπνευσιν παρέξεις. 2 βλαστολογεῖν δὲ χρὴ διὰ τῆς χειρὸς ἀλύπως. τῆς δὲ αὐτῆς ἐμπειρίας ἐστὶ καὶ κλαδεύειν καὶ βλαστολογεῖν. διὸ ἐνίοτε οἱ ἔμπειροι καὶ τὸ κλῆμα τὸ ἔχον καρπὸν ἀφαιροῦσι, καὶ τὸ μὴ ἔχον ἐῶσι. 3 Τῆς δὲ νέας ἀμπέλου πλέον ἀφαιρεῖν δεῖ τὰς βλάστας, ἵνα μὴ βαρύνηται. 4 Ὅταν δὲ ἡ θερμότης τοῦ ἡλίου ἄρχηται ἀμβλύνεσθαι, ἀφαιρεῖν τὰ φύλλα χρή, ἵνα πάντες οἱ βότρυες ὑπὸ τοῦ ἡλίου θερμαινόμενοι πεπαίνωνται. 5 ἔτι δὲ αὐξοῦσα ἡ ἄμπελος ὀφείλει σκάπτεσθαι.*

## Cap. 29. *Περὶ δευτέρας βλαστολογίας. Παξάμου.*

1 *Τῶν νεωστὶ φυτευθεισῶν ἀμπέλων, ἅμα τῷ βλαστῆσαι μετὰ τὸ ἀπανθῆσαι, τὸ περισσὸν περὶ τὴν*

---

3 *δὲ* om. M ‖ 4 *μὴ συγκαμπτέσθωσαν* M *μηδὲ συγκαπτέσθωσαν* F *μηδὲ συγκαμπτέσθωσαν* CH ‖ 6 *σωτίωνος* p. t. LP ‖ 7 *περισὰς* L ‖ 7 *ὑ|φαιρεῖν* L ‖ 8 *παρέξεις, βλαστολογῆ· Διὸ ἐνίοτε*, quae intercedunt om. L ‖ 12 *ἐῶσιν* L ‖ 14 *θερμήτης* L ‖ 15 *ἄρχε|ται* L ‖ 17 *αὐξοῦσα** *ἀνθοῦσα* codd. ܟܕ ܪܒܝܐ S VI 12 ‖

19 *περὶ δευτέρου βλαστολόγ(ου)* per comp. M ut ed. P ‖ 20 *παξάμου* p. t. LM ‖ 21 *νεοστὶ* L ‖ *ἅμα τὸ* LC.

βλάστην ἀφαιρεῖν δεῖ ἀτρέμα καὶ χωρὶς βίας. 2 Τὰς δὲ σηπούσας τὸν καρπὸν ἀμπέλους, καὶ μόλις ποτὲ πεπαινούσας, διὰ τὴν τῆς γῆς ὑγρότητα καὶ τὴν τῶν φύλλων πυκνότητα, προκαθαίρειν δεῖ ἐκ πλαγίου τὰ φύλλα πρὸ λ' ἡμερῶν τοῦ τρυγητοῦ, ἵνα εἰσπνέοντες οἱ ἄνεμοι ἀναψύχωσι τὴν σταφυλήν. 3 τὰ δὲ κατὰ τὴν κορυφὴν φύλλα ἐατέον, ἵνα τὴν ὑπερβάλλουσαν τοῦ καύματος ἀκμὴν σκεπόμεναι, ἐπισκιάζωνται τὸν κατὰ κορυφῆς ἥλιον. 4 Εἰ μέντοι πολὺς ὄμβρος ἐν τῷ μετοπώρῳ γένηται, ὡς αὐξῆσαι λίαν διοιδούσας τὰς ῥάγας, ἵνα μὴ ὀξίσῃ ὁ οἶνος, περιαιρετέον καὶ τὰ κατὰ κορυφῆς φύλλα. 5 τινὲς δὲ ἐν τοῖς θερμοτέροις καὶ ξηροτέροις τόποις καὶ σκέπουσι τὸν καρπὸν φρυγάνοις καὶ ἀκάνθαις, οὐκ ἀρκούντων τῶν φύλλων. 6 Ὁ δὲ ἀμπελουργὸς περιερχέσθω συνεχῶς τὸν ἀμπελῶνα, τὰς χάρακας ὀρθῶν, καὶ τὸν ζυγὸν ἰσάζων (ζυγὸς δὲ καλεῖται ἡ τῆς ἀμπέλου πρὸς τὴν χάρακα συζυγία), εἰδὼς ὅτι ὥσπερ ἡμεῖς ἐφ' ἓν μέρος ἐπικλιθέντες τοῦ σώματος κάμνομεν, οὕτω καὶ ἄμπελοι ἐπικλιθεῖσαι καὶ μὴ ὀρθαὶ ἑστηκυῖαι βλάπτονται.

## Cap. 30. Ὥστε ἄμπελον φθεῖρας ἢ κάμπας μὴ ποιεῖν, μηδὲ ὑπὸ παγετοῦ ἀδικεῖσθαι. Ἀφρικανοῦ.

1 Ἀρκείῳ στέατι τὸν φλοιὸν ἐπίχριε, καὶ οὐ ποιήσει φθεῖρας ἡ ἄμπελος, ἢ ἀρκείῳ στέατι τὰ δρέπανα

2 μόλυς L ‖ 4 προκαθαίρειν δεῖ καὶ ἀφαιρεῖν ἐκ πλαγίου L ut ed. S VI 13 ‖ 9 §§ 4—6 om. L ‖ 17 τὸν χάρακα F ‖ 20 in mg. m. rec.: ἀρχ(ή?) per comp. F nihil CH ‖ 21 tit. atram. scr. L ‖ ὤμπελον L ‖ 22 παγετῶ? per comp. M παγετῶν P ‖ 23 ἀφρικανοῦ a. t. P om. L.

χρίε μηδενὸς εἰδότος, ἐν οἷς τὰς ἀμπέλους τέμνεις· ἡ γὰρ τοῦ ἀλείμματος γνῶσις καταλύει τὴν ὠφέλειαν· καὶ οὔτε φθεῖρες, οὔτε παγετὸς ἀδικήσει τὴν ἄμπελον· ἢ χρίε τὰ δρέπανα σκορόδῳ τετριμμένῳ μετὰ ἐλαίου. 2 Ἐὰν δὲ τὰς ἐν τοῖς ῥόδοις εὑρισκομένας κάμπας ἐν ἐλαίῳ ἑψήσας ἀλείψῃς τὰ δρέπανα, οὔτε ἀπ' ἄλλου ζώου, ἢ πάχνης ἀδικηθήσεται ἡ ἄμπελος. 3 Ἢ στέατι τράγου ἢ αἵματι βατράχου χρίε τὰ δρέπανα, ἢ τὴν ἀκόνην σποδὸν μετὰ ἐλαίου προχρίσεις, καὶ οὕτως ἀκονήσεις τὰ δρέπανα. 4 Ἀμπέλου κλήματα καύσας, καὶ φυράσας τῷ δακρύῳ τῆς ἀμπέλου, μετὰ οἴνου κατάθου εἰς μέσον τοῦ ἀμπελῶνος, καὶ οὐκ ἔσονται σκώληκες.

Cap. 31. *Ὥστε ὑπὸ πάχνης ἢ ἐρυσίβης μὴ ἀδικεῖσθαι τὰς ἀμπέλους. Διοφάνους.*

1 Ἀπόθου ἐν τῷ ἀμπελῶνι κατὰ διάφορα διαστήματα κόπρον ξηρὰν κατ' ἄνεμον τοῦ ἀμπελῶνος, καὶ ὅταν ἴδῃς ἐφισταμένην τὴν πάχνην, ὕφαψον τὴν κόπρον· ἐνεχθεὶς γὰρ ὁ καπνὸς διασκεδάσει τὴν πάχνην. 2 τὰς δὲ ὑπὸ πάχνης εὐκόλως ἀποκαιομένας ἀμπέλους βραδύτερον χρὴ κλαδεύειν, ὅταν πρὸς βλάστην κινῶνται· οὕτω γὰρ βράδιον ἐξανθήσουσιν. 3 ὥσπερ οὖν καὶ ἵππουρις ἄμπελος πεπίστευται ἔλαττον φροντίζειν

---

1 *μηδενὸς — ἄμπελον* om. P ‖ 2 *ἡ γὰρ — ὠφέλειαν* om. FL serv. M et S VII 6 ‖ *κωλύει* S ‖ 4 *μετὰ ἐλαίου τετριμμένω·* M ‖ 6 *ἑψήσας* LC ‖ *ἀπὸ ἄλλου* M *οὔτε — δρέπανα* om. P ‖ 9 *σποδῶ* L ‖ *προσχρίσεις* M *προσχρίσῃς* P *προχρίσῃς* H ‖ *οὕτω* FL *οὕτως* P et per comp. M ‖ 12 *κατάθες* L § 4 om. P ‖ 15 *διοφ.* p. t. LP om. CH ‖ 18 *εἴδῃς* L *ὅτᾶν* | (fin. fol. 45) *καὶ καταρραίνων* (c. 49, 2), quae intercedunt, om. C.

πάχνης, ὅτι, οἶμαι, βραδέως βλαστάνει, θερμοῦ ἤδη ὄντος τοῦ ἡλίου. 4 οἱ δὲ κύαμον σπείρουσιν εἰς τοὺς ἀμπελῶνας, καὶ οὐ βλαβήσεσθαι τὰς ἀμπέλους ὑπὸ πάχνης πιστεύουσιν.

## Cap. 32. Ἄλλο περὶ πάχνης.

1 Ἐὰν συμβῇ βλαβῆναι ὑπὸ πάχνης τὰς ἀμπέλους, καὶ δῆλος ᾖ ὁ καρπὸς ἀπολωλώς, δεῖ ἐπιτεμεῖν αὐτὰς καὶ βραχυτομῆσαι, ἵνα ἡ δύναμις διαμείνῃ· ἀποδώσει γὰρ τῷ ἑξῆς ἔτει καὶ τὸν πρότερον καρπόν. 2 Τινὲς δὲ διὰ πείρας ἐν Βιθυνίᾳ μαθόντες διαβεβαιοῦνται, ὅταν ᾖ ὕποπτος ἡ πάχνη, προσήκει μυρίκης μὲν μάλιστα, εἰ δὲ μή, οἱουδήποτε ξύλου τέφραν προσαναλικμᾶν τῷ ἀμπελῶνι. οὕτω γὰρ προσιζάνουσα ἡ τέφρα τοῖς ὀφθαλμοῖς, τὴν ἐμπίπτουσαν πάχνην ἐκκρούσεται.

## Cap. 33. Περὶ ἐρυσίβης. Βηρυτίου.

1 Ἅμα τῷ συνίστασθαι ἐν τῷ ἀέρι τὴν ἐρυσίβην ἰδὼν εὐθὺς βοὸς κέρας ἀριστερὸν σὺν βολβίτῳ καίειν, καὶ καπνὸν πολὺν ποιεῖν κύκλῳ τῆς ἀρούρας κατὰ ἄνεμον, ἵνα ὁ ἄνεμος πάντα τὸν καπνὸν πρὸς τὴν ἐρυσίβην φέρῃ, διασκεδάσει γὰρ τὴν αἰτίαν τοῦ ἀέρος ὁ καπνός. 2 Ἀπουλήϊος δέ φησι, τριῶν καρκίνων

1 ἤδι L ‖ 4 πιστεύουσι L ‖ 5 c. 32 om. LC ‖ ἄλλως per comp. H ‖ 8 ἵνα μὴ ἡ M ‖ διαμένῃ H ‖ 12 προσαναλιμᾶν M ut ed. P ‖ 14 ἐκκρούεται M ‖ 16 c. 33 om. C ‖ βηρῦτ(ου? per comp.) p. t. M βηρύσου mg. P om. L ‖ 17 ἐν τῶι έρι et ά supra add. 1. m.? F ἐν τῶ ἔαρι H ἐν τῶ ἀέρει L § 1 om. P ‖ 22 ἀπουλ. mg. rep. F ‖ φῆ L.

καυθέντων μετὰ βολβίτων ἢ ἀχύρων καὶ αἰγείας κόπρου, αὐτάρκως ὠφελεῖν. 3 Ἐὰν δὲ συμβῇ ὑπὸ τῆς ἐρυσίβης προληφθῆναι, ἀνασκευάσεις τὴν βλάβην οὕτως· σικύων ἀγρίων ἢ κολοκυνθίδος τὰς ῥίζας ἢ τὰ φύλλα συγκόψας, καὶ βρέξας ὕδατι, τὰ καταληφθέντα ὑπὸ τῆς ἐρυσίβης κατάῤῥαινε πρὶν ἀνατεῖλαι τὸν ἥλιον· τὸ δὲ αὐτὸ ποιεῖ καὶ σποδιὰ ὁμοίως βραχεῖσα συκίνη ἢ δρυΐνη καὶ καταῤῥανθεῖσα. 4 Φησὶ δὲ Ἀπουλήϊος, ἐὰν δάφνης ἐν τῇ ἀρούρᾳ κλάδους βάλῃς, μεταβαίνειν εἰς αὐτοὺς τὴν βλάβην τῆς ἐρυσίβης. 5 Εἰδέναι δὲ χρή, ὅτι ταῖς πανσελήνοις μάλιστα πάντα ἐρυσιβοῦνται· ἐξαιρέτως δὲ ὁ σῖτος, διὰ τὸ τότε τὴν σελήνην θερμοτάτην οὖσαν καὶ ὑγρὰν σήπειν τῆς νυκτὸς τοὺς καρπούς. 6 Τινὲς δὲ σίλουρον τὸν ἰχθὺν κατατεμόντες καίουσι κατὰ ἄνεμον, κατὰ πᾶν μέρος τοῦ χωρίου τὴν ὀσμὴν ποιοῦντες. 7 ἀντιπαθεῖ δὲ ὁμοίως, ἐὰν κοσκίνῳ φώκης δορὰ περιταθῇ τρηθεῖσα, τοῦ τε σπέρματος διὰ κοσκίνου διηθουμένου, καὶ ἐπισπειρομένης τῆς γῆς. 8 Τὸ δ' αὐτὸ τοῦτο καὶ χάλαζαν οὐκ ἐᾷ πεσεῖν, φυσικῇ τινι ἀντιπαθείᾳ βοηθοῦν.

---

1 καυθέντων καὶ βολβ. L ‖ αἰγίας L ‖ 3 βλάστην, οὕτωσ· | Σικύων L οὕτως per comp. M οὕτω P ‖ 5 καταλειφθέντα L ‖ 7 Τὸ δὲ L ‖ 8 καταραντισθῆσα:- L ‖ ὁ δὲ αὐτός φησιν ἀπ. M ‖ 9 ἀπ. mg. rep. F ἀπ. καὶ ἐὰν δ. ὄν τῇ L ‖ ἀρούρη M ‖ βάλλης p. c. M item sed altero λ eraso P ‖ 10 τῆσ βλάστησ τὴν ἐρυσίβην L ‖ 12 δῖα τοῦτο τότε M ‖ 14 §§ 6—8 om. P ‖ 15 κατὰ πᾶν μέρος (del. 1. m.) | κατὰ πᾶν μέρος M ‖ 17 ὅμως FM ‖ ἐὰν ἐν κοσκίνω M ‖ περιταθῆ H περιτεθῆ F περιτεθῆ τρυθεῖσα L περιτρηθεῖσα τεθῆ M ‖ 19 τῆς om. F ἐπισπειρομένου | (per comp.) τῆ γῆ M ‖ 20 οὐκ ἐμπεσεῖν· L.

## Cap. 34. *Θεραπεία ἀμπέλων ξηραινουσῶν τὸν καρπόν. Οὐϊνδανιωνίου.*

1 Ὅταν ἡ ῥὰξ τοῦ βότρυος ὀροβιαία γενομένη ξηραίνεσθαι ἄρχηται, τότε πᾶν τὸ ξηραινόμενον τοῦ βότρυος μέρος, παραψάμενος καὶ τοῦ ὑγιοῦς, μᾶλλον δὲ ἀπὸ τοῦ ὑγιεινοτέρου τοῦ πλησιάζοντος τοῖς ξηραινομένοις, ἀφαιρεῖς, ἔπειτα κατάχριε τὴν τομὴν τέφρᾳ μεμιγμένῃ ὄξει δριμυτάτῳ. 2 καλλίων δὲ ἡ τέφρα ἡ ἐκ τῶν κλημάτων. οὕτω γὰρ τὰ νοσεῖν μέλλοντα τοῦ βότρυος ἀλειφθέντα, στήσει τὴν βλάβην· καὶ τῆς ἀμπέλου δὲ τὸ πρέμνον ὁμοίως περιχριέσθω. 3 Τινὲς δὲ καὶ τὰ κάτω τοῦ στελέχους τὰ περὶ τὰς ῥίζας οὔρῳ παλαιῷ καὶ δριμυτάτῳ καταῤῥαίνουσι. ταύτῃ γὰρ τῇ θεραπείᾳ οὐ μόνον ὁ καρπὸς σωθήσεται, ἀλλὰ καὶ ἡ ἄμπελος πολυχρόνιος καὶ εὐθαλὴς γενήσεται.

## Cap. 35. *Περὶ ἀφόρων ἀμπέλων. Δημοκρίτου.*

1 Τὸ πρέμνον σχίσον σμίλῃ ἢ τερέτρῳ, κάλλιον δὲ σφηνὶ δρυΐνῳ, καὶ λίθον ἔμβαλλε εἰς τὴν σχίσιν, ὥστε ἀποστῆσαι ἀπ' ἀλλήλων τοῦ πρέμνου τὰ μέρη, καὶ ἔγχεε εἰς αὐτὸ οὖρον ἀνθρώπειον παλαιὸν ὡσεὶ κοτύλας δ' περιχέων ἠρέμα παντὶ τῷ πρέμνῳ, ὥστε καὶ τὰς ῥίζας κατασταγῆναι, εἶτα ἔμβαλλε κόπρον γῇ μεμιγμένην. 2 χρὴ μέντοι τὴν τοῦ λίθου εἰς τὸ

---

1 c. 34 om. CL ‖ 2 *οὐϊνδα|βϊωνίου* mg. M p. t. P | 6 *τοῦ* post *ὑγ.* om. F serv. H ‖ 7 *ἀφαιρεῖν* HP ‖ *τέφραν μεμιγμένην* HP ‖ 10 *ἀλϊφέντα* M *ἀλειφέντα* P ‖ 13 *καταρραίνουσιν* F *-σι* H ‖ 16 c. 35 om. LC ‖ *δημ.* p. t. M ‖ 18 *δρϋΐνη* M *δρϋ-|-ΐνῃ·* et ω supra add. 1. m. H ‖ *ἔμβαλε* HP ‖ 21 *τέσσαρας* H *δ^{ας}* P ‖ 22 *ἔμβαλε* HP *ἔμβαλλον* M.

*στέλεχος ἔνθεσιν ποιουμένους, ἀποσκάψαι τὰ περὶ τὴν ῥίζαν· τὴν δὲ θεραπείαν φθινοπώρῳ ποιεῖν εὐκαίρως.*

## Cap. 36. *Περὶ ἀστροπλήγων ἀμπέλων. Κασιανοῦ.*

1 *Τὰς ἀστροπλήγους γενομένας ἀμπέλους γνωρίσεις μὲν ἐκ τοῦ τὰ φύλλα πάνυ ὑπέρυθρα ἔχειν· θεραπεύσεις δέ, τερέτρῳ πάνυ διακόψας τὸ στέλεχος, καὶ διὰ τοῦ τρυπήματος δρύϊνον πάσσαλον ἐμβαλών· ἢ ἀπορύξας βραχὺ τῆς ῥίζης, καὶ ἐμβαλὼν ὁμοίως πάσσαλον, περιχώσεις τῇ γῇ, καὶ οὕτως θεραπεύσεις τὴν ἄμπελον.* 2 *Οἱ δὲ ἄρδουσι τὰς τοιαύτας θαλαττίῳ ὕδατι· ἄλλοι δὲ καὶ ταύτας, καὶ τὰς ἀφ' οἱουδήποτε ἐργαλείου πληγείσας, ἔλαιον μετὰ ἀσφάλτου ἑψήσαντες περιχρίουσιν.* 3 *Ἄλλοι, ὡς ἐν Βιθυνίᾳ, διὰ πείρας ἔλαβον τὸ τὰς ἀστροπλήγους θεραπεύειν, ἥλῳ διαπείραντες τὰ στελέχη. οἱ δὲ οὖρον ἀνθρώπειον τῷ στελέχει καὶ ταῖς ῥίζαις καταχέουσιν.*

## Cap. 37. *Περὶ νοσουσῶν ἀμπέλων. Δαμηγέροντος.*

1 *Τὴν νοσοῦσαν ἄμπελον τέφρᾳ κληματίνῃ ἢ δρυΐνῃ μιχθείσῃ μετὰ ὄξους καταῤῥαίνων τὸ πρέμνον*

---

4 c. 36 om. LC ‖ 5 *κασϊανοῦ* p. t. M *κασσιανοῦ* p. t. P om. H ‖ 8 *δὲ* om. M ‖ *λίαν* P ‖ 11 post *περιχώσεις τε* add. FM om. HP ‖ *τῆς γῆς* P ‖ *οὕτω* HP ‖ 14 *ἑψήσαντες περιχρίουσιν.* F *περιχρίσαντες θεραπευούσιν· ἑψήσαντες δηλονότι τὰ τοιαῦτα εἴδη·* M ‖ 16 *διαπείροντες* M *-αντες* P ‖ 19 c. 37 om. C ‖ *νοσοῦντων* L ‖ 20 *δαμογέροντος* p. t. LM *δημογέροντος* a. t. P ‖ 22 *μιχθήσει* L.

θεραπεύσεις. σφόδρα δὲ ὠφελεῖ καὶ τὸ οὖρον τὸ ἀνθρώπειον εἰς τὰς ῥίζας ἐγχεόμενον. 2 Τινὲς δὲ τὰς νοσούσας ἀμπέλους ἐκτέμνουσι παρὰ τὴν γῆν, εἶτα προσχωννύουσιν ἐλαφρῶς τῇ γῇ παρακειμένῃ, μίξαντες ὀλίγην κόπρον, καὶ ὅταν οἱ βλαστοὶ φύωσι, τοὺς μὲν ἀσθενεῖς περικαθαίρουσι, τοὺς δὲ εὐγενεῖς ἐῶσι, καὶ πάλιν τῷ ἑξῆς ἔτει τὸν ἐπιτηδειότερον τῶν καταλειφθέντων ἐπιλεξάμενοι, τοὺς λοιποὺς περιαιροῦσιν.

Cap. 38. *Περὶ δακρυρροουσῶν ἀμπέλων. Σωτίωνος.*

1 *Αἱ* πολὺ τὸ δάκρυον ἀφιεῖσαι ἄμπελοι, ἄπεπτον καὶ μὴ διαδεδομένον εἰς πᾶν τὸ τῆς ἀμπέλου σῶμα ἀποβάλλουσι. 2 δρεπάνῳ οὖν τὸ πρέμνον ἐγχαράξομεν, καὶ ἑλκοποιήσομεν, ἐὰν δὲ μηδὲν ἀνύῃ τὸ γενόμενον, καὶ τῶν ῥιζῶν τὴν παχύτητα χαράξομεν, καὶ τρόπον τινὰ ἑλκώσομεν, καὶ τῇ ἀμόργῃ εἰς ἥμισυ ἑψηθείσῃ καὶ ψυγείσῃ χρίσομεν τὰς τομάς. 3 τὸν δὲ ὑποκείμενον τῇ τομῇ ὀφθαλμὸν ἰξῷ ἐπαλείψομεν, ὅπερ πολλῷ βέλτιον εἶναι δεδοκίμασται.

---

1 τὸ ἀνῖνον L ‖ 4 τῇ γῇ παρακειμένῃ L ‖ 6 περικαθαίρειν P et per comp. in fine fol. 221 M ‖ τὰς δὲ F τοὺς δὲ H | 7 τὸν ἐπιτηδειότητα L ‖ 10 c. 38 om. CL ‖ δακρυρροουσῶν FP δακρυρρ. M ‖ 11 σωτίωνος p. t. M ‖ 12 pro αἱ ὅτι rubro P ‖ ἄπιστον F ‖ 14 ἀποβάλλουσιν F ‖ ἐγχαράξωμεν et ἑλκοποιήσωμεν H et corr. 2. m. ex ο F ‖ 16 καὶ τὸ πρίζον τὴν F ‖ χαράξωμεν et ἑλκώσωμεν H et corr. 2. m. ex ο F ‖ 18 χρίσωμεν H et corr. 2. m. ex ο F ‖ 19 ἔξω F ὄξει Pallad. III 30 ἀμόργῃ S VII 5 ‖ 19 ἀπαλείψωμεν F.

## Cap. 39. *Περὶ ῥυάδων ἀμπέλων. Τοῦ Αὐτοῦ.*

1 *Τὰς ῥυάδας ἐκ τῶν φύλλων δοκιμάσεις λευκαινομένων καὶ ὑποξήρων γινομένων, τό τε κλῆμα πλατὺ καὶ ἱμαντῶδες καὶ ἁπαλὸν ἐχουσῶν.* 2 *θεραπεύσεις οὖν τέφρᾳ πεφυραμένῃ ὄξει δριμυτάτῳ καταχρίων τὰ στελέχη, καὶ καταῤῥαίνων τὰ κύκλῳ μάλιστα τοῦ στελέχους. καὶ αὐτὰς δὲ τὰς ἀμπέλους τῇ τέφρᾳ ὑγρᾷ γενομένῃ καταψεκαστέον.* 3 *Τινὲς δὲ θαλάττιον ὕδωρ ταῖς ῥίζαις ἐπιχέουσιν. ἄλλοι δὲ τῶν βοτρύων τὰ ἄκρα ἀφαιρεῖν καὶ κωλύειν σπουδάζουσιν.* 4 *ἐκλήθησαν δὲ ῥυάδες, αἱ μὴ συνέχουσαι τὸν καρπόν, ἀπὸ τοῦ ῥεῖν.*

## Cap. 40. *Περὶ ὑλομανουσῶν ἀμπέλων. Τοῦ Αὐτοῦ.*

1 *Τὰς ὑλομανούσας μακροτομεῖν δεῖ, ἐκκληματούμεναι γὰρ λοφῶσιν. ἐὰν δὲ ἐπιμείνωσι, γυρώσαντες ἄμμον ποταμίαν ἐπιφορήσομεν, καὶ ὀλίγον τέφρας.* 2 *οἱ δὲ περὶ τὰς ῥίζας λίθους τιθέασιν, ἵνα ἀναψύχωσι τὴν ἄμπελον.*

---

1 c. 39 om. L tit. et § 1. 2 — *στελέχη* om. C ‖ *τοῦ αὐτοῦ* p. t. M om. H ‖ 5 *πεφυρμένη* F ‖ 11 *αἱ μὲν συνέχουσαι* F ‖ 14 *τοῦ αὐτοῦ* p. t. LM ‖ 16 *λοφῶσιν* CHM *λωφ.* FL [illegible] S VII 12 ‖ *ἐπιμείνωσιν* F ‖ 17 *ἐπιφορήσωμεν* LHC item 2. m. ex *ο* corr. F ‖ *καὶ* leg. S *ἢ* leg. Pall. XII 9.

## Cap. 41. *Περὶ τῶν σηπουσῶν τὸν καρπὸν ἀμπέλων. Βάρωνος.*

1 *Εἰσί τινες αἱ ἀρτιτοκοῦσαι, ἀλλὰ σήπουσι τοὺς βότρυας, πρὶν ἀναθρέψαι καὶ πεπᾶναι. τὰς οὖν τοιαύτας θεραπεύσεις ἀνδράχνης χυλῷ.* 2 *ἄλλοι δὲ καὶ ἄλφιτα τῇ ἀνδράχνῃ μίξαντες, τὸ πρέμνον περιαλείφουσιν. Ἄλλοι τῇ ἀνδράχνῃ τὸ ἥμισυ τοῦ βότρυος χρίουσι. Τινὲς δὲ ταῖς ῥίζαις τέφρας παλαιᾶς κοτύλας δ' ἐπιβάλλουσιν, ἢ ἄμμου.*

## Cap. 42. *Περὶ τῶν ὑπὸ δικέλλης τραυματισθεισῶν ἀμπέλων. Τοῦ Αὐτοῦ.*

1 *Τὴν ὑπὸ δικέλλης ἤ τινος ἄλλου τραυματισθεῖσαν, εἰ ἡ πληγὴ ὑπὸ τὴν γῆν εἴη, περιπλασθήτω τὸ τραῦμα γῇ λεπτοτάτῃ, μίξας κόπρον αἰγείαν ἢ προβατείαν, καὶ περίδησον. εἶτα περίσκαλον τὸ στέλεχος, καὶ ἐπιμελοῦ αὐτῆς.* 2 *εἰ δὲ περὶ τὴν ῥίζαν τὸ τραῦμα εἴη, λεπτῇ γῇ κόπρον ἀναμίξας ἁπαλὴν προσχώννυε, συνεχέστερον δὲ περίσκαλλε, περιστρέφων τὸ κλῆμα, μὴ ἐπικάμπτων· μὴ δὲ βιαιοτέρᾳ τῇ ἀγωγῇ χρῶ.*

---

1 c. 41 om. L ‖ 2 *βάρωνος* p. t. M ‖ 5 ad *ἀνδράχνης* mg. add. *γλυστρίδος* P ‖ *χυλῷ* emend. ex S VII 9 *φύλλῳ* codd. ‖ 8 *χρίουσιν* F *-σι* CH ‖ 9 *τέσσαρας* CHP ‖ 10 c. 42 om. L ‖ 11 *τοῦ αὐτοῦ* p. t. M in mg. CH om. F ‖ 15 *καὶ* om. M ‖ *περίσκα†ον* (= *σκαφον*?) C *περίσκαλλον* H *περισκάλλων* M ‖ 16 *καὶ* om. P serv. M ‖ *τὴν* om. M serv. P ‖ 19 *δὲ* om. F.

Cap. 43. *Πῶς δυνατὸν πρὸ τοῦ τρυγητοῦ προκαταμανθάνειν τὴν ἐσομένην πολυοινίαν καὶ καλλιοινίαν, ἢ κακοοινίαν. Δημοκρίτου.*

1 *Ῥάγα, τουτέστι κόκκον, τοῖς δακτύλοις λάβε ἠρέμα ἀπὸ τοῦ βότρυος· ἐὰν οὖν ὑγρόν τι ἐκπηδήσῃ, εὐφορίαν δηλοῖ. 2 τινὲς δέ, εἰ πολὺς σῖτος γένηται, καὶ τὸν ὑγρὸν καρπὸν εὐθηνήσειν ὑπισχνοῦνται. 3 Τὸν δὲ οἶνον καλὸν καὶ δυνατὸν ἔσεσθαι τεκμαιρόμεθα, ἐὰν διὰ τοῦ ἔαρος ὄμβροι πλείους γένωνται. τὸ αὐτὸ δηλοῦσιν ὄμβροι γινόμενοι, καὶ δροβιαίας γενομένης τῆς σταφυλῆς καὶ ὀμφακιζούσης ἔτι. 4 ὁ δὲ πρὸς αὐτὸν τὸν τρυγητὸν ὄμβρος γινόμενος οὐχ ὑδαρῆ μόνον, ἀλλὰ καὶ ἐκτροπίαν τὸν οἶνον ποιήσει.*

Cap. 44. *Φραγμοῦ σκευασία. Διοφάνους.*

1 *Εἰ βούλει φραγμὸν ἔχειν ἀσφαλῆ, σκάψας τάφρον πηχυαίαν πασσάλους κατάπηξον, καὶ ἔκτεινον σχοινίον κατὰ τῆς τάφρου· πρὸ μιᾶς δὲ ἡμέρας ἔστωσάν σοι ἐν ἑτοίμῳ ἀληλεσμένοι ὄροβοι, καὶ καρπὸς βάτου καὶ παλιούρου καὶ ὀξυακάνθης, τὰ πάντα ἐμβεβρεγμένα εἰς πάχος μέλιτος, καὶ τοῦτο τὸ ἐκτεταμένον σχοινίον τρίψον τῷ καρπῷ τῆς βάτου καὶ παλιούρου, καὶ ἐπιῤῥάνας τὸν τόπον τῷ ἀποβρέγματι, ἔασον βραχὺν χρόνον. 2 ἔπειτα τὸν χοῦν τὸν ἀπὸ τῆς τάφρου ἀναβληθέντα ἐπίβαλε, καὶ μετὰ ἡμέρας*

---

1 *προκαταλαμβάνειν* LP ‖ 2 *ἐσωμένην* L ‖ 3 *καλιοινίαν* L ‖ *δημοκρίτου* p. t. L om. CP ‖ 9 *ἀέρος* FL *ἔαρος* CH ‖ *γένονται* L ‖ 12 *ὑδαροῖ* L ‖ 13 *ἐντροπίαν* F ‖ *ποιεῖ* M ‖ 14 c. 44 om. L *διοφάνους* a. t. M p. t. P ‖ 19 *ὀξυκάνθης* M ‖ 20 *τάχος* M *πάχος* P ‖ *ἐκτεταμμένον* FC *ἐκτεταμένον* H ‖ 24 *ἐπίβαλλε* MH *ἐπίβαλε* FCP.

κη' βλαστοὺς φύσει τετραπαλαιστιαίους, οὓς μεταφύτευσον μὴ εἰς βάθος πλέον παλαιστῶν δ' καὶ ἐντὸς δύο μηνῶν ὑπὲρ πηχυαῖον μέγεθος φυήσονται, ἔπειτα εἰς μέγα ὕψος ἀρθέντες ἀπείρξουσι τοὺς κλέπτας. ταῦτα δὲ ποίει ἐν ἰσημερίᾳ ἐαρινῇ. 3 Εὐκόλως δὲ φραγμὸν ποιήσεις, ἐὰν σχοινίον τρίψας βάτου καρπῷ καὶ κατορύξας εἰς γῆν, καλάμους παχεῖς συγκόπτων φυτεύσῃς μικρῷ βάθει, πλαγίους βάλλων καὶ μὴ εἰς ὀρθόν, ἐπιβάλλων τῇ γῇ κόπρον. 4 Ἔνιοι δὲ φραγμὸν ποιοῦσιν οὕτως· ἐκ τῶν ῥάβδων τῆς βάτου κόμματα ποιοῦντες, καὶ τιθέντες αὐτὰ ἐν τοῖς φραγμοῖς χωννύουσιν ἐπὶ παλαιστιαῖον ὕψος, καὶ ἀρδεύουσιν ἕως βλάστης. 5 Ἔνιοι δὲ τοῖς μώροις, τουτέστι τοῖς καρποῖς τῆς βάτου πεπανθεῖσι, παρατρίβουσι ταῖς χερσὶ σχοινίον, εἶτα γῇ προσχώσαντες μετὰ κόπρου ἀρδεύουσιν, ἕως ἂν βλαστήσῃ. 6 Δημόκριτος δέ φησιν, ἀρχομένου ἔαρος ἕως ιε' ἡμερῶν καλῶς φυτεύεσθαι φραγμὸν τὸν τρόπον τοῦτον. σχοινίον πολὺ ἐν θαλάττῃ πονῆσαν καὶ λοιπὸν διασεσηπὸς βάτου σπέρματι καὶ τοῖς ἄλλοις τοῖς προειρημένοις ἀκανθώδεσι καὶ ὀρόβοις τρίψον, καὶ κατάχωσον ἐν τῇ τάφρῳ, καὶ ἄρδευε, εἰ δυνατόν, καθ' ἑκάστην ἡμέραν· οὕτω γὰρ καὶ ταχέως καὶ τελείως φυήσεται ὁ φραγμός, καὶ ἀσφαλὴς ἔσται.

---

1 εἴκοσι ὀκτὼ P ‖ 2 τεσσάρων CHP ‖ 4 ἀπείργουσι M ‖ 8 φυτεύσεις F ‖ 9 ante ἔνιοι m. rec.: † F nihil CH ‖ 13 μύροις M μω|(fin. fol. 67)ρίοις H ‖ 16 δημόκριτος in mg. rep. F ‖ 17 φησι F -σιν CH ‖ 24 ἀσφαλὲς F.

Cap. 45. *Πότε χρὴ τρυγᾶν τὰς ἀμπέλους, καὶ ποῖα ἔστι τεκμήρια τῆς τῶν σταφυλῶν πεπάνσεως. Τοῦ Αὐτοῦ.*

1 *Οὐκ ἔστι ῥάδιον διαγνῶναι, πότε χρὴ τρυγᾶν τὰς σταφυλάς. διό τινες πρὶν πεπανθῆναι αὐτὰς τρυγῶντες, λεπτὸν καὶ ἀσθενῆ καὶ οὐ μόνιμον τὸν οἶνον ποιοῦσιν· ἕτεροι δὲ βραδύτερον τρυγῶντες οὐ μόνον τὴν ἄμπελον βλάπτουσι, παρὰ τὸ δέον ἀχθοφοροῦσαν, ἀλλὰ καί, εἰ χάλαζα ἢ κρύσταλλος γένοιτο, εὐπαθέστερον τὸν οἶνον ἕξουσιν.* 2 *Ἔστιν οὖν δοκιμασία τοῦ καιροῦ τῆς τρύγης, οὐ μόνον ἀπὸ τῆς γεύσεως, ἀλλὰ καὶ ἀπὸ τῆς ὄψεως αὐτῆς· ὅμως δὲ καὶ σημειώσεις τινὰς παραδώσομεν· φασὶ γὰρ οἱ περὶ Δημόκριτον καὶ Ἀφρικανόν, ἓξ μόνας ἡμέρας, καὶ οὐ πλείους, καλῶς διαμένειν πεπανθεῖσαν τὴν σταφυλήν. ἐὰν οὖν τὸ γίγαρτον μηκέτι χλωρὸν διαφανῇ, ἀλλὰ μέλαν, σημαίνει αὐτὴν ὥριμον εἶναι.* 3 *Οἱ δὲ θλίβουσι τὰς ῥάγας, καὶ εἰ μὲν ἐκπηδήσει τὸ γίγαρτον γυμνόν, μὴ περιέχον τί ποτε τῶν σαρκῶν, ὡρίμους εἶναι πρὸς τρυγητὸν δοκιμάζουσι τὰς σταφυλάς· εἰ δὲ ἐκπηδήσῃ τὸ γίγαρτον μετὰ μέρους τῶν σαρκῶν, οὔ φασιν αὐτὰς ὡρίμους εἶναι.* 4 *τινὲς δὲ ἐκ τοῦ ἄρχεσθαι σταφιδοῦσθαι, τὴν πεπανθεῖσαν τεκμαίρονται σταφυλήν.* 5 *Ἕτεροι δὲ δοκιμάζουσιν ὡρίμους εἶναι τὰς σταφυλὰς οὕτως· ὅθεν πυκνότατός ἐστιν ὁ βότρυς, ἐκεῖθεν ἐξελόντες μίαν ῥάγα, μετὰ μίαν, ἢ δευτέραν*

---

1 c. 45 om. L ‖ 3 *τοῦ αὐτοῦ* om. CHM ‖ 8 *βλάπτουσιν* FH -*σι* C ‖ *ἀχθηφοροῦσαν* M ‖ 9 *γένηται* M ‖ 13 *παρδώσωμεν* F ‖ 14 *Δημόκριτος καὶ Ἀφρικανός* mg. F ‖ 24 *δὲ* om. M serv. P.

ἡμέραν θεωροῦσι τὸν βότρυν. ἐὰν οὖν μείνῃ ἐπὶ σχήματος ὁ τῆς ῥαγὸς τόπος, ὡς τῶν παρακειμένων ῥαγῶν μηδεμίαν αὔξησιν λαβουσῶν, ἐπιταχύνουσι τὸν τρυγητόν· εἰ δὲ τὸν τῆς ῥαγὸς τόπον ἐλάττονα γενόμενον θεάσονται, ὡς τῶν κύκλῳ ῥαγῶν αὐξηθεισῶν, ἐπέχουσι τὸν τρυγητὸν ἕως ἂν ἡ αὔξησις προβαίνῃ.

Cap. 46. *Ἐν ποίῳ οἴκῳ οὔσης τῆς σελήνης χρὴ τρυγᾶν, καὶ ὅτι ληγούσης αὐτῆς καὶ ὑπογείου οὔσης τὸν τρυγητὸν δεῖ ποιεῖν. Ζωροάστρου.*

Δεῖ τρυγᾶν τῆς σελήνης οὔσης ἐν καρκίνῳ ἢ λέοντι ἢ ζυγῷ ἢ σκορπίῳ ἢ αἰγοκέρωτι ἢ ὑδροχόῳ. σπουδάζειν δὲ χρή, ληγούσης αὐτῆς καὶ ὑπογείου οὔσης τὸν τρυγητὸν ποιεῖσθαι.

Cap. 47. *Πῶς δεῖ βοηθεῖν ταῖς ὀμφακιζούσαις σταφυλαῖς, ἢ ἄλλως πως διαφθαρείσαις, καὶ θεραπεύειν τὸν ἐξ αὐτῶν ἐσόμενον οἶνον. Λεοντίνου.*

1 Χρὴ πάσας τὰς ὀμφακιζούσας σταφυλάς, ἢ ἄλλως πως διαφθαρείσας, ἀποχωρίζειν τοῦ λοιποῦ καρποῦ, καὶ τὸ ἐξ αὐτῶν γλεῦκος θεραπεύειν οὕτως. ὕδωρ ὄμβριον ἑψεῖν χρὴ εἰς ἥμισυ, ἐκ τούτου τοῦ ἑψομένου ὕδατος, ὅσον γίνεται τοῦ γλεύκους δέκατον μέρος, ἐπίχεε τῷ οἴνῳ· αὖθις δὲ σὺν τῷ γλεύκει ἕψησον, ὡς

---

7 c. 46 om. P ‖ 9 ζοροάστρου: p. t. L om. MH ‖ 11 γύζῳ· L ‖ 11 ὑδριχόῳ F ὑδροχόῳ CH ‖ 14 c. 47 om. L ‖ ὀμφακ. ἢ ἄλλως πως διαφθ. σταφυλαῖς· καὶ M ‖ 17 λεοντίου CH ‖ 18 χρὴ om. M ‖ 21 ὄμβριον ‖ ἐφ᾽ ἧς ἀκονᾶσθαι (c. 49, 1) quae intercedunt, om. 50 ‖ 51

ἀπαναλωθῆναι τὸ δέκατον ἐν τῇ ἑψήσει. 2 Τινὲς δὲ οὐχ οὕτως, ἀλλ' αὐταῖς ταῖς σταφυλαῖς ἐμβάλλουσιν ὕδωρ, εἰκάζοντες πρὸς τὸ ἐσόμενον γλεῦκος τὸ τρίτον μέρος, καὶ μετὰ ταῦτα συμπατηθεισῶν τῶν σταφυλῶν τὸ γλεῦκος ἑψοῦσιν, ὥστε ἀπαναλωθῆναι αὐτοῦ τὸ τρίτον.

Cap. 48. *Θεραπεία τῶν λυμαινομένων θηρίων τὰς ἀμπέλους. Ἀφρικανοῦ.*

1 Διαφθαρήσονται σκώληκες οἱ ταῖς ἀμπέλοις ἐνοχλοῦντες, ἢ ἐννοσσεύοντες τοῦ μέρους τοῦ ἀμπελῶνος, βολβίτων καπνισθέντων κατὰ ἄνεμον. 2 οἱ δὲ χαλβάνην, ἢ κέρας ἐλάφειον, ἢ ὄνυχας αἰγείους, ἢ ἐλέφαντος πρίσμα, ἢ κρίνου ῥίζαν ἐν τῷ ἀμπελῶνι θυμιάσαντες, ἀπήλασαν αὐτόθεν τὰ θηρία. 3 Ἀπελάσεις δὲ ὁμοίως τὰ θηρία, καὶ γυναικὸς τρίχας θυμιάσας, καὶ τὰς ὠμοτοκούσας γυναῖκας θεραπεύσεις, καὶ ὧν ἡ μήτρα ἄνω τρέχει· καὶ γὰρ αὗται ταῦτα τὰ πάθη διὰ τῆς τῶν τριχῶν θυμιάσεως θεραπεύονται. 4 Ἄλλοι παιονίαν βοτάνην, ἄλλοι δὲ ὡσαύτως τὴν προσωπῖτιν καλουμένην θυμιάσαντες, ἢ παραφυτεύσαντες ταῖς ἀμπέλοις, ἀποδιώκουσι τὰ θηρία. 5 τινὲς ὀπὸν καὶ ἔλαιον ἑψήσαντες χρίουσι τὰ πρέμνα τῶν ἀμπέλων, ἀπὸ τοῦ πυθμένος ὀλίγον ἐπάνω ἀρξάμενοι. 6 ἵνα δὲ κάμπαι ἀμπέλους μὴ ἀδικοῖεν, σκόροδα λειώσας χρίε τὰ δρέπανα.

---

7 c. 48 om. CL ‖ 8 ἀφρικανοῦ p. t. M ‖ 10 ἐννοσεύοντες HM ‖ τοῦ μέσου M cf. Praef. p. VII.

Cap. 49. *Πρὸς κανθαρίδας, καὶ τὰ μείζονα ζῶα τὰ λυμαινόμενα τὸν καρπόν. Τοῦ Αὐτοῦ.*

**1** *Ἵνα δὲ κανθαρίδες τὰς ἀμπέλους μὴ λυμαίνωνται, αὐτὰς τὰς κανθαρίδας βρέξον ἐλαίῳ, καὶ ἔγχριε τὴν ἀκόνην, ἐφ' ἧς ἀκονᾶσθαι μέλλει τὰ δρέπανα.* **2** *οἱ δὲ πρὸς τὸ τὰ μείζονα θηρία ἀπελάσαι, κυνῶν κόπρον οὔρῳ βρέξαντες παλαιῷ τὰ κύκλῳ πάντα καταῤῥαίνουσιν.*

Cap. 50. *Φυσικὸν Δημοκρίτειον παράδοξον διὰ πείρας πολλάκις, πρὸς τὸ μήτε τὰς ἀμπέλους μήτε τὰ δένδρα μήτε τὰ λήϊα μήτε ἄλλο τι ὑπό τινος βλάπτεσθαι, καὶ μάλιστα ὑπὸ τῶν μειζόνων θηρίων. Δημοκρίτου.*

**1** *Καρκίνους ποταμίους πλείστους, ἢ παγούρους θαλασσίους, μὴ ἔλαττον δὲ τῶν δέκα, εἰς ἀγγεῖον κεραμεοῦν μεθ' ὕδατος ἔμβαλε, καὶ πωμάσας ἀπόθου ἐν ὑπαίθρῳ, ἵνα ἡλιάζηται ἐπὶ ἡμέρας δέκα.* **2** *εἶτα λαβὼν πάντα, ὅσα βούλει ἀβλαβῆ μένειν, τούτῳ τῷ ὕδατι καταψεκάσαι, παρ' ἡμέραν χρώμενος ἕως αὐξηθῶσι, καὶ θαυμάσεις τὴν ἐνέργειαν.*

---

1 c. 49 om. L tit. et § 1 — *ἀκόνην* C ‖ *πρὸς κανθαρίδας· τοῦ αὐτοῦ· καὶ τὰ μείζονα* M *χρίε τὰ δρέπανα· ἵνα δὲ* tit. om. P *τοῦ αὐτοῦ* om. etiam C ‖ 3 *λυμαίνωνται*, *ω* 2. m. ex *o* corr. F *-ωνται* 1. m. CH ‖ 11 *μήτε δένδρα μήτε λήϊα* L *τι* om. M ‖ 13 *θειρίων*:— L ‖ *δημοκρίτου* p. t. L *φυσικὸν δημοκρίτου* in mg. F *Δημοκρίτειον* mg. H *φ. δημοκρίτειον* mg. C *δημοκρίτου* om. M ‖ 15 *θαλαττίους* M ‖ 16 *ἔμβαλλε* M ut ed. P ‖ 18 *βούλῃ* L ‖ 19 *καταψέκαζε* L ‖ 19 *αὐξινθῶσι* L.

Cap. 51. *Περὶ οἰνάνθης. Φλωρεντίνου.*

**1** *Ληπτέον τὴν οἰνάνθην ἀπὸ τῆς ἡδὺν οἶνον φερούσης ἀμπέλου, καὶ ἀπὸ τῆς ἀγρίας, μάλιστα δὲ ἀπὸ τῆς ἀναδενδρίτιδος. ληπτέον δὲ παρὰ τὸν καιρὸν τοῦ ἄνθους, τῶν βοτρύων δηλαδὴ ἀφαιρουμένων καὶ ξηραινομένων ἐν σκιᾷ.* **2** *καὶ τῷ ἄνθει καθαρῷ κεραμίῳ ἐμβληθέντι ἐπιχυτέον οἴνου εὐώδους παλαιοῦ καὶ ἑψητοῦ τὸ ἴσον. τριπτέον ταῖς χερσὶν ἐπιμελῶς, καὶ μάζας ποιητέον καὶ ἀποθετέον.*

Cap. 52. *Περὶ σταφιδοποιΐας. Τοῦ Αὐτοῦ.*

**1** *Πολλὰ μὲν εἴρηται τοῖς ἀρχαίοις περὶ σταφιδοποιΐας, ἐμοὶ δὲ ἤρεσε ταύτην οὕτω χειρίζειν.* **2** *τοὺς πεπανθέντας βότρυας ἐκ τοῦ κλήματος ἐπιστρέψας, ἔασον ἐπὶ τῆς ἀμπέλου μαρανθῆναι, καὶ μετὰ ταῦτα ἀφελόμενος κρέμασον ἐν σκιᾷ, καὶ ἐξικμασθεῖσαν τὴν σταφυλὴν σύνθες εἰς ἀγγεῖον, ὑποστρωθέντων φύλλων ἀμπελίνων ἐψυγμένων ὑπὸ ἡλίου.* **3** *μετὰ δὲ τὸ πληρωθῆναι τὸ ἀγγεῖον, πάλιν ἄνωθεν ἐπίθες φύλλα τῆς ἀμπέλου, καὶ πωμάσας ἀπόθου εἰς οἴκημα κατάψυχρον καὶ ἄκαπνον. ἡ γὰρ οὕτω σκευασθεῖσα σταφὶς καὶ χρόνους μένει πολλοὺς καὶ ἡδίστη ἔσται.*

---

1 *Φλωρεντίνου* rubro tituli loco, *περὶ οἰνάνθης* om. L *φλωρ.* p. t. M *φλορεν*[τύ] mg. C *φλωρεν τίου* in mg. H ‖ 3 *ἀγροίας* L ‖ 4 *ἀναδενδρίτηδος* LC ‖ *περὶ τὸν καιρὸν* M ‖ 8 *τριπτέον τε ταῖς* L ‖ 10 c. 52 om. L ‖ *τοῦ αὐτοῦ* p. t. M ‖ 12 *ἤρεσεν* FH *ἐμοὶ ἤρεσε* C ‖ 13 *ἐπιτρέψας* F ‖ 15 *ἐξικμανθεῖσαν* M (?) P ‖ 20 *οὕτως* C et per comp. M, ut ed. P ‖ *φακὶς* F *σταφὶς* CH.

## Cap. 53. *Περὶ φυτείας καλάμων.*

1 Οἱ κάλαμοι χαίρουσι τοῖς εὐηλίοις τόποις, καὶ τρέφονται ὑπὸ τῶν ἀνέμων· φυτεύονται δὲ προηγουμένως μὲν διὰ τῶν βολβῶν, αὕτη γάρ ἐστιν αὐτῶν ἡ καλλίων φυτεία. 2 καὶ πλάγιος δὲ ὁ κάλαμος στρωννύμενος ῥαδίως βλαστήσει. ἀλλήλων δὲ ἀπεχέτωσαν οἱ στρωννύμενοι, στρωννύσθωσαν δὲ ἐν βάθει δακτύλων γ′ ἢ δ′, δεῖ δὲ τῶν στρωννυμένων ἕνα ἢ δύο ὀφθαλμοὺς ἄνω βλέπειν. 3 τὰ δὲ ὀρθῶς φυτευόμενα δεῖ ἔχειν δύο γόνατα, καὶ ἐν βάθει δακτύλων ιβ′ φυτεύεσθαι. 4 Καιρὸς δὲ τοῦ φυτεύειν, ὥς τινές φασιν, ἀρχομένου ἔαρος· ἐπειδὴ δὲ ταχέως ὑπὸ κρυστάλλου βλάπτονται, χρὴ ἐν τοῖς ψυχροτέροις τόποις περὶ τὸ μετόπωρον φυτεύειν. 5 τέμνεται δὲ καὶ αὐτοετὴς ὁ κάλαμος μετὰ τροπὰς χειμερινάς, μέχρι γὰρ τούτου αὐξάνειν ὁ κάλαμος πεπίστευται. 6 λέγουσι δὲ τοὺς ὑπὲρ καπνὸν τεθέντας καλάμους, τὰ καλούμενα θηρίδια ἶπας, ἃ μάλιστα βλάπτει τὴν ἄμπελον, μηκέτι τρέφειν. ταῖς γὰρ ἀμπέλοις ἐκ τῶν διασηπομένων φασὶ καλάμων ταῦτα φύεσθαι τὰ θηρία.

---

1 c. 53 om. L ‖ 4 ἐστιν om. M ‖ 5 κάλλιον F ‖ 8 τριῶν ἢ τεσσάρων CHP ‖ 10 δώδεκα CH ια′ M pedali sulco Plin. N. H. XVII 20 sect. 33 ‖ 14 αὐτο ἐτήσιον κάλαμος F ‖ 17 καλάμους om. M.

# ΒΙΒΛΙΟΝ ϛ.

Τάδε ἔνεστιν ἐν τῇδε τῇ βίβλῳ, ἕκτῃ μὲν οὔσῃ τῶν περὶ γεωργίας ἐκλογῶν, περιεχούσῃ δὲ κατασκευὴν ληνοῦ καὶ ὑποληνίων, καὶ ἐλαιοτροπίου, καὶ οἰνοθήκης, ἑδρασμόν τε πίθων καὶ ἐργασίαν καὶ πίσσωσιν, καὶ τὴν εἰς τὸν τρυγητὸν παρασκευήν· ὅπως τε χρὴ πατεῖν τὰς σταφυλάς, καὶ πῶς ἐν τοῖς πίθοις ἐμβάλλειν τὸ γλεῦκος, καὶ ὥστε τοῦτο μὴ ὑπερχεῖσθαι, καὶ πῶς δυνατὸν γλεῦκος ἐν ὅλῳ τῷ ἐνιαυτῷ ἔχειν, γνῶναί τε εἰ ὕδωρ ἔχει, καὶ ὀξίζοντι τούτῳ βοηθεῖν, καὶ περὶ γυψώσεως.



---

5 πείθων L ‖ 6 παρασκυὴν L ‖ χρεῖ L ‖ 7 πείθοις ἐμβάλειν L ‖ 12 indicem capitum om. CHLP ‖ 13 ἑδρασμούσ:· F ‖ 15 περὶ (p. c.) πίσσης δ. F ‖ 18 τῆσ ἐκ^τ τρυγητ^υ F ‖ 19 ια' F num. om. M ‖ 21 ταῖς* corr. e textu, τοῖς FM ‖ 23 ἐν ταῖς ληνοῖς M.

τὸν καλούμενον θάμναν ποιητέον. ιδʹ. γλεῦκος μὴ ὑπερχεῖσθαι. ιεʹ. γλεῦκος παραυτὰ εἰς χρῆσιν καταστῆσαι. ιςʹ. γλεῦκος ἐν ὅλῳ τῷ ἐνιαυτῷ ἔχειν, καὶ γνῶναι, εἰ ὕδωρ ἔχει. ιζʹ. γλεῦκος εἰ ὕδωρ ἔχει γνῶναι. ιηʹ. περὶ γυψώσεως. ιθʹ. γλεύκει ὀξίζοντι βοηθῆσαι.

## Cap. 1. Περὶ ληνοῦ, καὶ ὑποληνίων, καὶ ἐλαιοτροπίου. Φλωρεντίνου.

**1** Τὸν περὶ τῆς φυτείας τῶν ἀμπέλων καταρτίσαντες λόγον, μέλλοντές τε λοιπὸν περὶ τῆς τῶν οἴνων ἐπιμελείας καὶ θεραπείας διεξιέναι, ἀναγκαῖον ᾠήθημεν προτάξαι, ὅπως δέοι τὴν ληνὸν καὶ τὰ ὑπολήνια κατασκευάσαι. **2** Δεῖ τοίνυν τὴν ληνὸν πρὸς τὸ πλῆθος τῶν συγκομίζεσθαι μελλόντων καρπῶν οἰκοδομεῖν, ὥστε ὑπάρχειν τοῖς ἐργαζομένοις ἱκανὴν ἀναστροφήν· ἔχειν δὲ καὶ πρὸς τὴν ἀπόθεσιν τῶν σταφυλῶν ἱκανὴν εὐρυχωρίαν, ὥστε καὶ τῆς ὥρας κατεπειγούσης συντομώτερον κομίζειν τὸν καρπόν, καὶ τοὺς ἐργαζομένους μὴ περιπνίγεσθαι ἀπὸ τῆς τοῦ γλεύκους ἀναφορᾶς. **3** Δεῖ δὲ τὸν ληνεῶνα ὅλον κατηλεῖφθαι πάντοθεν λειοτάτοις κονιάμασι, καὶ οὐχ ἧττον τὰς ἀναφοράς, ἵνα μηδὲν γεῶδες, μήτε τῶν ζωογονουμένων ἐν αὐταῖς, ἐμπίπτον μιάνῃ τὸν οἶνον. **4** ἔστω

---

1 θάμ[αν] M ‖ 2 παραυτὰ* corr. e textu, παρʼ αὐτὰ FM ‖ 5 γλεῦκοσ F ‖ 7 ὑποληνίου CL ‖ 8 φλωρ. a. t. P p. t. M om. L φλωρεντίου mg. H Φλο (corr. ex ω?) ρεν[τίου] C ‖ 12 δέον L ‖ 15 ἀνατροφήν· M ‖ 16 πρὸς om. FL ‖ 20 κατειλῆφθαι FHLM κατηλεῖφθαι sed η 1. m. ex ει corr. C ‖ 22 ζωογονυμένων αὐτοῖς ἐμπίπτων, μιαίνει L ἐν αὐτοῖς FP et per comp. M.

δὲ ἡ ληνὸς θερμή, καὶ ἐχέτω φῶς πλεῖστον πάντοθεν, τὸ δὲ ὑπολήνιον ἔστω πλατύστομον, καὶ μετὰ τὴν χρῆσιν πλυθήτω ἢ θαλάσσῃ ἢ ἅλμῃ θερμῇ, καὶ σπογγισθήτω· ἄπωμον δὲ καταλιμπανέσθω, ἵνα μὴ εὐρωτιάσῃ· καὶ ἐπειδὴ οἱ μύες ἔσθ' ὅτε ἐμπίπτοντες εἰς τὸ ὑπολήνιον πολλὴν ἐμποιοῦσι δυσωδίαν, ἐνθετέον ξύλον πλατύτερον, δι' οὗ δυνήσεται ὅταν ἐμπέσῃ μῦς ἀναδραμεῖν. 5 ὅταν δὲ πάλιν τις αὐτῷ μέλλῃ κεχρῆσθαι, ὁμοίως πλύνας καὶ σπογγίσας θυμιασάτω. 6 τὸ δὲ ἐλαιοτρόπιον ἐστεγνωμένον χρὴ εἶναι.

Cap. 2. *Περὶ οἰνοθήκης, καὶ πίθων ἑδρασμοῦ. Τοῦ Αὐτοῦ.*

1 Ὁ οἶκος ὁ ὑποδεχόμενος τοὺς πίθους, ἐν μὲν τοῖς εὐδινοῖς πρὸς ἀνατολὴν καὶ ἄρκτον θυρίδα ἐχέτω, ἐν δὲ τοῖς ψυχροτέροις πρὸς μεσημβρίαν· πόῤῥω δὲ ἔστω τῆς ληνοῦ, καὶ ἀπηλλάχθω πάσης δυσωδίας. 2 τοὺς δὲ πίθους ἑδραστέον μὴ ψαύοντας ἀλλήλων, ποδιαίου μέτρου μεταξὺ καταλιμπανομένου, ἵνα καὶ οἱ τῆς οἰνοθήκης ἐπιμελούμενοι ῥαδίαν ἔχωσι τὴν ἐπὶ τοὺς ἐνδοτέρους πίθους εἴσοδον, καὶ ἵνα, ἐὰν εἷς πίθος τραπῇ, μὴ συνεπισπάσηται τοὺς πλησίον. οὐδὲν γὰρ οὕτω ταχεῖαν ἔχει τὴν ἀντίληψιν, ὡς ὁ οἶνος, μάλιστα δὲ τὸ γλεῦκος. 3 Τοὺς δὲ πίθους ἑδραστέον ἐν ξηροῖς τόποις, ὥστε κατὰ γῆς εἶναι τὰ δύο μέρη

1 λινὸς L ‖ 2 πλατΰστομον et τρ' 1. m. supra add. M πλατύστομον P ‖ 3 πληθΰτω M πλυθήτω P ‖ 4 ἀπώμασθον L ‖ ἐ βρωτιάσει L ‖ 5 μυῖες FM μύες LP ‖ 6 ἐμποιοῦν L ‖ 7 ἐμπέσει L ‖ 12 τοῦ αὐτοῦ p. t. L a. t. P ‖ 14 εὐδιΐνοῖς L εὐδιεινοῖς P ‖ ἀνατολὰς F ‖ 22 ἔχει om. M supra versum add. m. 2.?, et in marg. superiore m. rec.: †Ἔχει ἀντι . . . (cetera evanuerunt) L.

*αὐτῶν, ἐὰν ἀσθενῆ καὶ λεπτὸν καὶ ἄτροφον ἡ χώρα φέρῃ τὸν οἶνον, ἐὰν δὲ δυναμικὸν καὶ πάχος ἔχοντα, τὸ ἥμισυ αὐτῶν.* 4 *ὑποβλητέον δὲ ἑκάστῳ πίθῳ ἄμμον ἁδρὰν καὶ διάξηρον, ἐπὶ δὲ ταύτης παστέον σχοίνου μυρεψικῆς τὸ σύμμετρον πλῆθος, τὸ δὲ λοιπὸν χώματι πληρωτέον ἐξοπτηθέντι χρησίμως ὑπὸ ἡλίου.* 5 *ἡ γὰρ ἄμμος καὶ ἡ ξηρὰ γῆ τὴν ἰκμάδα πᾶσαν εἰς ἑαυτὰς ἐπισπῶνται, τήν τε ἐκ τῆς γῆς καὶ τὴν ἐν αὐτοῖς τοῖς πίθοις συνισταμένην, καὶ ἡδὺν ποιοῦσι τὸν οἶνον.* 6 *Τεκμήραιτο δ' ἄν τις τὴν δύναμιν αὐτῆς οὕτως. ἐὰν γὰρ καινὴν σπυρίδα ἄμμου πληρώσας οἶνον ὀξίζοντα καταχέῃς, διηθηθήσεται καθαρὸς καὶ ἄνοσμος· εἰ δὲ μὴ πάρεστιν ἄμμος, τῇ παραπεσούσῃ γῇ χρηστέον προηλιασμένῃ.* 7 *Οὐ συγκατακλειστέον δὲ ταῖς οἰνοθήκαις τῶν δυσωδῶν οὐδέν, οἷον βυρσικὴν δυσωδίαν, τυρούς, σκόροδα, ἔλαιον, σῦκα, σκεύη ἀχρεῖα· πάντα γὰρ τὰ τοιαῦτα, συνεπισπώμενα τὴν ἀπὸ τοῦ οἴνου ἰκμάδα, εὐρωτιᾷ, καὶ πάλιν εἰς τὸν οἶνον ἀναδίδωσι τὴν δυσωδίαν.* 8 *κεχωρίσθαι δὲ δεῖ τὴν οἰνοθήκην καὶ ἀπὸ λάκκου, καὶ ἱπποστασίου, καὶ ἀφεδρῶνος, καὶ ἀχυρῶνος, καὶ ἀρτοκοπίου, καὶ βαλανείου.* 9 *εἴ ποτε δὲ εὑρεθείη κύκλῳ δένδρα, ταῦτα ἐκκοπτέσθω, αἱ γὰρ ῥίζαι λυμαίνονται περιπλεκόμεναι καὶ συναναχρώζουσαι τῆς ἀπ'*

---

2 *φέρει* L ‖ *δυνατὸν* L ‖ 3 *πείθω* L ‖ 4 *διάρρηξον* L ‖ *ταύτη* L ‖ *παστέον** *πλαστέον* codd. ‖ 5 *μυρεψικοῦ* M ‖ 6 *ἐξοπτήσαντι* F *ἐξοπτήσαντα* M ‖ 8 *ἑαυτὰ* H *αὐτὰς* FCM ‖ 10 *τεκμήραιτε* L ‖ 11 *κενήν* LP ‖ 12 *διηθήσεται* FM *διηθύσεται καὶ καθαρὸς καὶ* H ‖ 13 *εἰ** *ἐὰν* codd. ‖ *μὴ* om. FM serv. HP ‖ 14 *προηλιασμένη* L *προσηλ.* FM ‖ 16 *μυρσικὴν* CL et corr. ex *μαρσ.* H ‖ 17 *συνεπισπόμενα* L ‖ 18 *ἐυρωτιᾶ* L ‖ 20 *κεχωρεῖσθαι* L ‖ 22 *ἀρτοκοπίου* HL *ἀρτοκοπείου* FM ‖ 24 *συναναχράζουσαι* L.

αὐτῶν ὀσμῆς, καὶ μάλιστα τῶν συκῶν, καὶ ἔτι μᾶλλον ἐρινεῶν, καὶ τῶν ῥοῶν. **10** ἐὰν δὲ ἀγρίους οἰκῶμεν τόπους, τὸ ἔδαφος πλίνθοις καταστρωτέον εἰς ὕψος ἀνάγοντας, καὶ ἐπὶ τοῦ καταστρώματος τοὺς πίθους ἑδραστέον ὑποβάλλοντας τὴν ἄμμον.

Cap. 3. *Περὶ κατασκευῆς πίθων. Ἀνατολίου.*

**1** *Γῆ* οὐ πᾶσα ἐπιτήδειος πρὸς κεραμείαν, ἀλλὰ τῆς κεραμίτιδος γῆς οἱ μὲν προκρίνουσι τὴν πυρρὰν τὸ χρῶμα, οἱ δὲ τὴν λευκήν, οἱ δὲ ἀμφοτέρας συμμιγνύουσι. **2** τινὲς μὲν οὖν ἀρκοῦνται ⟨ἐν⟩ τῇ δοκιμασίᾳ τοῦ καλῶς κεκεραμευμένου πίθου, τῷ κρουσθέντα αὐτὸν ἀποδοῦναι ἦχόν τινα ὀξὺν καὶ τορόν. **3** οὐκ ἔστι δὲ τοῦτο αὔταρκες, ἀλλὰ χρὴ τὸν κατασκευάζοντα παρεῖναι τῇ κεραμείᾳ, καὶ ὅπως ὁ πηλὸς καλῶς εἰργασμένος εἴη προνοῆσαι, καὶ μὴ πρὶν ἐᾶσαι ἐπὶ τὸν τροχὸν ἀναβιβάσαι, πρὶν τὸν πηλὸν διαδεῖξαι ὁποῖος ἔσται ὁ πίθος ὀπτηθείς. **4** *Οὐ* πάντας δὲ τοὺς πίθους ἐπὶ τὸν τροχὸν ἀναβιβάζουσιν οἱ κεραμεῖς, ἀλλὰ τοὺς μικρούς· τοὺς μέντοι μείζους χαμαὶ κειμένους ὁσημέραι ἐν θερμῷ οἰκήματι ἐποικοδομοῦσι, καὶ μεγάλους ποιοῦσιν. **5** *Οὐ* μικρὸν δὲ τῆς κεραμείας ἐστὶ μέρος ἡ ὄπτησις. δεῖ δὲ μήτε ἔλαττον, μήτε πλέον, ἀλλὰ μεμετρημένως τὸ πῦρ ὑποβάλλειν.

---

1 *καὶ ἔτι — ἐρινεῶν* om. FL ‖ 2 *καὶ ῥοιῶν* M *καὶ τῶν ῥοῶν* FL ‖ *ἀγροίους* L ‖ 3 *τὸ δὲ ἔδαφος* F ‖ *πλήνθους καταστροτέον* L ‖ 4 *καταστρόματος* L *καταστρώμματος* P ‖ 6 c. 3 om. L ‖ *ἀνατολίου* p. t. M ‖ 7 *κεραμεῖαν* *εῖ* m. rec. ex *ί* corr. F ‖ 9 *συμμιγνύουσιν* FH *-σι* C ‖ 10 ⟨*ἐν*⟩* om. codd. ‖ 11 *τὸ* F *ἐν τῷ* M ‖ 13 *οὐκ ἔστιν* F *οὐκ ἔστι* HC ‖ 15 *εἴη εἰργασμένος* M ‖ 20 *ἐποικοδομοῦσιν* F *-σι* CH.

6 διὰ τοῦτό τινες, τὴν τῆς τοσαύτης κατασκευῆς δυσκολίαν παραιτούμενοι, τοῖς παλαιοῖς χρῶνται πίθοις, ὃ μάλιστα βλάπτει τοὺς οἴνους. 7 Καλλίους δὲ οἱ πίθοι τῶν εἰς γαστέρα ἐξωγκωμένων οἱ μακρότεροι, καὶ μάλιστα τὰ στόματα ἀνεῳγμένα ἔχοντες. 8 τὰ δὲ χείλη τῶν πίθων ποιητέον ἔξω ἐπινεύοντα, ἵνα ὅταν τῇ τέφρᾳ ἐπιχρίωμεν αὐτούς, μὴ ἐμπίπτῃ τι εἰς τὸν πίθον ἀνοιξάντων ἡμῶν, ἀλλ' ἐκκυλίηται ἔξω. εὐθὺς δὲ θερμοὺς ἔτι ὄντας πισσωτέον. 9 Ἔστωσαν δὲ οἱ πίθοι μὴ μεγάλοι· οὐκ ἐπὶ πλέον γὰρ ἐν τοῖς τοιούτοις ἀναζεῖ, ἅτε μὴ στενοχωρούμενον, πλεονάζον δὲ αὐτὸ ἑαυτῷ ἐπανίσταται, καὶ οὐ μόνον τὴν ὀσμὴν ἀλλὰ καὶ τὸ ἄνθος ἀποπτύει. 10 τὰ δὲ μικρὰ ἀγγεῖα πολὺ καὶ πρὸς φυλακὴν καὶ καλλιοινίαν συμβάλλεται. διὰ τοῦτο μικροὺς χρὴ κατασκευάζειν τοὺς πίθους. 11 εἰ δὲ φθάσαιμεν παλαιοὺς πίθους ἔχειν μεγάλους, τὸν ἀσθενέστερον καὶ χείρονα ἐγχέωμεν εἰς αὐτούς, εἰς δὲ τοὺς μικροὺς τὸν κρείττω.

## Cap. 4. *Περὶ καιροῦ καὶ τρόπου πισσώσεως.*
### *Τοῦ Αὐτοῦ.*

1 Τοὺς καινοὺς πίθους ἀπὸ τῆς καμίνου ληφθέντας εὐθέως πισσωτέον, τοὺς δὲ παλαιούς, τῇ τοῦ κυνὸς ἐπιτολῇ. 2 καί τινες μὲν κατ' ἐνιαυτόν, τινὲς δὲ παρ' ἐνιαυτὸν αὐτοὺς πισσοῦσι. κάλλιον δὲ πισ-

---

1 τοιαύτης M ‖ 7 ἐμπίπτει F ἐμπίπτῃ ex -οι corr. C ἐμπίπτη H ‖ 8 ἐκκυλίεται F ‖ 9 ὄντας ἔτι M ‖ 11 πλεονάζον αὐτὸ ἑαυτῷι F ἑαυτῷ C ἑαυτὸ H πλεονάζον δὲ αὐτὴ ἑαυτῷ M αὐτὸ P ‖ 17 ἐγχέωμεν ω 2. m. ex ο corr. F -ωμεν CH ‖ 20 τοῦ αὐτοῦ a. t. M.

σοῦν, ὅταν ἢ ὄξυνος γένηται, ἢ ἀποῤῥυῇ ἡ ἐγκειμένη πίσσα.

Cap. 5. *Πίσσης δοκιμασία. Διδύμου.*

1 *Τὴν πίσσαν οἱ ἀρχαῖοι ἡμῖν παραδεδώκασι καλλίστην εἶναι τὴν ἀπὸ τῆς Ἴδης, μετὰ ταύτην τὴν ἐκ Πιερίας· οἱ δὲ τὴν Ῥοδίαν προκρίνουσιν, ἄλλοι δὲ τὴν Βρυτίαν.* 2 *καθόλου δὲ καλλίων ἡ λαμπρά· δοκιμάζουσι δέ τινες πίσσαν οὕτως· στυπίον εἰς ἑψομένην ταύτην ἀνάπτουσι· καὶ ἡ μὲν παχὺν τὸν καπνὸν ἀναπέμπουσα βελτίων ἔσται· ἡ δὲ λεπτὸν ὡς φαύλη ἀποδοκιμάζεται.* 3 *οἱ δὲ θερμάναντες αὐτήν, εἰς ὕδωρ ψυχρὸν ἐμβάλλουσι, καὶ οὐ διὰ τῆς ὀσμῆς μόνης δοκιμάζουσιν, ἀλλὰ καὶ διὰ τῆς γεύσεως.* 4 *καὶ ἡ ἐν τῷ ἕψεσθαι δὲ μὴ ἐκπηδῶσα, μήτε πομφόλυγας καὶ ψόφους ποιοῦσα, βελτίστη δεδοκίμασται.* 5 *ἡ δὲ ἐν τῇ γεύσει γλυκυτέρα καὶ καθαρωτέρα καὶ λειοτέρα καὶ εὐώδης καλλίων. ὡσαύτως ἀμείνων ἡ ἑφθὴ πίσσα τῆς ὠμῆς, καὶ ἡ ξηρὰ τῆς ὑγρᾶς.* 6 *Ἡ δὲ καλλίστη πίσσα κατασκευάζεται τὸν τρόπον τοῦτον. εἰς κεραμείαν ἐμβάλλεται λεκανίδα καὶ τίθεται ἐν ἡλίῳ ἐπὶ*

---

1 *ὄξινος* FH et corr. ex *υ* C ‖ *ἐγγειμένη* L ‖ 3 *διδύμου* p. t. M ‖ 4 *Τὴν* om. L ‖ *παραδεδόκασι* L ‖ 6 *πιρρίας* L ‖ 7 *ῥοιτείαν* FCM *βροιτείαν* H §§ 1. 2 om. P ‖ *λαμπρά, λάμπουσα βελτίων*, omissis verbis *δοκιμάζουσι — ἀναπέμπουσα* F ‖ 8 *οὔτ*ϛ LM ‖ *στυπτῒ,*; tum *εἰς — ἀνάπτουσι* om., sed tertia versus pars vacat M ‖ 9 *καὶ εἰ μὲν* L ‖ *παχύτερον* | *καπνὸν* M ‖ 10 *ἀπολάμπουσα, βελτίον δοκεῖ* L ‖ *λεπτὴν* L *λεπτὸν ἂν φαύλη* F ‖ 12 *ἐμβάλουσι* L *ἐμβάλλουσιν* FH -*σι* C ‖ *οὐ* om. FL ‖ 14 *πηδῶσα* FL *πηδόσα* C ‖ *πο φόλϋγασ* et *μ* supra *ο*, *γ* supra *ϋ* add. 1. m. M *πομφόλυγας* P ‖ 15 *βέλτιστα* FL ‖ 17 *καὶ ἑφθὴ* FL ‖ 18 *ξιρὰ* L ‖ 18 §§ 6—10 om. L.

*ὀλίγου πυρός, εἶτα ἐπιχεῖται αὐτῇ ὕδωρ θερμὸν διηθημένον διὰ σποδοῦ κληματίνης, καὶ ἀνακινεῖται ἡ πίσσα. ὅταν οὖν καταστῇ, μετὰ ὥρας β' ἀποχεῖται, εἶτα αὖθις ἐπιχεῖται τοσοῦτον ἄλλο ὕδωρ.* 7 *ἐπὶ τρισὶν οὖν ἡμέραις τρίτον ἑκάστης ἡμέρας ποιήσαντες, τὸ ἐνυφιζῆσαν ὑγρὸν σπόγγῳ ἀνασπάσαντες, χρησιμωτάτην τὴν περιλειφθεῖσαν πίσσαν ποιοῦσιν.* 8 *Ἡ ξηρὰ πίσσα καὶ πικρά ἐστι. σὺν οἴνῳ οὖν ἑψηθεῖσα χρησιμωτέρα γίνεται, καὶ μάλιστα εἴ τι τῶν εὐόσμων συνεψηθείη, βελτίων ἔσται. τὴν δ' ὑγρὰν εἰς τρίτον ἑψήσαντες, ὡς ἐπιτηδείᾳ χρῶνται.* 9 *Ἔνιοι δὲ κληματίνην σποδιὰν ἐμβάλλουσιν εἰς αὐτήν, καὶ ἀφεψοῦσιν, αὖθις δὲ κηροῦ προσβάλλουσι τῇ σποδιᾷ. οἱ δὲ κονίας τῆς στακτῆς καὶ οἴνου παλαιοῦ ἐγχέουσι. τινὲς κηρὸν καθ' ἑαυτόν, καὶ μίσγουσι τὸν μέντοι ἐκ τῆς Σαρδοῦς, χρησιμώτερον γὰρ εἶναι τοῦτον διαβεβαιοῦνται· καὶ οἱ μὲν τὸ τέταρτον, οἱ δὲ τὸ ἕκτον, οἱ δὲ τὸ δέκατον τήκουσιν. εἰ γὰρ αὐστηρότερον βουλόμεθα ποιῆσαι τὸν οἶνον, πλέον ἐμβλητέον τοῦ κηροῦ.* **10** *τινὲς δὲ συμβουλεύουσι μήτε ὅλως ἐμβάλλειν τοῦ κηροῦ εἰς τὴν πίσσαν, στρυφνότερον γὰρ τὸν οἶνον γίνεσθαι, ὡς ῥαδίως εἰς ὀξίνην μεταβάλλειν.*

---

1 *διηθούμενον διὰ σπόγγου καὶ κληματίνης, καὶ ἀλκιμωτάτη πίσσα* F ‖ 3 *δύο* CHP ‖ 6 *ὕδωρ* M ‖ 8 *ἐστιν* F *ἐστι* CH ‖ 10 *δὲ* M ‖ *τρίτην* M ‖ 11 *ἔνιοι δὲ καὶ κληματίνην* M *ἔνιοι δὲ κονίας*, vv. *κληματίνην — οἱ δὲ* om. Γ ‖ 13 *προβάλλουσιν* F *προσβάλλουσι* CH ‖ 14 *ἐγχέουσιν* H *ἐγχέουσι* C ‖ *τινὲς — μίσγουσι* om. CH ‖ *τινὲς δὲ κηρῷ* M ‖ 15 *καὶ μίσγουσιν* F *καὶ μίσγουσι* CHM *σμίσγουσι* P ‖ 20 *συμβουλεύουσιν* F *-σι* CH ‖ 21 *στρεφνότερον δὲ* F ‖ 22 *ὀξύνην* HP.

Cap. 6. *Πίσσης σκευασία. Τοῦ Αὐτοῦ.*

**1** *Κατὰ τὴν Ἰταλίαν πισσώσει χρῶνται τοιᾷδε. πίσσης μνᾶς μ', κηροῦ μνᾶν, ἁλὸς ἀμμωνιακοῦ δραχμὰς η', μάννης λιβανωτοῦ δραχμὰς δ' κόψαντες, καὶ ἅμα ἑψήσαντες, νάσσουσι τίλεως λεπτῆς γο. η', ἐνισουμένοις τὸν πίθον ἐννάσσουσιν.* **2** *ἄλλοι δὲ πίσσης ξηρᾶς τάλαντον, κηροῦ μνᾶς ιε', ὀρόβων καὶ σίτου ἀληλεσμένων λι. γ', τίλεως πεφωσμένης καὶ κεκομμένης καὶ σεσησμένης τὸ ἶσον, καλάμου ἀρωματικοῦ, φύλλου μαράθρου σφαιρία ε', τὰ τηκτὰ τήξαντες, τὰ ξηρὰ κόψαντες, ἐπινάσσουσιν ἁλόης ἡπατίτιδος σεσησμένης ἡμίμναιον.* **3** *ἡ πίσσωσις οὖν αὕτη δοκιμωτάτη ἐστίν, ἥτις καὶ τοὺς ἀσθενεῖς οἴνους θεραπεύει, καὶ τοὺς εὐπαθεῖς μονίμους φυλάττει, καὶ εὐώδεις ποιεῖ.*

Cap. 7. *Καθολικὰ παραγγέλματα περὶ πισσώσεως. Φλωρεντίνου.*

**1** *Ἄριστον ἐπὶ πάσης πισσώσεως τὴν πίσσαν διὰ στακτῆς κονίας πλύνειν, καὶ ῥιτίνης σχινίνης ἢ πιτυΐνης, εἰ δὲ μή, τῆς παρούσης μιγνύναι, καὶ ἴρεως τὸ μέτριον, καὶ τίλεως (ἡ γὰρ τίλις δυνατώτερον τὸν οἶνον καὶ βαρύ-*

---

1 c. 6 om. L ‖ *τοῦ αὐτοῦ* p. t. M ‖ 5 *νάσσουσιν* F -*σι* CH ‖ *τήλεως* CHM ‖ *λεπτῆς γο. ή* Needh. *λεπτῇ γῇ* codd. ‖ *ἐνισσουμένοις* FC *ἐνισουμ.* H ‖ 6 *ἐνάσσουσιν* C ‖ 7 *ἀληλεσμένου* M -*ων* P ‖ 8 *τήλεως* CHM ‖ 10 *μαράθρου* HM *μαραβάθρου* C *μαραυάθρου* F *μαράθου* P ‖ 11 *ἐπινάσσουσιν ἀλ. ἡπατήτιδος σεσ. ἐπινάσσουσιν ἡμ.* M ‖ 12 *ἡμίμνεον* F ‖ *δοκιμωτέρα* M ‖ 14 *ἀπαθεῖς* M ‖ *νομΐμους* M *μονίμους* P ‖ *φυλάσσει* M ‖ 15 c. 7 om. L 16 *φλωρ.* p. t. M tit. om. P ‖ 17 *Φέριστον* M § 1 om. P 18 *ῥιτίνης ἀχινίνης* F *ῥιτίνης σχινίνης* CH *ῥυτΐνης σχιν.* M 20 *τήλεως* HM ‖ *τΐλις* F *τήλις* C *τῆλις* MH.

τερον ποιεῖ) καὶ κόστου, καὶ κασσίας καὶ μελιλώτου, ἢ σχοίνου ἄνθους. ταῦτα γὰρ πρὸς εὐοσμίαν συμβάλλεται. 2 Καθόλου δὲ ἐπὶ μὲν τοῦ πάνυ καλοῦ γεωργουμένου οἴνου συμφέρει τῇ ποικίλῃ πισσώσει χρῆσθαι. ἐπὶ δὲ τῶν εὐτελῶν οἴνων ἀρκεῖσθαι δεῖ καλῇ πίσσῃ, ἴρεώς τε καὶ τίλεως ἐμβάλλειν τὸ μέτριον, καὶ πολλῷ ἔλαττον κηροῦ· πλέον γὰρ βληθὲν τρέπει τὸν οἶνον, ὡς προειρήκαμεν. κηρῷ δὲ χρῆσθαι δεῖ τῷ λευκῷ, ἢ τοῦ μὴ λευκοῦ τῷ καθαρῷ. 3 Τινὲς εὖ ποιοῦντες, κάλαμον ἢ ξύλον ἐπιβάλλουσιν ὀρθὸν εἰς τοὺς κενωθέντας πίθους, ἵν' οἱ ἐμπίπτοντες κώνωπες ἤ τινα τοιαῦτα ζῶα ἀναβαίνειν ἔχωσι διὰ τούτων. 4 Εἰς τοὺς ἄρτι πισσωθέντας πίθους οὐ χρὴ τὸν καλλίονα οἶνον ἐγχεῖν, ἀλλὰ τὸν ἤδη τρεπόμενον, καλλίονα γὰρ αὐτὸν ποιήσει. καὶ τὸν μέλανα δὲ ὁμοίως εἰς τοὺς τοιούτους ἐγχυτέον· τοὺς δὲ λευκούς, εἰς πεπισσωμένους πρὸ ἐτῶν δύο ἢ καὶ πλειόνων.

### Cap. 8. Ἄλλος τρόπος δόκιμος πισσώσεως πίθων. Τοῦ Αὐτοῦ.

1 Ὑσσώπου Κρητικοῦ ἢ Καμπανοῦ λι. β' καὶ σχοίνου Συριακῆς λι. β' νάρδου Ἰνδικῆς ἢ Κελτικῆς λι. β' ἀλόης καλῆς γο. α' ϛ'' κρόκου Σικελικοῦ γο. α' ϛ'' ἴρεως Ἰλλυρικῆς λι. α' κατὰ δέκα ἀμφορέας μέτρου

1 κόστου Needh. κόστους FM ‖ κασίας CH ‖ 2 σχοίνου Needh. σχίνου FM ‖ ἄνθος M ‖ 6 τήλεως CHM ‖ 10 ἤ* καὶ codd. ‖ 12 ἔχωσιν F -σι CH ‖ 17 β' F δύο CH ‖ 18 c. 8 om. LP ‖ 19 τοῦ αὐτοῦ a. t. in mg. sup. M ‖ 20 S XIV 4 Ὑσσ. Κρητ. καὶ πηγάνου λι. β'· καὶ ἄνθους σχοίνου λι. β'· νάρδου Ἰνδ. ἢ Κρητικῆς λίτραν μίαν ‖ καμπανοῦ οΧ (= λίτρας) ῶ (1. m. ex β' corr.) M ‖ καὶ σχοίνου Συρ. λι. β' om. F ‖ 21 μιλτικῆς FH μελτικῆς C ‖ 23 ἀλόης γο. α' ϛ'' καὶ κρόκου γο. α' ϛ'' καὶ ἴρεως (? [illegible]) λι. α'· καὶ κατὰ ἀμφορέα μέτρου μέτρα πέντε· ἐνδιάσπειρον S.

μέτρον, μετὰ τὸ πισσῶσαι τοὺς πίθους, ἐνδιάσπειρον κατὰ τὰς πλευρὰς αὐτῶν καὶ τὰ ὑποστόμια, μήτε λίαν ἐψυγμένης τῆς πίσσης ὡς εἶναι ψυχράν, μήτε ὑπερθέρμης, ἵνα ⟨μὴ⟩ καυθῇ τὸ φάρμακον. 2 εἶτα ἔμβαλλε τὸν νέακα οἶνον, καὶ ἐν ὀλίγαις ἡμέραις γευσάμενος, εὔπνουν τε καὶ παλαιὸν εἶναι δόξεις. 3 καὶ ἀναπίσσου κατὰ ἔτος τοὺς πίθους, ἢ πάντως παρ' ἐνιαυτόν, χρώμενος τῷ μέτρῳ τοῦ φαρμάκου καὶ τῆς συνθέσεως, ὡς προγέγραπται.

Cap. 9. *Περὶ διαχρισμάτων πίθων. Βάρωνος.*

1 *Μετὰ τὴν πίσσωσίν τινες, ὀλίγον πρὸ τοῦ ἐμβληθῆναι τὸ γλεῦκος, διαχρίουσι τοὺς πίθους· οἱ δὲ τὰ στόματα μόνον, οἱ δὲ τὰ πώματα. 2 ἡ δὲ διάχρισίς ἐστι πίσσα μετὰ ἑψητοῦ καὶ θαλαττίου ὕδατος. ἄλλοι δὲ πίσσῃ ὑγρᾷ καὶ ἅλμῃ εἰς τὸ ἑψητὸν ἐμβληθείσῃ καταχρίουσι τὰ στόματα διὰ σπογγιᾶς. ἄλλοι δὲ μόνον τῇ ἀμόργῃ χρίουσι τὰ πώματα.

Cap. 10. *Περὶ τῆς εἰς τὸν τρυγητὸν παρασκευῆς. Διδύμου.*

*Τὰς ληνοὺς πρὸ κʹ ἡμερῶν ἀνοικτέον, ἵνα διαπνεύσωσι, καὶ θαλαττίῳ ὕδατι καταῤῥαντέον, καὶ θυμιατέον.

---

4 ⟨μὴ⟩* addidi ex S, om. codd. ‖ 7 κατὰ τὸ ἔθος F ‖ 10 βάρωνος p. t. LMP ‖ 11 ἐμβῆναι L ‖ 12 διαχρίουσιν F -σι CH ‖ 15 ἅλμει L ‖ ἐμβληθήσει L post ἐμβλ. add. μιχθέντα FM ‖ 16 διασπογγιᾶς L διὰ om. et σπογγιᾶ FM ‖ 17 μόνη FM ‖ 19 διδύμου p. t. LMP ‖ 20 διαπνεύσωσιν F -σι CH ‖ 21 καταραντέον F.

## Cap. 11. *Τί δεῖ ποιεῖν τοὺς ἐφεστῶτας τοῖς κανθηλίοις, καὶ πῶς πατητέον τὰς σταφυλάς, καὶ τίνα τρόπον χρὴ ἀναστρέφεσθαι ἐν ταῖς ληνοῖς τοὺς εἰς τὴν πάτησιν τεταγμένους.*

*Ἀπουληΐου.*

**1** *Οἱ ἐφεστῶτες τοῖς μείζοσι κοφίνοις, τοῖς καλουμένοις κανθηλίοις, ἐκλεγέτωσαν τὰ φύλλα, καὶ εἴ τις ὄμφαξ κομίζοιτο, ἢ ξηρὸς βότρυς εὑρεθείη.* **2** *χρὴ δὲ καὶ τοὺς πατοῦντας, εἴ τι παρέλαθε τοὺς ἐπὶ τοῖς κοφίνοις ἐφεστῶτας, καὶ αὐτοὺς ἐκλέγειν. τὰ γὰρ φύλλα συντριβόμενα ταῖς σταφυλαῖς, στυφότερον τὸν οἶνον ἀπεργάζεται καὶ εὔφθαρτον. ἐκ δὲ τῶν ὀμφάκων καὶ τῶν ξηρῶν μεγίστη γίνεται βλάβη.* **3** *Ἐμβληθείσας δὲ τὰς σταφυλὰς εἰς τὰς ληνοὺς εὐθὺς τοῖς ποσὶν ἀποθλιβέτωσαν οἱ πρὸς τοῦτο τεταγμένοι, πᾶσάν τε ῥάγα ὁμαλῶς πατήσαντες ἀνασυρέτωσαν τὰ στέμφυλα, τουτέστι τὰ γίγαρτα, ὥστε τὸ πολὺ τοῦ ὑγροῦ ἀποῤῥυῆναι εἰς τὸ ὑπολήνιον, δεύτερόν τε πατήσαντες ἀπαλλαττέσθωσαν, καὶ θερμὰ τὰ γίγαρτα καὶ οὐ πάνυ ὑγρὰ ἀπεργασάμενοι, οὕτως ὑπὸ τὸ ξύλον ἐπιτιθέτωσαν· θερμὰ γὰρ ὄντα καὶ ἁπαλά, εὐροώτερα γίνεται. εἰ δὲ ὑγρὰ πάνυ ὑποτεθείη, ἀνάγκη τοῦ βάρους ἐπιτεθέντος ῥήγνυσθαι τὰ συντεθέντα.* **4** *Εἰσιέναι δὲ εἰς τὴν ληνὸν τοὺς πατοῦντας χρή, εὖ μάλα*

---

5 *ἀπουληΐου* p. t. M ‖ 6 *τοῖς λεγομένοις* M ‖ 8 *βότρυς* om. L ‖ 11 *στυφώτερον* L ‖ 13 *γίγνεται* CF *γίν.* H ‖ 15 *πρὸς αὐτὸ* L ‖ 16 *πᾶσαν τὴν ῥαγα* L ‖ 17 *στέμφυλα, τοῦτέστιν τὰ τζίπουρα* C ‖ 18 *δεύτερον δὲ πατ.* M ‖ 19 *θερμὰ μὲν γίγαρτα* L ‖ 20 *ὑπὸ τὸ ξύλον οὕτως* M ‖ 21 *ἐπιτιθέσθωσαν· θερμὰ μὲν γὰρ* L ‖ *εὐρώτερα γίνονται* L.

*τὰ περὶ τοὺς πόδας κεκαθαρμένους, καὶ μηδένα αὐτῶν ἐν τῇ ληνῷ μήτε ἐσθίειν, μήτε πίνειν, μήτε εἰσιέναι καὶ ἐξιέναι πολλάκις· καὶ εἴ τις ἀνάγκη γένοιτο ἀπελθεῖν, μὴ γυμνοῖς τοῖς ποσὶν ἀπιέτω.* 5 *δεῖ δὲ καὶ ἠμφιέσθαι καὶ διαζώματα ἔχειν τοὺς πατοῦντας, διὰ τοὺς ἐπιγινομένους ἱδρῶτας.* 6 *χρὴ δὲ ἀεὶ εὐοσμίαν ἐπινοεῖν ταῖς ληνοῖς, ἢ διὰ λιβάνου, ἢ δι' ἑτέρου θυμιάματος.* 7 *Εἰδέναι δὲ χρή, ὅτι στέμφυλα οὐχ ὥς τινες νομίζουσι τῶν ἐλαιῶν μόνων εἰσὶ πυρῆνες, ἀλλὰ καὶ τὰ τῶν σταφυλῶν γίγαρτα. ἐὰν οὖν ἀκούσῃς στέμφυλα, πρὸς τὸ ὑποκείμενον νόει, ποτὲ μὲν γίγαρτα σταφυλῆς, ποτὲ δὲ ἐλαίας τὴν καλουμένην πυρίνην.*

Cap. 12. *Μετὰ τὴν τελείαν πάτησιν τῶν σταφυλῶν, πῶς ἐν τοῖς πίθοις τὸ γλεῦκος ἐμβλητέον. Διοφάνους.*

1 *Τοὺς πίθους, πρὶν ἐμβαλέσθαι τὸ γλεῦκος, ἅλμῃ ἀκράτῳ ὑποσπογγίζεσθαι χρή, καὶ θυμιατίζεσθαι λιβάνῳ.* 2 *Δεῖ δὲ μήτε ἄγαν αὐτοὺς ποιεῖσθαι μεστούς, μήτε πάνυ ἐνδεομένους, ἀλλ' εἰκάζειν ὅσον εἰκὸς τὸ γλεῦκος ὑποζέον αὔξησιν ποιεῖν, ὥστε μὴ ὑπερχεῖσθαι, καὶ ὥστε τοῦ ἀφροῦ ἕως τῶν χειλῶν*

---

1 *καὶ μηδὲν αὐτοὺς ἐν τῇ ληνῷ μὴ εἰσιέναι καὶ ἐξιέναι π.* L ‖ 4 *γένοιτο ἐξελθεῖν* L *γ. ἀπελθεῖν* MC *γ. τοῦ ἀπελθεῖν* F *γ. τὸ ἀπελθεῖν* H ‖ 5 *δὲ ἠμφιέσθαι καὶ* M ‖ *διαζώματι* L ‖ 6 *ἐπειγομένους* FH *ἐπιγομένους* C ‖ 7 *εὐοσμίαν ἀεὶ* M ‖ 8 *στρέμφυλα* M *στέμφ.* P ‖ 9 *νομίζουσιν οἱ τῶν* L ‖ *μόνον* CH ‖ *ἔστι* FCH ‖ *πυρίνες* FH *πυρῖνες* C *πηρῆνες* L ‖ 11 *στάμφυλα* L ‖ 13 *πυρῆνα: τουτέστιν τὸ ὀστοῦν:* — L ‖ 16 *διοφάνους* p. t. M ‖ 19 *λιβανίω·* L ‖ 21 F haec signa verbis add. m. rec.: *αὔξησιν ποιεῖν· ὥστε* nihil CH ‖ *ὥστε μὴ — καὶ* om. L.

μετεωρισθέντος, τὸ μὴ καθαρὸν μόνον ἀποπτύειν. 3 Καθαίρειν δὲ χρὴ τὸ ἐν τοῖς πίθοις γλεῦκος ἐφεξῆς ἐπὶ ἡμέρας ε΄ ταῖς χερσὶ καὶ ταῖς σκαφίσι, τόν τε ἀφρὸν ἀφαιρεῖν, καὶ εἴ τι ἄλλο εἴη περιττόν, καὶ τὰ καθάρματα πάντα ἐξάγειν τοῦ πιθεῶνος, καὶ πόῤῥω σφόδρα ῥίπτειν. 4 εἰ γὰρ πλησίον ταῦτα μείνοι, τρεπομένων αὐτῶν κώνωπες ἀναφύονται, καὶ κακοσμία γίνεται, ἅπερ ἄμφω τὸν οἶνον ποιεῖ ἐκτροπίαν. διὸ εὐοσμίαν ἐπινοεῖν χρὴ ταῖς ληνοῖς διὰ θυμιαμάτων, μάλιστα δὲ ταῖς οἰνοθήκαις.

Cap. 13. Τῶν γιγάρτων μετὰ τὴν ῥύσιν τοῦ γλεύκους ἐκ τῆς ληνοῦ παραχρῆμα ἐκβαλλομένων, πῶς ἐξ αὐτῶν τὸν καλούμενον θάμναν ποιητέον. Ἀνατολίου.

1 Τὰ στέμφυλα, τουτέστι τὰ γίγαρτα, μετὰ τὴν τοῦ γλεύκους ῥύσιν ἐκβλητέα παραχρῆμα, καὶ εἰς πίθους ἐμβλητέα, καὶ καταπατητέα. 2 ἡ γὰρ ἐκ τούτων τρύξ, ἣν ἐπιχωρίως καλοῦσι θάμναν, οὐκ ἀηδὲς πόμα τοῖς ἀγροίκοις γίνεται, αὐτά τε λοιπὸν τὰ ἐναπομένοντα γίγαρτα ἱκανὴν τροφὴν παρέξει τοῖς ἀλόγοις. 3 Δεῖ δὲ εὐθὺς τῶν γιγάρτων ἐκ τῆς ληνοῦ ἀφαιρουμένων, τὴν ληνὸν καὶ τὰ ὑπολήνια σαροῦν, καὶ σπογγίζειν θαλαττίῳ ὕδατι ἢ ἅλμῃ, καὶ θυμιατίζειν. 4 ἐμμένον γὰρ τὸ ὑγρὸν πάντως τρέπεται, καὶ ἐκ τούτου τὸν τῇ ἐφεξῆς ἡμέρᾳ πατούμενον καρπὸν

2 τοῖς om. M ‖ 3 πέντε HP ἕως ἡμέρας πέμπτης· ταῖς τε χερσὶ L ‖ 4 ἀφερεῖν L ‖ 11 c. 13 om. LP ‖ 14 ἀνατολίου p. t. M ‖ 19 αὐτό τε λοιπ(ὸν? per comp.)τὰ M ‖ 25 τῇ ἐφ. ἡμέρᾳ* τῆς ἐφ. ἡμέρας codd.

*λυμανεῖται, καὶ τὸν κώνωπα ποιεῖ, ὅπερ σημεῖόν ἐστι τετραμμένου οἴνου.*

## Cap. 14. *Γλεῦκος μὴ ὑπερχεῖσθαι. Φλωρεντίνου.*

**1** *Στέφανον γλήχωνος ἢ καλαμίνθης ἢ ὀριγάνου τοῖς τραχήλοις τῶν ἀγγείων περιθῶμεν.* **2** *τινὲς δὲ τὰ ἔσω τῶν πίθων περὶ τὰ χείλη τῇ . . . . . . . . . . ἄλλοι δὲ πιμελῇ ταριχηρᾷ ἔνδοθεν τὰ χείλη διαχρίουσιν· ἄλλοι τυρῷ βοείῳ. καθέξει γὰρ εἴσω ζέον τὸ γλεῦκος τοῦτο μάλιστα.*

## Cap. 15. *Γλεῦκος παραυτὰ εἰς χρῆσιν καταστῆσαι. Τοῦ Αὐτοῦ.*

**1** *Εἰς τὸν μετρητὴν κοτύλην ὄξους γλυκίζοντος βάλε, καὶ μετὰ ἡμέρας γ′ ἔσται καθαρόν.* **2** *περὶ δὲ τοῦ θᾶττον καθίστασθαι τὸ γλεῦκος, εὑρήσεις ἐν τῷ τρίτῳ βιβλίῳ Διοφάνους καλλίστας μεθόδους.*

---

2 *τετραμένου* F *τετραμμ.* CH ‖ 3 *ὥστε γλ. μὴ ὑπερεκχεῖσθαι:-* L ‖ 4 *φλωρ.* p. t. LM ‖ 5 *τέφραν* M ‖ *γλίχωνος* FP *γλήχωνος* MCH *γλιχῶν· ἢ . . . .* (⅓ versus parte om.) *ἢ ὀριγάνου* L ‖ 6 *περιθῶμεν· εἶτα ἔσω περὶ τὰ χείλη τῶν πίθων* M *περιθῶμεν· ἄλλοι δὲ πιμελῇ* P ‖ 7 *τῇ — χείλη* om. FL cf. praef. p. VII ‖ 9 *περιδιαχρίουσι* CH *διαχρίουσιν* FM *διαχρίουσι* L *περιχρίουσι* P ‖ *ἄλλοι* om. FL ‖ 10 *τοῦτο μάλιστα* om. FL ‖ 11 c. 15 om. L ‖ *παρ' αὐτὰ* H ‖ *καταστῆναι* MP sed *καταστῆσαι* M i. c. ‖ 12 *τοῦ αὐτοῦ* p. t. M ‖ 13 *μετρίτην* F ‖ *γλυκάζοντος* M *γλυκύζοντος* H ‖ 14 *τρεῖς* CHP.

Cap. 16. *Γλεῦκος ἐν ὅλῳ τῷ ἐνιαυτῷ ἔχειν, καὶ γνῶναι εἰ ὕδωρ ἔχει. Τοῦ Αὐτοῦ.*

**1** *Πρὶν θλιβῆναι τοὺς βότρυας τὸ ἐξ αὐτῶν αὐτομάτως ἀποστάζον γλεῦκος, ὃ πρόχυμά τινες καλοῦσι, βάλε αὐθημερὸν εἰς ἀγγεῖον πεπισσωμένον ἔσωθεν καὶ ἔξωθεν, ὥστε ἡμίσεα εἶναι τὰ ἀγγεῖα, καὶ πώμασον ἐπιμελῶς γύψῳ. ἐπὶ πολὺν γὰρ χρόνον διαμένει τὸ γλεῦκος σφόδρα γλυκύ.* **2** *πολὺ δὲ μᾶλλον φυλαχθήσεται, ἐὰν τοῦ ἀγγείου πωμασθέντος δέρματι, εἰς φρέαρ τοῦτο ἐμβληθῇ ἐπὶ ἡμέρας λʹ. διὰ γὰρ τὸ μὴ ἀναζέσαι ἔσται διαπαντὸς γλεῦκος.* **3** *Εἰ δέ τις καὶ ἠρέμα πατήσει σταφυλὰς ὡς μὴ πιεσθῆναι, καὶ τοῦτο τὸ γλεῦκος εἰς παραμονὴν χρήσιμον ἕξει.* **4** *ἄλλοι εἰς παλαιὰ ἀγγεῖα ἀπὸ παλαιοῦ οἴνου τὸ γλεῦκος ἐμβάλλουσιν.* **5** *ἄλλοι τὸ ἀγγεῖον, ὡς προείρηται, ἔνδοθεν καὶ ἔξωθεν πισσωθὲν εἰς φρέαρ ἐντιθέασιν, ὡς ὑπερέχειν τὰ χείλη μόνον· τοῦτο ἐν τῇ πείρᾳ κάλλιστον ὤφθη.* **6** *Ἄλλοι εἰς ἄμμον ὑγρὰν καταχωννύουσι τὸ ἀγγεῖον. ἄλλοι γιγάρτοις καταχώσαντες ἐπισωρεύουσι τὴν ὑγράν. ἄλλοι εἰς σκεῦος ἀπίσσωτον βαλόντες τὸ γλεῦκος, νίτρον Ἀλεξανδρῖνον κόψαντες, ἀποτίθενται εἰς σκιάν.* **7** *Τὸ δὲ γλεῦκος εἰ ὕδωρ ἔχει, ἐν τῷ ἑξῆς κεφαλαίῳ εὑρήσεις.*

---

1 *καὶ — ἔχει* om. L ‖ 2 *τοῦ αὐτοῦ* p. t. M ‖ 3 *ἀποθλιβῆναι* L ‖ 5 *ἔξωθεν καὶ ἔσωθεν* M *ἔσ. καὶ ἔξ.* P ‖ 6 *ἥμισυ εἶναι τὸ ἀγγεῖον* M *μέσον εἶναι τὸ ἀ.* P ‖ 8 *πολλῷ* L ‖ 9 *τὸ ἀγγεῖον πωμασθὲν* L ‖ 10 *τοῦτο* om. L ‖ 11 §§ 3—7 om. L ‖ 18 *ἄλλοι δὲ εἰς* M §§ 3—5 et 6 — *τὴν ὑγράν* om. P ‖ *καταχωννύουσιν* F -*σι* CH ‖ 21 *ἀλεξανδρϊκὸν* M *ἀλεξανδρινὸν* P *ἀλεξάνδρϊνον* CH.

## Cap. 17. *Γλεῦκος εἰ ὕδωρ ἔχει γνῶναι. Σωτίωνος.*

*Ἀχράδας, τουτέστιν ἀππίδια τὰ ὠμότατα, βάλε εἰς τὸ γλεῦκος, καὶ ἐὰν ἔχῃ ὕδωρ, βολίζονται· ἐὰν δὲ μὴ ἔχῃ, ἐπιπλέουσιν.*

## Cap. 18. *Περὶ γυψώσεως. Διδύμου.*

*Τὴν γύψον ἐμβλητέον εἰς ἀγγεῖον πλατύ, εἶτα καὶ γλεῦκος ἐπιχυτέον, ὥστε ὑπερέχειν αὐτὸ τῆς γύψου, κινητέον τε αὐτὸ πυκνῶς, καὶ οὕτως ἐατέον καταστῆναι, ὅπως τὰ παχύτερα τῆς γύψου εἰς τὸν πυθμένα ὑποκαθεσθείη. τὰ δὲ ἀνωτέρω τοῦ γλεύκους ἀπαντλητέον, ἕως ἐν τῷ τῆς κινήσεως ἐλλιπεῖ μηδὲν ὑφιζάνῃ τῆς γύψου.*

## Cap. 19. *Γλεύκει ὀξίζοντι βοηθῆσαι. Δημοκρίτου.*

*Σταφίδος διαβραχείσης ἕως ἂν οἰδήσῃ, εἶτα ἐκπιασθείσης, κοτύλας β′ τῷ ἀμφορεῖ ἐμβλητέον. ἢ διὰ τῆς ποταμίας ἄμμου, ὡς προείρηται, διηθητέον, ἢ σάνδυκος δραχμὰς δ′ βλητέον.*

---

1 *ὥστε γλεῦκος* L ‖ 2 *σωτίονος* p. t. L *σωτίωνος* p. t. M ‖ 3 *τουτέστι* L ‖ *ἀπίδια* LM alterum *π* add. m. 2. P ‖ 4 *ἔχει ὕδωρ* LC ‖ *μὴ ἔχει* LC ‖ 6 c. 18 om. CLP ‖ *διδύμου* p. t. M ‖ 11 *ἐπικαθεσθείη* F *ὑπὸ* | *κατεσθείη* C *ὑποκαταβαίη* H ‖ *ἀνώτερα* M ‖ 12 *ὡς* F ‖ *ἐλλιπεῖ* om. F ‖ 14 *ὥστε γλεῦκος* L ‖ *ὀξύζοντι* MH ‖ 15 *δημοκρ.* p. t. LM ‖ 16 *οἰδήσει* L ‖ *ἐκπιεσθείσης* LP ‖ 17 *δύο* HP ‖ post *ἀμφορεῖ* add. *τῷ μεγαρεικῷ δηλ(ονότι)* P ‖ 18 inter *ἢ* et *σάνδυκος* add. *σάνδυξ. δένδρον θαμνῶδες, οὗ τὸ ἄνθος χροιὰν κόκκῳ ἐμφερῆ (-εῖ C) ἔχει·* CH.

# ΒΙΒΛΙΟΝ Ζ.

*Τάδε ἔνεστιν ἐν τῇδε τῇ βίβλῳ, ὦ φίλτατε παῖ Βάσσε, ἑβδόμῃ μὲν οὔσῃ τῶν περὶ γεωργίας ἐκλογῶν τοῦ σοῦ πατρός, περιεχούσῃ δὲ σύνταξιν τῆς τῶν οἴνων διαφορᾶς, καὶ περὶ θεραπείας αὐτῶν, καὶ διαχεύσεως, καὶ μεταγγισμοῦ, καὶ ἑτέρων τινῶν χρησίμων.*

*α΄. περὶ τῆς τῶν καρπῶν διαφορᾶς. β΄. ποίοις οἴνοις ἐπιτήδειος ὁ ὑπαίθριος τόπος, καὶ ποίοις ὁ ὑπὸ στέγην. γ΄. περὶ διαφορᾶς τοῦ νέου καὶ τοῦ παλαιοῦ καὶ τοῦ ἀπὸ λευκῆς καὶ μελαίνης σταφυλῆς. δ΄. πῶς ἔστι θεραπεῦσαι καὶ μόνιμον ποιῆσαι τὸν οἶνον τῆς ἐπιπολὺ βραχείσης σταφυλῆς ἔτι οὔσης αὐτῆς ἐν τῇ ἀμπέλῳ, καὶ τῆς μετὰ τὸν τρυγητὸν ὁμοίως βραχείσης σταφυλῆς. ε΄. περὶ ἀνοίξεως πίθων, καὶ τί χρὴ παραφυλάττεσθαι τῷ καιρῷ τῆς τούτων ἀνοίξεως. ϛ΄. περὶ μεταγγισμοῦ οἴνου, καὶ πότε χρὴ μεταυπλεῖν τοὺς οἴνους, καὶ ὅτι διαφορὰν ἔχει ὁ ἐν τῷ αὐτῷ πίθῳ ἐμβεβλημένος οἶνος. ζ΄. περὶ καιροῦ καὶ τρόπου διαχεύσεως οἴνου. η΄. περὶ δοκιμασίας οἴνου καὶ γλεύκους, εἰ ὕδωρ ἔχει. θ΄. οἶνον ἀπὸ ὕδατος χωρίσαι. ι΄. κατὰ ποίους καιροὺς εἰώθασιν οἱ οἶνοι τρέπεσθαι. ια΄. ὥστε ὑπὸ βροντῶν καὶ ἀστραπῶν μὴ τρέπεσθαι τοὺς οἴνους. ιβ΄. πῶς ἔστι προκαταλαβεῖν καὶ τοὺς*

---

1 *βιβλίον ἕβδομον* HM *εὔδομον* L ut ed. P ‖ *αρχ* mg. m. rec. F ‖ 2 *κε. λθ΄* mg. L ‖ *ὦ φ. παῖ Βάσσε* om. FL ‖ 3 *ἑβδόμῃ* H *εὐδόμη* L *εὐδόμη* C ‖ 4 *τοῦ σοῦ πατρός* om. FL ‖ 8 indicem capitum om. CHLP ‖ 9 *ὑπέρθριοσ* F ‖ 12 *μόνιμῶν* 1. m. F ‖ 20 *η΄. περὶ* om. F ‖ 21 *θ΄.* M *η΄.* et sic deinceps per totum indicem asse minus F.

οἴνους μὴ συγχωρεῖν τρέπεσθαι, ἀλλὰ μονίμους εἶναι. ιγ΄. ἄρτυσις θαυμαστὴ ποιοῦσα μονίμους τοὺς οἴνους καλουμένη πανάκεια. ιδ΄. ἐπίγραμμα ἀπαράβατον εἰς τὸ μηδέποτε τρέπεσθαι τὸν οἶνον. ιε΄. σημείωσις καὶ προγνωστικὰ τῶν τρεπομένων οἴνων καὶ τῶν μονίμων. ιϛ΄. οἶνον ἀρχόμενον ὀξίζειν θεραπεῦσαι. ιζ΄. οἶνον διὰ θαλάττης περαιούμενον μόνιμον εἶναι. ιη΄. πῶς μεταχειριστέον τὰς ἀμπέλους εἰς τὸ γλυκὺν ἡμῖν ἀποδοῦναι τὸν ἐξ αὐτῶν ἐσόμενον οἶνον. ιθ΄. πῶς ἀπὸ τοῦ γλεύκους γλυκὺν ποιήσομεν οἶνον. κ΄. οἶνον εὔοσμον καὶ ἡδὺν ποιῆσαι. κα΄. οἶνον λευκὸν μέλανα ποιῆσαι καὶ τὸν μέλανα λευκόν. κβ΄. οἶνον διαυγῆ ποιῆσαι. κγ΄. οἶνον πολύφορον εἰς κρᾶσιν ποιῆσαι, ὥστε ὀλίγον ἀναλισκόμενον πολλοῖς ἐξαρκεῖν. κδ΄. οἶνον νέακα παλαιὸν ποιῆσαι. κε΄. οἶνον ἄνθος μὴ ἔχειν. κϛ΄. οἴνου νοτίαν παῦσαι. κζ΄. οἶνον ἀπὸ ἰοῦ θηρίου βλαβέντα θεραπεῦσαι. κη΄. οἴνους τρυγώδεις καὶ θολεροὺς καταστῆσαι. κθ΄. οἶνον ἀφανίσαι. λ΄. οἶνον πίνοντα μὴ ὄζειν. λα΄. οἶνον πολὺν πίνοντα μὴ μεθύσκεσθαι. λβ΄. πῶς παύσεταί τις τῆς τοῦ οἴνου ἐπιθυμίας. λγ΄. πρὸς τὸ ἀνανήφειν τοὺς μεθύοντας. λδ΄. ὅτι οὐ μόνον ὁ οἶνος ἀλλὰ καὶ ἕτερά τινα μεθύειν ποιεῖ τοὺς πίνοντας. λε΄. πῶς δίχα σταφυλῆς γίνεται οἶνος. λϛ΄. οἴνου μέχρι γήρως ὑγιείαν φυλάττοντος ἀδιάπτωτος σκευασία. λζ΄. περὶ τῶν διηθυμένων οἴνων.

---

6 ἀρχόμενον M ἀρ(χ)μεὶ F ‖ 8 εἰσὶ γλ. F ‖ 9 αὐτο(ῶ)ν (1. m.?) F ‖ 9 πῶς — κβ΄ om. M ‖ 13 ποιῆσαι om. M ‖ κρᾶσιν* corr. in textu Needhamius κεράσειν F εἰς τὸ κεράσειν M ‖ 15 μὴ om. M ‖ 16 ἰοῦ* ποίου FM ‖ 25 λζ΄ M λϛ΄ F cf. cap. θ΄.

## Cap. 1. *Περὶ τῆς τῶν καρπῶν διαφορᾶς. Τῶν Κυντιλίων.*

**1** *Τὰ κοῖλα χωρία πολὺν τὸν οἶνον ποιεῖ καὶ φαῦλον· τὰ δὲ ἐπὶ ὕψους καλλίω, ἅτε δὴ πεπαινομένου τοῦ καρποῦ ὑπό τε τῶν ἀνέμων, καὶ τῆς ἄλλης τοῦ ἀέρος εὐκρασίας, καὶ μάλιστα τῆς τοῦ ἡλίου δυνάμεως.* **2** *οὐ μόνον γὰρ δυνατωτέρας ὁ ἥλιος τὰς σταφυλὰς ποιεῖ, ἀλλὰ καὶ γλυκυτέρας, ἐὰν πολὺ θερμαίνῃ. ἡ γὰρ σελήνη μόνον πεπαίνει τὰς σταφυλάς, θερμὴ οὖσα καὶ ὑγρά· ἥ τε νὺξ γλυκείας μόνον ἀπεργάζεται.* **3** *δεῖται οὖν αὐτὰ πολλῆς καὶ ἡλιάσεως, ἵνα μονιμώτερος ὁ οἶνος γένηται, ὁ τάχιον εἰς ἀκμὴν παραγινόμενος καὶ διαπνεόμενος.* **4** *Καὶ ὁ ἐκ θερμῶν τῶν χωρίων ὑπάρχων καρπὸς τὸν οἶνον μονιμώτερον ποιεῖ· ὁ δὲ ἐκ τῶν ἄλλων μερῶν, ἤ τινα ἀγριότητα γῆς ἐχόντων, τὸν οἶνον ἔκλυτον καὶ ἀσθενῆ ποιεῖ.* **5** *Ἐὰν ὀλίγας σταφυλὰς ἡ ἄμπελος ἐνέγκῃ, δυνατώτερον τὸν οἶνον ποιεῖ, ἅτε τῆς τροφῆς καὶ δυνάμεως πάσης εἰς ἐκεῖνον μόνον τὸν καρπὸν καταναλωθείσης.*

---

2 *τῶν κυντ.* p. t. L om. M *τῶν κεντιλίων* mg. H ‖ 3 *ποιῇ* L ‖ 4 *δὲ ὕψει* L ‖ 7 *δυναμωτέρας καὶ δυνατωτέρας ὁ ἥλιος τὰς στ.* F *δυναμωτέρας ὁ ἥλ. καὶ δυνατωτέρας σταφυλὰς* C *δυναμ. ὁ ἥλ. καὶ δυνατ. τὰς στ.* H *δυνατωτέρας ὁ ἥλ. καὶ δυναμωτ. τὰς στ.* M ‖ 9 *θερμαίνει* LC ‖ 10 *ἥ γε νὺξ* M *ἡ γὰρ — ἀσθενῆ ποιεῖ* (4) om. P ‖ *γλυκέας* L ‖ 11 *ἡλιώσεως* L ‖ 15 *γῆς* om. L ‖ 16 *ἔγκλητον* L ‖ 18 *τῆς* om. F ‖ *τροφῆς πάσης καὶ δυνάμεως* M ‖ 19 *καταναλωθήσης* L.

Cap. 2. *Ποίοις οἴνοις ἐπιτήδειος ὁ ὑπαίθριος τόπος, καὶ ποίοις ὁ ὑπὸ στέγην. Τῶν Αὐτῶν.*

1 *Τὸν ἰσχυρότερον οἶνον ὑπαίθριον θετέον, ἀπεστράφθω δὲ δύσεως καὶ μεσημβρίας τοίχων τινῶν προστεθέντων.* 2 *τοὺς δὲ λεπτοὺς οἴνους ὑπὸ στέγην θετέον, τὰς δὲ θυρίδας ὑψηλοτέρας δεῖ ποιεῖν, πρὸς ἄρκτον καὶ ἀνατολὴν τετραμμένας.*

Cap. 3. *Περὶ διαφορᾶς τοῦ νέου καὶ τοῦ παλαιοῦ, καὶ τοῦ ἀπὸ λευκῆς καὶ μελαίνης σταφυλῆς. Διοφάνους.*

1 *Αἱ μέλαιναι σταφυλαὶ δυνατώτερον τὸν οἶνον ἕξουσιν, αἱ λευκαὶ μέσον, αἱ δὲ πυῤῥαὶ τῶν μελαινῶν ὀλίγον ἡδίω.* 2 *Ὁ νέος οἶνος ψυχρότατός ἐστι, καὶ ὁ παλαιὸς θερμότατος καὶ δυναμικώτατος καὶ εὐωδέστατος. τὸ γὰρ ἐν αὐτῷ ὑδατῶδες ὁ χρόνος ἀναλίσκει.*

Cap. 4. *Πῶς ἔστι θεραπεῦσαι καὶ μόνιμον ποιῆσαι τὸν οἶνον τῆς ἐπιπολὺ βραχείσης σταφυλῆς, ἔτι οὔσης αὐτῆς ἐν τῇ ἀμπέλῳ, καὶ τῆς μετὰ τὸν τρυγητὸν ὁμοίως βραχείσης σταφυλῆς. Δημοκρίτου.*

1 *Ἐάν, ἐπόμβρου τοῦ ἔτους γενομένου, συμβῇ τὴν σταφυλὴν ἔτι οὖσαν ἐν τῇ ἀμπέλῳ ἐπὶ πλέον βραχῆ-*

---

1 c. 2 om. L ‖ *ὁ ὑπαίθριος ἐπιτήδειος* M sed i. c. *ἐπ. ὁ ὑπ.* ‖ 2 *τῶν αὐτῶν* p. t. M ‖ 10 *διοφάνους* p. t. LM ‖ 11 *μέλεναι* L ‖ *οἶνον παρέχουσιν* L ‖ 12 *αἱ δὲ λευκαὶ μέσον, αἱ δὲ πυραὶ* L ‖ 13 *ὀλίγων* L *ἡδίω ὀλίγον* M ‖ *ἐστιν·* FC *ἐστι* H ‖ 14 *δυνατώτατος, καὶ εὐωδέστερος* L ‖ 16 c. 4 om. L ‖ 17 *ἐπιπολὺ* CM *ἐπὶ π.* FHP ‖ 19 *ὁμοίως* et *σταφυλῆς· δημοκρίτου* om. M *ἔτι — δημοκρίτου* om. P ‖ 22 *ἐπιπλέον* HM *ἐπὶ πλ.* P.

*ναι, ἢ μετὰ τὸ τρυγηθῆναι τύχῃ ταύτην ὄμβρου ῥαγδαίως γενομένου, πλέον τοῦ δέοντος βραχῆναι, ἐξ ἀνάγκης αὐτὴν πατήσομεν.* **2** *Εἰ δὲ τὸ τρυγηθὲν γλεῦκος ἀσθενέστερον εἶναι καταμάθοις, διδάξει δέ σε τοῦτο ἡ γεῦσις, ἐπειδάν τε ὁ οἶνος ἐν τοῖς πίθοις βληθῇ, καὶ τὴν πρώτην ζέσῃ, εὐθὺς μεταχέωμεν αὐτὸν εἰς ἑτέρους πίθους (μένει γὰρ ἐν τῷ πυθμένι πᾶν τὸ ὑλῶδες διὰ τὸ βάρος), προσεμβάλλοντες τῷ οἴνῳ ἁλῶν εἰς τοὺς δέκα μετρητὰς κοτύλας γ'.* **3** *τινὲς δὲ κάλλιον ποιοῦντες, ἕψουσι τὸν οἶνον ἄχρι τοῦ τὸ εἰκοστὸν μέρος αὐτοῦ ἀφεψηθῆναι, γύψου τὸ ἑκατοστὸν προσεμβάλλοντες.* **4** *Λακεδαιμόνιοι δὲ ἕως τοσούτου εἰς τὸ πῦρ ἐῶσι τὸν οἶνον, ἕως ἂν τὸ πέμπτον μέρος ἀψεφηθῇ, καὶ μετὰ δ' ἔτη χρῶνται.*

Cap. 5. *Περὶ ἀνοίξεως πίθων, καὶ τί χρὴ παραφυλάττεσθαι τῷ καιρῷ τῆς τούτων ἀνοίξεως.*
Ζωροάστρου.

**1** *Χρὴ ἀνοίγειν τοὺς πίθους, παραφυλαττομένους τὴν τῶν ἄστρων ἐπιτολήν· τότε γὰρ κίνησις γίνεται τοῦ οἴνου, καὶ οὐ χρὴ τὸν οἶνον ψηλαφᾶν.* **2** *καὶ εἰ μὲν ἐν ἡμέρᾳ τὸν πίθον ἀνοίγεις, χρὴ ἐπισκοτεῖν τῷ ἡλίῳ, ἵνα μὴ ἡ τούτου αὐγὴ ἐμπίπτῃ τῷ οἴνῳ.* **3** *εἰ δὲ ἐν νυκτί, τῆς χρείας πολλάκις καλούσης, ἀνοίγειν*

---

1 *τύχοι* F ‖ 2 *ῥαγδαίου* M ‖ 3 *πατήσωμεν* H et corr. 2. m. ex *ο* F ut ed. C ‖ 6 *μεταχέωμεν* corr. 2. m. ex *ο* F ut ed. CH ‖ 9 *μετρίτας* FH *μετριτὰς* C ‖ *τρεῖς* CP ‖ 10 *ἕψουσι* M ‖ 11 *ἕκαστον* F *ἑκατοστὸν* CH ‖ 14 *τέσσαρα* HP ‖ 17 *ζωροάστρου* p. t. M om. P *ζω͞ρ͞ο* in mg. L ‖ 20 *χρὴ τοῦτον ψηλαφᾶν* L ‖ 21 et p. 191 1 *ἐπισκοτεῖν** Cornarius *ἐπισκοπεῖν* codd. ‖ *τὸν ἥλιον* LM ‖ 22 *ἐμπίπτει* CL.

μέλλεις τὸν πίθον, ἐπισκοτεῖν χρὴ τῷ φωτὶ τῆς σελήνης.

Cap. 6. *Περὶ μεταγγισμοῦ οἴνου, καὶ πότε χρὴ μεταντλεῖν τοὺς οἴνους, καὶ ὅτι διαφορὰν ἔχει ὁ ἐν τῷ αὐτῷ πίθῳ ἐμβεβλημένος οἶνος.*

Τοῦ *Αὐτοῦ.*

**1** *Χρὴ τοὺς οἴνους μεταγγίζειν ἐν τοῖς βορείοις ἀνέμοις, οὐδαμῶς δὲ ἐν τοῖς νοτίοις· καὶ τοὺς μὲν ἀσθενεστέρους τῷ ἔαρι, τοὺς δὲ ἰσχυροτέρους ἐν τῷ θέρει· τοὺς δὲ ἐν αὐχμηροῖς τόποις, μετὰ τροπὰς χειμερινάς. μεταγγιζόμενος δὲ ὁ οἶνος ἐν πανσελήνῳ, ὄξος γίνεται.* **2** *εἰδέναι δὲ χρή, ὅτι οἶνος χωριζόμενος τῆς τρεφούσης αὐτὸν τρυγός, λεπτομερέστερος καὶ ἀσθενέστερος γίνεται.* **3** *προνοητέον οὖν, ἵνα χειμῶνος μὲν θερμαίνηται, θέρους δὲ ψύχηται.* **4** *δεῖ δὲ μεταγγίζειν, τῆς σελήνης αὐξομένης, καὶ ὑπὸ γῆν οὔσης.* **5** *Σωτίων δέ φησι, μάλιστα ἐν ταῖς πρὸ σελήνης ἡμέραις μεταγγίζειν, τουτέστι τῇ α΄ καὶ β΄ ἡμέρᾳ, πρὶν φανῆναι τὴν σελήνην τοῖς ἀνθρώποις.* **6** *χρὴ δέ, ἡνίκα ἀπὸ τῶν πίθων εἰς μικρὰ ἀγγεῖα μεταβάλλομεν τὸν οἶνον, φυλάττεσθαι τὰς ἐπιτολὰς τῶν ἀστέρων· κινεῖται γὰρ ἡ τρὺξ ἐν ταῖς ἐπιτολαῖς, καὶ μάλιστα ἐν τῷ ἄνθει τῶν ῥόδων, ἔτι δὲ καὶ βλαστανούσης τῆς ἀμπέλου.* **7** *Συμβουλεύουσι δὲ οἱ σοφοί, μάλιστα δὲ Ἡσίοδος, ἀνοιγομένου πίθου, τὸν*

1 *τὸ φῶς* L || 6 *τοῦ αὐτοῦ* om. CH p. t. LM || 9 *ἀστενεστέρους τῶ ἀέρει·* L || 11 *πανσελήνη* L || 16 *αὐξομένης* αὐξουμ.* codd. || 17 §§ 5. 6 om. L || *σωτίων* in mg. rep. F || *φησιν* F *-σι* CH || 17 *προσελήνοις* per comp. M *ἀσελήνοις* P || 18 *δεῖ* ante *μεταγγίζειν* add. M || *πρώτη καὶ δευτέρα* CHP || 25 *ἡσίοδος* in mg. rep. F.

ἐν τῇ ἀρχῇ τοῦ πίθου οἶνον, καὶ τὸν περὶ τὸν πυθμένα δαπανᾶν, τὸν δὲ μέσον τοῦ πίθου οἶνον φυλάττειν, ὡς ἰσχυρότερον καὶ μονιμώτερον, καὶ πρὸς παλαίωσιν ἐπιτήδειον. 8 ὁ μὲν γὰρ πρὸς τῷ στόματι τοῦ πίθου οἶνος, ὡς προσομιλῶν τῷ ἀέρι, ἀσθενέστερός ἐστι διαπνεόμενος· ὁ δὲ πρὸς τῷ πυθμένι ταχέως τρέπεται, ὡς πλησιάζων τῇ τρυγί. 9 οὕτω δέ φησιν ὁ Ἡσίοδος

Ἀρχομένου δὲ πίθου καὶ λήγοντος κορέσασθαι,
Μεσσόθι φείδεσθαι. —

10 Δεῖ δὲ τὸν μεταγγιζόμενον εἰς τὰ κεράμια οἶνον, οὐ μέχρι τοῦ χείλους τῶν κεράμων ἐμβάλλεσθαι, ἀλλ' ἕως ὑποκάτω μικρὸν τοῦ τραχήλου, ὥστε μὴ πνίγεσθαι, ἀλλὰ διάπνοιαν ἔχειν. 11 δεῖ δὲ τοὺς ἐκκενουμένους πίθους παραχρῆμα σμήχειν ἅλμῃ, ἢ κληματίνῃ τέφρᾳ, ἢ Κιμωλίᾳ ἢ ἀργιλλώδει γῇ.

Cap. 7. *Περὶ καιροῦ καὶ τρόπου διαγεύσεως οἴνου. Φλωρεντίνου.*

1 Τινὲς μὲν βορείων ὄντων τῶν ἀνέμων διαγεύονται τοὺς οἴνους· ἀμετακίνητοι γὰρ τότε καὶ ἀθόλωτοι οἱ οἶνοι μένουσιν. οἱ δὲ ἔμπειροι οἰνόπται τοῦ νότου μᾶλλον πνέοντος οἰνογευστοῦσιν. ὁ γὰρ νότος μάλιστα τὸν οἶνον κινεῖ, καὶ διελέγχει ὁποῖός ἐστι. 2 νῆστιν δὲ ὄντα οὐ χρὴ οἰνογευστεῖν, ἀμβλύνεται γὰρ ἡ γεῦσις· οὔτε δὲ ἀπὸ οἰνοποσίας, ἢ ἀδηφαγίας.

---

4 §§ 8—11 om. L ‖ 7 §§ 9. 10 om. P ‖ 10 φείσασθαι M 11 κε'ράμϊα (α supra add. 1. m. et ϊ 1. m. ex ει?) M ‖ 12 κεραμίων M ‖ 14 ἐκκενομένους FC ἐκκενωμ. HP ‖ 17 c. 7 om. L ‖ 18 φλωρ. p. t. M ‖ 22 νότου μάλιστα πν. M.

3 Δεῖ δὲ τὸν γευόμενον μήτε δριμέων σιτίων, μήτε ἁλμυρῶν σφόδρα, μήτε τῶν ὅσα ἐξαλλάσσει τὴν γεῦσιν βεβρωκότα γεύσασθαι, ἀλλ' ὡς μάλιστα ὀλιγοσιτήσαντα καὶ εὔπεπτον ὄντα. 4 Τοῖς δὲ ὠνουμένοις χρὴ βορείων ὄντων τῶν ἀνέμων παρέχειν τὴν γεῦσιν. 5 Τινὲς δὲ διαχλευάζειν βουλόμενοι τοὺς ὠνουμένους, κέραμον κενὸν ἔχουσιν, ὅνπερ διαβρέχουσι καλλίστῳ καὶ παλαιῷ καὶ εὐωδεστάτῳ οἴνῳ· διαμένει οὖν ἐπὶ πολὺ ἡ ποιότης ἐν αὐτῷ, ὡς νομίζεσθαι τὴν ἀποφορὰν τοῦ νῦν ἐμβεβλημένου οἴνου τυγχάνειν, καὶ ἐξαπατῶσι τοὺς γευομένους. 6 κακουργότερον δέ τινες καπηλεύοντες ἀποτίθενται εἰς τὸν οἰνῶνα τυρὸν καὶ κάρυα, ὡς τοὺς εἰσιόντας ἐξ αὐτῶν ἐφελκύσασθαι ἐσθίειν, ἵνα διαψευσθῇ ἡ ἀκριβὴς αἴσθησις τῆς γεύσεως. 7 Ταῦτά μοι γέγραπται, οὐχ ἵνα ποιῶμεν, ἀλλ' ἵνα μὴ πάσχωμεν. 8 Δεῖ δὲ τὸν γεωργὸν πολλάκις γεύεσθαι τοῦ οἴνου, τοῦ τε νέου καὶ τοῦ παλαιοῦ, ὡς ἂν μὴ λάθοι αὐτὸν ὃ φεύγειν μέλλων.

## Cap. 8. *Περὶ δοκιμασίας οἴνου καὶ γλεύκους, εἰ ὕδωρ ἔχει. Δημοκρίτου.*

1 Ἀναγκαῖόν ἐστι, τὸν κληροῦχον πολλάκις τοῖς φροντισταῖς ἢ τοῖς οἰκέταις οἶνον ἢ γλεῦκος ἐμπιστεῦσαι· ὁμοίως δὲ ἀναγκαῖον, καὶ τὸν ὠνούμενον δοκιμάζειν εἰ καθαρός ἐστιν ὁ οἶνος. 2 μῆλον οὖν τινες βάλλουσιν εἰς τὸ ἀγγεῖον, κάλλιον δὲ ἀχράδας, ἄλλοι ἀκρίδα, ἕτεροι δὲ τέττιγα, κἂν μὲν ἐπινήχηται ταῦτα,

---

2 ἐξαλάσσει CM ἐξαλλάσει P ‖ 8 ἐπὶ πολὺ F ut ed. C ‖ 12 αἰῶνα F ‖ 18 λάθη P ‖ 20 δημοκρίτου p. t. M ‖ 25 τὸν | ἀγγεῖον M τὸ ἀ. P ‖ ἀχρΐάδας· ἄλλοι, οἶνον ἀπὸ ἀκρί δα· L ‖ 26 δὲ om. HL.

*καθαρός ἐστιν ὁ οἶνος· εἰ δὲ καταδύεται, ὕδωρ ἔχει.* 3 *τινὲς δὲ κάλαμον ἠλειμμένον ἐλαίῳ, ἢ ξύλον, ἢ πάπυρον, ἢ χόρτον, ἢ ἕτερόν τι φρυγανῶδες ὁμοίως δὲ ἀλείψαντες ἐλαίῳ, καὶ ἀπομάξαντες, ἐμβάλλουσιν εἰς τὸν οἶνον, καὶ ἀνασπῶντες τὸν κάλαμον ἢ ἕτερόν τι τῶν ἐμβληθέντων δοκιμάζουσιν· ἐὰν γὰρ ὕδωρ ἔχῃ, συναχθήσονται ῥανίδες ἐν τῷ ἐλαίῳ.* 4 *Οἱ δὲ ἁπλούστερόν τι ποιοῦντες, εἰς χύτραν καινὴν ἄβροχον ἐμβάλλουσι τοῦ οἴνου, καὶ ἀπαρτῶσιν ἡμέρας β', διαστάξει γὰρ ἡ χύτρα ὕδατος μεμιγμένου.* 5 *οἱ δὲ θερμαίνοντες τὸν οἶνον βάλλουσιν εἰς χύτραν καινήν, καὶ εἰς ὑπαίθριον τιθέασιν· ἐὰν οὖν ὕδωρ ἔχῃ, μεταβάλλεται εἰς ὄξος.* 6 *Τινὲς δὲ τῇ λεγομένῃ τιτάνῳ, τουτέστι ζώσῃ ἀσβέστῳ, ἐπιβάλλουσι τοῦ οἴνου· κἂν μὲν ὕδωρ ἔχῃ ὁ οἶνος, διαχύσει τὴν ἄσβεστον· εἰ δὲ καθαρός ἐστι, πήξει τὴν τίτανον.* 7 *οἱ δὲ ἐν τηγάνῳ ἔλαιον ἔχοντι ζεστὸν ἐπιχέουσι τοῦ οἴνου· κἂν ὕδωρ ἔχῃ, ψοφήσει πομφόλυγας ποιοῦν, καὶ ἀναπηδήσεται.* 8 *Τινὲς δὲ σπόγγον καινὸν ἐλαίῳ ἀλείψαντες, ἐμφράττουσι τὸ στόμα τοῦ ἀγγείου, καὶ ἐπιστρέφουσι· καὶ ἐὰν ὕδωρ ἔχῃ, διαῤῥυήσεται διὰ τῆς σπογγιᾶς.* 9 *τῇ αὐτῇ δὲ δοκιμασίᾳ καὶ ἐπὶ τοῦ ἐλαίου χρώμεθα.*

### Cap. 9. *Οἶνον ἀπὸ ὕδατος χωρίσαι.* *Ἀφρικανοῦ.*

*Στυπτηρίαν ὑγρὰν βάλε εἰς τὸ κεράμιον τοῦ οἴνου, εἶτα σπόγγῳ ἠλειμμένῳ ἐλαίῳ βύσον τὸ στόμα τοῦ*

---

1 *καθαρός — καταδύεται* om. L ‖ 2 §§ 3—9 om. L ‖ *εἰλιμμένον* M *ἠλειμμ.* P ‖ 4 *δὲ* om. M ‖ *ἀπομαλάξαντες* M *ἀπομάξαντες* P ‖ 9 *τὸν οἶνον* M ‖ *δύο* HP ‖ *διαστάζει* M ‖ 18 *πομφόλυγγας* M ut ed. P ‖ 24 *ἀφρ.* p. t. L om. M.

κεράμου, καὶ ἐπινεύσας ἔασον ῥυῆναι, καὶ ῥυήσεται μόνον τὸ ὕδωρ.

## Cap. 10. Κατὰ ποίους καιροὺς εἰώθασιν οἱ οἶνοι τρέπεσθαι. Παξάμου.

Πᾶς οἶνος ὡς ἐπιπολὺ τρέπεται περὶ πλειάδος δύσιν, καὶ περὶ τροπὰς χειμερινάς, ἢ ἐξανθούσης ἤδη τῆς ἀμπέλου, καὶ περὶ θερινὰς τροπὰς καὶ τὰ ὑπὸ κύνα καύματα· καὶ καθόλου, περὶ πάσας τὰς ἐπισημασίας καὶ ἀπὸ καύματος καὶ ψύχους ἢ λάβρων ὄμβρων, ἢ διὰ βίαιον πνεῦμα, ἢ σκληρὰν βροντήν, ἢ κατὰ τὸν καιρὸν καθ' ὃν ἀνθεῖ τὰ ῥόδα, ἢ ἀπὸ βιαίας ἀστραπῆς.

## Cap. 11. Ὥστε ὑπὸ βροντῶν καὶ ἀστραπῶν μὴ τρέπεσθαι τοὺς οἴνους. Ζωροάστρου.

Σίδηρος τοῖς πώμασι τῶν πίθων ἐπιτιθέμενος ἀπερύκει τὴν ἀπὸ τῶν βροντῶν καὶ ἀστραπῶν βλάβην. ἔνιοι δὲ δάφνης κλάδους ἐπιτιθέασι κατὰ ἀντιπάθειαν.

---

1 κεραμίου L ‖ 3 c. 10 om. P ‖ 4 παξάμου p. t. L om. M ‖ 5 ἐπὶ πολὺ L ‖ 11 κατὰ καιρὸν M ‖ ἀνθοῦσι L ‖ 13 ἀπὸ L ‖ 14 κε. μᾶ. ζορ̅. in mg. L ζωροάστρου p. t. M tit. et. ζωρ. om. P ‖ 15 σίδηρον M -ος P ‖ 16 ἀπερύει F ἀπερύκει CH ‖ 17 ἀντιπάθοιαν L.

Cap. 12. *Πῶς ἔστι προκαταλαβεῖν, καὶ τοὺς οἴνους μὴ συγχωρεῖν τρέπεσθαι, ἀλλὰ μονίμους εἶναι. Φρόντωνος.*

**1** *Ἅλες φρυκτοὶ ἐμβαλλόμενοι τὸν οἶνον τρέπεσθαι ἐπέχουσι, κωλύουσι δὲ καὶ πέρα τοῦ δέοντος ζέσαι, καὶ ἀφρὸν πλείονα ἐπιγίνεσθαι.* **2** *Ἀμύγδαλα γλυκέα τοῖς μέλασιν οἴνοις ἐμβληθέντα, μονίμους αὐτοὺς φυλάττουσι.* **3** *Σταφὶς ἐξαιρεθέντος τοῦ γιγάρτου, καὶ μετὰ ἄμμου βραχεῖσα γλεύκει ἢ ἑψητῷ, λιπαρὸν καὶ μόνιμον ποιεῖ τὸν οἶνον.* **4** *τινὲς δὲ τὴν αὐτομάτως ἐπὶ τῆς ἀμπέλου γινομένην σταφίδα προκρίνουσιν, ἀμέλει κατὰ μόνας αὐτῇ χρῶνται.* **5** *Γύψος ἐμβληθεῖσα κατὰ μὲν ἀρχὰς δριμύτερον τὸν οἶνον ποιεῖ, τῷ χρόνῳ δὲ τὸ μὲν δριμὺ διαπνέει, τὸ δὲ ἀπὸ τῆς γύψου χρήσιμον ἐπιπολὺ διαμένει.* **6** *καὶ μονίμους καὶ τρέπεσθαι οὐ ποιεῖ τοὺς οἴνους καὶ τίλις ἡλίῳ φρυγεῖσα, εἰ κοπείη καὶ μιχθῇ τῷ οἴνῳ.* **7** *οἱ τρεπόμενοι χωρισθέντες ἀπὸ τῆς ἑαυτῶν φαύλης τρυγός, καὶ εἰς οἴνου καλοῦ τρυγίαν ἐπιβληθέντες, μόνιμοι ἔσονται.* **8** *Τινὲς δὲ δᾶδας ἅψαντες ἐναποσβεννύουσι τῷ γλεύκει, καὶ οὐκ ἐῶσι τραπῆναι τὸν οἶνον· οἱ δὲ σίδηρον πυρώσαντες ὁμοίως ἀποσβεννύουσι τῷ γλεύκει.* **9** *τινὲς δὲ κέδρου τὸν καρπὸν*

---

1 *ἔστιν* F *ἔστι* CH ‖ 3 *φρόντωνος* p. t. LM ‖ 6 *ἐπιγενέσθαι* L ‖ 7 ante *μονίμους* add. *καὶ* FM ‖ 8 *φυλάττουσιν* F *-σι* CH | *ἐξαιρουμένου* L ‖ 9 *καὶ* om. L ‖ 10 *ποιῇ* L ‖ 15 *διαμένει καὶ τρέπεσθαι κωλύει τοὺς οἴνους. Καὶ τίλις δέ, ὁμοίως ἡλίω* L *διαμένει καὶ μόνι*[μ]· (= *μόνιμον*?) *καὶ τρ. οὐ ποιεῖ* M *διαμένει καὶ χρήσιμον καὶ τρ., καὶ τίλις — μόνιμοι ἔσονται* om. P | 17 *τῆλις* CHM ‖ *εἰ σκοπείη* (σ 1. m. del.) M ‖ 18 *οἱ δὲ τρ.* L.

*φρυγέντα καὶ κικίδας φρυγείσας ἐμβάλλοντες τῷ οἴνῳ, μόνιμον τοῦτον ποιοῦσιν.* **10** *Ἕτεροι λίθον τὸν καλούμενον πώρινον καύσαντες, ἐμβάλλουσι τῷ οἴνῳ.* **11** *ἄλλοι σποδιὰν ἀπὸ κλημάτων ἀμπέλου κεκαυμένων, καὶ σπέρμα μαράθρου κόψαντες καὶ φυράσαντες, μίσγουσι τῷ οἴνῳ.* **12** *Τινὲς δὲ τοὺς τρεπομένους οἴνους εἰς εὐθέως πισσωθέντα ἀγγεῖα μεταχέουσι, καὶ εἰς ἄλλον οἶκον μετακομίζουσιν.* **13** *εἰ μὲν γὰρ ὑπὸ θερμότητος ἐβλάβησαν, εἰς τοὺς ἀναψύχοντας τόπους ἀποτίθενται· εἰ δὲ ὑπὸ νοτίδος καὶ ψυχρότητος, εἰς τοὺς θερμοὺς καὶ ξηροὺς τόπους μετατιθέασιν.* **14** *ἕτεροι σπέρμα ἢ ξύλον δρυὸς καύσαντες, ἐκ τῆς τέφρας ἐμβάλλουσι τῷ οἴνῳ.* **15** *οἱ δὲ γάλα καὶ μέλι μιγνύντες, ἐμβάλλουσι τῷ γλεύκει.* **16** *Οἱ δὲ κογχυλίων τὰ ὄστρακα καύσαντες καὶ τρίψαντες ὡς λειότατα, ἐμβάλλουσιν ἐξ αὐτῶν τῷ οἴνῳ.* **17** *ἕτεροι πυρῆνας ἐλαιῶν κατακαύσαντες, σβεννύουσιν ἑψητῷ οἴνῳ παλαιῷ εὐώδει, εἶτα κόψαντες καταχέουσιν εἰς τὸν οἶνον.* **18** *μόνιμον ποιήσομεν τὸν οἶνον, ῥίζας ἀμπέλου ἐμβάλλοντες εἰς τὸ γλεῦκος.* **19** *καὶ ἡ ἄργιλλος μετὰ τὸ ζέσαι τοὺς οἴνους ἐμβαλλομένη καθαίρει τούτους, καταφέρουσα σὺν ἑαυτῇ τὸ θολερὸν εἰς τὴν τρύγα, μᾶλλον δὲ εἰ φρυγείη, καὶ εὐώδη τὸν οἶνον ποιεῖ· ἔστι γὰρ γλυκεῖα. τὰ γοῦν τῷ χειμῶνι αὐτὴν σιτούμενα δια-*

---

1 *κηκίδας* CH §§ 9—11 om. P ‖ *φρυγέντας* L ‖ 3 *πορικὸν* F *πωρικὸν* CHM *λίθον λευκὸν* S VIII 19 ‖ 5 *μαλάθρου* L ‖ 7 *οἴνους εἰνεωστὶ πισσ.* L *οἴνους εὐθέως* H ‖ *μεταχέουσιν* (?) L ‖ 8 *ἀπὸ* L ‖ 12 *καύσαντες, ἐμβάλουσι* L ‖ 13 §§ 15—17 om. P ‖ *μιγνύοντες* L ‖ 15 *ἐμβάλουσιν* L ‖ 17 *κατακαύσαντες καὶ τρίψαντες ὡς λειότατα σβεννύουσιν* L ‖ *ἑψετῶ* FCM *ἑψητῶ* H ‖ 18 *κατέχουουσΐν* L ‖ 19 *ποιήσωμεν* LCH *ποιήσ(ομεν)* 1. m. ex corr. per comp. M ‖ *ἐμβάλοντες* L ‖ 20 *ἄργϊλος* L ‖ 21 *ἐμβαλομένη* L.

γίνεται. γλυκαίνει οὖν ἡ ἄργιλλος τὸ γλεῦκος, καὶ μόνιμον ποιεῖ. **20** Ἔλαιον στακτὸν σὺν ἑψητῷ ἐγχεόμενον, μονιμωτέρους τοὺς οἴνους καὶ τοὺς ἀσθενεστέρους δυνατωτέρους ποιεῖ. **21** ἐλλέβορος μέλας καὶ λευκὸς πρὸς ὀλίγον ἐμβαλλόμενος καθαίρει τὸν οἶνον, καὶ μόνιμον ποιεῖ, καὶ τοὺς χρωμένους ὠφελεῖ. **22** Ἐρέβινθοι μέλανες φρυγέντες ἐπ' ὀλίγον καὶ ἀλεσθέντες καὶ μιχθέντες, μόνιμον καὶ διουρητικὸν ποιοῦσι τὸν οἶνον. **23** ἑψητὸς μιγνύμενος οἴνῳ μόνιμον αὐτὸν ποιεῖ. **24** κηρὸς ἐν τῇ πισσώσει μιχθεὶς στρυφνότερον τὸν οἶνον ποιεῖ. **25** λίνου σπέρμα μιχθὲν ἑψητῷ ἢ γλεύκει μόνιμον τὸν οἶνον ποιεῖ. **26** ὀρόβου λευκοῦ ἄλευρα κατέχει τὸν οἶνον. **27** Πίσσα βρυτία, τουτέστιν ἡ ἐν τοῖς πυθμέσι τῶν κεράμων εὑρισκομένη, κοπεῖσα, καὶ διὰ κοσκίνου τῷ οἴνῳ ἐμβληθεῖσα, μονίμους τοὺς οἴνους ποιεῖ. **28** ῥιτίνη πιτυίνη, μάλιστα δὲ ἡ τερεβινθίνη, κατέχει τοὺς οἴνους. **29** στυπτηρία σχιστὴ στύφει καὶ μόνιμον ποιεῖ, καὶ τὸν ὀξίζοντα παύει.

Cap. 13. *Ἄρτυσις θαυμαστή, ποιοῦσα μονίμους τοὺς οἴνους, καλουμένη πανάκεια.*
*Δαμηγέροντος.*

**1** Ἔχε ἐν ἑτοίμῳ ταῦτα τὰ εἴδη. ἀλόης γο. β' λιβανωτοῦ γο. β' ἀμώμου γο. β' μελιλώτου γο. δ'

---

1 *γλυκαίνει — ποιεῖ* om. L ‖ 2 §§ 20—29 om. L ‖ 4 *ἐλέβορος* F ‖ 9 *ποιεῖ* om. M §§ 24—28 om. P ‖ 14 *πυθμέσιν* F *-σι* CH ‖ 16 *ῥητίνη* H ‖ *πϋτυΐνη* sed ϊ 1. m. supra add. C *πϊτΰνη* corr. ex *πϊτΐνη* 1. m. H ‖ 19 c. 13 om. P ‖ 21 *δαμηγέροντος* p. t. L *δημογ.* p. t. M ‖ 23 *μέλιτος* L *μελιλώτου — στάχυος γο. β'* om. M *μελιλ.— σμύρνης γο. β'* om. C *γο. δ' κασσίας — στάχυος* om. H.

κασίας γο. α′ νάρδου στάχυος γο. β′ φύλλου γο. δ′ σμύρνης γο. β′ ταῦτα πάντα εἰς ὀθόνιον ἐνδήσας, ἑκάστῳ πίθῳ, μετὰ τὸ ἐμβληθῆναι ἐν αὐτῷ τὸν οἶνον, καὶ καταστῆναι, ἔμβαλε κοχλιάριον ἕν, καὶ κίνει ἐνρίζῳ καλάμῳ ἐπὶ ἡμέρας γ′. 2 Τινὲς δὲ οὕτως ἀρτύουσι τοὺς οἴνους. κρόκου βάλλουσι γράμματα γ′· οὗτος δὲ εὔχροον ποιεῖ· λιβάνου τοῦ ἄρσενος σεσησμένου δραχμὰς δ′· οὗτος αὐστηρὸν τὸν οἶνον ποιεῖ· φύλλου σφαιρίον ἕν· εὐωδίαν γὰρ παρέχει· ἕκαστον τούτων διακεκομμένον καὶ σεσησμένον μίξας, καὶ πάλιν σήσας ἔμβαλε εἰς ἕκαστον ἀμφορέα κοχλιάρια β′, ἐπειδὰν μηκέτι ζέῃ ὁ οἶνος, ἀλλὰ καταστῇ. 3 καὶ ἐπὶ πάντων τῶν οἴνων τοῦτο ἰδικῶς παρατήρει, ὅπως καθεστῶτας αὐτοὺς ἀρτύῃς. 4 Ἕτεροι δὲ ἀρτύουσι τοὺς οἴνους οὕτως· καρδαμώμου, ἴρεως Ἰλλυρικῆς, κασίας, νάρδου στάχυος, μελιλώτου, ξυλοβαλσάμου, σχοίνου Ἀλεξανδρίνης, κόστου, νάρδου Κελτικῆς, πάντα ἶσα κόπτουσι καὶ σήθουσι, καὶ ἐμβάλλουσι τῷ οἴνῳ. 5 τινὲς δὲ γλεῦκος ἑψοῦντες καὶ ἀποτριτοῦντες μιγνύουσι τῷ οἴνῳ. τινὲς δὲ γύψον ἐμβάλλουσιν.

---

1 ναρδοστάχυος L ‖ φύλλου γο. β′· σμύρνης γο. β′ H ‖ 2 σμϋρ́ γο. β′ M ‖ ἐνδύσας F ἀγγίσας C ἐγγίσας H ἐνδήσας ἐν ἑκάστω L ‖ 4 ἐνρίζῳ* εἰς ῥίζαν F ῥίζαις L ἐν ῥίζῃ M ‖ καλάμῳ* καλάμου codd. viridi ac radicata canna Pallad. XI 14, 14 ‖ 5 τρεῖς H ‖ ἀρτίουσι CHL ‖ 7 οὕτως CH τοῦτο δὲ καὶ εὔχροον L ‖ λιβάνου — καταστῇ om. L ‖ 8 δραχμὰς (= ς)* ἥμισυ (= ς′′) codd. ‖ 9 σφαιρίον ἓν φύλλου M ‖ 11 ἔμβαλλε M ‖ 12 §§ 3—5 om. L ‖ 15 οὕτως per comp. M ‖ 16 κασσίας M et altero σ supra add. m. 1. H ‖ 18 κόπτουσιν et σήθουσιν F -σι H.

Cap. 14. *Ἐπίγραμμα ἀπαράβατον, εἰς τὸ μηδέποτε τρέπεσθαι τὸν οἶνον. Ἀφρικανοῦ.*

1 Ἀμήχανον τραπῆναί ποτε τὸν οἶνον, ἐὰν ἐπιγράψῃς ἐν τῷ ἀγγείῳ, ἢ ἐν τοῖς πίθοις, ταῦτα τὰ θεῖα ῥήματα. Γεύσασθε καὶ ἴδετε ὅτι χρηστὸς ὁ Κύριος. 2 καλῶς δὲ ποιήσεις, καὶ εἰς μῆλον οὕτω γράφων, ἐμβάλλων τὸ μῆλον εἰς τὸν οἶνον.

Cap. 15. *Σημείωσις καὶ προγνωστικὰ τῶν τρεπομένων οἴνων καὶ τῶν μονίμων. Σωτίωνος.*

1 Ἐμβληθέντος τοῦ οἴνου ἐν τῷ πίθῳ, μετά τινα χρόνον μετακενωτέον εἰς ἕτερον ἀγγεῖον πράως, καὶ ἀπολειπτέον αὐτὴν τὴν τρύγα ἐν τῷ πίθῳ, καὶ πωμαστέον ἐπιμελῶς· εἶτα σκοπητέον πλεονάκις ὀσφραινομένους, μή τις μεταβολὴ γίνεται περὶ τὴν τρύγα, ἢ ζωογονοῦνται κώνωπες, ἤ τι τῶν τοιούτων· καὶ νομιστέον, καὶ τὸν οἶνον διαφθαρήσεσθαι. ἐὰν δὲ μηδὲν τοιοῦτον γένηται, πιστευτέον καὶ τῷ οἴνῳ. 2 Τινὲς δὲ κάλαμον ἐπ' εὐθείας τρήσαντες, καθιᾶσι μέχρι τοῦ πυθμένος ἐπὶ τὴν τρύγα, καὶ πωμάσαντες τοῦ καλάμου τὸ ἄνω τρῆμα τῷ μεγάλῳ δακτύλῳ, μετὰ ταῦτα ἀφελόντες τὸν δάκτυλον, διὰ τῆς ὀσφρήσεως ἐπισπῶνται τὴν ἀπὸ τῆς κάτω τρυγὸς ἀναπνοήν· εἶτα διεκμυζῶντες ἀνασπῶσι μέρος τῆς τρυγός, καὶ πρὸς

---

1 *ἀπάρατον* M *ἀπαράβατον* M i. c. tit. om. P ‖ 2 *ἀφρικανοῦ* p. t. L ‖ 3 *ποτε* om. F serv. H ‖ *ἐπιγράψεις* L *ἐπιγράψῃ* MH ‖ 4 *τῶ πίθω* L ‖ 6 *ὁ* $\widetilde{\kappa\varsigma}$' LH ‖ 7 *ἐμβάλων* L ‖ 8 *σημείωσις προγνωστικῆ* L *σημείωσις προγνωστικὰ* C ‖ 9 *οἴνων* om. C ‖ *σωτ.* a. t. M p. t. P ‖ 10 § 1 om. L ‖ 18 *δὲ* om. CL ‖ *τρυγήσαντες* L ‖ 19 *πϋθμένος* in ras. e *πωθ.* L ‖ 20 *καλάμου τῶ ἄνω* M ‖ *μετὰ ταύτ(ην?)* per comp. L.

*τὴν ποιότητα τῆς τρυγός, καὶ τὸν οἶνον ἔσεσθαι τεκμαίρονται.* 3 *Τινὲς δὲ ὀλίγον ἐκ τοῦ οἴνου ἀναζέσαντες, καὶ ψύξαντες γεύονται, καὶ ὁποῖος ἂν εὑρεθῇ ἐν τῇ γεύσει, τοιοῦτον ἔσεσθαι καὶ τὸν οἶνον τὸν λοιπὸν πιστεύουσι. δεῖ δὲ ἐκ μέσου τοῦ ἀγγείου τὴν ἀναβολὴν τῆς γεύσεως γίνεσθαι.* 4 *Ἕτεροι ἐκ τῶν πωμάτων τῶν ἀγγείων τὴν σημείωσιν λαμβάνουσιν· ἀποσκεπασθέντος γὰρ τοῦ πίθου, τῆς ἐν τοῖς πώμασιν ὑγρασίας ἀπογευόμενοι, τοιοῦτον ἔσεσθαι καὶ τὸν οἶνον τεκμαίρονται· οἰνώδης μὲν γὰρ οὖσα ἡ γεῦσις σημαίνει κάλλιστον τὸν οἶνον· ὑδατώδης δὲ οὐκ ἀσφαλής.* 5 *Δοκιμάζουσι δέ τινες καὶ ἐξ αὐτῆς τῆς γεύσεως τοῦ οἴνου· ἐὰν γὰρ ἐξ ἀρχῆς αὐστηρὸς εἴη ὁ οἶνος, σημαίνει ἀσφάλειαν· εἰ δὲ χαῦνος, τὸ ἐναντίον.* 6 *Ἔστι δοκιμάσαι τὸν οἶνον καὶ ἀπὸ τοῦ ἐπικειμένου καὶ ἐπιπολάζοντος αὐτῷ ἄνθους. ἐὰν γὰρ ἐπιγίνηται πορφυρίζον ἄνθος πλατὺ καὶ μαλακόν, ἀσφαλέστερός ἐστιν ὁ οἶνος· ἐὰν δὲ γλοιῶδες εἴη τὸ ἄνθος, οὐκ ἀγαθόν. τὸ δὲ μελανὸν ἢ ξανθὸν ἄνθος ἐπιπολάζον τῷ οἴνῳ, ἀσθενῆ τὸν οἶνον δηλοῖ· τὸ δὲ λευκόν, μόνιμον. τὸ δὲ συνημμένον εἰς τύπον ἀραχνίων ἄνθος, ὀξίζειν εὐθὺς προσημαίνει.* 7 *Πάλιν ἐὰν ὄφιν ἐν τρυγητῷ ἐμπεπλεγμένον τῇ ἀμπέλῳ ἴδῃς, ὀξίζειν τὸν οἶνον προσδόκα.* 8 *Ἐὰν δὲ ἅμα τῷ πατηθῆναι τὸν οἶνον, ἢ ἐμβληθῆναι εἰς τοὺς πίθους, παχὺ καὶ κολλῶδες ᾖ τὸ γλεῦκος (τοῦτο δὲ τῇ ἀφῇ*

---

1 *τρυγός, τὸν οἶνον* L ‖ 8 *τῶ πώματι* L ‖ 10 *εὐώδης* L ‖ *γεύσης, σειμαίνει* L ‖ 16 *γὰρ* om. FM ‖ 17 *ἐπιγένηται* FM ‖ 18 *γλυῶδες* L *υ* in ras. F *χλοιῶδες* C *γλοι.* H ‖ 19 *οὐκ ἀγαθ*(*ὸς*? per comp.) — *ἄνθος* i. mg. 1. m. suppl. L ‖ 20 *διλοῖ* L ‖ 21 *συνηγμένον* L ‖ *ἀραχνύων* L ‖ 22 *προσειμένει:* L ‖ 24 *δὲ* om. L ‖ 26 *δὲ* om. L.

δοκιμάσεις), μονιμώτερος ἔσται ὁ οἶνος· ἐὰν δὲ λεπτὸν καὶ ἀσθενές, εὔτρεπτος. οἱ δὲ ἐν τῷ γλεύκει αὐστηροὶ οἶνοι, μονιμώτεροί εἰσι, καὶ εἰς ὕστερον ἡδίους· οἱ δὲ ἐν ἀρχῇ γλυκεῖς καὶ ἁπαλοί, ὀλιγοχρόνιοι. 9 Τοῦ δὲ τρεπομένου οἴνου τὸ ἀγγεῖον θερμὸν τῇ ἁφῇ ὑποφαίνεται· τοῦ δὲ μονίμου τὸ ἀγγεῖον ψυχρόν. 10 Ὁ οἶνος εἰ μὲν ἐν τῷ ἔαρι θερμὸς εἴη τῇ γεύσει, ταχέως τραπήσεται· εἰ δὲ ψυχρός, μόνιμος ἔσται. 11 ἐὰν τὸ πῶμα τοῦ πίθου ἀεὶ ξηρὸν εὑρίσκηται, μονιμώτατον ἀποφαίνει τὸν οἶνον· εἰ δὲ νοτιαζόμενον, τροπὴν σημαίνει. 12 ἐὰν ὁ οἶνος ὀξυμέλιτος ἀποφορὰν ἔχῃ, αἴτιον εἶναι τούτου τὸν πίθον γίνωσκε, ὅθεν αὐτὸν καὶ μεταβάλλειν χρὴ εἰς ἄλλο ἀγγεῖον. 13 Τινὲς οὕτω δοκιμάζουσιν εἰ μόνιμός ἐστιν ὁ οἶνος· τὰς γὰρ χεῖρας αὐτῶν βάψαντες εἰς τὸν οἶνον, διαψυχθεισῶν τῶν χειρῶν ἐκ τῆς ἀποφορᾶς κρίνουσιν· ὀξυτέρα γὰρ ἡ ἀποφορὰ φαίνεται τοῦ τρεπομένου. 14 ἔνιοι εἰς ἀγγεῖον στενόστομον ἐμβάλλουσι τοῦ οἴνου, καὶ ἐμφράξαντες ἀκριβῶς, ἐμβάλλουσιν εἰς ὕδωρ τρεῖς ἡμέρας, καὶ μετὰ ταῦτα ἀναλαβόντες δοκιμάζουσι. 15 Τινὲς εἰς ἄμμον ἐμβάλλοντες τοῦ οἴνου, καὶ διηθήσαντες, εἰ μὴ μεταβάλοι, δοκιμώτατον κρίνουσιν. 16 εἰώθασι δὲ οἱ οἶνοι τρέπεσθαι ἐν ταῖς τῶν τροπῶν μεταβολαῖς, καὶ ἀρχομένης βλαστάνειν τῆς ἀμπέλου· δεῖ οὖν τότε δοκιμάζειν αὐτοὺς μάλιστα.

---

1 δοκιμασθὲν L ‖ λεπτὸς καὶ ἀσθενὴς FM ‖ 2 Οἱ δὲ L ‖ 4 γλυκεῖς, ὀλιγοχρόνιοι καὶ ἁπαλοί: L ‖ 6 ὑποφαίνεται καὶ τὸ πῶμα νοτερόν· M ‖ ψυχρὸν καὶ τὸ πῶμα ψυχρὸν καὶ ξηρόν· M ‖ 7 §§ 10—20 om. L ‖ 10 νοτιάζον P ‖ 18 ἐμβάλλουσιν τοῦ F -σι CH ‖ 22 μεταβάλλετε M -ται P μεταβάλλει C -οι H ‖ 23 εἰώθασιν F -σι CH.

**17** Ἕτεροι τὸν οἶνον δοκιμάζουσιν οὕτως· πέταλα τριδακτυλαῖα μήκει καὶ πλάτει ἀπὸ μολίβδου, ἢ κασσιτέρου, ἢ χαλκοῦ ποιήσαντες, καθαρὰ σφόδρα τῷ πώματι τοῦ πίθου μετὰ κηροῦ προσκολλῶσι, καὶ ἐπιτιθέασι τοῖς πίθοις τὰ πώματα, καὶ μετὰ τεσσαράκοντα ἡμέρας ἀνοίγουσι τοὺς πίθους· καὶ ἐὰν εὕρωσιν ἄνθος ἔχοντας τοὺς οἴνους, καὶ ὀσμὴν γλυκεῖαν καὶ εὐώδη, καὶ τὰ πέταλα πάντα καθαρά, ὑγιαίνειν νομίζουσι τὸν οἶνον. **18** ἐὰν δέ τι μέλλῃ πάσχειν, εὑρήσεις τὸ πέταλον τοῦ μολίβδου λευκαινόμενον, καὶ λεπίδας ἔχον ψιμυθοειδεῖς. ἐὰν κασσίτερος ᾖ, καὶ μέλλῃ τρέπεσθαι ὁ οἶνος, εὑρήσεις ἱδρῶτα ἐν τῷ κασσιτέρῳ γινόμενον μέλανα, καὶ τὸν ἱδρῶτα ὀξὺν ὄντα. ἐὰν δὲ χαλκοῦν ᾖ τὸ πέταλον, καὶ μηδὲν πάσχῃ ὁ οἶνος, εὑρήσεις αὐτὸ καθαρὸν καὶ λαμπρόν, οἷον καὶ ἐπετέθη· ἐὰν δὲ παρακινεῖσθαι μέλλῃ ὁ οἶνος, εὑρήσεις τὸ πέταλον δυσῶδες καὶ πομφόλυγας ἔχον. **19** Ἔνιοι ἄλφιτα μιγνύουσι, καὶ καταστήσαντες γεύονται. **20** Τινὲς σελίνου σπέρμα, καὶ κριθῆς πίτυρα, καὶ δάφνης φύλλα, καὶ κλήματα μελαίνης ἀμπέλου ἐν ζέσαντι [καὶ βράσαντι] οἴνῳ βάλλουσι, καὶ ψύξαντες γεύονται, καὶ οὕτω δοκιμάζουσιν.

---

1 οὕτως per comp. M §§ 16—19 om. P ‖ 2 τριδακτυλαῖα, λαι ex corr. 2. m. F τριδακτυλέα CH ‖ 4 κολλῶσι· M ‖ 5 τοῖς om. M ‖ 14 πάσχοι M καὶ μηδὲν — πέταλον om. CH ‖ 15 καὶ post οἷον om. M ‖ 17 πομφόλῦ ἔχον· M ‖ 18 καταστήσαντες* καταστήσαντα codd.

## Cap. 16. *Οἶνον ἀρχόμενον ὀξίζειν θεραπεῦσαι. Ταραντίνου.*

1 *Κύθραν καινὴν ὕδατος καλοῦ πληρώσας, καὶ ταύτην ἐπιμελῶς πωμάσας, ἔμβαλε κάτω εἰς τὸν πίθον, εἶτα πώμασον τὸν πίθον, ὀλίγην ἀναπνοὴν διδούς, καὶ μετὰ τρεῖς ἡμέρας εὑρήσεις ἀναῤῥωσθέντα τὸν οἶνον, τὸ δὲ ὕδωρ ὄξον. ἕως ἂν οὖν τελείως ἀναῤῥωσθῇ ὁ οἶνος, τοῦτο ποίει.* 2 *Ἄλλοι δὲ γάλακτος αἰγείου τὸ πεντηκοστὸν μέρος τοῦ οἴνου βάλλουσι, καὶ καλύπτουσι τὸν οἶνον ἐπὶ ἡμέρας πέντε, καὶ μετὰ ταῦτα εἰς ἕτερον σκεῦος ἐκχέουσι τὸν οἶνον, καὶ καλύπτουσιν ἐπὶ ἡμέρας δέκα, καὶ οὐ τρέπεται ὁ οἶνος.*

## Cap. 17. *Οἶνον διὰ θαλάττης περαιούμενον μόνιμον εἶναι. Διοφάνους.*

*Ἀμόργην διὰ λίνου διηθήσας, καὶ ἑψήσας ἐφ᾽ ἡμισείας, μέλι Ἀττικὸν ἔγχεε εἰς τὸν πυθμένα τοῦ κεραμίου, πρὶν βληθῆναι τὸν οἶνον· διαμένει γὰρ ἐπὶ πλεῖστον χρόνον.*

---

1 *ὥστε τὸν οἶνον* L ‖ 2 *ταραντίνου* p. t. LM ‖ 3 *χύτραν κενὴν* L ‖ 4 *ἔμβαλον* L ‖ 5 *πόμωσον* L ‖ 6 *ἀναρωσθέντα* L ‖ 9 *πεντικοστὸν* L ‖ 10 *καλύπτουσιν* F -*σι* CH ‖ 11 *καὶ καλύπτουσιν* om. L ‖ 14 c. 17 om. L ‖ 15 *διοφ.* a. t. M om. P.

Cap. 18. *Πῶς μεταχειριστέον τὰς ἀμπέλους, εἰς τὸ γλυκὺν ἡμῖν ἀποδοῦναι τὸν ἐξ αὐτῶν ἐσόμενον οἶνον. Διδύμου.*

1 Ἐν Βιθυνίᾳ τινὲς οὕτω γλυκὺν ποιοῦσι τὸν οἶνον. πρὸ τριάκοντα ἡμερῶν τοῦ τρυγητοῦ τὸ φέρον κλῆμα τοὺς βότρυας λυγίζουσι, καὶ ἀφαιροῦσι πᾶσαν τὴν φυλλίδα, ἵνα ἐμπίπτων ὁ ἥλιος τὸ ὑγρὸν ἀναλίσκῃ, καὶ γλυκὺν τὸν οἶνον ποιῇ, ὥσπερ ἡμεῖς ἑψοῦντες. 2 λυγίζουσι δὲ τὰ κλήματα διὰ τοῦτο, ἵνα τῆς ἀπὸ τῆς ἀμπέλου νοτίδος καὶ τροφῆς ἀποσπῶσι τοὺς βότρυας, καὶ μηκέτι λαμβάνωσι τὸ ὑγρὸν ἀπ' αὐτῆς. 3 Τινὲς δὲ μετὰ τὸ γυμνωθῆναι τοὺς βότρυας ἀπὸ τῶν φύλλων, καὶ ἄρχεσθαι ῥυσοῦσθαι τὰς σταφυλάς, τρυγήσαντες ἐπὶ βότρυν διατιθέασιν ὑπὸ τὸν ἥλιον, ἕως ἂν ἅπασαι ἀποσταφιδωθῶσι· 4 μετὰ δὲ ταῦτα ἀνελόμενοι εἰς αὐτὸ τὸ καῦμα, μετακομίζουσιν εἰς τὴν ληνόν, καὶ ἐῶσι τὸ λοιπὸν τῆς ἡμέρας καὶ τὴν νύκτα τὴν ἐπιοῦσαν ὅλην, πατοῦσί τε πρὸς ὄρθρον.

Cap. 19. *Πῶς ἀπὸ τοῦ γλεύκους γλυκὺν ποιήσομεν οἶνον. Τοῦ Αὐτοῦ.*

1 Εἰ βούλει γλυκὺν ποιῆσαι τὸν πατηθέντα οἶνον, μετὰ τὸ βαλεῖν τὸ γλεῦκος ἐν τοῖς πίθοις, ἔασον ἀπωμάστους τοὺς πίθους ἐπὶ τρεῖς ἡμέρας, καὶ οὕτως ἐπιτίθει τὰ πώματα μὴ πάνυ συναρμόζοντα τοῖς χεί-

1 c. 18 om. L ‖ 2 ἡμῖν om. MP sed i. c. serv. ‖ 3 διδ. p. t. M om. P ‖ 5 τὸ φέρον βότρυας κλῆμα P ‖ 8 ποιεῖ FC -ῇ H ‖ 14 διατιθέντες F ‖ 15 ἀποσταφιδωθῶσιν F -σι C -δοθῶσι H ἀποσταφιδῶσι P ‖ 17 ἐῶσιν FC -σι H ‖ 19 c. 19 om. L ‖ 20 τοῦ αὐτοῦ p. t. M om. P.

λεσι τῶν πίθων, ἀλλ' ὀλίγῳ ὑπερκρεμάμενα, ῥάβδων τινῶν ἢ καλάμων μέσον τεθέντων. **2** μετὰ δὲ πέμπτην ἡμέραν χρὴ τελείως ἐπιτιθέναι τὰ πώματα τέφρᾳ ὕδατι δεδευμένῃ ἐπιχρισθέντα, μικρῶν ὀπῶν καταλειφθεισῶν, μετὰ δὲ ἑβδόμην ἡμέραν καὶ ταύτας τὰς ὀπὰς ἐπιχριστέον. **3** εἰ δὲ γλυκύτερον τὸν οἶνον εἶναι βούλοιο, ἐπὶ ἡμέρας πέντε ἀσκεπάστους ἔα τοὺς πίθους. καὶ μετὰ τὴν πέμπτην ἡμέραν ἐπίθες τὰ πώματα, καθὼς προείρηται.

## Cap. 20. *Οἶνον εὔοσμον καὶ ἡδὺν ποιῆσαι.* *Παμφίλου.*

**1** *Μυρτίδας* ὀλίγας ὡρίμους συλλέξας ξήρανον καὶ κόψον, καὶ ἔμβαλε ἐν τῷ κακάβῳ τῷ λεγομένῳ χοίνικι, καὶ ἔασον ἐπὶ ἡμέρας ι'· εἶτα ἀνοίξας χρῶ. **2** καθημέραν δὲ εὐώδει χρήσῃ τῷ οἴνῳ, ἐὰν τῶν ἀσινῶν μήλων βρέξας εἰς ὕδωρ, καὶ ἀποθείς, τὸ ὕδωρ ἐπιχέῃς ἐπὶ τὸν οἶνον· ἔσται δὲ καὶ τὰ μῆλα ἡδέα φαγεῖν. **3** *Καὶ* ἡ οἰνάνθη, μάλιστα ἡ ἀπὸ τῶν ἀναδενδράδων, παρὰ τὸν καιρὸν τοῦ ἄνθους ληφθεῖσα καὶ ἐμβληθεῖσα, εὐώδη τὸν οἶνον ποιεῖ. **4** καὶ κηρός θυμιώμενος ἐν τῷ πίθῳ εὐοσμίαν παρέχει· δεῖ δὲ μετὰ τὸ

---

2 ε' ἡμέραν M §§ 1. 2 om. P ‖ 3 τέφρᾳ* τέφρας codd. ‖ 4 δεδευμένῃ* δεδευμένης F βεβρεγμένης M ‖ 7 βούλει M Εἰ βούλει γλυκύτερον τ. ο. εἶναι P ‖ 10 ὥστε τὸν οἶνον L ‖ 11 παμφίλου p. t. M πα͞ν͞φίλου: in mg. L ‖ 12 ὡρίμους ὀλίγας M ‖ 13 ἔμβαλλε F ἔμβαλε CH ἔμβαλον L ‖ 13 κάβω F κωκάυω L καλάμω M ‖ 14 δέκα CP ‖ καθ' ἡμέραν CH ‖ 15 εὐώδει corr. 2. m. ex η P εὐώδη L ‖ ἀσιανῶν FM ἀσι·νῶν intercedente aut foramine aut rasura L ἀσινῶν S VIII 7 ‖ 16 ἀποθεὶς HL in ras. 2. m.? F ex corr. 1. m.? M ἀποθεῖσ C ἀποθῆς P ‖ 17 τὸν οἶνον HL τῶν οἴνων FCM ‖ 19 τῆς ἄνθης L ‖ ἐμβληθεῖσα om. L ‖ 20 §§ 4—9 om. L.

θυμιᾶσαι ἐπιβάλλειν τὸν οἶνον. 5 Καὶ φύλλα δὲ πεύκης ἤτοι στροβίλου καὶ πίτυος καὶ κυπαρίσσου παρατρίβοντες τῷ χείλει τοῦ πίθου, καὶ κινοῦντες τὸ γλεῦκος, εὐωδέστατον τὸν οἶνον ποιήσομεν. 6 Εἰ δὲ βούλει τὸν οἶνον ἔχειν ὀσμὴν θυμιάματος, ἢ μήλου, ἤ τινος ἄλλης ὕλης, ἔμβαλλε ἓν τῶν εἰρημένων πρὶν ἐγχεῖν τὸν οἶνον, καὶ περιδήσας ἔασον, μέχρις ἂν ἀδιάφθορος καὶ μὴ τρέπων τὴν ὀσμὴν γένηται, εἶτα ἀφελὼν τὸ ἐμβληθέν, ἔμβαλε τὸν οἶνον, καὶ πωμάσας μετὰ ταῦτα χρῶ. 7 Ἔστι δὲ τὰ ποιοῦντα τὴν εὐοσμίαν ταῦτα· ἀβρότονον, ἀμύγδαλα πικρά, ἄργιλλος, ἀσάρου φύλλα, ἀσπαλάθου ῥίζαι, ἀσπαράγου ἄνθος, κέδρου πρίσμα, τίλεως ἄλευρον. 8 τούτων τὰ μὲν ἐν ἀγγείοις πλεκτοῖς, τὰ δὲ ἐν ὀθονίοις δεθέντα, δεῖ ἐγκρεμάννυσθαι μετέωρα εἰς τὸ ἔχον τὸν οἶνον ἀγγεῖον, ὡς μὴ ἐφάπτεσθαι αὐτοῦ. 9 ὅταν δὲ τῆς ἑαυτῶν ὀδμῆς μεταδῶσιν, ἐξαιρεῖται· πάντα δὲ πρὶν διαφθαρῆναι καὶ ἀλλοιωθῆναι.

Cap. 21. *Οἶνον λευκὸν μέλανα ποιῆσαι, καὶ τὸν μέλανα λευκόν. Βάρωνος.*

1 Ἁλὸς ῥυπαροῦ δραχμὰς η′ ταῖς δέκα κοτύλαις τοῦ μέλανος οἴνου μίξον. τὸ αὐτὸ ποίει τοῦ ὀροῦ τοῦ γάλακτος τῷ οἴνῳ ἐπιχέων· καὶ κλήματα ἀμπέλου

2 πεύκης ἤτοι στροβίλου καὶ om. F στροβήλου M στροβίλου P ‖ κυπαρίσου H κυπαρίττου M ‖ 3 τὰ χείλη F ‖ 4 εὐωδέστερον F ‖ 6 ἔμβαλλε F ut ed. H ‖ 9 ἔμβαλον M ‖ 12 ἀσσάρου M ‖ 13 τήλλεως H τήλεως M τήλεως — πλεκτοῖς om. C ‖ μὲν ἀ. FM ‖ 15 ἐκκρεμ. M ‖ ἔχειν F -ον CH ‖ 19 ὥστε τὸν οἶνον L ‖ 20 βάρωνος p. t. L om. P ‖ 22 ποίη L ‖ τῆς FM ‖ ὀρου (!) C ὀρροῦ L ‖ 23 κλημάτων L.

λευκῆς καυθέντα, ἐάν τις τὴν τέφραν ἐμβάλῃ εἰς τὸ ἀγγεῖον, καὶ κινήσας ἐάσῃ ἐπὶ ἡμέρας τεσσαράκοντα, ἔσται λευκὸς ὁ οἶνος. 2 ὁ δὲ λευκὸς ἔσται μέλας, τέφρας κληματίδων μελανῶν ἐμβαλλομένης.

### Cap. 22. Οἶνον διαυγῆ ποιῆσαι. Φρόντωνος.

Ὠῶν τριῶν τὰ λευκὰ βαλὼν εἰς ἄγγος, τάραξον ἵνα ἀφρίσῃ, ἐμβαλὼν καὶ ἅλας λευκούς, καὶ μέρος οἴνου, καὶ μάλασσε ἕως λευκότατον γένηται, εἶτα γέμιζε τοῦ οἴνου, καὶ κατὰ κεράμιον ποίει οὕτως, καὶ ἀποτίθεσο.

### Cap. 23. Οἶνον πολυφόρον εἰς κρᾶσιν ποιῆσαι, ὥστε ὀλίγον ἀναλισκόμενον πολλοῖς ἐξαρκεῖν. Παξάμου.

Ἀλθαίας ῥίζας ξηρὰς ἐπιξέσας εἰς τὸν οἶνον, ταράξας χρῶ.

### Cap. 24. Οἶνον νέακα παλαιὸν ποιῆσαι. Δαμηγέροντος.

1 Ἀμυγδάλων πικρῶν, ἀψινθίου, πίτυος καρπίμου κόμης, τίλεως, μετὰ τὸ φρυγῆναι συγκοπέντων κύαθον τῷ ἀμφορεῖ μίξας, παλαιοφανεῖς καὶ μονίμους

---

1 καυθέντων L ‖ ἐμβάλλη CHM ἐμβάλη (η in ras. m. 2) P ‖ 3 μέλας ἔσται M ‖ 4 μελαινῶν P ‖ 5 ὥστε οἶνον L ‖ φρόντωνος p. t. L φόρτωνος a. t. M om. P ‖ 9 καιράμιον L ‖ 11 ὥστε τὸν οἶ. L ‖ εἰς κρᾶσιν Needh. εἰσκέρασιν C εἰσκεράσεγιν (γ m. rec. rubro add.) F εἰς κεράσειν F i. c. HM εἰσ τὸ κεράσειν M i. c. εἰς τὸ κεράσαι L ‖ 12 ἵνα ὀλίγον L ‖ ἐξαρκῆ L ‖ 13 παξάμου p. t. L a. t. M om. HP ‖ 14 ῥίζης L ‖ ἐπιζέσας L ‖ 16 c. 24 om. L ‖ 17 δημηγ. H om. M ‖ 19 κόμης codd. cf. praef. p. VIII ‖ τήλεως CM τήλλεως H.

οἴνους ποιήσεις. 2 Ποιήσεις δὲ παλαιοφανεῖς τοὺς οἴνους, ἐὰν λαβὼν κεράμια δύο κοῦφα ἀπὸ οἴνου παλαιοῦ, ἀφελὼν αὐτῶν τὰ ὦτα καὶ χείλη, καὶ τοῦ πυθμένος τὰ ἄκρα, τὰ μὴ μεταλαβόντα τοῦ οἴνου ἀποῤῥίψῃς· τὸ δὲ ἄλλο ἐᾶν δεῖ σὺν τῇ παλαιᾷ τρυγὶ τοῦ οἴνου· κατεάξας τε καὶ σήσας ἔμβαλε εἰς ἕκαστον ἀμφορέα ἡμιμόδιον, καὶ ἀνατάραξον τὸν οἶνον, καὶ περιχρίσας ἔασον ἡμέρας δεκαπέντε, εἶτα ἀνοίξας χρῶ, καὶ δόξεις εἶναι τὸν οἶνον ἐτῶν δέκα. 3 ἀναλωθέντος δὲ τοῦ οἴνου, τὴν τρύγα βάλε εἰς κύθραν καινήν, καὶ περιχρίσας ὀπτήσας τε καὶ κόψας καὶ σήσας πάλιν τῷ αὐτῷ τρόπῳ χρῶ. ἀντὶ γὰρ πάντων ἀρωμάτων τῶν προειρημένων ἡ τοιαύτη τῶν ὀστράκων χρῆσις ἀρκέσει. 4 Τινὲς δὲ οὕτω ποιοῦσι παλαιοφανεῖς τοὺς οἴνους· μελιλώτου γο. α΄ γλυκυρίζου γο. γ΄ νάρδου Κελτικῆς τὸ ἴσον, ἀλόης ἡπατίτιδος γο. β΄ κόψαντες καὶ σήσαντες, ἐμβάλλουσιν εἰς τὸν οἶνον, καὶ οὕτω χρῶνται.

Cap. 25. *Οἶνον ἄνθος μὴ ἔχειν. Σωτίωνος.*

Οἰνάνθης ξηρανθείσης ἐπίπασσε τῷ οἴνῳ, ἢ ἄλευρον ὀρόβων μίγνυε τῷ οἴνῳ. ἐὰν δὲ κάτω χωρήσῃ τὸ ἄνθος καὶ τὸ ἄλευρον, εἰς ἄλλο ἀγγεῖον μετάχεε τὸν οἶνον.

---

5 *ἀπορρίψεις* per comp. M -ῃς P ‖ *ἐὰν σὺν* F ‖ 9 *δόξεις** emend. e S VIII 11 *δείξεις* FM *δείξεις οἶμαι τὸν οἶνον* P ‖ 11 *περιχρίσας καὶ ὀπτήσας καὶ σήσας* F *περιχρ. ὀπτ. τε κόψας καὶ σ.* M *περιχρ. ὀπτ. τε καὶ κ. καὶ σ.* P *ὄπτησον καὶ πάλιν κόψον καὶ τ. ἀ. τρόπῳ χρῶ* S ‖ 13 *τῶν ὀστράκων* om. F 14 § 4 om. P ‖ 15 *μελιλώτων* per comp. M ‖ *γλυκορίζου* F ‖ 19 c. 25 om. L ‖ *μὴ* om. M i. c. ‖ *σωτ.* a. t. M ‖ 22 *καὶ ἄλευρον* M *καὶ τὸ ἄλ.* P.

Cap. 26. *Οἴνου νοτίαν παῦσαι. Ἀπουληΐου.*

1 *Γάρου κοτύλας δ' παραχυτέον, καὶ ῥοιᾶς φύλλα, καὶ λύουσι τὴν νοτίαν.* 2 *τὴν δὲ δυσωδίαν θεραπεύσεις οὕτως· δᾳδας λιπαρὰς ἁπτομένας εἰς τὸν πίθον ἐμβλητέον.* 3 *τινὲς δὲ ἀγγεῖον ἔχον ὕδωρ βύσαντες, ἐπιτιθέασιν ἐν τῷ πίθῳ, καὶ μετὰ τρίτην ἡμέραν τὸν μὲν οἶνον ἕξουσι καθαρόν, δυσῶδες δὲ τὸ ὕδωρ.* 4 *Οἱ δὲ ὄστρακα ἐκπυρώσαντες ἐμβάλλουσιν, ἄλλοι κρίθινον ἄρτον θερμὸν ἐν σπυρίδι καθιᾶσιν· ἄλλοι σελίνου σπέρμα καὶ φύλλα ἐμβάλλουσιν· ἕτεροι ἀπὸ νεαροῦ τυροῦ τὸν ὀρὸν μιγνύουσιν· ἕτεροι ἰτέινον ξύλον ἐμβάλλουσι, καὶ πᾶσαν τὴν πονηρίαν ἀφαιροῦνται τοῦ οἴνου.*

Cap. 27. *Οἶνον ἀπὸ ἰοῦ θηρίου βλαβέντα θεραπεῦσαι. Δημοκρίτου.*

*Ἄρτος θερμὸς ἐμβληθείς, ἢ δακτύλιος σιδηροῦς, τὸν ἰὸν ἀφαιρεῖται.*

---

1 c. 26 om. L ‖ *ἀκουληΐου* p. t. M *ἀπουλ.* p. t. P ‖ 2 *τέσσαρας* C ‖ 4 *οὕτως* per comp. M *οὕτω·* P ‖ 8 *ἄλλοι δὲ* M *ἄλλοι — μιγνύουσιν* om. P ‖ 9 *σφυρίδι* FH deficit C ‖ 10 *φῦλλ)* (= *ον*) M ‖ 11 *ὀρρὸν* M *ὅρον* H *ἕτεροι ἀπὸ — μιγνύουσιν* om. C ‖ 12 *ἐμβάλλουσιν* FC *-σι* H ‖ 14 *ἀπὸ ἰοῦ** *ἀπὸ ποίου* F *ἀπὸ παντοίου* M *ἀπὸ ἰοῦ χαλκοῦ* (*σιδήρου?* ܫܘܚܬܐ ܕܢܚܫܐ) S VIII 23 *ὥστε οἶνον ὑπό τινος θηρίου* L ‖ 15 *δημ.* p. t. LM.

### Cap. 28. *Οἴνους τρυγώδεις καὶ θολεροὺς καταστῆσαι. Ἀνατολίου.*

*Ἀμόργης ἐπὶ τρίτῳ ἑψημένης κοτύλην ἐγχέουσί τινες εἰς ἕκαστον μετρητήν, καὶ ἀποκαθίσταται παραχρῆμα.*

### Cap. 29. *Οἶνον ἀφανίσαι. Ἀφρικανοῦ.*

*Ῥαφάνου χυλὸν ἔμβαλε εἰς τὸν οἶνον, μασησάμενος τὴν ῥάφανον.*

### Cap. 30. *Οἶνον πίνοντα μὴ ὄζειν. Τοῦ Αὐτοῦ.*

*Ἶριν τρωγλοδύτιν διαμάσησαι.*

### Cap. 31. *Οἶνον πολὺν πίνοντα μὴ μεθύσκεσθαι. Τοῦ Αὐτοῦ.*

**1** *Πνεύμονα αἴγειον ὀπτήσας ἔσθιε. ἢ ἀμύγδαλα πικρὰ νῆστις φάγε ε′ ἢ ζ′ ἢ κράμβην ὠμὴν προέσθιε, καὶ οὐ μεθυσθήσῃ.* **2** *οὐκ ἂν δὲ μεθυσθείη ὁ πίνων, εἰ χαμαιπίτυος κλάδοις ἐστεμμένος εἴη· ἢ εἰς πρῶτον ποτήριον λέγων τὸν Ὁμηρικὸν στίχον τοῦτον·*

*Τρὶς δ' ἄρ' ἀπ' Ἰδαίων ὀρέων κτύπε μητίετα Ζεύς.*

---

1 c. 28 om. L ‖ 2 *ἀνατ.* om. P ‖ 4 *τῒν* et *α* aut *σ* supra add. 1. m. M *τινα* P ‖ *μετρίτην* F *μετρήτην* C *μετρητὴν* H ‖ *παρὰχρῆμα* F *παραχρῆμα* CH ‖ 6 *ὥστε οἶνον* L ‖ *ἀφρ.* om. LM ‖ 9 c. 30 om. L ‖ *τοῦ αὐτοῦ* om. MC ‖ 10 *τρωγλωδύτιν* F *τρωγλοοδύτιν* C *τρωγλοδύτην* HM ‖ 11 *ὥστε οἶνον* L ‖ 12 *τοῦ αὐτοῦ* a. t. M om. PC *ἀφρικανοῦ* p. t. L ‖ 13 *ἀμίγδαλα* L *ἀμ.* — *προέσθιε* om. P ‖ 14 *πέντε ἢ ἑπτὰ* CH ‖ 17 *λέγοι* L ‖ *τὸν ὁμ. στίχον λέγων τοῦτον·* M § 2 om. P ‖ *στήχον τοῦτο·* L ‖ 18 *τρὶς* Needh. *τοῖς* codd. mg. add. m. 1 *ἄπιστα ληρεῖς* | *καὶ*

Cap. 32. *Πῶς παύσεταί τις τῆς τοῦ οἴνου ἐπιθυμίας. Δημοκρίτου.*

*Τὸν ἀποῤῥέοντα ἰχῶρα τῶν κλημάτων μετὰ τὴν τομὴν ἐπισυναγαγών, δὸς πιεῖν τῷ οἰνόφλυγι παρὰ τὸν πότον μὴ εἰδότι, καὶ παύσεται τῆς ἐπιθυμίας τοῦ οἴνου.*

Cap. 33. *Πρὸς τὸ ἀνανήφειν τοὺς μεθύοντας. Βηρυτίου.*

1 *Ἀνανήφειν ποιεῖ τοὺς μεθύοντας ὄξος ἀθρόον πινόμενον, καὶ ῥαφανὶς ἐσθιομένη, καὶ μελιτώδη, καὶ πλακοῦντες.* 2 *προσέτι δὲ καὶ ἀρχαίων ἱστοριῶν ζητήματα καὶ διηγήσεις, καὶ στέφανοι ἀπὸ ποικίλων ἀνθῶν ἐπιτιθέμενοι τῇ κεφαλῇ.*

Cap. 34. *Ὅτι οὐ μόνον ὁ οἶνος, ἀλλὰ καὶ ἕτερά τινα μεθύειν ποιεῖ τοὺς πίνοντας. Λεοντίνου.*

1 *Τῶν πινομένων μεθύειν ποιεῖ πρῶτον μὲν οἶνος· δεύτερον, εἰ καὶ παράδοξον ἀκοῦσαι, ὕδωρ· τρίτον, τὰ ἀπὸ τοῦ σίτου καὶ τῶν κριθῶν γινόμενα πόματα, οἷς μάλιστα κέχρηνται οἱ βάρβαροι· τέταρτον,*

---

*λόγους τῶν ἀ|φρόνων* M versum om. mg. add. *λείπει ὁ τοῦ ὁμήρου στίχος· | βάναυσος γάρ τις καὶ ἀμαθὴς ἐκ τοῦ πρωτοτύπου ἐξαλείψατο· | καταστοχαζόμενος δέ τις | ἴσως ἂν εὕροι, τὸν ὅμηρον | ἀναλεγόμενος:·* H ‖ *ἀπιδαίων* F ut ed. C *τοῖς δὲ ἠνο|ρέων, κτύπε* L ‖ 1 *παύεταί* M *παύσεταί* i. c. ‖ 2 *δημοκρίτου* p. t. LM om. P ‖ 4 *ποιεῖν* LM *ποιεῖν* 1. m. obliteratum, quae sequuntur verba — *καὶ* perierunt C *πιεῖν* corr. 1. m. e *ποιεῖν* H ‖ 8 *βάρῶνος:-* p. t. L *βηρυτίου* p. t. M om. P *βηρύτου* per comp. i. mg. H ‖ 14 *ὁ* om. L ‖ 15 *πόιῆ* L ‖ *λεοντίνου* p. t. M *λεοντίου* mg. L.

τὸ ἀπὸ τῶν ὀλυρῶν, καὶ τὸ ἀπὸ τοῦ βρόμου γινόμενον πόμα. μεθύσκει δὲ καὶ τὸ ἀπὸ τοῦ κέγχρου καὶ ἐλύμου. 2 εὐμέθυστοι δέ εἰσιν οἱ πρεσβύται καὶ πάντες οἱ κατεψυγμένοι. γυναῖκες δὲ τῶν ἀνδρῶν ἀμεθυστότεραί εἰσι, διὰ τὴν κρᾶσιν· μεθύσκονται δὲ καὶ αὐταὶ τῷ ποσῷ.

## Cap. 35. *Πῶς δίχα σταφυλῆς γίνεται οἶνος. Σωτίωνος.*

**1** *Τῆς μυρσίνης καὶ τῆς κράνου ὁ νεαρὸς καρπὸς ἀληθόμενος καὶ ἐκπιεζόμενος ποιεῖ οἶνον.* 2 *ὁμοίως ποιοῦσιν οἶνον καὶ κόκκοι τῆς ῥοιᾶς καθαροὶ ἐκπιεζόμενοι, περιαιρουμένων τῶν ἐν μέσῳ [τῶν] κόκκων.* 3 *τινὲς δὲ ποιοῦσιν οἶνον καὶ ἀπὸ τῶν χλωρῶν σύκων οὕτως. εἰς ἀγγεῖον κεραμεοῦν οἰνηρὸν σύκων ἐμβάλλουσι πρὸς ἥμισυ μέρος, εἶτα πληροῦσι τὸ ἀγγεῖον ὕδατος καθαροῦ, καὶ συνεχῶς ἀπογεύονται. ὅταν δὲ οἰνῶδες ᾖ τὸ γεῦμα, ἀπηθήσαντες χρῶνται.*

## Cap. 36. *Οἴνου μέχρι γήρως ὑγίειαν φυλάττοντος ἀδιάπτωτος σκευασία. Οὐϊνδανιωνίου.*

*Ἴρεως καλλίστης δραχμὰς δʹ μαράθρου σπέρματος τρυβλίον αʹ ἀλεύρου τὸ ἶσον, πεπέρεως δραχμὴν αʹ*

---

1 *ὀλλυρῶν* M *ὀλλύρων* CH ‖ *καὶ* om. M ‖ *βρώμου* LP *βρόμου* 1. m. ex *ώ* corr. C ‖ 2 *κέχρου* L ‖ 3 *εὐμήθυστοι* L ‖ 4 *ἀμεθυστότεραί εἰσι τῶν ἀνδρῶν* L *τ. ἀ. εὐμεθυστότεροί εἰσι* M ‖ 5 *αὗται* M ‖ 7 c. 35 om. L ‖ 8 *σωτ.* p. t. M ‖ 11 *ποιοῦσιν οἶνον* om. M §2 om. P ‖ 12 *περιαιρομένων* CH ‖ 14 *ἐμβάλλουσιν* F *-σι* H *ἐμβάλλ/////* reliquis literis a tineis deletis C ‖ 17 *χρῶνται:* ~ finis cod C ‖ 18 *ὑγείαν* LH ‖ *φυλάττοντα* F ‖ 19 *οὐϊνδ.* a. t. M om. P *οὐινδανιουνίου* p. t. *κε. μέ* mg. L ‖ 20 *τέσσαρας·* H ‖ *μαλάθρου* L *μαράθου* P *μαραθροσπέρματος τρυβλίον ἕνα* H ‖ 21 *μίαν* H *δραχμὴ α͡ ·̃* M *δραχμὴ μία* P.

σμύρνης τρωγλίτιδος δραχμὰς β′, σεσέλεως δραχμὴν αϛ′ μήου δραχμὴν αϛ′ σελίνου δραχμὰς β′, ταῦτα κόψας παρέγχεε οἴνου εὐώδους λευκοῦ τὸ ἀρκοῦν, καὶ λείου, καὶ μάζας ποιήσας, εἰς ὀθόνιον πυκνὸν ἐνδήσας βάλε εἰς ἀγγεῖον, καὶ ἐπίχει οἶνον κάλλιστον, καὶ πωμάσας, μετὰ ἡμέρας δ′ ἀνοίξας πρόπινε κύλικα νῆστις. τούτῳ ἀεὶ εἴ τις χρῷτο, ἄνοσος διαμένει. βέλτιον δὲ διὰ γλεύκους συντίθεται.

## Cap. 37. *Περὶ τῶν διηθουμένων οἴνων.* *Φλωρεντίνου.*

**1** Τὸν ὑλιστῆρα εἰς ἅλμην καθ' ἑαυτήν, ἢ εἰς θαλάττιον μετὰ ποτίμου ὕδατος μιχθέν, ἔμβαλε ἐπὶ β′ ἡμέρας, καὶ μετὰ τοῦτο οἴνῳ διάβρεχε. καὶ ὅταν μὲν χρεία αὐτοῦ ᾖ, ἐκπίασον αὐτόν, εἶτα τὰ χείλη τοῦ ὑλιστῆρος ἀμυγδάλοις ἢ καρύοις τριφθεῖσι διάχριε. **2** τοῖς δὲ διηθηθεῖσιν οἴνοις οἱ μὲν ἀνίσου, ἢ ἀσβόλης, οἱ δὲ γύψου, ἢ ἑψητοῦ, ἢ μέλιτος, ἢ οἴνου καλοῦ τρυγός, ἢ ὀρόβου ἀλεύρου μιγνυούσιν.

---

1 τρογλίτιδος L τρωγλύτιδος M ‖ δύο HP ‖ σεσ. δραχμὴν α͡ϛ· μίου (ι in ras.) δραχμὴν α͡ϛ· σελίνου F σεσ. δραχμὴν μίαν ἥμϊσϋ· μίου δραχμὴ ᾱϛ′· σελήνου H σεσ. ⪡ μίαν ἥμισυ· σελίνου L σεσ. δραχμὴ α͡ϛ′· σελίνου M σ. δραχμὴ μία ϛ′· σελίνου P ‖ 4 πικνὸν ἐνδύσας L ‖ 5 βάλλε M βάλε P ‖ ἐπίχεε M ‖ 6 κύλικος L ‖ 7 τοῦτο LH τούτῳ ἀεὶ εἴ τις om. P ‖ 8 συντίθεσθαι L ‖ 9 c. 37 om. L ‖ 10 φλωρ. p. t. M ‖ 11 τοὺς ἑλϊστῆρας M Τοὺς ὑλϊστῆρας P ‖ ἢ om. M serv. P ‖ 12 ἔμβαλλε M ἔμβαλε P ‖ 13 δύο HP ‖ καὶ om. F ‖ 16 διηθεῖσιν MH ‖ 17 ἑψητοῦ F ἑψ. H.

# ΒΙΒΛΙΟΝ Η.

*Τάδε ἔνεστιν ἐν τῇδε τῇ βίβλῳ, ὦ φίλτατε παῖ Βάσσε, ὀγδόῃ μὲν οὔσῃ τῶν περὶ γεωργίας ἐκλογῶν, περιεχούσῃ δὲ διαφόρους σκευασίας οἴνων, καὶ ἑτέρων προπομάτων, καὶ ὄξους παντοίας κατασκευάς.*



---

1 *βιβλίον η'* om. M *β. ὄγδοον* HL *β. ὄγδοον περιέχον* cett. om. P ‖ 2 *κε. μϛ'* mg. L ‖ *ὦ φ. παῖ Βάσσε* om. FL ‖ 3 *μὲν* om. L ‖ 6 indicem capitum om. HLP ‖ *σκευασία* F ‖ 7 *ἀνιθήτησ* F ‖ 8 *χλιχωνίτησ* F ‖ 9 *δᾶφνήτησ* F ‖ *κονυζήτησ* F *κονϊζῖτης* p. c. M ‖ 11 *πηγανήτησ* F ‖ 12 *οἴνον* (!) F ‖ 14 *γυναικι* sine acc. F *γυναικὸς* M ‖ 16 *περὶ* om. F ‖ 24 *καὶ πῶς — ποιῆσαι* om. M.

ὑγείαν ἐπιτήδειον. λϛʹ. ὄξους γλυκέος σκευασία. λζʹ. ὄξους δριμέος σκευασία. ληʹ. ὄξος δριμὺ διαμένειν. λθʹ. ὄξος πεπεράτον ποιῆσαι. μʹ. ὄξους δοκιμασία, εἰ ὕδωρ ἔχει. μαʹ. ὥστε διπλασιάσαι τὸ ὄξος. μβʹ. ὄξος σκιλλιτικὸν ποιῆσαι.

## Cap. 1. *Οἴνων ὑγιεινῶν σκευασίαι.*

**1** *Οἴνων ὑγιεινῶν ἄρτυσις καὶ σκευασία διάφορα πάθη ἰωμένη, ἣν πολλοὶ τῶν ἀρχαίων διὰ πείρας ἐπαινοῦσιν.* **2** *ἔστι δὲ ἡ σκευασία αὐτῶν οὐδὲν φαρμακῶδες ἔχουσα, ἀλλὰ ἁπλουστάτη, οἷον διὰ ῥόδων, ἢ ἀνήθου, ἢ ἀψινθίου, ἢ γλίχωνος, καὶ τῶν τοιούτων.* **3** *δεῖ δὲ ἕκαστον τῶν εἰρημένων εἰδῶν κόπτειν, καὶ ἐνδεσμεῖν παννίῳ, καὶ ἐμβάλλειν τῷ οἴνῳ, κατὰ τὸν ὑποτεταγμένον τρόπον.*

## Cap. 2. *Ῥοδίτης οἶνος.*

*Ῥόδων ξηρῶν ὀρεινῶν, ἀνίσου, κρόκου, καὶ μέλιτος μέρος δήσας ὁμοῦ, ἔμβαλε εἰς οἶνον. ἐπιτήδειος δὲ ὁ οἶνος στομαχικοῖς καὶ πλευριτικοῖς.*

---

3 πεπερ^τα F πϊπεράτον M ‖ 6 c. 1 om. P ‖ σκευασία F tit. om. HL ‖ 7 σκευασία F δοκιμασῖα M ‖ 10 ῥόδον ἢ ἀνίθων L ‖ 11 ἀψίνθου L ‖ γλίχωνος FM γλύχ. L ‖ 13 πανίω H πανείω L ‖ 15 σκευασία οἴνων διαφόρων γεηπόνων· ῥοδ. οἶνος: H ‖ 16 καὶ ἀνίσου F.

Cap. 3. *Ἀνηθίτης οἶνος.*

*Ἀνήθου σπέρμα βλητέον εἰς ὀθόνιον, εἶτα ἐατέον εἰς οἶνον. ὑπνοποιὸς ὁ οἶνος, οὖρα κινεῖ, πέττει τὰ σιτία.*

Cap. 4. *Ἀνισίτης οἶνος.*

*Ἀνίσου καρπὸς ἐμβαλλόμενος τῷ οἴνῳ δυσουρίαν παύει, σπλάγχνα ὠφελεῖ.*

Cap. 5. *Ἀππίτης οἶνος.*

*Ἀππίων ἐμβαλλομένων, ὁ οἶνος κοιλίαν ἵστησιν.*

Cap. 6. *Ἀσαρίτης οἶνος.*

*Οὗτος ὁ οἶνός ἐστι διουρητικός, ὑδρωπιῶντας, ἰκτεριῶντας, ἡπατικούς, ἰσχιαδικοὺς ῥώννυσι, καὶ τριταϊκούς, καὶ ῥίγη λύει.*

Cap. 7. *Γλιχωνίτης οἶνος.*

*Χρὴ τὸν γλίχωνα ἑψεῖσθαι ἐν οἴνῳ, ἕως ἂν λειφθῇ τὸ τρίτον. οὗτος ὁ οἶνος πρὸς ἑρπετῶν ἰὸν ἀλεξίκακος, καὶ πρὸς χειμερινὰ ψύχη ὠφέλιμος.*

---

1 *ἀνθίτης* L ‖ 2 *εἶτα ἐμβλητέον εἰς οἶνον* L ‖ 3 *πέπτει* LHP ‖ 6 *Ἀνίθου* L *θ* 1. m. in ras. ‖ 8 c. 6 ante c. 5 trad. L ‖ *ἀπίτης* et *ἀπίων* L ‖ 11 *ἰκτεριῶνας· ὑδρωπιῶνας· ἡπατικοὺς* M *ἰκτεριῶνας· ὑδρ. ἡπ.* P *ἡπα¦ττικοὺς* L ‖ 12 *τριταϊκὰ* L ‖ 13 *λύει ῥίγη:* M ‖ 15 *ἑψῆσθ* et *ει* et *αι* suo loco supra add. 1. m. M *ἑψεῖσθαι* P *ἑψεῖσθαι* ex *ἑψῆ* corr. H ‖ 17 *ὠφέλμοσ* F *ὠφέλημος* H.

## Cap. 8. *Δαφνίτης οἶνος.*

*Οὗτος ὁ οἶνός ἐστι θερμότατος, διουρητικός, βῆχας, θώρακας, στρόφους ὠφελεῖ. καὶ τοὺς πρεσβυτέρους ὀνίνησι, καὶ πρὸς ἑρπετὰ χρήσιμος, καὶ πρὸς ὠταλγίας, καὶ τὰς ὑστερικὰς ὠφελεῖ γυναῖκας.*

## Cap. 9. *Μαραθίτης οἶνος.*

*Οὗτος ὁ οἶνος ὄρεξιν κινεῖ, στόμαχον ῥώννυσι, διουρητικός ἐστιν.*

## Cap. 10. *Κονυζίτης οἶνος.*

*Οὗτος ὁ οἶνος ἰκτεριῶσι καὶ στομαχικοῖς ἐπιτήδειος, καὶ πρὸς ἑρπετὰ ἀλεξιφάρμακος.*

## Cap. 11. *Ὀμφακίτης οἶνος.*

*Οὗτος ὁ οἶνος εὐστόμαχος, παραλυτικοῖς, ναρκῶσι, τρέμουσι, σκοτωματικοῖς, νεφριτικοῖς, στροφουμένοις, καὶ πρὸς τὰς λοιμώδεις νόσους ἐπιτήδειος.*

## Cap. 12. *Πετροσελινίτης οἶνος.*

*Οὗτος ὁ οἶνος στόμαχον ῥώννυσιν, ἐρυγγάνειν ποιῶν, καὶ τὰς ὀρέξεις ἐγείρων· διουρητικός τέ ἐστι, καὶ ὑπνωτικὸς σφόδρα.*

---

2 *βῆχος, θώρακος* L ‖ 4 *ὀνήνησι* L ‖ *ὠταλγίαν* L ‖ 9 *διουριτικὸς* L ‖ *ἐστι:* LM ‖ 10 c. 10 om. L ‖ 13 c. 11 om. L ‖ 17 *πετροσεληνίτης* HM *-σελιν.* M i. c. ‖ *ιβ′* corr. ex *ια′* mg. H ‖ 18 *ῥώννυσι·* F *-σιν* H ‖ 19 *τέ* om. M ‖ *διουρητικός ἐστι καὶ ὑπνωτικός ἐστιν σφ.* F *διουρ. ἐστι καὶ ὑπν. ἐστῒ σφ.* H ‖ 20 *ὑπατικὸς* L.

Cap. 13. *Πηγανίτης οἶνος.*

*Οὗτος ὁ οἶνός ἐστι θερμός, πρός τε τὰ δηλητήρια φάρμακα καὶ πρὸς ἑρπετὰ ἀλεξιφάρμακος.*

Cap. 14. *Τιλίτης οἶνος.*

*Οὗτος ὁ οἶνος, τίλεως κοπείσης ἐμβληθείσης μάλιστα ἥπατι ἐπιτήδειος.*

Cap. 15. *Ὑσσωπίτης οἶνος.*

*Οὗτος ὁ οἶνος καθαίρει θώρακα, πέψιν ποιεῖ θερμὸς ὤν, μαλάσσει κοιλίαν.*

Cap. 16. *Σελινίτης οἶνος.*

*Σελίνου σπέρμα κεκομμένον βάλε ἐν τῷ οἴνῳ, συμβάλλεται δὲ πρὸς οὔρησιν, καὶ ἔρευξιν, καὶ τοὺς τῶν νεύρων καὶ ὑποχονδρίων πόνους.*

Cap. 17. *Οἶνος διὰ μήλων.*

*Μῆλα κυδώνια εὐωδέστατα ἔμβαλε εἰς κεράμια, καὶ ἔγχεε οἶνον, εἶτα περιχρίσας ἔασον ἐπὶ ἡμέρας γ', καὶ τῇ δ' χρῶ.*

---

1 *ιγ'* corr. ex *ιβ'* mg. H ‖ 4 c. 14 om. LP tit. et num. om. H ‖ *τηλίτης* HM *τηλήτης* F i. c. ‖ 5 *τήλεως* HM ‖ 6 *ἥματι* M ‖ 7 *ὑσωπότης* L *ὑσωπίτης* H ‖ *ιδ'* mg. H ‖ 10 *ιε'* mg. H ‖ 11 *σελ. τὸ σπ.* F *Σελίν(ου σπέρμα)* in ras. L ‖ *βάλλε* M *βάλε* P ‖ 12 *ἐρυγὴν* L ‖ *καὶ πρὸς τοὺς* M ‖ 13 *νεύρων ὑποχονδρίων* F *νευρῶν· ὑποχ.* H ‖ 14 c. 17 om. L ‖ *οἶνον* H ‖ num. om. H ‖ 16 *τρεῖς* P om. H ‖ 17 *τετάρτη* HP.

Cap. 18. *Οἴνου καθαρτικοῦ σκευασία.*

Ὅταν βόθρια γένηται, μέλανος ἐλλεβόρου τὰς ῥίζας κόψον, καὶ περικαθάρας τῆς ἀμπέλου τὰς ῥίζας, περίβαλε αὐτὰς τῷ κοπέντι ἐλλεβόρῳ, καὶ οὕτως φύτευσον.

Cap. 19. *Οἶνος ἱκανὸς γυναικὶ κατασπᾶσαι γάλα, καὶ μὴ συγχωρῶν τινι ἀῤῥωστήματι περιπεσεῖν.*

Τὸν θύμον συλλέξας ὅταν ἀνθῇ καὶ ξηράνας τρίψον, εἶτα ἔμβαλε εἰς τὸ κεράμιον χοίνικας δ' ἐπιχέων οἴνου λευκοῦ μετρητήν, καὶ κατάλειψον τὸ κεράμιον ἐπὶ ἡμέρας μ'.

Cap. 20. *Οἶνος πρὸς δυσεντερίαν καὶ ῥύσιν γαστρός.*

Λαβὼν ῥοιὰς ἐνωμοτέρας λ' θλάσον, εἶτα ἐμβαλὼν εἰς κεράμιον ἐπίχεε οἴνου μέλανος αὐστηροῦ χόας γ' καὶ μετὰ ἡμέρας λ' χρῶ.

---

1 c. 18 om. P ιϛ' mg. H ‖ 2 *βόθροι γένονται* L ‖ *ἐλεβόρου* de more F *λλ* de more H ‖ 4 *τῶ κοπέντι* om. literarum spatio relicto L ‖ *ἐλεβό ρωι* F *ἐλλεβόρω* H *ἐλλεβόρου* M ‖ *οὕτως* per comp. M ‖ *φύτευε*:- L ‖ 6 c. 19 om. L ιζ' mg. H ‖ *γυναικὸς* M ‖ 10 *κεράμειον*, sed *ε* add. 2. m. P ‖ *χοίνικας** Cornar. *φοίνικας* codd. ‖ *τέσσαρας* H δ^ας P ‖ 11 *μετρίτην· κατάλ.* F ‖ 13 ιη' mg. H ‖ 14 *ἰατρός*:- L ‖ 15 *τριάκοντα* P ‖ 16 *κεράμειον* M et *ε* add. 2. m. P ‖ *τρεῖς* HP.

## Cap. 21. *Περὶ ἀψινθίτου οἴνου.*

**1** Ἀψινθίου, μάλιστα δὲ Ποντικοῦ, δραχμὰς η′ κόψον, καὶ ἐνδήσας εἰς ὀθόνιον μὴ πάνυ πυκνόν, ἔμβαλε εἰς ἀμφορέα. τινὲς δὲ τὸ ἥμισυ τοῦ ἀψινθίου ἐμβάλλουσι. πολλοὶ δὲ καὶ κασσίας προσμιγνύουσιν. **2** ἐπειδὰν οὖν τὸ ὀθόνιον εἰς τὸν ἀμφορέα προσεμβάλῃς, ἐπίβαλε τὸ γλεῦκος ὡς γεμίσαι, δοὺς μίαν ἀναπνοήν, ἵνα μὴ ὑπερζέσῃ. **3** τῷ αὐτῷ τρόπῳ ὅσους ἂν βούλει ἀμφορεῖς σκεύαζε. **4** χρῶ δὲ τῷ ἀψινθίτῃ πρός τε τοὺς τῶν ὑποχονδρίων πόνους καὶ ἥπατος, καὶ πρὸς τὰς ὠμότητας καὶ στομάχου πόνον· ἐκβάλλει δὲ καὶ τὰ ἐν τοῖς ἐντέροις τρεφόμενα θηρία.

## Cap. 22. *Ἀμινναίου οἴνου ποίησις. Διδύμου.*

**1** Οἱ μὲν τοὺς Ἀμιννίζοντας οἴνους εἰς ἄγγος ἀπὸ οἴνου Ἰταλικοῦ ἐγχέαντες, κατορύττουσιν ἐν ὑπαίθρῳ. οἱ δὲ καὶ ἀμυγδάλων πικρῶν, καὶ φύλλου καὶ ἑψητοῦ ὀλίγον ἐμβάλλουσιν· ἄλλοι καὶ ἀλόης ἡπατίτιδος καὶ κυπείρου. **2** Ἢ ἀλόης δραχ. β′ ἀμώμου δραχ. γ′ κόστου δραχ. δ′ φύλλου δραχ. δ′ μελιλώτου δραχ. θ′ νάρδου Ἰνδικῆς δραχ. β′ ξυλοκινναμώμου δραχ. γ′ ἀμφορεῦ-

---

1 ιθ′ mg. H ‖ ἀψινθήτου L ‖ οἴνου om. M ‖ 2 δὲ om. L ‖ 3 πικνόν, ἔμβαλον L ἔμβαλλε M ἔμβαλε P ‖ 5 ἐμβάλλουσιν F -σι H βάλλουσι L ‖ κασίασ L ‖ 6 προσβάλεισ, ἐπίβαλον L ‖ 7 ὡσγεμῆσαι L ‖ 8 ὑπερζέσει L ‖ 9 ἀψινθήτι L ‖ 10 τοὺς om. M ‖ πόνους, καὶ τοὺς τοῦ στομάχου· καὶ ἥπατος· ἐκβάλλει L ‖ 12 στρεφόμενα LH ‖ 13 c. 22 om. LP ‖ κβ′ recte mg. H ‖ 16 φύλλον H ‖ 17 ἡπατήτιδος M ‖ 18 ἀλοῆς ἡμῖσεα δύο sed mg. add. C β̄ H ‖ pro δραχ. deinceps per totum caput ( ponit H item ς M ‖ 19 μελϊλώτων per comp. M ‖ 20 ξυλοκϊναμώμου M ‖ ἀμφορέουσιν H et sine accentu F.

σιν ζ'. 3 Τινὲς καὶ σμύρνης, κασίας, κρόκου ἀνὰ δραχ. δ' συνεμβάλλουσιν. ἄλλοι καλάμῳ ἀντὶ τῆς σμύρνης χρῶνται.

## Cap. 23. *Θασίου οἴνου ποίησις. Φλωρεντίνου.*

1 Τὰς ἀκμαζούσας σταφυλὰς ἡλιάζομεν, διατιθέντες ἐπὶ βότρυν [δύο] ἡμέρας ε' τῇ δὲ ς' μέσον ἡμέρας ἀνελόμενοι αὐτὰς ἐνθέρμους καταβάπτομεν εἰς γλεῦκος καὶ θάλασσαν ἑψημένην ἐφ' ἡμισείᾳ, καὶ ἀνελόμενοι ἐπιτιθέμεθα εἰς τὴν ληνὸν νύκτα καὶ ἡμέραν μίαν· καὶ συμπατήσαντες ἀναλαμβάνομεν εἰς ἀγγεῖα. 2 ὅταν δὲ ἀναζέσῃ καὶ ἀποκαθαρθῇ, παραχέομεν ἑψήματος εἰκοστόπεμπτον μέρος· μετὰ δὲ ἰσημερίαν ἐαρινὴν ἀποτρυγίζομεν εἰς ἀγγεῖα σύμμετρα.

## Cap. 24. *Κῴου οἴνου ποίησις. Βηρυτίου.*

Οἱ μὲν τοῦ γλεύκους μέρη γ' καὶ θαλαττίου ὕδατος μέρος α' ἀποτριτοῦσιν· οἱ δὲ ἁλῶν κο. α' ἑψητοῦ κο. γ' οἴνου γλεῦκος ὡς κο. α' ὀροβίου ἀλεύρου κο. α' μελιλώτου δραχμὰς ρ' μήλων δραχμὰς ιϛ' νάρδου Κελτικῆς δραχμὰς ιϛ' εἰς οἴνου λευκοῦ μετρητὰς β' μιγνύουσιν.

---

1 *σμύρησ* sed *ν* 2. m. supra add. F ut ed. H ‖ *κασίας* corr. ex *κασσίας* 1. m.? M *κασσίας* H ‖ 4 c. 23 om. LP ‖ *ποίησης* per comp. M ‖ 5 *διατιθέντες** *συντιθ*. codd. ‖ 6 *βότρυν** *βότρυσ δύο* HM *βότρυσ β'* F; scil. archetypi librarius non intellexit, quid sibi vellent literae *δια* in sui exemplaris mg. adscriptae ad verbum *συντιθέντες* corrigendum. cf. VII 18, 3 ‖ 6 *ἡμέραισ* F ut ed. H ‖ *ἕκτη* H ‖ 8 *ἡμισεῖα* F *ἡμισεία* H *ἡμισία* M ‖ 11 *εψέματος* (sic!) F *ἑψέματος* M *ἑψήμ*. H ‖ 14 c. 24 om. LP ‖ *Βηρ*. om. M ‖ 15 *τρία* H ‖ 16 *ἁλῶν κοκκῖον* (per comp.) α' M ‖ 17 ς̊ (= ὡς) κο̆ α' | ὀροβί ἀλώρ ς̊ (= ὡς) κ̊ α'. μελϊλώτ (= ώτων) ς (= δραχμὰς) ρ' M ‖ 19 β' om. M δύο H.

### Cap. 25. *Περὶ οἰνομέλιτος.*

**1** *Βάλε μέλι Ἀττικὸν εἰς κάκαβον ὀστράκινον, καὶ εἰς θερμοσποδιὰν θές, ἵνα ἀφρὸς ἀναβληθῇ, καὶ βάλε, μετὰ τὸ χλιανθῆναι τὸ μέλι, εἰς τὸν ξέστ. τοῦ μέλιτος οἴνου ξέστ. δ', εἶτα ἔμβαλε τὸ οἰνόμελι εἰς σκεύη πεπισσωμένα καλῶς, καὶ κόστου ξηροῦ γράμματα ιβ' κόψας καὶ ἐνδήσας ὀθονίῳ ἀποκρέμασον εἰς τὸ οἰνόμελι, καὶ πωμάσας ἀπόθου ἐν διστέγῳ.* **2** *Τινὲς δὲ κόψαντες φύλλου καὶ μαράθου γράμματα ιβ' μίσγουσι τῷ οἰνομέλιτι, καὶ εὑρίσκουσιν αὐτὸ μετὰ ἡμέρας ιε' παράδοξον· παλαιούμενον δέ, ἀσύγκριτον.* **3** *Ἄλλοι δὲ οἰνόμελι οὕτως ποιοῦσι. σμύρνης γράμματα ς' κασίας γράμματα ιβ' κόστου γράμματα β' νάρδου γράμματα δ' πεπέρεως γράμματα δ' μέλιτος Ἀττικοῦ ξέστ. ς' οἴνου ξέστ. κδ' μίσγουσι καὶ ἀποτίθενται ἐν ἡλίῳ ὑπὸ τὴν τοῦ κυνὸς ἐπιτολὴν ἐπὶ ἡμέρας μ'. τοῦτο καλοῦσί τινες νέκταρ.*

### Cap. 26. *Οἰνόμελι ἀπὸ γλεύκους.*

**1** *Ἕψησον τὸ γλεῦκος ἕως οὗ καταστῇ εἰς ἥμισυ, καὶ μίξον εἰς τοὺς δέκα ξέστ. μέλιτος Ἀττικοῦ ξέστ.*

---

1 c. 25 om. L ‖ 2 *βάλλε* priore *λ* eraso P ‖ *κάκκαβον* M ‖ 4 *εἰς τὸ* ꞩ (= *ξέστ.*) *τοῦ μ. οἴνου* ꞩ (*ρ̅ς̅* H) *δ'* F *εἰς τὸν ὑπὲρ τοῦ μέλιτος οἶν*) (= *οἶνον* P) ꞩ (*χοίνικας* P) *δ'* M ‖ 6 *γρ̊* (sup. *α*) P item sed mg. add. *γραμμάρια* H ‖ 9 *δράγματα* M *γραμμάρια δώδεκα* et mg. add. *ἴσως ἑξάγϊα* | *σημαίνουσι ταῦτα* | *τὰ σημεῖα* H ‖ 10 *οἰνόμελι* P ‖ 12 *οὕτως* F et per comp. M *οὕτω* H § 3 om. P ‖ pro voce *γράμματα* deinceps *γρᾶ* M *γραμμάρια* H ‖ *ς'* F *η'* vel *ε'*? M ‖ 13 *κασσίας* H ‖ 14 *πεπέρεως γρ. δ'* om. M ‖ 15 ꞩ *ς'* de more FM ꞩ *β'* de more H ‖ *κδ'* F *δ'* M ‖ 18 c. 26 om. L ‖ 19 *Ἕψησον** *Στῆσον* codd. ‖ *ἥμισυ* HM *ς* F ‖ 20 pro *ξέστ.* omnes codd. semper fere ꞩ praebent.

α', καὶ βαλὼν εἰς τὸ κεράμιον, καὶ γυψώσας ἀπόθου εἰς σκιάν. 2 εἰδέναι δὲ χρή, ὅτι τὸ ἀπὸ γλεύκους οἰνόμελι φυσῶδές ἐστι, καὶ ἀκατάλληλον στομάχῳ, εὐκοίλιον δέ.

## Cap. 27. Ὑδρομήλου σκευασία.

1 Μῆλα κάλλιστα λβ' εἰς λεπτὸν κατατεμὼν καλάμῳ ἐκγιγαρτίσας αὐτά, βάλε εἰς μέλιτος καλλίστου ξέστ. η' καὶ ἐάσας μῆνας η', μίσγε ὕδατος ὀμβρίου παλαιοῦ ξέστ. ιβ' καὶ ἐν τοῖς ὑπὸ κύνα καύμασιν ἡλίαζε, φυλαττόμενος ὄμβρον καὶ δρόσον. 2 Ἄλλοι κάλλιον ποιοῦντες, ὑδρόμηλον σκευάζουσιν οὕτω. μῆλα κάλλιστα ἀκμαῖα κόψαντες καὶ χυλώσαντες, τοῦ χυλοῦ ξέστ. δ' καὶ μέλιτος καλλίστου ἀπηφρισμένου ξέστ. η' ὕδατος ὀμβρίου ξέστ. ιβ' μίξαντες, καὶ ἡλιάσαντες, πυρὶ μετρίως ἑψήσαντες χρῶνται. 3 οἱ δὲ διπλῷ λέβητι ἑψοῦσιν, ἵνα ὕδατι μᾶλλον καὶ μὴ πυρὶ ἑψῶσιν, ὡς ἐν Βηροίᾳ.

## Cap. 28. Ὑδρομέλιτος σκευασία.

1 Λαβὼν ὄμβριον ὕδωρ παλαιόν, ἢ ἄλλως ἀφηψημένον ἐπὶ τρίτον, μίξον μέλιτος τὸ ἀρκοῦν, καὶ εἰς ἀγγεῖον ἐμβαλών, εἰς σκιὰν ἀπόθου ἐπὶ ἡμέρας ι' τρύπην ἐάσας πρὸς διάπνευσιν, καὶ οὕτω χρῶ. παλαιούμενον δὲ γένοιτο ἂν κρεῖττον. 2 τούτῳ καὶ οἱ ἔμ-

---

5 c. 27 om. L ‖ 6 κατατέ | καλάμω· M § 1 om. P ‖ 7 ἐκγιγαρτίσας edd. ἐκγιγαρτήσας codd. ‖ 12 κόψας καὶ χυλώσας etc. — χρῶ P ‖ 13 χοίνικας δ' P ‖ χοίνικας η' P ‖ 14 ϛ ιβ' ut cett. codd. P ‖ 16 ἕψουσιν M ‖ ἵνα — ἑψῶσιν om. P ‖ 17 βηρεῖα sed mg. γρ' βηροία H βερροία P ‖ 18 c. 28 om. L ‖ 19 ἀφηψημένος H ἀφεψημένον P ‖ 21 δέκα HP.

*πειροι ἰατροὶ ἐν ταῖς ἀσθενείαις χρῶνται, ἐπιστάμενοι ὅτι ἐξ ὕδατος μόνου καὶ μέλιτος σύγκειται.* 3 *Οἱ δὲ χιόνα καθ' ἑαυτὴν μέλιτι μιγνύουσι, καὶ τρίψαντες ἀποτίθενται, καὶ ἴασις γίνεται τοῖς καυσουμένοις· ὀνομάζουσι δὲ αὐτὸ χιονόμελι.*

## Cap. 29. *Ῥοδομέλιτος σκευασία.*

*Ῥόδα καλά, εἰ ἐγχωρεῖ ὀρεινά, ἐξωνυχισμένα κόψας, καὶ ἐκπιέσας ἐν κοχλίῳ, καὶ λαβὼν τοῦ χυλοῦ ξέστ. β' καὶ μέλιτος ξέστ. α', τὸ μέλι ἀπαφρίσας ἐπίβαλε τῷ χυλῷ τῶν ῥόδων, καὶ βαλὼν ἐν ἀγγείῳ ἀνατάραξον εὐτόνως, καὶ ἀπόθου ἐν τόπῳ μὴ ἔχοντι νοτίδα.*

## Cap. 30. *Ἀπιάτου σκευασία.*

*Σελινοσπέρμου γράμματα ιβ', τινὲς δὲ γράμματα ιϛ', πηγανοσπέρμου ἤτοι τῶν χλωρῶν φύλλων τοῦ πηγάνου γράμματα ϛ' μέλιτος ἀπηφρισμένου ξέστ. α' οἴνου ξέστας δ' ἢ ε' ταῦτα πάντα μίξας ἀπόθου ἡμέρας ιε'.*

## Cap. 31. *Κονδίτου σκευασία. Δημοκρίτου.*

*Πεπέρεως πεπλυμένου καὶ ἐψυγμένου καὶ τετριμμένου ἐπιμελῶς γράμματα η' μέλιτος Ἀττικοῦ ξέστ. α' οἴνου παλαιοῦ καὶ λευκοῦ ξέστας δ' ἢ ε'.*

---

3 *μιγνύουσιν* F *-σι* H ‖ 8 *κοχλία* L *λαβὼν** *βαλὼν* codd. ‖ 9 *ἐπίβαλον* L ‖ 12 c. 30 om. LP ‖ *σεληνοτοσκευασία*: uno verbo H ‖ capitum reliquorum numeros om. H ‖ 13 *σεληνόσπερμα γραμμάρια ιβ'* H ‖ *δὲ* om. F ‖ 14 *γρ̄ά ιϛ'* HM ‖ 15 *γραμμάρια ϛ'* H ‖ 16 *δ' ἢ ε'** *ε' ἢ δ'* FM *β' ἢ δ'* H ‖ 18 c. 31 om. P *δημοκρ* a. t. M om. L ‖ 19 *τριβομένου* F ‖ 21 *λεκοῦ* sed *υ* m. rec. supra add. L.

Cap. 32. *Ἑψήματος καλλίστου σκευασία. Λεοντίνου.*

*Γλεύκους καλλίστου ξέστας ν΄ οἴνου καλλίστου ξέστας ρ΄ ἐπὶ τρίτης ἑψῶν, καὶ ἀπαφρίζων, ἐξαίρετον ποιήσεις.*

Cap. 33. *Ὄξους διαφόρου σκευασία, καὶ πῶς δυνατὸν τὸν οἶνον ὄξος ποιῆσαι. Βάρωνος.*

*Λαβὼν σεύτλου ῥίζαν κόψον, καὶ βάλε εἰς τὸν οἶνον, καὶ μετὰ ὥρας γ΄ ἔσται ὄξος. ἀποκαταστῆσαι δὲ εἰ θέλεις, κράμβης ῥίζαν ἔμβαλε.*

Cap. 34. *Ὄξος δίχα οἴνου γενέσθαι. Τοῦ Αὐτοῦ.*

**1** *Βάλε εἰς κέραμον περσικὰ τρυφερά, καὶ κριθὰς φρύξας ἔμπασον, καὶ ἄφες ἡμέρας συσσαπῆναι, εἶτα διυλίσας χρῶ.* **2** ὁμοίως δίχα οἴνου ποιήσεις ὄξος οὕτω. *βάλε εἰς κεράμιον σῦκα ἁπαλά, καὶ κριθὰς πεφρυγμένας, καὶ τῶν κίτρων τὰ ἔσωθεν, καὶ κίνει πυκνότερον, καὶ ὅταν ταριχευθῶσι, διυλίσας χρῶ.* **3** *Ὄξος χωρὶς οἴνου ποιήσεις* οὕτως· *γύψον καὶ θαλάτ-*

---

2 *λεοντίου* L om. P ‖ 3 *ς* (= *ξέστας*) *ν̃* FM *λίτρας ν̃* L ‖ 4 *ς ρ̃* FM *λ* (= *λίτρας*) *ρ̃* L ‖ *τρίτου* L ‖ *ἕψων* M ‖ 6 *Ὄξους — καὶ* om. L ‖ 7 *τὸν* om. L ‖ *βάρωνος* p. t. M om. P ‖ 10 *ἔμβαλō*: (= *ον*) L ‖ 11 *τοῦ αὐτοῦ* p. t. L om. HP ‖ 12 *κεράμιον* L ‖ 13 *ἔκπασσον* H *ἔμπωσον* L *φρϊξ. ἔμβαλον* M *φρύξας ἔμβαλλε* altero *λ* de more eraso P ‖ *συσαπ.* LP ‖ 14 *διυλήσας* HL *εἶτα* (*τα* rubr.) *διηθήσας* P ‖ *ὁμοίως — οὕτως* rubro L *οὕτως* etiam H § 2 om. P ‖ 17 *πικν.* L ‖ *διυλήσας* H *διυλήσας, καὶ ἄλλω ὄξος* (*καὶ ἄλλω — οὕτως* rubro) L ‖ 18 *οὕτως* per comp. HM *καὶ οὕτω·* P verbis *ὄξος — οὕτως* om. ‖ *θαλάσσιον* M.

*τιον ὕδωρ ἕψησον, εἶτα μίξας ὕδατι ποταμίῳ, ἐπειδὰν διηθηθῇ, χρῶ.*

Cap. 35. *Ὄξος πρὸς εὐπεψίαν καὶ ὑγείαν ἐπιτήδειον. Σωτίωνος.*

*Σκίλλης δραχμὰς η' καὶ ὄξους ξέστ. α' ἢ β' βάλε εἰς ἀγγεῖον, καὶ πεπέρεως καὶ ἡδυόσμου καὶ κασίας μέρος καὶ ἀρκευθίδων, καὶ μετὰ χρόνον χρῶ.*

Cap. 36. *Ὄξους γλυκέος σκευασία. Τοῦ Αὐτοῦ.*

**1** *Λαβὼν ὄξους δριμυτάτου κεράμιον, καὶ γλεύκους καλοῦ ἐκ τῆς πατήσεως τὸ ἴσον συμμίξας εἰς τὸ αὐτὸ κατάχρισον πίττῃ, καὶ ἐάσας ἐπὶ ἡμέρας λ' χρῶ.* 2 *Τινὲς δὲ ὄξος γλυκίζον ποιοῦσιν οὕτως· τοῦ συῤῥέοντος γλεύκους ἐκ τῆς πατήσεως ἕνα μετρητὴν δυσὶ μετρηταῖς ὄξους συνεψοῦσιν, ἕως ἂν τὸ τρίτον ἀφεψηθῇ.* 3 *Οἱ δὲ γλεύκους β' μετρητάς, ὄξους δὲ μετρητήν, καὶ ὕδατος ἑφθοῦ ποτίμου μετρητὰς γ' συνεψοῦσιν, ἕως ἂν τὸ τρίτον τοῦ παντὸς ἀφεψηθῇ· ἀπομένει δὲ τὸ δίμοιρον.*

---

1 *ποτίμῳ* S VIII 40 ‖ 2 *διηθ* M *διηθῇ* P ‖ 4 *σωτίονος* L om. M ‖ 5 *Σκήλλης δραχμὰσ ὀκτῶ* L ς ῆ F *ξέστας η'* M ⁘ *η'* P ‖ *ὄξους λ' (= λίτραν) α' ἢ β', βάλον* L ‖ 6 *πεπέρεων* M -ως P ‖ 7 *ἀρκιθίδων* L ‖ 8 c. 36 om. L ‖ *τοῦ αὐτοῦ* p. t. M om. HP etiam. tit. om. P ‖ 11 *πίσσῃ* P ‖ 12 *οὕτως* per comp. M §§ 2. 3 om. P ‖ 13 *μετρίτην δυσὶ μετρίταις* F ‖ 15 *δύο μέτρα* F *β' μέτρα* M ‖ *μετρίτην* F ‖ 16 *μετρίτας* F.

## Cap. 37. *Ὄξους δριμέος σκευασία.*
## *Τοῦ Αὐτοῦ.*

**1** *Γίγαρτα σταφυλῆς ξήρανον ἐπὶ ἡμέρας β′ καὶ βάλε εἰς γλεῦκος, καὶ ὀλίγους ὄμφακας, καὶ ποιήσεις δριμύ, μετὰ δὲ ἡμέρας ζ′ χρῶ. ἢ πύρεθρον ἔμβαλε, καὶ ἔσται δριμύ.* **2** *ὁμοίως δὲ ποιήσεις αὐτὸ δριμύ, ἐὰν λαβὼν ἀπ' αὐτοῦ τοῦ ὄξους τέταρτον ἢ πέμπτον μέρος, καὶ ζέσας πυρὶ ἐπιβάλῃς τῷ λοιπῷ καὶ ἐν ἡλίῳ ἐπὶ η′ ἡμέρας ἀπόθοιο.* **3** *Δριμύτατον ποιοῦσι καὶ ἡδὺ τὸ ὄξος ἀγρώστεως ῥίζαι παλαιαὶ βληθεῖσαι, καὶ σταφίδες, καὶ ἀχέρδου (τουτέστιν ἀγριοαππιδίου) φύλλα θλασθέντα, καὶ βατόριζα, καὶ γάλακτος ὀρός. καὶ δρυὸς καυθείσης ἄνθρακες διάπυροι, καὶ ζέμα ἐρεβίνθων, καὶ ὄστρακα διάπυρα ἐμβαλλόμενα δριμὺ ποιοῦσι τὸ ὄξος.*

## Cap. 38. *Ὄξος δριμὺ διαμένειν.*
## *Ἀπουληΐου.*

*Κυάμους μίξας μετὰ ὀξέος κίτρου, βάλε εἰς ἀγγεῖον.*

---

1 c. 37 om. L ‖ 6 *αὐτὸ ποιήσεις* M ‖ 9 *ὀκτω* P *πεντήκοντα* H ‖ *ἀποθῇς* H ‖ *ποιοῦσιν* F *-σι* H *ποιήσεις* P ‖ 10 *ἀγρώστεως* - - fin. cap. om. P ‖ 11 *ἀγριοαπιδίου* F ‖ 12 *βατόῤιζα* F *βατόρϊζα* (ζ corr. 1. m. ex *ϑ*?) H *κατώρϊζα* M ‖ 13 *καυθήσεις καὶ ἄνθρ.* F *καυθείσης καὶ ἄ.* H ‖ 16 c. 38 om. LP reicit post c. 39 H ‖ 17 *ἀπ.* a. t. M *τοῦ αὐτοῦ* mg. H.

Cap. 39. *Ὄξος πεπεράτον ποιῆσαι. Τοῦ Αὐτοῦ.*

*Βάλε εἰς ὀθόνιον πέπερι ὁλόκληρον, καὶ ἀποκρεμάσας εἰς τὸ ὄξος ἡμέρας η΄ οὕτως χρῶ.*

Cap. 40. *Ὄξους δοκιμασία, εἰ ὕδωρ ἔχει. Τοῦ Αὐτοῦ.*

*Νίτρον εἰς τὸ ὄξος βάλε, καὶ ἐὰν ὡς ζέον οἰδήσῃ, ὕδατος αὐτὸ ἔχειν νόμιζε.*

Cap. 41. *Ὥστε διπλασιάσαι τὸ ὄξος. Δημοκρίτου.*

**1** *Λαβὼν φανερὸν μέτρον ὄξους, οἷον λόγου χάριν μετρητήν, ἀπὸ θαλαττίου ὕδατος ἐπὶ ἡμισείας ἑψηθέντος βάλε μετρητὴν ἕνα, καὶ συγκεράσας ἀπόθου ἐν ἀγγείῳ.* **2** *τινὲς δὲ ἀποβρέξαντες κριθὰς καὶ διηθήσαντες, ἐκ τοῦ ἀποβρέγματος μίσγουσιν ἕνα μετρητὴν τυχὸν ἑνὶ μετρητῇ ὄξους, καὶ συναναχινοῦσι καὶ ἐμβαλόντες ἁλῶν πεφρυγμένων ἔτι θερμῶν ὄντων μέρος τὸ ἀρκοῦν, πωμάζουσι τὸ ἀγγεῖον, καὶ καταλιμπάνουσιν ἡμέρας κ΄.* **3** *τινὲς δὲ ἐκ τῶν σύκων τῶν ἐπὶ τοῖς δένδροις βρεχομένων καὶ σηπομένων ἐμβάλλουσιν εἰς ὕδωρ, καὶ ἐάσαντες συσσαπῆναι ὄξος ἐποίησαν.*

---

1 c. 39 om. L ante c. 38 inserit H ‖ τοῦ αὐτοῦ a. t. M om. P ἀπουληίου mg. H ‖ 2 βάλλε altero λ eraso P ‖ πέπερ F ‖ 3 ὀκτὼ P ‖ οὕτως F et per comp. M οὕτω HP ‖ 5 τοῦ αὐτοῦ a. t. M om. HP ‖ 7 ὕδωρ M ‖ 8 c. 41 om. L ‖ ὡς P ‖ 9 δημ. a. t. M om. P ‖ 11 μετρίτ(ης) semper F ‖ 20 ὕδωρ· ἐάσαντες M §§ 2. 3 om. P.

Cap. 42. Ὄξος σκιλλιτικὸν ποιῆσαι. Πυθαγόρου.

Βάλε εἰς κεράμιον ὄξους καλλίστου καὶ δριμυτάτου ξέστας λϛ′ καὶ σκίλλης λευκῆς τῶν ἐντὸς πλακῶν κεκομμένων εἰς λεπτά, καὶ ἐψυγμένων ἐν ἡλίῳ ἐπὶ ἡμέρας λ′ ἔμβρεξον τῷ ὄξει ἐπὶ ἡμέρας ιβ′. εἶτα ἀφελὼν τὸ ὄξος καὶ ἀποθέμενος, ὅταν θέλῃς, χρῶ. οὐκ ἔλαττον γὰρ τοῦ σκιλλιτικοῦ οἴνου τὸ σκιλλιτικὸν ὄξος ὠφελήσει.

## ΒΙΒΛΙΟΝ Θ.

Τάδε ἔνεστιν ἐν τῇδε τῇ βίβλῳ, ⟨ὦ⟩ φίλτατε παῖ Βάσσε, ἐννάτῃ μὲν οὔσῃ τῶν περὶ γεωργίας ἐκλογῶν, περιεχούσῃ δὲ πᾶσαν σύνταξιν περὶ φυτείας καὶ ἐπιμελείας ἐλαιῶν, καὶ ἐργασίας ἐλαίου ὀμφακίνου, καὶ πάσης ἑτέρας περὶ τὸ ἔλαιον σπουδῆς καὶ θεραπείας, καὶ διαφόρου συνθέσεως ἐλαιῶν.

α′. ἱστορία περὶ ἐλαιῶν. β′. περὶ φυτείας καὶ ἐπιμελείας ἐλαιῶν, καὶ ὅτι μέγιστόν ἐστιν ἀγαθὸν ἡ περὶ ταῦτα σπουδή. γ′. περὶ ἀέρος ἐπιτηδείου ἐλαίαις καὶ γῆς σχημάτων. δ′. περὶ καιροῦ φυτείας ἐλαιῶν καὶ εἰς ποίαν γῆν φυτευτέον. ε′. περὶ φυτωρίου. ϛ′. περὶ

---

1 c. 42 om. P σκιλλικόν· L ‖ πυθαγ. a. t. M p. t. L ‖ 2 Βάλον L ‖ 3 τῶν ἐντὸς κεκομένων L ‖ 4 ηλίω ἡμέρας L ‖ 5 ἀφελών, χορὶς τὸ ὄξος ἀποθέμενος L ‖ 6 θέλεις L ‖ 9 β. ἔννατον HL β. θ′ον περι ἐλαιῶν | (hoc m. rec.) βιβλίον ἔννατον περιέχον πᾶσαν, cett. om. P ‖ 10 κε. μή mg. L ‖ ⟨ὦ⟩* om. M ὦ — Βάσσε om. FL ‖ 11 ἐνάτῃ F ut ed. H ‖ 14 ἔλεον L ‖ 15 καὶ — ἐλαιῶν om. L ‖ 16 indicem capitum om. HLP ‖ 17 ἐστιν om. M ‖ 18 ἐπιτηδίου F ‖ 19 χασμα(τος?) p. c. sine acc. F ‖ 20 φυτευταίων | καὶ φυτωρί(υ):· (!) et mg. ε̅ F ‖ ϛ′ om. F.

*βόθρων τῶν εἰς φυτείαν ἐλαιῶν. ζ'. ὁποῖα εἶναι δεῖ τὰ μέλλοντα φυτεύεσθαι τῶν ἐλαιῶν φυτά. η'. ἐλαίας πολυφόρους ποιῆσαι. θ'. περὶ τῆς τῶν τελείων ἐλαιῶν ἐπιμελείας. ι'. πῶς ἔστιν ἐλαίας εὐθαλεῖς καὶ πολυκάρπους ποιῆσαι καὶ πῶς ἔστι νοσούσας θεραπεῦσαι. ια'. ὅτι κατὰ πολλοὺς καὶ διαφόρους τρόπους ἡ τῆς ἐλαίας γίνεται φυτεία. ιβ'. πρὸς τὸ μὴ ἀπορρεῖν τῆς ἐλαίας τὸν καρπόν. ιγ'. περὶ κλαδείας ἐλαιῶν. ιδ'. περὶ ἐλαιοσταφύλου. ιε'. περὶ κόπρου ἐπιτηδείας τῇ ἐλαίᾳ. ις'. περὶ ἐγκεντρισμοῦ ἐλαιῶν. ιζ'. πῶς καὶ πότε δεῖ ἐκλέγειν καὶ τρυγᾶν τὰς ἐλαίας. ιη'. πῶς δυνατὸν δίχα ἐλαιῶν γενέσθαι ἔλαιον. ιθ'. ὀμφακίνου ἐλαίου ποίησις. κ'. ἐλαίου εὐώδους σκευασία. κα'. πῶς ἔστιν ἔλαιον καθαρὸν ποιῆσαι. κβ'. ἔλαιον ταγγὸν θεραπεῦσαι. κγ'. δυσῶδες ἔλαιον θεραπεῦσαι. κδ'. ἔλαιον θολερὸν καταστῆσαι. κε'. ἐὰν μῦς ἢ ἄλλο τι ζῷον εἰς ἔλαιον ἐμπεσὼν βλάψῃ τὴν ὀσμήν. κς'. ἔλαιον Σπάνῳ ὅμοιον ποιῆσαι. κζ'. ἐλαίῳ Ἰστρικῷ ὅμοιον ποιῆσαι. κη'. σύνθεσις καλλίστη ἐλαιῶν. κθ'. σύνθεσις δι' ὀξυμέλιτος. λ'. σύνθεσις διὰ γλεύκους. λα'. σύνθεσις ἐλαιῶπ διὰ στεμφύλων σταφυλῆς. λβ'. περὶ θλαστῶν ἐλαιῶν. λγ'. περὶ κολυμβάδων.*

---

1 ζ' M ϛ̄ (= ς') et sic deinceps asse minus per totum librum F ‖ *δὴ τα* (sine acc. ut multa alia) F ‖ 3 *τῶν τέλείων* (!) F ‖ 5 *πῶς ἔστι* om. M ‖ 7 *πρὸς — καρπὸν* sine numero tradit, tum cum num. *ιβ'* repet. M ‖ 8 *κλαδίας* p. c F ‖ 11 *πῶσ ἰι' δυνᾱ* F ‖ 13 *ποιιισιισ καὶ ελλ'* (!) F ‖ 14 *ταvὸν* M ‖ 15 *δυσσω̂* F ‖ 17 *ἐμπεσ͡* (= *ων*) F *ἐμπεσὸν* M ‖ 18 *ἔλαιον ἰστρικῶ* F ‖ 19 *διοξομέλιτοσ* F ‖ 21 *στρεμφύλων* F ‖ 22 *λγ'* * *λβ'* iterum M.

## Cap. 1. *Ἱστορία περὶ ἐλαιῶν.*

1 *Ἐλαίαν παρῆχθαί φασιν οὕτως. τῆς γῆς ἁπάσης ἀρχῆθεν ὕδατι καλυπτομένης, πρῶτον δὲ ἐν Ἀθήναις ἀναφανείσης, Ἀθηνᾶ τε καὶ Ποσειδῶν ἐρασθέντες τοῦ τόπου, ἅμιλλαν εἶχον πόλιν κτίσαι ἐπὶ τῷ τούτων ὀνόματι.* 2 *Ζεὺς δὲ ἀμφοτέρων τὴν ἔριν βουληθεὶς διαλῦσαι, φησίν, ὃς ἂν κάλλιστον τῇ πόλει κτῆμα ἐπιδοίη, οὗτος ἐχέτω ταύτην.* 3 *Ποσειδῶν μὲν οὖν λιμέσι καὶ νεωρίοις ταύτην ἐκόσμει. ἡ δὲ Ἀθηνᾶ ἐλαίαν ἐν τῇ Ἀκροπόλει ἀνέδωκεν, εὐθαλῆ τε καὶ εὔκαρπον, καὶ ταύτην στεφανωσαμένη, καὶ ὑπὸ πάντων δραθεῖσα νενίκηκε, καὶ ἐπ' ὀνόματι ταύτης τὴν πόλιν Ἀθήνας ὠνόμασαν.* 4 *ἡττηθεὶς οὖν ὁ Ποσειδῶν ὑπεχώρησεν εἰς τὰ συνήθη. ἀφ' οὗ καὶ τοὺς νικῶντας ἐν ἄθλοις τὸν κότινον στέφανον ἀναδοῦσιν οἱ τῶν ἀγώνων ἐπόπται.* 5 *ὤνησαν δέ ποτε καὶ ἀπήλλαξαν κεφαλῆς ἄλγημα φυσικῶς, φύλλῳ ἐλαίας ἐπιγράψαντες Ἀθηνᾶ, καὶ μίτῳ τὸ φύλλον τῇ κεφαλῇ ἀναδήσαντες.*

---

1 tit. om. H c. 1 om. P ‖ 2 *παρεῖχθαι* L *παρήχθαι* H ‖ 5 *κτῆσαι* L ‖ *ἑαυτῶν* L ‖ 8 *ποσιδῶν* L ‖ 9 *λιμήσει* L ‖ 10 *ἐλαίαν* (i. ras.) *τῇ* L ‖ 12 *νενίκηκεν* F *-κε* H ‖ 13 *ὀνόμασαν* L ‖ 14 *συνήθει* L ‖ 15 *κοτίνου στεφάνω* L ‖ 16 *τῶν ἁγίων* L ‖ *ὤνησε* et *ἀπήλλαξε* HM *ὤνησεν* et *ἀπήλλαξεν* F sed post XI 1, ubi FHM totum hoc caput repetunt, *ὤνησαν* et *ἀπήλλαξαν* tradunt sicut L ‖ 17 *φύλλα* L ‖ 18 *τὴν κεφαλὴν* sed XI 2 ut ed. HM *περὶ τὴν κεφαλὴν τὸ φῦλλον* L ‖ 19 *ἀναδύσ.* L.

## Cap. 2. *Περὶ φυτείας καὶ ἐπιμελείας ἐλαιῶν, καὶ ὅτι μέγιστόν ἐστιν ἀγαθὸν ἡ περὶ ταῦτα σπουδή. Φλωρεντίνου.*

**1** *Τῆς ἀπὸ τῆς ἐλαίας προσόδου ἀναγκαιοτάτης τυγχανούσης (οὐδεμία γὰρ ἑτέρα πρόσοδος οὕτως ἐπὶ πλεῖστον φυλάττεσθαι δύναται χρόνον), δεῖ μάλιστα τοὺς περὶ γεωργίαν ἐσπουδακότας τῆς ἐλαίας πλείστην τίθεσθαι πρόνοιαν.* **2** *οὐ μόνον γὰρ ἀσφαλεῖς καὶ βεβαίους ἔχει τοὺς πόρους ἡ ἀπὸ τῆς ἐλαίας πρόσοδος, ἀλλὰ καὶ μέγιστόν ἐστιν ἀγαθὸν πρὸς πᾶσαν τὴν τοῦ βίου θεραπείαν ὁ ἀπὸ τῆς ἐλαίας καρπός.* **3** *προσημαίνει δὲ καὶ τὰς τροπὰς τὰς θερινὰς στραφέντα τὰ φύλλα τῆς ἐλαίας, ὥσπερ ἡ φιλύρα, καὶ ἡ πτελέα, καὶ ἡ λεύκη.* **4** *εὐφορεῖν δὲ νόμιζε τὴν ἐλαίαν, εἰ μὴ ἐν τῷ πλαγίῳ, ἀλλ' ἐν τῷ ἄκρῳ τοῦ ὄρπηκος τὸν καρπὸν φέρει.* **5** *καθαρὰ δὲ οὖσα ἡ ἐλαία βούλεται καθαροὺς εἶναι καὶ τοὺς δρέποντας αὐτήν, καὶ ὀμνύναι ἀπὸ μόνης τῆς ἑαυτῶν γυναικὸς ἀφικνεῖσθαι, οὐκ ἀπ' ἀλλοτρίας εὐνῆς. οὕτω γὰρ καὶ ἐν τῷ ἐπιόντι καιρῷ πλεῖστον παρέξει καρπόν.* **6** *φασὶ δὲ ἐν Ἀναζάρβῳ τῆς Κιλικίας παῖδας ἁγνοὺς γεωργεῖν τὴν ἐλαίαν, καὶ διὰ τοῦτο εὐφορωτάτην εἶναι τὴν παρ' αὐτοῖς ἐλαίαν.*

---

2 *ἐστιν* om. M ‖ *ταύταις* H *ταύτην* P *ταῦ* (= *ην*) M i. c. *ταῦτα* M ‖ 3 *φλωρ.* p. t. M om. H ‖ 4 *τῇ ἐλαίας* L ‖ 5 *οὕτω* FM *οὕτως* P ‖ 6 *δύναται* om. F *δύν. φυλ.* HL ‖ 8 *ἀσφαλὴς* F in *-εῖς* corr. H ‖ *καὶ* 1. m. suprascr. L ‖ 10 *τὴν* om. F ‖ 11 *ἐλέας* L ‖ *προσειμ.* L ‖ 13 *ἐλέας* L ‖ 17 *τοὺς κα* . . . . . . *αὐτὴν* M *τοὺς γεωργοῦντας αὐτήν·* P ‖ 18 *τῆς* om. L ‖ 19 *ἀλλοτρίου* L ‖ 22 *εὐφορωτ.* L.

Cap. 3. *Περὶ ἀέρος ἐπιτηδείου ἐλαίαις, καὶ γῆς σχημάτων. Τοῦ Αὐτοῦ.*

**1** Θερμὸς ἀὴρ καὶ αὐχμηρὸς τῇ ἐλαίᾳ ἐπιτήδειος, καὶ ἔστι τοῦτο ἰδεῖν ἐπὶ τῆς Λιβύης καὶ Κιλικίας, καὶ τῶν ἐν αὐταῖς ἐλαιῶν. **2** συναίρεται δὲ τῇ τοῦ ἀέρος ἐπιτηδειότητι καὶ τὰ τῆς γῆς σχήματα προσκλινῆ καὶ ὑψηλά. **3** αἱ γὰρ ἐν τοῖς τοιούτοις τόποις, διὰ τὸ ὑπὸ τῶν ἀνέμων καταψύχεσθαι τὸ ὑπερβάλλον τοῦ ἡλίου πυρῶδες, κάλλιστον ἔλαιον ποιοῦσι, καὶ τοιοῦτον, οἷον τὸ ὠμοτριβὲς κατασκευάζεται. **4** αἱ δὲ ἐν τοῖς πεδινοῖς ἐλαῖαι, ἧττον μὲν ὑπὸ τῶν ἀνέμων κινούμεναι, σφοδρότερον δὲ ὑπὸ τοῦ ἡλίου ἐγκαθημένου καιόμεναι, παχὺ τὸ ἔλαιον πέμπουσι. **5** καθόλου δὲ παρατηρητέον, ὅτι οἱ ἄνεμοι οὐ τὰ φυτὰ μόνον, ἀλλὰ καὶ πάντα ζωογονοῦσιν, ὥσπερ γὰρ οἱ σφοδροὶ καὶ λάβροι ἄνεμοι τοῖς πᾶσιν ἐναντίοι, οὕτως οἱ εὔκραεῖς καὶ ἤπιοι πλεῖστον καὶ μάλιστα μὲν τοῖς πᾶσι φυτοῖς, ἐξαιρέτως δὲ τῷ τῆς ἐλαίας συμβάλλονται. **6** Εὐθαλῆ γοῦν ἐκεῖνα μάλιστα τὰ φυτὰ τῶν ἐλαιῶν εὑρήσεις, αἷς τὸ τοῦ ἀνέμου πνεῦμα εἰσδύεται, πλατέων ὄντων τῶν ἐν τοῖς φυτοῖς διαστημάτων, δι' ὧν εὐμαρῶς εἰσπνεῖν ὁ ἄνεμος δύναται. **7** διὰ τοῦτο γὰρ καὶ τὰ

---

2 τοῦ αὐτ. p. t. LM om. P ‖ 3 θερμὸς — ἰδεῖν om. L ‖ 4 ἔστιν F ἔστι H ‖ 5 ἐλεῶν L ‖ 6 ἐπιτηδειότητα L ‖ 8 καταψύγεσθαι F — γ — in ras. 1. m. H καταψυχᾶσθαι L ‖ 9 ποιοῦσιν F -σι H ‖ 12 ἐγκαθειμ. F ‖ 13 ταχὺ L ‖ ./. ποιοῦσιν· sed mg. add. 1. m. γρ. πέμπουσιν·: F ut ed. H πέμπουσιν· L ‖ 15 ζωογονοῦνται M ‖ γὰρ om. FL ‖ 16 ἄνεμοι om. FL ‖ ἐναντίοι ἄνεμοι ⁘ μάλιστα δὲ τὸ πᾶν, πᾶσι μὲν τοῖς φυτ. et in mg.: ζήτ(ει) F ἐν. ἄνεμοι μάλιστα, cett. ut F, H ἐναντίοι γίνονται., rel. caput om. L.

προσκλινῆ καὶ ἀνάντη σφόδρα πρὸς ἐλαίαν ἐπιτήδεια ὑπάρχειν εἰρήκαμεν, διότι δέχεται ἀεὶ εὔδιον ἄνεμον, ὡς μηδὲν διαπνεῦσαι, ἀλλὰ καθ' ἕκαστον δένδρον ὁμαλῶς διιέναι καὶ τρέφειν καὶ διεγείρειν τὴν αὔξησιν τοῦ φυτοῦ.

Cap. 4. *Περὶ καιροῦ φυτείας ἐλαιῶν, καὶ εἰς ποίαν γῆν φυτευτέον. Τοῦ Αὐτοῦ.*

**1** *Φυτευτέον τὰς ἐλαίας ἀπὸ ὑάδων δύσεως, μέχρι τροπῶν χειμερινῶν, τουτέστιν ἀπὸ ιε' τοῦ Νοεμβρίου μηνός, ἕως κ' τοῦ Δεκεμβρίου μηνός.* **2** *φυτευτέον καὶ ἐν τῷ ἔαρι τὴν ἐλαίαν· μιμοῦνται γὰρ ἀλλήλους οἱ δύο καιροί, ἔχοντες τὸ ὑγρὸν καὶ τὸ θερμόν.* **3** *τὸ μὲν γὰρ φθινόπωρον ἔχει θερμὴν ἔτι τὴν γῆν ἀπὸ τοῦ ἡλίου, τὴν δὲ ὑγρότητα ἀπὸ τῶν μετοπωρινῶν ὄμβρων.* **4** *τὸ δὲ ἔαρ ἔχει μὲν τὸ ὑγρὸν ἀπὸ τῶν ἡγησαμένων ὄμβρων, προσλαμβάνει δὲ τὸ θερμὸν ἀπὸ τῆς ἡλιακῆς προσελεύσεως.* **5** *Ἡ ὑγροτέρα γῆ εὐθαλεστέρας καὶ λιπαρωτέρας φέρει τὰς ἐλαίας, δι' ἣν αἰτίαν ταύτην προκριτέον τὴν γῆν. δευτέρα δὲ ταύτης, ἡ λευκάργιλλος· τρίτη, ἡ σκληράργιλλος.* **6** *τὴν δὲ βαθύγειον οὐκ ἐπαινοῦμεν, οὔτε δὲ τὴν ἐρυθράν, θερμὴ γὰρ οὖσα συγκαίει τὰ φυτά.* **7** *πολὺ δὲ μᾶλλον φευκτέον τὴν κατερρηγμένην. τὸν γὰρ καρπὸν*

---

1 προσκλινῆ . . . . νάντη M προσκλινῆ καὶ ἀνάντη P ‖ 7 φυτευταῖον L ‖ τοῦ αὐτοῦ p. t. LP ‖ 8 φυτευταίον (sic!) τὰς ἐλέας L ‖ 10 ἕως — μηνὸς om. LH ‖ φυτευταίον δὲ ἐν τῷ ἀέρι L ‖ 13 φθηνόπ. L ‖ 14 μετοπορ. L ‖ 16 προηγησ. L ‖ 19 δὲ om. L ‖ 20 λευκαργίλος L ‖ σκληράλγιρος L ‖ 21 οὔτε τὴν M ‖ 23 φυτευτέον M φευκταίον L ‖ κατερρηγμένην* ܠܐܝܠܢܐ ܕܡܬܦܠܚܐ ܕܝ ܐܦ ܡܙܝܢܐ ܘܡܚܒܠ ܦܐܪܐ S XI 3 fin. κατωρυγμένην codd.

ἀλιπῆ φέρει, καὶ τὸ γέννημα ὑδατῶδες. 8 ἡ δὲ λεπτόγειος ἐπιτηδεία, καὶ μαρτυρεῖ ἡ Ἀττική.

## Cap. 5. *Περὶ φυτωρίου. Διδύμου.*

1 Συντομωτέρα μὲν ἡ τῶν προειρημένων φυτῶν κατάθεσις ἐν τῇ ἑαυτῆς γῇ, παρὰ τὸν ἐκ τῆς τῶν φυτωρίων ἀναβολῆς μελλησμόν. 2 ἐπειδὴ δὲ τὰ ἐκ τῶν φυτωρίων μετατιθέμενα ἀσφαλεστέραν ἔχει τὴν ζωογονίαν, καὶ τὸν τρόπον τῶν φυτωρίων ἐπιδείξομεν. 3 δεῖ τοίνυν, ὡς πολλαχοῦ εἰρήκαμεν, πάντῃ ἴσον εἶναι τὸ φυτώριον τῇ φυτευθησομένῃ γῇ, οὐ ποιότητι μόνον καὶ σχήματι, ἀλλὰ καὶ ἀέρων καταστάσει, ἵνα μὴ ξενίζηται τὸ μέλλον ἐν αὐτῇ κατατίθεσθαι φυτόν. 4 Ληπτέον δὲ εἰς τὰ φυτώρια ἀπὸ τῶν νέων ἐλαιῶν καὶ εὐφόρων ἐν οὖν μέτρῳ παχεῖ, οὐκ ἀπὸ τοῦ πρέμνου ἐκπεφυκότα, ἀλλὰ ἄνωθεν ἀπὸ τῶν ὀρπήκων καὶ τῶν νέων κλάδων· 5 ἔστω δὲ μέτρον πηχυαῖον· ὡς μὴ σπαραχθῆναι ὑπὸ τῆς τομῆς τὸν φλοιόν· τοῦτο γὰρ μᾶλλον χρὴ παραφυλάττειν ἀκριβῶς. 6 δρεπάνῳ δὲ ὀξεῖ τὴν τομὴν λειωτέον πανταχόθεν, διασώζοντας ἀκέραιον καὶ ὁλόκληρον τὸ φυτόν. 7 χριέσθω δὲ τὰ κατώτερα τοῦ ὄρπηκος βολβίτῳ τέφρᾳ μεμιγμένῳ, ἐνθήσομεν δὲ αὐτὸ τῇ γῇ, ὡς ὑπερέχειν δʹ δακτύλους, καὶ ἐνταῦθα τὸν βόθρον φιαλώσαντες, ὡς προείρηται, πρὸς ὑποδοχὴν τῶν ὄμβρων. 8 Χρὴ δέ, ὡς ἤδη προειρήκαμεν, φυλάττεσθαι προηγουμένως, ὅπως μὴ κατὰ

---

1 γέννημα L ‖ 3 c. 5 om. L ‖ διδ. p. t. M a. t. P ‖ 6 μελησμὸν· FM ‖ 10 πιότητι M ποιοτ. P ‖ 14 ἐν οὖν μ. παχεῖ cf. praef. p. VIII ‖ 15 δρπήκων M ‖ 18 δεῖ M ‖ παραφυ (ras.) λάττειν F ut ed. H ‖ 21 ὅρπηκος M ‖ βολβίτω (ιʹ 2. m. in ras. ex ηʹ) F.

κορυφὴν τεθῇ ὁ ὄρπηξ. 9 παραπήξομεν δὲ κάλαμον, πρὸς τὸ τοὺς σκάλλοντας ἐπιγινώσκειν τὴ ὄψιν τοῦ φυτοῦ. 10 δεῖ δὲ· τὰ ἐν τοῖς φυτωρίοις φυτὰ κατὰ μῆνα κινεῖν ἐπὶ μῆνας ζ΄. 11 Τριῶν τοίνυν ἐτῶν ἡ φυτοτροφία καλῶς αὕτη ἂν γένοιτο, τῷ δ΄ δὲ ἔτει κλαδευτέον τοὺς περιττοὺς κλάδους, καὶ οὕτω μεταλισχευτέον εἰς τὴν μέλλουσαν φυτεύεσθαι γῆν, συνεπάραντά τι τοῖς φυτοῖς τῆς οἰκείας καὶ συντρόφου γῆς. 12 καὶ καλλίων μὲν ὁ διὰ τῶν ὀρπήκων τῆς τῶν ἐλαιῶν φυτείας τρόπος· τινὲς δὲ ξύλα ὡς ἔτυχε κοπέντα ἀπὸ τῶν κατωτάτων μερῶν, τὰ λεγόμενα παρὰ Σύροις γορφία, καταθέμενοι ἐν τοῖς φυτωρίοις, ὅταν ἐπιτήδεια πρὸς μετάθεσιν ἴδωσι, μεταφυτεύουσι. 13 πολλοὶ δὲ οὐκ ἐν φυτωρίοις, ἀλλὰ καὶ ἐν τῇ ἰδίᾳ γῇ κατατιθέμενοι, οὐ διήμαρτον. 14 κάλλιον δὲ τὰ τοιαῦτα μάλιστα ἐν τοῖς φυτωρίοις κατατίθεσθαι· συνεχῶς γὰρ ἐν τούτοις ἀρδόμενα ταχεῖαν ἔχει τὴν βλάστησιν, καὶ οὕτως εὐμαρῆ τὴν μετάθεσιν.

## Cap. 6. *Περὶ βόθρων τῶν εἰς φυτείαν ἐλαιῶν.* *Τοῦ Αὐτοῦ.*

1 Ἡνίκα ἡ τῆς ἐλαίας γίνεται φυτεία, χρὴ καθαίρειν τοὺς τόπους, ἐν οἷς ἡ ταύτης γίνεται κατάθεσις, καὶ πᾶν τὸ ἑτερογενὲς ἐξαιρεῖν, καὶ περιβάλλειν τει-

---

1 ὁ ὄπηξ (!) P ‖ παραπήξωμεν (ω corr. ex ο 2. m.) F -ξωμεν H ‖ 5 αὐτῆι F αὕτη H ‖ 6 κλαδευτέον περὶ τοὺς κλ. P ‖ οὕτως per comp. M ut ed. P ‖ 8 τοῖς φυτοῖς τοῖς F τῆς H ‖ 9 καλλίωι F -ίω H ‖ δρπήκων P ‖ 10 ἔτυχεν F -ε H ‖ 11 κατωτάτων FP κατωτάτω HM ‖ μερῶν* emend. ex S XI 7 ῥιζῶν codd. ‖ 12 γορφία: [illegible] S ‖ 13 ἴδωσιν, μεταφυτεύουσιν F -σιν, -σι H ‖ 14 ἰδία καταθέμενοι M ‖ 16 συνεχῶς δὲ ἐν M ‖ 20 τοῦ αὐτοῦ a. t. M p. t. L ‖ 22 ταύτης γίνεται φυτεία FM.

χίον ἢ φραγμόν. 2 βοθρεύειν δὲ μάλιστα μὲν ἐνιαυτῷ πρότερον τῆς φυτείας, ἵνα ὑπὸ τοῦ ἡλίου, καὶ τῶν πνευμάτων, καὶ τῶν ὄμβρων, ἡ γῆ ψαθυρωτέρα γένηται, καὶ τὰ φυτὰ ῥιζοβολήσῃ. 3 εἰ δὲ φυτεῦσαι ἐπειγόμεθα, πρὸ δύο μηνῶν, ἢ ἑνὸς τὸ ἐλάχιστον, φρύγανα καὶ κάλαμον, καὶ ὅσα εὔφλεκτα, ἐγκαταφλέξομεν τοῖς βόθροις ἐπὶ πολλὰς ἡμέρας. 4 δεῖ δὲ τὸ βάθος τῶν βόθρων ἔχειν τρεῖς, ἢ μὴ ἔλαττον τῶν δύο ἥμισυ πηχῶν. 5 Ἀπεχέτωσαν δὲ ἀπ' ἀλλήλων οἱ βόθροι πήχεις ν'. ὥστε καὶ διαπνεῖσθαι τὰ στελέχη, καὶ τὸν μεταξὺ σπείρεσθαι τόπον. 6 οἱ δὲ τοῦ σπόρου καταφρονοῦντες πυκνὴν τὴν φυτείαν ποιοῦνται, ὥστε ὑπ' ἀλλήλων τὰ φυτὰ μὴ σκιάζεσθαι.

Cap. 7. Ὁποῖα εἶναι δεῖ τὰ μέλλοντα φυτεύεσθαι τῶν ἐλαιῶν φυτά. Τοῦ Αὐτοῦ.

Δεῖ τὰ φυτὰ τῶν ἐλαιῶν, ἀπὸ ἐπιτηδείων τόπων, καὶ δένδρων νέων καὶ κατ' ἐνιαυτὸν καρποφόρων, τὸ πάχος ἔχοντα στελέχους, ἢ παχύτερα, λεῖά τε καὶ ὀρθὰ ἐκλέγεσθαι.

---

1 δὲ om. L ‖ ἐνιαυτῷ Niclas. ἔνια τὸ F ἐνιαυτὸ L ἐνίοτε δεῖ M ‖ 3 ψαθαρ. L ‖ 4 γίνηται F ‖ 5 β' μην(ὸς per comp.) M δύο μηνῶν P ‖ 6 εὔφρικτα ἐγκαταφλέξωμεν L -ω- 2. m. ex o F -o- H ‖ 8 ἔχειν τὸν βόθρον M ‖ 9 ἡμίσεος L β' ς'' M β' ¦ ἥμισϋ H ‖ ἀπ' om. L ‖ 10 πεντήκοντα HM ‖ 11 μεταξὶ L ‖ 12 ποιοῦνται τοσοῦτον ὥστε L ‖ 15 τοῦ αὐτοῦ p. t. LM tit. et nomen om. P ‖ 16 post τόπων λαμβάνειν inserit L ‖ 17 τὰ F τὸ H om. L ‖ 19 ἐκλέγεσθαι om. FL.

## Cap. 8. *Ἐλαίαν πολυφόρον ποιῆσαι. Ἀφρικανοῦ.*

*Τρύπησον τρυπάνῳ τὸ στέλεχος διαμπάξ, καὶ λαβὼν κλαδία β' ἀπὸ ἑτέρας πολυκάρπου ἐλαίας, τὰς ἀρχὰς τῶν κλάδων ἐξ ἑκατέρου μέρους βάλε, ὥστε εἰς τὸ πέραν διελθεῖν, καὶ ἐπιλαβόμενος ἀμφοτέρων τῶν κλάδων ταῖς χερσὶν ἕλκυσον ἰσχυρῶς· ὅταν δὲ σφηνωθῇ, ἀπόκοψον ἀπὸ ἑκατέρων μερῶν τὰ περιττά, τουτέστι τὰ ἐξέχοντα τῶν κλάδων, καὶ πηλῷ μετὰ ἀχύρου διάχρισον τὰς ἑκατέρωθεν ὀπάς, καὶ γίνεται ἡ ἐλαία πολυφόρος καὶ καλλιέλαιος.*

## Cap. 9. *Περὶ τῆς τῶν τελείων ἐλαιῶν ἐπιμελείας. Σωτίωνος.*

1 *Περὶ μὲν οὖν τῆς φυτείας τῶν ἐλαιῶν, καὶ φυτουργίας, τὴν αὐτάρκη διδασκαλίαν ὑπεσχήμεθα. νυνὶ δὲ καὶ περὶ τῆς τῶν τελείων φυτῶν ἐπιμελείας εἰπεῖν ἀκόλουθον.* 2 *τὴν μὲν οὖν ἐργασίαν, τουτέστι τὴν γύρωσιν, τῷ αὐτῷ καιρῷ, τῷ καὶ ἐπὶ τῶν νεοφύτων εἰρημένῳ, ποιοῦ· τὴν δὲ περίσκαψιν τοῦ βάθους, καὶ περιβολὴν τῆς κόπρου, ⟨καὶ⟩ τὸ πλῆθος, καὶ τῆς προσχώσεως τὸ ὕψος, πρὸς τὰ στελέχη, καὶ τὰ μεγέθη, καὶ τὴν τῆς γῆς φύσιν καὶ τῶν δένδρων ποιεῖσθαι χρή.* 3 *τοῖς μὲν γὰρ βλαστικωτέροις καὶ ἐνίκμοις τῶν τόπων ἐλάττω τὴν κόπρον προσφέρειν προσήκει,*

---

2 *ἀφρ.* p. t. M om. H ‖ 4 *δύο* H ‖ 5 *κλαδίων* M ‖ *βάλον* L ‖ 8 *ἀπόκοψον* om. L ‖ 9 *κλάδων, περίελε· καὶ πυλῷ* L ‖ 10 *διάχρυσον* L ‖ 12 c. 9 om. L ‖ 13 *σωτ.* p. t. M om. HP ‖ 15 *ὑπεσχόμην* M *ὑπεθέμην* P ܣܡܬ S XI 9 ‖ 16 *τῶν* om. P ‖ 19 *ποίει* P ‖ 20 ⟨*καὶ*⟩ edd. om. codd. ‖ 22 *καὶ τὴν τῶν δ.* M.

καὶ διὰ πλειόνων ἐτῶν, καὶ τῇ προσχώσει ταπεινοτέρᾳ χρῆσθαι, μὴ τὰ δένδρα εἰς βλάστην ἐπειγόμενα τὸν καρπὸν ἐν τῷ ἄνθει βλάπτῃ. 4 ἐν δὲ τοῖς ἀβλαστοτέροις τόποις καὶ ξηροτέροις πλείω τὴν κόπρον διδόναι, καὶ διὰ ταχέων, καὶ τῇ προσχώσει τῆς γῆς τῆς περὶ τὰ στελέχη ὑψηλοτέρᾳ χρῆσθαι, ὅπως διὰ τὴν κόπρον βλαστικώτερα γένηται, διά τε τὴν πρόσχωσιν μὴ καίηται ὑπὸ τοῦ ἡλίου. 5 Τὰς δὲ διακαθάρσεις τῶν προειρημένων τελείων ἐλαιῶν, ὡς καὶ τῶν λοιπῶν δένδρων, τῷ φθινοπώρῳ μετὰ πλειάδων δύσιν ποιοῦ. 6 κατὰ τοῦτον τὸν καιρὸν στερεώτερά τε καὶ ἰσχυρότερα τὰ δένδρα εἶναι δοκεῖ. 7 συμβαίνει γὰρ αὐτοῖς πρῶτον μέν, ὅσον ἦν ὑγρὸν ἀνηλωκέναι εἰς τοὺς βλαστούς, καὶ εἰς τὴν τοῦ καρποῦ τροφήν· δεύτερον δέ, διὰ τὴν τοῦ θέρους θερμότητα ὅσον ἐλείπετο ὑγρὸν ἀπεξηράνθαι· τρίτον δέ, διὰ τὸ μηδέπω τοὺς χειμερινοὺς ὄμβρους δέξασθαι· ὡς πάντων ἕνεκεν τὸν προειρημένον τοῦ φθινοπώρου καιρὸν ὡριμώτατον εἶναι εἰς τὸ διακαθᾶραι τὰ δένδρα, ἰσχυρότατα τότε ὄντα, καὶ μάλιστα τὴν ἐλαίαν. 8 Δεῖ δὲ μέλλοντα καθαίρειν πρότερον κοπρίζειν, ἵνα πρὸς τὴν ἀπὸ τῆς τομῆς βλάβην ἀντιτάττηται ἡ τῆς κόπρου ὠφέλεια· διακαθαιρόμενα γὰρ τὰ στελέχη ἐπὶ τοῦ παρόντος πονεῖ, διὰ τὰς τομάς· κοπρισθέντα δὲ ταχὺ

---

1 ταπεινοτέρᾳ — τὴν πρόσχωσιν (4.) om. F ‖ 5 γῆς πρὸς τὰ P ‖ 11 στερεώτερ(ον? per comp.) | ἅτε καὶ ἰσχϋρό(τερα? p. c.) M στερεώτερά τε καὶ P ‖ 13 πρῶτον ἢ μέσον ὑγρὸν F ‖ 15 ἔλιπε τὸ F ‖ 16 ἀπεξηράνθη F -αι H ‖ 17 δέχεσθαι F ‖ ἕνεκεν FP ἕνεκε HM ‖ 18 ὡραιότατον et in mg. εὐκαιρότατον M καιροῦ ὡραιότ. P ‖ 20 τότε* emend. ex S XI 9 om. M ἰσχυρότατά τε F ἰσχυρότατε sed τά supra add. m. 1. per comp. H ‖ 23 διακαθαιρόμενα edd. διακαθαίρουσα codd. ‖ 24 κοπρισθεῖσα M.

*βοηθεῖται, καὶ βλαστικώτερα γίνεται.* 9 *Διακαθαίρειν δὲ δεῖ τὰ ξηρὰ καὶ τὰ ἐκ τοῦ μέσου, ἵνα ἔχῃ ἀναπνοάς· καὶ τοὺς ἀλλήλοις δὲ ἐπικειμένους κλῶνας ἀφαιρεῖν χρή, καὶ ἀραιότητος προνοεῖν· καὶ τοὺς καμπύλους δὲ περικόπτειν, μάλιστα δὲ τοὺς ὑπερμήκεις, καὶ ὅσα λίαν εἰς ὕψος αὔξεται, ἀφορώτερα φύσει ὄντα.* 10 *διὰ τοῦτο γὰρ παρὰ πᾶσι τοῖς γεωργικοῖς νενόμισται, τὰς ἐλαίας ὑπὲρ δεκαπηχυαῖον μέγεθος μὴ προσήκειν εἶναι, καὶ τὴν ὑπὲρ τοῦτο αὔξησιν εὔβλαπτον εἶναι, τῶν κλάδων ὑπὸ τῆς τῶν ἀνέμων σφοδρότητος ἐπικλωμένων, καὶ τοῦ ἄνθους ἐκσειομένου, καὶ διὰ τοῦτο πρὸ καιροῦ ἀποπίπτοντος.* 11 *Διὸ πολλοὶ καὶ τοὺς τῶν νεοφύτων κλῶνας χαμαὶ ἕλκουσι, ταπεινότερον καὶ χαμαιζηλότερον τὸ δένδρον ἀναγκάζοντες γίνεσθαι.* 12 *Καὶ αὐτάρκως μὲν περὶ τῆς τῶν τελείων ἐλαιῶν καθάρσεως εἰρήκαμεν, ἣν διὰ τριῶν ἢ δ' ἐτῶν ποιεῖσθαι χρή. τοὺς δὲ παραφυομένους τοῖς στελέχεσι κλῶνας, εὐθὺς ἔτι ἁπαλοὺς ὄντας, κατ' ἐνιαυτὸν ἀφαιρετέον, ὅπως μὴ εἰς τούτους ἐκπονῆται τὸ στέλεχος.*

## Cap. 10. *Πῶς ἔστιν ἐλαίας εὐθαλεῖς καὶ πολυκάρπους ποιῆσαι, καὶ πῶς ἔστι νοσούσας θεραπεῦσαι. Τῶν Κυντιλίων.*

1 *Εὐγενεστέρας καὶ εὐθαλεστέρας καὶ σφόδρα πολυκάρπους τὰς ἐλαίας ποιήσεις, ἐὰν μετὰ τὸ γυρῶσαι*

---

1 *βλαστηκότερα γίγνεται* H ‖ 7 *πᾶσιν* F -*σι* H ‖ 13 *νεοφύτων* MS *ἐμφύτων* F ‖ *ἕλκουσιν* F ‖ 15 *γίγνεσθαι* F ut ed. H ‖ 18 *ἔτι* om. M ‖ 19 ad *ἐκπονῆται* mg.: ·/· *βαρῆται* M nihil P ‖ 21 c. 10 om. L ‖ 23 *κεντιλλίων* H *κυντελίων* M *τῶν κυϊντιλίων* a. t. P.

πρὸς τὰς ῥίζας ἀμόργης ἀπὸ ἐλαιῶν ἀνάλων μεμιγμένης ὕδατι ποτίμῳ ἐξ ἴσου δύο κοτύλας ἐμβάλῃς ἑκάστῳ στελέχει, ἢ ἀχύρων κυαμίνων κόφινον ἢ δύο, πρὸς ἀναλογίαν δηλονότι τοῦ δένδρου, ἢ γῆς ἀργιλλώδους μεμιγμένης βολβίτοις ἢ φυκίων τοσοῦτον. οὐκ ἔλαττον δὲ καὶ οὖρον ἀνθρώπειον παλαιὸν τοῦ πρέμνου καταχυθὲν ὠφελεῖ. 2 Δεῖ δὲ μετὰ ταῦτα εὐθέως ποιεῖσθαι τὴν τῆς γῆς περίχωσιν, περιχωννύντας ἀπὸ ῥιζῶν δηλονότι ἕως διπαλαιστιαίου ὕψους, τά τε κύκλῳ τῆς περιχώσεως φιαλοῦν, πρὸς τὴν τῶν ὀμβρίων ὑδάτων ὑποδοχήν. 3 Προσφέρειν δὲ ταύτην τὴν θεραπείαν χρὴ τοῖς ὑπὸ κύνα καύμασι. κάλλιον δ' ἐστὶ καὶ ἀρδείᾳ τότε χρῆσθαι, καὶ μάλιστα εἰ αὐχμοί εἰσι. 4 Τὰ δὲ μὴ καρποφοροῦντα δένδρα πολυφόρα ποιήσεις οὕτως· ἀπὸ τοῦ πρέμνου ἀποσχὼν ἐγγὺς πήχεως μέτρον, τρυπήσας τρυπάνῳ τὸ στέλεχος κατὰ τὸ πρὸς νότον μέρος, ὀπὴν ποιῶν μέγεθος δακτύλου μεγάλου, καὶ διατρήσας τὸ στέλεχος ὅλον, λαβὼν τῆς ἐλαίας κλῶνας δύο ἀπὸ ἑτέρου δένδρου ἀεὶ πολυκαρποῦντος πλήρωσον τὰ τρυπήματα ἑκατέρωθεν, ὡς εἰς τὸ πέραν διελθεῖν ἀμφοτέρους, καὶ ἐπιλαβόμενος ἰσχυρῶς δίελκε. ὅταν δὲ σφηνωθῇ ἐξ ἀμφοτέρων ἡ ὀπὴ ἐξ ἴσου ἑλκυσθέντων, ἔκτεμε τὰς ἑκατέρωθεν ὑπεροχάς, καὶ πηλῷ τῷ δι' ἀχύρων περίπλασον τὰς ὀπάς. 5 ὁποίας δὲ ἂν τὰς ὀπὰς βουλη-

4 δηλονότι om. M ‖ 5 βολβί·τοισ (ί· corr. 2. m. ex ω) F βολβί̈τοις HP βοβίτοις M ‖ φυκίον M φικίον P ‖ 11 δὲ om. H ‖ 12 καύμασιν F ‖ 13 δ' ἐστὶν F δ' ἔστι H δέ ἐστι M ‖ 14 εἰσιν F ν om. H ‖ 15 οὕτως ὡς προείρηται διὰ τρυπήσεως τοῦ στελέχους· τὰς δὲ ὑλομανούσας (§ 7), quae intercedunt om. P ‖ 16 πήχεοσ F πήχεως HM ‖ 21 ἀμφοτέρους* ἀμφότερα codd. ‖ 24 διαχύρων F §§ 4—6 om. P

θῆς γενέσθαι, τοιούτους καὶ τοὺς κλῶνας, ὡς προείρηται, ἐνθήσεις. 6 οὕτω γὰρ καὶ ἔλαιον ἐνέγκοι ἂν κάλλιον ἡ ἐλαία, καλλιελαίου φυτοῦ κλάδων ἐμβληθέντων. δεῖ δὲ λαμβάνειν τοὺς κλῶνας ἀπὸ τῶν νοτίων μερῶν τοῦ δένδρου. 7 τὰς δὲ ὑλομανούσας τῶν ἐλαιῶν, τουτέστι τὰς πολλὰ μὲν φύλλα φερούσας, ὀλίγιστον δὲ καρπόν, θεραπεύσεις οὕτως· πάσσαλον εἰς τὰς ῥίζας ἐμπήξας ἐλαίας ἀγρίας, ἢ πίτυος, ἢ δρυός, ἢ λίθον. 8 Τὰς δὲ πολὺν μὲν καρπὸν φερούσας, μὴ ἐκπεπαινούσας δέ, καὶ κακῶς ἀνθοβολούσας, ἰάσῃ οὕτως· περιορύξας τὸ πρέμνον περίβαλε τὸ μὲν μεῖζον φυκίων κοφίνους δύο, τὸ δὲ μικρότερον ἔλασσον· εἶτα κεράσας ἀμόργην ὕδατι ποτίμῳ, τετράχουν ἑκάστῳ στελέχει κατάχεε· καὶ φυκία δὲ εἰ μὴ εἴη, μόνῃ χρῶ τῇ ἀμόργῃ. 9 Πρὸς δὲ τὰ λυμαινόμενα θηρία θεραπείαν, καὶ τὴν ἀπὸ τοῦ περιέχοντος βλάβην, ἐν τῷ περὶ ἀμπέλων λόγῳ καθολικῶς ἐδιδάξαμεν. 10 δεῖ τοίνυν, ξηραινομένας τὰς ῥίζας καὶ νοσούσας εἰ εὕροις, αἰτίους γινώσκειν τοὺς ἐν τῷ πυθμένι ζωογονουμένους σκώληκας, οὓς ἀφανιεῖς κατὰ πολλοὺς μὲν τρόπους, ὡς προείρηται, ἐξαιρέτως δὲ τῇ τῶν σκιλλῶν παραφυτεύσει.

Cap. 11. Ὅτι κατὰ πολλοὺς καὶ διαφόρους τρόπους ἡ τῆς ἐλαίας γίνεται φυτεία. Λεοντίνου.

1 Τέως εἰδέναι χρή, ὅτι τὸ φυτευόμενον ποτὲ μὲν ὅλον εἰς τὴν γῆν κρύπτεται, ποτὲ δὲ μέρος μὲν αὐ-

6 τοῦτέστιν (sic!) F ut ed. H ‖ 7 ὀλίγον M ‖ 7 et 11 οὕτως per comp. M οὕτω P ‖ 8 ad πίτυος mg. add. στροβίλου M nihil P ‖ 19 γίνωσκε F εὕρισκε H ‖ 23 c. 11 om. L ‖ πολλοὺς τρόπους καὶ διαφ. (i. e. recte) M ‖ 24 λεοντίνου p. t. M om. P.

τοῦ τῇ γῇ περιστέλλεται, μέρος δὲ ὑπερέχει. 2 τὰ μὲν οὖν ὅλα ἐγκρυπτόμενα οὐδεμιᾶς δεῖται σημειώσεως ἐν ταῖς ἐκλογαῖς. τὰ δὲ ὑπερέχοντα τῆς γῆς χρὴ φυτεύειν, ὡς εἶχεν ἐπὶ τοῦ στελέχους πρότερον πρὸς ἀνατολήν, ἢ πρὸς μεσημβρίαν, ἢ πρὸς δύσιν, ἵνα μὴ ξενίζηται ὑπὸ τῶν ἀέρων. 3 Τὰ δὲ φυτευόμενα, ὄμβρων μὴ γινομένων, ἐὰν ᾖ δυνατόν, καὶ δὶς καὶ τρὶς ἀρδευτέον· ἐμβλητέον δὲ εἰς τοὺς βόθρους ἑκατέρωθεν τοῦ φυτοῦ καὶ δύο ξύλα λεῖα καὶ ὀρθά, ἢ καλάμους, ἢ κληματίδας συνδεθείσας, ὥστε ὑπερέχειν τῶν βόθρων· καὶ μετὰ τὸ συμπατηθῆναι τὸ φυτόν, ταῦτα μὲν ἐκσπαστέον, τοὺς δὲ διακένους τόπους λίθοις λεπτοῖς ἢ ὀστρακίνοις ἀναπληρωτέον, καὶ πωμαστέον μείζονι λίθῳ, ἵνα τὸ ἀπὸ τῶν ὑετῶν ὕδωρ ἐπὶ τὰς ῥίζας ἀφικνῆται. δεῖ δὲ τὰ φυτὰ παραυτίκα ἀφελόντας φυτεύειν ἐν νοτίαις ἡμέραις. 4 Πολυτρόπως δὲ γίνεται ἡ τῆς ἐλαίας φυτεία. Τινὲς μὲν γὰρ ἀπὸ σκυταλῶν φυτεύουσι· λαβόντες γὰρ κλάδους παχυτέρους, καὶ καταπρίσαντες εἰς μέγεθος πηχυαῖον, οὕτω φυτεύουσι. 5 τινὲς δὲ ἀπὸ χαράκων φυτεύουσιν οὕτως· καταπρίσαντες τοὺς παχυτέρους κλάδους εἰς μέγεθος πηχῶν δύο, προεμβάλλουσιν εἰς τὸν πυθμένα τοῦ βόθρου λίθον πλατύτερον, εἶτα τὸ φυτὸν ἐπὶ τούτῳ στήσαντες ὀρθὸν προσχωννύουσι γῆν. 6 Οἱ δὲ τὰ γενναιότατα τῶν παραφυάδων μετὰ τοῦ πρέμνου φυτεύουσιν. οἱ δὲ τὰ μέλλοντα λαμβάνεσθαι φυτὰ ἐπ' αὐτοῦ τοῦ στελέχους ἔτι ὄντα περι-

---

3 εἶχεν* ex coni. Cornari ἔχειν codd. ‖ 11 ἐκσπαστέον* ex coni. Niclasi σκεπαστέον codd. ‖ 17 φυτεύουσιν F ‖ 20 φυτεύουσιν F εἰς μέγεθος — καταπρίσαντες om. H ‖ οὕτως· (per comp.) καταπρῖ | τοὺσ M οὕτω· καταπρίσαντες τοὺς P ‖ 21 μεγέθη M ‖ 23 προσχωννύουσιν F -σι H.

καθαίρουσι δρεπάνῳ, καὶ περὶ ἐπιτολὴν τοῦ ἀρκτούρου ἐντιθέασιν εἰς τοὺς βόθρους. 7 Ἕτεροι τὰ τρόπαια λεγόμενα φυτεύουσιν οὕτως· σημειωσάμενοι μίλτῳ, πῶς κεῖται πρὸς ἀνατολὴν ἢ μεσημβρίαν, ἐκπρίζουσιν ἀπὸ τοῦ στελέχους πηχῶν δʹ ἢ εʹ καὶ ἐμβάλλουσιν εἰς τοὺς βόθρους, πᾶσαν ἐπιμέλειαν ποιούμενοι. οὗτος ὁ τρόπος τῆς φυτείας ἐπιτευχθεὶς ζωοποιεῖ θᾶττον, καὶ καρποφορεῖ τάχιον. 8 Τινὲς δὲ ἀπὸ πρέμνων φυτεύουσιν οὕτως· συγκόψαντες αὐτὰ τὰ πρέμνα εἰς κορμοὺς μείζονας, ἐπιτιθέασι τῷ βόθρῳ τοὺς κορμοὺς ἔχοντας τὸν φλοιὸν ἄνω, καὶ προσχώσαντες τῇ γῇ μετὰ κόπρου ἐπὶ παλαιστὴν ἐῶσι. 9 Τινὲς δὲ ἐκ τῶν κατὰ γῆς μερῶν τοῦ πρέμνου ἐκκόψαντες πελεκήματα μετὰ τοῦ φλοιοῦ τετραπάλαιστα, προεμβάλλουσι λίθον εἰς τὸν πυθμένα τοῦ βόθρου, καὶ τούτῳ περιτιθέασι τῶν πελεκημάτων γʹ ἢ δʹ ὀρθά, καὶ χωννύουσιν ἐπὶ παλαιστήν. 10 Τῆς δὲ φυτείας καθ' οἱονδήποτε τρόπον γινομένης, πριζέσθωσαν τὰ φυτευόμενα πρίονι. διατηρητέον δὲ ἀκριβῶς τὸν φλοιόν, ἵνα μὴ σπαραχθῇ, καὶ ὀξεῖ δρεπάνῳ τὴν τομὴν λειωτέον, διασώζοντας ἀκέραιον τὸν φλοιόν· καὶ βολβίτῳ τέφρᾳ μεμιγμένῳ χρίσομεν τὸ κάτω μέρος τοῦ ὄρπηκος. 11 δεῖ δὲ φυλάττεσθαι, μὴ κατὰ κορυφὴν τεθῇ ὁ ὄρπηξ· βασανιοῦμεν γὰρ τὸ φυτὸν κατὰ κορυφὴν φυτεύοντες. δεῖ δὲ κόπρον ἐμβάλλειν εἰς τοὺς βόθρους.

---

2 post ἕτεροι add. δὲ P ‖ 3 οὕτως per comp. M οὕτω P ‖ 4 ἀνατολὴν μεσ. et supra m. rec. κ᾿ F κεῖται καὶ πρ. ἀ. μ. H ἀ. μεσ. M ἀ. ἢ μεσ. P ‖ 5 τεσσάρων ἢ πέντε HP ‖ 12 ad παλαιστὴν in mg. add.: σπιθαμὴν M §§ 8—11 om. P ‖ 15 περιτιθέασιν F -σι H ‖ 16 τρία HM ‖ τέσσαρα H ‖ 17 οἷον δή ποτε F ‖ 21 βολβήτω F ut ed. H ‖ μεμιγμένω edd. μεμιγμένη codd. ‖ 22 ὄρπηκος M ‖ 23 ὄρπηξ M.

### Cap. 12. *Πρὸς τὸ μὴ ἀποῤῥεῖν τῆς ἐλαίας τὸν καρπόν. Δημοκρίτου.*

Ἐλαίας καρπὸς οὐ ῥεύσει, ἐὰν κύαμον ἔχοντα φθεῖρα λαβών, φράξῃς τὴν ὀπὴν κηρῷ, ἔπειτα λαβὼν βῶλον ἀπὸ τῆς ῥίζης, καὶ τὸν κύαμον βαλὼν οὕτω καταχώσῃς.

### Cap. 13. *Περὶ κλαδείας ἐλαιῶν. Βάρωνος.*

Τὴν ἐλαίαν μετὰ τὸ ἀποθέσθαι τὸν καρπὸν κλαδεύειν προσήκει, καὶ μὴ νόμιζε ἀφαιρεθέντων φανερῶν κλάδων ἐλάττονα γίνεσθαι τὸν καρπόν. πολλῷ γὰρ πλείονα καρπὸν ἀπὸ τῶν νέων ἕξεις ὀρπήκων.

### Cap. 14. *Περὶ ἐλαιοσταφύλου. Ἀφρικανοῦ.*

**1** Ἄξιον μὴ παραλιπεῖν τὴν τῆς ἐλαίας πρὸς τὴν ἄμπελον συμπάθειαν, ἣν ὁ Φλωρεντῖνος ἐν τῷ ια´ βιβλίῳ τῶν γεωργικῶν αὐτοῦ φησι· λέγει γάρ, ὅτι ἐάν τις ἐλαίαν εἰς ἄμπελον ἐγκεντρίσῃ, οὐ βότρυς μόνος γίνεται, ἀλλὰ καὶ ἐλαία. **2** τοιοῦτον δένδρον φάσκει τε θεάσασθαι παρὰ Μαρίῳ Μαξίμῳ, γεύσασθαί τε τοῦ καρποῦ, καὶ δόξαι ῥαγὸς σταφυλῆς καὶ στεμφύλου ἐλαίας ὁμοῦ γεύσασθαι. **3** γίνεσθαι δέ φησι τοιαῦτα φυτὰ ἐν τῇ Λιβύῃ, καλεῖσθαί τε τῇ

---

2 *δημ.* a. t. M p. t. LP om. H ‖ 5 *βόλον* L ‖ *λαβὼν* L ‖ 7 *βάρ* p. t. M om. P ‖ 9 *φανδρῶν* L ‖ 11 *καρπόν· μᾶλλον πλείονα* L ‖ *ὀρπ.* M ‖ 12 c. 14 om. P *ἀφρ.* p. t. M ‖ 14 *φλορ.* L ‖ *ἐνδεκάτω* M ‖ 15 *φησίν·* F *φησι* H ‖ 17 *μόνος** *μόνους* codd. ‖ *γίνεται** *γίγνεσθαι* F *γίνεσθαι* HLM ‖ *ἐλαία** *ἐλαίας* codd. ‖ 18 *τε* om. L ‖ *μαρία* L ‖ 19 *δήξαι* L ‖ 21 *τε καὶ τῇ* L.

πατρίᾳ αὐτῶν φωνῇ οὐβολίβα. 4 Κάμακας οὖν ὑποθετέον βαστάσαι δυναμένας τὸ βάρος τῆς ἐλαίας· εἰ δὲ ἄλλως πως ἐγκεντρίσομεν, οὐκ ἂν δεηθῶμεν καμάκων. 5 πρὸς γὰρ αὐτῇ τῇ γῇ τρυπήσαντες τὴν ἄμπελον, ἐνθῶμεν τῆς ἐλαίας τὸν ὄρπηκα, ἵνα ἀντιλάβηται καὶ τῆς ἀπὸ τῆς ἀμπέλου γλυκύτητος, καὶ τῆς ἐν τῇ γῇ φυσικῆς πιότητος καὶ ἀνατροφῆς. 6 ἀλυπότερον δὲ αὐτὴν καρπωσόμεθα ὕστερον μὴ ἐπιφορτίζουσαν τὴν ἄμπελον, εἰ λαβόντες ἐξ αὐτῆς ὄρπηκας μεταφυτεύσομεν· τηρήσει γὰρ τὴν μίξιν καὶ καθ' ἑαυτὴν ῥιζωθεῖσα. 7 καλεῖται δὲ ὁ ἐξ αὐτῆς καρπὸς ἐλαιοστάφυλος.

## Cap. 15. *Περὶ κόπρου ἐπιτηδείας τῇ ἐλαίᾳ.* *Διδύμου.*

1 Πᾶσα κόπρος ἐπιτηδεία τῇ ἐλαίᾳ, δίχα τῆς ἀνθρωπείας. δεῖ δὲ τὴν κόπρον οὐ κατὰ τῶν ῥιζῶν ἐμβάλλειν, ἀλλ' ὀλίγον πόρρω τῶν πρέμνων. 2 Χρὴ δὲ κοπρίζειν τὰς ἐλαίας παρὰ δύο ἢ τρία ἔτη. δεῖ δὲ τὸν φυτεύοντα ἐλαίαν παντὶ τρόπῳ κόπρον ἐμβάλλειν εἰς τοὺς βόθρους, καὶ ἀναμιγνύειν τῇ γῇ.

1 πρῖω = πατρίῳ M ‖ οὐβόλιμα FL οὐκόλϊκα H ‖ 2 εἰ — § 7 om. L ‖ 5 ὄρπηκα M ‖ 8 ἐπϊφορ (H above) ∣ τῖζουσ (αν above) M ‖ 13 ἀμπέλωι·:· m. recentiss. corr. ἐλαία F ἐλαία H ‖ 14 διδ. p. t. M om. P διδήμου mg. L ‖ 15 ἀνίασ· L ‖ 17 ἐμβάλειν L ‖ 18 β' ἢ γ' M ut ed. P ‖ 19 ἐμβάλειν L.

## Cap. 16. *Περὶ ἐγκεντρισμοῦ ἐλαιῶν. Φλωρεντίνου.*

1 *Τῶν ἐλαιῶν τὰ μέν ἐστι λεπτόφλοια, τὰ δὲ παχύφλοια. 2 τὰ μὲν παχύφλοια καὶ ὑγρόφλοια παρὰ τὸν φλοιὸν ἐγκεντριστέον· τὰ δὲ λεπτόφλοια καὶ ξηρόφλοια, εἰς τὸ ξύλον. 3 καιρὸς δὲ τούτου τοῦ ἐγκεντρισμοῦ, ἀπὸ τῆς πρὸ θ´ καλανδῶν Ἰουνίων, τουτέστιν, ἀπὸ κβ´ τοῦ Μαΐου μηνός, ἕως νεομηνίας τοῦ Ἰουνίου μηνός. 4 Ταῖς δὲ ἐπικεντρισθείσαις ἐλαίαις πλεονάκις ὕδωρ ἐπιῤῥαίνειν χρή, ἅτε ξηραῖς οὔσαις. τινὲς δὲ καὶ εἰς αὐτὰς τὰς ῥίζας τὰς προκυπτούσας τῆς γῆς ἐπικεντρίζουσιν.*

## Cap. 17. *Πῶς καὶ πότε δεῖ ἐκλέγειν καὶ τρυγᾶν τὰς ἐλαίας. Παξάμου.*

1 *Ὥρα εὔθετος πρὸς τὴν τοῦ κοινοῦ ἐλαίου σκευασίαν, ὅταν τὸ πλέον τοῦ ἡμίσεος μέρους τοῦ καρποῦ φανῇ μελανίζον. 2 ἐπείγεσθαι δὲ δεῖ πρὸς τὴν συγκομιδήν, πρὸ τοῦ τοὺς πάγους γενέσθαι· ῥᾷον γὰρ καὶ πλείονα γενήματα παρέξουσι. 3 δεῖ δὲ συλλέγειν τὸν καρπὸν εὐδίας οὔσης, καὶ μὴ βροχῆς· βραχεὶς γὰρ ὁ βλαστὸς ἀσθενέστερος γίνεται καὶ εὔθλαστος. 4 δι' ἣν αἰτίαν οὐδὲ ψεκάδος γενομένης χρὴ κινεῖν τοὺς κλάδους, οὐδὲ ἀφαιρεῖν τὸν καρπόν, πρὶν ἢ τὴν ὑγρό-*

---

2 *φλωρ.* p. t. LM om. P || 4 *τὰ μὲν — ἐγκεντριστέον* om. L || 7 *ἐννέα* H || 8 *εἰκοσιδύο* (!) HP || *μαρτίου* FM *μαΐου* P || *νεομ. ἰουνίου· ταῖς* M || 10 *ὅτι ξηραῖς οὔσοισ* L || 12 *ἐπικεντρίζουσι:* L || 13 *δεῖ* 2. m. in ras. F *δεῖ* H || 14 *παξ.* p. t. L a. t. P || 16 *ἡμίσεοσ* F et per comp. M et rubr. in ras. P *ἡμίσεως* HL || 19 *δὲ* om. M || 21 *εὔθλατοσ* L || 22 *γιν.* MH *γεν.* P.

τητα ἀπὸ τῶν φυτῶν διαφορηθῆναι. 5 πηλοῦ δὲ ὄντος ψιάθους ἤ τι τοιοῦτον ἕτερον ὑποστρωτέον, ἐὰν δὲ μηδὲν εἴη τοιοῦτον, πλύνειν χρὴ ὕδατι θερμῷ τὰς ἐλαίας· πρὸς τῷ γὰρ καθαίρεσθαι, καὶ τὸ γένημα πλέον εὑρήσομεν. διό, ἐὰν ᾖ δυνατόν, κἂν μὴ πηλωθῶσι, πλύνειν αὐτὰς χρὴ ὕδατι θερμῷ. 6 Τινὲς καλῶς ποιοῦντες, μόνον ταῖς χερσὶ σαλεύουσι τοὺς κλάδους, ἵνα ἐκτιναγῇ ὁ καρπός, ῥάβδον δὲ οὐ προσφέρουσι τῇ ἐλαίᾳ, ἐπεὶ εἰς τὸ μέλλον ἧττον καρποφορεῖ. 7 καὶ αὐτὸς δὲ ὁ καρπὸς βιαίως καταφερόμενος τραυματίζεται, προσπίπτων ἢ λίθοις ἢ σκληροῖς βώλοις, καὶ τῆς ποιότητος τῆς γῆς ἀντιλαμβανόμενος γεῶδες τὸ ἔλαιον ποιήσει. 8 δεῖ οὖν τὰ τρίγωνα κατασκευάζειν ἀναβατήρια, καὶ ἄνωθεν σανίδα πλατεῖαν ἐπιτιθέναι, ἵνα ἐπ᾽ αὐτῆς ἱστάμενοι δρέπωσιν.

## Cap. 18. *Πῶς δυνατὸν δίχα ἐλαιῶν γενέσθαι ἔλαιον. Δαμηγέροντος.*

1 Τοῦ καρποῦ τῆς τερεβίνθου ἐν τῷ μύλῳ καθάπερ ἡ ἐλαία ἀλουμένου καὶ ἐκπιεζομένου γίνεται ἔλαιον· καὶ ἡ πυρίνη ποιεῖ εἰς βρῶσιν χοίρων, καὶ εἰς καῦσιν. 2 ποιεῖ ἔλαιον καὶ σήσαμος, καὶ τὸ κά-

2 τι om. L τι τῶν τούτων M τι τῶν τοιούτων P ‖ ὑποστροτέον L ‖ 3 χρεῖ L ‖ 4 γὰρ edd. πρὸς τῶ γε καθ. F πρὸς τό | γε καθάρεσθαι et αι supra add. 1. m. H καὶ πρὸς τῶ καθ. M πρὸς τὸ κεκάρθαι αὐτάσ, καὶ L ‖ 5 εὑρήσωμεν L ‖ ἐὰν εἰς δυνατὸν H ‖ 8 ἐκτιναχθῇ L ‖ ῥάνδον L ‖ 9 ἧττον τὸν καρπὸν φορεῖ L ‖ 11 σκληραῖσ corr. 1. m. ex οῖσ? L σκληραῖς βώλοις per comp. M ut ed. P ‖ 12 πιότητος F ut ed. H ‖ 15 δρέπωνται F ut ed. H δρέπωσι L ‖ 16 πῶσ ἰι᾽ δυνα F i. c. πῶς δίχα ἐλ. δυν. FM i. c. ut ed. LHM nil nisi Ἔλαιον δίχα ἐλαιῶν: P ‖ 17 δαμηγ. p. t. L δημογ p. t. M om. P ‖ 18 μύλη L ‖ 20 πυρήν, ποιῇ L ‖ 21 σίσαμος L.

ρύον, περιαιρεθέντων τῶν κελύφων, καὶ αὐτὰ δηλονότι ἐκπιεζόμενα.

## Cap. 19. Ὀμφακίνου ἐλαίου ποίησις. Ἀπουληΐου.

1 Τέως εἰδέναι χρὴ ἀπὸ τοῦ ὀνόματος, ὅτι αἱ ὀμφακίζουσαι ἐλαῖαι ποιοῦσιν ὀμφάκινον ἔλαιον. 2 ὅταν οὖν τὰς ἐλαίας ἀρχομένας περκάζειν ἴδῃς, κέλευε τοῖς παισὶν ἢ τοῖς ἐργάταις συλλέγειν ἐκ τοῦ δένδρου ταῖς χερσί, φυλαττομένους μή τι τούτων εἰς τὴν γῆν πέσῃ. 3 ἀφαιρεῖν δὲ χρὴ καθ' ἑκάστην ἡμέραν τοσοῦτον, ὅσον ἐν τῇ ἐπιγινομένῃ νυκτὶ ἢ τῇ ἑξῆς κατεργάσασθαι δυνατόν. 4 Ληφθείσας δὲ αὐτὰς ἐπὶ ψιάθων ἢ λύγων ἅπλωσον, ὥστε καὶ ἐξικμασθῆναι τὸ ἐν αὐταῖς ὑδατῶδες, καὶ ὡς ἂν μὴ τῇ ἐξ ἀλλήλων θερμότητι βλάβη τις γένηται. 5 τά τε ἐν αὐταῖς φύλλα καὶ ἀκρέμονας ἐκλεκτέον· ταῦτα γὰρ μιγνύμενα ἐναντία γίνεται τῇ διαμονῇ τοῦ ἐλαίου. 6 Ἔπειτα ἀφ' ἑσπέρας λαβὼν τὰς ἐλαίας ἔμπασον ἅλας, καὶ τῇ μύλῃ καθαρᾷ οὔσῃ ἔμβαλε, καὶ διὰ χειρὸς ἐλαφρῶς ἄλησον, ἵνα μὴ οἱ πυρῆνες τῶν ἐλαιῶν συντριβῶσιν· ὁ γὰρ ἰχὼρ ὁ ἐκ τῶν πυρήνων λυμαίνεται τὸ ἔλαιον. δεῖ οὖν ἐλαφρῶς καὶ κούφως περιφέρεσθαι τὸν τροχόν, ὡς μόνον τὴν σάρκα καὶ τὸ δέρμα τῆς ἐλαίας θλίβε-

---

1 περιερεθ. τῶν καλύφων L ‖ 4 ἀπουλ. p. t. M ἀπολ. p. t. L c. 19 om. P ‖ 5 Τέως εἰδέναι om. M ‖ 6 ποιοῦσι τὸν (!) ὀμφ. L ‖ 9 φυλαττομένοις H et per comp. M ‖ πέσοι M ‖ 10 γὰρ χρὴ F ‖ 11 ἐπιγιγν. F ‖ 12 ἢ om. FL ‖ 13 λύγω F ܘܣܠܐ ܕܩܢܝܐ. ܐܘ ܕܡܚܩܬܐ ܕܨܡܘܪܐ ܐܘ ܦܣܩܝܢ S XI 13 ‖ 16 ἐκλεκτέον om. L ‖ 18 ἔμπασσον MH ἔμπασε L ‖ 19 ἄληθε L ‖ 21 Δεῖ δὲ ἐλ. L.

σθαι. 7 Μετὰ δὲ τὴν ἄλησιν, σκάφαις μικραῖς τὸ ἀλησθὲν μετάφερε εἰς τὴν ληνόν, καὶ κύρτους ἐξ ἰτέας πεπλεγμένους ἔμβαλε (πολὺ γὰρ κάλλος ἡ ἰτέα τῷ ἐλαίῳ παρέχει)· εἶτα ἐπίθες βάρος ἐλαφρὸν καὶ μὴ βίαιον. 8 τὸ γὰρ ἐξ ἐλαφρᾶς τῆς θλίψεως πρόρυμον ἥδιστον καὶ λεπτότατόν ἐστιν, ὃ εἰς ἀγγεῖα καθαρὰ μεταντλήσας, ἰδίᾳ εἶναι πρόσταξον· πάλιν τὰς ὑπολειφθείσας καὶ ὑποκειμένας ἐλαίας ὀλίγον βιαιοτέρῳ βάρει θλίψον, καὶ τοῦτο πάλιν ἰδίᾳ ἔχε· τοῦτο γὰρ τοῦ μὲν πρώτου ὀλίγον ὑποδεέστερον ἔσται, τοῦ δὲ ἐφεξῆς κάλλιον. 9 Εὐθὺς δὲ τούτοις ἀμφοτέροις μεταντληθεῖσι χρὴ προσβάλλειν ἅλας ὀλίγους καὶ νίτρον, ξύλῳ τε ἐλαΐνῳ κινεῖν, μετὰ δὲ ταῦτα ἐᾶν ἡσυχῇ ἕως ἂν καταστῇ, καὶ εὑρήσεις τὸ μὲν ὑδατῶδες αὐτοῦ ὑφιζάνον, τουτέστι τὴν ἀμόργην, τὸ δὲ λιπαρώτατον ἄνωθεν ἐπιπολάζον, ὃ λαμβάνειν προσήκει δίχα τῆς ἀμόργης, καὶ ἐμβάλλειν εἰς ἀγγεῖον ὑελοῦν. 10 κάλλιστα γὰρ φυλάξει τὸ ἔλαιον ὕελος, ψυχρὰ φύσει οὖσα· χαίρει γὰρ τῷ ψυχρῷ ἡ τοῦ ἐλαίου φύσις. 11 εἰ δὲ μὴ ἔχεις ὑέλινα σκεύη, εἰς καινὰ κεράμια βεβαμμένα ἔνδοθεν γύψῳ ἢ ἀμόργῃ ἔμβαλε. 12 Ἀποτίθεσο δὲ αὐτὰ πρὸς ἄρκτον ἐν ξηροῖς τόποις. φιλεῖ γὰρ κεῖσθαι τὸ ἔλαιον ἐν ξηρῷ καὶ ψυχρῷ τόπῳ· ἡ γὰρ θερμότης καὶ ὑγρότης ἐναντία τῷ ἐλαίῳ.

2 ἀλισθὲν L ‖ κ. ἢ | ἰτέασ πεπλεγμένους [πεπλεγμένους] [ ] cancellatum L κύρτοις ἐξ ἰτ. πεπλεγμένοις M ‖ 3 ἔμβαλλε F ἔμβαλε H ‖ 5 φυλαττομένους m. rec. in mg. inf. add. F nihil H ‖ πρόρρυτον L ‖ 6 ἐστίν· εἶτα εἰς L ‖ 8 ἐλ. καὶ ὑποκ. L ‖ ὀλίγωι F ὀλίγω H ‖ 10 μὲν om. L ‖ ἔσται· πρὸς δὲ τούτοις L ‖ 12 -θεῖσα L ‖ 15 λιπαρώτερον MH ‖ 17 κάλλιστον L ‖ 18 ἡ ὕελος M ‖ 19 τὸ ψυχρῷ L ‖ 20 ἔχοις F ἔχῃς H ‖ 21 βεβαμένα L ‖ ἢ ἀμόργῃ om. FL serv. S XI 13 ‖ ἔμβαλλε F ἔμβαλε H ἔμβα^λ' M = ἔμβαλον L ‖ 22 αὐτῷ L.

Cap. 20. *Ἐλαίου εὐώδους σκευασία.*
*Διοφάνους.*

*Γλεύκους, τουτέστι τοῦ καλουμένου μούστου, ξέστας η' καὶ ἐλαίου ξέστας β' καὶ ἴρεως κεκομμένης φανερὸν μέρος καταδήσας, ἀπόθου εἰς κεράμιον ἡμέρας ι'. καὶ μετὰ ταῦτα ἀποδιηθήσας χρῶ τῷ ἐλαίῳ. ὁ δὲ οἶνός ἐστιν ἐπιτήδειος γυναιξὶ πιεῖν.*

Cap. 21. *Πῶς ἔστιν ἔλαιον καθαρὸν ποιῆσαι.*
*Ταραντίνου.*

*Ἅλας φρύξας ἐν πυρί, ἔτι θερμοὺς ὄντας βάλε εἰς τὸ ἔλαιον. τὸ αὐτὸ ποιεῖ καὶ στρόβιλος καυθείς, καὶ ἔτι ζέων ἐμβαλλόμενος, καὶ κίτρου ῥίζα ἐμβαλλομένη, καὶ τρυγία ἐλαίου πεφρυγμένη.*

Cap. 22. *Ἔλαιον ταγγὸν θεραπεῦσαι.*
*Τοῦ Αὐτοῦ.*

**1** *Κηρὸν λευκὸν μετὰ ἐλαίου καλοῦ ἕψησον, καὶ ὡς ἔστιν ὑγρὸν ἔμβαλε· καὶ ἅλας φρύξας ξεστοὺς ὄντας ἔμβαλε.* **2** *εἰδέναι δὲ χρή, ὡς πᾶν ἔλαιον τηρήσεις μᾶλλον ἐν κατωγείῳ τόπῳ, καὶ ὅτι πᾶν ἔλαιον καθαρίζει ἢ πῦρ, ἢ ἥλιος, ἢ ὕδωρ ζεστόν, ἐντιθεμένου εἰς αὐτὸ τοῦ σκεύους, οἷον χαλκίου ἢ ἑτέρου μὴ*

---

1 c. 20 om. LP ‖ 2 *διοφ.* p. t. M 3 *τουτέστι* om. M ‖ 5 *δέκα* H ‖ 7 *ἔσται* M ‖ 9 *ταρ.* p. t. M om. LP ‖ 10 *καὶ ἔτι* F ‖ *βάλλε* M *βάλε* P sed *ε* m. 2. in ras. ‖ 12 *ἐμβαλόμ.* L ‖ *κύτρου* M *ι* P ‖ *ἐμβαλομ.* L ‖ 13 *πεφραγμ.* L ‖ 15 *τοῦ αὐτοῦ* p. t. LM om. P ‖ 17 *ἕως* L ‖ *ἔστι* F *ἔστιν* H ‖ *ἔμβαλλε* M *ἔμβαλλε*, sed alterum *λ* eras. P ‖ 18 *ἔμβαλλε* M *καὶ ἅλας — ἔμβαλε* om. P ‖ 20 *καθαρίζει πῦρ* L ‖ 21 *σκεύουσ· ἢ χ.* L ‖ *ἑτ. τινὸσ* L.

ῥηγνυμένου. 3 θεραπεύσει ταγγὸν ἔλαιον καὶ ἄνισον ἐμβαλλόμενον. εἰ δὲ προλαβὼν βάλῃς τὸ ἄνισον, οὐ ταγγίσει.

## Cap. 23. Δυσῶδες ἔλαιον θεραπεῦσαι. Τοῦ Αὐτοῦ.

1 Ἐλαίας χλωρὰς ἐκτὸς τῶν πυρήνων συγκόψας, ἐπίβαλε ἐν τῷ ἀγγείῳ τοῦ ἐλαίου θερμοῦ ὄντος τοῦ ἡλίου. εἰ δὲ μὴ ὦσιν ἐλαῖαι, ἁπαλοὺς κλάδους τῆς ἐλαίας κόψας, τὸ αὐτὸ ποιήσεις. 2 τινὲς δὲ καὶ ἀμφότερα ἐμβάλλουσιν, ὀθονίῳ δηλονότι ἐνδήσαντες, καὶ ἁλῶν κεκομμένων συμμίξαντες. 3 χρὴ δὲ μετὰ τρεῖς ἡμέρας λαμβάνειν τὴν ὀθόνην, καὶ ταράσσειν τὸ ἔλαιον· ἐπειδὰν δὲ καταστῇ, βάλλειν εἰς ἄλλο ἀγγεῖον. 4 Ἄλλοι πλίνθους παλαιὰς ὀπτηθείσας διαπύρους ἐμβάλλουσιν. 5 ἄλλοι ἄρτους κριθίνους ξηροὺς συνθραύσαντες, καὶ εἰς ὀθόνας πάνυ ἀραιὰς ἐνειλήσαντες ἐμβάλλουσι, καὶ τοῦτο δὶς ἢ τρὶς ποιήσαντες, τελευταῖον ἐμβάλλουσι χόνδρους ἁλῶν, καὶ εἰς καθαρὸν ἀγγεῖον μεταχέουσιν. 6 ἄλλοι μελίλωτα ἐλαίῳ χρίσαντες ἐμβάλλουσι τῷ ἐλαίῳ νυχθήμερον.

---

1 θεραπεύσειε L ‖ ἄνησον et ἄννησον M bis ἀνησόν P ‖ 2 ἐμβαλόμ. et βάλεις L ‖ 3 ταγγήσει M | 4 c. 23 om. L ‖ 5 τοῦ αὐτοῦ p. t. M om. P ‖ 7 ἐπίβαλλε M unum λ eras. P ‖ τοῦ ἡλίου om. M nec habet S XI 19 Pallad. XII 20, sed Afric. Cest. c. 28 serv. ‖ 12 τρίτην H γ′ M ut ed. P.

Cap. 24. *Ἔλαιον θολερὸν καταστῆσαι. Τοῦ Αὐτοῦ.*

1 *Βαλὼν τὸ ἔλαιον εἰς ἀγγεῖον πλατύστομον θὲς ἐν θερμῷ ἡλίῳ, καὶ ἀναξέσαντος ἔμπασον λεπτοὺς ἅλας πεφρυγμένους, καὶ ὅταν καταστῇ, μετάβαλε ἀλλαχοῦ.* 2 *Τὸ δὲ ῥυπαρὸν ἔλαιον ποιήσεις διαυγὲς οὕτως. ἐλαίας φλοιὸν καὶ ἀκρέμονας, καὶ ἅλας, πάντα κόψας καὶ ἐνδήσας ὀθονίῳ, ἀποκρέμασον εἰς τὸ ἀγγεῖον.*

Cap. 25. *Ἐὰν μῦς, ἢ ἄλλο τι ζῷον, εἰς ἔλαιον ἐμπεσὼν βλάψῃ τὴν ὀσμήν. Δημοκρίτου.*

1 *Κοριάνου δέσμην χειροπλήθη κρέμασον εἰς τὸ ἔλαιον, ἐπιμενούσης δὲ τῆς δυσωδίας, ἄλλασσε τὸ κορίανον.* 2 *τινὲς δὲ ἐν σκιᾷ ξηράναντες τὸ κορίανον καὶ τρίψαντες ἐμβάλλουσιν εἰς τὸ ἔλαιον.* 3 *ἄλλοι τίλιν ξηράναντες ἐν ἡλίῳ, βάλλουσιν εἰς τὰ σκεύη. κάλλιον δὲ ἄνθρακας πεπυρωμένους ἐλαΐνου ξύλου ἀποσβεννύουσιν ἐν τῷ ἐλαίῳ.* 4 *Ἄλλοι σταφίδας τὰ γίγαρτα ἐξελόντες καὶ ἀποτρίψαντες ἐμβάλλουσι, καὶ μετὰ ι΄ ἡμέρας τὰς σταφίδας ἄραντες καὶ ἐκπιάσαντες ταράσσουσι, καὶ εἰς ἕτερον σκεῦος μεταχέουσιν.* 5 *ἄλλοι*

2 *τοῦ αὐτοῦ* p. t. L a. t. M om. P ‖ 4 *ἐλαίω* FLM *ἡλίω* P S XI 18, Afric. Cest. 28 ‖ *ἔμπασσον* MH ‖ 5 *μετάβαλε* sed *ε* m. 2. in ras. P ‖ *ἀλαχοῦ* L ‖ 6 *τὸ δὲ* — *οὕτως* rubro scr. et *Ἐλέασ* L ‖ 7 *οὕτως* per comp. M ‖ 10 c. 25 om. LP ‖ 11 *ἐμπεσ͡σ* (= *ων*) F i. c. *ἐμπεσὸν* MM i. c. ‖ *δημ.* a. t. M ‖ 16 *τῆλιν* M *τήλλην* H ‖ *τὸ σκεῦος* M ‖ 18 *ἀποσβέννουσιν* F -*νυσιν* H ‖ 20 *δέκα* H ‖ *ἐκπϊάσ(εσ?σσ?)αντες* M.

σταφίδας ὁμοίως, τῶν γιγάρτων λειφθέντων, ἐν ὅλμῳ κόψαντες ἐμβάλλουσι τῷ ἐλαίῳ.

## Cap. 26. Ἔλαιον Σπάνῳ ὅμοιον ποιῆσαι. Δαμηγέροντος.

1 Ἐλαίῳ καθαρῷ ἀπὸ πάσης ἀμόργης ἄγαν ὑπερζέοντι τριπλάσιον ὕδατος μὴ ἄγαν ὑπερζέοντος καὶ ἅλας ὀλίγους κεκομμένους καὶ λελειωμένους πάνυ ἐπίβαλε, καὶ κινήσας καὶ συνταράξας ὡς διὰ παντὸς τὴν μίξιν γίγνεσθαι, ἔασον διάστημα ἐφ' ἡσυχίας ἕως ἂν εἰς τρόπον ἀμόργης ὑφιζήσῃ τὸ συμβληθὲν ὕδωρ. 2 Εἶτα τῷ προειρημένῳ σκεύει, τουτέστι κόγχῃ, τὸ ἐφιστὰν τὸ ἔλαιον ἀφελών, πάλιν ὁμοίως σὺν ὕδατι χλιαρῷ κινήσας, καὶ τὸ αὐτὸ ποιήσας, ἄφελε λοιπὸν καθαρὸν τὸ ἔλαιον. 3 εἶτα χυλὸν φύλλων τῆς ἐλαίας ἁπαλῶν συγκοπέντων συμμίξας, ἵνα δριμύτητά τινα καὶ πικρότητα ἀπ' αὐτῶν λάβῃ, καταστάντι τῷ ἐλαίῳ, μετὰ τρεῖς ἡμέρας ἢ καὶ αὐθημερὸν χρῶ. 4 ἄλλοι δὲ ἔλαιον ὀμφάκινον, ἢ ἄλλως καλόν, εἰς ἴγδιν βαλόντες ἐπιχρίουσι. καὶ ὅταν χρεία ᾖ, ὡς Σπάνῳ χρῶνται τῷ ἐλαίῳ.

## Cap. 27. Ἐλαίῳ Ἰστρικῷ ὅμοιον ποιῆσαι. Σωτίωνος.

1 Εἰς ἔλαιον ὀμφάκινον ἢ ἄλλως καλὸν ἔμβαλλε ἴννουλαν ξηράν, καὶ δάφνης φύλλα, καὶ κύπερον

1 ληφθέντων H ‖ ὄλβω M ‖ 3 c. 26 om. LP ‖ 4 δημοκρίτου:- p. t. M ‖ 6 ὑπο|ζέοντος M ‖ 7 ἐπίβαλλε M ‖ 8 ὡς om. M ‖ δϊαπαντὸς M ‖ 9 γίνεσθαι M ‖ 11 τουτέστϊ bis, sed 1. m. corr. M ‖ τὸ ἐφ. ἔλ. M τὸ ἐφιστᾶν τὸ ἔλ. H ‖ 13 ἀφαί|ρει M ‖ 18 ἐμβαλόντες M ‖ 19 ἐπιχρίουσιν· F -σι H ‖ 21 c. 27 om. LP ‖ 22 σωτ. p. t. M ‖ 23 ἔμβαλε F ut ed. H ‖ 24 Ἰννοῦλαν M.

ξηρόν, δηλονότι πάντα κοπέντα, καὶ λελειωμένα, καὶ διὰ κοσκίνου διηθούμενα καὶ ἅλας δηλονότι πεφρυγμένους καὶ λελειωμένους. 2 εἶτα πολλῇ κινήσει μίξας, ἐπειδὰν καταστῇ, τήρει ἐπὶ ἡμέρας τρεῖς ἢ καὶ πλείους, καὶ πώμασον αὐτὸ εἰς τὴν τρίτην. τοῦτό ἐστι τὸ καλούμενον Λιβυρνικόν, καὶ αὐτοὶ οἱ Ἰστριανοί.

## Cap. 28. Σύνθεσις καλλίστη ἐλαιῶν. Φλωρεντίνου.

1 Λαβὼν μεγάλας καὶ ἀθίκτους ἐλαίας τῇ χειρὶ ληφθείσας, ἔντεμε αὐτὰς πέριξ καλάμῳ ὀξεῖ, καὶ οὕτως ἔμβαλε αὐτὰς εἰς ἀγγεῖον καινὸν ἀπίσσωτον, ἐπιπάσσων ἅλας λεπτότατον, καὶ μετὰ τὸ συντακῆναι ἔχε ἐν ἑτοίμῳ εἰς ἄλλο ἀγγεῖον, εἰ μὲν ἐγχωρεῖ, μέλι, εἰ δὲ μή, ἕψημα καὶ κιτρόφυλλον, καὶ ἔμβαλε τὰς ἐλαίας εἰς ταύτην τὴν ἄρτυσιν, ἵνα ἐπιπλέῃ τὸ ὑγρόν. 2 Τινὲς δὲ καὶ μαράθρου σπέρμα, καὶ καρναβαδίου, καὶ σελινοσπέρμου, καὶ ἀνήθου μιγνύουσι τῇ ἀρτύσει, καὶ ποιοῦσιν ἐλαιῶν σύνθεσιν καλλίστην πάνυ καὶ θαυμαστήν, ἥτις παρὰ πολλοῖς ἀγνοεῖται.

---

4 ἐπὶ ἢ ἡμέρας· ἢ M ἐπὶ ἢ (eras.) ἡμέρας τρεῖς ἢ καὶ πλείονας H ‖ 5 πώμασον αὐτὸ εἰς τὴν τρίτην* πασον (sine acc.) αὐτὸ εἰς τὸ τρίτον F πάσσον αὐτὸ εἰς τὸ τρ. HM πώμασον καὶ οὕτω χρῶ, καὶ πείσεις πάντας, ὡς Λιβυρνικόν ἐστι τοῦτο. S XI 17. deinde tribus aut aliquanto amplius decursis diebus, cum quieverit, utaris Pallad. XII 18 ‖ 8 Φλωρ p. t. M om. L ‖ κ͡,ε′ ν͡α mg. L ‖ 10 ἔντε|μνε L ‖ οὕτως per comp. M ut ed. P ‖ 11 ἔμβαλλε M prius λ eras. P ‖ 12 λεπτότ. L ‖ 13 ἄλλον L ‖ 14 κιτρόφυλλα M ‖ ἔμβαλλε M alterum λ eras. P ‖ ἐλέας L ‖ 15 ἐπιπλέει L ‖ 16 μαλάθρου L ‖ σεληνοσπέρματος L σελινοσπόρου P ‖ 18 κάλλίστην et καὶ om. FM.

Cap. 29. *Σύνθεσις δι' ὀξυμέλιτος. Τοῦ Αὐτοῦ.*

Τὰς μακρὰς λάμβανε μετὰ τῶν προσπεφυκότων κλωνίων, τὰς καλλίστας δηλονότι καὶ μελαίνας πάνυ ἀθλάστους, εἶτα πλύνας ὕδατι ψυχρῷ ξήρανον ἐπὶ ταρσῶν· καὶ οὕτως βαλὼν ταύτας εἰς σκάφην κατάχεε ἔλαιον, ἐπιπάσσων τε ἁλῶν τετριμμένων χοίνικα μίαν εἰς τὰς θ' χοίνικας, [καὶ] κίνει ταῖς χερσὶ πράως, ἵνα μὴ συνθλασθῶσιν. εἶτα βάλε εἰς τὸ ἀγγεῖον τὰς ἐλαίας ἐπιχέων ὀξύμελι, ἐπιπλείτω δὲ τὸ ὑγρόν, καὶ οὕτω φράξας τοῖς τοῦ μαράθρου κλωσίν ἀποτίθεσο.

Cap. 30. *Σύνθεσις διὰ γλεύκους. Τοῦ Αὐτοῦ.*

1 Δρεπόμενοι λευκὰς ἐλαίας βρέχουσι θαλάττῃ ἡμέρας ϛ'. εἶτα βάλλουσιν εἰς ἀγγεῖον, καὶ ἐπιχέουσι γλεῦκος πρόσφατον, οὐ πάνυ δὲ πληροῦσι τὰ ἀγγεῖα, ἵνα μὴ τὸ γλεῦκος ἐν τῷ ζέειν ὑπερχέῃ, καὶ ὅταν ζέσῃ περιχρίουσιν. 2 οἱ δὲ προεμβάλλοντες ἁλῶν δράκα ἐγχέουσι τὸ γλεῦκος, καὶ τότε τὰς ἐλαίας, καὶ ὅταν ζέσῃ περιχρίουσιν.

---

1 c. 29 om. L ‖ τοῦ αὐτοῦ p. t. M ‖ 2 προσσυμπεφ. P item sed σὺμ 1. m. supra add. M ‖ 3 μελανὰσ F μέλανας H ‖ 5 ad ταρσῶν mg.: τὰς παλάμας add. M ‖ οὕτω P ‖ ταύτας edd. τὰς αὐτὰς codd. ‖ 7 τὰς P τοὺς FM ‖ ἐννέα HP ‖ ϑ P ‖ χερσὶν F ut ed. H ‖ 8 βάλλε M βάλε sed ε m. 2. in ras. P ‖ 9 ἐλάας ut saepius P ‖ ὀξόμελι M ὀξύμ. P ‖ 10 οὕτως per comp. M ut ed. P ‖ μαράδρου F ut ed. H μαράθου P ‖ 11 c. 30 om. L ‖ τοῦ αὐτοῦ a. t. M ‖ 12 ἐλάας P ‖ 14 πλειροῦσι M πληρ. P ‖ 16 προεμβαλόντες per comp. M § 2 om. P ‖ 17 ἐγχέουσιν εἰς τὸ F.

### Cap. 31. *Σύνθεσις ἐλαιῶν διὰ στεμφύλων σταφυλῆς. Διδύμου.*

*Στέμφυλα πρόσφατα πρὸ τοῦ ἐξιπωθῆναι συνέμβαλλε εἰς ἀγγεῖον ταῖς ἐλαίαις ἐναλλάξ, εἶτα περίχριε.*

### Cap. 32. *Περὶ θλαστῶν ἐλαιῶν. Τοῦ Αὐτοῦ.*

**1** *Λαβὼν ἐλαίας πρὸ τοῦ περκάσαι τὰς ὑγιεινοτέρας, θλάσας ἐπὶ ξύλου εἰς ὕδωρ θερμὸν βάλε, εἶτα εἰς σφυρίδα ἀνελόμενος καὶ στραγγίσας ἐπίβαλλε ἅλας μὴ τετριμμένους καλῶς.* **2** *Καὶ τῇ ἑξῆς πληρώσας τὸ ἀγγεῖον, καὶ ἐπιθεὶς ἁλῶν δράκα, φράξαι μαράθρων κλωσίν.* **3** *Ἄλλοι θλάσαντες ἐξαιροῦσι τοὺς πυρῆνας, ἐπιπάσσουσι δὲ ἅλας τετριμμένους μετὰ κυμίνου καὶ κλωνίων μαράθρου, εἶτα ἐμβάλλουσι γλεύκους χρηστοῦ καὶ πωμάζουσιν.*

### Cap. 33. *Περὶ κολυμβάδων. Τοῦ Αὐτοῦ.*

**1** *Τὰς καλουμένας κολυμβάδας τὰς ἁδράς, ὅταν ἀκμάζωσι καὶ πρὸς τῷ περκάζειν ὦσι, λαβὼν μετὰ τῆς ἐκφύσεως μεθ' ἧς κρέμανται, προνοοῦ ὅπως μὴ βληθεῖσαι εἰς μεῖζον ἀγγεῖον ὅταν μεταφέρωνται θλασθῶσιν.* **2** *εἶτα πλύναντες ὕδατι ψυχρῷ κατ' ὀλίγας ψύγουσιν εἰς ταλάρους ἐν σκιᾷ ἐπὶ μίαν ἡμέραν, καὶ*

---

1 c. 31 om. L ‖ post *σταφυλῆς* 2 versus om. H ‖ 2 *διδύμου* p. t. P ‖ 3 *συνέμβαλε* H et ex corr. 2. m. P ‖ 4 *ἀγγεῖα* M ‖ 5 c. 32 om. L numerum om. H ‖ *τοῦ αὐτοῦ* om. HP ‖ 7 *βάλλε* M et 2. m. in ras. P ‖ 8 *φϋρΐδα* H *σπυρίδα* M ‖ *ἐπίβαλε* H et altero *λ* eraso P ‖ 9 *καλῶς — τετριμμένους* om. F ‖ 10 *φράσσε* M *φράσαι* P ‖ *μαράθων* P ‖ 13 *μαράθου* P ‖ *ἐμβάλλουσιν* F -*σι* H ‖ 15 c. 33 om. L ‖ *τοῦ αὐτοῦ* a. t. M ‖ 17 *ἀκμάζωσιν* F -*ζουσιν* H ‖ 21 *ψύχουσιν* H.

μεταστρέφουσι πράως, ἵνα ὁμαλῶς ξηράνωσιν. 3 εἶτα προεμβάλλουσιν εἰς τὸν πυθμένα πεφρυγμένων ἁλῶν δράκα, καὶ τῆς δευτέρας ἅλμης ἐγχέοντες χόας δ' μετ' ὄξους κοτυλῶν τριῶν βαλόντες ἐλαιῶν χοίνικας κ'· πληρώσαντες δὲ τὸ ἀγγεῖον κινοῦσιν· ὑπερεχέτω δὲ τὸ ὑγρόν· εἶτα φράξαντες μαράθρῳ περιχρίουσι. 4 διὰ τοῦτο δὲ τὴν ἅλμην προεδιδάξαμεν προεμβληθῆναι δεῖν, ἵνα μὴ θλῶνται αἱ ἐλαῖαι ἐμβαλλόμεναι. 5 Ἄλλοι δὲ μετὰ τῶν ἁπαλωτάτων κλωνῶν ἀφελόντες, ἐμβάλλουσιν εἰς ἀγγεῖον ἔχον θαλάττιον ὕδωρ, καὶ ἐάσαντες ἡμέρας ε' ἢ καὶ ϛ', ἀναιροῦνται, καὶ εἰς ἀγγεῖα ἐμβάλλοντες μετὰ ἅλμης περιχρίουσι. γίνεται δὲ ταῦτα πρὸ χειμερινῶν τροπῶν.

# ΒΙΒΛΙΟΝ Ι.

*Τάδε ἔνεστιν ἐν τῇδε τῇ βίβλῳ, δεκάτῃ μὲν οὔσῃ τῶν περὶ γεωργίας ἐκλογῶν, περιεχούσῃ δὲ σύνταξιν περὶ κηποποιΐας, καὶ τῆς ἐντεῦθεν ἀπολαύσεως καὶ τρυφῆς, πότε τε χρὴ ἕκαστον τῶν δένδρων φυτεύεσθαι, καὶ ποῖα αὐτῶν ἐγκεντριζόμενα, ποῖα δὲ ἐμφυλλιζόμενα χρησιμώτερα γίνεται.*

---

2 προεμβάλλουσιν* προσεμβ. FM ‖ 4 γ' M ut ed. P ‖ βάλλουσιν M ‖ εἴκοσι M κ'· P ‖ 6. 12 περιχρίουσιν F -σι H ‖ 9 κλωνῶν H κλώνων FM ‖ 10 θαλάσσιον M ‖ 11 ε' ἢ ϛ'' M πέντε ἢ ἕξ P πέντε ἢ καὶ ἓξ H ‖ 12 γίγνεται F γίν. H ‖ 14 l. X. sequitur librum XV. L ‖ βιβλίον ι' om. M β. δέκατον HL β. δέκατον | περιέχον σύνταξιν, quae intercedunt om. P ‖ 15 κε. ξθ' mg. L ‖ 18 τε om. F serv. H ‖ 19 ἐμφυλιζόμενα HM ut ed. P εμφυλιαζόμενα (!) altero λ supra addito 1. m. L ‖ 20 γίνε(σθαι p. c.) H γί(νεται p. c.). πίναξ τῶν κ(εφαλαίων p. c.): α' πε(ρὶ p. c.) παραδείσου: M indicem capitum om. HLP.

α′ περὶ παραδείσου. β′. κατὰ ποῖον καιρὸν καὶ πότε φυτεύειν δεῖ τὰ δένδρα. γ′. τίνα τῶν δένδρων ἀπὸ σπέρματος φυτευτέον, τίνα δὲ ἀπὸ παρασπάδος, τίνα δὲ ἀπὸ πασσάλου, ποῖα δὲ ἀπὸ κλάδου. δ′. περὶ φοινίκων φυτείας. ε′. περὶ τοῦ εὐθαλῆ τὸν καρπὸν τῶν φοινίκων γενέσθαι. ς′. περὶ θαλλῶν καὶ τῆς τῶν φοινίκων πλέξεως. ζ′. περὶ καιροῦ φυτείας κιτρίου καὶ ἐπιμελείας, καὶ πῶς ἔστιν ἐρυθρὰ ταῦτα γενέσθαι. η′. ἕτερον περὶ φυτείας κιτρίου. θ′. ὥστε κίτρον ποιῆσαι φέρειν ἐκτύπωμα οἱουδήποτε ὀρνέου ἢ μιμεῖσθαι πρόσωπον ἀνθρώπου ἢ ἄλλου ζώου. ι′. περὶ διαμονῆς καὶ ἀποθέσεως κιτρίων. ια′. περὶ φυτείας πιστακίων. ιβ′. ἕτερον περὶ φυτείας ψιττακίων. ιγ′. περὶ φυτείας δωρακινῶν καὶ ἐπιμελείας. ιδ′. κατάγραπτα περσικὰ ποιῆσαι. ιε′. ὥστε τὰ δωρακινὰ ἐρυθρὰ ποιῆσαι. ις′. περσικὰ δίχα ὀστέου ποιῆσαι. ιζ′. περὶ ἐγκεντρισμοῦ δωρακινῶν. ιη′. περὶ καιροῦ φυτείας μήλων καὶ πάσης αὐτῶν ἐπιμελείας. ιθ′. ὥστε τὰ μῆλα ἐρυθρὰ ποιῆσαι. κ′. περὶ ἐγκεντρισμοῦ μήλων. κα′. περὶ διαμονῆς μήλων. κβ′. περὶ φυτείας ἀππιδίων καὶ ἐπιμελείας καὶ ὥστε αὐτὰ μηδὲν λιθῶδες ἔχειν. κγ′. ἕτερον περὶ φυτείας ἀππιδίων. κδ′. περὶ ἐγκεντρισμοῦ ἀππιδίων. κε′. περὶ διαμονῆς ἀππιδίων. κς′. περὶ φυτείας κυδωνίων. κζ′. εἰδωλόμορφον κυδώνιον ποιῆσαι.

---

3 φυτεύοντ(αι p. c.) F ‖ 7 πλέξεων F ‖ 8 ἐπιμελίας p. c. F ‖ 9 ἕτερον om. F ‖ ὅστε F ‖ 10 οἱουδήπο(τε p. c.) ζώου ἢ μιμησ(θαι p. c.) F ‖ 11 ζώου ἢ ὀρνέου: F ‖ 13 ἕτερον om. F ‖ ιγ F ιβ′ iterum M ‖ 14 δωρακηνῶν M ‖ ἐπιμελίασ F ‖ ῑδ F ιγ′ M ‖ καταγραπτα s. acc. F ‖ 15 δωρακηνὰ M ‖ 16 περὶ (p. c.) περσι(κὰ? p. c.) F ‖ 17 δωρακηνῶν p. c. M ‖ 20 ἀππιδίων* corr. e textu ἀπιδ. M ἀπιδίων ἐπιμελίας (p. c.) F ‖ 21 ἕτερον om. F ‖ 22 ἀπιδίων uno π FM semper ‖ ἐγκεντρίων (!) ἀπιδ. F.

κη′. περὶ διαμονῆς κυδωνίων. κθ′. περὶ φυτείας ῥοϊδίων καὶ θεραπείας καὶ πάσης ἐπιμελείας. λ′. ὥστε ῥοιὰς μὴ χαίνειν. λα′. ῥοιὰν ἀπύρηνον ποιῆσαι. λβ′. ὅτι τῆς ῥοιᾶς ὁ κλάδος ἀπείργει τὰ θηρία. λγ′. ὥστε ῥοιὰν ἐρυθροτέραν γενέσθαι. λδ′. πῶς ἔστι ῥοιὰν ὀξεῖαν γλυκεῖαν ποιῆσαι. λε′. ῥοιὰν πολὺν καρπὸν φέρειν. λϛ′. ῥοιὰν ἀπὸ δένδρου λαβόντα εἰπεῖν, πόσους κόκκους ἔχει. λζ′. περὶ ἐγκεντρισμοῦ ῥοιᾶς. λη′. περὶ διαμονῆς καὶ ἀποθέσεως καὶ φυλακῆς ῥοϊδίων. λθ′. περὶ φυτείας δαμασκηνῶν. μ′. περὶ διαμονῆς δαμασκηνῶν. μα′. περὶ φυτείας κερασίων. μβ′. περὶ διαμονῆς κερασίων. μγ′. περὶ φυτείας ζιζύφων. μδ′. περὶ διαμονῆς ζιζύφων. με′. περὶ καιροῦ φυτείας σύκων καὶ ἐπιμελείας. μϛ′. ὥστε τὰ φυτευόμενα ⟨σῦκα⟩ ἀπαλλάττεσθαι σκωλήκων. μζ′. κατάγραπτα σῦκα ποιῆσαι. μη′. ὥστε συκῆν μὴ ἀποβάλλειν τὸν καρπόν. μθ′. συκῆν ἀγρίαν ἡμερῶσαι. ν′. περὶ ψωριώσης συκῆς. να′. ἐκ τῶν Δημοκρίτου· συκῆν κοιλιολυτικὴν ⟨εἶναι⟩ καὶ πρώϊμα σῦκα φέρειν. νβ′. περὶ ἐγκεντρισμοῦ συκῶν. νγ′. ὥστε τὸν καρπὸν τῆς συκῆς ἐξ ἑνὸς μέρους εἶναι λευκόν, ἐκ δὲ τοῦ ἑτέρου μέλανα ἢ ἐρυθρόν. νδ′. ὥστε τὸν ξηρὸν καρπὸν συκῶν τὰς καλουμένας ἰσχάδας ἀσήπτους διαμένειν. νε′. περὶ ὀλύνθων ἤγουν ἀώρων σύκων. νϛ′. πῶς ἐστι δυνατὸν τὰ

---

3 ῥοιὰς* corr. e textu ὥστερόασ F ὡς (p. c.) ῥοὰσ M ‖ 4 ἀπείργη F ‖ 6 ροῖ πολυκαρ$^{\pi}$ φ$^{\varepsilon}$′ | F ‖ 8 λζ′ M λ̄ζ̄ λ̄η̄ F ‖ 9 λη′ M λ̄θ̄ et sic deinceps semper asse plus F ‖ 10 π$^{\varepsilon}$ διμ$^{o}$ δαμασκιν$^{o}$ F ‖ 11 κερασε$^{\omega}$ F ‖ 12 κερα$^{\sigma\varepsilon}$ F ‖ 14 συκιῶν καὶ ἐπιμελίασ F ‖ 15 ⟨σῦκα⟩* add. e textu, om. FM ‖ ἀπαλάττ. F ‖ 19 ⟨εἶναι⟩* om. codd. ‖ πρόϊμα F ‖ 21 μέλαναν F ‖ 22 ξηρὸν om. M ‖ σύκων F τῆς συκῆς M ‖ τὰς om. F.

χλωρὰ σῦκα καθάπερ ἐπὶ τῶν δένδρων νεαρὰ φυλάττειν. νζ΄. περὶ καιροῦ φυτείας θασίων καὶ ἐπιμελείας καὶ ἐγκεντρισμοῦ. νη΄. πότε δεῖ συνάγειν τὰς ἀμυγδαλάς. νθ΄. ἀμύγδαλα πικρὰ γλυκέα ποιῆσαι. ξ΄. κατάγραπτα ἀμύγδαλα ποιῆσαι. ξα΄. ἀμυγδαλῆν ἄκαρπον καρποφορεῖν ποιῆσαι. ξβ΄. περὶ ἐγκεντρισμοῦ ἀμυγδαλῆς. ξγ΄. περὶ καιροῦ φυτείας καστάνων. ξδ΄. περὶ καιροῦ φυτείας καρύων καὶ ἐπιμελείας. ξε΄. περὶ ἐγκεντρισμοῦ καρύας. ξς΄. κάρυα γυμνὰ ἄνευ κελύφων καρποφορῆσαι. ξζ΄. ὥστε κάρυον ξηρᾶναι ἢ ἕτερον οἱονδήποτε δένδρον. ξη΄. περὶ ποντικοῦ τοῦ καλουμένου λεπτοκαρύου. ξθ΄. περὶ συκαμίνων καὶ πῶς ἔστι ταῦτα λευκὰ ποιῆσαι. ο΄. περὶ διαμονῆς καὶ ἀποθέσεως συκαμίνων. οα΄. περὶ φυτείας μεσπίλου. οβ΄. περὶ φυτείας κερατίων. ογ΄. περὶ ἑρμηνείας φανερῶν ὀνομάτων ὀπώρας καὶ ἀκροδρύων. οδ΄. περὶ διαφορᾶς ὀπώρας καὶ ἀκροδρύων. οε΄. περὶ καιροῦ καὶ τρόπου ἐγκεντρισμοῦ τῶν δένδρων. ος΄. περὶ ἐμφυλλισμοῦ καὶ ἐγκεντρισμοῦ, καὶ ποῖα τῶν δένδρων ποίων φυτῶν ἐστι δεκτικὰ εἰς ἐμφυλλισμὸν καὶ ἐγκεντρισμόν. οζ΄ περὶ καιροῦ καὶ τρόπου ἐνοφθαλμισμοῦ. οη΄. πότε δεῖ καθαίρειν τὰ δένδρα. οθ΄. πρὸς δένδρα ἀστρόπληγα. π΄. πετεινὰ δένδρῳ μὴ προσιέναι. πα΄. περὶ ἐπιμελείας τῶν φυτευομένων. πβ΄. ὥστε πάντα τὰ δένδρα πλείονα καρπὸν φέρειν. πγ΄. δένδρον ἄκαρπον καρποφορεῖν.

---

2 φυτίασ F ‖ 3 πε(ρὶ) ποτ(ε) p. c. F ‖ ἀμυγδαλᾶσ: |M ‖ 4 γλυκεῖα F ‖ καταγραπτὰ F ‖ 12 λεπτοκαριου s. a. F ‖ 14 μεσπούλου F ‖ 18 ἐμφυλλισμοῦ* et 20 ἐμφυλλισμὸν* corr. e textu ἐμφυλισμοῦ et -ὸν codd. ‖ 22 ἀστροπλῆγα M totum tit. sine acc. F ‖ 23 πετηνὰ δενδρῶ F ‖ π̄ ἐπιμελῖ τφῦ:·| F ‖ 25 καρφορεῖν M.

πδ'. δένδρων θεραπεία ἑκάστην βλάβην ἰωμένη. πε' πῶς ἔστι μεγάλα δένδρα καὶ ἔγκαρπα μεταφυτεῦσαι. πϛ'. πῶς ἔστιν ἐκ διαστήματος σπέρματα κομίσαντα φυτὰ ποιῆσαι. πζ'. πρὸς τὸ μὴ ἀποβάλλειν τὰ δένδρα τὸν καρπόν. πη'. περὶ θεραπείας δένδρων ἀποβαλλόντων τὰ ἄνθη ἢ φυλλοροούντων. πθ'. φυτὰ καὶ σπέρματα ὑπὸ κτηνῶν ἢ θρεμμάτων μὴ ἀδικεῖσθαι, φυσικὸν Δημοκρίτειον διὰ πείρας. ϙ'. πρὸς τὸ μήτε δένδρα μήτε ἀμπέλους ὑπὸ σκωλήκων ἢ ἑτέρου τινὸς βλάπτεσθαι.

## Cap. 1. *Περὶ παραδείσου. Φλωρεντίνου.*

**1** Χρὴ τὸν βουλόμενον παράδεισον ἔχειν ἐπιλέξασθαι τόπον ἐπιτήδειον, εἰ μὲν ἐγχωρεῖ, ἔνδοθεν τῶν ἐποικιῶν. εἰ δὲ μή, ἐκ τοῦ σύνεγγυς, ἵνα μὴ μόνον τὰ ἀπὸ τῆς θέας τερπνὰ τοῖς ἔνδοθεν ἀποθεωρῆται, ἀλλὰ καὶ ὁ πέριξ ἀὴρ συναναχρωζόμενος ταῖς ἀπὸ τῶν φυτῶν ἀναφοραῖς ὑγιεινὴν ποιῇ τὴν κτῆσιν. περιβλητέον δὲ αὐτὸν θριγκῷ, ἢ ἑτέρῳ τινὶ ἐπιμελῶς. **2** τὰ δὲ φυτὰ μὴ ἀτάκτως μηδὲ μικτὰ φυτευέσθω, οἷα δή φασι, τῆς τῶν φυτῶν διαφορᾶς εὐπρέπειαν ἐπεισαγούσης, ἀλλὰ κατὰ γένος κεχωρισμένως ἕκαστα

---

1 ἑκάστη βλάβη M ‖ 3 διαστημα$^{τ}$ σπερμα$^{τ}$ F ‖ 4 ἀποβαλόντων p. c. M ‖ 6 φυλλορ(corr. 1. m. ex ρρ?)οούντων p. c. M ‖ 8 ϙ' M ϙα' F cf. c. 38 ‖ 9 σκωλίκων F ‖ ἑτέρων τιν(ῶν p. c.) M ‖ 11 φλωρ. p. t. M φλορ. p. t. L ‖ 15 ἀποθεωρῆται corr. 1. m. ex -εῖται H ἀποθεορεῖται, sed η 1. m. supra add. L ‖ 17 ἀποφοραῖς FP ἀναφ. H ‖ ποιῇ ex -εῖ corr. M ποιῇ P ποιεῖ F ‖ κτίσιν FLP κτῆσιν H ‖ περιληπτέον M ‖ 19 Τὰ versu continuo L ‖ 20 φησιν F φησι HM ‖ ἀπρ. M ‖ 21 ἐπισαγ. L ‖ κεχωρισμένα M om. P.

τῶν φυτῶν ἐμβαλλέσθω, ἵνα μὴ κατακρατῆται τὰ ἥττω ὑπὸ τῶν κρειττόνων, ἢ καὶ τῆς τροφῆς ἀποστερῆται. 3 Τὸ δὲ μεταξὺ τῶν δένδρων πᾶν πληρούσθω ῥόδων καὶ κρίνων καὶ ἴων καὶ κρόκου, ἃ καὶ τῇ ὄψει καὶ τῇ ὀσφρήσει καὶ τῇ χρήσει ἐστὶν ἥδιστα καὶ εὐπροσόδευτα, καὶ ταῖς μελίσσαις ὠφέλιμα. 4 τὰ δὲ φυτὰ ληπτέον ἐξ ἀκμαίων καὶ ἀσινῶν δένδρων. εἰδέναι δὲ χρή, ὡς τὰ ἀπὸ σπέρματος φυτὰ ὡς ἐπὶ πολὺ πάντων τῶν φυτῶν ἐστι χείρονα· βελτίονα δὲ παντὸς φυτοῦ τὰ μοσχεύματα· κρείττονα δὲ τούτων τὰ ἐγκεντριζόμενα, οὐ πρὸς καλλικαρπίαν μόνον, ἀλλὰ καὶ πρὸς πολυκαρπίαν, καὶ ταχεῖαν φορὰν τῶν καρπῶν.

Cap. 2. *Κατὰ ποῖον καιρὸν καὶ πότε φυτεύειν δεῖ τὰ δένδρα. Τοῦ Αὐτοῦ.*

1 Ὁ μετοπωρινὸς καιρὸς εἰς φυτείαν ἐπιτηδειότερός ἐστι, καὶ μάλιστα ἐν τοῖς ἀνύδροις τόποις, δι' ὅλου γὰρ τοῦ χειμῶνος ἀρδεύεται τὰ φυτευόμενα. 2 χρὴ οὖν ἅμα τῷ ὄμβρους γενέσθαι, εὐθὺς μετὰ τὴν δύσιν τῶν πλειάδων φυτεύειν, ἄχρι τῆς χειμερινῆς τροπῆς, τουτέστιν ἀπὸ ζ' ἢ ια' τοῦ Νοεμβρίου μηνός, ἕως κ' τοῦ Δεκεμβρίου μηνός. 3 Τοῦτον δὲ τὸν καιρὸν τοῦ φθινοπώρου πάντες καθ' ὁμάδα οἱ τὰ γεωργικὰ συγγράψαντες σοφοὶ ὡς ἐπιτήδειον ἐπελέξαντο,

---

1 ἐμβαλλέσθωσαν L -βαλέσθω P ε 2. m. in ras. ‖ ἡττημένα καὶ ὑπὸ M item sed καὶ om. FP ‖ 2 κριττόνων L ‖ 3 Τὸ v. c. L ‖ πάντων FM ‖ 5 χρίσει L ‖ εὔοσμα L ‖ 6 Τὰ versu cont. L ‖ 7 Εἰδέναι v. c. L ‖ 10 κρίττονα L ‖ 12 φορὰς L ‖ 14 δεῖ τὰ om. L ‖ τοῦ αὐτοῦ p. t. LM om. P ‖ 15 μετοπορ. L ‖ ἐπιτηδειότατος M ‖ 16 ἐστὶν· L ‖ τοῖς δένδροις τόποις L ‖ 21 μηνὸς om. M ‖ 22 καθομάδα F καθόμαδα H ‖ 23 ἐπιτηδειότερον M.

ἀμέλει οἱ Κυντίλιοι οὕτω φασί. τῷ δὲ ἔαρι φυτευτέον, ὅσα μὴ ἔφθης τῷ μετοπώρῳ πεφυτευκώς. 4 Ἐγὼ δὲ καὶ αὐτῇ τῇ πείρᾳ ἀκριβῶς τοῦτο καταμαθών, πολλοὺς μὲν ἀμπελῶνας ἔν τε τῷ Μαρατωνύμῳ χωρίῳ, καὶ ἐν ἑτέροις ἐκ τοῦ πλησίον διαφέρουσί μοι ἀγροῖς, τούτῳ τῷ καιρῷ καταφυτεύσας μέγιστον ἀπενεγκάμην κέρδος. 5 πλεῖστα δὲ ὡσαύτως δένδρα ἀκροδρύων, καὶ τῆς λοιπῆς ὀπώρας, ἐν τῷ μετοπώρῳ πεφυτευκώς, χάριν ὡμολόγησα τῷ καιρῷ. 6 ἅπαντες οὖν οἱ τῆς ἡμετέρας χώρας, τὴν ἐντεῦθεν ἐπιτυχίαν θεασάμενοι, οὐκέτι λοιπὸν κατὰ τὸ παλαιὸν ἔθος ἐν τῷ ἔαρι μόνον τὰς φυτείας ποιοῦνται, ἀλλὰ πρότερον ἐν τῷ φθινοπώρῳ, ἀκολουθήσαντες τῇ παρ' ἐμοῦ διδασκαλίᾳ. 7 Ἀρκούσης δὲ ὅμως τῆς πείρας, ἀναγκαῖον ἡγοῦμαι καὶ λογισμὸν ἀποδοῦναι, δι' ὃν τὴν τοῦ φθινοπώρου φυτείαν μᾶλλον προσδέχομαι. 8 μάθε γάρ, ὡς οὐχ οἷόν τέ ἐστι τὴν φύσιν δύο κατὰ ταυτὸν ἐναντία ἀπεργάζεσθαι, ἀλλὰ ἀνάγκη ταύτην περὶ ἓν ἀσχολουμένην, τοῦ ἑτέρου καταφρονεῖν. 9 οἷον ὡς ἐπὶ τῆς φυτείας, ποτὲ μὲν τὰ ἄνω μέρη θεραπεύει τῶν δένδρων, ἄλλοτε δὲ τὰ κάτω μέρη, λέγω δὴ τὰς ῥίζας, τρέφει. 10 Εὔδηλον οὖν, ὡς ἐν τῷ ἔαρι τὰ ὑψηλότερα μέρη τῶν φυτῶν τρέφειν εἴωθεν, ἀμέλει τηνικαῦτα καὶ ἀνθοβολεῖ καὶ βλαστάνει τὰ δένδρα. 11 ἐν δὲ τῷ φθινοπώρῳ τοὐναντίον, τὰ μὲν ὑψηλότερα μέρη οὐκέτι

---

1 ἀμέλι L ‖ κιντίλιοι, et in mg.: Τῶν Κυντίλιω̄ F κεντίλλιοι H κυντίλιοι L κυντίλλιοι M ‖ φασίν· F -σί· H ‖ φοιτευτ. L ‖ 7 ἀκροδρίων L ‖ 8 μετοπόρω L ‖ 12 τὴν φυτεῖαν L ‖ πρώτερον ἐν ὧ φθιν. L ‖ 15 φθηνοπόρου et μᾶλον L ‖ 17 ἔστιν F ἐστι H ‖ 18 ἀλλ' ἀνάγκη L ‖ 20 ter μέρει L ‖ 21 λέγω Δὶ, (= δὴ?) L δὲ P ‖ 23 εἴωθε M -εν P τρέφει ἄνωθεν L ‖ 24 ἐν τῶδε τῶ F.

τρέφεται, ἀλλὰ ἀποβάλλει τὰ φύλλα, αἱ δὲ ῥίζαι ὑπὸ τῆς φύσεως τρέφονται. **12** δεῖ οὖν ἐκεῖνον τὸν καιρὸν ἐπιλέγεσθαι πρὸς φυτείαν, καθ' ὃν ἡ φύσις περὶ τὰς ῥίζας ἠσχόληται. **13** Πάντα δὲ τὰ δένδρα ὑπὸ γῆν τῆς σελήνης οὔσης χρὴ φυτεύειν, ὥσπερ τὴν ἄμπελον. ἐὰν δὲ αὐξανούσης σελήνης φυτευθῇ δένδρον, σφόδρα αὐξήσει. ἐὰν δὲ ληγούσης, χαμαίζηλον μέν, εὐτονώτερον δὲ ἔσται.

Cap. 3. *Τίνα τῶν δένδρων ἀπὸ σπέρματος φυτευτέον, τίνα δὲ ἀπὸ παρασπάδος, τίνα δὲ ἀπὸ πασσάλου, ποῖα δὲ ἀπὸ κλάδου.*
*Διδύμου.*

**1** Διάφοροί εἰσιν αἱ τῶν δένδρων φυτεῖαι. φανερὰ γὰρ δένδρα ἀπὸ σπέρματος χρήσιμα πρὸς φυτείαν· ἕτερα δὲ ἀπὸ παρασπάδων, τῶν καλουμένων μοσχευμάτων· τινὰ δὲ ἀπὸ πασσάλου, ἔνια δὲ ἀπὸ κλάδων. **2** Ἀναγκαῖον οὖν σαφηνίσαι τοὺς τρόπους, καθ' οὓς χρὴ ἕκαστον δένδρον φυτεύεσθαι. **3** Ἀπὸ μὲν οὖν σπέρματος φυτεύεται πιστάκιον, λεπτοκάρυον, ἀμύγδαλον, κάστανον, δωρακινόν, δαμασκηνόν, στρόβιλος, φοῖνιξ, κυπάρισσος, δάφνη, μηλέα, σφένδαμνος, ἐλάτη, πίτυς. ταῦτα δὲ μεταφυτευόμενα βελτίονα ἔσται. **4** Ἀπὸ δὲ παρασπάδος ἤτοι μοσχευμάτων φυτεύεται

---

1 Καὶ δὲ ῥίζαι L ‖ 7 αὐξήσει· ὥσπερ ἐὰν ληγ. L ‖ 9 κε. σ: mg. L ‖ 10 παραστάδος F παρασπ. H σπαράδος P ‖ 11 ποῖα — κλάδου om. L τίνα δ. ἀ. κ. P ‖ 12 διδ. p. t. M ‖ 14 σπέρματός ἐστι χρ. L ‖ 18 δεῖ L ‖ 19 λεπτόκαρον F λεπτοκάρυον H λεπτοκ. — δωρακ. om. M ‖ 20 δαμασκινὸν F -ηνὸν H ‖ ὀστρόβιλον F στρόβιλος — δάφνη om. H ‖ 21 κυπάρισσον, δάφνην, μηλέαν, σφένδαμνον F σφένδαμον H σφένδαμος LP σφένδαμνος per comp. M ‖ ἐλάτην, πίτυν F ‖ 23 φυτεύονται L.

μῆλα καὶ τὰ ὅμοια, οἷον κέρασος, ζίζυφον, λεπτοκάρυον, χαμαιδάφνη, μυρσίνη, μέσπιλον. 5 (Παρασπάδες δὲ ἤτοι μοσχεύματα καλεῖται, ὅσα προσήνωται τοῖς δένδροις, καὶ ἐξ αὐτῶν ἀποσπᾶται μετὰ φανεροῦ μέρους τῆς ῥίζης). δεῖ δὲ καὶ τὰς παρασπάδας καὶ τὰ μοσχεύματα μεταφυτεύεσθαι. 6 ἀπὸ δὲ πασσάλου καὶ κλάδων φυτεύεται ἀμυγδαλῆ, ἀππιδέα, συκάμινον, κίτριον, μῆλα, ἐλαῖαι, κυδωνέα, αἴγειρος, λεύκη, κισσός, ζίζυφον, μυρσίνη, κάστανον· καὶ ταῦτα δὲ μεταφυτευόμενα καλλίονα ἔσται. 7 τὰ δὲ δυνάμενα καὶ ἐκ παρασπάδος φυτεύεσθαι, καὶ ἀπὸ κλάδων καὶ πασσάλου, ἐστὶ ταῦτα, σῦκα, συκάμινα, κίτρια, ῥοιά, ἐλαία, συκομορέα, λεύκη, κεντρομυρσίνη, κυδωνέα. 8 ἃ δὲ ἀπὸ κλάδων καὶ πασσάλου μόνον φυτεύεται (ἀδύνατον δὲ ἐκ παρασπάδων, διὰ τὸ μηδὲ παραβάλλειν ἐκ τῶν ῥιζῶν μοσχεύματα) ἔστι ταῦτα· ἄμπελος, ἰτέα, πύξος, κύτισσος. 9 τὰ δὲ δυνάμενα καὶ ἀπὸ σπέρματος καὶ ἀπὸ παρασπάδων φυτεύεσθαι, ἔστι ταῦτα· βερικόκκια, δαμασκηνά, ἀμύγδαλα, φοῖνιξ, πιστάκιον.

---

1 *λεπτοκάρϊον* L $\bar{\upsilon}$ 1. m. suprascr. ‖ 3 *δὲ* om. FM ‖ 6 *Ἀπὸ* versu continuo L ‖ *κλάδου* M ‖ 7 *ἀμυγδάλη* H ‖ *ἀπιδέα* L ‖ 8 *μηλέαι* L *μηλέα* P ‖ *ἐλαία* M *ἐλαίαι* H *ἐλαῖαι* FL ‖ *κυδονέαι* L *κυδωνία* F ut ed. H ‖ 10 *κάλλιον* FL ‖ *Τὰ* versu continuo L ‖ 11 *πασσάλων* M ‖ 12 *Σῦκα* v. c. L ‖ *συκάμινον* L ο 1. m. ex α corr. ‖ *ῥοιαὶ* (!) L ‖ *συκομορρέα* L *συκομοραῖα* F *συκομοραία* HP ‖ 13 *κυδονέα· Ἀπὸ κλ. δὲ* L *κυδωνία. ἀπὸ δὲ κλ.* F *κυδωνέα. ἀπὸ δὲ κλ.* H ‖ *Τὰ. δὲ* 2. m. ex *ἃ δὲ* corr. P ‖ 15 *μὴ προβάλλειν* L ‖ 16 *Ἄμπελος* versu continuo L ‖ 17 *Τὰ* v. c. L ‖ 18 *παρασπάδος* (*σπαράδος* ut semper P) *καὶ ἀπὸ σπέρματος* M ‖ *Βερικκόκια* v. c. L *ῥι¦κοκκία* M *βερικοκκία* PH ‖ 19 *δαμασκινὰ* F -*η*- H.

Cap. 4. *Περὶ φοινίκων φυτείας. Λεοντίνου.*

1 *Ὀρύξας βόθρον πηχῶν δύο βάθους καὶ πλάτους τοῦ αὐτοῦ, ἢ καὶ πλέον, πλήρωσον χώματος μετὰ κόπρου μεμιγμένου ἀπὸ αἰγῶν, ἀπολιπὼν ἡμιπηχυαῖον βάθος, εἶτα μέσον τοῦ χώματος τῆς βαλάνου τὸν πυρῆνα σχηματίσας πρὸς τὴν γῆν, ὥστε τὸ ὀξὺ τοῦ πυρῆνος πρὸς ἀνατολὰς βλέπειν, ἐπιχώννυε γῆν μετὰ κόπρου καὶ ἁλῶν μεμιγμένην, καὶ ἄρδευε καθ' ἡμέραν, ἕως ἂν βλαστήσῃ.* 2 *Τινὲς μὲν οὖν τοῦτον μεταφυτεύουσι, τινὲς δὲ ἐπὶ χώρας ἐῶσι, καὶ ἐπειδὴ τῇ ἁλμυρᾷ γῇ χαίρει, χρὴ κατ' ἐνιαυτὸν περιορύσσειν, καὶ ἅλας ἐπιῤῥίπτειν. οὕτω γὰρ ταχέως μεγάλοι ἔσονται.* 3 *Γίνονται δὲ εὐθαλέστεροι τρυγίᾳ οἴνου παλαιοῦ ποτιζόμενοι. τὰ δὲ ὀστᾶ τῶν φοινίκων οὐ χρὴ σπείρειν εὐθὺς ἐν τῇ γῇ, ἀλλ' ἐν πυθμένι κεράμου πρότερον καὶ οὕτω μεταφυτεύειν.* 4 *Ὁ δὲ φοῖνιξ ἐρᾷ, καὶ δριμέως ἐρᾷ, ἑτέρου φοίνικος, ἤγουν ἡ θήλεια τοῦ ἄρρενος, ὡς Φλωρεντῖνος ἐν τοῖς γεωργικοῖς αὐτοῦ φησι, καὶ οὐ πρότερον παύσεται τοῦ πόθου, ἕως ἂν αὐτὴν ὁ ἐρώμενος παραμυθήσεται.* 5 *ἔστι γὰρ ἰδεῖν τὸ δένδρον ἐπικεκαμμένον, καὶ μὴ φέρον τὴν ἰδίαν βάσιν, μηδὲ καρποφοροῦν.* 6 *τοῦτο οὐ λανθάνει τὸν*

---

1 *κε.* $\widetilde{σα}$ in mg. L ‖ *λεοντίνου* a. t. M p. t. LP ‖ 2 *Ὀρ. ἄντρον* L ‖ *β´* M ‖ 3 *χόματος* L ‖ 4 *ἀπὸ* om. L ‖ 6 *ὥστε* om. *δὲ* post *τὸ* add. FM ‖ 7 *πρὸς ἐπὶ ἀνατ.* F ‖ *βλέπειν* om. FM ‖ *γῆς* M ‖ 8 *μεμιγμένων* FM ‖ *καὶ* om. F ‖ 9 *ἂν* om. M ‖ *βλαστήσει* L -*η* ex *ει* 1. m. corr. M -*η* P ‖ *τοῦτο* FM ‖ 10 *ἐῶσιν* F -*σι* H ‖ *ἐπιδὴ* L ‖ 12 *ἐπιῤίπτειν* F *ἐπιρρ.* H *ἐπιρριπτεῖν·* M ‖ 15 *πρότερον* om. FM ‖ 17 *δριμίως* L ‖ *ἤγουν — ἄρρενος* om. FM ‖ *θηλία* L ‖ 18 *ὡς — φησι* om. P ‖ *φλωρεντῖνος* in mg. repet. F ‖ 20 *αὐτὴν* om. M ‖ *ὁ* om. L ‖ *παραμυθήσε(η?)ται* M -*σαιτο* P ‖ *γὰρ* om. L *ἰδεῖν* om. M.

γεωργόν, ἀλλ' ὅτι μὲν ἐρᾷ τεκμαίρεται, ἀγνοεῖ δὲ ποίου· διὸ παραπτόμενος φοινίκων πολλῶν, καὶ πάλιν ἐπὶ τὴν ἐρῶσαν ἐπανιών, καὶ ἐφαπτόμενος τῇ χειρί, δοκεῖ φιλήματι ὥσπερ διακονεῖν. 7 ποίου δὲ φοίνικός ἐστιν αὐτῇ πόθος, σημαίνει τρόπον τινὰ τῇ τῶν σπαθῶν καὶ τῇ τῶν χειρῶν, ὡς ἄν τις εἴποι, νεύσει, πρὸς ἐκεῖνον γὰρ ἀποβλέπει, καὶ ἐπ' ἐκεῖνον πρόῤῥιζος ὥσπερ σπεύδουσα ἑαυτὴν περιῤῥίπτει. 8 ἄκος οὖν γίνεται τῇ ἐρώσῃ, τοῦ γεωργοῦ συνεχῶς ἀπτομένου τοῦ ἄῤῥενος, καὶ τὰς χεῖρας αὐτοῦ προσπελάζοντος τῇ ἐρωμένῃ· μάλιστα εἰ τὴν ἄνθην ἀπὸ τῆς σπάθης ἐξελὼν τοῦ ἄῤῥενος, ἐνθήσει εἰς τὴν κεφαλὴν τῆς ἐρώσης. 9 οὕτω γὰρ πραΰνει τὸν ἔρωτα, καὶ λοιπὸν ἡ φοῖνιξ ἀγλαϊζομένη κάλλιστον καρπὸν οἴσει.

Cap. 5. *Περὶ τοῦ εὐθαλῆ τὸν καρπὸν τῶν φοινίκων γενέσθαι. Δημοκρίτου.*

Ὁ δὲ καρπὸς αὐτῶν εὐγενὴς γίνεται, ὅταν τὰς ἀπόρους θήκας, ἅς τινας ἥλικας καλοῦσιν, ἀνθούσας ἀφελόντες καὶ ξηράναντες προσκρεμῶσι τοῖς στελέχεσι, καθάπερ τὰ ἐρινεὰ ταῖς συκαῖς.

---

1 ἐρᾷ καὶ ἐρᾶται τεκμαίρεται edd. ἐρᾶται καὶ αἴρεται· F ἐρᾶ τὲ καὶ ἐρᾶται, οἶδεν· ἀγνοεῖ M ἐρᾶ τινὸσ ἑτέρου φυτοῦ, οἶδεν· ἀγνοεῖ L ‖ 3 ἐφαπτώμ. L ‖ 5 σημένη L ‖ τῇ om. LP ‖ σπαθῶν* παθῶν FM πτόρθων L ‖ 7 πρόριζος L ‖ 8 περιρίπτει F περιπίπτει HM περιῤῥίπτειν P κατακλίνει L ‖ 9 ἐρώσει F ἐρωτήσει H ἐρωμένη L ‖ 9 ἀπτωμ. L ‖ 11 εἰς F ‖ σπάθης edd. σκαφῆς FM κορυφῆς L ‖ 16 γίνεσθαι L ‖ δημ. p. t. LM om. P ‖ 17 γίγν. F γίν. H ‖ 18 θήκας om. M ‖ ἅστινες ἕλικας L ‖ 19 προσκρεμνῶσιν F προσκρεμῶντες H ‖ στελέχεσιν F -σι H στελέχοις L ‖ 20 ἐρινὰ L.

Cap. 6. *Περὶ θαλλῶν καὶ τῆς τῶν φοινίκων πλέξεως. Διδύμου.*

1 *Εὐθαλεῖς δὲ γίνονται καὶ ὑψηλοί, τρυγὸς οἴνου παλαιοῦ διηθουμένης [καὶ] ταῖς ῥίζαις παραχυθείσης· ὠφελοῦνται καὶ ἁλῶν ἐμβαλλομένων.* 2 *ἵνα δὲ εἰς πλέξιν φορμῶν καὶ σπυρίδων λευκοί τε καὶ ἐπιτήδειοι ὦσιν οἱ θαλλοί, χλωροὺς ἔτι ἀπὸ τῶν βαΐων ἐκτίλωμεν αὐτούς, καὶ ἐν σκέπῃ ἀποθώμεθα ἡμέρας δʹ. καὶ μετὰ ταῦτα ἐάσωμεν ταῖς δρόσοις ὕεσθαι, καὶ τοῖς ἡλίοις αὐαίνεσθαι, ἄχρις ἂν γένωνται λευκοί.*

Cap. 7. *Περὶ καιροῦ φυτείας κιτρίου, καὶ ἐπιμελείας, καὶ πῶς ἔστιν ἐρυθρὰ ταῦτα γενέσθαι. Φλωρεντίνου.*

1 *Τὸ κίτριον φυτευτέον ἀπὸ μετοπώρου ἕως ἰσημερίας ἐαρινῆς. χαίρει δὲ ὕδατι ἀφθόνῳ· μόνον δὲ τοῦτο ἀπὸ ὅλων τῶν δένδρων ὑπὸ νότου ὠφελεῖται, ὑπὸ βοῤῥᾶ δὲ βλάπτεται.* 2 *ἐπειδὴ δὲ βαρύς ἐστιν ὁ καρπός, ἀφελεῖν χρὴ τὰ πολλὰ καὶ ὀλίγα καταλιμπάνειν. οὕτω γὰρ καὶ εὐτραφέστερα γίνεται.* 3 *Δεῖ δὲ πρὸς τοῖς τοίχοις ταῦτα φυτεύειν, ἵνα ἔχῃ ἔρυμα πρὸς τὰ ἀρκτῷα μέρη.* 4 *περιβάλλεται δὲ διὰ τὸν χειμῶνα*

---

1 c. 6 om. L ‖ *θαλῶν* H tit. om. P ‖ 2 *διδ.* p. t. M om. P ‖ 3 § 1 om. P ‖ 5 *ὠφελεῖται* F ‖ *δὲ* om. H ‖ 7 *ὦσιν οἱ θαλλοὶ* M *οἱ θαλλοὶ ἔσωνται* F *οἱ θαλοὶ ἔσονται* H ‖ *ἐκτίλλομεν* H ‖ *ἐκτίλλωμεν* M ‖ 8 *τέσσαρας* P ‖ 9 *ἐάσομεν* H ‖ *τοῖς δρόσοις* M ‖ *τῷ ἡλίῳ* P ‖ 10 *ἄχρις — λευκοί* om. P ‖ 13 *φλωρ.* p. t. M *φλωρ* | *κεφ.* *οβ* mg. L ‖ 14 *δεῖ φυτεύειν* L ‖ 16 *τοῦτο πάντων τῶν* L ‖ post *νότου μὲν* add. L ‖ 18 *ἀφαιρεῖν* L ‖ 20 *εὔρυμα* L ‖ 21 *μέρει* L ‖ *περι[βάλλεται — φυσικὴν* om. L.

ψιάθοις, μάλιστα δὲ τοῖς κλήμασι τῶν κολοκυνθῶν. ἔχουσι γάρ τινα φυσικὴν ἀντιπάθειαν, πρὸς τὸ ἀπὸ τοῦ κρύους ἀσινῆ αὐτὰ φυλάττεσθαι. 5 διὸ τὰ ξυλωδέστερα καὶ παχέα κλήματα τῶν κολοκυνθῶν καύσαντας, τὴν τούτων τέφραν ταῖς ῥίζαις τοῦ κιτρίου περιπάσσειν χρή. 6 ὁ δὲ καρπὸς τοῦ κιτρίου, πρὶν τέλεον αὐξῆσαι, ἐὰν εἰς ἄγγος κεραμεοῦν ἢ εἰς ὑέλινον ἐντεθῇ, αὐξανόμενος τυπωθήσεται πρὸς τὸ ἀγγεῖον, καὶ τοσοῦτος γενήσεται, ὅσον καὶ τὸ τοῦ ἀγγείου μέγεθος· ἔοικε δὲ ὁ καρπὸς πρὸς τοῦτο ἁμιλλᾶσθαι. δεῖ δὲ τῷ ἀγγείῳ διάπνοιαν, τουτέστιν ὀπάς, ἐμποιεῖν. 7 εἰδέναι δὲ χρή, ὅτι τὸ κίτριον ἐνοφθαλμιζόμενον ἄφορον ἔσται, διὸ τῷ διὰ σαρκὸς τρόπῳ ἐγκεντρίζεσθαι χρή, ὥσπερ καὶ τὰς ἀμπέλους. 8 Κίτρια δὲ εἰ βούλει μέλανα ποιῆσαι, μηλέας κλάδον τῇ κιτρέᾳ ἐγκέντριζε, καὶ τὸ ἀνάπαλιν. μῆλον δὲ ἐγκεντριζομένης κιτρέας, καὶ τὸ ἀνάπαλιν γένοιτ' ἄν. 9 Ἐὰν δὲ τὸν καρπὸν γύψῳ πεφυραμένῃ καταχρίσῃς, ἀσινῆ τοῦτον καὶ διὰ παντὸς φυλάξεις. 10 τοῦτο τὸ φυτόν, κἂν ἐπ' ὀλίγον κρυστάλλου μετάσχῃ, ὡς φύσει ὂν τρυφερώτερον, καιόμενον ἀπόλλυται. 11 τινὲς δὲ τῶν πλουσίων καὶ τρυφώντων, ὑπὸ στοὰς πρὸς ἥλιον ὁρώσας παρὰ τὸν τοῖχον τὰς κιτρέας φυτεύουσιν ὕδατι δὲ ἀφθόνῳ ἀρδεύουσι· καὶ τοῦ μὲν θέρους ἀστεγάστους καταλιμπά-

1 κολοκύνθων semper H κολοκυντῶν M ‖ 2 τὸ om. M ‖ 3 τοῦ om. M ‖ ἀσινεὶ L ἀσινεῖς αὐτὰς FM ‖ 4 κολοκυντῶν M π. τῶν κολοκινθῶν κλ. L ‖ καύσαντας* καύσαντες codd. ‖ 6 πλὴν τέλεον F τέλειον M ‖ 7 κεραμίου F κεράμειον M ‖ ὑάλ. F ‖ 9 τοσοῦτος HL τοσοῦτον FM ‖ 10 ἔοικεν F -κε H ‖ Δεῖ versu continuo L ‖ 12 εὔφορον L ‖ 14 § 8 om. FL ‖ 17 γένοιτο ἂν. P ‖ 18 πεφυραμένης F πεφυρμένη καταισ(?)χρίσησ, ἀσυνῆ L ‖ καὶ om. M ‖ διαπαντὸς H ‖ 19 κρυστάλου L ‖ 23 κιτρίας FLM κιτρέας P ‖ ὕδατί τε L ‖ 24 ἀστέγους LP.

νουσι τὰς στοάς, τῷ ἡλίῳ θάλπειν παρέχοντες τὰ φυτά, προσιόντος δὲ τοῦ χειμῶνος, στεγάζουσι τὰ φυτά. **12** εἰ δὲ βούλει κίτρια ἐρυθρὰ ποιῆσαι, ἐγκέντρισον ἐξ αὐτῶν εἰς συκάμινον, καὶ τὸ ἀνάπαλιν, καὶ γίνεται ἐρυθρὰ τὰ κίτρια, οἴσει δὲ καὶ ἑκάτερον τὸν καρπόν. ἐγκεντρίζεται δὲ τὸ κίτριον καὶ εἰς ῥοιάν.

## Cap. 8. Ἕτερον περὶ φυτείας κιτρίου. Ἀνατολίου.

**1** Τινὲς δὲ τὰ κίτρια οὐ μόνον πασσάλους φυτεύουσιν, ἀλλὰ καὶ ἀπὸ κορύνης, καμπτομένου τοῦ κλωνίου, οὕτως ἐν τῷ ὀρύγματι καταπήγνυνται αἱ δύο ἀρχαὶ τοῦ κλωνίου, καὶ ἐγχώννυνται, καὶ ἄνωθεν ἐκβάλλει τὸν βλαστόν, ὡς ἂν εἴπεῖν, ἀπὸ τῆς καμάρας. **2** Οἱ δὲ καὶ τὰ κοντὰ πασσάλια τῶν κιτροφύτων, μὴ δυνάμενα καμφθῆναι, κατακεφάλα φυτεύουσι, τὸ παχύτερον ἄνω, καὶ τὸ λεπτὸν μέρος εἰς τὴν γῆν πηγνύουσι συνεμβάλλοντες τὴν τέφραν τῶν σικυηλάτων.

## Cap. 9. Ὥστε κίτρον ποιῆσαι φέρειν ἐκτύπωμα οἱουδήποτε ὀρνέου, ἢ μιμεῖσθαι πρόσωπον ἀνθρώπου, ἢ ἄλλου ζώου. Ἀφρικανοῦ.

**1** Εἰδωλόμορφον τὸν προειρημένον καρπὸν ποιήσεις πρόσωπον ἀνθρώπου, ἢ ἄλλου ζώου ἔχοντα.

---

2 στεγάζουσι ταῦτα: L ‖ 5 τῶν καρπῶν M ‖ 6 Ἐγκεντρ. L | κίτρον M ‖ 7 c. 8 om. LP ‖ 8 ἀνατ. p. t. M ‖ 9 μόνους HM | 12 ἐνχώννυται F ἐγχώννυται H ‖ 14 κονδὰ F ‖ 15 κατὰ κεφαλ⟨ης?⟩ per comp. M ‖ φυτεύουσιν F ut ed. H ‖ 16 πηγνύουσιν F ut ed. H πηγνύντες M ‖ 18 c. 9 om. P ‖ κιτριον L ‖ 21 Μόρφωμα ποιήσασ τοιοῦτον om. FM ‖ ποιήσεις εἰς F | 22 ἔχοντος F om. L ἔχου̅ M.

2 τὸν τρόπον τοῦτον· Μόρφωμα ποιήσας τοιοῦτον περιπλάσας τοῦτο τῇ γύψῳ ἢ πηλῷ καὶ ἐάσας ψυγῆναι, τέμνεις ὀξεῖ τινι, καὶ διμερῶς ποιήσας ἐμπρόσθιον καὶ ὀπίσθιον ὥστε συναρμόσαι, ξηράνας ὄπτησον ὡς τὰ κεράμια. 3 ὅταν δὲ ὁ καρπὸς τὸ ἥμισυ τῆς ἰδίας αὐξήσεως σχῇ, περιθεὶς τοὺς τύπους ἀσφαλίζου δεσμοῖς ἐπιμελῶς, ἵνα μὴ διαστῶσιν ἀπὸ τῆς αὐξήσεως τοῦ περιειλημμένου, ἐάν τε ἄππιον, ἐάν τε μῆλον, ἐάν τε ῥοιὰ ἢ κίτριον ὑπάρχῃ, καὶ ἀποδέξεται τοὺς τύπους. 4 συντόμως δὲ τοῦτο εἰπεῖν, ζωοειδεῖς τὰς ὀπώρας συμβαίνει γίνεσθαι, εἰ εἰς τύπους γεγλυμμένους ἐνθείς τις αὐξάνειν ἐῴη.

Cap. 10. *Περὶ διαμονῆς καὶ ἀποθέσεως κιτρίων. Σωτίωνος.*

Ἐὰν τὸν καρπὸν τοῦ κιτρίου γύψῳ πεφυραμένῃ καταχρίσῃς ἐπιμελῶς, ἀσινῆ τοῦτον καὶ διὰ παντὸς τοῦ ἔτους ἀκέραιον φυλάξεις. τὰ κίτρια ἐν κριθαῖς ἐγκρυπτόμενα οὐ σήπεται.

---

2 τοῦτο τὶ γύψω· F τῆ H ‖ 3 τέμον L ‖ διαμερὲσ L ‖ 4 συναρμῶσαι L ‖ ὄπτησον εἰς τὰ FL 6 ἔχη F λάβη L ‖ δεσμῶν L δεσμ^s (= οῖς) M ‖ 7 διασπῶσιν F ‖ αὐξίσ. τοῦ περιειλη|μένου L ‖ 8 ἄπιον L ‖ 9 ὑποδέξαι τε L ‖ 10 δὲ δεῖ M ‖ 11 εἰ εἰς* γίγνεσθαι (γίν. H) δὶσ εἰσ F γίν., ἐὰν εἰσ L γενέσθαι· δϊσ̀ εἰ M ‖ 11 γεγλυμένους L ‖ 12 ἐώιη F ἐώη HLM ‖ 14 σωτ. p. t. L om. MH περὶ — φυλάξεις om. P ‖ 16 διαπαντὸς MH ‖ 17 ἀκαίραιον L ‖ 18 ἐγκριπτόμεναι L ‖ ἐος ἐδώ (ἕως ὧδε?) τὰ περικίτρου mg. m. 2. M.

Cap. 11. *Περὶ φυτείας πιστακίων. Διοφάνους.*

1 *Λαβὼν τὸν καρπὸν ἀλέπιστον, τουτέστι τὰς λεπίδας πάσας ἀσινεῖς ἔχοντα, φύτευσον κατὰ τὸν προειρημένον τρόπον.* 2 *Δίδυμος δὲ ἐν τοῖς γεωργικοῖς αὐτοῦ φησι, τὸ πιστάκιον ἐγκεντρίζεσθαι εἰς ἀμυγδαλῆν.*

Cap. 12. *Ἕτερον περὶ φυτείας ψιττακίων. Δαμηγέροντος.*

1 *Ψιττάκια σπείρεται περὶ καλανδῶν Ἀπριλλίων, ἄῤῥεν καὶ θῆλυ συνηρμοσμένα τὰς φύσεις, τοῦ ἄῤῥενος τὰ νῶτα πρὸς τὸν ζέφυρον ἔχοντος. οὕτω γὰρ τὸν καρπὸν εὐφορήσουσι πλήρη.* 2 *Ἐπικεντρίζεται δὲ κατὰ τὸν αὐτὸν καιρὸν εἴς τε τὸ ὁμογενές, καὶ εἰς τερέβινθον, οἶμαι δ' ὅτι καὶ εἰς ἀμυγδαλᾶς.* 3 *ὁ δὲ Πάξαμός φησιν, ὅτι δεῖ βόθρον προποιῆσαι εἰς τόπους εὐηλίους καλῶς εἰργασμένους, καὶ λαβεῖν δένδρων μοσχεύματα ἀκμαῖα, νέα, καὶ ταῦτα συνδῆσαι ὁμοῦ, καὶ καταθέσθαι ἐν τῷ βόθρῳ, σελήνης δευτέρας οὔσης, καὶ ἀπὸ τῆς γῆς σφίγξαι ἄχρι τῶν κλάδων αὐτά, καὶ κοπρίσαι τὸν βόθρον, ἐπιχῶσαί τε καὶ γυρῶσαι, καὶ ἐπιμελεῖσθαι ποτίζοντας παρ' ἡμέρας η' καὶ διὰ τῶν*

---

1 c. 11 om. LP ‖ 4 *δίδυμος* in mg. rep. F ‖ 5 *ἀμυγδάλην* H ‖ 7 *ἕτερον* om. LP ‖ *ψϊστακ.* 1. m. ex *πϊστακ.* corr. M *ψιττακ.* M i. c. *πιστακ.* P *ψιτακ.* H ‖ *κε' ογ'* mg. L ‖ 8 *δαμηγ.* p. t. L om. M ‖ 9 *ψϊστ.* M *πιστ.* P *ψιτάκια* LH ‖ *καλάνδας ἀπριλλίας* L ‖ *ἀπριλίων* F *λλ* H ‖ 10 *συνηρμοσμένας* F ‖ 12 *εὐφορήσουσιν* F -*σι* H *ἐμφορήσουσι* | *Ἐπικ.* L ‖ 13 *τέρμινθον* F ‖ 14 *ἀμυγδαλᾶς** *ἀμυγδαλάς* FLM *ἀμυγδάλας* H ‖ *ὁ δὲ* om., *πάξαμος* (in mg. rep.) *φησὶν* F *ὁ δέ* | *γε πάξαμος φησῒ* H *ὁ* om. *πάξ. δέ φησι* P et per comp. M ‖ 15 *ὅτι δεῖ* om. FM ‖ *βόθρους* FM ‖ 16 *λαβῶν* L ‖ 17 *καὶ νέα καὶ* M ‖ 18 *τῶ τόπω* M ‖ *οὔσης δευτ.* L ‖ 19 *σφίξαι* L.

ἴσων ἐπισφίγγειν πάλιν· ὅταν δὲ τριετῆ γένηται τὰ στελέχη, ὀρύξαι παρὰ τὴν ῥίζαν τοῦ βόθρου εὖ μάλα, καὶ κοπρίσαι, καὶ ἐγκαθίσαι τὸ στέλεχος κατώτερον, καὶ ἐπιχῶσαι, ὅπως μεγάλου τοῦ δένδρου γενομένου καὶ ἰσχυροῦ πνεύσαντος ἀνέμου μὴ καταπέσῃ τὸ δένδρον.

## Cap. 13. *Περὶ φυτείας δωρακινῶν, καὶ ἐπιμελείας. Φλωρεντίνου.*

**1** *Τὰ δωρακινὰ χαίρει ὑδρηλοῖς χωρίοις· εἰ δὲ μή, συνεχῶς ποτιζομένοις. οὕτω γὰρ μείζων γίνεται ὁ καρπός.* **2** *τινὲς δὲ ἀφαιροῦσι τὰ πολλὰ περσικά, καὶ ὀλίγα καταλιμπάνουσι τῷ δένδρῳ. οὕτω γὰρ ἔσται μείζονα, τῆς τροφῆς εἰς ὀλίγα χωρούσης.* **3** *εὐαυξῆ δὲ γίνεται τὰ φυτά, ἐὰν ἅμα τῷ φαγεῖν σπείρωμεν τὸ ὀστοῦν, ἐγκαταλιπόντες τι τῆς σαρκὸς περὶ τὰ ὀστέα.* **4** *ἐπειδὴ δὲ ἴσμεν τὸ δωρακινὸν ταχέως γηράσκον, δεῖ τοῦτο ἐπικεντρίζειν εἰς δαμασκηνόν, ἢ εἰς ἀμυγδαλῆν πικράν, ἢ εἰς βράβιλον.* **5** *Βράβιλος δὲ κυρίως καλεῖται τὸ ἀπὸ ὀστέου περσικοῦ φυόμενον δένδρον.*

---

7 *δωρακηνῶν* M *δωρακίνων* H ‖ 8 *φλωρ.* p. t. LM ‖ 9 *δωράκινα* H *δωρακηνὰ* LM ‖ 10 *συνεχές* F ‖ 11 *ἀφαιροῦσιν* F *-σι* H ‖ 13 *εὐε(?)ξῆ* F *εὐαξῆ* sed *υ* supra add. 1. m. M *εὐαυξῆ* P ‖ 16 *δωρακηνὸν* M ‖ *γηράσκων* L *γϊνώσκον* (sic!) M *βιῶσκον* P ‖ 17 *ἐγκεντρ.* LH ‖ *δαμασκινὸν* F *-κηνὸν* H *-κηνὰ·* M ‖ 18 *βάρβιλον· βάρβιλοσ* F *βράβιλον· βράβιλο̄* (= *ον*) *δὲ* L *βράβηλον· -ηλος* HM item sed *ϊ* supra add. 1. m. P ‖ 19 *περσικοῦ ὀστέου* M.

## Cap. 14. *Κατάγραπτα περσικὰ ποιῆσαι.* *Δημοκρίτου.*

**1** *Γραπτὸν περσικὸν ποιήσομεν οὕτως. μετὰ τὸ βρωθῆναι τὸν καρπὸν τοῦ δωρακινοῦ, βρέξον ἐπὶ δύο ἢ τρεῖς ἡμέρας τὸ ὀστοῦν, καὶ ἠρέμα ἄνοιξον, καὶ τὴν εὑρισκομένην ἔνδοθεν τοῦ ὀστέου ἀμυγδάλην λαβών, ἐπίγραψον ἐν τῷ ταύτης φλοιῷ χαλκῷ γραφείῳ εἴ τι ἂν βούλει μὴ βαθέως, εἶτα παπύρῳ ἐνειλήσας φύτευσον.* **2** *ὅπερ γὰρ ἂν ἐπιγράψῃς ἐν τῇ ἀμυγδάλῃ, τοῦτο ἐν τῷ καρπῷ εὑρήσεις. τινὲς δὲ καὶ ἐπὶ ἀμυγδαλῆς τοῦτο ποιοῦσιν.*

## Cap. 15. *Ὥστε τὰ δωρακινὰ ἐρυθρὰ ποιῆσαι.* *Τοῦ Αὐτοῦ.*

**1** *Ἐρυθρὰ ποιήσεις τὰ δωρακινὰ ῥόδα φυτεύων ὑπὸ τὰ φυτά.* **2** *ποιήσεις δὲ καὶ καθ' ἕτερον τρόπον ἐρυθρὸν τὸν καρπόν. εἰ γὰρ ἐγχώσας τὸ ὀστέον τοῦ περσικοῦ μετὰ ζ' ἡμέρας ἀποκαλύψεις (ἀνοίγεται γὰρ ἐν ταύταις ταῖς ἡμέραις αὐτομάτως) καὶ ἐπιχέῃς κιννάβαρι εἰς τὸ ἐντὸς τοῦ ὀστέου, καὶ ἐγχώσας πάλιν τοῦτο ἐπιμελείας ἀξιώσεις, ἕξεις ἐντεῦθεν ἐρυθρὰ τὰ περσικά. ἴσως δέ, εἰ καὶ ἄλλο χρῶμα βούλοιο ἐγχέειν, τοιοῦτον καὶ τὸ χρῶμα τοῦ καρποῦ μεταποιήσεις.*

---

1 c. 14 om. P ‖ rubro: *κατάγραπτον περσικὸν ποιήσωμεν οὕτωσ: — Μετὰ τὸ* L ‖ 2 *δημ.* om. L p. t. M ‖ 3 *οὕτως* per comp. M ‖ 4 *δωρακηνοῦ* L ‖ 8 *βούλη* F -*ει* H ‖ *εἰλ.* m. rec. ex *εἰλ.* F *εἰλήσας* HM ‖ 9 *ἐπιγράψεις* L ‖ 12. 14 *δωρακηνὰ* LM ‖ 13 *τοῦ αὐτοῦ* p. t. LM om. P ‖ 15 *ὑπὸ τὰ φ.* LMH *τὰ* om. FP ‖ 16 *Ἂν γὰρ* L § 2 om. P ‖ 18 *ἐπιχέεις* F ut ed. H ‖ *κϊνάβαρ* L ‖ 19 *χώσας τοῦτο* FM ‖ 20 *ἐπιμελίας* L ‖ 21 *Εἰ δὲ καὶ* L.

### Cap. 16. *Περσικὰ δίχα ὀστέου ποιῆσαι. Ἀφρικανοῦ.*

*Κατὰ μέσον τὸ πρέμνον διατρήσας, καὶ τὴν ἐντεριώνην διακόψας, ἰτέας ἢ κρανέας πάσσαλον ἔμπηξον.*

### Cap. 17. *Περὶ ἐγκεντρισμοῦ δωρακινῶν. Διδύμου.*

*Τὸ δωρακινὸν ἐγκεντρίζεται εἰς δαμασκηνόν, καὶ εἰς ἀμυγδαλῆν καὶ εἰς πλάτανον, ἀφ' ἧς γίνεται ἐρυθρὰ τὰ δωρακινά.*

### Cap. 18. *Περὶ καιροῦ φυτείας μήλων, καὶ πάσης αὐτῶν ἐπιμελείας. Ἀνατολίου.*

1 *Τὰ μῆλα ἐν διτταῖς ὥραις τοῦ ἔτους φυτευτέον, ἔν τε τῷ ἔαρι, καὶ ἐν τῷ φθινοπώρῳ. κάλλιον δὲ φυτεύειν ἐν τῷ φθινοπώρῳ ἐν τοῖς ἀνύδροις τόποις μετὰ τοὺς πρώτους ὄμβρους.* 2 *χαίρει δὲ τὰ μῆλα ψυχροῖς καὶ νοτεροῖς καὶ μελαγγείοις τόποις. οὐ βρωθήσεται δὲ ταῦτα ὑπὸ σκωλήκων, σκίλλης περιφυτευομένης αὐτοῖς.* 3 *τὴν δὲ σκώληκας ἔχουσαν θεραπεύσεις, χοιρείαν κόπρον κεχυλισμένην οὔρῳ ἀνθρωπείῳ περιχέων ταῖς ῥίζαις. πάνυ γὰρ χαίρει ἡ μηλέα τῷ οὔρῳ, καὶ δεῖ ταύτην αὐτῷ συνεχῶς ποτί-*

---

1 *ὀστέω̄* L *ὀστέοτ*, ⊣ rubr. rec. add. F ‖ 2 *ἀφρ.* p. t. LM om. P ‖ 3 *μέσου* M -*ον* P ‖ *ἐντεριόνην* L ‖ 5 c. 17 om. L ‖ *δωρακηνῶν* M tit. om. P ‖ 6 *διδύμου* p. t. LM om. P ‖ 7 *δωρακηνὸν* M *τὸ δωρ.* om. P ‖ 10 *κε.* *ο̄δ* mg. L ‖ 11 *ἀνατ.* p. t. LM ‖ 12 *δισσαῖς* M ‖ *φυτευταῖον* L ‖ 13 *κάλλιον — φθινοπ.* om. L ‖ 17 *σκωλίκων* L ‖ *σκύλλης* LM -*ί*- P ‖ *π̄φυτ.* M = *παραφ.* P et Syr. X 17 ‖ 19 *ἀ̄νίνω* L ‖ 21 *αὐτῷ* om. FM.

ζειν. 4 τινὲς δὲ καὶ κόπρον αἰγείαν τῷ οὔρῳ προστιθέασι, καὶ οἴνου παλαιοῦ τρύγα ταῖς ῥίζαις ἐγχέουσι, γλυκύτερον τὸν καρπὸν ἐργαζόμενοι. 5 νοσοῦσαν δὲ μηλέαν θεραπεύσεις κόπρῳ ὀνείᾳ κεχυλισμένῃ ὕδατι ἐπὶ ἡμέρας ϛʹ ἡλίου δύνοντος ποτίζων συνεχέστερον ἐκ διαστημάτων, μέχρις ἂν βλαστήσῃ. 6 εἰ δὲ βούλει αὐτὴν πολὺν τὸν καρπὸν φέρειν, καὶ τοῦτον μὴ ἀποβάλλειν, σωλῆνος μολιβδίνου ἀπότεμε τὸ πλατὺ στόμα, καὶ ἀπὸ γῆς ὕψος πόδα τῷ στελέχει περίδησον, ἢ περίσφιγξον. ὅταν δὲ ἄρξηται ἀκμάζειν τὰ μῆλα ἄφελε τὸ περίαμμα, τοῦτο δὲ κατὰ ἔτος γινέσθω, καὶ εὐθαλήσει. 7 ἵνα δὲ μὴ σήπηται ὁ καρπὸς ἐν τῷ δένδρῳ, μηδὲ κάμπη αὐτοῦ ἅπτηται, σαύρου χλωροῦ τῇ χολῇ περιάλειφε τὸ στέλεχος. 8 Δεῖ δὲ τὰ φυτὰ τῶν μήλων αὐτόῤῥιζα λαμβάνειν ὡς εὐγενέστατα, καὶ ἐντιθέναι εἰς τοὺς βόθρους, τὸ ἄκρον μόνον ὑπέργειον ἀπολελοιπότας. 9 Τὰς δὲ ῥίζας τοῦ φυτοῦ, πρὶν φυτεύειν, ταυρείᾳ χολῇ περιχριστέον. τοῦτο γὰρ τὸ φυτὸν τάχιστα ὑπὸ σκωλήκων ἀδικεῖται. 10 τοὺς δὲ ἐνοχλοῦντας σκώληκας καὶ ἥλῳ χαλκῷ ἐξορύττειν χρή, ἀναδέροντας τὸν φλοιὸν ἕως ἂν τὸ θηρίον καταληφθῇ· τοὺς δὲ ἑλκωθέντας τόπους βολβίτῳ καταχριστέον.

---

1 προστιθέασι F -σιν H ‖ 2 ἐγχέουσιν F ‖ 4 κόπρω αἰγείω (sic!) M ‖ 5 ἓξ· LP ‖ 6 βούλη L ‖ 7 πολῆ L ‖ 8 ἀποβάλειν L ‖ 8 ἀπότεμον L ‖ 9 περίδισον ἢ περίσφιξον L ‖ 11 Τοῦτο versu continuo L ‖ γιγνέσθω F ‖ 12 σήπεται L ‖ 13 ἅπτηται L ‖ σαύρου* σαυροῦ FLM ταύρου P σαυροῦ χολῇ τοῦ χλωροῦ H ‖ 15 αὐτόριζα L ‖ 17 ἀπολείποντας L ‖ 18 ταυρία L ‖ 20 σκώλικας L ‖ 22 βολβύτω sed βι 1. m. suprascr. M ut ed. P.

Cap. 19. Ὥστε τὰ μῆλα ἐρυθρὰ ποιῆσαι. Βηρυτίου.

1 Οὔρῳ ποτιζέσθω τὸ δένδρον, καὶ ἐρυθραίνεται ὁ καρπός. 2 τινὲς δὲ τῶν μήλων τοὺς καρποὺς ἐρυθροὺς τεχνάζονται οὕτως· πασσάλους εἰς τὴν γῆν καταπήξαντες, τοὺς κλάδους τοὺς τὸν καρπὸν ἔχοντας κάμπτοντες ἀθραύστως προσδεσμοῦσι τοῖς πασσάλοις, καὶ βόθρους πλησίον αὐτῶν ἢ ἕτερα ἀγγεῖα πληροῦσιν ὕδατος, τεκμαιρόμενοι ὅπως τῇ μεσημβρίᾳ ἡ ἀκτὶς τοῦ ἡλίου ἐμπίπτουσα τῷ ὕδατι, θερμήν τε ἀτμίδα ἀνιεῖσα, καὶ διὰ τῆς ἀνακλάσεως εἰς τὸν καρπὸν ἐμπίπτουσα, τὴν εὔχροιαν καὶ τὸ ἐρυθρὸν ἀπεργάζηται. 3 τινὲς δὲ ῥόδα σπείρουσιν ὑπὸ τὰ φυτά, ἐρυθροὺς ἀπεργαζόμενοι τοὺς καρπούς.

Cap. 20. Περὶ ἐγκεντρισμοῦ μήλων. Διοφάνους.

1 Ἐγκεντρίζεται μῆλον εἰς πᾶσαν ἀχράδα, καὶ εἰς κυδώνια, καὶ γίνεται ἐκ τῶν κυδωνίων μῆλα κάλλιστα, τὰ καλούμενα παρὰ Ἀθηναίοις μελίμηλα. 2 Ἐγκεντρίζεται δὲ μῆλα καὶ εἰς πλάτανον, ἀφ' ἧς γίνεται ἐρυθρὰ μῆλα. 3 ὁ δὲ Δίδυμος ἐν τοῖς γεωργικοῖς αὐτοῦ φησιν, ὅτι καλῶς ἐγκεντρίζεται τὰ μῆλα εἰς δαμασκηνά,

---

1 pro toto c. 19 haec tradit: ἐρυθραίνεται ὁ καρπός, οὔρω ποτιζόμενος· ἢ ῥόδων παραφυτευομένων: P ‖ 2 βηρ. p. t. L βηρύτου p. t. M in mg. H ‖ 5 οὕτως per comp. M ‖ 8 ἢ ἀγγεῖα τινὰ L ‖ 10 ἀτμήδα ἐνιεῖσα L ‖ 13 δὲ om. M ‖ 15 κε. δε mg. L ‖ διοφ. p. t. LM om. P ‖ 16 ἀγράδα L ‖ 17 κυδόνια et κυδονίων L ‖ καὶ ἐκ τ. κ. γίν. M ‖ 18 παρ' ἀθ. HM ‖ 19 γ̈ M = γίνεται P ἐφ' ἧ γίνονται L ‖ 20 δίδ. mg. rep. F ‖ 21 ἐγκεντρίζονται L ‖ δαμασκινὰ F -η H.

καὶ ὅτι τὸ μῆλον εἰς κίτριον ἐγκεντριζόμενον σχεδὸν διὰ παντὸς καρποφορεῖ τοῦ ἔτους.

Cap. 21. *Περὶ διαμονῆς μήλων. Ἀπουληΐου.*

**1** *Τὰ μῆλα ἐπὶ πλείονα διαμένει χρόνον ἀκμαῖα ληφθέντα, δρέπεσθαι δὲ αὐτὰ χρὴ τῇ χειρὶ πεφυλαγμένως, ἵνα μὴ θραυσθῇ. καὶ εἰς τὰ φυκία, τουτέστι τὰ τῆς θαλάττης βρύα, χρὴ ἓν καθ' ἕκαστον ἐνειλεῖν, ὥστε πανταχόθεν καλυφθῆναι, καὶ ἐντιθέναι ταῦτα εἰς χύτρας ὠμάς, παρατιθέναι τε τῶν φυκίων μεταξὺ τῶν μήλων, ὅπως ἀλλήλων μὴ ψαύσῃ, εἶτα πωμάζειν τὰς χύτρας· ἀποτίθεσθαι δὲ χρὴ ταύτας ἐν ὑπερῴῳ τόπῳ καὶ καταψύχρῳ, ἐκτὸς καπνοῦ καὶ πάσης δυσωδίας.* **2** *ἐὰν δὲ μὴ ᾖ φυκία, εἰς μικρὰ πάνυ χυτρίδια ὠμὰ καθ' ἓν μῆλον ἐνθετέον, πωμάσαντάς τε ἀποθετέον.* **3** *τινὲς δὲ κεραμεικῇ γῇ περιπλάσαντες καθ' ἓν μῆλον ξηραίνουσι, καὶ ἀποτίθενται.* **4** *Ἀκέραια φυλαχθήσεται τὰ μῆλα, ὑποστρωννυμένων αὐτοῖς φύλλων καρύας. πολὺ γὰρ αὐτοῖς συμβάλλεται καὶ πρὸς εὔχροιαν, καὶ εὐοσμίαν. κάλλιον δὲ ποιήσεις, ἐὰν ἕκαστον μῆλον εἰς φύλλα καρύας ἐνειλήσας ἀπόθοιο.* **5** *φυλάξεις τὰ μῆλα, ἐὰν εἰς χύτρας ἐγκηρώσας ἔνδοθεν ἀπόθοιο τὰ μῆλα, πωμάζων ταύτας ἐπιμελῶς. ἄσηπτα διαμένει τὰ μῆλα εἰς κριθὰς ἐντιθέμενα.* **6** *Φυλάξεις τὰ μῆλα καὶ οὕτω. λαβὼν*

---

2 *διαπαντὸς* F ‖ 3 *ἀπουλ.* p. t. LM om. P ‖ **4** §§ 1—3 om. LP ‖ 6 *ἐς* F ‖ 7 *θαλάσσ* (= *ης*) M ‖ 11 *δὲ ταύτασ χρὴ* M *χρὴ* om. H ‖ 15 *κεραμικῇ* F *ει* 1. m. suprascr. H ‖ 18 *καρέας* L ‖ *συμβάλεται* L ‖ 20 *καρέασ* L ‖ 21 *ἀπόθοισ*:- L ‖ §§ 5—12 om. L ‖ 24 *οὕτως* per comp. M; pro § 6. 7 haec tradit P: *καὶ εἰς φικία ἐνειλούμενα πάντοθεν· δρεπέσθω δὲ ταῦτα ἐπιμελῶς καὶ πεφυλαγμένως ἀκμαῖα, εἰς δὲ γλεῦκος* (§ 8).

ἀγγεῖον κεραμεοῦν ἀπίσσωτον τετρημένον ἐν τῷ πυθμένι, πλήρωσον μήλων κεχειρολογημένων, ὑγιῶν, οὐ γεγηρακότων, καὶ βύσας τὸ ἀγγεῖον μυακάνθῃ ἢ ἑτέρῳ τινὶ ἀσφαλῶς, κρέμασον ἐν οἱῳδήποτε δένδρῳ, καὶ δι' ὅλου τοῦ χειμῶμος ἔασον, καὶ τοιαῦτα διαμένει, οἷα ἐβλήθη. τοῦτο δὲ καὶ πείρᾳ παρέλαβον. 7 Φυλάττεται τὰ μῆλα καὶ οὕτως· περικάλυπτε ἕκαστον μῆλον συκίνοις φύλλοις ξηροῖς, ἔπειτα περίπλασσε πηλῷ λευκαργίλλῳ, καὶ ψυγέντα ἐν ἡλίῳ ἀποτίθεσο, καὶ διαμένει οἷα ἐβλήθη. 8 τὰ μῆλα εἰς γλεῦκος ἐμβαλλόμενα αὐτά τε διαμένει, φυλαττόμενα ὑπὸ τῆς τρυγός, καὶ τὸν οἶνον διαφυλάξει, καὶ εὐωδέστερον ποιήσει, ὥστε πάντας θαυμάζειν. 9 καὶ εἰς χύτραν καινὴν ἐντεθέντα, καὶ εἰς πίθον οἰνηρὸν τῆς χύτρας ἐμβληθείσης, ὥστε πλεῖν ταύτην, τοῦ πίθου ἐπιχρισθέντος, ἔσται νέα, ὁ δὲ οἶνος εὐώδης. **10** Καὶ εἰς καμπτρία δὲ συντίθενται μετὰ γναφάλλων καθαρῶν, καὶ φυλάττεται. **11** τὰ δὲ χειμερινὰ μῆλα κάλλιστα ἐν τοῖς σπέρμασι φυλάττεται, ἐν οἷς καὶ τὰς σταφυλὰς φυλάττεσθαι προειρήκαμεν. **12** σαύρου τοῦ χλωροῦ τῇ χολῇ τὰ ἄκρα τῶν μήλων ἐπάλειφε, καὶ οὐ σήπεται.

---

4 *οἱοδήπ.* sed. *οἱωδ.* 1. m.? mg. F ut ed. H ‖ 7 *οὕτως* per comp. M ‖ 8 *ξηροῖς* om. M ‖ 11 *τε* om. M serv. P ‖ *τρϊγὸσ* M *τρυ.* P ‖ 14 *ἐντιθ.* F ‖ 15 *ταῦτα* M ‖ 16 § 10 om. P ‖ 20 *σαύρου** et *χολῇ**: *σατυρίου* et *χλόῃ* FM § 12 om. LP cf. c. 18, 7 et Pallad. 3, 25, 15.

## Cap. 22. *Περὶ φυτείας ἀππιδίων, καὶ ἐπιμελείας, καὶ ὥστε αὐτὰ μηδὲν λιθῶδες ἔχειν.* *Τῶν Κυντιλίων.*

1 *Προαναλεξάμενος πᾶν λιθῶδες ἐκ τῶν βόθρων φύτευσον τὸ φυτόν, καὶ γῇ σεσησμένῃ προσχώσας, ἄρδευσον.* 2 *εἰ δὲ ἔφθασε τὸ δένδρον φυτευθῆναι, ἀνακαλύψας μέχρι τῶν κατὰ βάθος ῥιζῶν, ἀνάλεγε πᾶν τὸ λιθῶδες, τὴν δὲ ἀνασκαφεῖσαν γῆν σήσας, ἔμβαλλε μετὰ κόπρου, καὶ προσχώσας πότιζε.* 3 *Τὸ δὲ γένος τῶν ἀππιδίων ψυχροῖς καὶ ὑγροῖς χαίρει τόποις. φυτεύεται δὲ οὐ μόνον ἐξ αὐτοῤῥίζων, ἀλλὰ καὶ ἐκ μοσχευμάτων τουτέστι παρασπάδων. εἰ δὲ μέλλεις αὐτόῤῥιζα φυτεύειν, ἔστω ταῦτα τριετῆ, μὴ μὴν νεώτερα τῶν διετῶν.* 4 *τινὲς δὲ καὶ τοῦ στελέχους τὰ εὐγενέστατα ποιοῦσι σκυτάλας, καὶ φυτεύουσι, καθάπερ τὰς ἀπὸ σκυταλῶν ἐλαίας.* 5 *ἔνιοι δὲ ἐκ τοῦ ἄνω μέρους τῶν δένδρων κλάδους ἐρνωδεστάτους, τουτέστι γενναιοτάτους, λαβόντες, φυτεύουσι, καὶ ἐπιτυγχάνουσιν.*

---

1 c. 22 om. L ‖ *ἀππιδίων* FP *ἀπιδίων* M ‖ 3 *τ. κυντιλ.* F *τ. κεντιλλ.* H *τ. κΰντῒλ.* 1. m. p. t. M *τ. κυιντιλλ.* a. t. P ‖ 4 *προσαναλ.* F ‖ 7 *βάθους* F ut ed. H ‖ 8 *ἀνασκαφθεῖσαν* M *-φεῖσαν* P ‖ 9 *ἔμβαλε* H et ex ras. P ‖ 10 *ἀππ.* FP et altero *π* supra add. H *ἀπιδίων* M ‖ *χαίρουσι* M ‖ 12 *μοσχευμάτων τουτέστι** *μοσχεύματος τούτων τῶν* FM ‖ 15 *ποιοῦσιν* F *-σι* H 18 *φυτεύουσιν* F *-σι* H.

## Cap. 23. Ἕτερον περὶ φυτείας ἀππιδίων. Διοφάνους.

1 Τὸ γένος τῶν ἀππίων ψυχεινοῖς καὶ ἐνύδροις καὶ εὐθαλέσι χαίρει χωρίοις. ἔστι δὲ πολυειδές, διὸ καὶ ποικίλης δεῖται τῆς φυτείας. 2 τὰ μὲν γὰρ μεγάλα γένη τῶν μακρῶν καὶ στρογγύλων, ἅπερ ἐν τῷ ξύλῳ τὸν καρπὸν πεπαίνει, τάχιον χρὴ φυτεύειν· τὰ δὲ λοιπὰ ἀπὸ μέσου χειμῶνος ἄρχεσθαι φυτεύειν, μέχρι μεσοῦντος ἔαρος. 3 φυτεύεται δὲ καὶ ἐν εὐδινοῖς τόποις, καὶ πρὸς ἀνατολὰς ἢ ἄρκτον κεκλιμένοις. οὐ μόνον δὲ ἐξ ἀποσπάδων, ἀλλὰ καὶ ἐξ αὐτοῤῥίζων κατατίθεται. ἔστω δὲ τὰ αὐτόῤῥιζα μὴ ἐλάττω διετοῦς χρόνου. συνεπίβαλλε δὲ γῆν μεμιγμένην κόπρῳ. 4 Κάλλιον δέ τινες ποιοῦντες, ἐγκεντρίζουσι μᾶλλον τὰ τοιαῦτα ἢ φυτεύουσι, καὶ αὐτοῤῥίζους ἀχράδας, ἢ καὶ ἄλλ' ἄττα τοιαῦτα φυτὰ ἐκ τῶν ὑγιεινῶν τόπων μεταγαγόντες, τῷ προειρημένῳ τρόπῳ φυτεύουσιν, εἶθ' ὅταν αὐτὰ τὰ φυτὰ κατάσχῃ, ἐγκεντρίζουσιν οἷον βούλονται γένος ἀππίων, ἢ ἐνθεματίζουσιν. 5 Εἰ δὲ βούλει τὴν ἀππίαν καὶ γλυκεῖαν ποιῆσαι, καὶ μᾶλλον καρποφορεῖν, ἐκτρυπήσας τὸ πρέμνον πρὸς αὐτῇ τῇ γῇ, ἐπιούρῳ δρυὸς ἢ φηγοῦ κατάκρουσον, καὶ οὕτω πρόσχωσον. 6 ἐν δὲ τῷ ἀνθεῖν νοσοῦσαν θεραπεύ-

1 c. 23 om. L ‖ ἀπΐδ. M alterum π rubro add. P ‖ 2 διοφ. p. t. M om. H ‖ 3 ἀπίων F ἀππίων H ἀπΐδ. M ἀππιδ. sed alterum π rubro add. P ‖ εὐῦδρ. M ἐνύδρ. P ‖ 8 post μέσον add. τοῦ M ‖ ἄρχεσθαι φυτ. μέχρι F S X 15 ἄχρι μέχρι M etiam μέχρι om. P ‖ 9 εὐδιεινοῖς M ‖ 11 αὐτορίζων P ἐξαυτορίζων altero ρ supra add. H ‖ 12 αὐτόριζα P ‖ 15 φυτεύουσιν F -σι H ‖ 16 ἄλλάττα M ἄλλ' ἄττα P ἄλλα τὰ F ‖ 19 ἀπίων et 20 ἀπίαν M ππ P ‖ 21 καρποφόρον M ‖ 22 πιούρω M ἐπὶ οὔρω H ‖ οὕτως per comp. M οὕτω HP.

σεις, τρυγίαν οἴνου παλαιοῦ καταχέων τῶν ῥιζῶν, καὶ ἀρδεύων ἐπὶ ἡμέρας ιε΄. εἶτα συγχώννυε. καὶ ἄνευ δὲ τοῦ νοσεῖν αὐτὴν ἐπιχέας τὴν τρύγα γλυκύτερον ποιήσεις τὸν καρπόν. 7 καὶ ὁ καρπὸς δὲ οὐ βλαβήσεται ὑπὸ σκωλήκων, ἐὰν βοείᾳ χολῇ αἱ ῥίζαι ἐν τῷ φυτεύεσθαι χρισθῶσιν.

## Cap. 24. Περὶ ἐγκεντρισμοῦ ἀππιδίων. Ταραντίνου.

Τὸ ἀππίδιον ἐγκεντρίζεται εἰς ῥοιάν, καὶ εἰς κυδωνίαν, καὶ εἰς ἀμυγδαλῆν, καὶ εἰς τέρμινθον, καὶ εἰς συκάμινον. ἐγκεντριζόμενον δὲ εἰς συκάμινον ἐρυθρὰ φέρει τὰ ἀππίδια.

## Cap. 25. Περὶ διαμονῆς ἀππιδίων. Δημοκρίτου.

1 Πισσώσας τῶν ἀππιδίων τὰ πέλματα κρέμασον. ἄλλοι δὲ εἰς ἀγγεῖον καινὸν κεραμεοῦν ἐπιβάλλουσι τὰς ἀππίους, καὶ ἐπιχέουσιν ἕψημα, ἢ γλεῦκος, ἢ οἶνον, ὡς πληρωθῆναι τὸ ἀγγεῖον, καὶ ἀποτίθενται. ἕτεροι δὲ ἐν πρίσμασι χώσαντες ἐφύλαξαν τὰ ἀππίδια. 2 Τινὲς δὲ ἐν φύλλοις ξηροῖς καρύας ταῦτα συντιθέασιν. ἕτεροι εἰς ἀγγεῖον καινὸν κεραμεοῦν ἔχον ἅλας ὀλίγον, ἐπιχυθέντος ἑψήματος ἢ οἴνου ἢ γλεύ-

---

2 δεκαπέντε P ‖ 5 ὑπὸ σκωλ. om. M ‖ 7 c. 24 om. L post χρισθῶσιν· (23, 7) pergit: ἐγκεντρίζεται δὲ εἰς ῥοιὰν καὶ εἰς κυδωνέαν P ‖ ἀπιδίων HM ‖ 9 ἀπίδιον HM ‖ 10 καὶ εἰς συκάμινον om. P ‖ 11 ἐγκεντριζόμενα F ἐγκ. δὲ εἰς συκ. om. H ‖ 12 ἀπίδια HM ‖ 13 c. 25 om. L ‖ 13 et 14 ἀπιδίων HM ππ P ‖ δημ. p. t. M om. H ‖ 16 ἀπίους HM ππ P ‖ 18 πρίσματι M ἕτεροι — συντιθέασιν om. H ‖ 20 καινὸν om. H εἰς ἀγγεῖον — οἱ δὲ om. P ‖ 21 ἢ οἴνου ἢ* καὶ οἴνου καὶ codd.

*κους, ἐμβάλλουσι τὰς ἀπίους, καὶ πωμάσαντες τὸ ἀγγεῖον ἀποτίθενται. οἱ δὲ ἐν γιγάρτοις συντιθέασιν αὐτὰ οἴνου γλυκέος, διϊστῶντες ἀπ' ἀλλήλων.*

## Cap. 26. *Περὶ φυτείας κυδωνίων. Διδύμου.*

*Τὰ κυδώνια τῷ αὐτῷ καιρῷ καὶ τρόπῳ φυτεύεται, ὡς ἐπὶ τῶν κερασίων προείρηται.*

## Cap. 27. *Εἰδωλόμορφον κυδώνιον ποιῆσαι. Δημοκρίτου.*

*Ζωοειδῆ τὰ κυδώνια συμβαίνει γίνεσθαι, ἐὰν εἰς τύπους αὐξάνειν ἐάσῃς.*

## Cap. 28. *Περὶ διαμονῆς κυδωνίων. Τοῦ Αὐτοῦ.*

**1** *Τὰ κυδώνια εἰς γλεῦκος ἐμβαλλόμενα αὐτά τε διαμενεῖ, φυλαττόμενα ὑπὸ τῆς τρυγός, καὶ τὸν οἶνον διαφυλάξει, καὶ εὐωδέστερον ποιήσει, ὥστε πάντας θαυμάζειν.* **2** *καὶ εἰς χύτραν καινὴν ἐντεθέντα, καὶ εἰς πίθον οἰνηρὸν τῆς χύτρας ἐμβληθείσης, ὥστε πλεῖν ταύτην, τοῦ πίθου ἐπιχρισθέντος, ἔσται τὰ μὲν κυδώνια νεαρά, ὁ δὲ οἶνος εὐώδης. καὶ εἰς καμπτρία δὲ συντίθενται μετὰ γναφάλλων καθαρῶν.* **3** *Φυλάττεται ὁμοίως τὰ κυδώνια ἐπὶ πλεῖστον χρόνον ἐν*

---

1 *ἀπίους* M ‖ 4 *κε.* ~~ος~~. mg. L ‖ *κυδων.* semper L ‖ *δϊδ.* a. t. M *δϊδίμου:-* p. t. L ‖ 5 *φυτ. τῷ ἐπὶ τῶν ἀπίων καὶ κερασίων:- εἰδολ.* L *ὡς ἐπὶ τ. κ. εἰρήσεται· εἰδωλόμορφα δὲ καὶ ζωοειδῆ* P ‖ 8 *δημοκρίτου τοῦ αὐτοῦ* mg. H *δημ.* p. t. L om. M ‖ 9 *γίγνεσθαι* F ‖ 11 *τοῦ αὐτοῦ* om. LMH (cf. c. 27) ‖ 13 *διαμένει* FM *αὐτὸ τὲ διαμένοι* H ‖ 15 tit. et §§ 1—3 om. P § 2. 3 — *ὠφελεῖται* om. M ‖ *καὶ* om. L ‖ 17 *ἔσται δὲ τὰ κυδ.* F ‖ 19 *συντίθεντε μ. γναφάλων* L ‖ *Φυλ. δὲ ὁμ.* L.

*πρίσμασι κατορυττόμενα. ὑπὸ γὰρ τῶν πρισμάτων ἀναξηραινόμενα ὠφελεῖται. καλῶς δὲ καὶ ἐν ἀχύροις ταῦτα ἀποτίθεται καὶ φυλάττεται.* 4 *Φυλακτέον δὲ ταῦτα μὴ ἐν τῷ οἴκῳ, ἔνθα αἱ ἄλλαι ὀπῶραι ἀπόκεινται. τῇ γὰρ αὐτῶν δριμύτητι καὶ ὀσμῇ λυμαίνεται τὰ παρακείμενα, καὶ μάλιστα τὰς σταφυλάς.* 5 *Τινὲς δὲ τὰ κυδώνια φύλλοις συγκαλύψαντες, πηλῷ ἀργιλλώδει διὰ τριχῶν μεμιγμένῳ ἐπιμελῶς, ἢ γῇ κεραμεικῇ, ταῦτα περιπλάττουσιν, εἶτα ἐν ἡλίῳ ψύξαντες ἀποτίθενται. ὅταν δὲ ἡ χρῆσις ἀπαιτῇ, τὸν πηλὸν κατεάξαντες εὑρίσκουσι τὰ κυδώνια, οἷα ἐνεβλήθη. τὸ αὐτὸ δὲ καὶ ἐπὶ μήλων χρὴ ποιεῖν· ὁμοίως δὲ καὶ ἐπὶ κυδωνίων καὶ τὰ προειρημένα ἐπὶ μήλων.* 6 *φυλάττεται τὰ κυδώνια καὶ εἰς κριθάς, ὁμοίως δὲ καὶ εἰς γλεῦκος.*

## Cap. 29. *Περὶ φυτείας ῥοϊδίων, καὶ θεραπείας, καὶ πάσης ἐπιμελείας. Φλωρεντίνου.*

1 *Ἡ ῥοιὰ θερμῷ ἀέρι χαίρει, καὶ ἐν ἀνύδροις δὲ φυτεύεται χωρίοις. δεῖ δέ, ἐν τῷ ταύτας φυτεύειν, συνεμβάλλειν αὐταῖς σκίλλαν.* 2 *χλωραὶ δὲ ἐπὶ τοῦ δένδρου διαμένουσιν ἕως τοῦ ἔαρος, ἐὰν λυγίσῃς τοὺς κλάδους αὐτῶν, τουτέστι περιστρέψῃς ἅπαξ ἢ δίς,*

---

1 *πρίσματι* M ‖ 3 *Φυλακταῖον* L ‖ 5 *δριμύτητα* L ‖ 6 *τὰς* om. L ‖ 6 §§ 5. 6 om. L pro § 5: *τὰ αὐτὰ δὲ καὶ ἐπὶ κυδωνίων χρὴ ποιεῖν ἅπερ καὶ ἐπὶ μήλων εἴρηται* P ‖ 8 *κεραμεικὴ* F *κεραμικῇ* H ‖ 9 *περιπλάττ.* Ne. *περιπάττ.* FM ‖ 12 *ὁμοίως — μήλων* om. F ‖ 16 *καὶ θεραπείας — ἐπιμελ.* om. M serv. M i. c. *πάσησ ἄλλησ ἐπιμελίας·* (per comp.) L ‖ 17 *φλωρ.* p. t. M om. P *φλορ.* L *κε. οζ'* mg. L ‖ 18 *δὲ* om. LP ‖ 20 *ἐμβάλλειν αὐταῖσ κίλλασ:-* L ‖ 22 *περιστρέψεις* L.

ὅταν ἀκμάσωσι, καὶ κολοκύνθας ξηρὰς καὶ γογγύλας περιθῇς ἑκάστῃ, ἵνα μὴ βρέχωνται, μήτε ὑπὸ τῶν ὀρνέων ἐσθίωνται. 3 τὰς δὲ νοσούσας θεραπεύσεις φυκίοις τοῖς ἀπὸ θαλάσσης ἐκβρασσομένοις καλύπτων τὸ πρέμνον τὸ περὶ τὰς ῥίζας, καὶ ἀρδεύων συνεχῶς. 4 Διοφάνης δέ φησιν ἐν τοῖς γεωργικοῖς αὐτοῦ, ἐρυθρὰς γίνεσθαι τὰς ῥοιάς, ἐὰν μετὰ κονίας βαλανευτικῆς αἱ ῥίζαι τῶν δένδρων ἀρδεύωνται. 5 Δημόκριτος δέ φησι, ῥοιὰν καὶ μυρσίνην ἀλλήλαις χαίρειν, καὶ πλησίον ἀλλήλων παραπεφυτευμένας εὐφορήσειν, καὶ τὰς ῥίζας ἀλλήλαις συμπλέκειν, κἂν μὴ σφόδρα ἐγγὺς οὖσαι τυγχάνωσιν.

Cap. 30. Ὥστε ῥοιὰς μὴ χαίνειν. Ἀφρικανοῦ.

Ἐν τῷ φυτεύειν προέμβαλλε εἰς τὸν βόθρον κόχλακας. ἐὰν δὲ ὦσι προπεφυτευμέναι, σκίλλας παραφύτευσον. αὗται γὰρ ἀντιπαθοῦσαι οὐκ ἐῶσιν αὐτὰς χαίνειν. ὁμοίως δὲ κἂν κατακέφαλα φυτευθῶσιν, οὐ χαίνουσιν.

---

1 ἀκμάσωσιν F ἐκμάσωσι H ‖ ἢ γογγ. περιθεὶς L κολ. καὶ γογγ. ξηρ. M ‖ 2 βρέχονται et ἐσθίονται L ‖ 3 θεραπεύσησ L ‖ 6 διοφ. et δημ. rep. mg. F mg. om. H ‖ 7 γενέσθαι L ‖ 9 φησιν F ‖ 10 πλησίαις (? per comp.) ἀλλήλων παραπεφ. M πλησίον ἀλλήλαις πεφ. P ‖ εὐφορεῖν L ‖ 11 ἐμπλέκειν L ‖ 13 ῥοιὰν M ‖ ἀφρ. p. t. LP ‖ 14 προέμβαλλε H et altero λ eraso P -βαλον L ‖ κοχλ. θαλάσσης M κάχλυκας. Ἐὰν L ‖ 17 ὁμ. κατακέφαλα ἐὰν φ. M κατὰ κεφαλῆς L ‖ 18 χαίνουσϊ. M -σιν. P.

Cap. 31. *Ῥοιὰν ἀπύρηνον ποιῆσαι. Τοῦ Αὐτοῦ.*

*Ἐὰν ἐξέλῃς, ὥσπερ ἐπὶ τῆς σταφυλῆς, φανερὸν μέρος τῆς ἐντεριώνης, καὶ τὸ ἐσχισμένον ξύλον καταχώσῃς, καὶ μετὰ χρόνον ἀποκόψῃς τὸ ὑπερέχον τοῦ φυτοῦ τὸ βλαστῆσαν, ἀπύρηνον οἴσει τὸν καρπόν.*

Cap. 32. *Ὅτι τῆς ῥοιᾶς ὁ κλάδος ἀπείργει τὰ θηρία. Τοῦ Αὐτοῦ.*

*Τὸν τῆς ῥοιᾶς κλάδον ἄθηρόν φασιν εἶναι, καὶ διὰ τοῦτο καὶ ἐν ταῖς στιβάσιν αὐτὸν ἀξιοῦσι παρατίθεσθαι, ἀσφαλείας ἕνεκεν.*

Cap. 33. *Ὥστε ῥοιὰν ἐρυθροτέραν γενέσθαι. Διδύμου.*

*Εἰ βούλει ἐρυθρὰν ποιῆσαι ῥοιάν, ἄρδευε τὸ φυτὸν ὕδατι, μεμιγμένης αὐτῷ κονίας ἀπὸ βαλανείου.*

Cap. 34. *Πῶς ἔστι ῥοιὰν ὀξεῖαν γλυκεῖαν ποιῆσαι. Παξάμου.*

*Περιορύξας τοῦ δένδρου τὰς ῥίζας, κόπρον ὑείαν ἐπίχρισον, καὶ χώσας ῥᾶνον οὔρῳ ἀνθρωπείῳ. τὰ δὲ περὶ τούτου ἐν τῷ ἄλλῳ μου γεωργικῷ βιβλίῳ τρίτῳ, ἐν τῷ κζ' κεφαλαίῳ, τελειότερον εὑρήσεις.*

---

1 *τοῦ αὐτοῦ* p. t. M om. L ‖ 3 *ἐντεριόνης* et *ἐσχησμ.* L ‖ 4 *τὸ ὑπερέχον* om. L ‖ 7 *τοῦ αὐτοῦ* p. t. L a. t. M om. H *Σημείω τῆς ῥοιᾶς ὁ κλ. ἀπ. τὰ θ. καὶ διὰ τοῦτο* P ‖ 9 *διὰ τοῦτο ἐν* F ‖ *ταῖς* om. L ‖ 10 *ἕνεκ?* M *ἕνεκα* P *ἕνεκ*: H ‖ 11 c. 33 om. LP ‖ 12 *διδ.* p. t. M om. H ‖ 13 *ῥοιὰν ἐρ. ποι.* M ‖ 16 *παξ.* p. t. LM om. HP ‖ 18 *ἀνίνω: Τὰ* L ‖ 20 *τελειώτερον* H *τελεώτ. εὑρισήσεισ* L *τὰ δὲ — εὑρήσεις* om. P.

## Cap. 35. Ῥοιὰν πολὺν καρπὸν φέρειν. Δημοκρίτου.

Ἀνδράχνην καὶ τιθύμαλλον συγκόψας καλῶς, τὰ στελέχη περιάλειψον.

## Cap. 36. Ῥοιὰν ἀπὸ δένδρου λαβόντα εἰπεῖν, πόσους κόκκους ἔχει. Ἀφρικανοῦ.

*Μίαν ἀνοίξας ἀρίθμησον, καὶ ὅσους ἐὰν εὕρῃς ἐν αὐτῇ κόκκους, τοσούτους νόμιζε ἑκάστην ἔχειν. τὸ γὰρ εἶναι μικρὰν ἢ μεγάλην τὴν ῥοιάν, οὐκ ἀπὸ τοῦ πλείονας ἢ ἐλάττονας, ἀλλ' ἀπὸ τοῦ μείζονας ἢ βραχυτέρους εἶναι τοὺς κόκκους συμβαίνει.*

## Cap. 37. Περὶ ἐγκεντρισμοῦ ῥοιᾶς. Φλωρεντίνου.

**1** Ἡ ῥοιὰ διαφόρως ἐμφυλλίζεται τῶν λοιπῶν δένδρων. ἐπιλεξάμενοι στέλεχος εὔκαμπτον, τὸ δυνάμενον καταχθῆναι ἕως τῆς γῆς, τοῦτο ἐμφυλλίζουσιν, ὡς καὶ τὰ λοιπὰ δένδρα, καὶ ὁμοίως τοῖς δεσμοῖς ἀσφαλίζονται. εἶτα κατάγουσιν ἐπὶ τὴν γῆν, οὐχ ἁπτόμενοι τοῦ ἐμφυλλισθέντος μέρους, ἀλλὰ τὸ κατώτερον τῆς ἁρμογῆς χωννύουσιν ἀσφαλιζόμενοι σφόδρα, πρὸς τὸ μὴ ἀναδραμεῖν, ἕως ἡ ἔνθεσις φύῃ. **2** Εἰ-

---

1 c. 35 om. P πολλὴν L ‖ 2 δημ. a. t. M παξήμου mg. H ‖ 3 τιθύμαλον L ‖ 5 c. 36 om. P ‖ 6 ἀφρ. p. t. L δημοκρίτου p. t. M δημ. mg. H ‖ 8 ἔχει M ‖ 10 καὶ βραχ. L ‖ 11 συμβαίνει om. L ‖ 13 φλωρ. p. t. LM ‖ 14 ἐμφυλίζ. HM ἐμφυλλ. FP ἐμφυλλίζεται ὡς ἐπὶ τῶν λοιπῶν δένδρων. ὥσπερ δὲ (§ 3) L ‖ 16 ἐμφυλλ. FP ἐμφυλ. HM ‖ 19 ἐμφυλλ. FP ἐμφυλ. HM ‖ post κατώτερον add. μέρος H cf. praef. p. IX ‖ 20 ἀμόργης F ‖ 21 πρὸ στὸ (!) F πρὸς τὸ H.

δέναι δὲ χρή, ὅτι ἐπὶ τῶν ἄλλων δένδρων ἐνθέματα πρὶν βλαστῆσαι λαμβάνομεν, ἐπὶ δὲ τῆς ῥοιᾶς καὶ μετὰ τὴν βλάστησιν. 3 ὥσπερ δὲ ἀνωτέρω εἴρηται, πάνυ χαίρει ἡ ῥοιὰ τῇ μυρσίνῃ, ὡς ὁ Δίδυμος ἐν τοῖς γεωργικοῖς αὐτοῦ διδάσκει· ἀμέλει φησίν, ἐὰν εἰς μυρσίνην ἐγκεντρισθῇ ἡ ῥοιά, ἢ εἰς ῥοιὰν μυρσίνη, πολὺ μείζονα οἴσει τὸν καρπόν. 4 καλῶς οὖν ἡ ῥοιὰ ἐγκεντρίζεται εἰς μυρσίνην, καὶ εἰς ἰτέαν. εἰς δὲ ῥοιὰν ἐγκεντρίζεται κίτριον, ὡς ὁ Δίδυμος ἐν τοῖς γεωργικοῖς αὐτοῦ φησιν.

Cap. 38. *Περὶ διαμονῆς καὶ ἀποθέσεως καὶ φυλακῆς ῥοϊδίων. Βηρυτίου.*

1 Χρὴ τὰς ῥοιάς, ἃς μέλλεις φυλάττειν εἰς τὸν χειμῶνα, κούφως ἀφαιρεῖν, ἵνα μὴ θλάσῃς ταύτας, τοῦτο γὰρ ἀρχὴν τῇ σήψει παρέχει. 2 συνελὼν οὖν αὐτὰς ἀπλήκτους, τῇ ἑφθῇ πίσσῃ ἐμβάψας τὰς ἀποτομὰς κρεμάσεις. 3 ἄλλοι ἐμβάπτουσι τὰς ῥοιάς, καὶ μετὰ ταῦτα ψύξαντες, οὕτω κρεμαννύουσι. 4 σκευάζεται δὲ καὶ οἶνος ἐκ τῶν ῥοιῶν, καὶ ἔστι κάλλιστον τὸ πόμα. 5 Ἄλλοι δὲ φρυγάνοις κατειλήσαντες ἑκάστην ῥοιὰν καὶ σχοινίοις καταδήσαντες καὶ γύψῳ περιαλείψαντες ἐπιμελῶς πανταχόθεν, ὡς μὴ οἰδήσασαν ῥαγάδα ποιῆ-

4 μυρσήνη L ‖ διδ. mg. rep. F mg. om. H ‖ 5 φασὶν F φησὶν H ‖ ἐὰν ἐν τῇ μύρσίνῃ L ἐὰν μύρσίνην H ‖ 6 ἐγκεντρϊσθείῃ | ῥοιὰ M §§ 3. 4 om. P ἐγκεντρισθῇ οἱ ῥοιὰ H ‖ 12 βηρύτου p. t. M ‖ 14 χοιμῶνα L ‖ 15 παρέχει τῇ σήψει M ‖ συνελὼν versu continuo L ‖ 18 οὕτως L ‖ κρεμ . . . ⁛ | οὖ σϊ (αννυ evanuit?) M κρεμοῦσι P κρεμαννύουσιν· F ‖ 19 οἶνον M §§ 4. 5 om. P ‖ ἔτι κάλλιστον H ἔχει κ. M ‖ τὸ om. L ‖ 20 §§ 5—7 et 8—εὐθαλεῖς om. L ‖ fines versuum § 5 plerumque evanuerunt M.

σαι, ἐῶσιν ἐπὶ τοῦ δένδρου· δυνατὸν δὲ τοῦτο καὶ ἐπὶ τῶν μήλων γίνεσθαι. **6** Ἄλλοι δὲ συντιθέασιν αὐτὰ εἰς πρίσματα δρύϊνα, προεμβάλλοντες ὄξος. **7** τινὲς δὲ θαλάττιον ὕδωρ θερμάναντες, ἢ ἅλμην ἀποζέσαντες, εἰς ταύτην ἐμβάπτουσι τὰς ῥοιάς, καὶ μετὰ ταῦτα ψύξαντες ἐν ἡλίῳ, οὕτω κρεμαννύουσι. μέλλοντες δὲ χρῆσθαι, πρὸ β′ ἡμερῶν ἐμβρέχουσιν αὐτὰς εἰς ὕδωρ. **8** Ἄλλοι δὲ τὰς ῥοιὰς ἐπὶ χρόνον ἐν τῷ δένδρῳ διαμένειν ... εἰς καινὰς χύτρας ἐμβάλλουσιν ἑκάστην ῥοιάν, καὶ πωμάσαντες καὶ ἀσφαλισάμενοι, ὥστε μηδὲ πρὸς τὰ στελέχη, μηδὲ πρὸς ἄλληλα συγκρούειν καὶ ῥήγνυσθαι, ἕξουσι διαπαντὸς εὐθαλεῖς. **9** Ῥοιαὶ ἐπὶ πολὺν διαμένουσι χρόνον, εἰς ὕδωρ θερμὸν καθαρὸν βαπτιζόμεναι, καὶ εὐθέως ἁρπαζόμεναι. **10** τὰς ῥοιὰς εἰς ἄμμον ξηρὰν συνθετέον, ἢ ἐν σωρῷ σίτου ἐν σκιᾷ ἀποθετέον, μέχρις οὗ ῥυσσωθῶσιν.

## Cap. 39. *Περὶ φυτείας δαμασκηνῶν.* *Παμφίλου.*

*Καὶ ἡ δαμασκηνὴ γῇ χαίρει ξηρᾷ, καὶ ἀέρι θερμῷ, καὶ φυτεύεται τῇ βραβίλῳ ὁμοίως, ἔν τε τῷ χρόνῳ*

---

3 § 7 post § 10 add. P ‖ 5 *ἐμβάλλουσι* M ‖ 6 *κρεμαννύουσιν·* F -*σι* H ‖ 7 *χρᾶσθαι* F ‖ *δύο* HP ‖ 8 *διαμένειν εἰς* F *διαμένει εἰς* H *διαμένειν·* (per comp.) *ἕξουσι διαπαντός· εἰ εἰσ* M § 8 praeter *εὐθαλεῖς* om. P cf. praef. p. IX ‖ 10 *καὶ* post *ῥοιὰν* om. M ‖ 12 *ῥήγνυσθαι εὐθαλεῖς* | *ῥοιαὶ* M *ὄξος·* (6) *εὐθαλεῖς ῥοιαὶ* P *διὰ παντός.* | *Εὐθαλεῖς ῥοιαὶ* L ‖ 12 *πολὺ* L ‖ 16 *μέχρϊς* | *οὗ ῥϋσθῶσϊ:* M *ῥϋσσωθωσϊν* ex *ῥϋσθ.* 1. m. corr., et mg. rubr.: *ῥυσσωθῶσϊ:* H ‖ 17 *δαμασκινῶν* F ut ed. H ‖ 18 *παμφ.* a. t. M p. t. H ‖ *κε. σῆ* mg. L ‖ 19 *δαμασκηνέα* L *δαμασκινὴ* F ut ed. H ‖ 20 *βραβήλω* HM item sed ϊ supra add. 1. m. P.

*καὶ ταῖς αὐταῖς ἐπικεντρίζεται ἡμέρας, αἷς ἡ βράβιλος, εἰς μέντοι τὰς ὁμογενεῖς καὶ εἰς μηλέαν.*

## Cap. 40. *Περὶ διαμονῆς δαμασκηνῶν.* *Τοῦ Αὐτοῦ.*

*Εἰς ἀγγεῖα ἐμβάλλοντες καταχέουσιν οἱ μὲν οἶνον νέον, οἱ δὲ γλυκύν, καὶ πληρώσαντες καὶ πωμάσαντες καταλιμπάνουσιν.*

## Cap. 41. *Περὶ φυτείας κερασίων. Φλωρεντίνου.*

**1** *Ὁμοίως τοῖς μήλοις καὶ ἀππιδίοις καὶ τὰ κεράσια φυτεύεται καὶ ἐγκεντρίζεται. χαίρει δὲ τοῦτο τὸ φυτὸν ψυχροῖς καὶ νοτεροῖς τόποις.* **2** *χαίρει δὲ μάλιστα τῷ ἐγκεντρισμῷ, καὶ οὐκ ἄν ποτε καλὸν οὐδὲ γλυκὺν δώσει τὸν καρπὸν ἡ κερασία, ἐὰν μὴ ἐγκεντρισθῇ.* **3** *ἐὰν δὲ εἰς κερασίαν μέλαινα σταφυλὴ ἐγκεντρισθῇ, τῷ ἔαρι τὰς σταφυλὰς οἴσει.*

## Cap. 42. *Περὶ διαμονῆς κερασίων. Τοῦ Αὐτοῦ.*

*Κεράσια ἀφαιρεθέντα τοῦ δένδρου πρὸ ἀνατολῶν ἡλίου, καὶ εἰς σκεῦος ἐμβεβλημένα, προϋποβληθείσης εἰς τὸν πυθμένα θρύμβης, εἶτα κερασίων, καὶ πάλιν θρύμβης, καὶ ὀξυμέλιτος γλυκέος ἐπιβαλλομένου φυλάττεται· καὶ εἰς καλάμους δὲ ὡσαύτως φυλάττεται.*

---

1 *αἷς καὶ ἡ* L ‖ *βράβηλος* HM item sed ι 1. m. supra add. P ‖ 2 *μυλέαν* L ‖ 3 c. 40 om. L ‖ *δαμασκινῶν* F ut ed. H ‖ 4 *τοῦ αὐτοῦ* a. t. M p. t. P ‖ 8 *φλωρ.* p. t. LM ‖ 9 *μύλοις* L ‖ *ἀππιδίοις* FP *ἀπιδίοις* HLM ‖ 12 *γλυκὺ* L ‖ 13 *κερασέα* P ‖ 14 *ἐὰν δὲ εἰς κερασέαν μέλενα* L *ἐὰν εἰς κερασέαν* P ‖ 15 *ἀέρει* L ‖ 16 c. 42 om. L ‖ 20 *ἐπιβαλλομένου· καὶ εἰς* F ‖ 21 *καὶ εἰς καλ. δὲ φυτεύεται* M.

## Cap. 43. *Περὶ φυτείας ζιζύφων. Οὐϊνδανιωνίου.*

*Τὸ ζίζυφον φυτεύεται καὶ ἐξ ὀρπήκων ἀπὸ μέσου τοῦ δένδρου λαμβανομένων, ὡς ὁ Δίδυμος ἐν τοῖς γεωργικοῖς αὐτοῦ φησιν.*

## Cap. 44. *Περὶ διαμονῆς ζιζύφων. Τοῦ Αὐτοῦ.*

*Ζίζυφα εἰς οἰνόμελι φυλάττεται ἐμβεβλημένα, ὑπεστορεσμένων αὐτοῖς καὶ ἐπικειμένων καλαμοφύλλων.*

## Cap. 45. *Περὶ καιροῦ φυτείας σύκων, καὶ ἐπιμελείας. Διδύμου.*

1 *Τὰ σῦκα ἐν διτταῖς ὥραις τοῦ ἔτους φυτεύεται, ἐν τῷ ἔαρι καὶ τῷ φθινοπώρῳ.* 2 *ἐκ πάντων δὲ τῶν φυτῶν, τὴν συκῆν ἄμεινον ἐν τῷ ἔαρι φυτεύειν. τρυφερώτερον γὰρ ὂν τὸ φυτὸν τάχιστα ὑπὸ κρυστάλλων καὶ ἀνέμων ῥήγνυται, διὸ μετὰ τοὺς παγετοὺς ἐν τῷ ἔαρι μᾶλλον φυτευτέον.* 3 *ἐγὼ δὲ δι' ὅλου τοῦ Ἰουλίου φυτεύσας σῦκα ἐπέτυχον σφόδρα, καὶ μεταφυτεύσας καὶ ἀρδεύσας εἶχον ἐξ αὐτῶν μεγάλα δένδρα*

---

2 *οὐινδ.* p. t. L om. M ‖ 3 *ὀρπήκων* M ‖ 4 *δένδρουφϋλασσε* (1. m. deletum) *λαμβ.* M *δένδρου λαμβανομένων· διαμένει δὲ καὶ φυλάττεται· τὰ ζίζυφα, εἰς οἰνόμελι ἐμβεβλ.* P ‖ 6 c. 44 om. L ‖ *τοῦ αὐτοῦ* p. t. M om. P ‖ 9 *συκῶν* H ‖ 10 *διδ.* om. M p. t. L ‖ 12 *ἀέρι* L ‖ *απεδο | πικον* mg. m. rec. L ‖ 13 *φυτεύειν* 78 | 79 *ἐπεὶ τρυφερώτερον ὂν* L *φυτ. τρ. ὂν* F ‖ 14 *κρυστάλων* L ‖ 15 *ῥήγνυται· μετὰ* F *ῥ. διὰ τοῦτο μετὰ* M *ῥ. διὰ τοῦτο μ. τ. π. δεῖ μᾶλλον ἐν τῷ ἔαρι φ.* P *ῥ.· διὸ μ. τ. π. ἐν τ. ἔ. μᾶλον φυτευταῖον* L ‖ 17 *φυτεύσας ἐπέτυχα σφόδρα σύκα· καὶ φυτεύσας* et *μετα* 1. m. suprascr. F *φ. ἐπέτυχον σφ. σύκα· καὶ μ.* HM ‖ *σῦκα* om. L ‖ 18 *καὶ ἀρδεύσας καὶ εἶχον* F.

*καρποφοροῦντα, καὶ ἐκ τῆς συνεχοῦς πείρας διετέλεσα, οὐ μόνον ἐν τῷ ἔαρι, ἀλλὰ καὶ ἐν τῷ Ἰουλίῳ μηνὶ φυτεύων.* 4 *Δεῖ μέντοι τὰς συκᾶς φυτεύειν ἐν τόποις θερμοτέροις καὶ ἐν γῇ λιπαρᾷ, μὴ μέντοι ἀρδομένῃ. τὸ γὰρ πολὺ ὕδωρ λυμαίνεται τὸ φύσει κάλλος τῶν σύκων, καὶ ῥαδίως σήπεσθαι αὐτὰ ποιεῖ.* 5 *φυτεύεται δὲ καὶ καθ' ἕτερον τρόπον. ἐὰν γάρ τις βρέξας σῦκα περιπλάσῃ ἐν σχοινίῳ, καὶ τοῦτο φυτεύσας ἀρδεύσῃ, ἐμφυήσεται πολλὰ φυτά, ἅτινα χρὴ μεταφυτεύειν.* 6 *εἰ δέ τις αὐτόῤῥιζα φυτὰ συκῆς κατατίθεται, χρὴ τοῦτον σκίλλῃ ἐμβαλόντα φυτεύειν.* 7 *τινὲς ἅλμῃ βρέξαντες τὸ φυτόν, κατατίθενται. κάλλιον δὲ εἴ τε φυτόν, εἴ τε κλάδους τις μέλλει φυτεύειν, ἀποβρέχειν αὐτὰ εἰς βοείαν κόπρον.* 8 *Ἕτεροι μετὰ τοῦ φυτοῦ ἄσβεστον ζῶσαν καταβάλλουσι, καὶ οὐκ ἀποτυγχάνει τὸ φυτευόμενον.* 9 *εἰδέναι δὲ χρή, ὅτι γηρῶσα ἡ συκῆ πολυφορωτέρα ἐστί.* **10** *τινὲς τέφραν, ἄλλοι δὲ μίλτον ἐπιβάλλουσι ταῖς ῥίζαις. εἰ δὲ θέλεις μὴ εἰς ὕψος ἀναδραμεῖν τὸ σῦκον, κορύνην κατὰ κεφαλῆς φύτευσον.* **11** *φυτεύεται δὲ καλῶς συκῆ καὶ ἀπὸ κεγχραμίδων.*

---

4 *ἀρδευομένη* M ‖ 9 *ἐκφυήσεται* M ‖ 10 §§ 6—11 om. L ‖ *αὐτόριζα* FP *ρρ* HM ‖ 11 *σκίλλαν* M ‖ *ἐμβάλ$\overset{α}{\bar{τ}}$όν* M *ἐμβάλλοντα* HP ‖ 19 *σύκον* M *εἰ δὲ — φύτευσον* om. P ‖ 21 *κεχράδων* H *κεγχραμίδων* sed ϊ 1 m. supra α add. P ‖ *διώξεις δὲ μύρμηκας, κενώματα κοχλιῶν καύσας, καὶ βαλὼν εἰς τὰς τρυμαλιὰς* add. M.

### Cap. 46. Ὥστε τὰ φυτευόμενα σῦκα ἀπαλλάττεσθαι σκωλήκων. Τοῦ Αὐτοῦ.

Τὰ σῦκα σκώληκας οὐ ποιήσει, ἐὰν μέλλων φυτεύειν ἐμπήξῃς σκίλλῃ τὸν κλάδον. τοὺς δὲ ὄντας ἀναιρεῖς, ἐὰν πάσῃς κονίαν ταῖς ῥίζαις καὶ εἰς τὰ κοῖλα τοῦ πρέμνου.

### Cap. 47. Κατάγραπτα σῦκα ποιῆσαι. Δημοκρίτου.

Τὸν μέλλοντα ἐμφυλλίζεσθαι ὀφθαλμὸν τοῦ σύκου κατάγραφε ὃ βούλει, καὶ τὰ σῦκα ἔγγραφα βλαστήσει.

### Cap. 48. Ὥστε συκῆν μὴ ἀποβάλλειν τὸν καρπόν. Τοῦ Αὐτοῦ.

**1** Συκῆ οὐκ ἀποβάλλει τὸν καρπόν, ἐὰν συκάμινα λαβὼν χρίσῃς ταύτης τὸ στέλεχος. **2** ὁμοίως οὐκ ἀποβάλλει τὸν καρπόν, ἐὰν τὰς ῥίζας αὐτῆς ἅλατι καὶ φυκίοις θαλαττίοις καταπλάσῃς, ἢ ἐν διχομήνῳ σελήνῃ μίλτῳ τὰ πρέμνα καταχρίσῃς, ἢ ὀλύνθους αὐτῇ περιάψῃς. **3** διό τινες εἰς ἕκαστον κλάδον ἐγκεντρίζουσιν, ἵνα μὴ καθ' ἕκαστον ἐνιαυτὸν εἰς τοῦτο ἀσχολῶνται. **4** κατέχει τὸν καρπὸν ἡ συκῆ, ἐὰν περισκά-

---

1 c. 46 om. L ‖ σῦκα om. P F i. c. M i. c. ‖ 2 τοῦ αὐτοῦ p. t. M ‖ 5 πάσσῃς M ἐπιπάσῃς P ἀναιρεῖ, ἐὰν πά^σ^σῃς H ‖ 7 c. 47 om. LP ‖ 8 δημ. a. t. M ‖ 9 ἐμφυλίζεσθαι M ‖ 11 c. 48 om. P ‖ 12 τοῦ αὐτοῦ a. t. L p. t. M ‖ 13 ἀποβάλλῃ L ‖ 14 τὸ ταύτησ L ‖ 15 ἅλασι L ‖ 16 θαλασσ. L om. H ‖ διχομήν (ω 1. m. supra add.) ☾ (ιε 1. m. supra add.) M ‖ 17 ὀλίνθουσ L ‖ 18 §§ 3. 4 om. L ‖ 19 ἀσχολοῦνται F.

ψας βόθρους περὶ πλειάδα, ἀμόργην ὕδατι ἐξ ἴσου κεράσας περιχέῃς τὸ στέλεχος.

Cap. 49. *Συκῆν ἀγρίαν ἡμερῶσαι. Ἀφρικανοῦ.*

Συκῆν ἀγρίαν ἡμερώσεις, ἐὰν κόψας τοὺς κλῶνας οἰνελαίῳ βρέξῃς, καὶ ποτίσῃς ἑπτὰ ἡμέρας.

Cap. 50. *Περὶ ψωριώσης συκῆς. Λεοντίνου.*

Τὴν ψωριῶσαν συκῆν θεραπεύσεις, σκίλλαν ὑποφυτεύων παρὰ τὰς ῥίζας, ἢ μίλτον ὕδατι διείς, καὶ περιχρίων τὸ πρέμνον.

Cap. 51. *Συκῆν κοιλιολυτικὴν ⟨εἶναι⟩, καὶ πρώϊμα σῦκα φέρειν. Ἐκ τῶν Δημοκρίτου.*

**1** Ὅτε τὴν συκῆν φυτεύεις, ἔμβαλλε εἰς ἄκρας τὰς ῥίζας ἐλλέβορον μέλανα κεκομμένον ὁμοῦ τιθυμάλλῳ, καὶ ἕξεις τὰ σῦκα μαλακτικὰ γαστρός. **2** τὰ δὲ σῦκα πεπαίνεται θᾶττον τοῦ καιροῦ, ἐὰν περιστερᾶς κόπρον καὶ πέπερι καὶ ἔλαιον μίξας ἐπιβάλῃς. **3** Φλωρεντῖνος ἐν τοῖς γεωργικοῖς αὐτοῦ πρώϊμον καὶ θηριακὸν λέγει γενέσθαι σῦκον, τῇ θηριακῇ ἀντιδότῳ τοῦ καρποῦ χριομένου. **4** Εἰ δὲ θέλεις πρὸ τοῦ καιροῦ

3 c. 49 om. L ‖ 5 ποτίσασ F ποτίσησ H ἀποτίσῃς P ‖ 6 c. 50 om. LP tit. om. M ‖ λεοντ. om. HM ‖ 10 ⟨εἶναι⟩* ⟨ποιῆσαι⟩ edd. κοιλίαν καὶ πρ. F συκὴν κοιλϊολυτικὴν, καὶ πρ. F i. c. H item sed συκῆν M i. c. κοιλίασ λϋτικὴ ṡ πρ. L κοιλιολυτικὴν . . . . (om. 3—4 lit.) καὶ (per comp.) πρ. M omnia om. usque ad § 2 P ‖ 11 ἐκ τῶν δημοκρίτου a. t. F p. t. LM δημ. in mg. rep. rubro, num. om. H ‖ 12 ἔμβαλε HM ‖ 13 ἐλέβ. F ut ed. H ‖ 13 τιθυμάλω L φλώμω mg. add. M ‖ 16 ἐπιβάλεισ F ἐπιβάλλης H ‖ φλωρ. rep. mg. F mg. om. sed novum versum inc., num. νβ′ (!) in mg. add. H ‖ 18 γίνεσθαι L γένεσθαι H ‖ 19 πρὸ καιροῦ M §§ 3. 4 om. P.

*ἐσθίειν σῦκα, κόπρον περιστερῶν καὶ πέπερι μίξας ἐλαίῳ, ἐπίχριε τοὺς ὀλύνθους.*

Cap. 52. *Περὶ ἐγκεντρισμοῦ συκῶν. Λεοντίνου.*

*Ἡ συκῆ ἐγκεντρίζεται εἰς συκάμινον, καὶ εἰς πλάτανον. ἐγκεντρίζεται δὲ ἡ συκῆ οὐ μόνον τῷ ἔαρι, ὥσπερ τὰ ἄλλα δένδρα, ἀλλὰ καὶ θέρους, μέχρι τροπῶν χειμερινῶν, ὡς Φλωρεντῖνός φησιν.*

Cap. 53. *Ὥστε τὸν καρπὸν τῆς συκῆς ἐξ ἑνὸς μέρους εἶναι λευκόν, ἐκ δὲ τοῦ ἑτέρου μέλανα ἢ ἐρυθρόν. Ἀφρικανοῦ.*

1 *Λαβὼν διάφορα κλήματα, καὶ πρότερον συνδήσας τοὺς κλάδους τοῦ αὐτοῦ χρόνου ὄντας, κατάθου ἐν βόθρῳ, καὶ κόπρισον καὶ πότισον.* 2 *ὅταν δὲ βλαστήσῃ, πάλιν ἀμφοτέρους τοὺς ὀφθαλμοὺς σύνδησον ἐπὶ τὸ αὐτό, ἵνα ἓν στέλεχος γένωνται, καὶ μετὰ δύο ἔτη, εἰ βούλει, μεταφύτευσον, καὶ ἕξεις σῦκα δίχρωμα.* 3 *ἀσφαλέστερον δέ τινες τοῦτο ποιοῦσιν οὕτως· δύο σύκων διαφόρων κεγχριμίδας ἐνδήσαντες ἐν ὀθονίῳ φυτεύουσι, καὶ μεταφυτεύουσιν.*

---

3 c. 52 om. P *νγʹ* in mg. add. H ‖ *σύκων* H ‖ *λεοντίνου* p. t. M *λεοντίου* mg. L ‖ 5 *οὐκ ἐνκεντρίζεται δὲ ἡ σ. οὐ μόνον* M ‖ *συκὴ* F ‖ 6 *καὶ* om. M ‖ 8 *νδʹ* mg. H *κε. ὅθ* mg. L ‖ 9 *ἑτέρου μέρους μέλανα* M *ἐπιβάλῃς·* | (c. 51, 2) *ἐξ ἑνὸς δὲ μέρους εἶναι λευκὰ καὶ ἐξ ἑτέρου μέλανα· ἢ ἐρυθρὰ ποιήσεις τὰ σύκα, ἐὰν δύο*|*σύκων* (§ 3), tit. et §§ 1. 2 om. P *ἑτέρου μέλαν* F *μέλανα* H ‖ 10 *ἀφρ.* p. t. LM ‖ 11 *πρότερον* om. L *πρῶτον* M ‖ 12 *αὐτοῦ* om. H ‖ *κατάθεσ* L ‖ 13 *ὅταν* versu continuo L ‖ 14 *βλαστήσει* L ‖ *ἀμφοτ.* om. L ‖ 15 *ἐπιτοαυτό* F ut ed. H ‖ *ἓν στέλεχος* edd. *ἵναἐν στέλεχοι* F *ἐν στελέχει* H *ἕν στέλεχ*(*οι* supra add. 1. m.) M *ἓν στέλεχοι* L ‖ 16 *βούλη* L ‖ 17 *δίχρα* L ‖ *ἀσφαλ.* versu continuo L ‖ 18 *οὕτως* per comp. M ‖ *Δύο* v. c. L ‖ *κεχριμίδας* HP *κεχρεμ.* L ‖ 19 *μεταφυτεύουσι* L.

## Cap. 54. Ὥστε τὸν ξηρὸν καρπὸν συκῶν, τὰς καλουμένας ἰσχάδας, ἀσήπτους διαμένειν. Παξάμου.

1 Ἰσχάδες ἄσηπτοι διαμένουσιν, ἐὰν τρεῖς ἰσχάδας βάλῃς εἰς πίσσαν ὑγράν, καὶ μίαν μὲν θῇς εἰς τὸν πυθμένα τοῦ κεραμίου, καὶ ἐπιβάλῃς ἰσχάδας ἄχρι μέσου, εἶτα μίαν τῶν πεπισσωμένων ἰσχάδων, καὶ πάλιν τὰς ἰσχάδας, ἕως συμπληρώσεως τοῦ κεραμίου, ἐπάνω δὲ τὴν πεπισσωμένην τρίτην. 2 διαμένουσι δὲ πλεῖστον χρόνον καλαί, ἐὰν διὰ σπυρίδος ἐγκρεμασθῶσιν εἰς κλίβανον, μετὰ τὸ τὸν ἄρτον ἀφαιρεθῆναι, καὶ εἰς κεράμιον καινὸν ἐμβληθῶσιν ἀπίσσωτον. 3 χρὴ δὲ τὰ σῦκα ἀφαιρεῖν μετὰ τοῦ πυθμένος, ἐξ οὗ προσήρτηνται, καὶ ἅλμην μετὰ ἐλαίου ἐξεσμένην ἐπιῤῥαίνειν ἐν ἡλίῳ, καὶ ἐμβάλλειν εἰς τὸ ἀγγεῖον, καὶ περιχρίειν πηλῷ· καὶ δροσίζειν νύκτα μίαν, καὶ τιθέναι ἐν ἀγγείῳ.

## Cap. 55. Περὶ ὀλύνθων, ἤγουν ἀώρων σύκων. Ἀφρικανοῦ.

Τῶν συκῶν οἱ ὄλυνθοι οὐκ ἀποπίπτουσιν, εἰ περὶ τὴν ῥίζαν κόψας ἁλὸς χοίνικα καταβάλῃς, καὶ τῇ γῇ καταχώσῃς.

---

1 c. 54 om. L νε′ mg. H ὥστε — καρπὸν om. M Αἱ δὲ καλούμεναι ἰσχάδες ἄσηπται διαμένουσι καὶ καλαί, ἐὰν διασπυρίδος (2) tit. et § 1 om. P ‖ 3 παξ. om. HM ‖ 5 βάλλης per comp. M ‖ θῇς* θήσεισ FM θήσῃς H ‖ 11 εἰσλίβανον m. rec. suprascr. κ F εἰς κλ. H ‖ 12 κενὸν M καινὸν P ‖ 14 ἐκζεσμένην F ‖ 18 c. 55 om. L νς′ mg. H ‖ 19 ἀφρ. om. M ‖ 21 ἁλὸς χ. κόψας et in mg. m. 1. ⸓ φού|κταν M nihil in mg. P ‖ 22 καταχώσεισ F η corr. in ει aut ει in η H.

Cap. 56. *Πῶς ἐστι δυνατὸν τὰ χλωρὰ σῦκα, καθάπερ ἐπὶ τῶν δένδρων, νεαρὰ φυλάττειν.*
*Τοῦ Αὐτοῦ.*

**1** *Τὰ σῦκα οὐ δύνανται μετὰ τὴν πέπανσιν μένειν ἐπὶ τῶν δένδρων, καθάπερ ἡ ἄλλη ὀπώρα, ἀλλ' ἀφ' ἑαυτῶν ἀποῤῥεῖ, κἂν μηδεὶς αὐτὰ ἀφαιρῇ. ὅμως δὲ δυνατὸν ταῦτα φυλάττεσθαι νεαρά, καθάπερ ἐν τῷ δένδρῳ, οὕτως.* **2** *Ἡνίκα μέλλεις πωμάζειν τοὺς πίθους τῶν οἴνων, λαβὼν χύτραν καινήν, ἢ ἕτερον ἀγγεῖον οὐ στρογγύλον, ἀλλὰ κατ' ἐπιταγὴν ὡσανεὶ τετράγωνον τὸν πυθμένα ἔχον· εἶτα ἀφαιρῶν τὰ σῦκα μικρὸν ὠμότερα μετὰ τῶν πεισμάτων, ἤτοι ὀμφαλῶν, τουτέστι μετὰ τοῦ μέρους ἀφ' οὗ ἐπὶ τῷ δένδρῳ ἤρτηται, ἐντίθει ταῦτα εἰς τὴν χύτραν κούφως, ἀπέχοντα ἀλλήλων, καὶ πωμάσας ταύτην ἐπιμελῶς, ἔμβαλε εἰς τὸν πίθον ὥστε ἐπιπλεῖν, εἶτα κάλυψον τὸν πίθον· καὶ ταῦτά σοι διαμένει, οἷα ἐνέβαλες, ἐὰν μὴ ὀξίσῃ ὁ οἶνος.* **3** *Φυλάξεις νεαρὰ τὰ σῦκα καὶ οὕτως. τῶν νεαρῶν κολοκυνθῶν χρὴ ἐξαιρεῖν ἐκ τῶν πλαγίων μέρη τινὰ σπληνίοις ἐοικότα, καὶ γλύφειν καθάπερ θήκας, εἶτα ἐντιθέναι εἰς ἕκαστον ἕν, καὶ ἐπιπωμάσαι τοῖς ἀφαιρεθεῖσι σπληνίοις, καὶ κρεμνᾶν ἐν συσκίῳ τόπῳ, φυλαττομένους πυρὸς καὶ καπνοῦ ἀναφοράν.* **4** *δρέπεσθαι δὲ αὐτὰ δεῖ, ὡς προείρηται, μετὰ τῶν*

---

1 num. om. H ‖ 2 *διαφυλ.* F *φυλ.* H ‖ 3 *τοῦ αὐτοῦ* p. t. L om. P ‖ 5 *τῶι δένδρωι· καθᾶπερ* F *τῶ δένδρῳ* (!) *καθάπερ* H ‖ 6 *ἀφαιρεῖται* L ‖ 8 *οὕτως* per comp. M § 1 om. P ‖ 10 *στρογγίλον* L ‖ 11 *τετράγονον* L ‖ 12 *πισμάτων* F *πεισμ.* H ‖ 13 *τῶν δένδρων* L ‖ 16 *πλεῖν* F *ἐπιπλεῖν* H ‖ 17 *ταύτα* (!) *σοι διαμενεῖ* L *διαμείνῃ* M ‖ 18 §§ 3—6 om. L §§ 3. 4 om. P ‖ *φυλάξει* H ‖ 20 *πληνῖοις* M ‖ 22 *σϋκῖω* M.

πεισμάτων. τὰ γὰρ ἀκέραια πλείονα διαμένει χρόνον. 5 Τινὲς ἐν μέλιτι διαθέντες τὰ σῦκα, ὥστε μήτε ἀλλήλων, μήτε τοῦ ἀγγείου ψαύειν, πωμάσαντες ἐῶσιν. 6 ἕτεροι ὑέλινον ποτήριον, ἤ τι ἄλλο τῶν διαφαινόντων, ἐπικαταστρέφουσι τοῖς σύκοις πράως, περιπλάττοντες κηρῷ παραπνοὴν μὴ ἀπολείποντες, καὶ παραμένει ἀμάραντα.

Cap. 57. *Περὶ καιροῦ φυτείας θασίων, καὶ ἐπιμελείας καὶ ἐγκεντρισμοῦ. Φλωρεντίνου.*

1 Τῷ μετοπώρῳ ἄμεινον τὰς ἀμυγδαλᾶς φυτεύειν, ἕως τροπῶν χειμερινῶν. τῷ γὰρ ἔαρι φυτευθῆναι ταύτας οὐ ῥάδιον, ὅτι τὸ φυτὸν τοῦτο πρωϊμώτατα βλαστάνει. 2 χαίρει δὲ τὸ φυτὸν τοῦτο θερμοτέροις τόποις, διόπερ καὶ ταῖς νήσοις μᾶλλον ἁρμόζειν δοκεῖ. 3 καὶ ἐγκεντρίζειν δὲ χρὴ τὴν ἀμυγδαλῆν ἐν τῷ μετοπώρῳ, ἐπειδὴ τῷ ἔαρι σχεδὸν ὑποφαίνει. 4 δεῖ δὲ τὸν μέλλοντα ἐγκεντρίζεσθαι ἐπίπηγα τῆς ἀμυγδαλῆς μὴ ἐξ ἄκρου τοῦ δένδρου, ἀλλ' ἐκ τοῦ μέσου λαμβάνειν. 5 Φυτεύονται δὲ αἱ ἀμυγδαλαῖ καὶ ἀπὸ σπέρματος, καὶ ἐξ αὐτοῤῥίζων, καὶ παρασπάδων ἢ μοσχευμάτων. 6 Τινὲς δὲ ἀπὸ ἄκρας τῆς κορυφῆς τοῦ δένδρου εὐθαλέστατον κλάδον λαβόντες ἐφύτευσαν, καὶ ἐπέτυχον σφόδρα. 7 ὅταν μὲν οὖν ἀπὸ σπέρ-

1 πισμάτων F ut ed. H ‖ 4 ὑέλλϊνον M ἕτ. καὶ ὑέλινον P ὑάλ. F ‖ 8 περία | μηγδα|λων m. rec. mg. rubr. L ‖ 9 φλωρ. p. t. L a. t. M om. P ‖ 10 ἀμυγδαλὰς FL -λέας H ‖ 12 ταύτ L ταῦτα FM ‖ τοῦτον πρωϊμότ. M τοῦτο πρωϊμότ. P πρωϊμώτατον F ‖ 14 νήσσοις F νήσοις H τοῖς νόσοις P ‖ 17 ἀπιπτῆνα L ‖ 18 ἀλλ' ἐκ — τοῦ δένδρου § 6 om. MP ‖ 19 αἱ om. F ‖ ἀμυγδαλαὶ H ‖ 20 αὐτορίζων L alterum ρ 1. m. add. H.

ματος τὴν ἀμυγδαλῆν φυτεύωμεν, δεῖ τὰ σπέρματα πρόσφατα λαμβάνειν, καὶ ταῦτα προβρέχειν κόπρῳ δεδευμένῃ μεθ' ὕδατος. ἔνιοι δὲ εἰς ὑδρόμελι νύκτα μίαν προβρέχουσι τὰ σπέρματα. 8 δεῖ δὲ τὸ φυτευόμενον σπέρμα ὀρθὸν τιθέναι, τὸ μείουρον πρὸς τὴν γῆν ἄγοντας, τὸ δὲ ξυλῶδες καὶ λεπτόν ἄνω. 9 Ἔνιοι δέ φασιν, εὐαυξότερον γίνεσθαι τὸ φυτόν, νάρθηκος εἰς τὸν βόθρον προεμβληθέντος.

### Cap. 58. *Πότε δεῖ συνάγειν τὰς ἀμυγδάλας.* *Τοῦ Αὐτοῦ.*

Ἡνίκα ὁ φλοιὸς αὐτῶν ῥήγνυσθαι μέλλει, σύναγε ταύτας, καὶ ἀπολεπίσας ἅλμῃ πλῦνον, τοῦτο γὰρ καὶ λευκαίνει, καὶ ὑγιεῖς αὐτὰς ποιεῖ, καὶ ξηράνας ἐν ἡλίῳ ἀπόθου. ἐὰν δὲ ἐν ἀχύροις αὐτὰς ἀποθῇ, εὐκόλως ἀπολεπίζονται.

### Cap. 59. *Ἀμύγδαλα πικρὰ γλυκέα ποιῆσαι.* *Ἀφρικανοῦ.*

1 Γλυκείας δὲ ἐκ πικρῶν ποιήσεις, εἰ ἐκτρυπήσας τὸ πρέμνον ἐπὶ παλαιστὴν ἐν τετραγώνῳ, τὸ δάκρυον ἐκδέξῃ κατ' ἐνιαυτόν, ἕως ἂν γλυκανθῇ. 2 Κάλλιον δέ τινες ποιοῦντες, περιορύττουσι καὶ περιβάλλουσι κόπρον ὑείαν, καὶ οὖρον ἐπιχέοντες, εἶτα προσχώσαν-

2 *πρὸσ φυτὰ* F *πρὸσ τὰ φυτὰ* H ‖ *κόπρῳ* om. M ‖ 3 *δεδευμένους* P ‖ 7 *εὐαξότερον* F *εὐαυξέστερον* L ‖ 9 c. 58 om. L ‖ *ἀμυγδάλας** *ἀμυγδαλάς* FM *ἀμυγδαλᾶς* P ‖ 10 *τοῦ αὐτοῦ* om. P ‖ 11 *μέλλει* 1. m. ex -*η* corr. HM *ἡνίκα ὁ καρπὸς αὐτ. ῥήγν. ἄρχηται* P ‖ 14 *ἀπόθη* MH ‖ 16 *γλυκεῖα* F ‖ 17 *ἀφρ.* a. t. M p. t. LP ‖ 18 *Γλυκύας* L ‖ *ἐκ πικρᾶς* F *ἀπὸ πικρᾶς* M ‖ 19 *ἐν τερετρίω* L *τρύπημα τετράγωνον* S X 10 (p. 72 l. 27) ‖ 19 *δάκριον* L ‖ 20 *ἐκδέξη τὸ* F *ἐκδέξητο* H ‖ 21 *περιορύττουσιν* F *ν* om. H.

τες ἀρδεύουσι κατ' ἐνιαυτόν, ἕως οὗ γλυκεῖα γένηται. πᾶν δὲ στέλεχος ἀμυγδαλῆς ἐκκοπὲν ἀποβάλλει τὸν καρπόν. 3 ἁπαλὴν δὲ καὶ γλυκεῖαν ἐκ σκληρᾶς καὶ πικρᾶς ποιήσεις, εἰ τὰ περὶ τὸ στέλεχος ἕως τῶν ἐπιπολῆς ῥιζῶν γυμνώσειας, καὶ ἀρδεύσειας συνεχῶς ὕδατι θερμῷ, πρὸ τῆς ἀνθοβολήσεως.

## Cap. 60. *Κατάγραπτα ἀμύγδαλα ποιῆσαι. Δημοκρίτου.*

*Κατεάξας τὸ ἀμύγδαλον εὐφυῶς, καὶ τὸ ἐντὸς ὑγιὲς τηρήσας, ἀνοίξας τε τὸ ἀμύγδαλον, εἰς τὸ ἐντὸς ὃ βούλει καταγράψας, καὶ συνδήσας πάλιν παπύρῳ φύτευσον περιπλάσας πηλῷ καὶ ὑείᾳ κόπρῳ, καὶ σύγχωσον.*

## Cap. 61. *Ἀμυγδαλῆν ἄκαρπον καρποφορεῖν ποιῆσαι. Τοῦ Αὐτοῦ.*

*Ἄκαρπον δὲ καρποφορῆσαι ποιήσεις, τὰς ῥίζας χειμῶνος γυμνώσας. εἰ δὲ ἐπιμένει φύλλα μὲν φέρουσα, καρπὸν δὲ μή, τρυπήσας τοῦ πρέμνου τὸ μέρος τὸ περὶ τὴν γῆν, καὶ δαδὸς λιπαρᾶς ἐπίουρον εἰς τὸ τρύπημα κατακρούσας, οὗρον ἀνθρώπειον ἐπίχεε, καὶ οὕτως προσχώννυε.*

---

2 πᾶν — fin. cap. om. L ‖ 3 ἐκ om. M  καὶ γλ. καὶ (ἀπὸ al. m. supra add.) σκλ. P ‖ 7 c. 60 om. L ‖ 8 δημ. a. t. M om. P ‖ 12 καὶ om. F ‖ 14 καρποφόρον M ‖ 15 τοῦ αὐτοῦ p. t. L  a. t. M  om. P ‖ 16 καρποφόρον M ‖ 19 δάδας HP  δαδ῀ L  δᾶδας M ‖ λιπαρὰς HLM ‖ ἐπὶ οὖρον H  ἐπ' ἰούρῳ L  ἐπὶ πιούρων M ‖ 20 ἀνθρώπινον L ‖ 21 οὕτως per comp. M  οὕτω P.

## Cap. 62. *Περὶ ἐγκεντρισμοῦ ἀμυγδαλῆς. Παξάμου.*

*Ἐπικεντρίζεται δὲ ἀμυγδαλῆ οὐ κατὰ ἄκρον τῶν ἐν τῷ στελέχει, ἀλλ' ἐκ τῶν κατὰ μέσον ἀνατρεχόντων κλάδων, παυομένῳ τῷ μετοπώρῳ.*

## Cap. 63. *Περὶ καιροῦ φυτείας καστάνων. Δαμηγέροντος.*

**1** *Τὸ κάστανον, ὅ τινες Διὸς βάλανον καλοῦσι, ψαμμώδει γῇ καὶ ψυχροῖς τόποις χαίρει.* **2** *Φυτεύεται δὲ καὶ διὰ τῶν ἐνρίζων, καὶ διὰ σπέρματος. ἀσφαλέστερος δὲ ὁ διὰ τῶν φυτῶν τρόπος, μετὰ γὰρ δύο ἔτη καρποφορήσει.* **3** *Φυτεύεται δὲ ἀπὸ ἰσημερίας, οὐ μόνον ἀπὸ σκυταλῶν καὶ κλάδων, ἀλλὰ καὶ ἀπὸ παρασπάδων αὐτοῤῥίζων, καθάπερ ἡ ἐλαία.* **4** *σπείρεται δὲ τὰ κάστανα οὐχ ὁμοίως τῇ ἀμυγδαλῇ καὶ τῇ καρύᾳ, ἀλλὰ τὸ μείουρον ἄνω ἔχοντα.*

## Cap. 64. *Περὶ καιροῦ φυτείας καρύων, καὶ ἐπιμελείας. Τοῦ Αὐτοῦ.*

**1** *Τὰ κάρυα φυτεύεται τῷ καιρῷ τῆς ἀμυγδαλῆς· Φυτεύεται δὲ καὶ ἀπὸ σπέρματος, καὶ ἀπὸ παρασπά-*

---

1 c. 62 om. L *ἀμυγδαλῆς* om. M tit. om. P ‖ 2 *παξ.* p. t. M om. P ‖ 3 *δὲ* om. H ‖ *ἀμυγδαλὴ* H ‖ 7 *δαμηγ.* om. HM p. t. L ‖ 9 *ψαμμώδη μὲν γῇ* L ‖ § 2 om. M ‖ 10 *ἐνῤῥίζων* H *ἐῤῥ.* L ‖ 14 post *παρασπάδων* add. ⟨*καὶ*⟩ Needh. ܠܐ ܒܠܚܘܕ ܡܢ ܫܘܟ̈ܐ ܐܠܐ ܐܦ ܡܢ ܫܘܒ̈ܩܐ ܐܠܐ ܘܐܦ ܡܢ ܒܢ̈ܝ ܫܪܫܝܗܘܢ ܕܝܠܗܘܢ. S X 14 ‖ *αὐτορίζων* LP 1. m. supra add. alterum ρ H ‖ 16 *καρέα* L ‖ *τὸ* om. FL ‖ 17 $\widetilde{κε}$ $\widetilde{π}$ mg. L ‖ 18 *τοῦ αὐτοῦ* p. t. LM ‖ 20 *καὶ* post *δὲ* om. FP.

*δων καὶ μοσχευμάτων. χαίρει δὲ τόποις ξηροῖς καὶ ψυχροῖς, μᾶλλον ἢ θερμοτέροις.* **2** *Εἰ δὲ μέλλεις ἀπὸ σπέρματος φυτεύειν κάρυον, κάλλιον ποιήσεις, ἐὰν εἰς ἀγγεῖον ἔχον οὖρον παιδὸς ἀφθόρου τὸ σπέρμα ἐπὶ ἡμέρας ε΄ ἐμβρέξῃς, καὶ τότε φυτεύσῃς.* **3** *λεπτόσαρκον δὲ καὶ εὔθρυπτον τὸ κάρυον ἔσται, ὁμοίως δὲ καὶ τὴν ἀμυγδαλῆν ποιήσεις, σποδὸν τῷ στελέχει καὶ ταῖς ῥίζαις συνεχῶς περιχέων.* **4** *θᾶττον δὲ αὐξήσει ἡ καρύα μεταφυτευομένη πολλάκις, μάλιστα δέ, ἐάν τις Κυπρίῳ ἥλῳ ἢ πασσάλῳ καθηλώσειε τὸ δένδρον, ἕως διέλθῃ μέχρι τῆς ἐντεριώνης.* **5** *Εἰ δέ τις διατέμοι τὴν ἐντεριώνην τρυπάνῳ, καὶ πάσσαλον πτελέϊνον ἰσομεγέθη ποιήσας διασφίγξει, τρυπήσας τὸ δένδρον πέραν, τὰ σκληρὰ καὶ ἀρρενικὰ εὔθρυπτα ποιήσει.* **6** *Καρύα δὲ τὸν καρπὸν οὐκ ἀποβάλλει, ἐὰν φλώμου ῥίζαν καὶ ῥάκος κόκκινον ἀπὸ κοπρίας περιάψῃς.*

---

1 *Χαίρει* versu continuo L ‖ 4 *ἔχειν* L ‖ *πέντε* HP *ἐπὶ ε̄ ἡμ. ἐμβρέξασ, τότε* L ‖ 5 *καὶ οὕτως φυτεύσῃς* per comp. M *κάλλιον δὲ — καὶ οὕτω φυτεύσῃς* post § 3. add., *εἰ δὲ μέλλεις — κάρυον* om. P *φυτεύσεις* F *-σῃς* H ‖ 6 *ἔσται* om. L ‖ 7 *καὶ* om M *εἰ ὁμοίως τῇ ἀμυγδαλῇ ποιήσεις* P *τὰ ἀμύγδαλα* L ‖ *τὸ στελέχει* L ‖ 9 *καρέα* L ‖ *μάλλιστα* L ‖ 10 *καθηλώσει* L *-σειεν* F ‖ 11 *ἕως τῆς* FL ‖ *ἐντεριόνης* et *-όνην* L ‖ *διατέμῃ* M *-οι* P ‖ 13 *διασ(?)σφίγξει* M ut ed. P *διασφίγξας* et *εἰ* supra add. 1. m. H ‖ 14 *ἀρρενὶ καὶ* (per comp.) M *ἄρρενα καὶ* P *ἄρηκτα* L *τὰ σκληρὰ καὶ ἄρρενα ποιήσεις ὡς γενέσθαι εὔρηκτα καὶ εὔθρυπτα* S X 11 (p. 73 l. 30) ‖ 15 *Καρέα* L ‖ *ἀποβαλεῖ* L ‖ *φλόμου* L ‖ 16 *ῥάκκος* L.

## Cap. 65. *Περὶ ἐγκεντρισμοῦ καρύας.*
### *Τοῦ Αὐτοῦ.*

1 *Τινὲς τῶν γεωργικὰ γραψάντων φασίν, ὡς ἡ καρύα ἐπικεντρίζεσθαι οὐκ εἴωθεν, οὔτε δὲ τὰ λοιπὰ δένδρα τὰ ῥιτίνην ἔχοντα οὔτε αὐτὰ ὑποδέχεσθαι ἕτερον φυτόν, οὔτε εἰς ἕτερα μετατίθεσθαι δύναται.* 2 *οὐκ ἔστι δὲ τοῦτο ἀληθές, ὡς ἡ πεῖρα παρέστησε πολλάκις. ἐγὼ γὰρ εἰς τέρμινθον, ἣν οἱ ἐπιχώριοι τερέβινθον καλοῦσι, μάλιστα ῥιτίνην ἔχουσαν, πιστάκια πολλάκις ἐγκεντρίσας καὶ ἐμφυλλίσας, ἔσχον μεγάλα δένδρα· καὶ ἔστιν εἰπεῖν, πλέον τοῦ ἰδίου φυτοῦ ἐπιδέχεται ἡ τέρμινθος τὸν κατάπηγα τοῦ πιστακίου· καὶ κάρυα δὲ πολλάκις ἐμφυλλίσας καὶ ἐγκεντρίσας, ἐπέτυχον.* 3 *εἰ γὰρ καὶ μὴ εὐκόλως προσφύεται, ἀλλ' οὖν οὐ χρὴ ὀλιγωρεῖν πρὸς τὴν πρώτην ἀποτυχίαν.* 4 *Τινὲς δὲ τὴν καρύαν οὕτως ἐγκεντρίζουσι. μετὰ τὸ σπεῖραι ταύτην, ἐκφῦναί τε καὶ γενέσθαι διετῆ καὶ τριετῆ, ἀνελόμενοι ἔνριζον, τὴν ῥίζαν αὐτὴν τῷ κατὰ σάρκα τρόπῳ ἐγκεντρίζουσι, καὶ οὕτω πάλιν φυτεύουσιν.* 5 *ἕτεροι δὲ πρὸ ἐνιαυτοῦ ἐπιλεξάμενοι κλάδον ἀπὸ καρύας, ὅθεν βούλονται ἐγκεντρίσαι, στρέφουσι τοῦτον καὶ λυγίζουσι.* 6 *τοῦτο γὰρ παθοῦσα ἡ κορύνη πληρεστέραν τὴν ἐντεριώνην ἕξει, καὶ τὸ ξεσθῆναι ῥᾷον ὑπομένει, καὶ ἐντιθεμένη κρατεῖ.*

---

1 c. 65 om. L tit. in mg. 1. m.? suppl., *τοῦ αὐτοῦ* in textu M *τοῦ αὐτοῦ* a. tit. P ‖ 5 *ῥητίνην* HM *ῥυτίνην* P ‖ 9 *καλοῦσιν* F -*σι* H ‖ *ῥητίνην* H *ῥυτ.* P ‖ 10. 13 *ἐμφυλλίσας* P *ἐμφυλίσας* FM 16 *οὕτως* per comp. M ‖ *ἐγκεντρίζουσιν* H ‖ 22 super *ἡ κορύνη*, 1. m.: *ἡ κορυφὴ* M nihil add. P.

Cap. 66. *Κάρυα γυμνὰ ἄνευ κελύφων καρποφορῆσαι. Ἀφρικανοῦ.*

1 *Γυμνὰ κάρυα δίχα κελύφων ποιήσεις, ἐὰν κατεάξας τὸ ὄστρακον τοῦ καρύου, καὶ συντηρήσας τὸ ἐντὸς ἀσινές, περιβάλῃς τουτὶ ἐρέᾳ, ἢ φύλλοις νεαροῖς ἀμπέλου ἢ πλατάνου, ἵνα μὴ γυμνὸς ὢν ὁ καρπὸς ὑπὸ μυρμήκων βρωθῇ, καὶ οὕτω φυτεύσῃς.* 2 *τὸ αὐτό φησι Φλωρεντῖνος συμβαίνειν καὶ ἐπὶ ἀμυγδαλῆς, καὶ τῶν λοιπῶν ἀκροδρύων τῶν ἐχόντων ἔξωθεν ἔλυτρον, τοῦτον τὸν τρόπον φυτευομένων. [σποδὸν δὲ τῷ στελέχει καὶ ταῖς ῥίζαις συνεχῶς περιχέουσιν.]*

Cap. 67. *Ὥστε κάρυον ξηρᾶναι, ἢ ἕτερον οἱονδήποτε δένδρον. Δημοκρίτου.*

1 *Νῆστις μάσησαι φακῆν ἄνεφθον, τουτέστιν αὐτὰ τὰ κοκκία, καὶ μετὰ τὸ μασήσασθαι, ὡς ἔχεις αὐτὴν ἐν τῷ στόματί σου, ἡνίκα ἀνθεῖ ἡ καρύα, οἱονδήποτε κλάδον δάκε, καὶ ξηρανθήσεται.* 2 *ἢ ἧλον πεπυρωμένον εἰς τὴν ῥίζαν ἔμπηξον οἱουδήποτε δένδρου. ἢ*

---

1 *κάρια* L ‖ 2 *ἀφρ.* p. t. M ‖ 3 *ποιῆσαι* F *ποιήσῃ* M ‖ 5 *ἀσυνὲσ* L ‖ 7 *μυρμ.* 1. m. ex *μηρμ.*? L ‖ *φυτεύσεις* F *φυτεύσ*[ss] (= *σεις*) M -*σης* HP *φυτεύσ*[s] (= *σῃς*) L ‖ 8 *φλορ.* L *καὶ* add. M *φλωρεντίνου* mg. add. F ‖ *συμβαίνει* L ‖ *ἀμυγδαλῆς· σποδὸν δὲ τῷ στελ. — περιχέουσιν* (-*σι* H) *καὶ τῶν λοιπῶν — φυτευομένων:-* F *ἀμυγδάλου εἰ σποδὸν τῶ στ. — περιχέει τισ, καὶ τῶν λοιπῶν ἀκροδρίων — φυτευομένων:-* L ‖ 9 *ἀκροδρύων· καὶ τῶν* M ‖ 10 [*σποδὸν — περιχέουσιν*] a margine irrepsisse censeo cf. quae de hoc loco disserui A. Sem. Erl. IV p. 331 ‖ 12 c. 67 om. P ‖ *καρέαν* L ‖ *οἱονδήποτε* F *οἱονδήπ.* H ‖ 13 *δημ.* a. t. M p. t. L ‖ 14 *μάσσησαι* M ‖ *φακήν* H ‖ *τουτέστϊ τάυτὰ τὰ* M ‖ 15 *μασσ.* M ‖ 16 *καρέα* L ‖ 17 *πεπυρομ.* L ‖ 18 *οἱουδήτινος* L.

τρυπάνῳ τρύπησον, καὶ ἐπίουρον μυρίκινον βάλε. 3 ἢ περιορύξας ἀπόθου πρὸς τῇ ῥίζῃ δίκταμνον, ἢ κυάμους, ἢ καταμηνίων ῥάκος.

## Cap. 68. *Περὶ ποντικοῦ τοῦ καλουμένου λεπτοκαρύου. Διδύμου.*

1 *Καὶ τὸ ποντικὸν τῷ αὐτῷ καιρῷ, ᾧ ἡ ἀμυγδαλῆ καὶ τὸ κάρυον, κατατίθεται. χαίρει δὲ τόποις τοῖς ἀργιλλώδεσι καὶ πολυΰδροις.* 2 *ἔστι δὲ τὸ μὲν στρογγύλον, τὸ δὲ ὑπόμακρον. τὸ μέντοι στρογγύλον, κατὰ τὸν αὐτὸν καιρὸν τῷ ὑπομάκρῳ κατατιθέμενον, τάχιον φύει.*

## Cap. 69. *Περὶ συκαμίνων καὶ πῶς ἔστι ταῦτα λευκὰ ποιῆσαι. Βηρυτίου.*

1 *Λεύκη ἐγκεντρισθεῖσα ἢ ἐνοφθαλμισθεῖσα ἀπὸ συκαμίνου, συκάμινα λευκὰ φέρει. συκάμινα δὲ ἐν ὑελίνῳ βικίῳ πλεῖστον διαμένει χρόνον.* 2 *Φυτεύεται δὲ ἐν διτταῖς ὥραις, ἔν τε τῷ φθινοπώρῳ καὶ τῷ ἔαρι, μάλιστα δὲ ἀπὸ κλάδων, καθάπερ τὰ σῦκα.* 3 *εὐαυξῆ δὲ γίνεται, σκαλλομένης τῆς περικειμένης αὐτοῖς γῆς συνεχῶς, μὴ κατὰ βάθος, ἀλλ' ἕως τῶν ἐπιπολῆς ῥιζῶν.* 4 *Τὰ δὲ συκάμινα ἀπὸ σπέρματος δύναται φυτεύεσθαι, ἐάν τις αὐτὸ τὸ συκάμινον προ-*

---

1 *πῖουρον* M ‖ 2 *πρὸς τῇ τῇ ῥ.* L ‖ *δίκταμον* LH, item sed *ν* 1. m. supra add. M ‖ 5 *διδ.* a. t. M *Διδήμου*: p. t. L ‖ 8 *ἀργιλώδ.* L ‖ 10 *τάχυον φύεται*:- L ‖ 12 *κε.* $\widetilde{πα}$ mg. L ‖ 13 *βηρυτίου* p. t. L *βηρῦτου·* p. t. M ‖ 14 *Λεύκη* om. L ‖ *ὀφθαλμ.* FM ‖ 15 *Συκάμινα δὲ* versu continuo L ‖ 16 *ὑαλίνω* F ‖ 19 *εὐαξῆ* F ‖ 20 *ἕως τῆς ἐπ. ῥ.* F *ἕως τῶν τῆς ἐπ. ῥ.* M *ἕως τῆς ἐπ. τῶν ῥ.* L ‖ 22 *δύνανται* FM.

διαλύσας, καὶ τὰς κέγχρους αὐτοῦ ἐπιλεξάμενος, καταβάλῃ εἰς γῆν, καὶ ἀρδεύσῃ. κάλλιον δὲ ἀπὸ κορύνης καὶ πασσάλου. ἐγκεντρίζεται δὲ εἰς κάστανον καὶ φηγόν.

Cap. 70. *Περὶ διαμονῆς καὶ ἀποθέσεως συκαμίνων. Τοῦ Αὐτοῦ.*

*Συκάμινα ἐν ὑελίνῳ ἀγγείῳ ἐμβληθέντα ἐπιμελῶς ἐπὶ πλεῖστον διαμένει χρόνον, τοῦ ἰδίου αὐτῶν ζωμοῦ πεπληρωμένῳ καὶ πεπωμασμένῳ.*

Cap. 71. *Περὶ φυτείας μεσπίλου. Διδύμου.*

*Τὸ μέσπιλον ὁμοειδῶς τῷ κυδωνίῳ φυτεύεται ἀπὸ τῆς πρὸ θ' καλανδῶν Ἀπριλλίων.*

Cap. 72. *Περὶ φυτείας κερατίων. Ανατολίου.*

*Τὰ κεράτια ταῖς ἐλαίαις φυτεύεται παραπλησίως, ἐν νοτίοις μέντοι τόποις, ἀπὸ τῆς πρὸ θ' καλανδῶν Ἰαννουαρίων ἄχρι τῆς πρὸ δ' καλανδῶν Φευρουαρίων.*

---

2 ἀρδεύῃ· κάλλιον μὲν L ‖ κορυφῆς M ‖ 5 c. 70 om. LP ‖ 6 τοῦ αὐτοῦ a. t. M ‖ 7 ὑαλ. H ‖ 9 πεπληρωμένῳ καὶ πεπωμασμένῳ* ex coni. Needhami πεπληρωμένων καὶ πεπωμασμένων codd. ‖ 10 διδ. p. t. L om. M ‖ 12 ἀπριλλίων F λλ H ‖ 13 ἀν. p. t. LM om. P ‖ 15 ἐν om. L ‖ 16 μέχρι M ‖ πρὸ om. F ‖ φεβρ. F φευρ. H.

## Cap. 73. *Περὶ ἑρμηνείας φανερῶν ὀνομάτων ὀπώρας καὶ ἀκροδρύων. Δημοκρίτου.*

**1** Ἐπειδὴ οἱ τὰ γεωργικὰ γράψαντες σοφώτατοι ἄνδρες οὐ ταῖς εἰθισμέναις ἡμῖν προσηγορίαις ὀνομάζουσι τοὺς καρπούς, ἀλλά ποτε μὲν μνήμην ποιοῦνται καρύου βασιλικοῦ, ἄλλοτε δὲ καρύου ποντικοῦ, ἔστι δὲ ὅτε Διὸς βαλάνου· ἀναγκαῖον ἡγοῦμαι διασαφηνίσαι, τί ἐστι κάρυον βασιλικόν, ἢ τί ποντικόν, καὶ τὰς λοιπὰς τὰς εἰρημένας αὐτοῖς τῶν καρπῶν προσηγορίας. **2** κάρυον μὲν οὖν ἐστι βασιλικὸν τὸ νῦν παρ' ἡμῖν λεγόμενον κάρυον. κάρυον δέ ἐστι ποντικὸν τὸ λεπτοκάρυον. Διὸς βάλανός ἐστι τὸ κάστανον. κοκκύμηλόν ἐστιν, ὃ καλοῦμεν δαμασκηνόν. ἀρμενιακόν ἐστι τὸ βερίκοκκον. τέρμινθός ἐστιν, ἣν καλοῦμεν τερέβινθον.

## Cap. 74. *Περὶ διαφορᾶς ὀπώρας καὶ ἀκροδρύων. Τοῦ Αὐτοῦ.*

**1** Ὀπώρα λέγεται ἡ χλοώδη τὸν καρπὸν ἔχουσα, οἷον δωρακινά, μῆλα, ἀππίδια, δαμασκηνά, καὶ ὅσα μὴ ἔχει ἔξωθέν τι ξυλῶδες. **2** ἀκρόδρυα δὲ καλεῖται, ὅσα ἔξωθεν κέλυφος ἔχει, οἷον ῥοιά, πιστάκια, κάστανα, καὶ ὅσα ξυλώδη τὸν καρπὸν ἔξωθεν ἔχει.

---

1 *ἑρμηνίας* et mg. *κε͠. πβ* | et m. rec. *κε(= καὶ)περὶ̈ | ενκεντρισ|μου* L ‖ 2 *δημ.* p. t. LM *δημ.* et § 1 om. P ‖ 8 *διασαφῆσαι* L ‖ *τί ἐστιν* F *τί ἐστὶ* H ‖ *ἢ τὶ* HM *καὶ τί* L *τί* om. F ‖ 10 *κάρυον* versu continuo L ‖ 11 *ἐστι* om. L ‖ 12 *διοσβάλανόν ἐστι* L ‖ 13 *κοκύμηλον* F ‖ *δαμασκινὸν* F ut ed. H ‖ 14 *Ἀρμεν.* versu continuo L ‖ 14 *ἐστι* om. M ‖ 17 *τοῦ αὐτοῦ* p. t. M om. P ‖ 19 *δωρακηνὰ* M om. L ‖ *ἀπίδια* HL ‖ *δαμασκινὰ* F ut ed. H ‖ 20 *ἔχη* F ‖ 21 *ῥοιαὶ* L ‖ 22 *τοῦ καρποῦ* L.

## Cap. 75. *Περὶ καιροῦ καὶ τρόπου ἐγκεντρισμοῦ τῶν δένδρων. Φλωρεντίνου.*

1 *Τρεῖς τρόποι εἰσὶν ἐγκεντρισμῶν, καὶ ὁ μὲν εἷς κυρίως καλεῖται ἐγκεντρισμός, ὁ δὲ ἕτερος ἐμφυλλισμός, ὁ δὲ τρίτος ἐνοφθαλμισμός.* 2 *τὰ μὲν οὖν παχύφλοια δένδρα καὶ ἔνικμα, ὧν ὁ φλοιὸς πολλὴν ὑγρασίαν ἐκ τῆς γῆς ἀρύεται, ὁποία ἐστὶν ἡ συκῆ καὶ ἡ κερασία, καὶ τὸ τῆς ἐλαίας φυτόν, προσήκει παρὰ τὸν φλοιὸν ἐγκεντρίζειν.* 3 *δεῖ δὲ πρὸ τοῦ ἐμφυλλισμοῦ πασσαλίσκον ἐξ ἰσχυροῦ ξύλου γενόμενον προετοιμάζειν, εἰς τὸ καθιέναι τοῦτον μεταξὺ τοῦ φλοιοῦ καὶ τοῦ ξύλου καταβραχύ, ἵνα ἀῤῥαγὴς μείνῃ ὁ φλοιός·* 4 *τοῦτο γὰρ μάλιστα παρατηρεῖν ἀναγκαῖον· εἶτα ἡσύχως ἀφελεῖν τὸν πασσαλίσκον, καὶ εὐθέως προσάγειν τὸ ἔνθεμα. καλεῖται δὲ οὗτος ὁ τρόπος ἐμφυλλισμός.* 5 *Τῶν δὲ λεπτοφλοίων δένδρων καὶ ξηρῶν, ἅτε δὴ τὸ ὑγρόν οὐ διὰ τοῦ φλοιοῦ, ἀλλ' ἐντὸς τῆς ἐντεριώνης ἐχόντων, ὁποῖόν ἐστι τὸ κίτριον καὶ ἡ ἄμπελος, καὶ ὅσα τοιαῦτα, αὐτὸ μέσον τὸ ξυλῶδες σχίσαντες ἐμβάλλουσι τὰ ἐνθέματα. καλεῖται δὲ οὗτος ὁ τρόπος ἐγκεντρισμός.* 6 *ἐπ' ἀμφοτέρων δὲ*

---

2 *τῶν δένδρων* om. L tit. om. H ‖ *φλωρ.* p. t. LM om. HP ‖ 4 *ἐμφυλ|λοϊσμόσ·* F *ἐμφΰλϊσμὸς* HM *ἐμφυλλ.* P ‖ 8 *κερασέα* LP ‖ 9 *φλιὸν* L ‖ §§ 3—6 hic fol. 83 om., post XI 16 fol. 88 add. L § 2 antea sic repetita: *περὶ τοῦ πῶς | δεῖ ἐγκεντρίζειν τὰ φυτά:-|* (mg : $\overline{\kappa\varepsilon}$. $\overline{\pi\vartheta}$:) *Ὅτι τὰ παχύφλοια δένδρα καὶ ἔν., ὁποῖα εἰσην* (!) *ἡ σΰ κῆ καὶ ἡ κερασέα καὶ τὸ τ. ἐ. φ. πρ. παρὰ τ. φλ. ἐγκ. Δεῖ δὲ πρὸ τοῦ ἐφΰ λισμοῦ* (*μ* 1. m. supra add.) *κτλ.* ‖ *ἐμφυλλοϊσμοῦ* F *ἐμφυλισμοῦ* HM *ἐμφυλλ.* P ‖ 13 *τοῦτο — ἀναγκαῖον* om. L ‖ 15 *προσαγαγεῖν* M ‖ 16 *ἐμφυλισμός* HM *ἐμφυλλ.* P ‖ 17 *ἅτε — τοιαῦτα* om. L ‖ 20 *καὶ καλεῖται οὗτος* L ‖ 21 *ἐπ' ἀμφ. δὲ σύντομον χρὴ ποιεῖσθαι τὴν ἔνθεσιν· ἀφαιρετέον δὲ δρεπάνοις ὀξέσι τὰ ἐνθέματα ἐκ τῶν βορείων* L.

τῶν προειρημένων δεῖ σύντομον τὴν ἔνθεσιν ποιεῖσθαι, ἵνα μηδὲ τὸ ἐντιθέμενον, μηδὲ τὸ ὑποδεχόμενον ὑπερθέσεως γενομένης ἐξικμασθῇ. 7 Χρὴ δὲ τὰ ἐνθέματα ἐξ εὐγενῶν καὶ ἀκμαίων καὶ πολυκάρπων δένδρων δρεπάνοις ὀξέσιν ἀφελεῖν, ἐκ τῶν βορείων μερῶν, ἁπαλὰ καὶ λεῖα, καὶ πυκνόφθαλμα, τρικόρυφα ἢ δικόρυφα, πρὸς δὲ τῇ βάσει μονόκωλα, ἐχέτω δὲ πάχος δακτύλου μικροῦ, ἔστω δὲ διετῆ, τὰ γὰρ ἐνιαυσιαῖα εἰς τὸ ἀναδραμεῖν μὲν ἕτοιμα, ἄκαρπα δέ. 8 Τὰ ἐνθέματα ἀποξύειν χρὴ ὀξεῖ δρεπάνῳ πρὸς τῇ βάσει ἐξ ἑνὸς μέρους, ὥσπερ τὸν γραφικὸν κάλαμον, φυλασσομένους μὴ τῆς ἐντεριώνης μείωσις γένηται. 9 σχηματίζειν δὲ χρὴ τὸ ἔνθεμα, τὸ μὲν ξυλῶδες πρὸς τὸ ξύλον, τὸ δὲ φλοιῶδες πρὸς τὸν φλοιόν. 10 ἔστω δὲ τὸ ἀποξυόμενον ἔνθεμα ἰσομέγεθες τῇ διαιρέσει καὶ τῷ κοιλώματι, εἰς ὃ μέλλει ἐμβάλλεσθαι. 11 ἐχέτω οὖν τὴν ἀπόξυσιν δακτύλων δύο, καὶ τὸ ὑποδεχόμενον φυτὸν τὴν διαίρεσιν δακτύλων δύο· μετὰ δὲ τὴν ἔνθεσιν μηδὲν ἀφαιρετέον τοῦ ἐνθέματος, ἀλλ' ἐατέον ὅσον ἂν ἔχῃ. 12 δεῖ δὲ πλάττειν τὸν τόπον ἀῤῥαγεῖ πηλῷ ἀργιλλώδει. ἡ γὰρ πυῤῥὰ γῆ εἰς τοῦτο ἀποίητος, ἐκκαίει γὰρ τὰ στελέχη. 13 Ἐπὶ τοσοῦτον δὲ χρήσιμός ἐστιν

---

2 *μήτε — μήτε* M ‖ 3 *ἐγκεντρίζειν* (§ 2). *χρὴ δὲ καὶ τὰ ἐγκεντρίσματα καὶ τὰ ἐνθέματα ἐξ* $L^{83}$ ‖ 5 *ἀφαιρεῖν* $L^{83}$ *ἀφαιρετέον* $L^{88}$ ‖ 6 *καὶ ἁπαλὰ καὶ* $L^{83}$ ‖ *τρυκόρυφα ἢ δικ. καὶ πρὸσ τῇ* $L^{83}$ *δὲ* om. F ‖ 7 *μονόκολα:-*, cett. usque ad finem capitis om. $L^{83}$ *μονόκλονα* $L^{88}$ *μονόκλωνα* M ‖ 8 *μικροῦ· ἀποξυέσθω δὲ ὀξεῖ δρεπάνω ἐξ ἑνὸσ* (§ 8) $L^{88}$ ‖ 9 *εἰς μὲν τὸ ἀν. ἕτ.* M ‖ 11 *μέρουσ· καὶ τὸ μὲν ξυλῶδεσ* (§ 9) *ἐντιθέ|σθω τῶ ξύλω· τὸ δὲ φλ. π..τ. φλ.* L ‖ 14 *τὸ φλ.* F *τὸ δὲ φ.* H ‖ § 10 om. L *ἀποξεόμ.* F ‖ 17 *δακτύλων — διαίρεσιν* om. H ‖ 19 *ἀφαιρεταῖον* L ‖ *ἐαταῖον* L ‖ *ὅσον ἐὰν* FM *ὅσον ἂν* HL ‖ *ἔχει* L ‖ 21 *πυρὰ* LM ‖ *ἐκκαίει — γίνεται* (§ 13) om. L.

ὁ ἐγκεντρισμός, ὅτι κἂν αὐτά τις τὰ φυτὰ εἰς ἑαυτὰ ἐγκεντρίσῃ, τροφιμώτερα καὶ καλλίονα γίνεται. **14** δεῖ δὲ τὰ ἐνθέματα ληγούσης σελήνης λαμβάνειν, πρὸ ι´ ἢ καὶ πλειόνων ἡμερῶν τοῦ ἐγκεντρισμοῦ, καὶ ταῦτα κατατίθεσθαι ἐν ἀγγείῳ κεκαλυμμένῳ ἀσφαλῶς, ὡς μὴ διαπνευσθῇ. **15** χρὴ γὰρ τὰ μὲν ἐνθέματα λαμβανόμενα ἔτι μεμυκέναι, τὸ δὲ ἐγκεντριζόμενον ἤδη πρὸς βλάστησιν ἐπείγεσθαι. διὸ χρὴ πρὸ ι´ ἡμερῶν, ἢ καὶ πλειόνων λαμβάνεσθαι τὰ ἐνθέματα. **16** Τὴν δὲ αἰτίαν, δι᾽ ἣν οὐ παραχρῆμα τοῦ λαβεῖν τὰ ἐνθέματα ταῦτα ἐγκεντρίζειν προσήκει, μάνθανε. **17** ἐὰν γὰρ ἔτι ζέον καὶ ὠγκωμένον τὸ ἔνθεμα παραχρῆμα εἰς τὸ ὑποδεχόμενον ἐμβληθῇ, πᾶσα ἀνάγκη πρὸ τοῦ τὴν ἕνωσιν γενέσθαι, ἀπομαρανθῆναι μικρόν τι τοῦ ἐνθέματος, καὶ χαύνωσιν γενέσθαι μεταξὺ τοῦ ἐντεθέντος καὶ τοῦ ὑποδεχομένου ξύλου, καὶ λοιπὸν εἰς τοὺς μεταξὺ κοίλους τόπους ὁ ἀὴρ εἰσδύνων οὐκ ἐᾷ τὴν σύμφυσιν γενέσθαι. **18** Εἰ δὲ ἐπί τινας ἡμέρας τὰ ἐνθέματα ἔν τινι ἀγγείῳ πρότερον ἀποτεθῇ, ἐν τῷ ἀγγείῳ ὑπομένει ὃ πάσχειν ἔμελλε μετὰ τὴν ἔνθεσιν, καὶ οὐκέτι λοιπὸν ἐντεθέντων αὐτῶν, οὔτε χαύνωσις γίνεται τῶν δεσμῶν, οὔτε ὁ ἀὴρ εἰσδύσεται, ἀλλὰ συντόμως συμφυήσεται. **19** Δεῖ δὲ τὰ ἐνθέματα μὴ

---

3 Χρεῖ δὲ τὰ ἐνθ. πρὸ δέκα ἡμερῶν λαμβάνεσθαι ἢ καὶ πλειόνων, ληγ. τῆς σελ. ἔτι μεμυκότα· τὸ δὲ ἐγκεντριζόμενον (§ 15) ἤδη πρὸς τὴν βλ. ἐπείγ. Κατατιθέσθω δὲ τὰ ἐνθέματα ἐνάγκείω (§ 14) κεκαλ. ἀσφ., ὡς μὴ διαπνευσθῇ· ἐν|τιθέσθω δὲ τῶ δένδρω, μὴ τοῦ βορρᾶ (§ 19) L ‖ δέκα H ‖ 8 δέκα H ‖ 9 §§ 16—18 om. L ‖ 10 τῶ λαβεῖν M ‖ 11 μανθάνειν F ‖ 12 ὀγκωμένον F ὠγκ. H ‖ 14 ἕνωσιν γενέσθαι [μεταξύ — ὑποδεχομένου ξύλα (!), haec 1. m. del.] ἀπομαρανθῆναι — μεταξύ — ξύλου M ut ed. P ‖ 21 ἐντεθέντων αὐτῶν Needh. ἐντεθέντος αὐτοῦ FM ‖ 22 εἰσδύεται M ‖ 23 διαπνευσθῇ· (§ 14) ἐν|τιθέσθω δὲ τῶ δένδρω, μὴ τοῦ βορρᾶ πν., ἀλλὰ τοῦ ν.· ὄμβροσ δὲ τῶ μὲν κτλ. L.

τοῦ βοῤῥᾶ πνέοντος ἐντίθεσθαι, ἀλλὰ τοῦ νότου. ἐκεῖνο μέντοι δῆλόν ἐστιν, ὅτι ὄμβρος τῷ μὲν ἐγκεντρισμῷ σύμφορος, τῷ δὲ ἐμφυλλισμῷ ἀχρήσιμος. **20** Χρὴ δὲ εἰδέναι, ὅτι μετὰ ἰσημερίαν φθινοπωρινὴν καλὸς γίνεται ὁ ἐγκεντρισμὸς μέχρι τροπῶν χειμερινῶν, καὶ μετὰ ζεφύρου πνοάς, τουτέστιν ἀπὸ ζ′ τοῦ Φεβρουαρίου μηνός, ἕως τροπῶν θερινῶν. **21** Τινὲς δὲ ἄριστον εἶναι καιρόν φασι τοῦ ἐγκεντρισμοῦ, μετὰ τὴν ἐπιτολὴν εὐθὺς τοῦ κυνός, καὶ πάλιν ἐν τῷ θέρει, μετὰ τὰ ὑπὸ κύνα καύματα. **22** τὰ δὲ ἐνθέματα, εἰ ἀπὸ διαστήματος κομίζεται, φερέσθω ἐν ἀγγείῳ ἐμπαγέντα εἰς πηλόν, καὶ τὸ ἀγγεῖον ἐπικεχρίσθω ἐπιμελῶς, ἵνα μὴ διαπνευσθῇ τὰ φερόμενα.

Cap. 76. *Περὶ ἐμφυλλισμοῦ καὶ ἐγκεντρισμοῦ, καὶ ποῖα τῶν δένδρων ποίων φυτῶν ἐστι δεκτικὰ εἰς ἐμφυλλισμὸν καὶ ἐγκεντρισμόν. Διοφάνους.*

**1** Ἡ συκῆ ἐνθεματίζεται εἰς συκάμινον καὶ εἰς πλάτανον. τὸ συκάμινον ἐνθεματίζεται εἰς κάστανον, καὶ φηγόν, καὶ εἰς μηλέαν, καὶ εἰς τέρμινθον, καὶ εἰς ἀχράδας, καὶ εἰς πτελέαν, καὶ εἰς λεύκην, ἀφ᾽ ἧς

---

2 ἐστι· F ἐστϊν· H ‖ 3 ἐμφϋλϊσμῶ H ‖ ἀσύμφορος· | δεῖ δὲ M ἀσύμφορος. *Καλὸσ δὲ ὁ ἐγκ., ἀπὸ ζ′ φεβρ′, ἕως τρ. ἐαρ. καὶ μετὰ ἰσημ. φθινοπ. ἕως τρ. χειμ.· τὰ ἐνθέματα* (§ 22) L ‖ 6 ἑβδόμης P ‖ φευρ. P ‖ 7 θερινῶν* ex coni. Niclasi ἐαρινῶν codd. ‖ § 21 om. L ‖ 12 ἐπικεχρείσθω L ‖ 13 φερόμεν. (!) Ὅτι ἡ συκῆ (c. 76, 1) L ‖ 14 ἐμφυλισμοῦ H tit. om. L ‖ 16 δεκτικὰ εἰς (in ras.) φυλισμὸν H ‖ 17 διοφ. a. t. M p. t. HP om. L ‖ 20 φηγόν· φηγὸς ἡ δρῦς ἡ καλουμένη γρανίτζα· καὶ P cf. § 5 ‖ τὸ συκ. εἰς κάστ. καὶ εἰς φηγόν· μῆλέαν· τερέβινθον· ἀχρ.· πτελέαν· ἡ ἀπιδέα, (§ 2) εἰς ῥ. καὶ εἰς κυδωνέαν· ἡ μηλέα, (§ 3) L.

γίνεται λευκὰ συκάμινα. 2 Τὰ δὲ ἀππίδια ἐνθεματίζεται εἰς ῥοιάς, καὶ εἰς κυδώνια, καὶ εἰς συκάμινα, καὶ εἰς ἀμυγδαλῆν, καὶ εἰς τέρμινθον. εἰ δέ τις τὰ ἀππίδια ἐνθεματίσει εἰς συκάμινον, ἐρυθρὰ ἕξει τὰ ἀππίδια. 3 Τὰ μῆλα ἐγκεντρίζεται εἰς πᾶσαν ἀχράδα, καὶ εἰς κυδώνια, καὶ γίνεται μῆλα κάλλιστα, τὰ καλούμενα ἐν Ἀθήναις μελίμηλα, ἔτι καὶ εἰς δαμασκηνόν, καὶ ἀνάπαλιν, καὶ εἰς πλάτανον, ἀφ' ἧς γίνεται ἐρυθρὰ τὰ μῆλα. 4 Τὸ κάρυον εἰς κόμαρον μόνον ἐγκεντρίζεται. τὰ ῥοΐδια ἐνθεματίζεται εἰς ἰτέαν. ἡ δάφνη ἐγκεντρίζεται εἰς μελίαν. τὸ δωρακινὸν ἐμφυλλίζεται εἰς δαμασκηνόν, καὶ εἰς ἀμυγδαλῆν. 5 τὰ δαμασκηνὰ ἐγκεντρίζεται εἰς πᾶσαν ἀχράδα, καὶ εἰς κυδώνια, καὶ εἰς μῆλα. τὸ κάστανον ἐγκεντρίζεται εἰς κάρυον, καὶ δρῦν, καὶ φηγόν. τὸ κεράσιον ἐγκεντρίζεται εἰς τέρμινθον, καὶ εἰς περσικόν, καὶ ἀνάπαλιν. 6 Τὰ κυδώνια ἐγκεντρίζεται εἰς ὀξυάκανθον. ἡ μυρσίνη ἐνθεματίζεται εἰς ἰτέαν. τὸ βερίκοκκον ἐνθεματίζεται εἰς δαμασκηνόν, καὶ εἰς θάσιον. 7 τὸ κίτριον μόλις δέχεται ἐμφυλλισμόν, ὡς λεπτόφλοιον.

---

1 δὲ om. HP ‖ ἀπίδια HM ἀππ. P ‖ 2 καὶ εἰς συκάμινα — καὶ εἰς κυδώνια (§ 3) om. H ‖ 3 post τέρμινθον add. καὶ εἰς ἀχράδα καὶ εἰς πτελέαν sed 1. m. del. M ut ed. P ‖ 4. 5 ἀπίδια M ππ P ‖ 5 ἡ μηλέα, εἰσ δαμασκηνὴν καὶ εἰσ πλάτανον· τὸ κάρυον (§ 4) L ‖ 6 καὶ μῆλα γίνεται M καὶ γίν. — ἔτι om. P ‖ 7. 12. 13 δαμασκιν. F ut ed. H ‖ 9 κώμαρον H κώμαριν M κόμαρον· ἡ ῥοιά, εἰσ ἰτέαν· τὸ ροδακινὸν L ‖ 11 δωρακηνὸν M ‖ ἐμφυλίζ. HL om. P ‖ 12 δαμασκηνῆν LP ‖ καὶ ἀμυγδαλῆν· ἡ ἀμυγδαλή, εἰσ πᾶσαν ἀχρ.· εἰσ κυδ. (§ 5) L ‖ 14 τὸ κ. εἰσ κάριον· εἰσ δρὴν, (m. 1. ex δρῦν?) L ‖ 15 ad φηγὸν· mg.: ‹· ἡ δρῦσ | καλου|μη', γρα|νί'τζα (cf. § 1) ‖ τὸ κερ. εἰσ τερέβινθον L ‖ 17 τὸ κϋδώνιον εἰς L ‖ ἡ μυρσίνη — θάσιον om. L ‖ 18 βερικόκκιον F βερίκοκκον ἐγκεντρίζεται H ‖ 19 § 7 om. L.

ἐγκεντρίζεται δὲ ἐκ τοῦ ἰδίου φυτοῦ, καὶ ἀπὸ μήλων, ὅπερ πολλάκις πεποίηκα, καὶ μετὰ τὸ φυῆναι ἐμαράνθη. οἶμαι δέ, εἰ κρατήσοι, ποιήσει καρπὸν τὰ καλούμενα κιτρόμηλα. εἰ δὲ αὐτὸ τὸ κίτριόν τις εἰς συκάμινον ἐνθεματίσει, ἐρυθρὰ οἴσει τὰ κίτρα. 8 Τὰ κυδώνια καὶ τὸ ἐρινεὸν παντὸς δένδρου ἐστὶ δεκτικά, ὃ βούλει οὖν εἰς ταῦτα ἐγκέντρισον, ἤτοι ἐμφύλλισον. 9 Τὸ κίτριον καλῶς ἐγκεντρίζεται εἰς ῥοιάν, ὡς ὁ Δίδυμος ἐν τοῖς γεωργικοῖς αὐτοῦ φησιν. 10 Ὁ δὲ Φλωρεντῖνος ἐν τοῖς γεωργικοῖς αὐτοῦ φησι, τὴν ἄμπελον καλῶς ἐγκεντρίζεσθαι εἰς κερασέαν, καὶ ἐν τῷ ἔαρι φέρειν τὰς σταφυλάς, καὶ τὴν ἐλαίαν εἰς ἄμπελον ἐγκεντριζομένην φέρειν καρπὸν ἐλαιοστάφυλον. 11 Τὰ δὲ μυραππίδια καλῶς ἐμφυλλίζεται εἰς μῆλα, ὡς ἐκ τῆς πείρας μεμάθηκα.

## Cap. 77. *Περὶ καιροῦ καὶ τρόπου ἐνοφθαλμισμοῦ. Διδύμου.*

1 Ὁ ἐνοφθαλμισμὸς εὐκαίρως γίνεται πρὸ τροπῶν τῶν θερινῶν. ἐγὼ δὲ καὶ περὶ ἰσημερίαν ἐαρινὴν ἐνοφθαλμίσας ἐν ἡμέρᾳ εὐδιεινῇ, ὅταν ἐν ἀρχῇ τῆς

---

3 κρατήσει (οι supra) l. m. H -σει P ‖ 5 κίτρια F κίτρα H ‖ τὸ δὲ κυδώνιον καὶ ὁ ἐρϊνὸς, π. δ. εἰσὶ δεκτϊκὰ, πλὴν ῥοιάς:- (88) ‖ ; ὃ (89) βούλει — ἐμφύλλ. et §§ 9—11 om. L ‖ 8 δίδυμος in mg. rep. F in mg. om. H ‖ 9 φλωρ. in mg. rep. F ‖ 11 εἰς κερασέαν om. F c. 76, 1—9 εἰς ῥοιὰν post c. 78, et § 76, 10 τὴν ἐλαίαν φασὶν (sic!) εἰς ἄμπ. — § 11 μεμαθήκαμεν: (!) post c. 75 add., § 9 ὡς ὁ δίδυμος — § 10 φέρειν τὰς σταφυλὰς om. P ‖ 14 μυραπίδια MH ππ P ‖ ἐμφυλιζέται H ‖ 15 μεμαθήκαμεν M ‖ 16 c. 77 om. L[83] tit. om. L[88] ‖ 17 διδ. p. t. P om. L ‖ 18 Ὅτι ὁ L ‖ 19 τῶν om. L ‖ ἐγὼ δὲ om. L ‖ 20 ἐνοφθ. om. L ‖ εὐδινῇ F.

βλαστήσεως ἢ τὰ δένδρα, σφόδρα ἐπέτυχον. 2 καθαρτέον δὲ τὸ ἐνοφθαλμιζόμενον δένδρον ἀπὸ τῶν ὄζων, τουτέστι τῶν παραφυάδων καὶ τῆς κόμης, καταλιμπανομένων τῶν τελειοτέρων καὶ ἁδροτάτων κλάδων τῶν μελλόντων ἐνοφθαλμίζεσθαι· εἶτα λαβόντα τοῦ εὐκάρπου δένδρου τὴν γενναίαν καὶ ἐπέτειον βλάστην, τὸν ἐξ αὐτῆς ὀφθαλμὸν ἐνθετέον κατὰ ἀκριβῆ περιχάραξιν κατὰ τοῦ ἐναλλασσομένου στελέχους. 3 αὐτὸν δὲ χρὴ τὸν φλοιὸν ἁγνὸν ἀκριβῶς ἀποδεῖραι, τὸ δὲ ξυλῶδες ἀκέραιον καὶ ἄθικτον τηρεῖν. τοῦτο γὰρ πάνυ ἐστὶν ἀναγκαῖον. 4 Καλὸν δὲ τὸν ἐν τῷ ἐμβόλῳ ὀφθαλμὸν πίπτειν κατὰ τοῦ ἐν τῷ στελέχει ὀφθαλμοῦ. κατ' αὐτὸ γὰρ τεθεὶς συμφύεται πάντως. 5 Ἔξεστι δέ, καὶ δίχα τοῦ ὀφθαλμοῦ, κατὰ ἑτέρου μέρους τοῦ στελέχους ἐν τόπῳ λείῳ τὸν ἐνοφθαλμισμὸν ποιεῖσθαι. δεῖ δὲ καὶ τοὺς φλοιοὺς ἀμφοτέρων τῶν στελέχων ἰσοπαχεῖς εἶναι. 6 γενομένης δὲ συμφύσεως, εὐθὺς τὸ ὑπεράνω τῆς ἁρμογῆς ἀπόκοπτε, ἵνα μὴ εἰς τοῦτο ἡ τροφὴ χωρήσῃ, ἀλλ' εἰς τὸ ἁρμοσθέν. τριφύλλων δὲ γενομένων τῶν ἐνθεμάτων, χρὴ τοὺς δεσμοὺς ἀφαιρεῖν. 7 Ἐγὼ δὲ πολλάκις οὐκ αὐτὸν τὸν ὀφθαλμὸν ἐκ τῆς ἐπετείας βλάστης ἀφελών,

---

1 σφόδρα bis F ut ed. H ἐπέτ. σφ. M om. L ‖ 3 ὄζων, τουτ. τῶν om. L ‖ 4 ἀδροτέρων M ‖ 5 ἐμφυλλίζεσθαι F ἐμφυλίζεσθαι H ‖ 6 γενεὰν F ‖ 8 ἐναλασσ. M ἐναλλ. P ‖ 9 ἁγνὸν ἀκριβῶσαπο|δεῖραι F ut ed. H ἁγνὸν om. L ἀποδεῖραι ἀκριβῶς M τὸν φλ. χρὴ ἀποδεῖραι ἁγνὸν ἀκριβ. P ‖ 10 ἀκαίραιον τηρῆσαι καὶ ἄθ.:, τοῦτο — ἀνάγκ. om. L ‖ 13 κατ' αὐτὸ — πάντως om. L ‖ 14 καὶ om. M ‖ κατὰ τοῦ ἑτ. L ‖ 15 ὀφθαλμὸν M item sed ἐμφυλις 1. supra add. H ἐμφυλλισμὸν F ‖ 16 Δεῖ δὲ versu continuo L ‖ 17 συμφυήσεως FM ‖ 18 ἁμόργης F ‖ 19 χωρήσει L -σει et η 1. m. suprascr. H ‖ 21 πολλάκις — ἀλλ' om. L.

*τοῦτον καθ' ἑαυτὸν ἐνεφύλλισα, ἀλλ' ἐάσας τὸν ὀφθαλμὸν ἀσινῆ ἐν τῇ βλάστῃ, ἐκ τοῦ ὄπισθεν τοῦ ὀφθαλμοῦ μέρους τὸν φλοιὸν ἀποδείρας, καὶ φανερὸν μέρος γλύψας τοῦ ξύλου, ὡς ἐπὶ τοῦ γραφικοῦ καλάμου, οὕτω τὸν ὀφθαλμὸν μετὰ τοῦ μέρους τοῦ ἐναπομείναντος ξύλου ἐμφυλλίσας, γενναιότερα ἐκ τοῦ τοιούτου ἐμφυλλισμοῦ ἐκτησάμην δένδρα.* **8** *Τὰ δὲ ἀριστερὰ τῶν κλάδων ἐνοφθαλμιζόμενα διπλοῦν τὸν καρπὸν οἴσει.*

Cap. 78. *Πότε δεῖ καθαίρειν τὰ δένδρα.*
*Λεοντίνου.*

**1** *Μετὰ τὴν καρπολογίαν εὐθέως καὶ τὰ μεγάλα καὶ τὰ μικρὰ δένδρα καθαρτέον τῶν τὴν ὀπώραν ἐχόντων, καὶ τὰ ἀκρόδρυα, ὀξυτάτοις δρεπάνοις πᾶν τὸ φαῦλον καὶ περιττὸν ἐξαιροῦντας.* **2** *Τοῖς δὲ νεοφύτοις μὴ πλέον ἑνὸς ἀπολειπτέον. ἐξαιρετέον δὲ καὶ τὰς παραφυάδας τῶν πρέμνων, ἵνα λεῖον ᾖ καὶ ὀρθόν, ἐπὶ τῆς κορυφῆς ἔχον τρία ἢ τέτταρα νέα κλωνία ἀσινῆ, διεστηκότα ἀπ' ἀλλήλων.* **3** *οὕτω δὲ σχηματίζεται τὸ φυτὸν ἐφάπαλον ὄν.*

---

1 *ἐνεφύλισα* H ‖ 4 *ὡς* om. L *ὡς — ἐναπομείναντος ξύλου* om. P ‖ 6. 7 *ἐμφυλ.* H ‖ 9 *οἴσει*:-| *'Ιστορία* (XI 17) L[89] ‖ 10 *μονόκολα* (c. 75, 7):-| *Πότε δεῖ* L[83] ‖ 11 *λεοντ.* om. M ‖ 13 *τά τε τὴν ὀπ. ἔχοντα* L ‖ 14 *ὀξυτάτ'* (= αις) *δρεπάν* with ς above (= οις) M -οις P ‖ 18 *ἔχων* H *ἔχειν* L *ἔχοντα* M ‖ *τέσσαρα* L *ἢ καὶ τέσσ.* P ‖ *κλόνια* L ‖ 19 *οὕτω γὰρ σχ.* M *δὲ σχιμ.* L.

Cap. 79. *Πρὸς δένδρα ἀστρόπληγα.*
*Δημοκρίτου.*

*Ἀστρόπληγα δένδρα μύρῳ ποτιζόμενα ἀναζήσει.*

Cap. 80. *Πετεινὰ δένδρῳ μὴ προσιέναι.*
*Τοῦ Αὐτοῦ.*

*Τὸ δρέπανον ἐν ᾧ κλαδεύεις σκορόδῳ χρίε, ἢ κρέμασον σκόροδα εἰς τὸ δένδρον.*

Cap. 81. *Περὶ ἐπιμελείας τῶν φυτευομένων.*
*Βάρωνος.*

**1** *Τὰ φυτά, ὅσα ἐν τῷ φθινοπώρῳ φυτεύεται, ἐατέον μέχρι τοῦ ἔαρος μηδὲν κινοῦντας. ἐπιλαβομένου δὲ τοῦ ἔαρος ταῖς δικέλλαις σκάπτειν προσήκει τετράκις.* **2** *τὰ δὲ ἐν τῷ ἔαρι φυτευθέντα τότε δεῖ ἄρχεσθαι σκάπτειν, ὅταν κατεσχηκέναι δοκῇ· τὸ δὲ αὐτὸ καὶ ἐπὶ τῶν μεταφυτευομένων ποίει.* **3** *Χρὴ δὲ τῷ πρώτῳ ἔτει καὶ ἀρδεύειν τὰ φυτὰ τοῦ θέρους, τὰ δὲ περιττὰ ἀφαιρετέον, οὐ σιδήρῳ, ἀλλὰ ταῖς χερσίν, ἐὰν τρυφερώτερα εἴη, καὶ εἴκειν εὐκόλως δύναιντο, εἰ δὲ μή, καταλιμπάνειν κάλλιον, ἢ σίδηρον προσφέρειν ἔτι νέοις οὖσι τοῖς φυτοῖς. ναρκᾷ γὰρ τῇ τοῦ σιδήρου θίξει.* **4** *δεῖ δὲ καὶ χάρακας παραπηγνύναι, πρὸς*

---

1 c. 79 om. L ‖ 2 *δημ* p. t. M ‖ 4 *ὥστε τὰ πετινὰ* L ‖ *προσΐναι:-* L ‖ 5 *τοῦ αὐτ.* a. t. M p. t. et mg.: *κε(φάλαιον) πγ̄* L ‖ 6 *σκόρδωι* F *σκόρδω* HL ‖ 7 *σκόρδα* L ‖ 8 c. 81 om. L ‖ 9 . . *ρωνος* mg. (*βά* a vermibus exesum) F *βάρ.* mg. H p. t. M om. P ‖ 10 *φθΐνοπόρω* M *-ώρω* P ‖ 14 *δοκεῖ* P *δοκῆ* corr. 1. m. ex *-εῖ* H ‖ 18 *δύνανται* F.

ἀνάπαυσιν τῶν φυτῶν. 5 κοπρίζειν δὲ χρὴ τὰ καρποφόρα δένδρα τῷ Ἰαννουαρίῳ μηνί, οὐκ εὐθὺς παρὰ τὰς ῥίζας. θερμαίνει γὰρ σφόδρα.

### Cap. 82. Ὥστε πάντα τὰ δένδρα πλείονα καρπὸν φέρειν. Ἀφρικανοῦ.

1 Ἀνδράχνην καὶ τιθύμαλλον συγκόψας καλῶς, καὶ μίξας, τὰ στελέχη περιάλειψον. 2 Πάντα δὲ τὰ δένδρα πλείονα καρπὸν οἴσει, ἐὰν τὰς ῥίζας αὐτῶν περιστερῶν κόπρῳ περιχρίσῃς.

### Cap. 83. Δένδρον ἄκαρπον καρποφορεῖν. Ζωροάστρου.

1 Συζωσάμενος καὶ ἀνακομβωσάμενος, καὶ λαβὼν πέλεκυν ἢ ἀξίνην, μετὰ θυμοῦ πρόσελθε τῷ δένδρῳ, ἐκκόψαι τοῦτο βουλόμενος. 2 προσελθόντος δέ σοί τινος, καὶ παραιτουμένου τὴν τούτου ἀποκοπήν, ὡς ἐγγυητοῦ περὶ τοῦ μέλλοντος καρποῦ γινομένου, δόξον πείθεσθαι καὶ φείδεσθαι τοῦ δένδρου, καὶ εὐφορήσει τοῦ λοιποῦ. 3 καὶ ἄχυρα δὲ κυάμινα παραβαλλόμενα τῷ στελέχει ποιεῖ τὸ δένδρον καρποφορεῖν.

---

2 ἐγγὺς M ‖ 5 ἀφρ. p. t. M om. L ‖ 6 Ἀνδ. ἢ L τιθύμαλον LP ‖ 10 c. 83 om. P ‖ 11 ζωρ. p. t. M ζορ. mg. L ‖ 12 |Ζωσάμενος καὶ ἀνακολπωσάμενος L ‖ 14 προσελθ. versu continuo L ‖ 16 περὶ L τε FM ‖ γινομένου om. FM ‖ 17 πίθεσθαι L ‖ 18 δὲ om. FM.

Cap. 84. *Δένδρων θεραπεία, ἑκάστην βλάβην ἰωμένη. Παξάμου.*

1 Ἑκάστῳ μὲν τῶν δένδρων ἰδιάζουσά τις ἁρμόττει καὶ κεχωρισμένη θεραπεία. τὴν δὲ πᾶσιν ὁμοῦ γενικῶς ἁρμόττουσαν τοῖς δένδροις θεραπείαν οὐ παραλείψω, ἀλλ' εἰς τὸ φανερὸν καταστήσω. 2 εἰ τοίνυν ὑγιεινὰ καὶ εὔτροφα μένειν βούλει πάντα τὰ δένδρα, οὔρῳ παλαιῷ ἀνδρῶν ἢ κτηνῶν περιορύξας τὰς ῥίζας βρέχε ἅμα καὶ τὰ στελέχη. 3 ἐὰν δὲ ὄμβροι ἐλλείψωσι, καὶ ὕδατι ἄρδευε. τὸ δὲ αὐτὸ ποιεῖ καὶ ἀμόργη συγκραθεῖσα ἐξ ἴσου ὕδατι, καὶ παραχεομένη ἑκάστῳ δένδρῳ. 4 τινὲς φυτεύοντες ταυρείᾳ χολῇ τὰς ῥίζας χρίουσι, καὶ ἀβλαβῆ μένει τὰ οὕτω φυτευόμενα. 5 Τινὲς δὲ τῆς πολυπρέμνου καλουμένης βοτάνης τοῦ ὀποῦ τὰ πρέμνα χρίσαντες τῶν φυτῶν, ἀβλαβῆ ταῦτα διεφύλαξαν, καὶ πλεῖστον καρπὸν ἐκομίσαντο. 6 καθόλου δέ, πᾶν δένδρον ὀνήσει ἄχυρα κυάμων, ἢ τῶν ἄλλων ὀσπρίων, ἢ τῶν σιτικῶν, ξηρὰ τοῖς δένδροις παρατιθέμενα, ὡς ὁ Δίδυμος ἐν τοῖς γεωργικοῖς αὐτοῦ φησιν.

Cap. 85. *Πῶς ἔστι μεγάλα δένδρα καὶ ἔγκαρπα μεταφυτεῦσαι. Ἀνατολίου.*

1 Σφόδρα βαθεῖς βόθρους ποιήσαντες, καὶ περικόψαντες τὴν κόμην, καὶ ἀσινεῖς τοὺς παχυτέρους

---

1 c. 84 om. L ‖ 2 παξ. a. t. M p. t. P ‖ 3 ἁρμόζει M ‖ 4 καὶ om. F ‖ 10 ἐλλείψωσιν F ‖ 12 περιχεομένη P et per comp. M ‖ 18 ὀσπρέων F -ίων H ‖ 19 διδ. mg. rep. F mg. om. H ‖ 21 c. 85 om. L ‖ καὶ om. M serv. M i. c. ‖ 22 ἀνατ. p. t. M om. P.

κλῶνας καὶ ἀκεραίους τὰς ῥίζας διατηρήσαντες, μετὰ πολλῆς τῆς οἰκείας γῆς καὶ κόπρου ὀρθὰ βάλλουσι τὰ πρέμνα, φυλαττόμενοι, ἵν' ὅπου ἂν κλίνῃ, μείνῃ. καὶ παρατιθέασιν ἑκατέρωθεν κεράμια δύο τετρυπημένα, ἵνα διὰ τῶν ἀγγείων συνεχῶς ἀρδεύωσι τὰς ῥίζας· πωμάζουσι δέ, χάριν τοῦ μὴ ἀποφραγῆναι τὰς ὀπάς. **2** γίνεται δὲ ἡ μεταφυτεία εὐκαίρως πρὸ δύσεως πλειάδων. **3** δεῖ δὲ ἐν τῷ φυτεύειν τὸ δένδρον φυλάττειν πρὸς ἀνατολὴν καὶ δύσιν τὸ ἀρχαῖον σχῆμα.

Cap. 86. *Πῶς ἔστιν ἐκ διαστήματος σπέρματα κομίσαντα φυτὰ ποιῆσαι. Παμφίλου.*

**1** Ἐπειδὴ πολλάκις ἐκ διαστημάτων φυτὰ μετακομιζόμενα μαραίνεται, δεῖ ἐκ σπερμάτων μετακομίζειν οὕτως. **2** ὅταν ἐν τῷ στελέχει πεπανθῇ ὁ καρπός, λαβόντες τοῦτον ἐπιπάττουσι σποδῷ, εἶτα ξηραίνουσιν ⟨ἐν⟩ σκιᾷ, καὶ μετὰ ταῦτα βόθρον ποιήσαντες ἐμβάλλουσι τὸν καρπόν, καὶ ἀρδεύουσι καθ' ἡμέραν, ἕως ἂν βλαστήσῃ. καὶ ἐπειδὰν γένηται διετὴς ἢ τριετής, μετακομίζουσι σὺν ταῖς ῥίζαις, καὶ χωννύουσιν, ὑπεργείους τὰς κορυφὰς μόνον ποιοῦντες. **3** δοκεῖ δέ τισιν εὐτελὴς εἶναι ἡ τῶν σπερμάτων φυτεία. χρὴ δὲ γινώσκειν, ὅτι πᾶν σπέρμα τὸ ὅμοιον ἀποτελεῖ γένος, πλὴν ἐλαίας. κότινον γὰρ γεννᾷ, τουτέστιν ἀγριελαίαν, καὶ οὐχὶ ἐλαίαν.

---

8 ἐν om. M ‖ μεταφυτεύειν M ‖ 10 c. 86 om. L ‖ 11 παμφ. om. M ‖ 15 ἐπιπάττουσιν F -σι H ‖ 16 ⟨ἐν⟩ Needh. ξηροῦσι σκιᾷ F -αίνουσι M -αίνωσι σκιᾷ P ‖ 18 διετὴς ἢ τριετὴς F S X 6 ἢ τριετ. om. H διετὴς ὁ καρπὸς ἢ τριετὴς M ‖ 22 ἀποτίκτει M ‖ 23 πλὴν ἐλαῖα· F π. ἐλαία· H π. τῆς ἐλαίας· M ‖ κότινον Needh. σκοτεινὸν codd.

Cap. 87. *Πρὸς τὸ μὴ ἀποβάλλειν τὰ δένδρα τὸν καρπόν. Σωτίωνος.*

1 *Αἴρας, τὰ λεγόμενα ζιζάνια, τὰ ἐν τῷ σίτῳ εὑρισκόμενα, ἀποσπασθέντα ὁμοῦ πολλὰ μετὰ τῶν ῥιζῶν ἀπὸ τῆς γῆς, ἡνίκα ἄρξηται λιπαίνειν, καὶ γενόμενα ἐν σχήματι στεφάνου, ἐὰν περιβληθῇ τῷ στελέχει τοῦ δένδρου, καὶ τελεσφορεῖ, καὶ οὐκ ἀποῤῥίπτει τὸν καρπόν.* 2 *Ἡ δὲ καλουμένη φλῶμος βοτάνη περιαπτομένη τῇ καρύᾳ οὐ συγχωρήσει ταύτην ἀποβάλλειν τὸν καρπόν· οὐκ ἀποβάλλει δὲ τοσοῦτον τὸν καρπόν, ἐὰν καρκῖνος, τουτέστι πάγουρος, αὐτῇ περιαφθῇ.* 3 ὁμοίως, *ἐὰν μολίβδῳ περισφίγξῃς τὸ πρέμνον ὡς στεφάνῳ, οὐκ ἀποβαλεῖ τὸν καρπόν, ἀλλὰ καὶ εὐφορήσει.* 4 *Οὐκ ἀποῤῥίπτει τὸν καρπὸν τὰ φυτά, ἐὰν τὴν ῥίζαν περιορύξας καὶ τρυπήσας κρανέας ἐπίουρον ἐμβάλῃς, καὶ γῆν ἐπισωρεύσῃς.* 5 *Τινὲς δὲ γυμνώσαντες τὰς ῥίζας τὰς ἁδροτάτας αὐτῶν καὶ μεγίστας καὶ διελόντες μέσον, ἐπιβάλλουσι λίθου τοῦ σκληροῦ χάλικα, ἔπειτα ἐπιδήσαντες καταχωννύουσι πάλιν.* 6 *Ὁ δὲ Δίδυμος ἐν τοῖς γεωργικοῖς αὐτοῦ φησι, συνέχειν τὸν καρπὸν καὶ τὸ Ὁμηρικὸν ἔπος γραφόμενον·*

---

2 *σωτ.* om. HM *σωτίονος* mg. L ‖ 5 *ἄρξεται* L ‖ 6 *στεφάνω·* L ‖ 7 *τε|λεσφορῇ, οὐκ* F *-φορῇ* (corr. ex *-εῖ*?) *καὶ οὐκ* H *-φορεῖ, οὐκ* M § 1—3 om. P ‖ *ἀποῤῥιπτεῖ* HM *ἀπορίπτει* L ‖ 8 *φλόμος* L *ἡ δὲ — καρπόν·* om. H ‖ 10 *ἀποβαλεῖν* M ‖ *οὐκ ἀποβάλλει — καρπὸν* mg. 1. m. suppl. F *Οὐκ ἀποβάλλει δὲ τὸ σοῦρῡō* (= *σοῦρβον* = sorbum?) *τὸν καρπὸν* L ‖ 12 *αὐτῇ* edd. *αὐτῷ* codd. ‖ *περισφίγξισ* L ‖ 13 *ἀποβάλλει* F ‖ 14 *ἀλλὰ — καρπὸν* om. H ‖ *ἀποῤῥιπτεῖ* FM *ἀπορίπτει* L ‖ 16 *κρανίας* M ‖ 17 *ἀνδροτάτας* L ‖ 18 *καὶ· μεγίστας, διελόντες* FL ‖ 19 *λίθον* L ‖ *χάλικος* L ‖ 20 *διδ.* mg. rep. F §§ 6. 7 om. P ‖ 21 *ὁμήρου* mg. F nihil mg. H.

*Χαλκέῳ δ' ἐν κεράμῳ δέδετο τρισκαίδεκα μῆνας.* 7 Κατέχει τὸν καρπὸν καὶ λίθος τετρημένος αὐτοφυῶς εὑρισκόμενος, καὶ ἐμβαλλόμενος κλάδῳ τοῦ δένδρου. 8 ὁμοίως κατέχει τὸν καρπόν, ἐὰν γράψῃς καὶ προσδήσῃς εὐφυῶς τῷ δένδρῳ, ταῦτα· Καὶ ἔσται ὡς τὸ ξύλον τὸ πεφυτευμένον παρὰ τὰς διεξόδους τῶν ὑδάτων, ὃ τὸν καρπὸν αὐτοῦ δώσει ἐν καιρῷ αὐτοῦ, καὶ τὸ φύλλον αὐτοῦ οὐκ ἀποῤῥυήσεται. 9 Πόλιον βοτάνη κρεμωμένη κατέχει τὸν καρπόν.

Cap. 88. Περὶ θεραπείας δένδρων ἀποβαλλόντων τὰ ἄνθη, ἢ φυλλοροούντων.
Τῶν Κυντιλίων.

Ὅσα τῶν δένδρων φυλλοροεῖ, ἢ ἀποβάλλει τὰ ἄνθη, θεράπευε οὕτως. περιορυγεισῶν τῶν ῥιζῶν, περίβαλλε ἀχύρων κυαμίνων κεκραμένων ὕδατι τῷ μὲν μεγάλῳ δένδρῳ μέτρον χοῶν ὀκτώ, τῷ δὲ μικρῷ οὐκ ἔλαττον τῶν δύο χοῶν. οὕτω γὰρ τὰ νοσοῦντα θεραπευθήσεται, καὶ τοῦ λοιπυῦ ἄνοσα μενεῖ.

---

1 δ' om. HLM ‖ 2 § 7 om. L ‖ τετρη·μένος (η· in ras.) F τετρημ. H τετριμμ. M §§ 6 et 7 om. P ‖ 4 ὁμοίως om. L ‖ 5 προσδήσεις L ‖ εὐφυῶς om. HLM ‖ 8 |Καὶ πόλιον δὲ ἡ βοτ. κρεμαννυμένη, συνέχει L κρεμαμένη H ‖ 10 c. 88 om. L ‖ 12 τῶν κυντ. mg. F om. H p. t. M τ. κυϊντιλλ. p. t. P ‖ 14 θεράπευε 1. m. ex -εύει corr. H θεραπεύεται M -ονται P ‖ οὕτως per comp. M οὕτω P ‖ 15 περίβαλε H περίβαλε in ras. ex -βαλλε P ‖ 18 μείνῃ M.

Cap. 89. *Φυτὰ καὶ σπέρματα ὑπὸ κτηνῶν ἢ θρεμμάτων μὴ ἀδικεῖσθαι, φυσικὸν Δημοκρίτειον διὰ πείρας. Δημοκρίτου.*

1 *Καρκίνους, τουτέστι παγούρους, ποταμίους ἢ θαλαττίους οὐκ ἔλαττον ι΄ εἰς ὕδωρ βαλὼν ἔασον ἡμέρας η΄ καὶ πωμάσας ἀπόθου ἐν ὑπαίθρῳ, ὥστε ἡλιάζεσθαι ἡμέρας ι΄, καὶ ἐκ τοῦ ὕδατος κατάσταζε, ὅσα μὴ θέλῃς βλαβῆναι, ἐπὶ ἡμέρας η΄ καὶ θαυμάσεις τὴν ἐνέργειαν.* 2 *Τὸ αὐτὸ ποιεῖ καὶ ἡ κυνεία κόπρος μετὰ οὔρου σαπροτάτου μιγεῖσα, καὶ περιῤῥαινομένη.*

Cap. 90. *Πρὸς τὸ μήτε δένδρα, μήτε ἀμπέλους, ὑπὸ σκωλήκων ἢ ἑτέρου τινὸς βλάπτεσθαι. Φλωρεντίνου.*

1 *Μίλτον Λημνίαν καὶ ὀρίγανον μεθ' ὕδατος λειώσας τὰς ῥίζας ἄλειφε, καὶ σκίλλαν κύκλῳ περιφύτευσον.* 2 *Ἐὰν δὲ πευκίνους πασσάλους καταπήξῃς κύκλῳ τῶν δένδρων, διαφθαρήσονται οἱ σκώληκες.* 3 *Παντὶ δὲ δένδρῳ ἐὰν ὑεία κόπρος οὔρῳ ὄνου δευθεῖσα ἐπιβληθῇ, ἀβλαβὲς τοῦτο ἀπὸ σκωλήκων διαφυλάττει, ὡς ὁ Δίδυμος ἐν τοῖς γεωργικοῖς*

---

1 $\overline{ΚΕ}$. $\overline{ΠΔ}$. mg. L ‖ 3 *δημοκρίτου* p. t. LM om. P ‖ 4 *καρκίνοις* per comp. M -*ους* P ‖ *παγούροις* (per comp.) *θαλαττῖοις ἢ ποταμίοις* (p. c.) M *παγούρους θ-ους ἢ ποτ-ους* P ‖ 5 *δέκα* HP ‖ 6 *ἐν* om. L ‖ 8 *θέλειν* et mg.: (*αι* / *ἢ* (= *σήμαινε*) M *θέλεις* P ‖ 12 *σκολίκων* L ‖ 13 *φλωρ.* p. t. LM ‖ 14 *Λημνίαν* Needh. *λιμνίαν* FM *λιμν. ἢ ὀρ.* L ‖ 15 *σκύλλαν* LM ‖ *περιφύτευε*:|· *ἀν* ('Ε rubr. om.) ‖ 18 *δὲ* om. FM ‖ 19 *σκολίκων* L ‖ 20 *διδ.* rep. mg. F mg. om. H.

αὐτοῦ φησιν. 4 Ὁ αὐτὸς δὲ λέγει, ὅτι ἐὰν ταυρείᾳ χολῇ περιχρίσῃς τὰς ῥίζας, οὔτε γηρᾷ ταχέως τὸ δένδρον, οὔτε σκώληκας ποιήσει. 5 δένδρα οὐ σκωληκιάσει, ἐὰν γυμνώσας τὰς ῥίζας περιστερῶν κόπρον κύκλῳ περιχρίσῃς.

# ΒΙΒΛΙΟΝ ΙΑ.

Τάδε ἔνεστιν ἐν τῇδε τῇ βίβλῳ, ἑνδεκάτῃ μὲν οὔσῃ τῶν περὶ γεωργίας ἐκλογῶν, περιεχούσῃ δὲ τά τε στεφανωματικὰ τῶν δένδρων, καὶ τὰ ἀείφυλλα, καὶ φυτείαν ῥόδων, καὶ κρίνων, καὶ ἴων, καὶ τῶν λοιπῶν εὐωδῶν ἀνθέων.



1 ὅτι om. FM ‖ 2 περιχρή|σεισ L ‖ γηράσει M γηράσουσι ταχ. τὰ δένδρα L ‖ 5 χρίσῃς F περιχρήσῃς L χύσῃς M περιχώσῃς, quod in Act. Sem. Erl. IV p. 343 proposueram; nunc vero περιχρίσῃς praefero propter c. 82, 1 qui locus tum me fugerat P ‖ 6 β. ἐνδέκατον H nil nisi ια῀ in mg. M β. ἐνδέκατον περιέχον στεφανωτικά M quae intercedunt om. P ‖ 7 κε̄ πε̄ mg. L ‖ 9 τε om. H δὲ τάδε στ. M ‖ 10 φυτείασ L ‖ 12 indicem capitum om. HLP ‖ ἔστιν M ἐστὴν αηθαλῆ (!) F ‖ 13 χειμ^ω^ταφύλα F ‖ [β΄ περὶ ἐλαίασ.] etiam in textu hoc loco repetunt IX 1 FM ‖ 15 καὶ σπόρου καὶ μοσχ. om. M ‖ 19 πύξεωσ F.

περὶ σχίνου. [ιδ'.] ⟨ιγ'.⟩ περὶ ἰτέας. [ιε'.] ⟨ιδ'.⟩ περὶ πρινοκοκκίων. [ιϛ'.] ⟨ιε'.⟩ περὶ δενδρολιβάνου. [ιζ'.] ⟨ιϛ'.⟩ περὶ φυτεύσεως δενδρολιβάνου. [ιη'.] ⟨ιζ'.⟩ περὶ ῥόδου. [ιθ'.] ⟨ιη'.⟩ περὶ ῥόδων καὶ πῶς ἔστι ταῦτα εὐωδέστερα ποιῆσαι καὶ ἀδιαλείπτως ἔχειν. [κ'.] ⟨ιθ'.⟩ περὶ κρίνου. [κα'.] ⟨κ'.⟩ περὶ κρίνων. [κβ'.] ⟨κα'.⟩ περὶ ἴρεως. [κγ'.] ⟨κβ'.⟩ περὶ ἴου. [κδ'.] ⟨κγ'.⟩ περὶ φυτεύσεως ἴων. [κε'.] ⟨κδ'.⟩ περὶ ναρκίσσου. [κϛ'.] ⟨κε'.⟩ περὶ φυτείας ναρκίσσου. [κζ'.] ⟨κϛ'.⟩ περὶ κρόκου φυτείας. [κη'.] ⟨κζ'.⟩ περὶ σαμψύχου, κόστου καὶ βαλσάμου. [κθ'.] ⟨κη'.⟩ περὶ μισοδούλου τοῦ καὶ ὠκίμου. [λ'.] ⟨κθ'.⟩ περὶ κιττοῦ. [λα'.] ⟨λ'.⟩ περὶ φυτείας κισσοῦ.

Cap. 1. *Πόσα καὶ ποῖα δένδρα ἐστὶν ἀειθαλῆ, καὶ μηδέποτε ἀποβάλλοντα ἐν τῷ χειμῶνι τὰ φύλλα.*

*Δένδρα ἀειθαλῆ ἐστι, μηδέποτε φυλλοροοῦντα ἐν τῷ χειμῶνι, ιδ'· Φοῖνιξ, Κίτριον, Στρόβιλος, Δάφνη, Ἐλαία, Κυπάρισσος, Κερατέα, Πίτυς, Πρῖνος, Πύξος, Μυρσίνη, Κέδρος, Ἰτέα, καὶ Ἄρκευθος.*

2 πρινοκοκκίων* coni. Niclasius πρεκκοκίων F τρϊκοκκΐων M ‖ 12 κιττου sine acc. F κισσοῦ M ‖ 13 κίττου F ‖ 14 πόσα καὶ om. L ‖ ἐστὶν HP ἔστιν M i. c. ἐστὴν F i. c. εἰσὶν FLM ‖ 18 κίτρον FM ‖ 20 ἰτέα καὶ om. P ‖ post ἄρκευθος add. ὅμοιον κέδρῳ μικρῷ καὶ τὸ ξύλον αὐτῆς μυρίζει· ἔστι δὲ καὶ χαμαιπετές mg. M, in textu P: Tum M novum fol. 256 incipit: Ἐλαίαν παρῆχθαι = IX c. 1. utramque historiam om. P. Etiam F IX 1 hic rep. cum hoc titulo: περὶ ἐλαίας et mg. add. ἱστορία (H: ἱστορία: β̄').

## Cap. 2. *Περὶ δάφνης Ἱστορία.*

1 *Δάφνη Λάδωνος ποταμοῦ ὑπῆρχε θυγάτηρ εὐπρεπεστάτη.* 2 *ἐρασθεὶς οὖν ταύτης Ἀπόλλων ὡς ἐρωμένην ἐδίωκε. καταλαμβανομένης οὖν αὐτῆς ὑπὸ τοῦ θεοῦ, φασὶν εὔξασθαι τῇ μητρὶ Γῇ, καὶ ὑπὸ ταύτης δεχθῆναι.* 3 *τῆς δὲ Γῆς παρευθὺ ἀντ' αὐτῆς φυτὸν ἀναδούσης, Ἀπόλλων θεασάμενος ἐξεπλάγη, καὶ τὸ μὲν δένδρον ἀπὸ τῆς παρθένου δάφνην προσηγόρευσεν ὁμωνύμως, λαβὼν δὲ ἀπὸ τοῦ φυτοῦ πτόρθον ἐστεφανώσατο, καὶ μαντικῆς ἔκτοτε γέγονε σύμβολον τὸ φυτόν·* 4 *καὶ προσῆκον καὶ τοῦτο, τὴν* ⟨*γὰρ*⟩ *κόρην Σωφρόνην ὀνομάζουσι, (τὸ χρησμῳδεῖν γὰρ ἐκ σωφροσύνης προέρχεται) καὶ διὰ τοῦτο οἱ παλαιοὶ τῷ Ἀπόλλωνι καθιεροῦσι τὴν δάφνην, ὅτι πυρὸς πλῆρες τὸ φυτόν, καὶ ὁ Ἀπόλλων πῦρ. ὁ ἥλιος γάρ ἐστιν.* 5 *ὅθεν καὶ ἀπεχθάνεται δαίμοσι, καὶ ἔνθα ἂν ᾖ δάφνη, ἐκ ποδῶν δαίμονες. ἀλλὰ καὶ ἐν ταῖς μαντείαις καίοντες αὐτὴν παράστασιν προφητείας δοκοῦσιν εὑρηκέναι.* 6 *λέγουσι δὲ καὶ τοῦτο περὶ τῆς δάφνης, ὅτι ὑγείας ἐστὶν ἐργαστική. ὅθεν καὶ φύλλα αὐτῆς ἐπιδίδονται τοῖς ἄρχουσι παρὰ τοῦ δήμου τῇ πρώτῃ τοῦ Ἰαννου-*

---

1 c. 2 om. P ‖ *ἱστορία τοῦ κατὰ τὴν δάφνην:-* L *ἱστορία* mg. F ut semper *ἱστ.* $\bar{\gamma}'$ mg. H $\bar{\gamma}$ *ἱς͂ν*ͦ (= *τρίτον ἱστορικὸν*?) mg. M ‖ 3 *ἐρασθεὶς* v. c. L ‖ 4 *ἐδίωκεν* F ‖ *καταλαμβανομένην οὖν αὐτὴν* L ‖ *ὑπὸ τοῦ θεοῦ* om. M ‖ 6 *τῆς δὲ γῆς* v. c. L ‖ 9 *ὁμον.* L ‖ 11 *καὶ γὰρ πρ.* FM ‖ ⟨*γὰρ*⟩* cf. Aphthon. ed. Petzhold p. 26 ‖ 12 *χρησμοδεῖν* L *ὀνομάζουσι· καὶ χρ.* FM 13 *καὶ ταύτην οἱ* FM ‖ 14 *καθιεροῦσιν* FM ‖ *τὴν δάφνην** *τῇ* (!) *δάφνῃ* L om. FM ‖ 16 *ὅθεν ἀπ. δαίμονι* L ‖ *ἂν ᾖ δάφνη, | ἐκποδὼν* M ‖ 18 *αὐτὸ* F *μαντίαις* (per comp.) *κ. αὐτήν, παράτασιν* L *καίοντες αὐτὴν* om. M ‖ 20 *ἐργαστικόν* FM ‖ *ἐπεδίδοντο* FM.

ρίου μηνός, καὶ ἰσχάδες. 7 Οὐδὲ γὰρ ἡ ἱερὰ νόσος ἢ δαίμων παρενοχλεῖ τῷ τόπῳ, ἐν ᾧ δάφνη ἐστίν, ὥσπερ οὐδὲ κεραυνός, ὅπου συκῆ. 8 ἀλλὰ καὶ δάφνη τὸ παλάτιον ὠνομάσθη, ἀπὸ τῆς ἐπικλήσεως δάφνης τῆς ἐν Ῥώμῃ. φασὶ γὰρ Λατῖνον τὸν Τηλεγόνου μὲν ἀδελφόν, Κίρκης δὲ παῖδα, πενθερὸν δὲ Αἰνείου, κτίζοντα τὴν ἀκρόπολιν πρὸ τῆς Αἰνείου παρουσίας, εὑρηκέναι ἐκεῖ δάφνην. 9 Ἀκροπόλεις δὲ ἐκάλουν οἱ παλαιοὶ τὰς κατασκηνώσεις τῶν βασιλέων, ὡς διὰ τὴν ἀσφάλειαν ἐν ταῖς ἄκραις τῶν πόλεων ᾠκοδομημένας.

Cap. 3. *Περὶ ἐγκεντρισμοῦ δάφνης, καὶ σπόρου, καὶ μοσχεύσεως. Κυϊντιλίου.*

1 Κυϊντίλιος μέν φησιν, ἐγκεντρίζεσθαι δάφνας εἰς ἀλλήλας, καὶ εἰς οὖα, καὶ μελίας. 2 Διοφάνης δὲ λέγει, τὸ σπέρμα τῆς δάφνης συλλέγεσθαι περὶ καλάνδας Δεκεμβρίας. σπείρεται δὲ μετὰ εἰδοὺς Μαρτίας. 3 μεταμοσχεύεται δὲ Ὀκτωβρίῳ, καὶ καταφυτεύεται. 4 εὐγένιον δὲ τὸ φυτὸν τοῦτο οἱ Ῥωμαῖοι καλοῦσι, καὶ ἐπιτήδειόν ἐστιν εἰς ἀμπέλων φραγμούς.

---

1 *ἡ* om. L ‖ 2 *δαίμον* L ‖ *τόπω, ὅπου δάφνη καὶ συκή:-* L ‖ 4 *παλλ.* M ‖ *ὀνομ.* L ‖ 5 *ἐν τῆι Ῥώμηι* F ‖ 6 *αἰνίου* utroque loco L ‖ 8 *εὑρεθῆναι* F *εὑρεῖν* L ‖ 10 *οἰκοδομεῖσθαι* FM ‖ 11 *π. ἐγκ. δ., τῶν κϊντιλίων:- περὶ σπόρου καὶ μ.:- Κϋϊντῖλϊος* M *π. ἐγκ. δ. καὶ σπ. καὶ φυτεύσεως. Ἐγκεντρίζεσθαί φασι τὰς δάφνας* P ‖ 12 *δ̄* mg. M *δ̄* mg. et utroque loco *κυιντιλλ.* H ‖ 13 *δὲ* FM *μὲν* φᾶ (= *φασιν* L ‖ 14 *ἀλλήλους καὶ εἰς οὖα· . . καὶ μ.* H *καὶ οὖα, καὶ εἰς μ.* L *ἀλλήλας· τὸ δὲ σπέρμα τούτων συλλέγεται* P ‖ *διοφ.* mg. rep. F mg. nihil H ‖ 17 *μεταμοσχ.* versu continuo L ‖ *δὲ* om. M ‖ *Ὀκτωβρίῳ* edd. *ὀκτωβρίου* codd. ‖ 18 *εὐγένιον* v. c. L ‖ 19 *καλοῦσιν* FL ut ed. H ‖ *ἐπιτήδιον* L ‖ *ἔστιν* om. FM.

## Cap. 4. *Περὶ κυπαρίσσου. Ἱστορία.*

1 *Διττὸν αἱ κυπάρισσοι ὄνομα ἔχουσιν, ἡδεῖαι καὶ τερπναὶ καὶ ταῖς κόμαις ἶσαι Χάριτες μὲν διὰ τὴν τέρψιν καλούμεναι, κυπάρισσοι δέ, διὰ τὸ κύειν καὶ φύειν παρίσους τούς τε κλάδους καὶ τοὺς καρπούς.* 2 *Ἐτεοκλέους δὲ αὗται καθεστήκασι παῖδες. ὑπορχούμεναι δὲ ταῖς θεαῖς, εἰς φρέαρ ἐξελιττόμεναι πίπτουσι. Γῆ δὲ ἐλεοῦσα τὸ πάθος φυτὰ εὐθαλῆ ὅμοια ταῖς κόραις ἀνῆκε, τέρψιν ἀνθρώποις καὶ μνήμην ἐπ' αὐταῖς ἐμποιοῦσα.*

## Cap. 5. *Περὶ φυτεύσεως κυπαρίσσου. Διδύμου.*

1 *Κυπαρίσσου τὸ σπέρμα συλλέγεται μὲν μετὰ καλάνδας Σεπτεμβρίας, σπείρεται δὲ εἰς πρασιὰς ἀπὸ τῆς θ' καλανδῶν Νοεμβρίων ἕως χειμῶνος.* 2 *Μετὰ δὲ τοῦ σπόρου τῶν κυπαρίσσων σύσπειρον κριθὰς ἀραιάς, καὶ πολλάκις αὐτῷ τῷ ἐνιαυτῷ ἀνδρόμηκες αὔξει ἡ κυπάρισσος· τοσοῦτον γὰρ αὔξει, ὅσον αἱ κριθαί· καὶ μεταφύτευσον.* 3 *καὶ τὰ αὐτοφυῆ δὲ μοσχεύματα, ἅτινα γίνεται ἐκ τῶν ῥιπτομένων σπερμάτων τῆς κυπαρίσσου, τῷ αὐτῷ μετατίθεσθαι τρόπῳ.* 4 *Δημόκριτος δέ φησιν, ὡς ἔνδοθεν τοῦ θριγγοῦ τὴν κυπάρισσον δεῖ φυτεύεσθαι, ἵνα κατ' ἀμφότερα εἰς*

---

1 *ἱστ. τοῦ κατὰ κυπάρισσον:-* L ε̃ ἱσ̃ mg. HM ‖ 2 *κυπάρισσαι* L ‖ *ἡδεῖαι — ἶσαι* om. FL ‖ 3 |*Χάριτες* L ‖ 4 *καλούμεναι* om. FM ‖ 7 *πίπτουσιν·* F -*σι* H ‖ 9 *ἀνῆκεν* F ‖ *ἐπ'* om. M ‖ 11 ζ' de more mg. HM, quod oleae historiam pro c. 2 numerant, et sic deinceps semper ‖ *διδ.* p. t. LM om. HP ‖ 13 *σεπτεμβρίου· σπέρεται* L ‖ 16 *ἐν αὐτῷ* L ‖ *ἀνδρόμηκες* LP *ἀνδρόμηκον* FM ‖ 17 *αὐξεῖ* F *αὔξη* utroque loco L ‖ 18 *τὰ* om. L ‖ 21 *θριγκοῦ* F § 4 om. P ‖ 22 *δὴ φυτ.* L.

τέρψιν καὶ περιφραγὴν γένηται. 5 χαίρει δὲ μᾶλλον καθύγροις καὶ σκεπηνοῖς τόποις. κυπάρισσος δὲ ὁ ἄρρην ἄγονός ἐστιν.

## Cap. 6. Περὶ μυρσίνης. Ἱστορία.

1 Μυρσίνη παῖς ἦν Ἀττική, ὑπερβάλλουσα μὲν τῷ κάλλει πάσας τὰς κόρας, τῇ δὲ ῥώμῃ πάντας τοὺς νέους. 2 τῇ δὲ θεῷ Ἀθηνᾷ προσφιλὴς ἦν, παλαίστραις καὶ σταδίοις ἐνδιατρίβουσα, καὶ τοὺς ἀγωνιζομένους καὶ νικῶντας τῶν νέων ἐπιστεφανοῦσα. 3 τινὲς δὲ τῶν ἡττωμένων ἐπὶ τῇ κόρῃ ἀγανακτοῦντες, ταύτην φθόνῳ ἀνεῖλον. 4 οὐ μὴν τὸν πόθον Ἀθηνᾶς ἀφείλοντο, ἀλλὰ προσμένει τῇ θεῷ προσφιλής, καθάπερ καὶ ἡ ἐλαία, καὶ μεταθεῖσα τὸν βίον ἀντ' ἐλαιῶν τὰ μύρτα καρποφορεῖ.

## Cap. 7. Περὶ φυτεύσεως μυρσίνης. Φλωρεντίνου.

1 Μυρσίνην καλὸν φυτεύειν ἐν τοῖς ἄκροις πᾶσι τοῦ χωρίου, πολλὴν γὰρ ἐμποιεῖ εὐωδίαν τῷ τόπῳ. 2 Φυτεύουσι δὲ αὐτὴν οἱ μὲν ἀπὸ παραφυάδων,

---

2 σκοτεινοῖσ L ‖ 3 ἄρσησ F ‖ 4 c. 6 om. P ‖ ἱστ. om. H Ἱς̊ ζ ut semper deinceps mg. M ἱστ. τοῦ κατὰ μυρσίνην. et mg.: κέ πς | κε π̊ δϊ ενκε|τρηξην αν (= κεφ. πς' | καὶ πῶς δεῖ ἐγκεντρίζειν αὐτήν) L ‖ 7 ἀ|θινᾶ L ‖ 9 καὶ νικῶντας om. M ‖ τινὲς versu continuo L ‖ 11 οὐ v. c. L ‖ ἀθινᾶς L ‖ 12 τῆι θῶι F τῇ θεῶ H προσμ. ταύτῃ προσφ. M μένει τῇ θεᾶ το (!) προσφ. καθ. ἡ ἐλ. L ‖ 13 τὸν om. LH ‖ 14 καρποφοροῦσα F ‖ 15 περὶ om. L ‖ 16 φλωρ. p. t. M ‖ 17 πᾶσιν F -σι H ‖ 19 παραφυάδασ· οἱ δὲ αὐτορίζω τῶ φυτῶ λαμβ. ἐντιθέασιν ὀρθά:| καὶ προσεγχ. L.

αὐτόῤῥιζα τὰ φυτὰ λαμβάνοντες· οἱ δὲ τὸν εὐγενέστατον κλάδον ἀπ' ἄκρου λαμβάνοντες, ἐντιθέασιν ὀρθόν, ἁδρὸν προσεγχώσαντες γῆν μετὰ κόπρου, καὶ μέχρι τῶν ἐκπεφυκότων αὐτοῦ κλωνίων προσσωρεύουσι τὴν γῆν. 3 Οἱ δὲ σκυτάλας πηχυαίας τὸ μῆκος, πάχος δὲ χειρός, εἰς τοὺς βόθρους ἐντιθέασι, καὶ πλαγίας προσχωννύουσιν ὁμοίως τῇ ἐλαίᾳ. 4 Οἱ δὲ τῷ σπέρματι προσφάτως ληφθέντι παρατρίψαντες σειρὰν ἐκ βουτόμου πεπλεγμένην, εἰς τάφρον ἐμβάλλουσιν. 5 Οἱ δὲ κάλλιον οἴονται καρποφορεῖν αὐτάς, εἰ ἐπὶ κεφαλῆς φυτευθεῖεν. 6 Χαίρει δὲ τῷ συνεχῶς περικαθαίρεσθαι, καὶ ἔστιν οὕτως τὸ φυτὸν ὀρθὸν καὶ εἰς ὕψος ἐγειρόμενον, πρός τε τὰ πλεκτὰ σκεύη, καὶ τὰ ἀκόντια ἐπιτηδείως ἔχει. 7 ἀρδευτέον δὲ οὔρῳ ἀνθρωπείῳ, μάλιστα δὲ προβατείῳ, σφόδρα γὰρ τούτῳ χαίρει. ἀπύρηνον δὲ τὸν καρπὸν φέρει ὕδασιν ἀρδομένη θερμοῖς. 8 Ἐπικεντρίζεται δὲ εἰς τὸ ὁμογενές, καὶ τὸ λευκὸν δὲ εἰς τὸ μέλαν, καὶ τοὔμπαλιν, καὶ εἰς ὄχνην, καὶ μηλέαν, καὶ μέσπιλον, καὶ ῥοιάν. 9 Εἰ δὲ παραφυτευθείη αὐτῇ ῥόδα, εὐθαλήσουσιν ἄμφω, καὶ εὐγενέστατον οἴσουσι καρπόν.

---

1 αὐτόριζα P ‖ 2 ἀπάκρου F ἀπ' ἄκρων H ἀπ' ἄκρου M om. P ‖ 3 προσσυγχώσαντες M ‖ κόπρον et κλόνιων L ‖ 5 πηχαίασ L 1. m. ῠ supra add. H ‖ 6 καὶ πάχος δὲ M ἐντιθέασιν. F -σῑ L ‖ 9 βουτούμου L βοτόμου H §§ 4 et 5 om. P ‖ 12 τὸ φυτὸν et καὶ om. FM ‖ 14 ἐπιτηδίως ἔχειν L ‖ ἀν̅ίνω L ἀνθρ. μάλιστα δὲ om. P ‖ 15 τούτοις L ‖ 16 Ἀπύρηνον versu continuo L ‖ 16 ἀρδευόμενον L ‖ 18 δὲ om. FM καὶ τὸ λ. — τοὔμπαλιν om. P ‖ τὸ ἔμπαλιν L εἰς τοὔμπαλιν F ‖ 19 ὄγχνην F ut ed. H ‖ μηλαίαν L.

## Cap. 8. *Περὶ μυρτίδων διαμονῆς. Τοῦ Αὐτοῦ.*

*Τὰς μύρτους εἰς ἀγγεῖα ἀπίσσωτα ἐμβαλών, καὶ πωμάσας, ἕξεις ἐπὶ πλείονα χρόνον τεθηλυίας.* 2 *Ἄλλοι δὲ μετὰ τῶν θαλλῶν αὐτὰς συντιθέασιν.*

## Cap. 9. *Περὶ πύξου. Τοῦ Αὐτοῦ.*

*Πύξος φυτεύεται ἔκ τε ἀποσπάδων, καὶ κορύνης, καὶ ἀκρεμόνων, ἀποτιθεμένων ἐν φυτωρίῳ μετὰ εἰδοὺς Νοεμβρίας. χαίρει δὲ καθύγροις χωρίοις, ἀειθαλὲς ὄν.*

## Cap. 10. *Περὶ πίτυος. Ἱστορία.*

**1** *Ἡ πίτυς κόρη γενομένη τὸ πρότερον, μεταβολὴν φύσεως ἐξ ἔρωτος διπλοῦ παρελάμβανεν.* **2** *ἦρα μὲν γὰρ τῆς κόρης ὁ Πάν, ἀντήρα δὲ ταύτης καὶ ὁ Βοῤῥᾶς, ἑκατέρου δὲ προσαγομένου τὴν κόρην, ἡ παῖς τῷ Πανὶ προσετίθετο, καὶ ζηλοτυπήσας ὁ Βοῤῥᾶς ἐπὶ τούτοις τὴν κόρην, ἐπὶ πέτρας ὠθήσας τῷ θανάτῳ παρέδωκε.* **3** *Γῆ δὲ ἐλεοῦσα τὸ πάθος φυτὸν ὁμώνυμον τῆς παιδὸς ἀναδίδωσι· καὶ μεταβαλοῦσα τὸν βίον μένει πρὸς αὐτοὺς ὡς ἐτύγχανε πρότερον, καὶ τὸν μὲν*

---

1 *μύρτων* L ‖ *τοῦ αὐτοῦ* a. t. M om. HP ‖ 2 *τὰ μύρτα* L *ὁ καρπὸς τῆς μυρσίνης* add. mġ. P ‖ *ἀπίσωτα* L ‖ 3 *τεθηλότα:-* L ‖ 4 *θαλῶν αὐτὰ* LH § 2 om. P ‖ *συντιθέασϊ:-* L ‖ 5 *τοῦ αὐτ.* om. HLM ‖ 6 *κορυνῶν καὶ ἀκρεμ. καὶ ἀποτ.* FM *κορίνης καὶ ἀκραιμ. ἀποτ.* L ‖ 7 *εἰδῶν νοεμβρίων* FM ‖ 10 c. 10 om. P ‖ *ἱστ.* F et *ἱστορία* et *ια̅´* mg. H de more; *ἱστ. τοῦ κατὰ τὴν πίτην:-* et mg.: *π̿έ. π̿ζ* L ‖ 11 *πίτησ* L ‖ 12 *παρέλαβεν* M ‖ 14 *κόριν* L ‖ 17 *παρέδωκεν* FL ut ed. H ‖ 18 *ἀναδίδωσιν·* F -*σι* H *ὁμών. ἀνέδωκε. καὶ* M.

*Πᾶνα τῷ θαλλῷ στεφανοῖ, θρηνεῖ δὲ τὸ δένδρον, ὅτε Βορρᾶς ταύτῃ προσπνεύσειεν.*

## Cap. 11. *Περὶ φυτεύσεως πίτυος.*

1 *Παραπλησίως φυτεύονται ταῖς ἀμυγδαλαῖς οἱ στρόβιλοι Ὀκτωβρίῳ μηνί, ἄχρι Ἰαννουαρίου.* 2 *Τρυγῶνται δὲ Ἰουνίῳ πρὸ τοῦ τοὺς ἐτησίας ἄρχεσθαι πνεῖν, καὶ τοὺς κόκκους ἐκπίπτειν, ῥηγνυμένης τῆς καλύπτρας.*

## Cap. 12. *Περὶ σχίνου.*

1 *Ἡ σχῖνος χαίρει μὲν καθύγροις χωρίοις, φυτεύεται δὲ ἀπὸ καλανδῶν Ἰαννουαρίων.* 2 *τρεῖς δὲ καρπούς φασι φέρειν, καὶ εἰ μὲν ὁ πρῶτος καρπὸς καλὸς γένηται, τὸν πρῶτον σπόρον καλῶς καρποφορεῖν σημαίνει· ὁμοίως δὲ καὶ ἐπὶ τῶν ἄλλων.*

## Cap. 13. *Περὶ ἰτέας.*

1 *Ἰτέα χαίρει γῇ τελματώδει καὶ ὑδατώδει, ἀέρι δὲ ὑγρῷ καὶ ψυχρῷ. φυτεύεται δὲ Φευρουαρίῳ μηνὶ ἐκ κορύνης καὶ πασσαλίσκων.* 2 *ὁ δὲ Δημόκριτός φησιν, ὡς ὁ καρπὸς τῆς ἰτέας λειούμενος, καὶ ταῖς τροφαῖς τῶν κτηνῶν μιγνύμενος ταῦτα λιπαίνει. ἐκ-*

---

1 *πάνω* L ‖ 2 *ὅταν ὁ βορρ.* L ‖ *προσέπνευσεν* F ‖ 5 *ἄχρις* LP ‖ 6 *ἐτησίους ἄ. ποιεῖν* M ‖ 7 *ἐκρηγν.* L ‖ 12 *φησὶν* F *φῆ̈* HM *φησὶ* P ‖ 15 c. 14 ante c. 13 P ‖ 16 *τολματ.* L ‖ 17 *φεβρ.* F ut ed. H ‖ 18 *κόρης* H *κορμοῦ* L *κορύνης δὲ καὶ πασσάλων* M ‖ *ὡς δὲ* FM pro *ὁ δὲ δημ. φ.*: *φασὶ δὲ* P ‖ *δημ.* mg. rep. F ‖ 19 *λειόμενος* L ‖ 20 *Ἐκπεινόμενος* L *ἐκπιν. — ὠλεσίκαρποι* om. P.

πινόμενος δὲ λειανθεὶς ἀνθρώπους ἀγόνους ποιεῖ, ἐξ οὗ φησι καὶ Ὅμηρος·

Κλῆθροί τ' αἴγειροί τε καὶ ἰτέαι ὠλεσίκαρποι.

## Cap. 14. Περὶ πρινοκοκκίων.

Τὴν πρῖνον φυτεύεσθαι δεῖ πρὸ καλανδῶν Μαρτίων. φασὶ δέ, ἡ πρῖνος ἐὰν πολύκαρπος γένηται, ἀκαρπίαν σημαίνει.

## Cap. 15. Περὶ δενδρολιβάνου. Ἱστορία.

1 Λίβανος Σύριον ὄνομα, καὶ ἐν ὄρει, καὶ ἐν φυτῷ. μειράκιον δὲ γέγονε πρότερον τοῖς θεοῖς ἀνακείμενον. 2 ζηλοτυπήσαντες οὖν αὐτὸ κτείνουσιν ἄνθρωποι δυσσεβεῖς· Γῆ δὲ τιμῶσα θεοὺς φυτὸν ἀνῆκε τοῦ πεπτωκότος ὁμώνυμον, καὶ τὴν φύσιν μεταβαλών, τὸν πρὸς τοὺς θεοὺς οὐκ ἀφήρηται πόθον.

---

1 λϊανθεισ M ‖ 3 κλεῖθροι LH ‖ τε om. FM ‖ 4 c. 14 post c. 12 add. cum hoc titulo περὶ πρίνω, a rubr. in mg. rep. P πρινοκοκκίων* ex coni. Niclasi πρεκοκκ. F πρεκκοκίων F i. c. πρεκ̣κοκκ. (primo κ 1. m. expuncto) H πρε(η?)κοκκῖων (1. m. ex ου aut ου corr.) et mg.: ιε̅' σή(μαινε) ※ M ιε̅' π ε̈ τρϊκοκκῖων: M i. c. ‖ 5 δεῖ om. FM ‖ 6 φησὶν γὰρ· ἡ πρ. ἐὰν πολ. γέν. F φησὶ γὰρ | ἡ πρῖνος· ἐὰν π. γ. H φασὶ δὲ τὴν πρῖνον M φασὶ δὲ, ἐὰν πολ. γέν. ἡ πρῖνοσ L ‖ 7 εὐκαρπίαν FM cf. Gemoll, Untersuchungen üb. die Quellen etc. der Geop. p. 241 ‖ σ:- ῆ | fol. 257[a] (= σημαίνειν P) et fol. 257[b] | ιζ ῆ + (= ἑπτακαιδεκάτη sc. ἐκλογή?) περϊ δενδρολϊβάνου. τὸ δενδρολίβανον = c. 16 M post σημαίνειν add. c. 13, tum c. 16 P ‖ 8 c. 15 om. sed i. c. tit. serv. M ‖ ἱστ. τοῦ κατὰ λίβανον:- et mg. κε. πη̅ L ιϛ̅ F i. c. M i. c. mg. H ‖ 9 ὄρει L ‖ 11 ζηλοτυπ. versu continuo L ‖ 12 ἄνθρ. δυσσ. κτείνουσιν αὐτό L ‖ 13 ἀνῆκεν F -κε H ‖ ὁμόνυμον L ‖ 14 ἀφίσταται L.

ὅθεν μᾶλλον δή τις εὐφραίνει θεοὺς τὰ μέγιστα λίβανον ἐπιθείς, ἢ χρυσὸν ἀναθείς.

## Cap. 16. Περὶ φυτεύσεως δενδρολιβάνου.

1 Τὸ δενδρολίβανόν φασι φυτεύεσθαι ἐξ αὐτοῤῥίζων καὶ ἀποσπάδων· δεῖ δὲ τοῦτο ποιεῖν κατατιθέντας εἰς τὴν γῆν αὐτά, καὶ ποτίζοντας. 2 Ἡδεῖαν δὲ καὶ βαρεῖαν τὴν ὀδμὴν ἔχει, ὡς ὁ Δημόκριτός φησι, καὶ τοῖς λειποθυμοῦσιν ἐπαμύνει· καταφυτεύεται δὲ Μαρτίῳ μηνί.

## Cap. 17. Περὶ ῥόδου. Ἱστορία.

1 Ὁ τὸ κάλλος τοῦ ῥόδου θαυμάζων, τὴν τῆς Ἀφροδίτης λογιζέσθω πληγήν, φησίν. 2 ἤρα μὲν γὰρ ἡ θεὸς τοῦ Ἀδώνιδος, ἀντήρα δὲ καὶ ὁ Ἄρης αὐτῆς. ζηλοτυπῶν οὖν Ἄρης ἀνεῖλε τὸν Ἄδωνιν, λύσιν ἔρωτος τὸν Ἀδώνιδος ἡγησάμενος θάνατον. 3 μαθοῦσα δὲ τὸ ποιηθὲν ἡ θεὸς ἀμύνειν ἠπείγετο, καὶ κατὰ σπουδὴν ἐμβαλοῦσα τῷ ῥόδῳ ἀσάνδαλος οὖσα, ταῖς ἀκάνθαις τοῦ ῥόδου τὸν ταρσὸν τοῦ ποδός περιπείρεται, καὶ λευκὸν τὸ ῥόδον πρότερον ὄν, τοῦ ἰχῶρος τῆς Ἀφροδίτης ἀποῤῥυέντος, εἰς ὃ νῦν ὁρᾶται τὴν

---

1 τὰ om. F ‖ 2 λ. περιθεὶς F ‖ 3 φυτεύσεως om. MP mg. tit. rubr. rep. P ‖ 4 αὐτορίζων LP et altero ϱ supra add. 1. m. H ‖ 5 δεῖ δὲ τοῦτο ποιεῖν et αὐτὰ om. FM ‖ 6 ποτίζοντας* coni. Niclas. κοιμίζοντας codd. κομίζοντας edd. ‖ 6 ἡδεῖαν versu continuo L ἡδειᾶν — φησι καὶ om. P ‖ 7 |Ὁ δὲ δημ. L δημ. mg. rep. F mg. nihil H ‖ 8 |Καταφυτ. L καὶ φυτ. M φυτεύεται P ‖ 10 c. 17 om P ἱστ. om. M c. 17 add. post X 27 cum hoc titulo: Ἱστ. τοῦ κατὰ ῥόδον. L ‖ 12 φησὶ H φῆ L φησιν et §§ 2—4 om. M ‖ 13 καὶ om. L ‖ 14 ἀνεῖλεν F -λε H ‖ 16 θεᾶ L ‖ 17 σποδὴν, υ. m. rec. supra add. F σπουδ. H ‖ 20 ἀποϱυ. L ‖ ὃν νῦν L.

χρόαν μετέβαλε, καὶ ἔρευθος καὶ εὐωδία αὐτῷ ἔκτοτε προσεγένετο. 4 Ἕτεροι δέ φασιν, ἐν οὐρανῷ τῶν θεῶν εὐωχουμένων, καὶ τοῦ νέκταρος πολλοῦ παρακειμένου, ἀνασκιρτῆσαι χορείᾳ τὸν Ἔρωτα, καὶ συσσεῖσαι τῷ πτερῷ τοῦ κρατῆρος τὴν βάσιν, καὶ περιτρέψαι μὲν αὐτόν· τὸ δὲ νέκταρ εἰς τὴν γῆν ἐκχυθὲν τὸ ἄνθος τοῦ ῥόδου ἐρυθαινόμενον ἀναδοῦναι.

Cap. 18. *Περὶ ῥόδων, καὶ πῶς ἔστι ταῦτα εὐωδέστερα ποιῆσαι, καὶ ἀδιαλείπτως ἔχειν.*
*Διδύμου.*

**1** Ἐὰν σκόροδα παραφυτεύσῃς τοῖς ῥόδοις, εὐωδέστερα ἔσται. εἰ δὲ θέλεις ἀδιαλείπτως ἔχειν ῥόδα, κατὰ μῆνα φύτευε ταῦτα, καὶ κόπριζε, καὶ ἕξεις διαπαντός. **2** Τὰ δὲ ῥόδα φυτεύεται ποικίλως. οἱ μὲν γὰρ αὐτόῤῥιζα ὁλόκληρα μεταφυτεύουσιν, οἱ δὲ ἐξελόντες μετὰ τῶν ῥιζῶν, κατατέμνουσιν εἰς παλαιστιαῖα μεγέθη, τουτέστι τετραδακτυλαῖα, τὰς ῥίζας καὶ τὸ ἐξ αὐτῶν ἐκπεφυκός, καὶ πάντα τὰ τμήματα φυτεύουσιν, ἀπέχοντα ἀλλήλων ὡσεὶ πῆχυν. τινὲς δὲ πρὸς εὐωδίαν στεφάνους πλέξαντες φυτεύουσιν. **3** Εἰδέναι δὲ χρή, ὡς τὰ ἐν τοῖς ἀνύδροις ῥόδα, ὁμοίως δὲ καὶ τὰ κρίνα, εὐωδέστερα ἔσται. **4** τὰ δὲ ῥόδα πρώϊμα γίνεται φυτευό-

1 μετέβαλεν F -λε H ‖ 3 εὐοχ. L ‖ 4 χωρεῖα F χορεία H ‖ 5 περιτρίψαι μὲν αὐτῷ L ‖ 7 ἐρυθραινόμενον H ἐρυθρὸν L ‖ 8 ἐστὶν F ἐστὶ P ἐστι HLM ‖ εὐοδ. L ‖ 9 ἀδιαλήπτως L ‖ 10 διδ. p. t. LM om. HP ‖ 11 σκόρδα L Ἐὰν — ἔσται (cf. § 6) om. P ‖ 12 |Εἰ δὲ L ‖ 13 διὰ παντὸς L καὶ — παντὸς om. P ‖ 14 Οἱ μὲν et Οἱ δὲ versu cont. L ‖ αὐτόριζα L ἐξ αὐτορίζων P ‖ 15 ῥοιζῶν, sed ϊ 1. m. supra add. L ‖ 16 παλαιτ. M παλαιστ. P ‖ τουτέστϊν L ‖ τετραδακτυλαίας LF -λιαῖα P ‖ 18 τρήματα M ‖ 19 ὡς FM ‖ |Τινὲσ L τινὲς — ἔσται (§ 3) om. P ‖ δὲ om. FM ‖ εὐοδίαν L ‖ 21 τοῖς et δὲ om. M.

μενα ἔν τε κοφίνοις καὶ κεραμίοις, καὶ τῆς αὐτῆς ἐπιμελείας ἀξιούμενα, ὡς ἐπὶ τῶν κολοκυνθῶν καὶ σικύων. 5 εἰ δὲ βούλει τὰ ἤδη πεφυτευμένα πρώϊμον ἐνεγκεῖν καρπόν, ἀπὸ παλαιστῶν δύο τοῦ φυτοῦ γύρον ὀρύξας ἔγχεε ὕδωρ θερμὸν τῆς ἡμέρας δεύτερον. 6 ἡ δὲ δρόσος ἡ ἐν τοῖς ῥόδοις εὑρισκομένη, καθαρῶς πτερῷ συναγομένη, καὶ διὰ τῆς μήλης τοῖς βλεφάροις ἐγχεομένη, τὴν ὀφθαλμίαν ἰᾶται. 7 διατηρήσεις δὲ τὰ ῥόδα νεαρὰ καὶ ἀκμαῖα, ἐὰν ἐμβάλῃς ταῦτα εἰς ἀμόργην, ὡς ἐπιπολάζειν τὸ ὑγρόν. 8 ἔνιοι δὲ χλοάζουσαν κριθὴν μετὰ τῶν ῥιζῶν ἀποσπάσαντες, εἰς κέραμον ἀπίσσωτον ἐμβάλλουσι, καὶ ῥόδα μεμυκότα ἐνθέντες, σκέπουσι καὶ διατηροῦσιν. οἱ δὲ χλωρὰν τὴν κριθὴν ἐπὶ τὸ ἔδαφος στορέσαντες ἐπιβάλλουσι ῥόδα. 9 Δημόκριτος δέ φησιν, ἐν μέσῳ τῷ θέρει ἀρδευθέντος τοῦ ῥόδου δεύτερον τῆς ἡμέρας, τῷ Ἰαννουαρίῳ μηνὶ φέρειν τὸν καρπόν. 10 Φλωρεντῖνος δὲ λέγει, δύνασθαι τὸ ῥόδον εἰς φλοιὸν μήλου ἐγκεντρίζεσθαι καὶ ἐνοφθαλμίζεσθαι, καὶ τῷ καιρῷ τῶν μήλων γίνεσθαι τὰ ῥόδα. 11 Ζωροάστρης δὲ λέγει, ἐπὶ ἐνιαυτὸν ἕνα μὴ ἀλγεῖν τοὺς ὀφθαλμούς, τὸν ἐν πρώτοις ἰδόντα ἐπὶ τοῦ φυτοῦ μεμυκυίας κάλυκας, καὶ τρισὶν ἐξ αὐτῶν ἀπομαξάμενον τὰ ὄμματα,

---

3 σικύων 1. m. ex σύκων corr. et mg. rep. M συκῶν P ‖ βούλῃ L ‖ φυτευόμενα L ‖ 5 ἔγχει M ἔχειν ὕ. θ. τῆς ἡμ. δὶς ἔγχει· P ‖ 7 σμίλης FM μήλης HL ‖ 8 Διατήσισ. L ἰᾶται εὐωδέστερα δὲ ἔσται σκορόδων παραφυτευομένων αὐτοῖς. διατ. (cf. § 1) P ‖ 9 ἐμββάλλης (!) p. c. M ἐμβά·λῃς eraso λ P ‖ 10 δὲ om. F ‖ 13 Οἱ δὲ versu continuo L ‖ 14 τοῦ ἐδάφους L ‖ 15 δημ. rep. mg. F ‖ 17 φερ— M φέρει P ‖ Φλορ. L φλωρ. mg. rep. F ‖ 20 ζωρ. mg. rep. F ‖ 21 ἐπιενιαυτὸν L §§ 10—13 om. P ‖ 22 φυτοῦ:- Πάλιν γὰρ ῥόδα φυλάττουσι (§ 12), μεμυκ. — τινὲς δὲ τὰ om. L.

καὶ ἐπὶ τοῦ φυτοῦ τὰ ῥόδα καταλιπόντα. **12** Τινὲς δὲ τὰ ῥόδα φυλάττουσι νεαρά, κάλαμον χλωρὸν πεφυτευμένον σχίσαντες, καὶ ἐμβαλόντες τὰς κάλυκας, καὶ παπύρῳ περιδήσαντες ἠρέμα, ὅπως μὴ διαπνεύσῃ. **13** ῥόδα ἀρχόμενα ἀνοίγεσθαι παρατμίσας θείῳ, ἕξεις παραχρῆμα λευκά. **14** Ἐὰν δὲ ἐξ ὀλίγων τὰ φυτὰ πλείονα ποιῆσαι βούλει, λαβὼν τὰ κλήματα αὐτῶν δίελε, καὶ ποιήσας ὡσεὶ τετραδακτυλαῖα, ἢ μικρῷ μείζονα, κατατίθεσο· ὅταν δὲ γένηται ἐνιαυσιαῖα μετάφυτευε, ἀπέχοντα ἀπ' ἀλλήλων πόδα, καὶ οὕτως ἐργάζου, σκάπτων ἐπιμελῶς, καὶ τὴν ὕλην πᾶσαν ἐξαιρῶν. **15** πείθομαι δὲ θειοτέρας αὐτὸ μετέχειν φύσεως. καὶ γὰρ μύρον οὐ φαῦλον παρασκευάζει, καὶ ὀδυνωμένοις ὀφθαλμοῖς ἐστι σύμμαχον, καὶ πρὸς ἕτερα πλείονα εὑρίσκεται χρησιμώτατον.

## Cap. 19. *Περὶ κρίνου. Ἱστορία.*

**1** Ζεὺς τὸν Ἡρακλέα ἐκ τῆς Ἀλκμήνης γεγεννηκὼς θνητὸν ὄντα, ἀθανασίας μέτοχον ἠβουλήθη ἐργάσασθαι, καὶ τοῦτον τῷ μαστῷ τῆς Ἥρας κοιμωμένης ἔτι νέον ὄντα προσέθηκεν. **2** ἐμπλησθὲν δὲ τὸ βρέφος τοῦ γάλακτος ἀπέστησε μὲν τὸ στόμα τῆς θηλῆς, ἔῤῥει δ' ὅμως τὸ γάλα ἀφθόνως, καὶ τοῦ παιδὸς διαστάντος,

---

3 *τὰς* om. L ‖ 4 *περιδήσαντες* om. M ‖ 5 *παρατμήσασ* L *παραμίξας* M ‖ 6 *παραχρῆμα* om. L ‖ *δὲ* om. FM ‖ 7 *υούλϊ·* F υουλη 1. m. ex — ϥ corr. (aut ϥ ex н?) L *βούλει* HM ‖ 8 *ἢ μικρῷ — ἐνιαυσιαῖα* om. L ‖ 9 *κατατίθει·* M ‖ 10 *ἀπ'* om. M ‖ 11 *καὶ τὴν ὕλην — χρησιμ.* om. P ‖ 13 *φαυλότερον* F ‖ *πονουμένοις* FM ‖ 14 *καὶ πρὸς — χρησιμώτατον* om. FM ‖ 16 c. 19 om. P *ἱστ. τοῦ κ. κρῖνον:-* L *περὶ κρῖν·* (= *κρίνων*) et mg.: ἱσ̄|ἱστ̃: M ‖ 17 *μασθῶ* L ‖ 20 *ἐμπλησθὲν* versu continuo L.

ἐν οὐρανῷ τε διαχυθέν, τὸν λεγόμενον γαλαξίαν ἀπειργάσατο, ἐν τῇ γῇ δὲ ἀποῤῥυέν, καὶ τὰς βώλους δεῦσαν, ἄνθος τὸ τοῦ κρίνου ἀνέδωκε προσεοικὸς τὴν χρόαν τῷ γάλακτι.

Cap. 20. *Περὶ κρίνων. Ἀνατολίου.*

**1** *Εἰ θέλεις κρίνα πορφυρᾶ ποιῆσαι, ὅταν ἀνθήσῃ λαβὼν ἀπ' αὐτῶν τοὺς καυλούς, σύνδησον ἀνὰ δέκα ἢ δώδεκα, καὶ κρέμασον ὑπὲρ καπνοῦ, ἀνιᾶσι γὰρ ἐκ τῶν καυλῶν ῥιζία μικρὰ ὡς βολβία.* **2** *ὅταν οὖν καιρὸς ᾖ τοῦ φυτεύειν, ἔμβρεξον εἰς τρύγα οἴνου μέλανος τοὺς καυλούς, ἕως ἂν διελόντι σοι φανῇ πορφυρᾶ καὶ βεβαμμένα καλῶς. εἶθ' οὕτως φύτευσον, προσπαραχέων ἑκάστῳ τῆς τρυγίας τὸ ἀρκοῦν, καὶ οὕτω τὰ ἐξ αὐτῶν γινόμενα ἀνθήσει πορφυρᾶ.* **3** *τὰ δὲ κρίνα ἐπὶ ὅλον τὸν ἐνιαυτὸν νεαρὰ διαμένει οὕτως. ἀφελόντες αὐτὰ μετὰ τῶν κλωνίων οὔπω ἀνεῳγότα, ἀλλ' ἔτι συμμεμυκότα, ἐντιθέασιν εἰς ἀγγεῖα κεράμεα νέα ἀκούνιστα, τουτέστιν ἀπίσσωτα, εἶτα πωμάσαντες τὰ ἀγγεῖα ἀποτίθενται, καὶ οὕτω τηρούμενα παραμένει τὸν ἐνιαυτὸν ὅλον νεαρά.* **4** *εἴ ποτε δὲ ἐν τῷ μέσῳ χρόνῳ βουληθῶσί τινες ἐξ αὐτῶν λαβεῖν πρὸς τὴν χρείαν, ἐν ἡλίῳ τιθέασιν, ὅπως θαλφθέντα διανοιχθῇ.* **5** *ἵνα δὲ ἄλλῳ καὶ ἄλλῳ καιρῷ ἀνθοφορῇ*

---

2 *βόλους* L ‖ 3 *ἀνέδωκεν προσεοικὼς* L ‖ 5 c. 20 om. H ‖ *ἀνατ.* a. t. M p. t. L om. P ‖ 6 *ἀνθήσει* L ‖ 9 *αὐλῶν* et *βόλβιτα* L ‖ 9 *ὅταν οὖν ὁ καιρ.* versu cont. L ‖ 11 *αὐλοὺς* L ‖ 12 *βεβαμένα* L ‖ *οὕτως* per comp. M *οὕτω* P ‖ 15 *διαμενεῖ νεαρὰ* L *ν. διαμείνῃ οὕτ*ˢ. M = *ν. δ. οὕτως* P ‖ *Ἀφελόντες* v. c. L ‖ 16 *ταῦτα* M ‖ *κλοναρίων* L ‖ 17 *ἀγκεῖα* L ‖ *κεράμεα* FM *κεράμεια* P om. L ‖ 18 *ἀκονίωτα* L ‖ 20 *εἴπωτε* v. c. L ‖ 23 *ἀνθοφορεῖ* L.

τὰ κρίνα, τοὺς βολβοὺς φυτεύων τοὺς μὲν εἰς βάθος δακτύλων δώδεκα, τοὺς δὲ ὀκτώ, τοὺς δὲ δ' κατατίθει, καὶ ἕξεις κρίνα ἐπιπολύ. ἔξεστι δὲ τοῦτο καὶ ἐπὶ τῶν ἄλλων ποιεῖν ἀνθέων. **6** Φλωρεντῖνος δὲ ἐρυθρὸν τὸ κρίνον γίνεσθαι λέγει, ἐάν τις ἐντὸς τῶν λεπῶν χύσῃ κιννάβαρι, φυλαττόμενος, μὴ τοὺς βολβοὺς διαθραύσῃ. **7** εἰ δὲ καὶ ἄλλῳ χρώματι περιχρίσει τις αὐτά, ᾧ θέλει, ἔξεστιν ἐν ἑκάστῳ χρώματι τοιαῦτα κρίνα γενέσθαι.

## Cap. 21. *Περὶ ἴρεως. Λεοντίου.*

Τῆς Ἰλλυρικῆς ἴρεως ἡ βραχεῖα καὶ λεπτοτάτη φυτεύεται ἐκ προσφάτων φυτῶν Ἰαννουαρίῳ, ἄχρι Ἀπριλλίου μηνός.

## Cap. 22. *Περὶ ἴου. Ἱστορία.*

**1** Ἴον τὸ ἄνθος ἐξ ἧς ὀνομάζεται γέγονεν. ἤρα μὲν γὰρ ὁ Ζεὺς τῆς Ἰοῦς, ἐρῶν δὲ ἐπλησίαζε, καὶ συλλαθεῖν ἐπειρᾶτο τὴν Ἥραν καὶ τὸν ἔλεγχον μεταβολὴν ἐποιεῖτο τῆς φύσεως. **2** ἁλοὺς γὰρ ὁ Ζεύς,

---

2 ιβ' M δώδεκα P ‖ ι' M | ὀκτὼ P εἰσ ὀκτῶ· L ‖ τέσσαρας· M δ'· P εἰ τέσσ. L ‖ 3 ἕξει M -εις P ‖ ἐπὶ πολὺ | (fin. f. 91[r]) Ἐστϊ δὲ L ‖ 4 φλωρ. rep. mg. F mg. om. H ‖ 4 δὲ om. FM ‖ 5 κρῖνον λέγεσθαι $\overset{ε'}{λχ}$, ἐὰν M κρῖνον γίνεσθαι λέγει P ‖ τῶν om. F ‖ 6 χύσει L χρίσῃ P ‖ κινάβαρι· M et altero ν 1. m. supra add. F ut ed. HP κινάβαρ. L ‖ 7 περιχρήσισ αὐτὰ L περιχρίσει τῒ (= τις) | (fin. f. 258[r]) αὐτὰ M περιχρίσης αὐτὰ P ‖ 8 ὃ θέλοι F ὧ θέλεις P ‖ ἐνεκάστω L ἐν om. FM ‖

10 λεοντίου mg. F p. t. L λεο mg., num. om. H λεοντίνου p. t. M ‖ 11 τῆς om. M ‖ 12 ἄχρις LP ‖ 14 c. 22 om. P ‖

ἱϊςτ̃ mg. M Ἰστ. τοῦ κ. ἴον:- et κε'. ς̃ mg. L ‖ 16 ἐπλησίαζεν· F -ζε H ‖ 17 συλλαβεῖν L ‖ 18 ἁλοὺς v. c. L.

καὶ τὸ γεγονὸς ὑποκλέψαι ζητῶν, εἰς βοῦν μεταβάλλει τὴν ἄνθρωπον. 3 τιμῶσα δὲ ἡ Γῆ τὴν ἐρωμένην τοῦ Διὸς ἄνθος ἀνῆκε τὴν βοῦν νέμεσθαι, καὶ γεγονὸς δι' αὐτὴν ἐξ αὐτῆς ὀνομάζεται, καὶ δηλοῖ τῆς κόρης τὰς τύχας τοῖς χρώμασιν. 4 ἐρυθαίνεται μὲν γὰρ οἷάπερ παρθένος, πορφύρεται δὲ οἷα βοῦς, καὶ λευκαίνεται, δηλοῦν τὴν εἰς ἄστρα τῆς κόρης μεταβολήν, ὅσα γὰρ τὸ βλάστημα φαίνεται, γέγονεν ἡ γυνή.

Cap. 23. *Περὶ φυτεύσεως ἴων. Ταραντίνου.*

1 Ἴα τὰ πορφύρεα, καὶ τὰ ἄλλα πάντα, τά τε χρυσίζοντα καὶ τὰ ῥουσίζοντα, μετὰ εἰδοὺς Μαρτίας φυτεύεται, καὶ μετὰ καλάνδας Μαΐας. 2 Ἔστι δὲ τὸ τοῦ ἴου φύλλον καταψύχον, καὶ ὠφελοῦν ἐν ταῖς φλεγμοναῖς, τὸ δὲ ἔλαιον τὸ ἀπὸ τῶν ἴων τοῖς πυρετιῶσιν ἐπιχριόμενον καταψύχει. 3 ὡσαύτως καὶ τὸ λευκόιον σπείρεται ἐν πρασιαῖς, καὶ μεταφυτεύεται Ἰαννουαρίῳ, ἄχρι τῆς πρὸ ἑβδόμης εἰδῶν Φευρουαρίων.

---

2 τὸν ἄνον· L ‖ τιμῶσα v. c. L ‖ 3 ἀνῆκεν F -κε H ‖ γεγονῶς per comp. L ‖ 6 οἷάπερ — πορφ. δὲ om. L ‖ πάρθενοσ F παρθένος H ‖ λευκέν. L ‖ 8 γὰρ om. FM ‖ 9 num. om. H ‖ ταρ. p. t. LM om. P ‖ 12 φυτεύονται L ‖ μαΐας· ἔστι versu continuo L ‖ 14 φλεγμοναῖς. | Τὸ L ‖ πῡ|ρεκτ. M πυρέττουσιν L ‖ 15 ὡσαύτως (v. c.) καὶ τὸ λευκὸν | (per comp. in fine fol. 91) ἴον L ‖ 17 φεβρουαρίου F φẹυ̣ρουαρίου et εβ supra add. 1. m. H.

## Cap. 24. *Περὶ ναρκίσσου. Ἱστορία.*

1 *Παραλόγου πάθους λόγος ὑπῆρξε παραλογώτερος. Νάρκισσος γὰρ ἦν μειράκιον, ἐρῶν οἴκοθεν, καὶ φθειρόμενος οἴκοθεν. ὥρᾳ μὲν γὰρ διέφερε σώματος, ἔνθεν δὲ τὸ ἐρᾶν καὶ τὸν πόθον ἐκτήσατο.* 2 *καταλαμβάνει γὰρ πηγήν, ὡς πιόμενος, θεατὴς δὲ τῆς οἰκείας μορφῆς καταστάς, ἐραστὴς ὁ αὐτὸς καὶ ἐρώμενος ἐγένετο. ἐρῶν δὲ αὐτὸς ἑαυτοῦ, διεφθείρετο.* 3 *ἐπὶ πηγὴν οὖν ἐλθών, ἔστεργε μὲν τὴν σκιὰν ὡς ἐρωμένην, ἡττηθεὶς δέ, καὶ ἑαυτοῦ λαβόμενος, ἐπὶ τοῖς ὕδασι τῆς πηγῆς ἑαυτὸν ἐπαφῆκε, καὶ παραψυχὴν τοῦ πάθους ζητῶν, βίου στέρησιν εὕρατο, τοσοῦτον τῇ τελευτῇ ὀνηθείς, ὅσον εἰς ἄνθος τῇ ὁμωνύμῳ μνήμῃ τῆς βλάστης μεταβληθείς.*

## Cap. 25. *Περὶ φυτείας ναρκίσσου. Διδύμου.*

*Αὐτόῤῥιζος ὁ νάρκισσος φυτεύεται, πρὸς βλάστησιν ἀρχόμενος Μαρτίῳ μηνί, καὶ μεταφυτεύεται. ψυχρότατον δέ ἐστι τὸ ἄνθος αὐτοῦ.*

---

1 c. 24 om. P ‖ *ταραν(τίνου)* $\overline{\text{ιε}}$ mg. *ἱστ.* om. H *ἱστ. τοῦ κ. νάρκισσον:-* om. L *κε*|ʿἴςν mg. M ‖ 2 *παραλογώτατος·* L ‖ 3 *μειρ.* om. FM itemque Severi narr. III. ‖ *καὶ φθειρ. οἴκοθεν* om. L ‖ 5 *δὲ* om. LH *ὅθεν δὲ τὴν ὥραν καὶ τὸν πόνον* Sev. narr. III. ‖ *καταλ. δὲ π.* v. c. L ‖ 8 *ἐγίνετο* F ‖ *ἐπὶ* v. c. L ‖ 9 *ἐρώμενος* FM Sev. l. l. ‖ 10 *ἐπὶ* om. L *ἑαυτὸν ἐναφῆκε τοῖς ὕδασι* Sev. narr. III. ‖ 11 *ἐπαφῆκεν* F *-ῆκε* H ‖ 12 *ηὕρατο* H ‖ 13 *ὁμον.* L ‖ 14 *τῆς βλάστης* om. M ‖ *μεταβληθεὶς* FM *τῆς τελευτῆς ὀνησάμενος ὅσον εἰς τέλος μεταπεσεῖν. καὶ δηλοῖ τὴν μνήμην ὁμωνύμῳ βλαστήματι* Sev. l. l. ‖ 15 c. 25 om. P ‖ *φυτεύσεως ναρκίσου.* L ‖ *διδ.* p. t. LM *διδ. κς′* mg. H ‖ 16 |*Αὐτόριζος* L ‖ *βλάστην* M.

Cap. 26. *Περὶ κρόκου φυτείας. Φλωρεντίνου.*

1 *Κρόκος αὐτόῤῥιζος φυτεύεται, ὅταν τὸ ἄνθος ἀποβάλῃ. τὸ δ' ἄνθος πρότερον ἀνίησιν ἢ τὸ φύλλον.* 2 *ἀνθολογεῖται δέ, ὅταν εὐχροήσῃ, ἐκ μέσου τοῦ ἄνθους ἑλκομένων τῶν γλωχίνων, καὶ διαψυχομένων ἡμέρας γ' ἢ δ'· εἶτα καθαίρεται αὐτοῦ τὸ ἄκρον, καὶ τὸ λευκὸν ἀφαιρεῖται, καὶ συντίθεται εἰς ἀγγεῖα εἰς δύναμιν πεπιλημένος.* 3 *Διοφάνης δέ φησιν, ὅτι τὸν κρόκον ἐν σκιᾷ χρὴ ψύγειν.*

Cap. 27. *Περὶ σαμψύχου, κόστου, καὶ βαλσάμου.*

1 *Τὸ σάμψυχον ἐκ σπέρματος σπείρεται, καὶ μεταφυτεύεται Ἀπριλλίῳ καὶ Μαΐῳ, ἡδεῖαν τὴν ὀδμὴν ἔχον καὶ θερμοτάτην.* 2 *ὡσαύτως κόστος καὶ βάλσαμος αὐτόῤῥιζα Νοεμβρίῳ μηνὶ φυτεύονται, εὐώδη ὄντα πρὸς ὄσφρησιν.*

Cap. 28. *Περὶ μισοδούλου, τοῦ καὶ ὠκίμου. Σωτίωνος.*

1 *Τὸ ὤκιμον, τουτέστι τὸ λεγόμενον μισόδουλον, εἰς οὐδὲν ἔγνων χρήσιμον. καὶ γὰρ μανιώδεις καὶ*

---

1 *φλωρ.* p. t. LM om. P ‖ 2 *αὐτόριζος* L et altero *ρ* supra add. 1. m. H ‖ 3 *ἀποβάλλει·* L *ἀποβάλλῃ* H *ἀποβά·λη* uno *λ* eras. P ‖ 4 *ἀνθολογεῖται* v. c. L ‖ 6 *τρεῖς ἢ τέττ.* H *τρ. ἢ τέσσ.* P ‖ 8 *πεπϊλημένος* per comp. M *-μένον* P *πεπλημένα:* L ‖ 9 *ψύχειν* M § 3 om. P ‖ 13 *ἀπριλλίω* F *λλ* H ‖ *ἡδίαν τ. ὀ. ἔχων καὶ θερμότατον:-* L ‖ 14 *βάλσαμον* L ‖ 15 *αὐτόριζα* LP ‖ 17 *τοῦ* om. H ῲ = *καὶ* 1. m. supra add. M *περὶ ὠκίμου τοῦ βασιλικοῦ λεγομένου* et mg. rubr. *περὶ ὠκίμου* P ‖ 18 *σωτ.* om. M ‖ 20 *ἔγνωμεν* L.

ληθαργικοὺς καὶ ἡπατικοὺς ποιεῖ τοὺς ἐσθίοντας. 2 τεκμήριον δὲ τῆς τούτου κακίας, τὸ τὴν αἶγα πάντα ἐσθίουσαν μόνου ὠκίμου ἀπέχεσθαι. 3 μασηθὲν δὲ τοῦτο καὶ ἐν ἡλίῳ τεθὲν σκορπίους γεννᾷ. μάλιστα δὲ ταῖς γυναιξίν ἐστι πολεμιώτατον, τοσαύτην ἔχον πρὸς αὐτὰς φυσικὴν ἀντιπάθειαν, ὡς εἴ τις ὑπὸ λοπάδα ὄψου ὁλόριζον ὤκιμον ὑποθείη, ἀγνοούσης γυναικός, οὐ πρότερον ἡ γυνὴ τοῦ ὄψου ἅψασθαι τολμήσειε, πρὶν ἀρθῆναι τὸ ὤκιμον.

## Cap. 29. *Περὶ κιττοῦ. Ἱστορία.*

*Κιττός, τὸ ἄνθος, νέος ἐτύγχανε πρότερον, χορευτὴς Διονύσου γενόμενος. χορεύων δὲ τῷ θεῷ πρὸς τὴν γῆν καταφέρεται· καὶ Γῆ τιμῶσα Διόνυσον ἄνθος ἀνῆκεν ὁμώνυμον βλάστημα, σώζουσα τὰ τοῦ νέου βλαστήματα. προϊὼν μὲν γὰρ ἐκ γῆς ἄμπελον περιπλέκεσθαι πέφυκεν, οὕτως περιπλεκόμενος, ὡς ὅτε νέος ἐχόρευεν.*

---

1 λιθαργ. HLP ‖ καὶ ἡπατ. om. L ‖ 2 τεκμήριον v. c. L ‖ 3 μόνον HM(?)P ‖ μασσηθὲν M ut ed. P ‖ 4 Μάλιστα v. c. L ‖ 5 ἐστὶν L ‖ ἔχον et τα supra add. 1. m. L ‖ 6 φυσικὴν om. M μάλιστα — τὸ ὤκιμον om. P ‖ ὥστε L ‖ 7 ὀλόρηζον L ὀλόρριζον M ‖ 8 τῆς γυν. L ‖ 9 τολμήσειεν F ‖ 10 c. 29 om. P ‖ Ἱστ. τοῦ κατὰ τὸν κιττόν:- L λ$^{η}$ ἱςῦ mg. M ἱστ. om. H ‖ 12 γενομ. L γεν. sed. ϊ supra add. m. 1. H ‖ τῷ θεῷ om. M ‖ 13 τὸν διόν. L ‖ 14 ὁμόνυμον, σῶζον τὸ τοῦ νέου ἰδίωμα· προϊὸν γὰρ L cf. quae de hoc loco disputavi in Act. Sem. Erl. IV p. 343 ‖ 15 ἀμπέλω L ‖ 16 οὕτω HM ‖ περιπλεκόμενον δῆθεν, τῷ διονύσω, ὠσ | (fin. fol. 92) ὅτε ἐχόρευεν αὐτῷ:- L ‖ 17 νέος ἐτύγχανεν: M.

## Cap. 30. *Περὶ φυτεύσεως κισσοῦ.*

1 *Ὁ κισσὸς ὕδατι χαίρει· φυτεύεται δὲ πρὸ καλανδῶν Νοεμβρίων, καὶ ἀπὸ καλανδῶν Μαρτίων.* 2 *Τὸν δὲ κόρυμβον ὁ κισσὸς εὐπρεπῆ ἕξει, ἐὰν τρία κογχύλια καύσας τις, καὶ κόψας, καταπάσῃ, ἢ στυπτηρίᾳ ῥάνῃ τοὺς κορύμβους.* 3 *Λευκὸς δὲ ἐκ μέλανος γίνεται, γῆς λευκῆς βραχείσης, καὶ ταῖς ῥίζαις τοῦ κισσοῦ ἐπιχεομένης δι' ἡμερῶν ὀκτώ.* 4 *Δαμηγέρων δέ φησιν, εἴ τις κισσοῦ μέλανος κορύμβους γ' εἰς ὀθόνιον καθαρὸν βάλῃ, καὶ δήσας λίνῳ σπληνικῷ περιάψει ἐφ' ἡμέρας γ', ἀπαλλάξει τοῦ πάθους τὸν περιαπτόμενον.*

# ΒΙΒΛΙΟΝ ΙΒ.

*Τάδε ἔνεστιν ἐν τῇδε τῇ βίβλῳ, δωδεκάτῃ μὲν οὔσῃ τῶν περὶ γεωργίας ἐκλογῶν, περιεχούσῃ δὲ λαχάνων διαφόρων σποράν, ὅσα τε χρὴ ἐν ἑκάστῳ μηνὶ φυτεύεσθαι καὶ σπείρεσθαι, καὶ κηποποιΐαν θαυμαστήν, καὶ λαχάνων ἐνεργείας ὠφελίμους.*



---

4 *εὐπρεπεῖ* L ‖ γ' M *τρία* P ‖ 5 *καὶ τρίψας* L ‖ 8 *ὀκτώ* Needh. *ὀκτάκις* codd. ‖ *δαμ.* mg. rep. F ‖ *φησιν ὡσ εἴ τισ μέλανασ κορίμβουσ τρὶσ* L *κορύνας* FM *κορῦ*(corr. 1. m. ex *ῡ*)*νας τρεῖς* H § 4 om. P ‖ 10 *βάλει* L ‖ 11 *τρεῖς* H ‖ *περιαπτώμ.* L ‖ 13 tit. picto *ΒΙΒΛΙΟΝ Ī.* rubro add. B m. rec.? F *βιβλίον δωδέκατον*: H et, quamquam hic liber sequitur librum IX, L ‖ 14 *κε.* $\widetilde{νβ}$ mg. L ‖ *δωδεκάτῃ*, sed *δω* rubro add. m. rec.? F ut ed. H *β. ιβ' περιέχον λαχ.* cetera om. P ‖ 17 *κοιποποιΐαν* L ‖ 18 *καὶ λαχάνων* bis M *ὠφ. ἐν.* MP ‖ 19 indicem capitum om. HLP sub titulo recto *β. ιβ'* inter ceterorum librorum indices suo loco tradit F ‖ *κατὰ τῖνα μῆνα τϊ* M ‖ *σπερεται* sine acc. p. c. F ‖ 20 *κωνσταντινουπολε*⁰ F.

κηποποιΐας. γ'. περὶ γῆς ἁρμοζούσης λαχάνοις. δ'. ποία κόπρος ἐπιτηδεία λαχάνοις. ε'. πῶς δυνατὸν λάχανα παντοῖα ἐν ἀνύδροις τόποις ἔχειν. ϛ'. ὥστε κῆπον εὐθαλῆ εἶναι καὶ εὐανθῆ. ζ'. ἵνα τὰ λάχανα ψυλλόβρωτα μὴ γένηται μηδὲ ὑπὸ φθειρῶν ἢ ὀρνέων ἀδικῆται. η'. κάμπας ἐν λαχάνοις ἢ δένδροις μὴ εἶναι. θ'. πῶς ἔστι πρασοκουρίδας διαφθεῖραι. ι'. τί παρασπειρόμενον ὠφελεῖ τὰ λάχανα. ια'. πρὸς τὸ κηπουρὸν ἀδικῆσαι. ιβ'. περὶ μαλάχης καὶ τῆς ἐξ αὐτῆς πρὸς διάφορα πάθη θεραπείας. ιγ'. περὶ θρίδακος καὶ τῆς ἐξ αὐτῆς θεραπείας καὶ πῶς ἔστιν αὐτὴν λευκὴν καὶ εὐειδῆ γενέσθαι. ιδ'. ὥστε θρίδακα ἔχειν ἐν ἑαυτῇ σέλινον καὶ εὔζωμον καὶ ὤκιμον καὶ τὰ τοιαῦτα ἀπὸ τῆς αὐτῆς ῥίζης. ιε'. περὶ σεύτλων καὶ πῶς ἔστιν αὐτὰ μεγάλα ποιῆσαι. ιϛ'. περὶ διαφόρων λαχάνων καὶ τῆς ἐξ αὐτῶν θεραπείας. ιζ'. περὶ κράμβης καὶ τῆς ἐξ αὐτῆς θεραπείας. ιη'. περὶ ἀσπαράγου. ιθ'. περὶ κολοκυντῶν καὶ σικύων καὶ τῆς ἐξ αὐτῶν θεραπείας, καὶ πῶς δυνατὸν ἑκάτερα μὴ ἔχειν ἔνδοθεν σπέρμα καὶ πρώϊμα ποιῆσαι. κ'. περὶ μηλοπεπόνων. κα'. περὶ γογγύλης καὶ τοῦ ταύτης σπέρματος. κβ'. περὶ ῥαφανίδων. κγ'. περὶ σελίνων. κδ'. περὶ ἡδυόσμου. κε'. περὶ πηγάνου καὶ ἡμέρου καὶ ἀγρίου. κϛ'. περὶ εὐζώμου. κζ'. περὶ καρδάμου. κη'. περὶ σέρεως ἤτοι τρωξίμων. κθ'. περὶ πράσων. λ'. περὶ σκόρδων. λα'. περὶ κρομύων. λβ'. περὶ καυκαλίδων. λγ'. περὶ γλίχωνος.

---

1 post κηποπ. (p. c.) δεύτερον add. p. c. M ‖ 2 ἐπιτήδια F ‖ 4 ψυλλοβρ^τ^ο μιγινῆ^τ^ F ‖ 8 κηπωρὸν M προστοκηπουρον s. acc. F ‖ 11 αὐτὰ λευκὰ M ‖ 12 αὐτῇ· F ‖ 15 μεγάλα π M μεταποιῆσαι F ‖ λαχάνων — θεραπείας om. M ‖ 18 συκίων F ‖ 19 σπέρματα καὶ πρόημα F ‖ 25 σκορόδων M ‖ 26 γλιχο^ο^ν sine acc. F.

λδʹ. περὶ ἀνήθου. λεʹ. περὶ σκίμβρου. λϛʹ. περὶ βολβῶν. λζʹ. περὶ σκίλλης. ληʹ. περὶ λαπάθου. λθʹ. περὶ κιναρῶν. μʹ. περὶ ἀνδράχνης. μαʹ. μυκήτων ποίησις.

Cap. 1. *Γνῶσις τὸ κατὰ μῆνα τί σπείρεται, καὶ τί φυτεύεται, κατὰ τὸ κλίμα Κωνσταντινουπόλεως.*

1 *Μηνὶ Ἰαννουαρίῳ σπείρεται θαλασσοκράμβη, μετὰ χρυσολαχάνου, καὶ τίλεως.* 2 *Μηνὶ Φεβρουαρίῳ σπείρεται κοδιμέντον μετὰ πράσου, καὶ κρομύδιν, σεῦτλον, δαυκίν, τευτλόῤῥιζον, θρύμβη, μαρούλλια διάφορα, τουτέστι δικάρδιν, φρυγιατικόν, ῥιγιτανόν, καὶ κράμβη λευκή, καὶ κραμβοσπάραγον, καὶ κολίανδρον, καὶ ἄνηθον, καὶ πήγανον. μεταφυτεύεται δὲ μαρούλλιν, πικρίδιν, θριδάκιν, φρυγιατικόν, πολύκλωνον, κωμωδιανόν.* 3 *Μηνὶ Μαρτίῳ σπείρεται σεῦτλον ἐνθάδιον, καὶ χρυσολάχανον, καὶ δικάρδιον, μαρούλλιν, ῥιγιτανόν. μεταφυτεύεται δὲ μαρούλλιν, πικρίδιν, φρυγιατικόν, πολύκλωνον.* 4 *Μηνὶ Ἀπριλλίῳ σπείρεται εἰς τὸ λῆγος σευτλομόλοχον, καὶ χρυσολάχανον, καὶ δικάρδιον μετὰ τοῦ ῥιγιτανοῦ. μεταφυτεύεται δὲ*

---

1 σκίμβρ(ου) M ‖ 2 σκιλλ(η)ς F ‖ 4 c. 1 om. L ‖ κατὰ τίνα μῆνα τί M i. c. ‖ σπέρεται F et F i. c. ‖ 8 τήλεως HM ‖ φευρουαρίω M ‖ 9 κοδιμεῦτον FM ut ed. H ‖ κρόμυον per comp. M κρόμμυον P ‖ 10 τευτλόριζον HP ‖ θρύμβα F ‖ 11 τουτέστιν F ut ed. H ‖ φρυγιάτικον F ‖ ῥιγίτανον H ‖ 12 καὶ post λευκὴ· om. M ‖ κραμβοσπ.· κορίανον· ἄν. καὶ (om. P) πήγ. M ‖ 14 μαρούλιν H μαροῦλιν M ‖ φρυγιάτικον F ‖ 15 κωμ. om. H ‖ λείπει ὁ μάρτ(ιος): mg. § 3 om. H ‖ 16 ἐθάδιον· χρυσ. P utrumque καὶ om. etiam M ‖ δικάρδιον sed lit. ο macula obliterata F ut ed. HM ‖ 16 et 17 μαροῦλιν HM ‖ 18 φρυγιτιανὸν P ‖ ἀπριλίω de more F λλ de more H ‖ 19 σεῦτλον(per comp.)μόνυχον· χρυσολ.· δικ. M σεῦτλον μώνυχον· χρυσολ.· δικ. P ‖ 20 σὺν F ‖ ῥιγιτανοῦ FP ῥιγιτάνου HM.

ἀπὸ τοῦ Μαρτίου καὶ τοῦ Ἀπριλλίου μηνὸς λευκοκράμβη, ὁμοίως καὶ κραμβοσπάραγον, καὶ θαλασσοκράμβη, καὶ τὸ μαρούλλιν σὺν τῷ ῥιγιτανῷ, καὶ μόνον. 5 Μηνὶ Μαΐῳ σπείρεται σευτλομόλοχον, καὶ χρυσολάχανον ὁμοίως καὶ ἰδίως, καὶ ῥιγιτανόν, μεταφυτεύεται δὲ σευτλομόλοχον, καὶ μαρούλλιν. 6 Μηνὶ Ἰουνίῳ σπείρεται σευτλομόλοχον, ὁμοίως δὲ καὶ δικάρδιν, καὶ τὸ λεπτὸν τοῦ πράσου μεταφυτευόμενον παραπηλωτὸν εἰς ἔνυγρον τόπον· ὁμοίως καὶ τὸ σεῦτλον, καὶ τὸ μολόχιν, καὶ μαρούλλιν. 7 Μηνὶ Ἰουλίῳ σπείρεται ἔντυβον, καὶ σευτλομόλοχον, καὶ καταφυτεύειν πράσον κατὰ ξηρᾶς γῆς, καὶ παραχρῆμα ποτίζειν αὐτό, ἵνα μὴ ποιήσῃ κέντρον τὸ ῥιζάριν· μέλλει ⟨γὰρ⟩ τήκεσθαι. καὶ μαρούλλιν ἀναγκαστὸν μεταφυτεύειν, καὶ ἔντυβον, καὶ σευτλομόλοχον. τὸ δὲ σεῦτλον ἰδίως, καὶ τὸ μολόχιν ἰδίως μεταφυτεύειν. 8 Μηνὶ Αὐγούστῳ σπείρεται ἔντυβον, καὶ σευτλομόλοχον, καὶ γογγύλιν κεφαλωτόν, καὶ γογγύλιν πρώιμον εἰς γογγυλοσπάραγον, καὶ κραμβὶν λευκόν. καὶ μεταφυτεύεται πράσον, ἔντυβον, σευτλομόλοχον, καὶ ῥάφανον σπείρεται κατὰ πλάτος· καὶ τὸ εὔζωμον,

3 μαρούλλϊον H μαρου^λ M καὶ τὸ μ. om. P ‖ τοῦ ῥιγιτανου sine acc. F τοῦ ῥϊγϊτάνου H τῶ ῥιγιτάνω M ut ed. P ‖ 4 καὶ χρυσολ. — σευτλομ. § 6 om. M ‖ 5 ὁμ. καὶ ἡδίοσμον (in ras. 1. m. ex ἰδίοσμον?) καὶ ῥιγίτανον H ‖ 6 μαρούλλιον H ‖ 8 δικάρδιν FP et 1. m. corr. ex -ιον H δικάρδιον M ‖ 9 παρὰ πηλωτὸν H παραπιλωτὸν M ‖ 10 μα|ρού^λλιν H μαρου^λ M τὸ μαροῦλιν P ‖ 11 ἴντυβον M ‖ καὶ καταφ. — καὶ σευτλομ. § 8 om. M ‖ 13 αὐτὸ in ras. 1. m. ex αὐτῶ H ‖ ῥιζάρϊν | in ras. 1. m. ex -ϊον H ‖ 14 ⟨γὰρ⟩ edd. praeter Needh. om. codd. ‖ 19 πρ. καὶ εἰσ γ. M πρ. καὶ γ.· P ‖ κράμβη λευκή· μεταφ. M ‖ 20 ἴντυβον M ‖ σευτλομάλαχον P ‖ 21 ῥαίφανον F ῥάφ. H ῥάφανον· σπ. κ. πλα^τ. (= πλάτος· P) εὔζωμον καὶ κάρδαμον· μηνὶ σεπτε^ρ.

καὶ τὸ κάρδαμον σπείρεται. 9 Μηνὶ Σεπτεμβρίῳ σπείρεται σευτλομόλοχον, καὶ ἔντυβον ὄψιμον, καὶ γογγύλιν τὸ τῆς ἀγρίας. μεταφυτεύεται δὲ τὸ γογγύλιν τὸ κεφαλωτόν, καὶ τὸ γογγύλιν τὸ χρηματίζον εἰς γογγυλοσπάραγον, καὶ τὸ ἔντυβον τὸ βρουμαλιτικόν, καὶ τὸ σευτλομόλοχον ὁμοῦ, καὶ τὸ κολίανδρον, καὶ ὁ ῥάφανος. 10 Μηνὶ Ὀκτωβρίῳ εἰς τὸ νέον ἔτος σπείρεται μαρούλλιν, πικρίδιν, κωμωδιανόν, πολύκλωνον, θριδάκιν. μεταφυτεύεται δὲ τὸ γογγύλιν, σεῦτλον, καὶ ἔντυβον, καὶ κάρδαμον, καὶ εὔζωμον, καὶ κράμβιν τὸ λευκοκράμβιν. 11 Μηνὶ Νοεμβρίῳ σπείρεται τίλις, καὶ μεταφυτεύεται γόγγυλα τῆς ἀγρίας, καὶ ἔντυβον ὄψιμον, καὶ σεῦτλον ἰδίως, καὶ μολόχιν ἰδίως· καὶ σπείρεται κολίανδρον. 12 Μηνὶ Δεκεμβρίῳ σπείρεται μαρούλλιν, καὶ πικρίδιν, πολύκλωνον, θριδάκιν, κωμωδιανόν.

Cap. 2. *Περὶ κηποποιΐας. Φλωρεντίνου.*

1 Τὸ τῆς κηποποιΐας χρῆμα ἀναγκαιότατόν ἐστι τῷ βίῳ. κῆπον τοιγαροῦν κατασκευαστέον καὶ πρὸς ὑγείαν, καὶ πρὸς τὰς ἐκ τῶν νόσων ἀναλήψεις, μὴ

---

(= σεπτεβρίω P?) M σεπτέβριος rep. rubr. mg. P ‖ 2 ἔντιβον M ἴντυβον P ‖ 3 γογγύλιον P ‖ 5 ἴντ. M ‖ 6 κορίανον M ‖ 8 κωμοδ. F κωμωδ. H ‖ 9 θριδάκη M ‖ δὲ γογγύλη M δὲ γογγύλιν· ἴντυβον P ‖ 10 καὶ in hac § semper om. MP ‖ 11 τῆλις M τήλϊς H ‖ 12 γογγῦ (λ suprascr.) (= γογγύλιν P) M ‖ ἴντ. P ‖ 13 ὄψ.· σεῦτλον ἰδ καὶ μολόχη M ‖ 14 κορΐανν (ον suprascr.):- M κορίανον P ‖ δcu ϛ' (ε, v suprascr./subscr.) (= δεκεβρίω P) M δεκέβριος mg. rep. P ‖ 15 μαρούλιν F μαρούλλιν H μαροῦ (λλ' suprascr.) M μαροῦλιν P ‖ θριδάκη M ‖ 17 κηποποιήας L ‖ φλωρ. p. t. M om. L ‖ 18 κηποιίασ L ‖ ἐστὶν L ‖ 19 κατασκε|υαστέον L ‖ 20 ἐκ om. LP.

*πόῤῥω τῶν οἴκων, ἀλλ' ἐκ τοῦ πλησίον, ὥστε καὶ τὴν ἀπὸ τῆς θέας παρέχειν τέρψιν, καὶ τὸ ἀπὸ τῆς εὐπνοίας ἥδιστον·* 2 *μὴ κατὰ ἄνεμον τῶν ἀλωνίων κείμενον, ἵνα μὴ ἀπὸ τῆς ἄχνης φθείρηται τὰ φυτά.* 3 *δεῖ δὲ τὸν φιλοτιμησάμενον περὶ τὴν τῶν λαχάνων φυτείαν, πρόνοιαν ποιεῖσθαι σπερμάτων καλῶν, γῆς ἐπιτηδείας, ὕδατος, κόπρου.* 4 *τὰ μὲν γὰρ καλὰ σπέρματα ὅμοια τὰ ἐξ αὐτῶν ἐσόμενα ποιήσει. ἡ δὲ ἐπιτηδεία γῆ καὶ γονίμη τὸ δοθὲν φυλάξει. τὸ δὲ ὕδωρ διὰ τῆς τροφῆς μείζονα τὰ λάχανα ποιήσει. ἡ δὲ κόπρος χαυνοτέραν ἐργάζεται τὴν γῆν, ὥστε ῥαδίως αὐτὴν ὑποδέχεσθαι τὸ ὕδωρ, ἵνα καὶ ταῖς ῥίζαις διαμερίσῃ, καὶ τὸ φυτὸν ἐκπέμψῃ ἔξω.*

### Cap. 3. *Περὶ γῆς ἁρμοζούσης λαχάνοις.* *Διδύμου.*

**1** *Γῆ κηπεύεσθαι ἀρίστη, ἡ μήτε ἀργιλλώδης, μήτε λίαν τραχεῖα, μήτε τῷ θέρει εἰς μεγάλα χάσματα ῥηγνυμένη.* 2 *ἥ τε γὰρ ἀργιλλώδης, χειμῶνος μὲν πηγνυμένη, θέρους δὲ ξηραινομένη, πάντα τὰ ἐμπεφυκότα ἀπόλλυσιν, ἢ ἀσθενῆ καὶ λεπτὰ ποιεῖ. μόλις δ' ἂν γένοιτο ἡ ἀργιλλώδης ἐπιτηδεία, εἰ ἐξ ἴσου αὐτῇ κόπρος μιγῇ. ἡ δὲ εἰς χάσματα διϊσταμένη, παντελῶς ἄχρηστος.* 3 *ἥ τε τραχεῖα οὔτε ἀνατρέφειν, οὔτε στέγειν ὕδωρ δύναται. εἰσὶ δὲ ὀλίγοι τόποι*

---

3 *μὴ* v. c. L ‖ 4 *κειμένων* F *κείμ*\ͅ. (= *κείμενον* LP) M ‖ *σπείρηται* M *φθείρεται* H ‖ 5 *δεῖ* v. c. L ‖ *φιλοτιμούμενον περὶ λαχ. φυτ.* L ‖ 7 *τὰ μὲν* v. c. L ‖ 8 *φυόμενα* L ‖ *ἐπιτηδία καὶ* L ‖ 12 *ταῖς ῥίζαις τοῦτο διαμερίσει, καὶ τὸ φύλλον* L ‖ 14 c. 3 om. L ‖ 15 *διδ.* p. t. M ‖ 18 *ἥ τε — πηγνυμένη* om. H ‖ 21 *εἰ* om. P ‖ 24 *εἰσὶν* F *-σὶ* H.

*τραχεῖς καὶ ψαμμώδεις εὐλάχανοι, οἳ πολὺ δηλονότι τῆς ἰλύος ἔχουσιν, ἀφ᾿ ἧς αἱ ῥίζαι τρέφονται.* 4 *διὸ καὶ εὐκόλως ἂν καταλάβοις τὴν ἐπιτηδείαν λαχάνοις γῆν. ταύτην γὰρ λύσας ὕδατι καὶ πλύνας, ἐὰν μὲν εὕρῃς τὸ ἰλυῶδες πλέον ἔχουσαν, γόνιμον καὶ ἀγαθὴν λαχάνοις δοκιμάσεις. ἐὰν δὲ τὸ ὑδατῶδες πλέον ἔχῃ, λαχάνοις οὐκ ἀγαθή.* 5 *κἀκείνην δέ, ἣν ἂν ὥσπερ κηρὸν τῇ χειρὶ μαλάσσων σφόδρα κολλώδη εὕροις, ἀνεπιτηδείαν λαχάνοις δοκίμαζε.*

Cap. 4. *Ποία κόπρος ἐπιτηδεία λαχάνοις.*
*Τοῦ Αὐτοῦ.*

**1** *Βελτίων κόπρος πάντων τοῖς λαχάνοις τέφρα, λεπτοτάτη γὰρ οὖσα, καὶ φύσει θερμή, ἀποκτενεῖ τὰς ψύλλας καὶ τοὺς σκώληκας, καὶ τὰ τοιαῦτα θηρία.* 2 *Δευτέρα κόπρος ἡ τῶν περιστερῶν, καὶ αὐτὴ δυναμένη θηρίον ἀποκτεῖναι, κἂν ὀλίγον δὲ ἐξ αὐτῆς καταβληθῇ, τὸ αὐτὸ δράσει, ὅπερ ἄλλης τὸ πλῆθος.* 3 *Τινὲς δὲ τὴν ὀνείαν κόπρον προκρίνουσι τῆς τῶν περιστερῶν, ὡς γλυκύτερα ποιοῦσαν τὰ λάχανα.* 4 *Καλλίστη κόπρος καὶ ἡ αἰγεία, τὰ αὐτὰ ταῖς ῥηθείσαις παρέχειν δυναμένη.* 5 *ἐν ἀπορίᾳ δὲ χρηστέον τῇ ἑτέρᾳ κόπρῳ, μὴ μέντοι νεαρᾷ· θηρίων γάρ ἐστι γεννητική, ἀλλ᾿ ἔστω ἐνιαυσιαία, πολλάκις μεταβληθεῖσα δικέλλαις.*

---

1 οἳ* πολὺ: ὃ πολὺ F ὃ | πολλοὶ H οἱ πολὺ M ‖ 3 εὐλόγως H ‖ καταλάβῃς HP ‖ 11 τοῦ αὐτοῦ p. t. L om. M ‖ 13 λεπτωτ. L ‖ ἀποκτείνῃ L ‖ 14 σκώλυκας L ‖ 15 Δεύτερος L ‖ 16 ἐξ αὐτῶν M ‖ 17 ὅπερ bis sed 1. m. del. M recte P ‖ 17 ἄλλως M ‖ 20 Καλλήστη L ‖ τὰ τοιαῦτα τοῖς προειρημένοις FM ‖ 21 ἐν v. c. L.

Cap. 5. *Πῶς δυνατὸν λάχανα παντοῖα ἐν ἀνύδροις τόποις ἔχειν. Οὐινδανιωνίου.*

**1** *Ἐπιλεξάμενος ὅσον θέλεις διάστημα γῆς, κατορύξας τοῦτο ἐπὶ ποδιαῖον ἢ ἐπὶ πηχυαῖον βάθος, καὶ τὴν ὀρυττομένην γῆν ἀφελών, λαβὼν κεραμίδας καὶ ταύτας καταστρώσας κατὰ τοῦ σκαφέντος τόπου, ἐπίβαλε γῆν καθαρὰν καὶ σεσησμένην μετὰ κόπρου ξηροτάτης, καὶ οὕτως φύτευσον ἢ σπεῖρον τὰ λάχανα.* **2** *Τινὲς δὲ ἀντὶ τῶν κεραμίδων, μετὰ τὸ κατορύξαι τὸν τόπον, ὁμαλίζουσιν αὐτὸν κονιάματι, ἤγουν στακτῇ, καθάπερ τὰς ληνούς, καὶ τότε τὴν γῆν καὶ τὴν κόπρον ἐπιβάλλουσι, καὶ κηπεύουσιν.* **3** *εἴτε δὲ κονιάματι, εἴτε κεραμίσι τις κέχρηται, ἐπιμελεῖσθαι χρὴ καὶ τῶν περιλαμβανόντων τὸ ὄρυγμα τοίχων, καὶ ἀσφαλίζεσθαι τούτους ὁμοίως κονιάματι, ἢ διὰ τῶν κεραμίδων, ὥστε μηδαμόθεν δύνασθαι τὸ ἐπιβαλλόμενον εἰς ἀρδείαν ὕδωρ διαχεῖσθαι.* **4** *τοῦτο δὲ ποιήσαντες, κηπεύουσι πάντα ὁμοίως, ὡς ἐν τοῖς ἐνύδροις τόποις, χειμῶνος μὲν ἀρκούμενοι τοῖς ὀμβρίοις ὕδασι, θέρους δὲ ἀρδεύοντες.* **5** *οὐ γὰρ πολλοῦ χρείαν ἔχουσιν ὕδατος, τῆς ὅλου τοῦ χειμῶνος νοτίας ἐν τῷ τόπῳ φυλαττομένης διὰ τῆς ἐπινοηθείσης ἀσφαλείας, καὶ οὐ διαδιδομένης εἰς τοὺς πλησιάζοντας τόπους.* **6** *Τινὲς δέ, ἀφθονίας οὐκ οὔσης ὑδάτων, δύο κήπους ποιοῦσιν, ἕνα μὲν χειμερινόν,*

---

1 c. 5 om. L ‖ 2 *οὐινδ.* p. t. HM om. P ‖ 4 *πηχιαῖον* M ‖ 5 *λα* 1. m. supra add. H *λαβὼν* item M *ἀφ. καὶ λαβὼν* P ‖ 6 *ἐπίβαλλε* M et altero *λ* eraso P ‖ 8 *οὕτως* per comp. M *οὕτω σπεῖρον ἢ φύτ.* P ‖ 9 *ὀρύξαι* M ‖ 12 *κηπεύουσι·* F *-σιν·* H ‖ 14 *τοῖχον* M *τοίχων* P ‖ 19 *ἀνύδροις* M *ἐνύδρ.* P ‖ 20 *πολλαχοῦ* M ‖ 21 *τῆς δ' ὅλου* F.

ὄμβροις βοηθούμενον, ἕτερον δὲ θερινόν, ἐν παλισκίῳ τόπῳ καὶ πρὸς ἄρκτον κειμένῳ.

Cap. 6. *Ὥστε κῆπον εὐθαλῆ εἶναι, καὶ εὐανθῆ.*
*Δημοκρίτου.*

*Εὐθαλὴς ἔσται κῆπος, εἰ λωτὸν κόψας καὶ ἐμβαλὼν εἰς ὕδωρ καταῤῥάνῃς, ἢ τίλιν τρίψας μετὰ ὕδατος, τὰς πρασιὰς ῥάνῃς· ἢ κρανίον ὄνου εἰς τὸ μέσον τοῦ κήπου ἀπόθοιο.*

Cap. 7. *Ἵνα τὰ λάχανα ψυλλόβρωτα μὴ γένηται, μηδὲ ὑπὸ φθειρῶν ἢ ὀρνέων ἀδικῆται.*
*Ἀνατολίου.*

1 *Οὐ γίνεται λάχανα ψυλλόβρωτα, ἐὰν τοῖς σπέρμασιν αὐτῶν ἐν τῷ σπείρειν ὀλίγον ὄροβον μίξῃς. μάλιστα δὲ τοῦτο ῥαφανίσι καὶ γογγυλίσι κατάλληλόν ἐστιν.* 2 *Ἄλλοι δὲ φυσικώτερον ποιοῦντες, εὔζωμον συσπείρουσιν, ἢ συμφυτεύουσι, καὶ μάλιστα κράμβαις. αὗται γὰρ μᾶλλον ὑπὸ τῶν ψυλλῶν βλάπτονται.* 3 *Εἰ δὲ βούλει μηδὲ ὑπὸ ἑτέρου τινὸς βλάπτεσθαι τὰ σπέρματα, χυλῷ ἀειζώου διάβρεχε ταῦτα, πρὶν σπαρῆναι.* 4 *Πάντα δὲ τὰ σπέρματα, τά τε κηπαῖα καὶ ἀρουραῖα,*

---

1 *πανσκίω* M ‖ 4 *δημ.* p. t. LM om. P ‖ 6 *καταράνης* per comp. M *καταρράνης* P *καταῤῥάνοις* FL ‖ *τήλϊν* H *τίλην* L *τῆλιν* M ‖ 7 *ράνησ* (sic!) F *ῥά|νοις* H *ῥάνης* p. c. M *ῥανήσησ* L ‖ 8 *ἀπόθου* L *ἢ κρανίον — ἀπόθοιο* om. P ‖ 9 *ἵνα — ἀδικῆται* atram. scr. L quasi pars essent c. 6 ‖ *ψυλλόβροτα* et *φθηρῶν* L ‖ *γίνηται* F *γέν.* H ‖ 11 *ἀνατ.* p. t. M om. L ‖ 12 *Οὐ γίν.* et *ψυλλόβροτα* v. c. L ‖ 13 *ἤρϊυον* L ‖ 14 *δὲ τοῦτο* om. M ‖ *γογγυλίσει* L ‖ 15 *φυσικότ.* L ‖ 16 *σπείρουσιν* HM ‖ 17 *ψύλλων* FLM *ψυλλῶν* P ‖ 18 *ἑταίρου* L ‖ 20 *πάντα* versu continuo L ‖ *κήπι* (superscr. *α*) L.

*ἀπὸ παντὸς θηρίου ἀκέραια φυλάξεις, ἐὰν ταῦτα προβρέχων εἰς χυλὸν κεκομμένης ἀγρίου σικύου ῥίζης σπείρῃς.* 5 *Ἄβρωτα δὲ μένει τὰ λάχανα, ἐὰν εἰς ταβλίον χελώνης αὐτὰ σπείρῃς.*

## Cap. 8. *Κάμπας ἐν λαχάνοις ἢ δένδροις μὴ εἶναι. Ἀπουληΐου.*

1 *Κονίαν ἀμπελίνην βάλε εἰς ὕδωρ ἡμέρας γ΄ καὶ κατάῤῥαινε τὰ λάχανα, ἢ ἄσφαλτον καὶ θεῖον ἄπυρον ὑποκάπνιζε τὰ δένδρα, ἢ τὰ λάχανα.* 2 *ὁμοίως οὐκ ἔσονται κάμπαι, ἐὰν τὸ σπέρμα προβρέξῃς εἰς κονίαν, ἤγουν στακτὴν ἐκ συκίνης τέφρας, καὶ οὕτως σπείρῃς.* 3 *τὰς δὲ οὔσας κάμπας διαφθερεῖς, οὖρον καὶ ἀμόργην ἐξ ἴσου μίξας, καὶ ζέσας εἰς πῦρ, ἔπειτα ψύξας, καὶ οὕτως ἐπιῤῥαίνων τὰ λάχανα.* 4 *Εἰ δὲ καὶ ἑτέρου κήπου κάμπας λαβών, καὶ ἐν ὕδατι ἑψήσας σὺν ἀνήθῳ, καὶ ψύξας ἐπιῤῥάνῃς τοῖς λαχάνοις, ὀλέσεις τὰς οὔσας κάμπας.* 5 *Τινὲς δέ, ὅταν κάμπαι πολλαὶ ὦσι, γυναῖκα καθαιρομένην εἰσάγουσιν εἰς τὸν κῆπον, ἀνυπόδετον, λυσίτριχα, ἓν μόνον ἐνδεδυμένην ἱμάτιον, καὶ μηδὲν ἄλλο ὅλως ἔχουσαν, μήτε περίζωμα, μήτε*

---

2 *ἀγροίου* L ‖ *συκῆς* F *σικύου* H ‖ 4 *ταυλὶν*| FM *ταύ*|*λιν* H *ταυλύον* L § 5 om. P ܠܛܒܠܐ| ܕܪܫܝܡ ܥܠܘܗܝ [ܗܘܐ] ܣܢܘܢܝܬܐ (*ταβλίον, ἐν ᾧ γέγραπται χελιδών*?) S XII 8 ‖ 6 *ἀπουλ.* p. t. M om. LP ‖ 7 *ἀμπελήνην* L ‖ *βάλλε* uno *λ* eraso P ‖ 8 *ἄπειρον* L ‖ 10 *κάμπαι* (*αι* in ras. 2. m.) F ut ed. H ‖ *ἐὰν εἰς τὸ σπ.* FL *ἐὰν εἰς τὸ βρέγμα* H *ἐὰν εἰσ* . . . (ras.?) *ἔρμα*| M ‖ *προβρέξῃς κον.* FM *προβρέξεισ κον.* M § 2 om. P ‖ 11 *συκήνησ* L ‖ *οὕτω* M ‖ 13 *εἶτα ψύσασ* M *εἶτα ψύξας* P ‖ 14 *οὕτως* per comp. M ‖ 15 *ἐν* om. M §§ 4—6 om. P ‖ 16 *ἀνίθω* L ‖ *ἐπιράνης* F *ῥάνης* H ‖ 17 *δὲ* in ras. 1. m. ex *ὅταν* H ‖ 19 *ἀνυπόδητον* L ‖ *λυσῖκομον· ἓν μ. ἐνδεδυμ*, (= *μένη*) M.

*ἕτερόν τι.* 6 *αὕτη γὰρ ἐν τούτῳ τῷ σχήματι τρὶς περιελθοῦσα τὸν κῆπον, καὶ διὰ μέσου ἐξελθοῦσα, εὐθέως ποιήσει ἀφανεῖς τὰς κάμπας.* 7 *καὶ μύκητας δὲ τοὺς ὑπὸ ταῖς καρύαις φυομένους θυμιῶν, ἀποκτενεῖς αὐτάς.* 8 *ἢ νυκτερίδος κόπρον καὶ τὰ τῶν σκόρδων ξύλα χωρὶς τῶν κεφαλῶν θυμιάζων, ὡς τὴν ἀτμίδα εἰς ὅλον τὸν κῆπον περιελθεῖν.*

Cap. 9. *Πῶς ἔστι πρασοκουρίδας διαφθεῖραι. Διοφάνους.*

1 *Κοιλίαν προβάτου νεαράν, πλήρη τῆς κόπρου καὶ ἄπλυτον, κατάχωσον μὴ ἐν βάθει, ἀλλ' ἐπιπολῆς. εὑρήσεις γὰρ πεπληρωμένην τῶν πρασοκουρίδων αὐτήν.* 2 *εἰ δὲ καὶ δεύτερον ποιήσεις τὸ αὐτό, πάσας συνάξεις, καὶ οὕτως λαβὼν διαφθερεῖς. φιλόκοπρον γὰρ ὂν τὸ ζῶον, [καὶ ἀεὶ ἐν κόπρῳ ὄν,] οὕτω ταχέως θηραθήσεται.*

Cap. 10. *Τί παρασπειρόμενον ὠφελεῖ τὰ λάχανα. Φρόντωνος.*

*Πάντα τὰ λάχανα ὠφελεῖ καθόλου εὔζωμον τούτοις παρασπειρόμενον.*

---

1 *ἐν* om. FM *ἔχουσαν — τούτῳ* om. H ‖ *τοῦτο* et *τρεῖσ* L ‖ 4 post *καρέαισ* om. *φυομ.* sed rubr. mg. suppl. L ‖ 6 *σκορόδων* M ‖ *θυμιῶν* L ‖ 7 *ὅλον κ.* M *ὅλον τὸν κ.* P ‖ 8 *ἐστὶν* F *ἔστι* HLM ‖ *διαφθεῖρε* F *-ραι* H ‖ 9 *διοφ.* om. LM ‖ 13 *εἰ* v. c. L ‖ *καὶ* om. M ‖ 14 *συνάξειας* F ‖ *οὕτως* per comp. M *οὕτω* P ‖ 15 [*καὶ ἀεὶ ἐν κόπρῳ ὂν*] om. S XII 6; videntur esse glossema ‖ 17 c. 10 om. LP ‖ 18 *φρόντ.* om. M *φλωρεντίνου*: H.

Cap. 11. *Πρὸς τὸ κηπουρὸν ἀδικῆσαι.*
*Ἀφρικανοῦ.*

*Χηνῶν ἀφόδευμα ἅλμῃ λύσας ῥαῖνε τὰ λάχανα.*

Cap. 12. *Περὶ μαλάχης, καὶ τῆς ἐξ αὐτῆς πρὸς διάφορα πάθη θεραπείας. Δαμηγέροντος.*

**1** *Μαλάχη ἑκζεσθεῖσα, καὶ καθ' ἑαυτὴν ἐσθιομένη, βράγχον παύει· σὺν ἐλαίῳ δὲ καὶ γάρῳ ἐσθιομένη, γαστέρα λύειν δύναται.* **2** *τὰ φύλλα αὐτῆς τριφθέντα μετὰ φύλλων ἰτέας ἐμπλάστρου πάσης εἰσὶ χρησιμώτερα. φλεγμᾶναί τε γὰρ οὐκ ἐᾷ καὶ ἵστησι τὸ αἷμα, καὶ συνουλοῖ τὸ πρόσφατον τραῦμα, καὶ στρέμματα δὲ καὶ θλάσματα ἰάσεται.* **3** *φαλαγγίων δὲ καὶ ἑρπετῶν πληγὰς ἰάσεται, εἰ κρόμυα καὶ πράσα λειώσας μίξεις τοῖς φύλλοις τῆς μαλάχης, καὶ ἐπιθήσεις.* **4** *τῷ δὲ τῆς ἀγρίας μαλάχης χυλῷ εἴ τις χρίσαιτο σὺν ἐλαίῳ, οὔτε ὑπὸ σφηκῶν πληγήσεται, καὶ τὸν*

---

1 ╥ *κηπ.* F *προστοκηπουρον* sine acc. F i. c. *πρὸς κηπ.* H *πρὸς τὸ κ.* L *πρὸς τὸ κηπωρὸν* MM i. c. ‖ 2 *ἀφρ.* p. t. ML mg. H om. F ‖ 3 *ῥᾶνε* L ‖ 4 *τῆς* F i. c. *τὰ* F ‖ 4 *πρὸς* MM i. c. *περὶ* FL et per comp. F i. c. ‖ 5 *διαφόρων παθῶν* F ut ed. F i. c. et H ‖ *δαμηγ.* p. t. L om. M ‖ 6 *ἐκζεθεῖσα* F ‖ *καὶ* om. FL ‖ 7 *βράχ* (γ supra) M *βράγχη* P ‖ 8 totum caput v. c. L ‖ *αὐτῶν* F *αὐτῆς* L et per comp. M *τὰ φύλλα — τραῦμα καὶ* et *δὲ* om. P ‖ *τριβέντα μετὰ φῦ* . . . . . (digiti spatio omisso) *πλάστρου* M ‖ 10 *φλεγ-|μάναι τὲ*; litterae inde a *μ̈* m. 1. in ras. scriptae m. rec. (?) in mg. rubro repetuntur H *φλεγμάναῦ* (= *ναντα*) . . . . (2 digg. sp. om.) *ἵστησι* M ‖ 11 *στρέματα* altera lit. *μ.* supra add. 1. m. H qui in his capp. mendis scatet, *τὸ προσφ τραυματ* . . . (dig. sp. om.) *στρέμματα* M ‖ 12 *ἰᾶται* M ‖ *φαλ. τὲ καὶ* L ‖ 13 *κρόμμυνα* P ut semper ‖ 14 *μίξησ* M *-εις* P ‖ *φύλοις* per comp. L ‖ 15 *ἀγροίασ* L ‖ *τϊ* M *τις* P ‖ *χρήσαιτο* HM *χρίσ.* P ‖ 16 *σφικῶν* F *σφη.* H.

φθάσαντα δὲ πληγῆναι ὁ χυλὸς ἰᾶται. καὶ τὰ φύλλα δὲ τῆς μαλάχης συγκοπέντα, καὶ ἐπιτιθέμενα, ἰᾶται τὸν πληγέντα. 5 Ὁμοίως θεραπεύει μαλάχη χριομένη λειχῆνας, καὶ τὰ κρυπτὰ πάθη γυναικῶν. 6 ὁ δὲ χυλὸς αὐτῆς ἐνσταζόμενος τοῖς ὠσὶ παύει τὴν ὠταλγίαν. πινόμενος δὲ μετὰ μέλιτος ἰᾶται τοὺς ἡπατικούς, καὶ ἀνανήφειν ποιεῖ τοὺς ἐπιληπτικούς. ὁμοίως ὁ ταύτης χυλὸς ἰᾶται νεφριτικούς, καὶ τοὺς ἰσχιαδικούς. 7 τὸ δὲ ζέμα αὐτῆς πινόμενον θεραπεύει δυσουρίαν, καὶ χρήσιμός ἐστι πρὸς δυστοκίαν.

Cap. 13. *Περὶ θρίδακος, καὶ τῆς ἐξ αὐτῆς θεραπείας, καὶ πῶς ἔστιν αὐτὴν λευκὴν καὶ εὐειδῆ γενέσθαι. Φλωρεντίνου.*

1 Θρίδαξ ὑγρὸν καὶ ψυχρόν ἐστι λάχανον, διὰ τοῦτο πρὸς τὰς πυρώδεις φλεγμονὰς ἁρμόζει. 2 ἔστι δὲ ἄδιψον ἔδεσμα, καὶ ὑπνωτικόν, ἔστι δὲ καὶ γάλακτος προτρεπτικόν. ἑψηθεῖσα δὲ γίνεται τροφιμωτέρα, συνουσίας τε ἀποτρέπει, ὅθεν οἱ Πυθαγόρειοι εὐνοῦχον αὐτὴν καλοῦσιν, αἱ δὲ γυναῖκες ἀστυτίδα. 3 Εἰ δὲ βούλει καὶ εὐειδεῖς ἔχειν τὰς θριδακίνας, πρὸ δύο ἡμερῶν τοῦ μέλλειν ἀφαιρεῖσθαι αὐτάς, τὰς κόμας αὐτῶν, τουτέστι τὸ ἄνωθεν μέρος, δῆσον. οὕτω γὰρ

---

3 τὰ πληγέντα M ‖ θεραπεύειν L ‖ 7 ποιῆ L ‖ 8 ἰσχιακοὺς M ‖ 9 τὸ γὰρ L ‖ 10 δυσεντερίαν L ‖ χρησιμόσ F χρήσιμός H, quod suadent verba Simeonis Sethi s. v. μαλάχη: λέγεται δὲ ὡς . τὸ ταύτης ἀπόζεμα ~ ἐπάγει καὶ εὐτοκίαν αὕτη περιποιεῖται; χρήσιμον LM; et folia et sucum adhibet Plin. N. H. XX c. 21 ‖ 11 Ἥ (= ἤτοι?) μαρ ἀλλῃ +. m. rec. atram. mg. L ‖ 12 θεραπίας· L ‖ 13 φλωρ. om. M p. t. L ‖ 15 ἔστι v. c. L ‖ 18 τε om. FM ‖ πηθαγόροι L πυθαγόριοι H ‖ 19 ἀστυτίδα Needh. ἀστύδα FM ἄτυδα L ‖ εἰ δὲ βούλη v. c. L.

*λευκαὶ καὶ εὐειδεῖς ἔσονται. λευκαίνει δὲ αὐτὰς καὶ ψάμμος ἄνωθεν καταχεομένη.* 4 *Ἡ θριδακίνη ὀρέξεως τροφῆς ἐστιν αἰτία, φλέγμα λύει, ἀφροδίσια ἐπέχει, μετὰ οἴνου γλυκέος ἢ ὄξους ληφθεῖσα χολὴν κίρνησιν. ὑποχόνδρια μετὰ ὑσσώπου καὶ ὄξους ὀνίνησιν. ἑψηθεῖσα δὲ ἐν ῥοδίνῳ, καὶ δοθεῖσα, χολέραν παύει.* 5 *Ὁ δὲ ὀπὸς αὐτῆς σπλάγχνα οἰδαίνοντα καταστέλλει. μετὰ δὲ γυναικείου γάλακτος ἐπιχρισθεῖσα ἐρυσιπέλατι ὑγείαν παρέξει.* 6 *Τὸ σπέρμα αὐτῆς τριφθὲν καὶ ποθὲν σκορπιοδήκτους ἰᾶται. θώρακα πεπονθότα ὠφελεῖ. ὕπνον ἐπιφέρει τοῖς μὲν ὑγιαίνουσιν ἐσθιομένη, τοῖς δὲ νοσοῦσιν, ὑποτιθεμένη ἀγνοοῦσι, καὶ μάλιστα, εἴ τις τὴν θρίδακα τῇ ἀριστερᾷ χειρὶ αὐτόῤῥιζον πρὸ ἀνατολῆς ἡλίου λαβὼν ἐκ τῆς γῆς θείη λάθρα ὑπὸ τὰ στρώματα τοῦ κάμνοντος.* 7 *Καὶ ὁ χυλός δὲ ταύτης ἐπιχριόμενος τῷ μετώπῳ τοῦ ἀῤῥώστου ὕπνον αὐτῷ ἐπάξει.* 8 *Εἰ δὲ βούλει θρίδακας ποιῆσαι φιαλωτὰς καὶ πολυφύλλους, καὶ μὴ ἐκκαυλεῖν, ἀλλὰ χαμαιζήλους εἶναι, μεταφυτεύσας αὐτὰς πότιζε.* 9 *ὅταν δὲ μέγεθος παλαιστιαῖον ἔχωσι, περιορύξας αὐτάς, ὥστε φαίνεσθαι τὰς ῥίζας, περίπλασσε κόπρῳ βοείᾳ νεαρᾷ, καὶ προσχώσας, εὐθὺς ἄρδευε.* 10 *ὅταν δὲ αὐξηθῶσιν, ἐπίσχισον τὸν βλαστὸν ὀξυτάτῳ σιδήρῳ, καὶ ἐπίθες ὄστρακον ἀπίσσωτον, ὅπως εἰς τὸ*

---

2 *Ἡ θρ.* versu continuo L ‖ 4 *κίρνϊσῖ* L ‖ 7 *ὁ δὲ* v. c. L ‖ 8 *γυναικίου* L ‖ 9 *τὸ σπέρμα* v. c. L ‖ 10 *σκορπιοδίκτους* L ‖ inter *θωρακ* (sic) et *ὠφ.* unius et dimidii digiti sp. om. M *πεπονθ.* om. P ‖ 11 inter *ἐσθιομένη* et *ὑποτιθ.* 2 dd. sp. om. M *τοῖς μὲν ὑγ. — κάμνοντος* om. P ‖ 13 *Εἴ τησ τὴν* v. c. L ‖ *αὐτόριζον* L ‖ 15 omnia deinceps usque ad § 12 v. c. L ‖ 20 *ἔχωσιν* F *-σι* H ‖ 21 *περίπλασαι κ. βοῖα* L ‖ 23 *ἐπίσχισον* Needh. *ἐπίχωσον* FM *ἐπίκοψον* L §§ 8—10 om. P.

πλάτος τὴν αὔξησιν, καὶ μὴ εἰς τὸ μῆκος λαμβάνωσιν. **11** Ἡ δὲ θρίδαξ συνεχῶς ἐσθιομένη ἀμβλυωπίας ἐπέχει, καὶ ὀξυδορκίαν ἐργάζεται, καὶ μάλιστα εἰ γλυκεῖα εἴη. καὶ πολλαὶ μὲν ἐσθιόμεναι λύουσι γαστέρα, ὀλίγαι δὲ ἱστᾶσι, καὶ κόρυζαν παραμυθοῦνται. **12** οὐ ξενίσει δὲ τοὺς ἐν ἀποδημίᾳ τῶν ὑδάτων ἡ ποικιλία, ἐὰν νηστικοὶ προεσθίωσιν αὐτήν. οὔτε δὲ μέθης τις πειραθήσεται, προφαγὼν αὐτῆς. **13** ἡ δὲ θρίδαξ εὐώδης γίνεται, κιτρίου σπέρματος ἐντιθεμένου τῷ σπέρματι, καὶ οὕτως σπειρομένου. **14** τὸ σπέρμα πινόμενον ἐπέχει γονόῤῥοιαν, διὸ καὶ τοῖς συνεχῶς ὀνειρώττουσι δίδοται. **15** καὶ αὐτὰ δὲ τὰ φύλλα τῆς θρίδακος ε΄ ἢ γ΄ ἢ ἕν, ὕπνον ἐπάξει τῷ κάμνοντι, τιθέμενα κρύφα ὑπὸ τὴν τύλην, ὥστε τὰ μὲν ἀπεσπασμένα ἀπὸ τοῦ καυλοῦ πρὸς τοὺς πόδας ὁρᾶν, τὰ δὲ ἄνω βλέποντα πρὸς τὴν κεφαλήν.

Cap. 14. Ὥστε θρίδακα ἔχειν ἐν ἑαυτῇ σέλινον, καὶ εὔζωμον, καὶ ὤκιμον, καὶ τὰ τοιαῦτα, ἀπὸ τῆς αὐτῆς ῥίζης. *Διδύμου.*

**1** *Αἰγὸς* ἢ προβάτου λαβὼν τὴν κόπρον, καίτοι μικρὰν οὖσαν τρυπήσας, κένωσον εὐφυῶς, καὶ ἔνθες τὰ σπέρματα εἰς τὸ κενωθὲν πυκνῶς τῶν προειρημένων, ἢ ὧν βούλει σπερμάτων, καὶ εἰς βάθος μὴ

---

2 ἐσθιωμ. L ‖ 5 ἱστῶσι LP ‖ 7 νῆς̈ (= νῆστις?) M § 12 om. P ‖ προεσθίουσιν L ‖ Ὄντε v. c. L ‖ τις om. L ‖ 8 omnia deinceps v. c. L ‖ 10 οὔτως per comp. M § 13 om. P ‖ σπειρομένη L ‖ 11 διότι et m. rec.? supra add. οἷς F δι᾽ ὃ συν. H καὶ om. M ‖ 12 ἰνειρώττ. L ‖ δὲ om. FM § 15 om. P ‖ 13 πέντε ἢ τρία H ‖ ά M ‖ 14 τήλϊν H κλίνην L ‖ 17 c. 14 om. P ‖ σέλημον L ‖ 19 διδ. p. t. LM ‖ 20 post κόπρον· m. rec.?: + F nihil H ‖ 22 πυκνῶς om. L.

ἔλαττον παλαιστῶν δύο κατάθου, προϋποπάσας ἁπαλὴν κόπρον, καὶ ἀραιὰν διαθείς, ἔπειτα λεπτὴν γῆν ἐπιχώσας ἄρδευε ἠρεμαίως ὕδατι, καὶ ἐκφυὲν τὸ σπέρμα κατάῤῥαινε, συνεχῶς ἐπιπάσσων κόπρον· καὶ ὅταν εἰς καυλὸν αὐξηθῇ, ἐπιμελοῦ πολλῷ μᾶλλον, καὶ ἔσται θρίδαξ τῶν συνεμβληθέντων σπερμάτων συμφυής. 2 Οἱ δὲ συνθλῶντες β′ ἢ γ′ αἰγῶν ἢ προβάτων κόπρους, τοὺς καλουμένους σπυράθους, καὶ ἀναμίξαντες αὐτοῖς τὰ σπέρματα εἰς ὀθόνιον ἐμβάλλουσι, καὶ καταδήσαντες κατορύττουσι, καὶ τὴν ἄλλην ποιήσαντες ἐπιμέλειαν, ἔχουσι τὴν θρίδακα πολυειδῆ.

## Cap. 15. *Περὶ σεύτλων, καὶ πῶς ἔστιν αὐτὰ μεγάλα ποιῆσαι. Σωτίωνος.*

1 *Εἰ* θέλεις μείζονα καὶ λευκότερα ποιῆσαι τὰ σεῦτλα, τὰς ῥίζας αὐτῶν βολβίτῳ νεαρῷ ἐπίπλασσε, καί, ὥσπερ ἐπὶ τῶν πράσων, σχίσας τὸν βλαστόν, λίθον πλατὺν ἢ ὄστρακον ἐπίθες. 2 Τὰ σεῦτλα σμηκτικῆς ὄντα δυνάμεως γαστέρα ἐκμαλάσσειν πέφυκεν, ἀπὸ ζέματος μετὰ ἐλαίου καὶ γάρου καὶ ὀλίγου νίτρου ἐσθιόμενα. 3 Ὁ δὲ χυλὸς τῶν ὠμῶν σεύτλων τὰ πίτυρα καὶ ἑρπετὰ τὰ ἐν τῇ κεφαλῇ γινόμενα θεραπεύειν δύναται. 4 μιγνύμενος δὲ ὁ χυλὸς τοῦ

3 ἠρεμίωσ. L ‖ 4 κατάρρεναι L ‖ 5 αὐξινθῇ L ‖ πολλὰ L ‖ 7 οἱ δὲ v. c. L ‖ τριῶν F γ′ HM δύο ἢ τρεῖσ αἰ(haec in ras. 1. m.?)γῶν L ‖ κόπρον FM ܟܘܪ̈ܐ ܕܥ̈ܙܐ ܐܘ ܕܒܥܝܪܐ ܬܪ̈ܝܢ ܐܘ ܬܠܬܐ S XII 10 ‖ 8 σπυράθους Needh. πυράθους codd. ‖ 9 ἐμβάλλουσιν F ‖ καταδύσαντεσ L ‖ 10 κατορύττουσιν F -σι H ‖ 12 κε. νδ′ mg. L ‖ 13 σωτ. p. t. LM ‖ 14 θέλησ et λευκὰ L ‖ 15 βολβήτω F ut ed. H ‖ ἐπίπλασε L ‖ 16 πράσσων σχήσασ L pro πρ.: θριδάκων*? ut in lactucis Plin. N. H. XX 8, 4. Porris lapis non imponitur, sed supponitur cf. c. 29, 2 ‖ 18 σμικτ. HL ‖ μαλάςσειν L ἐκμαλάσσουσιν πέφυκεν F -σῖ· πέφυκε H.

σεύτλου ἅμα κηρῷ, καὶ λυόμενος, καὶ μετὰ πανίου ἐπιτιθέμενος, πάντα ⟨τὰ⟩ σκληρὰ καὶ οἰδαίνοντα πάθη θεραπεύει. ἀλφοὺς δὲ καὶ ἀλωπεκίας ὁμοίως ἴᾶται.

Cap. 16. *Περὶ διαφόρων λαχάνων, καὶ τῆς ἐξ αὐτῶν θεραπείας. Βάρωνος.*

1 Θεραπείας ἤδη πρώην ἑρμηνεύων τὰ ἐν τῷ ἀλεξικήπῳ τοῦ σοφωτάτου Νέστορος ἔπη καὶ ἐλεγεῖα, τελεώτερον συνέγραψα. 2 κἀνταῦθα δὲ μνήμην ποιούμενος διαφόρων λαχάνων, ἀναγκαῖον ᾠήθην, μάλιστα διὰ τὴν τῶν γεωργῶν χρείαν, καὶ τὰς ἐξ αὐτῶν συνθεῖναι θεραπείας.

Cap. 17. *Περὶ κράμβης, καὶ τῆς ἐξ αὐτῆς θεραπείας. Παξάμου.*

1 Εἰδέναι χρή, ὅτι τὴν κράμβην ἐν ἁλμυρῷ τόπῳ σπείρειν προσήκει. διὸ χρὴ τριφύλλῳ ταύτῃ γινομένῃ νίτρον λεῖον ἢ ἁλμυρίδα γῆν διὰ κοσκίνου κατασησθεῖσαν πάσσειν, ὡς δοκεῖν αὐτὴν πεπαχνῶσθαι. τούτῳ γὰρ τῷ τρόπῳ καὶ ἐψανωτέρα γίνεται. τινὲς δὲ ἀντὶ τοῦ νίτρου τῇ τέφρᾳ χρῶνται, καὶ διὰ τὸ τὰς κάμπας ἀνελεῖν. 2 Κράμβη δὲ ἔλαττον ἑψηθεῖσα, καὶ ἐσθιομένη, λύει γαστέρα, ἐπὶ πλέον ἑψηθεῖσα, ἐπέχει. 3 Μάθε δὲ καὶ τὰς ἀπὸ τῆς κράμβης θεραπείας.

---

1 *δυόμενος* FM ‖ 2 ⟨*τὰ*⟩* ‖ 3 *ἀλφ. δὲ ἀλωπ.* M ut ed. P *ἀλφούσ τε καὶ ἀλ.* L ‖ 4 c. 16 om. LP ‖ 5 *βάρ.* p. t. M om. H ‖ 11 *συνθέναι* F ‖ 12 *κε. ν͠ε* mg. L ‖ 13 *παξ.* p. t. LM om. P ‖ 14 *'Ιδέναι* L ‖ *δὲ* add. HP ‖ 15 *γενομ.* L *ταύτ(ην) γινομένην* per comp. M ut ed. P ‖ 16 *νίτρω λίω* L ‖ *κοσκήνου* M *ι* P ‖ 17 *πεπαχνῆσθαι* L ‖ 18 *Τινὲς δὲ* v. c. L ‖ 21 *γαστέρα· εἰ δὲ ἐπὶ πλέον, ἐπέχει* M ‖ 22 *μάθε — θεραπείασ*: rubro scr. tituli loco L om. P.

ἔστιν ἡ κράμβη γυναιξὶν ἐμμήνων ἐπαγωγός, καὶ μάλιστα, εἴ γε τὸ ζέμα αὐτῆς μετὰ γλυκέος πίνοιτο οἴνου. ἑφθὴ δὲ προεσθιομένη φθισικοὺς θεραπεύει. 4 εἴ τις κράμβην δὲ ἑψήσας καὶ λειώσας, καὶ ἀναμίξας ταύτην τῷ ὕδατι ἐν ᾧ ἑψηθῇ, καὶ ψύξας, χρίσει τραύματα νέα, καὶ χρόνια, καὶ οἰδήματα, πραΰνει. 5 ποδάγραν, ἀρθρῖτιν ἰᾶται τῷ ζέματι καταντλουμένη, καὶ ἀναμιγεῖσα ἀλεύροις κριθίνοις, καὶ κοριάνῳ, καὶ πηγάνῳ, καὶ ἁλσὶν ὀλίγοις, καὶ ἐπιτιθεμένη. 6 Μέλιτι δὲ Ἀττικῷ ὁ χυλὸς αὐτῆς μιχθεὶς ὀφθαλμοὺς ὠφελεῖ, τοῖς κανθοῖς προσαγόμενος. 7 τρόφιμος δέ ἐστιν ἐπὶ τοσοῦτον, ὥστε αὔξεσθαι τὰ παιδία ταχύτερον κράμβην ἐσθίοντα. 8 καὶ βωλίτας δὲ φαύλους εἴ τις φάγοι, πίνων τὸν χυλὸν αὐτῆς σωθήσεται. 9 Ἰκτερικοὺς δὲ καὶ σπληνικούς, ἐπὶ ἡμέρας μ΄ μετ' οἴνου λευκοῦ πινόμενος, ὁ χυλὸς αὐτῆς θεραπεύει. μετὰ οἴνου μέλανος πινόμενος βῆχα παύει. 10 Λειχῆνα δὲ ἐξαιρεῖ τὰ φύλλα προστριβόμενα, καὶ δήγματα ἑρπετῶν εὐθέως ἐπιτεθέντα ἰᾶται. 11 Ψώραν τε καὶ λέπραν κράμβη ἀναμιχθεῖσα στυπτηρίᾳ τῇ στρογγύλῃ ὄξει διαβραχείσῃ θεραπεύει. ἡ δὲ ἐκ τῶν ῥιζῶν αὐ-

---

1 ἐμμήν^s M = ἐμμήνοις P ‖ 2 γλυκέως L item sed ο supra add. 1. m. H ‖ 3 Ἑφθὴ v. c. L ‖ 4 Εἴ (v. c.) τησ δὲ κρ. L ‖ 5 ἑψηθῇ LM ‖ ψῆξας L ‖ χρίση L χρίσει (corr. ex η?) M χρίσει P ‖ 6 νεαρὰ M ‖ καταπραύνη L ‖ 7 ἀρθρίτην FL ποδαλγίαν ἀθρῖτιν P ‖ ἰάσεται F ἴᾶται H ‖ 8 κοριάννω L κορυάνω H ‖ 10 μέλιττι (prius τ 1. m. exp.?) M Μέλ. versu cont. L ‖ 12 αὔξεσθαι edd. αὔξεται codd. ‖ 13 βολίτας HM ‖ 14 εἴ τισ εἰ F ‖ φάγη M ‖ αὐτ̃^ M = αὐτῶν P ‖ 15 δὲ om. L ‖ μετὰ et ὁ λυχ^σ M ὁ χυλὸς αὐτῆς πιν. μετὰ οἴνου λ. P ‖ 17 περὶ βηχὸς καὶ λυχῆνος et sic saepius in hoc capite mg. H ‖ 19 ἐπιτιθ. F ‖ τε om. FM ‖ 21 ὄξει ἀναμιχθείση, δηλονότι διαβρ., θεραπεύσει· ἡ δὲ ἐκ M item sed ἡ δὲ — ὠφελεῖ om. et ἕλκωσι δὲ perg. P |Ἡ δὲ τῶν L.

τῆς τέφρα τὰ κατακαύματα ὠφελεῖ. 12 Ἕλκωσιν δὲ τὴν ἐν στόματι καὶ παρισθμίοις, καὶ σταφυλῆς οἴδημα, ὁ χυλὸς αὐτῆς μετὰ ἐλαίου ληφθείς, καὶ ἐπὶ πολὺ κατασχεθείς, παύει. ὦτα ὠφελεῖ ὁ χυλὸς μετὰ οἴνου καταντλούμενος. 13 Καυσουμένοις ἐν νόσῳ τριφθεῖσα καὶ ἐπιτεθεῖσα μεγίστην οἴσει παρηγορίαν. ἑψηθεῖσα δέ, καὶ καθ' ἑαυτὴν προεσθιομένη, φωνὴν καὶ τὰς ἀρτηριακὰς διαθέσεις θεραπεύσει· ὅθεν καὶ οἱ φωνασκοὶ ταύτῃ κέχρηνται. 14 μυγάλης δήγματα, κυνοδήκτους καὶ λυσσοδήκτους, τὸ σπέρμα αὐτῆς ἢ τὰ φύλλα ἰᾶται τετριμμένα, εἰ μετὰ σιλφίου καὶ ὄξους λειωθέντα ἐπιτεθείη. δίδοται δὲ αὐτοῖς καὶ τοῦ ἀφεψήματος τῶν φύλλων πιεῖν, καθαρθέντων πρότερον καὶ ξηρανθέντων, εἶτα ἑψηθέντων. 15 τήκει σπλῆνα λειωθεῖσα καὶ ἐπιτιθεμένη. ὠμὴ δὲ προβρωθεῖσα ἀγρυπνίαν παύει, καὶ περιπίπτειν φαντασίαις οὐκ ἐᾷ. 16 Ὁ δὲ Νέστωρ ἐν τῷ ἀλεξικήπῳ αὐτοῦ λέγει, τὴν κράμβην δάκρυον εἶναι τοῦ Λυκούργου. 17 ἡνίκα γάρ, φησίν, ὁ Διόνυσος τοῦτον εὐλαβηθεὶς ἐπὶ τὴν θάλατταν ἔδυ, ὁ δὲ Λυκοῦργος ὑπὸ τῆς ἀμπέλου

---

2 στόμασιν F -σι HM ‖ 3 χηλ̀ο M χυλὸς P ‖ 3 ἐπὶπολῦ M ‖ 4 |Ὦτα L ‖ 7 Ἑψηθ. versu continuo L ‖ καθἀὐτὴν M καθ' ἑαυτ. P κατ' αὐτὴν H ‖ προεσθιωμ. L ‖ 8 θεραπεύει L θεραπεύ.ει· unius literae spatio om. M φ. καὶ ἀρτηριακοὺς θεραπεύει P ‖ 9 φωνασκικοὶ L ‖ Μυγ. (v. c.) δήγματι, κυνοδίκτοις καὶ λυσσοδήκτοις L ‖ 11 post σιλφίου m. rec. add. X F nihil H ‖ 12 ἑψήματος τ. φίλων L ‖ 14 post ἑψηθ. add. verba § 11 illic om. P ‖ Τῆκεισ (v. c.) σπλάγχνα L ‖ 15 καὶ ἐπιτ. — προβρωθ. om. L ἐπιτεθεῖσα P ‖ προβραχεῖσα M προβρωθ. P ‖ 16 Ἀγριπνίαν versu continuo L ‖ 17 νέστωρ mg. rep. F ‖ 18 φησὶ per comp., et mg.: ισ̊ρ̃ | (ἱστορικόν?) (π)ερὶ | κ(ράμ)|βης: (a vermibus exesum) M §§ 16—20 om. P ‖ 19 φησὶν om. M ‖ 20 θάλασσαν M item sed ττ supra add. 1. m. H.

δεσμευθεὶς δάκρυον ἐπαφῆκεν, ἐκ τοῦ δακρύου λέγει φῦναι τὴν κράμβην, καὶ διὰ τοῦτο ἀντιπαθῶς ἔχειν πρὸς ἀλλήλας τὴν κράμβην καὶ τὴν ἄμπελον. 18 ἀμέλει, εἴ ποτε κράμβη ἐν ἀρούραις ἐμπελάσει τῇ ἀμπέλῳ, ἢ μαραίνεται παραχρῆμα, ἢ μαραίνει τὸ κλῆμα. 19 διὰ δὲ τὴν οὖσαν μεταξὺ αὐτῶν ἔχθραν, εἰ συμβῇ ὑπὸ ῥεύματος κεφαλῆς τὴν σταφυλήν, ἤτοι κιονίδα, κατὰ τοῦ λαιμοῦ χαλασθῆναι, ὠμῆς κράμβης ὁ χυλὸς κατὰ τῆς κεφαλῆς ἐπιβαλλόμενος ἀνασπᾷ τὴν σταφυλὴν εἰς τὰ μετέωρα τοῦ στόματος. 20 εἰ δὲ συμβῇ παραφυτεύεσθαι ἀλλήλαις ἄμπελον καὶ κράμβην, αὐξόμενον τὸ κλῆμα τῆς ἀμπέλου, ἐπειδὰν μέλλῃ πλησιάζειν τῇ κράμβῃ, οὐκέτι ἐπ' εὐθείας χωρεῖ, ἀλλ' ἀναποδίζει, μεμνημένον τρόπον τινὰ τῆς πρὸς ἄλληλα ἀντιπαθείας. 21 ὁμοίως δὲ ἄν τις ἑψομένῃ τῇ κράμβῃ ἐπιψεκάσειεν ἐλαχίστου οἴνου, οὔτε ἑψεῖται λοιπόν, καὶ ἡ χροιὰ αὐτῆς διαφθαρήσεται. καὶ ὅσοι βούλονται πολὺν οἶνον πίνειν, καὶ μὴ μεθύσκεσθαι, ὠμὴν κράμβην προεσθίουσιν. 22 Εἰδέναι δὲ χρή, ὅτι κράμβης σπέρμα παλαιούμενον ῥάφανον φύσει.

## Cap. 18. *Περὶ ἀσπαράγου. Διδύμου.*

1 Ἀσπάραγος χαίρει γῇ ἡπλωμένῃ. σπείρεται δὲ τῷ ἔαρι. ποιήσας οὖν βόθρους δακτύλων τριῶν, ἐν-

6 omnia usque ad § 21 v. c. L ‖ 8 λεμοῦ L ‖ 11 παραφ. ἐξ ἀλλήλαισ L ‖ 12 μέλει L ‖ 15 ἀντιπαθείας . . . δὲ versu dim. om. L ὁμοίως — διαφθαρήσεται om. καὶ ὅσοι — προεσθίουσιν post § 22 add. P ‖ ἑψομένην τὴν κράμβην L ‖ 16 ἑψῆτε L ‖ 17 τὴν χροιὰν L ‖ 19 δὲ om. L ‖ 21 c. 18 om. L ‖ διδ. a. t. M om. P ‖ 22 σπείρεταί τε ποιήσας P item sed unius et dim. digiti spatio post τε om. M.

τίθει καθ' ἕκαστον τοῦ σπέρματος κόκκους β' ἢ γ'. ἀπεχέτωσαν δὲ οἱ βόθροι ἀπ' ἀλλήλων διάστημα σπιθαμιαῖον. σπαρέντα δὲ διὰ τοῦ πρώτου ἔτους μὴ ὀχλείσθω, πλὴν τοῦ βοτανισθῆναι. 2 εἰ δὲ βούλει ἀσπάραγον πολὺν ποιῆσαι, κριῶν ἀγρίων κέρατα εἰς λεπτὰ κόψας βάλε εἰς τὰς πρασιάς, καὶ ἄρδευε. 3 τινές φασι παραδοξότερον, ὅτι εἰ ὁλόκληρα κριῶν κέρατα τρηθείη καὶ κατατεθείη, οἴσει ἀσπάραγον. 4 Εἰ δὲ θέλεις ἀσπάραγον διὰ παντὸς ἔχειν τοῦ ἐνιαυτοῦ, ὅταν τὸν καρπὸν λάβῃς, εὐθὺς περίελε καὶ τὰς ἐπιπολῆς ῥίζας. ἐργασθὲν γὰρ οὕτω τὸ φυτὸν ἀναδώσει πάλιν ἀσπάραγον. 5 τοῦτο δὲ τὸ λάχανον οὐ χαίρει τῇ ἀρδείᾳ, ἀλλὰ μᾶλλον τῇ ξηρότητι. περὶ δὲ τὸ φθινόπωρον ἐάν τις αὐτὰ ἀρδεύῃ, ἁπαλώτερα καὶ εὐθαλέστερα ποιήσει.

Cap. 19. *Περὶ κολοκυντῶν καὶ σικύων, καὶ τῆς ἐξ αὐτῶν θεραπείας, καὶ πῶς δυνατὸν ἑκάτερα μὴ ἔχειν ἔνδοθεν σπέρμα, καὶ πρώϊμα ποιῆσαι. Τῶν Κυϊντιλίων.*

1 Οὐχ ἕξουσι σπέρμα ἔνδοθεν, οὕτω. τὴν εὐθὺς αὐξανομένην πρώτην κληματίδα, ἤτοι ἀκρέμονα τῆς κολοκύντης, ἢ τοῦ σικύου, κατόρυξον εἰς τὴν γῆν, ὥσπερ τὰ κλήματα τῆς ἀμπέλου, ἵνα τὸ ἄκρον μόνον

---

1 δύο HP ‖ τρεῖς FP ‖ 2 δὲ om. H ‖ 6 βά·λε eraso λ de more P ‖ παρ. φασιν M τινὲς δὲ παρ. φασιν P ‖ 9 διαπαντὸς HM διὰ π. P ‖ 10 περίελε* emend. ex S XII 19 περίσκαλλε codd. ‖ 15 εὐανθέστερα F ‖ 16 κολοκυνθῶν sed τ 1. m. supra add. H ‖ καὶ πρώϊμα ποιῆσαι om. LP ‖ κε. νγ mg. L ‖ 19 τῶν κυντ. mg. LM τῶν κυϊντιλλ. p. t. P om. H ‖ 22 ἤτοι σικ. FM ἢ σικ. P.

ἐκκύψῃ τοῦ ἀκρέμονος. καὶ ὅταν αὐξηθῇ, πάλιν ὁμοίως τοῦτο χῶσον ἐπὶ τρεῖς, καὶ τὰς διὰ μέσου καὶ ὑπὲρ γῆς ἐκφύσεις τεμών, μόνην δὲ τὴν τελευταίαν, λέγω δὲ τὴν τρίτην καταλείψας, ἕξεις ἄνευ σπέρματος καὶ κολοκύντας καὶ σικύους. 2 ὁμοίως δὲ ἀσπέρμους σικύους καὶ κολοκύντας ποιήσεις, εἰ τρεῖς ἡμέρας, πρὶν τὸ σπέρμα καταβάλῃς, ἐναποβρέξεις τοῦτο σησαμίνῳ ἐλαίῳ. 3 Πρωΐμους δὲ σικύους καὶ κολοκύντας ποιήσεις, οὕτως. εἰς κοφίνους ἢ ἐν κεραμίοις ἀχρήστοις βάλε γῆν σεσησμένην κόπρῳ μεμιγμένην, ὑγροτέραν ποιήσας· προλαβὼν τὸν συνήθη καιρόν, οἷον ἀρχομένου τοῦ ἔαρος, ἐμφύτευσον τὰ σπέρματα· καὶ ὅταν ἥλιος ᾖ καὶ θερμασία, καὶ ἡνίκα συμμέτρως βρέχει, τίθει τοὺς κοφίνους ὑπαιθρίους, καὶ περὶ δυσμὰς ἡλίου εἰσκόμιζε τούτους εἰς οἶκον στεγνόν, καὶ τοῦτο ποίει συνεχῶς, καταψεκάζων ὕδατι ἡνίκα ἡ χρεία καλεῖ. 4 καὶ ὅταν τελείως παύσωνται οἱ πάγοι, κομίσας εἰς τόπον εἰργασμένον κατόρυξον τοὺς κοφίνους ἢ τοὺς κεράμους ἰσοχείλους τῇ γῇ, καὶ πρόσαγε τὴν ἄλλην ἐπιμέλειαν. εἰ δὲ ἀφαιροίης αὐτῶν τοὺς ἀκρέμονας, ταχύτερον καρποφορήσουσι. 5 Μακροὺς δὲ τούτους ποιήσεις οὕτως, ἐὰν ἐν ἰγδίῳ ἢ τινι ἄλλῳ ἀγγείῳ ἐμβαλὼν ὕδωρ παρατιθῇς πλησίον αὐτῶν ἀπὸ

1 ἐκκύψει τοῦ ἀκραί|μονοσ L ‖ 2 τούτω L ‖ ἐπὶ τρὶς P ‖ 3 μόνον F ‖ 4 δὴ L ‖ τὴν om. M ‖ 5 σικύνουσ: ὁμοίως v. c. L ‖ 6 κολοκύνθας P ‖ 7 ἀποβρ. L ‖ σισαμ. M σϊκαμῖνω H ‖ 9 οὕτω F ‖ 10 βά·λε (λ eras.) P ‖ κόπρον L ‖ 12 ἔαρος· καὶ φύτευσον τὰ σπ. ὅτε ἥλιος L ‖ 14 βρέχῃ M ‖ 17 καὶ ὅταν v. c. L ‖ παύσονται L ‖ 18 κοιμίσασ F κοιμήσασ HL ‖ 21 ἀκραίμ. L ‖ καρποφορήσουσιν· F -σι· H -σιν· αἱ δὲ (§ 8); reliquiae §§ 5—7 in fine capitis sequuntur paragraphum 19 P ‖ μακροὺς v. c. L ‖ 22 οὕτως· (per comp.) ἐὰν ἰγδίω M; an legendum: οὕτως· ἐν ἰγδ. — παρατίθει? οὕτω· κάλαμον (§ 7), quae intercedunt, om. P ‖ 23 παρατιθεῖσ L.

πέντε ἢ ἓξ δακτύλων. τῇ γὰρ ἑξῆς οἱ σίκυοι ἐπὶ τοσοῦτον ἐκταθήσονται. εἰ δὲ ὕδωρ μὴ ἔχει τὸ ἰγδίον, ὑποστρέφουσιν οἱ σίκυοι, καὶ ὑποκαμφθήσονται. οὕτως ὑγρότητι μὲν χαίρουσι, ξηρότητα δὲ φεύγουσι. 6 μετασχηματισθήσονται δὲ εἰς ὃ θέλεις σχῆμα, ἐὰν ποιήσῃς ὀστράκινα ἀγγεῖα, καὶ ἔτι μικροῖς οὖσι περιθῇς καὶ δήσῃς. πληρώσουσι γὰρ τοὺς τύπους καὶ τοὺς χαρακτῆρας. 7 ὅθεν καὶ κάλαμον εἰς μῆκος τεμών, καὶ γλύψας καὶ συνθεὶς καὶ περισφίγξας, ⟨ἐὰν⟩ ἐν τούτῳ τὸν σίκυον, ἢ τὴν κολόκυνταν μικρὰν οὖσαν βάλῃς, αὐξανομένη δι' ὅλου τοῦ μήκους πληρώσει τὸν κάλαμον. 8 *Αἱ* δὲ κολόκυνται γαστρός εἰσι μαλακτικαί. θεραπεύουσιν ὤτων ὀδύνας, τοῦ χυλοῦ αὐτῶν ἐμβαλλομένου εἰς τὰ ὦτα. τῶν δὲ σικύων τὸ σπέρμα οὔρων δριμέων ἐστὶ κατακεραστικὸν καὶ ἀγωγόν. 9 *Οὐ* βλαβήσεται ταῦτα ὑπὸ ψυλλῶν, ἐὰν κλωνάρια ὀριγάνου μικροῖς ἔτι οὖσι τούτοις παραπήξῃς. τάς τε γὰρ οὔσας ψύλλας φθείρει, καὶ ἄλλας οὐκ ἐᾷ γενέσθαι. 10 *Ἐὰν* δὲ παιδίῳ ἐν γάλακτι τρεφομένῳ πυρέσσοντι σικύους ἰσομήκεις παρακοιμίσῃς, εὐθέως ἰαθήσεται. εἰς γὰρ τοὺς σικύους ἕλκονται πᾶσαι αἱ θέρμαι. 11 *Ἡ* δὲ τοῦ ἀγρίου σικύου ῥίζα ξηρανθεῖσα καὶ κοπεῖσα, καὶ μετὰ οἴνου γλυκέος πινομένη, ἢ μετὰ

---

1 ς' M ‖ 2 εἰ δὲ — ὑποκαμφθ. om. L ‖ 4 ξηρότητα edd. ξηρότητι codd. ‖ φεύγουσιν F -σι H ‖ 5 σχῆ. et supra m. rec.? μα L ‖ 6 ποιήσεις per comp. L ‖ 7 γὰρ om. L ‖ 8 ὅθεν v. c. L ‖ καλάμους FM ‖ 10 ⟨ἐαν⟩* cf. § 5 περισφίξας (γ. supra add. m. 1) ἐν τοῦτο τὸ σ. L ‖ 11 βάλῃς om. L οὖσαν εἰ βάλῃς M ‖ μίκους L ‖ 12 |Οἱ δὲ L ‖ κολοκύνται HL κολοκυνται sine acc. F ‖ 14 ἐμβαλομ. L ‖ Τῶν δὲ (versu continuo) σικίων L ‖ 15 post ἀγωγον m. rec. X F nihil H ‖ 16 κλονάρια L ‖ 18 καὶ τὰς ἄλλας M ‖ 20 σικίνουσ ἰσομήκησ L ‖ παρακοιμήσῃς H -μησ̈ (= μήσεις) M -μίσης P ‖ 23 γλυκέως πιν. καὶ μετὰ L.

ὑδρομέλιτος, πρὸς ἐμέτους θαυμαστόν ἐστι βοήθημα. 12 Ἐὰν δὲ θέλῃς ἀνύδρους σικύους ἔχειν, ἡνίκα ὀρύξεις τὴν τάφρον, ἐν ᾗ μέλλεις φυτεύειν τοὺς σικύους, ἀχύρων ἢ φρυγάνων πλῆσον τὸ ἥμισυ τοῦ βάθους, καὶ τὴν γῆν ἐπιβαλὼν φύτευε, μὴ ποτίζων. 13 Εὐκοιλίους δὲ ἔνιοι ποιοῦσιν αὐτούς, οὕτω· ῥίζας τοῦ ἀγρίου σικύου συνθλάσαντες βρέχουσιν ὕδατι ποτίμῳ δύο ἢ τρεῖς ἡμέρας, καὶ τῷ ἀποβρέγματι δι' ἡμερῶν ποτίζουσι ε', καὶ τοῦτο ποιοῦσι πεντάκις. 14 πλέον δὲ γίνονται εὐκοίλιοι, ἐάν, μετὰ τὸ βλαστῆσαι, τὰς ῥίζας περιορύξας τοῖς κλωνίοις ἐπιβάλῃς ἐλλεβόρου μέρος, καὶ προσχώσας ἐάσῃς. 15 Τοὺς σικύους ἔμβαλλε εἰς τρυγίαν ἡδεῖαν καὶ μὴ τραπεῖσαν οἴνου λευκοῦ, καὶ πληρώσας τὸ ἀγγεῖον κατάχριε, καὶ μένουσι νεαροί. ὁμοίως δὲ καὶ ἐν ἅλμῃ συντιθέμενοι διαμένουσιν. 16 Ἀκμαίους τοὺς σικύους φυλάξεις, ἐὰν ἐν ἀγγείῳ ὄξος ὀλίγον ἔχοντι κρεμάσῃς, μὴ ἁπτομένους τοῦ ὄξους, καὶ καταχρίσῃς τὸ ἀγγεῖον, ὅπως μὴ διαπνεύσῃ, καὶ ἕξεις τούτους νεαροὺς ἐν τῷ χειμῶνι. 17 Τὰς κολοκύντας φυλάξεις, οὕτως. λαβὼν ταύτας ἁπαλὰς κατάτεμε, εἶτα ὕδωρ ζέσας κατάχεε, καὶ δι' ὅλης νυκτὸς ὑπαιθρίους διαψύξας ἐν ἅλμῃ δριμείᾳ σύνθες, καὶ διαμένουσιν ἐπιπολύ. 18 Τὰς δὲ κολοκύντας καθαρτικὰς ποιήσεις, ἐὰν τὸ σπέρμα νυχθή-

2 ad σικύουσ: ·/· αἱ μακρ(αὶ) κολόκῦ(ν)ται σίκυοι | λέγοντ(αι) mg. M §§ 12—15 om. P ‖ 3 ὀρύξῃς M ἀνοίξεισ L ‖ τάφρον . . . φρυγάνων duabus versus partibus om. L ‖ 6 ἔνοιοι L ‖ οὕτως per comp. M ‖ 11 κλον. L ‖ ἐπιβάλεισ L ἐπιβάλλῃς H ‖ ἐλεβόρου F ‖ 13 ἔμβαλε HL ‖ καὶ om. L ‖ 15 μένουσιν F ut ed. H ‖ Ὁμοίωσ versu continuo L ‖ 16 διαμένουσιν ἀκμάζοντεσ. | Τοὺσ δὲ σικ. L ‖ 19 διαπνεύσει· L ‖ 20 οὕτως per comp. M οὕτω· HP ‖ 23 ἐπὶ πολὺ F ἐπολύ:- L ‖ 24 νυχθίμ. et ἐμβρέξεισ:- L § 18 om. P.

*μερον ἀσκαμωνίᾳ ἐμβρέξῃς.* 19 *Μεγάλους σικύους καὶ κολοκύντας ποιήσεις, τὸ σπέρμα αὐτῶν ἐπὶ κεφαλὴν φυτεύων.*

## Cap. 20. *Περὶ μηλοπεπόνων. Φλωρεντίνου.*

1 *Ἐμψύχουσι μὲν ἱκανῶς, χρησιμώτατοι δέ εἰσι πρὸς τὸ εὐκαίρως ἐμεῖν τὸν βουλόμενον. μετὰ γὰρ τὰ σιτία κενοῦσι φλέγμα, πλεῖστον ἐξάγοντες, καὶ κεφαλὴν καθαίροντες.* 2 *Τοὺς δὲ μηλοπέπονας ποιήσεις ῥόδα πνεῖν, ἐὰν τὸ σπέρμα αὐτῶν μετὰ ξηρῶν ῥόδων ἀποθέμενος, καὶ φυράσας φυτεύσῃς. δύνανται δὲ καὶ δίψαν τὴν ἀπὸ καύσωνος καταπαύειν.* 3 *Πάντας δὲ καὶ τοὺς ἀπὸ σικυηλάτου καρποὺς γλυκεῖς ποιήσεις, ἐὰν τὸ σπέρμα αὐτῶν γάλακτι καὶ μέλιτι βρέξῃς, καὶ ἀναψυχθὲν σπείρῃς.* 4 *ἐὰν δὲ ἀειζώου βοτάνης τῷ χυλῷ διαβρέξῃς τῶν σικυηλάτων τὰ σπέρματα, ἀβλαβῆ ταῦτα φυλάξεις.* 5 *γυνὴ ἔμμηνος μὴ εἰσιέτω εἰς σικυήλατα. μαραίνει γὰρ τοὺς καρπούς, καὶ τὰ φυόμενα πικρὰ ἔσται.*

## Cap. 21. *Περὶ γογγύλης, καὶ τοῦ ταύτης σπέρματος. Τοῦ Αὐτοῦ.*

*Ἡ γογγύλη περὶ τὸ θεραπεύειν πάθος ἀνθρώπων οὐκ ἀγαθή· τῶν δὲ ζώων τὰ θλάσματα θεραπεύειν*

---

4 *φλωρ.* p. t. LM ‖ 5 *εἴσιν* H *εἰσι* F ‖ 9 *ῥόδων πνεῖν* L ‖ *μεταξὺ τῶν ῥόδων* L *μεταξὺ ῥόδων* P ‖ 10 |*Δύνανται* L ‖ 11 *πάντας* v. c. L ‖ 12 *καὶ* om. M ‖ *συκελάτου* F *σικυλ.* H ‖ 14 *βρέξεισ* L ‖ 15 *τῷ* om. L ‖ *συκελ.* F *σικελ.* et m. 1. *ϋ* supra *ε* add. H *ἐμβρέξεισ τοῦ σικυηλάτου* L ‖ 17 *συκέλ.* F *σικέλ.* H *εἰς τὸ σικυήλατον* L ‖ 19 |*Περὶ τὸ θερ. πάθη* verbis *περὶ γογγ.* — *ἡ γογγύλη* om. L ‖ 20 *τοῦ αὐτοῦ* om. LP.

δύναται, ὑποτιθεμένη ταῖς ὁπλαῖς, καὶ καταδεσμευομένη. τὸ δὲ σπέρμα τῆς γογγύλης μετὰ ἔτη τρία κράμβην φέρει, καὶ ἀνάπαλιν.

Cap. 22. *Περὶ ῥαφανίδων. Τοῦ Αὐτοῦ.*

**1** Ῥαφανίδες γλυκεῖαι ἔσονται, ὧν ἂν τὸ σπέρμα ὀῤῥομέλιτι ἢ χυλῷ σταφίδων διαβραχῇ. **2** Φλεγματικοῖς δέ εἰσι χρήσιμοι, θεραπεύουσι δὲ καὶ νεφριτικούς, μάλιστα, εἴ τὸ ἔξωθέν τις αὐτῶν μετὰ οἴνου καθεψήσας νῆστις ὑπὸ τὸν ὄρθρον λαμβάνοι. **3** μετὰ δὲ μέλιτος ἐσθιόμεναι βῆχας ἰῶνται· καὶ τὸ σπέρμα αὐτῶν φρυγέν, καὶ μετὰ μέλιτος ληφθέν, ὁμοίως παύει βῆχα καὶ δύσπνοιαν. **4** λοχοῖς δοθεῖσαι παρέχουσι πλῆθος γάλακτος, πρὸς ἀφροδίσια ἐγείρουσι, φωνὴν βλάπτουσιν. **5** εἰ δέ τις νῆστις αὐτῶν λαμβάνοι, ἀσφαλὴς ἔσται εἰς τὸ μὴ βλάπτεσθαι ὑπὸ φαρμάκων. **6** Ὁ χυλὸς αὐτῶν ἐν ὕδατι λαμβανόμενος ἀντιπαθής ἐστι βωλίταις καὶ δηλητηρίοις. εἰ δέ τις χυλῷ ῥαφανίδος ἐπιμελῶς τὰς χεῖρας ἑαυτοῦ χρίσει καὶ τρίψει, ἀφόβως καὶ ἀκινδύνως ἑρπετῶν ἐπιλήψεται. σκορπίοις ἐπιτεθεῖσαι παραχρῆμα αὐτοὺς διαχρῶνται. **7** ὕδερον

---

1 καὶ om. L ‖ 2 Τὸ δὲ versu continuo L ‖ 4 τοῦ αὐτοῦ p. t. M om. L ‖ κε. νζ mg. L ‖ 6 οἰνομέλιτι FL οἰνομ H οὐρομέλιτι M ὀρρομέλιτι P melle aut passo Pallad. IX 5, 3 ܚܡܘܨܐ S XII 12 ‖ Φλεγμ (v. c.) δέ εἰσι χρ., θερ. δὲ καὶ L, quod aptius quadrat ad medicinarum initium; cf. locum similem S XII 13; φλεγματιαίοις χρήσιμοι, θερ. καὶ FM ‖ 7 supra θεραπ. add. m. rec.: θερα et mg.: πεύουσϊ τέλος (?) F nihil add. H ‖ νεφρητ. LM νεφριτ. P ‖ 8 ἔξω L ‖ 9 τὸν om. L | |Μετὰ L ‖ 11 φρυχθὲν FH sed καὶ—ληφθὲν om. H βραχὲν L ‖ 12 Λεχοῖς v. c. L λεχ. P ‖ 13 |Φωνὴν L ‖ 14 λαμβάνει P λαμβάνει αὐτῶν L ‖ ἀσφαλὲς F -ὴς H ‖ 16 ὁ χυλὸς v. c. L ‖ 17 βολίταις LP ‖ δηλιτ. L ‖ χυλὸν L χυλῶν H ‖ 19 f. 52 |Σκορπίοις L ‖ 20 ὕδερον v. c. L.

ἰῶνται ἐξ ὕδατος λαμβανόμεναι. σπλῆνα λεπτύνουσιν. ἴκτερον ὁ χυλὸς αὐτῶν πρὸ βαλανείου ἐν οἴνῳ γλυκεῖ πινόμενος θεραπεύει. 8 Καθαίρουσι τὴν ἄνω κοιλίαν, εἰ λαβών τις αὐτὰς μετὰ μέλιτος, ἐπισχὼν μικρὸν ἐξεμέσειε. καὶ γὰρ πρὸς ἔμετόν εἰσιν ἐπιτήδειοι, καὶ τὰς ὀρέξεις τῶν ἀνορέκτων ἐγείρουσι. τεταρταίου δὲ ἀπαλλάττουσιν, εἰ συνεχῶς τις αὐτὰς λαμβάνων ἐξεμοίη. 9 ἐὰν ἔν τινι τόπῳ συμβῇ τὸ ὕδωρ φαῦλον εἶναι, ὑγιεινότερον γίνεται μᾶλλον, εἰ ῥαφανίσι συνεψηθείη. μόνοις δὲ ὀδοῦσι λυμαίνεται. τοῖς δὲ αἷμα πτύουσιν ἑψηθεῖσαι χρήσιμον ἔδεσμα. 10 εἰ δέ τις προφαγὼν ῥαφανίδα πληγὴν ὑπὸ σκορπίου δέξεται, οὐ μόνον οὐ τελευτήσει, ἀλλὰ καὶ ταχείας τῆς ἰάσεως τεύξεται. 11 ἡ δὲ ῥαφανὶς λειωθεῖσα, καὶ ἐπιτιθεμένη τοῖς πληγὰς βασάνων δεξαμένοις, τοὺς μώλωπας τάχιστα θεραπεύσει. ἀποσμήχει καὶ φακούς, καὶ ἀλωπεκίας δασύνει· τελευταία δὲ ἐσθιομένη πνεύματος ἀποκάθαρσιν ποιεῖται.

## Cap. 23. *Περὶ σελίνων. Τοῦ Αὐτοῦ.*

1 Μεγάλα ἔσται σέλινα ἐὰν ἐν πανίῳ παλαιῷ τοῦ, σπέρματος τοῖς τρισὶ δακτύλοις συλλαβὼν ἐνδήσῃς, εἶτα κόπρῳ περιπλάσας εὐθὺς ἀρδεύσῃς. ὁμοίως δὲ

---

2 Ἴκτερον L ‖ ἐν om. FM ‖ 4 ἐξεμέσειεν F ‖ 6 τεταρταῖον F τεταρταίον L [illegible] -- [illegible] S XII 13 ‖ 10 τοῖς δὲ om. FM ‖ 11 omnia deinceps v. c. L ‖ 12 δέξηται F δέξαιται, sed ε 1. m. supra add. L ‖ 14 ἐπιτεθημένη L ‖ 15 δεξ. καὶ τοὺς F ‖ 16 ἀποσμῦχει M ἀποσμήχει P ‖ 19 τοῦ αὐτοῦ p. t. LM tit. et τοῦ αὐτοῦ om. P ‖ 20 ἐὰν παννίον παλαιὸν F ἐὰν πανίον π. H ἐὰν εἰς πάνιον π. M ἐὰν εἰς πανίον π. P ‖ 21 ἐνδήσῃς corr. 1. m. ex εις H ‖ 22 εἶτα — ἀρδεύσῃς om. L.

μέγιστον ἔσται σέλινον, εἰ περιορύξας αὐτὰς τὰς ῥίζας ἄχυρα περιβάλῃς, καὶ ἀρδεύσεις. 2 οὖλον δὲ ἔσται τὸ σέλινον, εἰ τὸ σπέρμα αὐτοῦ ἠρέμα, πρὶν φυτευθῇ, πτισθῇ καὶ κυλινδρωθῇ. 3 Βρωθὲν δὲ τὸ σέλινον κατωφερεστέρας εἰς τὰ ἀφροδίσια ποιεῖ τὰς γυναῖκας. ὅθεν οὐ δεῖ συγχωρεῖν ταῖς τιθηνούσαις ἐσθίειν τὰ σέλινα, καὶ μάλιστα διὰ τὸ ἐπέχειν τὸ γάλα. 4 τῷ δὲ στόματι εἰς εὐωδίαν συμβάλλεται. διὸ καὶ οἱ δυσώδη τὰ στόματα ἔχοντες, εἰ φάγοιεν, ἀποκρούονται τὴν δυσωδίαν. καὶ τὰς ἐπὶ σκηνῆς φασι τοῦτο ἐσθίειν, ὅπως αὐτῶν τὰ στόματα εὐώδη εἴη. 5 Τὰ δὲ σέλινα ἅμα ἄρτῳ καταπλασσόμενα ἐρυσιπέλατα θεραπεύει, καὶ τὸ ζέμα αὐτῶν ἐγκάθισμα γινόμενον, καὶ ὑπαντλούμενον, λίθους ἐκβάλλει, καὶ δυσουρίαν θεραπεύει, καὶ νεφροὺς ἰᾶται.

## Cap. 24. *Περὶ ἡδυόσμου. Τοῦ Αὐτοῦ.*

1 Τὸ ἡδύοσμον ἀχρήσιμον εἶναι νομίζεται. ᾧ γὰρ ἂν τραύματι προσενεχθείη, οὐκ ἂν ἔτι τοῦτο ῥαδίως ὑγιασθείη. 2 εἰ δὲ καὶ εἰς γάλα ἐμβληθῇ, καὶ μετὰ

---

1 περιορίξας L ‖ 2 περιβάλῃς altero λ expuncto H eraso P περιβάλεισ L ‖ 2 ἀρδεύσῃς H καὶ ἀρδ. om. P ‖ totum cap. v. c. L ‖ 4 φυτευθῆναι M ‖ 5 καταφ. F κατωφ. H κατοφ. L ‖ 6 οὐ δεῖ* συγχ.: οὐδὲ χρὴ συγχ. F οὐδὲ συγχ. δεῖ M οὐδὲ συγχωροῦσι L ‖ 7 ἐπέχειν τὸ σπέρμα L ‖ 9 δυσσώδη τὰ στό·ματα (ο ex ω ras. corr.) L ‖ 10 καὶ τὰς — εἴη om. LP ‖ 13 ἐρυσιπέλετα M -πέλατα P ‖ 14 γινόμενον ἀπαντλ. FM ‖ 15 ἐκβαλεῖ F ἐκβάλλει H ‖ θεραπεύσει H ‖ 17 τοῦ αὐτοῦ p. t. M om. FL ‖ 18 ἄχρηστον εἶναι νομιζέτω L ‖ 19 προσενεχθήσεται (η ex corr. 1. m.?) M item P ‖ τούτω L ‖ 20 εἰ δὲ v. c. L ‖ ἐμβληθείη HM.

ταῦτα ἡ πιτύα ἐπιβληθῇ, οὐ παγήσεται τὸ γάλα. ἀνεπιτήδειον δέ ἐστι καὶ πρὸς τὰ ἀφροδίσια.

## Cap. 25. Περὶ πηγάνου καὶ ἡμέρου καὶ ἀγρίου. Τοῦ Αὐτοῦ.

**1** Τὸ πήγανον οὐ χαίρει κόπρῳ, χαίρει δὲ θερμοῖς καὶ εὐηλίοις τόποις, διὸ χειμῶνος τέφραν τοῦτο περιπάσσειν χρή. διὰ γὰρ τὸ ἐκ ταύτης φύσει θερμὸν ἀντέχει πρὸς τὸ κρύος. δεῖ δὲ τὸ πήγανον ἐν σκεύεσι κεραμικοῖς φυτεύειν. **2** Φυλάττεσθαι δὲ χρή, γυναῖκα μεμιασμένην μὴ προσιέναι τούτῳ, ἢ ὅλως ἅψασθαι. εὐθὺς γὰρ αὐτὸ φθείρει. **3** τοῖς δὲ ἁπαλοῖς ἐγκαρδίοις τοῦ πηγάνου εἴ τις τὰ ὦτα βύσειεν, ἰαθήσεται κεφαλῆς πόνος. **4** Τοῦ δὲ ἀγρίου πηγάνου ὁ χυλὸς μετὰ γυναικείου γάλακτος μιγνύμενος, καὶ ὑπαλειφόμενος, ὀξυδορκίαν παρέχει. **5** καὶ ἀχλῦς δὲ ὀφθαλμῶν καὶ ὑποχύσεις ἀρχομένας λύει ἀνθρώπων τε καὶ ζώων ἄλλων, μέλιτος Ἀττικοῦ μέρεσι δύο τοῦ χυλοῦ τοῦ πηγάνου μέρος ἓν μιγνύμενον καὶ ἐπαλειφόμενον καὶ αὐτὸ δὲ τὸ ἄγριον πήγανον ἐσθιόμενον καὶ πινό-

---

1 πιτύα, ι in ras. 1. m. L ‖ ἐπιβληθείη M καὶ μετὰ — ἐπιβληθῇ om. H ‖ παγίσεται L ‖ 2 ἀνεπιτήδιον L ἐπιτήδειον M ἀνεπ. — ἀφροδ. om. P ‖ καὶ om. M ‖ post ἀφροδίσια in mg. add. ου συνλαν|βανὶ δε, ουτε ανὶρ | ουτε | γὶνὶ (!) m. rec. L ‖ 3 πηγ. ἡμ. καὶ ἀγρ. LM ut ed. M i. c. ‖ κε. νη͡ mg. L ‖ 4 τοῦ αὐτοῦ p. t. M om. LP ‖ 6 χειμῶνα L ‖ 9 κεραμεικοῖσ M -μικοῖς P ‖ totum caput v. c. L ‖ 10 μεμιαμμ. F μεμιαμ. H ‖ ἅπτεσθαι L ἄψεσθαι H ‖ 13 πόνοσ: (οσ in ras.?) L πόνον M ‖ δὲ om. L ‖ 14 γυναικίου L ‖ 15 ἀχλὺς F ἀχλύας L ‖ δὲ om. L ‖ 16 ἀρδομένας M ‖ 17 ἄλλων om. FM ‖ μέρη L item sed η expunxit -εσι supra add. 1. m. H ‖ β′ M δύο P tum pro τοῦ add. καὶ FM ‖ 18 μέρους δ′ M μέρους τετάρτου P ‖ μιγνυμένου FM ‖ ἀπαλειφομένου F ὑπαλειφομένου M.

*μενον τὸ αὐτὸ ποιεῖ.* 6 *Ὁ δὲ καρπὸς τοῦ ἀγρίου πηγάνου πινόμενος ἐπὶ ἡμέρας ιε΄ ἔμβρυα φθείρει. φύσει γὰρ τοῦτο πολέμιον ταῖς κυούσαις.* 7 *παύει δὲ ἀλγηδόνας καὶ τὰς ἐκ θηρίων βλάβας μετὰ οἴνου πινόμενον.* 8 *βοηθεῖ καὶ ἐπιληπτικοῖς πινόμενον, καὶ λύει πόνους θώρακος, καὶ τὰ ὦτα μετὰ οἴνου ἢ ῥοδίνου ἐλαίου ἀνακαθαίρει.*

## Cap. 26. *Περὶ εὐζώμου.*

1 *Εὐζώμου σπέρμα μυγάλης δήγματα* ⟨*ἐν*⟩ *οἴνῳ ποθὲν θεραπεύει· ἕλμινθας ἐξάγει, σπλῆνα λεπτύνει, οὐλὰς μελαίνας μετὰ βοείας χολῆς καὶ ὄξους μιχθὲν καθαίρει· ἴᾶται δὲ τοῦτο φακούς.* 2 *μιχθὲν δὲ τὸ εὔζωμον μετὰ μέλιτος τοὺς ἐν τῷ προσώπῳ σπίλους καθαίρει. μετὰ οἴνου δὲ προποθὲν ἧττον ἀλγεῖν ποιεῖ μαστιγουμένους.* 3 *Ἀγρίου δὲ εὐζώμου φύλλα τὸν ἀριθμὸν γ΄ τῇ ἀριστερᾷ χειρὶ ληφθέντα ἴκτερον ἴᾶται· τὸ δὲ εὔζωμον παρασπειρόμενον πάντα τὰ λάχανα ὠφελεῖ. τὸ εὔζωμον δυσώδεις μασχάλας μεταβάλλει.*

---

1 *χυλὸς* P ut ed., sed mg.: *ση(μαινε)* M ‖ 5 *βοηθεῖ—πινόμενον* om. L *ἐπιλήπτοισ· καὶ λύει* M *ἐπιλειπτ.* (ex *η* corr.?) H ‖ 6 *πόνον* L ‖ 8 sicut passim in hoc libro rubro *περὶ εὐζώμου* mg. rep. et add. *ἤγουν ῥούκας* P ‖ 9 *δείγματα* L ‖ ⟨*ἐν*⟩ Needh. ‖ 10 *ἕλμ.* (corr. in *ἕλμ.*?) H *Ἕλμιν* (atram.) L ‖ 11 *μελανὰς* F ‖ 12 totum caput v. c. sine rubro L ‖ 14 *δὲ* om. FM *μετὰ — ἴκτερον ἴᾶται* § 3 om. P ‖ 15 *ἀγροίου* L ‖ 18 *ὠφελεῖ· Καὶ* (atram.) *δυσ. μαλάχασ* L.

## Cap. 27. *Περὶ καρδάμου. Τοῦ Αὐτοῦ.*

1 *Καρδάμου σπέρμα μιχθὲν ἀλεύροις κυαμίνοις, καὶ προσλαβὸν στακτῆς μέρος, ἴαται χοιράδας καὶ ἄνθρακας, χρηστέον δὲ ἀντὶ ὀθόνης φύλλοις κράμβης.* 2 *μετὰ δὲ ἡδυόσμου καὶ οἴνου πινόμενον ἕλμινθας καὶ ταινίας ἐξάγει. γάλακτι δὲ αἰγείῳ συνεψόμενον θώρακα ἴαται. θυμιώμενον δὲ ὄφεις ἐλαύνει. φασὶ δὲ τοὺς ἐσθίοντας κάρδαμον ὀξυτέρους τὴν διάνοιαν γίνεσθαι.* 3 *Ἀφροδισίων δὲ ἐφεκτικώτερόν ἐστι. μετὰ μέλιτος βῆχα ἴαται. ἐπιτίθεται καὶ ἕλκεσιν ὑπονόμοις.* 4 *ὁ χυλὸς δὲ αὐτοῦ τριχῶν ἀπόῤῥοιαν ἐπέχει. στέαρ δὲ χήνειον προσλαβὼν τὰ φυόμενα ἐν κεφαλῇ ἑλκύδρια καὶ πιτυρίασιν θεραπεύει. δοθιῆνας μετὰ ζύμης πεπαίνει.* 5 *φασὶ δὲ αὐτοῦ τὸν χυλὸν καὶ ὀδόντων ἄλγημα ἰᾶσθαι, διὰ τῶν ὤτων εἰσχεόμενον.*

## Cap. 28. *Περὶ σέρεως, ἤτοι τρωξίμων. Διδύμου.*

1 *Σέρις, τουτέστι τρώξιμα, ἐν ὄξει βαπτόμενα καὶ ἐσθιόμενα στομάχῳ κατάλληλα. αἱμοπτυϊκοῖς ὁ χυλὸς ὠφελιμώτατος, εἰ παρὰ μίαν πίνοιεν.* 2 *ἴαται καὶ*

---

1 *τοῦ αὐτοῦ* om. LM ‖ 3 *καὶ* om. FM ‖ *προσλαβὸν** cf. § 4 *προςβαλὼν* F *καὶ προσλαυὼν* (*λαυ* in ras.) L *προσβληθέντος* M ‖ *μέρους* M ‖ 5 totum caput sine rubro L ‖ *ἡδιόσμου* L ‖ *ἕλμιθασ* M *ἕλμινθας* P ‖ 6 *γελίνασ* L ‖ 9 *δὲ* om. FL ‖ *ἀφεκτικώτατον* L ‖ 10 *καὶ ἕλκεσι καὶ ὑπ.* FL ‖ 11 *δὲ* om. M ‖ 12 *χήνεινον* L ‖ *προσβληθὲν* M ‖ 13 *πιτυρίας* P et p. c. M ‖ *δοθίνας* FP et per comp. M *δοθεῖνας* H *δη|θιόνασ* L ‖ 15 *ἐκχεόμενον* L ‖ 16 *σέρρεως* L ‖ *τρωξίμου* H ‖ 17 *διδ.* p. t. M om. LP ‖ 18 *Σέρρις* L *Σέρεις* itemque mg. rubro M ‖ *τρόξιμον* L *βαπτόμενον, στομάχω* L ‖ 19 *αἱμοπτοϊκοῖσ* LM ‖ *χυμὸς* M ‖ 20 *πίνοιαν* L *πίνοιτο* M ‖ totum caput v. c. sine rubro L.

καρδιακοὺς ἀνατριφθεῖσα, καὶ ὑπὸ τὸν ἀριστερὸν τιτθὸν ἐπιτεθεῖσα. δίδοται καὶ τοῖς ἧπαρ ἀλγοῦσιν ὁ χυλὸς αὐτῆς, ἐν ἡλίῳ πρότερον ἐπ' ὀλίγον ψυγείσης, εἶτα τριφθείσης. 3 εἰ δέ τις μετὰ τὴν γένναν τῆς σελήνης θεασάμενος αὐτὴν ὀμόσει ἐπ' αὐτῆς μὴ φαγεῖν σέριν, μήτε ἵππεια κρέα, ἐν ταῖς λ' ἡμέραις, οὐκ ἀλγήσει ὀδόντας.

## Cap. 29. *Περὶ πράσων. Σωτίωνος.*

1 Ὁ Σωτίων παραινεῖ, μετὰ τὸ σπαρῆναι τὰ πράσα, εὐθέως συμπατεῖν τὴν πρασιάν, καὶ μὴ ἄρδειν, ἀλλ' ἐᾶν ἀνεπιμέλητον ἡμέρας τρεῖς, τῇ δὲ τετάρτῃ ἄρδειν· οὕτω γὰρ ἔσεσθαι κάλλιστα. 2 πράσον ἁδρότατον ἔσται, ἐὰν ἄμμον τῇ γῇ συμμίξῃς ἐν τῷ φυτεύειν. ὁμοίως τὰ πράσα ἔσται μεγάλα, εἰ μεταφυτεύων αὐτὰ ὄστρακον ἢ λίθον πλατὺν ὑποθείης, καὶ μὴ ποτίσειας. 3 Μεγάλα δὲ πάλιν ἔσται, εἰ μεταφυτεύων αὐτά, τὴν κεφαλὴν τοῦ πράσου ἄνευ σιδήρου, οἷον κερκίδι ἢ καλάμῳ ὀξεῖ, κεντήσας κατὰ τὸ μέσον, ἐμβάλλῃς τοῦ σπέρματος αὐτῶν. τὸ γὰρ ἐμπεσὸν σπέρμα ἑνοῦται καὶ οἰδαίνειν ποιεῖ τὸ πράσον. 4 ἔνιοι δὲ σπέρμα ἐμβάλλουσιν, οὐ τὸ οἰκεῖον, ἀλλὰ γογγυλίδων, καὶ τοῦτο ἑνοῦται, καὶ μεγέθους αἴτιον γίνεται. 5 Ἔσται

---

1 καρδικοὺς F ‖ ὑπὸν (ν eras.) ἀρ. τιτθ. et mg.: βυζίν P ‖ 2 ὑποτεθ. FL καὶ ὑπὸ — ἐπιτεθ. om. H ‖ 4 γένναν (1. m. corr ex γέενναν) M § 3 om. P ‖ 8 σωτ. p. t. M om. L κε. ῦθ mg. L ‖ 9 ὁ om. M § 1 om. P ‖ 11 ἀτημέλητον L ‖ ἀρδεύειν L ‖ 12 totum caput v. c. sine rubro L ‖ 15 ποτίσῃς HL ‖ 16 πάλιν om. FM ‖ 18 ἐμβάλλῃς F ἐκβάλεισ ἐκ τοῦ σπ. αὐτῶν ἢ ἐκ τοῦ σπέρματοσ τῶν σικύων· τὸ γὰρ ἐκπεσὼν L ‖ 21 οὐ τὸ συκίων F οὐ τὸ σίκυον H οὐ σικύων L ‖ 22 ἔτιον L καὶ τοῦτο — γίνεται om. P.

δὲ μείζονα πάνυ τὰ πράσα, ἐὰν εἰς πανίον λινοῦν παλαιὸν τοῦ σπέρματος τοῖς τρισὶ δακτύλοις συλλαβὼν ἐνδήσῃς, εἶτα κόπρῳ περιπλάσας εὐθέως ἀρδεύσῃς. ὅλα γὰρ τὰ σπέρματα ἑνούμενα ἓν μέγα πράσον ἀποτελεῖ. τὸ αὐτὸ συμβαίνει καὶ ἐπὶ σελίνου. εἰ δέ τις κύμινον προφάγοι πρὸ τῶν πράσων, οὐκ ὀζέσει. 6 Τὰς δὲ ὑπὸ τῶν ἑρπετῶν καὶ φαλαγγίων πληγάς, ἐὰν πράσα λελειωμένα ἐπιθήσεις, τάχιον ἑτέρου φαρμάκου θεραπεύσεις. 7 ἑφθὸν δὲ τὸ πράσον σὺν μέλιτι διδόμενον πάσας τὰς περὶ ἀρτηρίαν διαθέσεις θεραπεύειν πέφυκε· καὶ τὸ σπέρμα δὲ αὐτοῦ ἅμα γλυκεῖ ποτιζόμενον δυσουρίαν ἰᾶται. 8 Συνεχῶς δὲ ἐσθιόμενον ἀμαυροῖ τὰς ὄψεις, καὶ ἔστι κακοστόμαχον. 9 τοῖς δὲ θηριοδήκτοις σὺν μελικράτῳ πινόμενος ὁ χυλὸς συμβάλλεται, καὶ αὐτὰ δὲ καταπλασσόμενα βοηθεῖ. καὶ ὠταλγίας καὶ ἤχους σὺν ὄξει καὶ λιβάνῳ, ἢ γάλακτι, ἢ ῥοδίνῳ ἐνσταγέντα· καὶ ἐπινυκτίδας ἰᾶται. 10 τοῖς πράσοις τακεροῖς πάνυ χρῆσθαι προσήκει. τρέφει γὰρ οὐχ ἧττον κρεῶν. τοῖς πλευρὰν ἀλγοῦσι τὸ λάχανον τοῦτο πρόσφορον.

---

1 πάνυ τὰ πρ. μείζονα L ‖ λϊνὸν L ‖ 3 ἐνδήσῃς corr. 1. m. ex -σεις H ‖ περιπάσας FL περϊ|πάσσης H ‖ 6 προφάγει L ‖ 8 ἐνὰν M ἐὰν P ‖ ἐπιθήσησ, corr. 1. m. ex ·σεισ H ‖ 11 πέφυκεν F -κε H ‖ 12 γλυκὺ et δυσουρίαν παύει:- L δυσουρ. — ἐσθιόμ. om. H ‖ 13 κακοστάμαχ|:· et θυρωδήκτοις L ‖ 16 ὠταλγίασ θεραπεύει καὶ L ‖ 17 ἐνσταγέντα· καὶ* ἐνσταγὲν, τὰς codd. ‖ ἐπινυκτερίδασ L -τερΐασ M § 9 om. P ‖ 18 τακηροῖς F τὰ κηροῖς H.

## Cap. 30. *Περὶ σκόρδων.*

1 *Τὰ σκόρδα γίνεται κάλλιστα ἐν τοῖς λευκογείοις. ταῦτα δὲ ἐσθιόμενα ἕλμινθας ἐξάγει, καὶ οὖρα κινεῖ, καὶ ἐχιοδήκτοις καταπλασσόμενα καὶ τρωγόμενα καὶ λυσσοδήκτοις βοηθεῖ.* 2 *καυθέντα δὲ καὶ φυραθέντα μέλιτι, καὶ καταχριόμενα, ὑπώπια καὶ ἀλωπεκίας ἰᾶται.* 3 *ὀδονταλγίας δὲ διακρατούμενα ἐν τῷ στόματι παύει. σὺν ἐλαίῳ δὲ καὶ ἅλατι ἐξανθήματα θεραπεύει καὶ ὑδρωπιῶντας ὀνίνησιν. ἀφίστησι δὲ καὶ φακοὺς καὶ λειχῆνας.* 4 *Ἑφθὸν δὲ καὶ ὠμὸν ἐσθιόμενον βῆχας χρονίας ὠφελεῖ. καὶ ἀρτηρίαν ὠδύνουσαν πραΰνει. καὶ φωνῆς λαμπρότητα παρέχει. εἰ δέ τις προτρώγει τὸ σκόρδον, ἀβλαβὴς ἔκ τε ἑρπετῶν καὶ τῶν ἄλλων δηλητηρίων ἔσται. καὶ πληγέντας δὲ τριφθέντα καὶ ἐπιτεθέντα ἰᾶται.* 5 *πάνυ δὲ ὠφελεῖ καὶ μετὰ οἴνου πινόμενα. χρησιμώτερα δὲ καὶ τοῖς πέττειν τροφὰς μὴ δυναμένοις. οὖρα ὑπάγει, νεφρῖτιν ἰᾶται, οὐκ ἐᾷ ὑπὸ φαύλων ὑδάτων βλάπτεσθαι.* 6 *εἰ δὲ θέλεις γλυκύτερα εἶναι τὰ σκόρδα, τεθλασμένα ταῦτα φύτευε.* 7 *Τοῦ δὲ σκόρδου τὸ μέν ἐστιν ἥμερον καὶ κηπευτόν, τὸ δὲ ἄγριον, ὃ καὶ ὀφιόσκορδον καλοῦσιν. ἔστι δὲ*

---

1 *σκορόδων* et sic per totum caput HM ‖ 3 *ἕλμινθασ* (*ν* in ras.?) L *ἕλμινθας* HP ‖ *καὶ οὖρα κινεῖ* om. M ‖ 4 *ἐχεωδ.* L *ἐχϊοδήκτουσ* M -*οις* P ‖ 6 *ὑπόπνα* F *ὑπώπια* HL *ὑπόπϊα* M § 2 om. P ‖ 7 *ὀδονταλ|γῖαν* M ‖ *δὲ* om. LP ‖ 9 *ἀνίνησιν* L *θεραπεύει* iterum F *καὶ ὑδρ. ὀν.* om. HM ‖ *καὶ* ante *φακοὺς* om. M ‖ 11 *χρονίους* HL ‖ *ἰᾶται* M ‖ *καὶ ἀρτ. — παρέχει* om. FM ‖ 12 *Καὶ φων. λαμπρ. παρέχει:* (haec deleta) *Καὶ ἀρτ. ὠδίνουσαν πραΰνει:·* (*ει* m. 1. corr. ex *η*) *Καὶ φων. λαμπρ. παρέχει* L ‖ *προτρώγοι* M et corr. ex -*ει* H -*ει* P ‖ 14 *τριβέντα* M ‖ 16 *πίττειν* L ‖ 18 *θέλοις εἶναι τὰ σκόρδα κρίττονα, τεθλ.* L ‖ 21 *ὀφιόσκορδον* per comp. H *ὀφιοσκόροδον* M.

τὸ ἄγριον εὐτονώτερον τοῦ ἡμέρου πρὸς τὰς εἰρημένας θεραπείας. 8 Γλυκύτερα ποιήσεις τὰ σκόρδα, ἐν τῷ φυτεύειν συνεπιβάλλων στέμφυλα τῶν ἐλαΐνων. 9 ἄνοσμα δὲ ἔσται, ἐὰν καὶ σπείρηται καὶ ἐξαιρῆται, ὑπὸ γῆν οὔσης τῆς σελήνης. τινὲς δέ φασιν ἄνοσμα αὐτὰ γενέσθαι, ἐὰν ἐπὶ τῇ βρώσει ὠμὸν κύαμον ἐπιμασήσαιτό τις.

## Cap. 31. *Περὶ κρομύων.*

1 Κρόμυα μεταφυτεύων τὰς οὐρὰς αὐτῶν καὶ τὰ ἄκρα ἀφαίρει, καὶ ἔσται μεγάλα. 2 πρὸ ἡμερῶν κ' τοῦ μεταφυτεύειν σκάψας καὶ ξηράνας τὴν γῆν, ὡς ἀφῃρῆσθαι πάσης νοτίδος, φύτευε, καὶ ἔσται πολλῷ μείζονα. 3 εἰ δὲ καὶ περιψιλώσας τὰς κεφαλὰς αὐτῶν θείης, ἔτι μᾶλλον μείζονα ἔσται. κάλλιστα δὲ ἔσται ἐν γῇ ἐρυθρᾷ, ὥσπερ τὰ σκόρδα ἐν τοῖς λευκογείοις. 4 ἵνα δὲ κρόμυα ἄσηπτα διαμείνῃ, εἰς θερμὸν ὕδωρ αὐτὰ ἐμβαλὼν ψύξον ἐν ἡλίῳ, καὶ ξηρανθέντα κατάθες ἐν ἀχύροις κριθίνοις μὴ ἁπτόμενα ἀλλήλων. 5 Τὰ δὲ κρόμυα μετὰ μέλιτος τριβέντα ἐπιτήδειά ἐστι πρὸς πᾶν τραῦμα ἐπιτιθέμενα. 6 ὑγιεινῶς τε διάξει, ὁ ἑκάστης ἡμέρας τῶν κρομύων ἐπιλεγόμενος τὰ ἁπαλώτερα, καὶ μετὰ μέλιτος νῆστις ἐσθίων. 7 τὸ μὲν

---

3 *ἐν τῶ φ. συνεπιβαλων.* (sic!) in mg. sup. m. rec. rep. L ‖ *στέμμα* M § 8 om P *γίγαρτα σταφυλῶν* S XII 17 ‖ 5 *φασιν* om. M ‖ 6 *γίνεται, . . . βρώσει* (2 digitorum sp. om.) L ‖ 8 *κρομίων* L tit. om. sed mg. rubr. de more: *περὶ κρομμύων* lit. *μ* gem. ut semper deinceps P ‖ 10 *ἄφαιρε* F ‖ § 2 om. L ‖ 12 *ἐστερῆσθαι* L *ἀφηρῆσθαι* 1. m. corr. ex *-εῖσθαι* H *ἀφαιρ.* P ‖ 13 totum caput v. c. sine rubro L ‖ 15 *σκόροδα* M *ὥσπερ — λευκογ* om. P ‖ 20 *πᾶν πρᾶγμα* et mg. 1. m. *γρ'*, *ἕλκος* H ‖ 21 *ἀπαλότ.* L.

*οὖν κρόμυον τὸ ἕλκος ὑγιὲς ποιήσει, τὸ δὲ σκόρδον κἂν ὑγιαίνοντι σώματι ἐπιτεθῇ, ἑλκώσει.* 8 *Τὰ δὲ κρόμυα σὺν ὄξει καταχριόμενα ἐν ἡλίῳ ἀλφοὺς ἀποῤῥιπτεῖ, καὶ παρατριβόμενα ἀλωπεκίας θᾶττον ἰᾶται.* 9 *καὶ ὁ χυλὸς αὐτῶν πρὸς ὦτα πυοῤῥοοῦντα χρήσιμος, καὶ συναγχικοῖς διαχριόμενος λυσιτελεῖ, καὶ πρὸς ἀμβλυωπίαν ποιεῖ. τὸ κρόμυον ὀπτὸν διδόμενον βῆχα θεραπεύειν δύναται.*

## Cap. 32. *Περὶ καυκαλίδων. Παξάμου.*

1 *Αἱ καυκαλίδες τρωγόμεναι νεφριτικοὺς ἰῶνται διὰ οὔρων, καὶ τὸ ὕδωρ αὐτῶν πρὸ μιᾶς ὥρας τοῦ λουτροῦ πινόμενον ἅμα ποτῷ γλυκεῖ ἰκτερικοὺς δι' ἱδρώτων θεραπεύει.* 2 *καὶ αὐταὶ δὲ τρωγόμεναι σὺν ὀξυμέλιτι καὶ ἐμούμεναι τὴν ἄνω κοιλίαν καθαίρουσι, καὶ μελαγχολίαν, καὶ ἀνορεξίαν, καὶ τεταρταῖον θεραπεύουσιν.*

## Cap. 33. *Περὶ γλίχωνος. Λεοντίνου.*

*Ὁ γλίχων πέψεώς ἐστιν ἐργάτης, ξηρὸς λειωθείς, καὶ μετὰ τροφὴν λαμβανόμενος. διαμασηθεὶς δὲ ξηρὸς καὶ περικολληθεὶς τοῖς βλεφάροις ὀφθαλμίαν ἀκμάζου-*

---

1 *σκόροδον* M et per comp. H ‖ 3 *ἀπορρίπτει* H *ἀπορρύπτει* L ‖ 4 paragraphorum 8 et 9 ordo misere turb. P ‖ 5 *πυορροῦντα* LH *πυρορροοῦντα* P ‖ 6 *διαχριόμενα* L ‖ *λυσιτελεῖ* om. FM ‖ *ἀμβλυωποίαν* L ‖ 7 *ὀπτ. διδ. τὸ κρόμμ.* P ‖ *ὦτα θερ.* L ‖ 9 c. 32 om. L ‖ *περὶ* om. M serv. et mg.: *δαυκίων* P ‖ *παξ.* om. HP ‖ 11 *δι' οὔρων* P ‖ 12 *ἅμα τῷ* H ‖ 13 *αὗται* HP ‖ 14 *καὶ* om. F ‖ *καθαίρουσιν·* F -*σι* H ‖ 17 *γλύχωνος* H *γλίχωνος ἤτοι βλισκουνίου* P ‖ *λεοντ.* p. t. M om. P *λεοντίου* p. t. L ‖ 18 *γλίχον* L ‖ 19 *τροφῆσ* M -*ὴν* 1. m. ex -*ῆσ* corr. H ‖ *διαμασσ.* M ut ed. P.

σαν ἄκρως θεραπεύει, ὥστε ἑλέσθαι τὸν πειράσαντα μᾶλλον χρῆσθαι τούτῳ ἐπὶ τῶν ὀφθαλμῶν, ἢ τοῖς δοκιμωτάτοις κολλουρίοις.

### Cap. 34. Περὶ ἀνήθου.

Τὸ ἄνηθον ἐσθιόμενον ἀμβλύνει τὴν ὄψιν.

### Cap. 35. Περὶ σκίμβρου. Δαμηγέροντος.

1 Τὸ σκίμβρον, ὅ τινες σίσυμβρον καλοῦσιν, ὀρέξεώς ἐστιν ἐνεργητικόν, καὶ οὔρων κινητικόν. 2 χαίρει δὲ ἀέρι εὐκραεῖ καὶ ξηρῷ, καὶ τόπῳ εὐηλίῳ μηδαμόθεν ἐνοχλουμένῳ ὑπὸ δένδρων. τρέφεται δὲ ὑπὸ γῆν, καὶ αὔξεται. 3 Σπείρεται δὲ καὶ φυτεύεται, ἀλλὰ ἀπὸ μὲν σπέρματος τῷ τρίτῳ ἔτει δώσει καρπόν. εἰ δέ τις ἀπὸ τῆς κορυφῆς τῆς ῥίζης, ἐξ ἧς ἔχει τὴν βλάστην, ἥν τινες ὀφθαλμὸν καλοῦσι, φυτεύσει, ἐν αὐτῷ τῷ ἔτει δώσει τὸν καρπόν.

### Cap. 36. Περὶ βολβῶν. Ἀνατολίου.

Οἱ βολβοὶ ἔσονται μεγάλοι, ἐάν, ὡς τοῖς πράσοις, ὑποτεθείη ὄστρακα περὶ τὰς ῥίζας τῶν φυτευομένων. φυτεύονται δὲ οἱ βολβοὶ ἀπὸ νεομηνίας Νοεμβρίου, ἕως νεομηνίας Φεβρουαρίου.

---

2 τοῦτο L ‖ 3 κολλυρ. L κολουρ. F κολούροις H ‖ 4 Δαμηγέροντος p. t. L Δημηγ. mg. H tit. om. sed mg. add. λδ´ et i. c. serv. M tit. om. sed mg. rubro ἄνηθον P ‖ 6 c. 35 om. L ‖ δαμηγ. om. HM ‖ 7 σίσυβρον F σισύμβριον H ‖ 12 τὸν καρπ. P ‖ 14 καλοῦσιν F -σι H ‖ 16 c. 36 om. L ‖ ἀνατ. p. t. M om. H ‖ 20 φευβρουαρίου H φευρ. P.

## Cap. 37. *Περὶ σκίλλης. Βηρυτίου.*

*Τῆς σκίλλης τὸ ἄνθος ἐκφυόμενον ῥαβδοειδές, καὶ μὴ θᾶττον μαραινόμενον, εὐκαρπίαν σημαίνει.*

## Cap. 38. *Περὶ λαπάθου. Ἀφρικανοῦ.*

**1** *Τοῦ ἀγρίου λαπάθου ὁ καρπὸς καρδίαν καὶ δυσεντερίαν ἰᾶται, μετὰ οἴνου πινόμενος. περιαπτόμενος δὲ τῷ ἀριστερῷ βραχίονι, γυναικὸς ἀτοκίας ἰᾶται.* **2** *ἡ δὲ ῥίζα τοῦ ἀγρίου λαπάθου θεραπεύει ἴκτερον καὶ ὕδρωπα. ἑψομένη δὲ μετὰ ὄξους καὶ καταπλαττομένη λέπραν ἰᾶται ὥς φασι, καὶ λειχῆνας, καὶ ἀλφούς.*

## Cap. 39. *Περὶ κιναρῶν. Βάρωνος.*

**1** *Τὰς κινάρας φύτευε Νοεμβρίῳ μηνί. τότε γὰρ φυτευθεῖσαι τῷ ἔαρι τὸν καρπὸν δώσουσι. τῷ δὲ ἔαρι φυτευθεῖσαι μόλις οἴσουσι τὸν καρπὸν τῷ ἐπιόντι ἐνιαυτῷ, καὶ αὐταὶ μὲν ἔσονται ἰσχναί, ὁ δὲ καρπὸς βραχύς.* **2** *λάμβανε δὲ τὰ φυτὰ τῶν κιναρῶν τὰ παραπεφυκότα τοῖς μείζοσι στελέχεσιν, ὀξεῖ δρεπάνῳ ἀφαιρῶν ἀπὸ γῆς, ἀποσκάψας πρότερον τὴν περικειμένην γῆν, καὶ συναφαίρει μέρος τι τῆς ῥίζης.* **3** *Τὰ δὲ φυτὰ εἰς εἰργασμένην γῆν φύτευε, ἐπιχέων κόπρον*

---

1 c. 37 om. LP ‖ *βηρῦτȣ:-* mg. M ‖ 4 c. 38 om. LP ‖ 10 *ἰᾶταί φασΐ.* F ‖ 12 *κιννναρῶν* H item sed *ν* a rubr. add., qui etiam in mg. rep. *π. κ.*, P ‖ *βάρ.* om. P *τοῦ αὐτοῦ:-* p. t. L ‖ 13 *κινν.* semper HP ‖ *φυτεύομεν* M ‖ 14 *ἀέρι* L ‖ *δώσουσιν* F *-σι* H *δίδωσΐ:* L ‖ 15 *οἴνουσι* M *οἴσ.* P ‖ 16 *αὗται* M ‖ 17 *κυναρῶν* P *κινν.* de more H ‖ 19 *ἅψας* F *σκάψασ* L ‖ 20 *συναναφέρει* H *συναναφαίρει* P ‖ *ῥίζεισ* L ‖ |· *ἀ δὲ* (rubr. om. T) L.

*παλαιάν, τῷ δὲ θέρει ἄρδευε αὐτὰς καὶ συνεχῶς. οὕτω γὰρ ἁπαλὸν καὶ ἁδρότερον τὸν καρπὸν ἕξεις.* 4 *Εὐώδεις δὲ ποιήσεις τὰς κινάρας, εἰ τὸ σπέρμα αὐτῶν εἰς χυλὸν ῥόδων, ἢ κρίνων, ἢ δάφνης, ἢ ἄλλῳ τινὶ εὐώδει βρέξας ἐπὶ γʹ ἡμέρας οὕτω καταθείης. δίχα δὲ ἀκανθῶν ποιήσεις τὰς κινάρας, ἐὰν τὰ ὀξέα τῶν σπερμάτων ἀμβλύνῃς παρατρίψει λίθου.* 5 *διαβεβαιοῦνται δέ τινες, ὅτι ᾧ ἂν καιρῷ αἱ κινάραι φυτευθῶσι, τούτῳ καὶ τὸν καρπὸν δώσουσι, καὶ διὰ τοῦτο δύνασαι διὰ παντὸς τοῦ ἐνιαυτοῦ ἔχειν κινάρας.* 6 *δαφνάτους ποιήσεις κινάρας, ἐὰν λαβὼν δάφνης καρπόν, καὶ τρήσας, ἐμβάλῃς τὸ σπέρμα τῆς κινάρας εἰς τὴν τρύπην, καὶ οὕτως φυτεύσῃς.* 7 *γίνονται δὲ ὁμοίως δίχα ἀκανθῶν, εἰς ῥίζαν θριδακίνης λελεπισμένην, καὶ εἰς λεπτὰ συγκεκομμένην, ἐφ' ἕκαστον τῶν τμημάτων κρυβέντος τοῦ σπέρματος, καὶ φυτευθέντος.* 8 *Τὰς ῥίζας τῶν κιναρῶν ἥδιστα ἐσθίουσιν οἱ μύες, καὶ μακρόθεν ταύταις ἐπιτρέχουσιν. εἴρξομεν δὲ αὐτοὺς ἐρίῳ τὰς ῥίζας εἱλοῦντες, ἢ χοιρείαν κόπρον ἢ συκίνην τέφραν ταῖς ῥίζαις παρατιθέντες, ἢ κατὰ ἀντιπάθειαν, ἢ κατὰ ἀποστροφὴν τῆς ὀσμῆς.* 9 *γλυκείας δὲ ποιήσεις τὰς κινάρας τὸ σπέρμα αὐτῶν γάλακτι καὶ μέλιτι βρέχων, καὶ ἀναψυχθὲν σπείρων.*

---

1 *αὐτὰς συνεχῶς* HM ‖ 2 *ἕξεισ τὸν κ.* L ‖ 3 reliquum caput v. c. sine rubro L ‖ *εἰ* om. L *κιν¦νάρασ· ἐὰν τὰ ὀξέα εἰς τὸ σπέρμα αὐτῶν* H ‖ 5 *καταθείεισ* L ‖ 7 *τρίψει* FM ‖ 10 *δύνασαι** S XII 20 fin. *δύνασθαι* FM *δυνατὸν* L ‖ *διαπαντὸς* FM ‖ 11 *δαφν. ποι. κιν.* om. H §§ 6. 7 om. P ‖ 12 *τρυπήσασ ἐμβάλεισ* L ‖ 13 ¦*οὕτως* per comp. M *οὕτω* H ‖ *φυτεύσεις* sed *ει* 1. m. expunct. et *η* supra add. H ‖ 14 *ῥίζαν . . . λελεπ.* 2 digg. spatio om. L ‖ 15 *συγκεκομένην* H *συγκεσυγκεκομένην* L ‖ 17 § 8 om. L ‖ 18 *οἱ μῦ·εσ* in ras. ex *μυῖεσ* F *οἱ μῦες* HL et corr. ex *αἱ* M ut ed. H ‖ *ἐπιτρέχουσι* F *-σιν* H ‖ 20 *ἢ κατὰ ἀντ. — ὀσμῆς* om. P ‖ 21 *γλυκεῖς* F ‖ 23 *ἀναψυχὲν* L.

## Cap. 40. *Περὶ ἀνδράχνης. Παξάμου.*

Ἡ ἀνδράχνη καταπλασσομένη παύει ἐρυσιπέλατα. τὸ δὲ φύλλον αὐτῆς ὑποτιθέμενον τῇ γλώσσῃ ἀδιψωτέρους ποιεῖ.

## Cap. 41. *Μυκήτων ποίησις. Ταραντίνου.*

**1** Αἴγειρον ἀπόκοψον, καὶ κατὰ τῆς ἀποκοπῆς τοῦ στελέχους τοῦ ἑστῶτος ἐν τῇ γῇ ζύμην ὕδατι λύσας ἐπίχεε, καὶ εὐθέως ἔσονται οἱ μύκητες αἰγειρῖται. **2** Εἰ δὲ βούλει καὶ γῆν ἐνέγκαι σοι μύκητας, ἐπιλεξάμενος γῆν ὄρειον, ἀραιάν, εἰωθυῖαν φέρειν κάλαμον, καὶ φρύγανα καὶ πάντα τὰ εὔφλεκτα συναθροίσας, ὅταν συννεφῆ τὸν ἀέρα ἴδῃς, ὡς ὄμβρον ἐπικεῖσθαι, καῦσον . . . οὕτω γὰρ ἔσονται μύκητες αὐτόματοι. **3** εἰ δὲ ἀρξαμένῳ σοι τὴν πυρὰν ποιεῖσθαι μὴ ἐπιγένηται ὄμβρος, ὕδατι ἀραιῷ καὶ καθαρῷ εἰς ὄμβρου μίμησιν κατάῤῥανον τοὺς πυρωθέντας τόπους, καὶ φυήσονται μύκητες, εἰ καὶ φαυλότεροι. καλλίους γάρ εἰσιν οἱ διὰ τῶν ὄμβρων τρεφόμενοι.

---

1 c. 40 om. LP ‖ *παξ.* p. t. M ‖ 3 *γλώττη* F ‖ *ἀδιψοτ.* FM *ἀδιψωτ.* H ‖ 5 c. 41 om L ‖ *ταρ.* p. t. M om. P sed add. *ἤγουν ἀμανιταρίων.* et mg. rubro rep.: *π. μ.* ‖ 7 *τοῦ ἑστῶτος* bis sed 1. m. corr. M § 1 om. P ‖ 8 *μύκηταισ* F -*ες* H ‖ 10 *εἰωθύ|αν* et mg. m. rec.? *ῖ* F *εἰωθυῖαν* H ‖ *φέρειν μύκητας, κάλαμον καὶ φρύγανον καὶ* M *γῆν εἰωθυῖαν φ. κάλαμον· καὶ φρύγανα· καὶ* S XII 25 ‖ 12 *ὡς* per compendium scr. et *ἴδῃς* 1. m. supra add. M *ὡς* om. P ‖ *ἐπικεῖσθαι· οὕτω* F *ἐπικ. καῦσον. οὕτω* M *ἐπικεῖσθαι, ἐπιμελοῦ καὶ καῦσον αὐτὰ, ὅπως ὁ ὄμβρος ἔλθῃ καὶ ἀνάψῃ (σβεννύῃ?) τὴν φλόγα τοῦ πυρός· καὶ οὕτω* S XII 25 ‖ 15 *ἀραιῷ* om. S ‖ 17 *εἰ* om. M *εἰ καὶ* om P ‖ *τέλ(ος)* m. rec. mg. F nihil H.

# ΒΙΒΛΙΟΝ ΙΓ.

*Τάδε ἔνεστιν ἐν τῇδε τῇ βίβλῳ, τρισκαιδεκάτῃ μὲν οὔσῃ τῶν περὶ γεωργίας ἐκλογῶν, περιεχούσῃ δὲ σύνταξιν περὶ ἀκρίδων, καὶ βρούχου, καὶ σκορπίων, καὶ ὄφεων, καὶ τῶν τοιούτων ἰοβόλων. ἔτι δὲ καὶ πρὸς ψύλλας, καὶ κόρεις, καὶ κώνωπας, καὶ πρὸς ἕτερα τοιαῦτα λυμαινόμενα θηρία θεραπείαν.*



## Cap. 1. *Περὶ ἀκρίδων. Δημοκρίτου.*

**1** *Πολλὰ μὲν τοῖς ἀρχαίοις εἴρηται πρὸς ἀποδίωξιν ἀκρίδων. ἐγὼ δὲ τὰ εὐχερέστερα ἐπιλεξάμενος γράφω.* **2** *ἐὰν νέφος ἀκρίδων ἐπέρχηται, πάντες ἔνδον μενέτω-*

---

1 *β. δέκατον τρίτον*:+ H *β. ιγ̅ τῆς τῶν γεωπονικῶν ἐκλογῆς*:- L *β. ιγ̅* mg. M *β. τρισκαιδέκατον περιέχον σύνταξιν κτλ.* P ‖ 2 *δεκάτη τρίτη* H ‖ *μὲν* (p. c.) *οὖν οὔση* M ‖ 6 *ψύλλας* p. c., sed *υ* ex *ω* (?) corr. L *ψύλλους* (p. c) *καὶ κόρρεισ* M ut ed. P ‖ *καὶ πρὸς ἕτερα — θεραπείαν* om. L ‖ 7 *θεραπεῖα* F ut ed. H *θεραπεία* M ‖ 8 indicem capitum om. HLP ‖ 9 *μυιῶν* F ‖ *μυιῶν* F ‖ 10 *αἰλουρ̂* F *αἰλου͠ρ* M *αἰλούρου* codd. in textu praeter P ‖ 11 *μυρμίκων* F ‖ 12 *πρὸς** *περὶ* codd. cf. c. 15 ‖ *μυίασ* F ‖ *νυκτερίδ(ος?)* p. c. F ‖ 13 *τῆ* (corr. ex *πε*) *ψύλασ* F ‖ 14 *κανθαρίδ(ος?)* p. c. F ‖ *βδελασ* sine acc. F ‖ 15 *δημ.* p. t. M om. LP *δημόκριτος* mg. H ‖ 16 *ἀπόδειξιν* F *ἀποτροπὴν* L §§ 1. 2 om. P ‖ 17 *τὰ* om. LM.

σαν ἀφανεῖς, καὶ παρελεύσονται τὸ χωρίον. 3 ἐὰν δέ, πρὶν τοῦτο παραφυλαχθῆναι, ἐξαίφνης ἐπιστῶσιν, οὐχ ἅψονται οὐδενός, εἰ πικρῶν θέρμων ἢ ἀγρίων σικύων ζεσθέντων σὺν ἅλμῃ καταῤῥανθῶσι. θανοῦνται γὰρ παραχρῆμα. 4 Ὁμοίως παρελεύσονται τὴν ὑποκειμένην χώραν, ἐὰν θηράσας νυκτερίδας προσδήσῃς ταύτας ἐν τοῖς ὑψηλοῖς δένδροις τοῦ χωρίου. 5 ἐὰν δὲ καὶ θηράσας ἐκ τῶν ἀκρίδων καύσῃς, σκοτοῦνται ὑπὸ τῆς ὀσμῆς, καὶ αἱ μὲν θνήσκουσιν, αἱ δὲ τὰ πτερὰ καθιεῖσαι περιμένουσι τοὺς θηράσοντας, καὶ ὑπὸ ἡλίου διαφθείρονται. 6 φυσικόν ἐστι τοῦτο. καὶ γὰρ κἂν σκορπίον θηράσας καύσῃς, καὶ τοὺς λοιποὺς θηράσεις, ἢ ἀποδιώξεις. τὸ αὐτό ἐστι καὶ ἐπὶ μυρμήκων, ὡς ἡ πεῖρα ἐδίδαξεν. ἴσως δὲ καὶ ἐπὶ τῶν ἄλλων τῶν τοιούτων ζώων τὸ αὐτὸ συμβαίνει. 7 Ἀποδιώξεις τὰς ἀκρίδας, ἐὰν γάρον ἐξ αὐτῶν σκευάσας βόθρους ὀρύξῃς, καὶ τούτους ἐγκαταβρέξῃς τῷ γάρῳ. 8 πρὸ ἡμέρας γὰρ ἐπελθὼν εὑρήσεις αὐτὰς ἐν τοῖς βόθροις ὕπνῳ βεβαρημένας· ὅπως δὲ αὐτὰς κατακτείνῃς, σοὶ μελήσει. 9 οὐχ ἅψεται ἀκρὶς οὐδενός, ἀψινθίου, ἢ πράσου, ἢ κενταυρίου ὕδατι λυομένων καὶ καταῤῥαινομένων.

---

2 τοῦτο φϋλαχθῆ M ἐὰν δὲ — οὐδενὸς om., εἰ πικρῶν — παραχρῆμα post τῆς ὀσμῆς (§ 5) add., § 4 om. P ‖ ἐξέφνης L ‖ 4 καταρρανθῶσιν· F -σι H καταρανθῶσιν ὑπ᾽ αὐτῶ· L ‖ 11 καὶ ἐὰν L καὶ αἵ μὲν — φθείρονται et §§ 6—8 om. P ‖ 14 δὲ om. M τὸ αὐτὸ — ἀποδιώξεις τὰς om. H ‖ 16 ὀρύξεισ et ἐγκαταβρέξεισ L ‖ 17 μεθ᾽ ἡμ. H ‖ 18 εὑρίσεις L ‖ βεβαρομένας L ‖ 20 πρασίου. M παραχρῆμα. (§ 3) ὁμοιώς (4) ἀψινθίου ἢ πρασίου ἢ κ. ὕ. λειουμ. P λειωμ. H, sed 1. m. ειω expunct. et υο supra add.

## Cap. 2. *Περὶ βρούχου. Διδύμου.*

*Περὶ τὸ στέλεχος τῆς ἀμπέλου παρὰ τὴν ῥίζαν τρεῖς κόκκους σινήπεως χῶσον. φυτευόμενα γὰρ ταῦτα τῇ ὀδμῇ τὸν βροῦχον ἀναιρεῖ.*

## Cap. 3. *Περὶ γαλῶν. Ἀφρικανοῦ.*

**1** *Ἅλας ἀμμωνιακὸν βρέξον, καὶ σῖτον σύμβρεξον, καὶ ταῦτα παρὰ τοὺς τόπους ὅπου πυκνῶς διέρχονται διάσπειρον· ἢ γὰρ τεθνήξονται φαγοῦσαι, ἢ φεύξονται.* **2** *φασὶ δέ, ὅτι εἴ τις θηράσας μίαν ἐξ αὐτῶν τὴν οὐρὰν ἢ τοὺς ὄρχεις ἀποκόψει, καὶ ζῶσαν ἐάσει, μὴ εὑρεθήσεσθαι αὐτὰς λοιπὸν ἐν ἐκείνῳ τῷ χωρίῳ.*

## Cap. 4. *Περὶ μυῶν κατοικιδίων. Παξάμου.*

**1** *Οἱ μύες ἀναιροῦνται, ἐλλεβόρου μέλανος μετὰ ἀλφίτων παραβληθέντος, ἢ σικύων ἀγρίων τοῦ σπέρματος μετὰ ἐλλεβόρου μέλανος, καὶ κολοκυνθίδος, καὶ ἀλφίτων.* **2** *καὶ καλακάνθου δὲ καὶ ὀριγάνου, καὶ σελίνου σπέρματος, καὶ μελανθίου θυμιωμένου, φεύξονται. ἐὰν δὲ κονίαν δρυΐνην παραθῇς τῇ τρυμαλιᾷ, κονιαζόμενοι ψωριῶσι καὶ ἀναιροῦνται.* **3** *Καὶ ἐὰν*

---

1 *διδ.* p. t. LM om. P ‖ *κε. ζᾶ* mg. L ‖ 3 *συνίπιοσ*, sed supra *υ* 1. m. *ϊ* add. L *σϊνήπε* M = *σινήπεος* H *-πεως* P ‖ 3 *μεταφυτ.* L ‖ 5 tit. mg. L ‖ *ἀφρ.* p. t. M om. L ‖ 6 *ἀμων.* F ‖ 7 *περὶ* M ‖ *πικνῶς* L ‖ 9 *ἤ τισ* L ‖ 11 *εὑρεθεῖσαι α*(1. m. corr. ex *λ*)*ὐτὰς* H *οὐκέτι ὄψεται αὐ|τάσ* (in ras. ex *αὐτοὺς*?) L ‖ *τολοιπὸν* M § 2 om. P ‖ 12 *παξ.* p. t. M om. P ‖ 13 *ἐλεβόρου* FL ‖ *μέλανος* om. FM ‖ 14 *παρατεθέντος* M ‖ *τὸ σπέρμα* FM ‖ 15 *ἐλεβ.* F *ἐλλεβοῤῥου* H ‖ *κολοκινθήδοσ* L *κολοκυνθίδων* M ‖ *καὶ* ante *καλ.* om. FM ‖ 17 *θυμϊόμενοι* L ‖ 18 |*Ἐὰν δὲ* L ‖ 19 *κονιζόμενοι ψωρ. καὶ ἀπολοῦνται* M *ἐὰν δὲ — ἀναιροῦνται* om. P ‖ *Καὶ* om. FM.

*ῥίνισμα σιδήρου μίξας μετὰ ζύμης ἀπόθοιο ὅπου πλεονάζουσι, γευσάμενοι ἀπολοῦνται.* 4 *εἰ δὲ θέλεις τυφλῶσαι τοὺς μῦς, τιθύμαλον κόψας μετὰ ἀλφίτων καὶ οἰνομέλιτος μίξας παράθες αὐτοῖς· φαγόντες γὰρ τυφλωθήσονται.* 5 *Ὁ δὲ Ἀνατόλιος καὶ Ταραντῖνος, ἐν τῷ περὶ σιτοβόλου, περὶ τῆς τῶν κατοικιδίων μυῶν φθορᾶς τοῖς αὐτοῖς κέχρηνται φαρμάκοις.* 6 *Ἐὰν δὲ ἕνα πιάσας ἐκδείρῃς αὐτοῦ τὴν κεφαλήν, καὶ ἀπολύσῃς, οἱ λοιποὶ φεύξονται. καὶ βάτου ῥίζης, μετὰ βουτύρου καὶ ἄρτου καὶ τυροῦ μιγείσης, γευσάμενοι ἀπολοῦνται.* 7 *Τινὲς ἐλλέβορον λευκὸν καὶ κυνοκράμβης φλοιὸν κοπέντα καὶ σησθέντα, σὺν ἀλφίτοις καὶ ᾠοῖς καὶ γάλακτι μάζαν ποιήσαντες, εἰς τὰς τρυμαλιὰς αὐτῶν ἐμβάλλουσι.* 8 *μύες φεύξονται, αἱματίτου λίθου θυμιωμένου, καὶ μυρίκης χλωρᾶς καπνιζομένης.* 9 *Ἀνατόλιος δέ φησι, βαλὼν εἰς λεκάνην χαλκῆν ἀμόργην, καὶ ἐν μέσῳ τοῦ οἴκου ἀποθέμενος νυκτός, πάντας τοὺς μύας συνάξεις. ἐν τοῖς ἄλλοις ὡς ὁ Δίδυμος καὶ αὐτός.*

---

1 *ῥίνηςμα* L *ῥίνημα* F *ῥίνισμα* HM ‖ *ἀπόθοιὅπου* L ‖ 2 *πλεονάζουσιν* F ‖ *θέλης* L ‖ 3 *τιθύμαλλον* M ut ed. P ‖ 5 *ἀνατολίου καὶ ταρ.* mg. add. F nihil H ‖ 6 *σιτοβολείου* M §§ 5—7 om. P ‖ 8 *ἕνα κρατήσασ ἐκδήρησ* L ‖ 9 *φεύξ.* | *Καὶ β.* L *καὶ* om. M ‖ 10 *μιγέντος* FL ‖ *ἀπόλλυνται* F ‖ 11 *ἐλέβορον* F *ἐλλ.* H ‖ *κοινοκρ. φλιὸν* per comp. L ‖ 14 *ἐμβάλλουσιν* F -*σι* H ‖ 15 *μυρρίκης* M *μυρίκης* P ‖ *ἀνατολίου* mg. add. F -*ος* mg. add. H ‖ 16 *φησιν* F -*σι* H *φη.* L § 9 om. P ‖ 18 *μῦας* H ‖ *συνάξει·* M ‖ *ἐν τοῖς — αὐτός.* om. L.

## Cap. 5. *Περὶ μυῶν ἀρουραίων. Ἀπουληΐου.*

1 Ἀπουλήϊος παραινεῖ χολὴν βοείαν ἀλείφειν τὰ σπέρματα, καὶ οὐχ ἅψονται τούτων οἱ μύες. 2 Ἄμεινον δὲ ἐν ταῖς ὑπὸ κύνα ἡμέραις κωνείου σπέρμα μετ' ἐλλεβόρου, μετ' ἀλφίτων, ἢ σικύου ἀγρίου, ἢ ὑοσκυάμου, ἢ ἀμυγδάλων πικρῶν, καὶ ἐλλεβόρου μέλανος συγκόψαι, καὶ ἐξ ἴσου συμμίξαι ἀλφίτοις, καὶ ἐλαίῳ φυρᾶσαι, καὶ παραθεῖναι ταῖς ὀπαῖς τῶν ἀρουραίων μυῶν. γευσάμενοι γὰρ ἀπολοῦνται. 3 Οἱ δὲ κατὰ Βιθυνίαν ἔμπειροι ῥοδοδάφνης φύλλοις τὰς ὀπὰς ἐμφράττουσιν, ὥστε αὐτοὺς ἐξιέναι σπεύδοντας τοῖς ὀδοῦσιν ἅπτεσθαι. ἁπτόμενοι γὰρ διαφθείρονται. 4 Λαβὼν χάρτην ἔγγραψον εἰς αὐτὸν ταῦτα· Ἐξορκίζω μῦς τοὺς ἐνταῦθα καταλαμβανομένους, μή με ἀδικήσητε αὐτοί, μήτε ἄλλον ἐάσητε· δίδωμι γὰρ ἀγρὸν ὑμῖν τόνδε (καὶ λέγεις ποῖον.) εἰ δὲ ὑμᾶς ἔτι ὧδε ὄντας καταλάβω, παραλαβὼν τῶν θεῶν τὴν μητέρα, διαιρῶ ὑμᾶς <εἰς> μέρη ζ'. 5 ταῦτα γράψας κόλλησον τὸν χάρτην ἐν τῷ χωρίῳ, ἔνθα εἰσὶν οἱ μύες, πρὸ ἀνατολῆς ἡλίου (τὰ δὲ γράμματα ἔξω βλεπέτω) πρὸς αὐτοφυῆ λίθον. 6 Τοῦτό μοι γέγραπται, διὰ τὸ μὴ δοκεῖν τι παραλιμπάνειν. οὐ δέχομαι δὲ πάντα

---

1 ἀπουληΐου om. M ‖ 2 βοῖαν L ‖ 3 μῦες H ‖ 4 ἐν om. FM ‖ κῦνα HL ‖ κονίου L κωνίου H ‖ 5 μετ' ἐλεβόρου μεταλφίτων F ut ed. H μετὰ ἐλλ. μέλ. συγκ. verbis μετ' ἀλφ. — ἐλλεβ. om. L cf. praef. p. X ‖ 6 ἐλεβ. F ἐλλ. H ‖ 8 φυράσαι M ‖ παραθῆναι L ‖ 10 ἔμπυροι L ‖ ῥοδάφνης M ‖ φύλλα εἰς FM ‖ 11 ἐμφράξαντες FM ‖ 12 φθείρονται· ἢ λαβὼν M φθείρονται. P § 4—6 om. LP ‖ 13 ἔγγραφον H ‖ 14 ἀδική|σετε F -σητε H ‖ 18 <εἰς> Needh, om. F ὑμᾶς| (per comp.) μερίζω. ταῦτα H καταλάβω, σὺν θῶ (l. θεῷ) διαιρῶ ὑμᾶσ [ἔτι ὧδε ὄντας del. 1. m.] μέρη ἑπτά.| M ‖ 20 τὰ δὲ — λίθον om. M.

τὰ τοιαῦτα, μὴ γένοιτο. καὶ πᾶσι τὰ αὐτὰ συμβουλεύω, ὥστε μὴ προσσχεῖν μηδενὶ τούτων γέλωτος ἀξίῳ.

## Cap. 6. *Περὶ αἰλούρου. Σωτίωνος.*

*Αἴλουρος* ὄρνιθος οὐχ ἅπτεται, ἐὰν κρεμασθῇ ὑπὸ τὴν πτέρυγα αὐτῆς ἄγριον πήγανον.

## Cap. 7. *Περὶ ἀσπαλάκων. Παξάμου.*

**1** *Εἰ* θέλεις τοὺς ἀσπάλακας διαφθεῖραι, ἐλλέβορον λευκὸν καὶ κυνοκράμβης φλοιὸν κοπέντα καὶ σησθέντα, σὺν ἀλφίτοις τε καὶ ᾠοῖς δευθέντα εἰς οἶνον καὶ γάλα, μάζαν ποιητέον, καὶ εἰς τὰς τρυμαλιὰς αὐτῶν ἐμβλητέον. **2** τρήσας καρυΐνην, ἤ τι ἄλλο τοιοῦτον σκεῦος στενόν, ἔμβαλε εἰς αὐτὸ ἄχυρα καὶ κεδρέας τὸ ἀρκοῦν καὶ θεῖον, καὶ εἰς τὸν τόπον, ἔνθα ὁ ἀσπάλαξ κατοικεῖ, τὰς μὲν λοιπὰς τρυμαλιὰς τὰς μικρὰς φράξον, ἵνα μὴ δι' αὐτῶν διαπερᾷ ὁ καπνός, κατὰ δὲ τῆς μείζονος, δι' ἧς τὸ πνεῦμα εἰσρυήσεται, θεὶς τὸ κάτω τῆς καρυΐνης, καὶ τρόπον τινὰ συναρμόσας τῇ ὀπῇ φύσα, ὥστε διὰ τοῦ καπνοῦ πᾶσαν τὴν τῆς κεδρέας

---

2 *προσχεῖν* F ‖ 4 *αἰλούρων* P et p. c. M i. c. *αἰλου͡ρ* F i. c. ‖ *σωτ.* p. t. M ‖ 6 *αὐτ͛* = *αὐτοῦ* M *αὐτῆς* P ‖ 7 *παξ.* p. t. L om. M ‖ *κε.* $\widetilde{\xi\beta}$ m. rec. corr. ex *ν͂β* mg. L ‖ 8 *θέλησ* L ‖ *ἐλέβ.* F *ἐλλ.* H ‖ 9 *κοινοκρ.* L ‖ 10 *σὺν — δευθέντα* om. H ‖ *καὶ γάλα — καὶ* om. L ‖ 11 *τὰς* om. L ‖ 12 *τρήσας** S VII 25 *τινὲς γὰρ καρ.* F *τινὲς καρ.* HM *ἢ καρ.* L § 2 om. P ‖ *ἤτ͛οϊ* (= *ἤτοι*?) M *ἤτε* H ‖ 13 *στενὸν λαβόντες, ἐμβάλλουσιν* M ‖ *κεδρίας* L ‖ 14 *καὶ τιθέασιν εἰσ* M ‖ 15 *κατοικεῖ· καὶ τὰσ* M ‖ *φράττουσιν* M ‖ 16 *διαπερᾷ: ἐξέρχηται* M ‖ 17 *δι' ἧς: ὀπῆς* M ‖ *θέντες* M ‖ 18 *τῇ ὀπῇ φύσα* om. L *συναρμόσαντες τῇ ὀπῇ ἐμφυσῶσιν.* M ‖ 19 *πᾶσας* L ‖ *κεδρίας* L.

καὶ τοῦ θείου ὀσμὴν εἰσρυῆναι, καὶ ἀποπνίξαι τὸν ἀσπάλακα· καὶ οὕτως ἑκάστου ἀσπάλακος τὸν φωλεὸν περιελθών, καὶ τὸ αὐτὸ ποιήσας, πάντας διαφθείρεις.

## Cap. 8. *Περὶ ὄφεων. Φλωρεντίνου.*

**1** Ὄφεις οὐκ ἔσονται ἐν χωρίῳ, ἐὰν ἀψίνθιον ἢ ἀρτεμισίαν ἢ ἀβρότονον περὶ τὴν ἔπαυλιν φυτεύσῃς. τοὺς δὲ ὄντας ἐλάσεις, ἐὰν κρίνου ῥίζαν, ἢ κέρας ἐλάφειον, ἢ ὄνυχας αἰγὸς θυμιάσῃς. **2** πᾶν δὲ ἑρπετὸν ἀπελάσεις, εἰ ὀπόν, καὶ μελάνθιον, καὶ χαλβάνην, καὶ ἐλάφου κέρας, καὶ ὕσσωπον, καὶ θεῖον, καὶ πύρεθρον, καὶ πευκεδανόν, καὶ ὄνυχας αἰγὸς κόψας καὶ μίξας, εἶτα λεάνας, καὶ παραχέας ὄξος δριμύ, σφαιρία μικρὰ ποιήσας θυμιάσεις. καὶ καθ' ἓν δὲ αὐτῶν ἕκαστον θυμιώμενον ἐξελαύνει τὰ ἑρπετά. **3** Φασὶ δέ τινες, τὸν τῆς ῥοιᾶς κλάδον ἄθηρον εἶναι. καὶ διὰ τοῦτο καὶ ἐν ταῖς στιβάσιν ἀξιοῦσιν αὐτὸν παρατίθεσθαι, ἀσφαλείας ἕνεκα. **4** ὄφεις δὲ περιστερεῶνι οὐκ ὀχλήσουσιν, ἐὰν ἐν ταῖς τέτρασι γωνίαις ἐπιγράψῃς Ἀδάμ· ἐὰν δὲ ἔχῃ θυρίδας, καὶ ἐν αὐταῖς. **5** Δημόκριτος δέ φησιν, ὄφιν μὴ κινεῖσθαι, ἴβεως πτεροῦ

---

1 θειόσμὴν L ‖ ὑποπνίξαι M ‖ 3 περιελθόντες et ποιήσαντες M ‖ 3 διαφθείρῃς H -ουσιν:~| M ‖ 4 περὶ ὄφεων mg. L ‖ φλωρ. p. t. M om. L ‖ 5 Ὄφεις οὐκ ἔσονται om. M Τοὺς ὄφεις ἐλάσεις rel. om. P Ὄφις L ‖ 6 ἀρτειμησίαν L ‖ 7 Τοὺσ δὲ versu cont. L ‖ ἀπελάσησ, L ‖ 8 ἐπιθυμιάσας:· Πᾶν δὲ versu cont. L ‖ 10 ὕσωπον HL ‖ 11 πευκέδανον L ‖ 12 δρομὺ L ‖ 13 θυμιάσῃς L η in ras. H ‖ 14 Φασὶ versu cont. L ‖ 16 αὐτὸν ἀξιοῦσι M ‖ 17 ἕνεκεν F ut ed. H §§ 3—8 om. P εἰσ ἀσ|φάλειαν ἕνεκα:· Ὄφισ versu cont. L ‖ περιστερεῶνος F -ι HM περιστερῶν L ‖ 18 τέσσαρσι M ‖ πνίαισ ἐπιγράψεισ L ‖ 19 ἔχει L ‖ δημ. mg. rep. H δημοκρίτου mg. add. F.

ἐπιῤῥιφέντος αὐτῷ, θνήσκειν δέ, δρυὸς φύλλων ἐπιβληθέντων αὐτῷ, καὶ ἀσίτου τινὸς εἰς τὸ στόμα αὐτοῦ ἐμπτύσαντος. 6 Ἀπουλήϊος δέ φησι, τὸν ὄφιν καλάμῳ ἅπαξ πληγέντα ναρκᾶν, πλεονάκις δέ, ῥώννυσθαι. ὄφιν εἰς ὀπὴν καταδυόμενον, εἰ μέν τις τῇ ἀριστερᾷ χειρὶ ἐπιλάβηται τῆς οὐρᾶς, ῥαδίως αὐτὸν ἐξελκύσειν, τῇ δὲ δεξιᾷ μὴ δύνασθαι. οὐ γὰρ συνδίδωσιν ἑλκόμενος, ἀλλ' ἢ ἀποφεύγει, ἢ ἀποκοπήσεται. 7 Ταραντῖνος δέ φησι, τῷ χριομένῳ χυλῷ δρακοντείας βοτάνης ὄφιν μὴ προσιέναι, μηδὲ τοῖς χρισαμένοις χυλῷ ἢ σπέρματι ῥαφάνου· κἂν βαστάζωσι δὲ ταῦτα μόνον, μὴ ἀδικεῖσθαι. τοὺς δὲ ὀφιοδήκτους ῥίζαν ῥόδου περιαφθεῖσαν σώζειν. 8 Φλωρεντῖνός φησι μὴ προσιέναι ὄφιν ἔνθα κεῖται ἐλάφου στέαρ, ἢ κενταυρίου ῥίζα, ἢ γαγάτης λίθος, ἢ δίκταμνος βοτάνη, καὶ ἀετοῦ ἢ ἰκτίνου κόπρος. μιγέντα μετὰ στύρακος, καὶ θυμιώμενα, ἀπελαύνει τὰ ἑρπετά. 9 τοὺς ἐχιοδήκτους προπότιζε χυλῷ φύλλων μελίας, <ἐν> οἴνῳ μὲν ἀπυρέκτους, πυρέττοντας δὲ εὐκράτῳ, καὶ τοῖς φύλλοις τοῖς ἐκθλιβεῖσι κατάχριε τὸ δῆγμα. 10 τῇ ἀσπίδι προσένεγκε ἁλικακάβου ῥίζαν, καὶ ὑπνώσει. 11 τρίβολον βοτάνην

---

1 ἐπιρριφέντος αὐτοῦ . . . τὸν ὄφιν (§ 6) unius versus spatio om. L ‖ 3 ἀπουληίου mg. add. F nihil mg. H ‖ 4 Πλεονάκις v. c. L ‖ 6 αὐτὸν om. L ‖ ἐξελκύσειν* coni. Niclas -σει codd. ‖ 8 ἀποφεύξεται HL ‖ Ταρ. v. c. L mg. rep. F nihil H ‖ 9 τοῖσ χρυομένοισ L ‖ δρακοντίας H δρ ex δαι corr. 1. m. M ‖ 10 χρησαμένοις χυλοῖσ M μὴ δὲ +τοῖς προσιέναι χυλῷ et mg.: + H ‖ 11 δὲ ταῦτα om. FM βαστάζων μόνον H ‖ 12 τοῖσ δὲ ὀφιοδίκτοισ L ‖ 13 |Φλορ. L ‖ φλωρεντίνου mg. add. F nihil H ‖ 14 κενταύρου FM ‖ 15 γαλάτης LM ‖ δίκταμος HL ‖ 16 ἰκτιν° et μυγέντα L ‖ 17 ἀπελαύνη L ‖ Τοὺς v. c. L ‖ 18 χυλὸν L ‖ <ἐν>* ‖ ἀπυρέττουσ· M ἀπυρέτους P ‖ 20 κατάχρϋε τὸ, δεῖγμα:- Τῇ v. c. L.

λειώσας ὕδατι, καὶ τὴν τρίβολον αὐτὴν τῇ ὀπῇ ἐνθείς, διώξεις τοὺς ὄφεις. **12** Ἐὰν κεράμια ταριχηρὰ περὶ τὴν ἔπαυλιν καταχωσθῇ, πᾶν ἑρπετὸν εἰς αὐτὰ ἐμπεσεῖται. σὺ δὲ βύσας ἀσφαλῶς ἔξω τῶν ὅρων καύσεις.

## Cap. 9. *Περὶ σκορπίων. Διοφάνους.*

**1** Ἐὰν σκορπίον ἕνα θηράσας καύσῃς, καὶ οἱ λοιποὶ σκορπίοι φεύξονται. εἰ δέ τις χυλῷ ῥαφανίδος ἐπιμελῶς τὰς χεῖρας τὰς ἑαυτοῦ χρίει, ἀφόβως καὶ ἀκινδύνως σκορπίων καὶ τῶν λοιπῶν ἑρπετῶν ἐπιλήψεται. αἱ δὲ ῥαφανίδες σκορπίοις ἐπιτεθεῖσαι παραχρῆμα αὐτοὺς διαχρῶνται. **2** Τὴν δὲ ἀπὸ σκορπίου πληγὴν θεραπεύσεις ἀργυρῷ δακτυλιδίῳ τὸν τόπον σφραγίζων. **3** Σανδαράχη μετὰ χαλβάνης καὶ βουτύρου ἢ αἰγείου στέατος θυμιωμένη σκορπίους καὶ πᾶν ἑρπετὸν ἐκδιώξει. **4** εἰ δέ τις σκορπίον αὐτὸν εἰς ἔλαιον ἑψήσει, καὶ τοῦ πληγέντος ὑπὸ σκορπίου ἀλείψει τὸν τόπον, παύσει τῆς ἀλγηδόνος. **5** Ἀπουλήϊος δέ φησι, τὸν πληγέντα ὑπὸ σκορπίου ὑπὲρ ὄνου καθίσαι πρὸς τὴν οὐρὰν ἐστραμμένον, καὶ τὸν ὄνον ἀλγεῖν ὑπὲρ αὐτοῦ καὶ πέρδεσθαι. **6** Δημόκριτος δέ φησι, τὸν πληγέντα ὑπὸ σκορπίου, καὶ εὐθέως εἰπόντα τῷ

---

6 *διοφ.* p. t. M om. L ‖ 8 |*Εἰ δὲ* L *εἰ δὲ — διαχρῶνται* et §§ 2. 3 om. P ‖ 9 *τὰς ἑαυτοῦ χ.* H ‖ *χρίσει* L ‖ 11 *Αἱ δὲ* v. c. L ‖ 12 *αὐτὰσ* L ‖ 15 *αἰγίου* et *θυμιομ.* L ‖ 17 *ἑψήσει* edd. *-σας* FM *ἑψήσας καὶ τὸν πληγέντα ὑπὸ σκ. τὸν τόπον ἀλείψει, παύσῃ* L *παύ ει* M *παύει* P ‖ 18 *Ἀπουλ.* v. c. L *ἀπουληίου* mg. add. F nihil H ‖ 19 *ἀπὸ σκ.* L §§ 5—9 om. P ‖ *καθῆσαι* L ‖ 20 *ἐστρεμμ.* FM ut ed. H ‖ 21 *δημ͂ό = κριτος?* mg. add. F nihil H ‖ 21 *δὲ* om. FM.

ὄνῳ, σκορπίος με ἔπληξεν, οὐκ ἀλγήσειν, τῆς ἀλγηδόνος εἰς τὸν ὄνον μεταβαινούσης. 7 Ἀντιπάθειαν ἔχει ὁ ἀσκαλαβώτης πρὸς τὸν σκορπίον· ἐὰν οὖν τις εἰς ἔλαιον τήξας τὸν ἀσκαλαβώτην ἐκ τοῦ ἐλαίου χρίσῃ τὸν πληγέντα, ἀπαλλάσσει τῆς ὀδύνης. 8 Ὁ αὐτὸς δέ φησι, τοὺς σκορπιοδήκτους ῥίζαν ῥόδου περιαφθεῖσαν ἰᾶσθαι. 9 Πλούταρχος λεπτοκάρυον προσάπτει τοῖς κλινόποσιν, εἰς τὸ μὴ προσιέναι τὸν σκορπίον αὐτοῖς· φησὶ γὰρ τῷ λεπτοκαρύῳ μὴ προσιέναι τὸν σκορπίον. 10 Ζωροάστρης φησί, τῆς θρίδακος τὸ σπέρμα μετὰ οἴνου ποθὲν ἰᾶται τοὺς σκορπιοδήκτους. 11 Φλωρεντῖνός φησιν, ἐάν τις τῇ πληγῇ τοῦ ἄρτι πληγέντος συκῆς ὀπὸν ἐπιστάξῃ, τὸν ἰὸν μὴ προβήσεσθαι πόῤῥω. ἢ κἂν ὁ πληγεὶς σκίλλαν φάγῃ, οὐ βλαβήσεται, ἀλλὰ καὶ τῇ γεύσει τὴν σκίλλαν γλυκεῖαν εἶναι λέξειε. 12 Ταραντῖνος δέ φησι, τὸν κρατοῦντα σιδηρῖτιν βοτάνην ζῶντας κρατεῖν σκορπίους, μὴ βλαπτόμενον ὑπ' αὐτῶν.

---

1 ἐπλῖξεν L ἔπληξε H ‖ ἀλγιδ. L ‖ 3 κὰν οὖν τις L ἐὰν αὖτις M ‖ 5 ἀπαλλάξει L ἀπαλάσσει M ‖ 6 σκορπιοδίκτουσ L ‖ 7 πλούτ. rubro tituli loco L mg. rep. F ‖ 8 αὐτοῖς — σκορπίον om. H ‖ 9 φασὶ et λεπτωκαρύω L ‖ 10 ζωρ. φῆ rubro tit. loco L ζωρ. om. et φασὶ P ζωροάστρου mg. add. F nihil H ‖ 11 ἰᾶσθαι τοὺς σκορπιοδίκτουσ L ‖ φλωρ. mg. rep. et φησὶ· F mg. nihil et φησὶν· H φλορ. φῆ rubro tit. loco L ‖ 13 ἐπιστάξει M -ξη P ‖ 14 ἢ om. post πληγεὶς δὲ add. L ἢ — λέξειε om. P ‖ 15 σκύλλαν L ‖ λέξειεν F λέξει. L ‖ 16 ταρ. δὲ φῆ r. tit. loco L ταρ. mg. rep. F nihil H ταρ. δὲ om. et φασὶ P.

Cap. 10. *Περὶ μυρμήκων. Παξάμου.*

1 Ἐὰν μύρμηκας θηράσας καύσῃς, ἀποδιώξεις τοὺς λοιποὺς μύρμηκας, ὡς ἡ πεῖρα ἐδίδαξεν. 2 Ἐὰν δὲ κεδρίαν παραχρίσῃς περὶ τὰς τρώγλας, οὐκ εἰσελεύσονται οἱ μύρμηκες εἰς τὸ ἁλώνιον. 3 Μύρμηκες σωροῦ γενήματος οὐχ ἅπτονται, ἐὰν τὸν σωρὸν γῇ λευκῇ περιγράψῃς, ἢ ἄγριον ὀρίγανον περιθῇς. 4 ἐξελάσεις δὲ τοὺς μύρμηκας τῶν ὀπῶν, ἐὰν κοχλίων σκεπάσματα, τουτέστι τὰ ὄστρακα, μετὰ στύρακος καύσῃς, καὶ κόψας ἐμπάσῃς εἰς τὰς μυρμηκιάς. 5 Ὁμοίως μύρμηκας ἀπελάσεις ὀρίγανον καὶ θεῖον λειώσας, καὶ περὶ τὰς μυρμηκιὰς περιπάσας. 6 Μύρμηκες παντελῶς ἀπολοῦνται, ἐὰν ὀποῦ Κυρηναϊκοῦ διαχέας ἐλαίῳ ἐπιχέῃς ἐπὶ τὴν μυρμηκιάν. 7 μύρμηκες οὐχ ἅψονται φυτῶν, ἐὰν τὰ στελέχη καταχρίσῃς θέρμοις πικροῖς μετὰ ἀμόργης τετριμμένοις, ἢ ἀσφαλτῷ μετὰ ἐλαίου τετριμμένῃ, ἢ ἑψημένῃ. 8 Μύρμηκες οὐχ ἅπτονται μελιτηροῦ ἀγγείου, κἂν ἀπώμαστον τύχῃ εἶναι τὸ ἀγγεῖον, ἐὰν λευκῷ ἐρίῳ αὐτὸ περιστέψῃς, ἢ λευκῇ γῇ ἢ μίλτῳ περιγράψῃς. 9 τινὲς ὀπὸν ὄξει διέντες τὰ στελέχη ἐπαλείφουσι, καὶ εἰς τὰς ὀπὰς αὐτῶν ἐγχέουσιν. **10** ἐὰν τὰ στελέχη τῶν ἀμπέλων κισσῷ δασεῖ περιδήσωμεν,

---

1 *μυρμίκῶ*: L ‖ *παξ.* p. t. M om. LP ‖ 3 *δὲ* om. FM ‖ 4 *παρὰ* per comp. M *περὶ* P ‖ 7 *περιγράψεισ* L ‖ *Ἀπελάσεις* v. c. L ‖ 9 *τουτέστιν* L *ἤγουν* P ‖ 10 *μυρμηκυιὰσ* HM ‖ 11 *καὶ περὶ* om. L ‖ 12 *μυρμηκϊὰσ* in ras. 1. m. ex *υι* M §§ 5. 6 om. P ‖ *τελείως* L ‖ 13 *ὀπὸν κυρηναϊκὸν* L ‖ *ἐπιχέεισ ἐπὶ τὰσ μυρμηκίασ.* L ‖ 14 *ἅπτονται* LP ‖ 16 *τετριμμένης* L ‖ *ἐλαίασ τετριμμένοισ, ἢ ἑψημ*:- (= *μένοις*?) L ‖ 17 *ἅψονται* F §§ 8—14 om. P ‖ 18 *ἀπόμαστον* L ‖ *τύχοι* F ‖ 19 *μίλτω ἐὰν π.* F *περιγράψης* p. comp. M -*εισ* L ‖ 20 |*Τινὲς* H ‖ *τὰ στελέχει* L.

εὑρεθήσονται μετ' ὀλίγον οὐ μόνον οἱ μύρμηκες, ἀλλὰ καὶ οἱ κάνθαροι ὑπὸ τὴν τοῦ κισσοῦ σκιάν, εὐάλωτοι πρὸς ἀναίρεσιν. **11** ἀπόλλυνται δὲ παντελῶς οἱ μύρμηκες, τῆς ῥίζης τοῦ ἀγρίου σικύου καπνιζομένης, ἢ σιλούρου, μάλιστα Ἀλεξανδρίνου, θυμιωμένου μαλακῇ πυρᾷ. ἑνὸς δὲ ἀναιρεθέντος μύρμηκος, οἱ ἄλλοι φεύξονται τὸν φωλεόν. **12** εἴ τις κόκκον σίτου βασταζόμενον ὑπὸ μύρμηκος τῷ ἀντίχειρι τῆς ἀριστερᾶς χειρὸς λαβὼν εἰς δέρμα φοινικοῦν ἐμβάλῃ, καὶ περιάψει τῇ κεφαλῇ τῆς γυναικός, ἀτόκιον ἔσται τῇ φορούσῃ. **13** μυρμήκων δὲ καυθέντων, ὑπὸ τῆς ὀσμῆς καὶ οἱ λοιποὶ φεύξονται. **14** ἤκουσα, ὡς καὶ ἀποθανόντα μύρμηκα ἕτερος φέρει ἐπὶ τῶν ὤμων μύρμηξ. **15** εἴρξεις τοὺς μύρμηκας χολὴν ταυρείαν καὶ πίσσαν μετὰ ἀμόργης μίσγων, καὶ χρίων τὸ πρέμνον. τὸ αὐτὸ ποιεῖ καὶ μίλτος καὶ πίσσα μιγνυμένη καὶ ἐπιχριομένη. **16** τινὲς ἰχθὺν τὸν καλούμενον κορακῖνον κρεμῶσι τοῦ δένδρου, καὶ διαφθείρουσι τοὺς μύρμηκας.

## Cap. 11. *Περὶ κωνώπων. Δημοκρίτου.*

**1** Κώνωπας διαφθείρει θρὶξ ἱππεία διαταθεῖσα εἰς τὴν θύραν καὶ διὰ μέσου τοῦ οἰκήματος· καὶ οὐκ ἐάσει δὲ αὐτοὺς εἰσελθεῖν. ἐκδιώξει δὲ αὐτοὺς καλα-

---

1 εὑρεθήσωνται M ‖ 3 ἀνάλωσιν L ‖ Ἀπόλυνται (v. c.) δὲ ὀξάλμησ καὶ ὀριγάνου (c. 11, 5), §§ 11—16 om. L ‖ 7 τοῦ φωλεοῦ M ‖ 9 περιάψῃ τῆς κεφαλῆς H τῇ κεφαλῇ περιάψει M ‖ 14 ὡσαύτως ταυρείαν om. verbis εἴρξεις — χολὴν P ‖ 15 ἀμόρμης per comp. M ἀμόργης P ‖ 18 κρεμοῦσι F § 16 om. P ‖ 20 tit. et §§ 1—5 φεύξονται δὲ om. L totum c. 11 om. P ‖ δημόκρι$^{τ}$:· (= ος) mg. H om. LM ‖ 21 φθείρει M ‖ 22 καὶ οὐ δὲ ἐάσει αὐτοὺς M.

κάνθη καὶ μελάνθιον ὑποθυμιώμενον. 2 ἐὰν δὲ σπόγγον ὄξει δριμεῖ βρέξας κρεμάσῃς πρὸς κεφαλῆς καὶ ὑπὸ τοὺς πόδας, οὐ μή σου ἅψονται κώνωπες. 3 ἀπελάσεις δὲ τοὺς κώνωπας πήγανον βρέχων, καὶ ῥαίνων τὴν οἰκίαν, καὶ κόνυζαν ἑψῶν, καὶ τῷ ζέματι ῥαίνων τὴν οἰκίαν, ἢ χαλβάνην θυμιῶν, ἢ θεῖον, ἢ κύμινον. 4 εἰ δὲ καννάβεως ὑγρᾶς κλῶνα ἀνθοῦντα παραθήσεις καθεύδειν μέλλων, οὐχ ἅψονταί σου κώνωπες. 5 Οὐ προσελεύσονται δέ σοι, ἐὰν μάννην μετὰ ὄξους καὶ ἐλαίου ἀλείφῃς. φεύξονται δέ, ὄξους ὕλης καὶ ὀριγάνου ὑποκαπνιζομένου. 6 Βόλβιτον ὑποθυμιαθέν, καὶ τοῖς τοίχοις ὑποχριόμενον ἐκδιώξει τοὺς κώνωπας. 7 Κἂν ἑλενίου γο. α΄ ἀμμωνιακοῦ θυμιάματος γο. β΄ στύρακος γο. β΄ κηρύκων κεκαυμένων δραχ. β΄ κοπέντων, τὰ περιβόλαια θυμιαθῇ, φεύξονται. 8 Σπόγγος ὄξει βραχείς, ἐὰν ἐκ τῆς ὀροφῆς κρεμασθῇ, πάντας ἐκεῖ συνάγει. 9 οὐκ ἀδικήσουσι κώνωπες τὸν ἐν τῇ κλίνῃ, καννάβια ὑποθέντα. 10 πήγανον ὕδατι βρέχε, ἢ κόνυζαν ἑψήσας ῥαῖνε τὴν οἰκίαν, καὶ διώξει τοὺς κώνωπας. ἀπελαύνει αὐτοὺς καὶ βδέλλιον θυμιώμενον.

---

1 καὶ om. M ‖ 3 μή/σε M ‖ 7 κανάβεως H ‖ f. 270[a] |ἀγρίας M ‖ 8 ἅψωνταί M ‖ 9 μάνην F μάνην sed altero ν 1. m. supra add. H ‖ 10 ἀλΐφῆσ M ‖ Ἀπόλυνται δὲ (c. 10, 11) ὀξάλμησ καὶ ὀριγάνου L ‖ 11 ὑποθυμιασθὲν M ‖ 12 τύχοις ἐπιχρ. L ‖ 13 Καὶ ἑλενίου (ἑλ. etiam H) γο β΄ κηρύκων rel. om. M ‖ 14 κεκαυμ. <' δ˜ κοπ. L ‖ 15 θυμιασ(?)θῇ M ‖ φεύξονται om. FL ‖ 16 ἐκ τῆς ὀρ. ἐὰν M ‖ πάσας L ‖ 17 tit. περὶ κωνώπων: add. L ‖ τῇ om. M ‖ 18 κανάβια HL καννaβεία| M ‖ ὑποτεθέντα FM ‖ 19 κόνιζαν HL ‖ ῥάνε L ‖ οἰκείαν L ‖ διώξεισ M ‖ 20 Ἀπελ. v. c. L ‖ θυμίομ. L.

## Cap. 12. *Πρὸς μυίας. Βηρυτίου.*

1 *Δάφνη μετὰ ἐλλεβόρου μέλανος κοπεῖσα, καὶ μετὰ γάλακτος, ἢ γλυκέος, ἢ ὑδρομέλιτος βραχεῖσα, ἢ ἐν ὕδατι, καὶ ῥανθεῖσα, μυίας ἀναιρεῖ.* 2 *ἐὰν δὲ κασσίαν τρίψῃς μετὰ ἐλαίου, καὶ ἀλείφῃς, οὐκ ἐπέρχονταί σοι. εἰ δὲ διῶξαι αὐτὰς βούλει, καλάκανθον θυμίασον. ὁμοίως δὲ καὶ φύλλων ἀκτῆς τὸ ἀπόζεμα ῥανθὲν διώκει ταύτας.* 3 *Ἀνατόλιος δέ φησιν, εἰ βούλει αὐτὰς εἰς ἕνα τόπον συναθροῖσαι, ποιήσας βόθρον, καὶ κόψας ῥοδοδάφνας ἔμβαλε εἰς αὐτόν, κἀκεῖ συνάξεις ἁπάσας.* 4 *μυῖαι δὲ οὐκ ἀδικήσουσι βόας, εἰ δάφνης καρπὸν ἑψήσας μετὰ ἐλαίου τούτους ἐπαλείψεις. μυῖαι δὲ παντελῶς οὐκ ἐπικαθέζονται τοῖς ἀλόγοις, ἐὰν λεοντείῳ στέατι καταχρισθῶσιν.* 5 *Ἐλλέβορος δὲ μετὰ γάλακτος ἢ ἑψήματος σὺν ἀῤῥενικῷ βραχείς, καὶ ῥανθείς, μυίας ἀναιρεῖ. ἐὰν δὲ στυπτηρίαν καὶ ὀρίγανον λειώσας χρίσῃς, οὐ καθεδοῦνται.*

---

1 *πρὸς** *περὶ* HLM et per comp. F cf. c. 17 ‖ *μύας* F *μύίασ* F i. c. *μυιῶν* L ‖ *βηρ.* p. t. L om. P *βηρῦτ:* | a. t. M ‖ 2 *ἐλεβόρου* FL ut ed. H ‖ 3 *γαλ. γλυκέος* L *κοπεῖσα* et *ἢ γλυκέος* om. P ‖ 4 *ὕδατι κερασθεῖσα* L ‖ *μύασ* F *μυῖασ* H ‖ *κασίαν τρίψασ* L ‖ 5 *ἀλιφῆσ* M *ἀλείφει* L *ἐαν δὲ — σοι* om. P ‖ 6 *Ἐὶ δὲ* v. c. L ‖ 6 *καλακάνθην* M ‖ 7 *Ὁμοίως* v. c. L ‖ *φϋλανάκτης* M *ὁμοίως — ταύτας* om. P ‖ 8 *Ἀνατ.* v. c. L *ἀνατολίου* mg. add. F nihil H ‖ *φᾶ.* L ‖ 10 *ῥοδάφνας* M § 3 om. P ‖ *ἔμβαλον* L ‖ 11 *ἅπαντας* F *ἁπάσας* H ‖ 12 *ἐπαλείψῃς* H ‖ 13 *Μυῖαι δὲ* v. c. L ‖ *ἐπικαθέζον τοῖσ* L ‖ 14 *λεοντίω* HL *καταχρισθῶσι·* F *-σιν* H ‖ *ἐλεβ.* F ut ed. H ‖ 15 *ἀρσενικῶ* L § 5 om. P ‖ 16 | *Ἐὰν δὲ* L.

Cap. 13. *Περὶ νυκτερίδων. Ἀφρικανοῦ.*

*Εἰς τὰς ὁδοὺς κρέμασον φύλλα πλατάνου, καὶ οὐκ εἰσέρχονται. νυκτερίδας ἀναιρεῖ κισσὸς θυμιώμενος.*

Cap. 14. *Περὶ κόρεων. Διδύμου.*

**1** *Ὑγρὰ πίσσα καὶ ἀγρίου σικύου ὁ χυλὸς ἐπιβαλλόμενος ἐν κλίνῃ ἀναιρεῖ τὰς κόρεις. ὁμοίως δὲ καὶ σκίλλα κατατμηθεῖσα, καὶ συλλειωθεῖσα ὄξει, σπόγγῳ χριομένης τῆς κλίνης.* **2** *ὁμοίως φύλλα κιτρίων μετὰ ἐλαίου ἑψήσας ἄλειφε τὰς ἁρμογὰς τῶν κλινῶν, καὶ χολὴν ταύρου ἢ τράγου ὄξει δριμεῖ μίξας, ἄλειφε τὴν κλίνην καὶ τοὺς τοίχους.* **3** *Τὸ αὐτὸ δὲ συμβαίνει, ἐὰν ἔλαιον παλαιὸν καὶ θεῖον ἄπυρον λειώσας καταχρίσῃς τὴν κλίνην. οὐκ ἔσονται δὲ κόρεις, ἐὰν ἰχθυόκολλον ἑψήσας καταχρίσῃς τὰς κλίνας.* **4** *Τὰς δὲ οὔσας κόρεις διαφθερεῖς, ἐὰν ἀμόργην ἑφθὴν εἰς χολὴν βοὸς μίξας μετ' ἐλαίου ἐπιῤῥάνῃς αὐταῖς· ἢ κισσοῦ ἢ καππάρεως φύλλα λειώσας ἐλαίῳ τὰς κλίνας ἀλείψῃς. τοῦτο δὲ καὶ τὰς ἐν τοῖς τοίχοις κόρεις*

---

1 *κε. ξγ̄* mg. L ‖ *ἀφρ.* om. M ‖ 3 *Νυκτ. δὲ ἀναιρεῖ καὶ κισσὸς* v. c. L *νυκτερῐδ̈.* (= *δες.*) *ταύτας* | *ἀναιρεῖ* M tit. et *Εἰς — εἰσέρχονται* om. et |*Νυκτερίδας ἀναιρεῖ* P ‖ 4 *διδ.* om. MHP ‖ 5 *ὁ* om. L ‖ 6 *κλίνει* LP ‖ *τοὺς κόρεις* LP ‖ |*Ὁμοίως* L ‖ 7 *ὄξει καὶ σπ.* FM ‖ 8 post *κλίνης* add. *ποιεῖ* M nihil P ‖ 9 *ἄλιφε* L ‖ *τὰς ἀμοννιὰς*| et supra add.: *τοὺσ ἕρμονας* H ‖ |*Καὶ χολ.* L ‖ 10 *δρυμεῖ* et *ἄληφε* L ‖ 11 *τύχουσ:-* L ‖ 13 *Οὐκ* v. c. L ‖ 14 *χρίσῃς* L ‖ *ταῖς κλίναις* H *τὴν κλίνην* M ‖ *τοὺς δὲ ὄντας* P ‖ 15 *διαφθείρεις* F *διαφθερεῖς* H ‖ 16 *Ἢ κισσ.* v. c. L ‖ 17 *καπάρεως* HL ‖ *φ. καὶ λύσας ἐλ.* F *φ. λειώσας σὺν ἐλ. τὴν κλίνην* M ‖ 18 *ἀλείψεισ* L *ἢ φύλλα τῆς ἀμπέλου τῆς καλουμένης κισσός· τρίψῃς καὶ βάλῃς εἰς ἔλαιον καὶ ἀλείψῃς τὰς κλίνας* S VII 22 ‖ *δὲ* om. FM *τοῦτο — ἀναιρεῖ* om. P S l. l. ‖ *τῷ τοίχῳ* F.

προσραινόμενον ἀναιρεῖ. **5** Δραστικὸν δὲ φάρμακον σκευάζεται ὧδε. σταφίδος ἀγρίας ὀξύβαφον, σκίλλης εἰς λεπτὰ τετμημένης τὸ ἴσον, ὄξους δριμέος κοχλιάριον ἓν ὁμοῦ τρίβεται, εἶτα θερμαίνεται, καὶ οὕτως ὁ τόπος καταχρίεται. **6** καὶ κεδρίας μέρος ἕν, καὶ γλυκέος μέρη δ´ τὸ αὐτὸ δρᾷ· κἂν αἰγὸς ἢ μόσχου χολὴν καὶ γλυκέος τὸ ἴσον χρίσῃς σὺν ὄξει. **7** Φλωρεντῖνος δέ φησι, κόρεις ὑποθυμιωμένας βδέλλας ἀναιρεῖν, βδέλλας δὲ τὰς κόρεις, κατεστεγασμένου σκεπάσμασι τοῦ σκίμποδος, ὥστε μὴ διαπνεῖν τὴν δύσπνοιαν. **8** καὶ σκολόπενδρα ξηραινομένη καὶ ὑποθυμιωμένη τὸ αὐτὸ δρᾷ· καὶ κισσοῦ φύλλα τριβέντα, καὶ βδέλλαι ι´. **9** Δημόκριτος δέ φησι, πόδας λαγωοῦ ἢ ἐλάφου περὶ τοὺς ἑρμῖνας τῆς κλίνης προσαρτωμένους, κατὰ νῶτα κατὰ τὸ ἐπίκλιντρον, μὴ ἐᾶν κόρεις γίνεσθαι. **10** ἐν δὲ ταῖς ἀποδημίαις, ἐὰν σκεῦος ὕδατος ψυχροῦ πληρώσῃς, καὶ ὑπὸ τὴν κλίνην ἀπόθοιο, οὐχ ἅψονταί σου καθεύδοντος. **11** ἡ γὰρ τοῦ θερμοῦ κατάχυσις, ᾗ πάντες χρῶνται, τὰς μὲν τυχούσας διόλλυσι, τῆς δὲ αὖθις ὀξείας γεννήσεως αὐταῖς κώλυμα οὐ γίνεται.

---

1 προσρενόμενον L ‖ 2 fol. 61 |Σταφ. ἀγροίασ L ‖ 3 ὄξοσ δριμὺ, κοχλυάριον ἓν καὶ γλυκέοσ, μέτρα δ῀ ὁμοῦ L ‖ κ. α̅´| M §§ 5. 6 om. P ‖ 5 καὶ κεδρίας — μέρη δ´ om. L ‖ 6 μέτρα δ´ FM μέρη δ´ H; tum add. χρίσεις FH συμμίξας εἰ χρίσεισ M ‖ δράγκαν F |δράκαν H δράσεισ. ἢ αἰγὸσ M ‖ post χολὴν add. |βαλὼν M ‖ 7 χρίσῃς om. FM χρίσισ L ‖ φλωρ. om. P mg. rep. F ‖ δὲ om. FM ‖ φησὶν F -σι H φῆ L φασὶ P ‖ 8 ὑποθυμιωμένους P ‖ 9 τοὺς κ. LP cett. om. P ‖ κατεστεγνωμ. F κατεγνωσμ. H κατεστεγασμ. corr. ex κατεσκε. M ‖ σκεπάσματι L ‖ 10 κίμποδος. M ‖ καὶ σκολ. v. c. L ‖ 11 ξηρὰ L ‖ 12 Καὶ κ. φῆλλα v. c. L ‖ βδέλλαι edd. -ας FM δέκα βδέλλασ προσλαβόντα:- L §§ 8—11 om. P ‖ 13 δημ. mg. rep. F nihil H ‖ λαγοοῦ L ‖ 15 ἐπί|κλιντ[ον] M ἐπίκλινδρον H ‖ κόρισ L ‖ 17 ὑποθῆσ L ‖ 19 τοὺς μὲν ὄντασ L ‖ 20 αὐτοῖς L αὐτῆς H ‖ οὐ om. L.

Cap. 15. *Πρὸς ψύλλας τὰς ἐν τῷ οἴκῳ.*
*Παμφίλου.*

1 *Ποιήσας βόθρον, καὶ κόψας ῥοδοδάφνας βάλε εἰς αὐτόν, κἀκεῖ συνδραμοῦνται πᾶσαι. καὶ ἀψίνθιον, ἢ σικύου ἀγρίου ῥίζα βραχεῖσα ὕδατι θαλαττίῳ, καὶ ῥανθεῖσα, ταύτας διαφθείρει.* 2 *Διαφθείρει δὲ αὐτὰς παντελῶς μελάνθιον ὕδατι βραχὲν καὶ ῥανθέν. ἢ κονύζης ἑψηθείσης τὸ ζέμα ἐπιῤῥαινόμενον.* 3 *διαφθείρει αὐτὰς ὁμοίως καὶ σπέρμα νάπυος, καὶ ῥοδοδάφνης, ζεσθέντα ἀμφότερα, καὶ ἐν τῷ οἴκῳ ῥαινόμενα.* 4 *ἄσβεστον κοσκινίσας μετὰ τὸ σαρῶσαι ἐπίῤῥιπτε, καὶ ἀναιρεῖ αὐτάς.* 5 *Ὁμοίως δὲ καὶ ἀμόργῃ συνεχῶς καταβρέχων τὰ ἐδάφη, καὶ κυμίνου δὲ ἀγρίου τρίψας καὶ μίξας ὕδατι, καὶ σικύου ἀγρίου σπέρματος δραχμὰς ι′ τριβέντος εἰς ὕδωρ βαλών, καὶ ῥάνας εἰς τὸν οἶκον, λακῆσαι τὰς ψύλλας ποιήσεις.* 6 *ἢ ἀψινθίου καὶ σικύου ἀγρίου ῥίζης θαλαττίῳ βραχέντων, ἢ χαμελαίας ῥίζης, καὶ ἀπ' αἰγείρου φύλλων κοπέντων καὶ βραχέν-*

---

2 *παμφ.* p. t. L om. HM ‖ 3 *ῥοδάφνας* M *ποιήσας — πᾶσαι. καὶ* om. P ‖ 4 |*Καὶ ἀψ.* L *καὶ* om. M ‖ 7 *ῥανθὲν:· κονίζησ* L ‖ 8 *τοῦ ζέματος* FM *ἢ κονύζης — ἐπιρρ.* et §§ 3. 4 om. P ‖ *ἐπιραιν.* L *ἐπιρραινομένου* FM ‖ 9 supra *σπέρμα* m. recentiss. add. *-σι* L ‖ *νάπεως* F ‖ *ῥο|δάφνης* M ‖ 10 *καὶ ἀμφ.* L ‖ 11 |*Ὁμοίωσ δὲ καὶ ἄσβ. κοσκινήσασ* L *σήσας* M ‖ 12 *ἀνερεῖ* L ‖ *Ὁμ. δὲ ἀμ·* v. c. L ‖ 13 *κατάβρεχε τὸ ἔδαφος:-* |*Καὶ κυμ.* L *καταβρεχομένη.* eis quae sequuntur et § 6 omissis P ‖ *κύμινον δὲ ἄγριον. ἢ σικύου* M ‖ *ἀγροίου* L ‖ 14 ( ῑ HM ‖ 15 *τριβέντος** *τριβέντων* FL *τρίψας καὶ* | *εἰσ* M *κυμίνου ἀγρίου δραχμὰς δέκα τρίψασ καὶ βαλὼν εἰς ὕδωρ* S VII 20 vel cumino agresti cum aqua trito vel si cucumeris agrestis semen aqua resolutum saepe infundes Pallad. I 35, 8 ‖ *καὶ ῥάνας: ῥάνας τε* M ‖ 16 *λακίσαι* L ‖ 17 *ἀγρ. σικ.* L ‖ *χαμαιλαίας* L ‖ 18 *ἀπ'* om. LM *θαλαττίῳ — ῥίζης* om. H ‖ *φύλων* L.

των ὕδατι, ἢ τριβόλου ἡψημένης ἐν ὕδατι. 7 ψύλλας ἅλμη δριμεῖα ῥανθεῖσα καὶ θαλάττιον ὕδωρ διαφθείρει. κἂν ἐν μέσῳ τῆς οἰκίας κατάθηταί τις λεκάνην, καὶ περιγράψῃ κύκλῳ ὁλοσιδήρῳ μαχαιρίῳ, κάλλιον δ' εἰ ἀνδροφόνῳ, καὶ ῥάνῃ τὸ λοιπὸν τῆς οἰκίας παρεκτὸς τοῦ περιγραφέντος τόπου ἀποβρέγματι σταφίδος ἀγρίας ἢ δάφνης φύλλων κοπέντων, καὶ ἐν ἅλμῃ ἢ θαλαττίῳ ὕδατι ἡψημένων, πάσας τὰς ψύλλας εἰς τὴν λεκάνην συνάξει. 8 ἢ γράψον ἐν τῇ ἐξωτέρᾳ θύρᾳ μηδενὸς εἰδότος, πρὸ εἰδῶν Μαΐων . . . καὶ κεράμιον ἰσόχειλον τῷ ἐδάφει χωσθέν, καὶ ταυρείῳ στέατι καταχρισθέν, εἰς ἑαυτὸ συνάξει καὶ τὰς ἐν τοῖς ἱματίοις οὔσας ψύλλας. 9 εἴ ποτε δὲ εἰσέρχῃ ἐν τόπῳ ἔνθα εἰσὶ ψύλλαι, λέγε ὢχ ὤχ, καὶ οὐχ ἅψονταί σου. 10 Ὑπὸ τὴν κλίνην δέ τις ποιήσας μικρὸν βόθρον, καὶ ἐμβαλὼν εἰς αὐτὸν αἴγειον αἷμα, συνάξει τὰς ψύλλας ἐκεῖσε, καὶ τῆς ἄλλης ἐσθῆτος ἐκκαλέσεται εἰς αὐτόν· 11 τῶν δ' ἀμφιμάλλων καὶ δασυτάτων ταπήτων, ἔνθα πλησθεῖσαι ψύλλαι καταδύνουσιν, ἀφαιρεθεῖεν ἄν, εἰ οὕτως ἐν λάρνακι αὐτὰ κατάθοιτο ἢ πίθῳ.

1 Ἤ τριβ. v. c. L ‖ ἐψημ. L ‖ ἐν om. FM ‖ Ψύλλαν v. c. L ‖ 2 ὁμοίως ἅλμη — ὕδωρ ἀναιρεῖ ταύτας post § 10 add., reliqua et §§ 8. 9 om. P ‖ ῥανθήσαν ἢ καὶ L ‖ 3 Ἐὰν ἐν v. c. L κἂν ἐν — μαΐων καὶ (§ 8) om. M ‖ οἰκείασ L ‖ 4 ὁλοσιδήρι L ‖ δ' εἰ* δὴ F δεῖ H δὲ L ‖ 5 οἰκείας L ‖ 6 ἀπόβρεγμα ἢ στ. F ἀπόκρεμα· ἢ στ. H ‖ 7 ἢ ἐν ἅλμη θαλαττίωι F ‖ 8 εψημ. sine spiritu L ἡψημένωι F ‖ 9 συνάξεις F ‖ ἐξωθύρα. in ras. ex -τέρα m. rec.? F ἐξωτέρα θύρα H ἢ γράψον — μαΐων om. L ‖ 10 post μαΐων· 1½ versus sp. om. et mg. signum ζ/τ· (ζήτει?) add. F μαΐων (per comp.): + |Καὶ κερ. H Καὶ κερ. v. c. L κεράμειον M ‖ ἰσοχειλὲς L ‖ 12 συνάγει· M ‖ οὔσας om. M ‖ 13 εἰσέρχει L ‖ 14 πρὸς τὴν κλ. M ‖ 15 δέ τις om. FM ‖ 16 συνάξεις M ‖ ἐκείσαι. καὶ ἀπὸ πάσης ἐσθ. L ‖ 17 τῶν δὲ (per comp.) ἀμφ. H ἀμφιμάλων L ‖ 18 πλεῖσται L § 11 om. P ‖ 19 καταδάπτουσιν per comp. M ‖ 20 κατάθοιο M.

## Cap. 16. *Περὶ κανθαρίδων. Ζωροάστρου.*

**1** *Κανθαρίδες οὐ βλάψουσι τὰς ἀμπέλους, ἐὰν αὐτὰς τὰς κανθαρίδας βρέξας ἐπιχρίσῃς τὴν ἀκόνην, ἐφ' ἧς ἀκονᾶν μέλλεις τὰ δρέπανα.* **2** *Ἐὰν δὲ χαλβάνην μετὰ βολβίτων παλαιῶν καύσῃς, ἀποδιώξεις αὐτάς· καὶ ἀγρίου σικύου τὰς ῥίζας ὁμοίως θυμιῶν ἀπελάσεις αὐτάς.* **3** *Ἀριστοτέλης δέ φησιν, ὅτι ἡ ὀσμὴ τῶν ῥόδων κανθάρους ἀπόλλυσι, καὶ τὰς γύπας ἡ τοῦ μύρου ὀσμή. εἶναι γὰρ τούτοις δυσωδίαν τὴν εὐωδίαν διαβεβαιοῦνται.* **4** *οἱ δὲ πολλοὶ τῶν ἀμπέλων τὰ στελέχη πρὸς τῇ γῇ στεφανοῦσι κιττοῦ στεφάνῳ, καὶ εὑρίσκουσιν αὐτὰς ὑπὸ τῇ σκιᾷ τοῦ κιττοῦ, καὶ διαφθείρουσιν.*

## Cap. 17. *Πρὸς βδέλλας. Ἀνατολίου.*

*Ἐὰν βοῦς, ἢ ἕτερον τετράποδον, ἐν τῷ πίνειν καταπίῃ βδέλλαν, κόρεις θλάσας παρόσφραινε τῷ ζώῳ, καὶ εὐθέως ταύτας ἀποβάλλει.*

## Cap. 18. *Περὶ βατράχων. Ἀφρικανοῦ.*

*Βάτραχοι σιωπήσουσι κράζοντες, ἐὰν λύχνον ἅψας θῇς πρὸς τὴν ὄχθην.*

---

1 *ζωρ.* p. t. M om. LP *ζωρόαστρος*: mg. H ‖ 3 *βρώξας* L; tum *ἐλαίῳ* additur V 49, 1; sed زيت S VII 15 conterendo Pallad. I 35, 6 ‖ 4 |. *ἀν* littera Ἐ ab rubr. omissa L *Κανθαρίδας ἀποδιώξεις, ἐὰν χ.* om. § 1 et verbis *ἀποδ. αὐτὰς* post *καύσῃς* P ‖ 6 *Καὶ ἀγρ.* v. c. L ‖ *τὰς* om. M ‖ 7 *ἀριστ.* mg. rep. H *ἀριστοτέλους* mg. add. F ‖ 8 *τοὺσ* LP ‖ 13 *ἀναιροῦσιν* L ‖ 14 *περὶ* M et per comp. L ut ed. P ‖ *βδέλλησ* L ‖ *ἀνατ.* p. t. LM om. P *ἀφρικανοῦ* mg. H ‖ 17 *ταύτην* Needh. temere; cf. XVI 19 ‖ 18 c. 18 om. P *ἀφρ.* p. t. M om. HL ‖ 20 *περῒ τὴν* M ‖ in L sequitur deinceps l. XV.

# ΒΙΒΛΙΟΝ ΙΔ.

*Τάδε ἔνεστιν ἐν τῇδε τῇ βίβλῳ, τεσσαρεσκαιδεκάτῃ μὲν οὔσῃ τῶν περὶ γεωργίας ἐκλογῶν, περιεχούσῃ δὲ σύνταξιν περὶ περιστερῶν, καὶ ὀρνέων, πτηνῶν τε καὶ χερσαίων, φιλοτροφίας καὶ ἐπιμελείας, κατὰ τὴν ὑποτεταγμένην τῶν κεφαλαίων γνῶσιν.*



---

1 β. δέκατον τέταρτον:· H om. M β. τεσσαριςκαιδέκατον L ubi hic liber sequitur l. XI β. ιδ΄, περιέχον σύνταξιν κτλ. P ‖ 2 δεκάτη τετάρτη H ιδ΄ M ‖ 4 περὶ om. HL ‖ ὀρνέων καὶ πτηνῶν τε M ‖ 5 ἐπιμελίασ L ‖ 6 κεφαλέων τάξϊν:- L κατὰ — γνῶσιν om. P ‖ κε΄ ϙᾶ mg. L ‖ 7 indicem capitum om. HLP ‖ 8 φιλοστοργιν sine accentu F ‖ 9 ξένας om. F ‖ προ ἑαυτασ s. a. F ‖ δ΄. πε αιλουρ (!) F ‖ 10 περιστερας p. c. F ‖ εἰστ περιστερ(ας? p. c.) F ‖ 13 καταγραπτὰ F ‖ 14 μτ (= μετὰ) ᾠὰ F ‖ 16 ὄρνιθας* corr. e textu ὄρνιθ F ὄρνιθα M ‖ ὥστε om. F ‖ ὄρνιθ F ‖ 17 ὄρν ὑπὸ αιλούρων (!) F ‖ ιϛ΄ π. ἀλ. om. F ‖ 18 ορνιθ (!) ιη΄ πε ἀλεκτρυόνων: ιη΄ πε ταώνων F.

ιη΄. περὶ ταώνων. ιθ΄. περὶ φασιανῶν καὶ νουμιδικῶν καὶ περδίκων καὶ ἀτταγῶν. κ΄. περὶ περδίκων. κα΄. περὶ θήρας περδίκων καὶ λοιπῶν ὀρνέων. κβ΄. περὶ χηνῶν. κγ΄. περὶ νηκτῶν. κδ΄. περὶ τρυγόνων καὶ ὀρτύγων καὶ κιχλῶν καὶ τῶν λοιπῶν μικρῶν ὀρνέων. κε΄. περὶ κολοιῶν. κϛ΄. περὶ γυπῶν.

## Cap. 1. *Περὶ περιστερῶν. Φλωρεντίνου.*

**1** Τοῖς γεωργίας ἐπιμελουμένοις χρησιμωτάτη σφόδρα τυγχάνει ἡ τῶν περιστερῶν κτῆσις, μάλιστα διὰ τὴν οὖσαν ἐξ αὐτῶν εὔθετον κόπρον, εἶτα διὰ τοὺς ἐκ τούτων νεοσσοὺς ἀναγκαίους ὄντας εἰς τὰς τῶν ἀῤῥωστημάτων ἀναλήψεις. **2** ἔχει δὲ ἡ τούτων κτῆσις οὐδὲ ὀλίγην τινὰ πρόσοδον. μόνους γὰρ δύο μῆνας τοῦ χειμῶνος παρὰ τῶν κεκτημένων τρέφεται· τὸν δὲ λοιπὸν χρόνον τοῦ ἐνιαυτοῦ ἔξωθεν ἀπὸ τῆς νομῆς ἑαυτῷ πορίζεται τὴν τροφήν. **3** Φύσει δὲ καὶ πολύγονον τὸ ζῶον. ἐν πάσαις γὰρ τεσσαράκοντα ἡμέραις κυΐσκει, καὶ τίκτει, καὶ θάλπει, καὶ ἐκτρέφει, καὶ τοῦτο σχεδὸν δι' ὅλου τοῦ ἔτους ποιεῖ· μόνον δὲ ἀπὸ τροπῶν χειμερινῶν μέχρις ἐαρινῆς ἰσημερίας διαλείπει. **4** τὸ δὲ λοιπὸν τοῦ ἐνιαυτοῦ τίκτει, καὶ ἔστιν ἰδεῖν τὰς αὐτὰς περιστεράς, οὔπω τῶν πρώτων νεοττῶν τελείως ἐκτραφέντων, ᾠογονούσας καὶ θαλπούσας τὰ

---

1 *νουμιδ.** corr. e textu *νουμηδ.* FM ‖ 3 *περ*^Δς^ *λοιπῶν* F ‖ 4 *νησσῶν* p. c. M ‖ 6 *κολυῶν* F ‖ 7 *φλωρ.* p. t. LM om. H ‖ 11 *ἐκ τῶν* F ut ed. H ‖ *νεοτοὺσ* (τ supra) 1. m. L ‖ 12 *κτῖσισ.* L ‖ 13 *πρό . . δον.* (2 lit. eras.?) *μόνον* L ‖ 15 *ἔξοθεν* L ‖ 16 *ἑαυτοῦ* L ‖ *καὶ* om. L ‖ 18 *τρέφει* L ‖ 22 *νεοσσῶν* P ‖ 23 *ᾠοτοκούσασ* L.

ᾠά. καὶ αἱ ἐπιγοναὶ αὐτῶν τελειωθεῖσαι εὐθέως μετὰ τῶν τεκόντων αὐτὰς ἄρχονται τίκτειν. 5 τροφῇ δὲ τὸ ζῶον χαίρει λαθύροις, ὀρόβοις, τίλει, πίσῳ, φακῇ, σίτῳ, καὶ τοῖς ἐξ αὐτοῦ ζιζανίοις τοῖς καλουμένοις. 6 Κωλυτέον δὲ αὐτὰς ἐξίπτασθαι, ἵνα μήτε νεοττεύωσιν ἀλλαχοῦ, μήτε περισπῶνται διὰ τὴν ἔξοδον, ἀλλὰ περὶ τὸ γεννᾶν ἀσχολῶνται. 7 ἐὰν δέ ποτε σπανίζωνται τροφῆς, μόνας τὰς νεοττοτροφούσας ἐξελαστέον. αὗται γὰρ κορεσθεῖσαι ἐπιστρέφουσι θᾶττον, τοῖς νεοσσοῖς τροφὴν κομίζουσαι.

Cap. 2. *Περιστερὰς μὴ φεύγειν ἀλλὰ φιλοστοργεῖν. Διδύμου.*

**1** Τὰς θύρας καὶ τὰς θυρίδας καὶ τὰς γωνίας τοῦ περιστερεῶνος ἄλειψον ἐλαίῳ ὀποβαλσάμου, καὶ παραμένουσιν. **2** οὐ φεύγουσι δὲ περιστεραί, ἐὰν κύμινον καὶ φακῆν εἰς μελίκρατον βρέξας παραβάλῃς. καὶ μελίκρατον δὲ ποτίζων, ἢ εἰ φακῆν καθ' ἑαυτὴν γλυκεῖ ἑψήσας, δώσεις φαγεῖν, φιλοστοργεῖν αὐτὰς ποιήσεις. **3** Κατασκευάζεται δὲ πρὸς τὸ μὴ φεύγειν τὰς περιστερὰς καὶ τοιοῦτον φίλτρον. ὀστράκου σησθέντος

---

3 τήλει HM ‖ καὶ φακῇ· L ‖ 4 ζηζ. L ‖ τοῖς καλ. om. L τοῖς om. M post καλ. 2 digitorum spatium om. H ‖ 5 νοττεύωσῑ L νεοττευθῶσιν FM ‖ 7 περὶ τὸ πεινᾶν ἀσχ. FM περὶ τὸ ἀσχ. P ‖ ἀσχολοῦνται F ‖ σπανίσω|σι L σπανίζονται P ‖ 8 ἐξελατέον L ‖ 10 νεοττοῖς F ‖ κομιζούσας. per comp. M κομίζονσαι P ‖ 12 διδ. p. t. LM om. H ‖ 13 γονίασ L ‖ 14 ἐλαίωι ὠποβαλσάμω F ὀποβαλσάμω HM ἀπὸ βαλσάμου L ‖ παραμένουσι: L ‖ 15 ἂν L ‖ 16 ἢ φακὴν L καὶ φακὴν FM ‖ παραβάλεισ: L βάλ·ης βρέξας lit. λ eras. et παρα supra add. m. 1 P ‖ καὶ μελ. δὲ — ποιήσεις om. M |Καὶ μελ. L ‖ 17 ποτίζων om. L ‖ εἰ om. F ‖ φακὴν codd. ‖ 18 φϊ|αὐτὰς litt. στοργεῖν mg. suppl. H ‖ 20 τοιοῦτο H.

καὶ κόστου, καὶ οἴνου παλαιοῦ εὐώδους ὁμοῦ μιχθέντων προσφέρεται ταῖς ἐπὶ νομὴν ἐξιούσαις. 4 Ἔνιοι δὲ ἄλευρα κρίθινα ἑφθὰ σύκοις ξηροῖς συμφυράσαντες, καὶ μέλιτος μέρος προσβαλόντες παρατιθέασιν. ἄλλοι κύμινον ταῖς ἐπὶ νομὴν ἐξιούσαις προσφέρουσι. 5 Περιστεραὶ δὲ παραμένουσιν, ἐὰν νυκτερίδος κεφαλὴν θῇς εἰς τὸν πύργον, ἢ τῆς ἀγρίας ἀμπέλου τοὺς κλάδους μετὰ τῶν ἀνθῶν τῷ καιρῷ ἀπόθοιο ἐν τῷ περιστερεῶνι.

Cap. 3. *Περιστερὰς παραμένειν, καὶ ἑτέρας ξένας ἄγειν μεθ' ἑαυτῶν. Ἀφρικανοῦ.*

1 Ἐὰν μύρῳ χρίσῃς τὰς περιστεράς, καὶ ἔξωθεν ἄλλας ἄξουσιν. εἰ δὲ κύμινον παραβάλῃς ταῖς ἐπὶ νομὴν ἐξιούσαις, αὐτάς τε καθέξεις, καὶ ἄλλας πολλὰς σὺν αὐταῖς ἔρχεσθαι ποιήσεις, ἀγομένας ὑπὸ τῆς ὀσμῆς τοῦ κυμίνου. 2 εἰ δὲ καὶ λαβὼν σπέρμα λύγου, καὶ βρέξας οἴνῳ παλαιῷ ἡμέρας γ', εἶτα λαβὼν ὀρόβους βρέξεις εἰς τὸν οἶνον, καὶ παραβαλεῖς ταῖς περιστεραῖς, καὶ εὐθέως ταύτας ἐκπετάσεις, αἰσθόμεναι αἱ ξέναι περιστεραὶ τῆς πνοῆς πᾶσαι εἰς τὴν καλιὰν εἰσελεύσονται. 3 τὰς δὲ περιστερὰς εἰσιέναι θᾶττον

---

2 *προσφέρεται τοῖς* P ‖ *ἐνὶ* (quod supra scr. erat, a verme partim deletum est; sed videtur fuisse *α*, non *οι*) M *ἔνιοι* P ‖ 4 *προσβάλλοντεσ* F -*βαλόντες* H ‖ 5 |*Ἄλλοι* L ‖ *προσφέρουσιν* FP, sed § 5 om. P ‖ 6 *δὲ* om. FM ‖ 7 *θεῖσ* L ‖ *ἀγροίασ* L ‖ *τὸν κλάδον* L ‖ 8 post *καιρῷ εἰ* add. M ‖ 11 *ἀφρ.* p. t. H om. M *τοῦ αὐτοῦ* L ‖ 13 |*Ἐὰν δὲ* L ‖ *παραβάλῃς* per comp. M *παραβάλλῃς* H et altero *λ* eraso P ‖ 17 *τρεῖς* HP ‖ 18 *βρέξεἰς* et *εις* supra add. 1. m. H ‖ *παραβάλεις* L -*λῃς* FM et altero *λ* eraso P ‖ 19 *πετάσεις* FP et per comp. M ‖ 21 *ἐλεύσονται* FM.

*ποιήσεις, εἰ ἐλελισφάκῳ μετὰ λιβανωτοῦ θυμιάσεις τὸν περιστερεῶνα.*

Cap. 4. *Αἴλουρον μὴ ἐνοχλεῖν περιστεραῖς.*
*Σωτίωνος.*

*Εἰς τὰς θυρίδας καὶ εἰς τὰς εἰσόδους τοῦ περιστερεῶνος, καὶ κατὰ πλειόνων τόπων αὐτοῦ, κλωνία πηγάνου ἀπόθου, καὶ κρέμασον. ἔχει γάρ τινα πρὸς τὰ θηρία ἀντιπάθειαν τὸ πήγανον.*

Cap. 5. *Ὄφιν μὴ εἰσιέναι εἰς τὸν περιστερεῶνα.*
*Δημοκρίτου.*

1 *Ὄφεις περιστερεῶνι οὐκ ὀχλήσουσιν, ἐὰν ταῖς τέτρασι γωνίαις τοῦ περιστερεῶνος ἐπιγράψῃς Ἀδάμ· ἐὰν δὲ ἔχῃ θυρίδας, καὶ ἐν αὐταῖς.* 2 *Ὄφεις δὲ ἐξελάσεις, ἐὰν πευκεδανὸν θυμιάσῃς.*

Cap. 6. *Περὶ περιστερεῶνος. Τῶν Κυϊντιλίων.*

1 *Κατασκευάζειν χρὴ οἶκον ἐν καιροῖς εὐδιεινοῖς, καὶ πρὸς τὴν τῶν θηρίων ἔφοδον ὠχυρωμένον, καὶ τοῦτον χρίειν ἐπιμελῶς.* 2 *κατασκευάζειν δὲ χρὴ ἐν τοῖς τοίχοις καὶ νεοττίας πυκνάς, ἀπὸ ἐδάφους μέχρι*

---

1 *ἐλελίσφακον* FM; an cum Needh. *ἐλελίσφακον θυμιάσεις εἰς τὸν π.?* ‖ 3 *ὀχλεῖν* P ‖ *περιστερὰς* H ‖ 4 *σωτ.* a. t. M om. LP ‖ 5 *τοῦ περιστερεῶνος* om. M *τοῦ περ. καὶ* om. P ‖ 10 *δημ.* a. t. M p. t. L om. P *δημόκριτος* mg. H ‖ 11 *ἐνοχλήσουσιν* L tit. et § 1 om. P ‖ 13 *ἔχει* L cf. XIII 8, 4 ‖ *θυρίδα* et *αὐτῇ* FM ‖ 14 *πευκέδανον* FL ut ed. HM ‖ 15 *τῶν κυϊντ.* om. LM ‖ 16 *καιροῖς* FM *ἀγροῖς* L *οἶκον ὑψηλὸν καὶ ἔρημον καὶ ἐσκεπασμένον καὶ ὠχ. πρὸς τὴν τῶν θ. ἔφοδον ἐπιμελῶς* S XIII 63 ‖ *εὐδινοῖς* F *εὐδιεινοῖς* H ‖ 19 *νεοττιὰς* H ‖ *ἄχρι κορυφῆσ*, 1. m. *τῆς* per comp. supra add. L.

τῆς ὀροφῆς, ἅς τινες καλοῦσι σηκούς, ἡμεῖς δὲ κυθρίνους ὀνομάζομεν, ἐν οἷς χρὴ διάγειν καὶ τίκτειν τὰς ἐζευγμένας περιστεράς· 3 παραθετέον δὲ ἑκάστῳ σηκῷ σανίδας, ὅπως δι' αὐτῶν αἱ πάροδοι γίνωνται. 4 χωστέον τε ἐν τῷ οἴκῳ λουτῆρα μείζονα, ἵνα καὶ πίνειν καὶ λούεσθαι δύνανται· ὅπως μὴ προφάσει τοῦ ὕδατος συνεχῶς ἄνθρωπος παρενοχλῇ ταῖς περιστεραῖς, ὅπερ σφόδρα καταβλάπτει. 5 οὐ μέντοι παντελῶς ἀποδοκιμαστέον εἴσοδον ἀνθρώπου. ἀναγκαῖον γάρ ποτε καὶ σαροῦν τὸν οἶκον, καὶ τὴν κόπρον λαμβάνειν, κἄν τι πεπονηκὸς εἴη τῶν ἔνδον ἐπισκευάζειν, πρὸς τὸ μήτε τοὺς ὄφεις, μήτε ἄλλα ἑρπετὰ λυμαίνεσθαι. 6 Ἐγὼ δὲ κωλύσαι βουλόμενος τὰς τῶν ἑρπετῶν ἐφόδους, ἐπιλεξάμενος ἰδιάζοντα τόπον, οὐκ ἔχοντα πλησίον οἰκήματα, ἀλλὰ πόῤῥω ἀφεστῶτα, καὶ μετακομίσας κίονας τὸν ἀριθμὸν ὀκτώ· ἄλλοτε δὲ πλείονας πρὸς τὸ μέγεθος τοῦ μέλλοντος οἰκοδομεῖσθαι ἔργου, καὶ τούτους στήσας οὐκ ἐπ' εὐθείας, ἀλλὰ κύκλῳ, εἶτα ἐπιθεὶς κατὰ τῶν κιόνων κεφαλίδας, καὶ μετὰ ταῦτα κατὰ τῶν κεφαλίδων ἐπίστυλα λίθινα, ἐν ἀπορίᾳ δὲ λιθίνων ἐπιστύλων, ξύλινα ἐπίστυλα πάνυ γενναῖα ἐπιθείς, ἐπέκτισα κατὰ τῶν κιόνων κύκλῳ δύο οἰκίσκους, ἔχοντας ὕψος ἀπὸ πηχῶν ἑπτά, τάξας ἐν τοῖς τοίχοις ἀπὸ μὲν δύσεως μίαν θυρίδα φωτὸς

---

1 ἄσ τϊνασ HP ‖ συκούσ L ‖ λυτρίνουσ L ‖ 3 ἐξευμένασ L sed γ rubr. supra add. ‖ συκῶ L ‖ 5 χριστέον δὲ ἐν v. c. L ‖ 6 ἵνα μὴ FM ‖ 7 ἄνὸς παῤενοχληθῇ M ut ed. P ‖ 9 ἀνῶ L εἰσ.ἄνὸυ ἀποδ. M ‖ 11 πεπονικὸς L ‖ 12 μήτε τὰ ἄλλα F ut ed. H μήτ' ἄλλα L ‖ 14 οὐκ οντα (sic!) L ‖ 15 οἰκήματος L οἰκήματα 1. m. supra add. H ‖ 16 τὸν ἀριθμὸν — πλείονας om. FL ‖ 19 κατὰ post ἐπιθεὶς om. L ‖ 20 ἐπίστυλα — λιθίνων om. FL ‖ 24 τείχοις L.

ἕνεκεν, ἀπὸ δὲ ἀνατολῆς ἄλλην θυρίδα, τάξας ἐν αὐτῇ τὸν καλούμενον καθέκτην, ὅθεν χρὴ τὰς περιστερὰς ἐπὶ νομὴν ἐξιέναι· ἀπὸ δὲ μεσημβρίας θύραν, χάριν τοῦ εἰσιέναι τὸν ἐπιμελούμενον τῶν ὀρνέων. 7 καὶ τούτῳ τῷ τρόπῳ ἀβλαβεῖς τὰς περιστερὰς ἐφύλαξα. οὔτε γὰρ ἑρπετὰ ἀνελθεῖν οἷόν τέ ἐστι διὰ τῶν κιόνων σφόδρα ἐπιμελῶς ἐπιχρισθέντων κονιάμασι, καὶ ὁμαλισθέντων· 8 οὔτε αἰλούρους, οὔτε ἕτερον ζῶον ἐπιτίθεσθαι δυνατόν, μὴ ὄντων πλησίον οἰκημάτων, ἀφ' ὧν ἐπιβουλεύειν δυνήσονται. 9 χρὴ δὲ τὸν βουλόμενον περιστερεῶνα συνιστᾶν μὴ ἀπὸ νέων ἄρχεσθαι περιστερῶν, ἀλλ' ἐκ τοκάδων. εἰ δέ ἐστι ζεύγη δέκα πρὸς τὴν σύστασιν, πολυπλασιάζονται ταχέως.

## Cap. 7. *Περὶ ὀρνίθων. Φλωρεντίνου.*

1 Τὰς κατοικιδίους ὄρνις ἐν θερμοτέροις οἴκοις καὶ στεγνοτέροις θρεπτέον, ἐν οἷς καπνὸς παραφύεται. 2 ἐν δὲ τοῖς τοίχοις καὶ νοσσιὰς εἰς τὸ ἐν αὐταῖς τίκτειν κατασκευάσομεν, συντιθέντες σανίδας καὶ ὑποστρωνύντες ἄχυρα, ὅπως τὸ καταφερόμενον ᾠὸν μὴ κατὰ ξηροῦ φέρηται, καὶ ῥήγνυται. δεῖ δὲ πηγνύναι ἐν τοῖς τοίχοις κάμακας, ἐφ' ὧν αὐλίζονται αἱ ὄρνις.

---

2 τὴν καλουμένην καθέκτον L ‖ 5 τοῦτο τῶ L ‖ 8 αἴλουρος F item corr. ex αἴρορος H ἐλούρουσ L ‖ 9 ἢ ὄντων FM ‖ 10 ἀφ' ἣν (sic!) L ‖ 11 βουλόμενον om. L ‖ συνιςάναι, L ‖ 12 εἰ — σύστασιν om. L ‖ 14 γὰρ ταχέως FL ‖ 15 φλωρ. p. t. L om. M ‖ 16 ὄρνεις F ὄρνεισ vel ὄρνϊσ, alterum ex altero corr. M ut ed. P ‖ 17 στεγανοτ. M ‖ 18 τύχοις L ‖ 19 κατασκευάσωμεν M ‖ 20 καταφαιρόμενον L ‖ 21 φέρεται L ‖ Δεῖ δὲ v. c. L ‖ 22 τύχοις L ‖ ὄρνεις H ὄρνις per comp. M.

3 *Παραβλητέον τε αὐταῖς τροφὴν πτισάνην ἑφθήν, ἢ κέγχρον, ἢ πίτυρα σίτου, ἢ ζιζάνια τὰ καλούμενα αἴρας, ἅπερ ἐστὶ κάλλιστα εἰς τροφήν, καὶ κυτίσσου φύλλα ὑγρά· ταῦτα γὰρ καὶ γονιμωτάτας ποιεῖ.* 4 *Ὅταν δὲ ᾠοτοκῶσι, παρατηρεῖν μάλιστα χρή, ὅπως μὴ γίγαρτα φάγωσι. τὸ γὰρ γόνιμον αὐτῶν ἐπέχει.* 5 *τὰς δὲ ᾠοφαγούσας ὄρνιθας ἀπεθιστέον οὕτως. ᾠοῦ τὸ λευκὸν κενωτέον, εἰς δὲ τὴν λέκιθον, τουτέστι τὸ χρυσίζον τοῦ ᾠοῦ, γύψον ὑγρὰν ἐμβλητέον, ἵνα ὀστρακωθῇ. ἐφιέμεναι γὰρ τῆς λιχνείας, καὶ πλέον οὐδὲν εὑρίσκουσαι, ταχέως ἀφέξονται τοῦ τοῖς ᾠοῖς λυμαίνεσθαι.* 6 *Λιπαίνονται δὲ μάλιστα, καὶ παχύταται γίνονται, ἐν οἴκῳ σκοτεινῷ καὶ θερμῷ τρεφόμεναι, τῶν ὠκυπτέρων ἐκτιλλομένων, προσφερομένης τε τροφῆς ἀλεύρων κριθίνων ὕδατι φυραθέντων.* 7 *Ἄλλοι δὲ κριθῶν καὶ αἴρας ἀλεύρῳ χρῶνται, ἢ κριθῶν καὶ λινοσπέρμου μετὰ ὠμῆς λύσεως. οἱ δὲ καὶ ἀλφίτων μιγνύουσιν, ἔνιοι τούτοις καὶ οἶνον προσχέουσιν. τινὲς δὲ ἄρτον σίτινον εἰς οἶνον καλὸν διαβρέχοντες διδόασιν. οἱ πλεῖστοι δὲ κέγχρῳ τρέφουσιν.* 8 *Χρὴ δὲ τὸν βουλόμενον ὀρνιθοτροφεῖν, ἐκλέγεσθαι τῶν*

---

1 *Παραυλυτέον* L *παραβλητέον* corr. 1. m. ex *παραεν*(?) *ητεον* H *περιβλητέον* P et per comp. M ‖ *τὲ* FL *τέ* M *δὲ* P ‖ *αὐταὶσ* corr. 1. m.? ex *αὐτὰσ* L *αὐτοῖς* P ‖ *τροφὰσ* L *τροφὰς ἱκανὰς* S XIII 58 ‖ 2 *σίτου* om. L ‖ *ζιζανίου* F *-ου τὰς καλουμένας* H ‖ 4 *μονιμ.* F *γονιμ.* H ‖ 6 *φάγωσιν* F *-σι* H ‖ *γόννυμον* L ‖ 7 *ᾠοτρωγούσας* L ‖ *ὄρνεις* H ‖ 8 *τὸ λέκιθον* L ‖ *τοῦτέστιν* F *τοὐτέστιν* L *τουτέστι* HM *τὴν λέκ. ἤγουν εἰς τὸν κρόκον, γύψον* P ‖ 10 *ὀστρακοθῆ·* L ‖ 11 *ἀφεύξονται* L ‖ 12 *παχύτατα* LM *-αι* in ras. H *παχύτεραι* P ‖ 14 *τῶ ὠκυπτ.* M *τῶν* P ‖ 16 *ἀλεύρων* F *-ρῳ* H *-ροις* L ‖ 17 |*Οἱ δὲ* L ‖ 18 *μιγνύοντεσ:· Ἔνιοι,* v. c. L ‖ *προχέουσῖ.* L *προχέουσι.* M ‖ 19 *δὲ* om. F ‖ *εἰς ὕδωρ καλὸν* M ‖ 20 *κέχρω* et *γ* 1. m. supra add. LH ‖ *τρέφουσι* M.

ἀλεκτορίδων τὰς πολυγονωτάτας· καταλαμβάνεται δὲ τοῦτο ἐξ αὐτῆς τῆς χρείας καὶ τῆς πείρας, οὐ μὴν ἀλλὰ καὶ ἐξ ἑτέρων τινῶν τεκμηρίων. 9 ὡς ἐπίπαν γὰρ αἱ ξανθίζουσαι, καὶ περιττοδάκτυλοι, τὰς ὄψεις μεγάλας ἔχουσαι, τόν τε λόφον ἐπηρμένον, καὶ αἱ μελανόπτεροι, καὶ τοῖς ὄγκοις μεγάλαι, τούς τε ἄῤῥενας οἴσουσι ῥαδίως, καὶ πρὸς ᾠοτοκίας κρείττους εἰσί, καὶ τὰ ᾠὰ μεγάλα τίκτουσιν, ἐξ ὧν καὶ τὰ νεογνὰ γίνεται γενναῖα. 10 μὴ πλέον δὲ τῶν πεντήκοντα ὀρνίθων ἐν τῷ οἴκῳ θρεπτέον. διαφθείρονται γὰρ ἐν ταῖς στενοχωρίαις. τοῦ δὲ πλήθους τῶν ὀρνίθων τὸ ἕκτον μέρος ἔστωσαν ἀλεκτρυόνες. 11 Τὰ δὲ τικτόμενα ᾠὰ εὐθὺς ληπτέον, καὶ συνθετέον εἰς ἀγγεῖα μετὰ πιτύρων. ὅταν δὲ τὰς ὄρνις ἐπῳάζειν βουλώμεθα, καθαρὰ ἄχυρα ὑποστρωτέον, ἐντιθέντας ἐν αὐτοῖς σιδηροῦν ἧλον· δοκεῖ γὰρ ἀλέξημα τοῦτο εἶναι πρὸς πᾶσαν κακίαν. 12 Ὑποτίθεται τῇ μὲν ἀγαθῇ ὄρνιθι μὴ πλέον τῶν κγ΄ ᾠῶν, τῇ δὲ μὴ τοιαύτῃ ἐλάττονα, πρὸς τὴν ἑκάστης φύσιν. 13 πανταχοῦ μέντοι δεῖ ἄνισον εἶναι τὸν ἀριθμόν, καὶ αὐξανομένης τῆς σελήνης ὑποτιθέναι, τουτέστι μετὰ τὴν γένναν, ἕως ιδ΄ σελήνης. τὰ δὲ πρὸ νέας σελήνης ὑποτιθέμενα διαφθείρεται. 14 Δεῖ δὲ ὑποτιθέναι τὰ ᾠά, μάλιστα ἀπὸ ζεφύρου πνοῆς τικτόμενα, μέχρι μετο-

---

1 πολυγονοτ. L ‖ 4 περιτοδάκτυλοι καὶ τὰσ L ‖ 9 νεογενὰ, L ‖ γίνονται M γίνεται H ‖ §§ 10—30 om. L ‖ ν̃ M πεντήκοντα P μ̃ H ‖ 14 ὄρνεις H ‖ 15 βουλόμεθα M ώ P βολόμεθα H ‖ ἐντιθέντεσ H ἐπτιθέντες per comp. M ἐντιθ. — κακίαν om. P ‖ 17 διαθετεῖ δὲ τῆι F διατεθῇ δὲ τῇ H ‖ 18 εἰκοσϊτριῶν H ‖ 20 αὐξομένης per comp. M αὔξαν P ‖ 22 ante τὰ δὲ del. ὑποτιθέναι 1. m. M ut ed. P.

πωρινῆς ἰσημερίας, τουτέστιν ἀπὸ ζ′ Φεβρουαρίου, ἕως κβ′ Σεπτεμβρίου. διόπερ ἐν τῷ τίκτεσθαι χωρὶς αὐτὰ θετέον, ὅπως ἐκ τούτων ἡ νεοττοτροφία γένηται. 15 τὰ δὲ πρὸ τούτου τοῦ καιροῦ ἢ μετὰ ταῦτα τικτόμενα καὶ τὰ πρωτότοκα πάντα οὐχ ὑποθετέον· ἄγονα γὰρ καὶ ἀτέλεστα γίνεται. ὥρα δὲ ἀρίστη πρὸς τὸ ὑποτιθέναι τὰ ᾠὰ ἀπὸ ἰσημερίας ἐαρινῆς, τουτέστιν ἀπὸ κδ′ τοῦ Μαρτίου μηνός. 16 δεῖ δὲ ὑποτιθέναι ταῖς προβεβηκυίαις, οὐ ταῖς ἀκμαζούσαις, καὶ τίκτειν δυναμέναις. ἀκμαιόταται γὰρ πρὸς ᾠοτοκίαν εἰσὶν αἱ ἐνιαύσιαι, μάλιστα δὲ αἱ διετεῖς, αἱ δὲ τούτων πρεσβύτεραι, ἧττον. 17 τὰς δὲ κέντρα ἐχούσας ὄρνις, ἐοικότα τοῖς τῶν ἀλεκτρυόνων, κωλυτέον ἐπῳάζειν· τρυπῶσι γὰρ τὰ ᾠά. 18 Μετὰ δὲ τὴν σύνθεσιν τῶν ᾠῶν ἐμβιβαστέον τὰς ὄρνις καὶ ἐγκλειστέον, ἵνα ὅλης τῆς ἡμέρας καὶ τῆς νυκτὸς θάλπωσιν αὐτά. 19 πρωῒ δὲ καὶ δείλης ἀνοικτέον, τροφήν τε παραβλητέον τὴν συνήθη καὶ ποτόν, εἶτα πάλιν ἐγκλειστέον. τὰς δὲ μὴ αὐτομάτως ἀναβαινούσας ἀναγκαστέον. 20 ὁ δὲ πρὸς τοῦτο τεταγμένος δι᾽ ἡμερῶν μεταστρεψάτω τὰ ᾠά, ἵνα πάντοθεν ὁμαλῶς θάλπωνται. 21 Διαγιγνώσκεται δὲ τὰ ᾠά, εἰ γόνιμον ἔχει τὸ ἐνόν, ἐάν, μετὰ τετάρτην ἡμέραν τοῦ θαλφθῆναι, πρὸς τὴν αὐγὴν τοῦ ἡλίου θεωρῆται. 22 ἐὰν μὲν γάρ τι φαίνηται διατρέχον ἰνῶδες καὶ ὕφαιμον, ⟨γόνιμόν⟩ ἐστι τὸ ἐνόν. ἐὰν δὲ διαφανὲς εἴη, ὡς ἄγονον ἐκβλητέον, ἀντὶ δὲ

---

1 ἰσομερίας per comp. M ἰσημ. P ‖ ἑπτὰ H ‖ φευρουαρίου M ‖ 2 εἰκοσιδύο H ‖ σεπτεβρ. HP ‖ 7 ὑποτεθῆναι F ‖ 8 εἰκοσιτεσσάρων H εἰκοστῆς τετάρτης P ‖ τοῦ om. M ‖ 11 πρεσβύτεροι, M ‖ 12 ὄρνεις H ‖ 15 ἐκβιβαστέον M ‖ ὄρνεις H ‖ ἵνά ὅλης (sic!) H ‖ 21 διαγινώσκεται P ‖ 25 ἔσται γόν. edd. γόν. om. mss. ‖ 26 ὡς ἀγόμενον ἐκλητέον sed β 1. m. supra add. F ut ed. H.

*τῶν ἀποδοκιμαζομένων ἕτερα ὑποθετέον.* **23** *Οὐ δεῖ δὲ εὐλαβεῖσθαι μὴ διαφθαρῇ τὰ ᾠά, ἐὰν πολλάκις ἡσύχως μετασρέφωνται· βλάπτει γὰρ οὐδὲν τὸ τοιοῦτον.* **24** *Δεῖ δὲ κατ' αὐτὴν τὴν ἡμέραν μὴ μίαν μόνην ἐπικαθίζειν ὄρνιν, ἀλλὰ γ' ἢ δ'.* **25** *τὰ δὲ ἐκκολαπτόμενα νεόττια εὐθέως ὑποσπαστέον ἐξ ἑκάστης ὄρνιθος, καὶ ὑποβλητέον τῇ ὀλιγαρχούσῃ. τὰ δὲ παρ' αὐτῇ μὴ κολαφθέντα ᾠὰ καταμεριστέον εἰς τὰς ἔτι θαλπούσας, ἵνα μετ' ἐκείνων θαλπόμενα ζωογονῆται. τῇ δὲ ὀλιγαρχούσῃ τριάκοντα μόνον νεοττούς, μὴ πλέον, ὑποβλητέον.* **26** *πολεμικώτατον δὲ τῷ γένει τῶν ὀρνίθων τὸ ψύχος.* **27** *δοκιμάσεις εἰ χρήσιμά ἐστι τὰ ᾠά, οὕτως. βάλε ταῦτα εἰς ὕδωρ, τὸ μὲν γὰρ ἀποδέον ἐπιπολάζει ὡς ἄχρηστον, τὸ δὲ πλῆρες κατενεχθήσεται κάτω. οὐδὲ γὰρ χρὴ πρὸς δοκιμασίαν σείειν τὰ ᾠά, ἵνα μὴ διαφθαρῇ τὸ ἐν αὐτοῖς ζωτικόν.* **28** *Ἐπειδὴ καὶ ἑτερογενῆ ᾠὰ ταῖς κατοικιδίαις ὄρνισί τινες ὑποτιθέασιν· ἰστέον ὅτι [ὡς] τὰ ᾠὰ τοῦ φασιανοῦ ὁμοίως τοῖς οἰκείοις διὰ κα' ἐκγλύφει· τοῦ δὲ ταῶνος καὶ χηνὸς διὰ κθ'.* **29** *στοχάζου τοίνυν καὶ ταῦτα ὑποτιθεὶς κατὰ τὰ προειρημένα, ὅπως δύο ἢ τρισὶν ἡμέραις τῆς πεμπταίας ἢ τοσαύταις ὕστερον ἐκγλυφῇ.* **30** *Εἰσὶ δὲ ἐν Ἀλεξανδρείᾳ τῇ πρὸς Αἴγυπτον ὄρνις μονόσιροι, ἐξ ὧν οἱ μάχιμοι ἀλεκτρυόνες γεννῶνται, δὶς καὶ τρὶς ᾠὰ θάλπουσαι ἐφεξῆς,*

---

4 *μόνον μίαν* M ‖ 5 *τρεῖς* HP ‖ *τέσσαρας* H ‖ 6 *νεοττία* F ut ed. H ‖ 10 *λ˜* F *τριάκ.* H ‖ 13 *οὕτως* F et per comp. M *οὕτω* P ‖ *βάλε* FP *βάλλε* M ‖ 17 *δὲ* add. P ‖ *κατοικιδίοις* M ‖ 19 *οἰκέ·οισ* lit. *ι* eras. F *οἰκείοις* H *τῶν ἀλεκτορίδων* M ‖ *εἰκοσϊτεσσάρων* H *εἰκοστῆς καὶ μιᾶς* P ‖ *ἐκλύφει* F ‖ 20 *δεκαεννέα* H *εἰκοστῆς ἐννάτης* P ‖ 21 *εἰρημένα* F ‖ 23 *ἐκλύφει* F; locus corruptus ‖ 24 *ὄρνεις* M *-ις* P ‖ *μονόσειροι* P.

τῶν τελεσφορουμένων ἑκάστοτε νεοττῶν ὑφαιρουμένων, καὶ χωρὶς τρεφομένων, ὡς ἐπωάζειν τὴν ὄρνιν μβʹ ἢ ξγʹ.

Cap. 8. *Πῶς δυνατὸν καὶ δίχα ὄρνιθος νεοσσοὺς ἐπινοῆσαι. Δημοκρίτου.*

**1** Ἕξεις νεοσσοὺς πολλοὺς δίχα τοῦ ἐπωάζειν ὄρνιν, τοῦτον τὸν τρόπον. ἡνίκα τῇ ἐπωαζούσῃ ὄρνιθι ὑποβάλῃς τὰ ᾠά, κατ' αὐτὴν τὴν ἡμέραν λαβὼν ὀρνιθείαν κόπρον κόψον λεπτήν, καὶ σήσας βάλε εἰς γάστρας· τῇ δὲ κόπρῳ περίβαλε ὀρνιθίων πτερά, ἐπὶ δὲ τούτοις ἔνθες τὰ ᾠὰ ὀρθά, τὸ ὀξὺ μέρος ἄνω ἔχοντα, ἔπειτα τούτοις πάλιν ἐπίβαλλε τῆς αὐτῆς κόπρου, ἕως ἂν καλυφθῇ πάντοθεν, καὶ ἔασον τὰς πρώτας δύο ἡμέρας ἢ τρεῖς. τὸ δὲ λοιπὸν καθ' ἑκάστην ἡμέραν μετάστρεφε (προσέχων τὰ ᾠὰ μὴ συγκρουσθῇ πρὸς ἄλληλα), ἵνα θάλπηται ὁμαλῶς. **2** μετὰ δὲ εἰκοστὴν ἡμέραν, ὅταν τὰ ᾠὰ τῆς ὄρνιθος ἄρχηται γλύφειν, καὶ τὰ ἐν ταῖς γάστραις εὑρήσεις περιῤῥησσόμενα· δι' ἣν αἰτίαν καὶ ἐπιγράφουσι τὴν ἡμέραν καθ' ἣν ὑπετέθη, ὥστε τὸν ἀριθμὸν τῶν

---

1 *ἀφαιρουμ.* H *ὑφαιρομ.* et *καὶ* per comp. supra adscr. M ut ed. P ‖ 2 *τὸν* M *τὴν* P ‖ 3 *ἢ* ξ˜ F ‖ 4 c. 8 om. H ‖ tit. et §§ 1—3 om. P ‖ 5 *δημ.* om. M ‖ *κε.* ϙβ̃ mg. L ‖ 6 *νεοττοὺς* L ‖ 7 *Ἡνίκα* v. c. L ‖ 8 *ὑποβάλεις* F -*λης* per comp. HM *ὑποβάλλεις* L ‖ 8 *τὴν* om. L ‖ *ὀρνιθίαν* F ut ed. H ‖ 9 *βάλλε* M ‖ 10 *γάστραν* M ‖ *περίβαλε* HL *λλ* FM ‖ *ὀρνίθεια* L ‖ 11 *ὀρθὰ* om. M ‖ 12 *ἐπίβαλε* HL *λλ* FM ‖ 14 *βʹ* M ‖ *γʹ* FM *βʹ πρ. ἡμ. ἢ τρεῖς* H *πρ. δύο ἢ τρεῖσ ἡμ.* L ‖ 15 *μὴ τὰ ᾠὰ* L ‖ 16 *ἄλληλα, ἀλλ' ἵνα* L ‖ 17 *ὅταν τα τὰ* L ‖ *ἡ ὄρνις* L ‖ 19 *περιρησόμενα* F *περϊρησμένα* H *περιρησσόμενα* L ‖ *ἀπογράφουσι* L *ἐπιγράρει* M ‖ 20 *τῶν ἀριθμῶν* M.

ἡμερῶν μὴ διαλαθεῖν. 3 τῇ οὖν εἰκοστῇ ἡμέρᾳ περιαιρῶν τὸ κέλυφος, καὶ ψωμίσας τὰ πωλία ἔμβαλε εἰς κόφινον ἔχοντα ὀρνίθων πτερά. τῇ δὲ ἑξῆς ἡμέρᾳ καὶ τὰ ἐκ τῆς κόπρου βάλε εἰς κόφινον, καὶ ἐπανάγαγε τὴν ὄρνιθα, καὶ κυβερνήσει πάντα. 4 Ἵνα δὲ τροφὴν ἔχῃ, λαβὼν ζύμην κριθίνην καὶ πίτυρα δεῦσον ὕδατι· καὶ ὀνείαν ἢ ἱππείαν κόπρον βάλε εἰς γάστρας, καὶ μετὰ γʹ ἡμέρας ζωογονηθήσονται σκώληκες ἱκανοὶ θρέψαι τοὺς νεοσσούς.

## Cap. 9. Περὶ νεοττοτροφίας. Διδύμου.

1 Τὰ νεόττια τὸ μὲν πρῶτον εὐθέως εἰς κόφινον ἐμβληθέντα ὑπὲρ ὀλίγου καπνοῦ αἰωρεῖται, τροφὴν δὲ ἐπὶ βʹ ἡμέρας οὐ λαμβάνει. τὸ δὲ σκεῦος ἐφ' οὗ ἡ τροφὴ παρατίθεται βολβίτῳ κλεῖε. 2 τροφὴν δὲ πρῶτον λαμβάνει ἐπὶ ιεʹ ἡμέρας ἄλφιτα μετὰ καρδάμου σπέρματος σὺν οἴνῳ βραχέντα ὕδατι. 3 Ὑποθυμιᾶται δὲ καὶ ὁ οἶκος ἑνὶ τῶν ἀποδιωκόντων τὰ ἑρπετά. 4 μέχρι δὲ τεσσαράκοντα ἡμερῶν πάντως ἐν σκέπῃ δεῖ εἶναι, καὶ σφόδρα ἐν εὐδίῳ οἰκίσκῳ θρεπτέον. πολεμιώτατον γὰρ τὸ ψῦχος αὐτοῖς. 5 ἐξηύρηται δέ τινα

---

1 κʹ FL εἰκ. H ‖ περιελὼν L ‖ 2 ἔμβαλλε M ‖ 3 ἔχοντα — κόφινον om. FL ‖ 4 καὶ ἄγε L ‖ 6 ἔχει L ἔχοι M ἵνα — ἔχῃ om. λαβὼν δὲ ζύμην — νεοσσοὺς post c. 9, 4 αὐτοῖς. add. P ‖ 8 τρεῖς HP ‖ σκώλικες L ‖ 10 c. 20 om. L ‖ διδ. p. t. M ‖ 13 δύο HP ‖ 15 δεκαπέντε HP ‖ 16 ὑπο 203|204 s̀ (= καὶ) ἑψηθέντοσ (c. 18, 8) F; namque uno ternione perverse plicato ibi folia, quibus verba | θυμιᾶται (c. 9, 3) — πτισθέντος (c. 18, 8) continentur, post ea, quibus verba καὶ ἑψηθέντος (c. 18, 8) — ἐλύμῳ (c. 24, 8) traduntur, reiecta sunt, ut numero sint 207. 208. 209. ut ed. H ‖ 18 δὲ om. F ‖ μ̃ F τεσσ. H ‖ σκέπῃ corr. ex σκέπει? M σκέπη P σκέπῃ εἴη καὶ F ‖ 19 εὐδιεινῷ P.

ἀντιπαθῆ πρὸς τὸ μὴ λυμαίνεσθαι τοῖς ὄρνισι τούς τε αἰλούρους . . . προαποβραχεῖσα, εἰ δοθείη ποτόν, οὐκ ἐνοχληθήσονται ὑπ' αὐτῶν. 6 ἐὰν δὲ πήγανον ὑπὸ τὰς πτέρυγας τῶν ὀρνίθων προσδεθείη, οὔτε αἴλουρος, οὔτε ἀλώπηξ, οὔτε ἄλλο τι θηρίον ἅψεται αὐτῶν· καὶ πολλῷ μᾶλλον, ἐὰν εἰς τὴν τροφὴν χολὴν ἀλώπεκος ἢ αἰλούρου ἀναφυράσας δῷς, ὡς ὁ Δημόκριτος διαβεβαιοῦται.

Cap. 10. *Ὠὰ κατάγραπτα ποιῆσαι. Ἀφρικανοῦ.*

1 *Κικίδος καὶ στυπτηρίας μετὰ ὄξους τρίψας, ἕως γένηται πάχος μέλανος, ἐπίγραψον ἐξ αὐτοῦ ὃ θέλεις τῷ ᾠῷ, καὶ ψυγείσης τῆς γραφῆς ἐν ἡλίῳ κατάθες τὸ ᾠὸν εἰς ἅλμην δριμεῖαν, καὶ ψύξας ἕψησον, καὶ λεπίσας εὑρήσεις τὴν ἐπιγραφήν.* 2 *Εἰ δὲ κηρῷ περιπλάσας τὸ ᾠὸν ἐπιγράψεις ἄχρις ἂν φανῇ τὸ ἔλυτρον τοῖς γράμμασιν, εἶτα ἐάσεις ὄξει βρέχεσθαι τὴν νύκτα, τῇ ἑξῆς περιελὼν τὸν κηρόν, εὑρήσεις τῶν γραμμάτων τὸν τύπον ὑπὸ τοῦ ὄξους γενόμενον διαφανῆ.*

Cap. 11. *Ὄρνιθας μεγάλα ᾠὰ τίκτειν, καὶ περὶ τῆς τῶν ᾠῶν φυλακῆς. Λεοντίνου.*

1 *Μεγάλα ᾠὰ τίκτεσθαι ποιήσεις, εἰ Λάκωνος ὀστράκου κοπέντος μίξας πιτύροις, καὶ οἴνῳ φυράσας*

---

1 *τοῖσ ὄρ|νισιν:* . . . (dim. versu om.) *προαποβρ.* et mg. *ζ^τ* (= *ζήτει*?) F *τοῖς ὀρνΐσϊ προαποβραχεῖσαι εἰ* v. c. H *τοῖς ὄρν. τούς τε αἰλ.* . . | . . (2. digg. spatio om.) *δοθείη* M §§ 5. 6 om. post *αὐτοῖς* add. c. 8, 4 *λαβὼν δὲ ζύμην — νεοσσούς* P || 5 *οὔτε τι ἄλλο* F *οὐτέ τι ἄλλο* H || *ἅψηται* F || 9 c. 10 om. LP || *ἀφρ.* om. M || 11 *θέλει*? per comp. M || 17 *περιέλεισ* F -*ης* H || *καὶ* post *κηρὸν* add. F || 20 *λεοντ.* p. t. M om. L || 21 *Λάκωνος* om. L *ἐὰν ὄστρακον κεκομμένον μίξας* M.

παραβάλῃς ταῖς ὄρνισιν· ἢ ὀστράκου κεκομμένου εἰ ὀξύβαφον μίξας ταῖς δύο χοίνιξι τοῦ πιτύρου, δίδως φαγεῖν. 2 Τινὲς δὲ ὠὰ μεγάλα τίκτεσθαι βουλόμενοι, μίλτον λύσαντες τῇ τροφῇ μίσγουσιν. 3 Οὐκ ἐξαμβλώσκουσι δέ, ἐὰν λευκὸν ὠοῦ ὀπτήσας, καὶ σταφίδος τρωκτῆς πεφρυγμένης τὸ ἶσον λειώσας, παραθείης πρὸ τῆς ἄλλης τροφῆς. 4 Ἔνιοι καθαίρουσι τοὺς οἰκίσκους καὶ τὰς νεοττίας, καὶ τὰς ὄρνις αὐτάς, θείῳ καὶ ἀσφάλτῳ καὶ πεύκαις. 5 ἀλλὰ καὶ σιδήρου ἔλασμά τι ἐντιθέασιν, ἢ κεφαλὰς ἥλων, καὶ δάφνης κλωνία ταῖς νεοττίαις. δοκεῖ γὰρ ἀλεξιφάρμακον εἶναι πρὸς τὰς διοσημείας. 6 Τὰ δὲ ὠὰ φυλάξεις χειμῶνος μὲν ἐν ἀχύροις, θέρους δέ, ἐν πιτύροις. ἄλλοι δὲ ἀποπλύναντες ὕδατι τὰ ὠὰ ἁλσὶ λεπτοῖς καταπλάττουσι, καὶ οὕτω διατηροῦσιν. 7 τινὲς δὲ εἰς ἅλμην χλιαρὰν ἐμβάψαντες τρεῖς ἢ δ′ ὥρας, εἶτα ἀνελόμενοι ἀποτίθενται εἰς πίτυρα ἢ ἄχυρα. τῶν μέντοι εἰς τὴν ἅλμην ἢ εἰς τοὺς ἅλας ἐντιθεμένων μέρος τι ἀποῤῥεῖ. 8 διαγνώσῃ δὲ τὸ πλῆρες ὠόν, καὶ τὸ μή, βαλὼν εἰς ὕδωρ· τὸ ἀποδέον γὰρ ἐπιπολάσει, κάτω δὲ χωρήσει τὸ πλῆρες.

---

1 παραβάλεισ L -ησ FP et per comp. M ‖ ὄρνισι· F -σιν· H ‖ κεκομένου FL ut ed. H ‖ εἰ M εἰς FL om. H ‖ 2 τοῖς L ‖ δυσὶ χοίν. P et ex φοίν. corr. M ‖ δίδοσ L δῶσ M δώσεις P καὶ διδοὺς F ‖ 4 μίσγουσι: — Οὐκ ἐξαυλίσκουσι v. c. L ‖ 6 κτω κτῆσ L τρώκτης H ‖ πεφρυγμ.* ex coni. Needhami, πεφυραμ. mss. ‖ λιώσασ L ‖ 7 §§ 4. 5 om. LP ‖ 8 νεοττιὰς H ‖ 10 ἐλάσματϊ M ‖ 11 νεοττιαῖς· H ‖ 12 διοσημίας. per comp. M ‖ Τὰ δὲ v. c. L ‖ 13 ἐν om. FM ‖ 14 ὕδασι F ‖ καταπάττουσι M ‖ 15 διατηροῦσι M ‖ 16 γ′ M §§ 7. 8 om. L ‖ τέσσαρας HP.

Cap. 12. Ὄρνιν μὴ κορυζᾶν. Τοῦ Αὐτοῦ.

Ὀρίγανον βρέξας δίδου πιεῖν, ἢ οὔρῳ πλῦνε, ἢ σκόρδῳ τοὺς μυκτῆρας κατάχριε, ἢ εἰς ὕδωρ βαλὼν πότιζε.

Cap. 13. Ὄρνιθας σκοτῶσαι. Βηρυτίου.

Λάσαρ μέλιτι μίξας βρέχε τὸν σῖτον, καὶ παράβαλε.

Cap. 14. Ὥστε ὄρνιθας μὴ ἀμβλῶσαι. Παμφίλου.

Ὄρνις οὐκ ἀμβλώσει, ἐὰν ᾠοῦ λέκιθον ὀπτήσας, καὶ σταφίδος πεφρυγμένης τὸ ἶσον λειώσας, παραθῇς πρὸ τῆς ἄλλης τροφῆς.

Cap. 15. Ὄρνις ὑπὸ αἰλούρου μὴ βλάπτεσθαι Ἀφρικανοῦ.

Αἴλουρος ὄρνιθος οὐχ ἅπτεται, ἐὰν κρεμασθῇ ὑπὸ τὴν πτέρυγα αὐτῆς ἄγριον πήγανον.

---

1 ὄρνις M ‖ τοῦ αὐτοῦ p. t. L om. M ‖ 2 ποιεῖν LP ‖ 3 σκορόδω M ‖ 5 c. 13 om. P ‖ βηρ. p. t. L om. M ‖ 6 |.άσαρ lit. Λ a rubr. om. L ‖ βρέξασ L ‖ καὶ om. L ‖ παράβαλλε F ‖ 8 c. 14 om. LP ‖ 9 παμφ. om. M ‖ 10 λέκυνθον H ‖ 11 πεφυρμένης M ‖ 13 c. 15 om. P ‖ ὄρνεις L ὀρνῖν M ‖ 14 ἀφρ. om. LM ‖ 16 αὐτοῦ per comp. M.

## Cap. 16. *Περὶ ἀλεκτρυόνων. Φλωρεντίνου.*

**1** *Ἐκλέγεσθαι χρὴ ἀπὸ τῶν ἀλεκτρυόνων τοὺς πολεμικωτάτους· καταλαμβάνεται δὲ τοῦτο ἐξ αὐτῆς τῆς χρείας καὶ πείρας, ἔτι δὲ καὶ ἐξ ἑτέρων τινῶν τεκμηρίων.* **2** *ἄριστοι γάρ εἰσιν ἀλεκτρυόνες οἱ συνεστραμμένοι τοῖς ὄγκοις, φοινικόλοφοί τε, καὶ ῥύγχος βραχὺ ἔχοντες, εὐχάροποί τε ταῖς ὄψεσι, καὶ μελανόφθαλμοι, καὶ τὸ γένειον ῥοδίζον ἔχοντες, τραχήλους τε εὐπαγεῖς, καὶ ποικίλους τοῖς χρώμασι, καὶ ὅσοι σκέλη φολιδωτά, παχύτερα μᾶλλον ἢ μακρότερα, τὰ δὲ ἐν αὐτοῖς κέντρα στερεὰ καὶ τὰς ἀκμὰς ὀξείας ἔχουσι· τὰς δὲ οὐρὰς μεγάλας καὶ δασείας.* **3** *πρὸς δὲ τούτοις οἱ ὀργίλοι καὶ πολύφωνοι, ἔν τε ταῖς συμπλοκαῖς δυσκαταγώνιστοι· καὶ αὐτοὶ μὲν οὐ προκατάρχοντες μάχης, τοὺς δὲ ἐπιόντας ἰσχυρῶς ἀμυνόμενοι.* **4** *καὶ τὰ λυμαντικὰ δὲ τῶν ζώων οὐ φεύγοντες, τὰ δὲ τοιαῦτα ζῶα προσφερόμενα ἀπὸ τῶν θηλειῶν εἴργοντες.* **5** *Τοῖς δὲ ἀλεκτρυόσι σπέρμα κυτίσσου καὶ ὑγρὰ φύλλα ὕδατι βρέχοντας δοτέον. τρέφει γὰρ αὐτοὺς οὐδὲν ἧττον τῶν χλωρῶν.*

---

1 *φλωρ.* p. t. L om. M ‖ 5 *Ἄριστοι δὲ εἰσὶν ἀλεκτριόνων* v. c. L ‖ 6 *φοικόλοφοι* L ‖ *ῥέγχοσ* (sic!) L ‖ 7 *εὐχάροποί — ἔχοντες* om. L ‖ 8 *καὶ* ante *τραχήλους* add. M om. P ‖ 9 *ποικίλοι* FL *-ους* M et Varr. R. R. 3, 9, 5 ‖ *κρώμασι* L ‖ *καὶ ὅσοι* om. FM ‖ 10 *φυλδωτά.* L ‖ 12 *ἔχοντες* FM *ἔχοντας* per comp. H ‖ *δασίασ* L ‖ 13 *οἱ* ante *ὀργίλοι* om. FM ‖ *πόφωνοι* L ‖ *ταῖς* om. M ‖ 14 *συμβολαῖς* F *συμυουλαῖσ,* L *συμπλοκαῖσ* M *πλοκαῖς* P ‖ 14 *δυσανταγώμιστοι* F *δυσακαταγώνιστοι* (*σα* in ras.) H *δυσαντάγωνιστοι* L ‖ 16 *δὲ καὶ τῶν* L ‖ 17 *θηλιῶν* L ‖ 18 *ἀλεκτωρίσι* L ‖ 19 *βρέχοντεσ* HLP ‖ 20 *χλορῶν* L.

## Cap. 17. *Περὶ ποικίλης ἰάσεως ὀρνίθων.* *Παξάμου.*

1 Ὀφθαλμὸν ὄρνιθος θεραπεύσεις, γυναικείῳ γάλακτι ἢ ἀνδράχνης χυλῷ τὰ ἔξωθεν τῶν ὀφθαλμῶν ἀλείψας, ἢ ἁλὸς ἀμμωνιακοῦ ἢ κυμίνου καὶ μέλιτος ἑκάστου τὸ ἶσον κόψας, καὶ ὁμοίως χρίσας· ἄγε δὲ αὐτὰς ὑπὸ σκιάν. 2 διάῤῥοιαν δὲ ἰάσῃ ἀλφίτων χειροπληθὲς καὶ κηροῦ τὸ ἶσον οἴνῳ μίξας, καὶ μάζας ποιήσας, καὶ διδοὺς πρὸ τῆς ἄλλης τροφῆς· ἢ μήλων ἢ κυδωνίων τὸ ἀφέψημα πιεῖν· καὶ τὰ ὀπτὰ δὲ ὠφελεῖ 3 φθειριάσεως δὲ ἀπαλλάξεις κυμίνου πεφρυγμένου καὶ σταφίδος ἀγρίας τὸ ἶσον κόψας, οἴνῳ τε χρίων τὴν ὄρνιν, καὶ προσκλύζων ἀγρίων θέρμων ὕδατι ἀφεψημένων. 4 κόρυζαν ἐμποιεῖ τὸ ῥυπαρὸν ποτόν, καθαρὸν οὖν χρὴ διδόναι. 5 θεραπεύσεις δὲ τὴν κόρυζαν σκόρδα διατεμὼν εἰς λεπτά, καὶ βαλὼν εἰς ἔλαιον θερμόν, εἶτα διαψύξας, καὶ ἀποκλύζων τὸ στόμα. καὶ εἰ φάγοιεν δέ, μᾶλλον θεραπευθήσονται. καὶ σταφὶς δὲ ἀγρία καταμόνας ἢ καὶ σὺν ὀρόβῳ μιχθεῖσα ὠφελεῖ. καὶ σκίλλα καθαρθεῖσα, καὶ διαβραχεῖσα ὕδατι, ἔπειτα σὺν ἀλφίτοις παραβληθεῖσα. 6 Ἐὰν δὲ σφοδρότερον κορυζῶσι, σιδήρῳ τὰ ὑπὸ τὴν

2 *παξ.* om. M ‖ 3 *γυναικίῳ* L ‖ 5 *ἀλείψασ. Ἧ ἀλὸσ* v. c. L ‖ 6 *χρήσας* et ϊ supra add. m. 1.? L ‖ 7 *Διάρριαν* v. c. L ‖ 8 *καὶ μάζας* om. L ‖ 9 *ἢ μήλων κυδ. τὸ ἀφ. πιεῖν διδούσ· καὶ* | *ὀπταῖ δε(!)ταῦτα ὀφελεῖ* L cf. praef. p. XI. ‖ 11 *πεφρυγμένου* om. P et 3 litt. spatio servato M ‖ 12 *ἀγρίας* om. FL serv. S XIII 60 ‖ *ἴσον* M ‖ 13 *προσκλίζων* L *προςκλύζων καὶ* (per comp.) *κα* . . (2 litt. spatio om.)*χρέων θερμῶ* M *χρίων τὴν ὄψιν τῆς ὄρνιθος,* rel. om. P ‖ *ὕδατα* L ‖ 15 *Θεραπ.* L *θεραπ. οὖν τὴν* M ‖ 16 *σκόροδα* M ‖ 19 *καὶ σταφὶς — παραβληθεῖσα* et §§ 6. 7 om. L ‖ *κατὰ μόνας* per comp. M ut ed. P ‖ *ἢ σὺν* M ‖ 22 *σφοδρώτ.* M *σφοδρότ.* P.

γένυν ἀμύσσεται, καὶ τὰ περὶ τοὺς ὀφθαλμοὺς ἐκπιέζεται, καὶ ἁλσὶ λεπτοῖς ἀνατρίβεται τὰ τραύματα. 7 τινὲς ὀρίγανον καὶ ὕσσωπον καὶ θύμον ὑποθυμιῶσι, τὴν κεφαλὴν ὑπερέχοντες τῆς ὄρνιθος· καὶ τὸ ῥάμφος σκόρδῳ ἀνατρίβουσιν. οἱ δὲ σκόρδα ἐν οὔρῳ ἀνθρωπείῳ ἑψήσαντες ἀποτρίβουσι τὰ ῥάμφη πεφυλαγμένως, ὡς μὴ ἅψασθαι τῶν ὀφθαλμῶν.

## Cap. 18. *Περὶ ταώνων. Διδύμου.*

1 *Οἱ ταῶνες μάλιστα ἐν νησιδίοις χειροποιήτοις τρέφονται. πάντως δὲ τὸ χωρίον ἐχέτω πόαν πολλὴν καὶ παράδεισον.* 2 *διακριτέον δὲ τοὺς γενναίους ἀπὸ τῶν ἀσθενῶν. σφόδρα γὰρ οἱ κρείττους καταπονοῦσι τοὺς ἥττους.* 3 *Τριετεῖς δὲ αἱ θήλειαι γιγνόμεναι τίκτουσιν· αἱ δὲ νεώτεραι ἢ οὐκ ἐκβάλλουσιν, ἢ οὐκ ἐκτρέφουσι τὰ νεόττια.* 4 *τροφὴν δὲ δοτέον τοῖς ταῶσι διὰ μὲν τοῦ χειμῶνος κυάμους ἐπ' ἀνθρακιᾷ φρυγέντας, καὶ πρὸ τῆς ἄλλης τροφῆς, ἑκάστῳ κυάθους ϛ'· ὕδωρ δὲ καθαρὸν παραβλητέον, οὕτω γὰρ γονιμώτεροι ἔσονται.* 5 *Ταῖς δὲ ᾠοτοκούσαις ἐν παντὶ τῷ οἴκῳ χόρτον ἢ ἄχυρον ὑποστρωτέον, ὅπως τὰ ᾠὰ πεσόντα μὴ διαφθαρῇ. ἑστηκυῖαι γὰρ τίκτουσι, δίς τε*

---

1 *παρὰ* M ‖ 2 *ἁλσὶν* F -*σι* H ‖ 3 *ὑποθυμιῶσιν* F -*σι* H ‖ 5 *σκορόδω* et *σκόροδα* M ‖ 8 *διδ.* p. t. L om. M ‖ 9 *ἐν ἀγριδίοις* (*οι* in ras. m. 2?) L ‖ 10 *τρέφεται* L ‖ 13 |*Παριέτειαι δὲ* L ‖ *γενόμεναι* M ‖ 14 *ἐμβάλλουσιν* LH ‖ 15 *δοτέαν* L ‖ 16 *ταῶισ* F *τροφὴν — διὰ μὲν τοῦ* om. H ‖ *μὲν* om. L *μέσον* P ‖ |*ἐπ' ἀνθρασκϊὰν φρυγένας* per comp. M *ἐπ' ἀνθρασκιὰν φρυγέντας* P ‖ 17 *καὶ* om. L ‖ *κυάμους* HM ‖ 18 ἓξ HP ‖ 19 *γονιμώτεραι* M [illegible] S XIII 61 ‖ 20 *ὑποστροτέον* L ‖ 21 *διαφθαρεῖ* L ‖ *τίκτουσιν·* F -*σι* H *τίκτουσι. Δίσ τε* v. c. L *δὶς δὲ* P.

τοῦ ἔτους ᾠοτοκοῦσιν, οὐ πλείω τὰ πάντα τῶν ιβʹ ᾠῶν. 6 Χρὴ δὲ ὑποτιθέναι τὰ ᾠά, σελήνης ἐναταίας οὔσης, τὰ πάντα θʹ· πέντε μὲν τὰ ἴδια, τέσσαρα δὲ ὄρνιθος κατοικιδίου. 7 τῇ δὲ δεκάτῃ ἡμέρᾳ τὰ μὲν τῶν ὀρνίθων ἀφαιρεῖν, ἄλλα δὲ προστιθέναι, ὅπως τῇ λʹ μετὰ τῶν τοῦ ταῶνος ᾠῶν καὶ τὰ τῶν ὀρνίθων συνδράμῃ. 8 Τοῖς γεννηθεῖσι μέχρι βʹ ἡμερῶν τροφὴν μὴ διδόναι, τῇ δὲ γʹ κριθῆς ἀλεύρου φυραθέντος οἴνῳ, καὶ πιτύρου πτισθέντος καὶ ἑψηθέντος, καὶ πράσου τὰ ἁπαλώτατα φύλλα σὺν τυρῷ χλωρῷ κοπέντα προσφέρωμεν. κριθαὶ δὲ προσκομιζέσθωσαν μετὰ ἓξ μῆνας.

Cap. 19. *Περὶ φασιανῶν, καὶ νουμιδικῶν, καὶ περδίκων, καὶ ἀτταγῶν. Βάρωνος.*

1 Καὶ ταῦτα μὲν τὰ ὄρνεα ἀναθρεπτέον οὕτως, ὡς καὶ τοὺς ταῶνας ἐδιδάξαμεν. 2 λιπαίνεται δὲ ἐγκλεισθέντα, ὥστε τὴν πρώτην ἡμέραν μὴ λαμβάνειν τροφήν. τῇ δὲ ἐπιούσῃ ὑδρόμελι ἢ οἶνον παραθετέον, τροφὴν δὲ τῆς ὠμῆς λύσεως ὕδατι φυραθείσης· δοτέον

---

1 δώδεκα H ‖ 2 ἐνναταίας HM ‖ 3 θʹ. εʹ μὲν M ἐννέα. πέντε μὴν per comp. P ‖ δʹ M ‖ 4 κατοικιδίουσ τῇ δεκ. δὲ L δὲ om. F ιʹ FM δεκ. HP ‖ 5 προςτιθεῖν FM ‖ τῇ τριακοστῆι F τῇ τρ. μετὰ | τὸν τοῦ H τῇ λʹ (τριακοστῇ P) ἡμέρα τοῖσ τοῦ τ. ᾠοῖσ M ‖ 7 συνδράμει:- Τοῖσ δὲ γενν. v. c. L ‖ μέχρι δύο LP μέχρις δύο H ‖ 8 τρίτηι F τρίτῃ H τρίτη P ‖ 9 πτισθέντος καὶ πῖεσθέντος (del.) ἑψηθέντος M ut ed. P πτισθέντοσ [209] | [210] καὶ ζειᾶ (c. 24, 8) et ὑπο (c. 9, 3) [203] | [204] καὶ ἑψηθ. F cf. p. 416 l. 16 v. l., ut ed. H ‖ 10 χλορῷ L τέλος (?) per comp. mg. m. rec. F nihil H ‖ 13 νουμηδ. FM νουμϊδ. H νουμυδ. L ‖ 14 ἀτταγήνων L ‖ βάρ. p. t. L om. M ‖ 16 Λιπένεται δὲ ἐγκλισθέντα v. c. L ‖ 18 τροφῆς F ‖ οἶνον δεῖν παραθετέον F ‖ 19 δοτέον | κατὰ L.

δὲ κατὰ μέρος, καὶ προσθετέον κατ' ὀλίγον· ἔπειτα ἐρεγμὸν ἀλεσθέντα, καὶ πτισάνην, καὶ κέγχρον ὑγιῆ, καὶ λινόσπερμον ἑψήσας, καὶ οὕτως ἅμα τῇ ὠμῇ λύσει μίξας, καὶ προσβαλὼν ἔλαιον μάζας ποιήσας ἐκ τούτων, πρόσφερε τὴν τροφὴν εἰς τὸ κορεσθῆναι. 3 Τινὲς δὲ καὶ τίλιν πρὸς ἡμέρας ε' ἢ ς' ἐμβάλλουσιν, ἐκχολίσαι καὶ καθᾶραι τὰ ὄρνεα βουλόμενοι. λιπαίνεται δὲ ὡς ἐπὶ τὸ πολὺ ἡμέραις ξ'. 4 θεραπεύεται δὲ καὶ ταῦτα τὰ γένη τῶν ὀρνίθων ταῖς προειρημέναις ἐπὶ τῶν κατοικιδίων ὀρνίθων ἰάσεσιν.

## Cap. 20. *Περὶ περδίκων. Βηρυτίου.*

1 Οἱ πέρδικες θερμότατοι φύσει τυγχάνουσι πρὸς μίξιν· ὅθεν οἱ ἄῤῥενες διὰ τὰς θηλείας ζηλοτυποῦντες ἀλλήλοις εἰς πυγμὴν καθίστανται. 2 ἡνίκα τοίνυν θηλειῶν παρουσῶν δύο ἄῤῥενες εὑρεθεῖεν, εὐθὺς εἰς πυγμὴν τρέπονται, καὶ οὐ πρότερον ὁ ἀγὼν διαλύεται, ἕως ἂν θάτερος αὐτῶν ἡττηθεὶς ὑποχωρήσῃ. 3 τῷ τοίνυν κρείττονι φανέντι πᾶσαι αἱ θήλειαι λοιπὸν ἕπονται, οὗτος τε γαυριῶν βιβάζει τὸν ἡττηθέντα, καὶ λοιπὸν ἐκεῖνος ἐν τάξει θηλειῶν ἀκολουθήσει τῷ νενικηκότι.

---

2 κέχρον L ‖ 4 ἔλαιον καὶ μ. π. L ἔλ. μίξας καὶ μ. π. H ‖ 5 πρόσφερε ἐκ τούτων L ‖ 6 τῆλιν M τήλιν H τινὲς — βουλόμενοι om. P ‖ πρὸ ἡμερῶν L ‖ πέντε ἢ ἓξ LH ε' ἢ καὶ (per comp.) ς' M ‖ βάλλουσιν F ἐμβ. H ‖ 7 ἐκχολῶσαι L ‖ Λιπαίνεται v. c. L ‖ 8 δὲ ὡς — θεραπεύεται om. H ‖ ἐπὶ πολὺ L ἐπιπολὺ P ‖ ἑξήκοντα LP ‖ 9 ταῦτα om. M ‖ ὀρνέων L τούτων add. P ‖ 10 ἰάσεσι:- L ‖ 11 c. 20 om. P ‖ κε. ϙγ̃ mg. L ‖ βηρ. p. t. L om. M ‖ 12 φύσει πρὸς μίξιν ὑπάρχουσιν· ὅθεν. M ‖ τυγχάνουσιν L ‖ 13 ζηλοτ. διὰ τὰσ θηλ. M ‖ 14 καθίστανται — πυγμὴν (2) om. L ‖ 16 λύεται HM ‖ 17 θάτερος F ἅτερος M ὁ ἕτεροσ L ‖ 18 κρίττονι L ‖ θηλίαι, λιπὸν L ‖ 20 θηλείασ, ἀκολουθεῖ L.

## Cap. 21. *Περὶ θήρας περδίκων καὶ λοιπῶν ὀρνέων. Ἀνατολίου.*

1 *Πέρδικας ταχέως κυνηγήσεις, εἰ ἄλευρον οἴνῳ βρέξας παραβάλῃς.* 2 *πᾶν δὲ ὄρνεον εὐχερῶς ἀγρεύσεις, ἐὰν οἶνον ἐν ἀγγείοις μεθ' ὕδατος κεκραμένον οἰνωδέστερον ἀπόθοιο. βραχὺ γὰρ πιόντα καροῦται, καὶ οὐ φεύγει τοὺς ἐπιόντας.*

## Cap. 22. *Περὶ χηνῶν. Τῶν Κυϊντιλίων.*

1 *Χῆνας ἐπιλεκτέον τοὺς μεγίστους καὶ λευκοτάτους. χηνοβόσκιον δὲ ἐν χωρίῳ ποιητέον εὐβότῳ καὶ ἐνύδρῳ.* 2 *τροφὴν δὲ δοτέον ὄσπρια πάντα, ἄνευ ὀρόβων· καὶ θριδακίνης δὲ φύλλα δίδου· κωλυτέον δὲ ἐσθίειν ἄγρωστιν· αἰτία γὰρ αὐτοῖς ἀπεψίας γίνεται.* 3 *ὠοτοκοῦσι δὲ τρίτον τοῦ ἔτους ἕως ιβ' ὠῶν· ἔσθ' ὅτε δὲ καὶ πλείονα· καὶ ἐκ τούτων δὲ ὑποθετέον ταῖς ὄρνισι.* 4 *Τὰ δὲ νεόττια ταῖς πρώταις ἡμέραις ἔσω μένειν χρή. εὐδίας δὲ οὔσης, ἐπὶ τὴν νομὴν προάγωμεν, καὶ ἐπὶ τὸ ὕδωρ τροφῆς ἤδη κεκορεσμένα προακτέον· προνοητέον δὲ μὴ ὑπὸ κνιδῶν ἢ τινος ἀκάνθης νύσσοιντο.* 5 *φυλακτέον δὲ ὁμοίως, μή πως*

---

1 c. 21 om. P ‖ 2 *ὀρνέων:- ἀνατόλιοσ φησὶ πέρδικας* M ‖ *ἀνατολίου* om. M ‖ 3 *ταχ. θηράσεισ, εἰ ἄλευρον οἴν* (sic!) *μίξας* (per comp.) L ‖ 4 *παραβάλλῃς* priore *λ* expuncto H ‖ 5 *κεκραμμένον* F ut ed. H *κρεμώμενον* L ‖ 6 *σινωδέστερον* FL ‖ *καροῦται* corr. Needh. *κοροῦται* codd. ‖ 8 *τῶν καν(αυ?)τιλίων* p. t. L om. M ‖ 10 *χηνοβοσκεῖον* L ‖ 12 *δίδου. Κωλυτέον* v. c. L ‖ 14 *ὠοτοκοῦσιν* F *-σι* H ‖ *ὠῶν* om. LF add. S XIII 62 *δώδεκα· ἔσθ' ὅτε καὶ* H *καὶ* om. M ‖ 15 *πλείονας:-|.αὶ* lit. *K* a rubr. om. L ‖ *δὲ* om. M ‖ *τοῖς* M ‖ 16 *ὄρνισιν* L ‖ *νεοττία* F *νεόττια* H ‖ 17 *προάγομεν* LH *προακτέον* M ‖ 19 *προάγωμεν* M ‖ 20 *νύσσοιτο* F.

ἐρίφου ἢ χοίρου τρίχας καταπίωσι. διαφθείρονται γὰρ καταπίνοντα. **6** ἅμα δὲ τῷ προελθεῖν τὰ νεόττια ἀπὸ τῶν ᾠῶν, ἄλφιτα καὶ σῖτος διαβραχεὶς διδόσθω εἰς τροφήν, καὶ κάρδαμον χλωρόν. **7** οἱ δὲ χῆνες λιπαίνονται ἐν οἴκοις θερμοῖς, ἀλφίτων δύο μερῶν, καὶ πιτύρων τεσσάρων μερῶν, ὕδατι θερμῷ φυραθέντων καὶ παραβληθέντων, ἐφ' ὅσον βούλονται ἐσθίειν. ἐσθίουσι δὲ τρίτον τῆς ἡμέρας, καὶ περὶ μέσην νύκτα· πίνουσι δὲ δαψιλῶς. **8** μετὰ δὲ <τριάκοντα ἡμέρας εἰ βούλει τὰ ἥπατα αὐτῶν> μεγάλα ποιῆσαι, ἰσχάδας ξηρὰς συγκόψας εἰς λεπτά, καὶ φυράσας ὕδατι, δίδου πίνειν ἡμέρας κ'. **9** δεῖ δὲ σημειοῦσθαι ἑκάστης χηνὸς τὰ ᾠὰ διὰ χαρακτήρων τινῶν, καὶ ταῦτα ὑποτιθέναι τῇ μητρί. τὰ γὰρ ἀλλότρια τοῦτο τὸ γένος οὐ θάλπει. **10** δεῖ δὲ ὑποτιθέναι ᾠὰ ἕως τῶν θ' ἢ τὸ μήκιστον ια', μὴ ἔλαττον δὲ ζ'. ἐπωάζει δὲ ὡς ἐπὶ τὸ πολὺ ἡμέρας κθ', ψύχους δὲ ὄντος, ἡμέρας λ'· ὅσας δὲ ἡμέρας ἐπωάζει, κριθὰς βεβρεγμένας ἐν ὕδατι παραθετέον. **11** Μετὰ δὲ λ' ἡμέρας εἴ τις βούλοιτο τὰ ἥπατα αὐτῶν μεγάλα ποιῆσαι, ἰσχάδας ξηρὰς συγκόψας

1 καταπίωσιν H ‖ διαφθείρεται FP -ονται H ‖ 2 δὲ τὸ L ‖ νεόττια LP -ία F νεόσσια HM ‖ 3 διαβραχεῖσ, L διαβραχὺσ H ‖ διδόσθω τροφὴ corr. ex τροφὴν M εἰς om. P τὴν add. H ‖ 5 δύο ἡμερῶν, καὶ π. τεσσάρων ἡμερῶν, θερμῷ FL β' ἡμ. καὶ π. δ' ἡμ. ὕδατι | θερμῶ M δύο ἡμ. καὶ π. δ^ων ὕδατι θ. P cf. praef. p. XI ‖ 7 καὶ παραβληθ. om. M ‖ 8 |'Εσθίουσι L ‖ 9 μετὰ δὲ <τριάκοντα ἡμέρας εἰ βούλει τὰ ἥπατα αὐτῶν> μεγάλα ποιῆσαι* cf. praef. p. XII μετὰ δὲ τὸ μεγάλους αὐτοὺς ποιῆσαι FM μετὰ δὲ τὸ μ. τούτουσ π. L ‖ 12 ἑκάστου M ‖ 13 χαρακτίρων L ‖ 14 τῇ μητρὶ — ὑποτιθέναι (10) om. H ‖ 15 ἐννέα M ‖ ἢ τὸ — δὲ θ' (ζ') om. F serv. H ‖ 16 ἕνδεκα P ‖ ζ'* cf. Varro III 10, 3. θ' codd., ἐννέα P ‖ |'Επωάζει L ‖ τὸ om. L ἐπιπολὺ P ἐπϊτοπολὺ M ἐπὶ τὸ πλεῖστον corr. ex — πλῆστον H ‖ 17 εἴκοσι ἐννέα P ‖ ὄντος, λ' M ‖ 18 ἡμ. τριάκοντα L τριάκ. ἡμ. HP.

εἰς λεπτά, καὶ φυράσας ὕδατι, διὰ τοῦ στόματος διδότω ἐπὶ ἡμέρας κ', ἢ τὸ γοῦν ἔλαττον ιζ' ἐντιθέτω. **12** τινὲς δέ, πρὸς τὸ μέγα ποιῆσαι τὸ ἧπαρ, καὶ τὸν χῆνα εἶναι λιπαρόν, τρέφουσιν οὕτως. ἐγκλείσαντες αὐτὸν παραβάλλουσι σῖτον βεβρεγμένον, ἢ κριθὴν ὁμοίως· ὁ μὲν γὰρ σῖτος λιπαίνει ταχέως, ἡ δὲ κριθὴ λευκὸν ποιεῖ τὸ κρέας. **13** ἐσθιέτω δὲ ἐκ τῶν προειρημένων εἰδῶν, ἢ καὶ ἀμφότερα, ἐπὶ ἡμέρας κ'...καὶ δεύτερον τῆς ἡμέρας προσφέρων κολλύρια ἀνὰ θ' μέν, ἐπὶ ἡμέρας ε'· ἑξῆς δὲ κατὰ βραχὺ προστιθεὶς ἕως ιε'· ὡς γίνεσθαι τὰς πάσας ἡμέρας λ'. **14** πληρωθεισῶν δὲ τῶν ν' ἡμερῶν, ζέσας μαλάχας, τῷ ἀποζέματι ἔτι θερμῷ ὄντι τὴν ζύμην βρέχων πρόσφερε, καὶ τοῦτο ποίει ἐπὶ ἡμέρας δ'. **15** Πρόσφερε δὲ κατὰ τὰς αὐτὰς ἡμέρας καὶ μελίκρατον, τρίτον ἑκάστης ἡμέρας ἀλλάσσων αὐτό, καὶ μὴ τῷ αὐτῷ χρώμενος· καὶ οὕτως ταῖς ὑπολοίποις ϛ' ἡμέραις μετὰ τῆς προειρημένης ζύμης ἰσχάδας ξηρὰς συγκόψας εἰς λεπτὰ δίδου, καὶ οὕτως μετὰ ἡμέρας ξ' χρήσῃ καὶ αὐτῷ, καὶ τῷ ἥπατι, ἁπαλῷ καὶ λευκῷ, ὅπερ ἐξαιρεθὲν ἐμβάλλειν χρὴ εἰς ἀγγεῖον

1 καὶ φυρ. — στόματος om. L διὰ τοῦ στ. om. P ‖ 2 δίδου F ‖ pro ἐπὶ: πίνειν P ‖ ἢ τοῦν L ‖ 3 μεταποιῆσαι F ‖ 4 χῆνα ποῖησαι λ. L ‖ Ἐγκλήσαντες v. c. L ‖ 7 ποιῆ L ‖ 8 ἢ om. L ‖ κ'. καὶ M εἴκοσι. καὶ P κε'. δεύτερον F $\widetilde{\kappa\epsilon}$| (in ras.?) δεύτ. L εἰκοσϊπέντε δεύτ. H cf. praef. p. XIII ‖ 9 ζ' F ἑπτὰ H ἡμέρας κολλύστια ἀνὰ ἐννέα P ἡμ. λαμβάνων κολούρια ἀνὰ ἓξ L ‖ 10 πέντε HP ‖ καταβραχὺ HM ut ed. P ‖ ἕως P ὡς F προστίθει ἐπὶ ἡμέρασ $\widetilde{\iota\epsilon}$. L ‖ 11 ν' coni. Niclas, sed κ'+λ'=ν' ‖ πληρωθησῶν L ‖ 12 $\overline{\text{H}}$ ($\overline{\kappa}$?) ἡμ. H ἰι' M ὀκτὼ P ‖ μαλάξας F μαλάχας H μολο^χ' M μολόχην P ζέσας καὶ μαλάξας L ‖ 13 τούτω LP ‖ 14 λ' P ‖ 16 μὴ τὸ αὐτὸ χρώμ.· ταῖσ δὲ ὑπολίποις ἡμ. ἓξ L οὕτως per comp. M οὕτω P ἓξ HP ‖ 18 διδοὺς F ‖ οὕτως FL οὕτω HM ‖ 19 ζ' L ‖ αὐτῷ λιπαρῷ καὶ P ‖ 20 ἐξαιρετέον F ἐξ αἱρέων per comp. H ἐξαιροῦντασ L ‖ ἐκβάλλειν FM ἐμβάλλειν P ἐμβαλεῖν L.

πλατὺ ἔχον ὕδωρ χλιαρὸν ἀλλάσσειν τε δεύτερον καὶ τρίτον αὐτὸ τὸ ὕδωρ. **16** καλλίονα δέ ἐστι τὰ τῶν θηλειῶν σώματα καὶ ἥπατα. ἔστωσαν δὲ οἱ χῆνες μὴ ἐνιαυσιαῖοι, ἀλλὰ διετεῖς ἕως τετραετῶν.

## Cap. 23. *Περὶ νηκτῶν. Διδύμου.*

**1** *Τὰ νηκτά τινες καλοῦσι νήσσας.* θρεπτέον δὲ ἐν περιβόλοις πεφυλαγμένοις, ὡς μήπως ἀποπτῶσιν. **2** ἐν μέσῃ δὲ τῇ δεξαμενῇ σπαρτέον ἄγρωστιν. τροφὴν δὲ εἰς ὀχετὸν ὕδατος ἐμβλητέον σῖτον, ἢ κέγχρον, ἢ κριθάς, ἢ γίγαρτα πεφρυγμένα. **3** διὰ δὲ χρόνου τινὸς καὶ ἀκρίδας, ἢ καρίδας, καὶ ὅσα λιμναῖα ἢ ποτάμια τούτοις παραπλήσια εἰώθασι λαμβάνειν. **4** Οἱ δὲ βουλόμενοι μᾶλλον ἔχειν αὐτὰ ἥμερα, ζητήσαντες ὠὰ περὶ τὰς λίμνας, καὶ ταῖς ὄρνισιν ὑποθέντες, ἀναθρεψάμενοί τε, ἡμέρους ἕξουσι νήσσας. **5** πιαίνει δὲ αὐτὰς ἡ πλείων τροφή, ὡς καὶ τὰ πλεῖστα τῶν ὀρνέων. εἰ δέ τις τὸν τόπον παραφυλάξειεν, ἐξ οὗ τὸ ποτὸν λαμβάνουσι, καὶ τὸ ὕδωρ ἐκτρέψας οἴνου μέλανος βάλοι, πιόντα πεσεῖται καὶ ἁλώσεται. τὸ αὐτὸ δὲ καὶ ἡ τρὺξ τοῦ οἴνου ποιήσει.

---

2 *αὐτὸ τὸ** *τὸ αὐτὸ* FM *τὸ αὐτὸν* L ‖ *κάλλιον δέ* FM |*Καλλίονα δέ* L ‖ *ἐστιν* F *ἐστι* H ‖ 3 *θηλιῶν* L ‖ *"Εστωσαν* v. c. L | 4 *διέται,* L ‖ *ἕωσ τῶν τετρ.* M ‖ 5 *διδ.* p. t. LM ‖ 6 *νυκτὰ* L ‖ *καλοῦσιν* F *-σι* H ‖ 7 *ὡς* om. L ‖ 8 *σπαρτέον* (per comp. M) *τὲ ἄγρ.* FM *τὲ* om. HL ‖ 9 *ἢ κέγχρον* om. L ‖ 10 *πεφυραμένα* FL ‖ 14 *λήμνας* M ut ed. P ‖ *ὑποτιθέντες* sed *τι* del. M ut ed. P | 15 *ἔξουσιν* F *-σι* H ‖ *νήσσας* om. FM ‖ 16 *αὐτὰ* FM ‖ 17 *τινες* FM ‖ *παραφυλάξοιεν* M *-ξιεν* L ‖ 18 *τὸν ποτὸν* FM ‖ *ἐκτρίψασ* L *ἐκτρέψαντες* M ‖ 19 *βάλει* L *βάλοιεν* P et per comp. M | **20** *τρίξ* L.

## Cap. 24. *Περὶ τρυγόνων, καὶ ὀρτύγων, καὶ κιχλῶν, καὶ τῶν λοιπῶν μικρῶν ὀρνέων.*

### *Τοῦ Αὐτοῦ.*

**1** *Πιαίνονται μὲν τρυγόνες κέγχρῳ καὶ ἐλύμῳ, καὶ ποτῷ διαψιλεῖ (χαίρουσι δὲ καὶ ταῦτα τόπῳ καὶ ὕδατι), ὄρτυγες δὲ κέγχρον, σῖτον, αἶραν, ὕδωρ καθαρὸν λαβόντες.* **2** *ἐπειδὴ δὲ οἱ ὄρτυγες ἐλλέβορον ἐπινεμόμενοι τοὺς ἐσθίοντας εἰς κίνδυνον ἐμβάλλουσι, κατατεινομένους καὶ ἰλιγγιῶντας, συνεψητέον αὐτοῖς ἑκάστοτε κέγχρον.* **3** *ἐὰν δὲ φαγών τις προληφθῇ τῷ πάθει, κέγχρον ἀφεψήσας πιέτω. τὸ δὲ αὐτὸ καὶ μύρτα ποιεῖ. ταῦτα δὲ καὶ ἐπὶ τῶν θανατοποιῶν μυκήτων μεγάλως ὠφελεῖ.* **4** *ἔχει δὲ καὶ ἄλλην τινὰ ἡ κέγχρος εἰς ἀνθρώπους φυσικὴν ἀρετήν. εἰ γὰρ κεγχρίτην τις ἄρτον προφάγοι, οὐκ ἂν βλαβείη ποτὲ ὑπὸ δηλητηρίου.* **5** *κίχλαι δὲ ἐν θερμῷ οἴκῳ νέμονται· κάμακας δὲ τοῖς τοίχοις τοῦ οἰκίσκου ἐνθετέον, καὶ περὶ τὰς γωνίας κλωνία δάφνης ἢ τινος ἄλλου θετέον.* **6** *ἐν δὲ τῷ καθαρῷ τοῦ ἐδάφους ἡ τροφὴ τίθεται, τουτέστι σῦκα ξηρὰ διαβραχέντα ὕδατι, καὶ*

---

1 c. 24 om. P *κε.* ϙδ͂ mg. L ‖ 3 *τοῦ αὐτοῦ* p. t. L om. M ‖ 5 *χ. δὲ καὶ ταῦτα τόπω καὶ ὕδατι* corruptum est; ut ed. F *ταῦτα ὁμοίω τόπω* L *χ. τὲ καὶ* (p. c.) *καθαρῶ τόπω ταῦτα καὶ* (p. c.) *ὕδατι* M aqua semper recens et quam mundissima vasculis, qualibus columbis atque gallinis praebetur Col. VIII 9, aqua sane eis frequenter mundior debet offerri Pall. I 25 ‖ 6 *Ὄρτυγες* v. c. L ‖ *κέχρον* L ‖ *αἶρ.* (supra *αν*) | M *ἀἰρ·* | L *αἶρας·* | F ‖ 7 *φυλοῦσιν* pro *λαβόντες* L ‖ *ἐπιδὴ* L ‖ *ἐλέβ.* F ut ed. H ‖ 9 *κατατεινομένους* (per comp.) . . . (dimidio versu om.) |*συνεψητέον* M ‖ 10 *ἑκάστοτε* om. L *καὶ τότε* F ‖ *κέχρον* L ‖ |*Ἐὰν δὲ* L ‖ *προβληθείη* 1. m. ex *-θῇ* corr. L ‖ 11 *κέχρον* LH ‖ *Τὸ δὲ* v. c. L ‖ 12 |*Ταῦτα* L ‖ 14 *κέχρος* L ‖ 15 *κεχρίτην* L ‖ *φάγει* L ‖ 16 *δὲ, οὐ θερμῶ* L ‖ 20 *τοῦτέστιν* F *τουτέστιν* L ut ed. H.

πιεσθέντα, κοπέντα τε καὶ προσμιχθέντα ἀλεύρῳ ἢ τῇ ὠμῇ λύσει· καὶ μύρτα δὲ καὶ ἡ σχῖνος, καὶ κισσοῦ καρπός, καὶ δάφνης, καὶ ἐλαίας, καὶ ὅσα τοιαῦτα. 7 πιοτέρας δὲ ποιήσει κέγχρος καὶ ἔλυμος, καὶ ὕδωρ καθαρώτατον. 8 καὶ τὰ μικρὰ δὲ ὄρνεα κέγχρῳ, καὶ ἐλύμῳ, καὶ ζειᾷ πτισθείσῃ καὶ ὕδατι καθαρῷ βραχείσῃ σιτίζεται.

## Cap. 25. *Περὶ κολοιῶν. Λεοντίνου.*

1 Κολοιοὺς ἀπελάσεις, ἐὰν ἕνα θηράσας κρεμάσῃς. οἱ γὰρ λοιποὶ ὁρῶντες αὐτὸν φεύξονται, νομίζοντες πάγας εἶναι ἐν τῷ κτήματι. 2 κολοιοὺς δὲ ἔρχεσθαι καὶ πᾶν ὄρνεον κωλύσεις, ἐὰν ἐλλέβορον μέλανα οἴνῳ βρέξας μετὰ κριθῶν παραβάλῃς. 3 Καλῶς δὲ ποιήσεις, εἰ πρὶν καθίσαι αὐτοὺς εἰς τὴν ἄρουραν, ψόφῳ τινὶ ἀπελάσεις. ἱκανὸς δὲ ὁ ἐκ τῶν κροτάλων καὶ ἐκ τῆς ταυρείας ψόφος ἐκφοβῆσαι τούτους.

## Cap. 26. *Περὶ γυπῶν. Ἀριστοτέλους.*

1 Ἀριστοτέλης φησί, γύπας μύρου ὀσμῇ ἀπόλλυσθαι, κανθάρους δὲ τῇ ὀσμῇ τῶν ῥόδων. εἶναι γὰρ τούτοις σωτήριον τὴν δυσωδίαν. 2 γύπας δὲ μὴ συγ-

---

2 *Καὶ μύρτα* v. c. L ‖ 4 *κέγχρος* recte L ‖ 5 *κέχρω* L *καὶ κέγχρω καὶ* M ‖ 6 *ἐλύμω* 206|207 *θυμιᾶται* (c. 9, 3) et *πτισθέντοσ* (c. 18, 8) 209|210 *καὶ ζειᾶ* F cf. p. 416 l. 16 v. l.; *ζεία πτισθήσει*| H ‖ 7 *τρέφεται* L ‖ 8 c. 25 om. LP ‖ *λεοντ.* om. M ‖ 11 *παγίδας* H *πάγην* M ‖ 12 *ἐλέβ.* F ut ed. H ‖ 14 *εἰ*|*ψόφω τινὶ πρὶν κ. εἰς τὴν ἄ. αὐτοὺς ἀπελάσεις· ἱκανοὺς* (per comp.) M *ἀπελάσησ, ἱκανῶσ* F *ἀπελάσεις· ἱκανὸς* H ‖ 17 c. 26 om. P *περὶ γ. ἀριστοτέλησ* φη̄· rubro L ‖ *ἀριστοτέλους* om. LM ‖ 20 *Καὶ γύπασ δὲ* v. c. L.

*γίνεσθαι, ἀλλὰ ἀντιπρώρους τῷ νότῳ πετομένους ἐγκυμονεῖν, καὶ διὰ τριῶν ἐτῶν τίκτειν.*

# ΒΙΒΛΙΟΝ ΙΕ.

*Τάδε ἔνεστιν ἐν τῇδε τῇ βίβλῳ, πεντεκαιδεκάτῃ μὲν οὔσῃ τῶν περὶ γεωργίας ἐκλογῶν, περιεχούσῃ δὲ φυσικὰς συμπαθείας καὶ ἀντιπαθείας, καὶ περὶ ἐπιμελείας μελιττῶν, καὶ ἐργασίας μέλιτος, καὶ τοῦ μὴ πλήττεσθαι ὑπὸ μελισσῶν ἢ σφηκῶν, καὶ περὶ ἀναιρέσεως κηφήνων.*

*α΄. περὶ φυσικῶν συμπαθειῶν καὶ ἀντιπαθειῶν. β΄. περὶ μελισσῶν καὶ πῶς ἂν ἐκ βοὸς γένοιτο ὃ καλεῖται βουγονή. γ΄. περὶ μελιττῶν. δ΄. πρὸς τὸ μελίσσας μὴ φεύγειν. ε΄. πότε δεῖ τρυγᾶν τὰς μελίσσας. ϛ΄. τρυγῶντα μέλι μὴ τύπτεσθαι. ζ΄. περὶ μέλιτος καὶ θεραπείας αὐτοῦ. η΄. μελισσῶν σμήνη μὴ φαρμακοῦσθαι μηδὲ ἀγροὺς μηδὲ οἰκίας μηδὲ κτηνοτροφεῖα μηδὲ ἐργαστήρια. θ΄. πρὸς τὸ ἀνελεῖν κηφῆνας. ι΄. ὑπὸ σφηκῶν μὴ κρούεσθαι.*

---

1 *ἀλλ'* M ‖ 2 *καὶ — τίκτειν* om., post *ἐγκυμονεῖν* sequitur lib. XVI L ‖ 3 *β. πεντεκαιδέκατον:*+ H *β. πεν* (!) *καὶ δέκατον:*- L om. M *Περὶ μελισσῶν. βιβλίον πεντεκαιδέκατον. Τὸ χωρίον* (c. 2) cett. om. P ‖ 4 *πεντεκαιδεκάτω* M ‖ 6 *καὶ ἀντιπ.* om. H *καὶ ἀντιπ.* ȿ (= *καὶ*) | *καὶ περὶ* F ‖ *κε ξΔ* mg. L ‖ *ἐπιμελίασ* L ‖ 8 *πλίττεσθαι* L ‖ *μελιττῶν* p. c. M ‖ *σφικῶν* F ut ed. H ‖ 10 indicem capitum om. HLP ‖ 11 *ὅπως γένος ἐκ* M ‖ 12 *βουγόνη* M ‖ *μελισσῶν* p. c. M ‖ *δ΄ πρὸς — τὰς μελίσσας* in mg. inferiore suppl. 1. m. F ‖ 13 *δὶὶ* F ‖ 14 *θεραπίασ* F ‖ 15 *σμήνει* M ‖ 16 *κτινο|τροφία* F.

## Cap. 1. *Περὶ φυσικῶν συμπαθειῶν καὶ ἀντιπαθειῶν. Ζωροάστρου.*

**1** *Πολλὰ εὗρεν ἡ φύσις ἀντιπαθοῦντα καὶ συμπαθοῦντα ἀλλήλοις, ὡς ὁ Πλούταρχος ἐν τῷ β' τῶν συμποσιακῶν αὐτοῦ φησιν.* **2** *Ἀναγκαῖον οὖν ἡγησάμην, καὶ ἐκ τούτων τὰ παραδοξότερα συντάξαι τῷδέ μου τῷ συγγράμματι. οὐ γὰρ μόνους τοὺς γεωργίας ἐραστὰς ἐκ τῶν ἐμῶν πόνων τὸ χρήσιμον συλλέγειν ἐσπούδακα, ἀλλὰ καὶ τοῖς φιλολόγοις ἁρμοδίαν εἶναι τὴν παρ' ἐμοῦ συγγραφήν.* **3** *Μάνθανε οὖν, ὅτι μαινόμενος ἐλέφας πρᾷος γίνεται, κριοῦ ὀφθέντος αὐτῷ, καὶ ὅτι φρίττει νέου δέλφακος φωνήν.* **4** *Ἄγριος ταῦρος ἀτρεμεῖ καὶ πραΰνεται συκῇ προσδεθείς.* **5** *Ἵππος ὑπὸ λύκου βρωθεὶς ἀγαθὸς ἔσται καὶ ποδώκης. καὶ τὰ λυκόβρωτα πρόβατα ἥδιον ἔχει τὸ κρέας, τὸ δὲ ἔριον φθειροποιόν. ταῦτα μὲν Πλουτάρχῳ εἴρηται.* **6** *Πάμφιλος δὲ ἐν τῷ περὶ φυσικῶν φησιν, ὅτι λύκων ἴχνη πατήσαντες ἵπποι ναρκῶσι τὰ σκέλη.* **7** *Λύκος σκίλλης θίγων σπᾶται· ὅθεν αἱ ἀλώπεκες τοῖς φωλεοῖς αὐτῶν σκίλλαν παρατίθενται, διὰ τοὺς λύκους.* **8** *ὁ λύκος προορῶν τὸν ἄνθρωπον ἀσθενέστερον αὐτὸν καὶ ἄφωνον ποιεῖ, ὡς ὁ Πλάτων ἐν ταῖς πολιτείαις αὐτοῦ φησιν· ὀφθεὶς δὲ πρότερος ὁ λύκος αὐτὸς ἀσθενέστερος γίνεται.* **9** *Λέων ἐπιβὰς*

---

1 c. 1 om. P tit. atram. scr. L om. H ‖ *συμπαθιῶν* L ‖ 2 *ζωρ.* om. LM ‖ 3 *καὶ συμπαθοῦντα* om. L ‖ 4 *τῷ β'* coni. Needham. *τῶ ιβ'* codd. ‖ 5 *φησί·* F *-σιν* H ‖ 7 *οὐδὲ γὰρ μ.* FL *οὐδὲ μ.* M ‖ 8 *ἐρατὰσ* M ‖ 12 *πλουτάρχου* add. rubro in mg. superiore L ‖ 14 *βρωθείς: δηχθεὶσ* L ‖ 15 *καὶ* om. M *Καὶ τὰ λυκόβρ.* v. c. L ‖ *ἴδιον* L ‖ 16 *φθοροποιόν* L *φθειριᾶ* M ‖ 17 *παμφίλου* mg. add. F nihil H ‖ 18 *πατήσαντος ἵππου, ναρκᾶ* M ‖ 19 *αἱ* om. L ‖ 22 *πλάτωνος* mg. add. F nihil H.

κρίνου πετάλοις ναρκᾷ· φοβεῖται καὶ τὸν ἀλεκτρυόνα, καὶ τὸν φθόγγον αὐτοῦ· κἂν ἴδῃ αὐτόν, φεύγει. 10 ὕαινα, φυσικῷ τινι λόγῳ, τῇ ἀπὸ σελήνης νυκτερινῇ σκιᾷ τοῦ κυνὸς ἐπιβᾶσα, ὥσπερ διὰ σχοίνου ἀπὸ ὕψους κατάγει ἑαυτήν. 11 Ὁ δὲ Νέστωρ ἐν τῇ πανακείᾳ αὐτοῦ φησιν, ὅτι ἡ ὕαινα ἐπειδὰν θεάσηται ἄνθρωπον ἢ κύνα καθεύδοντα, παρεκτείνει τὸ οἰκεῖον σῶμα τῷ καθεύδοντι· καὶ εἰ μὲν ἑαυτὴν ἴδοι μείζονα τοῦ καθεύδοντος τυγχάνουσαν, παράφρονα φυσικῶς τῷ ἑαυτῆς μήκει ποιεῖ τὸν καθεύδοντα, καὶ κατεσθίει αὐτοῦ τὰς χεῖρας οὐδὲν ἀμυνομένου. εἰ δὲ βραχυτέραν ἑαυτὴν θεάσεται, φεύγει ταχυτάτοις ποσίν. 12 Ὑαίνης δέ σοι ἐπιούσης, σπούδαζε μὴ ἀπὸ τοῦ δεξιοῦ μέρους αὐτὴν ἐπιέναι, ἐπεὶ ναρκήσεις, καὶ οὐκ ἂν δύναιο βοηθῆσαι ἑαυτῷ· ἐξ ἀριστεροῦ δὲ μέρους ἐπιούσης, θαῤῥῶν ἐπέρχου. ἀναιρεῖς γὰρ αὐτὴν πάντως. 13 Εἴ τις κατέχει τῇ χειρὶ γλῶσσαν ὑαίνης, μεγίστην ἕξει φυλακὴν πρὸς τὴν τῶν κυνῶν ἐπιδρομήν. 14 Καρκῖνος προσενεχθείσης αὐτῷ πολύποδος βοτάνης ἀποβάλλει τὰς χηλάς. νυκτερίδες κισσοῦ θυμιωμένου θνήσκουσι. γύπες ἀπόλλυνται μύρου ὀσμῇ. 15 ὄφις θνήσκει, δρυὸς φύλλων ἐπιβληθέντων αὐτῷ· οὐ κινηθήσεται ὄφις, πτεροῦ ἴβεως αὐτῷ ἐπιῤῥιφέντος. 16 Ἔχις πληγεὶς ἅπαξ καλάμῳ ναρκᾷ, πλεονάκις δέ, ῥώννυται. τῇ ἐχίδνῃ φηγοῦ κλωνίον ἐὰν προσαγάγῃς,

---

2 ἴδῖ L ‖ 3 ἐν τῆ M ‖ σελίνησ L ‖ 5 νέστορος mg. add. F rubro supra add. L nihil H ‖ 7 ἢ: καὶ M ‖ 10 τῷ: τὸ L ‖ 12 θεάσηται F ‖ 14 αὐτὴν corr. Needh. αὐτῆι F αὐτῇ HLM ‖ ἐπίενε· (in ras.?) L ‖ 16 αὐτὴν· πάντως δὲ εἰ M ‖ 17 ὑαίνεισ. F -ης H ‖ 20 χειλάσ· F χηλάς. H ‖ |Νυκτερίδες L ‖ 21 θνήσκουσιν· F -σι. H θνίσκουσι. L ‖ ἀπόλυνται L ‖ 22 |Οὐ L ‖ 24 πληγεῖσα| M ‖ 25 Τῇ (v. c.) ἐχίδνη | φυτοῦ κλονίου L.

*πτήσσει.* **17** *Χελώνη ὄφεως φαγοῦσα νοσεῖ, ἐπιφαγοῦσα δὲ ὀρίγανον ὑγιαίνει.* **18** *πελαργοὶ πλατάνου φύλλα ταῖς νεοττιαῖς ἐντιθέασι, διὰ τὰς νυκτερίδας.* **19** *Χελιδόνες διὰ τὰς σίλφας σέλινον ἐντιθέασι, φάτται δάφνην, κιρκοὶ ἀγρίαν θριδακίνην, ἅρπαι κισσόν, κόρακες ἄγνον, ἔποπες ἀδίαντον, κορῶναι περιστερεῶνα τὸν ὕπτιον, κορυδοὶ ἄγρωστιν* (*ὅθεν καὶ ἡ παροιμία,*

*Ἐν κορυδοῦ κοίτῃ σκολιῇ κέκρυπται ἄγρωστις*)

*κίχλα μυρσίνην, πέρδιξ καλάμου φορβήν, ἐρωδιὸς καρκῖνον, ἀετὸς καλλίτριχον.* **20** *Θεόφραστος καὶ Ἀριστοτέλης φασί, τὰ ζῶα οὐ μόνον ἐξ ἀλλήλων γεννᾶσθαι, ἀλλὰ καὶ αὐτόματα γίνεσθαι, καὶ ἀπὸ τῆς γῆς σηπομένης· αὐτῶν δὲ τῶν ζώων καὶ τῶν φυτῶν μεταβάλλεσθαί τινα εἰς ἕτερα.* **21** *καὶ γὰρ τὴν κάμπην φασὶν εἰς ζῶον ἕτερον πτερωτόν, τὴν καλουμένην ψύχην, καὶ τὰς ἀπὸ τῆς συκῆς κάμπας εἰς κανθαρίδας, τόν τε ὕδρον εἰς ἔχιν, ξηραινομένων τῶν λιμνῶν.* **22** *Ενια δὲ καὶ κατὰ τὰς ὥρας δοκεῖ μεταβάλλειν, ὥσπερ ὁ ἱέραξ καὶ ὁ ἔποψ μεταβάλλει, καὶ ὁ ἐρίθακος*

---

1 *ὄφεωσ* L et per comp. M -*ων* F ‖ 3 *νεοττιαισ* sine acc. F ut ed. H ‖ *ἐντιθέασιν.* F ut ed. H *ἐπιθέασῖν* [*φᾶτται δάφνην*] *διὰ* [ ] del. 1. m. M ‖ 4 *χελιδόναισ* F ut ed. H *Χελονίδεσ* L ‖ *ἐντιθέασιν·* F ‖ 5 *Φάτται* v. c. et sic deinceps omnia avium nomina huius paragraphi L ‖ *Αἔπαι* (?) L ‖ 6 *ἀδίαντον** corr. Gronov. ex Ael. de nat. an. I 35; item Nepual. *περὶ τῶν κατὰ ἀντιπ. καὶ συμπ.* ed. Gemoll § 37. *ἀμίαντον* codd. ‖ 8 *ἡ* om. M ‖ 9 *κορίδου* L ‖ *σκολιὰ* L ‖ 10 *μυραίνησ, πέρδιξ δὲ καλ. βολβὸν,* L ‖ 11 *θεόφρ. — φασί:-* rubro tituli loco L *θεόφρ. καὶ ἀρ.* mg. rep. H *θεοφράστου καὶ ἀριστοτέλους* mg. add. F ‖ 15 *μεταβαλέσθαί* L ‖ 18 *λι λιμνῶν* L ‖ 20 *ὁ ἔποπος* M ‖ *ἐρίθακος* ex Aristot. hist. an. IX 46 corr. Needh. *σερίθακος* FL *καὶ ὁ σερίδακος* M.

καὶ οἱ καλούμενοι φοινίκουροι θερινοί. **23** οὕτω καὶ ⟨αἱ⟩ συκαλλίδες καὶ οἱ μελαγκόρυφοι· καὶ γὰρ καὶ αὐτοὶ μεταβάλλουσιν εἰς ἀλλήλους· γίνεται δὲ ἡ συκαλλὶς περὶ τὴν ὀπώραν, ὁ δὲ μελαγκόρυφος εὐθὺς μετὰ τρυγητόν. **24** οἱ θαλάττιοι ὄρνιθες ἐὰν ἑλκωθῶσι τὸ ῥάμφος, ὀριγάνῳ ἰῶνται. σκορπίον ἀναιρεῖ ῥάφανος ἐπιτεθεῖσα αὐτῷ. ἐὰν ὁ πληγεὶς ὑπὸ σκορπίου ὑπὲρ ὄνου καθίσῃ ὄρθιος πρὸς τῇ οὐρᾷ ἐπιβλέπων, ὁ ὄνος ἀλγήσει ὑπὲρ αὐτοῦ. σημεῖον δέ, ὅτι περδόμενος διατελεῖ. **25** ἐὰν ὁ πληγεὶς ὑπὸ σκορπίου εἰς τὸ οὖς εἴπῃ τοῦ ὄνου, σκορπίος με ἔπληξεν, οὐκ ἀλήγσει, εἰς τὸν ὄνον μετελθούσης τῆς ἀλγηδόνος. **26** οἱ μύρμηκες, ἵνα ὁ σῖτος ἀποθησαυριζόμενος παρ' αὐτῶν μὴ φύῃ, τὰς ἐντεριώνας τῶν ῥαγῶν ἀφαιροῦσι. **27** τὰ ἐν τῷ σπείρεσθαι σπέρματα ἁπτόμενα τοῦ κέρατος τοῦ βοὸς ὑπὸ πυρὸς οὐ δαπανᾶται. καλεῖται δὲ τὰ τοιαῦτα κερασβόλα. **28** ἡ μαγνῆτις λίθος, ἤτοι σιδηρῖτις, ἐφέλκεται τὸν σίδηρον· ἐκπνεῖ δέ, σκορόδου προστριβέντος αὐτῇ· ἀναζῇ δὲ πάλιν τραγείου αἵματος ἐπιχυθέντος αὐτῇ. **29** ὁ ἠλεκτριωνὸς λίθος, ἤτοι σουγχῖνος, πάντα τὰ ἀχυρώδη καὶ κοῦφα ἕλκει πρὸς ἑαυτόν, πλὴν ὠκίμου. **30** ὁ ἀετίτης λίθος δύο φύσεις

---

2 ⟨αἱ⟩* om. codd. ‖ *Οὕτω* (v. c.) *δὲ γίνεται καὶ συκαλίδες* L *συκαλλ.* F et altero *λ* 1. m. supra add. M ‖ *οἱ* om. L ‖ *μελανκάρυφοι* F in *-κόρ-* corr. ras. H ‖ 3 *Γίνεται* v. c. L ‖ 4 *συκαλὶς* HL *λλ* FM ‖ *μελανκόρ.* H ut ed. F ‖ 5 *ἑλκωθῶσιν* F *-σι* H. ‖ 6 *Σκορπίον* v. c. L ‖ 7 *Ἐὰν πληγεἰσ* v. c. L ‖ 8 *καθήσῃ* L ‖ *τὴν οὐρὰν* L ‖ *βλέπων* H ‖ 10 § 25 om. L ‖ 14 *ἐντεριόνας* L *ἀφαιροῦσιν·* F *-σι* H ‖ 15 *Τὰ* (v. c.) *σπέρματα ἁπτώμενα τῶν κεράτων* L ‖ 16 *δαπανᾶται, κερασβόλα:-* cett. om. L ‖ 18 *σκόρδου* F ‖ 19 *προστριβέντα* L ‖ *ἀναζεῖ* L *ἀναζῇ τραγείου* F *ἀναζῇ τραγίου* H *ἀναζῇ τὲ, αἰγείου* M ‖ 20 *ἠλεκτρυονὸς* H *ἠλεκτρϊνὸσ* L ‖ 21 *σουχῖνοσ* aut *σογχ.* L ‖ *ἀχυρώδει* L ‖ 22 *ὤκιμον* L.

ἔχει· ὁ μὲν γάρ ἐστι ναστὸς καὶ στιβαρός, ὁ δὲ ἀραιὸς καὶ διάκενος. ἀλλ' ὁ μὲν ναστὸς περιαπτόμενος τοῖς ἀνδράσι συμβάλλεται αὐτοῖς περὶ τὴν σποράν· ὁ δὲ κοῦφος περιαπτόμενος ταῖς γυναιξὶ τελεσφορεῖ τὰ κυοφορούμενα. **31** ὁ κουράλιος λίθος κείμενος ἐν τῇ οἰκίᾳ πάντα φθόνον καὶ ἐπιβουλὴν ἐλαύνει. τὰ αὐτὰ δὲ ποιεῖ καὶ τὰ κάρφη τῆς ἐβένου, καὶ αἱ ῥίζαι τῆς ἀσπαλάθου, καὶ ἡ εὐώδης ἀναγαλλὶς βοτάνη, καὶ ἡ σκίλλα ξηραινομένη, καὶ ἐν τῷ προθύρῳ τῆς οἰκίας κειμένη. **32** ἡ γαγάτης λίθος θυμιωμένη τὰ ἑρπετὰ διώκει. αὕτη δὲ ἡ λίθος ψυχρῷ ὕδατι βρεχομένη, καὶ πυρὶ προσφερομένη, ἅπτεται μάλα λαμπρῶς, ὡς ὁ Νέστωρ ἐν τῇ πανακείᾳ αὐτοῦ φησιν· ἐλαίου δὲ ἐπιβαλλομένου αὐτῇ, σβέννυται. **33** τὸ ἀμίαντον κρεῖττόν ἐστι τῆς τοῦ πυρὸς δυνάμεως, καὶ οὐ καίεται, κἂν ἐπὶ πολὺν χρόνον μείνῃ ἐν τῷ πυρί. **34** ὁμοίως δὲ καὶ ἡ σαλαμάνδρα τὸ ἐλάχιστον ζῶον ἐκ τοῦ πυρὸς ἔχει τὴν γέννησιν, καὶ ἐν τῷ πυρὶ βιοῖ, οὐ καιόμενον ὑπὸ τῆς φλογός. **35** ταῦροι τοὺς μυκτῆρας ῥοδίνῳ χρισθέντες σκοτοῦνται. τράγος οὐ φεύξεται, ἐὰν κείρῃς αὐτοῦ τὸν πώγωνα.

---

1 ἐστιν ἀστὸς F ‖ 2 ἀστὸς H ὁ μὲν κοῦφοσ — κυοφορούμενα· ὁ δὲ ναστὸσ — σποράν. M ‖ περιαπτώμενος utroque loco L ‖ τοῖς ἀνδράσι — περιαπτόμενος om. F ‖ 5 κουλάριοσ L ‖ 5 κείμενος LM ἐκεῖνος F ‖ 6 οἰκεία HM ‖ δὲ post αὐτὰ om. FM 7 ἐβέννου L σβένου F σαένου M ‖ τοῦ ἀσπ. M ‖ 8 καὶ ἡ εὐώδης — ἐν τῷ om. L ‖ 10 § 32 — προσφερομένη reiecta post φλογὸς § 34 M ‖ ἡ γαγάτισ F et per comp. HM Ὁσαγάτησ L ‖ θυμιώμενος L ‖ 11 οὕτοσ ὁ L ‖ 11 et 12 βρεχόμενοσ et προσφερόμενοσ L ‖ ἀνάπτεται L ‖ 13 ἐν τῶ παν. M ‖ 15 τοῦ om. L ‖ 17 ἡ om. M ‖ 18 γένεσιν L ‖ 19 ὑπὸ om. L ‖ ταῦρος per comp. M ‖ 20 χρϊσθεὶσ, σκοτοῦται M ‖ Τράγοι οὐ φεύξονται L ‖ 21 αὐτῶν τοὺσ πώγωνασ:- L.

Cap. 2. *Περὶ μελισσῶν, καὶ πῶς ἂν ἐκ βοὸς γένοιτο, ὃ καλεῖται βουγονή. Φλωρεντίνου.*

**1** *Τὸ χωρίον, ἐν ᾧ ἔσονται αἱ μέλισσαι, τετράφθαι πρὸς χειμερινὰς ἢ ἐαρινὰς ἀνατολὰς ἡλίου χρή, ὅπως ἂν θάλπος ἔχωσι χειμῶνος, καὶ θέρους αἱ αὖραι αὐταῖς ἐπιπνέουσαι ἀναπαύωσιν αὐτάς.* **2** *ὕδωρ δὲ κρατίστον σμήνεσι, τὸ διὰ τραχείας ῥέον ψηφίδος, ἀδιάφθορόν τε καὶ ἀθόλωτον· ὑγιείας τε γὰρ καὶ καθαροῦ μέλιτος ποιητικόν.* **3** *χρὴ δὲ ἐνιστάναι σπιλάδας πέτρας, καὶ ξύλα μικρὸν ὑπερέχοντα τοῦ ὕδατος, ἵνα ἐφιζάνουσαι πίνωσιν ἀμογητί.* **4** *εἰ δὲ μὴ εἴη ῥέον ἀπὸ τῆς γῆς ὕδωρ, ἐκ φρέατος ὕδωρ ἐπαντλεῖν εἰς καθαροὺς ληνοὺς ἢ κρήνας. ἔστωσαν δὲ αὗται πλησίον τῶν μελισσῶν, ὅπως ὑδροφοροῦσαι μὴ κάμνωσι.* **5** *νομῇ δὲ θύμου μάλιστα χαίρουσι, καὶ ἀφθόνως τούτου νεμόμεναι, μέλι τε πλεῖστον φέρουσι, καὶ σμήνη τίκτουσιν.* **6** *ἐλελίσφακόν τε καὶ θύμβρα*

---

1 *ἂν γένο|τὸ ἐκ βοδσ* M *ὅπως* (per comp.) *γένος ἐκ* | *βοὸς* M i. c., tit. om. P ‖ *κε. ξς̃* mg. L ‖ 2 *βουγονὴ.* HM *βουγόνη* FL ‖ *φλωρ.* a. t. L om. M ‖ 4 *χρὴ ἡλίου* M ‖ 5 *θάλπωσιν·* F ut ed. H ‖ *αἱ: καὶ* F ‖ 7 *σμηνίσι* F ‖ 8 *ἀ|θάνατον·* M ‖ *ὑγίασ* L ‖ *γὰρ* om. HM ‖ 9 *ἐστιν:-* add. L ‖ 11 *ἐφιζάνωσαι* M *-ουσαι* P ‖ *πίνουσιν* FL ut ed. H ‖ 12 *τῆς* ante *γῆς* om. FM ‖ *ὕδωρ* ante *ἐκ* om. H ‖ *ἀπὸ φρ.* M ‖ 13 *ἀπαντλεῖν* P et 1. m. corr.? ex *ἐπ.* M ‖ *τε* ante *ληνοὺς* add. M post *λ.* F *καθαρὰ χρεῖ δοχεῖα· ἔστωσαν δὲ ταῦτα* L ܓܘܒ̈ܐ ܢܩܝ̈ܐ ܐܘ ܦܝܣܩܝܢܣ (piscinas?) S XIII 1 ‖ 14 *μελισσώνων* (altero *λ* supra add. 1. m.?) *ὑδροφοροῦσαι,* L ‖ 15 *κάμνωσιν* F *-σι* per comp. in fine versus M ‖ *μόνη* F *ὅτι μὴ* M *ὀσμῇ* S XIII 1 ‖ *θύμου* corr. Cornarius *ὁμοῦ* codd. ‖ 16 *φέρουσιν* F *-σι* H ‖ 17 *τίκτουσι·* HM ‖ |*ἐλελίσφακόν τε* L *λιλύσφακόν τε* FM ܠܠܝܣܦܩܘܣ *δὲ* S XIII 1. cf. XVII 14, 4 et XVIII 13, 2. Ceterum salviam alibi commendatam non inveni; contra 'fratres Veianos' 'relicum thymo et cytiso opsevisse et apiastro, quod alii meliphyllon, alii melissophyllon . . appellant' auctor est Varro III 16, 10 ‖ *θύμβραν* P.

καὶ κύτισσον ἥδισται μελισσῶν τροφαί, τά τε νέα σμήνη προσιζάνει κυτίσσῳ μάλιστα, καὶ ἀπ᾽ αὐτοῦ λαμβάνεται ἀπονώτερον. 7 κατακλείσεις δέ, τουτέστιν ἀγγεῖα πρὸς ὑποδοχὴν ἄριστα τὰ ἐκ σανίδων ὀξείνων ἢ συκίνων· ὁμοίως δὲ καὶ τὰ ἐκ πιτυΐνων ἢ φηγίνων. εὖρος δὲ ἔστω πηχυαῖον, καὶ μῆκος δίπηχυ. 8 κεχρίσθω δὲ ἔξωθεν κονίας καὶ βολβίτου φυράματι· ἧττον γὰρ ἂν σαπείη. τρυπᾶν δὲ αὐτὰ χρὴ πλάγια, ὅπως οἱ ἄνεμοι ἠρέμα εἰσπνέοντες τάς τε ἀράχνας αὐτῶν καὶ τὰ εὐρωτιῶντα ξηραίνωσι καὶ διαψύχωσι. 9 Χαίρει δὲ ἐρημίᾳ μάλιστα τὸ ζῶον, καὶ ἄχθεται ἀνθρώπων ἐπιφοιτήσει. ὅθεν χρὴ τὸν ἐσμοφύλακα θριγκίον περιοικοδομῆσαι ἐξ ἀραιῶν λίθων, ἵνα αὐταὶ διὰ τῶν ὀπῶν εἰσπετόμεναι, τούς τε ἐπιβουλεύοντας ὄρνις, καὶ τὴν δρόσον δύνωνται διαφυγεῖν. 10 φιλοῦσι δὲ τὰς συνήθεις νομάς, καὶ ἐπὶ ξένας μονὰς οὐκ ἂν ἑκοῦσαι ἔλθοιεν· διόπερ κατὰ χώραν αὐτὰς δεῖ φυλάττειν. 11 εἰ δὲ πριαμένῳ τινί, ἢ κατ᾽ ἄλλην αἰτίαν, μετακομίζειν ἀνάγκη γένοιτο, νυκτὸς καὶ ἠρέμα, καὶ δέρμασι τὰ ἀγγεῖα περιδήσας, αἰρέτω πρὸ ἡμέρας. λαθὼν γὰρ οὔτε τὰ κηρία ταράξεις, οὔτε τὰ ζῶα ἀνιάσεις.

1 *κύτισσον*: cf. amicum cytisum et medica Varro II 2, 19; contra ܩܘܛܝܣܘܣ ܕܐܠܘܗܝ ܚܒܒܐ ܕܡܘܢܐ S! ‖ 3 *τὰς δὲ κατακλίσεις τουτέστι τὰ ἀγγεῖα* F item sed *ἀγγεῖα* om. M ‖ 4 post *ἄριστα* om. *τὰ* L; *καὶ χρὴ ποιεῖν ἀγγεῖα* (ܟܘܪ̈ܐ)· *ἐκ σανίδων* ܕܦܣܬܐ ܕܐܡܕܪܬܐ ܐܘ ܕܐܪܙܐ ܐܘ ܕܦܝܬܘܢܐ S ‖ 6 *πηχαῖον* L *πηχϊαῖον* M ut ed. P ‖ 7 *φυράμασιν* FM ‖ 8 *πελάγια* et mg.: *ἴσως πλάγια* H ‖ 10 *ξηραίνωσιν* F *-σι* P *-ουσι* L *ξηράνωσι* M ‖ *διαψύχωσιν* F *-σι* HLM ‖ 12 *θριγγίον* M ‖ 13 *ἐξαρεῶν λ. ἵνα αὖται* (!) L ‖ 14 *ὄρνεις* H ‖ 15 *δύναιντο* L ‖ *διαφεύγειν* L *διαφϊγεῖν* (*ϊ* corr. 1. m. ex *ευ* aut *ευ* ex *ϊ*) M ut ed. P ‖ *φιλοῦσιν* F *-σι* H ‖

16 *ἐπιξενοῦσαι μ.* F *ἐπὶ ξένας δὲ νομὰς* M ܕܪ̈ܥܝܬܐ utroque loco S XIII 1 ‖ 17 *αὐτὰς διαφυλάττειν* F ‖ 21 *κερία* sed *η* 1. m. supra add. F *κηρία* H ‖ *ταράξει* et *ἀνιάσει* L.

12 *Τιθύμαλλον δὲ νεμηθεῖσαι, τοῦ τε ὀποῦ γευσάμεναι, διάῤῥοιαν νοσοῦσι. διὸ δεῖ ἀφανίζειν καὶ ἐκτίλλειν τὸν ἐγγὺς πεφυκότα, αὐτάς τε ἰᾶσθαι, ῥοιᾶς τοῦ καρποῦ τὴν σκέπην, τουτέστι τὸ κέλυφος, κόψαντα, καὶ διὰ λεπτοῦ κοσκίνου σήσαντα . . . μετὰ μέλιτος καὶ οἴνου αὐστηροῦ φυράσαντα.* 13 *φθειριώσας δὲ ἰάσῃ κλῶνας μηλέας καὶ ἐρινεοῦ καίων καὶ καπνίζων. ἀμβλυωπίαν δὲ νοσούσας ἰάσῃ καπνῷ φύλλων ὀριγάνου.* 14 *ὥσπερ δὲ αἱ βουγονεῖς μιᾷ καὶ εἰκοστῇ ἡμέρᾳ ζωογονοῦνται οὕτως καὶ οἱ ἑσμοὶ αὐξάνονται ταῖς ἴσαις ἡμέραις.* 15 *Οἱ δὲ βασιλεῖς ἐν ἄκροις τοῖς κηρίοις εὑρίσκονται. χρὴ δὲ ἑκάστῳ σμηνίῳ ἕνα ἀπολείποντα, τοὺς λοιποὺς ἀφανίζειν. συνιστάμεναι γὰρ πρὸς ἕκαστον αἱ μέλισσαι στασιάζουσι, καὶ τῶν ἔργων ἀφίστανται.* 16 *τῶν δὲ βασιλέων οἱ μὲν ἄριστοί εἰσι τῇ χροιᾷ ξανθοί, μέγεθος ἡμιόλιον μελίσσης. οἱ δὲ δεύτεροι ποικίλοι, ὀλίγον ὑπομελαίνοντες, μέγεθος διπλάσιον.* 17 *Ἐκ δὲ τοῦ χωρίου τιθύμαλλον, καὶ ἐλλέβορον, καὶ θαψίαν, καὶ ἀψίνθιον, καὶ ἀγρίαν συκῆν ἐξαιρεῖν χρή, καὶ πάντα τὰ τὴν μέλισσαν φθείροντα· ἀλλὰ μὴν καὶ τὸ μέλι φαῦλον ἐργάζονταί ἀπὸ*

1 *τιθύμαλον* HL ‖ 2 *δϊαῤῥοίαν* H ‖ *νοσήσουσι. δεῖ οὖν ἀφ.* M *νοσοῦσι. δεῖ οὖν ἀφ.* P ‖ 3 *αὐτό|ροιαν τὲ* M *αὐτόρροιαν τὲ* P ‖ *ῥοιὰσ.* F ‖ 4 *τουτέστιν* F ut ed. H *τουτ. τὸ κέλ.* om. P ‖ 5 *σήσαντα . . . μετὰ μέλ.*: *σήσαντα παρατιθέναι μετὰ μ.* M *σήσαντα μετὰ* v. c. FL cf. praef. p. XIII ‖ 10 *οὕτως* per comp. M *οὕτω* HP ‖ *δεσμοὶ* FL *ἕσμοὶ* (?) M *ἕσμοὶ* P ‖ 11 *ἴσαι* L ‖ 12 |*Χρὴ* L ‖ *σμήνη* L ‖ *ὲν* F *ἕνα* L ‖ 14 *στασιάζουσιν* F *στασίζουσι* sed *α* supra add. et *ι* in ras. H *στασιάζουσαι ἐπιμένουσι καὶ* P ‖ 15 *εἰσὶν* F *-σι* H ‖ 16 *ἡμιόλωμελισησ*: L ‖ 17 *δὲ* post *μέγεθος* add. L ‖ 18 *μελίσσῆς* post *διπλάσιον* repet. M ‖ *τιθύμαλον* HL ‖ 19 *ἐλέβ.* FLP *ἐλλέβ.* HM ‖ *ἀγροίαν* L *ἄγριον σίκυον* S XIII 1 et Pallad. I 37, 5 ‖ 21 *ἐργάζονται** *ἐργαζόμεναι* F *ἐργαζόμενα, εἴπερ ἀπὸ πάντων μεταλαμβάνει* L *ἐργαζόμενα*

τούτων μεταλαμβάνουσαι. **18** Καὶ τὰ ἐπιβουλεύοντα δὲ αὐταῖς οὕτω διαφθερεῖς (εἰσὶ δὲ ταῦτα σφῆκες, αἰγίθαλλοι, μέροπες, χελιδόνες, κροκόδειλοι, σαῦραι) . . . καὶ πάντα τὰ τὴν μέλισσαν φθείροντα ἀποσόβει καὶ ἀναίρει. **19** πρὸς πάντας δὲ τοὺς προσιόντας ἀνθρώπους δυσχεραίνουσαι, καὶ ἐπ' αὐτοὺς ὁρμῶσαι, χαλεπώτεραί εἰσι τοῖς οἴνου καὶ μύρου ὄζουσι· καὶ γυναιξὶ δὲ ἐπέρχονται, μάλιστα ταῖς ἠφροδισιασμέναις. **20** κεχρίσθω δὲ τὰ ἀγγεῖα, ἐν οἷς αἱ μέλισσαι, ἢ θύμου ἢ λεύκης ἄνθεσιν ἐπιμελῶς. μάλιστα δέ, ἵνα ἀγαπῶσι τὰς οἰκήσεις καὶ ἐμμένοιεν, ἢ νάρδου βοτάνης καὶ σμύρνης τὸ ἴσον ὁμοῦ λειάνας, τετραπλοῦν τε μέλιτος συμμίξας τούτοις, χρίσεις τὰ ἀγγεῖα. **21** Ἰόβας δὲ ὁ βασιλεὺς Λιβύων ἐν λάρνακι ξυλίνῃ φησὶ δεῖν ποιεῖσθαι μελίσσας· καὶ Δημόκριτος καὶ Βάρων, ἐν Ῥωμαΐᾳ γλώσσῃ, ἐν οἴκῳ φασὶ χρὴ ποιεῖσθαι, ὅπερ ἐστὶ καὶ ἄμεινον. **22** Ὁ δὲ τρόπος οὗτος. οἶκός σοι ἔστω ὑψηλός, δεκαπηχυαῖος, καὶ εὖρος πηχῶν ι' καὶ ταῖς λοιπαῖς πλευραῖς ἴσος. εἴσοδος δὲ εἰς αὐτὸν περι-

---

ἀπὸ τούτων μεταλαμβάνουσαν M ἐργαζόμενα ἀπὸ τ. λαμβάνουσαν P [illegible], ἀπὸ τούτων μεταλ. om. S ‖ 2 δὲ om. FM ‖ οὕτωσ L ‖ ταῦτα om. FM ‖ σφίκες F ut ed. H ‖ 3 αἰγίθαλοι LP ‖ σαῦραι) . . . καὶ cf. praef. p. XIII. ‖ 4 τὴν om. HL τὰ τὰς μελίσσας M τὰ μελίσσας P ‖ ἀποσοβεῖ καὶ ἀναιρεῖ F ‖ 5 τοὺς om. FM ‖ 6 ἐπ' αὐτοῖς M ‖ 7 εἰσιν. F -σι H ‖ ὄζουσιν· et γυναιξὶν F -σι et -ξὶ H ‖ 8 ἀφροδ. F ‖ κεχρί | δὲ corr. in καὶ χρίειν | δὲ P ‖ 10 ἀγαπῶσϊ τὰς corr. ex ἀγαπῶντας 1. m. H μαλίστα δ' ἂν ἀγαπήσειαν τὰς οἰκήσεις καὶ ἐμμείνοιαν, εἰ νάρδου L ἐμμένοιεν (p. c.) εἰ νάρδου corr. 1. m. ex ἐμμένοιεν νάρδου M ἐμμένοιεν | οἰνάρδου P ἢ ἄνθεσι λευκοῖς ܘܫܘܫܢ. ܕܢܪܕܝܢ . [illegible] ἢ νάρδου S p. 99 l. 28 ‖ 16 φασὶν et ἐστιν F ν om. H χρὴ om. M φασὶ | χρῆναι ποιεῖν τοῦτο, ὅπερ ἐστιν ἄμεινον L ‖ 17 σοι om. L ‖ 18 πήχεισ L ‖ δέκα HLP ‖ 19 εἴσοδοσ — θυρ. τέσσαρεσ a rubr. mg. add. L.

ποιείσθω μία, καὶ θυρίδες τέσσαρες, ἐν ἑκάστῳ τοίχῳ μία. 23 εἰς τοῦτον ἀγαγὼν βοῦν τριακοντάμηνον, εὔσαρκον, λιπαρὸν μάλιστα, περίστησον αὐτῷ νεανίας πολλούς, καὶ τυπτέτωσαν αὐτὸν ἰσχυρῶς, καὶ τύπτοντες αὐτὸν ῥοπάλοις ἀποκτεινάτωσαν, ὁμοῦ ταῖς σαρξὶ τὰ ὀστέα συναλοῦντες· 24 φυλακὴν δὲ ἐχέτωσαν, τὸ μὴ αἱμάξαι τι τοῦ βοός (οὐ γὰρ ἂν ἐξ αἵματος κυηθείη ἡ μέλισσα), ταῖς δὲ πρώταις πληγαῖς μὴ βιαίως ἐμπεσόντες. 25 Εὐθὺς δὲ ἀποπεφράχθω πᾶς τοῦ βοὸς πόρος ὀθόναις καθαραῖς καὶ λεπταῖς πίσσῃ κεχρισμέναις· οἷον ὄμματα, καὶ ῥῖνες, καὶ στόμα, καὶ ὅσα τῇ φύσει πεποίηται εἰς κένωσιν ἀναγκαίαν. 26 ἔπειτα θύμον ὑποστρώσαντες πολύν, καὶ ὕπτιον ἐπ' αὐτοῦ καταθέντες τὸν βοῦν, ἐξελθόντες τοῦ οἴκου εὐθὺς τὴν θύραν καὶ τὰς θυρίδας ἐπιχρισάτωσαν πηλῷ στεγανῷ, ὡς μήτε ἀέρι, μήτε ἀνέμῳ, μηδ' ἥντιν' οὖν εἴσδυσιν ἢ διάπνευσιν εἶναι. 27 Τρίτῃ δὲ ἑβδομάδι χρὴ πάντοθεν ἐξανοίξαντα εἰσεᾶσαι φῶς τε καὶ ἀέρα καθαρόν, πλὴν ὁπόθεν ἂν καθίῃ σφοδρὸν πνεῦμα· εἰ γὰρ ὧδε ἔχοι, τὴν κατὰ τοῦτο εἴσοδον κεκλεισμένην χρὴ ἐᾶσαι. 28 ἐὰν δὲ δόξωσιν ἐμψυχῶσθαι αἱ ὕλαι πνεῦμα αὔταρκες ἐπισπασάμεναι, αὖθις χρὴ συγκλεῖσαι τῷ πηλῷ κατὰ τὴν προτέραν χρίσιν. 29 ἑνδεκάτῃ δὲ

1 δ' M δ^{ες} P ‖ 2 τοῦτο L ‖ 5 ἀποκτινάτωσαν L ‖ σαρξὶν F ν om. H ‖ 6 φυλακῆ L ‖ 7 τοῦ μὴ L ‖ 8 ἡ om. L ‖ δυνήσονται δὲ, ταῖς πρώταις M ‖ 9 κεχρήσθωσαν post ἐμπεσόντες add. L αἱ δὲ πρῶται πληγαὶ μὴ ἔστωσαν βίαιαι S XIII 2 ‖ ἀποπεφράχθαι L ‖ 12 καίνωσιν M κέν. P ‖ 14 ἐξελόντες F ϑ 1. m. supra add. H ‖ 16 μηδ' ἥντινοῦν F μηδ' ἥντιν' οὖν H μηθηντϊναοῦν M μηθ' ἥντινα οὖν P μηδ' ὅτι οὖν L ‖ 18 εἰσ ἐᾶσαι· F εἰς εὐάσαι H ἐᾶσαι φῶς καθαρὸν | εἰσιέναι. πλὴν L ‖ 19 κατίῃ P ‖ 20 κεκλιμένην F ‖ 21 δό|ξοσιν L ‖ 22 τῷ πυ|λῷ L τοῦτο πηλῷ M τοῦτον π. P ‖ 23 χρῖσιν in ras. 1. m. ex χρῆσιν F ut ed. H.

μετὰ ταύτην ἡμέρᾳ ἀνοίξας εὑρήσεις πλήρη μελισσῶν βοτρυδὸν ἐπ' ἀλλήλαις συνηγμένων, καὶ τοῦ βοὸς λειπόμενα τὰ κέρατα καὶ τὰ ὀστᾶ, καὶ τὰς τρίχας, ἄλλο δὲ μηδέν. **30** φασὶ δέ, ἐκ τοῦ ἐγκεφάλου μὲν γίγνεσθαι τοὺς βασιλέας, ἐκ δὲ τῶν σαρκῶν τὰς ἄλλας μελίσσας· γίγνεσθαι δὲ καὶ ἐκ τοῦ νωτιαίου μυελοῦ βασιλέας· κρατιστεύειν μέντοι τοὺς ἐκ τοῦ ἐγκεφάλου μεγέθει τε, καὶ κάλλει, καὶ ῥώμῃ τῶν ἄλλων. **31** τὴν δὲ πρώτην τροπὴν καὶ μεταβολὴν τῶν σαρκῶν εἰς ζῶα, καὶ οἱονεὶ κύησίν τινα καὶ γένεσιν, καθιστορήσεις ἐντεῦθεν. **32** ἀνεῳγμένου γὰρ τοῦ οἴκου, μικρὰ καὶ λευκὰ τὸ εἶδος, καὶ ἀλλήλοις ὅμοια, καὶ οὐ τέλεια, οὔτε ἤδη πάντῃ ζῶα περὶ τὸν μόσχον πληθύνοντα ὄψει· ἀκίνητα μὲν πάντα, κατὰ μικρὸν δὲ αὐξανόμενα· **33** ἴδοις δ' ἂν καὶ τὴν πτεροφύησιν ἤδη διαρθρουμένην, τήν τε οἰκείαν χροιὰν λαμβανούσας, περικαθεστώσας δὲ τὸν βασιλέα, καὶ προσπετασθείσας, βραχύτερον δέ, καὶ ὑποτρεμούσας ταῖς πτέρυξι, διὰ τὴν ἀήθειαν τῆς πτήσεως, καὶ τὴν τῶν μελῶν ἀτονίαν. **34** Προσιζάνουσι δὲ ταῖς θυρίσι ῥοιζηδόν, ὠθοῦσαι καὶ βιαζόμεναι ἀλλήλας, πόθῳ τοῦ φωτός. **35** ἄμεινον

1 ἡμέραν F ‖ 2 βουγονῶν M ‖ συνηγμέναις FM ‖ 4 μὲν om. FM ‖ 5 γίγνεσθαι F γίν. LM ‖ 6 μελίσασ L ‖ γίγνεται F γίγνονται M γίνονται P γίνεσθαι L ‖ 7 βασλεύς· F βασιλέας HL βασιλεῖς M ‖ 8 ῥώμη καὶ κάλλει M ‖ 10 καταστορήσεις F καθιστ. H ‖ 11 ἀνεῳγμένου* coni. Cornarius; item S XIII 2 ἀνῳκισμένου FM κεκλεισμένου L ‖ 15 πτερῶν φύησιν p. c. M πτερῶν φύσιν P ‖ ἤδη om. M ἤδι L ‖ 16 λαμβάνουσαν H tum τὰσ μελίσσασ. add. L ‖ περικαθεστώσας* περικαθί(ι m. rec. in ras.) στωσαν F περικαθήσθωσαν HM περικαθημένας (p. c.) τε L ܡܩܦܢ ܠܗ ܠܡܠܟܗܘܢ. ܘܦܪܣܢ ܟܠܗ ܟܠܗ S ‖ 17 προσπετασθείσας* προσπετάσθωσαν FM προσπετομένασ. βραχὺ δὲ L ‖ 19 τὴν om. FM ‖ 20 προσιζάνουσαι F -ούσασ L -ουσί τε M ‖ θυρίσιν F -σι H ‖ ὠθούσασ καὶ βιαζομένασ L.

*δὲ τὰς ἀνοίξεις καὶ ἀποφράξεις τῶν θυρίδων, καθὼς εἴρηται, παρ' ἡμέραν ποιεῖσθαι·* **36** *δέος γὰρ μὴ μεταβάλλοντα ἤδη τὴν τῶν μελισσῶν φύσιν, διὰ τὴν πλείω σύγκλεισιν οὐ σπάσαντα κατὰ καιρὸν τὸν ἀέρα, ὥσπερ πνιγμῷ διόληται.* **37** *Τοῦ δὲ οἴκου ὁ μελισσὼν ἐγγὺς ἔστω, καὶ ὅταν ἐκπετασθῶσιν ἀνοιγομέναις ταῖς θυρίσιν ὑποθυμία θύμου τε καὶ κνεώρου.* **38** *τῇ γὰρ ὀσμῇ ἑλκύσεις αὐτὰς εἰς τὸν μελισσῶνα, τεθεραπευμένας ὀσμαῖς ἀνθῶν· καὶ θυμιῶν οὐκ ἀκούσας εἰσελάσεις. χαίρουσι γὰρ μέλιτται τῇ εὐωδίᾳ καὶ ἄνθεσιν, εἰκόσιν εἶναι μέλιτος δημιουργοῖς.*

Cap. 3. *Περὶ μελιττῶν. Διδύμου.*

**1** *Ἡ μέλιττα πάντων τῶν λοιπῶν ζώων ἐστὶ σοφωτάτη καὶ εὐμηχανωτάτη, καὶ σύνεγγυς ἀνθρώπῳ κατὰ τὸ συνετόν· καὶ τὸ κατασκευαζόμενον ὑπ' αὐτῆς ἐστι θεῖον ἀληθῶς, καὶ χρησιμώτατον ἀνθρώποις.* **2** *καὶ ἡ πολιτεία τούτου τοῦ ζώου προσέοικε ταῖς μάλιστα εὐνομουμέναις τῶν πόλεων.* **3** *τάς τε γὰρ ἐξόδους καθ' ἡγεμόνα καὶ πρὸς ἐπίταγμα ποιεῖται. ἀπὸ δὲ τῶν ἀνθέων καὶ τῶν δένδρων τὰ κολλωδέστερα τῶν δακρύων φέρουσαι, τούτοις ὥσπερ ἀλοιφῇ*

---

1 *θηρίδων* L ‖ 2 *ποιεῖσθαι· δέος δὲ* FL *γάρ·* M S ‖ *μεταβάλωνται* F *μεταβάλλονται* H *-οντεσ* L ‖ 3 *πλείωι* F *πλείω* H ‖ 4 *σύγκλησιν τοῦ σταβλίου καὶ τὸ ἄκαιρον τοῦ ἀέροσ,* L *τοῦ σταβλίου* pro *οὐ σπάσαντα* etiam F *σπάσοντα* P ‖ 5 *διόλληται* H *διολέσωμεν αὐτάσ:-* L ‖ 6 *ἐκπετασθῶσιν* ἐκπετάσωσιν* M *ἐκπετασημύουσιν* F *εκπετασιμύουσιν* (!) L ‖ *ταῖς θυρίσιν* om. FL ‖ 8 *τεθεραπευμένος* F ‖ 9 *ἀνθῶν καὶ* sine interpunct. FL ‖ 10 *μελίσσαι* H ‖ 11 *εἰκότως* F *εἰκότως· οἷα δὴ μέλιτος τῷ ὄντι δημιουργοί:-* L *χαίρουσι γὰρ μέλ. τῇ εὐωδίᾳ.* cetera om. S ‖ 12 c. 3 om. LP ‖ *μελισσῶν* per comp. M i. c. ‖ *διδύμου* om. HM ‖ 13 *λοιπῶν* om. H ‖ 15 *δυνατὸν* H ‖ 16 *θεῖον ὂν ἀλ.* F.

τὸ ἔδαφος χρίουσι, καὶ τὰς εἰσόδους. αἱ δὲ πρὸς τὸ μέλι παρασκευάζονται, αἱ δὲ ἄλλο τι συνεργοῦσιν. 4 ἔστι δὲ καὶ καθαρὸν ὑπερβολῇ τὸ ζῶον, οὐδενὶ τῶν δυσώδων καὶ ἀκαθάρτων προσιζάνον· οὔτε λίχνον, οὔτε δὲ σαρξίν, οὔτε αἵματι, οὔτε λιπάσματι οὐδενὶ προσίπταται, ἀλλὰ μόνοις τοῖς γλυκὺν ἔχουσι τὸν χυμόν. 5 οὔτε λυμαίνεται τοὺς ἄλλων πόνους, ἀμύνεται μέντοι ἰσχυρότατα τοὺς λυμαίνεσθαι τοὺς αὐτῆς ἐπιβαλλομένους πόνους. 6 Εἰδυῖα δὲ τὴν αὐτῆς ἀσθένειαν στενὰς ποιεῖ καὶ οὐκ εἰς εὐθὺ τεταγμένας τὰς εἰς τὸν αὐτῆς οἶκον εἰσόδους. τοὺς οὖν εἰσπορευομένους ἐπὶ βλάβῃ πλείους περιστᾶσαι ῥαδίως καθαιροῦσι. 7 Θέλγει δὲ τοῦτο τὸ ζῶον καὶ κάλλιστον μέλος· ὅθεν οἱ μελιουργοὶ διασκορπιζομένας αὐτὰς κυμβαλίζοντες, ἢ τὰς χεῖρας εὐρύθμως κροτοῦντες, συνάγουσι. 8 Μόνον δὲ τοῦτο τὸ ζῶον ἐπιζητεῖ ἡγεμόνα τὸν ἐπιμελησόμενον τῶν ὅλων· διόπερ ἀεὶ τιμᾷ τὸν βασιλέα, καὶ συνέπεται μετὰ προθυμίας, ὅπουπερ ἂν ταγῇ, κάμνοντά τε αὐτὸν συνυπολαμβάνει, καὶ μὴ δυνάμενον πέτεσθαι φέρει καὶ διασώζει. 9 Στυγεῖ δὲ μάλιστα τοὺς ἀργούς· διὸ καὶ τὰς ἀργεῖν προαιρουμένας, καὶ δαπανώσας τὸ πονηθέν, κοινῶς ἀναιροῦσι. 10 τὸ δὲ φιλότεχνον αὐτῆς καὶ ἐγγὺς λογικῆς διανοίας μάλιστα θεωρεῖται, ἐκ τοῦ τὰς θήκας ἑξαγώνους ποιεῖν.

---

2 συνεργοῦσι· H ‖ 4 δυσωδῶν p. c. M ‖ 5 αἵματι· ἀλλὰ μόνον H ‖ 7 χυλόν· F ‖ πόνους | ἐπιβαλλομένους πόνους eis quae intercedunt verbis om. M ‖ 12 καθαιροῦσιν· F καθαίρουσι. H ‖ 16 συνάγουσιν· F -σι H ‖ 19 ὅπερ H ‖ 24 ἐξ οὗ F.

## Cap. 4. *Πρὸς τὸ μελίσσας μὴ φεύγειν.*
### *Τοῦ Αὐτοῦ.*

1 *Οὐκ ἂν δὲ φύγοιεν αἱ μέλισσαι, εἰ βοὸς πρωτοτόκου ἀφόδευμα χρίσειας τὰ στόμια τῶν παθνῶν.* 2 *στάντος δὲ καὶ εἰσοικισαμένου τοῦ ἐσμοῦ, συλλαβὼν ἠρέμα τὸν βασιλέα τῶν πτερῶν θρύψον αὐτῶν τὰ ἄκρα. μένοντος γὰρ αὐτοῦ ἔνδον, οὐκ ἀποστήσονται.* 3 *Μέλισσαι οὐ φεύξονται, ἐὰν ἀγρίας καὶ ἡμέρου ἐλαίας φύλλα ὁμοῦ τρίψας, τὰ σμήνη κατὰ ἑσπέραν ἐπιχρίσῃς,· ἢ μελικράτῳ τοὺς τοίχους καὶ τὰς κυψέλας καταχρίσῃς.* 4 *χρὴ δὲ ταῖς πρωτογόνοις τροφὴν παραθεῖναι ἐν σκάφαις οἰνόμελι, ἔχον τῶν φύλλων [καὶ] θύμβρων πολυανθῶν, εἰς τὸ μὴ ἀποπνίγεσθαι.* 5 *οἱ δὲ σταφίδας συγκόψαντες, καὶ θύμβρας μικρὸν παραμιγνύντες, καὶ μάζας παρατιθέντες, ἄριστα τοὺς ἐσμοὺς ἀνατρέφουσιν, ὅταν διὰ χειμῶνα ἢ καῦμα οἴκοι μένουσαι λιμώττωσιν.* 6 *Ἠρινῶν δὲ δέκα ἡμερῶν διελθουσῶν, καπνῷ βολβίτου ξηροῦ ἐπὶ τὰς νομὰς αὐτὰς ἐξελάσας, καθαρίσεις καὶ κορήσεις τὰ ἀγγεῖα.* 7 *τῆς τε γὰρ κόπρου τὸ δυσῶδες ὄκνον αὐταῖς προσφέρει, καὶ τὰ ἀράχνια ἐμποδίζει.* 8 *εἰ δὲ πολλὰ πλάσματα*

---

1 *κε.* $\widetilde{\xi\zeta}$ mg. L ‖ 2 *τοῦ αὐτοῦ* p. t. L om. P ‖ 4 *ἀφοδεύματι* L ‖ *φατνῶν* L ‖ 5 *στάντος** *ἑστάντος* H et sine spiritu F *ἐνστάντος* M *Ἐμβάντος* v. c. L ܟܕ ܕܗܘܘ ܘܩܝܡܝܢ ܡܫܬܪܝܢ S XIII 1 (p. 99 l. 30) ‖ 6 *θρίξον αὐτοῦ* FM *συλλ. ἠρ. τὸν β.* ܦܪܚܘ *τὰ πτερὰ αὐτοῦ* S ‖ 7 *ἔνδον* om. M ‖ 8 *ὁμοῦ ἐλαίας φύλλα* L ‖ 9 *καθ' ἑσπέραν* M ‖ 10 *κυψέλλας* M ‖ 11 *καταχρίησσ:* L *ἢ — καταχ.* om. H ‖ *προτογόνοις* L ‖ *παραθῆναι* L ‖ 12 *ἔχων τῶν* Niclasius. *ἐχόντων φ.* F *ἔχω̄ ἐκ φ.* L *ἔχοντ* . . (2 litt. spatio om.) *θύμβρων* M *ἐχούσαις θ.* P cf. praef. p. XIV ‖ 14 *συγκόπτοντες* per comp. L ‖ *θύμβρησ* L ‖ 15 *μάστασ* L ‖ 17 *λιμώττωσιν** *-ουσιν* codd. ‖ 18 *αὐτῶν* FM ‖ 21 *καὶ πρὸς τὰ* M *τοῖσ ἀραχνίοισ* L.

*κηρίων τοῖς ἀγγείοις ἐνείη, τὰ φαυλότερα λαμβάνειν χρή, ἵνα μὴ τῇ στενοχωρίᾳ νοσῶσιν.* **9** *Ἐσμοὺς δὲ ἐξ ἑνὸς ἀγγείου πλέον ἢ δύο οὐ χρὴ αἵρειν. ἄτροφοι γὰρ καὶ ἀσθενεῖς ἔσονται.*

## Cap. 5. *Πότε δεῖ τρυγᾶν τὰς μελίττας.* *Τοῦ Αὐτοῦ.*

**1** *Καιρὸς ἄριστος τρυγᾶν μέλι καὶ κηρία ἐπιτολῇ πλειάδων· κατὰ δὲ Ῥωμαίους, μηνὸς Μαΐου κατ᾽ ἀρχάς. δεύτερος τρυγητός, ἀρχομένου φθινοπώρου. καὶ τρίτος, δυομένων πλειάδων, περὶ Ὀκτώβριον μῆνα.* **2** *οὐ μέντοι ὡρισμέναις ἡμέραις, ἀλλὰ τῇ τῶν κηρίων τελειότητι. πρὶν γὰρ ἐξυφῆναι εἰ τρυγηθεῖεν, ἄχθονται καὶ παύονται πονοῦσαι.* **3** *Τὸ δ᾽ αὐτὸ δρῶσι, κἂν ἀπλήστως πάντα τὸν καρπὸν ἀφέλῃς, καὶ κενώσῃς τὰς κυψέλας.* **4** *Δεῖ γὰρ τὴν δεκάτην μοῖραν αὐταῖς ἀπολείπειν ἔαρός τε, καὶ θέρους· χειμῶνος δὲ τὸ τρίτον μόριον λαβόντα, τὰ δύο μέρη καταλιπεῖν αὐταῖς. οὕτω γὰρ οὔτε ἀθυμήσουσι, καὶ τροφὰς ἕξουσι.* **5** *χρὴ δὲ καπνῷ βολβίτου προαπελαύνειν αὐτάς.* **6** *ἢ μαλάχης ἀγρίας ἄῤῥενος, ἣν δενδρομαλάχην καλοῦσι, χυλῷ δεῖ χρίεσθαι τὸν τρυγῶντα διὰ τὰ*

---

1 *ενίοι,* (!) L *ἂν εἴη·* H ‖ 2 *στενωχωρία νοσοῦσιν·* L ‖ 3 *ἀφαιρεῖν.* per comp. L ‖ 5 *μελίσσας* H *μέλισσασ* L ‖ 6 *τοῦ αὐτοῦ* om. LM ‖ 8 *μηνὸς μαΐου τοῦ μηνὸς* FLM ut ed. P ‖ 9 |*Δεύτερος* L ‖ 10 |*Καὶ* L ‖ 12 *ἐξυφηθῆναι* L ‖ 13 *παύονται διψῶσαι* FM ‖ *δρῶσιν* F -*σι* H ‖ 14 *ἀπλείστως* L ‖ *κενώσεισ* F -*ης* H ‖ 15 *κυψέλλας* P ‖ 16 *Χειμῶνος* v. c. L ‖ 17 *τρίτō μόριον* L *τριτημόριον* M ‖ *λαβὼν* F *λαβόντας* L ‖ *καταλίπειν* L ‖ 18 *ἀθυμήσωσι καὶ τροφὴν* L *ἀθυμήσουσιν* et *ἕξουσιν* F -*σι* H ‖ 19 *προσαπελαύνειν* L ‖ 21 *καλοῦσιν·* F -*σι·* H ‖ *χυλῶ δὲ χρ.* FL ‖ *δεῖ* post *τρυγῶντα* add. F *δεῖ τίλεως,* add. L.

δήγματα. ὠφελεῖ δὲ καὶ μελιττεὼν καταχρισθεῖσα, καὶ ἄνθος σχίνου.

## Cap. 6. Τρυγῶντα μέλι μὴ τύπτεσθαι. Παξάμου.

1 Τίλεως πεφρυγμένης ἀλεύρου, μαλάχης ἀγρίας ἀποχύλισμα παραχέας σὺν ἐλαίῳ, μέλιτός τε πάχος ποιήσας, ἐπίχριε τὸ πρόσωπον καὶ τὰ γυμνὰ τοῦ σώματος δαψιλῶς, καὶ ῥοφήσας ἐμφύσησον εἰς τὴν μελισσίαν τρὶς ἢ τετράκις. 2 Καὶ ἀνάψας πυρὶ βόλιτον εἰς χυτρίδιον, καὶ προσαγαγὼν τῷ θυριδίῳ ἄφες εἰσκρίνεσθαι τὸν καπνὸν ἐφ' ἡμιώριον, ἐπάρας τε κράτει ἔξω τὸ χυτρίδιον, ὅπως ὁ καπνὸς ἔξω περισσεύῃ, καὶ οὕτως τρύγα. 3 ὁμοίως δὲ καὶ τῶν σφηκῶν τὰς νεοσσίας ἂν ἐξαίρῃς οὕτως σκεύαζε, προσμίξας ὅλῳ φακοῦ ἄλευρον.

---

1 δείγματα L δίγματα M δήγμα· H ‖ 3 σχίνου τρυγῶντα — τύπτεσθαι:- quasi titulus pars esset capitis antec. L ‖ 4 παξάμου om. M ‖ 5 τήλεως HM ‖ πεφρυγμένης . . . χύλισμα ⅔ versus om. M πεφρ. παραχέας P ‖ μαλάχισ L ‖ 7 τὰ σεμνὰ L ‖ 8 δαψηλῶς τε ῥοφήσας L ‖ μελισσιὰν HL ‖ 9 ἀνάψας corr. Brassicanus πυρὶ βόλιτον* coni. Niclas.; ἀναψύξας πυροβόλιον FL ἀναψύξεισ πυροβό|λισον M ἀναψύξεις πυροβόλησον P cf. praef. p. XIV ‖ 10 θυριώω L ‖ 12 χυτρίον L ‖ 13 οὕτως per comp. M οὕτω HP ‖ σφικῶν F η H ‖ 14 νεοσσιασ sine acc. F νεοσσιὰς HM νοσσιὰς L ‖ ἐξαιρῇς M ‖ οὕτως p. c. M οὕτω H οὕτως σκεύαζε om. P ‖ τῶ ὅλω L ὀλίγον S XIV 2 βολβίττῳ coni. Cornarius cf. praef. p. XIV ‖ 15 ἀλεύρου F.

## Cap. 7. *Περὶ μέλιτος, καὶ θεραπείας αὐτοῦ. Διοφάνους.*

1 *Ἄριστον μέλι τὸ Ἀττικόν, καὶ τοῦ Ἀττικοῦ τὸ Ὑμήττιον. καλὸν δὲ καὶ τὸ γινόμενον ἐν ταῖς νήσοις. τοῦ δὲ Σικελικοῦ τὸ Ὑ⟨β⟩λαῖον, καὶ τοῦ Κρητικοῦ τὸ Ἀκραμανμώριον, καὶ τοῦ Κυπρίου τὸ Χύτριον, καὶ τοῦ Κώου τὸ Καλύμνιον.* 2 *ἔστω δὲ τῷ εἴδει διαυγὲς καὶ ὑπόξανθον, καὶ ἀψαμένῳ λεῖον, καὶ ἕλκοντι ἐπιπολὺ συναφὲς ἑαυτῷ μενέτω, καὶ μετέωρον ἄραντος, ἡσυχῇ ἀπορρείτω, καὶ εἰς λεπτότητα ἐλθόν, καὶ βραδὺ ἀποσπασθέν, παχὺ ἀναφερέσθω, καὶ προσέστω τὸ εὐῶδες.* 3 *ἐν πολλῷ δὲ τῷ χρόνῳ παντὸς μέλιτος ξηραινομένου, τὸ Ἀττικὸν μέλι ὑγρὸν διαμένει, τὴν δὲ χροιὰν μελαίνεται.* 4 *τὸ μὲν οὖν χεῖρον μέλι ἕψει, ἄμεινον γὰρ ὧδε ἔσται· τὸ δὲ ἄριστον ἔσθιε ὠμόν. οὐ μόνον γὰρ ἡδὺ τοῖς χρωμένοις, ἀλλὰ καὶ μακροβίους ποιεῖ.* 5 *οἱ οὖν ἐν γήρᾳ μέλιτι μετὰ ἄρτου μόνου τρεφόμενοι, ἐπὶ πλεῖστον βιοῦσι· καὶ τὰς αἰσθήσεις δὲ διαφυλάττει πάσας ἐῤῥωμένας.* 6 *Δημό-*

---

2 *διοφ.* a. t. M p. t. LP ‖ 4 *ὑμήτιο͞.* L ‖ 5 *τοῦ σικ. δὲ* M ‖ *ὑλαῖον* FL *ὕλαιον* HM [Syriac text] S XIII 3 ‖ 6 *Ἀκρασαμμώνιον* coni. Niclas *ἀκραμανμώριον* FM *ἀκραμαντώριον* L *ἀκρανμαμώριον* H *ἀκραμενμώριον* P [Syriac text] S XIII 3 cf. praef. p. XIV ‖ 7 omnia usque ad § 5 v. c. sine rubro L ‖ *τῷ* om. F ‖ 10 *ἀπορρρ(!)είτω* M *ρρ* P ‖ *ἐλθὼν* M *-ὸν* P *ἐλθὼν εἰς λεπτ.* H ‖ 11 *ἀπωσμένω. συνάψας ἀφαιρείσθω καὶ προσενούσθω* FL cf. praef. p. XV ‖ 12 *ἐν* om. FM ‖ *καὶ* post *δὲ* add. P ‖ 13 *μὲν* post *ὑγρὸν* add. M nihil P ‖ 15 *ὧδε* om. F *ἄμ. δὲ ἔσται* M ‖ *ὀμὸν* L ‖ 17 *οὖν* om. P ‖ *ἐν* om. F ‖ *γῆρα* FL ‖ *μετὰ τοῦ ἄρτου* M *μετὰ τοῦ ἄρτου τρεφ.* H *μετὰ ἄρτου τρ.* P ‖ 18 *ἐπι|πλεῖστον* F *ἐπιπλεῖστον* H *ἐπὶ πλ.* L *ἐπιπλεῖον* M ‖ *βιοῦσιν* F *-σι* H ‖ 19 *διαφυλάσσει* M ‖ *Δημοκρίτου.* (rubr. tit. loco). | *Δημόκριτος δὲ ἐρωτιθεὶς* L *δημ.* mg. rep. H *δημοκρίτου* mg. add. F.

κριτος δὲ ἐρωτηθείς, πῶς ἂν ἄνοσοι καὶ μακραίωνες γίγνοιντο οἱ ἄνθρωποι, εἶπεν, Εἰ τὰ μὲν ἔξωθεν ἐλαίῳ τοῦ σώματος, τὰ δὲ ἔνδοθεν μέλιτι χρίσοιντο. 7 εἰ δὲ ἄδολον ἔσται τὸ μέλι, βάψας ἅψεις αὐτό. ἄδολον γὰρ ὑπάρχον καθαρίως ἅψει.

Cap. 8. *Μελισσῶν σμήνη μὴ φαρμακοῦσθαι, μηδὲ ἀγρούς, μηδὲ οἰκίας, μηδὲ κτηνοτροφεῖα, μηδὲ ἐργαστήρια. Λεοντίνου.*

**1** Ὄνου μέλανος ὁπλὴν τοῦ δεξιοῦ ὤμου κατόρυξον ὑπὸ τὸν οὐδὸν τῆς εἰσόδου, καὶ ἐπίχεε ῥητίνην πιτυΐνην ὑγρὰν ἄπυρον (αὕτη δὲ ἐν Ζακύνθῳ γίνεται ἐκ τῆς λίμνης ἀναφερομένη, ὡς ἡ ἄσφαλτος ἐξ Ἀπολλωνίας τῆς κατὰ Δυῤῥάχιον ἐκ τῆς λίμνης ἀναβάλλεται) καὶ ἅλας, καὶ ὀρίγανον Ἡρακλεωτικόν, καὶ καρδάμωμον, καὶ κύμινον. **2** ἄρτου ψωμούς, σκίλλης, στέμμα ἐρίου λευκοῦ ⟨ἢ⟩ φοινικοῦ, ἄγνον, ἱερὰν βοτάνην, θεῖον, δαδία πεύκινα, καὶ ἀμάραντον τὸ ὑπέρυθρον

---

2 γίνοιντο M γένοιντο P ‖ 3 χρίοιντο L ‖ § 7 om. M ‖ 4 τὸ om. F, supra add. 1. m. L ‖ ἀνάψεισ L; locus desperatus. Pro ἅψεις exspectes ὄψει; de ceteris, cum neque incendere mel mihi contigerit neque unquam tetigerim, quin manus foedarem, ne coniicere quidem habeo ‖ 5 καθαρείωσ αναφθήσεται (!) L ‖ 6 c. 8 om P in fine libri add. L ‖ σμήνει M et M i. c. τροφὴν L ‖ 7 μήτε ubique L ‖ οἰκείας. L ‖ 8 λεοντ. om. LM ‖ 9 ὤμου om. L ‖ 10 τῶν εἰσόδων L ‖ ῥητίνην L ῥϊτήνην πιτύνην H ‖ 11 ἄπυρον* om. FM ὑγράνασ πυρί. L cf. praef. p. XVI ‖ ἐκ ζακϋνθ(ου) γί(νεται) p. comp. M ‖ 12 ἀναφαιρομ. L 13 δωράκινον F τὸ add. L ‖ 14 ἡρακλ.· κάρδαμον (per comp.)· κύμ.· ἄρτον ψωμὸν· (per comp.) σκίλλισ, ‖ στέμμα· | (p. $70^{b}$) ἔριον λευκὸν· (p. c.) φοιν· (supra add. 1. m. ήν) ἄγνον (p. c.) L ‖ 15 ζωμοὺς FM ‖ σκίλλης p. c. M cf. praef. p. XVI ‖ 16 ⟨ἢ⟩ add. Needham. om. codd. S ‖ φοινίκων H ‖ 17 καὶ ἀμάραντον τὸ ὑπέρυθρον om. L cf. praef. l. l.

κατὰ μῆνα τίθει, καὶ ἐπίχωσον, καὶ πανσπερμίαν ἐπιβαλὼν ἄφες.

## Cap. 9. Πρὸς τὸ ἀνελεῖν κηφῆνας. Δημοκρίτου.

1 Εἰ θέλεις ἀνελεῖν τοὺς κηφῆνας, ἀρχομένης ἑσπέρας τὰ πώματα τῶν ἀγγείων ἔνδοθεν κατάῤῥανον ὕδατι, καὶ περὶ τὸν ὄρθρον ἄνοιξον τὰ ἀγγεῖα, καὶ εὑρήσεις τοὺς κηφῆνας ταῖς ῥανίσι τῶν πωμάτων προσκαθημένους. 2 ἀεὶ γὰρ μεστοὶ τοῦ μέλιτος ὄντες διψῶσι, καὶ ἀκορέστως τοῦ ὕδατος ἔχοντες οὐκ ἀφίστανται τῆς τῶν πωμάτων νοτίδος. 3 δυνατὸν οὖν πάντας αὐτοὺς διαφθεῖραι, καὶ μηδένα αὐτῶν διαφυγεῖν. εἰσὶ δὲ μεγάλοι, καὶ ἄκεντροι, καὶ ἀργοί. 4 Φησὶ δὲ ὁ Ἀριστοτέλης, γίνεσθαι τὸ ἀπὸ τῆς πύξου μέλι βαρύοσμον· ἀφ' οὗ τοὺς μὲν ὑγιαίνοντας φαγόντας ἐξίστασθαι, τοὺς δὲ ἐπιληπτικούς, εὐθὺς ἀπαλλάττεσθαι.

## Cap. 10. Ὑπὸ σφηκῶν μὴ κρούεσθαι. Παξάμου.

Μαλάχης ἀγρίας χυλῷ τις χριέσθω.

---

3 c. 9 om. L tit. §§ 1—3 om. § 4 post c. 10 χριέσθω:- reiec. P ‖ 11 οὖν* γὰρ codd. ‖ 13 εἰσὶν F εἰσὶ — ἀργοὶ om. H ‖ 13 φησὶν F -σὶ H χριέσθω· (c. 10) ἀριστοτέλης φησὶ P ‖ 14 ἀριστοτέλους mg. add. F nihil H ‖ τὸ om. H ‖ 16 in P hanc § sequitur l. XVI ‖ 18 c. 10 post c. 7, 6 add. P ‖ κε. ξῆ:· mg. L ‖ σφικῶν FL ‖ τύπτεσθαι L ‖ παξάμου p. t. LM om. HΓ.

# ΒΙΒΛΙΟΝ Iϛ.

*Τάδε ἔνεστιν ἐν τῇδε τῇ βίβλῳ, ἑκκαιδεκάτῃ μὲν οὔσῃ τῶν περὶ γεωργίας ἐκλογῶν, περιεχούσῃ δὲ σύνταξιν περὶ ἵππων ἐπιμελείας, καὶ θεραπείας αὐτῶν, καὶ ἐκτροφῆς, καὶ περὶ ὄνων καὶ καμήλων.*

*α΄. περὶ ἵππων. β΄. ἵππου σημεῖα. γ΄. περὶ ἰάσεως διαφόρων νοσημάτων. δ΄. περὶ πυρέττοντος. ε΄. περὶ ὀφθαλμιῶντος. ϛ΄. περὶ λευκώματος. ζ΄. περὶ νεύρων. η΄. περὶ κοιλίας. ϑ΄. περὶ στρόφου. ι΄. περὶ πνευμονίας. ια΄. περὶ βηχός. ιβ΄. περὶ ἀδήλου νόσου. ιγ΄. περὶ δυσουρίας. ιδ΄. ἐὰν αἷμα οὐρῇ. ιε΄. περὶ ἑλκώσεως. ιϛ΄. περὶ φλεγμονῆς. ιζ΄. μάλαγμα πρὸς ἄρθρα. ιη΄. περὶ ψώρας. ιϑ΄. περὶ βδέλλης. κ΄. πῶς ἰάσῃ σκορπίου ἢ ἄλλου ἑρπετοῦ πληγήν. κα΄. περὶ ὄνων εἰς ὀχείαν ἐπιτηδείων. κβ΄. περὶ καμήλων.*

## Cap. 1. *Περὶ ἵππων. Ἀψύρτου.*

**1** *Τὰς θηλείας ἵππους, ἐξ ὧν πωλοτροφήσομεν, εἶναι χρὴ εὐπαγεῖς, καὶ μέγεθος ἐχούσας ἱκανόν, καὶ*

---

1 lib. XVI sequitur librum XIV L *β. δέκατον ἕκτον:·* in fine fol. 147r H *β. ιϛ΄ περιέχον σύνταξιν κτλ.* P ‖ 2 *ἑκκαιδεκάτῃ** *δεκαέκτη* F *δεκάτη ἕκτη* H *ἑξκαιδεκάτη* L *ιϛ΄* M 4 *κ* ϙξ mg. L ‖ *ἐπιμελίασ* L ‖ 6 indicem capitum om. HLP *ἵππων* F ‖ *ἵππου σημεία* F ‖ *ἰάσεων* *δφ* *νοσημ* F ‖ 7 *ε΄ οφθαλμιων* F ‖ 8 *λευκομ.* sine acc. F ‖ 9 *περὶ* 1. m. supra *πνευμ.* p. c. repet. M ‖ 11 *δισουρίασ* F ‖ 12 *ολιγμον* F ‖ 13 *ἄρθρα* om. 1½ dig. spatio serv. M ‖ 14 *ἰάσιισ* F ‖ 16 tit. al. m. mg. suppl. P *ἀψύρτου* om. M *ἀφρϊκανοῦ:* p. t. H ‖ 18 post *ἱκανὸν* add. *τοῦ σώματος* om. *καὶ — ἰδεῖν* M.

ὡραίας ἰδεῖν, πλάτος τε ἔχειν ἐν τοῖς μέρεσι τῆς κοιλίας, καὶ ⟨κατὰ⟩ τὰς λαγόνας· τῷ δὲ χρόνῳ μήτε νεωτέρας ἐτῶν γ' μήτε πρεσβυτέρας ἐτῶν ι'. 2 Τὸν δὲ ἵππον τὸν πρὸς ὀχείαν χρὴ εἶναι τῇ περιοχῇ τοῦ σώματος μέγαν, εὐπαγῆ πᾶσι τοῖς μέρεσι. 3 καιρὸς δὲ τοῦ βιβάζειν ἀπὸ ἰσημερίας ἐαρινῆς, τουτέστιν ἀπὸ δευτέρας εἰκάδος Μαρτίου, ἕως δευτέρας εἰκάδος Ἰουνίου, ἵνα ὁ τοκετὸς γένηται περὶ τὴν εὐκρατωτάτην τοῦ ἔτους ὥραν, καὶ χλόην ἔχουσαν. φέρει γὰρ κατὰ γαστρὸς ἡ ἵππος μῆνας ια' καὶ ἡμέρας ι'. τὰ δὲ μετὰ τροπὰς θερινὰς κυϊσκόμενα δυσγενῆ γίνεται, καὶ ἄχρεια. 4 ἀποστατέον δὲ τὸν ἵππον κατὰ τὸν καιρὸν τῆς ὀχείας ἀπὸ τῶν ἔργων. βιβάζειν δὲ χρὴ μὴ πολλάκις τῆς ἡμέρας, ἀλλὰ δὶς μόνον, πρωῒ καὶ δείλης. 5 ἐὰν δὲ ἅπαξ βιβασθεῖσα μὴ προσίηται τὸν ἄῤῥενα, μετα ι' ἡμέρας αὐτῇ πάλιν προσακτέον. ἐὰν δὲ μηδ' οὕτως προσδέξηται, ἀποχωριστέον αὐτήν, ὡς ἤδη συνειληφυῖαν. 6 ὅταν δὲ συλλάβωσι, φροντιστέον ὅπως μὴ μοχθῶσι πλέον τοῦ δέοντος, μηδὲ ψυχροῖς διαναπαύωνται τόποις ἐναντιοῦται γὰρ ταῖς κυούσαις τὸ ψύχος. 7 Τοὺς δὲ ἄῤῥενας προθύμους περὶ τὴν ὀχείαν ποιήσομεν τοῖς ἀπομάγμασι τοῖς τῆς φύσεως

1 κοί et supra add. λ M κοιλίας P ‖ 2 ⟨κατὰ⟩ edd. καὶ τῶν λαγόνων:- | Τῷ δὲ χρ. μετὰ νεωτ. L ‖ 3 τρϊῶν; M τριῶν· HP ‖ δέκα P ‖ 4 δεῖ τὸν πρὸς ὀ. εἶναι L ‖ 7 β' F utroque loco ἀπὸ δευτέρας εἰκάδος ἰουνίου H ‖ 9 Χέρει v. c. L ‖ 10 ἕνδεκα H ‖ δέκα P ‖ 12 κατὰ τ. κ. δὲ τῆς ὀχείας ἀποστατέον τὴν ἵππυν ἀπὸ τ. ἔργων M ‖ 13 .ιβάζειν (B rubr. om.) L ‖ 15 δὲ om. FM ‖ βιασθεῖσα L ‖ προσίεται L προσίῃ FM ‖ 16 δέκα HP ‖ προσακταῖον L ‖ μὴ οὕτως F et per comp. M μὴ οὕτω P ‖ 19 μοχθῶσι emend. Ursinus et Gesner ex Varr. RR II 7, 10 μιχθῶσιν F -σι HM et m. rec. ex μιχτῶσι (?) corr. L ‖ διάγωσι L ‖ 22 ποιήσωμεν L ‖ ἀποστάγμασι H ἀπομ. τῶν αἰδοίων τῆσ L.

τῆς θηλείας περιχρίοντες αὐτῶν τὰς ῥῖνας. 8 Τὸν δὲ πῶλον τὸν ἐσόμενον ἀγαθὸν διαγνωσόμεθα οὕτως, ἀπὸ τῶν ψυχικῶν καὶ σωματικῶν ἀρετῶν· 9 οἷον ἀπὸ μὲν τοῦ σώματος· τὴν κεφαλὴν ἔχει μικράν, ὄμμα μέλαν, ῥῖνας μὴ συμπεπτωκυίας, ὦτα προσεσταλμένα, τράχηλον ἁπαλόν, χαίτην βαθεῖαν, οὐλοτέραν βραχύ, κεκλιμένην ἐπὶ τὰ δεξιὰ τοῦ αὐχένος, στῆθος εὐρὺ μεμυωμένον, ὠμοπλάτας μεγάλας, βραχίονας ὀρθούς, κοιλίαν εὔογκον, διδύμους μικρούς, ῥάχιν μάλιστα μὲν διπλῆν, εἰ δὲ <μή,> μή γε κυρτήν, οὐρὰν μεγάλην, οὐλότριχα, σκέλη ὀρθά, μηροὺς μεμυωμένους, ὁπλὴν εὐπερίγραφον, καὶ πάντοθεν ὁμαλῶς συμπεπηγυῖαν, βάτραχον μικρόν, ὄνυχα στερεόν· ἐκ τούτων πάντων πρόδηλός ἐστιν ὁ ἀγαθὸς καὶ μέγας ἐσόμενος ἵππος. 10 ἀπὸ δὲ τῶν ψυχικῶν οὕτως δοκιμάζεται· ἐὰν μὴ ᾖ ἐπτοημένος, μηδὲ ὑπὸ τῶν αἰφνιδίως φαινομένων ἐκταραττόμενος, ἔν τε τῷ συναγελασμῷ τῶν πώλων φιλόπρωτος, οὐκ εἴκων, ἀλλ' ἐξωθῶν τὸν πλησίον· ἐν δὲ τοῖς ποταμοῖς καὶ λίμναις οὐκ ἀναμένων ἕτερον προεμβαίνειν, αὐτὸς δὲ ἀκαταπλήκτως τοῦτο πρῶτος ποιῶν. 11 Εἰς δὲ χειροήθειαν ἀκτέον τοὺς πώλους πληρώσαντας τοὺς ι' καὶ η' μῆνας, τότε φορβειὰν αὐ-

2 ἐσώμενον L ‖ 4 τὴν om. L ἔχει τὴν κ. M ‖ 5 προεσταλμένα FM ‖ 6 οὐλοτήρα βραχὴ L ‖ 7 τοῦ χένοσ. L ‖ 8 κεμυωμένον L ‖ μεγάλουσ· L ‖ 9 διδ. μικροὺς corr. Needh. om. LP μακροὺσ F εὔογγον· | διδ. μακροὺσ. H εὔογκον . . . | (unius digiti spatio om.) ῥαχϊν· . . (2 litt. sp. om.) μάλιστα M ‖ μάλιστα καὶ δ. L ‖ 10 <μή,>* add. ex coni. Needh. μή γε, μὴ Victorius ‖ 11 οὐλότριχον F ‖ 13 στερρόν LP ‖ |'Εκ τούτων τῶν πραγμάτων, πρόδ. L ‖ 15 οὕτως per comp. M οὕτω P ‖ 16 ᾖ om. FM ‖ ἐφνιδίως L ‖ 20 τούτω L ‖ πρώτως LP ‖ 21 τοὺς ἵππουσ (!), πληρ. αὐτοὺσ δέκα L ‖ 22 δέκα καὶ ὀκτὼ HP ‖ φορβιὰν H τότε καὶ φορβιὰν L.

τοῖς περιτιθέντας· τὸν δὲ χαλινὸν πρὸς τῇ φάτνῃ κρεμαστέον, ἵνα ψαύων συνεθίζηται, καὶ μὴ εὐλαβῆται τὸν ἀπὸ τῶν σιελιστηρίων ψόφον. γενόμενον δὲ τριετῆ δαμαστέον, πρὸ τοῦ γραστισθῆναι. **12** Τὸν δὲ χρόνον καὶ τὴν ἡλικίαν τῶν ἵππων, καὶ πάντων τῶν μονωνύχους τὰς ὁπλὰς ἐχόντων, σχεδὸν δὲ καὶ τῶν κερασφόρων, γνωσόμεθα ἀπὸ τῆς τῶν ὀδόντων ἐκβολῆς. **13** τριάκοντα μὲν γὰρ μηνῶν γενόμενος ὁ πῶλος πρωτοβολεῖ τῶν ἐμπροσθίων ὀδόντων, οὓς καλοῦμεν τομεῖς, τοὺς μέσους, δύο κάτωθεν καὶ ἄνωθεν δύο ἀποβάλλων. **14** ἀρχόμενος δὲ τοῦ τετάρτου ἔτους ἐκβάλλει πάλιν ἄλλους δύο κάτωθεν ἕνα ἐξ ἑκατέρου μέρους, καὶ ἄνωθεν ὡσαύτως. φέρειν δὲ δοκεῖ τότε καὶ τοὺς κυνόδοντας. **15** τελειώσας δὲ τὰ δ΄ ἔτη, καὶ τοῦ ε΄ ἐπιλαβόμενος, τοὺς λοιποὺς ἐκβάλλει κάτωθεν καὶ ἄνωθεν ἐξ ἑκατέρου ἕνα· τοὺς δὲ φυομένους κοίλους ἴσχει. **16** ἐμβάντος δὲ εἰς τὸ ἕκτον ἔτος, ἀναπληροῦνται τῶν πρώτων τὰ κοιλώματα. ἐπιλαβόμενος δὲ τοῦ ἑβδόμου πάντας ἴσχει συμπεπληρωμένους, καὶ οὐδὲν ὅλως ἔχοντας κοίλωμα. τούτου δὲ συμβάντος, οὐκέτι ῥάδιον ἐπιγινώσκειν τὰ ἔτη. **17** ἵπ-

---

1 περιτιθέντας edd. περιτιθέντες FM περιθετέον: Τὸν δὲ L ‖ 2 κρεματέον L ‖ συνειθίζηται F ψαύοντες συνηθίζηται (!) H ‖ 3 σιελιστήρων H σιελιστίρων L σιδήρων στήρων per comp. M σιδήρων P ‖ Γενόμενον v. c. L ‖ 4 γραστιθῆναι FL ‖ 6 μονων. H μονον. F μονύχουσ altero ον a rubr. supra add. L | μόνΰχας per comp. M μώνυχας P ‖ δὲ om. L ‖ καὶ om. F ‖ 8 λ΄ L ‖ 9 ὀδόντων om. FM ‖ 10 κάτωθεν — ἄλλους δύο om. L 12 κατώθεν ἕνα om. H ἕνα om. F ‖ 14 καὶ ante τελ. add. F om. H ‖ τρία expunxit τέσσαρα supra add. H ‖ 15 πέμπτου H $ε^{ου}$ P ‖ 16 δὲ φυομ. κοίλους om. tertia versus parte servata M δὲ φυομ. κ om. P ‖ 17 ἐμβὰς FM ‖ 18 Ἐπιλαβόμενος v. c. L ἐπιλαβὼν FM ‖ 19 ζ΄ L ‖ συμπεπλεγμένους M συμπλεκομένους P ‖ 20 κοιλώματα. Τούτου v. c. L.

πος δὲ καθόλου οὐ νοσεῖ, ἐὰν ἐλάφου κέρας τούτῳ περιάψῃς.

Cap. 2. Ἵππου σημεῖα. Πελαγωνίου.

1 Τινὲς δὲ καὶ τοὺς ἑτεροφθάλμους ἐν τοῖς καλλίστοις τάττουσιν, οἷόν φασι γεγενῆσθαι τὸν τοῦ Μακεδόνος Ἀλεξάνδρου Βουκέφαλον. γλῶσσαν δὲ λεπτὴν καὶ μακρὰν ἐχέτω, τὸ δὲ πρόσωπον σιμὸν ἢ ἐπίγρυπον. δεῖ δὲ αὐτὸν εἶναι ὑψαύχενα, γαῦρον, γλαυκόν, δυσγαγγάλιστον, ὀρθόν, τόν τε τράχηλον πλήρη καὶ παχύν, τουτέστιν οὐ βραχυτράχηλον, γαστέρα συμπεπιεσμένην, καὶ ταῖς λαγόσι σύνεσταλμένην, τὸ μέγεθος ἱκανόν, τὰς δι' ὅλου τοῦ σώματος φλέβας εὐσήμους καὶ ἐπηρμένας, τὴν χροιὰν κατακόρως μέλανα. 2 Πλάτων δὲ τοὺς λευκοὺς ἀποδέχεται, ὡς ἐν τῷ λευκῷ καὶ τῷ μέλανι τὴν ἀκρότητα ἐπαινεῖσθαι. 3 καὶ τὸν φοινικίζοντα δὲ συναριθμοῦσι τοῖς ἀγαθοῖς ἵπποις· συμβαίνει δέ, καὶ ἄλλης χροιᾶς ἀγαθοὺς ἵππους εἶναι πολλάκις. 4 ἀγαθοῦ δὲ ἵππου καὶ τοῦτο τεκμήριον, ὅταν ἑστηκὼς μὴ ἀνέχηται, ἀλλὰ κροτῶν τὴν γῆν ὥσπερ τρέχειν ἐπιθυμῇ.

---

3 πελαγ. om. LM ‖ 4 καὶ om. M ‖ 6 Γλῶσσαν L ‖ δὲ om. FM ‖ 7 ἐχέτω om. FM ‖ 8 Δεῖ δὲ v. c. L δεῖ — εἶναι om. FM ‖ 9 γαῦρον om. FL ‖ δυσγαγάλιστον H δυσγαργάριστον M ‖ ὀρθὸν τραχ. τε πλ. FM ‖ 12 δὲ ὅλου L ‖ 14 πλάτων mg. rep. H πλάτωνος mg. add. F ‖ 17 Συμβαίνει v. c. L σημαίνει M ut ed. P.

Cap. 3. *Περὶ ἰάσεως διαφόρων νοσημάτων. Ἀψύρτου.*

**1** *Ἐὰν ἰσχναίνηται ὁ ἵππος, σίτου φρυγέντος ἢ κριθῶν ἐπτισμένων διπλάσιον παραβλητέον αὐτῷ, καὶ τρὶς τῆς ἡμέρας ποτιστέον.* **2** *εἰ δὲ ἐπιμένοι ἰσχναινόμενος, πίτυρον τῷ σίτῳ μικτέον, καὶ ἠρεμαίαις γυμνασίαις χρηστέον.* **3** *ἐὰν δὲ μὴ ἀδηφαγῇ, στρύχνον καὶ πολίου δὲ φύλλα ὕδατι ποτίμῳ διέντα ἐγχέουσιν εἰς τὰς τροφάς.* **4** *τὰς δὲ κριθὰς καὶ τοὺς ὀρόβους διαβρέξαντες ὕδατι παρατιθέασιν, ἢ μελανθίου κυάθους δύο τρίψαντες, καὶ μίξαντες ἐλαίου κυάθους τρεῖς, μετὰ οἴνου κοτύλης μιᾶς ἐγχέουσι.* **5** *Ναυτιῶντα δὲ θεραπεύσεις σκόρδα κοτύλῃ οἴνου μίξας, καὶ δούς. ἐὰν δὲ καὶ δυσουρίᾳ ἐνέχηται, ᾠῶν δέκα τὸ λευκὸν τοῖς προειρημένοις μιχθὲν διὰ τοῦ στόματος ἐγχέωμεν.* **6** *οὔτε δὲ βόες, οὔτε ἵπποι νοσήσουσιν, ἐὰν ἐλάφου κέρας περιάψῃς αὐτοῖς.*

---

1 *τοῦ ἵππου* post *νοσημάτων* add. L om. S XIII 32 ‖ 2 *ἀψύρτου* p. t. L om. M ‖ 3 *ἐὰν ἀνισχναίνηται* H *ἀπισχ.* M *ἐπισχ.* P ‖ 4 *Καὶ τρὶσ* v. c. L *καὶ* om. FM *τρεῖς ἡμέρας καὶ ποτ.* S ‖ 5 *ἐπιμένει* M ‖ 7 *ἀδδηφαγῇ* LP ‖ *στύχνον* L ‖ 8 *διέντα** *διηθέντα* FM *δευθέντα* L *παράβαλε στρ. καὶ πολίου φ. φύρασον ὕδατι καὶ πότιζε καὶ κατάρραινε ἐξ αὐτοῦ τὰς τροφάς* S ‖ 9 *τροφὰς* om. 4 litt. spatio serv. M *εἰς τὰς τρ.* om. P ‖ 10 *ὕδατι παρα* om. P et 1½ dig. spatio serv. M ‖ *μελαμψίου* M *μελαμψίας* P ‖ 12 *ἐγχέουσιν* F ‖ 13 *θεραπεύσης* per comp. M *-εις* P ‖ *σκόροδα* M *σκόρδα* HL om. F ‖ *κοτύλην οἴνου* F *κοτύλη οἴνῳ* corr. ex *οἴνου* H ‖ 14 *δυσουρίαν* HP *δυσσου'ρία κατέχηται* L ‖ 16 *δὲ* om. F ‖ *νοσίσουσιν* L.

Cap. 4. *Περὶ πυρέττοντος. Τοῦ Αὐτοῦ.*

1 Τὸν πυρέττοντα θεραπευτέον θερμῷ λουτρῷ, χειμῶνός τε θαλπτέον, ὡς μὴ ῥιγῴη, καὶ τροφὴν ὀλιγίστην ὀρόβων ἢ πυρῶν ἀλεύρου δοτέον, καὶ ποτὸν ὕδωρ χλιαρὸν προσκομιστέον, οἴνῳ τε ἅμα ἐλαίῳ χλιανθέντι ἀλειπτέον πᾶν τὸ σῶμα, καὶ διὰ κοιλίας καθαρτέον, αἷμά τε ἐκ τοῦ τραχήλου, ἢ τῶν περὶ τὸν φάρυγγα ἢ τὸ στῆθος φλεβῶν, ἢ τοῦ ποδὸς ἀφαιρετέον. καὶ τὰ γόνατα χριστέον ὄξει θερμῷ· ὅταν δὲ ἐῤῥῶσθαι δοκῇ, λουτέον ὕδατι θερμῷ. 2 Ἐὰν δὲ διὰ κόπον πυρέσσῃ καὶ ἀπισχναίνηται, γάλακτος αἰγείου κοτύλην, ἀμύλου μέτρον, ἐλαίου ἡμικοτύλιον, ᾠὰ δ', ἀνδράχνης κοπείσης τὸν ὀπόν ἀναμιχθέντα ἔγχεε ἐπὶ ἡμέρας γ' ἢ καὶ πλείους, ἕως ἂν ὑγιάνῃ. 3 ἐὰν δὲ δι' ἐπιφορὰν παρισθμίων ἢ τῶν περὶ κεφαλὴν πυρέττῃ, συνθαλπτέον αὐτόν, καὶ τὴν ὑπερῶαν ἁλσὶ μετ' ὀριγάνου κοπεῖσι καὶ ἐν ἐλαίῳ διηθηθεῖσι χρι-

---

1 post *πυρρέττοντος* add. *ἵππου* L om. S XIII 33 ‖ *τοῦ αὐτοῦ* a. t. M p. t. L om. P ‖ 2 post *λουτρῷ* Needh. ex Hippiatr. c. 1 p. 7 add. *θερείας*, sed S om. ‖ 4 *ὀλίστην* et *γί* 1. m. supra add. H *ὀλίγην* S Hipp. l. l. ‖ 5 *προκομιστέον* L ‖ 6 *χλιανθέντι* edd. *χλιαθ*. codd. om. S *οἴνω — σῶμα* om. Hipp. l. l. ‖ 7 *τὸν* om. FL *τὴν* Hipp. ‖ 8 *τοῦ στήθους* M *καὶ τὸ στ.* Hipp. *ἢ ἐκ τῆς τοῦ τραχ. φλεβὸς ἢ ἐκ τῶν ὑπὸ τὴν γένυν ἢ ἐκ τοῦ στήθους* S cf. praef. p. XVII ‖ 9 *καὶ* om. FM *ἢ* S *τὰ δὲ γ.* Hipp. ‖ 9 *ὅταν — θερμῷ* om. M ‖ 10 *δοκεῖ* L ‖ *λουστέον* F *λοῦσον* Hipp. ‖ 11 *πυρέσῃ* L et altero *σ* supra add. H *πυρέττῃ* P Hipp. ‖ 11 *ἀπησχναίνηται* L ‖ *αἰγίου* L *ἐλείου* P ‖ 12 ad *ἀμύλου* mg. ⸓ *καταστατου* (sine accentu) P *καταστατοῦ ἀμύλου τὸ ἀρκοῦν* Hipp. ܚܪܙܐ ܘܫܩܐ S ‖ 14 *τρεῖς* HP ‖ 15 *δὲ δι'* om. H *δι'* om. L ‖ 16 *αὐτὸν* om. M ‖ *ἁλσὶν* et *κοπεῖσιν* et *διηθηθεῖσιν* F *ν* om. H ‖ 17 *καὶ ἐλαίων* (per comp.) *διηθεῖσι* M *καὶ ἐλαίω διηθεῖσι* P *μετ' ὀριγάνου — διηθηθ.* om. H *ἁλῶν μετὰ ὀρ. καὶ ἐλαίου καὶ πίσσης μιγέντων ὁμοῦ χριστέον* Hipp. *θαλπτέον*

*στέον.* 4 *ὕδατι δὲ θερμῷ τοὺς πόδας καὶ τὰ γόνατα θερμαντέον, τὰ δὲ περὶ τὸ στόμα στρύχνῳ τετριμμένῳ καὶ τρυγὶ οἴνου παρατριπτέον, βρύοις τε ἢ χλόῃ, ἄνευ κριθῆς, θρεπτέον.* 5 *Ἐὰν δὲ διὰ ῥινῶν αἷμα φέρηται αὐτῷ, ἐγχέειν χρὴ διὰ τῶν ῥινῶν κολιάνδρου χυλόν, ἢ ὀπὸν χυλισθέντα.*

## Cap. 5. *Περὶ ὀφθαλμιῶντος. Τοῦ Αὐτοῦ.*

1 *Ἐὰν ὀφθαλμὸς φλεγμαίνῃ, λιβανωτοῦ ἄῤῥενος, ἐν ἄλλῳ δέ, ἀρνείου μυελοῦ, ἑκάστου ἀνὰ δραχμὴν μίαν, κρόκου, σηπίας ὀστέου δραχμὴν μίαν, ἐλαίου ῥοδίνου δραχμὰς ι′, ὠῶν δ′ τὸ λευκὸν τούτοις μιχθὲν ὑπαλειπτέον.* 2 *Ἄλλο πρὸς ὀφθαλμὸν φλεγμαίνοντα· λιβανωτοῦ, ἀμύλου, μέλιτος Ἀττικοῦ τὸ ἶσον.*

---

*αὐτοὺς λουτρῷ· καὶ ὀριγάνῳ κοπέντι καὶ χλιανθέντι ἐν ἐλαίῳ χριστέον αὐτούς* S ‖ 2 *τὰ περὶ* FM ‖ *στύχνω* L *στρ. μετρημένω* H ‖ 3 *τρυγίαν* HL *μανζιζανίῳ στρ. καὶ τετριμμένῃ τρυγὶ οἰνηρᾷ* Hipp., ut ed. S ‖ *βρύοις δὲ ἢ χλ. ἐὰν ᾖ μετὰ κριθῶν* Hipp. cf. praef. p. XVII. ‖ 5 *αὐτῷ* om. Hipp. *αὐτῶν* M ‖ *κολϋάνδρου* L et *ϋ* ex corr.? H *κοριάνου* M *κοριάνου ὀπὸν διηθηθέντα* Hipp. cf. praef. l. l. ‖ 7 *τοῦ αὐτοῦ* a. t. M p. t. L om. P ‖ 8 *ὁ* add. L om. Hipp. p. 47 ‖ *ἄρρενος* om. Hipp. serv. S XIII 34 ‖ 9 *ἐν ἄλλω δὲ* FM *ἀμύλου* Hipp. *ἄρρενος καὶ ἀρνείου* L *ἀμύλου ἢ μυελοῦ ἀρνείου* S cf. praef. p. XVIII ‖ *μυελῶ* M ‖ *ἑκάστου* om. L Hipp. ‖ *ἀνὰ* om. FM ܡܢ ܟܠ ܚܕ ܚܕ ܣܡܘܢ ܦܠܓܘܬ ܕܙܘܙܐ S ‖ 10 *κρόκου — μίαν* om. LH Hipp. *κρόκου μέτρον δραχμῆς μιᾶς* (ܡܬܩܠܐ ܙܘܙܐ ܚܕ) S ‖ *δραχμὴν μίαν ἐλαίου* om. P et quarta versus parte servata M *ὀστέα σηπίας καὶ ἔλαιον ῥόδ. ἑκάστου δραχμὴν μίαν* S *ἐλαίου ῥοδ.* $\overline{\gamma o}$ Hipp. *δραχμὰς δέκα* HP ‖ 11 *τεσσάρων* H *δ*[ων] P om. Hipp. *δέκα* S ‖ 11 *μιχθεῖσιν* L ‖ 12 *ἄλλο — φλεγμ.* rubro tit. loco M apud Hipp. et S hanc § non inveni ‖ 13 *τὸ ἶσον* om. FM.

Cap. 6. *Περὶ λευκώματος. Τοῦ Αὐτοῦ.*

1 *Ἁλὸς ἀμμωνιακοῦ λεπτοτάτου μέλιτι Ἀττικῷ ἢ ἄλλῳ καλῷ μικτέον, καὶ ἐγχριστέον· ἢ βουτύρου τὸ ἶσον ἐμβλητέον.* 2 *ἢ σηπίας ὀστοῦν λειωθὲν διὰ καλάμου ἐμφυσητέον. ἢ σιλφίου ῥίζης μετ' ἐλαίου κοπείσης δὶς τῆς ἡμέρας ὑπαλειπτέον.* 3 *ἢ σπέρμα εὐζώμου ὑγιές, ὥς ἐστιν, ἐμφυσητέον εἰς τοὺς ὀφθαλμούς, καὶ ἐατέον, ἕως οὗ ἀπολεπτῦναν τὰ βλέφαρα ἐκπλύνῃ, καὶ σμήξῃ τῇ δριμύτητι.*

Cap. 7. *Περὶ νεύρων. Τοῦ Αὐτοῦ.*

1 *Τὸν ὑπὸ νεύρων ὀχλούμενον καταντλητέον αὐτά τε τὰ μέρη καὶ τὴν κεφαλὴν ὕδατι θερμῷ· ἔπειτα στῆρος βοείου, καὶ σμύρνης ἴσου, καὶ θείου ἐντιθεμένου χυτριδίῳ, τὴν κεφαλὴν συγκαλυφθεῖσαν ὑποθυμιατέον καὶ θερμαντέον.* 2 *ἀλλὰ μὴν καὶ κενώσει κοιλίας χρηστέον, καὶ ἐκ τῆς οὐρᾶς αἷμα ἀφαιρετέον.*

Cap. 8. *Περὶ κοιλίας. Τοῦ Αὐτοῦ.*

1 *Ἐὰν ἡ κοιλία ῥέῃ, αἷμα διὰ τῶν ἐν τῇ κεφαλῇ φλεβῶν ἀφαιρείσθω· πινέτω δὲ καὶ χλιαρὸν ὕδωρ μετὰ*

---

1 *ἀττικοῦ.* (c. 5) *ἁλὸς* v. c. titulo om. P numerus etiam in M deest. ‖ *τοῦ αὐτοῦ* a. t. M om. P ‖ 2 *ἀμμον.* L ‖ *ἢ ἄλλῳ καλῷ* om. M ‖ 3 *βουτύρῳ* M *-ου* P ‖ 4 ante *διὰ* add. *καὶ* FM ‖ 5 *ἐμφυσσητέον* L *ἐμφυσηθὲν* M ‖ 8 *ἀπολεπτῦναν* ἀπολεπτύνασα* L *-νουσα* FM *ἀπολεπτυνθῇ* P ‖ *τὰ σπέρματα* FM ‖ 9 *ἐκλεπτύνῃ* FM *ἐκπλύνει* H om. P ‖ *σμήξει* L *σμίξει* H *σμῖξῃ* M *μιχθῇ* P ‖ 10 *ζ'* mg. recte M nihil de more P ‖ *τοῦ αὐτοῦ* a. t. M om. LHP ‖ 13 *τηρὸσ* L ‖ *σμύρνης καὶ λιβανωτοῦ ἐντιθεμ.* S XIII 36 ‖ *ἴσον* F et de more P *ἶσον* H et per comp. M ‖ 17 *τοῦ αὐτοῦ* om. LM.

κριθίνων ἀλεύρων κυκηθέν. εἰ δὲ μὴ ῥαΐζοι, διὰ τῶν ῥινῶν ἔλαιον ἐγχείσθω. 2 Ἐπέχει δὲ κοιλίαν ῥέουσαν καὶ σίδια ῥοιᾶς, καὶ ῥοῦς Συριακὸς ὁμοῦ κοπέντα, καὶ διὰ στόματος δοθέντα.

## Cap. 9. Περὶ στρόφου. Ἱεροκλέους.

1 Λουτέον ὕδατι θερμῷ, καὶ συγκαλυπτέον· ἔπειτα σμύρνης δραχμὰς ε΄ οἴνου παλαιοῦ κοτύλας ϛ΄ καὶ ἐλαίου κοτύλας γ΄ ὁμοῦ διηθηθείσας, καὶ εἰς τρία μέρη διαιρεθείσας, ἐγχυτέον· καὶ τὴν κοιλίαν ὕδατι θαλαττίῳ ἢ μύρτων ἀφεψηθέντων τῷ ὕδατι θερμαντέον. 2 καὶ πολίου φύλλον, ἢ ἀβρότονον, ἢ πικρὰς ἀμυγδάλας, καὶ οἴνου μέλανος αὐστηροῦ μιχθέντος, ἢ σίδια ῥοιᾶς μετὰ ὕδατος ἐγχυτέον. 3 Ὠφελεῖ δὲ καὶ σελίνου σπέρμα καὶ σικύου τὸ ἶσον, ἑκάτερον μετὰ οἴνου καὶ μέλιτος τοῦ ἴσου μέτρον διδόμενον ποτόν. 4 ἢ καρδαμώμου σπέρμα τετριμμένον μετὰ ὕδατος, ἢ τῆς μηδικῆς, οὕτω καταῤῥαίνηται, ὡς αἱ παραβαλλόμεναι κριθαί. 5 οἱ δὲ

---

1 κυκιθέν:- |[104] L ‖ ῥαΐζοιτο F ut ed. H ‖ 2 ἐγχείστω L ‖ 5 ἱεροκλέους p. t. L om. M τοῦ αὐτοῦ H ‖ 6 λουστέον FM λούσας αὐτὸν Hipp. c. 45 p. 149 ‖ 7 ὁλοῦ κοτύλας τρεῖς P ‖ 8 διηθησθείσασ L διηθείσας H διηθήσας FM Hipp. ‖ 8 γ΄ M καὶ ἐπὶ τρισὶν ἡμέραις ἐγχυματίσας Hipp. ut ed. S XIII 38 ‖ 9 ἢ FM καὶ L καὶ μύρτοις ἀφεψηθεῖσι καὶ θερμανθεῖσι S θαλασσίῳ θερμῷ κλῦσον μύρτων ἐν αὐτῷ ἀφεψηθ. ἢ πολυόφυλλον Hipp. ‖ 10 τῷ om. L ‖ φύλλων L [illegible] S ‖ 11 καὶ ἀβρ. S Hipp. ‖ ἀμυγδαλὰς FP ‖ πικρᾶσ ἀμυγδαλᾶσ M πικρᾶς ἀμυγδαλῆσ L πικρὰ ἀμίγδαλα Hipp. ‖ οἶνον μέλανα καὶ αὐστηρὸν μίξας Hipp. μιχθέντα post ῥοιᾶς legit S ‖ 13 σελήνου L ‖ 14 ἑκατέρου M cf. praef. p. XVIII ‖ μέλιτος καὶ οἴνου F ‖ ἐν ἴσω L τὸ | ἶσον διδόμενον H ‖ 15 μέτρου M om. H ‖ καρδάμου m. 1. μώ supra add. L om. ⅓ versus serv. M § 4 om. P ‖ 16 με τρημένον H ‖ καταρραίνων, per comp H καταρραίνεται L; tum ⅓ versus spatium om. M cf. praef. l. l.

ἰλιγγιῶντες κλύζονται σεύτλων ἑψηθέντων τῷ ὕδατι, καὶ νίτρου δραχμῶν μʹ μετ' ἐλαίου λʹ δραχμῶν. 6 Νίτρον λειάνας καὶ θερμάνας μετὰ οἴνου ἐγχυμάτιζε. 7 ὁμοίως δὲ οὐρήσας χαμαί, καὶ τῷ πηλῷ χρίσας τὴν γαστέρα, παύσεις τὸν στρόφον.

## Cap. 10. *Περὶ πνευμονίας. Τοῦ Αὐτοῦ.*

1 Τὰ ἐν τῷ πνεύμονι συνιστάμενα πάθη ὄξος δριμὺ χλιανθὲν καὶ ἐγχυθὲν ἴαται· ἢ οὖρον ἀνθρώπειον μετὰ ὑείου στῆρος δραχμῶν κʹ τετηκότος. 2 φυλάττεσθαι δέ, μὴ τὸ οὖρον ἐκ γυναικὸς ᾖ ἐν τοῖς κατὰ φύσιν οὔσης.

## Cap. 11. *Περὶ βηχός. Τοῦ Αὐτοῦ.*

1 Ἀρχομένῳ βήττειν ἄλευρα κρίθινα, ὀρόβων ἢ κυάμων μιχθέντων, διδόναι χρὴ πιεῖν. 2 ἐπιτεινούσης δὲ τῆς βηχός, μέλιτος κυάθους δύο, πίσσης ὑγρᾶς τὸ ἶσον, ἐλαίου ὡσαύτως, βουτύρου δραχμὰς κδʹ θερμανθέντα, καὶ στῆρος ὑείου παλαιοῦ μετρίου προσβληθέντος, διδόναι χρή. 3 ἐὰν δὲ μηδ' οὕτως παύη-

---

2 ἢ νίτρου M καὶ νίτρου δὲ L ‖ δραχμὰς FM ‖ μετὰ ἐλαίου M ‖ τριάκοντα H om. M καὶ νίτρου πέντε 'οὐγκίας' καὶ ἐλαίου δʹ. S ‖ 3 λεάνασ L ‖ 4 χρήσασ L ‖ 5 παύσει M -ει P ‖ 6 τοῦ αὐτοῦ a. t. M p. t. L om. P ‖ 7 τῷ om. L ‖ 8 δρυμὴ L ‖ χλιαθὲν FP ‖ ἐχυθὲν 1. m. γ supra add. L ‖ Ἢ (v. c.) οὖρον ἀ͞ν͞ι͞νον L ‖ 9 στηρὸς p. comp. M et η a rubr. ex εις corr. P ‖ 10 ᾖ om. F ‖ 12 τοῦ αὐτοῦ a. t. M om. P mg. sup. atram. L ‖ ιδ (quaternio) mg. inf. L ‖ 13 βήχειν FM ‖ κρίτινα L ‖ ἢ κυάμων om. L ‖ 14 ποιεῖν LP ‖ ἐπιτι|νούσησ L ‖ 15 μέλιτι L ‖ 16 θερμανθέντα: [illegible] S XIII 41 ‖ 18 δίδοται FM [illegible] S οὕτως per comp. M οὕτω P μὴδε οὕτωσ (!) L.

ται, πράσιον τρίβε μετ' ἐλαίου καὶ ἁλός, ⟨σὺν⟩ οἴνῳ τε διηθηθέντι ἔγχει. 4 οἱ δὲ πράσου ὀπὸν καὶ ἔλαιον, καὶ πηγάνου ἀγρίου ῥίζης· ἔνιοι καὶ λιβανωτοῦ προσμίξαντες, σὺν ἐλαίῳ χρῶνται.

## Cap. 12. *Περὶ ἀδήλου νόσου. Θεομνήστου.*

1 *Αἵματος ἀφαίρεσις ἐκ τῶν ὤμων ἀμφοτέρων γιγνέσθω, καὶ φάρμακον δὲ κατασκευάζεται ὧδε·* 2 *πηγάνου ὀλίγον μετὰ ῥίζης λαπάθου κόπτεται, σὺν τρισὶ κοτύλαις ὕδατος, καὶ ὀποπάνακος δραχμαῖς β' συμμίγνυται.* 3 *νυκτός τε καὶ ἡμέρας σιτεῖσθαι ἐπὶ ἀλεύρων σιτίνων δευθέντων ὕδατι, καὶ ποτὸν λαμβάνειν.* 4 *Ἐὰν δὲ ἀγελαίους ἵππους ἡ νόσος κατάσχῃ, αἱ μικρότεραι μὲν γάρου καὶ ἐλαίου κυάθοις τρισίν, αἱ μείζους δὲ τῷ διπλασίονι ἐγχείσθωσαν.*

## Cap. 13. *Περὶ δυσουρίας. Ἀψύρτου.*

1 *Τινὲς κρόμυον, τοῦ λέπους ἀφαιρεθέντος, περὶ τὴν κύστιν τιθέασιν.* 2 *ἄλλοι σελίνου σπέρμα τετριμ-*

1 ⟨σὺν⟩ οἴνῳ τε διηθηθέντι* οἴνῳ τε διηθηθέντα FL διηθέντα HM ܢܣܒ ܡܢܗ ܐܝܟ ܡܫܚܐ ܘܡܠܚܐ ܘܚܡܪܐ ܕܡܙܝܓ ܘܐܫܩܘܗܝ S ‖ 2 ἔγχεε H ἔγχει ex -η corr. L ‖ Εἰ δὲ v. c. L ‖ 3 ῥίζας· ἔνιοι δὲ, καὶ λιβανωτὸν, L ‖ 5 θεομν. om. M θεοφράστου mg. L ‖ 6 ὤτων M ἐξ ἀμφ. τῶν ὤτων P ‖ 7 γινέσθω LP ‖ δὲ om. L ‖ διασκευάζεται τόδε· L κατασκ.· οἱ δὲ π. F ‖ 8 ὀλίγου LP ‖ κόπται L ‖ 9 τρισὶν H ‖ δραχμὰς F δραχμαὶ L ‖ δύο P ‖ 10 συμμίγνυνται FL ut ed. HM ‖ νυκτόσ τε καὶ ἡμ. αὐτὸν δεῖ σιτ. v. c. L τοῦτο ἑκάστης ἡμέρας σιτ. M uterque locum corruptum suo Marte videtur correxisse ‖ 11 διηθηθέντων F et p. c. M διηθέντων HP ‖ 12 Ἂν δὲ L ‖ 13 κυάμοις M ‖ 15 ἀψύρτου om. HM ‖ 16 κρόμμυον P κρόμιον L ‖ 17 σελήνου HL ‖ σπέρματι FM ‖ τετριμμένῳ FM.

μένον μετὰ οἴνου κοτυλῶν δύο, ἢ κρόμυον ὡσαύτως σὺν οἴνῳ, ἢ κόπρον περιστερῶν, ἢ πολίου φύλλον, ἢ σμύρνης φλοιὸν ξηρανθέντα, ἢ νίτρου δραχμὰς ε′ σὺν σκόρδου κεφαλῇ κοπείσῃ ἐγχέουσι μετὰ οἴνου. **3** οἱ δὲ οἴνῳ μέλανι μόνῳ χρῶνται.

## Cap. 14. *Ἐὰν αἷμα οὐρῇ. Τοῦ Αὐτοῦ.*

**1** Ἐρεγμῷ κεκαθαρμένῳ ἑφθῷ στέατος ἐλαφείου μιχθέντος, ὀλίγῳ οἴνῳ, διὰ τοῦ στόματος ἐπὶ ἡμέρας γ′ ἐγχείσθω. **2** ἢ γάλακτος αἰγείου κοτύλη, ἀμύλου ἡμίμναιον, ᾠὰ ι′, ἐλαίου κυάθους γ′ μιχθέντα πάντα διὰ κέρατος ἐγχείσθω.

## Cap. 15. *Περὶ ἑλκώσεως. Τοῦ Αὐτοῦ.*

**1** Ἐὰν τὴν ῥάχιν ἑλκωθῇ, ἴριδος ῥίζα καίεται, καὶ κοπεῖσα ἐπιπάττεται. **2** ἢ καννάβεως καυθείσης σποδιὰ μέλιτι δευθεῖσα ἐπιχρίεται, προσμηχθέντων τῶν μερῶν οὔρῳ παλαιῷ.

---

1 β′ LM δύο FP ‖ κρομύου FM κρομμύου P ‖ 2 κόπρον H κόπριον L κόπρου FM ‖ φύλλον* φύλλων FM -α L ‖ 3 φλοιῶ FM ‖ ξηρανθέντι FP ξηρανθέντ(ος?) per comp. M ‖ σὺν FL ἐὰν M ἢ P ‖ 4 σκορόδου M ‖ κεφαλὴν L ‖ ἐγχέουσιν F ν om. H ‖ 6 ἐὰν δὲ αἷμα οὐρῇ. (atram.) τοῦ αὐτοῦ (rubr.) L ‖ τοῦ αὐτοῦ om. P ‖ 7 ἐρέγμῳ H ἐρέγμω M ‖ 8 καὶ ὀλίγου οἴνου H Hipp. p. 144 ὀλίγου οἴνου F ὀλίγῳ corr. 1. m. ex ου M cf. praef. p. XIX ‖ 9 τρεῖς HP ‖ 10 ἡμίμιμνον P ‖ δέκα HP γ′ S XIII 46 ἀμύλου ὅσον ᾠῶν τριῶν πλῆθος Hipp. ‖ κυάθους: cf. praef. l. l. ‖ τρεῖς HP ‖ μιχθ. πάντα post ἐγχείσθω add. M ‖ 11 κεράτου L ‖ 12 λευκώσεως L ‖ τοῦ αὐτοῦ om. M ‖ 14 ἐπιπάττεται* coni. Niclas. ἐπιπλάττεται FM καὶ κοπ. ἐπιπ. om. L ‖ κανάβεως HLM καννν. FP ‖ καυθείσης* κοπείσης codd. ‖ 15 ἔτι χρίεται L ‖ προσμηχθ. corr. Needham. προσμιχθ. codd. ‖ μερῶν FL αὐτῶν M.

Cap. 16. *Περὶ φλεγμονῆς. Τοῦ Αὐτοῦ.*

*Πᾶσα φλεγμονὴ ἁλσὶ καὶ ἐλαίῳ, ἢ πολίου φύλλῳ καυθέντι καὶ δευθέντι οἴνῳ, ἢ φλώμῳ σὺν οἴνῳ ἑψηθέντι καταπλασθεῖσα θεραπεύεται.*

Cap. 17. *Μάλαγμα πρὸς ἄρθρα. Πελαγωνίου.*

*Λιβανωτοῦ δραχμὰς η′, χαλβάνης τὸ ἴσον, τρυγὸς δραχμὰς ιβ′, ῥιτίνης φρυκτῆς, νίτρου, θείου, ἑκάστου δραχμὰς δ′, νάπυος Αἰγυπτίου κύαθον, καρδαμώμου τὸ ἴσον, δαφνίδας ρ′, σύκων ξηρῶν μνᾶν, ῥοδοδάφνης φύλλα ὀλίγα, τιτάνου μὴ ἐσβεσμένης τὸ αὔταρκες· τὰ ξηρὰ κοπέντα τοῖς ὑγροῖς ληπτέον, καὶ ἐμπλασθέντα ῥάκει ἐπιθετέον.*

Cap. 18. *Περὶ ψώρας. Τοῦ Αὐτοῦ.*

**1** *Πίσσης ὑγρᾶς ἐκ κέδρου, ῥιτίνης, στυπτηρίας, ἴσα μετ' ὄξους ἐπιχριστέον ἐν ἡλίῳ.* **2** *Ἀποσμηχθέντων τῶν πεπονθότων μερῶν σποδιᾷ θερμῇ, ἀποπλυτέον ἕως ἂν αἱμάξῃ, ἔπειτα λιθάργυρον καὶ στυπτηρίαν ἐπιμελῶς κοπέντα σὺν ἐλαίῳ σχινίνῳ καταχριστέον·* **3** *ἢ ἀφρονίτρου, καὶ ἁλὸς ἄχνης, καὶ ἀλεύρου πυρῶν,*

---

1 *τοῦ αὐτοῦ* om. M ‖ 2 *φύλλων καυθέντι* | per comp. H ‖ 3 *δευθέντι** *διηθέντι* HM *διηθηθέντι* FL ‖ *οἴνω ἢ — ἑψηθέντι* post *καταπλασθεῖσα* rei. L ‖ *φλόμω* L *φλώβω* H ‖ 4 *ἑψηθέντα* F ut ed. H ‖ 5 *πελαγ.* om. M ‖ 7 *ῥητίνης* H *ῥυτ.* P *ῥιτή-νης* per comp. L ‖ *νίτρου* FL *λίτρα* M ‖ 9 *δαφνίνας ρ′* M *δάφνασ ἑκαστόν·* L ‖ 10 *ἐσβεσμένου* M ‖ 11 *βλητέον* M ‖ 12 *ῥάκι* L ‖ 13 *τοῦ αὐτοῦ* om. P ‖ 14 *ῥητίνη* H *ῥυτίνη* P ‖ 15 *ἦσα* L *ἴσα* H et de more P ‖ 16 *πεποθότων* L ‖ post *θερμῇ* add. *καὶ* LP ‖ 18 *σχινίνω* om. M ex *σχοιν.*? corr. H ܡܫܚܘܗܝ ܠܐܬܪܘܗܝ ܚܠܐ ܕܚܫ S XIII 39 ‖ *χριστέον* M ‖ 19 *ἀφονίτρου* FL *ἀφρὸν νίτρου* M *νίτρου* S *ἢ — ἐπιπλαστέον* om. P.

εκάστου μέρος τὸ ἴσον ὄξει δευθὲν ἐπιπλαστέον. 4 ἢ καππάρεως ῥίζης καυθείσης τῇ σποδιᾷ, στῆρος ὑείου μιγέντος, προσμηχθέντα κονίᾳ καταχριστέον.

## Cap. 19. *Περὶ βδέλλης. Ἀψύρτου.*

Ἐὰν βδέλλαν καταπίῃ, ἀνακλιθέντι ὑπτίῳ ἔλαιον θερμὸν μιγὲν μετὰ οἴνου διὰ κέρατος ἐγχυτέον· ἢ κόρεις καύσας ἐγγὺς τῆς ὄψεως αὐτῶν, ἢ ἐν ταῖς ῥισὶν αὐτῶν ἐμφονεύσας, ἰάσῃ· ἢ γὰρ ἐκπεσοῦνται παραυτά, ἢ ἀποθανοῦνται. τούτῳ δὲ χρήσῃ καὶ πρὸς βοῦς, καὶ τὰ ἄλλα ζῶα.

## Cap. 20. *Πῶς ἰάσῃ σκορπίου ἢ ἄλλου ἑρπετοῦ πληγήν. Ἱπποκράτους.*

1 Τὸ πληγὲν μέρος κόπρῳ βοείᾳ καταπλαστέον, ἢ στρύχνῳ κοπείσῃ, ἢ τιθυμάλλῳ, ἢ ὑοσκυάμου σπέρματι, ἢ λινοσπέρματος ὀπῷ, ἢ στυπτηρίᾳ, ἢ ἀφρονίτρῳ, ἢ ἁλσὶ φρυκτοῖς· ἓν τούτων καταπλασθὲν ὠφελήσει. 2 ἀλλὰ καὶ ὕδατι δι' ὀθονίου διηθηθέντι, καὶ εἰς τὰς

1 δευθὲν* ἄχνης (per comp.) . . . (⅓ versus spatio om.) ρουσ | τὸ ἴσον ὄξει· διηθὲν (per comp.) M μέρους τὸ ἴσον καὶ ὄξει διηθηθὲν FL διϊθηθὲν ex corr. et η supra add. 1. m. H [illegible] S ‖ 2 καπάριωσ L ‖ καυθήσης L ‖ τῆς σποδιᾶς FM ‖ 3 προσμηχθέντα corr. Needh. προσμιχθ. codd. ‖ 4 ἀψύρτου p. t. HL om. M ‖ 5 ἀνακληθέντι L ‖ 6 μίγειν F μίγνειν H μίσγειν L μιγ. μετὰ οἴνου om. S XIII 43 ‖ 6 post οἴνου add. καὶ FM ‖ 7 Ἢ κ. v. c. L ‖ 8 ἐμφωλεύσας M ‖ 9 παρ' αὐτὰ L om. H ‖ 12 ἱπποκράτους om. LM ‖ 13 υοἴω L χοιρείᾳ Hipp. c. 86 p. 217 sed βοείᾳ S XIII 44 cf. praef. p. XX ‖ 14 στύχνω κοπήσει ἢ τιθυμάλω ἢ ὑοσκιάμου L 15 λινουσπέρμα ἢ ὀπτὴν στυπτηρίαν Hipp. cf. praef. l. l. ἀφονίτρω L νίτρῳ S ‖ 16 ἁλσὶν F ν om. H ‖ φρικτοῖς HLM ἅλας ὀρυκτὸν Hipp. S cf. praef. l. l. ‖ ἑνὸσ γὰρ τούτων L 17 διηθέντι HP.

ῥῖνας ἐγχυθέντι, θεραπεύσεις. 3 καὶ καθόλου μέν, πρὸς πάσας τὰς τῶν ἑρπετῶν πληγὰς σχεδὸν ὡς ἐπὶ τὸ πολύ, τὰ αὐτὰ καὶ τοὺς ἀνθρώπους θεραπεύει, καὶ τοῖς βοσκήμασι σωτήρια γίνεται. 4 πρὸς τὰ κατὰ μέρος νοσήματα, τοῖς ἵπποις, καὶ τοῖς ὄνοις, καὶ τοῖς ἡμιόνοις, ἡ τοῦ αἵματος ἀφαίρεσις ἐπιτήδειος.

## Cap. 21. *Περὶ ὄνων εἰς ὀχείαν ἐπιτηδείων.* *Ἀψύρτου.*

1 Ὄνους τοὺς εἰς τὴν ὀχείαν ἐπιτηδείους οὕτως ἐπιλεξώμεθα, ὡς καὶ τοὺς ἵππους, καὶ ἀναθρέψωμεν. 2 ἔνιοι δὲ καλῶς ποιοῦντες, καὶ τοὺς ἀγρίους ἡμεροῦσι· καὶ ἔστιν αὐτῶν ἡ παιδοποιΐα καλλίστη, ἅτε μὴ κατακεκλεισμένων, ἀλλὰ ἀφέτων. 3 Ἐξημεροῦται δὲ σφόδρα τὸ ζῶον, ὑπηρετεῖ δὲ [σφόδρα] κατὰ πάντα ὁμοίως τοῖς ἡμέροις, καὶ οὐδέποτε, καθάπερ τὰ ἄλλα ζῶα, ἅπαξ ἡμερωθεὶς ἀγριοῦται. τὰ δὲ τικτόμενα ἐξ αὐτοῦ γίνεται ἐκείνῳ ἐοικότα. 4 βιβάζειν δὲ χρὴ ταῦτα τὰ ζῶα πρὸ ὀλίγων ἡμερῶν τῶν θερινῶν τροπῶν. κυοφορεῖ δὲ ἡ ὄνος μῆνας ιβʹ. 5 Κάλλιον δὲ ἵππους ὑπὸ ὄνων ἐπιβαίνεσθαι, ἢ ὄνους ὑπὸ ἵππων.

---

1 ἐγχυθέντα F ‖ καθ' ὅλου L ‖ 2 σχεδὸν καὶ ὡς ἐπιπολὺ P ‖ 4 γίγνεται F γίν. H ‖ 8 ἀψύρτου p. t. L om. M ‖ 9 τούτους ἐπιλεξόμεθα, οὓς σὺν τοῖς ἵπποις ἀνεθρέψαμεν Hipp. c. 14 p. 56, sed S ut codd. cf. praef. p. XX ‖ 13 κατακεκλειμένων F καταχλϊμένων per comp. H ‖ ἀφετῶν FL cf. praef. l. l. ‖ 14 ὑπη . . . . (4 litt. om.) σφόδρα| M ὑπήκοον ὂν σφ. P [σφόδρα] om. L ὑπερετεῖ (η supra add. 1. m.) σφόδρα.| H cf. praef. l. l. ‖ καταπάντα F ut ed. H ‖ 15 καὶ οὐδέποτε om. quarta versus parte servata M οὐ γὰρ καθάπερ P ‖ 16 τικτώμενα L ‖ 17 ἐοικώτα L ‖ Βηβάζειν v. c. L ‖ 19 Κυοφορεῖ v. c. L ‖ δώδεκα HP ‖ 20 ἐπὶ ὄνων L.

6 φιλοκαλώτερον δέ τινες ποιοῦντες ταῖς θηλείαις ἵπποις ὑποβάλλουσι τοὺς τῶν ὄνων πώλους· καὶ γὰρ κρείττονι τραφήσονται γάλακτι, καὶ συντραφέντες φιλοστοργότερον ἕξουσι περὶ τὰς ἵππους ἐκ τῆς ἀνατροφῆς, ὥστε καὶ ἐφορμᾶν προθύμως. 7 ἔστω δὲ τῆς γαλουχίας ὁ χρόνος διετής, ὥσπερ καὶ τοῖς ἵπποις. 8 Ὄνοι δὲ πρὸς ὀχείαν ἀπὸ γ' ἐτῶν ἕως ι' ἐτῶν χρήσιμοι· ἐπιμελητέον δέ, ὅπως οἱ μέλλοντες ὀχεύειν ὄνοι εὔμορφοι εἶεν· τοιαῦτα γὰρ ἔσται καὶ τὰ γεννώμενα. 9 τινὲς δὲ φιλοκαλώτερον ποιοῦντες, τὸν βιβάζοντα ὄνον, εἴτε ἵππον, εἴτε ἄλλο τι ζῷον, χρώματος οἵου ἂν βούλωνται γενέσθαι τὸ τικτόμενον, τοιούτῳ καὶ ἱματίῳ ἐνδιδύσκουσιν. ὁποῖον γὰρ ἂν ᾖ τὸ τοῦ ἱματίου χρῶμα, ᾧ ὁ ἐπιβάτης περικαλύπτεται, τοιοῦτον καὶ τὸ τικτόμενον ἔσται. 10 τοὺς δὲ χωλαίνοντας ὄνους θεραπεύσεις ὕδατι θερμῷ περινίψας τὸν πόδα ὅλον, καὶ περικαθάρας σμιλίῳ· ὅταν δὲ τοῦτο δράσῃς, περίχεε οὔρῳ παλαιῷ θερμῷ μετὰ ἁλῶν, καὶ περισπογγίσας ἐπιμελῶς ἐπίσταζε παρατρίβων σιδήρῳ θερμῷ στέαρ, μάλιστα αἴγειον, εἰ δὲ μή, βόειον, καὶ τοῦτο ποίει ἕως ἂν ὑγιασθῇ.

---

1 θηλίαις L ‖ 2 πόλουσ L ‖ 3 κρίττονι L ‖ συντραφέντας P et per comp. M ‖ 4 τοὺς ἵππουσ L πρὸς τὰς ἱππάδας Hipp. ‖ 5 ἔστω FM Hipp. Ἔσται v. c. L ‖ 6 γαλουχείασ L ‖ διέτισ L ‖ 7 τριῶν MH ‖ δέκα P cf. praef. p. XXI ‖ 8 |'Επιμελιτέον L ‖ 10 δὲ om. FM cf. praef. l. l. ‖ φιλοπονώτερον L ‖ 11 οἷον F οἵου HM οἴου P οἵου βούλονται γίνεσθαι Hipp. εἴτε ἄλλο — τοιούτῳ καὶ om. L ‖ 14 χρῶμα, ὃ ὁ F ἱματίου ὃ, ὁ H ut ed. etiam Hipp. ‖ τοιοῦτο H Hipp. τοιούτον (!) L ‖ 15 χωλαίνονας per comp. M -τας P χωλεύοντας L ‖ 18 δράσῃς F et per comp. M δράσεις L δροσίσῃς P ‖ περίχριε L ‖ μετὰ — θερμῷ om. FM ‖ 19 περισπογγίσας, καὶ L ‖ 21 ποίῃ L.

## Cap. 22. *Περὶ καμήλων. Διδύμου.*

1 *Ὁ Δίδυμός φησιν ἐν τοῖς γεωργικοῖς αὐτοῦ, τὴν κάμηλον δίψης ἀνέχεσθαι μέχρι τριῶν ἡμερῶν· τὴν δὲ ψώραν αὐτῆς τῇ κεδρίᾳ θεραπεύεσθαι.* 2 *οὐ μίγνυται δὲ ἡ κάμηλος οὔτε μητρί, οὔτε ἀδελφῇ.* 3 *τὴν δὲ Βακτριανὴν κάμηλον, ἐν τοῖς ὄρεσι τοῖς πρὸς τῇ Ἰνδικῇ, ὑπὸ συάγρων τῶν συννεμομένων συλλαμβάνειν, ὁ αὐτὸς Δίδυμός φησιν.* 4 *ἐκ δὲ τοῦ συὸς καὶ τῆς καμήλου τίκτεται κάμηλος δίκυρτος, ὥσπερ ἀπὸ τῶν ἵππων καὶ ὄνων ἡ ἡμίονος.* 5 *Φέρει δὲ γνωρίσματα πολλὰ τοῦ πατρὸς ἡ τικτομένη κάμηλος, τό τε δασὺ τῶν τριχῶν, καὶ τὸ τῆς δυνάμεως ἰσχυρόν, καὶ οὐκ ὀλισθαίνει ἐν τοῖς πηλοῖς ῥαδίως, ἀλλ' ὑπὸ τῆς δυνάμεως ἀνορθοῦται, καὶ ἀχθοφορεῖ διπλάσιον, ἤπερ αἱ ἄλλαι κάμηλοι.* 6 *Βακτριανὰς δὲ καλοῦσιν αὐτάς, ὡς εἰκός, ὅτι ἐν Βάκτροις πρῶτον ἐγένοντο.* 7 *εἶδον δέ φησι δρομάδας καμήλους εἰς δρόμον ἵππῳ παραβαλλομένας, καὶ νικώσας.* 8 *ὁ δὲ Φλωρεντῖνός φησιν ἐν τοῖς γεωργικοῖς αὐτοῦ, τεθεᾶσθαι ἐν Ῥώμῃ καμηλοπάρδαλιν.* 9 *Ἐγὼ δὲ ἀπὸ τῆς Ἰνδίας ἐνεχθεῖσαν ἐθεασάμην ἐν Ἀντιοχείᾳ καμηλοπάρδαλιν.*

---

1 *διδ.* p. t. L om. M ‖ 2 *φησιν* om. L ‖ 4 *κεδρέα* L ‖ *οὐ* om. P ‖ 5 *δὲ* om. FL ‖ *ἡ* om. M ‖ 6 *βακτηριανὴν* H *ἀδελφῇ* ... ($\frac{1}{4}$ versus spatio om.) *τὴν δὲ βα* ... ($\frac{1}{4}$ v. spatio om.) | *ἐν τοῖσ ὄρεσι* M §§ 3—6 om. P ‖ 7 *σιάγρων* sed *ϋ* 1. m. supra add. L *συῶν ἀγρίων* H ‖ 9 *ἐπὶ* FM ‖ 10 *καὶ τῶν ὄνων ἡ* (1. m. corr. ex *ὁ*) *ἡμ.* L ‖ *δὲ* om. FM ‖ 11 *τοῦ πατρὸς* (per comp.) *πολλὰ* M ‖ *κάμιλος·* L ‖ 12 *δασὶ* L ‖ 15 *ἡ ἄλλη κάμηλος:- Βακτριανὰς* v. c. L | *βακτϊανὰσ* M *βακτηριανὰς* H ‖ 16 *ὡς* om., *δὲ* post *εἰκὸσ* add. FM *εἰκοσ.* (sine acc.) *ὅτι* L ‖ *βάκτοις* per comp. M ‖ 17 *δέ φησι* om. FM ‖ *δρόμακας* FM ‖ *ἵππω* (!) L *ἵππων* FM 18 *ἁμιλλωμένας* pro *παραβ. καὶ νικώσας*; § 8 et *ἐγὼ δὲ* om. P *φλορεντῖνος* L *φλωρ.* mg. rep. F ‖ 19 *θεᾶσθαι* M ‖ 20 *κάμηλον* (per comp.) *πάρδαλιν·* L ‖ 21 *καμηλο* | *πάρδαλιν:- περὶ προγνώ-*

# ΒΙΒΛΙΟΝ ΙΖ.

*Τάδε ἔνεστιν ἐν τῇδε τῇ βίβλῳ, ἑπτακαιδεκάτῃ μὲν οὔσῃ τῶν περὶ γεωργίας ἐκλογῶν, περιεχούσῃ δὲ σύνταξιν περὶ τῆς τῶν βοῶν ὀχείας, καὶ γεννήσεως αὐτῶν, καὶ ἀνατροφῆς, καὶ παντοίας θεραπείας.*

*α΄. περὶ βοῶν. β΄. περὶ βουθηλειῶν ἤτοι δαμάλεων. γ΄. περὶ ταύρων. δ΄. βόας μὴ ἀσθενεῖν. ε΄. περὶ ὀχείας. ϛ΄. περὶ προγνώσεως τῶν γεννωμένων. ζ΄. περὶ οἴστρου τοῦ καλουμένου μύωπος. η΄. περὶ τῆς τῶν μόσχων ἀνατροφῆς. θ΄. βόας ἐργαζομένους μὴ κοπιᾶν. ι΄. ἀπὸ ποίας ἡλικίας ἀρκτέον βιβάζειν τοὺς βόας. ια΄. βόας ὑπὸ μυιῶν μὴ ἀδικεῖσθαι. ιβ΄. βοῦς λιπαροὺς ποιῆσαι. ιγ΄. περὶ ἰάσεως καὶ ὥστε τὰ ὀστέα μὴ καταπίνειν. ιδ΄. περὶ ἀδήλου πάθους. ιε΄. περὶ κεφαλαλγίας. ιϛ΄. περὶ διαῤῥοίας. ιζ΄. περὶ ἀπεψίας. ιη΄. περὶ βουπρήστεως. ιθ΄. περὶ στρόφου. κ΄. περὶ πυρεταίνοντος. κα΄. περὶ βήσσοντος. κβ΄. περὶ ἐμπυϊκῶν. κγ΄. περὶ χωλείας. κδ΄. περὶ ψώρας. κε΄. περὶ χολῆς κϛ΄. περὶ καταψύξεως. κζ΄. περὶ σκωλήκων. κη΄. περὶ κακοσίτου. κθ΄. περὶ φθειριῶντος.*

---

*σεως τῶν γεννωμένων ἵππων*:- (!) rubro = tit. XVII 6, quod videatur, L ‖ 1 *β. δέκατον ἕβδομον*:- H om. M *β. ἑπτακαιδέκατον* (!) *περιέχον σύνταξιν κτλ.* P ‖ 2 *κ͂ϛ* Ϙῆ mg. L ‖ *δεκαεβδόμη* F *δεκάτη ἑβδόμη* H *ἑπτακαὶ* | *δεκάτη* (!) L *ῖζ* M ‖ 6 indicem capitum om. HLP ‖ *βουθηλιῶν* F ‖ 7 *ταῦρων*: *δ΄ π͂ βόασ μιασθεν͂* (!) F ‖ 8 *γενομ.* altero *ν* 1. m. supra add. F ‖ 9 *τοῦ* om. M ‖ 11 *τυς* (!) *υόασ* F *τὰσ* | *βοῦσ* M ‖ 12 *μυΐων* F *μυϋῶν* M ‖ *λϊπαρὰσ*| M ‖ 16 *βουπρήσεωσ* F ‖ *πυρέττοντος* M ‖ 17 *ἐμπυικ͂* (-*κοῦ*?) F *περὶ* om. M ‖ 18 *χωλείας* p. c. corr. ex *χωλίας* F ‖ 19 *σκωλιξ*: F ‖ 20 *φθειροῦτ*: F.

## Cap. 1. *Περὶ βοῶν. Φλωρεντίνου.*

*Τὰς βοῦς πρὸ ἡμερῶν λ' τῆς ὀχείας οὐκ ἐατέον πληροῦσθαι τροφῆς· ὅσῳ γὰρ ἂν ἰσχνανθῶσι, τοσούτῳ εὐσυλληπτότεραι τοῦ σπέρματος ἔσονται.*

## Cap. 2. *Περὶ βουθηλειῶν, ἤτοι δαμάλεων. Τοῦ Αὐτοῦ.*

1 *Δαμάλεις ἐκλεκτέον εὐπαγεῖς, τοῖς σώμασι παραμήκεις, εὐμεγέθεις, εὐκέρωτας, πλατυμετώπους, μελανοφθάλμους, γνάθους συνεσταλμένας ἐχούσας, ἐνσίμους, μὴ κυρτάς, ἀνεπτυγμένας τὰς ῥῖνας ἐχούσας, αὐχένα μακρὸν καὶ παχύν, εὐστέρνους, χείλη μελανίζοντα ἐχούσας, βαθυπλεύρους, πλατυνώτους, ὀφθαλμὸν ἐχούσας μέγαν, οὐρὰν προμήκη καὶ ψαύουσαν τῶν πτερνῶν, πολύτριχα, βραχίονας βραχεῖς, σκέλη ὀρθά, στερεά, παχύτερα μᾶλλον ἢ μακρότερα, μὴ παρατριβόμενα πρὸς ἄλληλα, πόδας ἐν τῷ βαδίζειν μὴ πλατυνομένους ἄγαν, μηδὲ χηλὰς διεσταλμένας, τοὺς ὄνυχάς τε λείους καὶ ἴσους, βύρσαν εὐαφῆ, καὶ μὴ ἀπεξυλωμένην.* 2 *Δοκιμάζουσι δὲ ἀρίστας, τὰς τοῖς χρώμασι ξανθιζούσας, καὶ τὰ σκέλη μελαίνας, ὡς εὐγενεῖς.* 3 *καλὸν μὲν οὖν κεκοσμῆσθαι πᾶσι τοῖς φυσικοῖς, εἰ δὲ μήγε, τοῖς πλείοσιν.* 4 *Οἱ δὲ βόες καὶ τὴν φωνὴν τοῦ βουκόλου*

---

1 *φλωρ.* p. t. M tit. et nomen om. P ‖ 2 *Τοὺσ βοῦσ* L ‖ 3 *ἂν* om. M ‖ *ἰσχνανθῶσιν* | *τὸ σοῦτον* F ut ed. H *ἰσχνανθῶσι, τοσοῦτο* L ‖ 6 *τοῦ αὐτοῦ* a. t. atram. L p. t. M om. P ‖ 7 *περιμήκεις* F ‖ 8 *εὐκαίρως·* L ‖ 9 *ἐνσίμους* om. P et unius digiti spatio servato M *εὐσήμουσ* L ‖ 12 *πλατυ|ώμουσ* L ‖ 13 *μέγα* L ‖ 15 *παρατρ. παράλληλα* L ‖ 16 *πλατεινομένουσ* L ‖ 17 *ὄνυχάς τε λείους** coni. Pontedera *τελείους* FM *τελειτς* | *καὶ* L ‖ 18 *ἐυαφῆ* L | *εὐβαφῆ* H ‖ 19 *δὲ εἰς τὰς ἀρίστας καὶ τὰς* M *δὲ τὰς ἀρίστας καὶ τὰς* F ‖ 20 *μέλανα* F ‖ 22 *καὶ* om. M.

γνωρίζουσι, καὶ καλούμενοι τοῖς ἐπιτεθεῖσιν ὀνόμασι συνιᾶσι, καὶ ἀποκλίνουσι πρὸς τὰ ἐπιταττόμενα παρὰ τοῦ ἐπιτάκτου.

## Cap. 3. *Περὶ ταύρων. Διδύμου.*

1 Τοὺς ταύρους πρὸ τῆς ὀχείας πρὸ δύο μηνῶν οὐκ ἐατέον συννέμεσθαι ταῖς βουσί, πληρωτέον δὲ αὐτοὺς χλόης, καὶ εἰ μὴ ἀρκέσειε τὸ τῆς νομῆς, ἐρεβίνθων, ἢ ὀρόβων, ἢ κριθῶν διαβραχέντων. 2 Ἐλάττους δὲ τῶν γ′ ἐτῶν οὐκ ἐπιτήδειοι πρὸς τὴν ὀχείαν, ἀλλ' οὐδὲ οἱ πρεσβύτεροι τῶν ιβ′. τὸ δὲ αὐτὸ καὶ ἐπὶ τῶν θηλειῶν εἰρήσθω. 3 Χωρίζειν τε αὐτοὺς χρὴ ἀπὸ τῶν θηλειῶν τὸν διμηναῖον χρόνον, καὶ εἰσάγειν αὐτοὺς εἰς τὰς ἀγέλας, οὐκ ἐπικωλύοντας αὐτῶν τὴν ὁρμήν.

## Cap. 4. *Βόας μὴ ἀσθενεῖν. Δημοκρίτου.*

Ὄροβον βρέχων λεῖον πότιζε κατὰ· μῆνα τὴν δὲ τῶν βοῶν πληγὴν θεραπεύσεις μαλάχην ἀγρίαν λειώσας, καὶ ἐπιχρίων.

---

2 συνιᾶσι* συνίασι codd. ‖ 3 |ἐπιστάτου L ‖ 4 διδ. p. t. L om. M ‖ 5 β′ M ἐπὶ μῆνασ δύο, L ‖ 6 βουσῖν· F ν om. H ‖ 7 μὴ om. M ‖ ἀρκέσειεν F ἀρκεῖ L ‖ 8 προσεμβλητέον:- post διαβρ. add. L om. S XIII 5 ‖ 9 γ′*, quod iam coni. Niclasius, S Οἱ ἐλάττονεσ δὲ | τῶν δύο L ι′ FM δέκα HP cf. c. 10, 2 ‖ ἐπιτήδιοι L ‖ 10 δώδεκα HP δέκα:- |Τὸ δὲ L ‖ 12 διμηνιαῖον M τὸν διμ. — αὐτοὺς om. H ‖ 13 οὐκέτι κωλυόντας L οὐκ ἐπικωλύσας F et per comp. HM οὐκ ἐπικωλύσαντα P ‖ 15 δημ. p. t. LM om. H ‖ 16 Τὴν δὲ v. c. L ‖ 17 θεραπεύσῃς L ‖ λειώσας καὶ ἐπι]χρίων om. P et 1½ digiti spatio serv. M.

Cap. 5. *Περὶ ὀχείας. Τῶν Κυϊντιλίων.*

**1** *Καιρὸς ὁ τῆς ὀχείας ἐπιτήδειος ἔαρ μέσον.* **2** *εἰ δὲ μὴ προσδέχονται τοὺς ταύρους αἱ βόες, σκίλλης τὸ περικάρδιον τουτέστι τὰ ἁπαλώτατα τῆς σκίλλης καὶ ὡς ἂν εἴποι τις τὸ στέαρ, [διδόναι] μετὰ ὕδατος τριπτέον, καὶ περιχριστέον, μετὰ τὴν κάθαρσιν τὰ μόρια τῶν βοῶν.* **3** *εἰ δὲ οἱ ταῦροι πρὸς τὴν ὀχείαν βραδύνουσι, καύσας ἐλάφου οὐρὰν καὶ συλλειώσας, οἴνῳ τε φυράσας, ἄλειφε τὸ αἰδοῖον καὶ τοὺς ὄρχεις τοῦ ταύρου, καὶ οἰστρήσει εὐθέως.* **4** *τοῦτο δὲ οὐκ ἐπὶ τῶν ταύρων μόνον, ἀλλὰ καὶ ἐπὶ τῶν ἄλλων ζώων, καὶ ἐπὶ ἀνθρώπων γένοιτ' ἄν. λύσις δὲ τῆς οἰστρήσεως ἔλαιον χρισθέν.* **5** *καὶ ἡ πολύσπερμος δέ, καὶ ἡ πολύγονος καλουμένη βοτάνη τὰ ζῶα ποιήσει γονιμώτερα.*

Cap. 6. *Περὶ προγνώσεως τῶν γεννωμένων. Ἀφρικανοῦ.*

**1** *Οἱ προγινώσκειν θέλοντες, πότερον ἄῤῥεν ἢ θῆλυ τέξεται ἡ βιβασθεῖσα βοῦς, παρατηρείτωσαν· ἐὰν μὲν εἰς τὰ δεξιὰ μέρη ὁ βοῦς κατέλθῃ, ἄῤῥεν τὸ*

---

1 *κϋϊντ.* p. t. M *κυιντιλλίων* p. t. P *κυντιλίων* p. t. L || 2 *ὁ* om. FL || *ἔαροσ* L || *δὲ* om. L || 3 *σκύλλης* L || 4 *τουτέστιν* F *ν* om. H *τουτέστι* — [*διδόναι*] post *περιχριστέον* rei. codd. om. S XIII 6 || *ἁπαλότατα* L *ἁπαλώτερα* P || 5 *εἴποι* FP *εἴπῃ* LM || *διδόναι δὲ* L || *θριπτέον καὶ χριστέον* P || 6 *μϋόριϊα* H || 7 *οἱ δὲ οἱ* H || 11 *ζώων* om. M || 12 *γένοιτο ἂν* F || *Λύσισ* v. c. L || 13 *πολύσπορμοσ δὲ καὶ ὑα* | *λύγονοσ λεγομένη* L || 14 *ποιοῦσι* L || 15 c. 6 in fine libri XVI add. et de equis intellegit L; sed eodem quo hic capitum ordine fertur de bobus S XIII 7 || *ἵππων* (!) tit. add. L || 16 *ἀφρ.* a. t. P p. t. M om. L || 17 *Καιρὸς* ante *Οἱ* per comp. scripsit sed statim extersit M nihil P || 18 *βιβασθεῖσα* | *ἵπποσ,* L || 19 *ἡ βοῦς* M *ὁ ἵπποσ* L.

τεχθησόμενον τεκμαιρέσθω· ἂν δὲ ἐπὶ τὰ ἀριστερά, θῆλυ. 2 εἰ δὲ καὶ βουληθείης ἄῤῥεν τεχθῆναι, τῷ καιρῷ τῆς ὀχείας τὸν ἀριστερὸν ὄρχιν ἀπόδησον· εἰ δὲ θῆλυ, τὸν δεξιόν. 3 φυσικὸν δέ τινες ποιοῦντες, εἰ μὲν ἄῤῥεν τις βουληθείη τεχθῆναι, βορείου ὄντος τοῦ ἀέρος τὴν ὀχείαν κατασκευάζουσιν· εἰ δὲ θῆλυ, νότου πνέοντος.

## Cap. 7. Περὶ οἴστρου, τοῦ καλουμένου μύωπος. Σωτίωνος.

1 Ὅτι ἔκφρονας τοὺς βοῦς οἱ μύωπες κεντοῦντες ποιοῦσιν, ἴσμεν. οὐκ ἐγγιοῦσιν οὖν αὐτοῖς, ἐὰν δαφνίδας κόψας, καὶ ἑψήσας ἐν ὕδατι, ἐπιῤῥαίνῃ τις τὸ χωρίον ὅπου νέμονται. φεύξονται γὰρ οἱ μύωπες διὰ τὴν ἀντιπάθειαν. 2 εἰ δὲ καὶ φθάσειαν πλήξαντες, ψιμύθιον μετὰ ὕδατος τρίψαντες περιχρίουσιν.

## Cap. 8. Περὶ τῆς τῶν μόσχων ἀνατροφῆς. Διδύμου.

1 Κυτίσσῳ ἢ μηδικῇ θρέψωμεν τὰς γαλουχούσας βοῦς· πλέον γὰρ ἕξουσι γάλα οὕτω τραφεῖσαι. 2 Διετεῖς δὲ γενομένους τοὺς μόσχους εὐνουχιστέον· μετὰ

---

1 τεκμαιρέσθω corr. 1. m. ex τεκμηρ. L ‖ ἐὰν δὲ L ‖ 4 τὸ δεξιὸν H τὸν δ. sed ν a rubr. add. L ‖ Φυσικοὶ v. c. L ‖ ποιοῦσιν· καὶ F ποιοῦσι· καὶ HM ποιοῦντες· καὶ P ἕτεροι δὲ φυσικώτερον τούτου ποιοῦντες εἰ S ‖ 6 τὴν ὀχείαν βούλεσθαι κατασκ. FM τὴν ὀ. γίνεσθαι κατασκ. P [illegible] S ‖ 8 τοῦ om. FM ‖ 9 σωτ. p. t. M σωτιόνος: mg. L ‖ 11 οὖν om. L ‖ 12 ὕδασιν M ‖ 13 γὰρ om. M ‖ 14 πλή . . . ντες, per comp. 3 litt. spatio om. M πλήξαντες P ‖ 15 ψιμμ. P ‖ ὕδατος περιχρίουσι:- L ‖ 17 διδ. p. t. M om. P ‖ 18 κυτίσω L κΰτϊσσῶ ἡ μηδικὴ (!) H ‖ 19 |Διέτας L.

γὰρ ταῦτα οὐ χρήσιμον τὸ εὐνουχίζεσθαι. 3 τὰ δὲ τραύματα σποδιᾷ καὶ λιθαργύρῳ καταπλαστέον, μετὰ τρεῖς δὲ ἡμέρας πίσσῃ ὑγρᾷ καὶ τέφρᾳ, ὀλίγου μιγέντος ἐλαίου.

### Cap. 9. Βόας ἐργαζομένους μὴ κοπιᾶν. Δημοκρίτου.

Ἔλαιον καὶ τερεβινθίνην ἑψήσας χρῖε τὰ κέρατα.

### Cap. 10. Ἀπὸ ποίας ἡλικίας ἀρκτέον βιβάζειν τοὺς βόας. Βάρωνος.

1 Βιβάζειν δεῖ μὴ νεωτέραν τῶν β' ἐτῶν, ἵνα τριετεῖς οὖσαι τέκωσιν· ἄμεινον δὲ τίκτουσιν αἱ τετραετεῖς. 2 τίκτει δὲ ἡ βοῦς, ὡς ἐπὶ τὸ πολύ, μέχρι τῶν ι' ἐτῶν. οἱ δὲ ταῦροι ἀπὸ τριετοῦς ἡλικίας ἀκμάζουσιν. 3 Ὥρα δὲ πρὸς ὀχείαν τετραπόδων, ἡ ἀπὸ δελφῖνος ἐπιτολῆς, τουτέστι περὶ τὰς ἀρχὰς τοῦ Ἰουνίου μηνός, ἕως ἡμερῶν μ'. κυοφορεῖ δὲ ἡ δάμαλις μῆνας ι'. 4 τὰς δὲ στείρας καὶ τὰς ἀσθενεῖς, καὶ τῇ ἡλικίᾳ προβεβηκυίας, ἐκβλητέον ἐκ τῶν βουκολίων· ἀλυσιτελὴς γὰρ ἡ περὶ τὰ ἄχρηστα σπουδή.

---

1 εὐνουχίζειν M ‖ 2 κατασπαστέον H καταπαστέον M ‖ 6 δημ. om. M ‖ 7 Ἔλεον L ‖ χίε lit. ε superscr. M χρίε P ‖ 8 c. 10 om. L ‖ 9 τὰς βοῦς PM i. c. et per comp. M ‖ βάρ. om. HM ‖ 10 δύο HP ‖ 12 ὡς (per comp.) ἐπϊτοπολῦ M ὡς ἐπιπολὺ H ‖ 13 δέκα HP ‖ 16 τεσσαράκοντα H ‖ 17 δέκα HP ‖ 18 προβεβηκύας F ut ed. H.

Cap. 11. *Βόας ὑπὸ μυιῶν μὴ ἀδικεῖσθαι. Ἀφρικανοῦ.*

*Δάφνης καρπὸν λειοτριβήσας καὶ ἑψήσας μετὰ ἐλαίου, ἄλειφε τοὺς βόας, ἢ ἐκ τοῦ σιέλου τοῦ βοὸς κατάχριε τούτους. ταῦροι τοὺς μυκτῆρας ῥοδίνῳ χρισθέντες σκοτοῦνται.*

Cap. 12. *Βοῦς λιπαροὺς ποιῆσαι. Σωτίωνος.*

1 *Λιπαροὺς ποιήσεις τοὺς βοῦς, εἰ ἀπὸ τῆς νομῆς ἐλθόντας τὴν πρώτην ἡμέραν κράμβας διατεμὼν καὶ διαβρέξας ὄξει δριμεῖ παραβάλοις· εἶτα ἀχύρων διηθημένων καὶ πιτύρων σιτίνων μίξας ἐπὶ ἡμέρας ε′ διδοῖς, τῇ δὲ ϛ′ κριθῶν ἀληλεσμένων κοτύλας δ′ καὶ κατ᾽ ὀλίγον ταῖς ϛ′ ἡμέραις αὐξήσειας τὴν τροφήν.* 2 *καὶ εἰ χειμῶνος μὲν περὶ ἀλεκτρυόνος ὥραν τρέφοις, τὸ δεύτερον δέ, περὶ τὸν ὄρθρον, καὶ ποτὸν δίδως, τὸ δὲ λοιπὸν τῆς τροφῆς, περὶ τὴν ἑσπέραν παρέξεις·* 3 *θέρους δὲ ἂν τὸ πρῶτον ὑπὸ τὸν ὄρθρον, τὸ δὲ δεύτερον περὶ ὥραν τρίτην, εἶτα ποτιεῖς, καὶ οὕτω τὴν τρίτην τροφὴν προσφέροις περὶ ἐνάτην*

---

1 *μυῶν* FM i. c. *μυιῶν* HLM ‖ 2 *ἀφρ.* p. t. LM om. P ‖ 4 *σιελου* s. acc. F ut ed. H ‖ 5 *Ταῦροι δὲ* v. c. L ‖ 7 *σωτ.* p. t. LM om. P ‖ 9 *τὴν α̅*[ᵒⁿ] H ‖ 10 *παραβάλλοις* H ‖ *εἶτε ἀχ. διηθέντων* P *εἶτε ἀχ. διηθούντων* | per comp. M *διημένων* sed *θη* 1. m. supra add. H ‖ 11 *πέντε* HP ‖ 12 *διδοῖς* om. FM cf. praef. p. XXI ‖ *ἕκτῃ* FP ‖ *τέσσαρας· κατ᾽* P ‖ 13 *ἓξ* HP ‖ *αὐξήσεις* P *αὐξήσ τὴν*, sed *εισ* 1 m. supra add., *τ* ex *σ* corr. M ‖ 14 *εἰ* om. FM ‖ *μὲν* om. L ‖ *ἀλεκτρυόνων* FM ‖ *ὥραν** *ὥρας* codd. cf. praef. l. l. ‖ *τρέφων* FM *τρέφοισ, καὶ περὶ τὸν* (per comp.) L ‖ 17 *παρέξεις* et *ἂν* om. FM ‖ 18 *περὶ ὥραν τρ.* L *μεσημβρίας* M om. F cf. praef. l. l. ‖ 19 *προσφέρεις* P *οι* 1. m. supra add. H ‖ *ἐννάτην* HM *θ′* P.

ὥραν, καὶ πάλιν ποτιεῖς· δίδου δὲ αὐτοῖς χειμῶνος μὲν θερμοτέρου ὕδατος, θέρους δέ, χλιαροῦ. 4 τὰ δὲ στόματα αὐτῶν οὔρῳ διακλύζουσι τὸ παρακείμενον φλέγμα ἀφαιροῦντες, καὶ τὴν γλῶσσαν καθαίροντες ἀπὸ τῶν σκωλήκων λαβίδι ἐξαιρουμένων, (γίγνονται γὰρ σκώληκες ἐν ταῖς γλώσσαις αὐτῶν) ἁλσί τε τὴν γλῶσσαν διαχρίουσι. καὶ τῆς στρωμνῆς δὲ ἐπιμελεῖσθαι χρή.

## Cap. 13. *Περὶ ἰάσεως, καὶ ὥστε τὰ ὀστέα μὴ καταπίνειν. Παξάμου.*

1 Ταῖς φάτναις μήτε ὄρνεις μήτε ὕες προσιέτωσαν· ἑκατέρων γὰρ ἡ κόπρος εἰ βρωθείη, ἀδικεῖ τὸ ζῷον. 2 οὐκ ἂν δὲ καταπίῃ βοῦς ὀστοῦν, εἰ λύκου οὐρὰν ἐπὶ τὴν φάτνην κρεμάσεις.

## Cap. 14. *Περὶ ἀδήλου πάθους.*

1 Σχεδὸν πάντα ἄδηλα τὰ πάθη τῶν ζώων· πῶς γὰρ ἄν τις μάθοι; ἢ παρὰ τίνος ἂν πύθοιτο τὸ ἐνὸν τῷ ζῴῳ πάθο; 2 Εἰ τοίνυν σιλφίου κοπέντος μετὰ οἴνου ἀκράτου μέλανος εἰς τὰς ῥῖνας ἐγχέεις, πᾶν ἄδηλον πάθος θεραπεύσεις. 3 Δημόκριτος δὲ συμ-

---

2 θερμοτέρωι (ῳ H) ὕδατι F θερμο(τέρου?) ὕδα(τος?) per comp. M ut ed. LP ‖ χλιαρῶι F χλιαρῷ HM ut ed. LP ‖ 3 διακλύζουσιν F ν om. H ‖ 4 καθαιροῦντες L ‖ 5 σκωλίκων L ‖ γίγνονται F et in ras. 1. m. ex -ωνται H γίγνωνται L γίνονται M ‖ 6 ἁλσίν F ut ed. H ‖ 7 γλῶτταν F ut ed. H ‖ διαχρίουσιν. F ‖ 9 c. 13, 1 capiti 12 adiungit tit. et § 2 om. P ‖ 10 παξ. p. t. M om. L ‖ 11 ὄρνισ L ‖ 13 -υκ (v. c. lit. Ὀ rubr. om.) ἂν δὲ καπίει (τα rubr. supra add.) L ‖ 16 πάντων τῶν ζώων τὰ πάθη ἄδηλα M ‖ 17 μάθη F μα^{θ'} M μάθοι HPL ‖ 18 μετ' οἴνου FM ‖ 20 εὔδηλον F ut ed. H ‖ δημοκρίτου mg. add. F nihil H.

βουλεύει, ἔαρος ἀρχομένου, εἰς τὸ ποτὸν τῶν βοῶν ἐπὶ τέσσαρας καὶ δέκα ἡμέρας ἐμβάλλειν σκίλλης καὶ ῥάμνου ῥίζης. 4 Εἰ δὲ καὶ φανερὰν νόσον νοσοίη, θεραπεύσεις οὕτως. ἐλελίσφακον ἐξ ὀρεινοῦ χωρίου καὶ πράσιον εἰς ὃ μέλλουσιν ὕδωρ πίνειν προβρέξας ταῖς ἴσαις ἡμέραις, καὶ δούς, θεραπεύσεις. τοῦτο δὲ οὐ μόνον βοῦς, ἀλλὰ καὶ θρέμματα τὰ λοιπὰ ὠφελεῖ. 5 Καὶ ἅλες δὲ συμμιγνύμενοι ταῖς τροφαῖς σφόδρα ὠφελοῦσιν. 6 ἄριστον δὲ καὶ ὑγιεινότατον ἀμόργη σὺν ὕδατι καὶ κατ' ὀλίγον διδομένη. ὠφελεῖ δὲ καὶ ἡ μηδικὴ πόα.

## Cap. 15. *Περὶ κεφαλαλγίας.*

1 Χρὴ πρότερον γινώσκειν τὴν τοῦ βοὸς κεφαλαλγίαν· ἐπειδὰν οὖν τὰ ὦτα καθεὶς μὴ ἐσθίῃ, κεφαλαλγίᾳ ἐστί. 2 διαχρίεται οὖν ἡ γλῶσσα θύμῳ μετὰ οἴνου τριφθέντι, καὶ σκόρδοις, καὶ ἁλσὶ λεπτοῖς. 3 καὶ πτισάνη δὲ ὠμὴ μετὰ οἴνου λυθεῖσα ὠφελεῖ. 4 καὶ δάφνης δὲ φύλλα, ὅσον τὴν χεῖρα πληρῶσαι, λαβών, καὶ ἐμβαλὼν εἰς τὸ στόμα, ἢ καὶ σιδίων ῥοιᾶς, ὠφελήσεις. 5 καὶ σμύρνης δέ, ὡς κυάμου μέγεθος, ὁμοίως μετὰ οἴνου διηθηθέντος ἐν κοτύλαις δυσὶ διὰ τῶν ῥινῶν ἐγχέας θεραπεύσεις.

---

1 τὸ edd. om. FM τὸν L ‖ 2 εἰστέσσαρασκαὶ ῑ F εἰς τέσσαρας ῑ H ἐν τεσσαρεσκαίδεκα ἡμέραις P et (-αις p. c.) M ‖ 3 Εἰ δὲ καὶ v. c. L καὶ om. M ‖ 4 οὕτως | per comp. M οὕτω HP ‖ λιλύσφακον FM λιλύφασκον P ‖ χορίου L ‖ 5 μέλλουσι πίνειν FM ‖ 6 Τοῦτο δὲ v. c. L ‖ 7 ὀφελεῖ:- L τὰ λοιπὰ ὠφελεῖ om. FM ‖ 8 ἅλας corr. 1. m. ex ἅλες L ‖ συμμιγνύμεναι L ‖ 9 Χριστὸν δὲ v. c. L δὲ om. M ‖ ἀμόργι κατ' L κατολίγον F ut ed. H ‖ 15 ἐστίν· διὸ οὖν F ἐστί. Δεῖ οὖν v. c. L ‖ τὴν γλῶσσαν LP ‖ 16 σκορόδοις M σκόρδοις | (fin. fol. 109) ἁλσὶ λεπτοῖς ὑπαλείφειν:- Καὶ (v. c.) πισάνη L ‖ ἁλσὶν F ν om. H ‖ 21 δυσίν· F ν om. H.

## Cap. 16. *Περὶ διαρροίας.*

1 *Ῥάμνου φύλλα κόψας, καὶ ἀσφάλτῳ περιπλασθέντα, δίδου φαγεῖν.* 2 *Οἱ δὲ ῥοιῶν φύλλα κοπέντα, καὶ ἀλφίτοις περιπλασθέντα, διδόασι φαγεῖν.* 3 *Ἄλλοι δὲ ἀλφίτων κοτύλας β' καὶ σίτου φρυγέντος ἀλεύρων τὸ ἥμισυ ὕδατι μιχθὲν διδόασιν.*

## Cap. 17. *Περὶ ἀπεψίας.*

1 *Ἀπεπτήσας· γινώσκεται βοῦς ἐκ τοῦ μὴ ἐσθίειν, καὶ πυκνῶς ἐρυγᾶν, κινεῖν τε τὰ μέλη μετά τινος συστροφῆς καὶ πνεύματος ἐκθλίψεως.* 2 *θεραπεύσομεν οὖν θερμὸν ὕδωρ διδόντες πιεῖν, καὶ κράμβης διαβραχείσης ἐν ὄξει δέσμην φαγεῖν.* 3 *Οἱ δὲ τῆς κράμβης τὰ ἁπαλὰ ζέσαντες, καὶ τρίψαντες μετὰ ἐλαίου, διὰ κέρατος ἐγχέουσι διὰ τοῦ στόματος, καὶ περιβολαίοις συνθερμάναντες εἰς περίπατον ἄγουσι. τοῦτο δὲ οὐ τοὺς βοῦς μόνον, ἀλλὰ καὶ πᾶν ὠφελεῖ βόσκημα.* 4 *Οἱ δὲ ἀγρίας ἐλαίας τὰ φύλλα ἢ δένδρων ἄλλων κλῶνας ἁπαλοὺς κόψαντες, καὶ ὕδωρ ἐπιχέαντες διηθοῦσι, καὶ οὕτως κοτύλας ϛ' ἐπιχέουσιν ἐπὶ ἡμέρας δύο.*

---

2 *Θάμνου* L ‖ *καὶ ἀσφάλτῳ — κοπέντα* om. M cf. praef. p. XXII ‖ 3 *διδόασι* L ‖ 4 *καὶ ἀλφ. περιπλασθέντα* om. L ‖ *διδόασιν* F *ν* om. H *διδόασι φαγεῖν* om. P ‖ 5 *ἀλφύτων* L *ἀλφίτου* M ‖ 6 *διδόασι*:- L ‖ 7 c. 17 om. L ‖ 9 *κινεῖν*: *ἐκτείνειν* M ‖ 10 *ἐκθλίψεως*: *καὶ θλίψεως* F ‖ 11 *διαβρεχθείσης* F ‖ 12 *δεσμεῖν* F ‖ 14 *ἐγχέουσιν* F *ν* om. H ‖ 15 *ἄγουσιν* F *ν* om. H ‖ 16 *ὠφελεῖ μόνον, ἀλλὰ καὶ πᾶν* M ‖ 19 *διηθοῦσιν* F *ν* om. H *οὕτως* F et per comp. M *οὕτω* H ‖ *ἐπὶ* om. M ‖ *ἒξ* P ‖ 20 *β*῀' - M *δύο* P.

Cap. 18. *Περὶ βουπρήστεως.*

*Τινὲς ἔλαιον εἰς τὰς ῥῖνας ἐγχέουσι τοῖς βουσίν. ἄλλοι δὲ ἐρινεοῦ ὀλύνθους ὕδατι τρίψαντες εἰς τὰς ῥῖνας ὁμοίως ἐγχέουσιν.*

Cap. 19. *Περὶ στρόφου.*

1 *Ὁ στροφούμενος βοῦς ἐφ' ἑνὸς οὐχ ἕστηκε τόπου, οὐδὲ τροφῆς ἅπτεται, ἀλλὰ στένει.* 2 *ὀλίγην οὖν αὐτῷ τροφὴν παραβλητέον, καὶ τὴν σάρκα τὴν περὶ τοὺς ὄνυχας διακεντητέον, ὥστε ἀφαιμάξαι.* 3 *ἔτι δὲ περὶ τὴν οὐρὰν νύξαντες, ὥστε αἷμα ἐκρυῆναι, ῥάκει περιδεσμοῦσιν.* 4 *Ἄλλοι κρόμυα καὶ ἅλας ἑνώσαντες καὶ σφηνώσαντες εἰς τὴν ἕδραν ἐσωτάτω προσωθοῦσι, καὶ τρέχειν ἀναγκάζουσιν. ἄλλοι νίτρον κόψαντες καὶ διέντες διὰ τοῦ στόματος ἐγχέουσιν.*

Cap. 20. *Περὶ πυρεταίνοντος. Διδύμου.*

1 *Βοῦς πυρεταίνων οὐ προσίεται τὴν τροφήν, κάτω νεύει, δακρύει, λήμας ἔχει, περὶ τοὺς ὀφθαλμοὺς κοιλαίνεται.* 2 *τοῦτον οὖν θεραπεύουσιν οὕτως. ἐκ συσκίων χωρίων ἄγρωστιν λαβών, καὶ πλύνας, δὸς φαγεῖν αὐτῷ, ἢ ἀμπέλου φύλλα.* 3 *ποτιστέον δ' αὐτὸν*

1 *βουπρίστεως* L *βουπρήσεως* FM ‖ 3 *ὀλίνθους* L ‖ *τρίψαντες** *διαπαντὸς* FM *ἐναποβρέξαντεσ, δι|ὰ παντὸς* L [illegible] S XIII 15 ‖ 4 *ὁμοίως* om. L ‖ *ἐγχέουσι* HL ‖ 6 *ἐφενῆ, οὐχ' ἕστηκε τόπῳ* L ‖ 8 *περὶ*: *παρὰ* L ‖ 9 *οἱ δὲ* M *δὲ* om. F ‖ 10 *ἀνοίξαντες* F ‖ 11 *κρόμμυα* P ‖ 12 *ἐσωτέρω* M ‖ 13 *Ἄλλοι* v. c. L ‖ *καὶ* om. FM ‖ 14 *ἐγχέουσι* L ‖ 15 *πυρετταίνοντος* M *πυρέττοντος* P M i. c. ‖ *διδ.* p. t. L om. HM ‖ 16 *πυρετταίνων* M ‖ 18 *τοῦτον οὖν* om. FM ‖ *'Εκ* (v. c.) *συσκίων χορίων* L ‖ 20 *αὐτῷ. 'Αμπέλου* v. c. L.

ὕδωρ ψυχρότατον μὴ ἐν ὑπαίθρῳ, μάλιστα δὲ ὑποσκίῳ, σπόγγῳ τε βεβρεγμένῳ ὕδατι τὰ ὦτα καὶ τὰς ῥῖνας ἀποψηκτέον. 4 τινὲς δὲ καυτῆρι τὸ πρόσωπον αὐτοῦ διακαίουσι, καὶ τὰ ὑπὸ τοὺς ὀφθαλμούς· σπογγίζουσί τε ταῦτα οὔρῳ παλαιῷ θερμῷ δὶς τῆς ἡμέρας, ἕως ἂν ἐκπέσωσιν αἱ ἐσχάραι, καὶ ἀπουλωθῇ τὰ τραύματα. ἀμύσσεται δὲ καὶ τὰ ὦτα, ὥστε αἷμα ῥεῦσαι. 5 τινὲς δὲ ἄλφιτα φυράσαντες οἴνῳ διδόασι φαγεῖν, οἱ δὲ λούουσιν ἅλμῃ, καὶ περιβολαίοις συνθερμαίνουσιν. οἱ δὲ κύτισσον διδόασι μετὰ οἴνου· τοῦτο δὲ οὐ τοὺς βοῦς ὠφελεῖ μόνον, ἀλλὰ καὶ τὰ ἄλλα θρέμματα.

## Cap. 21. *Περὶ βήσσοντος.*

1 *Κριθὰς ἀληλεσμένας διαβραχείσας, καὶ τῶν ἀχύρων τὰ ἁπαλώτατα καθαρθέντα, καὶ ὀρόβων κοτύλας γ΄ ἀληλεσμένων, εἰς τρία διαιρεθέντα κατὰ μέρος δίδου φαγεῖν. 2 τινὲς δὲ τὴν ἀρτεμισίαν βοτάνην τρίψαντες, καὶ διέντες ὕδατι ἐκπιέζουσι, καὶ πρὸ τῆς τροφῆς ἐγχυματίζουσιν ἐπὶ ἡμέρας ζ΄.*

---

1 *μὴ ἐν* corr. Needh. *ψυχρώτατον μὲν ἐν* L *ψυχρότ. μὲν ὑπ.* FM *μὴ ὑπὸ ἡλίῳ ἀλλὰ ὑπὸ σκιᾷ* S XIII 17 ‖ *δὲ μάλιστα* FLM *δὲ μάλιστα* | *ἢ ὑποσκίω* H ‖ 2 *σφόγγω* F ‖ 3 *ἀποψητέον* L *ἀποψυκτέον* HP et *ὑ* m. 1. corr. ex *η*? M ‖ *δὲ* om. FM ‖ 4 *διακαίουσιν·* F *διακαίοντεσ* L ‖ *σπογγίζωσι* L *σπογγίζουσιν δὲ* F *σπογγίζουσι δὲ* HM ‖ 6 *ἀπουλώση* FM ‖ 8 *δὲ* om. FM | *ἄλφυτα* L ‖ 8. 10 *διδόασιν* F *ν* om. H ‖ 9 *λούουσιν* P S XIII 17 *λύουσιν* FM *οἱ δὲ — θερμαίνουσιν* om. L ‖ 10 *Οἱ δὲ* L ‖ *κύτισον* L *κὺ τἴσσὸν* H ‖ 11 *ὀφελεῖ* L ‖ *τὰ* om. M ‖ 16 *τρεῖς* HM ‖ *ἀληλεσμένας* FM ‖ *εἰς γ΄* M *τρία* P ‖ 18 *ῥίψαντες* F *ῥύψαντεσ* L ‖ *ἐκπιέζουσιν·* F ‖ 19 *ἑπτά* H.

## Cap. 22. *Περὶ ἐμπυϊκῶν.*

*Ἐὰν συναγάγῃ ἔμπυον τὸ ἕλκος, χρὴ καθαίρειν, οὔρῳ τε βοὸς παλαιῷ θερμῷ κλύζειν, ἐρίοις τε ἐκμάττειν, εἶτα μετὰ λεπτῶν ἁλῶν καὶ πίττης ὑγρᾶς ἐντιθέναι ἔμπλαστρον.*

## Cap. 23. *Περὶ χωλείας. Φλωρεντίνου.*

**1** *Ἐὰν διὰ τὸ κατεψύχθαι τι μέρος χωλεύῃ ὁ βοῦς, νίψαι χρὴ τὸν πόδα, καὶ τὸ πεπονθὸς μέρος σμιλίῳ ἀνοίξαντα οὔρῳ παλαιῷ πυριᾶσαι· εἶτα ἁλῶν ἐπίπασσε, καὶ σπόγγῳ ἔκμασσε ἢ ῥάκει· ἔπειτα στῆρος αἰγείου ἢ βοείου παρατριβομένου θερμῷ σιδήρῳ ἐπιστάζειν τῷ πεπονθότι μέρει.* **2** *ἐὰν δὲ σκόλοπα ἤ τι τοιοῦτον πατήσας χωλεύῃ, τὰ μὲν ἄλλα ὁμοίως ποιητέον· κηρὸν δὲ ἅμα ἐλαίῳ παλαιῷ καὶ μέλιτι καὶ ὀρόβων ἀλεύρῳ συντήξας καὶ ψύξας ἔνθες τῷ ἕλκει, εἶθ' οὕτως λαβὼν ὄστρακον λεπτὸν διηθηθέν, καὶ σύκων ἢ ῥοιῶν κοπέντων καὶ μιχθέντων, περίπλασσε ῥάκος ἐπιθείς· ἐπιδέσμει δὲ ἐπιμελῶς, ὡς μηδὲν παρεισδῦναι, ἕως ἂν δυνηθῇ στῆναι· οὕτω γὰρ ἂν ὑγιασθῇ· τρίτῃ δὲ ἡμέρᾳ ἐπιθεράπευε.* **3** *ἐὰν δὲ δι' ἐπιφορὰν ὕλης χωλεύῃ, θερμαντέον τὸ μέρος*

---

1 *ἐμπτύων* L ‖ 2 *Ἐὰν γένηται ἔμπτυον* L ‖ *χρὴ καθαίρειν* om. P ‖ 3 *τε* om. FM ‖ *παλαιῷ* corr. Needh. *παλαιοῦ* codd. ‖ *ἐκμαλάττειν* FM ‖ 4 *πίσσης* H ‖ 6 *φλωρ.* om. LM ‖ 7 *διὰ* 1. m. supra add. *ψύξαι* 1. m. in ras.? H *διὰ τὸ ψύξαι μέροσ* FM ‖ 8 *μέρος—ἐπίπασσε, καὶ* om. L ‖ 9 *πυριάσαι* HM ‖ 10 *σφόγγω* F *σπ.* H ‖ *ἔκμασαι* L ‖ *στῆρος* HM *στεῖρος* F *στε̃·αρ*, m. rec. corr. ex *στῆρας*? L ‖ 12 *σκώλωπα* L ‖ 13 *χωλεύοι* M *-η* P *-ει* expunxit *η* supra add. H ‖ 15 *ἄλευρον* L ‖ 16 *οὕτως* per comp. M *οὕτω* P ‖ *διηθησθὲν* H *διηθὲν* P ‖ 18 *ῥάκει* L ‖ *δὲ* FM *τὲ* L ‖ 19 *παρεισδῦναι** *παρεισδύναι* codd. ‖ *ἂν* om. LM serv. P ‖ *δὲ* post *τρίτῃ* om. L ‖ 21 *δι'* om. L ‖ *ἐπιχωλεύῃ* M.

μετὰ ἐλαίου καὶ γλυκέος ἑψηθέντων, εἶτα ὠμὴν λύσιν θερμὴν ἐπιθετέον. 4 ὅταν δὲ ἁπαλὸν γένηται, διαιρετέον· ἐκπλυθέντι δὲ τῷ διαιρεθέντι μέρει φύλλα κρίνων, ἢ σκίλλαν μετὰ ἁλῶν, ἢ πολύγονον, ἢ πράσιον κοπὲν ἐπιθετέον.

## Cap. 24. Περὶ ψώρας.

1 Ψώραν καὶ ἐξανθήματα οὔρῳ βοείῳ παλαιῷ καὶ βουτύρῳ περιχρίοντες ἰῶνται. 2 οἱ δὲ ῥιτίνῃ ἢ πίσσῃ ὑγρᾷ μετὰ θείου καταπλάττοντες ἐπιχρίουσι, καὶ οὕτως ἰῶνται.

## Cap. 25. Περὶ χολῆς.

Διακαυτέον τοὺς βοῦς τῶν σκελῶν ἕως τῆς ὁπλῆς, καὶ λουτρῷ θερμῷ συνεχῶς θερμαντέον, καὶ περιβολαίοις καλυπτέον. τροφὴν δὲ οὐ δοτέον.

## Cap. 26. Περὶ καταψύξεως.

Ἐγχυματιστέον ὀπὸν διέντα οἴνῳ μέλανι.

---

1 ἑψηθέντων LP ἑψηθέντα FM ‖ 3 μέρει, κρῖνον P ‖ 4 σκῦλλαν M ι′ P ‖ 7 ψώρα M ‖ βοΐω L ‖ 8 ῥητίνῃ H ῥυτ. P ‖ 9 ὑγρᾶ 1. m. corr. ex ἡγρᾶ? L ‖ θειόυ M S XIII 21 οἴνου FL ‖ ἐπιχρίουσιν. F ‖ 12 τὰσ (?) βοῦσ per comp. M τοὺς P ‖ 14 τρ. δὲ οὐ δ. om. FL serv S XIII 24 ‖ 16 ὀπὸν om. FL ‖ διέντα* διηθηθέντι FLM διηθέντι P ὀπὸν μήκωνος κόψον καὶ φύρασον μετὰ οἴνου μέλανος καὶ πότιζε αὐτόν S XIII 22.

Cap. 27. *Περὶ σκωλήκων.*

Ὕδατι ψυχρῷ καταῤῥαίνοντες τὰ ἕλκη ἀναιροῦσι τὰς εὐλάς.

Cap. 28. *Περὶ κακοσίτου.*

Τὴν τροφὴν καταῤῥαντέον ἀμόργης τὸ ἀρκοῦν· ἐλαίου τε καὶ ῥιτίνης ἢ τερεβινθίνης τὸ ἶσον μίξας κατάχρισον τὰ κέρατα ἕως ῥίζης.

Cap. 29. *Περὶ φθειριῶντος.*

**1** Τὸν βοῦν χρὴ καταβαλεῖν ὕπτιον, καὶ τῆς κεφαλῆς ἀνανευθείσης τὴν γλῶσσαν περισκοπεῖν, εἰ φλυκταίνας ἔχει. 2 περικαῦσαι δὲ ταύτας χρὴ σιδήροις ὀξέσι καὶ διαπύροις, ἔπειτα ἀγρίας ἐλαίας φύλλων κοπέντων καὶ ἁλῶν χρίειν τὰ ἕλκη, ἢ ἁλσὶ λεπτοῖς καὶ ἐλαίῳ, ἢ βουτύρῳ καὶ ἁλσίν· ἢ σικύου ἀγρίου ξηροῦ ῥίζαν συγκοπεῖσαν ἅμα σύκοις δοῦναι φαγεῖν, ἢ ἀλφίτων κοτύλας δύο καὶ σίτου φρυγέντος ἀλεύρου τὸ ἶσον οἴνῳ βραχέντα δοῦναι.

---

3 τὰς φ (eras. et expunct.) οὐλάς:· | (per comp.) H τὰς ὕλας P et per comp. M ‖ 5 Ἡ τροφὴ L ‖ ἀμόργη· τὸ ἀρκοῦν ἐλαίω τὲ M ‖ 6 ῥητίνης H ῥυτ. P ‖ 7 κατάχριε L ‖ 9 καταβάλλειν L ‖ 11 ταύτας* S XIII 26 ταῦτα FL ταύτην M ‖ 13 ἁλσὶν F ν om. H ‖ λιπτοῖσ | καὶ ἐλαίου L ‖ 14 συκίου L ‖ ἀγρίου om. P ‖ 15 ῥίζαν om. H ‖ δοῦναι: θεῖναι M ‖ 16 φριγέντος M υ P ‖ ἀλεύροις FP et per comp. M ‖ 17 ἴσον FP ἶσον HLM ‖ βραχὲν FM.

# ΒΙΒΛΙΟΝ ΙΗ.

*Τάδε ἔνεστιν ἐν τῇδε τῇ βίβλῳ, ὀκτωκαιδεκάτῃ μὲν οὔσῃ τῶν περὶ γεωργίας ἐκλογῶν, περιεχούσῃ δὲ σύνταξιν περὶ προβάτων ἐκλογῆς τε καὶ δοκιμασίας, καὶ ὀχείας, καὶ τοκετοῦ, καὶ παντοίας θεραπείας καὶ ἐπιμελείας αὐτῶν.*

*α΄. περὶ προβάτων ἐκλογῆς καὶ δοκιμασίας ἀῤῥένων καὶ θηλειῶν. β΄. περὶ ἐπιμελείας καὶ διαμονῆς αὐτῶν. γ΄. περὶ ὀχείας καὶ τοκετοῦ. δ΄. περὶ προβάτων, ἵνα ἀκολουθῶσιν. ε΄. κριὸς ἵνα μὴ ἐπιτρέχῃ. ϛ΄. προβάτου ἐγκύου προγινώσκειν, ὁποῖον χρῶμα ἔχει τὸ ἔμβρυον. ζ΄. ἄρνας μὴ νοσεῖν. η΄. πότε δεῖ καὶ πῶς ἀποκείρειν τὰ πρόβατα. θ΄. περὶ αἰγῶν καὶ τράγων. ι΄. ὥστε αἶγας πολὺ γάλα ποιεῖν. ια΄. πρόβατα καὶ αἶγας λοιμικὴν νόσον μὴ ἀσθενεῖν. ιβ΄. περὶ γάλακτος καὶ ὥστε τὰ βοσκήματα πολὺ γάλα ποιεῖν. ιγ΄. περὶ ἰάσεως τῶν προβάτων. ιδ΄. λύκων θηρατικόν. ιε΄. περὶ ψώρας. ιϛ΄. περὶ φθειριάσεως. ιζ΄. περὶ διαφόρων νοσημάτων. ιη΄. περὶ αἰπολίων. ιθ΄. περὶ τυροποιίας. κ΄. περὶ δοκιμασίας γάλακτος. κα΄. μέλκης σκευασία σύντομος.*

---

1 *β. ιβ΄.* om. M *β. ὀκτωκαιδέκατον περιέχον σύνταξιν περὶ δοκ. καὶ ἐκλογῆς προβάτων ἀρρ. καὶ θηλειῶν. Ἄρισται* (c. 1) cetera om. P ‖ 2 *τῇδε* om. M ‖ *δεκαογδόη* F *ιη΄* HM ‖ 4 *κ/ ϱ̃* (ε supra) mg. L ‖ 5 *ἐπιμελίασ* L ‖ 7 indicem capitum om. HLP ‖ 8 *ἐπιμελίασ* F ‖ 10 *κριὸς** *κριὸν* codd. ‖ *προβάτου ἐγκύου** *πρόβατον* (p. c.) *ἔγκυον* codd. ‖ 14 *πολυ γαλα* sine acc. F *πολυγόνους* p. c. M ‖ 15 *μι ἀσθενεῖν* (!) F *μὴ βλάπτ΄΄.* M ‖ *περὶ γάλ. καὶ* om. M ‖ 17 *λύ(?)κον* F ‖ 18 *φθειράσεωσ* F ‖ 20 *γαλάτων* p. c. M ‖ *κά — σύντομος* om. M ‖ *σκευασία** corr. e textu *σκευασίασ* F.

## Cap. 1. *Περὶ προβάτων ἐκλογῆς, καὶ δοκιμασίας ἀῤῥένων καὶ θηλειῶν. Φλωρεντίνου.*

1 Ἄρισταί εἰσι τοκάδες, αἵ ἔρια φύουσαι πολλὰ καὶ μαλακά, τοὺς μαλλοὺς βαθεῖς πεπυκνωμένους καθ' ὅλον μὲν τὸ σῶμα, μάλιστα δὲ περὶ τὸν τράχηλον καὶ τὸν αὐχένα· ἔχουσαι δὲ καὶ τὴν κοιλίαν ὅλην δασεῖαν ἐρίων πλήθει καὶ μαλακότητι, καὶ ὁμοχροίᾳ. 2 εἶναι δὲ χρὴ αὐτὰς εὐοφθάλμους, καὶ μακροσκελεῖς, καὶ μακροκέρκους· ἄρισται γὰρ αὗται πρὸς ἀρνοτροφίαν. 3 τοὺς δὲ κριοὺς εἶναι χρὴ εὐπαγεῖς, καλοὺς τῇ θέᾳ, χαροποὺς τοῖς ὄμμασι, δασυμετώπους, εὐκέρωτας, ὀλιγοκέρωτας, σκεπομένους τὰ ὦτα τῇ πυκνότητι τῶν ἐρίων, πλατυνώτους, ἔχοντας τοὺς διδύμους μεγάλους, μηδὲν ἑτερόχρουν ἐπὶ τοῦ σώματος ἔχοντας. 4 ἡλικίαν δὲ δοκιμαστέον κριῶν καὶ τοκάδων, ὅταν ὦσι τριετεῖς. ἱκανὸς δὲ εἷς κριὸς ν' τοκάδας ἐγκύους ποιεῖν. 5 Ἀρκέσει καὶ εἷς ἀνὴρ εἰς κ' προβάτων ἐπιμέλειαν, ἔχων παιδίον εἰς ἐπικουρίαν. 6 κυοφορεῖ δὲ τὸ πρόβατον μῆνας ε'. ἄριστα δέ εἰσι πρόβατα, τὰ ἔχοντα ἔρια ἡπλωμένα, τὰ παρουλότριχα δὲ σαθρὰ εἶναι τῇ φύσει διαβεβαιοῦνται.

---

1 tit. om. H *π. δοκ. καὶ ἐκλ. προβ. ἀ. καὶ θ.* M ‖ 2 *θηλίων* L ‖ *φλωρ.* p. t. H om. LM ‖ 3 *ἄριστοί* F *ἄριστοι* HL ‖ *φυτεύουσαι* FM ‖ 4 *μαλοὺσ* L ‖ *βαθεῖς* om. L ‖ *καθ' ὅλου* L ‖ 6 *τοὺς αὐχένας* FM ‖ *δασίαν,* HL ‖ 7 *πλήθει* corr. 1. m. ex *πλήθη* L ‖ 8 *καὶ μακροσκελεῖς καὶ μακροκέρκους* om. L ‖ 9 *γὰρ* FL *καὶ* M ‖ 11 *χαροποὶ* L ‖ 12 *ὀλιγοκέρωτας* videtur esse corruptum. *τοὺς κριοὺς (χρὴ εἶναι) μεγαλοκέρωτας ἢ δολιχοκέρωτας καὶ σκολιοκέρωτας* S XIII 47 ‖ *πικνότητι* L ‖ 15 *δὲ* om. FM ‖ *ὤσιν* F *ν* om. H ‖ *τριέται* L ‖ 16 *Ἱκανὸσ* v. c. L ‖ *πεντίκοντα* L ‖ *ἐγγύους* HL ‖ 17 *καὶ* et *εἰς* om. FM ‖ 19 *πέντε* HP ‖ *Ἄριστα* v. c. L ‖ *εἰσὶ πεντήκοντα πρόβατα* H ‖ *τὰ* post *πρόβατα* om. FM ‖ 20 *δὲ* om. FM.

## Cap. 2. *Περὶ ἐπιμελείας καὶ διαμονῆς αὐτῶν.* *Τοῦ Αὐτοῦ.*

1 *Τοὺς σηκοὺς πλείους καὶ μᾶλλον πλατυχώρους εἶναι δεῖ, θερμούς τε καὶ ξηροὺς κατασκευαστέον, καὶ τὰ ἐδάφη δὲ τούτων κεκλιμένα, λίθοις τε καταστορεσθέντας ὁμαλιστέον εὐθέως τε τὸ οὖρον ἐξοχετευτέον.* 2 *τακτέον δὲ κατὰ τὸ ὑψηλὸν τοῦ ἐδάφους τὰς φάτνας, κλίμακάς τε ὑπὲρ αὐτῶν ἐμπηκτέον, ὅπως τὰ πρόβατα τὴν τροφὴν λαμβάνοντα κωλύηται ὑπερπηδᾶν.* 3 *Θέρους μὲν οὖν καὶ ὑπαίθρια τρέφεται, καὶ ἔξω αὐλίζεται· ἀλλ' ὅταν ὁ ἥλιος ὀξύτατος ᾖ, ὑπὸ σκιὰν ἀγέσθω. ἑκάστοτε δὲ ἐκ τῶν δυσχειμέρων τόπων εἰς τοὺς θερμοτέρους μεταγέσθω· οὐ μὴν τὸ ἀνάπαλιν· σφόδρα γὰρ βλάπτει τὸ ψύχος αὐτά.* 4 *Πρὸς δὲ τὸ μὴ ἕρπειν ἐκεῖσε τὰ θηρία τὰ λυμαινόμενα, θυμιατέον ἐν τοῖς σηκοῖς τρίχας γυναικῶν, ἢ χαλβάνην, ἢ κέρας ἐλάφειον, ἢ αἰγῶν ὁπλὰς ἢ τρίχας, καὶ ἄσφαλτον, καὶ κασσίαν, ἢ κόνυζαν, ἤ τι ἄλλο τῶν βαρυόσμων, καθ' ἑαυτά, ἢ καὶ ἅμα πλείω κοπέντα.* 5 *εἴς τε τὴν στρωμνὴν τῶν ποιμνίων χρηστέον καλαμίνθῃ καὶ ἀσφοδέλῳ, ἢ γλίχωνι, ἢ πολίῳ, ἢ κονύζῃ, ἢ ἀβρο-*

---

2 *τοῦ αὐτοῦ* om. LM ‖ 4 *κατασκευαστέον* om. M ‖ 5 *καταστρωθέντας* M *ὑποκεκλιμένα, λίθους τὲ κατεστορεσμένουσ ὁμ.* L ‖ 6 *ἐξοχευτέον* P *εὐθέως — ἐξοχετ.* om. FL *ὅπως τὰ οὖρα αὐτῶν κατίῃ* S XIII 48 ‖ 7 *κατὰ* τὸ ὑψ.: καὶ τὸ* F *πρὸς ὑψ.* M *καὶ ἐν τῷ ὑψηλῷ* L ‖ 9 *κωλύεται* L ‖ 11 *ᾗ* om. FM ‖ 12 *ιε* mg. inf. (quaternionis signum?) L ‖ *Ἑκάστωτε* v. c. L *ἐκ. — μεταγέσθω* om. FM cf. praef. p. XXIII ‖ 15 *ἐκεῖσαι* L om. FM ‖ *λυμαινώμενα* L ‖ *θυμιαστέον* F ‖ 17 *ἐπλάσ.* L ‖ 18 *κασίαν* L ‖ *κόρυζαν* M *ἢ κόνυζαν* om. P ‖ *ἢ ἄλλὅτι* L ‖ 20 *στρωμὴν* sed *ν* 1. m. supra add. et F et H ‖ *καλαμινθίνη ἢ ἀσφοδελῷ* M *καλαμινθίνη καὶ ἀσφοδελῷ* F *καμινθίνη καὶ ἀσφοδέλω* H *καλαμήνθην καὶ ἀσφοδίλω* L.

τόνῳ· καὶ γὰρ τὰ τοιαῦτα φεύγει τὰ θηρία. 6 Τροφὴν δὲ παραβλητέον κύτισσον καὶ μηδικήν, ἢ τῆλιν, ἢ βρόμον, καὶ τῶν ὀσπρίων τὰ ἄχυρα, καὶ τῶν κριθῶν· καλλίω δὲ ταῦτα γίνεται ἐπὶ τῆς ἅλω ἅλμῃ ἐπιῤῥαινόμενα. καὶ τῶν συκῶν δὲ οἱ ἐκπεσόντες ὄλυνθοι, καὶ τὰ ξηρανθέντα φύλλα ἐπιτήδεια πρὸς τροφὴν προβάτων. 7 Ἐπὶ δὲ τὴν νομὴν ἐξακτέον θέρους μὲν πρὶν ἥλιον ἀνασχεῖν, ἔτι τῆς δρόσου κειμένης, χειμῶνος δέ, καὶ τῆς πάχνης ἤδη καὶ πάσης τῆς δρόσου διαλελυμένης. ἑκάστοτε δὲ τὸν ἥλιον κατ' οὐρὰν ἔχειν αὐτὰ προνοητέον. 8 ἔστω δὲ ἀεὶ τῶν ποιμνίων ὁ ἀριθμὸς ἄνισος, ὡς φυσικὴν ἔχων τινὰ δύναμιν πρὸς διαμονὴν καὶ σωτηρίαν τῶν ἀγελῶν.

Cap. 3. *Περὶ ὀχείας καὶ τοκετοῦ. Διδύμου.*

1 Τοὺς κριοὺς πρὸ δύο μηνῶν τῆς ὀχείας χωριστέον, καὶ δαψιλεστέρᾳ τροφῇ χρηστέον. ὅταν δὲ εὐσαρκίαν καὶ δύναμιν ἀθροίσωσι, ταῖς θηλείαις ἐπαφετέον. 2 ἡλικία δὲ πρὸς ὀχείαν χρήσιμος τῶν κριῶν, ἀπὸ δύο ἐτῶν ἕως η'. ὁμοίως δὲ καὶ ἐπὶ τῶν θηλειῶν. 3 Εἰδέναι δὲ χρή, ὡς οἱ κριοὶ μᾶλλον τὰς πρεσβυτέρας διώκουσι, θᾶττον ὀχευομένας, καὶ ὕστερον τὰς νέας· .... βραδύτερον δὲ οὐ χρὴ ὀχεύεσθαι, βλάπτει

---

2 κύτισον L κυτισσὸν H || τίλιν F ἡ H τίλην L || 4 |Καλλίω L || ἐπιρραινομένη F || 8 ἀνίσχειν M || κειμένης — δρόσου om. FL || 11 § 8 om. P || 14 καὶ om. HL || διδ. om. LM || 15 β'| M δύο P || 16 δαψῐλ., ῐ 2. m in ras. ex η F δαψιλ. 1. m. H δαψιλεστέρασ τροφῆς L || χρηστέον FL θρεπτέον M ἐπιμελέστερον θρεπτέον S XIII 49 || 17 εὐσαρκοῖεν καὶ P εὐσαρκοῖεν | καὶ per comp. M || 19 β' M δύο P διέτων L || ὀκτὼ LP || 21 διώκουσιν F || 22 νέας . . . βραδύτερον κτλ., hic quaedam intercidisse recte censet Niclas., cf. Praef. p. XXIII || Βραδύτερον v. c. L.

γάρ. **4** τινὲς δὲ διὰ παντὸς τοῦ ἔτους σχεδὸν ἔχειν ἀρνειοὺς καὶ γάλα βουλόμενοι, διαφόρως τὸν τῆς ὀχείας καιρὸν μεθαρμόζουσιν εἰς ἑκάστην τοῦ ἔτους ὥραν. **5** εὔτονοι δὲ πρὸς τὴν ὀχείαν οἱ κριοὶ γίνονται, κρομύων αὐτοῖς ἐν τῇ τροφῇ παραμιγνυμένων, ἢ τῆς πολυγόνου καὶ πολυφόρου βοτάνης, ὃ καὶ τὰ λοιπὰ βοσκήματα πρὸς ὀχείαν ἐγείρει. τοῖς αὐτοῖς δὲ καὶ μὴ ξενίζουσιν ὕδασι χρηστέον. **6** ἐὰν δὲ ἄῤῥενα πλείω τις βούληται τίκτεσθαι, καταντικρὺ τῶν ἀρκτῴων ἀνέμων νεμομένης τῆς ἀγέλης, ἡμέρας εὐδίου, τοὺς κριοὺς ἐναφιέτω· ἐὰν δὲ θηλυκά, νότου ὄπισθεν πνέοντος. δοκεῖ δὲ καὶ ἐπὶ τούτων, καὶ ἐπὶ πάντων τῶν ζώων τὸ αὐτὸ ἁρμόζειν. **7** καὶ εἰ ὁ δεξιὸς δὲ ὄρχις δεθῇ, ὡς ἐπὶ τῶν βοῶν εἴρηται, θῆλυ τεχθήσεται, ἄῤῥεν δέ, εἰ ὁ ἀριστερός. **8** Τὰ δὲ τεχθέντα, μετὰ τὸ πληρωθῆναι τοῦ γάλακτος, καταμόνας αὐλιστέον· συναυλιζόμενα γὰρ ταῖς τεκούσαις συμπατεῖται. **9** μέχρι δὲ μηνῶν δύο οὐκ ἀμελκτέον τοῦ γάλακτος· κάλλιον δέ, εἰ μηδέποτε· εὐτραφέστατοι γὰρ ἔσονται οἱ ἄρνες. **10** τὰ δὲ ἐκ τῶν πρωτογόνων ἀπαλλοτριοῦν χρή, ὡς ἀνεπιτήδεια πρὸς διαμονήν.

---

1 διαπαντὸς M ‖ 2 ἀρνοὺσ L ‖ 3 τοῦ ἔαρος M ‖ 4 δὲ om. M δὲ οἱ κριοὶ πρὸς τὴν ὀχ. γίγνονται H ‖ 5 κρομμύων P ‖ 6 ἢ* om. FLM καὶ P ἢ πολυγ. ἢ πολυφ. S XIII 49 πολυφ. καὶ πολυγ. FM ‖ βοτάνης om. H ‖ 8 ὕδασιν F ὕδασι (σ in ras.) H ‖ 9 βούλοιτο M ‖ κατ'άντικρὺ M καταντικρὺ P ‖ 10 ἀρκταίων (!) L ‖ 11 Ἐὰν v. c. L ‖ δὲ om. FM serv. P ‖ 12 Δοκεῖ v. c. L ‖ ἐπὶ τοῦτο καὶ L ‖ 13 εἰ: ἂν (' ab rubr. add.) L ‖ 14 δὲ om. M ‖ ἐπὶ τῶν ἵππων L ὡς εἴρηται · S XIII 50 ‖ 16 καταμόνας FP κατὰ μόνας L et p. c. M ‖ 18 β' M δύο P δύο μηνῶν H ‖ ἀμελητέον L ‖ 19 εὐτραφέστεροι LP ‖ 20 προτογόνων HL ‖ 21 ὡς ἀν̀ ἐπϊτήδεια πρὸς διαμονὴν ⁝~ M ὡς μὴ ἐπ. πρὸς διαμονὴν ὄντα P ‖ ὠχῦ βοн τὴν κεκτημένην τήνδε τὴν mg. inf. m. rec.? F nihil H.

Cap. 4. *Περὶ προβάτων, ἵνα ἀκολουθῶσιν.*
*Ἀφρικανοῦ.*

*Ἐρίῳ βύσον αὐτῶν τὰ ὦτα.*

Cap. 5. *Κριὸς ἵνα μὴ ἐπιτρέχῃ. Τοῦ Αὐτοῦ.*

*Τρύπησον αὐτοῦ τὰ κέρατα ἐγγὺς τῶν ὠτίων αὐτοῦ.*

Cap. 6. *Προβάτου ἐγκύου προγινώσκειν, ὁποῖον χρῶμα ἔχει τὸ ἔμβρυον. Δημοκρίτου.*

*Ἀνοίξας αὐτοῦ τὸ στόμα ἐὰν εὕρῃς τὴν γλῶσσαν αὐτοῦ μέλαιναν, μέλαν τέξεται· ἐὰν δὲ λευκήν, γεννήσει λευκόν· ἐὰν δὲ ποικίλην, ποικίλον ἔσται τὸ τικτόμενον.*

Cap. 7. *Ἄρνας μὴ νοσεῖν.*

*Κισσὸν βόσκησον ἐπὶ ἡμέρας ζ', καὶ οὐ νοσεῖ.*

Cap. 8. *Πότε δεῖ καὶ πῶς ἀποκείρειν τὰ πρόβατα. Διδύμου.*

**1** *Μήτε κρύους ἔτι ὄντος, μήτε θέρους ὥρᾳ, ἀλλὰ μεσοῦντος ἔαρος κείρειν χρὴ τὰ πρόβατα.* **2** *τὰ δὲ ἐν*

---

1 *ἀκολουθῶσιν* (corr. ex *οῦ*?) L ‖ 2 *ἀφρ.* om. M ‖ 3 *βύσσον* HL ‖ *αὐτοῦ* F *ἀῦ* (superscr. τ) M *αὐτῶν* LP ‖ 4 *Κριὸς** *κριὸν* codd. ‖ *τοῦ αὐτοῦ* om. HLM ‖ 5 *αὐτοῦ* om. L ‖ 7 *προβάτου* edd. *πρόβατον* FM om. L ‖ *ἐγκύου* edd. *ἔγκυον* F M i. c. *ἔγγυον* H om. LM ‖ 8 *ἔχειν* L ‖ *ἔμβριον* L ‖ *δημ.* p. t. L om. M ‖ 9 *τὸ στόμα αὐτου* L ‖ 12 *τικτώμενον* per comp. L ‖ 13 *διδύμου* mg. add. H ‖ 14 *ἑπτὰ* M *ζ'* P ‖ *καὶ οὐ νοσεῖ* om. P ‖ 15 c. 8 om. L ‖ 16 *διδ.* om. HM.

τῷ κείρεσθαι συμβάντα τραύματα χριστέον ὑγροπίσσῃ, τὸ δὲ λοιπὸν σῶμα ἐλαίῳ μετὰ οἴνου, ἢ χυλῷ πικρῶν θέρμων ἀφεψημένων. 3 κάλλιον δὲ οἴνου καὶ ἀμόργης τὸ ἴσον, ἢ ἐλαίου καὶ οἴνου λευκοῦ, κηροῦ καὶ στῆρος συμμιχθέντων, συγχρίεσθαι. τοῦτο γὰρ καὶ τὸ ἔριον βλαβερὸν οὐ ποιεῖ, καὶ ψώραν οὐκ ἐᾷ, καὶ ἕλκωσιν γενέσθαι διακωλύει. 4 τηρεῖν δὲ χρή, ὅπως εὖ μεμαγμένα, μετὰ πρώτην ὥραν, ἀνεξηραμένης τῆς ἐν τοῖς ἐρίοις διὰ νυκτὸς ἐπιπεσούσης δρόσου, κείρηται, μᾶλλον ἐν ἡλίῳ. 5 συνιδροῦντος γὰρ τοῦ κειρομένου, ἀναλαμβάνεται ὁ ἱδρὼς ἐκ τῶν ἐρίων, καὶ εὐχρούστερα καὶ μαλακώτερα γίγνεται.

Cap. 9. *Περὶ αἰγῶν καὶ τράγων. Φλωρεντίνου.*

1 Αἱ αἶγες χαίρουσι τόποις ὀρεινοῖς· ἔστι δὲ παρεμφερὲς τῷ προβάτῳ κατὰ πολλά· βιβάζεται γὰρ ταῖς αὐταῖς ὥραις· ⟨καὶ⟩ κυοφορεῖ ε΄ μῆνας, ὥσπερ τὰ πρόβατα. 2 διδυμοτοκεῖ δὲ ὡς ἐπιπολύ, καὶ τρέφει τὰ γεννώμενα, καὶ προσόδους δίδωσιν οὐκ ὀλίγας, τὰς ἀπὸ γάλακτος καὶ τυροῦ, καὶ κρέας· πρὸς δὲ τούτοις τὰς ἀπὸ τῆς τριχός. 3 ἡ δὲ θρὶξ ἀναγκαία πρός τε σχοίνους καὶ σάκκους, καὶ τὰ τούτοις παραπλήσια, καὶ εἰς ναυτικὰς ὑπηρεσίας, οὔτε κοπτόμενα ῥαδίως, οὔτε σηπόμενα φυσικῶς, ἐὰν μὴ λίαν κατολι-

1 πρό|βαντα post συμβάντα add. sed statim del. M nihil P ‖ 5 στεῖρος F στῆρος μιχθέντων H ‖ ταῦτα γὰρ M ‖ 7 ὅπως εὐτελῆ καὶ κοινὰ πρόβατα | εἴη· εὖ μεμαγμένα τε M εὐτ. καὶ κ. εἴη πρόβ. εὖ μεμ. τε P ‖ τὴν πρώτην M ‖ 12 εὐγρούστερα F ‖ γίνεται M ‖ 13 φλωρ. p. t. LM ‖ 14 ἀρεινοῖσ· L ‖ 15 βιβάζεται LP ·βιβᾶται F βιάζεται| M ‖ γὰρ M δὲ FL ‖ 16 πέντε P δὲ μῆνας ε΄ ὥςπερ καὶ τὸ πρόβατον H ‖ 17 ἐπιπολὺ FM ἐπὶ πολὺ HL ἐπιτοπολὺ P ‖ 19 κρέας* coni. Niclas. ἐρέας FLM ἐρίας P ‖ 20 τοὺς ἀπὸ M ‖ 21 σχοίνα L.

γωρηθῇ. 4 δεῖ δὲ ἐκλέγειν ἀπὸ τῶν τοκάδων τὰς εὐπαγεῖς, μεγάλας τε καὶ μεμυωμένας, καὶ τὸν μὲν χρῶτα λεῖον ἐχούσας, δασύτριχας δέ, καὶ τὰ οὔθατα μεγάλα καὶ ὀγκώδη ἐχούσας. 5 αἵ δὲ τοιαῦται καὶ πρὸς ἐπιμονὴν κρείττους εἰσί· φύσει γὰρ δύσριγόν ἐστι τὸ ζῶον, ἀμέλει φυσικῶς ἀεὶ πυρέττει· καὶ εἴ ποτε ἐπιλείψει ὁ πυρετός, διαφθείρονται. 6 τῶν δὲ τράγων ἐγκρίνουσι τοὺς μεγάλους καὶ ἐμπλεύρους, ἰσχία τε μείζονα ἔχοντας, δασύτριχας, μακρότριχας, λευκότριχας, αὐχένα καὶ τράχηλον βραχὺν καὶ παχὺν ἔχοντας, βρόγχον δὲ μακρότερον. 7 ἀρίστη δὲ ὥρα πρὸς τὴν τούτων ὀχείαν, ἡ πρὸ τροπῶν τῶν χειμερινῶν. τράγος δὲ οὐ φεύξεται, ἐὰν κείρῃς αὐτοῦ τὸν πώγωνα.

## Cap. 10. Ὥστε αἶγας πολὺ γάλα ποιεῖν. Τοῦ Αὐτοῦ.

1 *Βοτάνην πενταδάκτυλον, πρὸ τοῦ πίνειν, δίδου φαγεῖν ἐπὶ ἡμέρας ε′.* 2 *αἶγες πολὺ γάλα ποιοῦσιν, ἐὰν δίκταμνον περὶ τὰς αὐτῶν γαστέρας περιάψῃς.*

---

3 *δέ, καὶ* om. FM ‖ 4 *καὶ ὀγκώδη* om. L ‖ 5 *ἐπιβολὴν* M ‖ *κρίττουσ* L ‖ 8 *ἐκκρί¦νονται* L ‖ 9 *μακρότριχας* om. L ‖ 10 *βραχὺν* em. Needham. ex cod. Bar. et Colum. VII 6, 2 plena et brevi cervice; *βραχὺν* etiam P *βαρὺν* FLM ‖ 13 *Τράγος* v. c. L ‖ 15 *τὰς* add. M om. M i. c. ‖ *ἔχειν* M *πολυγόνους* (per comp.) *ποιεῖν* M i. c. ‖ 16 *τοῦ αὐτοῦ* p. t. L om. M ‖ 17 *πρὸ τοῦ πίνειν* rei. post *πέντε* L ‖ 18 *πέντε* HLP ‖ *ποι¦ήσωσι*, L ‖ 19 *δίκταμον* HL.

### Cap. 11. *Πρόβατα καὶ αἶγας λοιμικὴν νόσον μὴ ἀσθενεῖν. Τῶν Κυϊντιλίων.*

*Ἐὰν πελαργοῦ κοιλίαν λειώσας ὕδατι ἐγχυματίσῃς ἀπὸ κοχλιαρίου ἑνὸς ἓν ἕκαστον, οὐκ ἀσθενήσει.*

### Cap. 12. *Περὶ γάλακτος, καὶ ὥστε τὰ βοσκήματα πολὺ γάλα ποιεῖν. Ἀφρικανοῦ.*

**1** *Ὅλα τὰ βοσκήματα ἄπειρον γάλα ποιεῖ, μετὰ τοῦ τρέφειν τὸ ἔμβρυον, ἐὰν κύτισσον ἐσθίῃ, ἢ δίκταμνον ἐν ταῖς γαστέρεσιν αὐτῶν περιάψῃς.* **2** *Γάλα ἐπὶ πυρὸς χλιαινόμενον καὶ κλάδῳ συκῆς κινούμενον πήγνυται.* **3** *τὸ δὲ ὀξύγαλα ἐμβαλλόμενον εἰς ἔλαιον, ἢ εἰς φύλλα τερμίνθου συντιθέμενον, μένει ἁπαλόν.*

### Cap. 13. *Περὶ ἰάσεως τῶν προβάτων. Λεοντίνου.*

**1** *Προνοεῖν χρή, ὅπως μηδὲ τὴν ἀρχὴν νόσῳ λοιμώδει περιπέσῃ τὰ πρόβατα.* **2** *ἔαρος τοίνυν ἀρχομένου, ἐλελίσφακον ὄρειον καὶ τὴν πράσιον βοτάνην ἅμα κοπέντα τῷ ποτῷ μικτέον, ἐπὶ ιδ´ ἡμέραις· τοῦτο δὲ καὶ μετοπώρῳ ἐπὶ τὰς ἴσας ἡμέρας ποιητέον. εἰ δὲ ἄρα καὶ παραλάβοι ἡ νόσος, τοῖς αὐτοῖς χρηστέον.*

---

1 *λημικὴν* L ‖ 2 *μὴ βλάπτειν* M et M i. c. ‖ *τῶν κυντ.* p. t. L *τῶν* om. *κυΐντ.* p. t. M *τῶν κυϊντ.* om. P ‖ 3 ad *πελαργοῦ* mg. m. rec.: *καλικατζοὺς* P ‖ 4 *ἑνὸς* om. L ‖ *ἓν* edd. *ἕνα* codd. ‖ *οὐκ ἀσθ.* om. FM ‖ 5 c. 12 om. L ‖ 6 *ἀφρ.* om. M ‖ 8 *κυτισσὸν* H ‖ *δίκταμον* H *ἢ δικτ. — περιάψῃς* om. P ‖ 13 c. 13 om. L ‖ *τῶν* om. F serv. H ‖ 16 *περίπεσοι* P ‖ 17 *ἐλελίσφακον* edd. *λελίσφακον* F *λιλύσφ.* M *λιλύφασκον* P ܠܠܝܣܦܩܘܢ S XIII 51 ‖ 18 *τέσσαρις καὶ δέκα ἡμέραις* H ‖ 20 *παραλάβοιενόσοσ* F *παραλάβοι νόσος* M *παραλάβη νόσος* P.

3 *Καὶ κυτίσσου δὲ χόρτος ὠφελεῖ ἐσθιόμενος, καὶ καλάμου σκληροτάτου ῥίζαι ἀπαλώταται εἰς τὸ ποτὸν διαβρεχόμεναι.* 4 *Δεῖ δὲ τὰ νοσοῦντα εἰς ἕτερον χωρίον μετενεγκεῖν, ὅπως μήτε τὰ ὑγιαίνοντα ἀναφύρηται αὐτοῖς, καὶ αὐτὰ δὲ ὕδατος καὶ ἀέρος ἄλλου μεταλαβόντα ῥώννυται.*

## Cap. 14. *Λύκων θηρατικόν. Διοφάνους.*

1 *Λύκους δὲ θηράσεις οὕτως· βλέννοι εἰσὶν ἰχθύες μικροὶ θαλάσσιοι, οὓς ἔνιοι προσαγορεύουσι λύκους· οὗτοι τὴν θήραν ἀπεργάζονται τῶν χερσαίων λύκων τῷ τρόπῳ τούτῳ.* 2 *ζῶντας αὐτοὺς ἁλιεύσας πλείστους σύντριψον λεπτῶς ἐν ὅλμῳ ἢ θυΐᾳ, καὶ πλείστην ποιήσας ἀνθρακιὰν ἐν τῷ ὄρει ἐν ᾧ διάγουσιν, ἀνέμου δηλαδὴ πνέοντος, ἐκ τούτων λαβὼν τῶν ἰχθύων ἐπίθες τῇ πυρᾷ, τόν τε ἰχῶρα καὶ ἄρνεια κρέα λεπτὰ μίξας σφόδρα συνεπίβαλλε τῷ τῶν ἰχθύων κόμματι, καὶ ἀποχώρει τῶν τόπων.* 3 *τῆς γὰρ πυρᾶς βαρυόσμου γενομένης, οἱ ἐπιχώριοι συναχθήσονται πάντες λύκοι· μετασχόντες δὲ τῶν κρεῶν, ἤτοι τῆς ὀσμῆς, σκοτωθέντες ὑπνώσουσι· καὶ ὥσπερ ναρκήσαντας εὑρὼν κατάσφαξον.*

---

1 *κυτισσοῦ* H ‖ 2 *εἰς τόπον* F ‖ 4 *μὴ τὰ* H ‖ 5 *δὲ* om. P ‖ 6 *ῥώννυνται* F ut ed. H ‖ 7 *θηρευτικόν* L ‖ *διοφ.* p. t. M om. HL ‖ 8 *δὲ* om. F serv. H ‖ *οὕτω* P *οὕτως* per comp. M ‖ *Βλέννοι* v. c. L *βλέμμοι* FM ‖ 13 *ὄρη* L ‖ 15 *τόν τε ἰχῶρα* om. L ‖ *ἄρνια* L ‖ 16 *σφόδρα* om. L ‖ *συνεπίβαλε* LP ‖ 17 *βαρυόδμου* L ‖ 18 *γϊνομένης* M *γεν.* P ‖ 20 *ὑπνώσουσιν·* F *ν* om. HP *ὑπνώσσουσι.* LM ‖ 21 *κατασφάξεισ* L.

## Cap. 15. *Περὶ ψώρας. Διδύμου.*

1 Ψώρα οὐδὲ τὴν ἀρχὴν προσπελάσειεν, εἰ οἷς προείπομεν, μετὰ τὸ κεῖραι τὰ πρόβατα, τὶς χρίσειεν. εἰ δὲ ἀμελήσαντός σου συμβῇ, θεραπεύσεις αὐτὴν οὕτως. 2 ἀμόργη ἄναλος διηθεῖται, καὶ ὕδωρ πικρῶν θέρμων ἀποβραχέντων, καὶ τρυγὸς λευκοῦ οἴνου, τὸ ἴσον ἑκάστου μιχθὲν ἐν ἀγγείῳ θερμαίνεται, καὶ τὸ πρόβατον τούτῳ χρισθὲν ἐπὶ β' ἡμέρας μένει, τῇ τρίτῃ δὲ ὕδατι θαλαττίῳ ἢ ἅλμῃ θερμῇ λουτέον, καὶ μετὰ ταῦτα ὕδατι ποτίμῳ. 3 Ἄλλοι δὲ κυπαρίσσου σφαιρία ἅμα ὕδατι ἐγχέουσιν. οἱ δὲ θεῖον καὶ κύπειρον μετὰ ψιμυθίου καὶ βουτύρου κοπέντα καταχρίουσι. τινές, οὐρήσαντος ὄνου ἐν ταῖς ὁδοῖς, τὸ συστὰν πηλῶδες ἐπιχρίουσι. 4 Κάλλιον δέ τινες ποιοῦντες, οὐ πρότερόν τι προσφέρουσι τῶν προειρημένων ἰαμάτων τῷ ψωριῶντι, πρὶν ἢ ἀποκεῖραι τὸ πεπονθός, καὶ προαποσμῆξαι οὔρῳ παλαιῷ. 5 Ἐν μέντοι τῇ Ἀραβίᾳ τῇ χρίσει τῆς κεδρέας ἀρκοῦνται, ὡς καὶ ἐπὶ τῶν καμήλων καὶ ἐλεφάντων. 6 τὴν δὲ ψώραν τῶν προβάτων θεραπεύσεις οὔρῳ πλύνων, καὶ θεῖον μετ' ἐλαίου ἀλείφων.

---

1 c. 15 om. L ‖ *διδύμου* p. t. M om. P ‖ 5 *ἄνυλος* M ‖ 8 *τούτω* HM *τοῦτο* F ‖ *δύο* HP ‖ 10 *κυπαρίττου* P ‖ 12 *ψιμμυθίου* M ‖ *καταχρίουσιν* F ‖ 14 *ἐπιχρίουσιν* F *τινὲς — ἐπιχρίουσι* om. P ‖ 18 *χρήσει* F *χρίσει* M et sic legit etiam interpres S XIII 52 ‖ 18 *κεδραίας* FM *κεδρέας* P ‖ 19 *καὶ ἐλεφ.* om. S XIII 52.

## Cap. 16. *Περὶ φθειριάσεως. Τοῦ Αὐτοῦ.*

1 *Ἐὰν φθεῖρας ἢ κρότωνας ἔχῃ, σφενδάμνου ῥίζας κοπτέον, καὶ ὕδατος συνεμβληθέντος ἑψητέον, καὶ ἐπειδὰν ἀπὸ τῆς κεφαλῆς ἕως τῆς ῥάχεως τὸ ἔριον ἀναξάνῃς, ἐγχυτέον τούτῳ χλιαρόν, μέχρις ἂν δι' ὅλου τοῦ σώματος διέλθοι.* 2 *Τινὲς καὶ ἐνταῦθα τῇ κεδρέᾳ μόνῃ χρῶνται. οἱ δὲ μανδραγόρου ῥίζαν ποιοῦσι καθ' ὁμοιότητα. φυλακτέον δέ, μὴ ἀπογεύσηται· κίνδυνον γὰρ φέρει.* 3 *Οἱ δὲ κυπείρου ῥίζαν ἀφεψοῦσι καὶ λούουσι τῷ ἀφεψήματι.*

## Cap. 17. *Περὶ διαφόρων νοσημάτων. Ἀνατολίου.*

1 *Ἐὰν ἥλιος ἐγκαύσας βλάψῃ τὰ πρόβατα, καὶ πίπτῃ συνεχῶς καὶ μὴ ἐσθίῃ, σεύτλου ἀγρίου τὸν χυλὸν ἐκθλιπτέον καὶ ἐγχυματιστέον· ἀναγκαστέον δὲ καὶ οἷα σεῦτλα ἐσθίειν.* 2 *Ἐὰν δὲ δύσπνοιαν ἔχῃ, τὰ ὦτα σιδήρῳ τμητέον, καὶ μετακτέον αὐτὰ εἰς ἄλλους τόπους.* 3 *Ἐὰν δὲ βήσσῃ, ἀμυγδάλας καθαρισθείσας καὶ κοπείσας, καὶ οἴνου κυάθοις τρισὶ μιχθείσας, διὰ τῆς ῥινὸς ἐγχυτέον.* 4 *Ἐὰν δὲ ἐξ ἐπιβλαβεστέρας*

---

1 c. 16 om. L ‖ *τοῦ αὐτοῦ* p. t. M om. P ‖ 2 *σφενδράμνου* Needh. *σφενδάμον* codd. *ἀσφοδέλου* S XIII 52 ‖ 5 *τούτοις* P ‖ 7 *κεδραία* FM et corr. ex *κεδρία* (?) H *κεδρέα* P ‖ *ποιοῦσιν* F *ν* om. H ‖ 9 *ἀφεψοῦσιν* F *ν* om. H ‖ 10 *λούωσι* M *-ουσι* P *λύουσι* H ‖ 13 *ἐκκαύσας* L *ὁ ἥλιος συγκαύσας καύσῃ ἤγουν βλάψῃ* P ‖ 16 *οἷα* FM *μόνα* L *αὐτα τὰ?* S cf. praef. p. XXIII ‖ *σεῦτλα* FLP et corr. m. 1.? ex *σεῦτλον* M *σεύτλα* H ‖ 18 *δὲ* om. FM ‖ *ἀμυγδάλας* H *ἀμυγδαλὰς* FL *ἀμυγδαλᾶς* M ‖ 19 *καὶ* ante *οἴνου* om. FM cf. praef. p. XXIV ‖ 20 *ῥινὴσ ἐγχυταίον*: L ‖ *Ἐὰν* v. c. L ‖ *ἐκ βλαβεστέρας* F *ἐκ βλαστέρας* et *βε* 1. m. supra add. H *ἐκ βλαβερωτέρας* M.

νομῆς διοιδήσῃ τὴν κοιλίαν, αἵματος ἀφαιρέσει θεραπεύσεις αὐτά, ἀμυχθεισῶν τῶν ἐπάνω τοῦ χείλους φλεβῶν, καὶ τῶν ὑπὸ τὴν οὐρὰν παρὰ τὴν ἕδραν· ἀλλὰ καὶ ἐγχυτέον οὔρου ἀνθρωπίνου κοτύλην μίαν ἥμισυ. 5 Ἐὰν δὲ καὶ σκώληκας σὺν τῇ χλόῃ φάγῃ, τὸ αὐτὸ ποιητέον. ἐὰν δὲ βδέλλαν ἔχῃ, ὄξος δριμὺ θερμὸν ἢ ἔλαιον ἐγχυτέον. 6 Ἐὰν δὲ ἀπόστημα ἐν τῇ ἐπιφανείᾳ σχῇ, διαιρετέον, καὶ εἰς τὸ τραῦμα πεφρυγμένους ἅλας λεπτοὺς μετὰ πίσσης ὑγρᾶς ἐπιθετέον. 7 Ἐὰν δὲ ὑπό τινος ἑρπετοῦ δηχθῇ ἢ τυφθῇ, μελάνθιον σὺν οἴνῳ δοτέον, καὶ ὅσα ἐπὶ τῶν βοῶν καὶ τῶν λοιπῶν προείπομεν ποιητέον, καὶ παραβλητέον. 8 *Λύκοι* δὲ θρέμμασιν οὐκ ἐπελεύσονται, εἰ σκίλλαν τῷ ὀδαγῷ καλουμένῳ περιάψεις.

## Cap. 18. *Περὶ αἰπολίων. Βηρυτίου.*

1 Ἐπιμέλειαν τῶν αἰγῶν, ἥνπερ καὶ τῶν προβάτων, ποιησόμεθα τὴν αὐτήν, ἔν τε τῇ τροφῇ καὶ ταῖς νόσοις. 2 ὃ δέ ἐστιν ἰδιάζον ἐπ' αὐτοῖς οὐ παραλειπτέον· οὐ γάρ, ὥσπερ τὰ πρόβατα σύννομά ἐστιν ἀλλήλοις, οὕτω καὶ ταῦτα, ἀλλὰ νέμεται μάλιστα ἀποσκιρτῶντα καὶ ἀποπηδῶντα ἀλλήλων πλατείᾳ τῇ νομῇ,

---

1 διοιδήσει L ‖ 2 αὐτὰ: ταύτας L ‖ 3 παρὰ FL περὶ M καὶ περὶ τὴν οὐρὰν καὶ περὶ τὴν ἕδραν S XIII 53 ‖ 4 ἀ͡ν͡ι͡ν͡ο͡υ FM ἀνθρωπείου P ἀνοῦ H ‖ 5. 6. Ἐὰν v. c. L ‖ 5 σκώληκα M -ας P ‖ χλόη φεγη, L ‖ 6 βδέλλας per comp. M -αν P ‖ 9 πεφρυγμένας L ‖ 10 Ἐὰν v. c. L ‖ ὑπὸ LP ἀπὸ FM ‖ 11 δοτέον. Καὶ v. c. L ‖ 12 προεῖπον L ‖ 13 *Λύκοι* v. c. L λύκου H ‖ εἰ ex εἰς corr. 1. m.? altero versu iam exarato M εἰ P ‖ 14 ὁδηγῷ LP ὀδγῷ M ‖ περιάψῃς HM ‖ 15 c. 18 om. L ‖ βηρυτίου om. M ‖ 17 ποιησώμεθα M ‖ 20 ἀλλὰ om. F ‖ 21 πλατεῖ ανομῆι· (!) F ut ed. H.

καὶ κατακρήμνοις χαίρουσι χωρίοις. 3 Ὅτι δὲ πλείονα τῶν ἄλλων ἀλόγων ζώων ἔχει τὴν αἴσθησιν ἡ αἴξ, ἐντεῦθεν μάλιστα δείκνυται· ὅταν γὰρ τοὺς ὀφθαλμοὺς ἀμβλυώσῃ, εἰς τὰς ὀξυσχοίνους εἰσέρχεται, καὶ ἑαυτὴν παρακεντεῖ.

## Cap. 19. *Περὶ τυροποιΐας. Τοῦ Αὐτοῦ.*

1 Οἱ πολλοὶ πήσσουσι τοὺς τυρούς, ὃ πρῶτόν τινες ὀρὸν καλοῦσιν, οἱ δὲ πλεῖστοι τῶν γεωργῶν πυτίαν αὐτὸ ὀνομάζουσι· κάλλιον δέ ἐστιν ἀπὸ τῶν ἐρίφων. 2 καὶ ἅλες δὲ φρυκτοὶ πήσσουσι γάλα, καὶ συκῆς ὀπός, ⟨καὶ⟩ τὰ ἁπαλὰ αὐτῆς κλωνία ἢ φύλλα, καὶ τῆς κινάρας αἱ ἐν τοῖς σφονδύλοις ἐκφυεῖσαι τρίχες, αἱ πρὸς βρῶσιν ἀνεπιτήδειοι, καὶ πέπερι, καὶ τῆς ἐνοικιδίου ὄρνιθος ὁ ἐχῖνος, ὃς ἔνδοθεν τῆς κοιλίας ἀπόκειται τῇ κόπρῳ ὡς φλοιός. 3 Νεμηθέντα τὰ θρέμματα στριφνόν, καὶ κάλλιον γάλα ποιήσει, καὶ πολλῷ μᾶλλον, κύτισσον. 4 Τὸ γάλα δὲ μένει ἐπὶ ἡμέρας γ΄,

---

2 ἀλόγων ἄλλων M ‖ 4 ἀμβλυώσῃ FP et η corr. ex ει H ἀμβλυώσσῃ M ‖ 6 c. 19 om. L ‖ τοῦ αὐτοῦ om. M ‖ 7 πήσσουσιν τοὺς τ. ὃ πρῶτόν τινες ὀρὸν F π̈ίσσουσι (cf. § 2) τοὺσ ὀροὺσ ὃ πρ. τινες ὀρὸν H πηγνύουσι τοὺσ τυροὺσ, δῐ' αὐτοῦ πρῶτον ὅπερ ὀρὸν | M πηγνύουσι τ. τ. δι' αὐτοῦ πρῶτον· ὅπερ ὀρρὸν P ‖ 8 πιτύαν F, item sed corr. 2 m.? in πυτίαν P ut ed. H ‖ 9 ὀνομάζουσιν F -σι H ‖ 10 φρϊκτοὶ πϊσσουσι γά(hoc expunctum)|γάλα. et mg.: ἴσως π̈ήσουσϊ· H πήσσουσιν F ‖ 11 ⟨καὶ⟩ edd. om. codd. ‖ 12 κιννάρας P. In M voce κινάρας per comp. scripta finitur fol. 290, cum fol. 291 incipiat verbis ἵνα στερεοποιῶσιν (XIX 1, 9) i. e. unum folium illius codicis periit foliorum numeris nondum adscriptis. ‖ 12 αἱ — αν]επιτήδειοι om. P ‖ 13 καὶ τῆς—φλοιὸς et § 3 om. P ‖ 17 κυτισσόν· F κυτισσὸν. H ‖ τὸ γάλα P τὰ ἄλλα F ‖ τρεῖς· H τρεῖς, καὶ ἐὰν P.

*ἐὰν πρὸ μιᾶς τοῦ μετακομίζειν ἐγχέας εἰς ἀγγεῖον καὶ ζέσας μεταχέῃς εἰς ἄλλο, κινήσῃς τε νάρθηκι, ἢ καλάμῳ, μέχρις ἂν ψυγείη, ὀλίγους τε ἅλας ἐπιπάσῃς.* 5 *Τυρὸς ἁπαλὸς μένει ἐπὶ πλέον, κνίκου σπέρματος ὕδατι χλιαρῷ ὀλίγῳ ἀναληφθέντος, ἢ καὶ μετὰ μέλιτος χλιαροῦ ἐμβληθέντος.* 6 *Τυρὸς δὲ μένει, πλυθεὶς ὕδατι ποτίμῳ καὶ ξηρανθεὶς ἐν ἡλίῳ, ἐν κεραμεοῖς εἰ συντεθῇ μετὰ θύμβρας ἢ θύμου, κεχωρισμένων ἀπ' ἀλλήλων κατὰ τὸ δυνατὸν τῶν τυρῶν, ἔπειτα ὄξους γλυκέος ἢ ὀξυμέλιτος ἐπιχυθέντος, ἕως τὸ ὑγρὸν διαπαντὸς χωρῆσαν ὑπερέχει.* 7 *Τινὲς δὲ τυρὸν εἰς θαλάσσιον ὕδωρ ἐμβαλόντες διαφυλάττουσι. λευκὸς δὲ διαμένει ὁ τυρὸς εἰς ἅλμην ἐμβληθείς· στεῤῥότερος δὲ καὶ δριμύτερος ὑπὲρ καπνοῦ τιθέμενος.* 8 *δοκεῖ δὲ πᾶς τυρός, εἰ εἰς ὄσπριον, καὶ μάλιστα λάθυρον ἢ πίσον, ἐμβληθείη, μονιμώτερος γίνεσθαι.* 9 *ἐὰν δέ, διὰ τὸ παλαιὸν γενέσθαι, σκληρὸς ἢ πικρὸς ᾖ, διαβρεκτέον αὐτὸν τῇ ὠμῇ λύσει, (ἔστι δὲ ὠμὴ λύσις τὸ ἄλευρον, τὸ ἀπὸ τῶν κριθῶν μὴ πεφρυγμένων γιγνόμενον) καὶ τῷ ὕδατι τὸν τυρὸν ἐνθετέον, εἶτα τὸ ἐπιπολάζον ἀφαιρετέον.*

---

1 post *μετακομίζειν* add. *ἡμέρας* P ‖ 2 *κινήσας* P *νήσης* sed *κϊ* 1. m. supra add. H ‖ 3 *ἐπιτάσσῃς* | (fin. fol. 175r) *τυρὸς ἁπαλὸς* P *ἐπιπάσης τυρῶι. ἀπ.* F *ἐπϊπάσσης* ^ *ἀπα|λὸς* et *τϋρῶ·* supra add. 1. m. H ‖ 4 *ἐπιπλέον* HP ‖ 5 *ὀλίγῳ* om. F ‖ *μετὰ* om. P ‖ 6 *μένει, εἰ πλυθεὶς* P ‖ 7 *ἐν κερ.: ν* rubr. add. P ‖ *εἰ* τε* F om. P ‖ 10 *ἐγχυθέντος* P ‖ 11 *ὑπερέχῃ* H ‖ *δὲ* om. H ‖ 12 *βαλόντες* F ‖ *διαφυλάττουσι* HP *-σιν* F ‖ 13 *εἰς τϋρὸν εἰς* (!) H ‖ *στερότερος* H *στερεώτερος* P ‖ 15 *τυρὸς εἰς ὄσπριον καὶ εἰ ἐμβληθείη μάλιστα μονιμώτερος εἶναι* P ‖ 16 *πίσον* edd. *πίστον* F ‖ 17 *παλαιὸσ* FM 294 *-ὸν* HP ‖ *γίνεσθαι* P ‖ 18 *ἔστιν* F *ἔστι* HP ‖ 19 *γινομένη* P ‖ 20 *τὸν γύρον* F.

## Cap. 20. *Περὶ δοκιμασίας γάλακτος.*
### *Τοῦ Αὐτοῦ.*

*Γάλα δοκιμάσεις, εἰ ὕδωρ ἔχει, ὀξύσχοινον καθεὶς καὶ ἀνασπάσας, καὶ τῷ ὄνυχι ἐπιστάξας. ἐὰν μὲν γὰρ ταχέως ἀπ' αὐτοῦ ἀποῤῥεύσῃ, ὕδατι μέμικται· ἐὰν δὲ ἐπιμένῃ, ἀκέραιον ἔσται.*

## Cap. 21. *Μέλκης σκευασία σύντομος.*
### *Παξάμου.*

**1** *Ἡ καλουμένη μέλκη αὐτοσχέδιος καὶ καλλίων ἔσται, εἰ κεραμέοις ἀγγείοις καινοῖς ὄξος ἐμβάλῃς δριμύ, καὶ ἐπιθῇς αὐτὰ θερμοσποδιᾷ, ἢ πυρὶ μαλθακῷ, τουτέστιν ἐπ' ἀνθρακιάν· καὶ ἐὰν ὀλίγον ἀναζέσῃ τὸ ὄξος, ἵνα μὴ ἀπὸ τῶν σκευαρίων ἀναποθῇ, ἑλκύσας ἀπὸ τῆς ἀνθρακιᾶς, εἰς τὰ αὐτὰ σκευάρια βάλε γάλα, καὶ θὲς αὐτὰ εἰς κιβωτάριον, ἢ ἁρμάριον, ἢ ἔνθα ἀκίνητον μένει· καὶ τῇ ὑστεραίᾳ ἕξεις πολλῷ καλλίους μέλκας τῶν πολλῇ τέχνῃ κατασκευαζομένων.* **2** *τὰ μέντοι σκευάρια μετὰ πρώτην ἢ δευτέραν χρῆσιν ἄλλασσε.*

---

1 c. 20 om. L periit M || *γαλάτων* per comp. M i. c. || 2 *τοῦ αὐτοῦ* om. HP || 4 *καὶ ἀνασπάσας* om. P || 5 *ἀπορρεύσῃ ἀπ' αὐτοῦ* P || *ἐὰν δὲ — ἔσται* om. H || 7 c. 21 om. LM i. c. periit M || 8 *παξάμου* om. HP || 9 *καλλίων, εἰς κεραμείοις* P || 10 *κεραμέοις καινοῖς ἀγγ.* H || 11 *ἐπιθῇς* | ex *ἐπιθεὶς* corr. H | *θερμοσποδία* H || 12 *ἀπ' ἀνθρ.* P *ἐπανθρ.* H || 13 *ὑπὸ τῶν* P || 15 *ἁρμάριον* P *μαρμάριον* F || 16 *μενεῖ* P || 17 *πολὺ τέχνῃ* P || 18 *χρῆσιν* om. P.

# ΒΙΒΛΙΟΝ ΙΘ.

*Τάδε ἔνεστιν ἐν τῇδε τῇ βίβλῳ, ἐννεακαιδεκάτῃ μὲν οὔσῃ τῶν περὶ γεωργίας ἐκλογῶν, περιεχούσῃ δὲ σύνταξιν περὶ θεραπείας κυνῶν καὶ ἐπιμελείας, καὶ περὶ λαγωῶν καὶ ἐλάφων, καὶ χοίρων, καὶ περὶ ταριχείας κρεῶν.*



## Cap. 1. *Περὶ κυνῶν. Βάρωνος.*

**1** *Ἐπιστήσομεν τοῖς θρέμμασι φύλακας καὶ τῶν κυνῶν τοὺς εὐγενεῖς· οὐκ ἄγνωστοι δὲ οὗτοι, μεγάλοι μὲν ὄντες τὰ σώματα, ἰσχυροὶ δὲ τὴν ἀλκήν, καὶ τὰ φρονήματα οὐ ταπεινοί, βαρείᾳ τῇ ὑλακῇ καὶ καταπληκτικῇ χρώμενοι, καί, ἐν τῷ προσελθεῖν τινα, ταῖς ὁρμαῖς μὴ μάτην μηδὲ εἰκῇ κινούμενοι, ἀλλὰ ταμιευόμενοι ποῦ χρὴ ἐφορμᾶν. ἰσχυρότεροι γὰρ καὶ δυσαλωτότεροι οἵ γε τοιοῦτοί εἰσι.* **2** *Φυλακτέον δὲ τοὺς τῶν ποιμνίων φύλακας κύνας, ὠμὴν βύρσαν τοῖς*

---

1 *β. ιθ' περιέχον σύνταξιν κτλ.* P ‖ 2 *ἴθ'* L *ιθ^η* H ‖ 4 *κ^ε ϱα* mg. L ‖ *ἐπιμελλίας·* L ‖ 7 indicem capitum om. HLP deficit M ‖ 9 *ἰάσεως** corr. e textu *ἰάσεων* F ‖ 11 *βάρωνος* om. LP ‖ 12 *ἐπιστήσωμεν* p. c. H ‖ *θρέμμασιν* F ut ed. H ‖ *καὶ* om. L ‖ 15 *καταπληττϊκὴ* corr. ex -*κοὶ*? H *καταπληκτιτάτη* et *κω* supra add. 1. m. P ‖ 17 *μάτην δὲ* et *μη* supra add. 1. m. L ‖ 19 *γε* om. FP ‖ *εἰσίν·* F *ν* om. H ‖ 20 *ποιμένων* P et per comp. H ‖ post *κύνας* add. *ὧδε* P.

τραχήλοις αὐτῶν περιθέντας, καὶ τὸν λαιμὸν καὶ πᾶσαν τὴν φάρυγγα ἀσφαλιζομένους, κέντρα τε σιδηρᾶ ἀπ' αὐτῆς ἀναστήσαντας. 3 τούτων γάρ τι τῶν μερῶν εἰ θηρίον ἅψαιτο, ἀναιρήσει τὸν κύνα· ἐὰν δέ τι ἕτερον μέρος δάκῃ, τραῦμα ποιήσει μόνον. 4 Δεῖ δὲ ἰσάζειν τὴν φύσιν καὶ τὴν ἡλικίαν τοῦ τε ἄῤῥενος, καὶ τῆς θηλείας, φυλάττεσθαι δέ, μή ποτε οἱ ἐκ τῆς αὐτῆς μητρὸς ὄντες κύνες τῇ πρὸς ἀλλήλους μίξει χρήσαιντο. 5 Θρέψομεν δὲ τὰς κυούσας οὐ σιτίνοις, ἀλλὰ κριθίνοις ἄρτοις· θρεπτικώταται γάρ εἰσιν οὗτοι. 6 καὶ ὀστᾶ προβάτων ἄνευ τῆς σαρκὸς ἑψήσαντες παραθήσομεν, ἵνα ὁ ἐκ τῶν ὀστέων μυελὸς κεράσῃ λιπαρόν τε τὸν ζωμὸν ἀπεργάσηται, ὃν κατὰ τῶν ἄρτων θρυφθέντων ἐπιχέαντες, καὶ πάλιν ἐνθρύψαντες παραθήσομεν. 7 τεκούσαις δὲ ταύταις ἄλευρα κρίθινα γάλακτι βοὸς ἢ αἰγὸς μίξαντες παραθήσομεν, καὶ τῶν ὀστῶν, ὡς προείρηται, ἑψηθέντων. ἔσται ποτὸν τὸ ὕδωρ. 8 τοῖς δὲ νεογνοῖς σκύλαξι βοηθήσομεν· οὐ γὰρ ἀρκεῖ ἡ ἀπὸ τῆς μητρὸς θηλή, ἀλλὰ προσενέγκωμεν φαγεῖν ἄρτους, γάλακτι βοείῳ καὶ τῷ ἀπὸ τῶν ὀστῶν ζωμῷ βρέξαντες. 9 παραθετέον δὲ αὐτοῖς καὶ τὰ ὀστᾶ, ἵνα στερεοποιῶσιν ἅμα καὶ ὀξύνωσι τοὺς ὀδόντας.

---

1 λεμὸν L ‖ 4 |'Εὰν L ‖ 5 Δεῖ v. c. L ‖ 7 |Φυλάττ. L ‖ 9 θρέψομεν FP θρέψωμεν H |Θρέψωμεν δὲ τουσ κύνασ, L ‖ 11 ἑψήσαντες om. F serv. H ‖ 14 τριφθέντων L θρυβέντων P ‖ ἐπιχέαντες πάλιν ἐκθρ. P ‖ 16 μίξαντες om. L ‖ παραθήσομεν om. P ‖ 17 ὀρρῶν P ‖ τὸ ποτὸν ὕδωρ P ‖ 18 σκύλαξιν F ‖ βοηθήσωμεν P ‖ 19 μήτρας FL μητρὸς P ‖ 22 στερεοπ. αὐτῶν καὶ M, cuius f. 291 ab his verbis incipit, ſστεροποιωσιν (ſ expunct. et alterum ϱ supra add. a rubricatore) αὐτῶν καὶ P ‖ ὀξύνωσιν F.

Cap. 2. *Ἄλλο περὶ κυνῶν. Φρόντωνος.*

**1** *Τῶν κυνῶν ἐγκρίνουσι, τῶν μὲν ἀῤῥένων τοὺς μεγαλοφυεῖς τοῖς ὠσὶ καὶ ὄγκοις, μελανοφθάλμους, μυκτῆρα ὁμόχρουν ἔχοντας, χείλη μελανοῦντα ἢ ὑπέρυθρα, καὶ ὀδόντας ὀξεῖς, μεγαλοκεφάλους, πλατυστέρνους, μακροκώλους, βραχίονας στερεοὺς καὶ παχεῖς ἔχοντας, σκέλη ὀρθά, εἰ δὲ μή, σκαμβότερα μᾶλλον ἢ βλαισσά, πόδας μεγάλους, ἐν δὲ τῷ ἐπιβαίνειν πλατυνομένους, δακτύλους διηρθρωμένους, ὄνυχας κεκυρτωμένους, ὄνυχας κεκυρτωμένους, ῥάχιν εὐθεῖαν ἕως τῆς οὐρᾶς· τὴν δὲ οὐρὰν παχεῖαν, ἀπὸ τῆς ἐκφύσεως μυουρίζουσαν ὅλην, ὕλαγμα ἔχοντας βαρύτατον, χρώμασι λευκούς, καὶ μάλιστα τοῖς ποιμνίοις τοὺς ἀκολουθοῦντας, χαροποὺς τοῖς ὄμμασι, καὶ λεοντοειδεῖς, ἄν τε δασεῖς τυγχάνωσιν ὄντες, ἄν τε ψιλοί.* **2** *ἐγκρίνουσι δὲ καὶ τοὺς μέγα τὸ χάσμα ἔχοντας, ὁμοίως δὲ καὶ τοὺς πολυαύχενας, καὶ πλατυτραχήλους.* **3** (*Μάθε δέ, ὅτι ἡ προσηγορία τοῦ τραχήλου ὅλην κύκλῳ τὴν περιοχὴν τοῦ τραχήλου δηλοῖ. αὐχὴν δέ ἐστιν ἐπὶ μὲν τῶν ἀνθρώπων τὸ ὀπίσω μέρος τοῦ τραχήλου· ὀρθὸς γὰρ ἵσταται ὁ ἄνθρωπος· ἐπὶ δὲ τῶν ζώων τὸ ἄνω μέρος· κέκυφε γὰρ τὰ ζῶα. ὅταν δὲ ἀκούσῃς δειρήν, ἐπὶ μὲν τῶν ἀνθρώπων νόει τὸ ἔμπροσθεν μέρος, ἐπὶ δὲ τῶν ζώων, τὸ ὑποκάτω μέρος τοῦ τραχήλου.*) **4** *Τῶν δὲ θηλειῶν δοκιμάζουσι τὰς κεκοσμημένας τοῖς προειρημένοις πλεονεκτήμασι· προσέτι δὲ καὶ μεγαλομάστους, τάς τε ἀπ' αὐτῶν θηλὰς ἰσομεγέθεις ἐχούσας.* **5** *εἰσὶ γάρ τινες κύνες*

1 c. 2' om. L ‖ *φρόντωνος* om. M *φλωρεν|τίνου* mg. H ‖ 3 *μεγαλοφθάλμους* H ‖ 5 *μελανοκεφάλους* H ‖ 8 *μᾶλλον ἢ βλαισσὰ* om. M ‖ 22 *τὸ ζῶον* M ‖ 27 *μεγάλους μαστοὺς* M.

ἀτρόφους αὐτὰς καὶ ἀπεξυλωμένας ἔχουσαι, ἐάν τε δασύ, ἐάν τε ψιλὸν ᾖ τὸ σῶμα. δοκεῖ δὲ ἡ δασύτης ἱκανὴν κατάπληξιν ἐμποιεῖν. 6 Βιβάζειν δὲ χρὴ ἔαρος ἀρχομένου, ὅπως ὁ τοκετὸς περὶ τροπὰς γίνηται θερινάς. φέρει γὰρ ἡ κύων τὸ κυούμενον μῆνας τρεῖς. 7 Ἅμα δὲ τῷ τεκεῖν, χρὴ ἀποῤῥιπτεῖν τῶν σκυλάκων τοὺς ἀγενεῖς, ἤ τι σῖνος ἔχοντας. ἐκ μὲν τῶν ἑπτὰ δεῖ καταλιμπάνειν τρία ἢ τέσσαρα· ἐκ δὲ τῶν τριῶν β΄. 8 στρωννύουσι δὲ αὐτοῖς ἄχυρα, ὥστε κοίτην μαλακὴν ἔχειν, καὶ συνθάλπεσθαι· δυσχείμερον γάρ ἐστι καὶ τοῦτο τὸ ζῶον. 9 Ἀναβλέπειν δὲ δοκοῦσιν οἱ σκύλακες ἐν ἡμέραις κ΄. δεῖ δὲ αὐτοὺς ἐᾶν μετὰ τῶν μητέρων δίμηνον, εἶτα ἀπεθίζουσιν ἐκ προσαγωγῆς. 10 Περιχρίουσι δὲ τοὺς σκύλακας ἀμυγδάλης πικρᾶς μετὰ ὕδατος τετριμμένης περὶ τὰ ὦτα, καὶ τὰ μεταξὺ τῶν δακτύλων, ἵνα μήτε μυῖαι προυκαθίζωσιν ἑλκοποιοῦσαι, μήτε κρότωνες, ἢ φθεῖρες θλίβωσι. 11 Καὶ συγκροτοῦσιν εἰς μάχην πρὸς ἀλλήλους, καταβαρεῖσθαι δὲ οὐκ ἐῶσι, χάριν τοῦ μὴ δειλιᾶν, μηδὲ καταπτώσσειν, ἀλλὰ κατατολμᾶν ἐν τοῖς πόνοις, μηδὲ ὑπείκειν κατὰ μηδέν. 12 Δεσμοῖς δὲ συνεθίζουσι, τὸ μὲν πρῶτον ἱμάντι, εἶτα κατὰ μέρος σιδήρῳ. 13 Τῶν δὲ ἀποθνησκόντων θρεμμάτων οὐκ ἐῶσιν ἅπτεσθαι, ἵνα μὴ συνεθισθῶσι καὶ τοῖς ζῶσιν ἐπιτίθεσθαι· δυσμετάκλητοι γὰρ ἐκβαίνουσιν, ὅταν ἅπαξ ὠμοφαγήσωσι.

1 ἀτρόφους F ἀχρήστους M ‖ 4 ἵν' ὁ τοκετὸς M ‖ γένηται HP ‖ 5 τρεῖς HM γ΄ F ‖ 7 ἀγεννεῖσ F ut ed. H ‖ ἐκ F μέχρι M ‖ ζ΄ P ‖ 8 γ΄ F τρία HM ‖ δ΄ P ‖ δύο HP ‖ 10 δυσχ. δὲ καὶ F ‖ 13 μρῶν FM μητέρων HP ‖ 14 ἀμυγδάλης edd. ἀμυγδαλῆς codd. ‖ 17 κρώτωνες M κρότ. P ‖ θλίβωσιν F ‖ 18 συγκροτῶσιν εἰς μάχας M ‖ 19 καταπτώσειν· H καταπτήσσειν M μηδὲ καταπτώσσειν om. P ‖ 24 δϋσμετάκλϊτοι M η P ‖ 25 ὠμοφαγήσωσιν F -σι H αἱμοφαγήσωσι M.

14 *Θρεπτέον δὲ τοὺς κύνας κατὰ συγγένειαν· ἀμύνουσι γὰρ ἀλλήλοις φυσικῶς.* 15 *Δεῖ δέ, διὰ τὸ μὴ ἐπιτίθεσθαι αὐτοῖς θηρία, οἷον ὑαίνας καὶ λύκους, περισκέπειν αὐτῶν τοὺς λαιμοὺς καὶ τοὺς τραχήλους ὥσπερ θώραξι σεσιδηρωμένοις καὶ καθηλωμένοις κέντροις δύο δακτύλους ἀπ' ἀλλήλων διεστῶσιν.* 16 *Εἰ δὲ θέλεις κύνα μὴ φεύγειν, χρίσον ἄρτον βούτυρον, καὶ δὸς αὐτῷ λείχειν· ἢ καλάμῳ ὑγρῷ μέτρησον αὐτὸν ἀπὸ κεφαλῆς ἕως τῆς οὐρᾶς.* 17 *Κύων δέ σοι ἀκολουθήσει, ἐὰν κυνὸς ἑτέρου χόριον εἰς πανίον ἐνδήσας προσοσφράνῃς αὐτόν.*

Cap. 3. *Περὶ θεραπείας κυνῶν. Θεομνήστου.*

1 *Τὰς λυττώσας κατακλειστέον, καὶ τροφὴν οὐ δοτέον ἐπὶ μίαν ἡμέραν, ἔπειτα ἐλλεβόρου τι εἰς τὸ ποτὸν μικτέον, ὅταν δὲ καθαρθῶσι, κριθίνῳ ἄρτῳ θρεπτέον. ὁμοίως δὲ καὶ τοὺς δηχθέντας ὑπὸ τῶν λυττώντων κυνῶν θεραπεύσεις.* 2 *Τὰς δὲ ψύλλας διαφθερεῖς θαλαττίῳ ὕδατι καὶ ἅλμῃ, ἔπειτα ἀλείψας κυπρίνῳ μετὰ ἐλλεβόρου καὶ ὕδατος καὶ κυμίνου καὶ ὄμφακος σταφυλῆς, ἢ σικύου ῥίζαν μεθ' ὕδατος. κάλλιον δὲ ἀμόργῃ χρίειν τὸ σῶμα· τοὺς γὰρ ψωριῶντας*

---

3 *καὶ* om. M ‖ 5 *καὶ* om. F ‖ 6 *δακτύλους* ed. Bas. *β' δακτῦ* et *λ* supra add. M *δακτύλοις* P *δακτύλων* F ‖ 7 *ἄρτον βούτυρον* M *ἀρτωβούτυρον* P *αὐτὸν βούτυρον* F ‖ 8 *ἢ καλάμῳ* — fin. cap. om. P ‖ 10 *χορεῖον* M *εἰς πάνιον χόριον* H ‖ 11 *προόσφράνης* F *προοσφράνη* ‸ *αυτόν*:- et *σ* 1. m. supra add. H ‖ 12 *θεομν.* om. LM ‖ 13 *κατακλυστέον* H *Κύνας νοσοῦντας κατακλειστέον* M ‖ 14 *ἡμέραν μίαν,* P *ἡμ. ᾱ.* M ‖ *ἐλεβ.* F *λλ* H ‖ 15 *καθαρθῶσιν* F ‖ 20 *συκίου ῥίζησ,* L complura hic videntur corrupta esse ‖ 21 *τὸ σῶμα* om. digiti spatio serv. M *τὸ σῶμα — ἰάσεται* om. P ‖ *τοὺς δὲ ψωρ.* H.

ἰάσεται. 3 κρότωνας δὲ καὶ τὰς ἄλλας νόσους τῶν κτηνῶν τῶν δυσπαθέστερον τὸ σῶμα ἐχόντων, θεραπεύσει τὰ ἐπὶ τῶν προβάτων εἰρημένα.

## Cap. 4. Περὶ λαγωῶν. Δημοκρίτου.

Λέγεται ὅτι ὁ αὐτός ποτε μὲν ἄῤῥην, ποτὲ δὲ θῆλυς γίνεται, καὶ μεταβάλλει τὰς φύσεις, καί ποτε μὲν ὡς ἄῤῥην γονοποιεῖ, ποτὲ δὲ ὡς θῆλυς τίκτει.

## Cap. 5. Περὶ ἐλάφων. Ξενοφῶντος.

1 Δεδοίκασιν ἔλαφοι σχοῖνον περικειμένην, τινὰ ἔχουσαν πτερὰ ἠρτημένα, τὴν τῶν πτερῶν κίνησιν φανταζόμεναι. καταφρονοῦσι δὲ τοῦ ἐξ αὐτῆς φόβου, ὅταν ἀνθρώπους αὐταῖς ἐπιστάντας ἴδωσιν. 2 αὐλῶν δὲ καὶ συρίγγων ἐμμελῶν ἐπακούσασαι οὐκ ἀποφεύγουσιν, ἀλλ' ἡδόμεναι παραμένουσι, καὶ οὕτως θηρῶνται· 3 ἔλαφος ἀνιμωμένη καὶ ἐφελκομένη τῷ πνεύματι σκοτοῖ τὸν ὄφιν, καὶ καθέλκει πρὸς ἑαυτήν. 4 εἴ τις δὲ ἐλάφου κέρκον καυθεῖσαν καὶ λειωθεῖσαν μετὰ οἴνου ἀλείψει τοὺς ὄρχεις καὶ τὸ αἰδοῖον τοῦ βιβάζοντος ζώου, ἐντατικώτερον αὐτὸ πρὸς τὴν μίξιν ποιεῖ· λύσις δὲ τούτου ἔλαιον περιχρισθέν. καὶ ἐπὶ ἀνθρώπων δὲ τοῦτο αὐτὸ ποιεῖ.

---

1 κρώτωνας M κρότ. P ‖ 2 post κτηνῶν om. τῶν FM κυνῶν P ‖ 4 λαγοῶν L ‖ δημ. p. t. L om. M ‖ 5 Λέγεται om. FM ‖ 8 ξενοφ. p. t. L om. M ‖ 9 περικειμένην τινὰ om. L ‖ 11 Καταφρ. v. c. L ‖ 12 αὐτοῖς L ‖ 13 δὲ om. M δὲ καὶ om. P ‖ 13 ἐμμελῶν om. M ‖ 14 ἐπιμένουσι M ‖ οὕτω M ‖ θηρεύονται L ‖ 17 δὲ om. FM ‖ 18 μετὰ οἴνου om. M ‖ αἰδεῖον L ‖ 19 βιβαζομένου M ‖ ἐντατικότερον L ἐντακτικώτερον H ‖ 20 Λύσισ v. c. L λύσις δὲ om. digiti spatio serv. M λύσις — ποιεῖ om. P.

## Cap. 6. *Περὶ χοίρων. Φλωρεντίνου.*

**1** *Τὰς μὲν θηλείας χοίρους δοκιμάζουσι, τὰς παραμηκεστέρας, καὶ περιοχὴν ἐχούσας, καὶ μεγάλας τοῖς σώμασιν, ἐκτὸς τῆς κεφαλῆς καὶ τῶν ποδῶν.* **2** *αἱ γὰρ μικροκέφαλοι καὶ βραχυσκελεῖς ἀμείνους εἰσί, καὶ αἱ ὁμοχροοῦσαι τῶν ποικίλων αἱρετώτεραι. τούτῳ τῷ τρόπῳ καὶ τοὺς κάπρους ἐγκρίνουσι.* **3** *πρὸς δὲ τοῖς εἰρημένοις, ὅταν τὰ περὶ τὸν αὐχένα καὶ τὰς συνωμίας ἔχωσι μεγάλα, τήν τε λοφιὰν δασεῖαν (λοφιὰν δὲ καλοῦμεν, τὰς κατὰ τοῦ αὐχένος ἐγειρομένας τρίχας) καὶ ὅταν ἔχωσι τὸν λεγόμενον κόλλοπα πολύν (κόλλοπα δὲ καλοῦμεν, τὸ ἐν τῇ χρήσει λεγόμενον καλλωσόν).* **4** *Ποτίζεσθαι δὲ βούλεται τοῦτο τὸ ζῶον πλεονάκις, καὶ μάλιστα τοῦ θέρους· δυσχείμερον δέ ἐστι, καὶ ῥαδίως ὑπὸ ψύχους κακοῦται, δι' ἣν αἰτίαν συφεῶνας αὐτοῖς κατασκευάζουσιν, ὅθεν χειμῶνος οὐ πρότερον ἐξάγουσι, πρὶν διαφορηθῆναι τὸν πάγον.* **5** *οἱ δὲ ὠνούμενοι αὐτὰς ἐπιγινώσκουσιν ἐκ τῶν ἀποσπωμένων ἐκ τῆς λοφιᾶς τριχῶν· ᾑμαγμένας γὰρ αὐτὰς ὁρῶντες, νοσεῖν φασι· καθαρὰς δέ, τοὐναντίον.*

---

1 *φλωρ.* om. LM ‖ 2 *χοίρους* om. M ‖ *περιμηκεστάτας* M *πατρομοιεστέρασ* L ‖ 3 *καὶ περιοχὴν* om. P et digiti spatio serv. M ‖ 5 *βρασκελεις* (*βρα* ex corr., *χϋ* supra add. 1. m.) .... (4 litt. spatio servato) *εἰσϊ*| M *βραχυσκελεῖς εἰσι* P ‖ |*Καὶ αἳ* L ‖ 7 *ἐκκρίνουσιν* F *ἐκκρίνουσι* H ‖ *δὲ* om. M ‖ 8 *τὰ* M *τὰς* F *τὰς π. τ. αὐχ. τρίχας* L ‖ *τὰς συνωμίας* L *τὰς δυσωμίας* M |*ταῖ σσυνωμίαισ* (!) *ἔχωσιν* F *καὶ* ^ *ὠμίαις* (*ταῖς* supra add. 1. m.) *ἔχων* H ‖ 9 *μεγάλα* P *μεγάλασ* FL et p. c. M ‖ *τήν τε* om. P ‖ 10 *τὰς κατὰ — καλοῦμεν* om. M ‖ 11 *ἔχωσιν* F -*σι* H ‖ *κόλοπα* bis L ‖ 12 *τὸν* L ‖ 13 *κάλλει ὂν* H *κάλλογον* L *καλλῶσϊν* M *καλῶσιν* P ‖ *τούτουτὸ* L ‖ 17 *ἐξάγουσιν* F *ν* om. H ‖ 18 *αὐτοὺσ* F ut ed. H ‖ 19 *ἀποσπο*|*μένων* L *ἐπϊσπω*|*μ.* H ‖ 20 *φασίν·* F *ν* om. H.

6 ἀρίστη δὲ ὥρα εἰς τὴν τούτων ὀχείαν ἀπὸ ζεφύρου πνοῆς, ἕως ἐαρινῆς ἰσημερίας, ὥστε γίνεσθαι κατὰ τὸ θέρος τὸν τοκετόν· κυοφορεῖ γὰρ τὸ ζῶον τετράμηνον. 7 ἡνίκα δὲ συλλάβωσι, χωρίζουσιν ἐξ αὐτῶν τοὺς κάπρους· ὁρμῶντες γὰρ ἐπ' αὐτάς, καὶ σπαράττοντες, ἐκτιτρώσκειν αὐτὰς ποιοῦσιν. ἱκανὸς δὲ κάπρος εἰς δέκα ποιεῖν ὗς ἐγκύους. 8 Τὰ δὲ τικτόμενα διὰ χειμῶνος λειπόθηλα γίνεται, διὰ τὴν δυσκρασίαν τοῦ ἀέρος, καὶ οὐδὲ ἱκανῶς γάλακτος μεταλαμβάνοντα, τῶν μητέρων αὐτὰ διωθουμένων, διὰ τὸ τὰς θηλὰς σπανιζούσας γάλακτος βίᾳ θλιβομένας ὑπὸ τῶν ὀδόντων ἑλκοῦσθαι. 9 Ἐπειδὰν δὲ μετὰ τὴν σύλληψιν τέκωσιν, ἐάσαντες ταῦτα μετὰ τῶν μητέρων τὴν διμηνον, μετὰ ταῦτα χωρίζουσι. 10 τὴν δὲ μητέρα βιβάζουσιν, ὥστε τοῦ παντὸς ἔτους τὴν μὲν ὀκτάμηνον εἰς κύησιν αὐτῆς μερίζεσθαι, τὴν δὲ τετράμηνον, εἰς ἐκτροφὴν γεννηθέντων. 11 καὶ ἑκάστην δὲ χοῖρον τίκτουσαν ἐν ἰδιάζοντι συφεῷ ἐμβλητέον, ὥστε μὴ μίγνυσθαι ἀλλήλοις τὰ παρὰ διαφόρων τικτόμενα, πρός τε τὰς μητέρας τὴν γονήν, καὶ τὰ χοιρίδια

---

3 Κυοφορεῖ v. c. L ‖ 4 ἡνίκα δὲ FL ὅταν M ‖ 5 ὁρμῶντες FL ἐπιβαίνοντες M ‖ ταράττοντες L ‖ 6 τιτρώσκουσιν αὐτὸν | καὶ κακοποιοῦσιν M τιτρ. αὐτὰς καὶ κακοπ. P ‖ Ἱκανὸσ v. c. L ‖ 7 ὗς ἐγκύους FL τοκάδας M ‖ τικτώμενα L ‖ 8 γίνονται M ‖ 9 μεταλ. γάλ. P ‖ 10 μρῶν FM μητέρων HP μρ̄ών L ‖ διὰ τὸ om. M ‖ τὰς γὰρ θηλὰς ὡς σπ. M ‖ 11 θληβομένας L ‖ ὀδόντων ἑλκοῦσθαι. FL τέκνων ἀλγοῦσιν. M ‖ 13 ἐῶσι M ‖ μρῶν FM μρ̄ών L μητέρων HP ‖ 14 μετὰ ταῦτα FL εἶτα ἐκεῖνα μὲν P διμηνως (sic per comp.) . . . (digiti spatio serv.) εἶτα ἐκεῖνα μὲν M ‖ 15 παντὸς om. M ‖ ὀκτώμηνον, L ‖ 16 ἀυτῆς μερίζεσθαι FL |καὶ τόκον διαμερίζεσθαι M ‖ mg. sup. add. m. 2.? τὴν δὲ τετράμηνον χωρίζεσθαι M nihil P ‖ 18 ἐν om. M ‖ συφεῶ sed νϊ 1. m. supra add. H ‖ 19 παρὰ FLP περὶ M ‖ τικτόμενον P ‖ 20 μητέρας FL ἀγέλας M.

συνεθίζεσθαι ταῖς τεκούσαις. ἐὰν γὰρ ἀλλήλοις συναναμιγῇ, ἀδύνατον αὐτὰ διαγνῶναι τὰς τεκούσας· βέλτιον δέ, εἰ ἑκάστη τρέφει τὰ ἴδια. 12 Τρέφεται δὲ τὸ ζῶον τοῦτο μάλιστα βαλάνοις. πιαίνεται δὲ καὶ πιτύροις σιτίνοις, καὶ σκυβάλοις τοῖς ἀπὸ τῆς ἅλω, καὶ τῷ σίτῳ. αἱ δὲ κριθαί, πρὸς τῷ πιαίνειν, καὶ κατὰ τὴν γέννησιν εὐδιαφορεῖν ποιοῦσι τὸ ζῶον. 13 Οἱ δὲ χοῖροι λοιμικῷ οὐ περιπίπτουσι πάθει, ἢ ἐμπεσόντες ἰαθήσονται, ἐὰν εἰς ὃ πίνουσιν ὕδωρ ἀσφοδέλου ῥίζας βάλῃς, ἢ ἔνθα πυκνῶς λούονται.

## Cap. 7. *Περὶ ἰάσεως συῶν. Διδύμου.*

1 Χοῖροι οὐ νοσήσουσιν, ἐὰν θ' καρκίνους ποταμίους δῴης φαγεῖν. 2 ἐπιγινώσκονται δὲ αἱ νοσοῦσαι σύες, ἐκ τοῦ αὐχένος ἀνασπασθεισῶν τριχῶν. εἰ μὲν γὰρ αἱ τρίχες καθαραὶ εἶεν, ὑγιαίνουσιν· εἰ δὲ ᾑμαγμέναι, ἢ ἔχουσαί τινα ἰχῶρα παχύτερον περὶ τὴν τρίχα, νοσοῦσι. 3 Δημόκριτος οὖν ὁ φυσικὸς ἀσφοδέλου ῥίζης ἐπ' ὀλίγον θλασθείσης μνᾶς γ' κελεύει καθ' ἕκαστον σῦν εἰς τὴν τροφὴν μιγνύναι, καὶ πρὸ ζ' ἡμερῶν τὸ βέβαιον τῆς ὑγιείας κομιεῖσθαι. 4 Ἐὰν πυρεταίνωσιν, αἷμα ἐκ τῆς οὐρᾶς ἀφαιρετέον. ἐὰν δὲ παρισθμίοις ἐνοχλῶνται, ἐκ τῶν ὤμων τὸ αἷμα ληπτέον. 5 Ἐὰν δὲ ἀδήλῳ νόσῳ συνέχωνται, ἐγκλει-

---

1 ἐὰν — τεκούσας om. L ‖ 2 τὰ τε|κούσας M τὰς P ‖ 6 τῷ πιαίνειν M τὸ π. FL τὸ πίνειν H ‖ 7 εὐφορεῖν L ‖ ποιεῖ τὸ ζῶον: finis cod. Palat. ‖ 8 λοιμικὴν M ‖ περιπεσοῦν L ‖ πάθ(ος?) per comp. M ‖ 9 ἰαθήσονται: finis cod. Marciani ‖ πίνωσιν H ‖ 10 ἀσφοδέλοῦ (!) ῥίζης ῥίζας H ‖ πικνῶς L ‖ 11 c 7 om. L ‖ 13 δώιησ praeter morem F δώης H ‖ 17 νοσοῦσιν F νοσοῦσϊν. ὁ οὖν φυσικὸς H ‖ δημοκρίτου mg. add. FH ‖ ἀσφοδέλοῦ (!) H ‖ 18 μνὰς τρεῖς H ‖ 19 ἑπτὰ H.

*στέον δι' ὅλης ἡμέρας καὶ νυκτός, οὔπω δὲ τροφὴν ἢ ποτὸν αὐτοῖς παραβλητέον, ἀλλὰ ῥίζας σικύων ἀγρίων κοπείσας ἐμβλητέον ὕδατι δι' ὅλης ἡμέρας καὶ νυκτός· τοῦτο τῇ ὑστεραίᾳ ποτὸν δώσεις. πιόντες γὰρ λαβρότερον μετ' ὀλίγον συνεξεμέσουσι τὸ αἴτιον τῆς νόσου.* 6 *Ἐπειδὴ ἀδηφάγον ὂν τὸ ζῶον μάλιστα τὸν σπλῆνα νοσεῖ, ἄνθρακας μυρικίνους εἰς ὕδωρ ἀποσβέσας παράσχε πιεῖν. καὶ ἀνθρώπους δὲ οἶνος ἀντὶ τοῦ ὕδατος εἰς μυρικίνους ἄνθρακας ἐμβληθείς, καὶ ποθείς, θεραπεύσει· τοῦτο δὲ μάλιστα Δημόκριτος μαρτυρεῖ.* 7 *Ἐνεργεστέραν ὁ αὐτὸς Δημόκριτος ἴασιν τοῦ σπληνὸς τοῖς ἀνθρώποις ἔσεσθαι διαβεβαιοῦται, εἰ ἄνθραξι σίδηρον πυρώσας ἀποσβέσῃς ὕδατι, εἶτα τὸ ὕδωρ ὄξει μίξας δοίης πιεῖν τῷ πάσχοντι τὸν σπλῆνα.* 8 *Ὅταν δὲ οἱ σύες ὑπό τινων ἑρπετῶν δηχθῶσι, τοῖς ἐπὶ τῶν βοσκημάτων προειρημένοις βοηθήμασι θεραπευθήσονται.*

## Cap. 8. *Περὶ συάγρων. Δημοκρίτου.*

*Εἰ βούλει μὴ λυμαίνεσθαί σε, καρκίνου τὰς χηλὰς ἔχε ἐν περιάπτῳ.*

---

3 *ὕδατι* om. H ‖ 4 *τοῦτο δὲ τῇ* H ‖ 11 *μαρτυρεῖ ἐναργεστερον·* F ut ed. H ‖ 13 *εἰ* edd. om. codd. ‖ *ἄνθραξιν* F -*ξι* H ‖ *ἀποσβέσησ* F et p. c. Marc. 294 *ἀποσβέσας* H ‖ 15 *σῦεσ* (ῡ de more) *ἀπό τινο*(*σ* supra add. 1. m.) *ἑρπετοῦ* H *σῦεσ ὑπό τϊν*(*οσ* supra add.) *ἑρπε*(*τ~* supra add.) M 294 ‖ 16 *δηχθῶσιν* FH ‖ *ἀπὸ τῶν* H ‖ 17 *βοηθήμασιν* F -*σι* H ‖ 18 *δημοκρίτου* om. H.

## Cap. 9. *Περὶ ταριχείας πάντων κρεῶν.*
## *Διδύμου.*

**1** *Νεαρὰ ἐπὶ πλεῖστον διαμένει κρέα καθαρθέντα καὶ ἀναψυγέντα, ἐν τόποις σκιεροῖς καὶ νοτεροῖς τεθέντα, βορείοις μᾶλλον ἢ νοτίοις.* **2** *Ἡδίω δὲ αὐτὰ ποιεῖ χιὼν περιτεθεῖσα καὶ ἄχυρα δὲ ἐπιβληθέντα. τοῖς δὲ ζώοις τοῖς ταριχεύεσθαι μέλλουσι πρὸ μιᾶς ἡμέρας ποτὸν οὐ δοτέον.* **3** *Δεῖ δὲ ταριχεύοντας τὰ ὀστᾶ ἐξαιρεῖν τῶν κρεῶν. ἅλες δὲ φρυκτοὶ πρὸς ταριχείαν μᾶλλόν εἰσιν ἐπιτήδειοι.* **4** *τῶν δὲ σκευῶν, οἷς ταριχεύεσθαι μέλλει, καλλίω τὰ ἀπὸ ἐλαίου ἢ ὄξους.* **5** *Τὰ τῶν αἰγῶν καὶ προβάτων καὶ ἐλάφων κάλλιστα ταριχεύεται, εἰ, μετὰ τὸ πρῶτον ἁλσὶ πασθῆναι, τῆς ἰκμάδος καὶ τοῦ ἰχῶρος ἐξαιρεθέντα καὶ ἐκμαχθέντα πάλιν ἁλσὶ πασθείη, ἔπειτα εἰς γίγαρτα μὴ διακριθέντα ἀπὸ τοῦ τῶν ῥαγῶν δέρματος, τὸ λοιπὸν συντεθείη, ὡς μὴ ἅπτεσθαι ἀλλήλων, ἀλλὰ τὸ μέσον διασεσάχθαι τῶν γιγάρτων.* **6** *ἐὰν δὲ καὶ γλεύκους γλυκέος ἐπιχέῃς αὐτοῖς, πολὺ βέλτιον ποιήσεις.*

---

2 *διδύμου* om. H ‖ 7 *μέλλουσιν* F -*σι* H ‖ 11 *καλλίωι* F *καλλίω* H ‖ 13 *κάλλιον* H ‖ *πασθῆναι* edd. *πασθέντα* FH ‖ 14 *ἐκπιεσθέντα* H *ἐξαιρεθέντα* FM 294 ‖ 15 *ἁλ'σὶν* F -*σὶ* H ‖ 16 *τὸ λοιπὸν* edd. *καὶ λ.* codd. ‖ 18 *δὲ* F *γὰρ* HM 294.

# ΒΙΒΛΙΟΝ Κ.

*Τάδε ἔνεστιν ἐν τῇδε τῇ βίβλῳ, εἰκοστῇ μὲν οὔσῃ τῶν περὶ γεωργίας ἐκλογῶν, περιεχούσῃ δὲ ἰχθύων τροφήν, καὶ ἐκ διαφόρων τόπων εἰς ἕνα συναγωγήν, καὶ περὶ θήρας αὐτῶν, καὶ δελεάτων παντοίων συνθέσεως, ἐνεργούντων πρὸς ἁλείαν ἰχθύων διαφόρων ποταμίων καὶ θαλασσίων.*

α'. ἰχθυοτροφικόν. β'. ἰχθῦς εἰς ἕνα τόπον συναγαγεῖν. γ'. ποταμίους θηρᾶσαι ἰχθύας. δ'. ἰχθῦς εἰς ἕνα τόπον συναγαγεῖν παντοίους. ε'. πρὸς πάντας ἰχθύας. ς'. ἰχθύων ἁλιευτικόν [Ταραντίνου]. ζ'. δέλη ἰχθύων. η'. ἔστι δὲ ἡ σύνθεσις τοῦ δελέατος. θ'. ἄλλο πρὸς κορακίνους <μόνους> ὑπερμεγέθεις διὰ τὴν ὑπερβολὴν τοῦ δελέατος. ι'. πρὸς ποτάμια ὀψάρια, ᾧ Ἄνος ἐχρᾶτο. ια'. δέλος ὥστε τοὺς ἰχθύας ἑτοίμους ἔρχεσθαι. ιβ'. <πρὸς> κύρτων γρύτην ποταμίαν· ιγ'. πρὸς χοίρους. ιδ'. πρὸς ἐγχέλεις. ιε'. πρὸς κεστρεῖς θαλασσίους δέλος. ις'. δέλος κεστρέων θαλασσίων. ιζ'. ἄλλο ποιοῦν καλῶς καὶ μηδὲν ἄλλο θηρεῦον εἰ μὴ τελείος κεστρεῖς. ιη'. πτολλᾶτος τοὔνομα, ὀψοποίημα ἐν θαλάσσῃ, ὥστε ἐπὶ τὸ αὐτὸ ἐλθεῖν ἐν

---

1 lib. XX om. M β. *εἰκοστὸν* p. c. H β. *κ'* mg. rubro Marc. 294 ‖ 2 *κ'* M 294 ‖ 3 *δὲ σύνταξιν ἰχθύων διατροφὴν*, M 294 ‖ *κε̄ ϙ̃β* mg. L ‖ 4 *εἰς μίαν* HM 294 ‖ 6 *συνεργούντων* H *ποντοίων — ἐνεργούντων* om. L *καὶ δελεάτων — θαλασσίων* om. M 294 ‖ 8 indicem capitum om. HM 294 L ‖ *ἰχθυοτροφικον* s. a. F ‖ *ἰχθὺσ* F ‖ 9 *θηράσαι* F ‖ *ἰχθὺσ* F ‖ 11 *ἰχθύας** corr. e textu *ἰχθύσ:* F ‖ *ἁλιεύτικῶν* (!) F ‖ 12 *ἔστιν* s. a. F ‖ 13 <*μόνους*>* add. e textu ‖ 16 <*πρὸς*>* in textu add. edd. ‖ *γρυτὴν* F ‖ 17 *κεστρεῖς** edd. in textu *κέστροισ* F ‖ 20 *κεστρεῖς** corr e textu *κέστρουσ* F.

θαλάσσῃ τοὺς ἰχθύας. ιθ΄. πρὸς τρίγλας καὶ σκάρους μεγάλους, ὥστε ἐγχρήζειν εἰς ὕδωρ, ἃ διὰ τὴν ταχύτητα τοῦ δέλους οὐδὲν τῶν μικρῶν προσέρχεται· ἔστι δὲ ἡ σύνθεσις φυσικῶς ἄγουσα. κ΄. πρὸς δὲ τὰ μεγάλα ὀψάρια [καὶ] πάντα τὰ ἐν τῇ θαλάσσῃ· οἷον γλαύκους· γαλεούς· ὀρφούς· καὶ ὅσα ἐστὶ τοιοῦτα. κα΄. πρὸς μυραίνας. κβ΄. πρὸς πολύπους καὶ σηπίας. κγ΄. χέλυας καὶ ὀστρακώδη οὕτως δελέαζε. κδ΄. δέλη πρὸς πάντα ἰχθὺν ἐν παντὶ καιρῷ· κε΄. πρὸς τὴν λεπτὴν γρύτην τὴν ἀπὸ καλάμου. κϛ΄. δέλη καθολικά. κζ΄. πρὸς πᾶν ὀψάριον. κη΄. περὶ κύρτων. κθ΄. ἄλλο περὶ κύρτων. λ΄. κεστρέων θαλασσίων. λα΄. σκορπίων μόνων. λβ΄. φάγρων θαλασσίων. λγ΄. ῥαφίδων μόνων. λδ΄. θύννων μόνων. λε΄. σμαρίδων. λϛ΄. τρυγόνος θαλασσίας. λζ΄. ἄλλο εἰς τὸ αὐτό. λη΄. σαλπῶν. λθ΄. γλαύκων, ⟨ἀμιῶν, καλλιχθύων⟩. μ΄. τραχούρων, μελανούρων. μα΄. κεστρέων, κεφάλων. μβ΄. πολυπόδων. μγ΄. σηπίων μόνων. μδ΄. καράβων, ⟨μορμύρων⟩. με΄. μελανούρων. μϛ΄. γάρων ποίησις.

## Cap. 1. Ἰχθυοτροφικόν. Φλωρεντίνου.

1 Ἐν τῇ μεσογείῳ δεξαμενάς τινας ποιητέον, ἐφ' ὅσον τις βούλεται καὶ δύναται, καὶ τοὺς ἰχθῦς οἳ

---

2 ἐγχρήζειν* corr. e textu εγχρο'νήζειν sine spiritu F ‖ ᾆ F ‖ 3 προσερχ.* corr. e textu προέρχ. F ‖ ἔστι* edd. in textu ἔστιν F ‖ 4 φυσεικὸσ ἄγουσα F ‖ 6 ἐστὶ* edd. in textu ἐστιν F ‖ 7 μυραίνας* edd. in textu σμύρνασ F ‖ χέλυας* ιιχέλεα (!) F ‖ 8 δέλη* corr. e textu δέλοσ F ‖ 9 γρυτὴν F ‖ 16 ⟨ἀμιῶν, καλλιχθύων⟩* add. e textu ‖ 17 κεστρέων* edd. in textu κεστρῶν F ‖ 18 ⟨μορμύρων⟩* add. e textu ‖ 19 ποίησεις F ‖ 20 ἰχθυοτρ. om. HL ‖ φλωρ. tituli loco L om. H ‖ 21 τινας HL τε F ‖ 22 ἰχθῦς FM 294 ἰχθὺς H ἰχθύας p. c. L.

πεφύκασιν ὕδατι ποτίμῳ νέμεσθαι, ἢ καὶ τοὺς ἐπιμιγνυμένους ἀπὸ τῆς θαλάσσης εἰς τὸ πότιμον μετακομιστέον, καὶ πληρωτέον. 2 Οἱ δὲ θαλάσσης ἢ λίμνης πλησίον, ὅ,τι ἂν μάλιστα τὸ τῆς θαλάσσης μέρος τρέφῃ γένος ἰχθύων, τοῦτο εἰς τὸ χειροποίητον ἐμβάλλουσιν. 3 Ἁρμοστέον δὲ καὶ πρὸς τὴν τῶν χωρίων φύσιν, κἂν μὲν ἑλώδες ᾖ, τοὺς ἑλείους, ἐὰν δὲ τραχύ, τοὺς πετραίους καλουμένους ἐμβλητέον. 4 Τροφὴ δὲ προσεμβάλλεται ἁπαλωτάτη χλόη, καὶ τῶν ἰχθύων τὰ μικρότατα, καί τινων καὶ τὰ βράγχια καὶ τὰ ἐντός, καὶ σῦκα τρυφερὰ τμηθέντα, καὶ τυρὸς ἁπαλός, τοῖς πελαγίοις καὶ πετραίοις, καὶ καρίδες, καὶ κωβιοί, ἢ ὅ,τι ἂν τοιοῦτον ἔχῃ τις, ἢ ἄρτου πιτυρίτου μάζαι, ἢ σῦκα ξηρὰ κοπέντα. 5 ἔσονται δὲ πλείους ἰχθύες πανταχοῦ, ἐὰν πολυσπόρου βοτάνης, τῆς παραπλησίας πολυγόνου, κοπείσης τοῖς τρέφουσιν ἰχθύας ὕδασιν ἐπιβάλῃς.

## Cap. 2. Ἰχθῦς εἰς ἕνα τόπον συναγαγεῖν. Ὀππιανοῦ.

1 Γλίχωνος, θύμβρας, ὀριγάνου, σαμψύχου, ἑκάστου ἀνὰ δραχμὰς γʹ λιβανωτοῦ φλοιοῦ, σμύρνης,

---

1 ποταμίω L ‖ 2 θαλάσσεις | εἰσ L ‖ εἰς τὸ — οἱ δὲ θαλάσσης om. H ‖ 3 Εἰ δὲ θαλ. L ‖ 4 τὸ om. H ‖ 5 μέρος: ὕδωρ L ‖ τρέφει L ‖ ἰχθύος F ‖ 7 χορίων L ‖ ἑλῶδεσ et ἑλείους F ut ed. H ‖ 10 βράγχια om. spatio servato H βράγχη M 294 ‖ 11 τμήθεντα FL ἐμβληθέντα H ‖ 12 καὶ) κα(ρίδες om. serv. spatio H ‖ 13 ὅτι ἂν ἔχει τίσ· L ‖ 14 μάζαι* μάζαν codd ‖ 16 κοπείσησ corr. 1. m. ex κοπήσησ L ‖ 17 ἰχθύοισ, L ‖ 18 ἰχθὺς H ‖ 19 ὀππιανοῦ M 294 ὀπιανοῦ F om. HL ‖ 20 Γλίχωνος:- (rubro nominis loco) | Θύμβρας L γλήχ. M 294 ‖ 21 γʹ om. H ‖ λιβανοτοῦ L.

*σινώπιδος, ἀνὰ δραχμὰς η', ἀλφίτων οἴνῳ εὐώδει λυθέντων ἡμίμναιον, ἥπατος χοιρείου ὀπτοῦ δραχμὰς κδ', στέατος αἰγείου τὸ ἶσον, σκόρδων ὡσαύτως, κόψας κατὰ μόνας, εἶτα ἄμμου λεπτῆς μίξας, καὶ εἰς τὸν τόπον πρὸ μιᾶς ὥρας ἢ δευτέρας βαλών, τὰ δίκτυα περιτίθει.* 2 *οἱ δὲ δελφινίου βοτάνης τῆς ἄῤῥενος κοπείσης καὶ σησθείσης ἐμβάλλοντες καλοῦσι τοὺς ἰχθύας, ὡς ταῖς χερσὶ συλλέγειν.* 3 *τινὲς δὲ σκόρδων ἡμίμναιον, ἢ σησάμων πεφωσμένων τὸ ἶσον, γλίχωνος, ὀριγάνου, θύμου, σαμψύχου, θύμβρας, σταφίδος ἀγρίας, ἀνὰ δραχμὰς λβ', ἀλφίτων ἐμμάξαντες μνᾶν, χόνδρου τὸ ἶσον, λιβανωτοῦ φλοιοῦ δραχμὰς ις' γῇ καὶ πιτύροις δεύσαντες ἐμβάλλουσιν.*

## Cap. 3. *Ποταμίους θηρᾶσαι ἰχθύας. Διδύμου.*

*Στῆρος προβατείου, σησάμων πεφωσμένων, σκόρδων, οἴνου εὐώδους, ὀριγάνου, θύμου, σαμψύχου ξηροῦ, ἑκάστου τὸ σύμμετρον κόψας, ἀναλαβὼν ἄρτῳ ἔμβαλε.*

---

1 *ἀλφίτου* F *ἀλφίτων* (p. c.) *οἴνω* | *εὐώδει* (corr. ex *η*) *λυθέντων* (p. c.)· — *κδ'* rubro in mg. suppl. L *εὐώδει . . . έντων* H ut ed. M 294 ‖ 3 *τὸ ἶσον* om. spatio relicto H serv. M 294 ‖ *σκόρδον* L ‖ 4 *καταμόνας* FH ut ed. LM 294 ‖ *καὶ* post *δευτέρας* rei. F ‖ 5 *δευτ. λαυὼν* (*ά* supra *τ*) *δίκτυ* L ‖ 7 *καὶ σησθείσης* om. L ‖ *καλῶσι* L ‖ 8 *δὲ* om. F ‖ *σκορπίδων* H ‖ 9 *σϊσάμων* H ‖ *γλήχωνος* M 294 ‖ 10 *θύγου* H ut ed. M 294 ‖ *θύμβρης* L ‖ 11 *ἐμμάξαντες** om. L *ἐμμᾶ(?)ξαι μνὰν·* F *αἳ μάζαι μνᾶν* H *αἱμάξαι μνῶν* (?) M 294 ‖ 12 *ις'* | *γῇ καὶ* om. spatio servato H *δραχμάσ ξ̃· πϊτῦροισ* M 294 ‖ 13 *ἐμβάλλουσι:-* L ‖ 15 *στῆρος* edd. *στεῖρος* F *στέατος* HL ‖ *προβείου* L ‖ 16 *εὐόδουσ* L; tum *τρύγ*(*α*? p. c.) add. cod. Vindob. 112 unius vocabuli spatium serv. H om. spatio de more non servato M 294 ‖ 17 *ἄρτο* H *ἄρτον* M 294 ‖ 18 *ἔμβαλλε* L.

Cap. 4. *Ἰχθῦς εἰς ἕνα τόπον συναγαγεῖν παντοίους. Δημοκρίτου.*

*Βοῶν, αἰγῶν, προβάτων, συῶν τὸ αἷμα, καὶ τὰ ἐκ τῶν λεπτῶν ἐντέρων κόπρια, θύμου, ὀριγάνου, γλήχωνος, θύμβρας, σαμψύχου, σκόρδου, οἴνου εὐώδους τρυγός, ἑκάστου τὸ ἴσον, στῆρος ἢ μυελοῦ τῶν αὐτῶν βοσκημάτων, κατὰ μόνας καὶ ἅμα συγκόψας, καὶ ποιήσας μάζας, εἰς τοὺς τόπους πρὸ μιᾶς ὥρας ἔμβαλλε, εἶτα περίβαλλε τοῖς δικτύοις.*

Cap. 5. *Πρὸς πάντας ἰχθύας.*

1 *Αἷμα αἰγὸς μελαίνης, οἴνου τρύγα εὐώδους, μάζαν ἀλφίτων συμμίξας, αἰγὸς κατατμηθέντα πνεύμονα εἰς λεπτότατα τοῖς ἄλλοις συμφυράσας χρῶ.*

---

1 tit. atram. scr. L ‖ 2 *δημοκρίτου* rubro p. t. L om. H ‖ 3 (*ἐκ τ*)*ῶν* om. spatio serv. H ut ed. M 294 ‖ 4 *λεπτῶν*: in mg. fol. 118ᵛ, quod hic incipit, in L haec addutur m. rec.? *ἰχθύας ἐν θαλάσ⟨σ⟩η ἐὰν θέλης εἰς ἕνα τόπον συνάγαγ⟨ε⟩ῖν| καὶ καταλαμ(ν)βάνει(η)ν παμ(ν)πολλούς, ὑέλινον ἄγγος πλήσας ἐλαί|ου λάβρου | φράξον τὸ | στόμα. καὶ | χάλασον εἰς | τὴν θάλασ⟨σ⟩αν· καὶ τὰ ὀψά|ρια, πρὸς τὴν | αὐγὴν ξενι|σθέντα, συνελεύσονται(ε): | ποίει δὲ τοῦ|το, ἐν ἡμέ|ραι(ε)ς λαμ(ν)πραῖς* (*ε̃′.*)· | *ἔστιν ἐνί(ή)ο* (?)|⟨*τ*⟩*ε καὶ μὴ αλη|εγέ*(?)*τοντων* | *χο*(?)*.ον ἐν στα|σιῷ καὶ συ|⟨χν?⟩ῷ ὕδατι* | . . *ουγομι̊* | . . . *ἰ(η)χθύων·* ⟨*εἰ δὲ βούλει πολύ*⟩*πουν ἁλι(η)εῦσαι(ε), λαβὼ(ο)ν ⟨κλάδ⟩ους ἐλαί(ε)ας ἀποκρέ|⟨μασον⟩ εἰς τὴν θάλασ⟨σ⟩αν ὅπου κρη(ο)μνὸς* [*ε*] *ἤ ἢ* (*εἰ*?) *αι(εν?)γι(η)αλ[λ]οῦ(η) σ|τροφ(δ?)ή[σ?]· καὶ ἐὰν ὦσι συ⟨μ⟩πλακ⟨έντες τοῖς? η σ' τε* +ᶜ⟩ *κλάδο(η)ις,* | . . . . . . *ἀνάσπασο(ω)ν.* reliqua legere non potui ‖ *θύμου* om. sp. serv. H ut ed. M 294 ‖ *γλήχωνος* M 294 ‖ 5 *θύμβρησ* L ‖ *εὐώδουσ· ἑνὸς ἑκάστου* H ut ed. M 294 ‖ 7 *κατὰ μόνας* FM 294 *καταμόνας* H *κατα|μίξασ* L sed simili loco ܦܣܘܩ ܐܢܘܢ ܘܚܠܘܛ S XIII 65 ‖ 8 *ἔμβαλλε* LM 294 *ἔμβαλε* FH ‖ 9 *περίβαλε* H ‖ 12 *μάζαν* om. spatio serv. H ut ed. M 294 ‖ *κατατμηθέντι πνεύμονι* F ‖ 13 *λεπτότατον* F ‖ *τοῖς ἄλλοις* om. spatio serv. H ut ed. M 294 ‖ *συμφύρας* H.

2 *ἐὰν δὲ περὶ τὴν ὁρμιὰν ἅλας περιπάσῃς, οὐ θηράσει τις ἰχθύν.*

## Cap. 6. *Ἰχθύων ἁλιευτικόν. Ταραντίνου.*

1 *Ἐβουλόμην μέν, ὦ τιμιώτατε, ἀσφαλέστερόν σοι διασαφηνίσαι τὴν περὶ αὐτῶν φύσιν, ὡς ἔπος εἰπεῖν, καὶ βίον, καὶ τὴν ὀχείαν, καὶ τὴν ἐκτροφήν, καὶ τὴν ποσότητα αὐτῶν τῆς ὅλης ζωῆς, καὶ τίνα αὐτῶν εἴδη θαλάσσια, καὶ τίνα ποτάμια, καὶ τίνα λιμναῖα· ἔπειτα κατ' ἰδίαν, τίνα λεπιδωτὰ αὐτῶν ἐστι, καὶ τίνα ἀκανθώδη, καὶ τίνα λεῖα, καὶ τίνα μαλακόστρακα, καὶ τίνα ζωοτόκα, καὶ τίνα ᾠοτόκα, καὶ τίνα αὐτῶν ὑπάρχει μονήρη, καὶ τίνα αὐτῶν ἀλληλοφίλα* ⟨*καὶ τίνα ἀλληλοφάγα,*⟩ *καὶ τίνα οὐδ' ὅλως ἀλλήλων ἅπτονται.* 2 *ἐπὶ τοσοῦτον γὰρ εὐψύχως τὰ περὶ τούτων ἐβουλόμην προαγαγεῖν, ὡς μηδὲν τῶν ἐν θαλάσσῃ περιεχομένων διαλαθεῖν σε. ἀλλὰ περὶ μὲν τούτων κατὰ καιρὸν προσφωνήσομεν.* 3 *Νῦν δέ,* ⟨*ἐπεὶ*⟩ *ὁρῶ ἐπιθυμητικῶς ἔχοντάς τινας περὶ τὴν ἑκάστου προσηγορίαν καὶ εὐψύχως πρὸς τοῦτο φερομένους, ἀναγκαίως καθ' ἕκαστον κοιναῖς τε καὶ ἰδιωτικαῖς λέξεσιν ὅλην*

---

1 *δὲ* om. H ‖ *περιπάσῃ,* L *περιπάσσῃς* H ‖ 2 *ἰχθύασ* H ut ed. M 294 ‖ 3 c. 6 om. H ‖ *ταρ.* et p. t. et mg. F p. t. L ‖ 4 *Ἐβουλώμην* L ‖ 5 *διασαφῆσαι,* L ‖ 9 *τίνα τὰ λεπ.* L ‖ *ἐστίν·* F om. L ‖ 10 *μαλάκοστα* F ‖ 12 *ἀλληλόφυλα* L ‖ ⟨*καὶ τίνα ἀλληλοφάγα*⟩* add. ex coni. Niclasi ‖ 13 *ἀλλήλων οὐδόλωσ συνάπτονται* L ‖ 14 *εὐψύχως* corr. Needh. *ψύχουσ* F om. L ‖ *τὰ περὶ τούτων* om. F ‖ 15 *προσαγαγεῖν* L ‖ *ἐν θαλάσσῃ λῆσαί με τι* F ‖ 17 *προσφωνήσωμεν.* L ‖ ⟨*ἐπεὶ*⟩ add. edd. ‖ *ἐπιθυμιτικῶς* L ‖ 18 *ἑκάστου διάλεξιν εὐψύχωσ νῦν φερομένουσ, ἀναγκαίωσ* F ‖ 20 (ὅλ)*ην* (in ras.? 1. m.) *τὴν πραγματίαν ἀφθ.* L ibid. reliqua huius capitis verba, quasi totius operis extrema essent, ita exarata sunt, ut versus triangulum quoddam expleant.

*τὴν προσδοκίαν ἀφθόνως ἐκπληρώσω (τοῦ πράγματος οὕτως ἀπαιτοῦντος), ὅσα τε Ἀσκληπιός, καὶ Μανεθώ, καὶ Πάξαμος, καὶ Δημόκριτος περὶ τούτων διεσάφησαν, πρὸς ἀπάντων τὴν γνῶσιν παρέξω.*

## Cap. 7. *Δέλη ἰχθύων.*

**1** *Κεστρέων, τρυγόνος, σκορπίων, ἐλάπων, φάγρων, χαλκέων, σκάρων, γλαύκων, τριγλῶν, ἀμιῶν, ῥαφίδων, καλλιχθύων, θύννων, τραχούρων, σακούτων, μελανούρων, σμαρίδων, κεφάλων, πολυπόδων, ἀλωπέκων, βωκῶν, μυῶν, μορμύρων, σμύλων, σηπιῶν, φωκίδων, καράβων, νάρκης, ἰουλίδων, ἀλαβήτων, σαργίων, καρίδων, χαρακίων, βουγλώσσων, χρυσοφρύων, ἀλεαντρίδων, θρισσῶν, ἴλλων, ἀνίων, προσπανταμίων, σκορδύλων [γʹ·] πρὸς τὴν λεπτὴν κωβιῶν γρύτην θαλασσίαν, γεναρίδων, δάκων, χοίρων, γαλέας, λεπιδωτοῦ, ὀρφοῦ, λευκώπιδος, μυραινῶν, κορακίνων, καράβων, ἐγχελέων, κηρύκων, λατίλου, πορφύρας, λαυράκων, καὶ πρὸς*

---

2 post *ἀπαιτοῦντος* add. *πρὸσ πάντα τὴν γνῶσιν παρέξω* F *πρὸσ τὴν γνῶσιν ἀπάντων* L ‖ *τε* om. L ‖ *μανέθων* L ‖ 4 *πρὸς — παρέξω* om. FL ‖ 5 c. 7 om. L ‖ *ταραντίνου* et ϛʹ in mg. add. H ‖ 7 *σκάρων* om. spatio serv. H ut ed. M 294 ‖ *τριγλῶν* om. H ‖ *ἀμίων* H ‖ 8 *θύνων* per comp. H ‖ 9 *γαρίδων· κεφάλλων* priore *λ* expuncto H ut ed. M 294 ‖ *ἀλωπέκω· βωκῶν* F *ἀλωπέκων· βω.ων* H ut ed. M 294 ‖ 10 (*σμύ*)*λων* om. sp. serv. H *μήλων* p. c. M 294 ‖ *σηπίων* p. comp. H ut ed. p. c. M 294 ‖ 11 *νάρκων* p. comp. H ut ed. M 294 ‖ *σαργίων — καράβων* om. H ‖ 13 *ἴλλων* edd. *ἴλλουσ* F ‖ *σκορδύλων γ̃· πρὸς τὴν ἀεπτὴν· κωβιωνγρυτην* (!) *θαλ.* F ‖ 15 *δάκων* edd. *δάκουσ* F ‖ *ὀρφοῦ, λευκώπιδος, μυραινῶν* edd. *ὀρφοί· λευκῶπισ· σμυραίνων* F ‖ 16 *καράβων* edd. *καράβουσ·* F ‖ *ἐγχέλυων* (p. c.)· . . . (tertia versus parte om.) *κων· καὶ πάντων* (p. c.)· *καὶ πρὸς τὴν λ. γ. πρῶτον δὲ* H *ἐγχελύων·* | *κηρύκων. λαβράκων· καὶ* (p. c.) *πάντων. καὶ* (p. c.) *πρὸς τ. λ. γ. καὶ πρῶτον δὲ* M 294 ‖ 17 *λατίλου, πορφύρας** e coni. Needh. *λατίλος, πορφύραι* F.

πάντα παντὶ καιρῷ, καὶ πρὸς τὴν λεπτὴν γρύτην. 2 πρῶτον δὲ πάντων ἐστὶ δέλη πρὸς τὰ μεγάλα ὀψάρια, οἷον ἴλλους, γλαύκους, φάγρους· ὁμοίως πάντα τὰ μεγάλα. 3 τοῦτο γὰρ τὸ δέλεαρ ἅμα τῷ εἰρχθῆναι εἰς τὸ ἄγκιστρον, καὶ θίγειν τοῦ ὕδατος, εὐλαβούμενα τὰ μικρὰ ὀψάρια τὴν ἐπιδρομὴν τῶν μεγάλων ὀψαρίων ὑποχωρεῖ. 4 τὰ δὲ μεγάλα ὀψάρια, τῇ φυσικῇ τῶν δελέων ἡδονῇ, ἐκ τῶν ἰδίων φωλεῶν ἐξέρχεται, καὶ ἐὰν ᾖ ἀπὸ σταδίων β'· παίζει δέ τε καὶ πρὸς ἄλληλα μάχεται φυσικῶς ἀγόμενα, καὶ μετὰ ἡδονῆς ἀποσπώμενα, ὥστε αὐτὰ μηδὲ σκαρίζειν, μηδὲ κόπτειν τὴν ὁρμιὰν ἀποσπῶντα.

Cap. 8. Ἔστι δὲ ἡ σύνθεσις τοῦ δελέατος·

Σιλούρου, βρόμου δραχ. η'· πάφων πυῤῥῶν τῶν πετομένων, ἀνίσου, τυροῦ αἰγείου, ἀνὰ δρα. δ'· ὀποπάνακος δρα. β'· αἵματος χοιρείου δρα. δ'· χαλβάνης δρα. δ'· πάντα λεάνας ἐπιμελῶς καθ' ἕν, καὶ μίξας ὁμοῦ, παράχεε οἶνον ἄδολον αὐστηρόν, καὶ πλάσας κολλύρια, ὡς τὰ θυμιάματα, ξήραινε ἐν σκιᾷ.

---

2 ἐστὶν F ἐστϊ H ‖ (δέλη πρὸς τὰ μεγά)|λα om. spatio serv. H δέλη om. M 294 ‖ 3 ἰλλοὺσ· λάκουσ· F ἴλλους λακοὺσ H ἴλλους φάγρουσ· M 294 ‖ 4 τοῦτο γὰρ om. sp. serv. H ‖ ἅμα τὸ H ‖ 5 ὕδατος om. sp. serv. H ut ed. M 294 ‖ 7 ὑπαναχωρεῖ H ut ed. M 294 ‖ μεγάλα M 294 μικρὰ FH ‖ 8 δελεῶν H ut ed. M 294 ‖ 9 καὶ ἐὰν ᾖ καὶ ἀπὸ στ. δύο H ‖ 10 μάχ(εται φ. ἀγ.) om. sp. serv. H μάχη M 294 ‖ 11 σκαρίζειν μηδὲ κόπτειν om. sp. serv. H σκύζειν M 294 ‖ 13 c. 8—45 om. H M 294 ‖ ἔστιν F ἔστι δὲ ἡ et τοῦ om. L ‖ 14 πάρων παπύρω L ‖ 16 δρα. β' om. L ‖ χαλβ. δρα. δ' om. L ‖ 17 καθ' ἕν, καὶ corr. Needh. καὶ καθὲν FL ‖ 19 κολλούρια L ‖ ξήρενε L ‖ post σκιά:- rubro τέλος τῶν εἴκοσι | βιβλίων τῆσ τῶν | γεωπονικῶν | ἐκλο|γῆσ:- subscr., reliquum l. XX om. L.

Cap. 9. *Ἄλλο πρὸς κορακίνους μόνους ὑπερμεγέθεις, διὰ τὴν ὑπερβολὴν τοῦ δελέατος.*

*Φακοῦ πεφρυγμένου γράμματα η΄· κυμίνου πεφρυγμένου δρα. α΄· ὀμφάκων, κέστρων ὠμῶν δρα. δ΄· βοτάνης κορωνοποδίου δρα. δ΄· ἀνθυαλίων πικρῶν, τουτέστιν ὠμῶν, δρα. α΄· φοίνικος πατητοῦ δραχ. δ΄· καστορίου δραχ. α΄· πάντα λεῖα ποιήσας πρόσμιξον ἀνήθου χυλόν, καὶ ποιήσας κολλύρια χρῶ.*

Cap. 10. *Πρὸς ποτάμια ὀψάρια, ᾧ Ἄνος ἐχρᾶτο.*

*Αἷμα μόσχου καὶ μόσχεια κρέα λίαν κατατέμνων βάλλε εἰς κωθώνιον, καὶ ἔασον ἐπὶ ἡμέρας ι΄ μεθ' ἃς αὐτὸ δελέαζε.*

Cap. 11. *Δέλος, ὥστε τοὺς ἰχθύας ἑτοίμους ἔρχεσθαι.*

*Ἄλφιτα φυράσας, καὶ μάζας ⟨ποιήσας⟩ παράβαλε.*

Cap. 12. *⟨Πρὸς⟩ κύρτων γρύτην ποταμίαν.*

**1** *Πιτύρων κριθίνων μνᾶς β΄· ὀλοφάκου χοίνικα α΄· ἀναμίξας ἀπόβρεχε γάρου ἀδόλου τῷ αὐτάρκει· πρόσβαλε σησάμου χοίνικα, καὶ ἐκ τούτου ὀλίγον ἀποσκόρπιζε, καὶ ἀμφίβαλλε.* **2** *ἅμα γὰρ τῷ σκορπίσαι, πᾶσα λεπτὴ γρύτη προσελεύσεται· καὶ ἐὰν ᾖ ἀπὸ*

---

5 *κορονοποδίου* F ‖ *ἀνθυλλίων* coni. Needh. ‖ 9 *ὤανος* F *ὧ ἄνοσ* F i. c. *ᾧ Ὀππιακὸς* edd. ‖ 16 ⟨*ποιήσας*⟩ add. Needh. om. F ‖ 17 ⟨*πρὸς*⟩ edd. om. F ‖ *γρυτην* s. a. F.

σταδίων ε', ἥξουσιν ἐπὶ τὸ αὐτό. 3 τὰ δὲ μεγάλα ὀψάρια φεύξεται ἀπὸ τῆς ὀσμῆς. οὕτως οὖν χρῶ, καὶ ἐπιτεύξῃ.

## Cap. 13. *Πρὸς χοίρους.*

Σησάμου δραχ. δ'· σκόρδων κεφαλῶν δραχ. β'· ὄρτυγος ταριχηροῦ τῆς σαρκὸς δραχ. β'· ὀποπάνακος δραχ. α'. ἀναλάμβανε τρίψας γλοιῷ, καὶ πλάσας κολλύρια χρῶ.

## Cap. 14. *Πρὸς ἐγχέλεις.*

Σκολοπένδρης θαλασσίας δραχ. η'· καρίδων ποταμίων δραχ. η'· σησάμου δραχ. α'· ἀναλαβὼν χρῶ.

## Cap. 15. *Πρὸς κεστρεῖς θαλασσίους δέλος.*

Φύλλου μαλαβάθρου σφαιρίον α'· πεπέρεως κόκκους ι'· μελανθίου κόκκους γ'· ἄνθους σχοινικοῦ, οἱ δὲ τοῦ ἐντός, ὀλίγον, πάντα λειώσας μίξον, ἔπειτα ἄρτου καθαροῦ τὸ ἐντὸς βρέξας οἴνου Μαρεατικοῦ κοτύλην μίαν ἀνάλαβε τὰ ξηρά, καὶ ἑνώσας δελέαζε.

## Cap. 16. *Δέλος κεστρέων θαλασσίων.*

Κριοῦ τὸ μόριον βαλὼν εἰς ὀρόβιον ὠμόν, καὶ ἄλλο ὀρόβιον ἐπικαλύψας πίλησον, ὥστε μὴ ἔχειν ἀνάπνοιαν μηδαμόθεν, καὶ δὸς εἰς κάμινον ὑελουργικὴν ὀπτηθῆναι ἀπὸ πρωῒ ἕως ἑσπέρας, καὶ εὑρήσεις αὐτὸ μαλακὸν γεγονός, ὡς τυρόν· ἐξ αὐτοῦ δελέαζε.

---

5 δραχμαὶ δ' F, reliquis locis per comp. ‖ 14 σχοινικοῦ Needh. σχινικοῦ F ‖ 17 κοτύλῃ μιᾷ edd. ‖ 19 ὀρβίον Needh. ‖ 20 ἄλλῳ ὀρβίῳ Needh.

Cap. 17. *Ἄλλο ποιοῦν καλῶς, καὶ μηδὲν ἄλλο θηρεῦον, εἰ μὴ τελείους κεστρεῖς.*

*Θύννου ἥπατος δραχ. δ΄· καρίδων θαλασσίων δραχ. η΄. σησάμου δραχ. δ΄· ἐρεγμοῦ δραχ. η΄· αὐΐτων ὠμῶν δραχ. β΄· τρίψας τὰ προκείμενα ἀναλάμβανε ἐν στάγματι ἑψήματος, καὶ ποιήσας κολλύρια δελέαζε.*

Cap. 18. *Πτολλᾶτος τοὔνομα, ὀψοποίημα ἐν θαλάσσῃ, ὥστε ἐπὶ τὸ αὐτὸ ἐλθεῖν ἐν θαλάσσῃ τοὺς ἰχθύας.*

*Λάβε λοπάδια γ΄ τῆς θαλάσσης, τὰ περὶ τὰς πέτρας γινόμενα· τούτων ἐκθλίψας τὴν σάρκα ἐπίγραψον ἐξ αὐτῶν εἰς ὄστρακον τὰ ὑποκείμενα, καὶ παραχρῆμα ὄψει τοὺς ἰχθύας ἐπὶ τὸ αὐτό, ὥστε θαυμάζειν· ἔστι δὲ τὰ ὀνόματα, Ἰαώ, Σαβαώθ. τούτῳ τῷ ὀνόματι οἱ Ἰχθυοφάγοι χρῶνται.*

Cap. 19. *Πρὸς τρίγλας καὶ σκάρους μεγάλους, ὥστε ἐγχρῄζειν εἰς ὕδωρ, ἃ διὰ τὴν ταχύτητα τοῦ δέλους οὐδὲν τῶν μικρῶν προσέρχεται. ἔστι δὲ ἡ σύνθεσις φυσικῶς ἄγουσα.*

*Τυφλῖνος ποταμίου τῆς σαρκὸς δραχ. η΄· ὁλοφάκου πεφρυγμένου δραχ. η΄· καρίδων ποταμίων δραχ. δ΄· μαλαβάθρου δραχ. α΄· λειώσας τὰ προκείμενα ἀναλάμβανε τῷ λευκῷ τοῦ ὠοῦ τῆς ὄρνιθος, καὶ ποιήσας κολλύρια χρῶ.*

---

4 *ἀλφίτων* coni. Niclasius ‖ 6 *ἑψήματος* corr. Needh. *ἑψήματι* F ‖ 8 *ἐπιτοαυτὸ* F ‖ 13 *ἐπιτοαύτὸ* F ‖ *ἔστιν* F ‖ 19 *ἔστιν* F ‖ 20 *Τυφλῖνος** e coni. Niclasi *τοῦ φλῖνοσ* F ‖ *ὀλφάκου* F.

Cap. 20. *Πρὸς δὲ τὰ μεγάλα ὀψάρια πάντα τὰ ἐν τῇ θαλάσσῃ, οἷον γλαύκους, γαλεούς, ὀρφούς, καὶ ὅσα ἐστὶ τοιαῦτα.*

*Ἀλέκτορος ὄρχεις μετὰ στροβίλου, πεφρυγμένων καὶ τετριμμένων, τῶν μὲν ὀρχέων δραχ. η', τῶν δὲ στροβίλων δραχ. ιϛ'. τρίβεται δὲ ὡς σταῖς, καὶ ἀναπλάσσεται κολλύρια, καὶ ἐν αὐτοῖς δελεάζεται.*

Cap. 21. *Πρὸς μυραίνας.*

*Σιλούρου ποταμίου δραχ. ιϛ'· πηγάνου ἀγρίου σπέρματος δραχ. η'· στέατος μοσχείου δραχ. η'· σησάμου δραχ. ιϛ'· τρίψας καὶ ποιήσας κολλύρια χρῶ.*

Cap. 22. *Πρὸς πολύπους καί σηπίας.*

**1** *Ἁλὸς ἀμμωνιακοῦ δραχ. ιϛ'· βουτύρου αἰγείου δραχ. η'· λεῖα ποιήσας κολλύρια, καὶ περιχρίων σπάρτα ἢ λέντια ἄκροσσα, οὕτως περιβόσκονται, καὶ οὐκ ἀποστήσονται. σὺ δὲ ταχέως ἀνάστα, καὶ βάλε εἰς τὴν σκάφην καράβους, κήρυκας, πορφύρας, καὶ ὅσα ἐστίν.*

Cap. 23. *Χέλυας καὶ ὀστρακώδη οὕτως δελέαζε·*

*Ἁλὸς ἀμμωνιακοῦ δραχ. η'· κρομύου δραχ. α'· στέατος μοσχείου δραχ. ϛ'· ποίει σιδήρια κυανοειδῆ, καὶ ταῦτα περιχρίων τῷ φαρμάκῳ πρόσφερε, καὶ αὐτόματα τῇ ὀσμῇ ἐξελεύσεται, καὶ αὐτὰ ἑαυτὰ παραδώσουσιν.*

---

3 *ἐστὶν* F ‖ 8 *μυραίνας* edd. *μύρνασ* F ‖ 18 *Χέλυας** *ἠχέλεα* F *ἰχέλεα* F i. c.

## Cap. 24. *Δέλη πρὸς πάντα ἰχθὺν ἐν παντὶ καιρῷ.*

1 *Νάρδου Κελτικῆς φύλλα* [*δραχ.*] *δ'· κυπέρεως ἕν, σμυρνίου Αἰγυπτίου κυάμου τὸ μέγεθος, κυμίνου ὅσον τοῖς τρισὶ δακτύλοις, ἀνήθου σπέρματος δράκα, κόψας σήσας βάλε εἰς καλαμίσκον.* 2 *ἐπὶ δὲ τῆς χρείας λαβὼν ἕλμιν ἢ γῆς ἔντερα ἀπόπλυνον, καὶ βάλε εἰς ἀγγεῖον, καὶ ἔγγραυλιν ἀπὸ τοῦ τόπου ὑγρὰν ἀποπίασον εἰς τὴν χεῖρα, καὶ μίξον ἐκ τοῦ φαρμάκου τὸ αὔταρκες, καὶ τὰς ἕλμεις βαλὼν εἰς τὸ μάγμα ἀνάτριψον, καὶ τότε ἄρας δελέαζε.*

## Cap. 25. *Πρὸς τὴν λεπτὴν γρύτην τὴν ἀπὸ καλάμου.*

1 *Καρίδων ποταμίων χοίνικα* [*δραχ.*] *α'. βραχεῖσαν γάρῳ ἀδόλῳ ταριχίων κορακινίδων, καὶ ταριχευθεῖσαν ἐπὶ ἡμέρας β', τῇ γ' δελέαζε.* 2 *ἐργάζου δὲ δυσὶ καλάμοις ἔχουσιν ἀνὰ δ' ἄγκιστρα, ἔχων σὺν ἑαυτῷ καὶ ἕνα βοηθόν, καὶ τοσοῦτον ἂν οἴσεις ὄψος, ὡς μήτε ὑπόχῃ, μήτε ἀμφιβλήστρῳ ἄλλων ἐργαζομένων ἡττᾶσθαί σε.*

---

3 [*δραχ.*] eieci auctore Cornario ‖ 5 post *δακτύλοις* add. *λαβεῖν* edd. ‖ 8 *ἔγγραυλιν** ex coni. Needh. *ἀραύλιν* F ‖ 14 *χοίνικα* [*δραχ.*] *α' βραχεῖσαν** mutavi auctore Cornario *χοινίκων* ⟨*ᾱ βραχεῖσαι* F ‖ 15 *ταριχίων* edd. *ταρικίων* F ‖ *ταριχευθεῖσαν** *ταριχευθεῖσαι* F.

Cap. 26. *Δέλη καθολικά.*

*Φάκιον μετὰ ξηροαμύλου λειοποιήσας, καὶ παραμίξας, τούτῳ χρῶ.*

Cap. 27. *Πρὸς πᾶν ὀψάριον.*

*Κόχλων τὴν σάρκα λαβών, χωρὶς τῶν οὐραδίων, ἐν αὐτοῖς δελέαξε, μὴ ἀποχρώμενος τῷ μεγέθει τοῦ κοχλίου.*

Cap. 28. *Περὶ κύρτων.*

*Μυροβαλάνου πίεσμα, κόπρος ἀνθρώπων, ἄρτος καθαρός, ἕκαστον καθ' ἑαυτὸ τρίψας, μίξας τὰ γ', καὶ βαλὼν ἔσω τοῦ κύρτου χρῶ, καὶ ἐπιτεύξῃ.*

Cap. 29. *Ἄλλο περὶ κύρτων.*

*Ὡς εὗρον γεγραμμένον τὸ τῶν Ἰχθυοφάγων, ἐν ᾧ ἁλιεύουσι· λάβε τὰ ἐν ταῖς πέτραις λεγόμενα πωμάτια καὶ τὰ σαρκία, καὶ θήρα.*

Cap. 30. *Κεστρέων θαλασσίων.*

*Σκάρων, τριγλῶν, σηπιῶν ὀστράκων σὺν σισυμβρίῳ χλωρῷ, ὅ ἐστι βρύον, καὶ ὕδατι, καὶ γύρει, καὶ τυρῷ βοείῳ ὁλκῆς μίξας χρῶ.*

---

2 ξηροαμ. λειοπ. corr. Needh. ξηρομύλου λιθοποιήσασ F || 14 ἁλιεύουσι· edd. ἁλιεύουσιν· F || 18 ἐστι edd. ἔστιν F.

Cap. 31. *Σκορπίων μόνων.*

*Πρίσμα συκαμίνων ξύλων, καὶ καυλοκινάρας, καὶ σανδαράχης δραχ. η΄. μετὰ καμπῶν κράμβης ε΄ καὶ σίτου· κόπτε τὸν σῖτον, ἕως λεπτὰ γένηται· καὶ μίξας ἄμμου παραχέων ὕδωρ ποίει μάζας, καὶ δελέαζε.*

Cap. 32. *Φάγρων θαλασσίων.*

*Μελανθίου ἀφέψημα μετὰ ἀκρίδων σὺν ἕλμισι τρίβε, καὶ γύρεως σιτίνης· εἶτα ἐπίχεε ὕδωρ, καὶ ποιήσας μέλιτος πάχος, δελέαζε.*

Cap. 33. *Ῥαφίδων μόνων.*

*Μόσχου χολὴν φυράσας μετὰ ἀλφίτου καὶ ἐλαίου καὶ ὕδατος ποίει μαζία, καὶ δελέαζε· ἐκ δὲ τοῦ αὐτοῦ διαμασσώμενον ἐμπύτιζε εἰς τὸ ὕδωρ, καὶ ψαύσει σοι.*

Cap. 34. *Θύννων μόνων.*

*Κάρυα ε΄ βασιλικὰ καύσας, ἕως τέφρα γένηται, μετὰ σαμψύχου λειοτριβῶν, σὺν ἄρτῳ καθαρῷ βεβρεγμένῳ ὕδατι καὶ τυρῷ αἰγείῳ λειῶν, χρῶ ποιήσας μάζας.*

Cap. 35. *Σμαρίδων.*

*Σκόρδων τετριμμένων μετὰ ἄρτου, καὶ τυροῦ μοσχείου καὶ αἰγείου, καὶ γύρεως καθαρουργικῆς, λειώσας ὁμοῦ καὶ ἐπὶ τὸ αὐτό, ποιήσας μάζας δελέαζε τὸν τόπον.*

---

5 *δελέαζε* edd. *δάμαζε* F ‖ 7 *συνέλμισιν.* F.

Cap. 36. *Τρυγόνος θαλασσίου.*

*Περιστερᾶς κόπρον μετὰ σεμιδάλεως βρέξας φύρασον.*

Cap. 37. *Ἄλλο εἰς τοῦτο.*

*Θρίδακος σπέρμα ἑψήσας, βουτύρου καὶ σεμιδάλεως ἐπιχέων, τὸ ἀφέψημα τρίβε.*

Cap. 38. *Σαλπῶν.*

*Βρύον χλωρὸν ἐκ πέτρας ἐν ἐλαίῳ· ἐν αὐτῷ δελέαζε.*

Cap. 39. *Γλαύκων, ἀμιῶν, καλλιχθύων.*

*Ὀπτήσας θρίσσας θαλασσίας καὶ ἐξοστεΐσας, καὶ προσβαλὼν βρύα καὶ κρίθινα κρίμνα ὁμοῦ, καὶ ποιήσας μάζας, δελέαζε.*

Cap. 40. *Τραχούρων, μελανούρων.*

*Ὀνίδας βρέξας ἐν χυλῷ κορίου χλωροῦ σὺν σεμιδάλει ποιήσας μάζας, δελέαζε.*

---

7 *σαλπῶν* F *ἐλάπων* ut c. 7, 1 edd. alterum utrum ex altero corruptum esse ipse suspicor. ‖ 8 post *ἐλαίῳ* ⟨*ἑψήσας*⟩ add. Needh. ‖ 10 *ΓΛΑΎΚΩΝ. ἀμίων καλλ. ὀπτήσασ θρίσασ* F *ἀμιῶν καλλ.* om. F i. c. ‖ 15 *ὀνίδας** ex coni. Cornarii *ὀνιοδασ* s. a. F.

Cap. 41. *Κεστρέων, κεφάλων.*

*Ἄρτον γυρίτην καὶ τυρὸν αἴγειον καὶ ἄσβεστον μίξας ὁμοῦ κόπτε, καὶ ἐπίχεε θάλασσαν, καὶ ⟨μάζαν⟩ ἐξ αὐτοῦ ποιῶν δελέαζε.*

Cap. 42. *Πολυπόδων.*

*Βωκάριν μορμύρους ἀράδους δήσας περὶ εὔτονόν τι δελεάζεις.*

Cap. 43. *Σηπιῶν μόνων.*

*Τρυγίαν ἄτερ ὕδατος τρίψας σὺν ἐλαίῳ, καὶ ἐλθὼν ἐπὶ τὸν τόπον ἐνίει τῇ θαλάσσῃ, καὶ δοκοῦν ὅτι, . . . ἀφῆκε τὸ μέλαν, καὶ διέρχονται ἐπὶ τὸν τόπον, ἐν ᾧ ἐφάνη τὸ ἔλαιον, καὶ πίαζε οὕτως.*

Cap. 44. *Καράβων, μορμύρων.*

*Ὡς ἰσχυρόν τι δήσας τρίψαι πορφύρας μετὰ ἐλαίου ι΄ ἀριθμῷ, καὶ βρύον τι μικρὸν πύτιζε εἰς τὴν πέτραν, καὶ πιάζεις.*

Cap. 45. *Μελανούρων.*

*Λαβὼν ἧπαρ αἴγειον, ἐν τούτῳ δελέαζέ σου τὰ ἄγκιστρα. ἐὰν δὲ ἄλλο εὕρωμεν εἰς θάλασσαν λεῖαν, ἢ πρὸς πολλοὺς ἰχθῦς· ὁπλὴν αἰγὸς δελέαζε, ἢ ὄνου.*

---

1 *κεστρέων* edd. *κέστρων* F ‖ 3 ⟨*μάζαν*⟩ edd. om. F ‖ 6 *υωκάριν* F *σωκαρίῳ* edd. ‖ *περὶ εὔτονόν τι* edd. *περίευτον ὄντι* F ‖ 10 inter *ὅτι·* et *ἀφῆκε* dimidii versus spatium om. F ‖ 13 *ΚΑΡΆΒΩΝ. μορμύρων· ὡσ* F *μορμυρων* om. F i. c. ‖ 19 *ἐὰν δὲ — λεῖαν* F *εὕρομεν δὲ καὶ ἄλλο εἰς θαλασσίαν λείαν* edd.

## Cap. 46. *Γάρων ποίησις.*

**1** Τὸ καλούμενον λικουάμεν οὕτω γίνεται. τὰ ἔγκατα τῶν ἰχθύων βάλλεται εἰς σκεῦος, καὶ ἁλίζεται· καὶ λεπτὰ ὀψαρίδια, μάλιστα δὲ ἀθερίναι, ἢ λεπτὰ τριγλία, ἢ μαινίδια, ἢ λυκόστομοι, ἢ ὃ ἂν δόξῃ λεπτὸν εἶναι, πάντα ὁμοίως ἁλίζεται, καὶ ἐν ἡλίῳ ταριχεύεται πυκνῶς δονούμενα. **2** ὅταν δὲ ταριχευθῇ τῇ θερέᾳ, ἐξ αὐτῶν γάρος οὕτως αἴρεται. κόφινος μακρὸς πυκνὸς ἐντίθεται εἰς τὸ μεστὸν ἀγγεῖον τῶν προειρημένων ὀψαρίων, καὶ εἰσρεῖ τὸ γάρος εἰς τὸν κόφινον, καὶ οὕτω διὰ τοῦ κοφίνου διηθηθὲν τὸ καλούμενον λικουάμεν ἀναιροῦντα· τὸ δὲ λοιπὸν πάτημα γίνεται ἅλιξ. **3** Βιθυνοὶ δὲ κατασκευάζουσιν οὕτως· λαμβάνεις κάλλιον μὲν εἰ μαινίδας μικρὰς ἢ μεγάλας, εἰ δὲ μή, λυκοστόμους, ἢ σαύρους, ἢ σκόμβρους, ἢ καὶ ἅλικα, καὶ πάντων μίγμα, καὶ βαλεῖς αὐτὰ εἰς μαγίδα ἀρτοκοπικήν, ἐν ᾗ εἰώθασι φυρᾶν τὸ ἄλευρον, καὶ εἰς τὸν μόδιον τῶν ἰχθύων ἁλὸς ξέστας β' Ἰταλικοὺς βαλὼν ἀναφύρασον, ὡς συγκραθῆναι τοῖς ἁλσί· καὶ ἐάσας ἐπὶ νύκτα μίαν βάλε ἐπὶ

---

1 c. 46 continuo post c. 7, 4 *ἀποσπῶντα* add. cc. 8—45 omissis HM 294 ‖ 2 *λικουάμεν* corr. Needh. *λικουλμὲν* F M 294 *λικούλμενον* H ‖ *γίνεται* M 294 *γίγνεται* FH ‖ 5 (*μαινί*)*δια* om. spatio serv. H ut ed. M 294 ‖ *λυκόστομα* H *ἢ λυκόστομοι* om. M 294 ‖ 7 *δονούμενα* edd. *-ον* F ‖ *ταριχευθῇ* H *ταριχευθῶσιν* F M 294 ‖ 8 *τῇ θερέᾳ* om. M 294, item sp. serv. H ‖ *αὐτῶν* edd. *αὐτοῦ* F ‖ *οὕτως* om. H M 294 ‖ 9 *ἀγγείων* M 294 ‖ 10 *ῥεῖ* M 294 ‖ 11 *οὕτωσ* F M 294 *οὕτω* H ‖ (*διηθη*)*θὲν* om. spatio serv. H *κοφίνου — τὸ* om. M 294 ‖ 12 *καλουμένου*| M 294 ‖ *λικουάμεν* corr. Needh. *λικουλμὲν* F M 294 *λικούλμενον* H 13 *π. γίνεται ἅλιξ* (!) F *πατηγῖεισ* | *ἅλϊξ* + finis cod. M 294 *πατη γι . . . ἅ . .* (1/3 versus om.) + + +| et mg. inf.: *τέλος*,:- fin. cod. H ‖ 16 *βαλεῖς** *βάλησαυτὰ* F ‖ 17 *εἰώθασιν* F ‖ 20 *ἁλσίν·* F.

κεράμιον, ἀπώμαστόν τε τίθει ἐν ἡλίῳ ἐπὶ μῆνας β' ἢ γ', δονῶν αὐτὸ ῥάβδῳ ἐκ διαστημάτων, εἶτα λαβὼν καὶ πωμάσας ἀποτίθεσο. 4 τινὲς δὲ καὶ οἴνου ἐμβάλλουσι παλαιοῦ εἰς τὸν ξέστην τῶν ἰχθύων ξέστας β'. 5 Εἶτα εἰ βούλει εὐθέως χρήσασθαι τῷ γάρῳ, τουτέστι [τοῦ] μὴ ἡλιάσαι αὐτό, ἀλλ' ἑψῆσαι, ποιήσεις οὕτως. ἅλμης στακτῆς δεδοκιμασμένης, οὕτως ὡς ᾠὸν ἐμβληθὲν ἐπιπλεῖν (ἐὰν δὲ βυθίζηται, οὔπω ἔχει ἅλας τὸ ἀρκοῦν), εἶτα βαλὼν εἰς τὴν ἅλμην τὸν ἰχθὺν ἐν κύθρᾳ καινῇ, καὶ ἐμβαλὼν ὀριγάνου, ἐπιτίθει πυρὶ αὐτάρκει, ἕως ἂν ἑψηθῇ, τουτέστιν ἕως ἂν ἄρξηται κἂν ὀλίγον ἀποποιεῖν· τινὲς καὶ ἕψημα προσβάλλουσιν· εἶτα ψυχθὲν βαλὼν εἰς ὑλιστῆρα δεύτερον καὶ τρίτον ἐπίῤῥιπτε τὸ αὐτὸ τῷ ὑλιστῆρι, ἕως ἂν καθαρὸν ἐκβῇ, καὶ πωμάσας ἀποτίθεσο. 6 Τὸ δὲ κάλλιον γάρος, τὸ καλούμενον αἱμάτιον, οὕτω γίνεται. λαμβάνεται τὰ ἔγκατα τοῦ θύννου μετὰ τῶν ἐμβραγχίων καὶ τοῦ ἰχῶρος καὶ τοῦ αἵματος, καὶ πάσσεται τὸ ἀρκοῦν ἅλας· καὶ ἐάσας ἐν τῷ ἀγγείῳ, [καὶ] μετὰ μῆνας β' τὸ πολύ, τρυπᾷς τὸ ἀγγεῖον, καὶ ἐξέρχεται γάρος τὸ καλούμενον αἱμάτιον.

---

3 ἐμβάλλουσιν F ‖ 5 τοῦτέστιν F ‖ 7 ὡς ᾠὸν* coni. Casaubonus ὅσον F ‖ 14 ἐπίῤῥιπτε edd. ἐπιρρίπτων F ‖ 17 ἐμβραγχίων Needh. ἐμβραχίων F.

# INDEX NOMINUM.

# INDEX VERBORUM.

# ADDENDA ET CORRIGENDA.

pag. 1 lin. 14 pro *παλλίστοις* lege *καλλ.*
„ 11 „ 4 pro *φυτύειν* lege *φυτεύειν*
„ 23 „ 12 pro *λιβυκόν* lege *Λιβυκόν*
„ 53 „ 16 pro (*ἐπι-*)*μελέστεροι* lege (*ἐπι-*)*μελέστερον*
„ 65 „ 23 pro ⟨*ὧς*⟩ lege ⟨*ὡς*⟩
„ 87 „ 21 pro *Μηδικήν* lege *μηδ.*
„ 104 „ 3 pro *ἑξκαίδεκαι* lege *ἑξκαίδεκα*
„ 132 „ 21 pro *πρασφάτως* lege *προσφ.*
„ 133 „ 22 pro *ἀλλο* lege *ἄλλο*
„ 138 „ 21 pro *ἐνοίζων* lege *ἐνρίζων*
„ 183 „ 5 pro *γλήχωνος* lege *γλίχωνος*
„ 190 „ 14 pro *ἀψεφηθῇ* lege *ἀφεψηθῇ*
„ 221 „ 14 pro *Ἀμιννίζοντας* lege *ἀμινν.*
„ 233 „ 6 pro *χρόνον,* lege *χρόνον),*
„ 237 „ 16 var. lect. adde *γὰρ ἔσται εν* (sic!) F
„ 249 „ 18 pro *τῷ μύλῳ* lege *τῇ μ.*
„ 263 „ 20 var. lect. post HM adde *οἷα δῆ θεν τῆς* L
„ 265 „ 17 pro *ταυτὸν* lege *ταὐτὸν*
„ 272 „ 15 pro *κατακεφάλα* lege *κατακέφαλα*
„ 272 „ 22/273 lin. 1 pro *ἔχοντα· 2 τὸν τρόπον τοῦτον·* lege *ἔχοντα τὸν τρ. τοῦτον·* 2
ibid. quod ad pag. 272 lin. 21 adnotatur *Μόρφωμα π. τοιοῦτον* om. FM pertinet ad pag. 273 lin. 1
pag. 290 lin. 20 var. lect. pro *εὐθαλεῖς* lege *διαπαντὸς*
„ 291 „ 12 var. lect. sic lege: *διαπαντός: εὐθαλεῖς ῥοιαὶ* H *πόμα.* | *Εὐθ. ῥοιαὶ* L ‖
„ 334 „ 4 var. lect. dele *πρινοκοκκίων** ex coni. Niclasi
ibid. 14 pro *ἀφήρηται* lege *ἀφῄρηται*
pag. 378 „ 11 pro *ὠδύνουσαν* lege *ὠδίνουσαν*
„ 384 „ 3 pro *ἀδιψωτέρους* lege *ἀδιψοτέρους*
„ 395 „ 16 pro *ἀσφαλτῷ* lege *ἀσφάλτῳ*
„ 409 „ 23 var. lect. adde *ἀνὰ πήχεις* L
„ 410 „ 20 pro (*ὑπο-*)*στρωνύντες* lege (*ὑπο-*)*στρωννύντες*
„ 416 „ 10 pro c. 20 om. L lege c. 9 om. L
„ 435 „ 12 pro *ἀλήγσει* lege *ἀλγήσει*
„ 447 „ 14 var. lect. pro *βολβίττῳ* lege *βολβίτῳ*
„ 449 „ 10 pro *ῥητίνην* lege *ῥιτίνην*

pag. 478 lin. 9 var. lect. pro *κινεῖν: ἐκτείνειν* lege *κινεῖν τε τὰ μέλη: ἐκτείν̓ τὲ τὰ σκέλη* M

„ 484 „ 1 v. l. pro *ιβ′* lege *ιη′*

„ 497 „ 4 pro *ἀμβλυώσῃ* lege *ἀμβλυώσσῃ*

„ 515 „ 4 pro *γλή-χωνος* lege *γλί-χωνος*

„ 525 „ 13 pro *διαμασσώμενον* lege *διαμασώμενον*

„ 528 „ 12 pro *ἀναιροῦντα* lege *ἀναιροῦνται*

„ 530 s. v. *Ἀθῆναι* post 9 1, 1; adde 3

ibid. s. v. *Ἀραβία* post 2 21, 6 adde 23, 6

ibid. s. v. *Ἀφρικανόν* adde 7 29

pag. 531 s. v. *Δημόκριτος* adde 10 29, 5, post *Ἀφρικανόν* pro 5 42, 2 lege 5 45, 2, post tit.: adde 10 27

ibid. s. v. *Δίδυμος* post tit.: adde 1 5. 2 3. 9 31. 10 26. 14 2. 9. 18. 23. 15 3

pag. 532 ante *Θεόφραστος* adde *Θεομνήστου* 16 12. 19 3.

ibid. pro *Ἰχθυοφάγων* 20 29, 1 lege *Ἰχθυοφάγοι* 20 18. 29

ibid. ante *Κασιανοῦ* adde *Καμπανοῦ* 6 8, 1

ibid. ante *Λάδωνος* adde *Κῷος* 8 24. 15 7, 1

ibid. ante *Ὀκτώβριος* adde *Ξενοφῶντος* 19 5

pag. 533 ante *Σύριον* adde *Συρεντῖνος* 2 46, 3

ibid. s. v. *Σωτίων* adde 8 35. 11 28. 17 12

ibid. ante *Τηλεγόνου* adde *Ταρσηνοῖς* 4 1, 3

pag. 534 ante *ἄδολος* adde *ἄδιψος* 12 13, 2. 40

ibid. s. v. *ἁδρός* pro 37, 1 lege 3 7, 1

pag. 535 s. v. *αἰτία* adde 2 6, 3

„ 536 s. v. *ἀλείφω* pro *χολήν, τὰ* lege *χολὴν τὰ*

ibid. s. v. *ἀλεκτρυών* post 14 7, 17; adde 30. 16

ibid. s. v. *ἀλήθω* pro 73 5, 1 lege 7 35, 1

ibid. ante *ἀλθαίας* adde *ἄλησιν* 9 19, 7

ibid. s. v. *ἀλθαία* adde 3 6, 6

ibid. ante *ἀλληλοφίλα* adde ⟨*ἀλληλοφάγα*⟩,

pag. 537 ante *ἄλφιτα* adde *ἀλυσιτελής* 17 10, 4

ibid. s. v. *ἀλωπεκίας* adde 12 22, 11

ibid. s. v. *ἀμβλύνω* adde 5 28, 4

ibid. s. v. *ἄμμος* adde 6 19

ibid. s. v. *ἀμόργη* adde 2 10, 8

ibid. s. v. *ἄμπελος* pro *ἀμίννως* lege *ἀμίννιος*

ibid. s. v. *ἄμπελος* adde *ἵππουρις* 5 31, 3

pag. 538 s. v. *ἀμυγδαλῆ* pro 61 lege 57

ibid. s. v. *ἀμυγδάλη* post 14, 1; 2 adde 58

ibid. s. v. *ἀμύγδαλον* pro 12, 2. 37, 1 lege 12, 2—37, 1

ibid. s. v. *ἀμύγδαλον* ante 60 adde 59

ibid. s. v. *ἀμύσσω* pro 14 7, 6 lege 14 17, 6

ibid. pro *ἀμφιέσθαι* lege *ἠμφιέσθαι*

pag. 539 s. v. *ἀνατολαί* ante 42 adde 4, 1.

„ 540 ante *ἀντιπαθέω* adde *ἀντιπάθεια* 3 5, 8. 5 2, 9. 11, 3 etc.

pag. 541 s. v. *ἀπό* post *λεπτομερέστατον* etc. 2 6, 3 adde 15, 1. 10 7, 6
„ 543 s. v. *ἀποτελέω* adde 10 86, 3
ibid. ante *ἀποτμήματα* adde *ἀποτίλλειν* 2 2, 2
ibid. s. v. *ἀπώμαστος* adde 13 10, 8. 20 46, 3
pag. 544 s. v. *ἀριστερός* post 10 77, 8 adde etc.
ibid. s. v. *ἄροτρον* pro 31, 9 lege 3 1, 9; 10
ibid. s. v. *ἀρραγής* pro 16 75, 3; 12 lege 10 75, 3; 12
ibid. ante *ἀρτοποιέω* adde *ἀρτοκοπίου* 6 2, 8
ibid. s. v. *ἀρχαῖοι* adde 13 1, 1
pag. 545 ante *ἀσέληνος* adde *ἀσβόλης* 7 37, 2
ibid. s. v. *ἀσθενής* post 21, 1 adde 39, 6
ibid. s. v. *ἀσινής* post 15, 17 adde etc.
ibid. ante *αὐαίνεσθαι* adde *ἀτταγῶν* 14 19
pag. 547 s. v. *ἀψίνθιον* post 8 1, 2 adde 21, 1
ibid. s. v. *ἀψινθίτης* pro 8 21, 4 lege 8 21 t.; 4
ibid. s. v. *βαθύς* adde 3 11, 8
ibid. s. v. *βαλανεῖον* adde 10 33
ibid. s. v. *βάτος* pro 2 5, 16 lege 2 5, 4; 16
pag. 548 s. v. *βλαστός* adde etc.
ibid. ante *βουκόλος* adde *βουκολίων* 17 10, 4
pag. 549 ante *γάρον* adde *γάρ* p.
„ 550 ante *γλῶσσα* adde *γλύφω* 10 9, 4. 14 8, 2
„ 551 ante *δαμασκηνόν* adde *δαμασκηνή* 10 39
„ 552 ante *δελφινίου* adde *δέλφακος* 15 1, 3
ibid. s. v. *διά* post 14 7, 28 adde 26, 2
pag. 553 s. v. (*διά*) *διαπαντός* pro (6) 38, 8 lege 10 38, 8
ibid. s. v. *διακρίνω* adde 19 9, 5
ibid. ante *διαμασηθείς* adde *διαμάσησαι* 7 30
ibid. s. v. *διαπνέω* adde 4 8, 5. 5 2, 14. 7 1, 3. 6, 8. 10 75, 14; 22
pag. 554 s. v. *διάστημα* pro 4 1, 5 lege 4 1, 1
ibid. *διάχυσις* 5 25, 2 transpone post *διαχρίω*, 7 8, 6 post *διαχέω*
pag. 555 s. v. *διττός* adde 10 69, 2
ibid. s. v. *διχόμηνος* (*σελ.*) adde 10 48, 2
ibid. s. v. *δρόσος* adde 18 8, 4
pag. 556 s. v. *δυσχείμερος* adde 5 26, 9
„ 557 s. v. *ἐγείρω* pro 18 12, 1 lege 8 12
ibid. ante *ἐγκαρδίοις* adde *ἐγκαύσας* 18 17, 1
ibid. s. v. *ἐγχέλεις* adde 20 7, 1
ibid. s. v. *εἰδωλόμορφον* adde 10 27
pag. 559 s. v. *ἐκδέχομαι* adde 10 59, 1
ibid. ante *ἐκπονέω* adde *ἐκπνεῖ* 15 1, 28
pag. 560 ante *ἐκφανῆ* adde *ἐκτυφλοῦν* 5 22, 1
ibid. s. v. *ἔλαιον* pro *ἐκοινοῦ* lege *ἐ. κοινοῦ*
ibid. ante *ἕλιος* adde *ἐλέφας* 5 48, 2. 15 1, 3
ibid. s. v. *ἕλκος* adde 12 27, 3

pag. 561 ante *ἐλλέβορος* adde *ἕλκωσις* 12 17, 12. 16, 15
ibid. ante *ἐμβραγχίων* adde *ἐμβόλῳ* 10 77, 4
ibid. ante *ἐμποδίζω* adde *ἔμπνουν* 1 12, 36
pag. 563 ante *ἐνόω* adde *ἐνοχλήσεως* 4 1, 15
„ 564 s. v. *ἐξελαύνω* adde *ἐξελαστέον* 14 1, 7
ibid. ante *ἐξέρχεται* adde *ἐξεπίσταται* Pr. 6
ibid. ante *ἐπανιών* adde *ἐπανάγαγε* 14 8, 3
pag. 565 s. v. *ἐπὶ* post *τρισὶν ἡμέραις* etc. 6 5, 7 adde 18 13, 2
ibid. s. v. *ἐπιβαίνω* adde 16 21, 5
ibid. s. v. *ἐπίκειμαι* adde 12 41, 2
ibid. s. v. *ἐπικεντρίζω* adde 5 17, 11
pag. 566 ante *ἐπινάσσω* adde *ἐπιμονώτερον* 2 5, 7
ibid. pro *ἐπινυκτίας* lege *ἐπινυκτίδας*
pag. 567 s. v. *ἐπιτίθημι* post 47, 13 adde etc.
ibid. s. v. *ἐπιτυγχάνω* adde 10 65, 2
ibid. s. v. *ἐπιψεκάζω* adde 2 18, 7
pag. 568 s. v. *ἐσθίω* adde 2 47, 4
„ 569 s. v. *εὐαυξῆ* adde 10 69, 3
ibid. s. v. *εὐκέρωτας* adde 18 1, 3
ibid. ante *εὔπεπτον* adde *εὐπαθής* 5 45, 1. 6 6, 3
pag. 570 ante *εὔτροφος* adde *εὐτροφῆσαι* 2 24, 3
„ 571 s. v. *ζέμα* adde 13 11, 3
ibid. s. v. *ζέον* adde 10 75, 17
ibid. s. v. *ζωδιακός* adde 1 12, 1
ibid. s. v. *ζωοειδής* adde 10 27
pag. 574 s. v. *θερμοσποδιά* adde 18 21, 1
ibid. s. v. *θερμότης* adde 5 19, 2
ibid. s. v. *θίξις* adde 10 81, 3
pag. 575 s. v. *ἱδρώς* pro 6 4, 5 lege 6 11, 5
ibid. s. v. *ἰκμάς* pro 6 2, 5 lege 6 2, 5; 7
ibid. s. v. *ἰκτεριῶν* pro 8 6, 10 lege 8 6. 10
ibid. s. v. *ἵνα* pro *λουτῆρ* lege *λουτῆρα*
ibid. s. v. *ἰός* adde 7 27
ibid. s. v. *ἰσχάδες* adde 11 2, 6
pag. 576 s. v. *ἰσχυρός* adde 1 10, 12
ibid. s. v. *καθαρίζω* sic lege: 2 32, 1. 9 22, 2. 18 17, 3. *-ιοῦμεν* 3 5, 2. *-ίσεις* 15 4, 6
ibid. ante *κάθαρσις* adde *καθαρουργικῆς* 20 35
ibid. s. v. *καταστήσει* adde 2 47, 1
ibid. ante *καθώς* adde *καθυστερίζειν* 2 13, 2

Alios errores quicunque legerit facile cognoscet ipse; velut i subscriptum codicibus fere ubique neglectum nusquam de industria omisi.

BIBLIOTHECA TEVBNERIANA

## MAXIMVS TYRIVS

### Dissertationes

Ed. M. B. Trapp. 1994

This edition of the *Dialexeis* replaces Hermann Hobein's Teubner of 1910. Though it is based on Parisinus graecus 1962 (now established as the ancestor of all surviving manuscripts of the *Dialexeis*), careful attention has also been paid to the conjectures and improvements already evidenced in the remainder of the manuscript tradition, and to the contributions of such early modern scholars as Janus Lascaris and Zenobio Acciaiuoli. The Introduction discusses the character and history of the Parisinus, the *codices descripti* and their interrelations, printed editions and translations of the *Dialexeis,* and the evidence for the life of the author. A secondary apparatus attempts to identify not only formal quotations from classical literature, but also more indirect allusions and evocations. Two appendixes reproduce not only the older scholia carried by the Parisinus, but also those added in the fifteenth century by Politian. The Index covers both proper names and all those quotations and allusions identified in the secondary apparatus.

B. G. TEUBNER STUTTGART UND LEIPZIG

FSC
www.fsc.org
MIX
Papier | Fördert
gute Waldnutzung
FSC® C083411

Kolibri 360 GmbH
Ferdinand-Jühlke-Straße 7
99095 Erfurt, Deutschland
produktsicherheit@kolibri360.de